化工安全技术专业教学指导委员会

主 任 委 员　金万祥

副主任委员　（按姓名笔画排列）

　　　　　　杨永杰　张　荣　郭　正　康青春

委　　　员　（按姓名笔画排列）

　　　　　　王德堂　申屠江平　刘景良　杨永杰

　　　　　　何际泽　冷士良　　张　荣　张瑞明

　　　　　　金万祥　郭　正　　康青春　蔡庄红

　　　　　　薛叙明

秘 书 长　冷士良

安全技术类教材编审委员会

主 任 委 员　金万祥

副主任委员　（按姓名笔画排列）

　　　　　　杨永杰　张　荣　郭　正　康青春

委　　　员　（按姓名笔画排列）

　　　　　　王德堂　卢　莎　叶明生　申屠江平

　　　　　　刘景良　孙玉叶　杨永杰　何际泽

　　　　　　何重玺　冷士良　张　荣　张良军

　　　　　　张晓东　张瑞明　金万祥　周福富

　　　　　　胡晓琨　俞章毅　贾立军　夏洪永

　　　　　　夏登友　郭　正　康青春　傅梅绮

　　　　　　蔡庄红　薛叙明

秘 书 长　冷士良

"十二五"职业教育国家规划教材

经全国职业教育教材审定委员会审定

化工安全与环境保护

第二版

王德堂　何伟平　主编

冷士良　主审

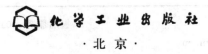

化学工业出版社

·北京·

本书按照化工安全、环境保护的顺序，分化工安全生产技术、环境保护、危险化学品职业危害与卫生防护三篇。化工安全生产技术篇介绍了化学反应、化工单元操作、特种设备、防火防爆和电气安全、装置维修与运行、安全评价、安全管理等安全控制技术；环境保护篇介绍了化工"三废"和物理性污染的综合治理技术；危险化学品职业危害与卫生防护篇介绍了危险化学品应急救援和职业接触性毒物防护方法，列举了具体的应用实例，对化工生产过程中的问题提出了具体的安全措施，简要介绍了安全生产的工作程序、操作方法和控制技术。本书通过较多的实例说明各类生产过程安全与环保及职业卫生防护方法，具有较强的实用性和可操作性。

本书可作为高职高专化工类专业、环保类专业的教材，也可供安全环保人员、企业安全环保生产技术管理人员学习和参考。

图书在版编目（CIP）数据

化工安全与环境保护/王德堂，何伟平主编. —2版. —北京：化学工业出版社，2015.9（2024.11重印）
"十二五"职业教育国家规划教材
ISBN 978-7-122-24760-5

Ⅰ.①化… Ⅱ.①王…②何… Ⅲ.①化工安全-高等职业教育-教材②化学工业-环境保护-高等职业教育-教材 Ⅳ.①TQ086②X78

中国版本图书馆 CIP 数据核字（2015）第 173579 号

责任编辑：张双进	文字编辑：孙凤英
责任校对：王素芹	装帧设计：王晓宇

出版发行：化学工业出版社（北京市东城区青年湖南街 13 号　邮政编码 100011）
印　　装：涿州市殷润文化传播有限公司
787mm×1092mm　1/16　印张 33¾　字数 903 千字　2024 年 11 月北京第 2 版第 11 次印刷

购书咨询：010-64518888　　　　　　　售后服务：010-64518899
网　　址：http://www.cip.com.cn
凡购买本书，如有缺损质量问题，本社销售中心负责调换。

定　　价：59.80 元

FOREWORD 前言

　　本书第二版对书中主要内容和采用标准进行了更新，增加了新图片、案例和小任务，每一章最后设置综合案例分析，第二章危险化工工艺安全技术内容全部更新，第十五章调整为危险化学品突发环境事件应急救援，新增第十六章职业健康与防护，配套电子课件，有利于项目化教学，提高大学生安全环保责任意识和学习能力。

　　近年来，国家新增和完善了部分安全环保法规和标准，如《危险化学品管理条例》（第 591 号文）、《危险化学品重大危险源辨识》（GB 18218—2009）、《首批重点监管的危险化工工艺目录》（安监总管三【2009】第 116 号）、第二批重点监管的危险化工工艺目录（安监总管三【2013】第 3 号）等，国家安全生产监督管理总局、国家质量监督检验检疫总局及各部委发布了一系列有关安全生产规范和标准。我国化工生产行业发展速度很快，预防安全事故和环境污染的发生，对正常生产起到了很大的作用，也日益受到政府、企业的重视，大学教育适应国家法律和标准与社会进步需要。

　　本教材根据教育部高职高专教材建设精神，主要定位于高职高专化工类专业、环保类专业学生。本教材按照化工安全生产顺序进行编写，并在编写中注重实例的应用，使学生能较快地掌握各种生产过程安全生产控制技术和方法。

　　本书由王德堂和何伟平担任主编。徐州工业职业技术学院王德堂编写第一、二章，何伟平编写第三、七章，叶明生编写第五章，李敢编写第六章，张雷编写第九、十二章，吴昊编写第十三、十四章，李琳编写第十七章；徐州市公安消防支队张守峰编写第四章；徐州市环保局陈奎章编写第十章，饶永才编写第十一章；常州工程职业技术学院孙玉叶编写第十五章；徐州工程咨询中心朱开贞编写第十六章。全书由王德堂统稿，冷士良主审。徐州安全生产监督管理局孙克标和刘晓刚，徐州市环保局汪洪洋和马运宏，中国矿业大学朱国庆、徐州工业职业技术学院袁秋生等对书稿进行了审阅，提出不少宝贵意见，在此深表谢意。本书在编写过程中受到徐州工业职业技术学院周立雪教授、金万祥教授、季剑波教授，常州工程职业技术学院薛叙明教授、河南工业大学蔡庄红教授、天津渤海职业技术学院杨永杰教授等大力支持和帮助，在此一并表示感谢。

　　本书内容丰富、系统性强，理论与实践相结合，具有较强的实用性。编写本书参考了有关专著与文献（见参考文献），在此，向其作者一并表示感谢。

　　由于编者水平有限，书中存在不妥之处在所难免，敬请读者批评指正，不吝赐教。

编　者

2015 年 5 月

FOREWORD 第一版前言

自从《中华人民共和国安全生产法》、《危险化学品安全管理条例》、《中华人民共和国消防法》、《中华人民共和国环境保护法》、《中华人民共和国职业防护法》、《中华人民共和国劳动法》等颁布以来，国家安全生产监督管理总局、国家质量监督检验检疫总局及各部委发布了一系列有关安全生产规范和标准。我国化工生产行业发展速度很快，预防安全事故和环境污染的发生，对正常生产起到了很大的作用，也日益受到政府、企业的重视。

本教材根据教育部《高职高专教育专业人才培养目标及规格》要求，主要定位于高职高专化工类专业、非安全类、环保类专业学生。本教材按照化工安全生产顺序进行编写，并在编写中注重实例的应用，使学生能较快地掌握各种生产过程安全生产控制技术和方法。

本书由王德堂、何伟平担任主编。徐州工业职业技术学院王德堂编写第一、二、三、七章，何伟平编写第九、十一～十四章，叶明生编写第四章、刘晓静编写第五章、吴昊编写第十章，金华职业技术学院周福富编写第六章，长沙环境保护职业技术学院卢莎编写第八章，常州工程职业技术学院孙玉叶编写第十五、十六章。全书由王德堂统稿，冷士良主审。徐州安全生产监督管理局王化民处长、中国矿业大学朱国庆副教授、徐州工业职业技术学院袁秋生副教授等对书稿进行了认真审阅，提出不少宝贵意见，在此深表谢意。本书在编写过程中受到徐州工业职业技术学院院长周立雪教授、副院长金万祥副教授、冷士良教授、常州工程职业技术学院薛叙明副教授、河南工业大学蔡庄红副教授、天津渤海职业技术学院副院长杨永杰教授等大力支持和帮助，在此一并感谢。

本书内容丰富、系统性强，理论与实践相结合，具有较强的实用性。本书在编写过程中参考了有关文献资料，在此，向其作者一并表示感谢。

由于编者水平有限，书中存在不妥之处在所难免，敬请读者批评指正，不吝赐教。

编　者

2009 年 7 月

CONTENTS 目录

第二篇　环境保护

第 三 篇　危险化学品职业危害与卫生防护

第 一 篇

化工安全生产技术

第一章 绪论

学习目标:

通过本章的学习，了解化学工业和化工装置特点，熟悉化工生产的火灾、爆炸、中毒、腐蚀等危险性与等级划分，掌握化工安全设计和安全生产基本控制技术，完善安全技术经济。主要培养学生化工安全基本职业素质和化工安全生产基本工作能力。

第一节 化 学 工 业

化学工业是国家的支柱产业，生产总值约占国民经济的三分之一。在东部沿江沿海和西部经济开发区，建设了较多的化工园区，推动了地方经济发展，安全生产尤为重要。涉及的化工企业有石油化工厂、氯碱厂、染料厂、化肥厂、焦化厂、农药厂、涂料厂、气体厂等，物料介质有易燃易爆、有毒、腐蚀等危险性质，生产设备有泵、压缩机、反应釜、精馏塔、吸收塔、压力容器、压力管道等，生产过程具有高温、高压、低温、毒性、腐蚀性、燃烧性、爆炸性、电伤害、机械伤害等危险性，化工企业大多占地面积多、生产装置庞大、投资大、建设周期长、产品附加值高。目前，生产装置基本实现规模化、密闭化、连续化、自动化、敞开化等形式，劳动安全与环境卫生及操作控制条件得到较大改善，化工生产操作控制见图 1-1。生产过程主要表现为化学反应或化学产品加工，这类企业广义上都属于化学工业，具有共同的生产技术特点和相同的技术经济规律，必须坚持"安全第一、预防为主、综合治理"的安全生产方针，保障国民经济持续稳定快速发展。

一、化学工业的分类

世界各国所指的化学工业其基本含义相同，但包括的范围却有较大的差异。

(a) 化工生产现场

(b) 操作控制室概貌

(c) 化工生产装置

(d) 操作控制室现场

图 1-1　化工生产操作控制

　　美国化学工业指生产基本化工产品的企业和产品加工以化学过程为主的企业，以及与石油加工有关的企业。这些企业的产品可分为三大类：一是基本化工产品，如酸、碱、盐以及有机化工产品等；二是需进一步加工使用的化工产品，例如合成纤维、塑料、橡胶等；三是能直接消费的化学产品，例如农药、洗涤剂、涂料等。

　　俄罗斯化学工业指包括石油化学工业在内的工业企业。化工产品分为八个大类：一是无机化学产品和化学原料；二是聚合物、合成橡胶、塑料和化学纤维；三是涂料、颜料材料和产品；四是合成染料和有机中间体；五是有机合成产品（石油产品、炼焦产品和木材化学产品）；六是化学试剂和高纯物质；七是药品和化学制品；八是工业橡胶制品和工业石棉制品。

　　中国化学工业一般理解为包括石油化学工业在内的生产部门。化学工业按三种方式分类：第一种是不受现行管理体制的局限，将化工产品分成 19 大类，该分类方式与国外化学工业的可比性较大；第二种分类方式是与上述产品基本相对应的行业分类，将化学工业分为20 个行业；第三种是国家统计部门在统计工作中对我国化工行业的分类，较为粗略，但与国际上的较通行分类接近。化学工业既是加工工业，也是原材料工业；既包括生产资料的生产，也包括生活资料的生产。三种分类方法涉及化工产品如表 1-1 所示，从中可看出化学工业的产品包括酸碱、无机盐、基本有机原料、合成橡胶、塑料、合成纤维、农药、染料、涂料和颜料、试剂、感光材料、橡胶制品、新型合成材料等，即称为"大化工"。

表 1-1　化工产品分类

序号	按产品分类	按行业分类	统计部门的分类
1	化学矿	化学矿	基本化学原料制造业
2	无机化工原料	无机盐	化学肥料制造业
3	有机化工原料	有机化工原料	化学农药制造业

续表

序号	按产品分类	按行业分类	统计部门的分类
4	化学肥料	化学肥料	有机化学品制造业
5	农药	化学农药	合成材料制造业
6	高分子聚合物	合成纤维单体	日用化学产品制造业
7	涂料、颜料	涂料、颜料	其他化学工业
8	染料	染料和中间体	医药工业
9	信息用化学品	感光和磁性材料	化学纤维工业
10	试剂	化学试剂	橡胶制品业
11	食品和饲料添加剂	石油化工	塑料制品业
12	合成药品	化学医药	
13	日用化学品	合成树脂和塑料	
14	胶黏剂	酸、碱	
15	橡胶和橡塑制品	合成橡胶	
16	催化剂和助剂	催化剂、试剂和助剂	
17	火工产品	煤化工	
18	其他化学产品	橡胶制品	
19	化工机械	化工机械	
20		化工新型材料	

二、化学工业的特点

化学工业在国民经济中起主导作用，生产过程中的工艺技术具有特殊性，具有许多不同于其他工业部门的特点：装置型工业；资金密集型工业；知识密集型工业；高能耗、资源密集型工业；多污染工业。

化工生产过程的中间产物多，副产物也多，可能导致的有害物质排放也相应增多。化工建设项目必须与相应的污染治理工程同步进行，才能获得批准和实施。防止和治理污染是化学工业面临的重要问题，也是化学工业可持续发展必须解决的重要课题。

三、化学工业的地位和作用

化学工业在国民经济中所处的地位非常重要，近年来世界上一些发达国家化学工业产值占整个工业产值的 10% 以上，化学工业历来为世界各国所重视，一般都使其保持超前发展，世界各主要工业化国家化学工业的发展速度一般均高于整个工业平均发展速度，化学工业的发展水平已经成为衡量一个国家综合国力的重要标志之一。近 10 年来我国化学工业的发展速度也高于整个工业平均发展速度，一直都充满着发展的蓬勃生机，生产技术水平和操作环境提高较快。为适应整个国民经济发展，化学工业保持了较高的发展速度，按照科学发展观，认真研究和处理好化学工业中的安全问题，对化学工业乃至对整个社会的经济效益和发展都有重要的意义。

第二节 化工生产的危险性及其分类

石油化学工业的生产具有高温、高压、燃烧性、爆炸性、毒性、腐蚀性等危险特点，在出现泄漏、超温超压、火源、材料腐蚀、误操作等情况下，危险有害因素会引发事故，化工事故现场见图 1-2。

一、燃烧性和火灾危险性分类

1. 基本概念

（1）燃点 燃点是指可燃物质加温受热并点燃后，所放出的燃烧热能使该物质挥发足够量的可燃蒸气来维持燃烧的继续。此时加温该物质所需的最低温度即为该物质的"燃点"，也称"着火点"。物质的燃点越低，越容易燃烧。

(a) 爆炸事故现场

(b) 燃烧事故现场

(c) 泄漏防中毒事故现场

(d) 触电事故现场

图 1-2　化工事故现场

（2）闪点　闪点是指可燃液体挥发出来的蒸气与空气形成的混合物，遇火源能够发生闪燃的最低温度。

（3）自燃点　自燃点是指可燃物质达到某一温度时，与空气接触，无需引火即可剧烈氧化而自行燃烧的最低温度。

（4）引燃温度　引燃温度是指按照标准试验，引燃爆炸性混合物的最低温度。

（5）易燃物质　易燃物质指易燃气体、蒸气、液体和薄雾。

（6）易燃气体　是指以一定比例与空气混合后形成的爆炸性气体混合物的气体。

（7）易燃或可燃液体　是指在可预见的使用条件下能产生可燃蒸气或薄雾。闪点低于 45℃的液体称易燃液体；闪点大于或等于 45℃而低于 120℃的液体称可燃液体。

（8）易燃薄雾　是指弥散在空气中的易燃液体的微滴。

2. 可燃气体的火灾危险性分类

《石油化工企业设计防火规范》GB 50160 中对可燃气体的火灾危险性分类见表 1-2，常见可燃气体的火灾危险性分类举例见表 1-3。

表 1-2　可燃气体的火灾危险性分类

类　别	可燃气体与空气混合物的爆炸下限（体积分数）/%
甲	<10
乙	≥10

表 1-3　常见可燃气体的火灾危险性分类举例

类　别	名　　称
甲	乙炔,环氧乙烷,氢气,合成气,硫化氢,乙烯,氰化氢,丙烯,丁烯,顺丁烯,反丁烯,甲烷,乙烷,丙烷,丁烷,丙二烯,环丙烷,甲胺,环丁烷,甲醛,甲醚,氯甲烷,氯乙烯,异丁烷
乙	一氧化碳,氨,溴甲烷

3. 液化烃、可燃液体的火灾危险性分类

《石油化工企业设计防火规范》GB 50160 中对液化烃、可燃液体的火灾危险性分类见表 1-4,液化烃、可燃液体的火灾危险性分类举例见表 1-5。

4. 生产厂房的火灾危险性分类

《建筑设计防火规范》GBJ 16 中的生产厂房的火灾危险性可按表 1-6 分为五类。

5. 仓库储存物品的火灾危险性分类

《建筑设计防火规范》GBJ 16 中的储存物品的火灾危险性可按表 1-7 分为五类。

表 1-4　液化烃、可燃液体的火灾危险性分类

类　别		名　　称	特　　征
甲	A	液化烃	15℃时的蒸气压力>0.1MPa 的烃类液体及其他类似的液体
	B		甲 A 类以外,闪点<28℃
乙	A	可燃液体	闪点≥28℃至≤45℃
	B		闪点>45℃至<60℃
丙	A		闪点≥60℃至≤120℃
	B		闪点>120℃

表 1-5　常见液化烃、可燃液体的火灾危险性分类举例

类　别		名　　称
甲	A	液化甲烷,液化天然气,液化氯甲烷,液化顺式 2-丁烯,液化乙烯,液化乙烷,液化反式 2-丁烯,液化环丙烷,液化丙烯,液化丙烷,液化环丁烷,液化新戊烷,液化丁烯,液化丁烷,液化氯乙烯,液化环氧乙烷,液化丁二烯,液化异丁烷,液化石油气,二甲胺
	B	异戊二烯,异戊烷,汽油,戊烷,二硫化碳,异己烷,己烷,石油醚,异庚烷,环己烷,辛烷,异辛烷,苯,庚烷,石脑油,原油,甲苯,乙苯,邻二甲苯,间、对二甲苯,异丁醇,乙醚,乙醛,环氧丙烷,甲酸甲酯,乙胺,二乙胺,丙酮,丁醛,二氯甲烷,三乙胺,醋酸乙烯,甲乙酮,丙烯腈,醋酸乙酯,醋酸异丙酯,二氯乙烯,甲醇,异丙醇,乙醇,醋酸丙酯,丙醇,醋酸异丁酯,甲酸丁酯,吡啶,二氯乙烷,醋酸丁酯,醋酸异戊酯,甲酸戊酯,丙烯酸甲酯
乙	A	丙苯,环氧氯丙烷,苯乙烯,喷气燃料,煤油,丁醇,氯苯,乙二胺,戊醇,环己酮,冰醋酸,异戊醇
	B	35 号轻柴油,环戊烷,硅酸乙酯,氯乙醇,氯丙醇,二甲基甲酰胺
丙	A	轻柴油,重柴油,苯胺,锭子油,酚,甲酚,糠醛,20 号重油,苯甲酸,环己醇,甲基丙烯酸,甲酸,乙二醇丁醚,甲醛,糠醇,辛醇,乙醇胺,丙二醇,乙二醇,二甲基乙酰胺
	B	蜡油,100 号重油,渣油,变压器油,润滑油,二乙二醇醚,三乙二醇醚,邻苯二甲酸二丁酯,甘油,联苯-联苯醚混合物

表1-6　生产的火灾危险性分类

生产类别	火灾危险性特征
甲	使用或产生下列物质的生产： ①闪点＜28℃的液体 ②爆炸下限＜10％的气体 ③常温下能自行分解或在空气中氧化即能导致迅速自燃或爆炸的物质 ④常温下受到水或空气中水蒸气的作用，能产生可燃气体并引起燃烧或爆炸的物质 ⑤遇酸、受热、撞击、摩擦、催化以及遇有机物或硫黄等易燃的无机物，极易引起燃烧或爆炸的强氧化剂 ⑥受撞击、摩擦或与氧化剂、有机物接触时能引起燃烧或爆炸的物质 ⑦在密闭设备内操作温度等于或超过物质本身自燃点的生产
乙	使用或产生下列物质的生产： ①28℃≤闪点＜60℃的液体 ②爆炸下限≥10％的气体 ③不属于甲类的氧化剂 ④不属于甲类的化学易燃危险固体 ⑤助燃气体 ⑥能与空气形成爆炸性混合物的浮游状态的粉尘、纤维、闪点≥60℃的液体雾滴
丙	使用或产生下列物质的生产： ①闪点≥60℃的液体 ②可燃固体
丁	具有下列情况的生产： ①对非燃烧物质进行加工，并在高热或熔化状态下经常产生强辐射热、火花或火焰的生产 ②利用气体、液体、固体作为燃料或将气体、液体进行燃烧作其他用的各种生产 ③常温下使用或加工难燃烧物质的生产
戊	常温下使用或加工非燃烧物质的生产

注：1. 在生产过程中，如使用或产生易燃、可燃物质的量较少，不足以构成爆炸或火灾危险时，可以按实际情况确定其火灾危险性的类别。

2. 一座厂房内或本防火分区内有不同性质的产品生产时，其分类应按火灾性危险性较大的部分确定，但火灾危险性大的部分占本层或本防火分区面积的比例小于5％（丁、戊类生产厂房的油漆工段小于10％），且发生事故时不足以蔓延到其他部位，或采取防火设施能防止火灾蔓延时，可按火灾危险性较小的部分确定。

表1-7　储存物品的火灾危险性分类

储存物品类别	火灾危险性的特征
甲	①闪点＜28℃的液体 ②爆炸下限＜10％的气体，以及受到水或空气中水蒸气的作用，能产生爆炸下限＜10％气体的固体物质 ③常温下能自行分解或在空气中氧化即能导致迅速自燃或爆炸的物质 ④常温下受到水或空气中水蒸气的作用能产生可燃气体并引起燃烧或爆炸的物质 ⑤遇酸、受热、撞击、摩擦以及遇有机物或硫黄等易燃的无机物，极易引起燃烧或爆炸的强氧化剂 ⑥受撞击、摩擦或与氧化剂、有机物接触时能引起燃烧或爆炸的物质
乙	①28℃≤闪点＜60℃的液体 ②爆炸下限≥10％的气体 ③属于甲类的氧化剂 ④不属于甲类的化学易燃危险固体 ⑤助燃气体 ⑥常温下与空气接触能缓慢氧化，积热不散引起自燃的物品
丙	①闪点≥60℃的液体 ②可燃固体
丁	难燃烧物品
戊	非燃烧物品

注：1. 储存物品的火灾危险性分类举例见《建筑设计防火规范》GBJ 16附录四。

2. 难燃物品、非燃烧物品的可燃包装重量超过物品本身重量1/4时，其火灾危险性应为丙类。

二、爆炸性和爆炸分区

1. 基本概念

（1）爆炸性概念

① 爆炸极限。易燃气体、易燃液体的蒸气或可燃粉尘和空气混合达到一定浓度时，遇到火源就会发生爆炸。达到爆炸的空气混合物的浓度，称为爆炸极限。爆炸极限通常以可燃气体、蒸气或粉尘在空气中的体积分数来表示。其最低浓度称为"爆炸下限"，最高浓度称为"爆炸上限"。

② 爆炸性气体混合物。大气条件下气体、蒸气、薄雾状的易燃物质与空气的混合物，点燃后燃烧将在全范围内传播。

③ 爆炸气体环境。含有爆炸性气体混合物的环境。

④ 爆炸性粉尘混合物。大气条件下粉尘或纤维状易燃物质与空气的混合物，点燃后燃烧将在全范围内传播。

⑤ 爆炸性粉尘环境。含有爆炸性粉尘混合物的环境。

⑥ 火灾危险环境。存在火灾危险物质以致有火灾危险的区域。

⑦ 自然通风环境。由于天然风力或温差的作用能使新鲜空气置换原有混合物的区域。

⑧ 机械通风环境。用风扇、排风机等设备使新鲜空气置换原有混合物的区域。

（2）爆炸危险性概念

① 爆炸危险区域。爆炸性混合物出现的或预期可能出现的数量达到足以要求对电气设备的结构、安装和使用采取预防措施的区域。

② 非爆炸危险区域。爆炸性混合物预期出现的数量不足以要求对电气设备的结构、安装和使用采取预防措施的区域。

③ 释放源是指可释放出能形成爆炸性混合物的物质所在位置或地点。

④ 释放源分级。释放源按易燃物质的释放频繁程度和持续时间长短分为以下三个基本等级。

- 连续级释放源：预计长期释放或短时频繁释放的释放源；
- 第一级释放源：预计正常运行时周期或偶尔释放的释放源；
- 第二级释放源：预计在正常运行时不会释放，或偶尔短时释放的释放源。

在实际情况中，既存在单一等级释放源，也可能存在两个或两个以上等级释放源的组合。

⑤ 一次危险和次生危险。一次危险是设备或系统内潜在着发生火灾或爆炸的危险，但在正常操作状况下不会危害人身安全或设备完好。次生危险是指由于一次危险而引起的危险，它会直接危害到人身安全、使设备毁坏和建筑物的倒塌等。

⑥ 在爆炸性气体环境中，产生爆炸同时存在两个条件：一是存在可燃气体、可燃液体的蒸气或薄雾，其浓度在爆炸极限范围内；二是有足以点燃爆炸性气体混合物的火花、电弧或高温。

2. 爆炸性气体环境危险区域的划分原则

爆炸性气体环境危险区域的划分原则是根据爆炸性气体混合物出现的频繁程度和持续时间，按规定分0区、1区、2区、附加2区，具体划分条件如下。

① 0区：连续出现或长期出现爆炸性气体混合物的环境；

② 1区：在正常运行时可能出现爆炸性气体混合物的环境；

③ 2区：在正常运行时不可能出现和存在爆炸性气体混合物的环境；

④ 附加2区：当易燃物质可能大量释放并扩散到15m以外时，划分为附加2区或即使

出现也仅是短时爆炸危险区域的范围。

三、介质的毒性和毒性分级

1. 毒物危害程度分级原则

《职业性接触毒物危害程度分级》GB 5044 分级是以急性毒性、急性中毒发病状况、慢性中毒患病状况、慢性中毒后果、致癌性、最高容许浓度等六项指标为基础的定级标准。分级原则是依据六项分级指标综合分析，全面权衡，以多数指标的归属定出危害程度的级别，但对某些特殊毒物，可按其急性、慢性或致癌性等突出危害程度定出级别。

① 急性毒性。以动物试验得出的呼吸道吸入半数致死浓度（LC_{50}）或经口、经皮半数致死量（LD_{50}）的资料为准，选择其中 LC_{50} 或 LD_{50} 最低值作为急性毒性指标。

② 急性中毒发病状况。是一项以急性中毒发病率与中毒后果为依据的定性指标，可分为易发生、可发生、偶尔发生中毒及不发生急性中毒四级。将易发生致死性或致残性中毒定为中毒后果严重；易恢复的定为预后良好。

③ 慢性中毒患病状况。一般以接触毒物的主要行业中，工人的中毒患病率为依据，但在缺乏患病率资料时，可取中毒症状或中毒指标的发生率。

④ 慢性中毒后果。依据慢性中毒的后果，在脱离接触后，分为继续进展或不能治愈、基本治愈、自行恢复四级。并可依据动物试验结果的受损病变性质（进行性、不可逆性、可逆性）、器官病理生理特性（修复、再生、功能储备能力），确定其慢性中毒后果。

⑤ 致癌性。主要依据国际肿瘤研究中心公布的或其他公认的有关该毒物的致癌性资料，确定为人体致癌物、可疑人体致癌物、动物致癌物及无致癌性。

⑥ 最高容许浓度。主要以《工业企业设计卫生标准》TJ 36—70 中车间空气中有害物质最高容许浓度值为准。

2. 毒物危害程度分级标准

按《职业性接触毒物危害程度分级》GB 5044 规定，接触性毒物危害程度共分为四级，见表 1-8。常见职业性接触毒物危害程度分级举例见表 1-9。

表 1-8　职业性接触毒物危害程度分级

指　标		I（极度危害）	II（高度危害）	III（中度危害）	IV（轻度危害）
急性毒性	吸入 $LC_{50}/(mg/m^3)$	<200	200~2000	2000~20000	≥20000
	经皮 $LD_{50}/(mg/kg)$	<100	100~500	500~2500	≥2500
	经口 $LD_{50}/(mg/kg)$	<25	25~500	500~5000	≥5000
急性中毒发病状况		生产中易发生中毒，后果严重	生产中可发生中毒，预后良好	偶可发生中毒	迄今未见急性中毒，但有急性影响
慢性中毒患病状况		患病率高（>5%）	患病率较高（<5%）或症状发生率高（≥20%）	偶有中毒病例发生或症状发生率较高（≥10%）	无慢性中毒而有慢性影响
慢性中毒后果		脱离接触后，继续进展或不能治愈	脱离接触后，可基本治愈	脱离接触后，可恢复，不致严重后果	脱离接触后，自行恢复，无不良后果
致癌性		人体致癌物	可疑人体致癌物	实验动物致癌物	无致癌性
最高容许浓度/(mg/m^3)		<0.1	0.1~1.0	1.0~10	≥10

表 1-9　常见职业性接触毒物危害程度分级举例

级　别	毒　物　名　称
极度危害	汞及其化合物，砷及其无机化合物[①]，氯乙烯，铬酸盐，重铬酸盐，黄磷，铍及其化合物，对硫磷，巯基镍，八氟异丁烯，氯甲醚，锰及其无机化合物，氰化物，苯
高度危害	三硝基甲苯，铅及其化合物，二硫化碳，氯，丙烯腈，四氯化碳，硫化氢，甲醛，苯胺，氟化氢，五氯酚及其钠盐，镉及其化合物，敌百虫，氯丙烯，钒及其化合物，溴甲烷，硫酸二甲酯，金属镍，甲苯二异氰酸酯，环氧氯丙烷，砷化氢，敌敌畏，光气，氯丁二烯，一氧化碳，硝基苯
中度危害	苯乙烯，甲醇，硝酸，硫酸，盐酸，甲苯，二甲苯，三氯乙烯，二甲基甲酰胺，六氟丙烯，苯酚，氮氧化物
轻度危害	溶剂汽油，丙酮，氢氧化钠，四氟乙烯，氨

① 非致癌的无机砷化合物除外。

注：接触多种毒物时，以产生危害程度最大的毒物的级别为准。

四、金属材料的腐蚀性和分级

工业上常见的金属材料，在各种酸、碱、盐溶液中，在大气、土壤及工业用水、海水等介质中，发生的腐蚀多为电化学腐蚀。金属材料在高温气体中的氧化是另一种普遍的腐蚀形式。例如钢铁材料在高温、高压和氢气中发生氢腐蚀，在高温含硫气体中发生硫化腐蚀。

（1）金属耐腐蚀性分级标准　金属耐腐蚀性分为 10 级标准，如表 1-10 所示。

表 1-10　金属耐腐蚀性的 10 级标准

耐腐蚀性类别	腐蚀率/(mm/a)	等级	耐腐蚀性类别	腐蚀率/(mm/a)	等级
Ⅰ 完全耐蚀	<0.001	1	Ⅳ 尚耐蚀	0.1～0.5	6
Ⅱ 很耐蚀	0.001～0.005	2		0.5～1.0	7
	0.005～0.01	3	Ⅴ 欠耐蚀	1.0～5.0	8
Ⅲ 耐蚀	0.01～0.05	4		5.0～10.0	9
	0.05～0.1	5	Ⅵ 不耐蚀	>10.0	10

（2）常用金属材料易产生应力腐蚀破裂的环境组合　常用金属材料易产生应力腐蚀破裂的环境组合见表 1-11。

表 1-11　常用金属材料易产生应力腐蚀破裂的环境组合

合金	环　境	合金	环　境
碳钢及低合金钢	苛性碱溶液 氨溶液 硝酸盐水溶液 含 HCN 水溶液 湿的 CO-CO₂-空气 碳酸盐和重碳酸盐溶液 含 H₂S 水溶液 海水 海洋大气和工业大气 CH_3COOH 水溶液 $CaCl_2$，$FeCl_3$ 水溶液 $(NH_4)_2CO_3$ H_2SO_4-HNO_3 混合酸水溶液	奥氏体不锈钢	$NaCl$＋H_2O_2 水溶液 热 $NaCl$ 湿的氯化镁绝缘物 H_2S 水溶液
		钛及钛合金	红烟硝酸 N_2O_4(含 O_2，不含 NO，24～74℃) 湿 Cl_2(288℃，346℃，427℃) HCl(10%，35℃) H_2SO_4(7%～60%) 甲醇、甲醇蒸气 海水 CCl_4 氟里昂
奥氏体不锈钢	高温碱液[$NaOH$，$Ca(OH)_2$，$LiOH$] 氯化物水溶液 海水，海洋大气 连多硫酸($H_2S_nO_6$，n=2～5) 高温高压含氧高纯水 浓缩锅炉水 水蒸气(260℃) 260℃H_2SO_4 湿润空气(湿度 90%)	铜合金	NH_3 蒸气及 NH_3 水溶液 $FeCl_3$ 水，水蒸气 水银 $AgNO_3$
		铝合金	$NaCl$ 水溶液 海水 $CaCl_2$＋NH_4Cl 水溶液 水银

（3）合金元素在不锈钢和低合金钢中对耐蚀性的影响作用　常见的合金元素在不锈钢和低合金钢中对耐蚀性的影响作用见表 1-12。

表 1-12　合金元素在不锈钢和低合金钢中对耐蚀性的影响作用

元素	不　锈　钢	低合金钢
Cr	提高耐蚀性的基本元素，含量达 13% 时，耐蚀性有突变地提高，在 Cr-Mn-N 钢中，能增加 N 的溶解度	提高抗 H_2S、抗高温高压 H_2、抗 CO_2、抗大气以及海水腐蚀的能力
Ni	扩大钝化范围，提高耐蚀性，尤其在非氧化性介质（如稀硫酸）中	抗碱，耐海水，耐大气腐蚀有一定的作用
Mn	在 Cr-Mn-N 钢中，增加 N 的溶解度，对某些有机酸（如醋酸）有有利影响	
C	与铬形成碳化物，降低耐蚀性，降低抗晶间腐蚀性能	对耐蚀性无有利影响
N	在 Cr-Mn-N 钢中提高在海水中的抗腐蚀能力	
Mo	扩大还原介质中钝化范围，抗 H：H_2SO_4、HCl、H_3PO_4 及某些有机酸，抗腐蚀	提高抗 H_2S、CO、H_2O 以及高温高压 H_2 的腐蚀
Cu	提高在 H_2SO_4 中抗蚀性，与 Mo 同时加入效果显著	抗大气及海水腐蚀
Si	提高氧化性介质中的耐蚀性	
Al	生成较致密氧化膜，在氧化性介质中抗蚀	抗大气、H_2S、碳酸铵及高温炉气
Ti、Nb	生成稳定碳化物，减少 C 的有害作用，保证有效铬抗晶间腐蚀	抗大气、海水、H_2S、高温高压下 H_2、N_2、NH_3

五、石油化工企业可燃气体和有毒气体检测报警

在《石油化工企业可燃气体和有毒气体检测报警设计规范》SH 3063—1999 中，对甲类气体和液化烃、甲$_B$、乙$_A$ 类可燃液体汽化后形成的可燃气体或其中含有少量有毒气体（硫化氢、氰化氢、氯气、一氧化碳、丙烯腈、环氧乙烷、氯乙烯）、蒸气特性见表 1-13，属于Ⅰ级（极度危害）和Ⅱ级（高度危害）的有毒气体进行检测报警。

表 1-13　有毒气体、蒸气特性表

	1	2	3	4	5	6		7	8	9
序号[②]	物质名称	相对密度（气体）	熔点/℃	沸点/℃	闪点/自燃点/℃	爆炸极限（体积分数）/%		最高容许浓度/(mg/m³)	火灾危险性分类	危害程度分级
						下限	上限			
1	一氧化碳	0.97	−199.1	−191.4	<−50/610	12.5	74.2	30	乙[①]	Ⅱ（高度危害）
2	氯乙烯	2.15	−160	−13.9	78/472.22	4	22		甲	Ⅰ（极度危害）
3	硫化氢	1.19	−85.5	−60.4	<−50/260	4	46	10	甲	Ⅱ
4	氯	2.48	−101	−34.5				1		Ⅱ
5	氰化氢	0.93	−13.2	25.7	−17.8/538	5.6	40	0.3	甲	Ⅰ（极度危害）
6	丙烯腈	1.83	−83.6	77.3	−5/480	2.8	28	2	甲$_B$	Ⅱ
7	环氧乙烷	1.52	−112.2	10.4	<−17.8/429	3	100	5	甲	Ⅱ[③]

① 在《石油化工企业可燃气体和有毒气体检测报警设计规范》SH 3063—1999 中视为甲类。

② 本表中，第 1～7 项数值来源基本上以《常用化学危险物品安全手册》为主，并与《工业企业设计卫生标准》TJ 36—79 及《有毒化学品卫生与安全实用手册》进行了对照，第 8 项数值来自《石油化工企业设计防火规范》GB 50160—92；第 9 项数值来自《职业性接触毒物危害程度分级》GB 5044—85。

③ 环氧乙烷危害程度分级中的Ⅱ来自《石油化工企业职业安全卫生设计规范》SH 3047—92。

第三节 安全设计技术

一、安全设计过程的要求

一个工程项目从设想到建成投产这一阶段称为基本建设阶段，这个阶段可以分为三个时期，即投资决策前时期、投资时期和生产时期。投资决策前时期，主要是做好技术经济分析工作，以选择最佳方案，确保项目建设顺利进行和取得最佳经济效果。这项工作在国外分为机会研究、初步可行性研究、可行性研究、评价和决策几个阶段。国内的做法稍有不同，分为项目建议书、可行性研究、编制计划任务书及扩大初步设计等阶段。投资时期包括了谈判和订立合同、设计、施工、试运转等阶段。至于生产时期，当然就是正式投产后进行生产了。基本建设阶段的工作，大部分是与设计工作密切相关的，有些工作甚至直接由设计工作者完成，是设计工作的一个组成部分。

一般按工程的重要性、技术的复杂性并根据计划任务书的规定，可将项目工程设计分为三段设计、两段设计或一段设计。

设计重要的大型企业以及使用比较新和比较复杂的技术时，为了保证设计质量，可以按初步设计、扩大初步设计、施工图设计三个阶段进行。

一般技术上比较成熟的中小型工厂，按初步设计和施工图设计两个阶段进行设计。

技术上比较简单、规模较小的工厂或个别车间的设计，可直接进行施工图设计，即一个阶段的设计。

总之，设计阶段的划分，需按上级的要求、工程的具体情况和设计能力的大小等条件来决定。现将初步设计、扩大初步设计和施工图设计扼要叙述于后。

初步设计：初步设计是根据计划任务书，对设计对象进行全面的研究。探求在技术上可能、经济上合理的最符合要求的方案。初步设计阶段应编写初步设计说明书。

扩大初步设计：一般是根据已批准的初步设计，解决初步设计中的主要技术问题，使之进一步明确化、具体化。在扩大初步设计阶段编写扩大初步设计说明书及工程概算书。

施工图设计：是根据已批准的扩大初步设计进行的。它是进行工程施工的依据，为施工全过程服务。在此设计阶段的设计成品是详细的施工图纸和必要的文字说明书以及工程预算书。

关于安全设计，在设计的各阶段，事前需充分审查并制订与各个设计有关的必要的安全措施。另外，通常在设计阶段中，各技术专业也要同时进行研究，对安全设计一定要进行特别慎重的审查，完全消除考虑不到和缺陷之处。例如化工设备是按图加工和安装，在进入制造阶段以后就难以发现问题，即使万一发现问题，也很难采取完备的改善措施。在安全设计方面一般要求附加下列内容。

① 按化工建设生产程序进行设计和审查。

② 各技术专业都要进行安全审查，制订检查表就是其方法之一。

③ 审查部门或设计部门在设计后期进行综合审查。在综合审查中要征求工艺、设备、电控、自动化、安全、技术管理、生产运行等尽量多的相关专业的意见，提高安全性、可靠性的设计条件。

④ 将设计委托给外部的专业公司完成时，要确立对安全设计充分检验和管理体制。

二、安全设计过程的基本内容

常见安全消防设施见图 1-3，安全设计过程的基本内容如下：

① 装置结构与材料的安全设计；

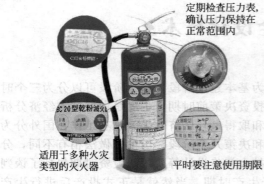

定期检查压力表，
确认压力保持在
正常范围内

适用于多种火灾
类型的灭火器

平时要注意使用期限

(a) 弹簧式安全阀

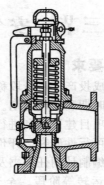

(b) 先导式安全阀

(c) 灭火器

管道散热放空阻火器(ZHQ-R型)

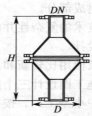

DN	D	H
20	108	334
25	159	338
32	159	372
40	219	376
50	219	376
65	219	456
80	273	458
100	273	462
125	325	490
150	325	506

壳体材质	碳钢、不锈钢、衬里
阻火芯件材质	不锈钢阻火波纹板
密封件材质	耐油石棉橡胶、聚四氟乙烯
工作温度/℃	≤480
公称压力/MPa	0.6～5.0

(d) 阻火器

带吸入接管呼吸阀（HXF-Ⅲ型）　　　　带吸入接管阻火呼吸阀（HXF-ⅢZ型）

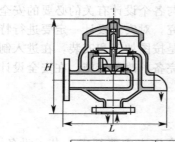

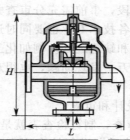

壳体材质	碳钢、铝合金、不锈钢、衬里
阻火芯件材质	不锈钢防爆阻火波纹板
阀盘阀座材质	铝合金、不锈钢
密封件材质	聚四氟乙烯
环境温度/℃	-30～+60
操作压力/Pa	295～+98000

DN	L	H
50	310	350
80	450	500
100	450	500
150	635	600
200	800	700
250	950	820

(e) 呼吸阀

图 1-3　安全消防设施

② 过程安全装置设计；

③ 引燃、引爆能量的安全设计；

④ 危险物处理安全设计；

⑤ 电力及动力系统安全设计；

⑥ 防止误操作的安全设计；

⑦ 防止意外事故破坏或扩展的安全设计；

⑧ 平面布置安全设计；

⑨ 耐火结构安全设计；

⑩ 防止火灾蔓延及爆炸扩展的安全设计；

⑪ 流体局限化安全设计；

⑫ 消防灭火系统安全设计；

⑬ 报警、通信系统安全设计。

第四节 安全控制技术

一、工艺安全控制技术

1. 工艺安全与危险因素分析

（1）安全生产工艺 现代化学工业生产操作过程越来越复杂化和多样化，在生产过程中，开车和停车都有一定程序和操作步骤，特别是大型的石油化工生产过程，其开停车要花很长时间，若出现生产事故，延长开车时间，会造成严重的经济损失。对于间歇生产过程，生产负荷和品种变化多，危险性大，制订安全措施，及时消除异常现象，加强生产调度，按一定的顺序规程进行操作。

在化工生产过程控制系统中，监视和管理整个生产过程是很重要的功能。监视生产过程的变化，采集生产过程的实时数据和历史数据，对寻找出过程的危险因素和优化工艺条件以及分析过程操作都是极为有用的。

（2）影响安全生产的工艺危险因素 在化工生产过程中，安全稳定实现产品设计能力和质量标准极为重要，而在生产过程中各种危险因素和工艺设备特性的改变以及操作的稳定性均影响安全生产，这些影响因素如下。

① 原材料的性质和组成变化。在工业生产过程中，原料性质及成分的变化会严重影响生产的安全运行。

② 产品的变化。市场变化要求改变产品规格型号或更新产品，企业频繁地变化操作影响生产，产生不安全的危险因素。

③ 设备的安全可靠性。生产装置设备数量的增减或损坏或被占用，都会影响生产负荷的变化。

④ 能力匹配。相邻装置或工厂生产能力匹配要合理，以满足整个生产过程物料与能量的平衡与安全运行的需要。

⑤ 生产设备特性的漂移。在工业生产工艺设备中，某些重要的设备其特性随着生产过程的进行会发生变化，如热交换器由于结垢而影响传热效果，化学反应器中的催化剂的活性随化学反应的进行而衰减，有些管式裂解炉随着生产的进行而结焦等。这些特性的漂移和扩展的问题都将严重影响装置的安全运行。

⑥ 控制系统失灵。仪表自动化系统是监督、管理、控制工业生产的关键手段，自动控制系统本身的故障或特性变化也是生产过程的主要危险因素源。例如测量仪表测量过程的噪

声、零点的漂移，控制过程特性改变而控制器的参数没有及时调整以及操作者的操作失误等，这些都是影响装置安全运行的因素。

由于现代工业生产过程规模大，设备关联严密，安全稳定生产十分必要。例如，炼油工业中催化裂化生产过程，采用固体催化剂流态化技术，该生产过程不仅要求物料和能量的平衡，而且要求压力保持平衡，使固体催化剂保持在良好的流态化状态。再如芳烃精馏生产过程，各精馏塔之间不仅物料紧密相连，而且采用热集成技术，前后装置的热量耦合在一起。

2. 工艺参数的安全控制

化工生产过程中，工艺参数主要是指温度、压力、流量、液位及物料配比等。按工艺要求严格控制工艺参数在安全限度以内，实现化工安全生产。

(1) 温度控制　温度是化工生产中主要控制参数之一。如果超温，造成压力升高，有爆炸危险；也可能产生副反应，生产新的危险物。升温过快、过高或冷却降温设施发生故障，还可能引起剧烈反应发生冲料或爆炸。温度过低有时会造成反应速度减慢或停滞，反应温度恢复正常后，出现未反应的物料过多而发生剧烈反应引起爆炸。温度过低还会使某些物料冻结，造成管路堵塞或破裂，致使易燃物泄漏而发生火灾爆炸。控制反应温度时，常可采取以下措施。

① 移除反应热。化工反应一般都伴随着热效应，放出或吸收一定热量。例如，基本有机合成中的各种氧化反应、氯化反应、水合和聚合反应等均是放热反应；而各种裂解反应、脱氢反应、脱水反应等则是吸热反应。为使反应在一定温度下进行，必须向反应系统中加入或移去一定的热量，以防因过热而发生危险。

移除热量的方法目前有夹套冷却、内蛇管冷却、夹套内蛇管兼用、於浆循环、液化丙烯循环、稀释剂回流冷却、惰性气体循环等。

此外，还采用一些特殊结构的反应器或在工艺上采取措施。例如，合成甲醇是一个强烈的放热反应过程，采用一种特殊结构的反应器，反应器内装有热交换装置，混合气与合成气分两路，通过控制一路气体量的大小来控制反应温度。向反应器内加入其他介质，例如通入水蒸气带走部分热量，也是常见的方法。乙醇氧化制取乙醛时，采用乙醇蒸气、空气和水蒸气的混合气体送入氧化炉，在催化剂作用下生成乙醛，利用水蒸气的吸热作用将多余的反应热带走。

② 防止搅拌中断。化学反应过程中，搅拌可以加速热量的扩散与传递，如果中断搅拌可能造成散热不良，或局部反应剧烈而发生危险。因此，要采取双路供电、增设应急人工搅拌装置等可靠的措施。

③ 正确选择传热介质。化工生产中常用的热载体有水蒸气、热水、过热水、碳氢化合物（如矿物油、二苯醚等）、熔盐、汞和熔融金属、烟道气等。充分掌握、了解热载体的性质并进行正确选择，对加热过程的安全十分重要。

(2) 压力控制　压力是生产装置运行过程的重要参数。当管道其他部分阻力发生变化或有其他扰动时，压力将偏离设定值，影响生产过程的稳定，甚至引起各种重大生产事故的发生，因此必须保证生产系统压力的恒定，才能维护化工生产的正常进行。

(3) 投料速度和配比控制　对于放热反应，投料速度不能超过设备的传热能力，否则，物料温度将会急剧升高，引起物料的分解、突沸而产生事故。加料温度如果过低，往往造成物料积累、过量，温度一旦恢复正常，反应便会加剧进行，如果此时热量不能及时导出，温度及压力都会超过正常指标，造成事故。

投料速度太快时，除影响反应速率和温度之外，还可能造成尾气吸收不完全，引起毒气或可燃性气体外逸。例如某农药厂乐果生产硫化岗位，由于投料速度太快，使硫化氢尾气来不及吸收而外逸，引起中毒事故。

　　对连续化程度较高、危险性较大的生产，要特别注意反应物料的配比关系。例如环氧乙烷生产中乙烯和氧的混合反应，其浓度接近爆炸范围，尤其在开停车过程中，乙烯和氧的浓度都在发生变化，而且开车时催化剂活性较低，容易造成反应器出口氧浓度过高。为保证安全，应设置联锁装置，经常核对循环气的组成，尽量减少开停车次数。

　　另一个值得注意的问题是投料顺序问题。例如氯化氢合成应先投氢后投氯；三氯化磷生产应先投磷后投氯；磷酸酯与甲胺反应时，应先投磷酸酯，再滴加甲胺等。反之就可能发生爆炸。

　　加料过少也可能引起事故。有两种情况，一种是加料量少，使温度计接触不到料面，温度指示出现假象，导致判断错误，引起事故；另一种是物料的液相不符合加热面接触（夹套、蛇管加热面）可使易于热分解的物料局部过热分解，同样会引起事故。

　　催化剂对化学反应的速率影响很大，催化剂过量，就可能发生危险。可燃或易燃物与氧化剂的反应，要严格控制氧化剂的投料速度和投料量。能形成爆炸性混合物的生产，其配比应严格控制在爆炸极限范围以外。如果工艺条件允许，可以添加水蒸气、氮气等惰性气体进行稀释。

　　（4）杂质超标和副反应的控制　　反应物料中危险杂质超标导致副反应、过反应的发生，造成燃烧或爆炸。因此，化工生产原料、成品的质量及包装的标准是保证生产安全的重要条件。

　　反应原料气中，有害气体在物料循环过程中，就会越积越多，最终导致爆炸。有害气体可采用吸收、工艺放空等清除方法。例如高压法合成甲醇，在甲醇分离器之后的气体管道上设置放空管，通过控制放空量以保证系统中有用气体的比例。这种将部分反应气体放空或进行处理的方法也可以用来防止其他爆炸性介质的积累。

　　有时为了防止某些有害杂质的存在引起事故，还可以采用加稳定剂的办法。加氰化氢在常温下呈液态，储存中必须使其所含水分低于 1%，然后装入密闭容器中，储存于低温处。为了提高氰化氢的稳定性，常加入浓度为 0.001%～0.5% 的硫酸、磷酸及甲酸等酸性物质作为稳定剂或吸附在活性炭上加以保存。

　　有些反应过程要防止过反应的发生。许多过反应生成物是不稳定的，往往引起事故。如三氯化磷生产中将氯气通入到黄磷中，生成的三氯化磷沸点低（75℃），很容易从反应锅中除去。假如发生过反应，生成固体的五氯化磷，在 100℃ 时才升华，但化学活性较三氯化磷高得多。由于黄磷的过氧化而发生的爆炸事故已有发生。

　　对有较大危险的副反应物，要采取措施不让其在储罐内长久积聚。例如液氯系统往往有三氯化氮存在。目前，液氯包装大多采用液氯加热汽化进行灌装，这种操作不仅使整个系统处于较高压力状态，而且汽化器内也易导致三氯化氮累积，采用泵输送可以避免这种情况。

二、安全用电控制技术

1. 电气设备

　　电气设备一般按照技术标准，根据易燃性气体、蒸气或粉尘存留的危险性将危险场所分类。根据危险场所的种类来选择适合气体、蒸气或粉尘种类的防爆电气设备。

　　一般要根据装置的种类、环境等不同情况具体规定危险场所的种类，选择的防爆结构见图 1-4。

　　① 耐压防爆结构是全封闭结构，即使容器内部发生爆炸，也能承受爆炸压力，由于结构中隔爆间隙作用，不会将外部的爆炸性气体引爆。

　　② 油浸防爆结构是一种将有可能产生火花或电弧的部分浸在油中不会将油面上的爆炸性气体引爆的结构。

　　③ 充气防爆结构是一种通过在容器内部充入保护气体（新鲜的空气或不燃性气体）而保持内压，以此防止爆炸性气体侵入的结构。根据内压的保持方式分为通风式、充压式、封闭式三种。

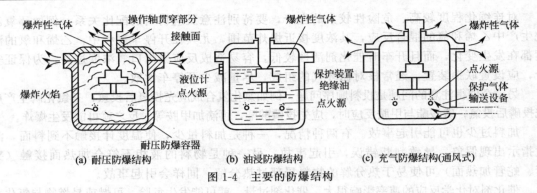

(a) 耐压防爆结构　　　　　(b) 油浸防爆结构　　　　　(c) 充气防爆结构(通风式)

图 1-4　主要的防爆结构

④ 增安防爆结构是一种对在运转中不得产生火花、电弧或过热的部分在温升或结构上特殊增加安全系数的结构。

⑤ 本安防爆结构是经指定检测机构的点火试验及其检验确认运转中以及因短路、接地、断路等产生的火花、电弧或热量不会引燃爆炸性气体的结构。

表 1-14 所示为爆炸性危险场所气体、蒸气分类分析。

表 1-14　爆炸性危险场所气体、蒸气分类分析

第一类场所
①在通常的使用状态下,有可能存留易燃性气体而造成危险的场所
②因维修、保养或泄漏等原因,有可能经常存留易燃性气体而造成危险的场所
第二类场所
①封在密闭容器或者设备内的易燃性气体,只在容器或设备发生事故而破损以及误操作时才会产生泄漏造成危险的场所
②采用可靠的机械通风装置,不会存留易燃性气体,但在通风装置发生异常或事故时,有可能存留易燃性气体而造成危险的场所
③在第一类场所的周围或相通的室内有可能经常侵入达到临界浓度的易燃性气体的场所
0 类场所
在通常状态下,易燃性气体的浓度持续达到爆炸下限以外的场所(包括超过爆炸上限,但有可能达到爆炸界限以内的场所)

2. 防静电措施

化工装置的静电是在进行下列运转、操作时产生的。液体在配管中流动时,由于摩擦而产生静电,由液体本身输送电荷而产生流动电流。液体的固有电阻越大产生的静电越多,各种化学物质的固有电阻如表 1-15 所示。一般认为在 $10^{10} \sim 10^{15} \Omega \cdot cm$ 的液体中会产生危险的静电,在 $10^{13} \Omega \cdot cm$ 时最危险,如果在 $10^{6} \Omega \cdot cm$ 以下,即可视为无静电荷集积。产生的电流大小与液体流速的 1.75 次方成正比。

容器内流入石油类物质及溶剂时,电位随时间的变化而发生增减,流入几分钟内达到最高电位,如果停止流入,则随时间的推移使电荷渐渐分散。分散时间因油品种类、容量及流入量的大小而异;在搅拌或过滤固有电阻高的液体时也会发生静电;有压力的气体夹带液滴喷射时和液体成雾沫状同其蒸气一起喷射时也会发生静电;带电量因湿度不同而不同,湿度在 60%以下时,由于静电难以分散到大气中,所以电荷量增加而成危险状态。

在设计方面应考虑的防静电措施,储罐或塔槽类以及这些设备所附带的配管等全部金属部分进行电气连接(接线),以防产生电位差,为了分散电荷要进行接地,接地电阻通常为 10Ω 以下;为了避免流入时流体雾化冲击产生静电,储罐的进料管要设置在储罐的下部,并且设在计量口的对面一侧。另外,储罐内液体的搅拌应避免采用空气或蒸汽,而采用机械搅拌;设计的设备和储罐的装料速度开始在 1m/s 以下按照管理的大小确定安全流速;油罐车或油罐汽车的装卸场所应设置供接线及接地的设备。油轮的码头应设置使油轮和配管同电位的接地开关。另外，根据需要，同陆地配管之间设置绝缘连接器，见图 1-5(a)、(b)；为了迅速消散静电，应设置使环境湿度达到相对湿度 65%～75% 以上的设备。在室内应喷蒸汽、洒水或采用空调设备，在室外时应设置地面洒水设备。

表 1-15　各种化学物质的固有电阻

物质名称	固有电阻/Ω·cm	物质名称	固有电阻/Ω·cm
原油	$10^7 \sim 10^9$	氯乙烯单体	1.3×10^{10}
重油(c)	$8.1 \times 10^8 \sim 8.6 \times 10^8$	丙酸丁酯	1.6×10^9
轻油	$1.8 \times 10^{12} \sim 3.1 \times 10^{12}$	醋酸丁酯	9.2×10^8
煤油	$9.0 \times 10^{10} \sim 7.3 \times 10^{14}$	醋酸乙酯	1.7×10^7
喷气发动机燃料(JP-4)	$9.9 \times 10^{11} \sim 2.8 \times 10^{14}$	乙二醇乙醚	5.8×10^6
喷气发动机燃料(JP-1)	$9.2 \times 10^{13} \sim 2.7 \times 10^{14}$	醋酸	
粗汽油、汽油	$1.7 \times 10^{14} \sim 5.9 \times 10^{13}$		
苯	1.6×10^{13}	苯酚	4×10^6
甲苯	2.5×10^{13}	甲醇	$< 4 \times 10^6$
二甲苯	2.8×10^{11}	变性乙醇	$< 4 \times 10^6$
二硫化碳	7.5×10^{11}	丁醇	$< 4 \times 10^6$
四氯化碳	1.0×10^{14}	丙酮	$< 4 \times 10^6$
四氯乙烯	5.0×10^{13}	甲基乙基甲酮	$< 4 \times 10^6$
氯乙烯	6.1×10^{11}	甲基异丁基甲酮	$< 4 \times 10^6$
		乙二醇乙醚	$< 4 \times 10^6$

3. 雷电

雷电是大气中产生的一种静电，雷击所产生的最高温度瞬间可达 10000℃ 左右，其压力最大可达 10MPa 左右，具有极大的破坏力。往往该地区最高的构筑物容易遭受雷击，周围低的构筑物受到保护免受直接雷击，但是其范围是从最高构筑物的顶点开始，与垂直线成 60° 保护角的圆锥面。为了防止因雷击而破坏构筑物，可采取用线等导体将雷电流释放到地下的方法，来防止发热、机械性破坏。有关技术标准对避雷针等防雷措施作了规定，高度超过 20m 的构筑物应设置避雷针，但对铁构架、塔、钢制储罐等导电性好的构筑物可以不设置避雷针，只进行接地即可。见图 1-5(c)、(d)、(e)。

4. 杂散电流

虽然杂散电流对化工装置的电气设备或周围的电缆桥架绝缘很好，但有极微量的电流流入构筑物或大地中，这些电流被称为杂散电流。该电流通常是低压，但构筑物大面积与地面接触时，就会造成较高的电压，有可能发生电火花。另外，即使是低压电流，有时也会促使地下管道的电化学腐蚀。目前，虽然对杂散电流还不能避免，也不能进行检验或计算，可是作为安全措施和防静电措施，进行接地处理就可以了。另外，电缆桥架的引入线与主线之间也需要绝缘接地。应建立的技术标准：防静电、雷击和杂散电流的点火装置的保护。

三、仪表自控安全技术

自动化系统按其功能分为四类。

1. 自动检测系统

对机器、设备及过程自动进行连续检测，把工艺参数等变化情况显示或记录出来的自动化系统。从讯号连接关系上看，对象的参数如压力、流量、液位、温度、物料成分等讯号送往自动装置，自动装置将此讯号变换、处理并显示出来。

2. 自动调节系统

通过自动装置的作用，使工艺参数保持为定值的自动化系统。工艺系统保持给定值是稳定正常生产所要求的。从讯号连接关系上看，欲了解参数是否在预定值上，就需要进行检

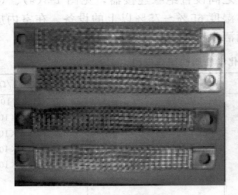

(a) 防静电跨接连接

(b) 防静电工作服

(c) 生产区防雷

(d) 建筑物防雷

金属接地
引下线
地面
回填土
金属接地体
降电阻剂

垂直接地体的埋设

金属接地引下线
地面
回填土
降电阻剂
金属接地体
金属支架

水平接地体的埋设

填土夯实
水平接地极
降阻剂

水平接地极敷设降阻剂时的剖面图

(e) 防雷防静电接地

图 1-5　防雷防静电措施

测，即把对象的讯号送往自动装置，与预定值比较后，将一定的命令送往对象，驱动阀门产生调节动作，使参数趋近于给定值。

3. 自动操纵系统

对机器、设备及过程的启动、停止及交换、接通等工序，由自动装置进行操纵的自动化系统。操作人员只要对自动装置发出指令，全部工序即可自动完成，可以有效地降低操作人员的工作强度，提高操作的可靠性。

4. 自动讯号、联锁和保护系统

机器、设备及过程出现不正常情况时，会发出警报或自动采取措施，以防事故，保证安全生产的自动化系统。有一类仅仅是发出报警讯号的，这类系统通常由电接点、继电器及声光报警装置组成。当参数超出容许范围后，电接点使继电器动作，利用声光装置发出报警讯号。另一类是不仅报警，而且自动采取措施。例如，当参数进入危险区域时，自动打开安全阀，或在设备不能正常运行时自动停车，或将备用的设备接入等。这类系统通常也由电接点及继电器等组成。

上述四种系统都可以在生产操作中起到控制作用。自动检测系统和自动操纵系统主要是使用仪表和操纵机构，若需调节则尚需人工操作，通常称为"仪表控制"。自动调节系统则不仅包括检测和操作，还包括通过参数与给定值的比较和运算而发出的调节作用，因此也称为"自动控制"。

第五节　安全技术经济的发展

现代社会来自技术风险的意外事故给社会、经济及人类生命、健康造成严重的损害和巨大的损失，生产安全问题引起了社会、政府以及学术界的极大关注。中国每年因各类事故造成的经济损失在 2000 亿元 [约占 GDP（国内生产总值）的 2%] 以上，相当于每年损失两个三峡工程。中国特种设备的事故发生率是发达国家的 5～6 倍。中国的安全监察人员万人（职工）配备相当低，如果以中国目前从业人数约 2.4 亿人计，按发达国家的较低水平，中国的专职安全监察人员至少需配备 3 万人，而中国现在不到 1 万人。在投入总量上，中国 20 世纪 90 年代企业年均生产安全总投入（包括安全措施经费、劳动防护用品等）占 GDP 的比例为 0.703%，不到 1%，而发达国家的安全投入一般占到 GDP 的 3% 以上。面对事故的巨大经济损失和生产装置的大量安全投入，必须研究安全经济科学理论和方法，指导安全经济活动。

1. 安全生产对国民经济发展的作用

整个国民经济是由一个个相互联系、相互制约的相对独立的生产企业经济组织组成的。企业经济是构成国民经济的基础，企业经济目标的完成和发展需要安全生产的保障。因此，企业安全生产同国民经济是不可分割的整体。没有安全生产的保证体系，就不可能有企业的经济效益；没有企业的经济效益，国民经济目标就不可能实现。所以安全生产是实现国民经济目标的重要途径。

2. 安全生产的劳动价值

安全生产的价值不在于生产什么，而在于怎样生产，如何创优质高效，实现产品质量安全。它是以最终提高产品的使用价值（通常是由许多工序和从许多方面创造的使用价值）的劳动而创造的，不能说最后谁拿出产品就是谁创造的。例如在采煤过程中，凿岩工没有挖出煤来，也不能因此否定其所创造的价值。

安全劳动和生产劳动同属于企业生产活动的过程。从保障生产顺利进行的意义上说，安全劳动处于一种特殊地位并起着特殊的作用。它的特殊地位和特殊作用在于能够保障决策劳动和生产劳动，将生产的需要性和可能性变为现实。

3. 安全生产的经济学意义

以前机械加工企业总是不愿意增加安全防护设施，企业家认为这些机器发生事故是在所难免的，一旦发生了事故，工人自己就会有经验，从而会变得很小心的。但是，当企业家采取了有效的安全防护措施后，由于有效的安全防护措施减轻了工人对损伤的顾虑，结果劳动生产率大幅度提高。例如一位德国安全工程师对一家有 1000 名员工的大型皮革厂的调查分析，由于雇员眼睛的轻度损害，使这个工厂每年损失 1500 个工时，其价值大约为 4.5 万马克，如果给工人购买防护眼镜，只需要花费 1.5 万马克就够了。通过这样的经济计算，雇主马上决定给工人购买防护眼镜。

　　许多企业进行安全与健康投资，不仅是为了经济利益，还有个人的动机，为了促进自身事业发展的需要，防止由于某些事故发生而受到法律的制裁或其他惩罚。

　　4. 安全生产与社会经济发展的关系

　　一些西方国家的研究表明，伤亡事故的发生及其严重程度与经济发展周期的变化是一致的，即在经济萧条时期，伤亡事故的发生及严重程度会下降，而在高度就业时期则会上升。经济学家对此的解释是，在萧条时期，更多有经验、受过高等训练的雇员被企业留下了，而没有经验、受训练较少的雇员则被解雇了。与此相反，在充分就业时期，大批无经验、稍受训练或者未受训练的工人进入到一般企业中做工，因而造成事故比率增加。另外，萧条时期平均工作时间趋于减少，疲惫作为工伤事故的原因也减少了。相反，充分就业时期平均工作时间显著地增加，而且许多工人在同一时期内从事多种动作的机会也增多了。其结果很可能是工人的平均疲惫程度高，从而导致工伤事故的发生率和严重率上升。

　　这种理论在一定的程度上可以解释中国目前的安全生产情况（中国目前正处于经济增长期，工矿事故率高发）。但中国的制度毕竟与西方国家不同，体制也不一样，因此也决不能盲目地套用西方理论，必须具体问题具体分析。在这几年经济高速发展的时期，中国就业人口大幅度增加，但中国是一个人口大国，广大农村仍然有大批的剩余劳动力，中国的经济结构正处于调整和转型期，城镇工人也并没有达到上述理论所说的充分就业。在中国，劳动力水平普遍低下，部分管理者缺乏应有的道德修养，有关的安全生产制度还不健全，甚至出现一些有法不依、执法不严等现象，特别是面临经济高速增长期，遇到了一些前所未有的问题，在这些问题的处理上还缺乏足够的经验等。所有这些因素混合在一起导致了这几年工矿事故的居高不下。

　　安全生产的情况是衡量一个国家社会经济发展水平的标志，经济发达国家的总体安全生产状况优于发展中国家。但是应该清楚地认识到，无论是发达国家还是发展中国家，政府、社会和公众对安全生产的要求和需求是一致的。

　　人类的安全水平很大程度上取决于经济水平。一方面，经济水平决定了安全投入的力度，另一方面，经济水平制约了安全技术水平和保障标准。世界万人死亡率见表 1-16，中国万人死亡率见表 1-17。

表 1-16　部分国家人均 GDP 与 10 万人死亡率和亿元 GDP 死亡率统计数据及排序

国　家	人均 GDP(2001 年)/美元	10 万人死亡率(1999 年)	亿元 GDP 死亡率(1999 年)	回归模型
乌克兰	626	9.2	3.51	0.92
中国	803	8.1	1.09	0.91
俄罗斯	1264	14.4	1.37	0.87
罗马尼亚	1569	7	1.12	0.84
泰国	1993	11.5	0.53	0.80
墨西哥	4797	9	0.18	0.61
阿根廷	7668	21.6	0.40	0.46
西班牙	14912	9.5	0.19	0.22
意大利	20317	8	0.09	0.13
澳大利亚	20563	4	0.07	0.13
加拿大	20613	6.7	0.12	0.12
法国	24010	4.5	0.06	0.09
英国	24244	0.7	0.01	0.09
德国	25507	3.42	0.07	0.08
奥地利	25733	4.9	0.07	0.07
丹麦	32834	4	0.04	0.04
美国	34096	4	0.06	0.03
日本	34426	3.3	0.05	0.03

　　注：各国人均 GDP 数据为国际相关组织 2001 年公布的数据；各国 10 万人死亡率数据为 ILO 公布的 1999～2000 年各国的数据。

从统计分析数据和回归模型中，可以看出，随人均 GDP 增加，事故率呈下降趋势。其中，反映经济发展水平的人均 GDP 指标与 10 万人死亡率指标相关性不强，但与具有经济信息量的亿元 GDP 死亡率指标具有显著相关性。

2003 年，中国人均 GDP 首次突破 1000 美元，而且中国经济正处在高速发展时期。应用 50 多年来中国工伤事故人数与同期国民经济增长率等有关数据，分析了两者之间的影响与作用，结果显示：在当前生产力条件下，职业工伤事故死亡率与国民经济水平密切相关。中国 2002 年各省市的各类事故亿元 GDP 死亡率和人均 GDP 的水平数据见表 1-17。

表 1-17　中国各省市各类事故亿元 GDP 死亡率和人均 GDP 数据统计

序号	省份	亿元 GDP 死亡率	2002 年人均 GDP/元	序号	省份	亿元 GDP 死亡率	2002 年人均 GDP/元
1	贵州	2.4746	3106	17	湖北	0.6789	7813
2	甘肃	2.1318	4493	18	新疆	1.8870	8365
3	广西	1.7385	5062	19	河北	1.0975	9070
4	云南	1.7465	5178	20	黑龙江	0.8089	10235
5	陕西	1.3649	5523	21	安徽	1.3998	10251
6	四川	1.3292	5638	22	吉林	1.2657	11059.8
7	江西	1.4584	5828	23	山东	0.9303	11643
8	宁夏	3.2423	5861	24	辽宁	0.9247	13000
9	河南	1.1001	5924	25	福建	0.9193	13510
10	西藏	2.3091	6000	26	江苏	0.7025	14397
11	山西	2.1401	6098	27	广东	1.1092	14999
12	海南	0.9258	6353	28	浙江	0.9904	16570
13	重庆	0.9452	6364	29	天津	0.6531	22068
14	青海	2.4487	6424	30	北京	0.5383	27746
15	湖南	1.1058	6565	31	上海	0.3245	41300
16	内蒙古	1.4773	7233				

5. 安全生产对企业商誉影响

商誉是指企业由于各种有利条件或历史悠久积累了丰富的从事本行业的经验，或产品质量优异、生产安全，或组织得当、服务周到，以及生产经营效率较高等综合因素，使企业在同行业中处于较为优越的地位，因而在客户中享有良好的信誉，从而获得超额效益的能力。商誉是在可确指的各类资产基础上所获得的额外高于正常投入报酬能力所形成的价值，是企业的一项受法律保护的无形资产。商誉是企业经过多年的各方面的努力才赢得的，但是，只要发生一次安全事故，就有可能将企业商誉毁于一旦。一个具备良好商誉的企业必然是一个安全状况良好、生产稳定的企业。如果一个企业事故频发，劳动者职业危害严重，生产就不可能稳定，产品质量就不可能优异，企业就无商誉可言，也就不可能在竞争中处于有利地位，更不可能在同行业中获得高于平均收益率的利润。安全事故可能会导致企业蒙受巨大的损失和严重的人员伤亡，带来不良的社会影响。

（1）安全技术经济发展的正面影响　据联合国统计，世界各国平均每年支出的事故费用约占总产值的 6%。ILO 编写的《职业健康与安全百科全书》提出："可以认为，事故的总损失即是防护费用和善后费用的总和。在许多工业国家中，善后费用估计为国民生产总值的 1%～3%。事故预防费用较难估计，但至少等于善后费用的两倍。"

1980～1986 年，全世界平均国民生产总值年增长率为 2.6%，其中发达国家除日本外，均在 2% 左右徘徊。这一比率大大低于因职业伤害所造成的比率。所以国际劳工组织的官员惊呼：事故之多，损失之大，真使人触目惊心。

中国对安全对经济的正面作用作了更为深入的研究。研究表明，在必要、有效的前提下，安全生产的投入具有明显、合理的产出。研究得到，20世纪80年代中国安全生产的投入产出比是1∶3.65；20世纪90年代中国的安全生产投入产出比是1∶5.83。安全生产的投入产出比水平与20世纪90年代中期工业领域总的投入产出比1∶3.6相比，显然安全投入有较大的经济效益，因此，各级领导和生产经营单位负责人应转变长期以来将安全当作"包袱"或"无益成本"的不明智的观点。

安全生产对社会经济的影响，不仅表现在减少事故造成的经济损失方面，同时，安全对经济具有"贡献率"，安全也是生产力。因此，重视安全生产工作，加大安全生产投入对促进国民经济持续、健康、快速发展和坚持以经济建设为中心是完全一致的。

国家安全生产监督管理局2003年鉴定的《安全生产与经济发展关系研究》研究课题，针对中国20世纪80年代和90年代安全生产领域的基本经济背景数据，应用宏观安全经济贡献率的计算模型，即"增长速度叠加法"和"生产函数法"，经过理论的研究分析和数据的实证研究，获得安全生产对社会经济（国内生产总值GDP）的综合（平均）贡献率是2.40%，安全生产的投入产出比高达1∶5.8。

实际上，由于不同行业的生产作业危险性不同，其安全生产所发挥的作用也不同，因此，对于不同危险性行业的安全生产经济贡献率也不一样。因此，分析推断出不同危险性行业安全生产经济贡献率为：高危险性行业约7%；一般危险性行业约2.5%；低危险性行业约1.5%。

"生产必须安全，安全促进生产"，这是整个经济活动最基本的指导原则之一，也是生产过程的必然规律和客观要求，因此，安全生产是发展国民经济的基本动力。

（2）安全技术经济发展的负面影响　美国劳工调查署（BLS）对美国每年的事故经济损失进行统计研究，其结果占GDP比例为1.9%，1992年事故损失总额高达1739亿美元。研究还表明，事故损失总量随着经济的发展有不断上升的趋势。

根据英国国家安全委员会（HSE）研究资料，一些国家事故损失占GDP的比例见表1-18。

表1-18　职业事故和职业病损失占GDP比例对比

国家	基准年	事故损失占GDP比例/%	国家	基准年	事故损失占GDP比例/%
英国	1995/1996	1.2～1.4	瑞典	1990	5.1
丹麦	1992	2.7	澳大利亚	1992/1993	3.9
芬兰	1992	3.6	荷兰	1995	2.6
挪威	1990	5.6～6.2			

从表1-18可以看出，虽然各国对事故经济损失的统计水平不尽相同，但是可以确定的是事故造成的经济损失是巨大的，事故对社会经济的发展影响是比较大的。

国际劳工组织局长胡安·索马维亚说：人类应加强对工伤和职业病的关注。他还指出，目前工伤事故和职业病给世界经济造成的损失已相当于目前所有发展中国家接受的官方经济援助的20倍以上，这将造成世界GDP减少4%，这一数字还不包括一部分癌症患者和所有传染性疾病。

第六节　任务案例

一、锅炉腐蚀事故

1. 事故概况及经过

1987年11月末，牡丹江某纺织厂，一台生产用的SHL20-1.27/250型锅炉发生了一起严重腐蚀渗漏的重大事故。

1987年对锅炉进行定期检验时，发现锅炉内有结垢现象，1987年7月2日～5日，清洗公司对锅炉进行了硝酸清洗，缓蚀剂采用Lan-826新技术。清洗后检验时，该厂认为垢没有清净，不予验收。当时清洗公司提出再清洗一次，该厂也同意，但没有及时进行。间隔了两个月，1987年9月5日～7日进行了第二次清洗。第二次清洗后，该厂虽作了验收，但因第一次酸洗后发现有一根下降管有一小孔漏水，对该管进行了修理，而对其他管子没有采取保养措施。第二次酸洗两个月后，于1987年11月30日对锅炉进行水压试验，加水时发现对流管束于下锅筒胀口处有四、五处漏水，进一步检查后发现锅筒与管束内壁均有严重腐蚀，致使这台锅炉无法投入使用。初步估算，直接经济损失达20万元。

2. 事故原因分析

造成这起事故的直接原因是：酸洗过程中严重违反酸洗常规工艺所致。

① 清洗前未对炉内状态进行检查。

② 没有制订酸洗方案。

③ 缓蚀剂已超过一年保管期，使用前又未作试验而盲目使用。

④ 酸洗过程中未对酸浓度及三价铁离子进行测定化验。

⑤ 酸洗后未作碱中和钝化处理，只是打开人孔，站在锅筒外用水龙头进行了短时冲洗。

⑥ 在两个月时间内进行了两次酸洗，时间长达96h之多，循环时间36h。

⑦ 酸洗后未进行保养处理，因而加剧了腐蚀程度。

3. 防止同类事故的措施

锅炉酸洗工艺应认真对待，由于酸洗不正确，造成腐蚀的事故不断发生，因此，对进行锅炉酸洗的单位，一定要具备必要的条件，如人员素质、缓蚀剂的使用、配比以及酸洗工艺等，人员应具有相当的经验和水平。

二、静电引起甲苯装卸槽车爆炸起火事故

1. 事故概况

某年7月22日9时50分左右，某化工厂租用某运输公司一辆汽车槽车，到铁路专线上装卸外购的46.5t甲苯，并指派仓库副主任、厂安全员及2名装卸工执行卸车任务。约7时20分，开始装卸第一车。由于火车与汽车槽车约有4m高的位差，装卸直接采用自流方式，即用4条塑料管（两头橡胶管）分别插入火车和汽车槽车，依靠高度差，使甲苯从火车罐车经塑料管流入汽车罐车。约8时30分，第一车甲苯约13.5t被拉回仓库。约9时50分，汽车开始装卸第二车。汽车司机将车停放在预定位置后与安全员到离装卸点20m的站台上休息，1名装卸工爬上汽车槽车，接过地上装卸工递上来的装卸管，打开汽车槽车前后2个装卸孔盖，在每个装卸孔内放入2根自流式装卸管。4根自流式装卸管全部放进汽车槽罐后，槽车顶上的装卸工因天气太热，便爬下汽车去喝水。人刚走离汽车约2m远，汽车槽车靠近尾部的装卸孔突然发生爆炸起火。爆炸冲击波将2根塑料管抛出车外，喷洒出来的甲苯致使汽车槽车周边一片大火，2名装卸工当场被炸死。约10min后，消防车赶到。经10多分钟的扑救，大火全部扑灭，阻止了事故进一步的扩大，火车槽基本没有受损害，但汽车已全部烧毁。

2. 背景材料

据调查，事发时气温超过35℃。当汽车完成第一车装卸任务并返回火车装卸站时，汽车槽罐内残留的甲苯经途中30多分钟的太阳暴晒，已挥发到相当高的浓度，但未采取必要的安全措施，直接灌装甲苯。

没有严格执行易燃、易爆气体灌装操作规程，灌装前槽车通地导线没有接地，也没有检

测罐内温度。

　　3. 事故原因分析

　　① 直接原因是装卸作业没有按规定装设静电接地装置，使装卸产生的静电火花无法及时导出，造成静电积聚过高产生静电火花，引发事故。

　　② 间接原因高温作业未采取必要的安全措施，因而引发爆炸事故。

　　4. 事故教训与防范措施

　　① 立即开展接地静电装置设施的检查和维护，加强安全防范，严防类似事故的发生。

　　② 完善全公司安全规章制度。事故发生后，针对高温天气，公司明确要求，灌装易燃、易爆危险化学品，除做好静电设施接地外，在第二车装卸前，必须静置汽车槽车 5min 以上或采取罐外水冷却等方式，方可灌装。

　　③ 进一步健全公司安全管理制度，充实安全管理力量，落实好安全责任制，强化安全管理手段和措施。

课 后 任 务

一、情景分析

1. 偶氮二异丁腈发生爆炸燃烧事故

　　2011 年 4 月 13 日 22 时 12 分，黑龙江省大庆市让胡路区喇嘛甸镇某化工厂非法生产偶氮二异丁腈过程中发生爆炸燃烧。现场作业人员共计 14 人，9 人当场死亡（6 男 3 女），另 5 人无恙。事故发生后，大庆市委、市政府立即启动应急预案，黑龙江省委常委、大庆市委书记、大庆市市长等官员立即赶赴现场指挥抢险救援，采取紧急措施防止发生次生灾害，并对善后处理工作作出部署。大庆市公安、安监、消防、环保等部门迅速到达事故现场开展抢险救援、环境监测等工作，火情于 22 时 40 分被扑灭。事故发生后，黑龙江省省长做出批示，要求尽快查明事故原因，举一反三，防止类似事故发生。黑龙江省副省长、黑龙江省安监局长赶赴现场，指导事故调查和善后处理等事宜。目前，事故危险源已经消除，工厂已停产关闭。经环保部门现场多点监测，空气质量指标没有超过工业企业污染排放标准值，对周边生产生活环境未造成影响。

　　请分析该事故教训与防范措施。

2. 泄漏燃烧事故

　　贵阳市白云区某化工厂事故经核实为原料泄漏燃烧，事故造成 5 人受伤。事发地方圆 1.5km 范围内 2 万余群众被紧急疏散。

　　2013 年 2 月 25 日 10 时 20 分左右，位于贵阳市麦架景宏工业园的某化工厂发生泄漏燃烧事故，事发地附近有贵州师范大学白云校区。事故发生后，包括白云校区学生在内的 2 万余人全部疏散。受伤的 5 人均为化工厂职工，其中 4 名被烧伤者已转入贵阳医学院附属医院救治，1 名轻伤员在贵阳市金阳医院救治，伤员均无生命危险。

　　贵阳市投入 20 多台消防车参与抢险。截至下午 14 时 40 分，化工厂部分厂房仍在燃烧，在几公里外可见浓烟，空气中伴有刺鼻气味。当地政府组织开展空气和水环境监测，并严防次生事故和灾害发生。

　　请分析该事故教训与防范措施。

二、综合复习

　　1. 化学工业的特点是什么？化工装置建设过程是什么？化工生产的危险性是什么？燃点、闪点、爆炸极限的基本概念是什么？

2. 参观化工企业，了解化工生产过程，了解产品应用和市场需求，熟悉生产工艺和物料性质及安全管理，编写一份化工生产认识实习报告。

3. 化工生产火灾危险性如何分类？爆炸性气体环境危险区域如何分级？职业性接触毒物危害程度如何分级？金属耐腐蚀性标准如何分级？

4. 环氧乙烷的沸点 10.4℃、闪点为 78℃、爆炸极限为 3%～100%，环氧乙烷生产厂房的火灾危险性为哪类？环氧乙烷正常生产时不可能出现爆炸性气体混合物的环境，环氧乙烷生产装置划为几区？

5. 加油站汽油为液体，其闪点小于 0℃、爆炸极限为 1.4%～7.6%，加油站的火灾危险性为哪类？

6. 酒厂的乙醇沸点 78.4℃、闪点 12℃、爆炸极限为 3.3%～19%，酒精储罐区正常生产时不可能出现爆炸性气体混合物的环境，酒精储罐区按爆炸性气体环境危险区域划为几区？

7. 合成氨厂中氨合成车间有进塔合成气（H_2、N_2）、气氨、液氨等物料，通过查阅资料，分析氨合成车间的火灾危险性分级、爆炸性分区、接触物毒性等级和腐蚀性分级。

8. 如何合理选择防爆电气设备？

9. 安全生产的劳动价值是什么？安全生产的主要任务是什么？

第二章　危险化工工艺安全技术

➕ **学习目标：**

学习危险化工工艺的概念和基本类型，熟悉影响化工反应过程的危险因素，掌握其安全生产的控制技术。重点学习光气及光气化工艺、电解工艺（氯碱）、氯化工艺、硝化工艺、合成氨工艺、裂解（裂化）工艺、氟化工艺、加氢工艺、重氮化工艺、氧化工艺、过氧化工艺、氨基化工艺、磺化工艺、聚合工艺、烷基化工艺、新型煤化工工艺、电石生产工艺、偶氮化工艺等危险化工工艺安全控制技术，预防化工生产过程中化工反应的危险产生，培养学生具有稳定化工反应操作过程和控制安全生产的工作能力。

第一节　重点监管的危险化工工艺

化工生产过程就是通过各种化学反应和非反应化工单元操作生产化工产品的动态过程。化工反应过程存在超温、超压危险性，化工反应所需原料和生成的物质会有燃烧、爆炸、腐蚀等危险性。通过认识各种危险化工工艺过程的危险性质，可以有效地采取相应的安全措施。化工反应过程危险性的识别，不仅应考虑主反应，还需考虑可能发生的副反应、杂质或杂质积累所引起的反应、材料腐蚀反应等。根据化学反应的工艺条件制定操作规程和安全生产技术。

国家安全监管总局 2009 年公布《首批重点监管的危险化工工艺目录》和《首批重点监管的危险化工工艺安全控制要求、重点监控参数及推荐的控制方案》，包括光气及光气化工艺、电解工艺（氯碱）、氯化工艺、硝化工艺、合成氨工艺、裂解（裂化）工艺、氟化工艺、加氢工艺、重氮化工艺、氧化工艺、过氧化工艺、氨基化工艺、磺化工艺、聚合工艺、烷基化工艺。国家安全监管总局 2013 年公布了第二批重点监管危险化工工艺目录、第二批重点监管危险化工工艺重点监控参数、安全控制基本要求及推荐的控制方案、调整的首批重点监管危险化工工艺中的部分典型工艺，第二批重点监管的危险化工工艺包括新型煤化工工艺：煤制油（甲醇制汽油、费-托合成油）、煤制烯烃（甲醇制烯烃）、煤制二甲醚、煤制乙二醇（合成气制乙二醇）、煤制甲烷气（煤气甲烷化）、煤制甲醇、甲醇制醋酸等工艺。电石生产工艺、偶氮化工艺。《首批重点监管的危险化工工艺目录》部分典型工艺进行了调整：涉及涂料、胶黏剂、油漆等产品的常压条件生产工艺不再列入"聚合工艺"，将"异氰酸酯的制备"列入"光气及光气化工艺"的典型工艺中，将"次氯酸、次氯酸钠或 N-氯代丁二酰亚胺与胺反应制备 N-氯化物"、"氯化亚砜作为氯化剂制备氯化物"列入"氯化工艺"的典型工艺中，将"硝酸胍、硝基胍的制备"、"浓硝酸、亚硝酸钠和甲醇制备亚硝酸甲酯"列入

"硝化工艺"的典型工艺中，将"三氟化硼的制备"列入"氟化工艺"的典型工艺中，将"克劳斯法气体脱硫"、"一氧化氮、氧气和甲（乙）醇制备亚硝酸甲（乙）酯"、"以双氧水或有机过氧化物为氧化剂生产环氧丙烷、环氧氯丙烷"列入"氧化工艺"的典型工艺，将"叔丁醇与双氧水制备叔丁基过氧化氢"列入"过氧化工艺"的典型工艺中，将"氯氨法生产甲基肼"列入"氨基化工艺"的典型工艺中。

第二节　光气及光气化工艺

一、双酚 A 型聚碳酸酯

光气法生产双酚 A 型聚碳酸酯是直接采用光气作单体，使二羟基有机化合物（这里指双酚 A）羰基化而合成聚碳酸酯。这种方法是在催化剂、溶剂和除酸剂存在下，使光气与双酚 A 进行反应来实现的，反应式如下：

反应过程中生成的低分子聚碳酸酯溶于有机溶剂（如卤代烷烃等），继续进行缩聚反应；碱水副产物氯化氢被及时排除，以利于高分子量聚碳酸酯的生成。一般是加入除酸剂（例如吡啶等）即可达到此目的。物料配比为光气∶双酚 A∶碱＝1∶1∶2（摩尔比），虽然各反应官能团在理论上已达到等摩尔比，但实际上仍得不到高分子量树脂。这是因为反应是在界面上进行的，除光气与双酚 A 钠盐的正反应外，尚有光气与水、碱被中和等副反应破坏着理论上的摩尔比。实际上，在光气化阶段，当光气∶双酚 A∶碱的摩尔比为 1.2∶1∶2.5 时，产品树脂的收率才能接近理论值，分子量也才能达到预期数值。光气的用量在很大程度上取决于碱的用量；若增大碱的用量，便会消耗更多的光气。

要提高产物分子量，在缩聚阶段保持一定碱性是必要的。因为低聚体酚基室温酰化速率极低，只有形成酚盐负离子后，与氯代甲酸酯的反应才会有实际意义的速率。因此，也只有当碱性介质在反应过程始终足以抑制酚盐的酸解的情况下，缩聚反应才能持续进行。但是，若碱的用量过多，也易造成大分子氯代甲酸酯端基的水解、大分子链本身的降解等副反应较多的发生。大量实验表明，在缩聚阶段，以双酚 A∶碱的摩尔比采用 1∶2 为佳。

二、光气及光气化工艺

光气及光气化工艺包括光气的制备工艺，以及以光气为原料制备光气化产品的工艺路线，光气化工艺主要分为气相和液相两种。

光气化工艺中重点监控工艺参数包括一氧化碳、氯气含水量，反应釜温度、压力，反应物质的配料比，光气进料速度，冷却系统中冷却介质的温度、压力、流量等。

三、安全控制要求

1. 工艺危险特点

① 光气为剧毒气体，在储运、使用过程中发生泄漏后，易造成大面积污染、中毒事故；

② 反应介质具有燃爆危险性；

③ 副产品氯化氢具有腐蚀性，易造成设备和管线泄漏使人员发生中毒事故。

2. 安全控制的基本要求

事故紧急切断阀；紧急冷却系统；反应釜温度、压力报警联锁；局部排风设施；有毒气体回收及处理系统；自动泄压装置；自动氨或碱液喷淋装置；光气、氯气、一氧化碳检测及超限报警；双电源供电。

3. 宜采用的控制方式

光气及光气化生产系统一旦出现异常现象或发生光气及其剧毒产品泄漏事故时，应通过自控联锁装置启动紧急停车并自动切断所有进出生产装置的物料，将反应装置迅速冷却降温，同时将发生事故设备内的剧毒物料导入事故槽内，开启氨水、稀碱液喷淋，启动通风排毒系统，将事故部位的有毒气体排至处理系统。

第三节　电解工艺（氯碱）

电流通过电解质溶液或熔融电解质时，在两个电极上所引起的化学变化，称为电解。电解过程中能量变化的特征是电能转变为电解产物蕴藏的化学能。

电解在工业生产中有广泛的应用。许多金属（钠、钾、镁、铅等）、稀有金属（锆、铪等）、有色金属（铜、锌、铅）等冶炼与精炼，许多基本化学工业产品（氢、氯、烧碱、氯酸钾、过氧化氢等）的制备以及电镀、电抛光、阳极氧化等都是通过电解来实现的。

一、食盐电解生产工艺

食盐溶液电解是化学工业中最典型的电解反应之一。食盐电解可以制烧碱、氯气、氢气等产品。目前，我国采用的电解食盐方法有隔膜法、水银法、离子膜等电解法。

1. 工艺流程说明

电解食盐的简要工艺流程是首先溶化食盐，除去杂质，精制盐水送电解工段。电解槽开车前，注入盐水的液面超过阴极室高度，使整个阴极室浸在盐水中。通直流电后，电解槽带有负电荷的氯离子向阳极运动，在阳极上放电后成为不带电荷的氯原子，并结合成为氯分子从盐水液面逸出而聚集于盐水上方的槽内，氯气由排出管送往氯气干燥、压缩工段。带有正电荷的氢离子向阴极运动，在阴极上放电后成为不带电荷的氢原子，并结合成为氢分子而聚集于阴极槽内，氢气由排出管送往氢气干燥、压缩工段。

立式隔膜电解槽生产的碱液约含碱 11%，而且含有氯化钠和大量的水。为此要经过蒸发浓缩工段将水分和食盐除掉，生成的浓碱液再经过熬制即得到固碱或加工成片碱。水银法生产的碱液浓度为 45% 左右，离子膜法生产的碱液浓度为 31% 左右，含盐量极少。

电解产生的氢气和氯气，由于含有大量的饱和水蒸气和氯化氢气体，对设备的腐蚀性很强，所以氯气要送往干燥工段经硫酸洗涤，除掉水分，然后送入氯气液化工段，以提高氯气的纯度。氢气经固碱干燥、压缩后送往使用单位。

$$2NaCl + 2H_2O \longrightarrow 2NaOH + H_2 + Cl_2$$

2. 食盐电解过程的危险性分析及安全技术

在食盐电解中，主要有氯气中毒、腐蚀、碱灼伤、氢气爆炸以及高温、潮湿和触电等危险。

（1）氢气危险性分析及安全技术　在正常操作中，应随时向电解槽的阳极室内添加盐水，使盐水始终保持在规定液面，否则，如盐水液面过低，氢气有可能通过阴极网渗入到阴极室内与氯气混合。要防止个别电解槽氢气出口堵塞，引起阴极室压力升高，造成氯气含氢量过高，氯气内含氢量达 5% 以上，则随时可能在光照或受热情况下发生爆炸。在生产中，单槽氯含氢浓度一般控制在 2.0% 以下，总管氯含氢浓度控制在 0.4% 以下。如果电槽的隔膜吸附质量差，石棉绒质量不好，在安装电解槽时碰坏隔膜，造成隔膜局部脱落或在送电前注入的盐水量过大将隔膜破坏，以及阴极室中的压力等于或超过阳极时的压力时就可能使氢气进入阳极室，这些都可能引起氢含量高，此时应该对电槽进行全面检查。

（2）杂质危险性分析及安全技术　盐水有杂质，特别是铁杂质，致使产生第二阴极而放出氢气；氢气压力过大，没有及时调整；隔膜质量不好，有脱落之处；盐水液面过低，隔膜露出；槽内阴阳极放电而烧毁隔膜；氢气系统不严密而逸出氢气等，都可能引起电槽爆炸或着火事故。引起氢气与氯气的混合物燃烧或爆炸的着火源可能是槽体接地产生的电火花；氢气管道系统漏电产生电位差而发生放电火花；排放碱液管道对地绝缘不好而发生放电火花；电解槽内部构件间由于较大的电位差或两极之间的距离缩小而发生放电火花；雷击排空管引起氢气燃烧，以及其他着火源等。

（3）水银电解槽危险性分析及安全技术　　水银电解槽若盐水中含有铁、钙、镁等杂质时，能分解钠汞齐，产生氢气而引起爆炸。由于盐水中带入铵盐，在适宜的条件下，铵盐和氯作用生成氯化铵，氯作用于浓氯化铵溶液生成黄色油状的三氯化氮，这是一种爆炸性物质。三氯化氮和许多有机物质接触或加热至 90℃ 以上，以及被撞击时，会发生剧烈爆炸的分解，在盐水配制系统要严格控制无机铵含量。

$$3Cl_2 + NH_4Cl \longrightarrow 4HCl + NCl_3 \qquad \Delta H = 228.65 kJ/mol$$

$$2NCl_3 \longrightarrow N_2 + 3Cl_2 \qquad \Delta H = -459.8 kJ/mol$$

水银电解法另一个突出的安全技术问题，是防止汞害。其技术措施包括对电解槽内含汞封槽水、氯气和氢气的洗涤水、电槽维修用的洗槽水、冲洗地板水、汞泵密封用水等废水的处理；电解槽及其附属设备产生汞蒸气的防止措施及通风措施；解汞塔排出碱液中含汞的处理以及盐泥及其他废弃材料、设备中汞的回收处理等。

（4）设备维护与保养　　在拆卸电槽及检查汞泵时，应按检修规程进行，加强操作人员的教育和训练，防止汞的危害。按操作规程洗槽，使用专门工具刮槽，一般不允许用盐酸洗槽，以防腐蚀槽底。

（5）建筑厂房安全　　由于氢气存在，有燃烧、爆炸危险。电解槽应安装在自然通风良好的单层建筑物内，电解食盐厂房应有足够的防爆泄压面积。应安装防雷设施，保护氢气排空管的避雷针应高出管顶 3m 以上。氢气系统与电解槽的阴极箱之间也应有良好的电气绝缘。整个氢气系统应良好接地，并设置必要的水封或阻火器等安全装置。在看管电槽时所经过的过道上，应铺设橡皮垫。电解槽食盐水入口处和碱液出口处应考虑采取电气绝缘措施，以免漏电产生火花。

二、电解工艺

电流通过电解质溶液或熔融电解质时，在两个极上所引起的化学变化称为电解反应。涉及电解反应的工艺过程为电解工艺。许多基本化学工业产品（氢、氧、氯、烧碱、过氧化氢等）的制备，都是通过电解来实现的。

电解工艺中重点监控工艺参数包括电解槽内液位、电解槽内电流和电压、电解槽进出物料流量、可燃和有毒气体浓度、电解槽的温度和压力、原料中铵含量、氯气杂质含量（水、氢气、氧气、三氯化氮等）。

三、安全控制要求

1. 工艺危险特点

① 电解食盐水过程中产生的氢气是极易燃烧的气体，氯气是氧化性很强的剧毒气体，两种气体混合极易发生爆炸，当氯气中含氢量达到 5% 以上，则随时可能在光照或受热情况下发生爆炸。

② 如果盐水中存在的铵盐超标，在适宜的条件（pH 小于 4.5）下，铵盐和氯作用可生成氯化铵，浓氯化铵溶液与氯还可生成黄色油状的三氯化氮。三氯化氮是一种爆炸性物质，与许多有机物接触或加热至 90℃ 以上以及被撞击、摩擦等，即发生剧烈的分解而爆炸。

③ 电解溶液腐蚀性强。

④ 液氯的生产、储存、包装、输送、运输可能发生泄漏。

2. 安全控制的基本要求

电解槽温度、压力、液位、流量报警和联锁，电解供电整流装置与电解槽供电的报警和联锁，紧急联锁切断装置，事故状态下氯气吸收中和系统，可燃和有毒气体检测报警装置等。

3. 宜采用的控制方式

将电解槽内压力、槽电压等形成联锁关系，系统设立联锁停车系统。

安全设施，包括安全阀、高压阀、紧急排放阀、液位计、单向阀及紧急切断装置等。

第四节　氯化工艺

在卤族元素中氟、氯、溴、碘具有重要的工业价值，氯的衍生物尤为重要。卤化反应为强放热反应，氟化反应放热最强。在液相、气相加成或取代中进行的链式反应在相当宽的浓度范围都能产生爆炸。另外卤素的腐蚀作用也是一个尚未解决的难题。

一、二氯乙烷生产工艺

直接氯化反应为气-液非均相反应，催化剂为 $FeCl_3$。通常催化剂溶解在 EDC 液相中，乙烯气和氯气自反应器底部通入，在 EDC 液相层中反应生成 EDC。该反应为放热反应，反应式如下：

$$C_2H_4 + Cl_2 \xrightarrow{\text{催化剂}} C_2H_4Cl_2(EDC) \qquad \Delta H = -180kJ/mol$$

直接氯化新工艺的反应釜与传统的直接氯化工艺相似，C_2H_4 和 Cl_2 在反应釜底部混合后再与液体循环 EDC 混合，在催化剂作用下反应。反应产生的 EDC 气体自反应釜顶部排出，在反应器外部经循环水或空冷器冷凝为液相，液体 EDC 进入 EDC 闪蒸罐。闪蒸罐产出液体 EDC 作为母液继续循环；与传统工艺不同的是，自闪蒸罐闪蒸产生的气相 EDC 不经冷凝，而直接作为本单元中间产品送往后续单元的 EDC 精馏塔。

直接氯化反应产生的热量即作为 EDC 精馏塔的热源，精馏塔不再需要设置再沸器，而直接氯化反应器顶部也不再设置用以吸收反应热的水冷器或空冷器。

二、氯化反应

氯化反应指氯原子取代有机化合物中氢原子的反应过程。化工生产中的这种取代过程是直接用氯化剂处理被氯化的原料。重点监控工艺参数包括氯化反应釜温度和压力，氯化反应釜搅拌速率，反应物料的配比，氯化剂进料流量，冷却系统中冷却介质的温度、压力、流量等，氯气杂质含量（水、氢气、氧气、三氯化氮等），氯化反应尾气组成等。

在被氯化的原料中，比较重要的有甲烷、乙烷、戊烷、天然气、苯、甲苯及萘等。常用氯化剂有：液态或气态的氯、气态氯化氢和各种浓度的盐酸、磷酰氯（三氯氧化磷）、三氯化磷、硫酰氯（二氯硫酰）、次氯酸钙（漂白粉）等。

在氯化过程中，不仅原料与氯化剂发生作用，而且所生成的氯化衍生物与氯化剂同时也发生作用，因此在反应产物中除一氯取代物之外，总是含有二氯及三氯取代物。所以氯化的反应产物是各种不同浓度的氯化产物的混合物。氯化过程往往伴有氯化氢气体的生成。

影响氯化反应的因素有被氯化物及氯化剂的化学性质、反应温度及压力（压力影响较小）、催化剂相反应物的聚积状态等。氯化反应是在接近大气压下进行的，多数稍高于大气压或者比大气压稍低，为促使气体氯化氢逸出，通常通过在氯化氢排出导管上设置喷射器，制造一定的真空度来实现。

三、常用氯化方法

① 热氯化法。热氯化法是以热能激发氯分子，使其分解成活泼的氯自由基进而取代烃类分子中的氢原子，而生成各种氯衍生物。工业上将甲烷氯化制取各种甲烷氯衍生物，丙烯氯化制取 α-氯丙烯，均采用热氯化法。

② 光氯化法。光氯化是以光能激发氯分子，使其分解成氯自由基，进而实现氯化反应。光氯化法主要应用于液氯相氯化。例如苯的光氯化制备农药等。

③ 催化氯化法。催化氯化法是利用催化剂以降低反应活化能，促使氯化反应的进行。在工业上均相和非均相的催化剂均有采用。例如将乙烯在 $FeCl_3$ 催化剂存在下与氯加成制取二氯乙烷，乙炔在 $HgCl_2$ 活性炭催化剂存在下与氯化氢加成制取氯乙烯等。

④ 氧氯化法。氧氯化法是以 HCl 为氯化剂，在氧和催化剂存在下进行的氯化反应，称为氧氯化反应。

四、安全控制要求

1. 工艺特点

① 氯化反应是一个放热过程，尤其在较高温度下进行氯化，反应更为剧烈，速率快，放热量较大。

② 所用的原料大多具有燃爆危险性。

③ 常用的氯化剂氯气本身为剧毒化学品，氧化性强，储存压力较高，多数氯化工艺采用液氯生产是先汽化再氯化，一旦泄漏危险性较大。

④ 氯气中的杂质，如水、氢气、氧气、三氯化氮等，在使用中易发生危险，特别是三氯化氮积累后，容易引发爆炸危险。

⑤ 生成的氯化氢气体遇水后腐蚀性强；氯化反应尾气可能形成爆炸性混合物。

2. 安全控制的基本要求

反应釜温度和压力的报警和联锁，反应物料的比例控制和联锁，搅拌的稳定控制，进料缓冲器，紧急进料切断系统，紧急冷却系统，安全泄放系统，事故状态下氯气吸收中和系统，可燃和有毒气体检测报警装置等。

3. 宜采用的控制方式

将氯化反应釜内温度、压力与釜内搅拌、氯化剂流量、氯化反应釜夹套冷却水进水阀形成联锁关系，设立紧急停车系统。

安全设施，包括安全阀、高压阀、紧急放空阀、液位计、单向阀及紧急切断装置等。

第五节　硝化工艺

一、硝基苯的合成

硝基苯主要用于制取苯胺和聚氨酯泡沫塑料等。早期采用混酸间歇硝化法。随着苯胺需要量的迅速增长，20 世纪 60 年代后逐步开发了采用混酸硝化的锅（釜）式串联、泵-列管串联、塔式、管式、环形串联等常压冷却连续硝化法和加压绝热连续硝化法。在此反应中，浓硫酸除了起催化作用外，还是脱水剂。

$$\text{C}_6\text{H}_6 + HO{-}NO_2 \xrightarrow[50\sim60℃]{\text{浓 } H_2SO_4} \text{C}_6\text{H}_5NO_2 + H_2O$$

$$\text{C}_6\text{H}_5NO_2 + \text{发烟 } HNO_3 \xrightarrow[100℃]{\text{浓 } H_2SO_4} \text{C}_6\text{H}_4(NO_2)_2 + H_2O$$

目前我国广泛采用的锅式串联连续硝化流程示意见图 2-1。其工艺过程为：首先按配料比与部分冷的循环废酸连续地加入 1 号硝化锅中，控制反应温度在 68～70℃，反应物再经过三个串联的硝化锅 2，保持温度在 65～68℃，停留时间 10～15min，然后进入连续分离器 3 分离出废酸和酸性硝基苯，废酸进入连续萃取锅 4，用苯萃取废酸中的硝基苯，然后经分离器 5 分离出的萃取苯（俗称酸性苯，酸性苯中含 2%～4% 的硝基苯），并用泵 6 连续地送往 1 号硝化锅，萃取后的废酸用泵 7 送去浓缩成质量分数为 90%～93% 或 76%～78% 硫酸，套用于配制混酸。酸性硝基苯经水洗器 8、分离器 9、碱洗器 10 和分离器 11 除去所含的废酸和副产的硝基酚，即得到中性硝基苯。

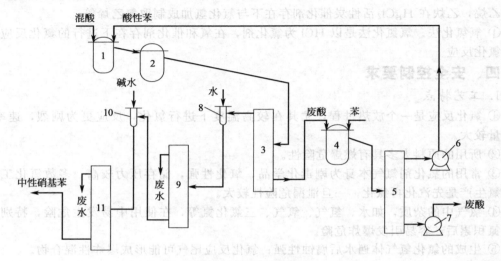

图 2-1 苯连续硝化流程

1，2—硝化锅；3，5，9，11—分离器；4—萃取锅；6，7—泵；8—水洗器；10—碱洗器

二、硝化反应

硝化是有机化合物分子中引入硝基（—NO₂）的反应，最常见的是取代反应。硝化方法可分为直接硝化法、间接硝化法和亚硝化法，分别用于生产硝基化合物、硝铵、硝酸酯和亚硝基化合物等。涉及硝化反应的工艺过程为硝化工艺。

常用的硝化剂是浓硝酸或浓硝酸与浓硫酸的混合物（俗称混酸）。硝化反应是生产染料、药物及某些炸药的重要反应。硝化反应使用硝酸作硝化剂，浓硫酸为催化剂，也有使用氧化氮气体作硝化剂的。一般的硝化反应是先把硝酸和硫酸配成混酸，然后在严格控制反应温度的条件下将混酸滴入反应器，进行硝化反应。

重点监控工艺参数包括硝化反应釜内温度、搅拌速率，硝化剂流量，冷却水流量，pH值，硝化产物中杂质含量，精馏分离系统温度，塔釜杂质含量等。

三、安全控制要求

1. 工艺危险特点

① 反应速率快，放热量大。大多数硝化反应是在非均相中进行的，反应组分的不均匀分布容易引起局部过热导致危险。尤其在硝化反应开始阶段，停止搅拌或由于搅拌叶片脱落等造成搅拌失效是非常危险的，一旦搅拌再次开动，就会突然引发局部激烈反应，瞬间释放大量的热量，引起爆炸事故。

② 反应物料具有燃爆危险性。

③ 硝化剂具有强腐蚀性、强氧化性，与油脂、有机化合物（尤其是不饱和有机化合物）

接触能引起燃烧或爆炸；硝化产物、副产物具有爆炸危险性。

2. 安全控制的基本要求

反应釜温度的报警和联锁，自动进料控制和联锁，紧急冷却系统，搅拌的稳定控制和联锁系统，分离系统温度控制与联锁，塔釜杂质监控系统，安全泄放系统等。

3. 宜采用的控制方式

将硝化反应釜内温度与釜内搅拌、硝化剂流量、硝化反应釜夹套冷却水进水阀形成联锁关系；在硝化反应釜处设立紧急停车系统，当硝化反应釜内温度超标或搅拌系统发生故障，能自动报警并自动停止加料。分离系统温度与加热、冷却形成联锁，温度超标时，能停止加热并紧急冷却。硝化反应系统应设有泄爆管和紧急排放系统。

4. 硝化器的安全技术

常用的硝化设备是搅拌式反应器，这种设备由釜体、搅拌器、传动装置、夹套和蛇管组成，一般是间歇操作。物料由上部加入釜体内，在搅拌条件下迅速地与原料混合并进行硝化反应。如果需要加热，可在夹套或蛇管内通入蒸汽；如果需要冷却，可通入冷却水或冷冻剂。为了扩大冷却面，通常是将侧面的器壁做成波浪形，并在设备的盖上装有附加的冷却装置。这种硝化器里面常有推进式搅拌器并附有扩散圈，设备底部制成一个凹形并装有压出管，以保证压料时能将物料全部泄出。采用多段式硝化器可使硝化过程达到连续化。连续硝化可以显著地减少能量的消耗，单台硝化器投料少，减少爆炸中毒的危险，为硝化过程的自动化和机械化创造了条件。

5. 硝化过程的安全技术

(1) 硝化反应温度控制　应控制好加料速度，硝化剂加料应采用双阀控制，应当安装温度自动调节装置，防止超温发生爆炸。反应中应持续搅拌，保持物料混合良好，应当有自动启动的备用电源，以防止突然断电引起事故。并应备有保护性气体搅拌和人工搅拌的辅助设施，设置必要的冷却水源备用系统。

(2) 防氧化控制操作　有机物质的氧化最危险，放出大量褐色氧化氮气体并使混合物的温度迅速升高，引起硝化混合物从设备中喷出而引起爆炸事故。防止硝化过程中发生氧化作用的主要措施是配制反应混合物并除去其中易氧化的组分、调节温度及连续混合。

(3) 硝化反应过程控制技术　硝基化合物具有爆炸性。例如，二硝基苯酚甚至在高温下也无危险，但当形成二硝基苯酚盐时，则变为危险物质；三硝基苯酚盐（特别是铅盐）的爆炸力是很大的。在蒸馏硝基化合物（如硝基甲苯）时在真空下进行，硝基甲苯蒸馏后余下的热残渣与空气中氧相互作用能发生爆炸。

(4) 进料操作控制技术　采取自动进料器将物料沿专用的密闭管路进料，防止外界杂质进入硝化器中。设备应当采用抽气法或利用带有铝制透平的防爆型通风机进行通风。对于特别危险的硝化物，则需将其放入装有大量水的事故处理槽中。

(5) 出料操作控制技术　硝化过程不需要压力，但物料卸出需采用一定压力，属于加压操作容器，可能造成有害蒸气泄漏，应改用真空卸料，尽量采用密闭化措施。放料阀可采用自动控制的气动阀和手动阀并用，设有相当容积的紧急放料槽。

(6) 取样分析安全操作　取样口应安装特制的真空仪器机械化操作，最好安装酸度自动记录仪，防止未完全硝化的产物突然着火引起烧伤事故。

(7) 设备使用与维护技术　搅拌轴采用硫酸作润滑剂，温度套管用硫酸作导热剂，不可使用普通机械油或甘油，防止机油或甘油被硝化而形成爆炸性物质。防止填料函、齿轮上的油等落入硝化器中。由于设备易腐蚀，必须经常检修更换零部件，防止引起人身事故。硝化设备应密闭，防止硝化物料泄漏溅到蒸汽管道等高温表面上而引起爆炸或燃烧。

（8）设备和管路检修技术　设备检修前应拆卸设备和管道，移至车间外安全地点，用水蒸气反复冲刷残留物质，经分析合格后方可施焊。如管道堵塞时，可用蒸汽加温疏通，千万不能用金属棒敲打或明火加热。需要报废的管道，处理后应专门堆放，不可随便拿用，避免意外事故发生。

第六节　合成氨工艺

合成氨工艺是氮和氢两种组分按一定比例（1∶3）组成的气体（合成气），在高温、高压下（一般为 400～450℃，15～30MPa）经催化反应生成氨的工艺过程。

一、合成氨生产工艺

氨合成的主要任务是将脱硫、变换、净化后送来的合格的氢氮混合气，在高温、高压及催化剂存在的条件下直接合成氨。反应原理如下：

$$3H_2 + N_2 \longrightarrow 2NH_3$$

工业上合成氨的各种工艺流程，一般都以压力的高低来分类。

① 高压法：压力为 70～100MPa，温度为 550～650℃；

② 中压法：压力为 40～60MPa（低者 15～20MPa），一般 30MPa 左右，温度为 450～550℃；

③ 低压法：压力为 10MPa，温度为 400～450℃。

中压法是当前世界各国普遍采用的方法，它不论在技术上还是能量消耗、经济效益方面都较优越。国内中型合成氨厂一般采用中压法进行氨的合成。压力一般采用 32MPa 左右。从国外引进的 30 万吨大合成氨厂，压力多为 15MPa。

氨合成工序使用的设备有合成塔、分离器、冷凝器、氨蒸发器、预热器、循环压缩机等。可燃气体和氨蒸气与空气混合时有爆炸危险，氨有毒害作用，液氨能烧伤皮肤，生产还采用高温、高压工艺技术条件，所有这些都使装置运行过程具有很大危险性。严格遵守工艺流程，尤其是控制温度条件是安全操作的最重要因素。设备和管道内温度剧烈波动时，个别部件会变形，破坏设备。

二、合成氨工艺危险特点和安全控制要求

1. 工艺危险特点

① 高温、高压下使可燃气体爆炸极限扩宽。气体物料一旦过氧（亦称透氧），极易在设备和管道内发生爆炸。

② 高温、高压气体物料从设备管线内泄漏时会迅速膨胀与空气混合形成爆炸性混合物，遇到明火或因高流速物料与裂（喷）口处摩擦产生静电火花引起着火和空间爆炸。

③ 气体压缩机等转动设备在高温下运行会使润滑油挥发裂解，在附近管道内造成积炭，可导致积炭燃烧或爆炸。

④ 高温、高压可加速设备金属材料发生蠕变、改变金相组织，还会加剧氢气、氨气对钢材的氢蚀及渗氮，加剧设备的疲劳腐蚀，使其机械强度减弱，引起物理爆炸。

⑤ 液氨大规模事故性泄漏会形成低温云团引起大范围人群中毒，遇明火还会发生空间爆炸。

2. 安全控制的基本要求

合成氨装置温度、压力报警和联锁，物料比例控制和联锁，压缩机的温度、入口分

离器液位、压力报警联锁，紧急冷却系统，紧急切断系统，安全泄放系统，可燃、有毒气体检测报警装置。宜采用的控制方式包括将合成氨装置内温度、压力与物料流量、冷却系统形成联锁关系，将压缩机温度、压力、入口分离器液位与供电系统形成联锁关系，紧急停车系统。

3. 合成单元自动控制控制回路

合成单元自动控制还需要设置以下几个控制回路：

① 氨分离器、冷交换器液位；

② 废热锅炉液位；

③ 循环量控制；

④ 废热锅炉蒸汽流量；

⑤ 废热锅炉蒸汽压力；

⑥ 安全设施，包括安全阀、爆破片、紧急放空阀、液位计、单向阀及紧急切断装置等。

第七节　裂解（裂化）工艺

一、小分子烃

在隔绝空气及高温、高压下，使烷烃分子发生分解生成小分子的过程称为裂化。一般 C—C 键比 C—H 键容易断裂，生成较小的烷烃、烯烃等，广泛应用于工农业生产及现代国防工业，见图 2-2。

$$CH_3—CH_2—CH_2—CH_3 \xrightarrow{500℃} \begin{cases} C_4H_8 + H_2 \\ CH_3CH_3 + C_2H_4 \\ CH_4 + C_3H_6 \end{cases}$$

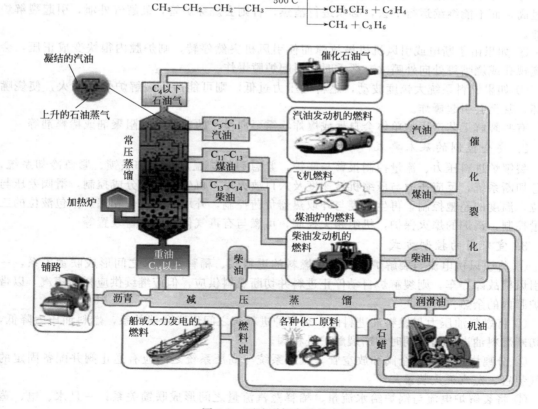

图 2-2　石油裂解产品的应用

二、裂解反应

裂解是指石油系的烃类原料在高温条件下，发生碳链断裂或脱氢反应，生成烯烃及其他产物的过程。产品以乙醇、丙烯为主，同时副产丁烯、丁二烯等烯烃和裂解汽油、柴油、燃料油等产品。烃类原料在裂解炉内进行高温裂解，产出组成为氢气、低/高碳烃类、芳烃类以及馏分为288℃以上的裂解燃料油的裂解气混合物。经过急冷、压缩、激冷、分馏以及干燥和加氢等方法，分离出目标产品和副产品。

在裂解过程中，同时伴随缩合、环合和脱氢等反应。由于所发生的反应很复杂，通常把反应分成两个阶段，第一阶段，原料变成的目的产物为乙烯、丙烯，这种反应称为一次反应。第二阶段，一次反应生成的乙烯、丙烯继续反应转化为炔烃、二烯烃、芳烃、环烷烃，甚至最终转化为氢气和焦炭，这种反应称为二次反应。裂解产物往往是多种组分混合物。影响裂解的基本因素主要为温度和反应的持续时间。化工生产中用热裂解的方法生产小分子烯烃、炔烃和芳香烃，如乙烯、丙烯、丁二烯、乙炔、苯和甲苯等。

重点监控工艺参数包括裂解炉进料流量，裂解炉温度，引风机电流，燃料油进料流量，稀释蒸汽比及压力，燃料油压力，滑阀差压超弛控制、主风流量控制、外取热器控制、机组控制、锅炉控制等。

三、安全控制要求

1. 工艺危险特点

① 在高温（高压）下进行反应，装置内的物料温度一般超过其自燃点，若漏出会立即引起火灾。

② 炉管内壁结焦会使流体阻力增加，影响传热，当焦层达到一定厚度时，因炉管壁温度过高，而不能继续运行下去，必须进行清焦，否则会烧穿炉管，裂解气外泄，引起裂解炉爆炸。

③ 如果由于断电或引风机机械故障而使引风机突然停转，则炉膛内很快变成正压，会从窥视孔或烧嘴等处向外喷火，严重时会引起炉膛爆炸。

④ 如果燃料系统大幅度波动，燃料气压力过低，则可能造成裂解炉烧嘴回火，使烧嘴烧坏，甚至会引起爆炸。

有些裂解工艺产生的单体会自聚或爆炸，需要向生产的单体中加阻聚剂或稀释剂等。

2. 安全控制的基本要求

裂解炉进料压力、流量控制报警与联锁，紧急裂解炉温度报警和联锁、紧急冷却系统，紧急切断系统，反应压力与压缩机转速度及入口放火炬，再生压力的分成控制，滑阀差压与料位，温度的超弛控制，再生温度与外取热器负荷控制，外取热器汽包和锅炉汽包液位的三冲量控制，锅炉的熄火保护，机组相关控制，可燃与有毒气体检测报警装置等。

3. 宜采用的控制方式

① 将引风机电流与裂解炉进料阀、燃料油进料阀、稀释蒸汽阀之间形成联锁关系，一旦引风机故障停车，则裂解炉自动停止进料并切断燃料供应，但应继续供应稀释蒸汽，以带走炉膛内的余热。

② 将燃料油压力与燃料油进料阀、裂解炉进料阀之间形成联锁关系，燃料油压力降低，则切断燃料油进料阀，同时切断裂解炉进料阀。

③ 分离塔应安装安全阀和放空管，低压系统与高压系统之间应有逆止阀并配备固定的氮气装置、蒸汽灭火装置。

④ 将裂解炉电流与锅炉给水流量、稀释蒸汽流量之间形成联锁关系；一旦水、电、蒸汽等公用工程出现故障，裂解炉能自动紧急停车。

⑤ 反应压力正常情况下由压缩机转速控制，开工及非正常工况下由压缩机入口放火炬控制。

⑥ 再生压力由烟机入口蝶阀和旁路滑阀（或蝶阀）分程控制。

⑦ 再生、待生滑阀正常情况下分别由反应温度信号和反应器料位信号控制，一旦滑阀差压出现低限，则转由滑阀差压控制。

⑧ 再生温度由外取热器催化剂循环量或流化介质流量控制。

⑨ 外取热汽包和锅炉汽包液位采用液位、补水量和蒸发量三冲量控制。

⑩ 带明火的锅炉设置熄火保护控制。

⑪ 大型机组设置相关的轴温、轴震动、轴位移、油压、油温、防喘振等系统控制。

在装置存在可燃气体、有毒气体泄漏的部位设置可燃气体报警仪和有毒气体报警仪。

四、裂解反应过程危险性分析及安全技术

1. 管式裂解炉故障

在石油化工中用的最广泛的是水蒸气热裂解，其设备为管式裂解炉。裂解反应温度高、反应时间短，以防止裂解气体二次反应而使裂解炉管结焦，增加流体阻力，影响传热，影响生产。例如轻柴油裂解制乙烯，裂解气的出口温度近 800℃，反应时间 0.7s 完成。当焦层达到一定厚度时，必须进行清焦，否则会烧穿炉管，裂解气外泄，引起裂解炉爆炸。

2. 引风机故障

引风机的作用是排除炉内烟气。在裂解炉正常运行中，由于断电或机械故障使引风机突然停止工作，则炉膛内很快变成正压，会从窥视孔或烧嘴等处向外喷火，严重时会引起炉膛爆炸。为此，必须设置联锁装置，一旦引风机故障停车，则裂解炉自动停止进料并切断燃料供应，但应继续供应稀释蒸汽，以带走炉膛内的余热。

3. 燃料气压力降低

裂解炉采用燃料油作燃料时，如燃料油的压力降低，也会使油嘴回火。因此，当燃料油压降低时应自动切断燃料油的供应，同时停止进料。

当裂解炉同时用油和气为燃料时，如油压降低，则在切断燃料油的同时，将燃料气切入烧嘴，裂解炉可继续维持运转。

4. 其他公用工程故障

水、电、蒸汽出现故障，均能使裂解炉造成事故。在这种情况下，裂解炉应能自动停车。

第八节 氟 化 工 艺

氟是最活泼的卤素，其反应最难以控制。氟与烃类的直接反应很剧烈，常引起爆炸，并伴有不需要的 C—C 键的断裂。应特别注意，氟和其他物质间极易形成新键，并释放出大量的热。气相反应一般要用惰性气体稀释。

一、氟乙酸乙酯的合成

氟乙酸乙酯的合成是有机合成中间体，用于治疗恶性肿瘤的药物 5-氟尿嘧啶、5-氟嘧啶醇等的合成。反应原理如下：

$$ClCH_2CO_2C_2H_5 \xrightarrow[CH_3CONH_2]{KF} FCH_2CO_2C_2H_5$$

在 120℃下加入氯乙酸乙酯，冷却后再加入无水氟化钾。缓慢升温至 110℃搅拌 1h，再

升温至 130～190℃之间蒸出氟乙酸乙酯粗品。将粗品精馏，收集 115～120℃的馏分，即得产品。氟乙酸乙酯生产工艺流程见图 2-3。注意事项如下。

① 加入 KF 和氯乙酸乙酯，需保证体系无水。所用的设备和用具均应干燥无水，原料应严格控制水分，如果反应体系中有水，将会造成反应失败或受影响。

② KF 和氟乙酸乙酯均系有毒化工产品，操作时应注意防护，应避免吸入中毒。

③ 搅拌效果与反应效率直接相关，应选用最佳搅拌器，并提高搅拌转速。

图 2-3 氟乙酸乙酯生产工艺流程

二、氟化反应

氟化是化合物的分子中引入氟原子的反应，涉及氟化反应的工艺过程为氟化工艺。氟与有机化合物作用是强放热反应，放出大量的热可使反应物分子结构遭到破坏，甚至着火爆炸。氟化剂通常为氟气、卤族氟化物、惰性元素氟化物、高价金属氟化物、氟化氢、氟化钾等。重点监控工艺参数包括氟化反应釜内温度、压力，氟化反应釜内搅拌速率，氟化物流量，助剂流量，反应物的配料比，氟化物浓度。

三、安全控制要求

1. 工艺危险特点

① 反应物料具有燃爆危险性。

② 氟化反应为强放热反应，不及时排除反应热量，易导致超温超压，引发设备爆炸事故。

③ 多数氟化剂具有强腐蚀性，剧毒，在生产、储存、运输、使用等过程中，容易因泄漏、操作不当、误接触以及其他意外而造成危险。

2. 安全控制的基本要求

反应釜内温度和压力与反应进料、紧急冷却系统的报警和联锁，搅拌的稳定控制系统，安全泄放系统，可燃和有毒气体检测报警装置等。

3. 宜采用的控制方式

氟化反应操作，要严格控制氟化物浓度、投料配比、进料速度和反应温度等。必要时应是指自动比例调节装置和自动联锁控制装置。

将氟化反应釜内温度、压力与釜内搅拌、氟化物流量、氟化反应釜夹套冷却水进水阀形成联锁控制，在氟化反应釜处设立紧急停车系统，当氟化反应釜内温度或压力超标或搅拌系统发生故障时自动停止加料并紧急停车。有安全泄放系统。

第九节 加氢工艺

一、加氢工艺

加氢工艺通常分为加氢裂化、催化加氢和加氢精制。

1. 加氢裂化工艺

加氢裂化工艺是重要的重油轻质化加工手段，它是以重油或渣油为原料，在一定的温度、压力和氢气存在条件下进行加氢裂化反应，获得最大数量和较高质量的轻质油品。

凡是有机化合物在高温下分子发生分解的反应过程都称为裂解。而石油化工中所谓的裂解是指石油烃（裂解原料）在隔绝空气和高温条件下，分子发生分解反应而生成小分子烃类的过程。在这个过程中还伴随着许多其他的反应（如缩合反应），生成一些别的反应物（如由较小分子的烃缩合成较大分子的烃）。

例如，在隔绝空气及高温、高压下，使烷烃分子发生分解生成小分子的过程称为裂化。一般 C—C 键比 C—H 键容易断裂，生成较小的烷烃、烯烃等。

2. 催化加氢

催化加氢是在氢气存在下对石油分馏进行催化加工过程的统称。催化加氢技术包括加氢裂化和加氢精制。常用雷尼镍（Raney-Ni）、钯炭等为催化剂和有机物质进行反应。应先用氮气把反应器内的氢气置换干净，方能开阀出料，防止外界空气与氢气相混，在催化剂存在下发生燃烧、爆炸。雷尼镍和钯炭要浸在酒精中储存，禁止暴露于空气中，钯炭回收时要用酒精及清水充分洗涤，过滤抽真空时不得抽得太干，以免氧化着火。

例如，苯在催化剂作用下，经加氢生成环己烷。

3. 加氢精制

加氢精制一般指对某些不能满足使用要求的石油产品通过加氢工艺进行再加工，使之达到规定的性能指标。

各种油品加氢精制工艺流程基本相同。加氢精制也称加氢处理，是在氢压和催化剂存在下，使油品中的硫、氧、氮等有害杂质转变为相应的硫化氢、水、氨而除去，并使烯烃和二烯烃加氢饱和，芳烃部分加氢饱和，以改善油品质量。

二、加氢反应原理

加氢是在有机化合物分子中加入氢原子的反应，涉及加氢反应的工艺过程为加氢工艺，主要包括不饱和键加氢、芳环化合物加氢、含氮化合物加氢、含氧化合物加氢、氢解等。重点监控工艺参数包括加氢反应釜或催化剂床层温度、压力，加氢反应釜内搅拌速率，氢气流量，反应物质的配料比，系统氧含量，冷却水流量，氢气压缩机运行参数、加氢反应尾气组成等。加氢原理可分为以下两大类。

① 氢与一氧化碳或有机化合物直接加氢。例如，一氧化碳的加氢制甲醇：$CO + 2H_2 \longrightarrow CH_3OH$，己二腈加氢制己二胺：$NC(CH_2)_4CN + 4H_2 \longrightarrow H_2N(CH_2)_6NH_2$。

② 氢与有机化合物反应的同时，伴随化学键的断裂，这类反应又称氢解反应，包括加氢脱烷基、加氢裂解、加氢脱硫等。例如，油品加氢精制中非烃类的氢解：$RSH + H_2 \longrightarrow RH + H_2S$。

三、加氢工艺危险特点和安全控制要求

1. 加氢工艺危险特点

① 反应物料具有燃爆危险性，氢气的爆炸极限为 4%～75%，具有高燃爆危险特性。

② 加氢为强烈的放热反应，氢气在高温高压下与钢材接触，钢材内的碳分子易与氢气发生反应生成碳氢化合物，使钢制设备强度降低，发生氢脆。

③ 催化剂再生和活化过程中易引发爆炸。

④ 加氢反应尾气中有未完全反应的氢气和其他杂质在排放时易引发着火或爆炸。

2. 安全控制的基本要求

温度和压力的报警和联锁，反应物料的比例控制和联锁系统，紧急冷却系统，搅拌的稳定控制系统，氢气紧急切断系统，加装安全阀、爆破片等安全设施，循环氢压缩机停机报警和联锁，氢气检测报警装置等。宜采用的控制方式包括将加氢反应釜内温度、压力与釜内搅拌电流、氢气流量、加氢反应釜夹套冷却水进水阀形成联锁关系，设立紧急停车系统。加入急冷氮气或氢气的系统，当加氢反应釜内温度或压力超标或搅拌系统发生故障时自动停止加

氢、泄压，并进入紧急状态，有安全泄放系统。

四、催化加氢过程的安全技术

加氢反应一般是在高压下有固相催化剂存在下进行，属于多相反应。由于原料及成品（氢、氨、一氧化碳等）大都易燃、易爆或具有毒性，氢气的爆炸极限为4%～75%，如果泄漏，都极易引起爆炸，车间备用蒸汽或惰性气体以便应急。氢气在高压下，爆炸范围加宽，燃点降低，增加了危险性。高压氢气一旦泄漏将立即充满压缩机房，可能引起爆炸。因此压缩机各段都应安装压力表和安全阀，在最后一段上最好安装两个安全阀和两个压力表。

氢气密度较轻，宜采用天窗排气，室内通风应当良好。冷却机器和设备用水不得含有腐蚀性物质。由于停电或无水而停车的系统，应保持余压，以免空气进入系统。无论在任何情况下处于带压的设备不得进行拆卸检修。在开车或检修设备、管线之前必须用氮气吹扫。吹扫气体高空排放防止窒息或中毒。

高温高压下的氢对金属有渗碳作用，易造成氢腐蚀，所以，设备和管道的选材要合理并需定期检测，以防发生事故。生产操作过程要稳定温度、压力、流量等工艺参数，配备安全阀、防爆膜、阻火器等安全设备，采用轻质屋面、高空排放、泄爆窗等安全措施。

第十节 重氮化工艺

一、邻氯甲苯合成

邻氯甲苯可作为溶剂、染料和医药中间体，也用于其他有机合成。

1. 反应原理

$$\text{o-CH}_3\text{C}_6\text{H}_4\text{NH}_2 \xrightarrow[\text{HCl}]{\text{NaNO}_2} \text{o-CH}_3\text{C}_6\text{H}_4\text{N}_2\text{Cl} \xrightarrow[\text{HCl}]{\text{Cu}_2\text{Cl}_2} \text{o-CH}_3\text{C}_6\text{H}_4\text{Cl}$$

2. 工艺过程

将邻甲苯胺、盐酸、水加入反应锅，搅拌加热至50℃。保温半小时后，冷却至0～5℃，滴加亚硝酸钠溶液，直至碘化钾淀粉试纸变蓝，得重氮盐溶液。在另一个容器中，将水、硫酸铜、氯化钠搅拌均匀，加热至80℃溶解完毕。然后，冷却至40℃，滴加亚硫酸钠溶液，搅拌半小时，冷却、静置、移去上层废水，用盐酸溶解沉淀的氯化亚铜。将制得的上述重氮盐溶液慢慢加入，温度不超过25℃。搅拌半小时后静置分层，弃去水层，得到的粗制邻氯甲苯用酸碱洗涤，常压蒸馏，收集157～160℃的馏分即得产品。邻氯甲苯生产工艺流程见图2-4。

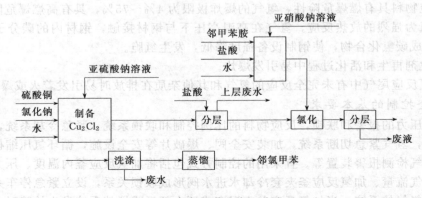

图2-4 邻氯甲苯生产工艺流程

二、重氮化工艺

重氮化工艺是一级胺与亚硝酸在低温下作用，生成重氮盐的反应。脂肪族、芳香族和杂环的一级胺都可以进行重氮化反应。涉及重氮化反应的工艺过程为重氮化工艺。通常重氮化试剂是由亚硝酸钠和盐酸作用临时制备的。除盐酸外，也可以使用硫酸、高氯酸和氟硼酸等无机酸。脂肪族重氮盐很不稳定，即使在低温下也能迅速自发分解，芳香族重氮盐较为稳定。重点监控工艺包括重氮化反应釜内温度、压力、液位、pH值，重氮化反应釜内搅拌速率，亚硝酸钠流量，反应物质的配料比，后处理单元温度等。

三、工艺危险性和安全控制

1. 工艺危险特点

① 重氮盐在温度稍高或光照的作用下，特别是含有硝基的重氮盐极易分解，有的甚至在室温时亦能分解。在干燥状态下，有些重氮盐极不稳定，活性强，受热或摩擦、撞击等作用能发生分解甚至爆炸。

② 重氮化生产过程所使用的亚硝酸钠是无机氧化剂，175℃时能发生分解、与有机物反应导致着火爆炸。

③ 反应原料具有燃爆危险性。

2. 安全控制的基本要求

生产装置必须安装反应釜温度和压力的报警和联锁、反应物料的比例控制和联锁系统、紧急冷却系统、紧急停车系统、安全泄放系统、后处理单元配置温度检测、惰性气体保护的联锁装置等。

3. 宜采用的控制方式

生产操作要将重氮化反应釜内温度、压力与釜内搅拌、亚硝酸钠流量、重氮化反应釜夹套冷却水进水阀形成联锁关系，在重氮化反应釜处设立紧急停车系统，当重氮化反应釜内温度超标或搅拌系统发生故障时自动停止加料并紧急停车，有安全泄放系统。

重氮盐后处理设备应配置温度检测、搅拌、冷却联锁自动控制调节装置，干燥设备应配置温度测量、加热热源开关、惰性气体保护的联锁装置。生产装置的安全设施包括安全网、爆炸片、紧急放空阀等。

第十一节　氧　化　工　艺

氧化反应在化学工业中有广泛的应用，如氨氧化制硝酸、甲醇氧化制甲醛、乙烯氧化制环氧乙烷等。

一、氧化还原反应

氧化还原反应是电子的传递，即一种物质失去电子，同时另一种物质得到电子，电子得失的数目必须相等。失去电子的作用是氧化，失去电子的物质是还原剂；得到电子的作用是还原，得到电子的物质是氧化剂。狭义的氧化反应是物质与氧化合的反应。能氧化其他物质而自身被还原的物质称为氧化剂，能还原其他物质而自身被氧化的物质称为还原剂。物质与氧缓慢反应，缓缓发热而不发光的氧化属缓慢氧化，如金属锈蚀、生物呼吸等。剧烈的发光发热的氧化是燃烧。这类反应特点如下。

① 被氧化的物质大多是易燃易爆危险化学品，通常以空气或氧为氧化剂，反应体系随时都可以形成爆炸性混合物。

② 氧化反应是强放热反应，特别是完全氧化反应，放出的热量比部分氧化反应大8～10倍。所以及时有效地移走反应热是一个非常关键的问题。

③ 有机过氧化物不仅具有很强的氧化性，而且大部分是易燃物质，有的对温度特别敏感，遇高温则爆炸。

例如乙烯氧化制环氧乙烷，乙烯在氧气中的爆炸下限为91%，即含氧量9%。反应体系中氧含量要求严格控制在9%以下，其产物环氧乙烷在空气中的爆炸极限很宽，为3%～100%。同时，反应放出大量的热增加了反应体系的温度，在高温下，由乙烯、氧和环氧乙烷组成的循环气具有更大的爆炸危险性。

对于强氧化剂，如高锰酸钾、氯酸钾、铬酸钾、过氧化氢、过氧化苯甲酰等。由于具有很强的助燃性，遇高温或受撞击、摩擦以及与有机物、酸类接触，都能引起燃烧或爆炸。

二、氧化反应

氧化为有电子转移的化学反应中失电子的过程，即氧化数升高的过程。多数有机化合物的氧化反应表现为反应原料得到氧或失去氢。涉及氧化反应的工艺过程为氧化工艺。常用的氧化剂有：空气、氧气、双氧水、氯酸钾、高锰酸钾、硝酸盐等。重点监控工艺参数包括氧化反应釜内温度和压力；氧化反应釜内搅拌速率；氧化剂流量；反应物料的配比；气相氧含量；过氧化物含量等。

三、安全控制要求

1. 工艺危险特点

① 反应原料及产品具有燃爆危险性。

② 反应气相组成容易达到爆炸极限，具有闪爆危险。

③ 部分氧化剂具有燃爆危险性，如氯酸钾、高锰酸钾、铬酸酐等都属于氧化剂，如遇高温或受撞击、摩擦以及与有机物、酸类接触，皆能引起火灾爆炸。

④ 产物中易生成过氧化物，化学稳定性差，受高温、摩擦或撞击作用易分解、燃烧或爆炸。

2. 安全控制的基本要求

反应釜温度和压力的报警和联锁，反应物料的比例控制和联锁及紧急切断动力系统，紧急断料系统，紧急冷却系统，紧急送入惰性气体的系统，气相氧含量监测、报警和联锁，安全泄放系统，可燃和有毒气体监测报警装置等。

3. 宜采用的控制方式

将氧化反应釜内温度和压力与反应物的配比和流量、氧化反应釜夹套冷却水进水阀、紧急冷却系统形成联锁关系，在氧化反应釜处设立紧急停车系统，当氧化反应釜内温度超标或搅拌系统发生故障时自动停止加料并紧急停车。配备安全阀、爆破片等安全设施。

四、氧化反应过程安全控制技术

1. 氧化反应的温度控制

通常氧化反应开始需要加热，反应过程又会放热，特别是催化气相氧化反应一般都是在较高温度（250～600℃）下进行。反应器多点测温，用一定温度的水进行换热控制反应温度在操作范围内。

2. 氧化物质的控制

① 惰性气体保护。被氧化的物质大部分是易燃易爆物质，如与空气混合极易形成爆炸混合物，因此，生产装置要密闭，防止空气进入系统和跑、冒、滴、漏，生产中物料加入、半成品或产品转移要加惰性气体保护。工业上采用加入惰性气体（如氮气、二氧化碳）的方法，来改变循环气的成分，偏离混合气的爆炸极限，增加反应体系的安全性；其次，这些惰性气体具有较高的热容，能有效地带走部分反应热，增加反应系统的稳定性。

② 合理选择物料配比。在氧化反应中，一定要严格控制氧化剂的配料比，例如氨在空

气中的氧化合成硝酸和甲醇蒸气在空气中的氧化制甲醛，其物料配比接近爆炸下限，倘若配比失调，温度控制不当，极易爆炸起火。

氧化剂的加料速度也不宜过快。要有良好的搅拌和冷却装置，防止升温过快、过高。另外，要防止杂质为氧化剂提供催化剂，例如有些氧化剂遇金属杂质会引起分解。使用空气时一定要净化，除掉空气中的灰尘、水分和油污。

③ 保持安全环境。在某些氧化反应过程中还可能生成危险性较大的过氧化物，要防雨、防晒、通风、禁火、轻放。例如乙醛氧化生产醋酸的过程中有过醋酸生成，性质极不稳定，受高温、摩擦或撞击就会分解或燃烧。对某些强氧化剂，如环氧乙烷是可燃气体；硝酸不仅是腐蚀性物质，也是强氧化剂；含有 36.7% 的甲醛溶液是易燃液体，其蒸气的爆炸极限为 7.7%～73%。

3. 催化氧化操作过程的控制

在催化氧化反应过程中，无论是均相或是非均相反应，都是以空气或纯氧为氧化剂，可燃的烃或其他有机物与空气或氧的气态混合物在一定的浓度范围内，如引燃就会发生分支连锁反应，火焰迅速蔓延，在很短时间内，温度急速增高，压力也会剧增，引起爆炸。

① 以空气和纯氧作氧化剂时，反应物料的配比应控制在爆炸范围之外。空气进入反应器之前，应经过气体净化装置，清除空气中的灰尘、水汽、油污以及可使催化剂活性降低或中毒的杂质，以保持催化剂的活性，减少起火和爆炸的危险。

② 氧化反应器有卧式和立式两种，内部填装有催化剂。一般多采用立式，因为这种形式催化剂装卸方便，而且安全。

③ 催化气相氧化反应一般都是在 250～600℃ 的高温下进行的，由于反应放热，应控制适宜的温度、流量，防止超温、超压和混合气处于爆炸范围内，反应器前后管道上应安装阻火器，阻止火焰蔓延，防止回火，使燃烧不致影响其他系统。为了防止反应器发生爆炸，还应装有泄压装置。采用自动控制或自动调节工艺参数以及报警联锁装置。

④ 使用硝酸、高锰酸钾等氧化剂进行氧化时要严格控制加料速度，防止多加、错加。固体氧化剂应该粉碎后使用，最好呈溶液状态使用，反应时要不间断地搅拌。

⑤ 使用氧化剂氧化无机物，如使用氯酸钾氧化制备铁蓝颜料时，应控制产品烘干温度不超过燃点，在烘干之前用清水洗涤产品，将氧化剂彻底除净，防止未起反应的氯酸钾引起烘干物料起火。有些有机化合物的氧化，特别是在高温下的氧化反应，在设备及管道内可能产生焦化物，应及时清除以防自燃，清焦一般在停车时进行。

⑥ 氧化反应使用的原料及产品，应按有关危险品的管理规定，采用相应的防火措施，如隔离存放、远离火源、避免高温和日晒、防止摩擦和撞击等。如是电介质的易燃液体或气体，应安装能消除静电的接地装置。在设备系统中宜设置氮气、水蒸气灭火装置，以便能及时扑灭火灾。

第十二节　过氧化工艺

一、过氧化物

1. 过氧基

有机过氧化物具有不稳定和反应能力强的特点，在处理时有更大的危险性。在有机过氧化物分子中含有过氧基，过氧基是不稳定的，易断裂生成含有未成对电子的活泼自由基。自由基具有显著的反应性、遇热不稳定性和较低的活化能，且只能暂时存在。当自由基周围有其他基团和分子时，自由基就会与其作用，形成新的分子和基团。例如，当加热时以及在可变价金属离子、胺、硫化物等化合物作用下，有机过氧化物会发生分解。由于过氧化物分解生成的自由基都具有较高的能量，当在某一反应系统中大量存在时，则自由基之间相互碰撞或自由基与器壁碰撞，就会释放出大量的热量。再加上有机过氧化物本身易燃，因此就会形成由于高温引起有机过氧化物的自燃，而自燃又产生更高的热量，致使整个反应体系的反应速率加快，体积迅速膨胀，最后导致反应体系的爆炸。

2. 有机过氧化物

有机过氧化物可分为六种主要类型：过氧化氢、过氧化物、羰基化合物的过氧化衍生物、过醚、二乙酚过氧化物和过酸。有机过氧化物的稳定性取决于它们的分子结构。各类过氧化物稳定性的次序为：酮的过氧化物＜二乙醚过氧化物＜过醚＜二羟基过氧化物。每一类过氧化物的低级同系物对不同类化合物的作用比高级同系物更敏感。有机过氧化物是固态或液态产品，极少是气态产品，它们在常温下均会爆炸。各种有机过氧化物的爆炸能力很不一样，例如二甲基乙烯酮的过氧化物在−80℃时就会爆炸。

多数过氧化物很容易燃烧，其着火危险性通常是由它的分解产品造成的，对分解产品进行分析，弄清它们的燃烧能力。加热、机械作用或传爆会引起分解自行加速。这时，过氧化物的易爆性会提高。过氧化物具有易爆性的特点，并对机械和热的作用很敏感。过氧化物的爆炸力比通常的爆炸物要低得多。但是，过氧化物爆炸时的传爆扩散速度相当快，而某些过氧化物对冲击的敏感性与引爆物质相接近。

3. 过氧化物的安全控制技术

① 过氧化物的易燃易爆性质的影响因素。包括过氧化物的类型、在过氧化物组成中活性氧的含量、过氧化物的浓度及其物态等。多数有机过氧化物的热稳定性都差，生产和加工过氧化物也会产生因过热而爆炸的危险性。

② 活性添加料。过氧化物最好保存在玻璃或聚乙烯包装容器中，不使产品受污染。避免与分解作用很大的物质混合，防止活性添加料的过氧化物混入。

③ 溶剂。不燃的溶剂或燃烧性不如过氧化物的溶剂能降低过氧化物的易燃性，添加合适的溶剂可以减少爆炸危险性。但是，当冷却、长期保存时或随溶液和糊状物带入其他物质时，会产生固体纯过氧化物沉淀。

④ 过氧化氢溶液和固体过氧化物储存和运输。含活性氧的化合物在一定条件下易分解。浓过氧化物具有很强的氧化性能，与有机物质接触时会着火。因为过氧化物被碱、盐、重金属化合物污染或与粗糙表面接触时均会加速分解，所以设备和容器应当非常清洁。储存和运输过氧化物应该采用非金属材料（玻璃、陶瓷、石英等）容器。

过氧化氢在光作用下能分解，玻璃对过氧化氢作用最稳定，一般保存在阴暗处或深色玻璃瓶中。过氧化氢最好存放在冷环境中。

二、过氧化反应

向有机化合物分子中引入过氧基（—O—O—）的反应称为过氧化反应，得到的产物为过氧化物的工艺过程为过氧化工艺。重点监控工艺参数包括过氧化反应釜内温度、pH 值、过氧化反应釜内搅拌速率、（过）氧化剂流量、参加反应物质的配料比、过氧化物浓度、气相氧含量等。

三、安全控制要求

1. 工艺危险特点

① 过氧化物都含有过氧基（—O—O—），属含能物质，由于过氧键结合力弱，断裂时所需要的能量不大，对热、振动、冲击或摩擦等都极为敏感，极易分解甚至爆炸。

② 过氧化物与有机物、纤维接触时易发生氧化、产生火灾。

③ 反应气相组成容易达到爆炸极限，具有燃爆危险。

2. 安全控制的基本要求

反应釜温度和压力的报警和联锁，反应物料的比例控制和联锁及紧急切断动力系统，紧急断料系统，紧急冷却系统，紧急送入惰性气体的系统，气相氧含量监测、报警和联锁，紧急停车系统，安全泄放系统，可燃和有毒气体检测报警装置等。

3. 宜采用的控制方式

将过氧化反应釜内温度与釜内搅拌电流、过氧化物流量、过氧化反应釜夹套冷却水进水阀形成联锁关系，设置紧急停车系统。

过氧化反应系统应设置泄爆管和安全泄放系统。

第十三节　氨基化工艺

一、氨基化合物

1. 氯代芳烃胺化反应合成化合物

Q-Phos 和 Pd 的络合物是氯代芳烃与伯、仲芳胺以及脂肪胺偶联的重要催化剂。它能高效地催化没有位阻的氯代芳烃的胺化反应。此化合物为催化剂时，氯苯腈在弱碱环境下与苄胺偶联有较高产率，典型的不活泼 4-氯茴香醚也能与苄胺偶联。

2. 溴代芳烃胺化反应合成化合物

1983 年 Kosugi 等最早发现的芳胺化反应是溴代芳烃与三丁基锡胺由 Pd(Ò) 的络合物催化生成芳香胺。该反应只适用于电中性邻位无位阻的溴代芳烃与脂肪仲胺的锡化物间的反应。

3. 氟代芳烃胺化反应合成化合物

氟代芳烃在很长一段时间被认为对于 Pd 催化芳胺化是惰性的。但 Shu 等在研究管内皮增长因素（VEGF）时发现了氟代芳烃的 Pd 催化芳胺化反应，并研究了 4-异丁基苯胺和 2-氟硝基苯的胺化反应。

4. 钯催化胺化反应合成聚胺

1996 年 Takaki Kanbara 等首次以二溴化合物和二胺为单体，通过钯催化胺化反应缩聚合成聚胺。但合成聚胺的相对分子质量太低，不能作为聚合物使用。2000 年 Takaki Kanbara 研究组以二氯化合物代替二溴化合物，并缩聚合成了系列聚胺化合物。钯催化胺化反应从合成化合物到缩聚合成聚合物是该反应的一次飞跃，但所合成聚胺的物理化学性能还不够理想，不能和聚酰亚胺、聚酰胺、聚醚酮相媲美。

$$Br-Ar+Br+H_2N-R-NH-R' \xrightarrow[\text{碱}]{[Pd]} \begin{matrix} R' & R' \\ | & | \\ -[Ar-N-R-N]_n- \end{matrix}$$

二、胺化反应

胺化是在分子中引入氨基（R_2N-）的反应，包括 $R-CH_3$ 烃类化合物（R：氢、烷基、芳基）在催化剂存在下，在氨和空气的混合物进行高温氧化反应，生成腈类等化合物的反应。涉及上述反应的工艺过程为氨基化工艺。重点监控工艺参数包括氨基化反应釜内温度、压力，氨基化反应釜内搅拌速率，物料流量，反应物质的配料比，气相氧含量等。

三、安全控制要求

1. 工艺危险特点

① 反应介质具有燃爆危险性。

② 在常压下 20℃时，氨气的爆炸极限在 15%～27%，随着温度、压力的升高，爆炸极限的范围增大。因此在一定的温度、压力和催化剂的作用下，氨的氧化反应放出大量热，一旦氨气与空气比失调，就有可能发生爆炸事故。

③ 由于氨呈碱性，具有强腐蚀性，在混有少量水分或湿气的情况下无论是气态或液态氨都会与金、银、锡、锌及其合金发生化学作用。

④ 氨易与氧化银或氧化汞反应生成爆炸性化合物（雷酸盐）。

2. 安全控制的基本要求

反应釜温度和压力的报警和联锁，反应物料的比例控制和联锁系统，紧急冷却系统，气相氧含量监控联锁系统，紧急送入惰性气体的系统，紧急停车系统，安全泄放系统，可燃和有毒气体检测报警装置等。

3. 宜采用的控制方式

将氨基化反应釜内温度、压力与釜内搅拌、氨基化物料流量、氨基化反应釜夹套冷却水进水阀形成联锁关系。设置紧急停车系统。

安全设施，包括安全阀、爆破片、单向阀及紧急切断装置等。

第十四节　磺　化　反　应

一、磺化反应

磺化是向有机化合物分子中引入磺酰基（$-SO_3H$）的反应。磺化方法分为三氧化硫磺化法、共沸去水磺化法、氯磺酸磺化法、烘焙磺化法和亚硫酸盐磺化法等。涉及磺化反应的工艺过程为磺化工艺。磺化反应除了增加产物的水溶性和酸性外，还可以使产品具有表面活性。芳烃经磺化后，其中的磺酸基可进一步被其他基团（如羟基—OH、氨基—NH_2、氰基—CN 等）取代，生产多种衍生物。如用硝基苯与发烟硫酸生产间氨基苯磺酸钠、卤代烷与亚硫酸钠在高温加压条件下生产磺酸盐等均属磺化反应。重点监控工艺参数包括磺化反应釜内温度、磺化反应釜内搅拌速率、磺化剂流量、冷却水流量等。

十二烷基苯磺酸钠是合成洗涤剂工业中产量最大、用途最广的阴离子表面活性剂，它是由直链烷基苯经磺化、中和而得。目前，世界上合成的十二烷基苯磺酸大多是采用 SO_3 气相薄膜磺化连续生产法，其优点是停留时间短、原料配比精确，热量移除迅速，能耗低和生产能力大。工艺过程如下：由储罐用比例泵将十二烷基苯打到列管式薄膜磺化反应器顶部的分配区，使形成薄膜沿着反应器壁向下流动。另一台比例泵将所需比例的液体 SO_3 送入汽化器，出来的 SO_3 气体与来自鼓风机的干空气稀释到规定浓度后，进入薄膜反应器中。当有机原料薄膜与含 SO_3 气体接触，反应立即发生，然后边反应边流向反应器底部的气-液分离器，分出磺酸产物后的废气，经过滤和碱洗除去微量二氧化硫副产品后放空。

分离得到的磺酸在用泵送往老化罐之前，需先经过一个能够控制 SO_3 进气量的自控装置。制得的磺酸在老化罐中老化 $5 \sim 10 min$，以降低其中游离硫酸和未反应原料的含量。然后送往水解罐，约加入 0.5% 的水以破坏少量残存的酸酐。生产工艺流程见图 2-5。

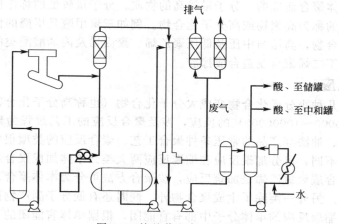

图 2-5　烷基苯生产工艺流程

二、磺化反应过程的危险性分析

① 三氧化硫是氧化剂，遇到比硝基苯易燃的物质时会很快引起着火；三氧化硫的腐蚀性很弱，但遇水则生成硫酸，增加了对设备的腐蚀破坏，并放出大量的热，使反应温度升高，可能会造成沸溢，甚至导致磺化反应出现燃烧或爆炸。

② 磺化剂浓硫酸、发烟硫酸、氯磺酸（剧毒化学品）都是氧化性物质，且有的是强氧化剂。生产所用原料苯、硝基苯、氯苯等都是可燃物，与磺化剂进行磺化反应具备了可燃物与氧化剂作用发生放热反应的燃烧条件，此反应是十分危险的。

③ 磺化反应是放热反应，这种磺化反应若投料顺序颠倒、投料速度过快、搅拌不良、冷却效果不佳等，都有可能造成反应温度升高，使磺化反应变为燃烧反应，会引起燃烧或爆炸事故。若反应物在磺化温度下是液态的，一般在磺化锅中先加入被磺化物，然后慢慢加入磺化剂，以免生成较多的二磺化物。若被磺化物在反应温度下是固态的，则在磺化锅中先加入磺化剂，然后在低温下加入被磺化物，最后再升高反应温度。

三、安全控制要求

1. 工艺危险特点

① 原料具有燃爆危险性，磺化剂具有氧化性、强腐蚀性，如果投料顺序颠倒、投料速度极快、搅拌不良、冷却效果不佳等，都有可能造成反应温度异常升高，使磺化反应变为燃烧反应，引起火灾或爆炸事故。

② 氧化硫易冷凝堵管，泄漏后易形成酸雾，危害较大。

2. 安全控制的基本要求

反应釜温度的报警和联锁，搅拌的稳定控制和联锁系统，紧急冷却系统，紧急停车系统，安全泄放系统，三氧化硫泄漏监控报警系统等。

3. 宜采用的控制方式

将磺化反应釜内温度与磺化剂流量、磺化反应釜夹套冷却水进水阀、釜内搅拌电流形成联锁关系，紧急断料系统，当磺化反应釜内各参数偏离工艺指标时，能自动报警、停止加料，甚至紧急停车。

磺化反应系统应设有泄爆管和紧急排放系统。

第十五节 聚 合 工 艺

聚合物是由单体聚合而成的、分子量较高的物质。分子量较低的称作低聚物。分子量高达几千甚至几百万的称为高聚物或高分子化合物。例如三聚甲醛是甲醛的低聚合物、聚氯乙烯是氯乙烯的高聚合物，高压与中压及低压聚乙烯、聚丙烯及丙烯酸酯类的高聚物等，在催化剂存在的条件下丁二烯聚合制造成合成橡胶。

一、聚合反应

聚合是一种或几种小分子化合物变成大分子化合物（也称高分子化合物或聚合物，通常相对分子质量为 10000～10000000）的反应，涉及聚合反应的工艺过程为聚合工艺，不包括涉及涂料、胶黏剂、油漆等产品的常压条件聚合工艺。聚合反应的类型很多，按聚合物单体元素组成和结构的不同，可分加聚反应和缩聚反应两大类。单体加成聚合起来的反应称为加聚反应，氯乙烯聚合成聚氯乙烯是加聚反应，按聚合方法可分为本体聚合、悬浮聚合、乳液聚合、溶液聚合等。另外一类除了生成聚合物外，同时还有低分子副产物产生，这类聚合反应称为缩聚反应。缩聚反应的单体分子中都有官能团，根据单体官能团的不同，低分子副产物可能是水、醇、氨、氯化氢等，如己二胺和己二酸反应生成尼龙-66 的缩聚反应。

重点监控工艺参数包括聚合反应釜内温度、压力，聚合反应釜内搅拌速率，引发剂流量，冷却水流量，料仓静电、可燃气体监控等。聚合反应的分类如下。

1. 本体聚合

本体聚合是在没有其他介质的情况下，用浸在冷却剂中的管式聚合釜（或在聚合釜中设盘管、列管冷却）进行的一种聚合方法。这种聚合方法往往由于聚合热不易传导散出而导致危险。例如甲醛的聚合、乙烯的高压聚合等。在高压聚乙烯生产中，每聚合 1kg 乙烯会放出 3.8MJ 的热量，倘若这些热量未能及时移去，则每聚合 1% 的乙烯，即可使釜内温度升高 12～13℃，待升高到一定温度时，就会使乙烯分解，强烈放热，有发生爆聚的危险。一旦发生爆聚，则设备堵塞，压力骤增，极易发生爆炸。

2. 悬浮聚合

悬浮聚合是用水作分散介质的聚合方法。它是利用有机分散剂或无机分散剂，把不溶于水的液态单体，连同溶在单体中的引发剂经过强烈搅拌，打碎成小珠状，分散在水中成为悬浮液，在极细的单位小珠液滴中进行聚合，因此又叫珠状聚合。在聚合过程中，必须严格控制工艺条件，否则使设备运转不正常，则易出现溢料，如果溢料，则水分蒸发后未聚合的单体和引发剂遇火源极易引起燃烧或爆炸事故。例如目前普遍采用悬浮聚合法生产聚氯乙烯树脂工艺。

3. 溶液聚合

溶液聚合是选择一种溶剂，使单体溶成均相体系，加入催化剂或引发剂后，生产聚合物的一种方法。这种聚合方法在聚合和分离过程中，易燃溶剂容易挥发和产生静电火花。

4. 乳液聚合

乳液聚合是在机械强烈搅拌或超声波振动下，引发剂溶在水里，利用乳化剂使液态单体分散在水中（珠滴直径 $0.001\sim0.01\mu m$）而进行聚合的一种方法。这种聚合方法常用无机过氧化物（如过氧化氢）作引发剂，如果过氧化物在介质（水）中配比不当，温度太高，反应速率过快，会发生冲料，同时在聚合过程中还会产生可燃气体。

5. 缩合聚合

缩合聚合也称缩聚反应，是具有两个或两个以上功能团的单体相互缩合，并析出小分子副产物而形成聚合物的聚合反应。缩合聚合是吸热反应，但如果温度过高，也会导致系统的压力增加，甚至引起爆裂，泄漏出易燃易爆的单体。

二、安全控制要求

1. 工艺危险特点

① 聚合原料具有自聚和燃爆危险性。

② 如果反应过程中热量不能及时移除，随着物料温度上升，发生裂解和爆聚，所产生的热量使裂解和爆聚过程进一步加剧，进而引发反应器爆炸。

③ 部分聚合助剂危险性极大。

2. 安全控制的基本要求

反应釜内温度和压力的报警和联锁，紧急冷却系统，紧急切断系统，紧急加入反应终止剂系统，搅拌的稳定控制和联锁系统，料仓静电消除、可燃气体置换系统，可燃和有毒气体检测报警装置，高压聚合反应釜设有防爆墙和泄爆面等。

3. 宜采用的控制方式

将聚合反应釜内温度、压力与釜内搅拌电流、聚合单体流量、引发剂加入量、聚合反应釜夹套冷却水进水阀形成联锁关系，在聚合反应釜处设立紧急停车系统。当反应超温、搅拌失效或冷却失效时，能及时加入聚合反应终止剂。有安全泄放系统。

三、聚合反应的危险性分析

由于聚合物的单体大多是易燃易爆物质，聚合反应多在高压下进行，本身又是放热过程，如果反应条件控制不当，很容易引起事故。聚合反应过程中的危险性因素如下。

① 单体、溶剂、引发剂、催化剂等大多属易燃、易爆物质，在压缩过程中或在高压系统中泄漏，发生火灾爆炸。

② 聚合反应中加入的引发剂都是化学活泼性很强的过氧化物，一旦配料比控制不当，容易引起爆聚，反应器超压易引起爆炸。

③ 如搅拌发生故障、停电、停水，由于反应釜内聚合物黏壁作用，使反应热不能导出，造成局部过热或反应釜飞温，发生爆炸。

针对上述危险性因素，应设置可燃气体检测报警器，一旦发现设备、管道有可燃气体泄漏，将自动停车。高压分离系统应设置安全阀、爆破片、导爆管，并有良好的静电接地系统，一旦出现异常能及时泄压。反应釜的搅拌和温度应有检测和联锁，发现异常能自动停车或打入终止剂停止反应进行。对催化剂、引发剂等要加强严格管理。

四、高压聚乙烯的安全技术

采用轻柴油裂解制取高纯度乙烯装置，产品从氢气、甲烷、乙烯到裂解汽油、渣油等，都是可燃性气体或液体，炉区的最高温度达 $1000℃$，而分离冷冻系统温度低到 $-169℃$。反应过程以有机过氧化物作为催化剂，乙烯属高压液化气体，爆炸范围较宽，操作又是在高温、超高压下进行，而超高压节流减压又会引起温度升高。高压聚乙烯反应一般在 $130\sim$

300MPa、150～300℃下进行。反应过程流体的流速很快，停留于聚合装置中的时间仅为10s至数分钟，在该温度和高压下，乙烯是不稳定的，能分解成碳、甲烷、氢气等。一旦发生裂解，所产生的热量，可以使裂解过程进一步加速直到爆炸。例如聚合反应器温度异常升高，分离器超压而发生火灾、压缩机爆炸、反应器管路中安全阀喷火而后发生爆炸等事故。因此，严格控制反应条件是十分重要的。

采用管式聚合装置的最大问题是反应后的聚乙烯产物粘挂管壁发生堵塞。由于堵管引起管内压力与温度变化，甚至因局部过热引起乙烯裂解成为爆炸事故的诱因。解决这个问题有三种方式：一是采用温度反馈（温度超过界限时逐渐降低压力的作用）方法来调节管式聚合装置的压力和温度。二是采用涂防黏剂的方法。三是采用振动器使聚合装置内的固定压力按一定周期有意地加以变动，利用振动器的作用使装置内压力很快下降 7～10MPa，然后再逐渐恢复到原来压力。用此法使流体产生脉冲可将黏附在管壁上的聚乙烯除掉，使管壁保持洁净。

在这一反应系统中，必须严格控制催化剂用量并设联锁系统。为了防止因乙烯裂解发生爆炸事故，可采用控制有效直径的方法，调节气体流速，在聚合管开始部分插入具有调节作用的调节杆，避免初期反应的突然爆发。

由于乙烯的聚合反应热较大，较大型聚合反应器夹套冷却或器内蛇管（器内加蛇管很容易引起聚合物黏附）的冷却方法是不够的。清除反应热较好的方法是采用使单体或溶剂汽化回流，利用它们的蒸发潜热把反应热量带出。蒸发了的气体再经冷凝器或压缩机进行冷却冷凝后返回聚合釜再利用。

高压聚乙烯的聚合反应在开始阶段或聚合反应阶段都会发生爆聚反应，应添加反应抑制剂或设备安装安全阀（放到闪蒸槽中去）。在紧急停车时，聚合物可能固化，停车再开车时，要检查管内是否堵塞。

高压部分应有两重、三重防护措施，要求远距离操作。由压缩机出来的油严禁混入反应系统，因为油中含有空气进入聚合系统会形成爆炸混合物。

五、氯乙烯聚合的安全技术

氯乙烯聚合是属于连锁聚合反应，连锁反应的过程可分为三个阶段，即链的开始、链的增长、链的终止。

氯乙烯聚合所用的原料除氯乙烯单体外，还有分散剂、引发剂。

聚合反应中链的引发阶段是吸热过程，所以需加热。在链的增长阶段又放热，需要将釜内的热量及时移走，将反应温度控制在规定值。这两个过程分别向夹套通入加热蒸汽和冷却水。聚合釜形状为一长型圆柱体，壁侧有加热蒸汽和冷却水的进出管。目前有 30m³、70m³、127m³ 聚合，大型聚合釜配置双层三叶搅拌器和半管夹套。采取有效措施除去反应热，搅拌器有顶伸式和底伸式。为了防止气体泄漏，搅拌轴穿出釜外部分一般采用具有水封的填料函或机械密封。

氯乙烯聚合过程间歇操作及聚合物粘壁是造成聚合岗位毒性危害的最大问题，过去采用人工定期清理的办法来解决，劳动强度大、浪费时间、釜壁易受损。目前国内外悬浮聚合采用加水相阻聚剂或单体水相溶解抑制方法减少聚合物的粘壁作用。采用高效涂釜剂和自动清釜装置，减少清釜的次数。

由于聚氯乙烯聚合是采用分批间歇式进行的，主要调节聚合温度，因此聚合釜的温度自动控制十分重要。

六、丁二烯聚合的安全技术

丁二烯聚合过程中，使用酒精、丁二烯、金属钠等危险物质。酒精和丁二烯与空气混合都能形成有爆炸危险的混合物。金属钠遇水、空气激烈燃烧和爆炸，因此不能暴露于空气中，储存于煤油中。

为了控制剧烈反应，应有适当的冷却系统，并需严格地控制反应温度。冷却系统应保证密闭良好，特别在使用金属钠的聚合反应中，最好采用不与金属钠反应的十氢化萘或四氢化萘作为冷却剂。如用冷水做冷却剂，应在微负压下输送，这样可减少水进入聚合釜的机会，避免可能发生的爆炸危险。

丁二烯聚合釜上应装爆破片和安全阀。在连接管上先装爆破片，在其后再连接一个安全阀。这样可以防止安全阀堵塞，又能防止爆破片爆破时大量可燃气逸出而引起二次爆炸。爆破片必须用铜或铝制作，不宜用铸铁，避免在爆破时铸铁产生火花引起二次爆炸事故。

聚合生产系统应配有氮气保护系统，所用氮气经过精制，用铜屑除氧，用硅胶或氯化铝干燥，纯度保持在 99.5% 以上。生产开停车或间断操作过程都应该用氮气置换整个系统，如果发生故障、温度升高或局部过热时，则将气体抽出，需立即向设备充入氮气加以保护。

丁二烯聚合釜应符合压力容器的安全要求。聚合物卸出、催化剂更换，都应采用机械化操作，以利安全生产。在每次加新料之前必须清理设备的内壁。

管道内积存热聚物是很危险的。因此，当管内气流的阻力增大时，应将气体抽出，并以惰性气体吹洗。

第十六节　烷基化工艺

一、烷基化反应

把烷基引入有机化合物分子中的碳、氮、氧等原子上的反应称为烷基化反应。涉及烷基化反应的工艺过程为烷基化工艺，可分为 C-烷基化反应、N-烷基化反应、O-烷基化反应等。引入的烷基有甲基（—CH_3）、乙基（—C_2H_5）、丙基（—C_3H_7）、丁基（—C_4H_9）等。常用烯烃、卤化烃、醇等作烷基化剂。如苯胺和甲醇作用制取二甲基苯胺。

重点监控工艺参数包括烷基化反应釜内温度和压力、烷基化反应釜内搅拌速率、反应物料的流量及配比等。

二、傅-克烷基化反应

苯与烷基化剂在路易斯酸的催化下生成烷基苯的反应称为付-克烷基化反应。

$$\text{\大左括号} + C_2H_5Br \xrightarrow{AlCl_3} \text{\大左括号} - C_2H_5 + HBr$$

此反应中应注意以下几点。

① 常用的催化剂是无水 $AlCl_3$，此外 $FeCl_3$、BF_3、无水 HF、$SnCl_4$、$ZnCl_2$、H_3PO_4、H_2SO_4 等都有催化作用。

② 当引入的烷基为三个碳以上时，引入的烷基会发生碳链异构现象。

③ 烷基化反应不易停留在一元阶段，通常在反应中有多烷基苯生成。

④ 苯环上已有—NO_2、—SO_3H、—COOH、—COR、—NH_2 等取代基时付-克反应不再发生。因这些取代基有碱性或是强吸电子基，与催化剂中和或降低了苯环上的电子云密度，使亲电取代不易发生。例如，硝基苯就不能起傅-克反应，且可用硝基苯作溶剂来进行烷基化反应。

⑤ 烷基化试剂也可是烯烃或醇。

三、安全控制要求

1. 工艺危险特点

① 反应介质具有燃爆危险性。

② 烷基化催化剂具有自燃危险性，遇水剧烈反应，放出大量热量，容易引起火灾甚至爆炸。

③ 烷基化反应都是在加热条件下进行，原料、催化剂、烷基化剂等加料次序颠倒、加料速度过快或者搅拌中断停止等异常现象容易引起局部剧烈反应，造成跑料，引发火灾或爆炸事故。烷基化反应物质性质见表 2-1。

表 2-1　烷基化反应物质性质

物质类别	物质名称	闪点/℃	燃点/℃	爆炸极限	毒性	腐蚀性	备注
原料	苯	11	538	1.3%～7%	有		甲类液体
	苯胺	70		1.3%～4.2%		见光变色	丙类液体
烷基化剂	丙烯		497	2.0%～11.1%	麻醉		易燃气体
	甲醇	12.2	473(自)	6.0%～36.5%	强		甲类液体
	十二烯	77	220				乙类液体
催化剂	三氯化铝	遇水分解放热		放出热和 HCl		强	忌湿物品
	三氯化磷	遇水或乙醇剧烈分解		气体能引爆	有毒	有	忌湿液体
产品	异丙苯	35.5	434	0.68%～4.2%	中度		乙类液体
	二甲基苯胺	61	371		中度		丙类液体
	烷基苯	127					丙类液体

2. 安全控制的基本要求

反应物料的紧急切断系统、紧急冷却系统、安全泄放系统、可燃和有毒气体检测报警装置等。

3. 宜采用的控制方式

将烷基化反应釜内温度和压力与釜内搅拌、烷基化物料流量、烷基化反应釜夹套冷却水进水阀形成联锁关系，当烷基化反应釜内温度超标或搅拌系统发生故障时自动停止加料并紧急停车。安全设施包括安全阀、爆破片、紧急放空阀、单向阀及紧急切断装置等。

第十七节　新型煤化工工艺

一、煤化工工艺

以煤为原料，经化学加工使煤直接或间接转化为气体、液体和固体燃料、化工原料或化学品的工艺过程。主要包括煤制油（甲醇制汽油、费-托合成油）、煤制烯烃（甲醇制烯烃）、煤制二甲醚、煤制乙二醇（合成气制乙二醇）、煤制甲烷气（煤气甲烷化）、煤制甲烷、甲醇制醋酸等工艺。重点监控工艺参数包括反应器温度和压力，反应物料的比例控制，料位，液位，进料介质温度、压力与流量、氧含量，外取热器蒸汽温度与压力，风压和风温，烟气压力与温度，压降，H_2/CO 比，NO/O_2 比，$NO/$醇比，H_2、H_2S、CO_2 含量等。

二、甲醇合成

1. 工艺原理

本装置甲醇合成是在 5.9MPa、催化剂作用下，将上游工序制备好的合成气反应生成甲醇，其反应式如下：

$$2H_2 + CO \xrightarrow{} CH_3OH, \quad \Delta H = -90.64 \text{kJ/mol}$$

$$3H_2 + CO_2 \xrightarrow{} CH_3OH + H_2O, \quad \Delta H = -48.02 \text{kJ/mol}$$

甲醇合成反应是强放热的。除上述主反应外，还有以下主要副反应：

$$2CO + 4H_2 \xrightarrow{} C_2H_5OH + H_2O$$

$$2CO + 4H_2 \xrightarrow{} HCOOCH_3 + H_2O$$

$$2CO+4H_2 \Longrightarrow (CH_3)_2O+H_2O$$

由于合成反应单程转化率不高，反应后的气体经冷凝分离出生成的粗甲醇后，大部分未反应气体循环使用，少量气体作弛放气排放，以控制循环气中惰性气体含量。

2. 工艺流程简述

在甲醇合成塔中，CO、CO_2 与 H_2 反应生成甲醇和水，同时也伴有微量其他有机杂质生成。合成塔出口反应气体经与入塔气在入塔气预热器中换热，温度降至 90℃左右依次进入甲醇空冷器组冷却至 40℃以下，冷却的气液混合物经甲醇分离器分离出粗甲醇。由甲醇分离器分离出的粗甲醇，减压至 0.4MPa 进入闪蒸槽以除去粗甲醇中溶解的大部分气体，然后送至甲醇精馏工序。

三、安全控制要求

1. 工艺危险特点

① 反应介质涉及一氧化碳、氢气、甲烷、乙烯、丙烯等易燃气体，具有燃爆危险性。

② 反应过程多为高温、高压过程，易发生工艺介质泄漏，引发火灾、爆炸和一氧化碳中毒事故。

③ 反应过程可能形成爆炸型混合气体。

④ 多数煤化工新工艺反应速率快，放热量大，造成反应失控。

⑤ 反应中间产物不稳定，易造成分解爆炸。

2. 安全控制的基本要求

反应器温度、压力报警与联锁，进料介质流量控制与联锁，反应系统紧急切断进料联锁，料位控制回路，液位控制回路，H_2/CO 比例控制与联锁，NO/O_2 比例控制与联锁，外取热器蒸汽热水泵联锁，主风流量联锁，可燃和有毒气体报警装置，紧急冷却系统，安全泄放系统。

3. 宜采用的控制方式

将进料流量、外取热蒸汽流量、外取热蒸汽包液位、H_2/CO 比例与反应器进料系统设立联锁关系，一旦发生异常工况启动联锁，紧急切断所有进料，开启事故蒸汽阀或氮气阀，迅速置换反应器内物料，并将反应器进行冷却、降温。

安全设施，包括安全网、防爆膜、紧急切断阀及紧急排放系统等。

第十八节　电石生产工艺

一、电石生产工艺介绍

电石工业诞生于 19 世纪末，迄今工业生产仍沿用电热法工艺，是生石灰（CaO）和焦炭（C）在埋弧式电炉（电石炉）内，通过电阻电弧产生的高温反应制得，同时生成副产品一氧化碳（CO）。

电石生产的基本化学原理：

$$CaO+3C \longrightarrow CaC_2+CO$$

可见电石生成反应中投入的三份 C，其中两份生成 CaC_2，而另一份则形成 CO，即消耗了 1/3 的碳素材料。

电石（CaC_2）是生石灰（CaO）和焦炭（C）于（电石炉）内通过电阻电弧热在 1800～2200℃的高温下反应制得。电石炉是电石生产的主要设备，电石工业发展的初期，电石炉的容量很小，只有 100～300kV·A，炉型是开放式的，副产品 CO 在炉面上燃烧，生成 CO_2，白白地浪费。

电石行业是一个高耗能、高污染的行业。在原材料的运输、准备过程及生产的过程中都有污染物生成。现在这个行业国家规定比较严格，另外一氧化碳的回收也取得了很好的效果。

二、电石生产工艺概念

电石生产工艺是以石灰和碳素材料（焦炭、兰炭、石油焦、冶金焦、白煤等）为原料，在电石炉内依靠电弧热和电阻热在高温进行反应，生成电石的工艺过程。电石炉型式主要分为两种：内燃型和全密闭型。

电石生产工艺中重点监控工艺参数包括炉内温度、炉气压力、料仓料位、电极压放量、一次电流、一次电压、电极电流、电极电压、有功功率、冷却水温度和压力；液压箱油位和温度、变压器温度、净化过滤器入口温度、炉气组分分析等。

三、安全控制要求

1. 工艺危险特点

① 电石炉工艺操作具有火灾、爆炸、烧伤、中毒、触电等危险性。

② 电石遇水会发生激烈反应，生成乙炔气体，具有燃爆危险性。

③ 电石的冷却、破碎过程具有人身伤害、烫伤等危险性。

④ 反应产物一氧化碳有毒，与空气混合到12.5%～74%时会引起燃烧和爆炸。

⑤ 生产中漏糊造成电极软断时，会使炉气出口温度突然升高，炉内压力突然增大，造成严重的爆炸事故。

2. 安全控制的基本要求

设置紧急停炉按钮，电炉运行平台和电极压放视频监控、输送系统视频监控和启停现场声音报警，原料称重和输送系统控制，电石炉炉压调节、控制，电极升降控制，电极压放控制，液压泵站控制，炉气组分在线监测、报警和联锁，可燃和有毒气体检测盒声光报警设置，设置紧急停车按钮等。

3. 宜采用的控制方式

将炉气压力、净化总阀与放散阀形成联锁关系；将炉气组分氢、氧含量高于净化系统形成联锁系统；将料仓超料位、氢含量与停炉形成联锁关系。

安全设施，包括安全阀、重力泄压阀、紧急放空阀、防爆膜等。

第十九节　偶氮化工艺

一、偶氮化反应

合成通式为 R—N=N—R 的偶氮化合物的反应为偶氮化反应，式中 R 为脂烃基或芳烃基，两个 R 基可相同或不同。涉及偶氮化反应的工艺过程为偶氮化工艺。脂肪族偶氮化合物由相应的肼经过氧化或脱氢反应制取。芳香族偶氮化合物一般由重氮化合物的偶联反应制备。重点监控工艺参数包括偶氮化反应釜内温度、压力、液位、pH 值，偶氮化反应釜内搅拌速率，肼流量，反应物质的配料比，后处理单元温度等。

二、偶联反应

重氮盐与芳伯胺或酚类化合物作用，生成颜色鲜艳的偶氮化合物的反应称为偶联反应。偶联反应是亲电取代反应，是重氮阳离子（弱的亲电试剂）进攻苯环上电子云较大的碳原子而发生的反应。

1. 与胺偶联

反应要在中性或弱酸性溶液中进行。

① 在中性或弱酸性溶液中，重氮离子的浓度最大，且氨基是游离的，不影响芳胺的反应活性。

② 若溶液的酸性太强（pH<5），会使胺生成不活泼的铵盐，偶联反应就难进行或很慢。

偶联反应总是优先发生在对位，若对位被占，则在邻位上反应，间位不能发生偶联反应。

4-磺酸基-4′-二甲氨基偶氮苯（甲基橙）

2. 与酚偶联

反应要在弱碱性条件下进行，因在弱碱性条件下酚生成酚盐负离子，使苯环更活化，有利于亲电试剂重氮阳离子的进攻。

三、安全控制要求

1. 工艺危险特点

① 部分偶氮化合物极不稳定，活性强，受热或摩擦、撞击等作用能发生分解甚至爆炸。

② 偶氮化生产过程所使用的肼类化合物，高毒，具有腐蚀性，易发生分解爆炸，遇氧化剂能自燃。

③ 反应原料具有燃爆危险性。

2. 安全控制的基本要求

反应釜温度和压力的报警和联锁，反应物料的比例控制和联锁系统，紧急冷却系统，紧急停车系统，安全泄放系统，后处理单元配置温度监测，惰性气体保护的联锁装置等。

3. 宜采用的控制方式

将偶氮化反应釜内温度、压力与釜内搅拌、肼流量、偶氮化反应釜夹套冷却水进水阀形成联锁关系。在偶氮化反应釜处设立紧急停车系统，当偶氮化反应釜内温度超标或搅拌系统发生故障时，自动停止加料，并紧急停车。

后处理设备应配置温度检测、搅拌、冷却联锁自动控制调节装置，干燥设备应配置温度测量、加热热源开关，惰性气体保护的联锁装置。安全设施包括安全阀、爆破片、紧急放空阀等。

第二十节 重氮化反应

一、重氮化反应

重氮化是芳伯胺变为重氮盐的反应。通常是把含芳胺的有机化合物在酸性介质中与亚硝酸钠作用，使其中的氨基（—NH$_2$）转变为重氮基（—N=N—）的化学反应，如二硝基重氮酚的制取等。

$$ArNH_2 + NaNO_2 + \underset{(H_2SO_4)}{2HCl} \xrightarrow{0\sim5℃} ArN_2^+Cl^- + NaCl + 2H_2O$$

$$C_6H_5-NH_2 \xrightarrow[0\sim5℃]{NaNO_2 + HCl} C_6H_5-N_2^+Cl^- + NaCl + H_2O$$

重氮化反应条件如下。

① 重氮化反应必须在低温下进行（温度高重氮盐易分解）。

② 亚硝酸不能过量（亚硝酸有氧化性，不利于重氮盐的稳定）。

③ 重氮化反应必须保持强酸性条件（弱酸条件下易发生副反应）。

二、重氮化反应的安全技术

① 重氮化反应的主要火灾危险性在于所产生的重氮盐，如重氮盐酸盐（$C_6H_5N_2Cl$）、重氮硫酸盐（$C_6H_5N_2HSO_4$）、重氮二硝基苯酚［$(NO_2)_2N_2C_6H_2OH$］等，在温度稍高或光的作用下，极易分解，有的甚至在室温时也能分解。一般每升高10℃，分解速率加快两倍。在干燥状态下，有些重氮盐不稳定，受热、摩擦、撞击能分解爆炸。含重氮盐的溶液若洒在地上或蒸汽管道上，干燥后也能引起着火或爆炸。在酸性介质中，有些金属（铁、铜、锌等）能促使重氮化合物剧烈地分解，甚至引起爆炸。

② 作为重氮剂的芳胺化合物都是可燃有机物质，在一定条件下也有燃烧和爆炸的危险。

③ 重氮化生产过程所使用的亚硝酸钠是无机氧化剂，于175℃时分解，能与有机物反应发生燃烧或爆炸。当遇到比其氧化性强的氧化剂时，又具有还原性，故遇到氯酸钾、高锰酸钾、硝酸铵等强氧化剂时，有发生燃烧或爆炸的可能。

④ 在重氮化的生产过程中，若反应温度过高，亚硝酸钠的投料过快或过量，均会增加亚硝酸的浓度，加速物料的分解，产生大量的氧化氮气体，有引起燃烧、爆炸的危险。

第二十一节 任 务 案 例

一、硝化反应事故案例分析

2003年4月12日，江苏省某厂三硝基甲苯（TNT）生产线硝化车间发生特大爆炸事故，事故中死亡17人、重伤13人、轻伤94人；报废建筑物约$5×10^4 m^2$，严重破坏的$5.8×10^4 m^2$，一般破坏的$17.6×10^4 m^2$；设备损坏951台（套），直接经济损失2266.6万元。此外由于停产和重建，间接损失更加巨大。

1. 事故经过

TNT是一种烈性炸药，由甲苯经硫硝混酸硝化而成。硝化过程中存在着燃烧、爆炸、腐蚀、中毒四大危险。硝化反应分为3个阶段：一段硝化由甲苯硝化为一硝基甲苯（MNT），用四台硝化机并联完成；二段硝化由一硝基甲苯硝化为二硝基甲苯（DNT），用二台硝化机并联完成；三段硝化由二硝基甲苯硝化为三硝基甲苯（TNT），用11台硝化机串联起来完成。三段硝化比二段硝化困难得多，不仅反应时间长，需多台硝化机串联，而且硫硝混酸浓度高，并控制在较高温度下进行，因而反应危险性大。这次特大爆炸事故就是从三段2号机（代号为Ⅲ-2＋）开始的。

发生事故的硝化车间由3个实际相连的厂房组成。中间为9m×40m×15m的钢筋混凝土3层建筑，屋顶为圆拱形；东西两侧分别为8m×40m的12m×40m的两个偏下。硝化机多数布置在西偏下内，理化分析室布置在东偏下内。整个硝化车间位于高3m、四周封闭的防爆土堤内，工人只能从涵洞出入。爆炸事故发生后，该车间及其内部40多台设备荡然无存，现场留下一个方圆约40m、深7m的锅底形大坑，坑底积水2.7m深。

爆炸不仅使本工房被摧毁，而且精制、包装工房，空压站及分厂办公室遭到严重破坏，相邻分厂也受到严重影响。位于爆炸中心西侧的三分厂、南侧的五分厂、北侧的六分厂和热电厂，凡距爆炸中心 600m 范围内的建筑物均遭严重破坏；1200m 范围内的建筑物局部破坏，门窗玻璃全被震碎，3000m 范围内门窗玻璃部分破碎。在爆炸中心四周的近千株树木，或被冲击波拦腰截断或被冲倒，或树冠被削去半边。

爆炸飞散物——残墙断壁和设备碎块，大多抛落在 300m 半径范围内，少数飞散物抛落甚远，例如，一根长 800mm、ϕ80mm 的钢轴飞落至 1685m 处；一个数十吨重的钢筋混凝土块（原硝化工房拱形屋顶的残骸）被抛落在东南方 487m 处，将埋在地下 2m 深处的 ϕ400mm 铸铁管上水干线砸断，使水大量溢出；一个数十千克重的水泥墙残块飞至 310m，砸穿三分厂卫生巾生产工房的屋顶，将室内 2 名女工砸成重伤。

根据对生产设备内的炸药量的测算，并从建筑物破坏等级与冲击波超压的关系，以及爆炸坑形状和大小的估算，确定这次事故爆炸的药量约为 40tTNT 当量。

2. 事故原因分析

（1）事故直接原因　经过分析认定，事故的起因是Ⅲ-6＋机、Ⅲ-7＋机硝酸阀泄漏造成硝化系统硝酸含量过高，最低凝固点前移，致使Ⅲ-2＋机反应激烈冒烟。高温高浓度硫硝混酸与不符合工艺规定的石棉绳（含大量可燃纤维和油脂）接触成为火种，引起Ⅲ-2＋机分离器内硝化物着火，局部过热，引起硝化物分解着火。着火后因硝化机本质安全条件差、没有自动放料装置，工人也没有手动放料，以致由着火转为爆炸。

（2）事故间接原因　这次事故与工厂管理方面的漏洞有很大关系，领导对安全重视不够；生产工艺设备上问题多，解决不力；工人劳动纪律差、有擅自脱岗现象；再加上使用了不符合工艺规定的石棉绳等，因而这起特大爆炸事故是一起在本质安全条件很差的情况下发生的责任事故。

二、聚合反应事故案例分析

1990 年 1 月 27 日 1 时 30 分，湖南省某化工厂聚氯乙烯车间发生爆炸事故，造成死亡 2 人、轻伤 2 人；直接经济损失 25 万元，车间停产 3 个月之久。

1. 事故经过

1990 年 1 月 27 日 1 时 30 分，湖南省某化工厂聚氯乙烯车间 1 号聚合反应釜 13m³ 搪瓷釜，设计压力为 (8±0.2)×10² kPa。该釜加料完毕后，18 时 40 分达到指示温度，开始聚合；聚合反应过程中，由于反应激烈，注加稀释水等操作以控制反应温度。28 日早 6 时 50 分，釜内压力降到 3.42×10² kPa，温度 51℃，反应已达 12h。取样分析釜内气体氯乙烯、乙炔含量后，根据当时工艺规定可向氯乙烯柜排气到 8 时，釜内压力为 1.7×10² kPa。白班接班后，继续排气到 8 时 53 分，釜内压力降到 1.5×10² kPa，即停止排气而开动空气压缩机压入空气向 3 号沉析槽出料。9 时 10 分，3 号沉析槽泡沫太多，已近满量，沉析岗位人员怕跑料，随即通知聚合操作人员把出料阀门关闭，以便消除沉析槽泡沫，而后再启动空气压缩机压入空气压料，但由于出料管线被沉积树脂堵塞，此时虽釜内压力已达 4.22×10² kPa，物料仍然压不过来，空气压缩机被迫停机。当时聚合操作人员林某赶到干燥工段找回当班班长廖某（代理值班长）共同处理，当林某和廖某刚回到 1 号釜旁即发生釜内爆炸，将人孔盖螺栓冲断，釜盖飞出，接着一团红光冲出，而后冒出有窒息性气味的黑烟、黄烟。

2. 事故原因分析

（1）事故直接原因　事故的直接原因是采用压缩空气出料工艺过程中，空气与来聚合的氯乙烯形成爆炸性混合物（氯乙烯在空气中爆炸范围 4%～22%），提供了爆炸的物质条件。

事故调查中发现，轴瓦的瓦面烧熔痕迹明显者有 13 处，其中两片瓦已熔为一体，说明釜的中轴瓦与轴的干摩擦（料出自轴瓦以下，加之轴不十分垂直）产生的高温（380～400℃）引起了氯乙烯混合气爆炸（氯乙烯自燃点为390℃）。

（2）事故间接原因 该厂用空气压送聚合液料，在工艺原理上不能保证安全生产，应禁止使用。操作人员对聚合、沉析系统的运行操作不够熟悉，在处理事故时不能抓住要害。

三、氧化反应事故案例分析

1995年5月18日下午3点左右，江阴市某化工厂在生产对硝基苯甲酸过程中发生爆燃火灾事故，当场烧死2人，重伤5人，至19日上午又有2名伤员因抢救无效死亡，该厂320m²生产车间厂房屋顶和280m²的玻璃钢棚以及部分设备、原料被烧毁，直接经济损失为10.6万元。

1. 事故经过

5月18日下午2点，当班生产副厂长王某组织8名工人接班工作，接班后氧化釜继续通氧氧化，当时釜内工作压力0.75MPa，温度160℃。不久工人发现氧化釜搅拌器传动轴密封填料处出现泄漏，当班长钟某在观察泄漏情况时，泄漏出的物料溅到了眼睛，钟某就离开现场去冲洗眼睛。之后工人刘某、星某在副厂长王某的指派下，用扳手直接去紧搅拌轴密封填料的压盖螺栓来处理泄漏问题，当刘某、星某对螺母紧了几圈后，物料继续泄漏，且螺栓已跟着转动，无法旋紧，经王某同意，刘某将手中的两只扳手交给在现场的工人陈某，自己去修理间取管钳，当刘某离开操作平台45s左右，走到修理间前时，操作平台上发生爆燃，接着整个生产车间起火。当班工人除钟某、刘某离开生产车间之外，其余7人全部陷入火中，副厂长王某、工人李某当场烧死，陈某、星某在医院抢救过程中死亡，3人重伤。

2. 事故原因分析

（1）直接原因 经过调查取证、技术分析和专家论证，这起事故的发生，是由于氧化釜搅拌器传动轴密封填料处发生泄漏，生产副厂长王某指挥工人处理不当，导致泄漏更加严重，釜内物料（其成分主要是乙酸）从泄漏处大量喷出，在釜体上部空间迅速与空气形成爆炸性混合气体。遇到金属撞击产生的火花即发生爆燃，并形成大火。因此事故的直接原因是氧化釜发生物料泄漏，泄漏后的处理方法不当，生产副厂长王某违章指挥，工人无知作业。

（2）间接原因

① 管理混乱，生产无章可循。该厂自生产对硝基苯甲酸以来，没有制定与生产工艺相适应的任何安全生产管理制度、工艺操作规程、设备使用管理制度，特别是北京某公司3月1日租赁该厂后，对工艺设备作了改造，操作工人全部更换，没有依法建立各项劳动安全卫生制度和工艺操作规程，整个企业生产无章可循，尤其是对生产过程中出现的异常情况，没有明确如何处理，也没有任何安全防范措施。

② 工人未经培训，仓促上岗。该厂自租赁以后，生产操作工人全部重新招用外来劳动力，进厂最早的1995年4月，最迟的一批人5月15日下午刚刚从青海赶到工厂，仅当晚开会说说注意事项，第二天就上岗操作。因此工人没有起码的工业生产的常识，没有任何安全知识，不懂得安全操作规程，也不知道本企业生产的操作要求，根本不认识化工生产的危险特点，尤其对如何处理生产中出现的异常情况更是不懂。整个生产过程全由租赁方总经理和生产副厂长王某具体指挥每个工人如何做，工人自己不知道怎样做。

③ 生产没有依法办理任何报批手续，企业不具备安全生产基本条件。该厂自1994年5月起生产对硝基苯甲酸，却未按规定向有关职能部门申报办理手续，生产车间的搬迁改造也未经过消防等部门批准，更没有进行劳动安全卫生的"三同时"审查验收。尤其是作为工艺过程中最危险的要害设备氧化釜，是1994年5月非法订购的无证制造厂家生产的压力容器，而且连设备资料都没有就违法使用。生产车间现场混乱，生产原材料与成品混放。因此，整

个企业不具备从事化工生产的安全生产基本条件。

四、加氢反应事故案例分析

1996 年 8 月 12 日，山东省某化学工业集团总公司制药厂在生产山梨醇过程中发生爆炸事故。

1. 事故经过

该制药厂新开发的山梨醇生产工艺装置于 7 月 15 日开始投料生产。8 月 12 日零时山梨醇车间乙班接班，氢化岗位的氢化釜处在加氢反应过程中。4 时取样分析合格，4 时 10 分开始出料，至 4 时 20 分液糖和二次沉降蒸发工段突然出现一道闪光，随着一声巨响发生空间化学爆炸。1 号、2 号液糖高位槽封头被掀裂，3 号液糖高位槽被炸裂，封头飞向房顶，4 台二次沉降槽封头被炸挤压入槽内，6 台尾气分离器、3 台缓冲罐被防爆墙掀翻砸坏，室内外的工艺管线、电气线路被严重破坏。

2. 事故原因分析

（1）事故直接原因　氢化釜在加氢反应过程中，氢气不断地加入，调压阀处于常动状态（工艺条件要求氢化釜内的工作压力为 4MPa），由于尾气缓冲罐下端残糖回收阀处于常开状态（此阀应处于常关状态，在回收残糖时才开此阀，回收完后随即关好，气源是从氢化釜调压出来的氢气），氢气被送 3 号高位槽后，经槽顶呼吸管排到室内。因房顶全部封闭，又没有排气装置，致使氢气沿房顶不断扩散集聚，与空气形成爆炸混合气，达到了爆炸极限。二层楼平面设置了产品质量分析室，常开的电炉引爆了混合气，发生了空间化学爆炸。

（2）事故间接原因

① 企业建立的新产品安全技术操作规程，没有经过工程技术人员的论证审定，没有尾气回收罐回收阀操作程序规定。管理人员的安全素质差，不熟悉工艺安全参数，对安全操作规程生疏，对作业人员规程执行情况指导有漏洞，而工人对其操作不明白，以致使氢气缓冲罐回收阀处于常开状态，形成多班次连续氢气泄漏至室内，是造成此次事故的直接原因。

② 山梨醇工艺设计不安全可靠（如 3 号高位槽只安装 1 根高 0.6m 的呼吸管，标准规定放空高度高于建筑物、构筑物 2m 以上），其厂房布置设计不符合规范要求（如山梨醇产品分析室离散发可燃气体源仅 15m，规范规定不小于 30m），是此次事故的主要原因。

③ 新产品安全操作规程不完善，缺乏可靠的操作依据，反映出厂领导对新产品安全生产责任制没有落到实处。

④ 山梨醇是该企业新建项目，没有按国家有关新建、改建、扩建项目安全卫生"三同时"要求进行安全卫生初步设计、审查和竣工验收。自己制造安装尾气缓冲罐（属压力容器）时没有装配液位计，山梨醇车间也没有设置可燃气体浓度检测报警装置。厂房上部为封闭式，未设排气装置，这些均违反了《建筑设计防火规范》的规定。

课 后 任 务

一、情景分析

1. 中化集团沧州某化工公司甲苯二异氰酸酯（TDI）车间硝化装置，于 2007 年 5 月 11 日 10 时 54 分硝化装置开车。一硝基甲苯输送泵出口管线着火，13 时 08 分系统停止投料，现场开始准备排料，一硝化系统中的静态分离器、一硝基甲苯储槽和废酸罐发生爆炸，并引发甲苯储罐起火爆炸，人员伤亡较多、数千人转移。通过分析找出原因并制定安全措施。

2. 2010 年 7 月 28 日上午 10 时许，位于南京市迈皋桥地区的金陵石化某塑料厂地下丙烯管道断裂发生泄漏，引起爆炸并燃起大火。查找资料了解事发基本情况并分析原因。

3. 2005 年 11 月 13 日下午 1 时 45 分左右，中石油某公司双苯厂发生着火爆炸事故，当场造成 5 人死亡、1 人失踪、60 多人受伤，公安、消防部门迅速出动，于 14 日凌晨把明火扑灭。查找资料了解事发基本情况并分析原因，编写救援措施和制定安全措施。

4. 1990 年 1 月 27 日 1 时 30 分，湖南省某化工厂聚氯乙烯车间发生爆炸事故，造成死亡 2 人、轻伤 2 人；直接经济损失 25 万元，车间停产 3 个月之久。通过调查研究，描述事故发生过程、原因和对策措施。

二、综合复习

1. 国家安全监管总局 2009 年公布《首批重点监管的危险化工工艺目录》和《首批重点监管的危险化工工艺安全控制要求、重点监控参数及推荐的控制方案》，首批重点监管的危险化工工艺有哪些？

2. 国家安全监管总局 2013 年公布了第二批重点监管危险化工工艺目录、第二批重点监管危险化工工艺重点监控参数、安全控制基本要求及推荐的控制方案、调整的首批重点监管危险化工工艺中的部分典型工艺，第二批重点监管的危险化工工艺有哪些？

3. 氯化反应类型有哪些？安全控制要求是什么？

4. 聚合反应类型有哪些？安全控制要求是什么？用于树脂、涂料、胶黏剂等方面的常压反应在重点监管的危险化工工艺中有什么变化？安全控制要求如何？

5. 过氧化合物的危险性和安全控制技术如何？

6. 硝化反应的危险性和安全控制技术如何？

7. 磺化反应的危险性和安全控制技术如何？

8. 裂解反应的危险性和安全控制技术如何？

9. 电解反应的危险性及安全控制技术如何？

10. 烷基化反应的危险性和安全控制技术如何？

11. 重氮化反应的危险性和安全控制技术如何？

第三章 化工单元操作安全技术

通过学习熟悉化工单元操作类型和基本特点，重点学习化工单元操作的危险性分析和安全控制技术，掌握常用化工单元操作（如流体输送、传热、蒸馏、干燥、吸收、混合等）的安全技术。主要培养学生具有运用安全控制技术稳定生产、预防事故发生的工作能力和职业素质。

第一节 流体输送操作安全技术

流体的输送动力来自于流体的压缩能、相变能或位能，流体在流动过程中，由于具有一定流速、压力、压头等工艺条件，因此输送过程中固有危险除主要来自于物性之外，还来自于流体流动过程中的工艺参数及压缩流动状态下的特性变化与装备技术。

一、流体输送在化工生产中的应用

化工生产中所涉及的物料有很多都是流体，一方面，由于生产工艺的要求，常常需要将这些物料从一个设备输送到另一个设备，从一个车间输送到另一个车间；另一方面，化工生产中的传热、传质及化学反应过程多数都是在流体流动条件下进行的，流体的流动状况对此过程的动力结构、装备技术有着重大的影响，直接关系到化工生产过程的安全运行。因此，液体安全输送对于保证工艺任务的完成及提高化工过程的速率都是十分重要的。

二、常见流体输送方式及危险性分析

1. 高位槽送料

化工生产中，各容器、设备之间常常会存在一定的位差，当工艺要求将处在高位设备内的液体输送到低位设备内时，可以通过直接将两设备用管道连接的办法实现，这就是所谓的高位槽送液。另外，在要求特别稳定的场合，也常常设置高位槽，以避免输送机械带来的波动。如图 3-1(a) 所示，脱甲醇塔的回流就是靠高位的塔顶冷凝器来维持的。高位槽送液时，高位槽的高度必须能够保证输送任务所要求的流量。

高位槽的液体需通过泵压输送或负压输送提升到高位槽。在提升的过程中由于流体的摩擦，很容易在高位槽或计量槽产生静电火花而引燃物系，因此，在往高位槽或计量槽输送物料流体时，除控制流速之外，还应将流体入口管插入液下。凡是与物料相关的设备、管线、阀门、法兰等都应形成一体并可靠接地。

2. 真空抽料

真空抽料是指通过真空系统的负压来实现流体从一个设备到另一个设备的操作。如

图 3-1(b) 所示，先将烧碱从碱储槽放入烧碱中间槽 1 内，然后通过调节阀门，利用真空系统产生的真空将烧碱吸入高位槽 2 内。

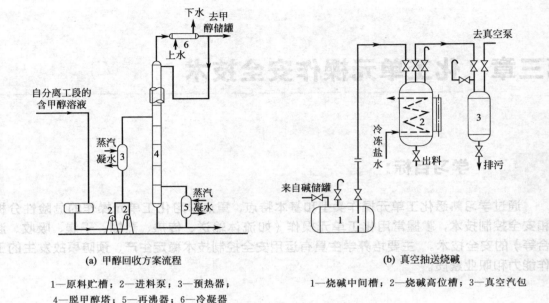

(a) 甲醇回收方案流程　　　　　　　　　　　　　　　(b) 真空抽送烧碱

1—原料贮槽；2—进料泵；3—预热器；　　　　　　1—烧碱中间槽；2—烧碱高位槽；3—真空汽包
4—脱甲醇塔；5—再沸器；6—冷凝器

图 3-1　真空抽料

　　真空抽料是化工生产中常用的一种流体输送方法，结构简单，操作方便，没有动件，但流量调节不方便，需要真空系统，不适于输送易挥发的液体，主要用在间歇送料场合。

　　有机溶剂采用桶装真空抽料时，由于输送过程有可能产生静电积累，因此输送系统必须设计有良好的接地系统，输送系统的管线应当采用金属，不应采用非金属管线。桶装真空抽料快结束时，由于液位降至吸口以下，很可能产生静电放电，由于采用非导体吸管，吸管会带上很高的电荷，在移至罐口时会出现放电火花而引燃或引爆料桶内液体蒸气。

　　在连续真空抽料时（例如多效并流蒸发中），下游设备的真空度必须满足输送任务的流量要求，还要符合工艺条件对压力的要求。

　　真空输送如果是易燃液体，需注意输送过程的密闭性，系统和易燃蒸气形成爆炸性混合系，在点火源的作用下就会引起爆炸。空气和蒸气的混合物在流动过程中增大了产生静电放电的可能性，这是十分危险的。真空输送物料其真空泵的电气带有大量的液雾或蒸气，真空破坏，空气就会进入这种液雾或蒸气，若不冷凝回收处理，直接排放就会很容易在扩散中遇到引火源而发生爆炸或燃烧。采用负压往往是出于安全考虑。负压操作的关键是防止易燃易爆气体或粉尘大量抽入真空泵，因此真空泵前应有洗涤或过滤装置。其次，恢复常压时应小心，一般应待温度降低后再缓缓放进空气，以防氧化燃烧。负压操作的设备不得漏气，以免空气进入设备内部形成爆炸性混合物而增加燃烧爆炸危险。此外，设备强度应符合要求，以防抽瘪而发生事故。

三、压缩空气送料

　　采用压缩空气送料也是化工生产中常用的方法。例如酸储槽，如图 3-2 所示，先将储槽中的酸放入容器，然后通入压缩空气，在压力的作用下，将酸输送至目标设备。这种方法结构简单无动件，可间歇输送腐蚀性大不易燃易爆的流体，但流量小且不易调节，只能间歇输送流体。

压缩空气送料时，空气的压力必须满足输送任务对扬程的要求。

压缩空气输送物料不能运用于易燃和可燃液体物料的压送，因为压缩空气在压送物料时可以与液体蒸气混合形成爆炸性混合系，同时又可能产生静电积累，很容易导致系统爆炸。

四、流体输送机械送料

流体输送机械送料是指借助流体输送机械对流体做功，实现流体输送的操作。由于输送机械的类型多，压头及流量的可选范围宽广且易于调节，因此该方法是化工生产中最常见的流体输送方法。

用流体输送机械送料时，流体输送机械的型号必须满足流体性质及输送任务的需要。

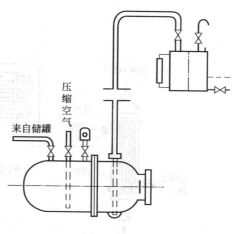

图 3-2　酸储槽送酸

流体输送中的几方面的问题如下：

① 流体的性质；

② 流体流动的表征；

③ 流体流动的基本规律；

④ 流体阻力；

⑤ 化工管路；

⑥ 输送机械。

[案例 1]　2009 年 11 月 23 日 8 时左右，山东某化工有限公司刘某给安全员郭某打电话说找到了运输粗苯的车辆，10 时 30 分左右刘某、郭某、穆某三人在东明县石油公司油库集合后，由穆某驾驶运输粗苯的车一起去公司小井乡黄庄储备库。11 时 30 分左右到达。他们到达 1 个多小时以后，运输车辆司机就把车停到了存储罐前，连接好泵开始从存储罐往罐车里充装粗苯，装有 15min 的时候，穆某上到罐车上查看前面的罐口（罐的前后各有一个开启口），看装满没有。然后又走到后面的罐口查看了一下，又走回前面的罐口附近对刘某说装得太慢了，也就是在他们说话的同时，大概 13 时 17 分时左右发生了爆燃，然后罐车冒出浓烟。刘某从开始装车一直在罐车上（后罐口附近），郭某在控制电泵的闸刀前，看闸刀。郭某见此情况，就立即拉下闸刀，然后跑到储罐前关掉储罐的阀门。郭某立即拨打 119、120 急救电话，消防队来后把火扑灭。此次事故造成穆某死亡，刘某受伤。

第二节　传热设备操作安全技术

工业上用实现冷热两流体换热的设备称为传热设备。换热有直接或间接换热两种方式。直接换热是指冷热两流体直接混合以达到加热或冷却的目的，而间接换热是指冷热两流体间接传热。在石油化工等工业过程中，一般以间接换热较常见。间壁传热设备的结构类型有列管式、蛇管式、夹套式和套管式等，如图 3-3 所示。

传热在化工生产过程中的应用主要有创造并维持化学反应需要的温度条件、创造并维持单元操作过程需要的温度条件、热能综合和回收、隔热与限热。

一、加热过程安全分析

加热过程危险性较大。装置加热方法一般为蒸汽或热水加热、载热体加热以及电加热等。

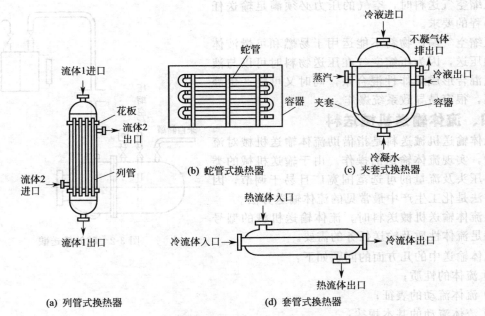

图 3-3　传热设备的结构类型

① 采用水蒸气或热水加热时，应定期检查蒸汽夹套和管道的耐压强度，并应装设压力计和安全阀。与水会发生反应的物料，不宜采用水蒸气或热水加热。

② 采用充油夹套加热时，需将加热炉门与反应设备用砖墙隔绝，或将加热炉设于车间外面。油循环系统应严格密闭，不准热油泄漏。

③ 为了提高电感加热设备的安全可靠程度，可采用较大截面的导线，以防过负荷；采用防潮、防腐蚀、耐高温的绝缘，增加绝缘层厚度，添加绝缘保护层等措施。电感应线圈应密封起来，防止与可燃物接触。

④ 电加热器的电炉丝与被加热设备的器壁之间应有良好的绝缘，以防短路引起电火花，将器壁击穿，使设备内的易燃物质或漏出的气体和蒸气发生燃烧或爆炸。在加热或烘干易燃物质，以及受热能挥发可燃气体或蒸气的物质，应采用封闭式电加热器。电加热器不能安放在易燃物质附近。导线的负荷能力应能满足加热器的要求，应采用插头向插座上连接方式，工业上用的电加热器，在任何情况下都要设置单独的电路，并要安装适合的熔断器。

⑤ 在采用直接用火加热工艺过程时，加热炉门与加热设备间应用砖墙完全隔离，不使厂房内存在明火。加热锅内残渣应经常清除以免局部过热引起锅底破裂。以煤粉为燃料时，料斗应保持一定存量，不许倒空，避免空气进入，防止煤粉爆炸；制粉系统应安装爆破片。以气体、液体为燃料时，点火前应吹扫炉膛，排除积存的爆炸性混合气体，防止点火时发生爆炸。当加热温度接近或超过物料的自燃点时，应采用惰性气体保护。

二、冷却与冷凝的安全技术

冷却、冷凝的操作在化工生产中位置十分重要，它不仅涉及原材料定额消耗、产品收率，而且严重地影响安全生产。在实际操作中应做到以下几点。

① 根据被冷却物料的温度、压力、理化性质以及所要求冷却的工艺条件，正确选用冷却设备和冷却剂。

② 对于腐蚀性物料的冷却，最好选用耐腐蚀材料的冷却设备。如石墨冷却器、塑料冷却器以及用高硅铁管、陶瓷管制成的套管冷却器和钛材冷却器等。

③ 严格注意冷却设备的密闭性，不允许物料窜入冷却剂中，也不允许冷却剂窜入被冷却的物料中（特别是酸性气体）。

④ 冷却设备所用的冷却水不能中断。否则，反应热不能及时导出，致使反应异常，系统压力增高，甚至产生爆炸。另一方面，冷却、冷凝器如断水，会使后部系统温度升高，未冷凝的危险气体外逸排空，可能导致燃烧或爆炸。以冷却水控制系统温度时，一定要安装自动调节装置。

⑤ 开车前首先清除冷凝器中的积液，再打开冷却水，然后才能通入高温物料。

⑥ 为保证不凝性可燃气体安全排空，可充氮保护。

⑦ 检修冷凝、冷却器时，应彻底清洗、置换，切勿带料焊接。

[案例 2] 2004 年 4 月 15 日 21 时，重庆某化工总厂氯氢分厂 1 号氯冷凝器列管腐蚀穿孔，造成含铵盐水泄漏到液氯系统，生成大量易爆的三氯化氮。16 日凌晨发生排污罐爆炸，1 时 23 分全厂停车，2 时 15 分左右，排完盐水后 4h 的 1 号盐水泵在静止状态下发生爆炸，泵体粉碎性炸坏。16 日 17 时 57 分，在抢险过程中，突然连续两声爆响，液氯储罐内的三氯化氮突然发生爆炸。爆炸使 5 号、6 号液氯储罐罐体破裂解体并炸出 1 个长 9m、宽 4m、深 2m 的坑，以坑为中心，在 200m 半径内的地面上和建筑物上有大量散落的爆炸碎片。爆炸造成 9 人死亡，3 人受伤，该事故使江北区、渝中区、沙坪坝区、渝北区的 15 万名群众疏散，直接经济损失 277 万元。

第三节　蒸馏过程操作安全技术

化工生产中常常要将混合物进行分离，以实现产品的提纯和回收或原料的精制。对于均相液体混合物，最常用的分离方法是蒸馏。如从发酵的醪液提炼饮料酒，石油的炼制分离汽油、煤油、柴油等，以及空气的液化分离制取氧气、氮气等，都是蒸馏完成的。混合物的分离依据总是混合物中各组分在某种性质上的差异。蒸馏便是以液体混合物中各组分挥发能力的不同作为依据的。对大多数溶液来说，各组分挥发能力的差别表现在组分沸点的差别。因为蒸馏过程有加热载体和加热方式的安全选择问题，又有液相汽化分离及冷凝等的相变安全问题，即能量的转换和相态的变化，同时在系统中存在，蒸馏过程又是物质被急剧升温浓缩甚至变稠、结焦、固化的过程，安全运行就显得十分重要。

如乙醇和水相比，常压下乙醇沸点 78.3℃，水的沸点 100℃，所以乙醇的挥发能力比水强。当乙醇（A）和水（B）形成的二元混合液欲进行分离时，可将此溶液加热，使之部分汽化成相互平衡的气液两相。因乙醇易挥发，使得乙醇更多地进入到气相，所以在气相中乙醇的浓度要高于原来的溶液。而残留的液相中乙醇的浓度比原溶液减小了，即水的浓度增加了。这样，原混合液中的两组分得到了部分程度的分离。这种分离原理即为蒸馏分离。

由蒸馏原理可知，对于大多数混合液，各组分的沸点相差越大，其挥发能力相差越大，则用蒸馏方法分离越容易。反之，两组分的挥发能力越接近，则越难用蒸馏分离。必须注意，对于恒沸液，组分沸点的差别并不能说明溶液中组分挥发能力的差别，因为此时组分的挥发能力是一样的，这类溶液不能用普通蒸馏方式分离。凡根据蒸馏原理进行组分分离的操作都属蒸馏操作。常见的蒸馏操作方式有：闪蒸、简单蒸馏、精馏和特殊蒸馏。根据需要，蒸馏可以连续式，也可以间歇式进行。

蒸馏是借液体混合物各组分挥发度的不同，使其分离为纯组分的操作。它广泛用于化工生产中。蒸馏操作可分为间歇蒸馏和连续蒸馏。按操作压力可分为常压蒸馏、减压蒸馏、加压蒸馏、特殊蒸馏等。用于蒸馏的设备称为蒸馏塔。蒸馏塔按其塔板结构可分为填料塔板塔、浮阀塔、泡罩塔、蛇形塔、消旋塔以及管式塔等多种形式塔器。

蒸馏过程除根据加热方法采取相应的安全措施外，还应根据物料性质、工艺要求正确选择蒸馏方法和蒸馏设备。在选择蒸馏方法时，应从操作压力及操作过程等方面加以考虑。因为压力的改变可直接导致液体沸点的改变，亦即改变液体的蒸馏温度。在处理难以挥发的物料（在常压下沸点150℃以上）时应采用真空蒸馏。这样可以降低蒸馏温度，防止物料在高温下变质、分解、聚合和局部过热。处理中等挥发性物料时（在常压下沸点为100℃左右），采用常压蒸馏较为适宜，如采用真空蒸馏反而会增加冷却的困难。常压下沸点低于30℃的物料则应采用高压蒸馏，但应注意系统密闭。低沸点的溶剂也可以采用常压蒸馏，但应设一套冷却系统。

在常压蒸馏中应注意易燃液体的蒸馏热源不能采用明火，而采用水蒸气或过热水蒸气加热较安全。蒸馏腐蚀性液体，应防止塔壁、塔盘腐蚀，造成易燃液体或蒸气逸出，遇明火或灼热的炉壁而产生燃烧。蒸馏自燃点很低的液体，应注意蒸馏系统的密闭，防止因高温泄漏遇空气自燃。对于高温的蒸馏系统，应防止冷却水突然漏入塔内，这将会使水迅速汽化，塔内压力突然增高而将物料冲出或发生爆炸。启动前应将塔内和蒸汽管道内的冷凝水放空，然后使用。在常压蒸馏过程中，还应注意防止管道、阀门被凝固点较高的物质凝结堵塞，导致塔内压力升高而引起爆炸。在用直接火加热蒸馏高沸点物料时（如苯二甲酸酐），应防止产生自燃点很低的树脂油状物遇空气而自燃。同时，应防止蒸干，使残渣焦化结垢，引起局部过热而着火爆炸。油焦和残渣应经常清除。冷凝系统的冷却水或冷冻盐水不能中断，否则未冷凝的易燃蒸气逸出使局部吸收系统温度增高，或窜出遇明火而引燃。真空蒸馏（减压蒸馏）是一种比较安全的蒸馏方法。对于沸点较高、在高温下蒸馏时能引起分解、爆炸和聚合的物质，采用真空蒸馏较为合适。如硝基甲苯在高温下分解爆炸、苯乙烯在高温下易聚合，类似这类物质的蒸馏必须采用真空蒸馏的方法以降低流体的沸点，借以降低蒸馏的温度，确保其安全。

一、简单蒸馏

简单蒸馏是一种间歇操作。原料液直接加入蒸馏釜至一定量后停止，蒸馏釜内料液在恒压下以间接蒸气加热至沸腾汽化，所产生的蒸气从釜顶引出至冷凝器全部冷凝作为塔顶产品送入产品储罐，由蒸馏原理知，其中易挥发组分的浓度将相对增加。当釜中溶液浓度下降至规定要求时，即停止加热，将釜中残液排出后，再将新料液加入釜中重复上述蒸馏过程。随着蒸馏过程的进行，釜内溶液中易挥发组分含量愈来愈低，随之产生的蒸气中易挥发组分含量也愈来愈低。生产中往往要求得到不同浓度范围的产品，可用不同的储槽收集不同时间的产品。

二、闪蒸

闪蒸亦称为平衡蒸馏。混合液通过加热器升温（未沸腾）后，经节流阀减压至预定压力送入分离室，由于压力的突然降低，使得由加热器来的过热液体在减压情况下大量自蒸发，最终产生相互平衡的气液两相。气相中易挥发组分浓度较高，与之呈平衡的液相中易挥发组分浓度较低，在分离室内气、液两相分离后，气相经冷凝成为顶部产品，液相则作为底部产品。

闪蒸和简单蒸馏都是直接运用蒸馏原理进行初步组分分离的一种操作，分离程度不高，可作为精馏的预处理步骤。这两种蒸馏过程的流程、设备和操作控制都比较简单，但因其分离程度很低，不能满足高纯度的分离要求。因此，主要用来分离沸点相差较大或分离要求不高的场合。要实现混合液的高纯度分离，需采用精馏操作。

三、精馏

化工生产中，精馏设备——塔设备是应用最广泛的非定型设备。由于用途不同，操作原理不同，所以塔的结构形式、操作条件差异很大。这里主要以精馏塔为例介绍塔的类型、性能、选型原则等。

（1）多组分溶液精馏方案的选择　多组分溶液精馏方案按精馏塔中组分分离的顺序不同可以分为：按挥发度递减的顺序采取馏分的流程；按挥发度递增的顺序采取馏分的流程；按不同挥发度交错采取馏分的流程。最佳分离方案的选择对于工艺流程的设计和精馏塔的设计都是非常关键的。一个好的分离方案应当具备合理利用能量、降低能耗、设备的投资少、生产能力大、产品质量稳定及操作安全等特点。

（2）冷凝器的流程与形式　常用冷凝器布置形式如图 3-4 所示，主要有以下三种。

① 整体式。将冷凝器和塔连成一体，优点是占地面积少，节省冷凝器封头。缺点是塔顶结构复杂、检修不便，多用于冷凝器较小或凝液难以用泵输送以及用泵输送有危险的场合。如图 3-4(a)、(b) 所示。

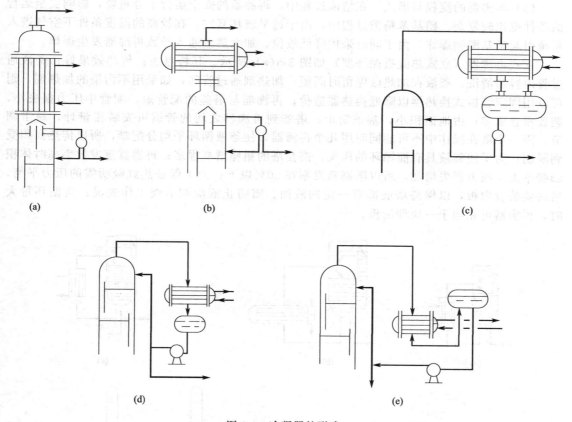

图 3-4　冷凝器的形式

② 自流式。将冷凝器装在塔顶附近的台架上，其特点与整体式相近，凝液自流入塔，靠改变台架高低来获得回流和采用所需的位差。如图 3-4(c) 所示。

③ 强制循环式。将冷凝器装在离塔顶较远的低处，用泵向塔内提供回流，在冷凝器和泵之间设置回流罐。如图 3-4(d)、(e) 所示。大规模生产中多采用这种形式。

分凝与全凝采用分凝或全凝依据下列因素确定。

① 塔顶出料的状态。如果塔顶产品在后续加工中以气态使用，同时，也能满足其他工艺要求，此时应采用分凝形式以气相出料。反之，若要求得到液态产品时，应采用全凝形式以液态出料。

② 内回流控制。在采用分凝条件下，一般回流液的温度是泡点，也是蒸气出料的露点，此时需要较多的回流液循环以增加回流。如果采用全凝，回流液是作为过冷液体送回塔内的，这时回流量的多少可由回流液温度来控制。

③ 分凝与全凝的比较。冷凝方式决定于采用的操作压力，所以要从投资费用和操作费用的经济角度考虑，对分凝和全凝按表 3-1 逐项进行比较。

表 3-1　分凝与全凝的比较

因素	分凝	全凝	因素	分凝	全凝
塔顶产品	蒸气	液体	塔板数	少	多
压力	较低	较高	塔壁厚	较薄	较厚
温度	相同	相同	处理能力[①]	小	大

① 处理能力以蒸汽速度计。

（3）再沸器的流程与形式　在精馏过程中，再沸器的安全运行十分重要，影响安全运行的条件也比较复杂。硝基苯精馏过程中，由于过早破坏真空，在较高的温度条件下空气进入系统引起硝基酚钠爆炸，由于同时采用降低液位、加大热量通入导致再沸器发生爆炸。

立式再沸器（立式热虹吸循环型）如图 3-5(a) 所示。其特点为：传热效果好；釜液通过管内容易清洗，釜液在加热区停留时间短；加热剂通过管间，如采用不污染的加热剂，则可以用固定管板式换热器以降低换热器造价；再沸器与塔釜的配管短，配管中压力损失小，装置布置紧凑；占地面积小，基础简单；塔釜到再沸器之间的管道可安装流量计，易于调节。因一个塔在操作中不可能同时用几个再沸器，使釜液循环平均分配难，所以传热面积受到限制；为了使釜液具有能循环的压头，需使塔的裙座增高很多；再沸器蒸发效率高时体积膨胀率大，压力损失增加，所以限制蒸发率在 30% 以下；为了保证热虹吸所需的压力平衡，塔底要装设堰板，以保持塔底部有一定的液面。需防止液面调节阀工作失灵；当循环量大时，再沸器可相当于一块理论板。

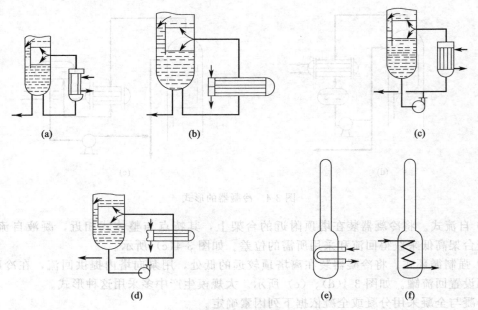

图 3-5　再沸器的形式

卧式再沸器（卧式热虹吸循环型）如图 3-5(b) 所示。优点有：传热面积比立式再沸器大；有效压头增大，循环量增大。另外，塔釜与再沸器之间管道可安装流量计，调节流量容易。缺点是：占地面积大，基础和附加费用高；釜液通过管间清洗困难，所以在釜液有污染和黏结性质时采用 U 形管插入卧式再沸器，以便能把管束从再沸器中抽出清洗；蒸发率限于 30% 以下；当循环量大时，再沸器可相当于一块理论板。

强制循环型再沸器如图 3-5(c)、(d) 所示。适用于不能自然循环的高黏度液体或液压头不足的情况实行强制循环；能起到冲刷、抑制改善由结垢、聚合、结焦的釜液而恶化再沸器传热系数的作用，大规模装置的一个塔如同时使用几个再沸器时，通过泵控制流量可使釜液能在各再沸器内均匀分配；还可以在低蒸发率的操作条件下运行。因为要增加泵，所以固定费用和检修费用都较高，只有在自然循环不能操作的情况下才能强制循环。

内插式再沸器如图 3-5(e)、(f) 所示。其特点为：不需要再沸器的筒体和循环系统的配管；釜液无泄漏问题；小塔径可用蛇管束。只限再沸器热负荷较小的情况采用；塔内部需装管束架，为了方便安装、拆卸管束必须设有大口径人孔或手孔；更换再沸器管束时必须停工，而塔外再沸器可在操作中更换不必停车。

四、特殊蒸馏

精馏操作除了采用前面所讨论的常见的连续精馏外，还可采用间歇精馏、恒沸精馏和萃取精馏等特殊方式的精馏。

1. 间歇精馏

间歇精馏又称分批精馏，是把原料一次性加入蒸馏釜内，在操作过程中不再加料。将釜内的液体加热至沸腾，所产生的蒸气经过各块塔板到达塔顶外的完全冷凝器。刚开始时，将冷凝液全部回流进塔，于是，塔板上可建立泡沫层，各塔板可正常操作，这阶段属开工全回流阶段。在全回流操作稳定后，逐渐改为部分回流操作，可从塔顶采集产品，塔顶产品中易挥发组分的浓度高于釜液浓度。随着精馏过程的进行，釜液浓度逐渐降低，各层塔板的气、液相浓度亦逐渐降低。可见，间歇精馏操作的特点是分批操作，过程非定态，只有精馏段，没有提馏段。间歇精馏因在塔顶有液体回流，有多层塔板，故属精馏，而不是简单蒸馏。间歇精馏虽操作过程非定态，但各固定位置的气、液浓度变化是连续而缓慢的。

2. 恒沸精馏与萃取精馏

由精馏原理可知，对于相对挥发度 $\alpha=1$ 的恒沸物，是不能用普通精馏方法分离的。此外，当物系的相对挥发度 α 值过低时，虽然可用普通精馏方法分离，但由于此时所需的理论塔板数或回流比过大，使得设备投资及操作费用都大幅度增高。生产中遇到这种情况时，往往采用恒沸精馏和萃取精馏。

恒沸精馏和萃取精馏两种方法都是在被分离的混合液中加入第三组分，用以改变原溶液中各组分间的相对挥发度而达到分离的目的。

如果双组分溶液 A、B 的相对挥发度很小或具有恒沸物，可加入某种添加剂 C（又称挟带剂），挟带剂 C 与原溶液中的一个或两个组分形成新的恒沸物（AC 或 ABC），新恒沸物与原组分 B（或 A）以及原来的恒沸物之间的沸点差较大，从而可较容易地通过精馏获得纯 B（或 A），这种方法便是恒沸精馏。

如分离乙醇水恒沸物以制取无水酒精便是一个典型的恒沸精馏过程，它是以苯作为挟带剂，苯、乙醇和水能形成三元恒沸物，其恒沸组成的摩尔分数分别为：苯 0.554、乙醇 0.230、水 0.226，此恒沸物的恒沸点为 64.6℃。由于新恒沸物与原恒沸物间的沸点相差较大，因而可用精馏分离并进而获得纯乙醇。

若在原溶液中加入某种高沸点添加剂后可以增大原溶液中两个组分间的相对挥发度，从而使原料液的分离易于进行，这种精馏操作称为萃取精馏。所加入的添加剂为挥发能力很小的溶剂，也可称为萃取剂。如欲分离异辛烷甲苯混合液，因常压下甲苯的沸点为 110.8℃，异辛烷的沸点为 99.3℃，相对挥发度较小，用一般精馏方法很难分离，若在溶液中加入苯酚（沸点 181℃）作为萃取剂，由于苯酚与甲苯分子间作用力大，甲苯大量溶于苯酚，溶液中甲苯的蒸气压显著降低，这样，异辛烷与甲苯的相对挥发度大大增加，即可进行精馏分离了。

[**案例 3**]　2002 年 10 月 16 日，江苏某农药厂在试生产过程中，发生一起逼干釜爆炸事故，"逼干"蒸馏了 20 多个小时的残液蒸馏釜在关闭加热蒸汽 1 个多小时后突然发生爆炸，伴生的白色烟气冲高 20 多米，爆炸导致连接锅盖法兰的 48 根 ϕ18mm 螺栓被全部拉断，爆炸产生的拉力达 3.9×10^6 N 以上，釜身因爆炸反作用力陷入水泥地面 50cm 左右，厂房结构局部受到损坏，4 名在现场附近作业的人员被不同程度地灼伤。

第四节　干燥过程操作安全技术

化工生产中的固体物料，总是或多或少含有湿分（水或其他液体），为了便于加工、使用、运输和储藏，往往需要将其中的湿分除去。除去湿分的方法有多种，如机械去湿、吸附去湿、供热去湿，其中用加热的方法使固体物料中的湿分汽化并除去的方法称为干燥，干燥能将湿分去除得比较彻底。

干燥在化工、轻工、食品、医药等工业中的应用非常广泛，其在生产过程中的作用主要有以下两个方面。

① 对原料或中间产品进行干燥，以满足工艺要求。如以湿矿（俗称尾砂）生产硫酸时，为满足反应要求，先要对尾砂进行干燥，尽可能除去其水分；再如涤纶切片的干燥，是为了防止后期纺丝出现气泡而影响丝的质量。

② 对产品进行干燥，以提高产品中的有效成分，同时满足运输、储藏和使用的需要。如化工生产中的聚氯乙烯、碳酸氢铵、尿素，食品加工中的奶粉、饼干，药品制造中的很多药剂，其生产的最后一道工序都是干燥。

干燥按其热量供给湿物料的方式，可分为以下几种。

① 传导干燥。湿物料与加热介质不直接接触，热量以传导方式通过固体壁面传给湿物料。此法热能利用率高，但物料温度不易控制，容易过热变质。

② 对流干燥。热量通过干燥介质（某种热气流）以对流方式传给湿物料。干燥过程中，干燥介质与湿物料直接接触，干燥介质供给湿物料汽化所需要的热量，并带走汽化后的湿分蒸汽。所以，干燥介质在干燥过程中既是载热体又是载湿体。在对流干燥中，干燥介质的温度容易调控，被干燥的物料不易过热，但干燥介质离开干燥设备时，还带有相当一部分热能，故对流干燥的热能利用程度较差。

③ 辐射干燥。热能以电磁波的形式由辐射器发射至湿物料表面，被湿物料吸收后再转变为热能将湿物料中的湿分汽化并除去，如红外线干燥器。辐射干燥生产强度大，产品洁净且干燥均匀，但能耗高。

④ 介电加热干燥。将湿物料置于高频电场内，在高频电场的作用下，物料内部分子因振动而发热，从而达到干燥目的。电场频率在 300MHz 以下的称为高频加热，频率在 300～300×10^5 MHz 的称为微波加热。

在上述四种干燥方法中，以对流干燥在工业生产中应用最为广泛。在对流干燥过程中，最常用的干燥介质是空气，湿物料中的湿分大多为水。因此，本章主要讨论以湿空气为干燥介质、以含水湿物料为干燥对象的对流干燥过程。

干燥按操作压力可分为常压干燥和真空干燥；按操作方式可分为连续干燥和间歇干燥。其中真空干燥主要用于处理热敏性、易氧化或要求干燥产品中湿分含量很低的物料；间歇干燥用于小批量、多品种或要求干燥时间很长的场合。

在化学工业中，常指借热能使物料中水分（或溶剂）汽化，并由惰性气体带走所生成的蒸气的过程。例如干燥固体时，水分（或溶剂）从固体内部扩散到表面再从固体表面汽化。干燥可分为自然干燥和人工干燥两种。并有真空干燥、冷冻干燥、气流干燥、微波干燥、红外线干燥和高频率干燥等方法。干燥过程安全措施是指确保干燥设备、干燥介质、加热系统等安全运行，防止火灾、爆炸、中毒事故的发生。干燥装置在运行中应该严格控制各种物料的干燥温度。根据情况采取温度计、温度自动调节和信号报警等控制措施。当干燥物料中含有自燃点很低或含有其他有害杂质时必须在烘干前彻底清除掉；干燥室内也不得放置容易自燃的物质。干燥室与生产车间应用防火墙隔绝，并安装良好的通风设备，电气设备开关应安装在室外。在干燥室或干燥箱内操作时，应防止可燃的干燥物直接接触热源，以免引起燃烧。干燥易燃易爆物质，应采用蒸汽加热的真空干燥箱。真空能降低爆炸的危险性。但当烘干结束后，去除真空时，一定要等到温度降低后才能放进空气。对易燃易爆物质采用流速较大的热空气干燥时，排气用的设备和电动机应采用防爆的。在用电烘箱烘烤能够蒸发易燃蒸气的物质时，电炉丝应完全封闭，箱上应加防爆门。利用烟道气直接加热可燃物时，在滚筒或干燥器上应安装防爆片，以防烟道气混入一氧化碳而引起爆炸。同时注意加料不能中断，滚筒不能中途停止回转，如发生上述情况应立即封闭烟道的入口，并灌入氮气。干燥按操作压力可分为常压干燥和减压干燥；按操作方式可分为间歇式干燥与连续式干燥；按干燥介质类别可划分为空气干燥、烟道气干燥或其他干燥介质的干燥；按干燥介质与物料流动方式可分为并流干燥、通流干燥和错流干燥。就其干燥设备而言，可分为间歇式常压干燥器，如箱式干燥器；间歇式减压干燥器，如减压干燥器、附有搅拌器的干燥器；连续式常压干燥器，如洞道式干燥器、多带式干燥器、回旋式干燥器、滚筒式干燥器、圆筒式干燥器、气流式干燥器和喷雾式干燥器等；连续减压干燥器，如减压滚筒式干燥器等。

间歇式干燥，物料大部分靠人力输送，热源采用热空气自然循环或鼓风机强制循环，温度较难以控制，易造成局部过热，引起物料分解造成火灾或爆炸。因此，在干燥过程中，应严格控制温度。连续干燥采用机械化操作，干燥过程连续进行，因此物料过热的危险性较小，且操作人员脱离了有害环境，所以连续干燥较间歇式干燥安全。在采用洞道式、滚筒式干燥器干燥时，主要是防止机械伤害。在气流干燥、喷雾干燥、沸腾床干燥以及滚筒式干燥中，多以烟道气、热空气为干燥热源。干燥过程中所产生的易燃气体和粉尘同空气混合易达到爆炸极限。在气流干燥中，物料由于迅速运动相互激烈碰撞、摩擦易产生静电；滚筒干燥中的刮刀有时和滚筒壁摩擦产生火花，这些都是很危险的。因此，应该严格控制干燥气流风速，并将设备接地；对于滚筒干燥应适当调整刮刀与筒壁间隙，并将刮刀牢牢固定，或采用有色金属材料制造刮刀，以防产生火花。用烟道气加热的滚筒式干燥器，应注意加热均匀，不可断料，滚筒不可中途停止运转。斗口有断料或停转应切断烟道气并通氮。干燥设备上应安装爆破片。在干燥易燃、易爆的物料时，最好采用连续式或间歇式真空干燥比较安全。因为在真空条件下，易燃液体蒸发速度快，并且干燥温度可适当控制低一些，从而可以防止由于高温物料局部过热分解，降低了火灾爆炸的危险性。当真空干燥后消除真空时，一定要使温度降低方能放入空气，否则，空气过早进入，会引起干燥物着火或爆炸。性质不稳定、容易氧化分解的物料进行干燥时，滚筒转速宜慢，要防止物料落入转动部分；转动部分应有良好的润滑和接地措施。含有易燃液体的物料不宜采用滚筒干燥。

［案例 4］ 1991 年 12 月 4 日 8 时，河南某制药厂工艺车间干燥器烘干第五批过氧化苯

甲酰 105kg。按工艺要求，需干燥 8h，至下午停机。由化验室取样化验分析，因含量不合格，需再次干燥。次日 9 时，将干燥不合格的过氧化苯甲酰装进干燥器。恰遇 5 日停电，一天没开机。6 日上午 8 时，当班干燥工马某对干燥器进行检查后，由干燥工苗某和化验员胡某二人去锅炉房通知锅炉工杨某送热汽，又到制冷房通知王某开真空，后胡、苗二人又回到干燥房。9 时左右，张某喊胡某去化验。下午 2 时停抽真空，在停抽真空后 15min 左右，干燥器内的干燥物过氧化苯甲酰发生化学爆炸，共炸毁车间上下两层 5 间、粉碎机 1 台、干燥器 1 台，定干燥器内蒸汽排管在屋内向南移动约 3m，外壳撞倒北墙飞出 8.5m 左右，楼房倒塌，造成重大人员伤亡。

第五节　吸收过程操作安全技术

工业生产中的吸收操作大部分与用洗油吸收苯的操作相同，即气液两相在塔内逆流流动、直接接触，物质的传递发生在上升气流与下降液流之中。因此，气体吸收是利用气体混合物各组分在液体溶剂中溶解度的差异来分离气体混合物的单元操作，其逆过程是脱吸或解吸。混合气体中，能够溶解的组分称为吸收质或溶质，以 A 表示；不被吸收的组分称为惰性组分或载体，以 Y 表示；吸收操作所用的溶剂称为吸收剂，以 S 表示；吸收操作所得的溶液称为吸收液，其成分为溶剂 S 和溶质 A；排出的气体称为吸收尾气，其主要成分为惰性气体 Y，还含有残余的溶质 A。吸收过程是使混合气中的溶质溶解于吸收剂中而得到一种溶液，即溶质由气相转移到液相的相际传质过程。解吸过程是使溶质从吸收液中释放出来，以便得到纯净的溶质或使吸收剂再生后循环使用。

① 混合气体。如用硫酸处理焦炉气以回收其中的氨、用液态烃处理裂解气以回收其中的乙烯、丙烯等。

② 除去有害组分以净化气体。如用水或碱液脱除合成氨原料气中的二氧化碳，用丙酮脱除裂解气中的乙炔等。

③ 制备某种气体的溶液。如用水吸收二氧化氮以制造硝酸，用水吸收甲醛以制取福尔马林，用水吸收氯化氢以制取盐酸等。

④ 工业有害气体的处理。在工业生产所排放的废气中常含有 SO_2、NO、HF 等有害的成分，其含量一般都很低，但若直接排入大气，则对人体和自然环境的危害都很大。因此，在排放之前必须加以治理，这样既得到了副产品，又保护了环境。如磷肥生产中，放出含氟的废气具有强烈的腐蚀性，即可采用水及其他盐类制成有用的氟硅酸钠、冰晶石等；如硝酸厂尾气中含氮的氧化物，可以用碱吸收制成硝酸钠等有用的物质。

气体吸收可以分以下三类。

① 按溶质与溶剂是否发生显著的化学反应，可分为物理吸收和化学吸收。如水吸收二氧化碳、用洗油吸收芳烃等过程属于物理吸收；用硫酸吸收氨、用碱液吸收二氧化碳属于化学吸收。

② 按被吸收组分的不同，可分为单组分吸收和多组分吸收。如用碳酸丙烯酮吸收合成气（含 N_2、H_2、CO、CO_2 等）中的二氧化碳属于单组分吸收；用洗油处理焦炉气时，气体中的苯、甲苯等几种组分在洗油中都有显著的溶解，则属于多组分吸收。

③ 按吸收体系（主要是液相）的温度是否显著变化，可分为等温吸收和非等温吸收。

吸收剂选择分析：吸收过程是依靠气体溶质在吸收剂中的溶解来实现的，因此，吸收剂性能的优劣往往是决定吸收操作效果和过程经济性的关键。在选择吸收剂时，应注意以下几个问题。

① 溶解度。吸收剂对溶质组分的溶解度要尽可能得大，这样可以提高吸收速率和减少

吸收剂用量。

② 选择性。吸收剂对溶质要有良好的吸收能力，而对混合气体中的惰性组分不吸收或吸收甚微，这样才能有效地分离气体混合物。

③ 挥发度。操作温度下吸收剂的蒸气压要低，以减少吸收和再生过程中吸收剂的挥发损失。

④ 黏度。吸收剂黏度要低，这样可以改善吸收塔内的流动状况，提高吸收速率，且有利于减少吸收剂输送时的动力消耗。

⑤ 其他。所选用的吸收剂还应尽可能满足无毒性、无腐蚀性、不易燃易爆、不发泡、冰点低、价廉易得以及化学性质稳定等要求。

气体吸收过程安全运行涉及以下内容：

① 溶解相平衡与吸收过程的关系；

② 影响吸收速率的因素与提高吸收速率的方法；

③ 吸收的物料平衡；

④ 吸收操作分析；

⑤ 吸收设备。

［案例5］　2012年7月12日上午10时，镇江某公司30万吨硫酸生产装置，在准备结束1个月的维护检修、进行喷黄开车时，因工作人员未及时更换尾气吸收设备中的碱液，导致二氧化硫少量泄漏，事故持续时间约5min。事故发生后，企业当即关停了硫酸生产系统。12日上午10:20左右，泄漏气体造成公司周边的部分居民感到身体不适。12日下午5:40，涉事企业在自身查明原因后，向社会公开道歉。当日下午，企业附近居民的生产生活均已正常。

第六节　粉碎混合操作安全技术

一、粉碎的安全技术要点

粉碎过程中的关键部分是粉碎机。对于粉碎机需符合下列安全条件。

① 加料、出料最好是连续化、自动化。

② 具有防止粉碎机损坏的安全装置。

③ 产生粉末应尽可能少。

④ 发生事故能迅速停车。

对各类粉碎机，必须有紧急制动装置，必要时可超速停车。

运转中的粉碎机严禁检查、清理、调节和检修。如粉碎机加料口与地面一样平或低于地面不到1m均应设安全格子。

为保证安全操作，粉碎装置周围的过道宽度必须大于1m。如粉碎机安装在操作台上，则台与地面之间高度应在1.5～2m。操作台必须坚固，沿台周边应设高1m的安全护栏。

为防止金属物件落入粉碎装置，必须装设磁性分离器。

对于球磨必须具有一个带抽风管的严密外壳。如研磨具有爆炸性的物质，则内部需衬以橡皮或其他柔软材料，同时需采用青铜球。

对于各类粉碎、研磨设备要密闭，操作室要有良好通风，以减少空气中粉尘含量。必要时，室内可装设喷淋设备。

加料斗需用耐磨材料制成，应严密、防沉积。

对于能产生可燃粉尘的研磨设备，要有可靠的接地装置和爆破片。

要注意设备润滑，防止摩擦发热。

为确保安全，对于初次研磨的物料，应事先在研钵中进行试验，了解是否黏结、着火，然后正式进行机械研磨。

发现粉碎系统中粉末阴燃或燃烧时，需立即停止送料，并采取措施断绝空气来源，必要时充入氮气、二氧化碳以及水蒸气等惰性气体。但不宜使用加压水流或泡沫进行扑救，以免可燃粉尘飞扬，引起事故扩大。

二、混合的安全技术要点

混合是加工制造业广泛应用的操作，要根据物料性质正确选用设备。

机械搅拌桨叶制造要符合强度要求，安装要牢固，不允许产生摆动。在修理或改造桨叶时，应重新计算其坚牢度。搅拌器不可随意提高转速，对于搅拌黏稠物料，最好采用推进式及透平式搅拌机。

为防止超负荷造成事故，应安装超负荷停车装置。对于混合操作的加、出料应实现机械化、自动化。

对于混合能产生易燃、易爆或有毒物质，混合设备应很好密闭，并充入惰性气体加以保护。

在安装机械搅拌的同时，还要辅以气流搅拌，或增设冷却装置防局部过热。

有危险的气流搅拌尾气应加以回收处理。

对于混合可燃粉料，设备应很好接地以导除静电，并应在设备上安装爆破片。

混合设备不允许落入金属物件。

进入大型机械搅拌设备检修，其设备应切断电源或开关加锁，绝对不允许任意启动。

1. 液-液混合

应依据液体的黏度和所进行的过程，如分散、反应、除热、溶解或多个过程的组合，设计搅拌。要有仪表测量和报警装置强化的工作保证系统。装料时就应开启搅拌。

对于爆炸混合物的处理，需要应用软墙或隔板隔开，远程操作。

2. 气-液混合

设置整个流线的低流速或低压报警、自动断路、防止静电产生等，才能使混合顺利进行。

3. 固-液混合

如果是重质混合，必须移除一切坚硬的无关的物质。在搅拌容器内固体分散或溶解操作中，必须考虑固体在器壁的结垢和出口管线的堵塞。

4. 固-固混合

固-固混合操作最突出的是机械危险。如果固体是可燃的，可在惰性气氛中操作，采用爆炸卸荷防护墙设施，消除火源，要特别注意静电的产生或轴承的过热等。应该采用筛分、磁分离、手工分类等移除杂金属或过硬固体等。

5. 气-气混合

易燃混合物和爆炸混合物需要惯常的防护措施。

[案例 6]　2005 年 2 月 17 日 13：30 某工厂橡胶粉碎车间，赵某和其他 2 名同事启动设备，开始进行橡胶粉碎。13：45，为方便捡橡胶块，他用左手扶了一下设备，手臂瞬时被输送带夹进设备内。由于橡胶粉碎设备噪声大，工作时需佩戴耳塞，赵某的呼救声被轰隆隆的机器声沉没。当同事发现异常时，他的上半身已经趴在设备上。现场人员迅速切断电源开关，切断输送带，拨打 120 急救电话。由于伤势较重，医生只得给赵某进行了左臂断端清创处理。

第七节　结晶过程操作安全技术

一、冷却结晶

冷却结晶法基本上不去除溶剂，溶液的过饱和度系借助冷却获得，故适用于溶解度随温度降低而显著下降的物系，如 KNO_3、$NaNO_3$、$MgSO_4$ 等。

冷却的方法可分为自然冷却、间壁冷却或直接接触冷却 3 种。自然冷却是使溶液在大气中冷却而结晶，其设备构造及操作均较简单，但由于冷却缓慢，生产能力低，不易控制产品质量，在较大规模的生产中已不被采用。间壁冷却是广泛应用的工业结晶方法，与其他结晶方法相比所消耗的能量较少，但由于冷却传热面上常有晶体析出（晶垢），使传热系数下降，冷却传热速率较低，甚至影响生产的正常进行，故一般多用在产量较小的场合，或生产规模虽较大但用其他结晶方法不经济的场合。直接接触冷却法是以空气或与溶液不互溶的碳氢化合物或专用的液态物质为冷却剂与溶液直接接触而冷却，冷却剂在冷却过程中则被汽化的方法。直接接触冷却法有效地克服了间壁冷却的缺点，传热效率高，没有晶垢问题，但设备体积较大。

二、蒸发结晶

蒸发结晶是使溶液在常压（沸点温度下）或减压（低于正常沸点）下蒸发，部分溶剂汽化，从而获得过饱和溶液。此法主要适用于溶解度随温度的降低而变化不大的物系或具有逆溶解度变化的物系，如无水硫酸钠等。蒸发结晶法消耗的热能最多，加热面的结垢问题也会使操作遇到困难，故除了对以上两类物系外，其他场合一般不采用。

三、真空冷却结晶

真空冷却结晶是使溶液在较高真空度下绝热蒸发，一部分溶剂被除去，溶液则因为溶剂汽化带走了一部分潜热而降低了温度。此法实质上是冷却与蒸发两种效应联合来产生过饱和度，适用于具有中等溶解度物系的结晶，如 KCl、$MgBr_2$ 等。该法所用的主体设备较简单，操作稳定。最突出之处是器内无换热面，因而不存在晶垢妨碍传热而需经常清洗的问题，且设备的防腐蚀问题也比较容易解决，操作人员的劳动条件好，劳动生产率高，是大规模生产中首先考虑采用的结晶方法。

四、盐析结晶

盐析结晶是在混合液中加入盐类或其他物质以降低溶质的溶解度从而析出溶质的方法。所加入的物质叫做稀释剂，它可以是固体、液体或气体，但加入的物质要能与原来的溶剂互溶，又不能溶解要结晶的物质，且和原溶剂要易于分离。一个典型例子是从硫酸钠盐水中生产 $Na_2SO_4 \cdot H_2O$，通过向硫酸钠盐水中加入 $NaCl$ 可降低 $Na_2SO_4 \cdot H_2O$ 的溶解度，从而提高 $Na_2SO_4 \cdot H_2O$ 的结晶产量。又如，向氯化铵母液中加盐（氯化钠），母液中的氯化铵因溶解度降低而结晶析出。还有，向有机混合液中加水，使其中不溶于水的有机溶质析出，这种盐析方法又称水析。

盐析的优点是直接改变固液相平衡，降低溶解度，从而提高溶质的回收率；结晶过程的温度比较低，可以避免加热浓缩对热敏物的破坏；在某些情况下，杂质在溶剂与稀释剂的混合物中有较高的溶解度，较多地保留在母液中，这有利于晶体的提纯。

此法最大的缺点是需配置回收设备，以处理母液，分离溶剂和稀释剂。

五、反应沉淀结晶

反应沉淀是液相中因化学反应生成的产物以结晶或无定形物析出的过程。例如，用硫酸吸收焦炉气中的氨生成硫酸铵、由盐水及窑炉气生产碳酸氢铵等并以结晶析出，经进一步固液分离、干燥后获得产品。

沉淀过程首先是反应形成过饱和度，然后成核、晶体成长。与此同时，还往往包含了微小晶粒的成簇及熟化现象。显然，沉淀必须以反应产物在液相中的浓度超过溶解度为条件，此时的过饱和度取决于反应速率。因此，反应条件（包括反应物浓度、温度、pH 及混合方式等）对最终产物晶粒的粒度和晶形有很大影响。

六、升华结晶

物质由固态直接相变而成为气态的过程称为升华，其逆过程是蒸气的骤冷直接凝结成固态晶体，这就是工业上升华结晶的全部过程。工业上有许多含量要求较高的产品，如碘、萘、蒽醌、氯化铁、水杨酸等都是通过这一方法生产的。

七、熔融结晶

熔融结晶是在接近析出物熔点温度下，从熔融液体中析出组成不同于原混合物的晶体的操作，过程原理与精馏中因部分冷凝（或部分汽化）而形成不同于原混合物的液相相类似。熔融结晶过程中，固液两相需经多级（或连续逆流）接触后才能获得高纯度的分离。熔融结晶主要用作有机物的提纯、分离，以获得高纯度的产品。如将萘与杂质（甲基萘等）分离可制得纯度达 99.9% 的精萘，从混合二甲苯中提取纯对二甲苯，从混合二氯苯中分离获取纯对二氯苯等。熔融结晶的产物往往是液体或整体固相，而非颗粒。

[案例 7]　2009 年 6 月，某厂结晶器发生故障停电，循环冷却水压力逐渐降低直至停止循环。随后操作工突然送电，导致结晶器爆炸，烫伤 3 人。

第八节　任务案例：广西某化工厂"8.26"爆炸事故

2008 年 8 月 26 日 6 时 40 分，广西某化工股份有限公司有机厂发生爆炸事故，造成 20 人死亡、60 人受伤，厂区附近 3km 范围 18 个村庄及工厂职工、家属共 1 万 1500 多名群众疏散。截至 2008 年 9 月 11 日，事故造成直接经济损失约 7586 万元。"8.26"爆炸事故是近 10 年来全国伤亡最严重的化工事故。

事故折射出我国化工行业存在的一个普遍性问题，建于 20 世纪 50 年代~80 年代之间的老化工企业，由于设备工艺落后，存在一些先天的本质安全问题；企业在发展过程中为了适应新的市场，必然降低成本、减少能耗，不断进行升级改造，这一过程中如果考虑不周全，可能埋下新的安全隐患。

1. 事故经过

2008 年 8 月 26 日夜班，该公司当班人员有 303 人，其中有机厂 49 人。0：00~6：00，有机厂各工段生产没有发现异常。CC-601A、B、C、E 反应液储罐接班时液位分别为 41m³、50m³、48m³、46m³。

6：00，罐场报调度液位整体下降，而正常工况下液位波动总量不大于 20m³。6：40，厂内当班操作人员听到罐场西部传来一声闷响，随后闻到强烈的刺鼻气味，有几名在室外的职工看到有大量液体喷出形成一股白雾（蒸气云），随风向北面有机厂的合成、蒸馏岗位飘逸，并迅速扩散向厂内其他区域，但未见到火光，意识到可能是罐场储罐或合成工段发生爆炸，立即往厂区大门跑。

6：44，尚有部分岗位的职工未能及时撤出，合成工段与罐场附近又发生了强烈爆炸，合成、蒸馏、醇解、聚合等工段的部分建筑物和设备、管道被巨大的冲击波震坏，大量物料泄漏引发随后的多次大爆炸，并燃起大火，罐场的储罐以及管道也被冲击波震坏或高温烘烤，相继发生爆炸燃烧。

事故爆炸燃烧现场见图 3-6。

图 3-6 "8.26" 事故爆炸燃烧现场

由于厂区的下水道没有执行清污分流，并与生活污水沟相通。爆炸事故发生时，有机厂罐场及各工段泄漏出来的物料有部分流入下水道，在厂区下水道、污水收集池及总排水道出口等处发生爆燃。

据柳州地震局监测站测到的地震波，此次爆炸强度为里氏 1.8 度。专家分析指出，这次爆炸的类型为空间化学爆炸。

2. 有机厂简况

该有机厂采用电石乙炔法工艺生产聚乙烯醇，主要生产单元包括罐场、合成、蒸馏、醇解、聚合、回收、包装等。经多次技改扩建，聚乙烯醇产能已达 3 万吨/年，原料醋酸乙烯产能达 6 万吨/年。

电石乙炔法生产聚乙烯醇的基本原理：

$$HC\equiv HC + CH_3COOH \longrightarrow \underset{\underset{OCOCH_3}{|}}{H_2C=HC}$$

$$n\underset{\underset{OCOCH_3}{|}}{H_2C-CH_2} \longrightarrow \underset{\underset{OCOCH_3}{|}}{-[H_2C-CH]_n}$$

电石乙炔法生产聚乙烯醇的工艺过程是：来自电石车间的乙炔与醋酸进入合成工段，经醋酸锌-活性炭催化作用生成反应液，反应液经蒸馏工段分离得到精醋酸乙烯、醋酸等。醋酸乙烯送入聚合工段，在引发剂偶氮二异丁腈作用下聚合生成聚醋酸乙烯溶液，聚醋酸乙烯溶液进入醇解工段与氢氧化钠发生反应生成聚乙烯醇，醇解废液送往回收工段回收。聚乙烯醇生产使用的原料、中间产品、成品、副产物主要有乙炔、醋酸、醋酸乙烯、乙醛等，这些均属于易燃物料。其中乙炔的爆炸极限为 2.3%～72.3%，醋酸为 4%～17%，醋酸乙烯为 2.6%～13.4%，乙醛为 10%～57%。该有机厂的罐场共有 32 台常压储罐，总储罐容积 4600m³，储存物料均为甲、乙类液体。

爆炸事故几乎造成所有的储罐毁损，其中 CC-602B 的顶盖飞到了南面距离约 90m 的地磅房，将地磅房砸倒，可见爆炸威力惊人。此外，罐场内的所有料泵烧坏，工艺管道 90% 烧毁，电缆及其开关全部烧毁。停放在南大门外的 9 辆运焦炭卡车的车头被巨大的爆炸冲击波压扁，所幸司机及时逃离。

3. 事故原因分析

由于爆炸波及范围广、火烧面积大、破坏严重，当班岗位操作记录及主要设备、装置等关键物证被烧毁或损坏，罐场2名当班操作工及其他可能了解当时现场情况的当班人员遇难，因此全面了解和查证爆炸事发当时的具体情况非常困难。而且罐场的储罐及储存的物料太多，绝大多数已被烧毁。这些都给技术、专家组的调查取证和技术分析工作带来了困难。事故调查组未对事故发生的直接原因达成一致意见。

但是，事故调查组给出的几点间接原因，却是固有的设计布局问题，值得从中吸取教训。

(1) CC-601系列的5个储罐并联使用，扩大了泄漏量 由于CC-601系列的5个储罐并联使用，进出料管、尾气管连接在一起，其中一个罐发生爆燃，其他罐的物料会同时泄漏出来，导致事故后果扩大。

(2) 罐场设计不合理 该有机厂于1972年设计，受当时技术水平的限制，设计依据的标准规范与现行标准规范相比要求较低，罐场平面布置及安全设施已不符合事故发生时的标准规范的要求。

GB 50160—92《石油化工企业设计防火规范》(1999年版，以下简称《规范》)规定，"在可能泄漏甲类气体和液体的场所内，应设可燃气体报警器"，而该公司的罐场没有设置。《规范》规定，"罐组内的储罐，不应超过2排"，但项目设计平面图将储罐布置成3排。《规范》规定，"罐组内的生产污水管道应有独立的排水口，且应在防火堤外设置水封，并宜在防火堤与水封之间的管道上设置易开关的隔断阀"，该厂罐场防火堤排水口未设置隔断阀，不能切断漏出的物料，使大量物料流出并进入下水道发生爆燃，导致事故扩大。《规范》规定，"罐组的专用泵（或泵房）均应布置在防火堤外，其与罐组的防火间距，甲A类不应小于15m，甲B类、乙类不应小于12m"，但该厂有机厂罐场的设计中将罐场料泵、事故氮气阀、电缆元气均安装在防火堤内。

(3) 设备安全管理混乱 2008年4~5月，该公司大修，为了扩建需要，更换了CC601系列送精馏2台反应液泵，但没有同时更换进出管，而是采用大小头与原管连接。而且，厂方对流量和扬程（压力）增大后可能带来的静电危害性认识不足，没有采取相应的防护措施。大修中对一直存在的安全隐患未加以治理、整改，如CC-601A、C罐顶盖因腐蚀穿孔，已列入2008年大修计划，但在大修时未按计划进行修补；罐场原设计有泡沫灭火系统，但1982年后因缺乏维护已无法使用，1999年企业擅自将其拆除，大修中仍未加补装；各储罐原设计有温度测量装置，但未按设计安装使用。罐场的操作规程也不完善，储罐的物料没有温度控制要求，液位控制指标不明确；CC-601系列尾气冷凝器的冷凝液未设置导流管或导流板，冷凝液从距底板6.65m高的管口直接流入罐内，冲击罐内液面时易产生静电火花。这些隐患的存在，为事故的发生埋下了伏笔。

4. 启示及教训

① 要制定化工行业安全发展规划，推动现有危险化学品生产、储存企业进园区。

② 严格生产和储存建设项目安全设施设计审查。从源头上消除工艺技术落后、安全没有保障的新建项目。

③ 加强危化生产建设项目的试生产备案和竣工验收。

④ 严格危化生产、经营企业安全生产许可条件，认真做好安全生产许可证延期换证工作。

⑤ 在危化行业制定生产企业从业人员安全生产基本从业条件，提高从业人员的准入门槛。

⑥ 举一反三，继续关闭工艺落后、设备设施简陋、不符合安全条件和工艺落后的危险化学品生产企业。

课后任务：秦皇岛某公司淀粉车间爆炸事故案例分析

2010年2月24日16时许，河北省秦皇岛某淀粉股份有限公司淀粉四车间发生爆炸。事故发生时，现场共有107人，该事故造成19人死亡，49人受伤（其中8人重伤）。

1. 公司简介

该公司是农业产业化国家重点龙头企业，中国淀粉糖行业前20强企业、中国食品行业百强企业，是全国淀粉及淀粉糖行业中综合生产能力最大、经济效益最好的重点骨干企业之一。现有员工3330人，该公司总资产10亿元。公司主要以玉米为原料进行深加工，加工能力为100万吨/年。拥有4个淀粉生产车间，年总产60万吨；3个葡萄糖车间，年总产22万吨；1个山梨糖醇车间，年总产7万吨；1个麦芽糊精车间，年总产5万吨；1个饲料车间，年总产10万吨。一个热电联产电厂，年发电1.8亿千瓦时；一座污水处理厂，日处理污水1.2万吨。公司主副产品广泛应用于医药、食品、化工、纺织、造纸、禽畜养殖等多个行业。事故厂房2000年建成，原设计功能为仓库。2008年将部分仓库改建为包装间。

2. 事故经过

2月23日20时至24日8时，淀粉四车间6号振动筛工作不正常、下料慢，怀疑筛网堵塞。24日凌晨，淀粉四车间工人进行了清理。24日9时，淀粉二车间派人清理三层平台（标高5.2m平台）和振动筛淀粉。11时左右恢复生产，11时40分左右，5号、6号振动筛再次堵塞。13时30分左右，淀粉二车间开始维修振动筛。同时，应淀粉二车间要求，淀粉四车间派4名工人到批号间与配电室房顶帮助清理淀粉。24日下午15时58分左右，5号振动筛修理完成，开始清理和维修6号振动筛，此时发生了爆炸事故。事故发生后，事故现场人员立即向公司应急救援指挥部相关人员、县人民医院、县中医院和消防队报警。该公司主要负责人贺某接到报警后，立即通过报警系统喊话，启动公司安全生产事故应急救援预案，组织开展自救。16时02分抚宁县消防中队接警，16时12分消防车到达现场。

3. 事故损失及伤亡情况

淀粉四车间的包装间北墙和仓库南、北、东三面围墙倒塌。仓库西端的房顶坍塌（约占仓库房顶1/3）。淀粉四车间干燥车间和南侧毗邻糖三库房部分玻璃窗被震碎，窗框移位。四车间内的部分生产设备严重受损。厂房北侧两辆集装箱车和厂房南部的一辆集装箱车被砸毁。截至2010年3月2日，事故导致21人死亡（事发时死亡19人）、47人受伤（其中6人重伤），直接经济损失1773.52万元。

阅读以上材料，回答下列问题。

（1）请分析该事故的直接原因和间接原因。

（2）针对该事故，请总结相关事故教训。

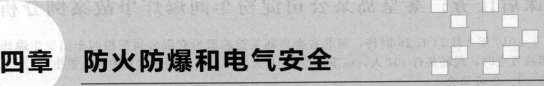

第四章　防火防爆和电气安全

学习目标：

了解燃烧爆炸学说、电流对人体伤害程度及其影响因素、静电的产生及静电的类型、雷电的形成及雷电的分类;理解防火防爆的技术理论、防火设计原则；熟悉各种防火防爆装置的工作原理及特点、触电事故的种类及触电事故的分布规律、静电消失的方式及静电的危害、雷电的危害；掌握燃烧爆炸的原理、类型及条件、灭火器使用方法及适用范围、电气防火防爆的综合措施、消减静电的措施，掌握防雷措施。 培养学生根据防火防爆知识能够进行厂房防火防爆的安全检查工作，能辨识各种防爆电器，并对这些电器的安全状态进行监控，在发现异常时，能采取有效措施消除相关事故隐患。

第一节　防　火　技　术

火给人类带来了光明、温暖和健康，火的使用是人类由野蛮进入文明的重要标志，它对人类文明的发展起到了巨大的推动作用。然而，火的使用也同样具有两面性，即"善用之则为福，不善用之则为祸"。当火在时间和空间上失去控制，并发展成灾的时候，就成为人类生命安全的巨大威胁。

一、燃烧

燃烧俗称火。当燃烧在时间和空间上失去控制发展成灾的时候就成为火灾。火灾，自从有火那时起便接踵而至，它时刻威胁着人们的生命和财产安全。要研究防火，首先必须了解燃烧的基本理论，从而做到有的放矢、万无一失。

1. 燃烧学说

对燃烧本质的研究，人类经历了漫长的过程。在古代，人们对火有各种认识。例如，我国五行说中的"金、木、水、火、土"，古希腊四元说中的"水、土、火、气"，古印度四大说中的"地、水、火、风"，都有"火"。随着科学的发展，火在生产和生活中的应用日益广泛，人类有了更多的机会对燃烧现象进行观察研究，由此也产生了种种对燃烧现象的解释，其中具有代表性的包括17~18世纪，在欧洲影响最大、流传最广的一种解释燃烧现象的燃素学说；1777年由法国化学家拉瓦锡提出的关于火的氧化理论——燃烧氧学说；以及到20世纪30年代，燃烧链式反应理论的提出，使人们对燃烧的本质有了更深刻的认识。

综上所述，燃烧是一种复杂的氧化反应。人类对燃烧本质的发现和认识也从最初的描述性的、半经验性的科学走向了严密的科学理论，从而人类才能对燃烧过程更好地控制和使用，使其为人类的发展和进步发挥更大的作用。

2. 燃烧条件

燃烧的本质是一种氧化反应，但就人们日常生活、生产中所见到的燃烧现象，大多是可燃物与空气中氧或其他氧化剂作用发生的放热反应，通常伴有发热、发光和（或）发烟的现象。这些外部特征不同于一般的氧化还原反应，由此可以区别燃烧现象与其他氧化现象。燃烧虽然是一种很普遍的现象，但必须要具备一定的条件才能发生。其中包括可燃物、助燃物和点火源，三者缺一不可。

（1）可燃物　通常根据物质燃烧性能，将物质分为可燃物质、难燃物质和不燃物质三种。可燃物是指在火源作用下能被点燃，并且当火源移去后能持续燃烧，直至燃尽的物质。不论是固体、液体还是气体，凡是能在空气、氧气或其他氧化剂中发生剧烈氧化反应的物质都称为可燃物，否则称不燃物。可燃物按其组成不同，可分为无机可燃物质和有机可燃物质两类。无机可燃物中的无机单质有：钾、钠、钙、镁、磷、硫、硅、氢等；无机化合物有：一氧化碳、氨、硫化氢、磷化氢、二硫化碳等。有机可燃物可分成低分子的和高分子的，又可分成天然的和合成的。有机物中除了少数几种多卤代烃，其他绝大部分有机物都是可燃物。有机可燃物包括：天然气、液化石油气、汽油、煤油、酒精、木材、棉、麻以及合成材料等。

（2）助燃物　燃烧过程中助燃物起到氧化剂的作用，在氧化还原反应中得到电子，其自身不一定可燃，但能导致可燃物燃烧。可作为助燃物的氧化剂种类很多。在一般的物质燃烧过程中，最常充当助燃物的是空气中的氧气，它在空气中的体积分数约为21%，因而一般可燃物质在空气中均能燃烧。在一些特殊火灾（如化工火灾、仓库火灾）中，引起燃烧反应的氧化剂则是多种多样的，如一些常见的强氧化剂：卤素单质、氯酸盐、重铬酸盐、高锰酸盐及过氧化物等，它们有的是自身具有强氧化性，易与可燃物（还原剂）发生氧化还原反应，释放能量；有的分子中含氧较多，当受到光、热或摩擦、撞击等外界作用时，能发生分解、放出氧气，使可燃物氧化燃烧。

（3）点火源　点火源是指能够引起可燃物与助燃物发生燃烧反应的能量来源。点火源种类繁多，常见的包括以下几种。

① 明火。如火炉、火柴、烟筒或烟道喷出的火星，气焊和电焊、汽车的排气管喷出的火星等。

② 高热物体及高温表面。如加热装置、高温物料的输送管、冶炼厂或铸造厂里熔化的金属、烟筒和烟道等。

③ 电火花。如高电压的火花放电、短路和开闭电闸时的弧光放电、接点上的微弱火花等。

④ 静电火花。如液体流动引起的带电、喷出气体的带电、人体的带电等。

⑤ 摩擦与撞击。如机器上轴承转动的摩擦；金属零件和铁钉落入设备内，铁器和机件撞击；磨床和砂轮的摩擦；铁器工具相撞；铁器与混凝土相碰等。

⑥ 自行发热。如油纸、油布、煤的堆积，活泼金属钠接触水等。

⑦ 绝热压缩。如硝化甘油液滴中含有气泡时，被落锤冲击受到绝热压缩，瞬时升温，可使硝化甘油液滴被加热至着火点而爆炸。

⑧ 化学反应热及光线和射线等。

点火源的实质是提供了一个初始能量，在这种能量激发下，使可燃物与氧化剂发生剧烈的氧化还原反应，引起燃烧。

在研究燃烧的条件时还应当注意到，可燃物、助燃物和点火源是构成燃烧的三个要素，缺一不可，但当三个基本条件在数量上发生变化，也会使燃烧速度改变甚至停止燃烧。例如，氧气在空气中的含量降低到16%～14%时，木材的燃烧即行停止。如果在可燃气体与空气的混合物中，减少可燃气体的比例，那么燃烧速度会减慢，甚至会停止燃烧；点火源如果不具备一定的能量，燃烧也不会发生。例如，飞溅出的火星可以点燃油棉丝或刨花，但如果溅落在大块木材上，会发现它很快就熄灭了，不能引起燃烧。这是因为这种着火源虽然有超过木材着火的温度，但却缺乏足够热量的缘故。因此，燃烧的充分条件是：

① 具备一定数量的可燃物；

② 有足够数量的氧化剂；

③ 点火源要具有一定的能量；

④ 未受抑制的链式反应。

综上所述，燃烧基本条件的构成可以用燃烧四面体来表示，如图 4-1 所示。燃烧四面体的每一个面分别代表一个燃烧条件，当它们同时存在并相互结合，产生自由基（又称游离基）作"中间体"时，才能发生燃烧，否则就不会发生燃烧。

掌握了燃烧发生的条件，就可以了解预防和控制火灾的基本原理。预防和控制燃烧三个基本条件中的任何一个，都可以有效地防止火灾的发生及降低火灾损失。

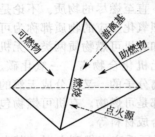

图 4-1 燃烧四面体

二、燃烧类型

燃烧的基本类型可分为闪燃、着火和自燃三种，每一种类型的燃烧都有各自的特点。

1. 闪燃

闪燃是在一定温度下，易燃或可燃液体（包括能蒸发出蒸气的少量固体：如石蜡、樟脑、萘等）蒸气与空气混合后达到一定的浓度时，遇点火源发生一闪即灭的火苗或火光，这种现象称为闪燃。闪燃是一种瞬间燃烧现象。闪燃发生的原因，是因为易燃或可燃液体在该温度下，蒸发速度还不太快，蒸发出来的气体量较少，仅能维持一刹那的燃烧，来不及补充新的蒸气以维持稳定的燃烧，因而一闪就灭了。尽管如此，闪燃仍然是着火的先兆。

在规定的试验条件下，易燃和可燃液体能发生闪燃的最低温度，叫闪点。闪点是评价液体火灾危险性大小的主要依据。液体的闪点越低，火灾危险性也就越大。根据液体的闪点，将闪点低于 45℃ 的液体称为易燃液体，闪点高于 45℃ 的液体称为可燃液体。由此方便确定对不同火灾危险性的物质进行生产、加工、储存的条件，进而采取相应的安全措施。

液体闪点的分级分类方法如表 4-1 所示。

表 4-1 易燃和可燃液体闪点分类分级

种　类	级　别	闪点/℃	举　例
易燃液体	Ⅰ	$T \leqslant 28$	汽油、甲醇、乙醇、乙醚、苯、甲苯等
	Ⅱ	$28 < T \leqslant 45$	煤油、丁醇等
可燃液体	Ⅲ	$45 < T \leqslant 120$	戊醇、柴油、重油等
	Ⅳ	$T > 120$	植物油、矿物油、甘油等

几种常见液体的闪点如表 4-2 所示。

表 4-2 常见液体的闪点

物质	闪点/℃	物质	闪点/℃	物质	闪点/℃
汽油	$-58 \sim 10$	二氯乙烷	8	松节油	30
二硫化碳	-45	甲醇	9.5	丁醇	35
乙醚	-45.5	乙醇	11	戊醇	46
丙酮	-17	醋酸丁酯	13	乙二醇	112
苯	-15	醋酸戊酯	25	甘油	176.5
甲苯	1	煤油	$28 \sim 45$	桐油	239
醋酸乙酯	1	二乙胺	28	冰醋酸	40

2. 着火

可燃物质在空气中受着火源的作用而发生持续燃烧的现象称为着火。着火就是燃烧的开始，并且以出现火焰为特征。例如，用火柴点燃纸张，就会引起纸张着火。

可燃物质发生着火所需要的最低温度叫做该物质的燃点（着火点或火焰点）。物质的燃点越低，代表其越容易着火。一些可燃物质的燃点如表 4-3 所示。

表 4-3　几种可燃物质燃点

物质名称	燃点/℃	物质名称	燃点/℃
黄磷	34～60	布匹	200
松节油	53	麦草	200
樟脑	70	硫	207
灯油	86	豆油	220
赛璐珞	100	烟叶	220
橡胶	120	松木	250
纸张	130	胶布	325
漆布	165	涤纶纤维	390
蜡烛	190	棉花	210

3. 自燃

可燃物质受热升温而不需明火作用就能自行燃烧的现象称为自燃。物质能够发生自燃的最低温度称为该物质的自燃点。物质的自燃点越低，发生火灾的危险性越大。一些物质的自燃点如表 4-4 所示。

表 4-4　几种可燃物质的自燃点

物质	自燃点/℃	物质	自燃点/℃	物质	自燃点/℃
黄磷	34～35	二硫化碳	102	棉籽油	370
三硫化四磷	100	乙醚	170	桐油	410
赛璐珞	150～180	煤油	240～290	芝麻油	410
赤磷	200～250	汽油	280	花生油	445
松香	240	石油沥青	270～300	菜籽油	446
锌粉	360	柴油	350～380	豆油	460
丙酮	570	重油	380～420	亚麻仁油	343

根据热量的来源不同，物质的自燃可分为受热自燃和自热自燃（本身自燃）两种。

（1）受热自燃　热量来自外部，在物质上积累温度升高，当达到物质自燃点时即发生自行着火的现象。例如在石油化工生产中，由于可燃物靠近高温设备管道，加热或烘烤过度，或者可燃物料泄漏到未做保温处理的高温设备管道上等情况，均可导致可燃物受热自燃。受热自燃是引起火灾事故的重要原因之一，在火灾案例中，有不少是因受热自燃引起的。

（2）自热自燃　热量来源于物质本身，由于物质内部发生的物理、化学、生物等作用而产生热量并积聚起来，当达到自燃点时引起的自行着火现象。

自热自燃与受热自燃的根本区别在于热的来源不同，受热自燃的热量来自外部，而自热自燃的热量是来自可燃物质本身。由于能够发生自热自燃的物质不需要外部热源即能发生燃烧，在常温下甚至低温下也能发生自燃。因此，能够发生自热自燃的可燃物质比其他可燃物质的火灾危险性更大。

三、物质燃烧过程

由于可燃物质聚集状态（气体、液体和固体）的不同，当其接近火源或受热时，会发生不同的变化，形成不同的燃烧过程。可燃液体的燃烧并不是液相本身与空气直接反应燃烧，而是液体受热后蒸发为蒸气，与空气混合在点火源作用下而燃烧，燃烧过程中产生的热量提供更多的液体可燃物由液态转变为蒸气。某些可燃固体（如硫、磷、石蜡）的燃烧是先受热熔融，再汽化为蒸气，而后与空气混合发生燃烧。还有些可燃固体（如木材、沥青、煤）的燃烧，则是先受热分解释放出可燃气体和蒸气，然后与空气混合燃烧。由此发现，绝大多数液态和固态可燃物质的燃烧，都不是其自身本来状态的燃烧，而是出现了相态转化或分解成为气态，它们的燃烧是在气态下进行的，也称为气相燃烧，这种燃烧过程会产生火焰，也可称为有焰燃烧；个别物质（如焦炭等）不能成为气态的物质，在燃烧时放出热量，但不呈现出火焰，称为固相燃烧或无焰燃烧。

四、防火措施

我国每年都要发生上万起的火灾事故，尤其是近几年来，重特大火灾事故的频繁发生，不仅造成严重的经济损失和人员伤亡，也给社会稳定带来了负面影响。因此，在工业生产及日常生活中采取积极采取防火技术和措施，就能有效地防止和控制火灾事故的发生。

1. 火灾及其分类

在前面内容中，已经指出火灾是失去控制而蔓延形成的一种灾害性燃烧现象。根据可燃物的形态，可将火灾分为以下几类。

A 类火灾：指固体物质火灾。如木材、煤、棉、毛、麻、纸张等火灾。

B 类火灾：指液体火灾和可熔化的固体物质火灾。如汽油、煤油、柴油、原油、甲醇、乙醇等火灾。

C 类火灾：指气体火灾。如煤气、天然气、甲烷、乙烷、丙烷、氢气等火灾。

D 类火灾：指金属火灾。如钾、钠、镁、铝镁合金等火灾。

E 类火灾：指带电物体和精密仪器等物质的火灾。

还可根据人员伤亡数目，财产损失金额分为以下几种。

特别重大火灾：指造成 30 人以上死亡，或者 100 人以上重伤，或者 1 亿元以上直接财产损失的火灾；

重大火灾：指造成 10 人以上 30 人以下死亡，或者 50 人以上 100 人以下重伤，或者5000 万元以上 1 亿元以下直接财产损失的火灾；

较大火灾：指造成 3 人以上 10 人以下死亡，或者 10 人以上 50 人以下重伤，或者 1000万元以上 5000 万元以下直接财产损失的火灾；

一般火灾：指造成 3 人以下死亡，或者 10 人以下重伤，或者 1000 万元以下直接财产损失的火灾。

（注："以上"包括本数，"以下"不包括本数。）

2. 防火安全技术措施

防火技术措施是根据火灾事故发生、发展的特点，消除或抑制燃烧条件的形成，从根本上减小或消除发生火灾事故的危险性。具体措施包括：控制火灾危险性物质和能量；控制点火源及采取各种阻隔手段，阻止火灾事故灾害的扩大。

（1）控制火灾危险性物质和能量　控制火灾危险性物质的数量，从而从根本上消除发生火灾的物质基础，主要有以下几方面技术措施。

① 生产中尽量采用不燃或难燃物质代替可燃物，减少使用强氧化剂。

② 相互接触能引起燃烧的物质要单独存放，严禁混存混运。

③ 设备、管道间的连接要保证良好的密封，防止跑、冒、滴、漏现象的出现。特别是压力设备更要保证良好的密闭性，正压设备防止物料泄漏，负压设备防止倒吸入空气。

④ 对于某些无法密闭的装置、易散发可燃气体、蒸气或粉尘场所，设置良好的通风除尘装置，降低空气中可燃物的含量。

（2）控制点火源 点火源是指能够使可燃物与助燃物发生燃烧反应的能量来源，是物质燃烧的必备条件。这种能量既可以是热能、光能、电能、化学能，也可以是机械能。根据点火源产生能量的来源不同，点火源可分为明火、火星、高热物体、电火花、静电放电、摩擦撞击等。控制点火源可从以下几方面着手。

① 控制明火。明火是指敞开的火焰、火花、火星等，它是引起火灾事故的主要点火源。

● 生产过程中要尽量避免采用明火加热易燃易爆物质。

● 根据火灾危险性大小划定禁火区域，禁火区内禁止明火作业。

● 严格控制焊接、切割、喷灯等维修用火，防止飞溅的火花和金属熔珠引燃周围的可燃物。

● 为防止烟囱飞火，燃料在炉膛内要燃烧充分，烟囱要有足够高度，必要时顶部应安装火星熄灭器。

● 强化管理职能，健全各种明火的使用、管理和责任制度，认真实施检查和监督。

② 高温表面、高温物体的控制。高温表面或高温物体能够在一定环境中向可燃物传递热量并能导致可燃物着火，是引起火灾事故的高温点火源。生产中的加热装置、高温物料输送管线、大功率的照明灯具等，都能形成高温表面。控制高温表面成为点火源的基本措施有冷却降温、绝热保温、隔离等。

③ 冲击点火源的控制。

● 摩擦与撞击。当两个表面粗糙的坚硬物体互相猛烈撞击或摩擦时，往往会产生火花或火星，这种火花实质上是撞击和摩擦物体产生的高温发光的固体微粒。摩擦和撞击产生的火星颗粒较大，携带的能量较多时（火星具有 $0.1\sim1mm$ 的直径时，其所带的能量为 $1.76\sim1760mJ$），足以点燃可燃气体、蒸气和粉尘。因此，要及时清除机械转动部位的可燃粉尘、油污等，保证良好的润滑；机械设备易发生摩擦撞击部位应采用能防止产生火星的材料；搬运盛放可燃气体、易燃液体的金属容器时，要轻搬轻放，禁止野蛮作业；禁止穿带钉子的鞋进入有燃烧危险的区域等。

● 绝热压缩。气体在不与周围进行热交换的状态下压缩时，压缩过程所耗功将全部转变成热能。这种热能蓄积于气体内使其温度升高达到燃点，引起燃烧和爆炸。硝化甘油、硝化甘醇等爆炸敏感度高的液体，应避免绝热压缩现象。

3. 防火安全装置

为阻止火灾的蔓延和扩展，减少其破坏作用，防火安全装置是工艺设备不可缺少的部件或元件。

（1）阻火器 阻火器是利用管子直径或流通孔隙减小到某一程度，火焰就不能蔓延的原理制成的。阻火器常用在容易引起火灾爆炸的高热设备和输送可燃、易燃液体、蒸气的管线之间，以及可燃气体、易燃液体的容器及管道、设备的排气管上。

阻火器有金属网阻火器、波纹金属片阻火器、砾石阻火器等多种形式。构造见图 4-2～图 4-4。

（2）安全液封 安全液封是一种湿式阻火装置，其原理是使具有一定高度、由不燃液体组成的液柱稳定存在于进出口之间。在液封两侧的任一侧着火，火焰将在液封处熄灭，从而阻止了火势蔓延。安全液封有开敞式和封闭式两种（见图 4-5、图 4-6）。

（3）水封井 其阻火原理与安全液封相似，是安全液封的一种。水封井通常设在有可燃气体、易燃液体蒸气或油污的污水管网上，用以防止燃烧或爆炸沿污水管网蔓延扩展。其结构见图 4-7。水封井的水位高度不宜小于 250mm。

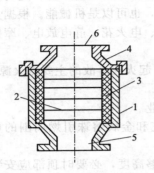
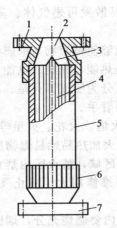
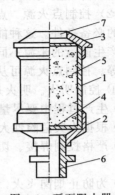

图 4-2　金属网阻火器
1—壳体；2—金属网；3—垫圈；
4—上盖；5—进口；6—出口

图 4-3　波纹金属片阻火器
1—上盖；2—出口；3—轴芯；4—波纹金
属片；5—外壳；6—下盖；7—进口

图 4-4　砾石阻火器
1—壳体；2—下盖；3—上盖；4—网
格；5—砂粒；6—进口；7—出口

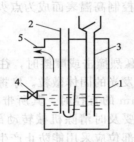
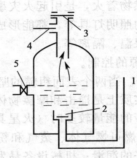

图 4-5　开敞式安全液封
1—外壳；2—进气管；3—安全管；
4—验水栓；5—气体出口

图 4-6　封闭式安全液封
1—进气管；2—单向阀；3—爆破片；
4—气体出口；5—验水栓

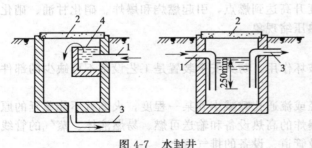

图 4-7　水封井
1—污水进口；2—井盖；3—污水出口；4—溢水槽

（4）阻火闸门　阻火闸门是为防止火焰沿通风管道或生产管道蔓延而设置的阻火装置。有跌落式自动阻火闸门和手动式多种。跌落式自动阻火闸门是在易熔元件熔断后，闸板由于自身重力自动跌落而将管道封闭。手动阻火闸门多安装在操作岗位附近，以便于控制。如煤气发生炉进风管道上装阻火闸门，以防突然停风时，炉内煤气倒流至鼓风机室发生爆炸。

（5）火星熄灭器　又称防火帽，其原理是因容积或行程改变，使火星的流速下降或行程延长而自行冷却熄灭，至使火星颗粒沉降而消除火灾危险。通常安装在能产生火星的设备的排空系统，如汽车等机动车辆发动机的排气口处。

（6）单向阀　又称止逆阀、止回阀，其作用是使流体单向通过，遇有回流即自行关闭。常用于防止高压物料冲入低压系统，如液化石油气瓶上的调压阀就是单向阀的一种。

第二节　防爆技术

在自然界中存在着各种爆炸现象，它比火灾破坏力更强、波及范围更广。

一、爆炸及其分类

爆炸是物质系统的一种极为迅速的物理或化学的能量释放或转化过程，是系统蕴藏的或瞬间形成的大量能量在有限的体积和极短的时间内骤然释放或转化的现象。在系统能量向外释放或转化过程中，能量会转化成机械功及光和热等。所谓"极短的时间"，通常是在 1s 之内完成。

爆炸按其爆炸过程的性质不同，可分为物理爆炸、化学爆炸及比较特殊的核爆炸，常见的是物理爆炸和化学爆炸两大类。

1. 物理爆炸

物理爆炸是由物理变化（温度、体积和压力等因素）引起的。在物理性爆炸的前后，爆炸物质的性质及化学成分均不改变。

锅炉爆炸是典型的物理爆炸，当锅炉内过热蒸汽压力超过锅炉能承受的极限强度时，锅炉破裂，高压蒸汽骤然释放出来形成爆炸。又如氧气钢瓶受热升温，引起气体压力增高，当压力超过钢瓶的极限强度时即发生爆炸。物理性爆炸是蒸气或气体膨胀力作用的瞬时表现，它们的破坏性取决于蒸气或气体的压力。

2. 化学爆炸

化学爆炸是物质在短时间内发生剧烈的化学变化，形成新的物质，同时产生大量气体和能量的现象。就化学反应而言，化学爆炸与前面所讲的燃烧是一致的，只是爆炸反应持续的时间非常短，因此爆炸也可以称为瞬时燃烧现象。炸药爆炸、可燃气体（甲烷、乙炔等）爆炸等都属于化学性爆炸。

化学爆炸，按照爆炸的瞬时燃烧速率的不同，又可分为以下三类。

（1）爆燃（轻爆）　物质爆炸时的燃烧速度为每秒数米，爆炸时破坏力不大，声响也不太大。例如无烟火药在空气中的快速燃烧，可燃气体混合物在接近爆炸浓度上限或下限时的爆炸即属于此类。

（2）爆炸　物质爆炸时的燃烧速度为每秒十几米至数百米，爆炸时能在爆炸点引起压力激增，有较大的破坏力，有震耳的声响。可燃性气体混合物在多数情况下的爆炸即属于此类。

（3）爆轰（爆震）　物质爆炸的燃烧速度为每秒数千米以上，同时产生高温（1300～3000℃）、高压（10000～40000MPa）、高能（2930～6279kJ/kg）及高冲击力（破坏力）的冲击波。由于在极短时间内发生（时间在 10^{-5}～10^{-6}s 之间），燃烧产物急速膨胀，像活塞一样挤压其周围气体，反应所产生的能量有一部分传给被压缩的气体层，于是形成的冲击波由它本身的能量所支持，迅速传播并能远离爆轰发源地而独立存在，同时能引起位于一定距离处，与其没有什么联系的其他爆炸性气体混合物或炸药的爆炸，从而产生一种"殉爆"现象。因此，爆轰具有很大的破坏力。各种处于部分或全部封闭状态下的炸药爆炸；气体混合物处于特定的浓度范围内或处于高压下的爆炸均属于爆轰。

[案例 1]　2000 年 7 月 10 日 12 时 20 分，陕西省某饲料添加剂厂内一环氧乙烷计量槽突然开裂，致使液态环氧乙烷喷出汽化发生大爆炸。造成 2 人死亡，4 人重伤，11 人轻伤，直接经济损失 640 万元，其他损失 178 万元。

事故经过：2000 年 7 月 7 日 16 时，某饲料添加剂厂因环氧乙烷原料短缺而全厂停车待料。7月9日晚，由外地购进的35t环氧乙烷到货，运输工具为汽车槽车。7月10日11时许汽车槽车进入饲料添加剂厂储罐区即开始卸料。12时20分，合成车间二楼环氧乙烷1号计量槽突然从下封头和筒体连接环缝处撕裂150mm长的焊缝，液态环氧乙烷在计量槽内压力下高速喷出后急剧汽化，使周围空间迅速达到爆炸极限，喷出的高流速物料与裂缝处的摩擦产生大量静电，加之合成车间的设备管道无静电跨接装置，随即发生了第一次爆炸并引发大火。一次爆炸使合成车间二层部分建筑倒塌，两名操作工被埋在废墟中。12时30分大火蔓延烘烤引起了距合成车间仅4.5m处的50m³环氧乙烷储槽内约9t物料大量吸热汽化，罐内压力急剧上升，储罐终因超压而爆炸。

由于爆炸造成大量环氧乙烷泄漏燃烧，使距该储槽仅6m的汽车槽车被引燃（因槽车当时出料阀没有闭）13时20分，汽车槽罐发生爆炸，爆炸冲击波及热辐射造成现场的消防官兵，周围群众30人受伤，厂内及周围建筑物不同程度受损，爆炸飞溅物同时引起厂区内多处起火。

事故直接原因如下。

① 环氧乙烷1号计量槽，属非法自制容器，制造质量低劣，焊缝、钢板存在着严重不允许缺陷，埋下发生事故的祸根，是造成此次事故的主要原因。

② 生产车间，属于四类易燃易爆生产作业场所，没有按规范设计、安装防静电接地装置，环氧乙烷泄漏汽化后，集聚电荷无法排除，酿成事故。

③ 装有环氧乙烷的液化气槽车，没有及时脱离事故现场，导致事故扩大。

④ 该饲料添加剂厂，对本厂的压力容器、压力管道的安全管理，没有执行国家的有关法律、法规、标准，非法设计、制造、使用造成各个安全环节严重失控。

在日常生产和生活中，当遇到可燃气体泄漏又不能迅速离开危险环境的情况下，应该从两方面着手：一是减少空气中可燃气体的含量；二是防止点火源。前者，迅速打开所有门窗、通风口，使空气流通，然后切断可燃气体泄漏的源头；后者，当发现可燃气体泄漏后，不要触动各种电源开关，防止产生火星形成点火源。

化学反应速率快，同时产生大量气体和热量，是化学性爆炸的三个基本特征。

3. 核爆炸

由于原子核裂变（如^{235}U的裂变）或聚变（如氘、氚、锂的聚变）反应，释放出核能所形成的爆炸。原子弹、氢弹、中子弹的爆炸，就属于核爆炸。实质上核爆炸也属于化学爆炸的范畴，只不过是一类特殊的范畴。

4. 粉尘爆炸

很早以前人们就注意到煤矿开采过程中形成的煤尘有发生爆炸的危险性。此后在棉、麻、烟、茶、谷物、金属、塑料、煤、合成橡胶、合成纤维等的加工过程中，由于粉碎、研磨、分筛、输送、风吹等操作产生的粉尘，也同样具有爆炸危险性。可燃性粉尘爆炸所造成的事故，虽然不如可燃性气体和液体爆炸那样引人注意，但造成的损失也是惊人的。

[案例2] 2002年发生的麦芽粉尘爆炸事故案例。

2002年1月9日15时28分许某麦芽糊精分厂包装工段在维修作业过程中发生火灾爆炸事故，过火面积约860m²，受伤人员17人，直接经济损失约16万元。

经过对事故现象勘查，麦芽糊精分厂东西方向全长88.0m，南北宽21.8m，共分两层，东半部为钢筋混凝土框架结构，西半部为钢架和钢板构成的平台，外墙由两面铝板中间夹不燃纤维的轻质结构和"工"字钢柱构成，车间顶部为钢梁和铝板结构，车间中部是由圆钢柱支撑的两个干燥塔，塔高43.0m。车间内东部为周转仓库区，中部为干燥分装区，西部为生产区。事故发生后，车间南墙大范围的塑钢窗玻璃全部震碎，窗框上部的铝板全部被炸脱落。西外墙两根钢柱之间的铝板被炸脱落，钢柱顶部的铆接处同时脱落，并向西部弯曲偏移。室内底层车间东部仓库内的物品基本完好，西部面积约 $30m^2$ 的包装库房轻微过火，其余均为烟熏痕迹。但从仓库与干燥塔区的门向西进入干燥塔区内则过火严重。东部呈明显的猛烈燃烧状态，该区域内用木龙骨形成"井"字形，镶嵌玻璃形成隔断，并将此区域形成五个独立的操作区，各区内部之间由隔断上开设的门相通。隔断上的玻璃已全部脱落并散落在地面上，呈受热炸裂的曲线状和爆炸后受冲击破碎形成的尖状。尖棱状的玻璃均位于木龙骨南侧，所有木龙骨表层均过火炭化，但仍维持原状。此区域正好与南部外墙被炸开口处相对应，为爆炸中心点。

该区域内距东墙 5.6m 处的地面上还放有一台电焊机，对残存的线路勘查发现电线是从二层平台北部的低压配电柜中引出。电焊机所在的区域北部为设备夹层，安装有振动分目筛一台，该设备北部的振动电机旁残留有五根用后剩余的和一根完整的电焊条。

经反复询问确认当日下午车间停产进行维修，维修人员在拆卸管道上的柔性连接时布袋脱落，管道中残存的大量麦芽粉坠地后扬起，同时该区域内正在进行电焊作业。

事故原因分析与认定：麦芽粉尘的引燃温度为 400℃，最小点火能量为 35mJ，爆炸下限为 $50\sim55g/m^3$，最大爆炸压力为 6.6×10^5Pa，最大爆炸压力上升速率为 $3.04\times10^7Pa/s$。

经调查认定该起火灾的发生是由于在维修设备过程中将管道中的粉尘带出并悬浮在空气中，达到爆炸极限浓度范围，电焊产生电焊渣引燃粉尘和空气的混合物爆炸起火成灾。一次爆炸后扬起的粉尘又产生二次爆炸，使车间西部外墙局部脱落，并在车间内形成大面积燃烧。

麦芽糊精分厂生产的火灾危险性应划分为乙级，但起火的车间内装修却使用大量木龙骨等可燃物做隔墙，维修设备过程中未按规定办理动火审批手续，现场监护措施不力，擅自进行明火作业，造成火灾爆炸事故。

结合粉尘爆炸的特殊危害性，首先要掌握粉尘爆炸的条件、历程及特点。

（1）粉尘爆炸的过程

① 点火源能量附加在悬浮在空气中（或助燃气体中）的可燃粒子表面，温度逐渐上升；

② 粒子表面的分子热分解或者引起干馏作用，在粒子周围产生气体；

③ 气体与周围空气混合，形成爆炸性混合气体，在点火源作用下燃烧；

④ 燃烧产生的热量，提供给粉尘进一步分解的能量，连续产生可燃性气体和空气混合而使火焰传播，从而形成宏观上的粉尘爆炸。

粉尘爆炸实质上也是气体爆炸。但是，可燃性粉尘粒子表面温度上升的原因，主要是热辐射的作用，这一点与气体爆炸不同，因为气体燃烧热的供给主要靠热传导。

（2）粉尘爆炸特点

① 可燃性粉尘飞扬悬浮于空中（或助燃气体中），混合达到爆炸浓度极限，遇点火源才会发生爆炸。且爆炸浓度极限通常以下限表示。

② 粉尘爆炸需要的点火能量高，因要提供粒子表面分子分解，是一般可燃气体的10～100倍；所需的点火时间也较长。

③ 粉尘爆炸有出现连续爆炸（二次爆炸）的危险，爆炸形成的冲击波，使沉积在地面及设备表面的粉尘进一步被击扬起来，增大粉尘浓度及扩散范围，形成连锁爆炸。

④ 粉尘爆炸容易引起不完全燃烧，生成的气体中含有大量的一氧化碳。此外，有些粉尘（如塑料）自身分解出有毒气体，因此粉尘爆炸中易出现人员中毒伤亡。

结合以上特点，在实际工业生产中，为了尽量避免或降低出现可燃性粉尘爆炸的危险性，应结合影响粉尘爆炸的因素，制定出行之有效的措施。一般粉尘粒径越小，越容易吸附助燃气体，燃点越低，粉尘的爆炸下限也越低；粉尘的粒子越干燥，表面带电荷量越大，危险性就越大。因此，在容易形成爆炸性粉尘的环境中，增大空气中的湿度是重要的防粉尘爆炸技术措施之一。

二、爆炸极限

所有可燃气体、蒸气和可燃粉尘与空气（氧气）组成可燃性混合物，存在着爆炸危险，但并不是在任何混合比例下都有爆炸危险，而是必须在一定的浓度比例范围内混合才能发生燃爆。而且当混合的比例发生改变时，其爆炸的危险程度亦不相同。可燃气体、粉尘或可燃液体的蒸气与空气（氧气）形成的混合物遇火源发生爆炸的极限浓度称为爆炸极限。可燃性混合物在遇到点火源后可能蔓延爆炸的最低和最高浓度，分别称为该气体或蒸气、粉尘的爆炸下限和爆炸上限。在下限和上限之间的浓度范围称为爆炸范围。在外界条件不变的情况下，混合物的浓度低于下限或高于上限时，既不能发生爆炸也不能发生燃烧。气体、蒸气的爆炸极限，通常用体积分数（%）来表示；粉尘通常用单位体积中的质量（g/cm^3）来表示。

一些常见可燃气体及可燃液体蒸气的爆炸极限范围见表 4-5。

表 4-5 烃类和液体可燃物在空气中的爆炸极限

可燃物名称	分子式	$\varphi/\%$		$\rho/(mg/L)$	
		下限	上限	下限	上限
氢	H_2	4.0	75	3.3	63
一氧化碳	CO	12.5	74	146	860
甲烷	CH_4	5.3	14	35	93
乙烷	C_2H_6	3.0	12.5	38	156
乙烯	C_2H_4	3.1	36	32	370
乙炔	C_2H_2	2.5	81	27	880
丙烷	C_3H_8	2.2	9.5	40	174
丁烷	C_4H_{10}	1.9	8.5	46	206
戊烷	C_5H_{12}	1.5	7.8	45	234
己烷	C_6H_{14}	1.2	7.5	43	270
环己烷	C_6H_{12}	1.3	8.0	44	270
苯	C_6H_6	1.4	7.1	46	230
庚烷	C_7H_{16}	1.2	6.7	50	280
甲苯	C_7H_8	1.4	6.7	54	260
辛烷	C_8H_{18}	1.0	—	48	—
二甲苯	C_8H_{10}	1.0	6.0	44	265
乙醚	$(C_2H_5)_2O$	1.9	48	59	1480
丙酮	$(CH_3)_2CO$	3.0	11	72	270
乙醇	C_2H_5OH	4.3	19	82	360
甲醇	CH_3OH	7.3	36	97	480

可燃性气体或液体蒸气的爆炸极限范围越宽，爆炸下限越低，出现爆炸条件的机会也就越多，其爆炸危险性越大。

可燃液体的爆炸极限还与液体所处的环境温度有关，由于液体的蒸发量会随着温度的变化而改变。当可燃液体受热蒸发出的蒸气浓度达到其爆炸浓度极限时，所对应的温度范围，叫做该可燃液体的爆炸温度极限。爆炸温度极限也同样具有上限和下限之分。可燃液体的爆炸温度下限也就是液体的闪点。爆炸温度上限，即液体在该温度下蒸发出等于爆炸浓度上限的蒸气浓度。同样，可燃液体爆炸温度上、下限值之间的范围越大，爆炸危险性就越大。

[**案例 3**] 2000 年 9 月 23 日某煤气发电厂发生的一起锅炉炉膛煤气爆炸事故。此锅炉型号为 SHS20-2.45/400-Q，用于发电，于 1999 年 11 月制造。此次爆炸事故造成死亡 2 人、

重伤 5 人、轻伤 3 人，直接经济损失 49.42 万元。

事故经过及破坏情况：2000 年 9 月 23 日上午 10 时 15 分，某煤气发电厂厂长指令锅炉房带班班长对锅炉进行点火，随即该班职工将点燃的火把从锅炉从南侧的点火口送入炉膛时发生爆炸事故。尚未正式移交使用的煤气发电锅炉在点火时发生炉膛煤气爆炸，炉墙被摧毁，炉膛内水冷壁管严重变形，最大变形量为 1.5m。钢架不同程度变形，其中中间两根立柱最大变形量为 230mm，部分管道、平台、扶梯遭到破坏，锅炉房操作间门窗严重变形、损坏。锅炉烟道、引风机被彻底摧毁，烟囱发生粉碎性炸毁，砖飞落到直径约 80m 范围内，砸在屋顶的较大体积烟囱砖块造成锅炉房顶 11 处孔洞，汽轮发电机房顶 13 处孔洞，最大面积约 15m²，锅炉房东墙距屋顶 1.5m 处有 12m 长的裂缝。炸飞的烟囱砖块将正在厂房外施工的人员 2 人砸死，另造成 5 人重伤，3 人轻伤。爆炸冲击波还使距锅炉房 500m 范围内的门窗玻璃不同程度地被震坏。

事故前设备状况：该锅炉为 1999 年 11 月制造，并由压力容器检验机构对该锅炉进行了监测检查。该炉 2000 年 1 月 6 日运至该煤气发电厂，4 月 20 日开始安装，5 月 30 日水压试验合格。8 月 13 日第一次点火进行烘炉，至 9 月 6 日锅炉进入调试，9 月 9 日 72h 试运行结束，9 月 10 日～9 月 13 日对调试中提出的问题进行消缺处理。9 月 16 日下午 2 时锅炉点火进行机组试运行，17 日因煤气供应不足停炉。此后点火试运均由电厂进行。

事故原因分析：此次爆炸事故是由于炉前 2 号燃烧器（北侧）手动蝶阀（煤气进气阀）处于开启状态（应为关闭状态），致使点火前炉膛、烟道、烟囱内聚集大量煤气和空气的混合气，且混合比达到爆炸极限值，因而在点火瞬间发生爆炸。具体分析如下。

① 当班人员未按规定进行全面的认真检查，在点火时未按规程进行操作，使点火装置的北蝶阀在点火前处于开启状态，是导致此次爆炸事故的直接原因。

② 煤气发电厂管理混乱，规章制度不健全，厂领导没有执行有关的指挥程序，没有严格要求当班人员执行操作规程，未制止违规操作行为。职责不明，规章制度不健全也是造成此将爆炸事故的原因之一。

③ 公司领导重生产、轻安全，重效益、轻管理。在安全生产方面失控，特别是在各厂的协调管理方面缺乏有效管理和相应规章制度，对各厂的安全生产工作不够重视，也是造成此次爆炸事故的原因之一。

三、爆炸的破坏作用

爆炸也称为瞬时燃烧现象，爆炸产生的气体和热量在极短时间内高度集中，具有极大的压力和密度，其产生的巨大力量会使周围介质受到严重破坏。爆炸的破坏作用主要包括爆炸形成的火球对物体的直接破坏、爆炸形成的固体飞散物的冲击作用以及爆炸形成的空气冲击波对物体及人体的伤害。

1. 爆炸火球

爆炸形成的火球温度高达上千摄氏度，对周围的设备、建筑及人体造成极强热辐射效应。

2. 破片与抛掷物

破片有一次破片（初始破片）和二次破片（次生破片）两种。一次破片形成于发生爆炸的设备、容器本身，破片形状大小不一，初速高，可达每秒数千米，飞行距离远。二次破片是由于爆源附近物体的松脱，离开了固定位置，经冲击波加速而形成的。高速飞行的破片对周围建筑及设备、人体造成极强的打击伤害，携带较高热量的破片与抛掷物接触到可燃物质，还会成为点火源，引起可燃物质的燃烧。

3. 冲击波

空气冲击波是由爆炸产生的高温高压气体作用于周围空气而产生的。冲击波对人体的作用分为直接冲击波作用与间接冲击波作用。直接冲击波作用对身体中相邻组织密度差最大的部位伤害最严重，如肺部、耳鼓膜、腹腔、脊柱膜等。间接冲击波作用是由于爆炸装置本身或周围物体形成的破片、抛掷物在冲击波作用下加速，对人体造成的打击伤害；以及人体本身在冲击波和气流作用下，位置发生移动，撞击到物体上造成的伤害。冲击波随着传播的距离增加，其速度及力量会逐渐减弱，直至消失。

此外，爆炸还极容易引发二次事故的出现。如前面提到的，在冲击波作用下出现的殉爆现象以及爆炸形成的高温及抛掷物容易引发次生火灾等，都会使灾害范围扩大。

四、防爆安全装置

（1）安全阀　安全阀用于防止设备或容器内压力过高引起爆炸。当系统内压力高出设定压力时开启泄压，在压力降到正常工作值后能自动复位。安全阀通常安装在非正常条件下可能超压甚至破裂的设备或机械上。常用安全阀有重力式、杠杆式和弹簧式三种类型，其结构如图4-8所示。

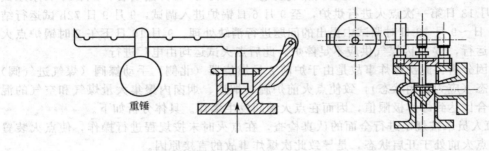

重锤

(a) 重力式安全阀　　　　　(b) 杠杆式安全阀

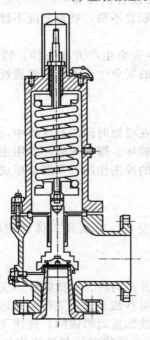

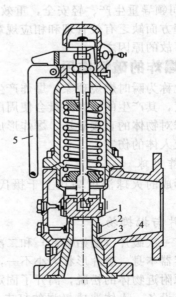

(c) 通用式弹簧安全阀

(d) 弹簧式安全阀的结构
1—阀芯；2—调整环；3—阀座；
4—阀体；5—提升手柄

图 4-8　安全阀

　　液化可燃气体容器上的安全阀应安装于气相部分，防止泄压时排除液态物料而发生危险。安全阀用于泄放可燃气体时，应连接至火炬或其他安全设施；用于可燃或有毒液体设备上时，排泄管应接入事故储槽或其他容器；泄放携带腐蚀性液滴的可燃气体，应经分液罐后送至火炬燃烧。

　　（2）防爆片　又称爆破片、防爆膜、泄压膜，是在压力突然升高时能自动破裂泄压的一次性安全装置，由具有一定厚度和面积的片状脆性材料制成。通常安装在含有可燃气体、蒸气或粉尘等物料的密闭压力容器或管道上，当设备或管道内压力突然上升超过设计值时，防爆片作为薄弱环节首先自动爆破泄压，从而保证设备主体安全。

　　（3）泄爆门（窗）　泄爆门又称防爆门、泄爆窗，泄爆门通常安装在燃油、燃气和燃煤粉的加热炉燃烧室外壁上，是爆炸时能够掀开泄压，保护设备完整的防爆安全装置。为了防止燃烧气体喷出伤人或掀开的盖子伤人，泄爆门（窗）应设置在人们不常到的地方，高度不应低于2m，并应定期检修、试动保证效果。

　　（4）放空（阀）管　放空管是一种管式排放泄压安全装置，又称排气管。一种是排放正常生产中的废气，另一种是发生事故时，将受压设备内气体紧急放空的装置。

　　放空管一般应安设在设备或容器的顶部，室内设备安设的放空管应引出室外，其管口要高于附近有人操作的最高设备2m以上。对经常排放有燃烧爆炸危险的气态物质的放空管，管口附近还应设置阻火器。

第三节　建　筑　防　火

　　建筑物是现代人类活动的主要场所，也是财产和人员极为集中的地方，因而建筑火灾的发生往往会造成十分严重的人员伤亡和财产损失。

一、建筑起火原因及发展

1. 建筑起火原因

　　建筑起火的原因大致可归纳为六类。

　　（1）生活和生产用火不慎　居民家庭火灾多数是由生活用火管理不慎引起的。如烟头未熄灭随意丢弃、炊事用火不慎、取暖用火不慎、燃放烟花爆竹、宗教活动用火管理不严格以及生产用火不慎。

　　[案例4]　2004年2月15日下午17时10分，吉林省吉林市某商厦发生特大火灾事故，54人死亡、70多人受伤。经调查认定，事故原因是：该商厦"伟业电器"员工于某将点燃的香烟掉落在库房中，引燃地面纸屑、纸板等可燃物发生火灾。

　　（2）违反生产安全制度　在工业企业中，违规动火规定会引起燃烧爆炸；将性质相抵触的物品混存会引起燃烧爆炸；在焊接或切割时，没有采取相应的防火措施会引起燃烧爆炸；生产设备、管道上出现可燃气体、易燃、可燃液体跑、冒、滴、漏现象，遇到明火会引起燃烧或爆炸。

　　（3）电气设备设计、安装、使用及维护不当　电气设备过负荷、照明灯具设备使用不当；在易燃易爆的车间内使用非防爆型电气、开关等。

　　（4）自燃现象　易燃或可燃物质自燃。

　　（5）自然灾害　雷电、地震等自然灾害造成的火灾。

　　（6）纵火　刑事犯罪纵火及精神病人纵火。

2. 建筑火灾的发展和蔓延

　　（1）火灾初起阶段　室内发生火灾后，最初只是起火部位及其周围可燃物着火燃烧，形成局部燃烧现象。在初起阶段，燃烧范围不大，起火点周围与室内其他区域温度差别非常明显，室内平均温度低；初起阶段是灭火的最有利时机，许多建筑火灾发生后，由于未能把握灭火最佳时间而使火灾范围扩大，损失加重。

[案例5]　发生在2000年12月25日晚19时许的河南洛阳某商厦特大火灾案例。事故直接责任人养护科员工王某持焊枪，焊接地下一、二层之间的楼梯遮盖钢板。作业中，电焊火花顺着钢板的方孔溅入地下二层，引燃地下二层家具城存放的沙发和海绵床垫等可燃物品，产生大量的一氧化碳、二氧化碳、含氰化合物和其他有毒有害气体。王某等人发现后，用消防水龙头从钢板上的方孔向地下二层浇水，在扑救无效后未报警即逃离现场，事后还订立攻守同盟。无人及时报警。直到当晚21时35分、21时38分，洛阳市消防支队119和洛阳市公安局110才相继接到该商厦发生火灾的报警。消防人员赶到火灾现场时，已错过了灭火的最佳时期。以至造成309人死亡，7人受伤的重特大人员伤亡损失。

（2）火灾全面发展阶段　室内火灾由初起阶段的局部燃烧发展为全室性燃烧的现象，称为轰燃现象。轰燃现场的出现，也是室内火灾进入全面燃烧阶段的标志。参与燃烧的物品数量增加，放热量增大，室内出现持续性高温。加快了火势向室外各区域的蔓延，高温又使建筑物构件的承载能力下降，甚至造成建筑物局部或整体倒塌破坏。

（3）火灾熄灭阶段　随着室内可燃物数量的不断减少，以及完全燃烧产物数量的逐渐增多，火灾燃烧速度递减，温度逐渐下降。当室内平均温度降到温度最高值的80%时，则认为火灾进入熄灭阶段。

二、建筑物火灾危险性及建筑构件防火

1. 工业建筑火灾危险性

用于工业生产的建筑，其火灾危险性大小是由生产中使用或产生的物质性质及其数量等因素决定的，分为甲、乙、丙、丁、戊类，具体见表4-6。

表4-6　生产的火灾危险性分类

生产类别	火灾危险性特征
甲	使用或产生下列物质的生产： 1. 闪点＜28℃的易燃液体 2. 爆炸下限＜10%的可燃液体 3. 常温下能自行分解或在空气中氧化即能导致迅速自燃或爆炸的物质 4. 常温下受到水或空气中水蒸气的作用，能产生可燃气体并引起燃烧或爆炸的物质 5. 遇酸、受热、撞击、摩擦以及遇有机物或硫黄等易燃的无机物，极易引起燃烧或爆炸的强氧化剂 6. 受撞击、摩擦或与氧化剂、有机物接触时能引起燃烧或爆炸的物质 7. 在密闭设备内操作温度等于或超过物质本身自燃点的生产
乙	使用或产生下列物质的生产： 1. 闪点为28～60℃的易燃、可燃液体 2. 爆炸下限≥10%的可燃气体 3. 助燃气体和不属于甲类的氧化剂 4. 不属于甲类的化学易燃危险固体 5. 生产中排出浮游状态的可燃纤维或粉尘，并能与空气形成爆炸性混合物者
丙	使用或产生下列物质的生产： 1. 闪点≥60℃的可燃液体 2. 可燃固体
丁	具有下列情况的生产： 1. 对非燃烧物质进行加工，并在高热或熔化状态下经常产生辐射热、火花或火焰的生产 2. 利用气体、液体、固体作为燃料，或将气体、液体进行燃烧作其他用的各种生产 3. 常温下使用或加工难燃烧物质的生产
戊	常温下使用或加工非燃烧物质的生产

　　用于储存物品库房的火灾危险性应根据储存物品的性质和储存物品中的可燃物数量等因素来决定，分为甲、乙、丙、丁、戊类，具体见表4-7。

表 4-7　储存物品的火灾危险性分类

仓库类别	项别	储存物品的火灾危险性特征
甲	1	闪点小于28℃的液体
	2	爆炸下限小于10%的气体，以及受到水或空气中水蒸气的作用，能产生爆炸下限小于10%气体的固体物质
	3	常温下能自行分解或在空气中氧化能导致迅速自燃或爆炸的物质
	4	常温下受到水或空气中水蒸气的作用，能产生可燃气体并引起燃烧或爆炸的物质
	5	遇酸、受热、撞击、摩擦以及遇有机物或硫黄等易燃的无机物，极易引起燃烧或爆炸的强氧化剂
	6	受撞击、摩擦或与氧化剂、有机物接触时能引起燃烧或爆炸的物质
乙	1	闪点大于等于28℃，但小于60℃的液体
	2	爆炸下限大于等于10%的气体
	3	不属于甲类的氧化剂
	4	不属于甲类的化学易燃危险固体
	5	助燃气体
	6	常温下与空气接触能缓慢氧化，积热不散引起自燃的物品
丙	1	闪点大于等于60℃的液体
	2	可燃固体
丁		难燃烧物品
戊		不燃烧物品

2. 建筑构件防火

　　建筑构件是构成建筑的主体框架，因此它在火灾高温下的性能，即建筑构件的燃烧性能和耐火极限，直接关系到建筑物的火灾危险性大小、火灾发生后火势扩大蔓延的速度以及建筑整体的安全。

　　(1) 建筑构件的燃烧性能　建筑构件的燃烧性能，主要由制成建筑构件的建筑材料的燃烧性能而决定。不同燃烧性能的建筑材料，制成建筑构件后，其燃烧性能可分为三类：不燃烧体、难燃烧体及燃烧体。

　　① 不燃烧体。是指在空气中受到火烧或高温作用时不起火、不微燃、不炭化。绝大多数无机建筑材料制成的构件都为不燃烧体，如建筑钢架、混凝土楼板等。

　　② 难燃烧体。是指在空气中受到火烧或高温作用时难起火、难微燃、难炭化，且当火源移开后燃烧和微燃立即停止。如一些经过阻燃处理的木质防火门、胶合板吊顶等。

　　③ 燃烧体。是指在空气中受到火烧或高温作用时会立即起火或发生微燃，而且当火源移开后，仍继续保持燃烧或微燃。绝大多数有机建筑材料制成的构件都为燃烧体，如木楼梯、木制隔断等。

　　(2) 建筑构件的耐火极限　建筑构件的耐火极限是指构件在标准耐火试验中，从受到火的作用时起，到失去稳定性、完整性或绝热性止的这段时间，称为构件的耐火极限，用小时表示。

　　失去稳定性是指构件失去支持能力或抗变形能力。

　　失去完整性是指构件出现穿透性裂缝或穿火孔隙，使其背火面可燃物燃烧起来，构件失去阻止火焰和高温气体穿透或失去阻止其背火面出现火焰的性能。

　　失去绝热性是指构件失去隔绝过量热传导的性能。如背火面表面温度达到220℃时，可以使易燃的棉花、纸张等物起火燃烧。

　　确定建筑物内具体构件的耐火极限时，要根据不同情况进行具体分析，如墙壁和隔板、门窗是一面受火；楼板、屋面板、吊顶是下面受火；横梁是两侧和底面共三面受火；柱子是所有垂直面受火。

（3）建筑物耐火等级　建筑物的耐火等级是由建筑构件的燃烧性能和最低耐火极限决定的。在我国，将建筑物的耐火等级分为四级。一级耐火性能最高，四级最低。各类工业建筑构件的燃烧性能和耐火极限均不应低于表 4-8 的规定。

表 4-8　厂房（仓库）建筑构件的燃烧性能和耐火极限　　　　　单位：h

名　称		耐火等级			
构　件		一级	二级	三级	四级
墙	防火墙	不燃烧体 3.00	不燃烧体 3.00	不燃烧体 3.00	不燃烧体 3.00
	承重墙	不燃烧体 3.00	不燃烧体 2.50	不燃烧体 2.00	难燃烧体 0.50
	楼梯间和电梯井的墙	不燃烧体 2.00	不燃烧体 2.00	不燃烧体 1.50	难燃烧体 0.50
	疏散走道两侧的隔墙	不燃烧体 1.00	不燃烧体 1.00	不燃烧体 0.50	难燃烧体 0.25
	非承重外墙	不燃烧体 0.75	不燃烧体 0.50	难燃烧体 0.50	难燃烧体 0.25
	房间隔墙	不燃烧体 0.75	不燃烧体 0.50	难燃烧体 0.50	难燃烧体 0.25
柱		不燃烧体 3.00	不燃烧体 2.50	不燃烧体 2.00	难燃烧体 0.50
梁		不燃烧体 2.00	不燃烧体 1.50	不燃烧体 1.00	难燃烧体 0.50
楼板		不燃烧体 1.50	不燃烧体 1.00	不燃烧体 0.75	难燃烧体 0.50
屋顶承重构件		不燃烧体 1.50	不燃烧体 1.00	难燃烧体 0.50	燃烧体
疏散楼梯		不燃烧体 1.50	不燃烧体 1.00	不燃烧体 0.75	燃烧体
吊顶（包括吊顶搁栅）		不燃烧体 0.25	难燃烧体 0.25	难燃烧体 0.15	燃烧体

注：二级耐火等级建筑的吊顶采用不燃烧体时，其耐火极限不限。

三、建筑防火安全设计

为了防止和减少建筑物火灾的发生和对生命、财产的危害，建筑防火设计是建筑设计的一个重要组成部分，始终贯彻"预防为主，防消结合"的方针，积极采用行之有效的先进防火技术，做到促进生产，保障安全，方便使用，经济合理。

（一）建筑防火分区及防火分隔物

1. 防火分区

防火分区是指采用防火分隔措施划分出的、能在一定时间内防止火灾向同一建筑的其余部分蔓延的局部区域（空间单元）。在建筑物内采用划分防火分区这一措施，可以在建筑物一旦发生火灾时，有效地把火势控制在一定的范围内，减少火灾损失，同时可以为人员安全疏散、消防扑救提供有利条件。

防火分区，按照防止火灾向防火分区以外扩大蔓延的功能可分为两类：其一是竖向防火分区，用以防止多层或高层建筑物层与层之间竖向发生火灾蔓延；其二是水平防火分区，用以防止火灾在水平方向扩大蔓延。竖向防火分区是指用耐火性能较好的楼板及窗间墙（含窗下墙），在建筑物的垂直方向对每个楼层进行的防火分隔。水平防火分区是指用防火墙或防火门、防火卷帘等防火分隔物将各楼层在水平方向分隔出的防火区域。它可以阻止火灾在楼层的水平方向蔓延。

从防火的角度看，防火分区划分得越小，越有利于保证建筑物的防火安全。但还要结合建筑物的使用性质、重要性、火灾危险性、建筑物高度、消防扑救能力以及火灾蔓延的速度等因素来确定防火分区面积大小。

① 厂房防火分区的划分。厂房内每个防火分区的最大允许建筑面积应符合表 4-9 的要求。

表 4-9　厂房防火分区的最大允许建筑面积

生产类别	厂房的耐火等级	最多允许层数	每个防火分区的最大允许建筑面积/m²			
			单层厂房	多层厂房	高层厂房	地下室、半地下室
甲	一级	除生产必须采用多层者外,宜采用单层	4000	3000	—	—
	二级		3000	2000	—	—
乙	一级	不限	5000	4000	2000	—
	二级	6	4000	3000	1500	—
丙	一级	不限	不限	6000	3000	500
	二级	不限	8000	4000	2000	500
	三级	2	3000	2000	—	—
丁	一、二级	不限	不限	不限	4000	1000
	三级	3	4000	2000	—	—
	四级	1	1000	—	—	—
戊	一、二级	不限	不限	不限	6000	1000
	三级	3	5000	3000	—	—
	四级	1	1500	—	—	—

② 库房防火分区的划分。库房内每个防火分区的最大允许建筑面积应符合表 4-10 的要求。

表 4-10　库房防火分区的最大允许建筑面积

储存物品类别		耐火等级	防火分区最大允许建筑面积/m²						地下室和半地下室
			单层库房		多层库房		高层库房		
			每座库房	防火墙间	每座库房	防火墙间	每座库房	防火墙间	防火墙间
甲	3、4 项	一级	180	60	—	—	—	—	—
	1、2、5、6 项	一、二级	750	250	—	—	—	—	—
乙	1、3、4 项	一、二级	2000	500	900	300	—	—	—
		三级	500	250	—	—	—	—	—
	2、5、6 项	一、二级	2800	700	1500	500	—	—	—
		三级	900	300	—	—	—	—	—
丙	1 项	一、二级	4000	1000	2800	700	—	—	150
		三级	1200	400	—	—	—	—	—
	2 项	一、二级	6000	1500	4800	1200	4000	1000	300
		三级	2100	700	1200	400	—	—	—
丁		一、二级	不限	3000	不限	1500	4800	1200	500
		三级	3000	1000	1500	500	—	—	—
		四级	2100	700	—	—	—	—	—
戊		一、二级	不限	不限	不限	2000	6000	1500	1000
		三级	3000	1000	2100	700	—	—	—
		四级	2100	700	—	—	—	—	—

2. 防火分隔物

防火分隔物是指能把建筑内部分隔成若干较小的防火空间，并能在一定时间内阻止火势蔓延的物体。常用防火分隔物有防火墙、防火门、防火卷帘、防火水幕带、防火阀和排烟防火阀等。

(1) 防火墙 防火墙是由耐火极限不少于 4h 的不燃烧材料构成的，为减小或避免建筑、结构、设备遭受热辐射危害和防止火灾蔓延，设置在平面上划分防火区段的结构，是防火分区的主要建筑构件。防火墙的耐火极限、燃烧性能、设置部位和构造应符合下列要求。

① 防火墙应直接设置在建筑物的基础或钢筋混凝土框架、梁等承重结构上，轻质防火墙体可不受此限。

② 防火墙应从楼地面基层隔断至顶板底面基层。当屋顶承重结构和屋面板的耐火极限低于 0.50h，高层厂房（仓库）屋面板的耐火极限低于 1.00h 时，防火墙应高出不燃烧体屋面 0.4m 以上，高出燃烧体或难燃烧体屋面 0.5m 以上。其他情况时，防火墙可不高出屋面，但应砌至屋面结构层的底面。

③ 防火墙横截面中心线距天窗端面的水平距离小于 4.0m，且天窗端面为燃烧体时，应采取防止火势蔓延的措施。

④ 当建筑物的外墙为难燃烧体时，防火墙应凸出墙的外表面 0.4m 以上，且在防火墙两侧的外墙应为宽度不小于 2.0m 的不燃烧体，其耐火极限不应低于该外墙的耐火极限。

⑤ 当建筑物的外墙为不燃烧体时，防火墙可不凸出墙的外表面。紧靠防火墙两侧的门、窗洞口之间最近边缘的水平距离不应小于 2.0m；但装有固定窗扇或火灾时可自动关闭的乙级防火窗时，该距离可不限。

⑥ 建筑物内的防火墙不宜设置在转角处。如设置在转角附近，内转角两侧墙上的门、窗洞口之间最近边缘的水平距离不应小于 4.0m。

⑦ 防火墙上不应开设门窗洞口，当必须开设时，应设置固定的或火灾时能自动关闭的甲级防火门窗。

⑧ 可燃气体和甲、乙、丙类液体的管道严禁穿过防火墙。其他管道不宜穿过防火墙，当必须穿过时，应采用防火封堵材料将墙与管道之间的空隙紧密填实；当管道为难燃及可燃材质时，应在防火墙两侧的管道上采取防火措施。防火墙内不应设置排气道。

⑨ 防火墙的构造应使防火墙任意一侧的屋架、梁、楼板等受到火灾的影响而破坏时，不致使防火墙倒塌。

(2) 防火门 防火门是指在一定时间内，连同框架能满足耐火稳定性、完整性和绝热性要求的门。它是设置在防火分区间、疏散楼梯间、垂直竖井等具有一定耐火性的活动的防火分隔物。防火门除具有普通门的作用外，更重要的是还具有阻止火势蔓延和烟气扩散的特殊功能，确保人员安全疏散。防火门按其耐火极限可分为甲级、乙级和丙级防火门，其耐火极限分别不应低于 1.20h、0.90h 和 0.60h。

防火门的设置应符合下列规定。

① 应具有自闭功能。双扇防火门应具有按顺序关闭的功能。

② 常开防火门应能在火灾时自行关闭，并应有信号反馈的功能。

③ 防火门内外两侧应能手动开启，除去人员密集场所平时需要控制人员随意出入的疏散用门，或设有门禁系统的居住建筑外门，应保证火灾时不需使用钥匙等任何工具即能从内部易于打开，并应在显著位置设置标识和使用提示。

④ 设置在变形缝附近时，防火门开启后，其门扇不应跨越变形缝，并应设置在楼层较多的一侧。

(3) 防火卷帘 防火卷帘是指在一定时间内，连同框架能满足耐火稳定性和耐火完整性要求的卷帘。防火卷帘是一种活动的防火分隔物，平时卷起放在门窗上口的转轴箱中，起火时将其放下展开，用以阻止火势从门窗洞口蔓延。

防火卷帘设置部位一般有：消防电梯前室、自动扶梯周围、中庭与每层走道、过厅、房间相通的开口部位、代替防火墙需设置防火分隔设施的部位等。

防火分区间采用防火卷帘分隔时，应符合下列规定。

① 防火卷帘的耐火极限不应低于 3.00h。当采用不以背火面温升作耐火极限判定条件的防火卷帘时，其卷帘两侧应设独立的闭式自动喷水系统保护，系统喷水延续时间不应小于 3h。喷头的喷水强度不应小于 0.5L/(s·m)，喷头间距应为 2～2.5m，喷头距卷帘的垂直距离宜为 0.5m。

② 防火卷帘应具有防烟性能，与楼板、梁和墙、柱之间的空隙应采用防火封堵材料封堵。

（4）防火窗　防火窗是指在一定的时间内，连同框架能满足耐火稳定性和耐火完整性要求的窗。防火窗一般安装在防火墙或防火门上。

防火窗的分类，按安装方法可分为固定窗扇防火窗和活动窗扇防火窗。按耐火极限可分为甲、乙、丙三级，耐火极限不低于 1.2h 的窗为甲级防火窗；耐火极限不低 0.9h 的窗为乙级防火窗，耐火极限不低于 0.6h 的窗为丙级防火窗。

防火窗的作用：一是隔离和阻止火势蔓延，此种窗多为固定窗；二是采光，此种窗有活动窗扇，正常情况下采光通风，火灾时起防火分隔作用。活动窗扇的防火窗应具有手动和自动关闭功能。

［案例 6］ 河南南阳的"4.15"特大火灾案例。

1999 年 4 月 15 日凌晨一点半左右，在南阳市区北部汉冶村 13 号某家具厂，一场大火从院内的工棚燃起，并疯狂地扑向东面室内正沉睡的人们。

当天最先发现火情的，是住在家具厂东南角市汉冶遗址博物馆筹建处家属院五楼的徐某。一点半左右，他被室外噼噼啪啪的声音惊醒，睁开眼透过卧室和北侧洗手间敞开的门，发现洗手间的窗玻璃上一片火光，跑过去观察发现该家具厂院内大火冲天，徐某迅速报警，此时家具厂院内工棚已全部燃烧塌顶，工棚东边的一排瓦房，从北往南数第四、五间已经大火穿顶，火焰高达三四米，并迅速向南北两侧蔓延，仅仅两三分钟时间，整个家具厂东排的房子都已燃烧起来，一片火海。浓烟烈火之中传来几声被困人员的呼救，凄厉而恐怖！

当时家具厂一共有 26 人，分别住在东排厂房的南北两侧。火起时，他们正沉入梦乡，直到大火封门，向室内疯狂扑来时，他们才惊醒过来。最先发现着火的女工罗某，立即大声呼喊其他人往外跑，然而此时大火已将他们唯一的逃生通道封死了，只有罗某等 7 人冒死穿过正在猛烈燃烧的工棚逃出火海，而其他人或者因为慌乱，或者因为恐惧，被困在了室内。

这次火灾中有 19 位遇难者，过火面积 500m²，直接经济损失 7 万元左右，经济损失不算太大，却是近年来河南省一次火灾死伤人数最多的惊天火案。那么，究竟是什么原因造成如此惨重的人员伤亡呢？

首先，这次火灾发现晚，报警晚，贻误了逃生和扑救的时机。南阳市消防支队是 1 时 34 分接到报警的，据多名报警者介绍，当晚他们发现火情时，东侧的 10 间房屋，已大部分燃烧并向两侧迅速蔓延，等消防队到场后，东侧 10 间及北侧 3 间房屋已全部燃烧并塌顶，火势已处于猛烈燃烧阶段。而当时正值午夜，从人的生理角度看正是进入沉睡之时，最不易惊醒，也最不易发现火情，这也是近年来全国的许多恶性火灾事故大多发生在午夜 12 点至凌晨 3 点之间的一个原因。

其次，火势发展迅猛，让人措手不及。家具厂租赁的房屋建于 1954 年，系砖木结构，房顶瓦下铺着油毡和苇席，这些木梁、木椽和苇席，经过 45 年的风化干燥，宛如一堆干柴，一点就燃，更何况当时大火蔓延过来时，温度极高，而各房间人字形的房顶之间基本没有被实墙隔断，相互连通的构架如同一个大抽风通道，助长了火势蔓延的速度。此外，家具厂存储了大量的家具成品、半成品、木料和油漆、香蕉水等可燃、易燃物品，为火灾的发生和迅速蔓延提供了物质基础。在南北两侧作为住房的房间里，也堆积了大量的家具、三合板等，使住房与仓库混为一体，加之房外违章搭建工棚内堆放了各种家具、木料和刨花、锯末、油漆等，且工棚的油毡顶与房屋紧连为一体，一旦发生火情，极易造成火烧连营的局面。因此虽然大火首先是在工棚内燃起的，却最终造成了火烧连营的悲剧。火灾过后，检查人员发现家具厂电源的闸刀仍处于闭合状态，通过对线路的检测，发现起火时电器线路正在运行，火灾过程中曾发生短路，造成多处起火，也助长了火势。

其三，家具厂居住人员密集，疏散通道不畅，使他们在发现火情后不能及时逃生。家具厂老板把东面北侧的三间和南侧的两间半改为自己和员工的宿舍。其中北侧三间被用半截土墙隔成了一大一小两间，共 65m²，住了男女 10 人，南边三间为一大通间，共 45m²，却挤住了男女 16 人。由于房间狭小，男女混住，缺少基本的生活条件，他们只好又用木板或家具在内部隔出一个个仅二三平方米的小单间。如此拥挤的环境使他们平时进出，都得小心翼翼地侧着身子才行，何况在大火突然袭来时，室内烟雾大、照明条件差，难以辨认逃生方向，再者，宿舍的窗户被钢筋或砖堵死，也是人们无法逃生的一个原因。

其四，当晚刮的西风，使大火由工棚向工房迅速蔓延燃烧，封住了人们唯一的逃生通道。

其五，浓烟毒气的窒息作用。由于火场可燃物多，且有油漆、香蕉水、汽油等物，着火后产生大量烟雾和有毒气体。从现场看，部分遇难者是在熟睡中被烟雾呛死的，没有逃生挣扎的迹象，大部分遇难者是在逃生时因吸入二氧化碳、一氧化碳昏迷后被烧死的。

这场火灾是由于家具厂业主对电器管理不严，私拉乱接电线，致使工棚内用电线路接头短路滋火，引燃周围可燃物而引起的。该厂住宿、仓库、车间不分，违章搭建工棚，建筑物耐火等级低，没有设置必要的防火分隔物，日常生产、生活用火违章，没有配备必备的消防设施和消防器材，缺乏夜间值班人员等。

（二）　防火间距

防火间距就是当一幢建筑物起火时，其他建筑物在热辐射的作用下，没用任何保护措施时，也不会起火的最小距离。火灾不仅能在建筑物内部蔓延，还能在相连或相隔一段距离的建筑物蔓延。造成火灾蔓延的主要原因有以下几种。

热辐射：热辐射不需要中间的传热介质，以电磁波的形式存在。起火建筑物燃烧火焰的热量能够传递到一定距离内建筑上。

热对流：起火建筑物燃烧产生的高温烟气由室内冲出后向上升，室外冷空气从下部进入室内，形成冷热空气的对流。高温烟气能把距它很近的可燃物引燃。因此，邻近起火建筑的其他建筑，高度比起火建筑大的更容易在受热情况下出现燃烧，造成火势蔓延。

飞溅物：起火建筑物中有些尚未燃尽的物件，会在热对流的作用下被抛向空中，携带高温或明火，落到其他建筑上，引起燃烧。

三种因素中，一般热辐射的影响最大。为了防止火势从起火建筑物向邻近建筑物蔓延，设置防火间距是必要的。

1. 各类建筑物的防火间距

根据建筑物耐火等级的不同，普通厂房之间的防火间距不应小于表 4-11 的要求。

表 4-11　普通厂房的防火间距　　　　单位：m

防火间距		耐火等级		
		一、二级	三级	四级
耐火等级	一、二级	10	12	14
	三级	12	14	16
	四级	14	16	18

注：详细说明参照《建筑设计防火规范》（GB 5000-16—2006）。

2. 库房的防火间距

库房之间的防火间距应根据储存物品的火灾危险性类别、储存量的多少、库房建筑耐火等级等因素共同来确定。甲类物品库房与其他建筑物的防火间距不应小于表 4-12 的规定；乙、丙、丁、戊类物品库房之间的防火间距可按表 4-13 来确定。

表 4-12　甲类物品库房与其他建筑物的防火间距　　　　单位：m

建筑物名称		耐火等级			
		1、2、3 项		4、5、6 项	
		储量≤5t	储量>5t	储量≤10t	储量>10t
民用建筑		30	40	25	30
其他建筑	一、二级	15	20	12	15
耐火等级	三级	20	25	15	20
	四级	25	30	20	25

表 4-13　乙、丙、丁、戊类物品库房之间的防火间距　　　　单位：m

防火间距		耐火等级		
		一、二级	三级	四级
耐火等级	一、二级	10	12	14
	三级	12	14	16
	四级	14	16	18

3. 易燃、可燃液体储罐堆场的防火间距

易燃、可燃液体的储罐区、堆场与周围建筑物的防火间距不应小于表 4-14 的规定。

表 4-14　易燃、可燃液体的储罐区、堆场与周围建筑物的防火间距

名称	一个罐区、堆场总储量 /m³	耐火等级		
		一、二级/m	三级/m	四级/m
易燃液体	1～50	12	15	20
	51～200	15	20	25
	201～1000	20	25	30
	1001～5000	25	30	40
可燃液体	5～250	12	15	20
	251～1000	15	20	25
	1001～5000	20	25	30
	5001～25000	25	30	40

（三）　安全疏散

1. 安全疏散定义

安全疏散就是指根据建筑特性设定的火灾条件，针对火灾和烟气传播特性的预测及疏散形式的预测，通过采取一系列防火措施，进行适当的安全疏散设施的设置、设计，以提供合理的疏散方法和其他安全防护方法，保证建筑中的所有人员在紧急情况下迅速疏散，或提供其他方法以保证人员具有足够的安全度。

安全疏散设计是以建筑内的人应该能够脱离火灾危险并独立地步行到安全地带为原则。

安全疏散方法应不是单一的一种，而是多种疏散方式的集合，防止火灾发生时，单一疏散方式失去效果。

根据火场伤亡的统计，火灾条件下人员伤亡的原因多数是由于安全疏散通道不畅、人员拥挤、火灾形成高温、有毒烟气或缺氧。

[案例7]　2008年9月20日晚，深圳市龙岗区龙东社区某俱乐部发生火灾，造成43人死亡、65人受伤的重大事故。这场大火中着火建筑主体为单栋钢筋混凝土框架结构，共五层，建筑高度20m，建筑面积7700m²（一至四层每层1695m²，第五层920m²），于2002年上半年完工。

这幢楼一层为旧货市场，二层为某茶餐厅和旧货仓库，三层为该俱乐部，四层空置，五层为员工宿舍及办公室。一至五层东西两侧各设1座封闭楼梯。发生火灾的俱乐部于2007年9月8日开业，无营业执照，无文化经营许可证，消防验收不合格，属于无牌无照擅自经营。

从火灾现场掌握的情况表明，该俱乐部位于该大楼第三层，着火面积约100m²，起火部位主要集中在舞台上方，燃烧物主要为吸音海绵等吊顶装饰材料。火灾调查人员经过现场勘查、查看视频监控资料和讯问有关人员，初步判定火灾着火部位在三楼该俱乐部舞台，起火原因是，演员在舞台使用自制烟花道具枪时，引燃天花板上的吸音海绵等易燃有毒材料，继而迅速燃烧。

该俱乐部火灾之所以会在短时间内造成大量人员伤亡，主要有五个方面的原因。

一是场内人员高度聚集。发生火灾当晚是星期六，正是人们进入娱乐场所消费的高峰时段。记者了解到，舞王俱乐部是当地最火的卡拉OK酒吧，着火大厅面积约700m²，内设92个小方桌，14个卡座。按满座计算，当晚来到舞王俱乐部的消费人员至少有400多人，加上工作人员，大厅内聚集了近500人。火灾发生时舞台正进入表演高潮时刻，高度聚集的人员根本不可能在短时间内散开。

二是火势发展迅猛超出想象。在舞台表演过程中，演员使用道具枪15s后有观众发现起火，30s后火势迅猛蔓延，浓烟迅速笼罩整个大厅，1min后全场断电，许多进入该场所消费的人员还没反应过来，就已被困在黑暗和有毒烟雾包围之中。

三是烟雾浓、毒性大。该场所采用了大量吸音海绵装修，海绵属于聚氨酯合成材料，燃点低、发烟大，燃烧产物毒性强。海绵燃烧后生成大量的二氧化碳、一氧化碳、氰化氢、甲醛等烟雾，给火场被困人员造成了致命的灾难，也给消防救援人员设置了严重的障碍。而当空气中的氰化氢浓度达到万分之二点七时，足以让人立即死亡；当空气中的一氧化碳浓度达到百分之一时，可以让人在1min内死亡。而实际上海绵燃烧还会产生烟尘，这些烟尘被人体吸入后会直接引起呼吸道的机械阻塞，使人体肺部呼吸面减少，再加上火灾中热辐射及火焰对人体的灼伤、人们的恐慌心理以及多种有毒气体对人体的作用、缺氧等因素，导致人群在火灾中死亡就不可避免。这类采用聚氨酯海绵装修的人员密集场所，一旦发生火灾，人群必须在非常短的时间内撤离，否则后果不堪设想。

四是组织疏散混乱。火灾发生后，在很短的时间内该俱乐部整层楼宇电路中断，着火一分多钟后现场即陷入一片漆黑。由于人群极度恐慌，现场又缺乏有组织的人员疏散引导，加上酒吧大厅吧台桌椅设置密集，几百名客人同时涌向主出入口正门方向逃生，造成了严重的拥挤和踩踏。现场工作人员虽有人拿灭火器灭火，但没有采取有效措施及时组织引导客人疏散。

五是消费人员缺乏自救逃生知识。许多消费者在发现舞台上方冒烟之后，仍在观望，没有立即撤离场所。当场内浓烟弥漫后，也没有采取湿布捂住口鼻等自救措施，以减轻有毒烟雾造成的伤害。

　　据龙岗区卫生局提供的火灾伤员情况统计表显示，在此次火灾的59名伤员当中，48名均为吸入性损伤，其余为烧伤和踩踏伤。被消防队员救出的部分伤员中，就有因使用啤酒淋湿衣衫捂鼻最终获救的成功个案。

　　同时，由于不熟悉消防通道位置，许多客人涌向来消费时的正门通道楼梯，仅有数十人从其他消防安全出口逃生。在这次事故中，舞王俱乐部工作人员由于熟悉逃生通道位置，从后门消防通道撤离，100多名员工无一死亡。

　　2. 工业厂房安全疏散设计

　　（1）安全疏散距离　工业厂房的安全疏散距离是指厂房内最远工作点到外部出口或楼梯间的最大距离。影响安全疏散距离的因素很多，如建筑物的使用性质、人员密集程度、人员本身活动的能力等。工业厂房内最远工作地点到外部出口或楼梯的距离，不应超过表4-15的规定。

表4-15　厂房内任一点到最近安全出口的距离　　　　　单位：m

生产类别	耐火等级	单层厂房	多层厂房	高层厂房	地下、半地下厂房或厂房的地下室、半地下室
甲	一、二级	30.0	25.0	—	—
乙	一、二级	75.0	50.0	30.0	—
丙	一、二级	80.0	60.0	40.0	30.0
	三级	60.0	40.0	—	—
丁	一、二级	不限	不限	50.0	45.0
	三级	60.0	50.0	—	—
	四级	50.0	—	—	—
戊	一、二级	不限	不限	75.0	60.0
	三级	100.0	75.0	—	—
	四级	60.0	—	—	—

　　（2）安全疏散宽度　厂房内的疏散楼梯、走道、门的各自总净宽度应根据需要疏散的人数，按表4-16的规定经过计算来确定。但疏散楼梯的最小净宽度不宜小于1.1m，疏散走道的最小净宽度不宜小于1.4m，门的最小净宽度不宜小于0.9m，以便于建筑内人员安全及时地得到疏散。当每层人数不相等时，疏散楼梯的总净宽度应该分层计算，下层楼梯的总净宽度应该按照该层或该层以上人数最多的一层来计算。

表4-16　厂房疏散楼梯、走道和门的净宽度指标　　　　单位：m/百人

厂房层数	一、二层	三层	≥四层
宽度指标	0.6	0.8	1.0

　　首层外门的总净宽度应按该层或该层以上人数最多的一层计算，且该门的最小净宽度不应小于1.2m。

第四节　火灾自动报警系统

　　火灾自动报警喷淋系统是目前世界上使用最广泛的一种固定式报警灭火设备。在遇到火灾时可自动检测报警并喷水灭火，使火灾在初期就能及时得以控制，从而最大限度地减少了火灾损失。通过大量实践证明，自动喷淋灭火系统具有安全可靠、灭火成功率高、工作性能稳定、适用范围广、投资少、不污染环境等优点，是国际上公认的扑救室内初期火灾最有效的消防设施之一，因而被广泛应用于高层建筑、宾馆、商场、医院、剧院、工厂、仓库及地下工程等适用水灭火的建筑物、构筑物的消防安全保护。

一、火灾自动报警系统组成及工作原理

火灾自动报警喷淋系统包括报警和喷淋两部分。自动报警系统包括感温、感烟、感光火灾探测器，可检测周围环境条件变化，当达到或超过设定值时即发出声光报警，同时控制主机显示具体事故位置，提示人员及时采取安全措施。

喷淋灭火系统按喷头的封闭情况可分为闭式系统和开式系统两大类。设计时选用何种系统类型，应根据设置场所的火灾特点或环境条件确定。其中闭式系统中的湿式系统在我国应用范围较广。

湿式系统由闭式喷头、湿式报警阀组、管道系统、报警控制装置和给水设备等组成（如图4-9所示）。闭式喷头平时处于封闭状态，管道内充满一定压力的水，火灾发生时，火焰或高温气流使闭式喷头的热敏感元件开始工作，喷头被打开喷水灭火。此时，由于管网中的水由静止变为流动，水源的压力使原来处于关闭状态的湿式报警阀开启，压力水流向灭火管网。随着报警阀的开启，报警信号管路开通，压力水冲击水力警铃发出声响报警信号；同时，安装在管路上的压力开关接通并发出相应的电信号，直接或通过消防控制中心自动启动消防水泵向系统加压供水，达到持续自动喷水灭火的目的。另外，串联在管路上的水流指示器会送出相应的电信号，在报警控制器上指示某一区域已在喷水。

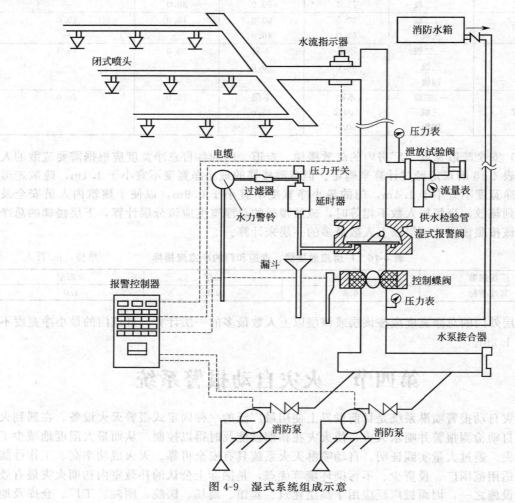

图4-9　湿式系统组成示意

湿式系统由于管网内始终有水，因此对外部环境温度有一定要求，系统环境温度不低于

4℃且不高于 70℃的场所，应采用湿式系统。

二、系统设置条件

以下这些场所都应设置自动喷水灭火系统。

① 大于等于 50000 纱锭的棉纺厂的开包、清花车间；大于等于 5000 锭的麻纺厂的分级、梳麻车间；火柴厂的烤梗、筛选部位；泡沫塑料厂的预发、成型、切片、压花部位；占地面积大于 1500m² 的木器厂房；占地面积大于 1500m² 或总建筑面积大于 3000m² 的单层、多层制鞋、制衣、玩具及电子等厂房；高层丙类厂房；飞机发动机试验台的准备部位；建筑面积大于 500m² 的丙类地下厂房。

② 每座占地面积大于 1000m² 的棉、毛、丝、麻、化纤、毛皮及其制品的仓库；每座占地面积大于 600m² 的火柴仓库；邮政楼中建筑面积大于 500m² 的空邮袋库；建筑面积大于 500m² 的可燃物品地下仓库；可燃、难燃物品的高架仓库和高层仓库（冷库除外）。

③ 特等、甲等或超过 1500 个座位的其他等级的剧院；超过 2000 个座位的会堂或礼堂；超过 3000 个座位的体育馆；超过 5000 人的体育场的室内人员休息室与器材间等。

④ 任一楼层建筑面积大于 1500m² 或总建筑面积大于 3000m² 的展览建筑、商店、旅馆建筑以及医院中同样建筑规模的病房楼、门诊楼、手术部；建筑面积大于 500m² 的地下商店。

⑤ 设置有送回风道（管）的集中空气调节系统且总建筑面积大于 3000m² 的办公楼等。

⑥ 设置在地下、半地下或地上四层及四层以上或设置在建筑的首层、二层和三层且任一层建筑面积大于 300m² 的地上歌舞娱乐放映游艺场所（游泳场所除外）。

⑦ 藏书量超过 50 万册的图书馆。

第五节 消 防 灭 火

一、灭火原理

物质燃烧必须同时具备三个条件：可燃物、助燃物和点火源，当其中一个条件被去除或削弱时，就可有效阻止燃烧的进行。灭火的基本原理可概括为以下四种。

（1）冷却灭火 由于可燃物质出现燃烧必须具备一定的温度和足够的热量，燃烧过程中产生的大量热量也为火势蔓延扩大提供能量条件。灭火时，将具有冷却降温和吸热作用的灭火剂直接喷射到燃烧物体上，可降低燃烧物质的温度。当其温度降到燃点以下时，火就熄灭了。也可将有吸热冷却作用的灭火剂喷洒在火源附近的可燃物质上，使其温度降低，阻止火势蔓延。冷却灭火方法是灭火的常用方法。

（2）窒息灭火 窒息灭火是阻止助燃气体进入燃烧区，让燃烧物与助燃气体相隔绝使火熄灭的方法。例如，向燃烧区充入大量的氮气、二氧化碳等不助燃的惰性气体，减少空气量；封堵建筑物的门窗，减少空气进入，使燃烧区的氧气被耗尽；用石棉毯、湿棉被、砂土、泡沫等不燃烧或难燃烧的物品覆盖在燃烧物体上，隔绝空气使火熄灭。

（3）隔离灭火 隔离灭火是将燃烧物与附近有可能被引燃的可燃物分隔开一定距离，燃烧就会因缺少可燃物补充而熄灭。这也是一种常用的灭火及阻止火势蔓延的方法。灭火时可迅速将着火部位周围的可燃物移到安全地方或将着火物移到没有可燃物质的地方。

（4）化学抑制灭火 抑制灭火是将化学灭火药剂喷射到燃烧区，使之通过化学干扰抑制火焰，中断燃烧的连锁反应。但灭火后要采取降温措施，防止发生复燃。

以上四种灭火方法，在具体灭火过程中，既可单独采用也可综合使用。

二、灭火器的使用

灭火器是一种群众性灭火器材，其操作简便，主要针对初期火灾，减少火势蔓延扩大。

其种类繁多，适用范围也有所不同，只有正确选择灭火器的类型，才能有效地扑救不同种类的火灾，达到预期的效果。

(1) 灭火器分类

① 灭火器按其移动方式可分为：手提式和推车式。

② 按驱动灭火剂的动力来源可分为：储气瓶式、储压式、化学反应式。

③ 按所充装的灭火剂则又可分为：泡沫、干粉、二氧化碳、酸碱、清水等。

扑救 A 类火灾（即固体燃烧的火灾）应选用水型、泡沫、磷酸铵盐干粉等灭火器。

扑救 B 类火灾（即液体火灾和可熔化的固体物质火灾）应选用干粉、泡沫、二氧化碳型灭火器（这里值得注意的是，化学泡沫灭火器不能灭 B 类极性溶性溶剂火灾）。

扑救 C 类火灾（即气体燃烧的火灾）应选用干粉、二氧化碳型灭火器。

扑救 D 类火灾（即金属燃烧的火灾），目前国外主要有粉装石墨灭火器和灭金属火灾专用干粉灭火器，在国内尚未定型生产灭火器和灭火剂，可采用干砂或铸铁沫灭火。

扑救 E 类火灾（即带电火灾）应选用二氧化碳、干粉型灭火器。

(2) 灭火器使用

① 干粉灭火器。干粉灭火器内充装的是干粉灭火剂。干粉灭火剂是用于灭火的干燥且易于流动的微细粉末，由具有灭火效能的无机盐和少量的添加剂经干燥、粉碎、混合而成微细固体粉末组成。

干粉储压式灭火器（手提式）是以氮气为动力，将筒体内干粉压出。使用时先拔掉保险销（有的是拉起拉环），再按下压把，干粉即可喷出。灭火时要接近火焰喷射，干粉喷射时间短，喷射前要选择好喷射目标，由于干粉容易飘散，不宜逆风喷射。

干粉推车使用时，首先将推车灭火器快速推到火源近处，拉出喷射胶管并展直，拔出保险销，开启扳直阀门手柄，对准火焰根部，使粉雾横扫重点火焰，注意切断火源，控制火焰窜回，由近及远向前推进灭火。

注意灭火器的保养，要放在易取、干燥、通风处。每年要检查两次干粉是否结块，如有结块要及时更换；每年检查一次药剂重量，若少于规定的重量或看压力表如气压不足，应及时充装。

② 二氧化碳灭火器。二氧化碳性质稳定，具有既不自燃也不助燃的特点。二氧化碳具有较高的密度，约为空气的 1.5 倍。在常压下，液态的二氧化碳会立即汽化，一般 1kg 的液态二氧化碳可产生约 0.5m³ 的气体。因而，灭火时，二氧化碳气体可以排除空气而包围在燃烧物体的表面或分布于较密闭的空间中，降低可燃物周围或防护空间内的氧浓度，产生窒息作用而灭火。另外，二氧化碳从储存容器中喷出时，会由液体迅速汽化成气体，而从周围吸引部分热量，起到冷却的作用。

二氧化碳灭火器都是以高压气瓶内储存的二氧化碳气体作为灭火剂进行灭火。使用时，鸭嘴式的先拔掉保险销，压下压把即可，手轮式的要先取掉铅封，然后按逆时针方向旋转手轮，药剂即可喷出。使用时注意手指不宜触及喇叭筒，以防冻伤；此外，二氧化碳是窒息性气体，在狭窄的空间使用后应迅速撤离或佩戴呼吸器。

推车式灭火器使用方法同干粉推车灭火器一样。

对二氧化碳灭火器要定期检查，重量少于 5% 时，应及时充气和更换。

③ 泡沫灭火器。目前主要是化学泡沫，泡沫能覆盖在燃烧物的表面，防止空气进入。使用时先取掉铅封，压下压把就有泡沫喷出。使用时不可将筒底筒盖对着人体，以防万一发生危险。

泡沫推车使用是先将推车推到火源近处展直喷射胶管，将推车筒体稍向上活动，转开手轮，扳直阀门手柄，手把和筒体立即触地，将喷枪头直对火源根部周围覆盖重点火源。

筒内药剂一般每半年，最迟一年换一次，冬夏季节要做好防冻、防晒保养。

④ 清水灭火器。灭火剂为清水，是一种使用范围广泛的天然灭火剂，易于获取和储存。它主要依靠冷却和窒息作用进行灭火。液态水利用自身吸热汽化冷却灭火，此外，水被汽化后形成的水蒸气为惰性气体，且体积将膨胀 1700 倍左右。在灭火时，由水汽化产生的水蒸气将占据燃烧区域的空间、稀释燃烧物周围的氧含量，阻碍新鲜空气进入燃烧区，使燃烧区内的氧浓度大大降低，从而达到窒息灭火的目的。

使用时将清水灭火器直立放稳，摘下保护帽，用手掌拍击开启杠顶端的凸头，水流便会从喷嘴喷出。清水灭火器在使用过程中应始终与地面保持大致垂直状态，不能颠倒或横卧，否则，会影响水流的喷出。

清水灭火器的存放地点温度要在 0℃ 以上，以防气温过低而冻结。灭火器应放置在通风、干燥、清洁的地点，以防喷嘴堵塞以及因受潮或受化学腐蚀药品的影响而发生锈蚀。

⑤酸碱灭火器。酸碱灭火器内部分别装有 65％的工业硫酸和碳酸氢钠水溶液。灭火时，两种药液混合，发生化学反应，产生一定量的气体，在气体压力下将水溶液喷出灭火。喷出的灭火剂中，大部分是水，另有少量二氧化碳，其灭火原理主要是冷却和稀释作用。

使用时，应手提筒体上部的提环，迅速奔到火场，而不能将灭火器扛在肩上，也不能过分倾斜，以免两种药液混合而提前喷射。当距离燃烧物 10m 左右，即可颠倒筒体，并摇晃几次，使药液混合；一只手仍握在提环，另一只手抓在筒体的底圈，让射流对准燃烧最猛烈处，直到扑灭。在液体喷完前，不可旋转筒盖，以免伤人。

第六节　防静电与防雷击

在公元前 6 世纪，人类就发现琥珀摩擦后，能够吸引轻小物体的"静电现象"。这是自由电荷在物体之间转移后，所呈现的电性。此外丝绸或毛料摩擦时，产生的小火花，是电荷中和的效果。"雷电"则是大自然中，因为云层累积的正负电荷剧烈中和，所产生的电光、雷声、热量。

一、防静电技术

静电是由点电荷彼此相互作用的静电力产生的。静电现象是十分普遍的电现象。人们活动中，特别是生产工艺过程中产生的静电可能引起爆炸及其他危险和危害。

1. 静电的产生方式

（1）摩擦起电　用摩擦的方法使两个不同的物体带电的现象，叫摩擦起电（或两种不同的物体相互摩擦后，一种物体带正电，另一种物体带负电的现象）。摩擦起电是电子由一个物体转移到另一个物体的结果。因此原来不带电的两个物体摩擦起电时，它们所带的电量在数值上必然相等。

（2）冲流起电　液体类物质与固体类物质接触时，在接触界面形成整体为电中性的偶电层。当此两物质作相对运动时，由于偶电层被分离，电中性受到破坏而出现的带电过程。

（3）剥离起电　剥离两个紧密结合的物体时引起电荷分离而使两物体分别带电的过程。例如从一个物体上剥离一张塑料薄膜时就是一种典型的剥离起电现象。

（4）喷射起电　固体、粉体、液体和气体类物质从小截面喷嘴高速喷射时，由于微粒与喷嘴和空气发生迅速摩擦而使喷嘴和喷射物分别带电的过程。

（5）吸附起电　人处于飘浮带电灰尘或雾滴的环境中，这些微小带电体在人体体表感应出异号电荷并受库仑力飘向人体，最终把电荷传给人。例如，舞台上用干冰喷雾，如果地面绝缘性好，常能看到演员因带高压静电而头发竖起的现象。

（6）沉降起电　各种固体微粒、液体、气体在相互混合接触时，由于密度差异发生沉降，使在不同物质交界面上形成的偶电层发生电荷分离而产生静电的过程。

（7）溅泼起电　溅泼液体时，微小的液滴落在物体表面并在其界面产生偶电层。由于液滴的惯性滚动而发生电荷分离，使液滴及物体分别带上不同符号电荷的过程。

（8）喷雾起电　喷射在空间的液体类物质由于扩展分散和分离，使之形成许多微小液雾和新的界面，当此偶电层被分离时而产生静电的过程。

（9）感应起电　感应起电是物体在静电场的作用下，发生了的电荷上再分布的现象。比如，一个设备加电工作的过程中，产生了一定的电磁场，外围的物体受场的作用会感应出部分电荷，如显示器的屏幕带电现象。

2. 静电的危害

工艺过程中产生的静电可能妨碍正常生产，甚至可能引起火灾爆炸等重大事故。其中，以火灾或爆炸造成的危害和危险等级最高。

静电有如下三种类型的危害。

（1）火灾和爆炸　静电能量虽然不大，但因其电压很高而容易发生放电，出现静电火花。在有可燃液体的作业场所（如油料运装等），可能由静电火花引起火灾。在有气体、蒸气爆炸性混合物或有粉尘纤维爆炸性混合物的场所（如氧、乙炔、煤粉、铝粉、面粉等），都可能由静电火花引起爆炸。

（2）电击　由于静电造成的电击，可能发生在人体接近带电物体的时候，也可能发生在带静电电荷的人体接近接地体的时候。电击程度与所储存的静电能量有关，能量愈大，电击愈严重。由于一般情况下，静电的能量较小，所以生产过程中产生的静电所引起的电击不会直接使人致命，但人体可能因电击引起坠落、摔倒等二次事故。电击还可能使工作人员精神紧张，妨碍正常工作。

（3）妨碍生产　在某些生产过程中，如不消除静电，将会妨碍生产或降低产品质量，例如，静电使粉体吸附于设备，会影响粉体的过滤和输送。在聚乙烯的物料输送管道和储罐中，常发生物料结块、熔化成团，以致造成管路堵塞。经分析发现是对静电消除不力造成的。静电还可能引起电子元件误动作，使某些电子计算机类设备工作失常。

以下是因静电放电而引起的事故。

[**案例 8**]　1995 年 8 月 4 日，一辆汽车油槽车在某石油公司装油台充加 90 号汽油。由于油台电子阀门突然失灵，装油过量造成汽油冒顶外溢。在充装操作工按规定对槽车及地面进行清洗的过程中，汽车驾驶员擅自启动车辆，致使槽顶部汽油又泼溅到驾驶台与地面。当驾驶员再次启动汽车时发生火灾，二人烧伤面积达 30%～40%，汽车烧毁报废。

从事故分析报告得知，装油使用的输油管是消防水带。插入槽车顶距罐底尚有 1.19m 就开始放油，油流速度过快，呈喷溅状，造成非导电材料消防水带集聚大量静电而引起火灾。

[**案例 9**]　1993 年 3 月 13 日，江苏省某化肥厂碳化车间清洗塔上一根测温套管与法兰连接处严重漏氢气。车间上报领导后，厂领导为保证生产，要求在不停机、不减压的条件下采取临时堵漏措施，堵住泄漏处。操作工按领导要求冒险作业，用铁卡和橡胶板进行堵漏，但未成功。随后，厂领导再次要求堵漏，操作工再次冒险作业，用平板车内的胎皮包裹泄漏处。操作中，由于塔内压力较高，高速喷出的氢气与橡胶皮摩擦产生静电火花，突然起火。一名操作工当场烧死，另一名烧成重伤，后抢救无效死亡。事故的直接原因是高速喷出的氢气与橡胶皮摩擦产生静电火花而引起火灾。

3. 静电的削减

静电的消失有两种主要方式，即静电放电和静电泄漏。前者主要是通过空气发生的；后者主要是通过带电体本身及其相连接的其他物体发生的。

（1）静电放电　静电放电形式与带电体的几何形状、电压和带电体的材质有关。静电放电形式：

① 电晕放电。是发生在带电体尖端或曲率半径很小处附近的局部放电。电晕放电可能伴有轻微的嘶嘶声和微弱的淡紫色光。电晕放电一般没有引燃危险。

② 刷形放电和传播型刷形放电。都是发生在绝缘体表面的有声光的多分支放电。当绝缘体背面紧贴有金属导体时，绝缘体正面将出现传播型刷形放电。同一绝缘体上可发生多次刷形放电或传播型刷形放电。刷形放电有一定的引燃危险；传播型刷形放电的引燃危险性大。

③ 火花放电。是带电体之间发生的通道单一的放电。火花放电有明亮的闪光和有短促的爆裂声。其引燃危险性很大。

④ 雷型放电。是悬浮在空间的大范围、高密度带电粒子形成的闪电状放电。其引燃危险性很大。

（2）静电泄漏　带电体上的电荷通过带电体自身或其他物体等途径向大地传导而使之部分或全部消失的过程。高电阻材料上的静电泄漏很慢，以致产生静电的过程停止之后，材料上可能在很长的时间内还保持有危险的静电。

绝缘体上较大的泄漏有两条途径：一条是绝缘体表面泄漏；另一条是绝缘体内部泄漏。前者遇到的是表面电阻；后者遇到的是体积电阻。

湿度对静电泄漏的影响很大。随着湿度的增加，绝缘固体表面形成 1×10^{-5} cm 厚的水膜，其表面电阻率显著降低，泄漏明显加快。为防止大量带电，相对湿度应在 50% 以上；为了提高降低静电的效果，相对湿度应提高到 65%～70%；对于吸湿性很强的聚合材料，为了保证降低静电的效果，相对湿度应提高到 80%～90%。因此，吸湿性越大的绝缘体，其静电受湿度的影响也越大。

二、防雷技术

1. 雷电现象

雷电是伴有闪电和雷鸣的一种雄伟壮观而又有点令人生畏的放电现象。雷电一般产生于对流发展旺盛的积雨云中，因此常伴有强烈的阵风和暴雨，有时还伴有冰雹和龙卷风。积雨云顶部一般较高，可达 20km，云的上部常有冰晶。冰晶的淞附、水滴的破碎以及空气对流等过程，使云中产生电荷。云中电荷的分布较复杂，但总体而言，云的上部以正电荷为主，下部以负电荷为主。因此，云的上、下部之间形成一个电位差。当电位差达到一定程度后，就会产生放电，这就是人们常见的闪电现象。闪电的平均电流是 3 万安培，最大电流可达 30 万安培。闪电的电压很高，为 1 亿～10 亿伏特。一个中等强度雷暴的功率可达一千万瓦，相当于一座小型核电站的输出功率。放电过程中，由于闪道中温度骤增，使空气体积急剧膨胀，从而产生冲击波，导致强烈的雷鸣。带有电荷的雷云与地面的突起物接近时，它们之间就发生激烈的放电。在雷电放电地点会出现强烈的闪光和爆炸的轰鸣声。这就是人们见到和听到的闪电雷鸣。

2. 雷电的类型及危害

（1）直击雷　雷电对人类造成灾难的主要是云与大地之间的雷电释放，一般称为云地闪电。而发生在云内和云之间的闪电，因为到达不了地面，所以对人类直接活动的影响不大。在全球发生的云地闪电，大约占全部雷电的 20%。对于云地闪电来讲，形成雷电灾害的是有"直击雷"，就是当雷电电流从云中泄放到地面时，直接打在建筑物、构筑物、其他物体以及人畜身上，产生电效应、热效应和机械力，造成了毁坏和伤亡。

（2）雷电感应　又称感应雷，分为静电感应和电磁感应。静电感应是雷云接近地面时，在地面凸出物的顶部感应出大量异性电荷，在雷云放电后，凸出物顶部电荷失去束缚，以雷电波的形式高速传播而形成的，电磁感应是发生雷击后，雷电流在周围空间产生的迅速变化的强磁场在附近金属导体上感应出很高的电压形成的。

[案例10]　黄岛油库区始建于1973年，胜利油田开采出的原油经东（营）黄（岛）长管输线输送到黄岛油库后，由青岛港务局油码头装船运往各地。黄岛油库原油储存能力76万立方米，成品油储存能力约6万立方米，是我国三大海港输油专用码头之一。

1989年8月12日9时55分，石油天然气总公司管道局胜利输油公司黄岛油库老罐区，2.3万立方米原油储量的5号混凝土油罐爆炸起火，大火前后共燃烧104h，烧掉原油4万多立方米，占地250亩（1亩＝667m²，下同）的老罐区和生产区的设施全部烧毁，这起事故造成直接经济损失3540万元。在灭火抢险中，10辆消防车被烧毁，19人牺牲，100多人受伤。其中公安消防人员牺牲14人，负伤85人。

黄岛油库特大火灾事故的直接原因是由于非金属油罐本身存在的缺陷，该库区遭受对地雷击产生感应火花而引爆油气。根据如下。

① 8月12日9时55分左右，有6人从不同地点目击，5号油罐起火前，在该区域有对地雷击。

② 中国科学院空间中心测得，当时该地区曾有过两三次落地雷，最大一次电流104A。

③ 5号油罐的罐体结构及罐顶设施随着使用年限的延长，预制板裂缝和保护层脱落，使钢筋外露。罐顶部防感应雷屏蔽网连接处均用铁卡压固。油品取样孔采用九层铁丝网覆盖。5号罐体中钢筋及金属部件的电气连接不可靠的地方颇多，均有因感应电压而产生火花放电的可能性。

④ 根据电气原理，50～60m以外的天空或地面雷感应，可使电气设施100～200mm的间隙放电。从5号油罐的金属间隙看，在周围几百米内有对地的雷击时，只要有几百伏的感应电压就可以产生火花放电。

⑤ 5号油罐自8月12日凌晨2时起到9时55分起火时，一直在进油，共输入1.5万立方米原油。与此同时，必然向罐顶周围排放同等体积的油气，使罐外顶部形成一层达到爆炸极限范围的油气层。此外，根据油气分层原理，罐内大部分空间的油气虽处于爆炸上限，但由于油气分布不均匀，通气孔及罐体裂缝处的油气浓度较低，仍处于爆炸极限范围。

3. 雷电防护措施

现代防雷保护包括外部防雷保护（建筑物或设施的直击雷防护）和内部防雷保护（雷电电磁脉冲的防护）两部分，外部防雷系统主要是为了保护建筑物免受直接雷击引起火灾事故及人身安全事故，而内部防雷系统则是防止雷电波侵入、雷击感应过电压以及系统操作过电压侵入设备造成的毁坏，这是外部防雷系统无法保证的。

（1）接闪　避雷针、避雷线、避雷网和避雷带都可作为接闪器，接闪就是让在一定程度范围内出现的闪电放电不能任意地选择放电通道，而只能按照人们事先设计的防雷系统的规定通道，将雷电能量泄放到大地中去。这些接闪器都是利用其高出被保护物的突出地位，把雷电引向自身，然后通过引下线和接地装置，把雷电流泻入大地，以此保护被保护物免受雷击。

（2）均压　接闪装置在接闪雷电时，引下线立即产生高电位，会对防雷系统周围的尚处于地电位的导体产生旁侧闪络，并使其电位升高，进而对人员和设备构成危害。为了减少这种闪络危险，最简单的办法是采用均压环，将处于地电位的导体等电位连接起来，一直到接地装置。这样在闪电电流通过时，室内的所有设施立即形成一个"等电位岛"，保证导电部件之间不产生有害的电位差，不发生旁侧闪络放电。

（3）屏蔽 屏蔽就是利用金属网、箔、壳或管子等导体把需要保护的对象包围起来，使雷电电磁脉冲波入侵的通道全部截断。所有的屏蔽套、壳等均需要接地。屏蔽是防止雷电电磁脉冲辐射对电子设备影响的最有效方法。

（4）接地 接地就是让已经闪入防雷系统的闪电电流顺利地流入大地，而不能让雷电能量集中在防雷系统的某处对被保护物体产生破坏作用，良好的接地才能有效地泄放雷电能量，降低引下线上的电压，避免发生反击。

（5）分流（保护） 就是在一切从室外来的导体（包括电力电源线、数据线、电话线或天馈线等信号线）与防雷接地装置或接地线之间并联一种适当的避雷器，当直击雷或雷击效应在线路上产生的过电压波沿这些导线进入室内或设备时，避雷器的电阻突然降到低值，近于短路状态，雷电电流就由此处分流入地了。

（6）躲避 在建筑物基建选址时，就应该躲开多雷区或易遭雷击的地点，以免日后增大防雷工程的开支和费用。当雷电发生时，关闭设备，拔掉电源插头。

第七节 防 爆 电 气

近年来，由电气原因所引起的火灾爆炸事故，占有相当大的比例。电气设备在生产中必不可少并大量使用，而且有的电气设备在正常运行和事故运行时都会产生电火花或电弧。电火花和电弧的温度很高，可达 3000～6000℃，具有很大的能量，不仅能够引起可燃物质燃烧，还能使金属熔化、飞溅。为此，必须要有严格的设计、安装、使用、维修制度，把电火花的危害降低到最低程度。火灾危险区域内的电气设备选型、安装，均应符合设计规范的要求。

一、防爆电气设备选用的一般要求

① 在进行爆炸性环境的电力设计时，应尽量把电气设备，特别是正常运行时发生火花的设备，布置在危险性较小或非爆炸性环境中。火灾危险环境中的表面温度较高的设备，应远离可燃物。

② 在满足工艺生产及安全的前提下，尽量减少防爆电气设备使用量。火灾危险环境下不宜使用电热器具，非用不可时应用非燃烧材料进行隔离。

③ 防爆电气设备应有防爆合格证。

④ 少用携带式电气设备。

⑤ 可在建筑上采取措施，把爆炸性环境限制在一定范围内，如采用隔墙法等。

二、电气设备防爆的类型及标志

防爆电气设备的类型很多，性能各异。根据电气设备产生火花、电弧和危险温度的特点，为防止其点燃爆炸性混合物而采取的措施不同分为下列 8 种形式。

1. 隔爆型（标志 d）

隔爆型结构的电气设备在爆炸危险区域应用的极为广泛。它不仅能防止爆炸火焰的传出，而且能承受内部爆炸性气体混合物的爆炸压力并阻止内部的爆炸向外壳周围爆炸性混合物传播。多用于强电技术，如电机、变压器、开关等。

2. 增安型（标志 e）

增安型结构在防爆电气设备上使用得比较广泛。如电动机、变压器、灯具和带有电感线圈的电气设备等。在正常运行条件下不会产生电弧、火花，也不会产生足以点燃爆炸性混合物的高温。在结构上采取种种措施来提高安全程度，以避免在正常和认可的过载条件下产生电弧、火花和高温。

3. 本质安全型（标志 ia、ib）

本质安全型防爆结构，仅适用于弱电流回路。如测试仪表、控制装置等小型电气设备上。无论在正常情况下，还是非正常情况下发生的电火花或危险温度，都不会使爆炸性物质引爆，因此这种结构是安全性较高的防爆结构。这种电气设备按使用场所和安全程度分为 ia 和 ib 两个等级。

ia 等级设备在正常工作、一个故障和两个故障时均不能点燃爆炸性气体混合物。

ib 等级设备在正常工作和一个故障时不能点燃爆炸性气体混合物。

正常工作和故障状态是用安全系数来衡量的。安全系数是电路最小引爆电流（或电压）与其电路的电流（或电压）的比值，用 K 表示。正常工作时 $K=2.0$，一个故障时 $K=1.5$，两个故障时 $K=1.0$。

4. 正压型（标志 p）

它具有正压外壳，可以保持内部保护气体，即新鲜空气或惰性气体的压力高于周围爆炸性环境的压力，阻止外部混合物进入外壳。

5. 充油型（标志 o）

充油型防爆结构在便用上与传爆等级无关，适合于小型操作开关上。它是将电气设备全部或部分部件浸在油内，使设备不能点燃油面以上的或外壳外的爆炸性混合物。

6. 充砂型（标志 q）

在外壳内充填砂粒材料，使其在一定使用条件下壳内产生的电弧、传播的火焰、外壳壁或砂粒材料表面的过热均不能点燃周围爆炸性混合物。

7. 无火花型（标志 n）

正常运行条件下，不会点燃周围爆炸性混合物，且一般不会发生有点燃作用的故障。这类设备的正常运行即是指不应产生电弧或火花（包括滑动触头）。电气设备的热表面或灼热点也不应超过相应温度组别的最高温度。

8. 特殊型（标志 s）

指结构上不属于上述任何一类，而采取其他特殊防爆措施的电气设备。如填充石英砂型的设备即属此列。

根据以上介绍电气设备防爆类型标志有 d、e、ia 和 ib、p、o、q、n、s 八种型式。按其使用环境的不同，防爆电气设备分为两类、三级。

① Ⅰ类。煤矿井下用电气设备，只以甲烷为防爆对象，不再分级。

② Ⅱ类。工厂用电气设备。

③ 爆炸性气体混合有 155 种，种类繁多，产品制造时，按 MESG（MIC）分为 A、B、C 三级。

电气设备的防爆标志可在铭牌右上方，设置清晰的永久性凸纹标志"Ex"；小型电气设备及仪器、仪表可采用标志牌铆或焊在外壳上，也可采用凹纹标志。在铭牌上按顺序标明防爆形式、类别、级别、温度组别等，这就构成了性能标志。

选择防爆电气设备的基本依据是爆炸危险区域类别及危险区域等级和爆炸危险区域内爆炸性混合物的级别、温度组别以及危险物质的其他性质（引燃点、爆炸极限、闪点等）。

第八节　安全用电和安全救护

随着电气化的发展，生活中电的应用日益广泛，发生触电事故的机会也相应地增加。据我国近年来的统计，全国农村每年触电死亡的人数均在数千人，工业和城市居民触电死亡人数约为农村触电死亡人数的 15%。

触电可分为电击和电伤两种类型。电击是指电流触及人体而使内部器官受到损害，它是最危险的触电事故。当电流通过人体时，轻者使人体肌肉痉挛，产生麻电感觉，重者会造成呼吸困难，心脏麻痹，甚至导致死亡。电击多发生在对地电压为 220V 的低压线路或带电设备上，因为这些带电体是人们日常工作和生活中易接触到的。电伤是由于电流的热效应、化学效应、机械效应以及在电流的作用下使熔化或蒸发的金属微粒等侵入人体皮肤，使皮肤局部发红、起泡、烧焦或组织破坏，严重时也可危及人命。电伤多发生在 1000V 及 1000V 以上的高压带电体上。

一、可能的触电方式

1. 单相触电

在人体与大地之间互不绝缘情况下，人体的某一部位触及三相电源线中的任意一根导线，电流从带电导线经过人体流入大地而造成的触电伤害称为单相触电。单相触电又可分为中性线接地和中性线不接地两种情况。

2. 两相触电

两相触电，也叫相间触电，这是指在人体与大地绝缘的情况下，同时接触到两根不同的相线，或者人体同时触及电气设备的两个不同相的带电部位时，电流由一根相线经过人体到另一根相线，形成闭合回路，两相触电比单相触电更危险，因为此时加在人体上的是线电压。

3. 跨步电压触电

当电气设备的绝缘损坏或线路的一相断线落地时，落地点的电位就是导线的电位，电流就会从落地点（或绝缘损坏处）流入地中。离落地点越远，电位越低。根据实际测量，在离导线落地点 20m 以外的地方，由于入地电流非常小，地面的电位近似等于零。如果有人走近导线落地点附近，由于人的两脚电位不同，则在两脚之间出现电位差，这个电位差叫作跨步电压。离电流入地点越近，则跨步电压越大；离电流入地点越远，则跨步电压越小；在 20m 以外，跨步电压很小，可以看作为零。当发现跨步电压威胁时应赶快把双脚并在一起，或赶快用一条腿跳着离开危险区，否则，因触电时间长，也会导致触电死亡。

4. 接触电压触电

导线接地后，不但会产生跨步电压触电，还会产生另一种形式的触电，即接触电压触电。

由于接地装置布置不合理，接地设备发生碰壳时造成电位分布不均匀而形成一个电位分布区域。在此区域内，人体与带电设备外壳相接触时，便会发生接触电压触电。接触电压等于相电压减去人体站立地面点的电压。人体站立离接地点越近，则接触电压越小，反之就越大。当站立点距离接地点 20m 以外时，地面电压趋近于零，接触电压为最大，约为电气设备的对地电压，即 220V。

二、安全用电

1. 接地和接零

电气设备在使用中，若设备绝缘损坏或击穿而造成外壳带电，人体触及外壳时有触电的可能。为此，电气设备必须与大地进行可靠的电气连接，即接地保护，使人体免受触电的危害。接地可分为工作接地、保护接地和保护接零。

工作接地是指电气设备（如变压器中性点）为保证其正常工作而进行的接地；保护接地是指为保证人身安全，防止人体接触设备外露部分而触电的一种接地形式。在中性点不接地系统中，设备外露部分（金属外壳或金属构架），必须与大地进行可靠电气连接，即保护接地。接地装置由接地体和接地线组成，埋入地下直接与大地接触的金属导体，称为接地体，连接接地体和电气设备接地螺栓的金属导体称为接地线。接地体的对地电阻和接地线电阻的总和，称为接地装置的接地电阻。

（1）保护接地的原理 在中性点不接地系统中，设备外壳不接地且意外带电，外壳与大地间存在电压，人体触及外壳，人体将有电容电流流过。如果将外壳接地，人体与接地体相当于电阻并联，流过每一通路的电流值将与其电阻的大小成反比。人体电阻通常为 $600\sim1000\Omega$，接地电阻通常小于 4Ω，流过人体的电流很小，这样就完全能保证人体的安全。

保护接地适用于中性点不接地的低压电网。在不接地电网中，由于单相对地电流较小，利用保护接地可使人体避免发生触电事故。但在中性点接地电网中，由于单相对地电流较大，保护接地就不能完全避免人体触电的危险，而要采用保护接零。

（2）保护接零的概念及原理 保护接零是指在电源中性点接地的系统中，将设备需要接地的外露部分与电源中性线直接连接，相当于设备外露部分与大地进行了电气连接。当设备正常工作时，外露部分不带电，人体触及外壳相当于触及零线，无危险。采用保护接零时，应注意不宜将保护接地和保护接零混用，而且中性点工作接地必须可靠。

在电源中性线做了工作接地的系统中，为确保保护接零的可靠，还需相隔一定距离将中性线或接地线重新接地，称为重复接地。

2. 漏电保护

漏电保护为近年来推广采用的一种新的防止触电的保护装置。在电气设备中发生漏电或接地故障而人体尚未触及时，漏电保护装置已切断电源；或者在人体已触及带电体时，漏电保护器能在非常短的时间内切断电源，从而减轻对人体的危害。

漏电保护器在技术上应满足以下几点要求。

① 触电保护的灵敏度要正确合理，一般启动电流应在 $15\sim30mA$ 范围内。

② 触电保护的动作时间一般情况下不应大于 $0.1s$。

③ 保护器应装有必要的监视设备，以防运行状态改变时失去保护作用，如对电压型触电保护器，应装设零线接地的装置。

3. 工业用电安全原则

① 工人不得随意乱动或私自修理车间内的电气设备，电气设备不得带故障运行。任何电气设备在未验明无电之前，一律认为有电，不要盲目触及，对"禁止合闸"、"有人操作"等标牌，非有关人员不得移动。

② 电气设备必须有保护性接地、接零装置，并经常对其进行检查，保证连接的牢固。

③ 需要移动某些非固定安装的电气设备，如照明灯、电焊机等时，必须先切断电源再移动，同时要防止导线被拉断。

④ 工人经常接触和使用的配电箱、配电板、闸刀开关、按钮开关、插座、插销以及导线等必须保持安全完好，不得有破损。

⑤ 工作台上、机床上使用的局部照明灯，电压一般不得超过 36V。

⑥ 在雷雨天不要走近高压电杆、铁塔、避雷针，远离至少 20m 以外。当遇到高压电线断落时，周围 20m 内禁止人员入内，如果已在 20m 以内，要单足或并足跳离危险区。

⑦ 发生电气火灾时，应立即切断电源，用黄沙、二氧化碳、四氯化碳等灭火器材灭火，切不可用水或泡沫灭火器灭火。

三、触电急救

人触电后不一定会立即死亡，出现神经麻痹、呼吸中断、心脏停搏等症状，外表上呈现昏迷的状态，此时要看做是假死状态，如现场抢救及时，方法得当，人是可以获救的。现场急救对抢救触电者是非常重要的。国外一些统计资料指出，触电后1min开始被救治者，90%有良好效果；触电后12min开始被救治者，救活的可能性就很小。这说明抢救时间是个重要因素。因此，争分夺秒，及时抢救是至关重要的。

1. 脱离电源

触电急救，首先要使触电者迅速脱离电源，越快越好。因为电流作用的时间越长，伤害越重。脱离电源就是要把触电者接触的那一部分带电设备的开关、刀闸或其他断路设备断开；或设法将触电者与带电设备脱离。在脱离电源时，救护人员既要救人，也要注意保护自己。触电者未脱离电源前，救护人员不准直接用手触伤员，因为有触电的危险；如触电者处于高处，解脱电源后会自高处坠落，因此，要采取预防措施。

2. 伤员脱离电源后的处理

① 触电者神志清醒，但有些心慌、四肢发麻、全身无力或触电者在触电过程中曾一度昏迷，但已清醒过来。应使触电者安静休息、不要走动、严密观察，必要时送医院诊治。

② 触电者已经失去知觉，但心脏还在跳动、还有呼吸，应使触电者在空气清新的地方舒适、安静地平躺，解开妨碍呼吸的衣扣、腰带。如果天气寒冷要注意保持体温，并迅速请医生到现场诊治。

③ 如果触电者失去知觉，呼吸停止，但心脏还在跳动，应立即进行口对口（鼻）人工呼吸，并及时请医生到现场。

④ 如果触电者呼吸和心脏跳动完全停止，应立即进行口对口（鼻）人工呼吸和胸外心脏按压急救，并迅速请医生到现场。应当注意，急救要尽快进行，即使送往医院的途中也应持续进行。

3. 抢救过程中注意事项

① 在进行人工呼吸和急救前，应迅速将触电者衣扣、领带、腰带等解开，清除口腔内假牙、异物、黏液等，保持呼吸道畅通。

② 不要使触电者直接躺在潮湿或冰冷地面上急救。

③ 人工呼吸和急救应连续进行，换人时节奏要一致。如果触电者有微弱自主呼吸时，人工呼吸还要继续进行，但应和触电者的自主呼吸节奏一致，直到呼吸正常为止。

④ 对触电者的抢救要坚持进行。发现瞳孔放大、身体僵硬、出现尸斑应经医生诊断，确认死亡方可停止抢救。

4. 心肺复苏法

触电者一旦出现呼吸、心跳突然停止的症状时，必须立即对其施行心肺复苏急救。心肺复苏法是指伤者因各种原因（如触电）造成心跳、呼吸突然停止后，他人采取措施使其恢复心跳、呼吸功能的一种系统的紧急救护法，主要包括气道畅通、口对口人工呼吸、胸外心脏按压及所出现的并发症的预防等。

（1）呼吸、心跳情况的判定方法　如触电者失去意识，救护人员应在最短的时间内判定伤者的呼吸、心跳情况。方法是：看触电者的胸部、腹部有无起伏动作；听触电者的口鼻处有无呼气声音；用手试测口鼻处有无呼气的气流，或用手指测试喉结旁凹陷处的颈动脉有无搏动。如果既没有呼吸，又没有颈脉搏动，可判定触电者呼吸、心跳停止。

（2）气道通畅　凡是神志不清的触电者，由于舌根回缩和坠落，都可能不同程度堵住呼吸道入口处，使空气难以或无法进入肺部，这时就应立即开放气道。如果触电者口中有异物，必须首先清除，操作中要注意防止将异物推到咽喉深部。

（3）口对口（鼻）人工呼吸　使触电者仰卧，肩下可以垫些东西使头尽量后仰，鼻孔朝天。救护人在触电者头部左侧或右侧，一手捏紧鼻孔，另一只手掰开嘴巴（如果张不开嘴巴，可以用口对鼻，但此时要把口捂住，防止漏气），深吸气后紧贴其嘴巴大口吹气，吹气时要使他胸部膨胀，然后很快把头移开，让触电者自行排气。抢救一开始的首次吹气两次，每次时间1～1.5s。

（4）胸外心脏按压法 让触电者仰面躺在平硬的地方，救护人员立或跪在触电者一侧肩旁，两手掌根相叠，两臂伸直，掌根放在心口窝稍高一点地方（胸骨下1/3部位），掌根用力下压（向触电者脊背方向），使心脏里面血液挤出。成人压陷3～4cm，儿童用力轻些，按压后掌根很快抬起，让触电者胸部自动复原，血液又充满心脏。胸外心脏按压要以均匀速度进行，每分钟80次左右。每次放松时，掌根不必完全离开胸壁。按压必须有效，有效的标志是按压过程中可以触及颈动脉搏动。

在医务人员没有接替抢救前，不得放弃现场抢救。如经抢救后，伤员的心跳和呼吸都已恢复，可暂停心肺复苏操作。因为心跳呼吸恢复的早期有可能再次骤停，所以要严密监护伤员，不能麻痹，要随时准备再次抢救。

第九节 任务案例：某公司"6.3"特别重大火灾爆炸事故案例分析

2013年6月3日6时10分许，位于吉林省长春市德惠市的吉林某禽业有限公司主厂房发生特别重大火灾爆炸事故，共造成121人死亡、76人受伤，17234m² 主厂房及主厂房内生产设备被损毁，直接经济损失1.82亿元。

1. 事故单位情况

（1）企业概况 该公司为个人独资企业，位于德惠市米沙子镇，成立于2008年5月9日，法定代表人贾某。该公司资产总额6227万元，经营范围为肉鸡屠宰、分割、速冻、加工及销售，现有员工430人，年生产肉鸡36000t，年均销售收入约3亿元。该企业于2009年10月1日取得德惠市肉品管理委员会办公室核发的《畜禽屠宰加工许可证》。2012年9月18日取得德惠市畜牧业管理局核发的《动物防疫条件合格证》。

（2）主厂房建筑情况

① 主厂房功能分区。主厂房内共有南、中、北三条贯穿东西的主通道，将主厂房划分为四个区域，由北向南依次为冷库、速冻车间、主车间（东侧为一车间、西侧为二车间、中部为预冷池）和附属区（更衣室、卫生间、办公室、配电室、机修车间和化验室等）。

② 主厂房结构情况。主厂房结构为单层门式轻钢框架，屋顶结构为工字钢梁上铺压型板，内表面喷涂聚氨酯泡沫作为保温材料（依现场取样，材料燃烧性能经鉴定，氧指数为22.9%～23.4%）。屋顶下设吊顶，材质为金属面聚苯乙烯夹芯板（依现场取样，材料燃烧性能经鉴定，氧指数为33%），吊顶至屋顶高度为2～3m不等。

主厂房外墙1m以下为砖墙，以上南侧为金属面聚苯乙烯夹芯板，其他为金属面岩棉夹芯板。冷库与速冻车间部分采用实体墙分隔，冷库墙体及其屋面内表面喷涂聚氨酯泡沫作为保温材料（依现场取样，材料燃烧性能经鉴定，氧指数为23.8%），附属区为金属面聚苯乙烯夹芯板，其余区域2m以下为砖墙，以上为金属面岩棉夹芯板。钢柱4m以下部分采用钢丝网抹水泥层保护。

主厂房屋顶在设计中采用岩棉（不燃材料，A级）作保温材料，但实际使用聚氨酯泡沫（燃烧性能为B3级），不符合《建筑设计防火规范》（GB 50016—2006）不低于B2级的规定；冷库屋顶及墙体使用聚氨酯泡沫作为保温材料（燃烧性能为B3级），不符合《冷库设计规范》（GB 50072—2001）不低于B1级的规定。

③ 主厂房防火分区、安全出口及消防设施情况。主厂房火灾危险性类为丁戊类，建筑耐火等级为二级，主厂房为一个防火分区，符合《建筑设计防火规范》的相关规定。

主厂房主通道东西两侧各设一个安全出口，冷库北侧设置 5 个安全出口直通室外，附属区南侧外墙设置 4 个安全出口直通室外，二车间西侧外墙设置一个安全出口直通室外。安全出口设置符合《建筑设计防火规范》的相关规定。事故发生时，南部主通道西侧安全出口和二车间西侧直通室外的安全出口被锁闭，其余安全出口处于正常状态。

主厂房设有室内外消防供水管网和消火栓，主厂房内设有事故应急照明灯、安全出口指示标志和灭火器。企业设有消防泵房和 1500m³ 消防水池，并设有消防备用电源，符合《建筑设计防火规范》的相关规定。

④ 生产工艺流程情况。该工艺流程主要有挂鸡（挂鸡台）、宰杀、脱毛、除腔（一车间，又称脏区）、预冷（预冷池）、分割（二车间，又称净区）、速冻（速冻车间）、包装（纸箱间）、储存（冷库）。

⑤ 厂房内的配电情况。冷库、速冻车间的电气线路由主厂房北部主通道东侧上方引入，架空敷设，分别引入冷库配电柜和速冻车间配电柜。

一车间的电气线路由主厂房南部主通道东侧上方引入，电缆设置在电缆槽内，穿过吊顶，引入一车间配电室。

二车间的电气线路由主厂房南部主通道东侧上方引入，在屋顶工字钢梁上吊装明敷（未采取穿管保护），东西走向，穿过吊顶进入二车间配电室。

主厂房电器线路安装敷设不规范，电缆明敷，二车间存在未使用桥架、槽盒、穿管布线的问题。

（3）氨制冷系统情况

① 制冷系统基本情况。事故企业使用氨制冷系统，系统主要包括主厂房外东北部的制冷机房内的制冷设备、布置在主厂房内的冷却设备、液氨输送和氨气回收管线。

制冷设备包括 10 台螺杆式制冷压缩机组、3 台 15.4m³ 的高压储氨器、10 台 7m³ 的卧式低压循环桶（自北向南分别为 1～10 号）等。

冷却设备包括冷库、速冻库、预冷池的蒸发排管，螺旋速冻机，风机库和鲜品库的冷风机等。螺旋速冻机和冷风机均有大量铝制部件。

10 台卧式低压循环桶通过液氨输送和氨气回收管线，分别向冷库、速冻库、预冷池、螺旋速冻机、风机库和鲜品库供冷，形成相对独立的 6 个冷却系统。

② 制冷系统受损情况。6 个冷却系统中，螺旋速冻机、风机库和鲜品库所在冷却系统的管道无开放性破口，设备中的铝制部件有多处破损、部分烧毁；冷库、速冻库所在冷却系统的管道有 23 处破损点；预冷池所在冷却系统的管道无开放性破口。

制冷机房中，1 号卧式低压循环桶外部包裹的保温层开裂，下方的液氨循环泵开裂，桶内液氨泄漏。机房内未见氨燃烧和化学爆炸迹象，其他设备完好。

事故企业共先后购买液氨 45t。事故发生后，共从氨制冷系统中导出液氨 30t，据此估算事故中液氨泄漏的最大可能量为 15t。

③ 制冷系统设计施工情况。制冷系统的设备及管线系事故企业自行购买，在未进行系统工程设计的情况下，由大连某冷冻设备制造有限公司出借资质给吕某完成安装施工。安装完成后，由大连某冷冻设备制造有限公司原设计人员郭某、大连市某设计院退休职工张某补充设计图纸和设计文件，大连市某设计院办公室主任杨某未经单位批准，擅自加盖大连市某设计院的出图章。

（4）劳动用工情况　该公司与 120 名工人签订了劳动用工合同，并在当地劳动管理部门备案，其余工人没有签订劳动合同。工人养老保险（社会统筹）金上缴不足，部分工人拒绝上缴个人承担的资金。

（5）特种设备管理及作业人员资质情况 该公司非法取得了《特种设备使用登记证》，未按规定建立特种设备安全技术档案，未按要求每月定期自查并记录，未在安全检验合格有效期届满前1个月向特种设备检验检测机构提出定期检验要求，未开展特种设备安全教育和培训。公司有8名特种作业人员（其中制冷工4名、电工2名、锅炉工2名）。

2. 事故发生经过及应急救援情况

（1）事故发生经过 6月3日5时20分至50分左右，该公司员工陆续进厂工作（受运输和天气温度的影响，该企业通常于早6时上班），当日计划屠宰加工肉鸡3.79万只，当日在车间现场人数395人（其中一车间113人，二车间192人，挂鸡台20人，冷库70人）。

6时10分左右，部分员工发现一车间女更衣室及附近区域上部有烟、火，主厂房外面也有人发现主厂房南侧中间部位上层窗户最先冒出黑色浓烟。部分较早发现火情人员进行了初期扑救，但火势未得到有效控制。火势逐渐在吊顶内由南向北蔓延，同时向下蔓延到整个附属区，并由附属区向北面的主车间、速冻车间和冷库方向蔓延。燃烧产生的高温导致主厂房西北部的1号冷库和1号螺旋速冻机的液氨输送和氨气回收管线发生物理爆炸，致使该区域上方屋顶卷开，大量氨气泄漏，介入了燃烧，火势蔓延至主厂房的其余区域。

（2）灭火救援及现场处置情况 6时30分57秒，德惠市公安消防大队接到110指挥中心报警后，第一时间调集力量赶赴现场处置。吉林省及长春市人民政府接到报告后，迅速启动了应急预案，省、市党政主要负责同志和其他负责同志立即赶赴现场，组织调动公安、消防、武警、医疗、供水、供电等有关部门和单位参加事故抢险救援和应急处置，先后调集消防官兵800余名、公安干警300余名、武警官兵800余名、医护人员150余名，出动消防车113辆、医疗救护车54辆，共同参与事故抢险救援和应急处置。在施救过程中，共组织开展了10次现场搜救，抢救被困人员25人，疏散现场及周边群众近3000人，火灾于当日11时被扑灭。

由于制冷车间内的高压储氨器和卧式低压循环桶中储存有大量液氨，消防部队按照"确保液氨储罐不发生爆炸，坚决防止次生灾害事故发生"的原则，采取喷雾稀释泄漏氨气、水枪冷却储氨器、破拆主厂房排烟排氨气等技战术措施，并组成攻坚组在该公司技术人员的配合下成功关闭了相关阀门。

事故中，制冷机房内的1号卧式低压循环桶内液氨泄漏，其余3台高压储氨器、9台卧式低压循环桶及液氨输送和氨气回收管线内尚存储液氨30t。在国家安全生产应急救援指挥中心有关负责同志及专家的指导下，历经8天昼夜处置，30t液氨全部导出并运送至安全地点。

当地政府已对残留现场已解冻、腐烂的2600余吨禽类产品进行了无害化处理，并对事故现场反复消毒杀菌，避免了疫情发生及对土壤、水源造成二次污染。

3. 事故原因和性质

（1）直接原因 该公司主厂房一车间女更衣室西面和毗连的二车间配电室的上部电气线路短路，引燃周围可燃物。当火势蔓延到氨设备和氨管道区域，燃烧产生的高温导致氨设备和氨管道发生物理爆炸，大量氨气泄漏，介入了燃烧。

造成火势迅速蔓延的主要原因如下。

① 主厂房内大量使用聚氨酯泡沫保温材料和聚苯乙烯夹芯板（聚氨酯泡沫燃点低、燃烧速度极快，聚苯乙烯夹芯板燃烧的滴落物具有引燃性）。

② 一车间女更衣室等附属区房间内的衣柜、衣物、办公用具等可燃物较多，且与人员密集的主车间用聚苯乙烯夹芯板分隔。

③ 吊顶内的空间大部分连通，火灾发生后，火势由南向北迅速蔓延。

④ 当火势蔓延到氨设备和氨管道区域，燃烧产生的高温导致氨设备和氨管道发生物理爆炸，大量氨气泄漏，介入了燃烧。

造成重大人员伤亡的主要原因如下。

① 起火后，火势从起火部位迅速蔓延，聚氨酯泡沫塑料、聚苯乙烯泡沫塑料等材料大面积燃烧，产生高温有毒烟气，同时伴有泄漏的氨气等毒害物质。

② 主厂房内逃生通道复杂，且南部主通道西侧安全出口和二车间西侧直通室外的安全出口被锁闭，火灾发生时人员无法及时逃生。

③ 主厂房内没有报警装置，部分人员对火灾知情晚，加之最先发现起火的人员没有来得及通知二车间等区域的人员疏散，使一些人丧失了最佳逃生时机。

④ 该公司未对员工进行安全培训，未组织应急疏散演练，员工缺乏逃生自救互救知识和能力。

（2）间接原因　该公司安全生产主体责任根本不落实。

① 企业出资人即法定代表人根本没有以人为本、安全第一的意识，严重违反党的安全生产方针和安全生产法律法规，重生产、重产值、重利益，要钱不要安全，为了企业和自己的利益而无视员工生命。

② 企业厂房建设过程中，为了达到少花钱的目的，未按照原设计施工，违规将保温材料由不燃的岩棉换成易燃的聚氨酯泡沫，导致起火后火势迅速蔓延，产生大量有毒气体，造成大量人员伤亡。

③ 企业从未组织开展过安全宣传教育，从未对员工进行安全知识培训，企业管理人员、从业人员缺乏消防安全常识和扑救初期火灾的能力；虽然制定了事故应急预案，但从未组织开展过应急演练；违规将南部主通道西侧的安全出口和二车间西侧外墙设置的直通室外的安全出口锁闭，使火灾发生后大量人员无法逃生。

④ 企业没有建立健全、更没有落实安全生产责任制，虽然制定了一些内部管理制度、安全操作规程，主要是为了应付检查和档案建设需要，没有公布、执行和落实；总经理、厂长、车间班组长不知道有规章制度，更谈不上执行；管理人员招聘后仅在会议上宣布，没有文件任命，日常管理属于随机安排；投产以来没有组织开展过全厂性的安全检查。

⑤ 未逐级明确安全管理责任，没有逐级签订包括消防在内的安全责任书，企业法定代表人、总经理、综合办公室主任及车间、班组负责人都不知道自己的安全职责和责任。

⑥ 企业违规安装布设电气设备及线路，主厂房内电缆明敷，二车间的电线未使用桥架、槽盒，也未穿安全防护管，埋下重大事故隐患。

⑦ 未按照有关规定对重大危险源进行监控，未对存在的重大隐患进行排查整改消除。尤其是 2010 年发生多起火灾事故后，没有认真吸取教训，加强消防安全工作和彻底整改存在的事故隐患。

（3）事故性质　经调查认定，吉林省长春市某禽业有限公司"6.3"特别重大火灾爆炸事故是一起生产安全责任事故。

课 后 任 务

一、某储运公司仓储区爆炸事故案例分析

某储运公司仓储区占地 300m×300m，共有 8 个库房，原用于存放一般货物。3 年前，该储运公司未经任何技术改造和审批，擅自将 1 号、4 号和 6 号库房改存危险化学品。

2008 年 3 月 14 日 12 时 18 分，仓储区 4 号库房内首先发生爆炸，12min 后，6 号库房

也发生了爆炸，爆炸引发了火灾，火势越来越大，之后相继发生了几次小规模爆炸。消防队到达现场后，发现消火栓不出水，消防蓄水池没水，随后在 1km 外找到取水点，并立即展开灭火抢险救援行动。

事故发生前，1 号库房存放双氧水 5t；4 号库房存放硫化钠 10t、过硫酸铵 40t、高锰酸钾 10t、硝酸铵 130t、洗衣粉 50t；6 号库房存放硫黄 15、甲苯 4t、甲酸乙酯 10t。事故导致 15 人死亡、36 人重伤、近万人疏散，烧损、炸毁建筑物 39000m² 和大量化学物品等，直接经济损失 1.2 亿元。

根据以上场景，回答下列问题。

1. 依据《危险货物品名表》，下列物质中，属于氧化剂的是（　　）。
   A. 硫化钠
   B. 高锰酸钾
   C. 甲酸乙酯
   D. 硫黄
   E. 甲苯

2. 本案中，第一次爆炸最可能的直接原因是（　　）。
   A. 氧化剂与还原剂混存发生反应
   B. 库房之间安全距离不够
   C. 硝酸铵存储量达 130t
   D. 高锰酸钾存储量达 10t
   E. 库房管理混乱

3. 甲苯挥发蒸气爆炸的基本要素包括（　　）。
   A. 甲苯蒸气与空气混合浓度达到爆炸极限
   B. 环境相对湿度超过 50％
   C. 开放空间
   D. 点火源
   E. 受限空间

4. 根据相关法律，法规和规定，下列物质中，目前在我国属于危险化学品的有（　　）。
   A. 高锰酸钾
   B. 硝酸铵
   C. 甲苯
   D. 洗衣粉
   E. 甲酸乙酯

5. 结合此次事故特点，为避免该仓储区再出现此类事故，分析应采取的安全技术措施包括哪些？

二、某服装厂火灾事故案例分析

某服装厂厂房为一栋六层钢筋混凝土建筑物。厂房一层是裁床车间，二层是手缝和包装车间及办公室，三至六层是成衣车间。厂房一层原有 4 个，后 2 个门被封死，1 个门上锁，仅留 1 个门供员工上下班进出。厂房内唯一的上下楼梯平台上堆放了杂物，仅留 0.8m 宽的通道供员工通行。

半年前，在厂房一层用木板和铁栅栏分隔出了一个临时库房。由于用电负荷加大，临时库房内总电闸保险丝经常烧断。为不影响生产，电工用铜丝代替临时库房内的总电闸保险丝。经总电闸引出的电线，搭在铁栅栏上，穿出临时库房，但没有用绝缘套管，电线下堆放了 2m 高的木料。

2008 年 6 月 6 日，该服装厂发生火灾事故。起火初期火势不大，有员工试图拧开消火栓和用灭火器灭火，但因不会操作未果。火势迅速蔓延至二、三层。当时，正在二层办公的厂长看到火灾后立即逃离现场；二至六层的 401 名员工在无人指挥的情况下慌乱逃生，多人跳楼逃生摔伤；一层人员全部逃出。

该起火灾事故，造成 67 人死亡、51 人受伤，直接经济损失 3600 万元。事故调查发现，起火原因是一层库房内电线短路产生高温熔珠，引燃堆在下面的木料；整个火灾过程中无人报警；事故前该厂曾收到当地消防机构关于该厂火险隐患的责令限期改正通知书，但未整改；厂内仅有一名电工，且无特种作业人员操作证。

根据以上场景，回答下列问题。

1. 此次火灾发生初期，作为企业负责人的厂长应优先（　　）。

A. 保护工厂财物

B. 组织员工疏散

C. 保护员工财物

D. 查找起火原因

E. 保护工厂重要文件

2. 根据《生产安全事故报告和调查处理条例》的规定，此次事故属于（　　）。

A. 特别重大事故

B. 重大事故

C. 较大事故

D. 一般事故

E. 轻微事故

3. 试分析该起火灾事故的直接原因及间接原因，并提出相应对策措施。

第五章 特种设备安全技术

学习目标：

学习压力容器、锅炉、压力管道、气瓶等化工常用特种设备的安全技术，熟悉生产过程中安全操作和管理的要求，严格执行定期检验、维护、报废、档案资料保存的安全工作制度。重点培养学生安全操作和管理的工作能力。

第一节　压力容器的安全技术

一、压力容器设计的安全技术

压力容器的设计、制造、安装、维修、改造、检验或使用都必须遵照执行原劳动部颁发的《压力容器安全技术监察规程》（以下简称《容规》）。设计文件中任何微小的错误都可能导致压力容器发生灾难性的事故。

1. 压力容器设计许可条件

为了确保压力容器的设计质量，根据《锅炉压力容器安全监察暂行条例》的有关规定，从事压力容器设计的单位，必须取得由中华人民共和国国家质量监督检验检疫总局颁布的《压力容器压力管道设计许可规则》，方可按批准的类别、级别、品种在全国范围内进行压力容器的设计工作。压力容器 A 级、C 级和 SAD 级设计单位由国家质检总局负责受理和审批；D 级设计单位由省级质量技术监督部门受理和审批。压力管道 GA 类、GC1、GD1 级设计单位由国家质检总局负责受理和审批；GB 类、GC2、GC3、GD2 级设计单位由省级质量技术监督部门负责受理和审批。设计单位同时含有国家质检总局和省级质量技术监督部门负责受理和审批的项目时，由国家质检总局负责受理和审批。《设计许可证》有效期为 4 年，有效期满的设计单位继续从事设计工作的，应当按本规则的有关规定办理换证手续，逾期不办或者未被批准换证的，其《设计许可证》有效期满后不得继续从事设计工作。

2. 压力容器设计的质量控制

（1）工艺设计条件的编写　设计条件主要是指原始数据、工艺要求、常用设计条件图表示。设计条件图包括简图、用户要求、接管表等。简图是指示意性地画出容器本体、主要内件部分的结构尺寸、接管位置、支座形式及其他需要表达的内容。用户要求主要有以下内容。

① 工作介质：介质学名或分子式、主要组分、密度及危害性等。

② 压力和温度：工作压力、工作温度、环境温度等。

③ 操作方式与要求：注明连续操作或间隙操作，以及压力、温度是否稳定；对压力、

温度有波动时，应注明变动频率及变化范围；对开、停车频繁的容器应注明每年的开车、停车次数。

④ 其他：还应注明容积、材料、腐蚀速率、设计寿命、是否带安全装置、是否保温等。

（2）合理选用材料　压力容器用钢基本要求主要有以下几个方面。

① 具有良好的耐腐蚀性能和抗氧化性能。设计压力容器时，必须根据其使用条件，选择适当的耐腐蚀材料。对于锅炉和压力容器，所选用的材料还应具有抗氧化性能。

② 材料的质量和规格应该符合国标、部标和有关的技术要求。选用的钢材要有良好的力学性能，即强度高、塑性和韧性好、冷脆倾向较低、缺口和时效敏感性不明显。钢板的分层和夹渣等缺陷较少，无白点和裂纹。首先，制造压力容器的材料应具有适当的强度（主要是指屈服强度和抗拉强度），以防止在承受压力时发生塑性变形甚至断裂；其次，制造压力容器的材料必须具有良好的塑性，以防止压力容器在使用过程中因意外超载而导致破坏；再次，制造压力容器的材料应具有较高的韧性，使压力容器能承受运行过程中可能遇到的冲击载荷的作用。特别是操作温度或环境温度较低的压力容器，更应考虑材料的冲击韧性值，并对材料进行操作温度下的冲击试验，以防止容器在运行中发生脆性破裂。

③ 选用的钢材要有良好的工艺性能，即铸造、锻造、焊接、切削加工、热处理等冷热加工性能。由于压力容器的承压部件大都是用钢板滚卷或冲压成形的，所以要求材料有良好的冷塑性变形能力，在加工时容易成形且不会产生裂纹等缺陷。其次，制造压力容器的材料应具有较好的可焊性，以保证材料在规定的焊接工艺条件下获得质量优良的焊接接头。第三，要求材料具有适宜的热处理性能，容易消除加工过程中产生的残余应力，而且对焊后热处理裂纹不敏感。

④ 承压元件必须采用镇静钢，不宜采用沸腾钢。由于沸腾钢是在不完全脱氧的条件下冶炼获得的，含氧量较高，硫、磷等杂质分布不均匀。焊接时裂纹倾向较大，厚板焊接时有层状撕裂倾向。同时沸腾钢在钢水浇模时残留氧与钢中的碳化合为一氧化碳，气体排出时使钢呈现沸腾状态，极易在钢锭内形成小气泡，成为钢材内部缺陷。而镇静钢脱氧完全，组织均匀，冲击韧性也较好。

⑤ 高温下材料的强度是温度和时间的函数，短时高温强度不能正确反映材料的高温强度特征，必须采用长时高温强度。材料的高温强度指标主要是蠕变极限和持久强度。蠕变极限是指材料在某确定的高温下工作十万个小时引起允许的总变形的应力。持久强度是指在一定的工作温度下经历指定工作期限后，不引起蠕变破坏的最大应力。另外，高温下材料的抗氧化能力和抗腐蚀能力都明显下降。

（3）主体强度设计

① 国外主要的设计标准规范。国外的规范主要有四个：美国 ASME 规范，英国压力容器规范（BS），日本国家标准（JIS），德国压力容器规范（AD）。

美国 ASME 规范　19 世纪末 20 世纪初，锅炉和压力容器事故频繁发生，造成了严重的人员伤亡和财产损失，1911 年美国机械工程师协会（ASME）着手编写世界上第一部有关压力容器规范《锅炉建造规范·1914 版》，1915 年春出版发行。目前，ASME 锅炉压力容器规范共有 12 卷，包括锅炉、压力容器、核动力装置、焊接、材料、无损检测等内容。ASME 规范每年增补一次，每三年出一次新版，技术先进，修订及时，能迅速反映世界压力容器科技发展的最新成就，使它成为世界上影响最大的一部规范。

● 英国压力容器规范（BS）　英国压力容器规范 BS 5500《非直接火熔焊压力容器》是由英国标准协会（BSI）负责制定的。它是由两部规范合并而成：一部相当于 ASME 第Ⅷ卷第 1 册的 BS 1500《一般用途的熔融焊压力容器标准》，另一部是近似于德国 AD 规范的 BS 1515《化工及石油工业中应用的熔融焊压力容器标准》。

● 日本国家标准（JIS） 20 世纪 70 年代末期，日本开始对欧美各国的压力容器标准体系进行全面深入的调研，提出了全国统一的 JIS 压力容器标准体系的构想，并于 80 年代初制定了两部基础标准，一部是参照 ASME 第Ⅷ卷第 1 册制定的 JIS B8243《压力容器的构造》；另一部是参照 ASME 第Ⅷ卷第 2 册制定的 JIS B8250《特定压力容器的构造》。

● 德国压力容器规范（AD） AD 压力容器规范是由七个部门编制的：职工联合会、锅炉压力容器管道联合会、化学工业联合会、冶金联合会、机械制造者协会、大锅炉企业主技术协会及技术监督会联合会（VDTUV）。由于 AD 规范与 ASME 规范相比，具有如下的特点：AD 规范只对材料的屈服极限取安全系数，且取数较小，因此，产品厚度薄、重量轻；AD 规范允许采用较高强度级别的钢材；在制造要求方面，AD 规范没有 ASME 详尽，他们认为这样可使制造厂具有较大的灵活性，易于发挥各厂的技术特长和创新。因此它在世界上也是具有广泛影响的规范。

② 国内主要的设计标准规范。

● GB 150—2011《钢制压力容器》 这是中国最新的压力容器国家标准，其基本思路与 ASME 第Ⅷ卷第 1 册相同，属常规设计标准。其典型过程是确定设计载荷，选用设计公式、曲线或图表，并对材料取一个安全应力，最终给出容器的基本厚度，然后根据规范许可的构造细则及有关制造检验要求进行制造。适用于设计压力不大于 35MPa 的钢制压力容器的设计、制造、检验及验收。适用的设计温度范围根据钢材允许的使用温度确定，从 -196℃ 到钢材的蠕变限用温度。

● JB 4732《钢制压力容器——分析设计标准》 JB 4732 是国内第 1 部压力容器分析设计的行业标准，其基本思路与 ASME 第Ⅷ卷第 2 册相同。该标准通过考虑作用在容器上载荷的性质，进行详细的应力分析，计算得到的应力按其对容器破坏的作用分类，与许用应力强度比较和评定，并加上严格的材料、制造和检验要求。该标准与 GB 150 同时实施，在满足各自要求的前提下，设计者可选择其中之一使用，但不得混用。与 GB 150 相比，JB 4732 允许采用较高的设计应力强度，在相同设计条件下，容器的厚度可以减薄，重量可以减轻。一般推荐用于重量大、结构复杂、操作参数较高的压力容器设计。

3. 压力容器的结构设计

压力容器结构设计应遵循以下原则。

① 压力容器设计应该尽可能避免应力的集中或局部受力状况的恶化。受压壳体的几何形状突变或其他结构上的不连续，都会产生较高的不连续应力。因此，应该力求结构上的形状变化平缓，避免不连续性。

② 在压力容器中，总是不可避免地存在一些局部应力较高或对部件强度有所削弱的结构，如开孔、转角、焊缝等部位。能够引起应力集中或削弱强度的结构应该互相错开。

③ 压力容器封头从力学的角度分析球形最理想，在相同的直径和压力下，球形封头所需壁厚最小。但是由于它的深度太大，加工制造比较困难，一般很少采用。用得比较多的是椭圆形封头。

④ 在封头半径与高度的比值相同的情况下，碟形封头比椭圆形封头存在较大的弯曲应力，故应尽量少采用碟形封头。无折边球形封头使筒体产生较大的附加弯曲应力，因而只适用于直径较小、压力较低、无毒非易燃流体的容器。锥形封头只在工艺条件确实需要的情况下才采用。平板角焊封头一般不宜用于压力容器。

⑤ 为了便于对压力容器定期进行内部检验和清理，在锅炉、压力容器上应开设必要的人孔、手孔和检查孔。压力容器壳体上的开孔一般应为圆形、椭圆形或长圆形。压力容器上圆形人孔直径应不小于 400mm，椭圆形人孔尺寸应不小于 400mm×300mm；圆形手孔直径应不小于 100mm，椭圆形手孔尺寸应不小于 75mm×50mm。在圆筒体上开孔，对于内径不

大于1500mm的圆筒，最大孔径应不大于筒体内径的1/2，且不大于500mm；对于内径大于1500mm的圆筒，最大孔径应不大于筒体内径的1/3，且不大于1000mm。壳体上所有开孔都应与焊缝错开。容器开孔，受压壳体因结构不连续而引起应力集中，在孔的边缘产生很高的局部应力。为了降低壳体开孔边缘的局部应力，在开孔处应进行补强。

二、压力容器的制造安全技术

压力容器的制作通常要经过选材、划线下料、零部件预制、筒体卷制、组装、焊接等多道工序，因此难免会产生诸多的缺陷，这些制造缺陷有的可能会引起压力容器局部的应力集中，特别是焊接内应力，在个别情况下甚至可以达到或接近材料的屈服极限，从而使得容器易于生成裂纹和使裂纹扩展，最终导致脆性断裂或疲劳断裂。

（一）压力容器制造许可条件及资源要求

1. 制造许可条件

在中华人民共和国境内制造、使用的压力容器，国家实行制造资格许可制度和产品安全性能强制监督检验制度。境内制造、使用的压力容器，其制造企业必须取得《中华人民共和国锅炉压力容器制造许可证》。D级压力容器的《中华人民共和国锅炉压力容器制造许可证》，由制造企业所在地省级质量技术监督部门颁发，其余级别的《中华人民共和国锅炉压力容器制造许可证》由国家质检总局颁发；境外企业制造的用于境内的锅炉压力容器，其《中华人民共和国锅炉压力容器制造许可证》由国家质检总局颁发。《中华人民共和国锅炉压力容器制造许可证》有效期为4年。申请换证的制造企业必须在《中华人民共和国锅炉压力容器制造许可证》有效期满6个月以前，向发证部门的安全监察机构提出书面换证申请，经审查合格后，由发证部门换发《中华人民共和国锅炉压力容器制造许可证》。未取得《中华人民共和国锅炉压力容器制造许可证》的企业，其产品不得在境内销售、使用。

2. 制造单位资源条件要求

压力容器的制造单位，必须建立与制造锅炉压力容器产品相适应的质量管理体系并保证连续有效运转，压力容器制造企业具有与所制造压力容器产品相适应的，具备相关专业知识和一定资历的质量控制系统（设计工艺、材料、焊接、理化、热处理、压力试验、无损检测、最终检验）责任人员，必须具有保证产品质量所必需的加工设备、技术力量和检验手段。各级别压力容器制造许可企业中，制造焊接压力容器的企业，应具有满足制造需要的且具备相应资格条件的持证焊工。焊接工人必须经过考试，取得当地锅炉压力容器安全监察机构颁发的合格证，才准焊接受压元件。

（二）压力容器制造质量控制

1. 设计工艺控制

（1）设计图样审查

① 根据国家有关法律、法规及标准、规范要求对图样进行审查，内容包括设计资格印章是否有效、签署是否齐全、标准是否为最新有效版本，以及设计内容是否符合标准规范要求等。

② 根据制造单位设备的实际能力、技术水平和生产情况，对产品图样进行工艺性审查，以明确产品制造的可行性和经济性。工艺性审查的内容、程序和要求按有关规定执行。

③ 当经工艺性审图后，需要进行设计更改时，应取得图样设计单位的书面证明。

④ 图样审查应填写《图纸审查记录》，且应有审图人签名和日期。

（2）工艺文件编制 工艺文件包括：工艺流转卡、焊接工艺卡、无损检测工艺卡、产品焊缝排版图、热处理工艺卡、通用工艺规程、其他工艺文件等。焊接工艺卡应以评定合格的焊接工艺指导书和本公司通用焊接工艺标准为依据进行编制。压力容器产品主要受压元件、产品焊接试板必须编制制造工艺流转卡。重要工序，如焊接、无损检测等，应编制工序工艺卡。

工艺文件编写的基本要求如下。

① 保证制造的压力容器能满足规定、标准、规范和图样的要求。

② 制造工艺有良好的可操作性。

③ 应根据制造单位的实际情况或能力来编写。

④ 选择制造工艺要考虑其经济指标的合理性。

2. 材料控制

选材不当、材料误用、材料缺陷等材料原因是造成压力容器设备事故的主要原因之一。加强对材料质量控制与管理，合理选用、正确使用，是保证压力容器产品质量的前提条件。

容器用钢应附有钢材生产单位的钢材质量证明书，容器制造单位应认真核对质量证明文件，并核对炉批号和材料牌号的标记，必要时还需进行复验。如无钢材生产单位的钢材质量证明书，则应按《容规》的规定。材料质量证明书上一般应有以下内容：炉（罐）号、批号、规格；实测的化学成分和力学性能；供货熔炼热处理状态。对于低温（≤20℃）容器，应提供夏比 V 形缺口试样的冲击值和脆性转变温度。各项指标符合相应的材料标准方可入库；然后编制入库号，建立材质档案，按照质量手册的有关规定，逐件打钢印，为防止钢印锈蚀，打钢印后立即涂上防锈涂料，分类（按板材、管材、锻件等）整齐摆放。

压力容器受压元件采用国外材料，应选用国外压力容器规范允许使用的材料，其使用范围应符合相应规范的规定，并有该材料的质量证明书；制造单位首次使用前，应进行有关试验和验证，满足技术要求后，才能投料制造。选用新研制的钢材或未列入 GB 150 的钢材，新钢材研制的负责单位或选用单位应将该钢材的技术资料报全国锅炉压力容器标准化技术委员会审定，审定合格后出具允许使用的证明文件。

凡制造受压元件的材料应有确认的标记。钢板材料标记一般应有以下内容：钢板入厂验收的编号；材质（钢号）；规格（厚度）；检验确认印记；区别复验或未经复验的标记；领出后由车间打生产制令号。材料发放应手续齐备，检验员、保管员和领料员三方共同到场，确认材质和数量。

压力容器承压部件的材料代用必须按审批手续进行。代用材料宜与被代用的材料具有相同或相近的化学成分、交货状态、检验项目、性能指标和检验率以及尺寸公差和外形质量等。总的代用原则是代用钢材的技术要求不低于被代用的钢材，个别在性能项目或检验率方面要求略低的代用钢材，则通过增加检验来进行代用。

3. 焊接控制

除少数特殊情况外，几乎所有的工业用压力容器都是焊接结构。压力容器一般采用手工的或自动的电弧焊或气焊。因为焊接接头往往存在着某些焊接缺陷，如气孔、夹渣、裂纹、未焊透、未熔合、咬边等；存在着组织和性能的不均匀性。因此，焊接接头的质量直接反映了压力容器的制造质量。为提高焊接质量，制造厂除严格焊工的培训和考核外，还应该保持良好的焊接环境；按评定合格的焊接工艺施焊；做好焊接的预热、后热及焊后的热处理工作。

（1）焊接工艺管理及工艺评定 根据图样的技术要求、焊接规程及焊接工艺评定，制订焊接工艺。焊接工艺还应对焊接工作环境提出要求。对超次返修的焊缝，还应制定返修工艺措施，并应得到焊接技术负责人的同意。钢制压力容器中受压元件（包括封头、筒体、人孔盖、人孔法兰、人孔接管、开孔补强圈、球罐的球壳板等）焊缝；与受压元件相焊的焊缝；熔入永久焊缝内的定位焊缝；受压元件母材表面的堆焊、补焊；上述焊缝的返修焊缝等五种焊缝应进行焊接工艺评定。焊接工艺评定应符合 JB 4708—2000《钢制压力容器的焊接工艺评定》的规定。

焊接工艺评定所用焊接设备、仪表、仪器以及规范参数调节装置，应定期检验，不符合要求的，不得使用。焊接试件应由锅炉、压力容器制造单位技术熟练的焊工（不允许用外单位焊工）焊接。焊接工艺评定完成后，应提出完整的焊接工艺评定报告，并根据该报告和图样的要求，制订焊接工艺规程。

（2）产品施焊管理

① 焊前的主要准备工作。

● 检查装配间隙和坡口角度。

● 清理坡口表面。

● 焊条、焊剂按规定烘干、保温；焊丝需去油、除锈；保护气体应保持干燥。

● 选择焊机及其极性；规定焊接规范；确定焊接顺序。

● 用定位焊的方法固定焊件间的相对位置，防止焊件在焊接过程中变形，使焊接作业能正常进行。

● 为了使焊件在焊接以后缓慢而均匀地冷却，防止焊缝及热影响区出现裂纹，要对焊件进行预热。

● 组装后，应对接头进行检验，合格后方可施焊。

② 焊接缺陷的预防。焊缝缺陷是造成锅炉、压力容器失效和事故的主要原因，其危害性主要表现在以下几个方面。

● 焊缝弧坑缺陷对焊接接头的强度和应力水平有不利的影响。焊瘤不仅影响了焊缝的外观，而且也掩盖了焊瘤处焊趾的质量情况，往往会在这个部位上出现未熔合缺陷。

● 咬边是一种危险性较大的外观缺陷。它不但减少焊缝的承压面积，而且在咬边根部往往形成较尖锐的缺口，造成应力集中，很容易形成应力腐蚀裂纹和应力集中裂纹。因此，对咬边有严格的限制。

● 气孔、夹渣等体积性缺陷的危害性主要表现为降低焊接接头的承载能力。如果气孔穿透焊缝表面。介质积存在孔穴内，当介质有腐蚀性时，将形成集中腐蚀，孔穴逐渐变深、变大，以至腐蚀穿孔而泄漏。夹渣边缘如果有尖锐形状，还会在该处形成应力集中。

● 未熔合和未焊透等缺陷的端部和缺口是应力集中的地方，在交变载荷作用下很可能生成裂纹。

● 裂纹是最尖锐的一种缺口，它的缺口根部曲率半径接近于零。尖锐根部有明显的应力集中，当应力水平超过尖锐根部的强度极限时，裂纹就会扩展，以至贯穿整个截面而造成锅炉压力容器失效。

③ 要保证焊接接头的质量，应在焊接过程中采用有效措施，防止产生焊接缺陷。

● 防止咬边的措施：电流大小要适当；运条要均匀；焊条角度要正确；焊接电弧要短些；埋弧自动焊的焊速要适当。

● 防止产生气孔的措施：不得使用药皮开裂、剥落、变质、偏心或焊芯锈蚀的焊条；各种类型的焊条或焊剂都应按规定的温度和保温时间进行烘干；焊接坡口及其两侧应清理干净；正确地选择焊接工艺参数；碱性焊条施焊时，应短弧操作。

● 防止产生夹渣的主要措施：彻底清除渣壳和坡口边缘的氧化度及多层焊道间的焊渣；正确运条，有规律地搅动熔池，促使熔渣与铁水分离；适当减慢焊接速度，增加焊接电流，以改善熔渣浮出条件；选择适宜的坡口角度；调整焊条药皮或焊剂的化学成分，降低熔渣的熔点。

（3）焊缝返修　压力容器焊缝返修时，其返修要求如下。

① 焊缝的返修应由合格的焊工担任。返修工艺措施应得到焊接技术负责人的同意。压力容器上同一部位的返修次数不应超过 2 次。对经过 2 次返修仍不合格的焊缝，如再进行返修，应经制造单位技术负责人批准。返修的次数、部位和无损探伤结果等，应记入压力容器质量证明书中。

② 要求焊后热处理的压力容器，应在热处理前返修；如在热处理后返修，返修后应再做热处理。

③ 有抗晶间腐蚀要求的奥氏体不锈钢制压力容器，返修部位仍需保证原有要求。

④ 压力试验后，一般不应进行焊缝返修。确需返修的，返修部位必须按原要求经无损探伤检验合格。

4. 理化试验及热处理控制

理化试验的目的是通过对压力容器制造过程中原材料、焊接工艺评定试板、产品焊接试板进行化学成分定性分析、各类力学性能测试、硬度测试等理化试验，可有效保障压力容器的制造质量。

在压力容器制造中，热处理一般分为两大类：一类为焊后热处理；另一类为改善力学性能热处理。焊后热处理的目的可概括为如下几方面：

① 消除和降低焊接应力；

② 避免焊接结构产生裂纹（如热裂纹、冷裂纹等）；

③ 改善焊接接头区的塑性和韧性；

④ 恢复因冷作和时效而损失的力学性能。

5. 无损检测控制

对焊接接头进行无损检测是发现焊接接头内部和表面缺陷的有效手段。

（1）检测方法　GB 150 标准规定了压力容器的 A、B 类焊接接头应用射线或超声检测。但两种方法的选择权力在设计单位（即应用图样规定方法检测）。

（2）检测数量　GB 150 标准规定每条焊接接头的无损检测数量有 100％检测和局部检测两种。

（3）合格标准　无损检测标准执行 JB 4730。100％射线检测的 A、B 类焊接接头，Ⅱ级为合格；局部射线检测的 A、B 类焊接接头，Ⅲ级为合格。

（4）对局部无损检测未检查部分　GB 150 标准明确规定制造厂应对未检查部分的质量负责。

6. 压力试验控制

耐压试验的目的是检验锅炉、压力容器承压部件的强度和严密性。在试验过程中，通过观察承压部件有无明显变形或破裂，来验证锅炉、压力容器是否具有设计压力下安全运行所必需的承压力能力。同时，通过观察焊缝、法兰等连接处有无渗漏，来检验锅炉、压力容器的严密性。

耐压试验应在无损探伤合格和热处理以后进行，试验程序如下。

① 试验前，各连接部件的紧固螺栓必须装配齐全，并将两个量程相同、经过较正的压力表装在试验装置上便于观察的地方。

② 试验现场应有可靠的安全防护装置。停止与试验无关的工作，疏散与试验无关的人员。

③ 将锅炉、压力容器充满水后，用顶部的放气阀排尽内部的气体，检查外表面是否干燥。

④ 缓慢升压到最高工作压力，确认无泄漏后继续升压到规定的试验压力。压力容器根

据容积大小保压 10～30min，然后降至最高工作压力下进行检查。检查期间压力应保持不变。

水压试验的合格标准是：压力容器水压试验后，无渗漏、无可见的异常变形，试验过程中无异常的响声，则认为水压试验合格。

一般情况下，压力容器不允许用气体作为耐压试验介质，但对由于结构或支承原因，不能向压力容器内安全充灌液体，以及运行条件不允许残留试验液体的压力容器，可按设计图样规定采用气压试验。如容器体积过大，无法承受水的重量；或壳体不适于含氯离子的介质，而水压试验的水中含较多的氯离子；再如在严寒下，容器内液体可能结冰胀破容器等。

三、压力容器的安全使用

根据有关统计，因违章作业和误操作等是压力容器事故的主要原因之一。根据对国内压力容器爆炸事故分析表明：因违章作业和误操作等使用管理不善（含安全附件失灵，维修不当）为 58.1%，制造质量不良（焊接缺陷）、设计用材不合理占 29.6%。为确保压力容器的安全运行，防止压力容器泄漏、爆炸等事故造成环境污染，确保人身安全与健康，为此对压力容器的使用维护提出了更为苛刻的要求，同时对压力容器的管理、使用操作人员的安全管理技术和人员素质提出了更高的要求。

（一） 压力容器的验收、登记

压力容器是生产和生活中广泛使用的、有爆炸危险的承压设备。为了加强锅炉压力容器使用的安全监察工作，根据《锅炉压力容器安全技术监察暂行条例》有关规定，制订了《压力容器使用登记管理规则》。通过压力容器使用登记，可以使当地锅炉压力容器安全监察机构掌握压力容器有关安全方面的基本情况，提高安全管理水平。同时，通过使用登记，可以建立压力容器的技术档案，加强统计管理，为安全使用提供重要依据。

固定式压力容器的使用单位，必须逐台向地、市级（或有条件的县级）劳动部门锅炉压力容器安全监察机构申报和办理使用登记手续；超高压容器和液化气体罐车的使用单位，必须逐台向省级劳动部门锅炉压力容器安全监察机构申报和办理使用登记手续。

（二） 压力容器的安全管理与检修

1. 压力容器的安全管理

压力容器投入使用后，必须对每台压力容器进行编号、登记、建立设备档案，压力容器的技术档案应包括压力容器的产品合格证、质量证明书、登记卡片、检查鉴定记录、验收单、检修记录、运行累计时间表、年运行记录、理化检验报告、竣工图以及中高压反应容器和储运容器的主要受压元件强度计算书等。还要根据生产工艺要求和压力容器的技术性能制订压力容器安全操作规程、工艺操作规程、维护保养制度等，并严格执行。

加强容器现场安全管理，应定时、定点、定线进行巡回检查，监督安全操作规程和岗位责任制的执行情况；严禁超温、超压运行；经常检查安全附件是否齐全、灵敏、可靠；发现有异常现象，如工作压力、介质温度、壁温超过许用值且不能使之下降；受压元件发生裂缝、鼓包、变形、泄漏等危及安全缺陷；安全附件失灵，接管断裂，紧固件损坏时，应采取紧急措施，及时处理并向有关部门报告。

2. 压力容器的检修安全

压力容器检修前，必须彻底切断容器与其他还有压力或气体的设备的连接管道，特别是与可燃或有毒介质的设备的通路，不但要关闭阀门，还必须用盲板严密封闭。容器内部的介质要全部排净。盛装可燃、有毒或窒息性介质的容器还应进行清洗、置换或消毒等技术处理，并经取样分析合格。与容器有关的电源，如容器的搅拌装置、翻转机构等的电源必须切断，并有明显的禁止接通的指示标志。

压力容器检修中的安全注意事项如下。

① 注意通风和监护。在进入容器前，必须将容器上的人孔全部打开，使空气对流一定时间，充分通风。进入容器进行检验时，器外必须有人监护。

② 注意用电安全。进入容器检验时，应使用电压不超过 12V 或 24V 的低压防爆灯。检验仪器和修理工具的电源电压超过 36V 时，必须采用绝缘良好的软线和可靠的接地线。容器内严禁采用明火照明。

（三）　压力容器的安全操作

1. 压力容器操作人员需具备的基本条件

① 经过安全技术教育和安全技术培训，考试合格并取得"压力容器操作人员合格证"后，方准独立进行操作。

② 操作人员应熟悉生产工艺流程，了解本岗位压力容器的结构、技术特性和主要技术参数，掌握容器的正常操作方法，在容器出现异常情况时，能准确判断，及时、正确地采取紧急措施。

③ 掌握各种安全装置的型号、规格、性能及用途，保持安全装置齐全、灵活、准确可靠。

④ 严格遵守安全操作规程，坚守岗位，精心操作，认真记录，加强对容器的巡回检查和维护保养。

⑤ 定期参加专业培训教育，不断提高自身的专业素质和操作技能。

2. 压力容器操作人员应履行的职责

① 按照操作规程的规定，正确操作使用压力容器，确保安全运行。

② 做好压力容器的维护保养工作，使容器经常保持良好的技术状态。

③ 经常对压力容器的运行情况进行检查，发现操作条件不正常时及时进行调整，遇紧急情况应按规定采取紧急处理措施，并及时向上级主管部门报告。

④ 对任何不利于压力容器安全的违章指挥，应拒绝执行。

3. 压力容器投用前准备工作

由于工艺条件的不同，压力容器的操作内容、方法、程序与注意事项也不尽一致。做好投用前的准备工作，对保证整个生产过程安全运行有着重要意义。压力容器投用前要做好如下准备工作。

(1) 要组织对压力容器及其装置进行全面检查验收工作　检查验收的内容包括：压力容器及其装置的设计、制造、安装、检修等质量是否符合国家有关技术法规、标准的要求；施工现场应清理干净；操作平台上梯子、栏杆应完好；安全装置应齐全、灵敏、可靠；照明正常；地面平整清洁；操作及维修用备件齐全；水、电、蒸汽、风、氧气、通风正常等。

(2) 编制压力容器及装置的开工方案　开工方案应包括如下内容：压力容器吹扫及贯通试压工作；单元容器的试运转；系统置换驱赶空气；抽堵盲板；引进工艺介质及物料，建立循环；转入正常生产。开工方案一般应由车间领导、技术人员及有经验的操作人员共同编制，并报有关部门批准。对批准后的开工方案，应组织操作人员认真学习。

(3) 操作人员在操作前应做好以下准备工作　按规定着装，带齐操作工具；认真检查本岗位的压力容器、安全装置、机泵及工艺流程中的进出口管线、阀门、电气设备等各种设备及仪表附件的完善情况；检查岗位的清洁卫生情况；试动各阀门是否灵活，检查系统阀门开关情况。操作人员在确认压力容器及设备能投入正常运行后，才能开工启动系统。

4. 压力容器操作注意事项

① 压力容器操作人员要熟悉本岗位的工艺流程、有关容器的结构、类别、主要技术参

数和技术性能，严格按操作规程操作。掌握处理一般事故的方法，认真填写有关记录。

② 压力容器操作人员需取得当地劳动部门颁发的《压力容器操作人员合格证》后方可上岗工作。对工作期间发生的异常情况应及时处理并向上级汇报。

③ 压力容器严禁超温、超压运行。实行压力容器安全操作挂牌制度和采用机械联锁机构，防止误操作。检查减压阀失灵与否。装料时避免过急过量，液化气体严禁超量装载，并防止意外受热等。随时检查安全附件运行情况。

④ 压力容器要平稳操作。压力容器开始加载时，速度不宜过快，要防止压力突然上升。高温容器或工作温度低于 0℃ 的容器，加热或冷却都应缓慢进行。尽量避免操作中压力的频繁和大幅度波动。

5. 压力容器运行期间的检查

压力容器运行期间的检查是压力容器动态监测的重要手段，其目的是及时发现操作上或设备上所出现的不正常状态，采取相应的措施进行调整或消除，防止异常情况的扩大和延续，保证容器安全运行。对运行中的容器进行检查，主要包括以下三个方面。

（1）工艺条件方面　主要检查操作条件，包括操作压力、操作温度、液位是否在安全规程规定的范围内；容器工作介质的化学成分、物料配比、投料数量等，特别是那些影响容器安全的成分是否符合要求。

（2）设备状况方面　主要检查容器各连接部位有无泄漏、渗漏现象；容器的部件和附件有无塑性变形、腐蚀及其他缺陷或可疑迹象；容器及其连接管道有无振动、磨损等现象。

（3）安全装置方面　主要检查安全装置以及与安全有关的计量器具（如温度计、投料或液化气体充装计量用的磅秤等）是否保持完好状态，如压力表的取出管有无泄漏或堵塞现象；弹簧式安全阀的弹簧是否有锈蚀、被油污黏结等情况，冬季装设在室外的露天安全阀有无冻结的现象；这些装置和器具是否在规定的允许使用期限内。

对运行中的容器进行巡回检查要定时、定点、定线路，操作人员在进行巡回检查时，应随身携带检查工具，沿着固定的检查线路和检查点认真检查。

6. 压力容器正常停运时应注意的问题

压力容器由于按生产规程要进行定期检验、检修、技术改造，或因原料、能源供应不及时，或因容器本身要求采用间歇式操作工艺的方法等正常原因而停止运行，均属于正常停止运行。正常停运时应注意以下问题。

（1）停运时应控制降温速度　对于高温下工作的压力容器，急剧降温，会使容器壳壁产生较大的收缩应力，严重时会使容器产生裂纹、变形、零件松脱、连接部位发生泄漏等现象，因而应控制降温速度。

（2）采取降温的方法降压　对于储存液化气的容器，由于器内的压力取决于温度，所以单纯排放液化气的气体或液体均达不到降压的目的，必须先降温，才能实现降压。

（3）应清除干净剩余物料　容器内的剩余物料多为有毒或剧毒、易燃易爆、腐蚀性等有害物质，若不清除干净，无法进入容器内部检查和修理。

（4）应准确执行各项操作规程　停运时的操作不同于正常生产操作，要求更加严格、准确无误。

（5）杜绝火源　停运操作期间，容器周围应杜绝一切火源。对残留物料的排放与清理应采取相应措施，特别是可燃有毒气体应排至安全区域。

（四）压力容器的年度检查和定期检验

1. 压力容器的年度检查

年度检查是指为了确保压力容器在检验周期内的安全而实施的运行过程中的在线检查，

每年至少一次。固定式压力容器的年度检查可以由使用单位的压力容器专业人员进行，也可以由国家质量监督检验检疫总局（以下简称国家质检总局）核准的检验检测机构（以下简称检验机构）持证的压力容器检验人员进行。压力容器年度检查包括使用单位压力容器安全管理情况检查、压力容器本体及运行状况检查和压力容器安全附件检查等。检查方法以宏观检查为主，必要时进行测厚、壁温检查和腐蚀介质含量测定、真空度测试等。

（1）压力容器安全管理情况检查　压力容器安全管理情况检查的主要内容如下。

① 压力容器的安全管理规章制度和安全操作规程，运行记录是否齐全、真实，查阅压力容器台账（或者账册）与实际是否相符。

② 压力容器图样、使用登记证、产品质量证明书、使用说明书、监督检验证书、历年检验报告以及维修、改造资料等建档资料是否齐全并且符合要求。

③ 压力容器作业人员是否持证上岗。

④ 上次检验、检查报告中所提出的问题是否解决。

（2）压力容器本体及运行状况的检查　压力容器本体及运行状况的检查主要包括以下内容。

① 压力容器的铭牌、漆色、标志及喷涂的使用证号码是否符合有关规定。

② 压力容器的本体、接口部位、焊接接头等是否有裂纹、过热、变形、泄漏、损伤等。

③ 外表面有无腐蚀，有无异常结霜、结露等。

④ 保温层有无破损、脱落、潮湿、跑冷。

⑤ 检漏孔、信号孔有无漏液、漏气，检漏孔是否畅通。

⑥ 压力容器与相邻管道或者构件有无异常振动、响声或者相互摩擦。

⑦ 支承或者支座有无损坏，基础有无下沉、倾斜、开裂、紧固螺栓是否齐全、完好。

⑧ 排放（疏水、排污）装置是否完好。

⑨ 运行期间是否有超压、超温、超量等现象。

⑩ 罐体有接地装置的，检查接地装置是否符合要求。

（3）安全附件的检查　安全附件的检验包括对压力表、液位计、测温仪表、防爆片装置、安全阀的检查和校验。

① 压力表的年度检查，至少包括以下内容：压力表的选型；压力表的定期检修维护制度，检定有效期及其封印；压力表外观、精度等级、量程、表盘直径；在压力表和压力容器之间装设三通旋塞或者针形阀的位置、开启标记及锁紧装置；同一系统上各压力表的读数是否一致。

② 液位计的年度检查，包括：液位计的定期检修维护制度；液位计外观及附件；寒冷地区室外使用或者盛装 0℃ 以下介质的液位计选型；用于易燃、毒性程度为极度、高度危害介质的液化气体压力容器时，液位计的防止泄漏保护装置。

③ 测温仪表的年度检查，至少包括以下内容：测温仪表的定期检定和检修制度；测温仪表的量程与其检测的温度范围的匹配情况；测温仪表及其二次仪表的外观。

④ 防爆片装置的年度检查，至少包括以下内容：检查防爆片是否超过产品说明书规定的使用期限；检查防爆片的安装方向是否正确，核实铭牌上的爆破压力和温度是否符合运行要求；防爆片单独作泄压装置的，检查防爆片和容器间的截止阀是否处于全开状态，铅封是否完好；防爆片和安全阀串联使用，如果防爆片装在安全阀的进口侧，应当检查防爆片和安全阀之间装设的压力表有无压力显示，打开截止阀检查有无气体排出；防爆片和安全阀串联使用，如果防爆片装在安全阀的出口侧，应当检查防爆片和安全阀之间装设的压力表有无压力显示，如果有压力显示应当打开截止阀，检查能否顺利疏水、排气；防爆片和安全阀并联使用时，检查防爆片与容器间装设的截止阀是否处于全开状态，铅封是否完好。

　　⑤安全阀的年度检查，至少包括以下内容：安全阀的选型是否正确；校验有效期是否过期（安全阀一般每年至少校验一次）；对杠杆式安全阀，检查防止重锤自由移动和杠杆越出的装置是否完好，对弹簧式安全阀检查调整螺钉的铅封装置是否完好，对静重式安全阀检查防止重片飞脱的装置是否完好；如果安全阀和排放口之间装设了截止阀，检查截止阀是否处于全开位置及铅封是否完好；安全阀是否泄漏。

　　2. 压力容器的定期检验

　　压力容器定期检验工作包括全面检验和耐压试验。

　　（1）全面检验　全面检验是指压力容器停机时的检验。全面检验应当由检验机构进行。其检验周期为：

　　安全状况等级为1、2级的，一般每6年一次；

　　安全状况等级为3级的，一般3～6年一次；

　　安全状况等级为4级的，其检验周期由检验机构确定。

　　压力容器一般应当于投用满3年时进行首次全面检验。下次的全面检验周期，由检验机构根据本次全面检验结果按照规则第四条的有关规定确定。

　　①宏观检查（外观检查）。包括容器本体、对接焊缝、接管角焊缝等部位的裂纹、过热、变形、泄漏等，焊缝表面（包括近缝区）以肉眼或者5～10倍放大镜检查裂纹；内外表面的腐蚀和机械损伤；紧固螺栓；支承或者支座，大型容器基础的下沉、倾斜、开裂；排放（疏水、排污）装置；快开门式压力容器的安全联锁装置；多层包扎、热套容器的泄放孔等结构检查［包括筒体与封头的连接；开孔及补强；角接；搭接；布置不合理的焊缝；封头（端盖）；支座或者支承；法兰等］及几何尺寸检查（包括纵、环焊缝对口错边量、棱角度；焊缝余高、角焊缝的焊缝厚度和焊脚尺寸）；同一断面最大直径与最小直径；封头表面凹凸量、直边高度和直边部位的纵向皱褶；不等厚板（锻）件对接接头未进行削薄或者堆焊过渡的两侧厚度差；直立压力器和球形压力容器支柱的铅垂度等是否满足容器安全使用的要求，应当按其规定评定安全状况等级。

　　②保温层、隔热层、衬里检查。包括保温层的破损、脱落、潮湿、跑冷；有金属衬里的压力容器，如果发现衬里有穿透性腐蚀、裂纹、凹陷、检查孔已流出介质，应当局部或者全部拆除衬里层，查明本体的腐蚀状况或者其他缺陷；带堆焊层的，堆焊层的龟裂、剥离和脱落等；对于非金属材料作衬里的，如果发现衬里破损、龟裂或者脱落，或者在运行中本体壁温出现异常，应当局部或者全部拆除衬里，查明本体的腐蚀状况或者其他缺陷等。

　　③壁厚测定。厚度测定点的位置，一般应当选择以下部位：液位经常波动的部位；易受腐蚀、冲蚀的部位；制造成型时壁厚减薄部位和使用中易产生变形及磨损的部位；表面缺陷检查时，发现的可疑部位等。壁厚测定时，如果遇母材存在夹层缺陷，应当增加测定点或者用超声检测，查明夹层分布情况以及与母材表面的倾斜度，同时作图记录。

　　④表面无损检测。在检测中发现裂纹，检验人员应当根据可能存在的潜在缺陷，确定扩大表面无损检测的比例；如果扩检中仍发现裂纹，则应当进行全部焊接接头的表面无损检测。内表面的焊接接头已有裂纹的部位，对其相应外表面的焊接接头应当进行抽查。如果内表面无法进行检测，可以在外表面采用其他方法进行检测。对应力集中部位、变形部位，异种钢焊接部位、奥氏体不锈钢堆焊层、T形焊接接头以及其他有怀疑的焊接接头，补焊区，工卡具焊迹、电弧损伤处和易产生裂纹部位，应当重点检查。对焊接裂纹敏感的材料，注意检查可能发生的焊趾裂纹。有晶间腐蚀倾向的，可以采用金相检验检查。绕带式压力容器的钢带始、末端焊接接头，应当进行表面无损检测，不得有裂纹。铁磁性材料的表面无损检测优先选用磁粉检测。标准抗拉强度下限 $\sigma_b \geqslant 540\text{MPa}$ 的钢制压力容器，耐压试验后应当进行表面无损检测抽查。

⑤ 埋藏缺陷检测。压力容器的某些部位，应当进行射线检测或者超声检测抽查，必要时相互复验。已进行过此项检查的，再次检验时，如果无异常情况，一般不再复查。抽查比例或者是否采用其他检测方法复验，由检验人员根据具体情况确定。必要时，可以用声发射判断缺陷的活动性。

⑥ 材质检查。主要受压元件材质的种类和牌号一般应当查明。材质不明者，对于无特殊要求的容器，按 Q235 钢进行强度校核。对于第三类压力容器、移动式压力容器以及有特殊要求的压力容器，必须查明材质。对于已进行过此项检查，并且已作出明确处理的，不再重复检查。检查主要受压元件材质是否劣化，可以根据具体情况，采用硬度测定、化学分析、金相检验或者光谱分析等，予以确定。

⑦ 紧固件检查。对主螺栓应当逐个清洗，检查其损伤和裂纹情况，必要时进行无损检测。重点检查螺纹及过渡部位有无环向裂纹。

⑧ 强度校核。当压力容器存在腐蚀深度超过腐蚀裕量、设计参数与实际情况不符、名义厚度不明、结构不合理，并且已发现严重缺陷、检验人员对强度有怀疑等情况之一时应当进行强度校核。强度校核由检验机构或者有资格的压力容器设计单位进行，对不能以常规方法进行强度校核的，可以采用有限元方法、应力分析设计或者实验应力分析等方法校核。

⑨ 安全附件检查。

● 压力表：压力表要求无压力时，压力表指针回到限止钉处或者是否回到零位数值；压力表的检定和维护必须符合国家计量部门的有关规定，压力表安装前应当进行检定，注明下次检定日期，压力表检定后应当加铅封。

● 安全阀：安全阀应当从压力容器上拆下，按"安全阀校验要求"进行解体检查、维修与调校。安全阀校验合格后，打上铅封，出具校验报告后方准使用；新安全阀根据使用情况调试并且铅封后，才准安装使用。

● 防爆片：需按有关规定，按期更换。

● 紧急切断装置：应当从压力容器上拆下，进行解体、检验、维修和调整，做耐压、密封、紧急切断等性能试验。检验合格并且重新铅封方准使用。

（2）耐压试验　耐压试验是指压力容器全面检验合格后，所进行的超过最高工作压力的液压试验或者气压试验。每两次全面检验期间内，原则上应当进行一次耐压试验。全面检验合格后方允许进行耐压试验。耐压试验前，压力容器各连接部位的紧固螺栓，必须装配齐全，紧固妥当。耐压试验场地应当有可靠的安全防护设施，并且经过使用单位技术负责人和安全部门检查认可。耐压试验过程中，检验人员与使用单位压力容器管理人员到试验现场进行检验。检验时不得进行与试验无关的工作，无关人员不得在试验现场停留。

（3）定期检验申报时间　使用单位必须于检验有效期满30日前申报压力容器的定期检验，同时将压力容器检验申报表报检验机构和发证机构。检验机构应当按检验计划完成检验任务。

第二节　锅炉的安全技术

一、锅炉的基本构成、分类、主要参数及主要安全附件

1. 锅炉的基本构成

锅炉包括"锅"和"炉"两部分。现代工业上使用的锅炉，已不是简单的"锅"和"炉"，而是具备复杂的汽水系统和炉内系统。汽水系统是使水受热变成水蒸气的管道和容

器，通常也叫汽水系统；炉内系统是进行燃烧和热交换的系统，通常也叫燃烧系统或风煤烟系统。

锅炉整体的结构包括锅炉本体和辅助设备两大部分。锅炉中的炉膛、锅筒、过热器、省煤器、空气预热器、构架和炉墙等主要部件构成生产蒸汽的核心部分，称为锅炉本体。

2. 锅炉的分类

锅炉种类很多，分类和命名方法也各式各样，可以从不同角度出发对锅炉进行分类。

（1）按使用方式分类　固定式锅炉、移动式锅炉。

（2）按用途分类　电站锅炉、工业锅炉、采暖锅炉、机车锅炉、船舶锅炉。

（3）按出口介质状态分类　蒸汽锅炉、热水锅炉、汽水两用锅炉。

（4）按压力分类　低压锅炉（$p \leqslant 25\text{kgf/cm}^2$，$1\text{kgf/cm}^2 = 0.0980665\text{MPa}$，下同）、中压锅炉（$25\text{kgf/cm}^2 < p \leqslant 39\text{kgf/cm}^2$）、高压锅炉（$39\text{kgf/cm}^2 < p < 100\text{kgf/cm}^2$）、超高压锅炉、亚临界锅炉、超临界锅炉。

（5）按结构分类　火管锅炉、水火管锅炉、水管锅炉。

（6）按燃料分类　燃煤锅炉、燃油锅炉、燃气锅炉、电加热锅炉、原子能锅炉。

3. 锅炉的主要参数

锅炉主要包括以下参数。

（1）额定蒸汽压力　指在额定运行工况下，其出口处的蒸汽压力。单位 MPa（兆帕）。

（2）额定热功率（相对热水锅炉和有机热载体锅炉而言）　指在额定运行工况下，在单位时间内输出的热量，单位：MW/h（兆瓦/小时）。

（3）工作压力　指锅炉、锅炉受压元件处的运行压力。

（4）额定蒸发量　指蒸汽锅炉在额定运行工况下，单位时间内能产生额定压力蒸汽的能力，单位：t/h（吨/小时）。

4. 锅炉的主要安全附件

（1）安全阀　工业锅炉所用的安全阀一般有：弹簧式安全阀、杠杆式安全阀、静重式安全阀等三种。

安全阀在使用时有如下几点注意事项：

① 安全阀应铅直地安装在锅筒最高位置；

② 在安全阀与锅筒之间不得装阀门；

③ 安全阀一般应设置排汽管，排汽管应尽量接到安全地点；

④ 为防止安全阀的阀瓣和阀座粘住，应定期对安全阀作手动或自动的放汽实验；

⑤ 安全阀每年至少校验一次，并加以铅封；校验报告应妥善保存好。

（2）压力表　锅炉上装着灵敏、准确的压力表，司炉人员凭此正确地操作锅炉，确保安全经济地运行。压力表在使用时有如下注意事项。

① 压力表应根据工作压力选用，压力表表盘刻度最大值应为工作压力的 1.5～3.0 倍，最好选用 2 倍。

② 压力表表盘大小应保证司炉工能清楚地看到压力指示值，表盘直径不应小于 100mm，一般高度达 2m 的锅炉选用压力表直径应不小于 200mm。

③ 压力表应每半年校验一次，在工作压力处划红线并加铅封。

④ 压力表与锅筒之间应有存水弯管与三通旋塞。

（3）水位计（水位表）　水位计是指示锅炉内水位的高低，协助司炉人员监视锅炉水位的动态，以便把锅炉水位控制在正常幅度之内，防止锅炉发生缺水或满水事故。水位计有玻璃管式与平板式两种，水位计上应划有高水位、中水位、低水位三根红线，水位计放水管应接至安全地点。

（4）排污阀　排污阀装在锅筒、立式锅炉的下脚圈的最低处，它的作用有两种：一种是排放锅炉内的水垢和污渣；另一种是当锅炉满水或停炉清洗时可以排放余水。

排污阀在使用时有如下注意事项：

① 每台锅炉应装独立的排污管，排至安全地点；

② 几台锅炉合用一根总排污管时，不应有两台或两台以上的锅炉同时排污；

③ 锅炉的排污管、排污阀不应采用螺纹连接。

（5）保护装置

① 低水位联锁保护装置。额定蒸发量大于或等于 2t/h 的锅炉，应装设高低水位报警和低水位联锁保护装置，即在锅炉缺水时能报警并停炉。

② 超压联锁保护装置。额定蒸发量大于或等于 6t/h 的锅炉，应有超压联锁保护装置，即在超压时能报警，停炉。

③ 熄火保护装置。油（气）炉应有可靠的点火程序控制和熄火保护装置，避免油（气）炉的炉膛发生爆炸。

④ 超温联锁保护装置。热载体炉应有该装置，当油温超过限定值时，报警并切断燃烧装置。

二、锅炉的设计与制造

锅炉设计实施图纸审批制度。按照《锅炉压力容器安全监察暂行条例》规定锅炉压力容器安全监察机构对锅炉设计总图进行审批制度。锅炉设计审批主要审查三个方面的内容：结构型式、采用材料、强度校核。全国性的定型设计，需经国务院有关部门和国家质量监督检验检疫总局锅炉压力容器安全监察局审查批准。非全国性的定型设计，由省、自治区、直辖市有关部门和省级安全监察机构审查批准。属于锅炉制造单位的锅炉设计，应按照上述规定送有关的锅炉压力容器安全监察机构审查。锅炉制造许可级别见表 5-1。

表 5-1　锅炉制造许可级别划分

级　别	制　造　锅　炉　范　围
A	不限
B	额定蒸汽压力小于及等于 2.5MPa 的蒸汽锅炉
C	额定蒸汽压力小于及等于 0.8MPa 且额定蒸发量小于及等于 1t/h 的蒸汽锅炉 额定出水温度小于 120℃ 的热水锅炉
D	额定蒸汽压力小于及等于 0.1MPa 的蒸汽锅炉 额定出水温度小于 120℃ 且额定热功率小于及等于 2.8MW 的热水锅炉

注：1. 额定出水温度大于及等于 120℃ 的热水锅炉，按照额定出水压力分属于 C 级及其以上各级。

2. 持有高级别许可证的锅炉制造企业，可以生产低级别的锅炉产品。

3. 持有 C 级及其以上级别许可证的锅炉制造企业，可以制造有机热载体锅炉，对于只制造有机热载体锅炉的制造企业，应申请有机热载体锅炉单项制造资格，不需要定级别。

4. 对于产品种类较单一的制造企业，可对其许可范围进行限制，如限部件、材质、品种等。

5. 持证锅炉制造企业可以制造与相应级别锅炉配套的分汽缸、分水缸。

锅炉制造厂必须具备保证产品质量所必要的技术力量、设备、检验手段和管理制度；新试制的锅炉产品，必须进行技术鉴定，合格后方能正式生产投入市场；必须严格执行原材料的验收制度、工艺管理制度和产品质量检验制度。锅炉产品出厂时，必须附有与安全有关的技术资料，否则不准使用，具体资料如下：锅炉总图，主要受压部件图；受压元件的强度计算书；安全阀排放量的计算书；锅炉质量证明书（包括出厂合格证、金属材料证明、焊接质量证明和水压实验证明）；锅炉安装说明书和使用说明书；锅炉产品铭牌；检验检测机构的监检证书。

三、锅炉的验收与安装

锅炉是生产和生活中广泛使用的、有爆炸危险的承压设备。为了加强锅炉使用的安全监察工作，根据《锅炉压力容器安全技术监察暂行条例》有关规定，制订了《锅炉使用登记办法》。通过锅炉使用登记，可以使当地锅炉压力容器安全监察机构掌握锅炉有关安全方面的基本情况，提高安全管理水平。同时，通过使用登记，可以建立锅炉的技术档案，加强统计管理，为安全使用提供重要依据。另外，通过使用登记，可限制无安全保障的锅炉投入运行。锅炉使用登记的一般要求是：凡使用固定式承压锅炉的单位，应按照《锅炉使用登记办法》的规定，向锅炉所在地的县级以上劳动部门办理登记手续。

锅炉和压力容器的专业安装单位必须取得国家质检总局或省级质检局颁发的许可证方可从事锅炉压力容器的安装、改造、维修工作。安装作业必须执行国家规范，按安装规程的要求施工。安装过程应该对安装质量分段验收和总体验收。验收由使用单位和安装单位共同进行，总体验收应有上级主管部门和劳动部门参加。设计中考虑的安全技术措施，制造中有关安全的技术条件，在安装时也应满足。此外，支柱、平台、扶梯等附件都应符合有关规定的要求。安装中还应考虑基础沉降危险及接管安全等问题。组装焊件不得用强力使焊件对正；组装所需的焊接耳柄、拉筋板等应采用与容器相同的或焊接性能相似的材料；现场组装的焊接容器应对焊缝做表面探伤。对于胀接，为保证质量事前应做好试胀工作，确定合理的胀管率。在胀接过程中应随时检查胀口的质量，及时发现并消除缺陷。

四、锅炉的操作与检验

锅炉使用单位应向当地劳动部门办理锅炉设备使用登记手续；司炉人员应持证上岗；应健全以岗位责任制为主的各项规章制度，建立运行管理奖惩考核制度，严格监督，奖惩兑现；认真落实好车间、班组、值班人员检查制，发现问题及时处理；认真做好锅炉运行、检查、维修等各项记录；按要求做好停炉保养工作；认真执行《低压锅炉水质标准》，确保水质达标；杜绝三违作业。锅炉按规定定期进行停炉检验和水压试验；经常检查锅炉的三大安全附件（安全阀、压力表和水位计）、转动设备、配电保护设施等，做好记录，确保灵敏可靠。

1. 司炉人员需具备的基本条件

司炉工人的基本条件是：年满18周岁，身体健康，没有妨碍从事司炉作业的疾病和生理缺陷；具有关于蒸汽、压力、温度、水质、燃料与燃烧、通风、传热等方面的基本知识，并掌握所操作锅炉的应知应会内容；经考试合格取得司炉操作证。

司炉工人在安全方面的职责是：

① 严格执行各项规章制度，精心操作，确保锅炉安全运行；

② 发现锅炉有异常现象危及安全时，应采取紧急停炉措施并及时报告单位负责人；

③ 对任何有害锅炉安全运行的违章指挥，应拒绝执行；

④ 努力学习业务知识，不断提高操作水平。

2. 锅炉点火前要做的准备工作

（1）检查准备 对新装、迁装和检修后的锅炉，点火之前一定要进行全面检查。为了不遗漏检查项目，可按照锅炉运行规程的规定逐项进行检查。各个被检项目都符合点火要求后才能进行下一步的操作。

（2）上水 锅炉点火前的检查工作完毕后，即可进行锅炉的上水工作。上水时要缓慢，至最低安全水位时应停止上水，以防受热膨胀后水位过高。水温不宜过高，水温与筒壁温度之差不超过 50℃。

（3）烘炉　新装或长期停用的锅炉，炉墙比较潮湿，为避免锅炉投入运行后，高温火焰使炉墙内水分迅速蒸发而造成炉墙产生裂缝，因此在上水后要进行烘炉。烘炉就是在炉膛中用文火缓慢加热锅炉，逐渐蒸发排炉墙中的水分。烘炉时间的长短，应根据锅炉型式、炉墙结构以及施工季节不同而定。在烘炉后期，可通过检查炉墙内部材料含水率或温度，判定烘炉是否合格。

（4）煮炉　煮炉是利用化学药剂，除去受热面及其循环系统内部的铁锈、污物及胀接管头内部的油脂等，以确保锅炉的内部清洁，保证锅炉安全运行和获得品质优良的蒸汽。煮炉可以单独进行，也可以在烘炉后期和烘炉一道进行。煮炉时，一般在锅水中加入碱性药剂，如 NaOH、Na_3PO_4 等。煮炉后，若锅筒和集箱内壁无油垢、擦去附着物后金属表面无锈斑，即为合格。

（5）蒸汽试验　煮炉完毕后，即可升至工作压力进行蒸汽试验。由于蒸汽试验是在热态下进行的，效果比水压试验更为实际。在蒸汽试验时主要检查：人孔、手孔、法兰等处是否渗漏；全部阀门的严密程度；锅筒、集箱等膨胀情况是否正常等。

3. 锅炉点火升压阶段的安全注意事项

锅炉点火是在做好点火前的一切检查和准备工作之后而开始的。点火所需时间应根据锅炉结构型式、燃烧方式和水循环等情况而定，点火方法因燃烧方式和燃烧设备而异。由于锅炉点火升压对其安全有直接影响，因此，在点火升压阶段应注意以下安全事项。

（1）防止炉膛爆炸　锅炉点火前，炉膛和烟道中可能残存可燃气体或其他可燃物，如不注意清除，这些可燃物与空气的混合物遇明火即可能爆炸。燃油锅炉、燃气锅炉、煤粉锅炉等必须特别注意防止炉膛爆炸。点火前，应启动引风机，对炉膛和烟道通风 5～10min。燃气、燃油和煤粉炉点燃时，应先送风，之后投入点燃的火炬，最后送入燃料。一次点火未成功，必须立即停止向炉膛供给燃料，然后充分通风换气后再重新点火。严禁利用炉膛余热进行二次点火。

（2）控制升温升压速度　锅炉的升压过程和升温过程是紧紧地联系在一起的。由于温度升高，需要注意锅筒和受热面的热膨胀和热应力问题。为了保证锅炉各部分受热均匀，防止产生过大的热应力，升压过程一定要缓慢进行。同时要对各受热承压部件的膨胀情况进行监督，发现膨胀不均匀时应采取措施消除。当压力升到 0.2MPa 时，应紧固人孔、手孔及法兰上的螺栓。

（3）严密监视和调整指示仪表　点火升压过程中，锅炉的蒸汽参数、水位及各部件的工作状况在不断变化，为了防止异常情况及事故的出现，必须严密监视各种指示仪表，控制锅炉压力、温度、水位在合理范围内。同时，各种指示仪表本身也要经历从冷态到热态，从不承压到承压的过程，因而在点火升压阶段，保证指示仪表的准确可靠是十分重要的。压力上升到不同阶段，应分别做好冲洗水位表、压力表，试用排污装置，校验安全阀等工作。

4. 运行期间的巡回检查

司炉人员应坚守岗位，当班中必须不断地对运行中的锅炉进行全面的巡视检查，发现问题及时处理并做好记录。

① 检查锅炉水位是否正常，汽压是否稳定，特别要检查安全阀、压力表、水位计、温度计、警报器、蒸汽流量计等所有安全附件是否齐全、准确、灵敏、可靠。检查仪表是否正常，各指示信号有无异常变化。

② 检查锅炉的燃烧情况，注意蒸发量与负荷是否适应。燃料输送系统是否正常，燃料供应情况是否正常，上煤机、出渣机、鼓风机、引风机等辅机设备运转是否正常，有无异常

现象。

③ 检查各转动机械的轴承温升是否超限（滑动轴承温升 35℃，最高 60℃，滚动轴承温升 40℃，最高 70℃），检查各个需要润滑的部位油位是否正常，有无缺油或漏油现象。

④ 检查烟道、风道等有无漏风现象。检查除尘器是否漏风、水膜除尘器水量大小。检查炉渣清除情况。

⑤ 检查给水设备、管道及其附件等的完好情况。给水系统中水箱水位是否正常，水泵运转状况，各阀门开关位置和给水压力是否正常。排污阀和管道有无异常情况。各类阀门、仪表工作是否正常。

⑥ 检查锅炉本体受压部件有无渗漏、变形等异常情况。检查锅炉可见部位和炉拱、炉墙是否有异常现象。

⑦ 巡回检查发现的问题要及时处理，并将检查结果记入锅炉及附属设备的运行记录内。

5. 锅炉运行时水位的控制和调节

锅炉的水位是保证正常供汽和安全运行的重要指标，在锅炉运行中，操作人员应不间断地通过水位表监视锅内的水位。锅炉水位应经常保持在正常水位线处，并允许在正常水位线上下 50mm 之内波动。当锅炉负荷稳定时，如果给水量与蒸发量相等，则锅炉水位就比较稳定；如果给水量与蒸发量不相等，水位就要变化。间断上水的小型锅炉，由于水位总在变化，最易造成各种水位事故，更需加强运行监督和调节。

对负荷经常变动的锅炉来说，负荷的变动引起蒸发量的变动，从而造成给水量与蒸发量的差异，使水位产生波动。为使水位保持正常，锅炉在低负荷运行时，水位应稍高于正常水位，以防负荷增加时水位降得过低；锅炉在高负荷运行时，水位应稍低于正常水位，以免负荷降低时水位升得过高。当负荷突然变化时，有可能形成虚假水位，调整中应考虑到虚假水位出现的可能，在负荷突然增加之前适当降低水位，在负荷突然降低之前适当提高水位。不能根据虚假水位调节给水量。

为了对水位进行可靠的监督，在锅炉运行中要定期冲洗水位表，每班应至少冲洗一次。当水位表看不到水位时，应立即采取措施，查明锅内实际水位，在未肯定锅内实际水位的情况前，严禁上水。

6. 锅炉运行时蒸汽温度的控制和调节

对于饱和蒸汽锅炉，其蒸汽温度随蒸汽压力的变化而变化；对于过热蒸汽锅炉，其蒸汽温度的变化主要取决于过热器烟气侧的放热和蒸汽侧的吸热。当流经过热器的烟气温度、烟气量和烟气流速等变化时，都会引起过热蒸汽温度的上升或下降。

（1）过热蒸汽温度过高时降低汽温的方法

① 有减温器的，可增加减温器水量。

② 喷汽降温。在过热蒸汽出口，适量喷入饱和蒸汽，可降低过热蒸汽温度。

③ 对过热器前的受热面进行吹灰。如对水冷壁吹灰，可增加炉膛蒸发受热面的吸热量，降低炉膛出口烟温，从而降低过热器传热温度。

④ 在允许范围内降低过剩空气量。

⑤ 提高给水温度。当负荷不变时，增加给水温度，势必减弱燃烧才能不使蒸发量增加，燃烧的减弱使烟气量和烟气流速减小，使过热器的吸热量降低，从而使过热蒸汽温度下降。

⑥ 使燃烧中心下移。适当减小引风和鼓风，使炉膛火焰中心下移，使进入过热器的烟气量减少，烟温降低，使过热蒸汽温度降低。

（2）过热蒸汽温度过低时升高汽温的方法

① 对过热器进行吹灰，提高其吸热能力；

② 降低给水温度；

③ 增加风量，使燃烧中心上移；

④ 有减温器的，可减少减温水量。

7. 锅炉运行时汽压的控制和调节

锅炉正常运行中，蒸汽压力应基本上保持稳定。当锅炉负荷变化时，可按下述方法进行调节，使汽压、水位保持稳定。

① 当负荷降低使汽压升高时，如果此时水位较低，可增加给水量使汽压不再上升，然后酌情减少燃料量和风量，减弱燃烧，降低蒸发量，使汽压保持正常。

② 当负荷降低使汽压升高时，如果水位也高，应先减少燃料量和风量，减弱燃烧，同时适当减少给水量，待汽压水位正常后，再根据负荷调节燃烧和给水。

③ 当负荷增加使汽压下降时，如果此时水位较低，可先增加燃料量和风量，加强燃烧，同时缓慢加大给水量，使汽压、水位恢复正常；也可先增加给水量，待水位正常后，再增加燃烧，使汽压恢复正常。

④ 当负荷增加使汽压下降时，如果水位较高，可先减少给水量，再增加燃料量和风量，强化燃烧，加大蒸发量，使气压恢复正常。

对于间断上水的锅炉，上水应均匀，上水间隔时间不宜过长，一次上水不宜过多，在燃烧减弱时不宜上水，以保持汽压稳定。

8. 锅炉的水质处理及化学清洗

（1）水质处理　锅炉水处理人员须经过培训、考试合格，并取得锅炉安全监察机构颁发的相应资格证书后，才能从事相应的水处理工作。蒸汽锅炉、热水锅炉的给水应采用锅外化学（离子交换）水处理方法。额定蒸发量小于等于2t/h，且额定蒸汽压力小于等于1.0MPa的蒸汽锅炉，额定热功率小于等于2.8MW的热水锅炉也可采用锅内加药处理。但必须对锅炉的结垢、腐蚀和水质加强监督，认真做好加药、排污和清洗工作。额定蒸发量大于等于6t/h的蒸汽锅炉或额定热功率大于等于4.2MW的热水锅炉的给水应除氧。锅炉水质应符合GB 1576《工业锅炉水质》标准的要求。

（2）化学清洗　锅炉化学清洗单位必须获得省级以上（含省级）安全监察机构的资格认可，才能从事相应级别的锅炉清洗工作。清洗单位在锅炉化学清洗前，应制定清洗方案并持清洗方案等有关资料到锅炉登记所在地的安全监察机构办理备案手续。清洗结束时，清洗单位和锅炉使用单位及安全监察机构或其授权的锅炉检验单位应对清洗质量进行检查验收。

五、锅炉检验

为了及时发现和消除锅炉存在的缺陷，保证锅炉安全、经济和连续地运行，一定要按计划对锅炉内外部进行定期检验和修理。锅炉检验是一项细致、复杂和技术性较强的工作，从事工业锅炉安全管理的工作者必须熟悉锅炉检验的方法、内容和质量要求。

根据《锅炉定期检验规则》，将锅炉检验分为内部检验、外部检验和水压试验三种形式。在用锅炉一般每年进行一次外部检验，每两年进行一次内部检验，每6年进行一次水压试验。电站锅炉的内部检验和水压试验周期可按照电厂大修周期进行适当调整。对于无法进行内部检验的锅炉，应每3年进行一次水压试验。只有当内部检验、外部检验和水压试验均在合格有效期内，锅炉才能投入运行。

除常规的检验外，若遇移装锅炉开始投运时、锅炉停止运行1年以上恢复运行时、锅炉的燃烧方式和安全自控系统有改动等特殊情况应立即进行外部检验；若新安装的锅炉运行1年后、移装锅炉投运前、锅炉停止运行1年以上恢复运行前、受压元件经重大修理或改造后，应立即进行内部检验；若遇移装锅炉投运前、受压元件经重大修理或改造后等特殊情况应立即进行水压试验。

1．内部检验

内部检验主要是检验锅炉承压部件是否在运行中出现裂纹、起槽、过热、变形、泄漏、腐蚀、磨损、水垢等影响安全的缺陷。其检验的主要部件为：锅筒（壳）、封头、管板、炉胆、回燃室、水冷壁、烟管、对流管束、集箱、过热器、省煤器、外置式汽水分离器、导汽管、下降管、下脚圈、冲天管和锅炉范围内的管道等部件；分汽（水）缸原则上应跟随一台锅炉进行同周期的检验。

进行内部检验前，锅炉使用单位应作好如下准备：

① 应提前停炉，保证检验人员进入锅炉内部检验炉内温度应冷却至35℃以下；

② 打开各种可检查门孔，清除锅炉内部水垢污物（应留下水垢样品供检验人员参考），清除炉膛、烟箱、受热面管子间和烟管内积灰炉渣；

③ 采取可靠措施隔断受检锅炉与热力系统相连的蒸汽、给水、排污等管道及烟、风道并切断电源，对于燃油、燃气的锅炉还需可靠地隔断油、气来源，并进行通风置换；

④ 必要时拆除妨碍检查的汽水挡板、分离装置及给水、排污装置等内件；

⑤ 准备好安全电源。

2．外部检验

外部检验是指锅炉在运行状态下，对其安全状况进行的检验。外部检验包括锅炉管理检查、锅炉本体检验、安全附件、自控调节及保护装置检验、辅机和附件检验、水质管理和水处理设备检验等方面；检验以宏观检验为主，并配合对一些安全装置、设备的功能确认，但不得因检验而出现不安全因素。

进行外部检验前，锅炉使用单位应做好如下准备：

① 锅炉外部的清理工作；

② 准备好锅炉的技术档案资料；

③ 准备好司炉人员和水质化验人员的资格证件；

④ 检验时，锅炉使用单位的锅炉管理人员和司炉班长应到场配合，协助检验工作，并提供检验员需要的其他资料。

3．水压试验

水压试验是指锅炉以水为介质，以规定的试验压力对锅炉受压部件强度和严密性进行的检验。水压试验应在锅炉内部检验合格后进行。水压试验的试验压力应符合表5-2。

表 5-2　水压试验的试验压力应符合下列规定

锅筒（锅壳）工作压力 p	试验压力
＜0.8MPa	1.5p 但不小于 0.2MPa
0.8～1.6MPa	$p+0.4$MPa
＞1.6MPa	1.25p

六、锅炉事故的预防

锅炉是一种承受压力和高温的特种设备，往往由于设计、制造、安装不合理或者使用管理不当而造成爆炸事故。为了预防锅炉事故，必须从锅炉的设计、制造、安装、使用、维修、保养等环节着手，切实贯彻执行国家的法律、规程和标准。

1．把好锅炉设计关

锅炉设计要做到结构合理，受压元件强度计算精确，选材得当，设计单位及设计人员应对其设计的锅炉的安全性能负责。设计图纸上应有设计、校对、审核和设计负责人签字。锅炉总图上应有批准、备案等说明。锅炉元件的强度计算，必须按规定的要求进行。

2. 锅炉制造要保证质量

由于锅炉工作条件比较恶劣，尤其是受热面，外部受强烈的热辐射和高温气流的冲刷，内部受高压水和蒸汽的作用，锅炉元件同时处于高温、高压和易于腐蚀的条件下。因此，锅炉能否保证安全运行，制造质量至关重要。制造单位必须从制造设备、工艺等方面保证质量要求；对材料质量、工艺技术、焊接质量和检验等都要严格要求。焊接工人必须经过考试，取得特种设备安全监察机构颁发的证书，才准许焊接受压元件。锅炉出厂时必须附有安全技术资料。

3. 锅炉的安装需符合要求

锅炉的安装质量好坏与安全运行有直接关系。安装单位须取得资质，锅炉安装前，应对锅炉各个部件的质量进行逐个检查，发现质量不合格，有权拒绝安装。立式锅炉、快装锅炉，经审查同意后使用单位可以自行安装。

4. 加强锅炉使用中的安全管理和维修

使用单位应向当地劳动部门办理锅炉设备使用登记手续；司炉工人应经过考核取得《特种设备作业人员证书》，方准操作；使用单位需认真执行《低压锅炉水质标准》，确保水质达标。

使用单位应有专人负责锅炉设备的技术管理，要建立以岗位责任制为主的各项规章制度，对用煤粉、油、气体燃烧的锅炉，还应建立巡回监视检查和对自动仪表定期进行校验检修的制度，应按照《蒸汽锅炉安全监察规程》的要求，搞好锅炉的运行管理、维修保养、定期检修等工作。

锅炉运行值班人员应不间断地观察锅炉给水、燃烧等情况，经常检查锅炉的三大安全附件（安全阀、压力表和水位计）、转动设备、配电保护设施等，做好记录，确保灵敏可靠，如发现异常危险征兆，要立即报告领导，采取措施，防止爆炸。要每年进行一次内外部检验，及时发现缺陷，及时修理。

第三节　气瓶的安全技术

一、气瓶的分类

1. 按充装介质的性质分类

（1）永久气体气瓶　永久气体（压缩气体）因其临界温度小于$-10℃$，常温下呈气态，所以称为永久气体，如氢、氧、氮、空气、煤气及氩、氦、氖、氪等。这类气瓶一般都以较高的压力充装气体，目的是增加气瓶的单位容积充气量，提高气瓶利用率和运输效率。常见的充装压力为$15MPa$，也有充装$20\sim30MPa$。

（2）液化气体气瓶　液化气体气瓶充装时都以低温液态灌装。有些液化气体的临界温度较低，装入瓶内后受环境温度的影响而全部汽化。有些液化气体的临界温度较高，装瓶后在瓶内始终保持气液平衡状态，因此，可分为高压液化气体和低压液化气体。

① 高压液化气体。临界温度大于或等于$-10℃$，且小于或等于$70℃$。常见的有乙烯、乙烷、二氧化碳、氧化亚氮、六氟化硫、氯化氢、三氟甲烷（F-13）、三氟甲烷（F-23）、六氟乙烷（F-116）、氟己烯等。常见的充装压力有$15MPa$和$12.5MPa$等。

② 低压液化气体。临界温度大于$70℃$，如溴化氢、硫化氢、氨、丙烷、丙烯、异丁烯、1,3-丁二烯、1-丁烯、环氧乙烷、液化石油气等。《气瓶安全监察规程》规定，液化气体气瓶的最高工作温度为$60℃$。低压液化气体在$60℃$时的饱和蒸气压都在$10MPa$以下，所以这

类气体的充装压力都不高于10MPa。

（3）溶解气体气瓶　是专门用于盛装乙炔的气瓶。由于乙炔气体极不稳定，故必须把它溶解在溶剂（常见的为丙酮）中。气瓶内装满多孔性材料，以吸收溶剂。乙炔瓶充装乙炔气，一般要求分两次进行，第一次充气后静置8h以上，再进行第二次充气。

2. 按制造方法分类

（1）钢制无缝气瓶　是以钢坯为原料，经冲压拉伸制造或以无缝钢管为材料，经热旋压收口、收底制造的钢瓶。瓶体材料为采用碱性平炉、电炉或吹氧碱性转炉冶炼的镇静钢，如优质碳钢、锰钢、铬钼钢或其他合金钢。用于盛装永久气体（压缩气体）和高压液化气体。

（2）钢制焊接气瓶　是以钢板为原料，冲压卷焊制造的钢瓶。瓶体及受压元件材料为采用平炉、电炉或氧化转炉冶炼的镇静钢，材料要求有良好的冲压和焊接性能。这类气瓶用于盛装低压液化气体。

（3）缠绕玻璃纤维气瓶　是以玻璃纤维加黏结剂缠绕或碳纤维制造的气瓶。一般有一个铝制内筒，其作用是保证气瓶的气密性，承压强度则依靠玻璃纤维缠绕的外筒，这类气瓶由于绝热性能好、重量轻、多用于盛装呼吸用压缩空气，供消防、毒区或缺氧区域作业人员随身背挎并配以面罩使用。一般容积较小（1～10L），充气压力多为15～30MPa。

二、气瓶的安全附件

1. 安全泄压装置

气瓶的安全泄压装置是为了防止气瓶在遇到火灾等高温时，瓶内气体受热膨胀而发生破裂爆炸。

（1）防爆片　防爆片装在瓶阀上，其爆破压力略高于瓶内气体的最高温升压力。防爆片多用于高压气瓶上，有的气瓶不装防爆片。《气瓶安全监察规程》对是否必须装设防爆片，未做明确规定。气瓶装设防爆片有利有弊，一些国家的气瓶不采用防爆片这种安全泄压装置。

（2）易熔塞　易熔塞一般装在低压气瓶的瓶肩上，当周围环境温度超过气瓶的最高使用温度时，易熔塞的易熔合金熔化，瓶内气体排出，避免气瓶爆炸。

2. 其他附件

（1）防震圈　气瓶装有两个防震圈，是气瓶瓶体的保护装置。气瓶在充装、使用、搬运过程中，常常会因滚动、震动、碰撞而损伤瓶壁，以致发生脆性破坏。这是气瓶发生爆炸事故常见的一种直接原因。

（2）瓶帽　瓶帽是瓶阀的防护装置，它可避免气瓶在搬运过程中因碰撞而损坏瓶阀，保护出气口螺纹不被损坏，防止灰尘、水分或油脂等杂物落入阀内。

（3）瓶阀　瓶阀是控制气体出入的装置，一般是用黄铜或钢制造。充装可燃气体的钢瓶的瓶阀，其出气口螺纹为左旋；盛装助燃气体的气瓶，其出气口螺纹为右旋。瓶阀的这种结构可有效地防止可燃气体与非可燃气体的错装。

三、气瓶颜色标志

国家法规和标准规定气瓶要漆色，包括瓶色、字样、字色和色环。气瓶漆色的作用除了保护气瓶，防止腐蚀，反射阳光等热源，防止气瓶过度升温以外，还为了便于区别，辨认所盛装的介质，防止可燃或易燃、易爆介质与氧气混装，形成混合气体，而发生爆炸事故，有利于安全。

《气瓶颜色标志》GB 7144—1999，1999年12月修订并发布，自2000年10月1日起执行。充装常用气体的气瓶颜色标志见表5-3。

表 5-3　气瓶颜色标志一览

序号	充装气体名称		化学式	瓶色	字　样	字色	色　环
1	乙炔		CH≡CH	白	乙炔不可近火	大红	
2	氢		H_2	淡绿	氢	大红	$p=20$,淡黄色单环 $p=30$,淡黄色双环
3	氧		O_2	淡(酞)兰	氧	黑	
4	氮		N_2	黑	氮	淡黄	$p=20$,白色单环 $p=30$,白色双环
5	空气			黑	空气	白	
6	二氧化碳		CO_2	铝白	液化二氧化碳	黑	$p=20$,黑色单环
7	氨		NH_3	淡黄	液氨	黑	
8	氯		Cl_2	深绿	液氯	白	
9	氟		F_2	白	氟	黑	
10	一氧化氮		NO	白	一氧化氮	黑	
11	二氧化氮		NO_2	白	液化二氧化氮	黑	
12	碳酰氯		$COCl_2$	白	液化光气	黑	
13	砷化氢		AsH_3	白	液化砷化氢	大红	
14	磷化氢		PH_3	白	液化磷化氢	大红	$p=12.5$,深绿色单环
15	乙硼烷		B_2H_6	白	液化乙硼烷	大红	
16	四氟甲烷		CF_4	铝白	氟氯烷 14	黑	
17	二氟二氯甲烷		CCl_2F_2	铝白	液化氟氯烷 12	黑	
18	二氟溴氯甲烷		$CBrClF_2$	铝白	液化氟氯烷 12B1	黑	
19	三氟氯甲烷		$CClF_3$	铝白	液化氟氯烷 13	黑	
20	三氟溴甲烷		$CBrF_3$	铝白	液化氟氯烷 13B1	黑	
21	六氟乙烷		CF_3CF_3	铝白	液化氟氯烷 116	黑	
22	一氟二氯甲烷		$CHCl_2F$	铝白	液化氟氯烷 21	黑	
23	二氟二氯甲烷		CCl_2F_2	铝白	液化氟氯烷 22	黑	
24	三氟甲烷		CHF_3	铝白	液化氟氯烷 23	黑	
25	四氟二氯乙烷		$CClF_2—CClF_2$	铝白	液化氟氯烷 114	黑	
26	五氟一氯乙烷		$CHF_3—CClF_2$	铝白	液化氟氯烷 115	黑	
27	三氟氯乙烷		$CH_2Cl—CF_3$	铝白	液化氟氯烷 133a	黑	
28	八氟环丙烷		$\overline{CF_2CF_2CF_2}$	铝白	液化氟氯烷 318	黑	
29	二氟氯乙烷		CH_3CClF_2	铝白	液化氟氯烷 142b	大红	
30	1,1,1-三氟乙烷		CH_3CF_3	铝白	液化氟氯烷 143a	大红	
31	1,1-二氟乙烷		CH_3CHF_2	铝白	液化氟氯烷 152a	大红	
32	甲烷		CH_4	棕	甲烷	白	$p=20$,淡黄色单环 $p=30$,淡黄色双环
33	天然气			棕	天然气	白	
34	乙烷		CH_3CH_3	棕	液化乙烷	白	$p=15$,淡黄色单环 $p=20$,淡黄色双环
35	丙烷		$CH_3CH_2CH_3$	棕	液化丙烷	白	
36	环丙烷		$\overline{CH_2CH_2CH_2}$	棕	液化环丙烷	白	
37	丁烷		$CH_3CH_2CH_2CH_3$	棕	液化丁烷	白	
38	异丁烷		$(CH_3)_3CH$	棕	液化异丁烷	白	
39	液化石油气	工业用		棕	液化石油气	白	
		民用		银灰	液化石油气	大红	
40	乙烯		$CH_2=CH_2$	棕	液化乙烯	淡黄	$p=15$,白色单环 $p=20$,白色双环

续表

序号	充装气体名称	化学式	瓶色	字样	字色	色环
41	丙烯	$CH_3CH\!=\!CH_2$	棕	液化丙烯	淡黄	
42	1-丁烯	$CH_3CH_2CH\!=\!CH_2$	棕	液化丁烯	淡黄	
43	2-丁烯(顺)	$\begin{matrix}H_3C\!-\!CH\\ \parallel\\ H_3C\!-\!CH\end{matrix}$	棕	液化顺丁烯	淡黄	
44	2-丁烯(反)	$\begin{matrix}H_3C\!-\!CH\\ \mid\\ CH\!-\!CH_3\end{matrix}$	棕	液化反丁烯	淡黄	
45	异丁烯	$(CH_3)_2C\!=\!CH_2$	棕	液化异丁烯	淡黄	
46	1,3-丁二烯	$CH_2\!=\!(CH)_2\!=\!CH_2$	棕	液化丁二烯	淡黄	
47	氩	Ar	银灰	氩	深绿	
48	氦	He	银灰	氦	深绿	$p=20$,白色单环
49	氖	Ne	银灰	氖	深绿	$p=30$,白色双环
50	氪	Kr	银灰	氪	深绿	
51	氙	Xe	银灰	液氙	深绿	
52	三氟化硼	BF_3	银灰	氟化硼	黑	
53	一氧化二氮	N_2O	银灰	液化笑气	黑	$p=15$,深绿色单环
54	六氟化硫	SF_6	银灰	液化六氟化硫	黑	$p=12.5$,深绿色单环
55	二氧化硫	SO_2	银灰	液化二氧化硫	黑	
56	三氯化硼	BCl_3	银灰	液化氯化硼	黑	
57	氟化氢	HF	银灰	液化氟化氢	黑	
58	氯化氢	HCl	银灰	液化氯化氢	黑	
59	溴化氢	HBr	银灰	液化溴化氢	黑	
60	六氟丙烯	$CF_3CF\!=\!CF_2$	银灰	液化全氟丙烯	黑	
61	硫酰氟	SO_2F_2	银灰	液化硫酰氟	黑	
62	氘	D_2	银灰	氘	大红	
63	一氧化碳	CO	银灰	一氧化碳	大红	
64	氟乙烯	$CH_2\!=\!CHF$	银灰	液化氟乙烯	大红	
65	1,1-二氟乙烯	$CH_2\!=\!CF_2$	银灰	液化偏二氟乙烯	大红	$p=12.5$,淡黄色单环
66	甲硅烷	SiH_4	银灰	液化甲硅烷	大红	
67	氯甲烷	CH_3Cl	银灰	液化氯甲烷	大红	
68	溴甲烷	CH_3Br	银灰	液化溴甲烷	大红	
69	氯乙烷	C_2H_5Cl	银灰	液化氯乙烷	大红	
70	氯乙烯	$CH_2\!=\!CHCl$	银灰	液化氯乙烯	大红	
71	三氟氯乙烯	$CF_2\!=\!CClF$	银灰	液化三氟氯乙烯	大红	
72	溴乙烯	$CH_2\!=\!CHBr$	银灰	液化溴乙烯	大红	
73	甲胺	CH_3NH_2	银灰	液化甲胺	大红	
74	二甲胺	$(CH_3)_2NH$	银灰	液化二甲胺	大红	
75	三甲胺	$(CH_3)_3N$	银灰	液化三甲胺	大红	
76	乙胺	$C_2H_5NH_2$	银灰	液化乙胺	大红	
77	二甲醚	CH_3OCH_3	银灰	液化甲醚	大红	
78	甲基乙烯基醚	$CH_2\!=\!CHOCH_3$	银灰	液化乙烯基甲醚	大红	
79	环氧乙烷	$\underset{\underline{\quad\quad}}{CH_2OCH_2}$	银灰	液化环氧乙烷	大红	
80	甲硫醇	CH_3SH	银灰	液化甲硫醇	大红	
81	硫化氢	H_2S	银灰	液化硫化氢	大红	

注：1. 色环栏内的 p 是气瓶的公称工作压力，MPa。

2. 序号39，民用液化石油气瓶上的字样应排成两行。"家用燃料"居中的下方为"（LPG）"。

四、气瓶的设计与制造

气瓶设计实行设计文件鉴定制度。气瓶设计文件应当经国家质检总局特种设备安全监察机构（以下简称总局安全监察机构）核准的检验检测机构鉴定，方可用于制造。气瓶制造单位申请设计文件鉴定时，应当提交齐全的设计文件和产品型式试验报告。气瓶设计文件应当包括：设计任务书；设计图样（含钢印印模图样）；设计计算书；设计说明书；标准化审查报告；使用说明书。

制造企业应当取得国家质检总局颁发的制造许可证书，方可从事制造活动。气瓶及其附件的制造许可按照《锅炉压力容器制造监督管理办法》的规定执行，见表 5-4。气瓶应当逐只进行监督检验后方可出厂。气瓶出厂时，制造单位应当在产品的明显位置上，以钢印（或者其他固定形式）注明制造单位的制造许可证编号和企业代号标志以及气瓶出厂编号，并向用户逐只出具铭牌式或者其他能固定于气瓶上的产品合格证，按批出具批量检验质量证明书。

表 5-4　气瓶制造许可级别划分

级别	制造压力容器范围	代　表　产　品
B	无缝气瓶（B1） 焊接气瓶（B2） 特种气瓶（B3）	B2 注明含（限）溶解乙炔气瓶或液化石油气瓶 B3 注明机动车用、缠绕、非重复充装、真空绝热低温气瓶等

1. 气瓶的最高使用温度

气瓶是一种盛装容器，其最高工作压力决定于它的充装量和最高使用温度。而充装量，对于压缩气体是指它在某一充装温度下的充装压力，对液化气体是指气瓶单位容积内所装气体的重量。最高使用温度是指气瓶在充装气体以后可能达到的最高温度。

气体使用温度的变化，除了个别气瓶，由于所装的是易于起聚合反应的气体，在瓶内部分发生聚合、放出热量，致使瓶内气体温度升高以外，一般都是受周围环境的影响。使气瓶温度升高多是气瓶靠近高温热源或在烈日下曝晒。靠近高温热源是禁止的，由此所产生的温升也是无法考虑的。为了安全，气瓶的最高使用温度应按气瓶在烈日曝晒下的温度考虑。

经实际测量，气瓶在烈日下曝晒时，瓶内气体的温度远远高于最高大气温度，略低于最高地面温度。我国各地气候条件不一，且气瓶又不是限定在某地区使用，所以气瓶的最高使用温度，应该统一按全国的最高气温和地温来考虑。《气瓶安全监察规程》中规定，以所装气体在 60℃时的压力作为气瓶的设计压力。

2. 压缩气体气瓶的设计压力与充装量

（1）设计压力　气瓶的设计压力就是所充装气体在 60℃时的压力。压缩气体气瓶是通用的盛装容器，应适用于盛装各种压缩气体，而每一种压缩气体在高压情况下，压力随温度的变化规律不完全一样。有些气体压力随温度的变化规律与理想气体的差别很大。

即使在相同的充装条件下，各种气体的温升虽然相同，而压力的增加却并不一样，所以要使气瓶有通用性，不能根据统一的充装压力分别确定各种气体气瓶的设计压力，而应该根据标准化的需要，确定统一的气瓶的设计压力系列。充装气体时，则根据不同的气体确定不同的充装量。

（2）充装量（充装压力）　为了保证气瓶在使用或充装过程中不因环境温度升高而处于超压状态，必须对气瓶的充装量严格控制。确定永久气体及高压液化气体气瓶的充装量时，要求瓶内气体在最高使用温度（60℃）下的压力，不超过气瓶的最高许用压力。对低压液化气体气瓶，则要求瓶内液体在最高使用温度下，不会膨胀至瓶内满液，即要求瓶内始终保留有一定气相空间。

根据上述原则，各种类型的气体的最大充装量应按下列方法确定。

① 永久气体气瓶的最大充装量，应保证所装的气体在 333K（60℃）时的压力不超过气

瓶的最高许用压力。

② 高压液化气体的最大充装量也应保证所装液化气体在 333K（60℃）时的气体压力（已全部汽化）不超过气瓶的最高许用压力。但它的充装量是以充装系数（单位容积内装入液化气体的质量）来计量的。

③ 低压液化气体的最大充装量是保证所装入的液化气体在 333K（60℃）时瓶内不会满液，仍保留有气相空间。也就是液化气体充装系数（单位容积内所装入的液化气体质量）不应大于所装介质在 333K 时液体的密度。

五、气瓶的使用管理

1. 气瓶充装与使用不当造成事故

气瓶的正确充装是保证气瓶安全使用的关键之一。气瓶由于充装不当而发生爆炸事故，其原因多数是氧气与可燃气体混装和充装过量。

氧气与可燃气体混装往往是原来盛装可燃气体（如氢、甲烷等）的气瓶，未经过置换、清洗等处理，而且瓶内还有余气，又用来盛装氧气，或者将原来装氧气的气瓶用来充装可燃气体，使可燃气体与氧气在瓶内发生化学反应，瓶内压力急剧升高，气瓶破裂爆炸。

充装过量也是气体爆炸的常见原因特别是盛装低压液化气体的气瓶。因为液化气体充装温度一般都比较低，如果在这种温度下充装过量的液化气体，受周围环境温度的影响，瓶内液化温度升高，迅速膨胀，产生很大压力，造成气瓶破裂爆炸。

此外，盛装可燃气体气瓶的瓶阀泄漏，氧气瓶瓶阀或其他附件沾有油脂等也常常会引起着火燃烧事故。

气瓶在运输（或搬动）过程中容易受到震动或冲击，如果气瓶原来就存在一些缺陷，在这种情况下，就容易发生事故。有时还会把瓶阀撞坏或碰断，发生使气瓶喷气飞离原处或喷出的可燃气体着火等事故。

气瓶上静电危害也可能引起可燃气体的爆炸燃烧事故。气瓶上的静电主要是在充气或放气时产生的。气瓶上静电危害是放电产生火花，可能引起可燃气体的爆炸燃烧事故，发生电击，造成人身伤害，使仪器设备受影响。静电对气瓶的危害，要以预防为主来消除。使用气瓶时，气瓶不应放在绝缘物体（如橡胶、塑料、木板）上，开启或关闭瓶阀时应谨慎小心，开阀不能过猛，防止气速过高，并阀要严而不紧，避免造成开阀困难。严禁用电磁起重机搬运气瓶，操作人员严禁穿着化纤服装和绝缘性高的鞋袜。

2. 对充装、使用、运输气瓶的安全要求

（1）气瓶充装　气瓶充装单位应持有省级劳动部门锅炉压力容器安全监察机构发给的注册登记证，未办理注册登记的，不得从事气瓶充装工作。

充装液化气体时应注意以下事项。

① 严格按照有关的制度和操作规程进行操作。

② 充装前，操作人员应检查称量衡器的准确度和灵敏性等，符合要求才可使用。

③ 充装前应将瓶内余气抽空，然后空瓶称重，校对是否与瓶上钢印标记重量相符。核实后，接上充装卡头，定好称重衡器的充装重量再进行充装。

④ 如果充装《气瓶安全监察规程》中未列入充装系数的液化气体时，应按液化气体充装系数的计算方法，制定本单位的标准，并报当地劳动部门校准。

气瓶充装前应由专职检查员负责逐只进行检查，检查出的问题，必须妥善处理，否则严禁充气。

气瓶充装前检查的主要项目：

① 气瓶是否是持有制造许可证的制造单位制造的，气瓶是否是规定停用或需要复验的；

② 气瓶改装是否符合规定；

③ 气瓶原始标志是否符合标准和规定，钢印字迹是否清晰可见；

④ 气瓶是否在规定的定期检验有效期限内；

⑤ 气瓶上标出公称工作压力是否符合欲装气体规定的充装压力；

⑥ 气瓶的漆色、字样是否符合《气瓶颜色标记》的规定；

⑦ 气瓶附件是否齐全并符合技术要求；

⑧ 气瓶内有无剩余压力，剩余气体与欲装气体是否符合；

⑨ 盛装氧气或强氧化性气体气瓶的瓶阀和瓶体是否沾染油脂；

⑩ 新投入使用或经定期检验、更换瓶阀或因故放尽气体后首次充气的气瓶，是否经过置换或真空处理；

⑪ 瓶体有无裂纹、严重腐蚀、明显变形、机械损伤以及其他能影响气瓶强度和安全使用的缺陷。

气瓶充装后检查的基本项目：

① 瓶壁温度有无异常；

② 瓶体有无出现鼓包、变形、泄漏或充装前检漏的缺陷；

③ 瓶阀及其与瓶口连接处的气密性是否良好，瓶帽和防震圈是否齐全完好；

④ 颜色标记和检验色标是否齐全并符合技术要求；

⑤ 取样分析瓶内气体纯度及其杂质含量是否在规定范围内；

⑥ 实测瓶内气体压力、重量或压力和重量是否在规定范围内。

（2）气瓶的使用　使用气瓶注意事项如下。

① 使用气瓶者应学习国家有关气瓶的安全监察规程、标准、了解气瓶规格、质量和安全要求的基本知识和规定，在技术熟练人员的指导监督下进行操作练习，合格后才能独立使用。

② 使用前应对气瓶进行检查，确认气瓶和瓶内气体质量完好，方可使用。如发现气瓶颜色、钢印等辨别不清，检验超期，气瓶损伤（变形、划伤、腐蚀），气体质量与标准规定不符等现象，应拒绝使用并做妥善处理。

③ 按照规定，正确、可靠地连接调压器、回火防止器、输气、橡胶软管、缓冲器、汽化器、焊割炬等，检查、确认没有漏气现象。连接上述器具前，应微开瓶阀吹除瓶阀出口的灰尘、杂物。

④ 气瓶使用时，一般应立放（乙炔瓶严禁卧放使用）。不得靠近热源。与明火距离、可燃与助燃气体气瓶之间距离，不得小于10m。

⑤ 使用易起聚合反应气体气瓶，应远离射线、电磁波、振动源。

⑥ 防止日光曝晒、雨淋、水浸。

⑦ 移动气瓶应手搬瓶肩转动瓶底；移动距离较远时可用轻便小车运送，严禁抛、滚、滑、翻和肩扛、脚踹。

⑧ 禁止敲击、碰撞气瓶。绝对禁止在气瓶上焊接、引弧。不准用气瓶做支架和铁砧。

⑨ 注意操作顺序。开启瓶阀应轻缓，操作者应站在阀出口的侧后；关闭瓶阀应轻而严，不能用力过大，避免关得太紧、太死。

⑩ 瓶阀冻结时，不准用火烤。可把瓶移入室内或温度较高的地方或用40℃以下的温水浇淋解冻。

⑪ 注意保持气瓶及附件清洁、干燥、禁止沾染油脂、腐蚀性介质、灰尘等。

⑫ 瓶内气体不得用光用尽，应留有剩余压力（余压）。压缩气体气瓶的剩余压力，应不小于0.05MPa；液化气体气瓶应留有不少于0.5%～1.0%规定充装量的剩余气体。

⑬ 要保护瓶外油漆防护层，既可防止瓶体腐蚀，也是识别标记，可以防止误用和混装。瓶帽、防震圈、瓶阀等附件都要妥善维护、合理使用。

⑭ 不得擅自更改气瓶的钢印和颜色标记。

⑮ 气瓶投入使用后，不得对瓶体进行挖补、焊接修理。

（3）气瓶的搬运和运输　搬运和运输气瓶应小心谨慎，否则容易造成事故，应注意以下各点。

① 运输、搬动、装卸气瓶的管理、操作、押运和驾驶人员，应学习并熟练掌握气瓶、气体的安全知识，消防器材和防毒面具的用法。

② 气瓶应戴瓶帽，最好戴宏大定式瓶帽，保护瓶阀，避免瓶阀受力损坏。

③ 短距离移动气瓶，最好使用专用小车。人工搬动气瓶，应手搬瓶肩，转动瓶底，不可拖拽、滚动或用脚蹬踹。

④ 应轻装轻卸，严禁抛、滑、滚、撞。

⑤ 吊装时应使用专门装具，严禁使用电磁起重机，链绳吊装，避免吊运途中滑落。

⑥ 航空、铁路、公路、水运气瓶，应遵守相应的专业规章的规定。

⑦ 装运气瓶应妥善固定。汽车装运一般应立放，车厢高度不应低于瓶高的 2/3；卧放时，气瓶头部（有阀端）应朝向一侧，垛放高度应低于车厢高度。

⑧ 运输已充气的气瓶，瓶体温度应保持在 40℃ 以下，夏天要有遮阳设施，防止暴晒，炎热地区应夜间运输。

⑨ 同一运输仓内（如车厢、集装箱、货仓）应尽量装运同一种气体的气瓶。严禁将容易起化学反应而引起爆炸、燃烧、毒性、腐蚀危害的异种气体气瓶同仓运输；严禁易燃气、油脂、腐蚀性物质与气瓶同仓运输。

⑩ 运输气瓶的仓室严禁烟火。应配备灭火器材（乙炔瓶不准使用四氯化碳灭火器）和防毒面具。

⑪ 运输气瓶的车辆，途中休息或临时停车，应避开交通要道、重要机关和繁华地区，应停在准许停靠的地段或人烟稀少的空旷地点，要有人看守，驾驶员和押运员不得同时离车他往。

⑫ 在运输途中如发生气瓶泄漏、燃烧等事故时，不要惊慌，车应往下风方向开，寻找空旷处，针对事故原因，按应急方案处理。

⑬ 运输车辆或仓室应张挂安全标志。

3. 气瓶的储存保管

存放气瓶的仓库必须符合有关安全防火要求。首先是与其他建筑物的安全距离、与明火作业以及散发易燃气体作业场所的安全距离，都必须符合防火设计范围；气瓶库不要建筑在高压线附近；对于易燃气体气瓶仓库，电气要防爆还要考虑避雷设施；为便于气瓶装卸，仓库应设计装卸平台；仓库应是轻质屋顶的单层建筑，门窗应向外开，地面应平整而又要粗糙不滑（储存可燃气瓶，地面可用沥青水泥制成）；每座仓库储量不宜过多，盛装有毒气体气瓶或介质相互抵触的气瓶应分室加锁储存，并有通风换气设施；在附近设置防毒面具和消防器材，库房温度不应超过 35℃；冬季取暖不准用火炉。

气瓶仓库符合安全要求，为气瓶储存安全创造了条件。但是管理人员还必须严格认真地贯彻《气瓶安全监察规程》的有关规定。

① 气瓶的储存应有专人负责管理。管理人员、操作人员、消防人员应经过安全技术培训，了解气瓶、气体的安全知识。

② 气瓶的储存一定要按照气体性质和气瓶设计压力分类：所装介质接触能起化学反应的异种气体气瓶应分开（分室储存），如氧气瓶与氢气瓶、液化石油气瓶，乙炔瓶与氧气瓶、

氯气瓶不能同储一室。空瓶、实瓶应分开。

③ 气瓶库（储存间）应符合《建筑设计防火规范》，应采用二级以上防火建筑，与明火或其他建筑物应有适当的安全距离。易燃、易爆、有毒、腐蚀性气体气瓶库的安全距离不得小于 15m。

④ 气瓶库应通风、干燥，防止雨（雪）淋、水浸，避免阳光直射，要有便于装卸、运输的设施。库内不得有暖气、水、煤气等管道通过，也不准有地下管道或暗沟。对于易燃气体气瓶仓库，电气要防爆还要考虑避雷设施。

⑤ 在火热的夏季，要随时注意仓库室内温度，加强通风，保持室温在 39℃ 以下。存放有毒气体或易燃气体气瓶的仓库，要经常检查有无渗漏，发现有渗漏的气瓶，应采取措施或送气瓶制造厂处理。

⑥ 地下室或半地下室不能储存气瓶。

⑦ 瓶库有明显的"禁止烟火"、"当心爆炸"等各类必要的安全标志。

⑧ 瓶库应有运输和消防通道，设置消火栓和消防水池在固定地点备有专用灭火器、灭火工具和防毒用具。

⑨ 储气的气瓶应戴好瓶帽，最好戴固定瓶帽。瓶阀出气管端要装上帽盖，并拧上瓶帽。

⑩ 实瓶一般应立放储存。有底座的气瓶，应将气瓶直立于气瓶的栅栏内，并用小铁链扣住。无底座气瓶，可水平横放在带有衬垫的槽木上，以防气瓶滚动，气瓶均朝向一方，如果需要堆放，层数不得超过 5 层，高度不得超过 1m，气瓶存放整齐，要留有通道，宽度不小于 1m，便于检查与搬运。

⑪ 实瓶的储存数量应有限制，在满足当天使用量和周转量的情况下，应尽量减少储存量。对临时存放充满气体的气瓶，一定要注意数量一般不超过 5 瓶，不能受日光曝晒，周围 10m 内严禁堆放易燃物质和使用明火作业。

⑫ 对于盛装易于起聚合反应、规定储存期限的气瓶应注明储存期限，及时发出使用。

⑬ 加强气瓶入库和发放管理工作，建立并执行气瓶进出库制度，认真填写入库和发放气瓶登记表，以备查。

4. 气瓶发生事故应急措施

① 气瓶受外界火焰威胁时，必须根据火焰对气瓶的威胁程度确定应急措施。若火焰尚未波及气瓶，则立即全力扑火；若火焰已波及气瓶或气瓶已处于火中，为防止气瓶受热爆炸，在气瓶还未过热之前，必须迅速将气瓶移到安全的地方。如果当时的条件不允许，在保证安全距离的前提下，用水龙带或其他方法向气瓶上喷射大量的水进行冷却。如果火焰发自瓶阀，应迅速关闭瓶阀切断气源，若条件不允许，则必须确保气体在受控下燃烧，严防火焰蔓延烧损其他气瓶或设施。

② 气瓶发生泄漏事故，应根据气瓶泄漏部位、泄漏量、泄漏气体性质及其影响范围，确定应采取的应急措施。如果气瓶泄漏不能被就地阻止，而又没有除害装置，可根据气体性质，将泄漏的气瓶浸入冷水池或石灰水池中使之吸收。

③ 气瓶发生大量泄漏事故时，应根据气体性质及周围情况进行处置。如果泄漏的是有毒气体，则应令周围的人迅速疏散，同时立即穿戴防护用具进行妥善处置；可燃气体泄漏时，除迅速处置外，还应做好各项灭火准备。为处置事故和进行抢救，除忌水的气瓶外，应向气瓶特别是发生事故的气瓶上喷水冷却。

六、气瓶的定期检验

气瓶在使用过程中，要定期进行技术检验，测定气瓶技术性能状况，从而对气瓶能否继续使用做出正确的处理。气瓶的定期检验应由取得检验资格的专门单位负责进行。检验单位的检验钢印代号由劳动部门统一规定。

1. 各类气瓶的检验周期

① 盛装腐蚀性气体的气瓶，每 2 年检验一次；

② 盛装一般气体的气瓶，每 3 年检验一次；

③ 液化石油气气瓶，使用未超过 20 年的，每 5 年检验一次，超过 20 年的，每 2 年检验一次；

④ 盛装惰性气体的气瓶，每 5 年检验一次。

气瓶在使用过程中，发现有严重腐蚀、损伤或对其安装可靠性有怀疑时，应提前进行检验。库存和使用时间超过一个检验周期的气瓶，启用前应进行检验。气瓶检验单位，对要检验的气瓶，逐只进行检验，并按规定出具检验报告。未经检验和检验不合格的气瓶不得使用。

2. 气瓶定期检验的项目

（1）外观检查　气瓶外观检查的目的是要查明气瓶是否有腐蚀、裂纹、凹陷、鼓包、磕伤、划伤、倾斜、筒体失圆、颈圈松动、瓶底磨损及其他缺陷，以确定气瓶能否继续使用。

（2）音响检查　外观检查后，应进行音响检查，其目的是通过音响判断瓶内腐蚀状况和有无潜在的缺陷。

（3）瓶口螺纹检查　用肉眼或放大镜观察螺纹状况，用锥螺纹塞规进行测量。要求螺纹表面不准有严重锈损、磨损或明显的跳动波纹。

（4）内部检查　气瓶内部检查，在没有内窥镜的情况下，可采用电压 6～12V 的小灯泡，借灯光从瓶口目测。如发现瓶内的锈层或油脂未被除去，或落入瓶内的泥沙、锈粉等杂物未被洗净，必须将气瓶返回清理工序重新处理。注意检查瓶内容易腐蚀的部位，如瓶体的下半部。还应注意瓶壁有无制造时留下的损伤。

（5）重量和容积的测定　测定气瓶重量和容积的目的在于进一步鉴别气瓶的腐蚀程度是否影响其强度。

（6）水压试验　水压试验是气瓶定期检验中的关键项目，即使上述各项检查都合格的气瓶，也必须再经过水压试验，才能最后确定是否可以继续使用。《气瓶安全监察规程》规定，气瓶耐压试验的试验压力为设计压力的 1.5 倍。水压试验的方法有两种，即外测法气瓶容积变形试验和内测法气瓶容积变形试验。

（7）气密性试验　通过试验来检查瓶体、瓶阀、易熔塞、盲塞的严密性，尤其是盛装毒性和可燃性气体的气瓶，更不能忽视这项试验。气密性试验可用经过干燥处理的空气、氮气作为加压介质。试验方法有两种，即浸水法试验和涂液法试验。

第四节　压力管道的安全技术

一、压力管道管理

1. 外部检查

管道外部检查每年一次。外部检查的主要项目有：

① 有无裂纹、腐蚀、变形、泄漏等情况；

② 紧固件是否齐全，有无松动，法兰有无偏斜，吊卡、支架是否完好等；

③ 绝热层、防腐层是否完好；

④ 管道震动情况，管道与相邻物件有无摩擦；

⑤ 阀门填料有无泄漏，操作机构是否灵活；

⑥ 易燃易爆介质管道，每年必须检查一次防静电接地电阻。法兰间接触电阻应小0.03Ω，管道对地电阻不得大于 100Ω。停用 2 年以上需重新启用的，外部检查合格后方可使用。

2. 定点测厚

定点测厚主要用于检查高压、超高压管道。一般每年至少进行一次。

主要检查管道易冲刷、腐蚀、磨损的焊缝弯管、角管、三通等部位。定点测厚部位的测点数量，按管道腐蚀、冲刷、磨损情况及直径大小、使用年限等确定。定点测厚发现问题时，应扩大检测范围，做进一步检测。定点测厚数据记入设备档案中。

3. 全面检查

管道的全面检查，每 3～6 年进行一次。可根据实际技术状况和检测情况，延长或缩短检查周期，但最长不得超过 9 年。高压、超高压管道全面检查，一般 6 年进行一次。使用期限超过 15 年的各类管道，经全面检查，技术状况良好，经单位技术总负责人批准，仍可按原定周期检查，否则应缩短检查周期。

(1) 运行前的检查

① 竣工文件检查。竣工文件是指装置（单元）设计、采购及施工完成之后的最终图纸文件资料，它主要包括设计竣工文件、采购竣工文件和施工竣工文件 3 部分。设计竣工文件的检查主要是查设计文件是否齐全、设计方案是否满足生产要求、设计内容是否有足够而且切实可行的安全保护措施等内容。

② 现场检查。现场检查可以分为设计与施工漏项、未完工程、施工质量等三个方面的检查。

● 设计与施工漏项。设计与施工漏项可能发生在各个方面，出现频率较高的问题有以下几个方面：阀门、跨线、高点排气及低点排液等遗漏；操作及测量指示点太高以致无法操作或观察，尤其是仪表现场指示元件；缺少梯子或梯子设置较少，巡回检查不方便；支吊架偏少，以致管道挠度超出标准要求，或管道不稳定；管道或构筑物的梁柱等影响操作通道；设备、机泵、特殊仪表元件（如热电偶、仪表箱、流量计等）、阀门等缺少必要的操作检修场地，或空间太小，操作检修不方便。

● 未完工程。未完工程的检查适用于中间检查或分期分批投入开车的装置检查。对于本次开车所涉及的工程，必须确认其已完成并不影响正常的开车。对于分期分批投入开车的装置，未列入本次开车的部分，应进行隔离，并确认它们之间相互不影响。

● 施工质量。施工质量可能发生在各个方面，因此应全面检查。可着重从以下几个方面进行检查：管道及其元件方面；支吊架方面；焊接方面；隔热防腐方面。

③ 理化检验。下列管道，在全面检验时进行理化检验：

工作壁温大于 370℃的碳钢和铁素体不锈钢管道；

工作壁温大于 430℃的低合金钢和奥氏体不锈钢管道；

工作壁温大于 220℃的临氢介质碳钢和低合金钢管道；

工作壁温大于 320℃的钛及钛合金管道；

工作介质含湿 H_2S 的碳钢和低合金钢管道。

检验内容包括内表面表层及不同深度层的化学成分分析、硬度测定和金相组织检查、力学性能（抗拉、抗弯及冲击韧性）试验。

对于在应力腐蚀敏感介质中使用的管道，应进行焊接接头的硬度测定，以查明焊缝热处理（消除焊接残余应力）效果，从而判定管道的应力腐蚀破裂倾向的大小，硬度测定点的部位。

④ 理化检验的评定。破坏性检验凡发现较明确的材质劣化现象，如化学成分改变（脱碳、增碳等），强度降低（氢腐蚀等），塑性及韧性降低（湿 H_2S 介质中的氢脆等），金相组织改变（珠光体严重球化或石墨化，晶间腐蚀等），则该管道必须判废。

焊缝的硬度值对碳钢管不应超过母材最高硬度的 120%；对合金钢管不应超过母材最高硬度的 125%。在含湿 H_2S 介质中，要求硬度小于 22HRC。

（2）运行中的检查和监测　运行中的检查和监测包括运行初期检查、在线监测、末期检查及寿命评估三部分。

① 运行初期检查。由于可能存在的设计、制造、施工等问题，当管道初期升温和升压后，这些问题都会暴露出来。此时，操作人员应会同设计、施工等技术人员，要对运行的管道进行全面系统的检查，以便及时发现问题，及时解决。在对管道进行全面系统的检查过程中，应着重从管道的位移情况、振动情况、支承情况、阀门及法兰的严密性等方面进行检查。

② 巡线检查及在线检测。在装置运行过程中，由于操作波动等其他因素的影响，或压力管道及其附件在使用一段时期后因遭受腐蚀、磨损、疲劳、蠕变等损伤，随时都有可能发生压力管道的破坏，故对在役压力管道进行定期或不定期的巡检，及时发现可能产生事故的苗头，并采取措施，以免造成较大的危害。

除了进行巡线检查外，对于重要管道或管道的重点部位还可利用现代检测技术进行在线检测，即可利用工业电视系统、声发射检漏技术、红外线成像技术等对在线管道的运行状态、裂纹扩展动态、泄漏等进行不间断监测，并判断管道的安定性和可靠性，从而保证压力管道的安全运行。

③ 末期检查及寿命评估。压力管道经过长时期运行，因遭受到介质腐蚀、磨损、疲劳、老化、蠕变等的损伤，一些管道已处于不稳定状态或临近寿命终点，因此更应加强在线监测，并制定好应急措施和救援方案，随时准备着抢险救灾。

压力管道寿命的评估应根据压力管道的损伤情况和检测数据进行，总的来说，主要是针对管道材料已发生的蠕变、疲劳、相变、均匀腐蚀和裂纹等几方面进行评估。

二、化工管道工程验收

化工管道工程投入运行前应进行全面的检查验收，验收内容包括试压、吹扫清洗和验收。较大和复杂管网系统的试压、吹洗，事先应制定专门的方案，有计划地进行。

1. 试压

管道系统的压力试验，包括强度试验、严密性试验、真空度试验和泄漏量试验。

强度与严密性试验一般应采用液压。如有困难或特殊原因时，也可采用气压试验，但必须有相关安全措施并经有关主管部门批准。以气压代替液压进行强度试验时，试验压力应为设计压力的 1.1 倍。

埋地压力管道在回填土后，还要进行最终水压试验和渗水量测定，即进行第二次压力试验和测定渗水量。具体方法和标准按规范规定进行。

真空管道在强度试验和严密性试验合格后，还应做真空试验。真空试验一般在工作压力下试验 24h，增压率 A 级管道不大于 3.5%，B、C 级管道不大于 5% 为合格。

A、B 级管道试验前，应由建设单位与施工单位对管子、管件、阀门、焊条的制造合格证、阀门试验记录、静电测试记录等有关资料按相关规定进行审查。

2. 吹扫清洗

吹扫清洗的目的是保证管道系统内部的清洁。采用气体或蒸汽清理称为吹扫，采用液体介质清理称为清洗。吹扫清洗前应编制吹扫清洗方案，以确保吹扫清洗质量和安全。

(1) 空气吹扫 工作介质为气体的管道，一般用空气吹扫。空气吹扫时，在排出口用白布或涂有白漆的靶板检查，5min 内靶板上无铁锈、灰尘、水分和其他脏物为合格。

(2) 蒸汽吹扫 工作介质为蒸汽的管道和用空气吹扫达不到清洁要求的非蒸汽管道用蒸汽吹扫。蒸汽吹扫应先缓慢升温暖管，防止升温过快造成管道系统膨胀破坏。

一般蒸汽管道或其他管道，吹扫时可用刨光的木板置于排汽口处检测，无铁锈、脏物为合格。中、高压蒸汽管道及蒸汽透平机的入口管道，吹扫质量要求比一般管道严格，用装于排汽管口的铝靶板检查，俗称打靶。两次靶板更换检查时，每次肉眼可见的冲击斑痕不多于10 点，每点不大于 1mm，视为蒸汽吹扫合格。

(3) 油清洗 润滑、密封及控制油系统管道，在试压吹扫合格后，系统试运转前进行油清洗。清洗至目测过滤网（200 目或 100 目，根据设备转速定），每厘米滤网上滤出的杂物不多于 3 个颗粒为合格。油清洗合格的管道系统，在试运转前换上合格的正常使用的油品。

(4) 管道脱脂 氧气管道、富氧管道等忌油管道，要进行脱脂处理。脱脂处理应在水或蒸汽吹扫、清除杂物合格后进行。脱脂处理一般可选用二氯乙烷、三氯乙烯、四氯化碳、工业酒精、浓硝酸或液碱等进行。脱脂剂为易燃易爆、有毒、腐蚀介质，因此脱脂作业要有防火、防毒、防腐蚀灼伤的安全措施。

(5) 酸洗钝化 酸洗的目的是清除管道系统内壁的锈迹、锈斑，而又不损坏内壁表面。一般石油化工装置在投料前都要进行整个系统或局部系统的酸洗、钝化。

3. 验收

管道施工完毕后交付生产时，应提交一系列技术文件，如管子、管件、阀门等的材料合格证，材料代用记录，焊接探伤记录，各种试验检查记录，竣工图等。高压管道系统还应提交高压管子管件制造厂家的全部证明书，验收记录及校验报告单，加工记录，紧固件及阀门的制造厂家的全部证明及校验报告单，高压阀门试验报告、修改设计通知及材料代用记录，焊接记录及Ⅰ类焊缝位置单线图，热处理记录及探伤报告单，压力试验、吹洗、检查记录，其他记录及竣工图等。

三、压力管道的外保护

1. 化工管道的防腐

(1) 各种管材的腐蚀特性与管材选择 管道的种类繁多，它们的工作压力、通过的介质和温度、敷设的条件、所处的环境都各不相同。为了延长管道的使用寿命，达到经久耐用的目的，应了解和掌握各种管材的腐蚀特性，合理地选用管材。

(2) 管道的防腐措施 各种金属管道和金属构件的主要防腐措施是在金属表面涂上不同的防腐材料（即防腐油漆），经过固化而形成涂层，牢固地结合在金属表面上。由于涂层把金属表面同外界严密隔绝，阻止金属与外界介质进行化学反应或电化学反应，从而防止了金属的腐蚀。

除了采用防腐涂料措施外，也可采用在金属管表面镀锌、镀铬以及在金属管内加耐腐蚀衬里（如橡胶、塑料、铅、玻璃）等措施。

(3) 管道防腐施工

① 管道表面清理。通常在金属管道和构件的表面都有金属氧化物、油脂、泥灰、浮锈等杂质，这些杂质影响防腐层同金属表面的结合，因此在刷油漆前必须去掉这些杂质。除采用 7108 稳化型带锈底漆允许有 $80\mu m$ 以下的锈层之外，一般都要求露出金属本色。表面清理分为除油、除锈和酸洗。

② 涂漆。涂漆是对管道进行防腐的主要方法。涂漆质量的好坏将直接关系到防腐效果，

为保证油漆质量，必须掌握涂漆技术。

涂漆一般采用刷漆、喷漆、浸漆、浇漆等方法。在化工管道工程中大多采用刷漆和喷漆方法。人工刷漆时应分层进行，每层应往复涂刷，纵横交错，并保持涂层均匀，不得漏涂，涂刷要均匀，每层不应涂得太厚，以免起皱或附着不牢。机械喷涂时，喷射的漆流应与喷漆面垂直，喷漆面为圆弧时，喷嘴与喷漆面的距离为400mm。有绝热层的明装管道及暗装管道均应涂两遍防锈漆进行施工。埋设在地下的铸铁管出厂时未给管道涂防腐层者，施工前应在其表面涂刷两遍沥青漆。现场施工中在施工验收后要对连接部分进行补涂，补涂要求与原涂层相同。

2. 化工管路的保温

保温材料应具有热导率小、容重轻、耐热、耐湿、对金属无腐蚀作用、不易燃烧、来源广泛、价格低廉等特点。常用的保温材料有玻璃棉、矿渣棉、石棉、膨胀珍珠岩、泡沫混凝土、软木砖、木屑、聚氨酯泡沫塑料、聚苯乙烯泡沫塑料等。

管路的保温施工，应在设备及管路的强度试验、气密性试验合格及防腐工程完工后进行。管路上的支架、吊架、仪表管座等附件，当设计无规定时，可不必保温；保冷管路的上述附件，必须进行保冷。除设计规定需按管束保温的管路外，其余管路均应单独进行保温，在施工前，对保温材料及其制品应核查其性能。

保温结构一般由防锈层、保温层、防潮层和保护层4层构成。

（1）防锈层　防锈层也称防锈底层，是将管路金属表面的污垢、锈迹除去后，在需要保温的管路上刷的一至两遍底漆。

（2）保温层　保温层是保温结构的主要部分，有涂抹式、制品式、缠包式等。

① 涂抹式。将和好的胶泥状保温材料直接涂抹在管子上，常用胶泥材料有石棉硅藻土石棉粉等。一般先在管外刷两遍防锈漆，再分层涂抹胶泥，第一层厚5mm左右，干燥后再涂第二层，从第二层起以后各层涂抹厚度为10～15mm，前一层干燥后再涂下一层，直到设计要求的厚度为止。立管保温时，为防止保温层下坠，应先在管道上每隔2～4m焊一支承环，支承可由2～4块扁钢组成，宽度与保温层厚度相近。

保温层外用玻璃纤维布或加铁丝网后再涂抹石棉水泥作保护层，它的施工应在保温层干透后进行。涂抹式保温结构如图5-1所示。

② 制品式。将保温材料（膨胀珍珠岩、硅藻土、泡沫混凝土、发泡塑料等）预制成砖块状或瓦块状，施工时用铁丝将其捆扎在管外。为保证管道保温效果，在进行捆绑作业前，应将预制件先干燥，以减少其含水量。块间接缝处用石棉硅藻土胶泥填实，最外层用玻璃丝布、铁皮或加铁丝网后涂抹石棉水泥作保护层。制品式保温结构如图5-2所示。

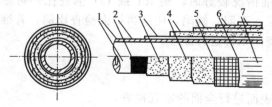

图 5-1　涂抹式保温结构
1—管子；2—红丹防蚀层；3—第一层胶泥；
4—第二层胶泥；5—第三层胶泥；6,7—保护层

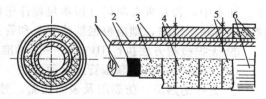

图 5-2　制品式保温结构
1—管子；2—红丹防蚀层；3—胶泥层；4—保温制品
（管瓦）；5—铁丝或扁铁环；6—铁丝网

③ 缠包式。用矿渣棉毡、玻璃棉毡或石棉绳直接包卷缠绕在管外，用铁丝捆牢，厚度不够时可多包几层，各层间包紧，外层用玻璃丝布作保护层。图5-3所示为石棉绳缠包式保温结构。

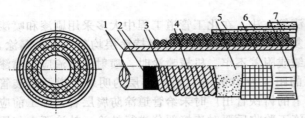

图 5-3　石棉绳缠包式保温结构

1—管子；2—红丹防蚀层；3—第一层石棉绳；
4—第二层石棉绳；5—胶泥层；6—铁丝网；7—保护层

（3）防潮层　防潮层主要用于保冷管路、埋地保温管路，应完整严密地包在干燥的保温层上。防潮层有两种，一种为石油沥青油毡内外各涂一层沥青玛蹄脂，另一种为玻璃布内外各涂一层沥青玛蹄脂。

（4）保护层　保护层是无防潮层的保温结构，保护层在保温层外，有防潮层的保温结构，保护层在防潮层外。保护层对保温层的保温效果及使用寿命有很大影响。

四、压力管道的检查、试验

1. 压力管道的检查

在用化工压力管道的检验管理是化工企业设备管理的薄弱环节，长期以来，有相当多的化工企业对管道未能做到有成效的检验。甚至只用不管，致使化工压力管道存在问题较多，时有爆炸事故发生，对化工生产的发展、人民生命财产的安全造成巨大影响。为改变现状，强化压力管道的管理，特制定《化工企业压力管道检验规程》。

本规程编制的基点主要是考虑管道内大多是易燃易爆有毒的化工介质，一旦泄漏，往往造成火灾、二次爆炸及人员中毒，后果极为严重。如果某些企业的此类管道的安全对生产影响大，万一失效，会造成装置停车，经济损失巨大，企业也可将其纳入本规程管理范围。

压力管道检测的方法与化工设备检测的方法相同，主要包括：表面检测、射线检测和超声波检测，这里就不再叙述。

（1）一般管路的检验

① 对宏观检查发现裂纹（或裂纹迹象）及可疑部位进行表面检测检查。

② 对保温层破损有可能渗入雨水的不锈钢管道，应在该处的管道外表面进行渗透检测，以检查是否有应力腐蚀裂纹产生。

③ 对有可能产生疲劳的管道，应在其焊缝及管端丝扣等容易造成应力集中处进行表面检测，以检查是否有疲劳裂纹产生。

④ 对 A 级管道焊缝进行至少 10％，B 级管道至少 5％的射线检测（RT）或超声波检测（UT）抽查。其他管道由检验人员视具体情况确定是否需要进行 RT 或 UT 抽查及抽查比例。若管道在制造、安装中执行现有规程、标准情况较好时，则 RT 或 UT 抽查比例可减半。抽查中，若发现有超标（指本规程评定标准，下同）缺陷，应适当扩大检查比例；若继续发现有超标缺陷，则应根据缺陷状况和管道使用条件进行处理。

⑤ 无损检测方法执行 JB 4730—94 标准。

（2）用法兰连接的高压管道全面检验

① 去除绝热层、防腐层及表面锈垢，对外表面进行全面的宏观检查。

② 逐段测定壁厚，每段管道的测厚点不少于 3 点。

③ 对管端丝扣及不少于 20％的表面进行表面检测抽检，如发现裂纹等危害性缺陷，则需扩大比例，直至 100％检查。必须将裂纹等缺陷消除后，方可继续投入使用。

（3）管道的耐压试验与严密性试验　一般随装置贯通试压一并进行，参照 HG 25002—91《管道阀门维护检修规程》的有关规定。在工业压力管道的检测监测和安全评估研究方面，提出了压力管道危险源评价、危险性缺陷检测、安全状况等级划分、管系内力计算与塑性极限载荷分析、含缺陷管道安全评定等多项关键技术、方法和标准，并研制出相应的检测仪器设备，解决了长期困扰企业压力管道安全管理和政府安全监察的技术难题，为建立我国工业压力管道检验评估管理体系奠定了坚实的技术基础。

① 小直径薄壁管超声波探伤方法和专用仪器。应用超声波方法检测管道缺陷具有成本低、速度快、对检验人员无人身伤害、对裂纹性缺陷敏感、能够测定缺陷的自身高度等突出优点，因此得到越来越广泛的应用。

② 管道泄漏声发射检测监测技术和专用仪器。压力管道在运行过程中的泄漏事故十分频繁，在压力管道泄漏后，尽早发现和确定泄漏点，并及时进行抢险堵漏，是防止压力管道爆炸事故的重要手段，国内外对此也一直在不断开展研究。围绕压力管道泄漏存在与否和泄漏源的定位这两项攻关目标，应用声发射方法研究出了新的管道泄漏检测监测技术和专用仪器，其主要包括以下几点。

● 在大量实验室和现场数据分析基础上，获得了泄漏信号、压力管道噪声信号的特征，为泄漏状态的判断提供了理论依据。

● 对泄漏信号的处理方法进行了深入研究，采用了经典谱、现代谱、小波、模式识别、神经网络等方法，采用了小波降噪、功率谱作为主要分析手段的泄漏信号分析方法。

● 对于泄漏状态的判断问题综合了模式识别、神经网络、分形处理等特点，采用了功率谱形态的分形判断方法。

● 采用全数字化的压力管道声发射泄漏检测仪器系统。系统由专用泄漏检测传感器、前置放大器、主放大器、采集板卡、计算机及系统软件组成，双通道的系统可以实时监测管道的泄漏状态，系统的信号采样速度为 200kHz～20MHz，采样精度为 12 位；在对信号进行数据处理的基础上可实时判断有无泄漏发生；基于能量方法能够判断泄漏的位置。

2. 压力管道检测的评定

(1) 理化检验的评定

① 管道表面不允许存在裂纹、重皮、折叠及严重变形，焊缝表面不允许存在裂纹。对此类危害较大的缺陷，必须进行消除、补焊或更换处理。

② 对于因泄漏而采用的临时性管道堵漏措施（为维持连续生产），在停车检修时必须予以拆除，同时对该管道进行全面仔细检测，然后彻底修复。

③ A、B级管道中，凡承受交变应力的管道及振动较严重的管道，其对接焊缝的咬边及表面凹陷允许存在的限度为：深度≤0.5mm，长度≤焊缝全长的 10%，且小于 100mm。若超过此限度时，则应修复。

④ A、B级管道对接焊缝的错边量应小于壁厚的 20% 且不大于 3mm，否则也应修复。

⑤ 管件、阀门等附件存在危害安全使用缺陷时，均应进行修理或更换。

(2) 无损检测缺陷评定

① 表面检测缺陷评定。表面检测（磁粉检测和渗透检测）检出的所有裂纹均不允许存在。

② 射线检测缺陷评定。Ⅳ级片中的裂纹缺陷不允许存在；Ⅳ级片中的未熔合、未焊透、条状夹渣等是否允许存在，应视被检管道的工况、应力复杂程度、应力水平高低、缺陷的自身高度等诸多因素，由检验人员确定。

(3) 超声波检测缺陷评定

① 不允许存在检测人员判定为裂纹等危害性的缺陷。

② A级管道不允许存在，反射波幅位于Ⅲ区的缺陷。

3. 压力管道的试压

管路安装完毕后，在未进行保温工作以前都应进行试压，其目的是检查管路的连接处及焊缝的严密性。管路过长时，可以分段试压。管道系统的压力试验包括强度试验、严密性试验、真空试验和泄漏量试验。

（1）中低压管路的试压 中低压管路的工作压力为 $0.25\sim6.4$ MPa（表压），其试验压力为工作压力的 1.5 倍。试验时，将管路升压至试验压力，维持 20min，以便查出漏水的地方。然后将压力降至工作压力，用重量为 $0.8\sim1.0$ kg 的光头小锤敲击焊缝。假使压力维持不降，焊缝、管子及管件等处都未发现漏水和出汗等现象，则水压试验即为合格。对于动力蒸汽管道的水压试验的压力为工作压力的 1.25 倍。中低压管路的气压试验的压力等于工作压力的 1.05 倍。

（2）高压管路的试压 高压管路的工作压力为 $10\sim100$ MPa（表压），其试验压力为工作压力的 1.5 倍。试验时，将管路升压至试验压力，维持 20min，以便查出漏水的地方。然后将压力降至工作压力，并用 $0.8\sim1.0$ kg 的光头小锤敲击管路。全部敲过之后，再将压力升至试验压力，保持 5min。然后重新降至工作压力，并在此压力下保持足以查出全部缺陷的时间。当管内有压力时，不允许对其上的缺陷进行任何的修整工作。

第五节 安全装置

压力容器常见的安全装置有安全阀、防爆片、阻火器、呼吸阀、限流孔板、减压阀、安全仪表。

一、安全阀

1. 安全阀的种类

常用的安全阀有杠杆式和弹簧式两种。它们是利用杠杆与重锤或弹簧弹力的作用，压住容器内的介质，当介质压力超过杠杆与重锤或弹簧弹力所能维持的压力时，阀芯被顶起，介质向外排放，器内压力迅速降低；当容器内压力小于杠杆与重锤或弹簧弹力后，阀芯再次与阀座闭合。

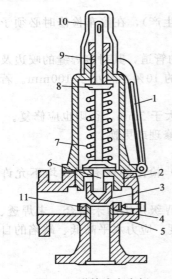

图 5-4 弹簧式安全阀

1—手柄；2—阀盖；3—阀瓣；
4—阀座；5—阀体；6—阀杆；
7—弹簧；8—弹簧压盖；9—调节
螺母；10—阀帽；11—调节环

（1）杠杆式安全阀 靠移动重锤的位置或改变重锤的质量来调节安全阀的开启压力。具有结构简单、调整方便、比较准确以及适用较高温度的优点。但杠杆式安全阀结构比较笨重，不宜用于高压容器上面。

（2）弹簧式安全阀 弹簧式安全阀的加载装置是一个弹簧，通过调节螺母，可以改变弹簧的压缩量，调整阀瓣对阀座的压紧力，从而确定其开启压力的大小。弹簧式安全阀结构轻便、紧凑、体积小、动作灵敏度较高。安装方位不受影响，对震动不太敏感，故可安装在移动式压力容器上。缺点是阀内弹簧受高温影响时，弹性有所降低。

弹簧式安全阀的结构如图 5-4 所示。它的加载机构是一个螺旋圈形弹簧，利用压缩弹簧的弹力来平衡作用在阀瓣上的力。通过调节弹簧压紧螺母，可以增加或降低弹簧的弹力，从而能按需要校正安全阀的整定压力。

2. 安全阀的选用

《容规》规定，安全阀的制造单位，必须有国家劳动部门颁发的制造许可证才可制造。产品出厂应有合格证，合格证上应有质量检查部门的印章及检验日期。

安全阀的排放量是选用安全阀的关键因素，安全阀的排放量必须不小于容器的安全泄放量。从气体排放方式来看，对盛装有毒、易燃或污染环境的介质容器应选用封闭式安全阀。选用安全阀，要注意工作压力范围，要与压力容器的工作压力范围相匹配。

3. 安全阀的安装

安全阀应垂直向上安装在压力容器本体的液面以上气相空间部位。安全阀确实不宜装在容器本体上，而用短管与容器连接时，则接管的直径必须大于安全阀的进口直径，接管上一般禁止装设阀门或其他引出管。对于盛装易燃，毒性程度为极度、高度、中高度危害或黏性介质的容器，为便于安全阀更换、清洗，可装截止阀，但截止阀的流通面积不得小于安全阀的最小流通面积，并且要有可靠的措施和严格的制度，以保证在运行中截止阀保持全开状态并加铅封。

选择安装位置时，应考虑到安全阀的日常检查、维护和检修的方便。安装在室外露天的安全阀要有防止冬季阀内水分冻结的可靠措施。装有排气管的安全阀，排气管的最小截面积应大于安全阀内的出口截面积，排气管应尽可能短而直，并且不得装截止阀门。安装杠杆式安全阀时，必须使它的阀杆保持在铅垂的位置。

4. 安全阀的维护和检验

安全阀在安装前应由专业人员进行水压试验和气密性试验，经试验合格后进行调整校正。安全阀的开启压力不得超过容器的设计压力。校正调整后的安全阀应进行铅封。

安全阀动作灵敏可靠和密封性能良好，必须加强日常维护检查。安全阀应经常保持清洁，防止阀体弹簧等被油垢及脏弃物所黏住或被腐蚀。还应经常检查安全阀的铅封是否完好。气温过低时，有无冻结的可能性，检查安全阀是否有泄漏。对杠杆式安全阀，要检查其重锤是否松动或被移动等。如发现缺陷，要及时校正或更换。

安全阀要定期检验，每年至少校验一次。定期检验工作包括清洗、研磨、试验和校正。

二、防爆片

防爆片又称防爆膜、防爆板，是一种断裂型的安全泄压装置。防爆片具有密封性能好、反应动作快以及不易受介质中黏污物的影响等优点。但它是通过膜片的断裂来卸压的，所以卸压后不能继续使用，容器也被迫停止运行。因此它只是在不宜安装安全阀的压力容器上使用。

防爆片的结构比较简单。它的主零件是一块很薄的金属板，用一副特殊的管法兰夹持着装入容器引出的短管中，也有把膜片直接与密封垫片一起放入接管法兰的。容器在正常运行时，防爆片虽可能有较大的变形，但它能保持严密不漏。当容器超压时，膜片即断裂排泄介质，避免容器因超压而发生爆炸。

根据失效时的受力状态和基本结构形式，防爆片可以分为剪切型、弯曲型、拉伸型和压缩型4种。

（1）剪切型防爆片又称切破式防爆片　当它承受压力时，周边受剪切而破裂。这种防爆片中间厚而周边薄。膜片一般用不锈钢、铜、铝、镍等延性材料制造，其特点是全面积排放，阻力小；在相同条件下，膜片较厚，易于加工制造。膜片的动作压力（爆破压力）受周边条件（夹持边缘的锋利程度等）影响很大，因而不够稳定。膜片切破后常被整体冲出，易阻塞排放管道。

（2）弯曲型防爆片又称破裂式防爆片　它是用铸铁、硬塑料、石墨等脆性材料制造的平板型膜片。膜片在较高的压力载荷作用下产生弯曲应力，当达到材料的抗弯强度时即碎裂。它的特点是破裂时无明显塑性变形，故动作反应最快；膜片较厚，易加工。但膜片的动作压力受材料强度及装配误差的影响很大，最不稳定。膜片强度低，安装不慎即可破裂，因而只在较低压力而又有化学反应爆炸可能的容器中使用。

（3）拉伸型防爆片又称正拱型防爆片　它由不锈钢、铜、铝、镍等延性材料经过液压预拱成凸型。预拱成型压力一般都大于容器的正常操作压力。安装后，在正常操作压力下膜片一般不会变形，这样可以使其动作压力较为稳定。拉伸型防爆片的特点是：无碎片飞出，阻力也不大，膜片的动作压力稳定。但膜片在长期的拉伸应力作用下，特别是受脉动载荷时，易被拉断。

（4）压缩型防爆片又称失稳型、反拱型防爆片　这种膜片制造材料与拉伸型的相同。它工作时凸面朝下安装，当在压力作用下，凸形膜片会突然发生失稳，于是整个膜片向上翻转，被装设在其上的刀具切破，或整片脱落弹出。这种膜片的特点是：在几何尺寸一定的情况下，失稳的压力只与材料的弹性模数有关，因此膜片的动作压力较易控制；且在相同条件下，膜片较厚，易于加工，寿命长。这是一种很有发展价值的新型防爆片。

图5-5是防爆片安装结构示意图。

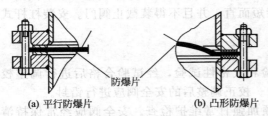

(a) 平行防爆片　　　　　(b) 凸形防爆片

图5-5　防爆片安装结构示意图

防爆片的设计压力一般为工作压力的1.25倍，对压力波动幅度较大的容器，其设计破裂压力还要相应大一些。但在任何情况下，防爆片的爆破压力都不得大于容器设计压力。一般防爆片材料的选择、膜片的厚度以及采用的结构形式，均是经过专门的理论计算和试验测试而定的。

运行中应经常检查防爆片法兰连接处有无泄漏，防爆片有无变形。通常情况下，防爆片应每年更换一次，发生超压而未爆破的防爆片应该立即更换。

三、呼吸阀

呼吸阀是为了防止内超压或形成负压引起罐体破坏的通气装置。当罐内液体挥发度较低时，用通气管即可；当罐内储存的是易挥发性液体时，则要在罐顶安装呼吸阀。根据呼吸阀的工作原理，可以分为机械式呼吸阀和液压式呼吸阀。

1. 机械式呼吸阀

机械式呼吸阀是用铸铁或铝做成的盒子，设在液体储罐的顶板上，是调节储罐内外压力，保护储罐储液安全的重要附件，如图5-6所示。内有两个阀门：一是罐内蒸气出口，当罐内空间气体压力增高时，此阀开启，将罐内气体导入大气；二是空气入口，当罐内压力低于大气压时，此阀打开，空气进入罐内。在这两个阀的上面设有易开启的盖子，便于检修。为防止阀门堵塞，在其外面通气孔上装有色金属制成的金属网。

机械式呼吸阀的工作原理是：当罐内气压力大于罐允许压力时，蒸气经压力阀外逸，此时真空阀处于关闭状态；当罐内气压力小于罐允许真空度时，新鲜空气通过真空阀进入罐内，此时压力阀处于关闭状态。允许压力（或真空压力）靠调节盘的重量来控制。

在使用中必须注意，呼吸阀座盘若太轻或有损坏，容易使罐内轻质油品的蒸气大量向罐外散逸，增加火灾危险

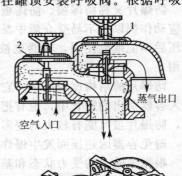

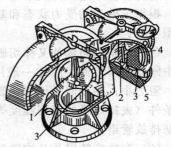

图5-6　机械式呼吸阀

1—压力阀；2—真空阀门；3—阀座；
4—导向杆；5—金属网

性。呼吸阀的通气孔如选择不正确，压力阀太重，或阀盘升降失灵，就有可能使罐产生爆裂或压瘪变形的危险。机械式呼吸阀有时会锈蚀发生堵塞，在冬季会因蒸气内含水而使阀盘与阀座冻结。要定期对呼吸阀进行全面的检查与维护。对于地面罐和半地下罐的机械呼吸阀，每年的一、四季度每月检查两次，二、三季度每月检查一次，对于油库内的机械式呼吸阀，每半年检查一次。

2. 液压式呼吸阀

液压式呼吸阀与机械式呼吸阀并排安装于油罐顶部，液压式呼吸阀如图 5-7 所示。液压式呼吸阀是为了防止罐上机械式呼吸阀故障而设置的，液压式呼吸阀控制的压力或真空值比机械式呼吸阀高 10%，因此在正常情况下是不会动作的。当机械式呼吸阀发生故障时，液压式呼吸阀就能代替机械式呼吸阀进行排气吸气。在罐上既装机械式呼吸阀，又装液压式呼吸阀，安全性就更高。

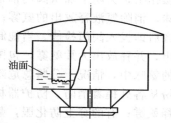

图 5-7　液压式呼吸阀

液压式安全阀的法兰装在储罐顶的阻火器上，阀体内充润滑油。阀内用沸点高（夏季不易挥发）、蒸发慢、凝点低（冬季不致凝固）的油品（如轻柴油、太阳油或变压器油）作为密封液体（简称封液）。当罐内气体空间处于正压状态时，气体由内环空间把封液挤入外环空间，压力不断升高，封液液位不断变化，当内环空间的封液液位与隔板的下缘相平时，罐内气体经隔板的下缘进入大气。相反，当罐内出现负压时，外环空间的封液进入内环空间，大气进入罐内。罐内压力与周围空气压力平衡时，内外环空间的封液液位是保持在同一液面上的。

使用中必须注意，保持封液的流动性和封液的一定量，量少时要及时补充，否则，罐内与大气直接相通，油气散逸，会增加罐区的危险性。

液压呼吸阀的检查与维护主要有两个方面：一是阀体，二是液封油料。特别是液封油料，由于在使用过程中要挥发损耗一部分，另外，水蒸气及罐内排出的一部分油气会凝结到液封油料中，因此，长期使用后，液封油料的数量和重度都将有变化，为保证其控制压力和正确性，必须定期检查和校正。

四、阻火器

阻火器是油罐上的防火安全装置，位于罐顶上机械呼吸阀的下部，外形类似箱盒，里面装有一定孔径的铜、铝（或其他耐热金属）制成的多层丝网或波纹板。一旦有火焰进入呼吸阀时，由于阻火器内的金属丝网或波纹板迅速吸收燃烧气体的热量，使火焰熄灭，阻止火焰进入罐内。阻火器一般安在易产生燃烧、爆炸的设备，燃烧室，高温氧化炉，反应器与输送可燃气体、易燃液体蒸气的管道之间，以及易燃液体、可燃气体的容器，管道，设备的排气管上。影响阻火器性能的因素为阻火层厚度及其孔隙或通道的大小。

(1) 金属网阻火器　该阻火器用若干层具有一定孔径的金属网将空间分隔成许多小孔隙，对一般有机溶剂，4 层金属网已经可以阻止火焰蔓延，实际用 10～12 层。阻火网以直径 0.4mm 的铜丝或钢丝制成，网孔一般为 210～250 孔/cm²。

(2) 波纹金属片阻火器　波纹金属片阻火器是用金属波纹片作轴心装在阻火器内，其阻火效果较金属网好，阻力也小。

(3) 砾石阻火器　砾石阻火器是以砾石、卵石、玻璃球或金属屑为填料，将阻火器内空间充满，以达到阻火的目的。它主要用于介质对金属材料有腐蚀作用的场所。

对阻火器应每季度检查一次，冰冻季节每月检查一次。检查内容有：阻火芯是否清洁通畅，有无冰冻，垫片是否严密，有无腐蚀现象。维护内容有：清洁阻火芯，用煤油洗去尘土和锈污，给螺栓加油保护。

第六节　任　务　案　例

一、某化工厂氨气泄漏事故案例分析

2008 年 6 月 5 日 11 时 40 分左右，某化工厂合成车间加氨阀填料压盖破裂，有少量的液氨滴漏。维修工徐某遵照车间指令，对加氨阀门进行填料更换。徐某没敢大意，首先找来操作工，关闭了加氨阀门前后两道阀门；并牵来一根水管浇在阀门填料上，稀释和吸收氨味，消除氨液释放出的氨雾；又从厂安全室借来一套防化服和一套过滤式防毒面具，佩戴整齐后即投入阀门检修。当他卸掉阀门压盖时，阀门填料跟着冲了出来，瞬间一股液氨猛然喷出，并释放出大片氨雾，包围了整个检修作业点，临近的甲醇岗位和铜洗岗位也笼罩在浓烈的氨味中，情况十分紧急危险。临近岗位的操作人员和安全环保部的安全员发现险情后，纷纷从各处提着消防、防护器材赶来。有的接通了消防水带打开了消火栓，大量喷水压制和稀释氨雾；有的穿上防化服，戴好防毒面具，冲进氨雾中协助抢险处理。闻讯后赶到的厂领导协助车间指挥，生产调度抓紧指挥操作人员减量调整生产负荷，关闭远距离的相关阀门，停止系统加氨，事故很快得到有效控制和妥善处理，并快速更换了阀门填料，堵住了漏点。

事故原因分析如下。

① 合成车间在检修处理加氨阀填料漏点过程中，未制订周密完整的检修方案，未制订和认真落实必要的安全措施，维修工盲目地接受任务，不加思考地就投入检修。

② 合成车间领导在获知加氨阀门填料泄漏后，没有引起足够重视，没有向生产、设备、安全环保部门按程序汇报，自作主张，草率行事，擅自处理。

③ 当加氨阀门填料冲出，有大量氨液泄漏时，合成车间组织不力，指挥不统一，手忙脚乱，延误了事故处置的最佳有效时间。

④ 加氨阀前后备用阀关不死内漏，合成车间对危险化学品事故处置思想上麻痹重视不够，安全意识严重不足。人员组织不力，只指派一名维修工去处理；物质准备不充分，现场现找、现领阀门；检修作业未做到"7 个对待"中的"无压当有压、无液当有液、无险当有险"对待。

二、某饲料添加剂厂环氧乙烷爆炸事故案例分析

2000 年 7 月 10 日 12 时 20 分，陕西省渭南某饲料添加剂厂内一环氧乙烷计量槽突然开裂，致使液态环氧乙烷喷出气化发生大爆炸。造成 2 人死亡，4 人重伤，11 人轻伤，直接经济损失 640 万元，其他损失 178 万元。

事故原因分析如下。

① 环氧乙烷 1 号计量槽，属非法自制容器，制造质量低劣，焊缝、钢板存在着严重不允许缺陷，埋下发生事故的祸根，是造成此次事故的主要原因。

② 生产车间属于四类易燃易爆生产作业场所，没有按规范设计、安装防静电接地装置，环氧乙烷泄漏气化后，集聚电荷无法排除，酿成事故。

③ 装有环氧乙烷的液化气槽车，没有及时脱离事故现场，导致事故扩大。

④ 该饲料添加剂厂对本厂的压力容器、压力管道的安全管理，没有执行国家的有关法律、法规、标准，非法设计、制造、使用、造成各个安全环节严重失控。

三、某化工有限公司"7.28"爆炸事故案例分析

2006 年 7 月 28 日 8 时 45 分，江苏省盐城市射阳县盐城某化工有限公司某分公司 1 号厂房（2400m²，钢框架结构）发生一起爆炸事故，死亡 22 人，受伤 29 人，其中 3 人重伤。

2006 年 7 月 27 日 15 时 10 分，首次向氯化反应塔塔釜投料。17 时 20 分通入导热油加热升温；19 时 10 分，塔釜温度上升到 130℃，此时开始向氯化反应塔塔釜通氯气；20 时 15 分，操作工发现氯化反应塔塔顶冷凝器没有冷却水，于是停止向釜内通氯气，关闭导热油阀门。28 日 4 时 20 分，在冷凝器仍然没有冷却水的情况下，又开始通氯气，并开导热油阀门继续加热升温；7 时，停止加热；8 时，塔釜温度为 220℃，塔顶温度为 43℃；8 时 40 分，氯化反应塔发生爆炸。

事故原因分析：在氯化反应塔冷凝器无冷却水、塔顶没有产品流出的情况下没有立即停车，而是错误地继续加热升温，使物料（2,4-二硝基氟苯）长时间处于高温状态并最终导致其分解爆炸是本次事故发生的直接原因。

四、液氯钢瓶充装爆炸事故案例分析

1979 年 9 月 7 日 13 时 55 分，浙江温州某电化厂液氯工段 1 只为温州市某药物化工厂送来的液氯钢瓶在充装液氯时发生爆炸。此次事故共泄漏液氯达 10.2t，扩散后波及 7.35km²，造成 59 人死亡，779 人住院治疗，420 人医院门诊治疗。为了清理现场，2 万居民疏散。直接经济损失达 63 万元。

事故原因分析：技术上分析，是由于钢瓶在充装液氯时液氯与钢瓶中残余氯化石蜡发生激烈化学反应，导致钢瓶粉碎性爆炸。之所以发生混装，其根本原因是钢瓶使用单位以及液氯充装单位管理混乱造成的。

五、液化石油气钢瓶爆炸事故案例分析

1992 年 4 月 14 日 13 时 30 分，广西某安装工程公司液化石油气钢瓶分厂副厂长要求工人对一只由用户退回的钢瓶进行修理。该钢瓶瓶体下部有一个深度不超过 1mm 的凹坑，用户反映瓶内没有液化石油气，工人检查后也认为瓶内无介质。于是即向瓶内充进 1.57MPa 的压缩空气，之后，该厂长即用手中点燃的氧气割枪烘烤加热钢瓶瓶体下部的凹坑部位，目的是想通过加热使其局部强度降低，利用钢瓶里的气体压力把凹坑顶出来。当割枪火焰对着凹坑加热到第三圈还未结束时，钢瓶即发生爆炸。爆炸后的钢瓶分成 5 块，飞出最远的一块飞离爆炸地点 13.5m，爆炸时产生的冲击毁坏了车间南北侧的窗玻璃。爆炸烧坏了氧-乙炔割枪-氧气胶管，造成 3 人重伤，2 人轻伤。

事故原因分析：事故的直接原因是由于当事人违反国家有关规定和厂内关于钢瓶返修制度及程序，轻信用户说钢瓶没有充过液化石油气，只用手感、耳听的方法去检测瓶内是否有气，误认为瓶内无液化石油气。导致违章对残存有液化石油气的钢瓶用压缩空气加压至 1.57MPa，使瓶内混合气体中可燃气体的浓度达到爆炸极限范围内，又违章用明火烘烤，产生爆炸。根据爆炸后的分析，钢瓶内液化石油气占空气的体积比为 2%～9.6%。

六、气体混充系列事故案例分析

1993 年 2 月 21 日 9 时 30 分，山东沂南县大庄镇某氧气经营处 4 只气瓶同时发生爆炸，当场炸死 2 人，重伤 1 人。经分析，4 只气瓶均为充装氧气的氢气瓶，是由村办厂某氧气厂充装的。由该氧气经营处购回，因用户无法装上氧气瓶减压阀（氢、氧瓶螺纹不同，当然装不上），曾三次退回沂水氧气厂，沂水氧气厂又三次发货到大庄。2 月 21 日大庄建筑公司工人装运时，两人叼着香烟开瓶阀，引起爆炸。这是无知违章的典型事故！

1999 年 1 月 6 日下午，沈阳市苏家屯某制氧厂，在进行液氧汽化充装时，6 只氧气瓶发生爆炸，造成 5 人死亡，4 人受伤。300 多平方米厂房被炸毁，周围房屋门窗玻璃被震碎，除 6 只气瓶炸坏外，还有 2 只氧气瓶被熔穿 2 个洞（$\phi80$～100mm），直接经济损失 61 万元。据分析瓶内混有氢气，与氧气混合酿成化学性爆炸。

1999 年 3 月 7 日上午 10 时 45 分，江苏常州某制氧厂在充瓶结束关瓶阀时，两只氧气

瓶同时发生爆炸，1名充装工被当场炸死，装卸工与一位用户被烧伤，216m² 的充装间和检瓶间被炸毁。原因为有一只氧气瓶曾充过氢气（实为氢气瓶），充氧时氢氧混合，关瓶阀时摩擦引起燃爆。

课　后　任　务

一、现场参观

1. 参观压力容器制造厂，现场了解压力容器设计时应考虑哪些安全因素，现场了解压力容器制造时应掌握哪些安全技术。

2. 参观锅炉房，现场了解锅炉操作时应掌握哪些安全技术。熟悉安全附件的安装、保养、维护技术。

3. 参观化工厂的管路布置情况，记录化工厂管路中的物料性质及压力情况，以便确定管路的检查及维护次序，并记录管路连接方式，一旦发生泄漏，如何对管子进行更换？

二、综合复习

1. 什么叫压力容器？如何分类？

2. 如何进行压力容器的安全管理？

3. 压力容器有哪些安全附件？有何作用？

4. 如何安全使用气瓶？

5. 锅炉运行中安全要点有哪些？

6. 锅炉运行中在什么情况下必须停炉？

7. 什么是化工管道？化工管道包括哪些部件？

8. 蒸汽管道为什么要安装疏水装置？

9. 管道外部检查主要内容是什么？

10. 化工管道验收包括哪些内容？

11. 压力管道的试压的目的是什么？

12. 压力管道为什么要采用外保护？

第六章 装置运行与维护安全技术

学习目标：

学习化工生产中的腐蚀知识和安全检修的特点；熟悉化工装置的维护、检修、验收方法；掌握化工装置的生产操作、日常维护、安全检修及堵漏技术，掌握装置开停车的安全处理、化工检修作业的安全要求及防范措施，避免化工生产及检修作业安全事故的发生。培养学生具有安全运行与维护化工装置的基本工作能力。

第一节 概 述

化工装置在长周期运行中，由于外部负荷、内部应力和相互磨损、腐蚀、疲劳以及自然侵蚀等因素影响，装置将出现缺陷和隐患，要对装置设备进行定期或定期检修，化工企业中设备的检修具有频繁性、复杂性和危险性的特点，决定了化工安全检修的重要地位。要实现化工安全生产，提高设备效率，降低能耗，保证产品质量，必须加强企业生产、设备维护、装置检修等安全管理工作。

一、化工生产特点

化工生产具有易燃、易爆、易中毒、高温、高压、腐蚀性等特点，具有较大的危险性。

① 化工生产中涉及的危险物品多，生产原料、半成品和成品种类繁多，很多是易燃、易爆、有毒、有腐蚀的危险化学品，在生产、使用、运输等管理环节中存在火灾、爆炸、中毒和烧伤隐患，严重影响生产安全。

② 化工生产要求的工艺条件苛刻，化工生产过程存在高温、高压、密闭或深冷等特定条件，必须采取相应的技术措施防范安全事故。

③ 生产规模大型化、生产过程连续化和自动化；生产设备由敞开式变为密闭式；生产装置由室内走向露天；生产操作由分散控制变为集中控制，采用大型装置有利于提高劳动生产率，同时也带来了更大的安全风险。

④ 高温、高压设备多。许多化工生产离不开高温、高压设备，这些设备能量集中，如果在设计制造中，不按规范进行，质量不合格，或在操作中失误，就会发生灾害性事故。

⑤ 工艺复杂，操作要求严格。一种化工产品由多个化工单元操作和若干台特殊要求的设备和仪表联合组成生产系统，形成工艺流程长、技术复杂、工艺参数多、要求严格的生产线。要求任何人不得擅自改动，要严格遵守操作规程，操作时要注意巡回检查、纠正偏差，严格交接班，注意上下工序联系，及时消除隐患，否则将会导致生产事故的发生。

⑥ 事故多，损失重大。化工行业每年都会发生重大事故，造成人员伤亡，给企业造成

重大经济损失。事故中约有 70％以上是人为因素造成的。因此，要提高职工素质，进行安全教育和专业技能教育。

二、化工装置腐蚀

化工装置腐蚀是设备材料在周围介质的作用下所产生的破坏。引起破坏的原因有物理因素、化学因素以及机械和生物因素等。

1. 腐蚀机理

分为化学腐蚀和电化学腐蚀。

(1) 化学腐蚀　指金属与周围介质发生化学反应而引起的破坏。

(2) 电化学腐蚀　指金属与电解质溶液接触时，由于金属材料的不同组织及组成之间形成原电池，其阴、阳电极之间所产生的氧化还原反应使金属材料的某一组织或组分发生溶解，最终导致材料失效的过程。

2. 腐蚀的分类

(1) 全面腐蚀与局部腐蚀　在金属设备整个表面或大面积发生程度相同或相近的腐蚀，称为全面腐蚀。

局限于金属结构某些特定区域或部位上的腐蚀称为局部腐蚀。

(2) 点腐蚀　又称孔蚀，指集中于金属表面个别小点上深度较大的腐蚀现象。

(3) 缝隙腐蚀　指在电解液中，金属与金属，金属与非金属之间构成的窄缝空内发生的腐蚀。

(4) 晶间腐蚀　是指沿着金属材料晶粒间界发生的腐蚀。

(5) 应力腐蚀破裂　是金属材料在静拉伸应力和腐蚀介质共同作用下导致破裂的现象。

(6) 氢损伤　指由氢作用引起材料性能下降的一种现象，包括氢腐蚀与氢脆。

(7) 腐蚀疲劳　是在交变应力和腐蚀介质同时作用下，金属的疲劳强度或疲劳寿命较无腐蚀作用时有所降低，这种现象叫做腐蚀疲劳。通常，"腐蚀疲劳"是指在除空气以外的腐蚀介质中的疲劳行为。腐蚀疲劳对任何金属在任何腐蚀介质中都可能发生。

(8) 冲刷腐蚀　又称磨损腐蚀，是指溶液与材料以较高速度作相对运动时，冲刷和腐蚀共同引起的材料表面损伤现象。

三、装置运行与安全

在化工生产中，由于存在易燃、易爆、有毒、有腐蚀的危险化学品，大量酸、碱等腐蚀性物料造成设备基础下陷、管道变形开裂、泄漏、破坏绝缘、仪表失灵等，严重影响正常的生产，危害人身安全。因此安全生产是化工生产的关键问题。安全和危险是对立统一的，所谓安全是预测危险并消除危险，不使人身受到伤害，不使财产遭到损失。

1. 安全生产是化工生产的前提条件

化工生产具有易燃、易爆、易中毒，高温、高压、有腐蚀的特点，与其他行业相比，其危险性更大。操作失误、设备故障、仪表失灵、物料异常等，均会造成重大安全事故。无数的事故事实告诉人们，没有一个安全的生产基础，现代化工就不可能健康正常地发展。

2. 安全生产是化工生产的保障

只有实现安全生产，才能充分发挥现代化工生产的优势，确保装置长期、连续、安全地运行。发生事故，必然使装置不能正常运行，造成经济损失。

3. 安全生产是化工生产的关键

化工新产品的开发、新产品的试生产必须解决安全生产问题，否则就不能形成实际生产过程。

总之，化工企业应在生产过程中防止其他各类事故的发生，确保生产装置连续、正常运转。

第二节　化工装置的使用安全与故障处置

化工生产离不开化工设备，化工设备是化工生产必不可少的物质技术基础，是化工产品质量保证体系的重要组成部分。化工设备性能的优劣及使用者对其掌握的程度，将直接关系到化工生产的正常进行，并对整个装置的产品质量、生产能力、消耗定额以及"三废"处理和安全生产等各方面都有重大的影响。

一、化工设备的类型

化工生产条件苛刻，技术含量高，所用设备种类多。各种工艺装置的任务不同，所采用的设备也不尽相同，按化工设备在生产中的作用可将其归纳为流体输送设备、加热设备、换热设备、传质设备、反应设备及储存设备等几种类型，各种类型设备中，有些设备是依靠自身的运转进行工作的，如各种泵、压缩机、风机等，称为"转动设备"，习惯上也叫做"动设备"或"机器"，有些设备工作时不运动，而是依靠特定的机械结构及工艺等条件，让物料通过设备时自动完成工作任务，如各种塔类设备、换热设备、反应设备、加热设备等，称为"工艺设备"，习惯上也叫做"静设备"或"设备"。

① 流体输送设备是将原料、成品及半成品，包括水和空气等各种液体和气体从一个设备输送到另一个设备，或者使其压力升高以满足化工工艺的要求，包括各种泵、压缩机、鼓风机以及与其相配套的管线和阀门等。这类设备的一个共同特点是它们都可用于许多场合，不仅限于化工或炼油生产，因此也称其为通用设备。

② 加热设备是将原料加热到一定的温度，使其汽化或为其进行反应提供足够的热量。在石油化工生产中常用的加热设备是管式加热炉，它是一种火力加热设备，按其结构特征有圆筒炉、立式炉及斜顶炉等，其中应用较多的是圆筒炉。

③ 换热设备是将热量从高温流体传给低温流体，以达到加热、冷凝、冷却的目的，并从中回收热量，节约燃料。换热设备的种类很多，按其使用目的有加热器、换热器、冷凝器、冷却器及再沸器等，按换热方式可分为直接混合式、蓄热式和间壁式，在石油化工生产中，应用最多的是各种间壁式换热设备。

④ 传质设备是利用物料之间某些物理性质，如沸点、密度、溶解度等的不同，将处于混合状态的物质（气态或液态）中的某些组分分离出来。在进行分离的过程中物料之间发生的主要是质量的传递，故称其为传质设备。传质设备就其外形而言，大多为细而高的塔状，所以通常也叫塔设备。

⑤ 反应设备的作用是完成一定的化学和物理反应，其中化学反应是起主导和决定作用的，物理过程是辅助的或伴生的。反应设备在石油化工生产中应用也是很多的，如苯乙烯、乙烯、高压聚乙烯、聚丙烯、合成橡胶、合成氨、苯胺染料和油漆颜料等工艺过程，都要用到反应设备。

⑥ 储存设备是用来盛装生产用的原料气、液体、液化气等物料的设备、这类设备属于结构相对比较简单的容器类设备，所以又称为储存容器或储罐，按其结构特征有立式储罐及球形储罐等。

二、化工设备的使用安全

1. 换热设备的使用与维护

在化工生产中，通过换热器的介质，有些含有沉积物，有些具有腐蚀性，所以换热器使用一段时间后，会在换热管及壳体等过流部位积垢和形成锈蚀物，它们一方面降低了传热效率，另一方面使管子流通截面减小而流阻增大，甚至造成堵塞。介质腐蚀也会使管束、壳体及其他零件受损。另外，设备长期运转振动和受热不均匀，使管子胀接口及其他连接处也会发生泄漏。这些都会影响换热器的正常工作，甚至迫使装置停工，因此对换热器必须加强日常维护，定期进行检查，检修、以保证生产的正常进行。

做好换热器的日常操作应特别注意防止温度、压力的波动，首先应保证压力稳定，绝不允许超压运行。在开停工进行扫线时最易出现泄漏问题，如浮头式换热器浮头处易发生泄漏，维修时应先打开浮头端外（大）封头从管程试压检查，有时会发现浮头螺栓不紧，这是由于螺栓长期受热产生了塑性变形所致。通常采取的措施是当管束水压试验合格后，再用蒸汽试压，当温度上升至150~170℃时，可将螺栓再紧一次，这样浮头处密封性较好。换热器故障大多数是由管子引起的，对于由于腐蚀使管子穿孔的应及时更换，若只是个别管子损坏而更换又比较困难时，可用管堵将坏管两端堵死。管堵材料的硬度应不超过管子材料的硬度，堵死的管子总数不得超过该管程总管数的10%，对易结垢的换热器应及时进行清洗，以免影响传热效果。

化工生产装置的换热设备经长时间运转后，由于介质的腐蚀、冲蚀、积垢、结焦等原因使管子内外表面都有不同程度的结垢，甚至堵塞。所以在停工检修时必须进行彻底清洗，以恢复其传热效果。常用的清洗（扫）方法有风扫、水洗、汽扫、化学洗清和机械清洗等。

化学清洗是利用清洗剂与垢层起化学反应的方法来除去积垢，适用于形状较为复杂的构件的清洗，如U形管的清洗、管子之间的清洗。这种清洗方法的缺点是对金属有轻微的腐蚀损伤作用。机械清洗最简单的是用刮刀，旋转式钢丝刷除去坚硬的垢层、结焦或其他沉积物。在20世纪70年代，国外开始采用适应各种垢层的不同硬度的海绵球自动清洗设备，取得了较好的效果，也减轻了检修人员的劳动强度。常见的清洗方法有酸洗法、高压水冲洗法、海棉球清洗法等。

2. 塔设备的故障诊断及安全生产

塔设备达不到设计指标统称为故障。塔一旦出现故障，总是希望尽快找出故障原因，以提出解决问题的办法。故障诊断者应对塔及其附属设备的设计及有关方面的知识有较多的了解，了解得越多，故障诊断越容易。

3. 反应器的安全运行

生产高密度低压聚乙烯的搅拌聚合系统是目前典型的、在工业上应用广泛的聚合系统，以该系统说明反应器的安全操作。

聚合系统的操作要求，控制好聚合温度对于聚合系统操作是最关键的，控制聚合温度一般有如下三种方法。

① 通过夹套冷却水换热。

② 由循环风机C、气相换热器E_1、聚合釜组成气相外循环系统，通过气相换热器E_1能够调节外循环气体的温度，并使其中的易冷凝气相冷凝，冷凝液流回聚合釜，从而达到控制聚合温度的目的。这种取热方法称为气相外循环取热。

③ 由浆液反循环泵P、浆液换热器E_2和聚合物组成浆液外循环系统，通过浆液换热器E_2能调节循环浆液的温度，从而达到控制聚合温度的目的，这种取热方法称为浆液外循环取热。

压力控制是在聚合温度恒定的情况下，聚合单体为气相时聚合反应压力主要通过催化剂的加料量和聚合单体的加料量来控制，聚合单体为液相时聚合反应压力主要决定单体的蒸气分压，也就是聚合温度。聚合反应气相中，不凝的惰性气体的含量过高是造成聚合反应釜压力超高的原因之一，此时需放火炬，以降低聚合釜内压力。

聚合料位一般控制在70%左右，连续聚合时通过聚合浆液的出料速率来控制，且此时聚合物必须有自动料位控制系统，以确保料位准确控制，料位控制过低，聚合产率低，料位控制过高甚至满，就会造成聚合浆液进入换热器、风机等设备中造成事故。

控制聚合浆液浓度也非常重要，浆液过浓，造成搅拌器电动机电流过高，引起超负载跳闸，停转。这就会造成反应釜内聚合物结块，甚至引发飞温、爆聚事故，停止搅拌是造成爆聚事故的主要原因之一。控制浆液浓度主要是通过控制溶剂的加入量和聚合产率来实现的。聚合产率的高低在聚合温度和单体加入量不变的情况下，主要通过催化剂加入量来调节。在发生聚合温度失控时，应立即停进催化剂、增加溶剂进料量，加大循环冷却水量，紧急放火炬泄压，向后系统排聚合浆液，并适时加入阻聚剂。发生停搅拌事故应立即加入阻聚剂，并采取其他相应的措施。

聚合反应系统停车程序如下：首先停进催化剂、单体、阻聚剂继续加入、维持聚合系统继续运行一会儿，在聚合反应停止后，停进所有物料，卸料，停搅拌器及其运转设备，用氮气置换，置换合格后待检修。

4. 化工管道的使用安全

管道是化工设备的重要组成部分，原料及其他辅助物料从不同的管路进入生产装置，加工成产品，再进入罐区，最后外输或外运。可见管道是化工生产的大动脉，它将整个生产联结起来构成一个整体。所以保持管路的畅通是保证化工生产正常进行的重要环节。

新设管道施工完毕或在用管道维修完毕后，在管内往往留有焊渣、铁锈、泥土等杂物，如不及时清除，在使用中可能会堵塞管路、损坏阀门，甚至污染管内介质，因此管道在投用前必须进行清洗和吹扫。具体方法是：先用水清洗，再用压缩空气吹净管内存水，若吹扫经过过滤器则应在吹扫后打开过滤器，清除过滤网上的杂质，防止堵塞，影响管路的畅通。

为了检查管道的强度、焊缝的致密性和密封结构的可靠性，对清扫后的管道应进行耐压试验。耐压试验应以水作为试压介质，对承受内压的地上钢管道及有色金属管道试验压力取设计压力的 1.5 倍，埋地钢管道的试验压力取设计压力的 1.5 倍和 0.4MPa 之小者。承受内压的埋地铸铁管道，当设计压力小于等于 0.5MPa 时，试验压力取设计压力的 2 倍，当设计压力取设计压力再加 0.5MPa，对承受外压的管道，其试验压力取设计内外压力差的 1.5 倍且不小于 0.2MPa。对于不宜做水压试验的可做气压试验，气压试验时应做好安全措施，试验压力及其他具体要求查阅有关规范。

管道投用后应进行定期检查，管道的定期检查分为外部检查、重点检查和全面检查，检查的周期应根据管道的综合分类等级确定。各类管道每年至少进行一次外部检查，每 6 年至少进行一次全面检查，Ⅰ、Ⅱ、Ⅲ类管道每年至少进行一次重点检查，Ⅵ、Ⅴ类管道每 2 年至少进行一次重点检查。管道的外部检查主要是观察管道外表面有无裂纹、腐蚀及变形等缺陷，连接法兰有无偏口、紧固件是否齐全、有无腐蚀、松动等现象，用听声法检查管内有无异物的撞击、摩擦声等。

5. 阀门的使用与维护

为了使阀门使用长久、开关灵活、保证安全生产，应正确使用和合理维护。一般应注意以下几点。

① 新安装的阀门应有产品合格证，外观无砂眼、气孔或裂纹、填料压盖应压平整，开关要灵活；使用阀门的压力、温度等级应与管道工作压力相一致，不可将低压阀门装在高压管道上。

② 阀门开完应回半圈，以防误开为关；阀门关闭费力时应用特制扳手，尽量避免用管钳，不可用力过猛或用工具将阀门关得过死。

③ 阀门的填料、大盖、法兰、螺纹等连接和密封部位不得有泄漏，若发现问题应及时

紧固或更换，更换时不可带压操作，特别是高温、易腐蚀介质，以防伤人。

④ 室外阀门，特别是有杆闸门阀，阀杆上应加保护套，以防侵蚀和尘土锈污；对用于水、蒸汽、重油管道上的阀门，冬天应做好防冻保暖工作，防止阀门冻凝，阀体冻裂。

⑤ 对减压阀、调节阀、疏水阀等自动阀门在启用时，应先将管道冲洗干净，未安装旁路和冲洗管的疏水阀，应将疏水阀拆下，吹净管道后再装上使用。

⑥ 对蒸汽阀在开启前应先预热并排除凝结水，然后慢慢开启阀门以免汽、水冲击，当阀全开后，应将手轮再倒转半圈，使螺纹之间严密，对长期关停的水阀、汽阀应注意排除积水。

⑦ 应经常保持阀门的清洁，不能利用阀门支持其他重物，更不能在阀门上站人；阀门的阀体与手轮应按工艺设备的管理要求，做好刷漆防腐，系统管道上的阀门应按工艺要求编号，启闭阀门时应对号挂牌，以防误操作。

三、化工机器的使用安全

化工机器主要有泵等，泵属于转动设备，在石油化工行业中的使用量较多。如炼油厂的各类油泵、化工厂的各类酸泵、氮肥厂的尿素泵及给排水系统用的各种水泵等。泵性能的优劣直接影响着生产的正常进行，如果泵出现故障，整个生产系统就会停止工作。

1. 离心泵的操作安全

离心泵的操作方法与其结构形式、用途、驱动机的类型、工艺过程及输送液体的性质等有关。具体的操作方法按泵制造厂提供的产品说明书中的规定及生产单位制订的操作规程进行。现以电动机驱动的离心泵为例说明其操作的大致过程。

(1) 启动前的检查和准备　离心泵在启动前应对机组进行检查，包括查看轴承中润滑油是否充足，油质是否清洁、轴封装置中的填料是否松紧适度、泵轴是否转动灵活，如果是首次使用或重新安装的泵，应卸掉联轴器用手转动泵的转子，看泵的旋转方向是否正确，然后看连接螺栓有无松动；排液阀关闭是否严密，底阀是否有效等。

如果以上检查未发现问题，就可关闭排液阀、压力表和真空表阀门及各个排液孔，再打开放气旋塞向泵内灌注液体，并用手转动联轴器使叶轮内残存的空气尽可能排出，直至放气旋塞有水溢出时再将其关闭。对大型泵也可用真空泵把泵内和吸液管中的空气抽出，使吸液罐内的液体进入泵内。

(2) 启动　完成灌泵以后，打开轴承冷却水给水阀门，待出口压力正常后打开真空表阀门，最后再打开排液阀，直至管路流量正常。离心泵启动后空运转的时间一般控制在 2～4min 之内，如果时间过长，液体的温度升高，有可能导致气蚀现象或其他不良后果。

(3) 运行和维护　离心泵在运行过程中，要定期检查轴承的温度和润滑情况、轴封的泄漏情况及是否过热、压力表及真空表的读数是否正常；机械振动是否过大、各部分的连接螺栓是否松动，应定期更换润滑油，轴承温度控制在 75℃ 以内，填料密封的泄漏量一般要求不能流成线，泵运转一定时间后（一般 2000h）应更换磨损件。对备用泵应定期进行盘车并切换使用，对热油泵停车后应每半小时盘车一次，直到泵体的温度降到 80℃ 以下为止，在冬季停车的泵停车后应注意防冻。

(4) 离心泵停车　停车时应先关闭压力表和真空表阀门，再关闭排液阀，这样在减少振动的同时，可防止管路液体倒灌。然后停转电动机，在停泵后再关闭轴封及其他部位的冷却系统，若停车时间较长，还应将泵内液体排放干净以防内部零件锈蚀或在冬季结冰冻裂泵体。

2. 往复泵的使用安全

使用往复泵时应注意以下几点。

（1）在排液管路上设置安全阀　因为往复泵的排出压力取决于管路情况及泵本身的动力、强度及密封情况，所以每台泵的允许排出压力是确定的。安全阀的开启压力不超过泵的允许排出压力。

（2）泵的安装高度应不超过允许安装高度　因为往复泵和离心泵一样，也是靠吸液池液面压力与泵入口处的压力差吸上液体的，在大气压力不同的地区，输送性质及温度不同的液体时，泵的安装高度是不同的，如果安装高度超出允许值，泵入口处的液体同样也会产生汽化现象。

（3）往复泵不能像离心泵那样在排液管路上用阀门调节流量　泵在工作时也不能将排出阀完全关闭。否则，泵内压力会急剧升高，造成泵体、管路及电动机损坏，往复泵通常采用旁通回路、改变活塞行程及改变活塞往复次数等方法调节流量。

3. 活塞式压缩机的安全运行

活塞式压缩机的运行和日常维护应注意以下几个方面。

① 压缩机在运行时必须认真检查和巡视，注视吸排气压力及温度、排出气体、流量、油压、油温、供油量和冷却水等各项控制指标，注意异常响声，每隔一定时间记录一次。

② 禁止压缩机在超温、超压和超负荷下运行，如遇超温、超压、缺油、缺水或电流增大等异常现象，应及时排除并报告有关人员。遇易燃、易爆气体大量泄漏而紧急停车时，非防爆型电气开关、启动器禁止在现场操作，应通知电工在变电所内断电源。

③ 压缩机在大、中修时，对主轴、连杆、活塞杆等主要部件应进行无损检测，对附属的压力容器应按《压力容器安全技术监察规程》的要求进行检验。对可能产生积炭的部位必须进行全面、彻底检查，将积炭清除后方可用空气试车，防止积炭在调温下引起爆炸，有条件的企业可用氮气试车。

④ 特殊气体（如氧气）的压缩机，对其设备、管道、阀门及附件、严禁用含油纱布擦拭，也不得被油类污染，检修后应进行脱脂处理。压缩机房内严禁任意堆放易燃物品。如破油布、棉纱及木屑等。

第三节　化工装置泄漏维护技术

化工生产中大量存在易燃、易爆、有毒、有腐蚀的危险化学品，生产过程中大量酸、碱等腐蚀性物料造成设备内物料泄漏、管道变形开裂等，严重影响正常的生产，必须采取堵漏等措施确保生产安全。

一、化工密封装置的泄漏检测

所谓泄漏，即指内容物由有限空间内部跑到外部或者是其他物质由空间外部进入内部。这里所指的内容物，可以是气体、液体、固体。

1. 泄漏检测法适用的要求

不论哪种泄漏检测方法，虽然泄漏检测法的原理多种多样，简单易懂，首先要理解方法原理，并且要理解灵敏度的适用范围，各种各样的方法灵敏度，采用哪种方法可以检测出哪一级的泄漏；不论采用什么方法，要检测出泄漏都要花费时间；泄漏点的判断，有些方法可以判断出泄漏点，有的判断不到泄漏点；方法检测结果的一致性，有些方法，不管谁用，结果都相同，有的方法则内行和外行用，结果全然不同；结果数据的稳定性；泄漏检测法属于一种计测技术，如果不能经常地获得稳定数据，就毫无意义；在泄漏检测时，要判断出泄漏检测的可靠性；采用某种检测法的经济性，是用户考虑的一个关键因素，既要准确、可靠，更要经济。

2. 泄漏检测的方法介绍

化工装置泄漏检测的主要方法有以下几种。但不论用什么样的方法检测泄漏，都要根据泄漏现场的情况，因地制宜，哪种方法使用效果好，经济实用，就用哪种方法。主要方法有水压法、肥皂液法、声音法、超声波法、放射性同位素法、橡胶膜法、气体检测法、卤素加压法、热导率检测法、真空法。

二、现场堵漏技术及其应用

法兰因偏口、错口、张口、错孔、热胀冷缩等原因泄漏；垫片因载荷、黏度、压缩性和回弹性、法兰压缩强度、垫片的蠕变松弛行为、垫片几何尺寸的影响、垫片宽度的影响等原因产生泄漏，化工生产过程中会采取堵漏技术。

1. 法兰泄漏堵漏方法

（1）直接捻缝围堵法　当两法兰的连接间隙在1mm左右，整个法兰外围的错边量不超过5mm，泄漏量不大，压力不高，不超过0.6MPa，原则上可以不采用特制夹具，而是采用一种简便易行的办法，用手锤、偏冲或风动工具直接将法兰的连接间隙捻严，再用螺栓专用注剂接头或在泄漏法兰上开设注剂孔的方法，这样就由法兰本体通过捻严而直接止住泄漏，形成新的密封空腔，达到目的。大体过程：开成新的密封空腔，然后通过螺栓专用注剂接头或法兰上新开设的注剂孔，实施注胶。

（2）铜丝捻缝围堵法　法兰的连接间隙小于4mm，并且整个法兰外圆的间隙量比较均匀，泄漏介质压力低于2.5MPa、泄漏量不是很大时，用铜丝捻缝围堵法。也可以不采用特制夹具，而是采用另一种简便易行的办法，用直径等于或略小于泄漏法兰间隙的钢丝、螺栓专用注剂接头或在泄漏法兰上开设注剂孔的方法，组合成新的密封空腔，然后通过螺栓专用注剂接头或法兰上新开设的注剂孔把密封注剂注射到新的密封空腔内，达到止住泄漏的目的。

（3）法兰夹具堵漏法　当存在泄漏法兰间隙大于8mm，泄漏介质压力大于2.5MPa，以及泄漏法兰偏心，两连接法兰外径不等的安装缺陷时，从安全性、可靠性角度考虑，应制作凸形夹具。这种夹具的加工尺寸较为精准，安装在泄漏法兰上后，整体封闭性能好，动态密封作业的成功率高，是注剂式带压密封技术中应用最广泛的一种夹具。

2. 阀门泄漏的堵漏技术

阀门是流体输送系统中的控制部件，具有导流、截流、调节、节流、防止倒流、分流或溢流卸压等功能。阀门泄漏的堵漏方法最常见的主要是阀门填料泄漏，阀门填料泄漏堵漏有直接打孔法、带夹具堵漏方法两种方法。

3. 粘接堵漏技术

到21世纪，粘接堵漏技术已在各领域广泛使用，其方法和品种多种多样，新品种层出不穷，黏结剂产品逐渐系列化、完善化。粘接可代替焊接、铆接、螺栓连接，将各种构件牢固地连接在一起，并且不变形，简单易操作。黏结剂还可以对一些缺陷、泄漏点进行粘堵，达到堵漏、密封、坚固等作用。但粘接也存在不少自身缺陷，如抗拉强度不够、耐老化性能差、耐高温程度差等。

4. 带压焊接堵漏技术

在生产系统中，大多数的容器、管道、阀门等设备及其附件，随着生产系统工艺的波动、变化以及长期地使用，均会出现焊缝开裂、本体裂纹、管道开裂等。一般的常压堵漏方法不能彻底解决。必须采用特殊的常压补焊的方法。

常压逆向焊接密封技术是用在泄漏介质下的带压补焊，由于受到受压本体内介质的压力，熔深较浅，因此不能按压力容器标准焊接来施焊。不能打破口，加之焊缝窄，必然致使焊缝熔深很浅，一般只有壁厚的40%左右，最多也只有60%左右，因此常压逆向焊接缝熔深很浅，焊缝强度较低。该焊法对压力较低的容器、管道较适用，但对于压力较高的容器就易于出现重新破裂现象，这样就需要对焊缝采取强化措施。

5. 攻丝堵漏技术

在快速堵漏的方法中，带压攻丝堵漏一般的选择范围在中压区域，以不超过2.5MPa为宜，压力太高成功率低。攻丝堵漏是带压堵漏中一种比较简单的方法。一般要用带压攻丝处理的泄漏点，均为砂眼，泄漏面积不大，腐蚀点、裂纹一般在3mm左右，压缩机的壳体、铸件砂眼、气孔等。在使用带压攻丝方法前，首先要看泄漏点的大小，周围的减薄程度，如果减薄的面积较大，裂纹较长，均不可采用此种方法。

6. 顶压堵漏技术

顶压堵漏技术，仅从文字理解，即用外力顶压住泄漏孔，消除泄漏。顶压堵漏法分两个压力等级处理，在0.4MPa以下时可以使用顶压粘接的办法来处理，大于0.4MPa的要带上顶压夹具消除泄漏。

带压堵漏应穿戴个人防护用品。

三、现场施工操作安全

1. 化工装置堵漏现场操作的一般规定

(1) 生产单位配备的安全防护和消防设施已齐备，安全监护人员应全部到位。

(2) 检查已勘测过的泄漏部位应仍能满足安全施工的要求。

(3) 从事带压密封工作的施工单位，应符合下列规定。

① 必须取得省级以上带压密封工程安全施工资质。

② 至少应有1名具有注册安全工程师执业资格的专职安全技术负责人。

③ 必须具有至少1名以上具有中级以上专业技术职称带压密封工程设计人员。

④ 对带压密封工程所用工器具应执行定检制度，保证其处于完好状态。

⑤ 应配备齐全的泄漏检测设备。

⑥ 带压密封工程作业人员必须经过专业技术培训，考试合格证，并熟知《带压密封技术规范》。

(4) 施工操作人员必须经过专业技术培训，持证上岗操作。穿戴好工作服和专用的防护用品，方可进入施工现场。进行带压密封施工时，每个作业面必须有两个或两个以上操作人员进行施工。

(5) 制定的带压密封施工方案已审批。

(6) 带压密封施工方案，应包括下列内容：确定带压密封方法；确定详细的安全操作规程；突发事件的应急处理措施；选择密封注剂；夹具设计和加工；选择注剂工具和施工工具；选择施工材料；选择防护用品。

2. 化工装置堵漏操作防护用品

(1) 操作防护用品按用途分类

① 以防止伤亡事故为目的的安全防护用品。主要包括：防坠落用品，如安全带、安全网等；防冲击用品，如安全帽、防冲击护目镜等；防触电用品，如绝缘鞋、等电位工作服等；防机械外伤用品，如防刺、割、绞、碾、磨损用品，防护服、鞋、手套等；防酸碱用品，如耐酸碱手套，防护服和靴等；耐油用品，如耐油防护服、鞋和靴等。防水用品，如胶制工作服，雨衣、雨鞋、雨靴、防水保险手套等；防寒用品，如防寒服、鞋、帽、手套等。

② 个人劳动卫生防护用品，防尘用品，如防尘口罩；防毒用品，如防毒面具、防毒服等；防放射性用品，如防放射性服、铝玻璃眼镜等；防热辐射用品，如隔热防火眼、防辐射

隔热面罩、电焊手套、有机防护眼镜等；防噪声用品，如耳塞、耳罩、耳帽等。

（2）操作防护用品以人体防护部位分类

① 头部防护用品，如防护帽、安全帽、防寒帽、防昆虫帽等。

② 呼吸器官防护用品，如防尘口罩（面罩）、防毒口罩（面罩）等。

③ 眼面部防护用品。如焊接护目镜、炉窑护目镜、防冲击护目镜等。

④ 手部防护用品。如一般防护手套、各种特殊防护手套、绝缘手套等。

⑤ 足部防护用品。如防尘、防水、防油、防滑、防高温、防酸碱、防震鞋及电绝缘鞋（靴）等。

⑥ 躯干防护用品（通常称为防护服）。如一般防护服、防水服、防寒服、防油服、放电磁辐射服、隔热服、防酸碱服等。

⑦ 护肤用品。用于防毒、防腐、防酸碱、防射线等的相应保护剂。

第四节　化工装置安全检修技术

一、化工检修的特点

化工生产一般具有"高温、高压、低温（盐水）、低压（真空）；易燃易爆；有毒有害；腐蚀性强；生产的连续性"等特点。此外，化工还有安装和检修工作量大、技术复杂、精度较高等特点。与其他行业相比检修，化工检修具有频繁性、复杂性、危险性等特点。

1. 化工检修的频繁性

所谓频繁是指计划检修、计划外检修次数多；化工生产的复杂性，决定了化工设备及管道的故障和事故的频繁性，因而也决定了检修的复杂性。

2. 化工检修的复杂性

化工生产中使用的设备、机械、仪表、管道、阀门等，种类繁多，规格不一，结构、性能和特点各异，同时检修中由于受到环境、气候、场地的限制，有些要在露天作业，有些要在设备内作业，有些要在地坑或井下作业，有时还要上、中、下立体交叉作业，加上外来务工、临时工进入进入现场机会多，而且对检修环境不熟悉，这些因素都增加了化工检修的复杂性。

3. 化工检修的危险性

化工生产的危险性决定了化工检修的危险性。化工设备和管道在检修前做过充分的吹扫置换，但其中仍不可避免会存在易燃易爆、有毒有害、有腐蚀性的物质，而检修又离不开动火、进罐作业，稍有疏忽就会发生火灾爆炸、中毒和灼伤等事故。

二、化工装置检修分类

化工设备、管道、阀件、仪表等运行中的不稳定因素很多，如介质自身的危险性、对设备的腐蚀性、高温、高压的生产条件、设备的设计及制造错误、材料及制造的缺陷、安全装置或控制装置的失灵、安装、修理不当、违章操作等，都可能导致设备突发性的损坏，因此，为了维持正常生产，尽量减少非正常停车给生产造成损失，必须加强对化工设备的维护、保养、检测和维修。

根据化工生产中机械设备的实际运转和使用情况，化工检修可分为计划检修和计划外检修。

1. 计划检修

计划检修是指企业根据设备管理、使用的经验以及设备状况，制定设备检修计划，对设备进行有组织、有准备、有安排、按计划进行的检修。根据检修的内容、周期和要求不同，计划检修又可分为大修、一般性检修（包括中修和小修）。

2. 计划外检修

在生产过程运行中因突发性的故障或事故而造成设备或装置临时性停车的检修称为计划外检修。计划外检修事先难以预料，无法计划安排，而且要求检修时间短，检修质量高，检修的环境及工况复杂，故难度较大。计划外检修是目前化工企业不可避免的检修作业之一，因此计划外检修的安全管理也是检修安全管理的一个重要内容。

由于化工设备在运行中受到腐蚀和磨损程度不同，除计划检修和计划外检修，临时性的停工抢修也极为频繁。由上可见化工安全检修的重要性。

三、检修安全管理

实现化工检修安全不仅确保了在检修工作中的安全，防止发生各类安全事故，保护广大职工的健康与安全，而且还能保质保量及时完成检修任务，为下一步的安全生产创造了有利的条件。

不论是计划检修还是计划外检修，都必须严格遵守检修工作的各项规章制度，办理各种安全检修许可证（如动土证）的申请、审核和批准等手续。

检修安全管理工作是化工安全检修的一个重要环节。主要做好以下工作。

1. 组织准备

在化工企业中，不论大修、中修、小修，都要杜绝各类事故的发生。为此必须建立健全的检修指挥机构，负责检修项目的落实、物资准备、施工准备、人员准备和开停车、置换方案的拟定工作。检修指挥机构中要设立安全组，各级安全员与各级安全负责人及安全组要构成联络网。计划外检修和日常维护，也必须指定专人负责，办理申请、审批手续，指定安全负责人。

2. 技术准备

检修的技术准备包括施工项目、内容的审定；施工方案和停、开车方案的制定；计划进度的制定；施工图表的绘制；施工部门和施工任务以及施工安全措施的落实等。

3. 材料准备

根据检修项目、内容和要求，准备好检修所需的材料、附件和设备，并严格检查是否合格，不合格的不可以使用。

4. 安全用具准备

为了保证检修的安全，检修前必须准备好安全及消防用具，如安全帽、安全带、防毒面具、脚手架以及测氧、测爆、测毒等分析化验仪器和消防器材、消防设施等。消防器材及设施应指定专人负责。检修中还必须保证消防用水的供应。

5. 组织领导

大修和中修应成立检修指挥系统，负责检修工作的筹划、调度，安排人力、物力、运输及安全工作。在各级检修指挥机构中要设立安全组，各车间的安全负责人及安全员与厂指挥部安全组构成安全联络网。各级安全机构负责对安全规章制度的宣传、教育、监督、检查，并办理动火、动土及检修许可证。

6. 制订检修计划

在化工生产中，各个生产装置之间，或厂与厂之间，是一个有机整体，它们相互制约、紧密联系。在检修计划中，根据生产工艺过程及公用工程之间的相互关系，确定各装置先后停车的顺序，停水、停气、停电的具体时间，灭火炬、点火炬的具体时间。还要明确规定各个装置的检修时间，检修项目的进度以及开车顺序，一般都要画出检修计划图（鱼翅图）。

7．安全教育

化工装置的检修的安全教育不仅包括对本单位参加检修人员的教育，也包括对其他单位参加检修人员的教育。对各类参加检修的人员都必须进行安全教育，并经考试合格后才能准许参加检修。安全教育的内容包括化工厂检修的安全制度和检修现场必须遵守的有关规定。

停工检修的有关规定有以下两个方面。

（1）进入设备作业的有关规定

① 动火的有关规定；

② 动土的有关规定；

③ 科学文明检修的有关规定。

（2）检修现场的十大禁令

① 不戴安全帽、不穿工作服者禁止进入现场；

② 穿凉鞋、高跟鞋者禁止进入现场；

③ 上班前饮酒者禁止进入现场；

④ 在作业中禁止打闹或其他有碍作业的行为；

⑤ 检修现场禁止吸烟；

⑥ 禁止用汽油或其他化工溶剂冲洗设备、机具和衣物；

⑦ 禁止随意泼洒油品、化学危险品、电石废渣等；

⑧ 禁止堵塞消防通道；

⑨ 禁止挪用或损坏消防工具和设备；

⑩ 禁止将现场器材挪作他用。

8．安全检查

安全检查包括对检修项目的检查、检修机具的检查和检修现场的巡回检查。检修项目，特别是重要的检修项目，在制订检修方案时，需同时制订安全技术措施。没有安全技术措施的项目，不准检修。检修所用的机具，检查合格后由安全主管部门审查并发给合格证，贴在设备醒目处，以便安全检查人员现场检查。没有检查合格证的设备、机具不准进入检修现场和使用。在检修过程中，要组织安全检查人员到现场巡回检查，检查各检修现场是否认真执行安全检修的各项规定，发现问题及时纠正、解决。如有严重违章者，安全检查员有权令其停止作业。

四、动火检修技术

加强火种管理是化工企业防火防爆的一个重要环节。化工生产设备和管道中的介质大多是易燃易爆的物质，设备检修时又离不开切割、焊接等作业，而助燃物——空气中的氧又是检修人员作业场所不可缺少的。对检修动火来说燃烧三要素随时可能具备，因此，检修动火具有很大危险性。多年来，由于一些企业的检修人员缺乏安全常识，或违反动火安全制度而发生的重大火灾、爆炸事故接连不断，重复发生，教训深刻。所以，检修动火已普遍引起了化工企业的重视，一般都制订了动火制度，严格动火的安全规定，这是十分必要的。

1．动火作业的含义

在化工企业中，凡使用气焊、电焊、喷灯等焊割工具，在煤气、氧气的生产设施、输送管道、储罐、容器和危险化学品的包装物、容器、管道及易燃易爆危险区域内的设备上，能直接或间接产生明火的施工作业都属于动火作业。例如，电焊、气焊、切割、喷灯、电炉、熬炼、烘炒、焚烧等明火作业；铁器工具敲击，铲、刮、凿、敲设备及墙壁或水泥构件，使用砂轮、电钻、风镐等工具，安装皮带传动装置、高压气体喷射等一切能产生火花的作业；采用高温能产生强烈热辐射的作业。在化工企业中，动火作业必须严格贯彻执行安全动火和用火的制度，落实安全动火的措施。

2. 禁火区与动火区的划定

企业应根据生产工艺过程的危险程度及维修工作的需要，在厂区内划分固定动火区和禁火区。

（1）固定动火区　指允许从事各种动火作业的区域。固定动火区应符合以下条件。

① 距易燃、易爆物区域的距离，应符合国家有关防火规范的防火间距要求。

② 生产装置正常放空或发生事故时，要保证可燃气体不能扩散到固定动火区内，在任何情况下，要保证固定动火区内可燃气体的含量在允许含量以下。

③ 室内固定动火区应与危险源（如生产现场）隔开，门窗要向外开，道路要畅通。

④ 固定动火区要有明显标志，区内不允许堆放可燃杂物。

⑤ 固定动火区内必须配有足够适用的灭火器具。并设置"动火区"字样的明显标志。

（2）禁火区　化工厂厂区内除固定动火区外，其他区域均为禁火区。凡需要在禁火区内动火时，必须申请办理"动火证"。禁火区内动火可划分为两级：一级动火，指在正常生产情况下的要害部位、危险区域动火，一级动火由厂安全技术和防火部门审核，主管厂长或总工程师批准；二级动火，指固定动火区和一级动火区范围以外的动火，二级动火由所在车间主管主任批准即可。

3. 动火安全要点

（1）审证　禁火区内动火必须办理"动火证"的申请、审核和批准手续，要明确动火的地点、时间、范围、动火方案、安全措施、现场监护人等。审批动火应考虑两个问题：一是动火设备本身，二是动火的周围环境。要做到"三不动火"，即没有动火证不动火，安全防火措施不落实不动火，监护人不在现场不动火。

（2）联系　动火前要和有关生产车间、工段联系好，明确动火的设备、位置。事先由专人负责做好动火设备的置换、中和、清洗、吹扫、隔离等工作，并落实其他安全措施。

（3）隔离　动火设备应与其他生产系统可靠隔离，防止运行中设备、管道内的物料泄漏到动火设备中来；将动火地区与其他区域采取临时隔火墙等措施加以隔开，防止火星飞溅而引起事故。

（4）拆迁　凡能拆迁到固定动火区或其他安全地方进行的动火作业，不应在生产现场内进行，尽量减少禁火区内的动火作业。

（5）移去可燃物　将动火周围 10m 范围以内的一切可燃物，如溶剂、润滑油、未清洗的盛放过易燃液体的空桶、木筐等移到安全场所。

（6）灭火措施　动火期间动火地点附近的水源要保证充分，不能中断；动火场所准备好足够数量的灭火器具；在危险性大的重要地段动火，消防车和消防人员要到现场做好充分准备。

（7）检查与监护　上述工作准备就绪后，根据动火制度的规定，厂、车间或安全、保卫部门的负责人应到现场检查，对照动火方案中提出的安全措施检查是否落实，并再次明确和落实现场监护人和动火现场指挥，交待安全注意事项。

（8）动火分析　动火分析不宜过早，一般不要早于动火前的 30min。如果动火中断 30min 以上，应重做动火分析。分析试样要保留到动火之后，分析数据应做记录，分析人员应在分析化验报告单上签字。

（9）动火　动火应由经安全考核合格的人员担任，压力容器的焊补工作应由锅炉压力容器考试合格的工人担任。无合格证者不得独自从事焊接工作。动火作业出现异常时，监护人员或动火指挥应果断命令停止动火，并采取措施，待恢复正常，重新分析合格并经批准部门同意后,方可重新动火。高处动火作业应戴安全帽、系安全带,遵守高处作业的安全规定。氧气瓶和移动式乙炔瓶发生器不得有泄漏,应距明火10m以上,氧气瓶和乙炔发生器的间距不得小于5m,有五级以上大风时不宜高处动火。电焊机应放在指定的地方,火线和接地线应完整无损、牢靠,禁止用铁棒等物代替接地线和固定接地点。电焊机的接地线应接在被焊设备上,接地点应靠近焊接处,不准采用远距离接地回路。

(10) 善后处理　动火作业结束后,应仔细清理现场,熄灭余火,做到不遗漏任何火种,切断动火作业使用的电源。

动火作业还必须严格遵守和切实落实国家有关部门制定的防止违章动火禁令。

[案例1]　某化学品生产公司利用全厂停车机会进行检修,其中一个检修项目是用气割割断煤气总管后加装阀门。为此,公司专门制定了停车检修方案。检修当天对室外煤气总管及相关设备先进行氮气置换处理,约1h后从煤气总管与煤气气柜间管道的最低取样口取样分析,合格后就关闭氮气阀门,分析报告上写着"氢气+一氧化碳<7%,不爆"。接着按停车检修方案对煤气总管进行空气置换,2h后空气置换结束。车间主任开始开《动火安全作业证》,独自制定了安全措施后,监火人、动火负责人、动火人、动火前岗位当班班长、动火作业的审批人先后在动火证上签字,约20min后(距分析时间已间隔3h左右),焊工开始用气割枪对煤气总管进行切割(检修现场没有专人进行安全管理),在割穿的瞬间煤气总管内的气体发生爆炸,其冲击波顺着煤气总管冲出,击中距动火点50m外正在管架上已完成另一检修作业准备下架的一名包机工,使其从管架上坠落死亡。

原因分析:该公司在进行动火危险作业时未安排专人进行现场安全管理,动火作业过程中未严格执行《化学品生产单位动火作业安全规范》,在选取动火分析的取样点、确定动火分析的合格判定标准、分析时间与动火时间的间隔、动火证的办理过程中都存在着严重违章行为,致使煤气总管中残留的易燃易爆性气体,在煤气管道被割穿的瞬间,遇点火源而引发管内气体爆炸,导致一名作业人员高处坠落后死亡。

五、设备内检修技术

1. 设备内作业的定义

进入化工生产区域内的各类塔、球、釜、槽、罐、炉膛、锅筒、管道、容器以及地下室、阴井、地坑、下水道或其他封闭场所内进行的作业均为进入设备作业。

2. 进入设备作业证制度

进入设备作业前,必须办理进入设备作业证。进入设备作业证由生产单位签发,由该单位的主要负责人签署。

生产单位在对设备进行置换、清洗并进行可靠的隔离后,事先应进行设备内可燃气体分析和氧含量分析。有电动和照明设备时必须切断电源,并挂上"有人检修,禁止合闸"的牌子,以防止有人误操作伤人。

检修人员凭有负责人签字的"进入设备作业证"及"分析合格单",才能进入设备内作业。在进入设备内作业期间,生产单位和施工单位应有专人进行监护和救护,并在该设备外明显部位挂上"设备内有人作业"的牌子。

3. 设备内作业安全要求

(1) 安全隔离　设备上所有与外界连通的管道、孔洞均应与外界有效隔绝。设备上与外界连接的电源应有效切断。管道安全隔绝可采用插入盲板或拆除一段管道进行隔绝,不能用水封或阀门等代替盲板或拆除管道。电源有效切断可采用取下电源保险熔丝或将电源开关拉下后上锁等措施,并加挂警示牌。

(2) 空气置换　凡用惰性气体置换过的设备,在进入之前必须用空气置换出惰性气体,并对设备内空气中的氧含量进行测定。设备内动火作业除了其中空气中的可燃物含量符合动火规定外，氧含量应在 18%～21% 的范围。若设备内介质有毒的话，还应测定设备内空气中有毒物质的浓度。有毒气体和可燃气体浓度符合《化工企业安全管理制度》的规定。

（3）通风　要采取措施，保持设备内空气良好流通。打开所有人孔、手孔、料孔等进行自然通风。必要时，可采取机械通风。采用管道空气送风时，通风前必须对管道内介质和风源进行分析确认。不准向设备内充氧气或富氧空气。

（4）定时监测　作业前 30min 内，必须对设备内气体采样分析，分析合格后办理《设备内安全作业证》，方可进入设备。采样点要有代表性。作业中要加强定时监测，情况异常立即停止作业，并撤离人员。作业现场经处理后，取样分析合格方可继续作业。涂刷具有挥发性溶剂的涂料时，应做连续分析，并采取可靠通风措施。

（5）用电安全　设备内作业照明使用的电动工具必须使用安全电压，在干燥的设备内电压≤36V，在潮湿环境或密闭性好的金属容器内电压≤12V；若有可燃物质存在时，还应符合防爆要求。悬吊行灯时不能使导线承受张力，必须用附属的吊具来悬吊；行灯的防护装置和电动工具的机架等金属部分应该预先可靠接地。

设备内焊接应准备橡胶板，穿戴其他电气防护工具，焊机托架应采用绝缘的托架，最好在电焊机上装上防止电击的装置再使用。

（6）设备外监护　设备内作业必须有专人监护，一般应指派两人以上作监护人。进入设备前，监护人应会同作业人员检查安全措施，统一联系信号。险情重大的设备内作业，应增设监护人员，并随时与设备内取得联系。监护人应了解介质的理化性能、毒性、中毒症状和火灾、爆炸性；监护人应位于能经常看见设备内全部操作人员的位置，眼光不得离开操作人员；监护人除了向设备内作业人员递送工具、材料外，不得从事其他工作，更不准擅离岗位；发现设备内有异常时，应立即召集急救人员，设法将设备内受害人员救出，监护人应从事设备外的急救工作；如果没有代理监护人，即使在非常时候，监护人也不得自己进入设备内；凡进入设备内抢救的人员，必须根据现场的情况穿戴防毒面具或氧气呼吸器、安全带等防护器具。绝不允许不采取任何个人防护而冒险进入设备救人。

（7）个人防护　设备内作业应使设备内及其周围环境符合安全卫生的要求。在不得已的情况下才戴了防毒面具进入设备作业，这时防毒面具务必事先作严格检查，确保完好，并规定在设备内的停留时间，严密监护，轮换作业；在设备内空气中氧含量和有毒有害物质均符合安全规定时进行作业，还应该正确使用劳动保护用品。设备内作业人员必须穿戴好工作帽、工作服、工作鞋；衣袖、裤子不得卷起，作业人员的皮肤不要露在外面；不得穿戴沾附着油脂的工作服；有可能落下工具、材料及其他物体或漏滴液体等的场合，要戴安全帽；有可能接触酸、碱、苯酚之类腐蚀性液体的场合，应戴防护眼镜、面罩、毛巾等保护整个面部和颈部；设备内作业一般穿中筒或高筒橡皮靴，为了防止脚部伤害也可以穿反牛皮靴等工作鞋。

其他还有急救措施、升降机具等。

4. 进入容器、设备的八个"必须"

进入容器、设备的八个"必须"是：

① 必须申请、办证，并得到批准；

② 必须进行安全隔绝；

③ 必须切断动力电，并使用安全灯具；

④ 必须进行置换、通风；

⑤ 必须按时间要求进行安全分析；

⑥ 必须佩戴规定的防护用具；

⑦ 必须有人在器外监护，并坚守岗位；

⑧ 必须有抢救后备措施。

[案例 2]　某市化工原料厂碳酸钙车间计划对碳化塔塔内进行清理作业，在车间办公室车间主任安排 3 名操作人员进行清理，只强调等他本人到现场后方准作业，其中 1 人先到碳化塔旁，为提前完成任务，冒险进入碳化塔进行清理，窒息昏倒，待其余 2 人与车间主任到时，佩戴呼吸器将其救出，但因窒息时间过长已死亡。

原因分析：该厂制定的危险作业管理制度不全，受限空间作业仅凭经验进行，作业人员为赶进度在未采取任何安全措施的前提下，进入塔内作业，引起了事故的发生。

六、动土检修技术

化工企业内外的地下有动力、通信和仪表等不同用途、不同规格的电缆，有消防用水等水管，还有煤气管、蒸汽管、各种化学物料管。电缆、管道纵横交错，编织成网。以往由于动土没有一套完善的安全管理制度，不明地下设施情况而进行动土作业，结果挖断了电缆、击穿了管道、土石塌方、人员坠落，造成人员伤亡或全厂停电等重大事故。因此，动土作业应该是化工检修安全技术管理的一个内容。

1. 动土作业的定义

凡是影响到地下电缆、管道等设施安全的地上作业都包括在动土作业的范围之内，如挖土、打桩、埋设接地极等入地超过一定深度的作业；绿化植树、设置大型标语牌、宣传画廊以及排放大量污水等影响地下设施的作业；用推土机、压路机等施工机械进行填土或平整场地；除正规道路以外的厂内界区，物料堆放的荷重在 $5t/m^2$ 以上或者包括运输工具在内物件运载总重在 3t 以上的都应作为动土作业。堆物荷重和运载总重的限定值应根据土质而定。

2. 动土作业的安全要求

(1) 动土作业前的准备工作　动土作业前必须持施工图纸及施工项目批准手续等有关资料，到有关部门办理《动土安全作业证》，没有《动土安全作业证》不准动土作业。

动土作业前，项目负责人应对施工人员进行安全教育；施工负责人对安全措施进行现场交底，并督促落实。

作业前必须检查工具、现场支护是否牢固、完好，发现问题应及时处理。

(2) 动土作业过程中的安全要求　主要有以下几个方面。

① 防止损坏地下设施和地面建筑。动土作业中接近地下电缆、管道及埋设物的地方施工时，不准用铁镐、铁橇棍或铁楔子等工具进行作业，也不准使用机械挖土；在挖掘地区内发现事先未预料到的地下设备、管道或其他不可辨别的东西时，应立即停止工作，报告有关部门处理，严禁随意敲击；挖土机在建筑物附近工作时，与墙柱、台阶等建筑物的距离至少应在 1m 以上，以免碰撞等。

② 防止坍塌。开挖没有边坡的沟、坑、池等必须根据挖掘深度装设支撑。开始装设支撑的深度，根据土壤性质和湿度决定。如果挖掘深度不超过 1.5m，可将坑壁挖成小于自然坍落角的边坡而不设支撑。一般情况下深度超过 1.5m 应设支撑。更换横支撑时，必须先安上新的，然后拆下旧的。

在施工中应经常检查支撑的安全状况，有危险征象时，应立即加固。

此外，动土作业要防止工具伤害、防止坠落，必须按《动土安全作业证》的内容进行，不得擅自变更动土作业内容、扩大作业范围或转移作业地点。在可能出现煤气等有毒有害气体的地点工作时，应预先通知工作人员，并做好防毒准备。在化工危险场所动土作业时，要与有关操作人员建立联系，当化工生产突然排放有毒有害气体时，应立即停止工作，撤离全部人员并报告有关部门处理，在有毒有害气体未彻底清除前不准恢复工作。

3.《动土安全作业证》的管理

《动土安全作业证》由基建或机动部门负责管理；动土申请单位在基建或机动部门领取《动土安全作业证》，填写有关内容后交施工单位；施工单位接到《动土安全作业证》，填写有关内容后将《动土安全作业证》交动土申请单位；动土申请单位从施工单位收到《动土安全作业证》后，交厂总图及有关水、电、汽工艺、设备、消防、安全等部门审核，由厂基建或机动部门审批；动土作业审批人员应到现场核对图纸，查验标志，检查确认安全措施，方可签发《动土安全作业证》；动土申请单位将办理好的《动土安全作业证》留存后，分别送总图室、机动部门、施工单位各一份。

七、高空检修技术

有关事故资料统计，化工企业高处坠落事故造成的伤亡人数仅次于火灾、爆炸和中毒事故，而高处坠落事故又往往是化工检修过程发生较多的事故，因此预防高处坠落事故对大幅度减少化工重大伤亡事故有很大作用。

1. 高处作业的定义

凡距坠落高度基准面（指从作业位置到最低坠落着地点的水平面）2m 及其以上，有可能坠落的高处进行的作业，称为高处作业。

2. 高处作业的分级

级别	一	二	三	特级
高度 H/m	$2 < H \leqslant 5$	$5 < H \leqslant 15$	$15 < H \leqslant 30$	$H \geqslant 30$

3. 高处作业的分类

高处作业分为特殊高处作业、化工工况高处作业和一般高处作业。

（1）特殊高处作业　包括：

① 在阵风风力为 6 级（风速 10.8m/s）及以上情况下进行的强风高处作业；

② 在高温或低温环境下进行的异常温度高处作业；

③ 在降雪时进行的雪天高处作业；

④ 在降雨时进行的雨天高处作业；

⑤ 在室外完全采用人工照明进行的夜间高处作业；

⑥ 在接近或接触带电体条件下进行的带电高处作业；

⑦ 在无货物牢靠立足点的条件下进行的选矿高处作业等属于特殊高处作业。

（2）化工工况高处作业　包括：

① 在坡度大于 45°的斜坡上面进行的高处作业；

② 在升降（吊装）口、坑、井、池、沟、洞等上面或附近进行的高处作业；

③ 在易燃、易爆、易中毒、易灼伤的区域或用电设备附近进行的高处作业；

④ 在无平台、无护栏的塔、釜、炉、罐等化工容器、设备及架空管道上进行的高处作业；

⑤ 在塔、釜、炉、罐等设备内进行的高处作业属于化工工况高处作业。

（3）一般高处作业　除特殊高处作业和化工工况高处作业以外的高处作业。

4.《高处安全作业证》的管理

一级高处作业及化工工况①、②类高处作业由车间负责审批；二级、三级高处作业及化工工况③、④类高处作业由车间审核后，报厂安全管理部门审批；特级、特殊高处作业及化工工况⑤类高处作业由厂安全部门审核后报主管厂长或总工程师审批。

施工负责人必须根据高处作业的分级和类别向审批单位提出申请，办理《高处安全作业证》。《高处安全作业证》一式三份，一份交作业人员，一份交施工负责人，一份交安全管理部门留存。

对施工期较长的项目，施工负责人应经常深入现场检查，发现隐患及时整改，并做好记录。若施工条件发生重大变化，应重新办理《高处安全作业证》。

5. 高处作业的安全要求

主要要求有：患有精神病、癫痫病、高血压、心脏病等疾病的人不准参加高处作业。工作人员饮酒、精神不振时禁止登高作业，患深度近视眼病的人员也不宜从事高处作业；高处作业均需先搭脚手架或采取其他防止坠落的措施后，方可进行；在没有脚手架或者没有栏杆的脚手架上工作，高度超过 1.5m 时，必须使用安全带或采取其他可靠的安全措施；高处作业现场应设有围栏或其他明显的安全界标，除有关人员外，不准其他人在作业地点的下面通行或逗留；进入高处作业现场的所有工作人员必须戴好安全帽；高处作业应一律使用工具袋，防止工具材料坠落；脚手架搭建时应避开高压线，防止触电。

暴雨、打雷、大雾等恶劣天气，应停止露天高处作业。

登高作业人员的鞋子不宜穿塑料底等易滑的或硬性厚底的鞋子；冬季在零下 10℃ 从事露天高处作业应注意防止冻伤，必要时应该在施工地附近设有取暖的休息所。不过取暖地点的选择和取暖方式符合化工企业有关防火、防爆和防中毒窒息的要求。

[**案例 3**]　2003 年 12 月 23 日，武汉某石化检修现场，原管道工程公司管工肖某在 4.9m 标高管廊管线拆除过程中，当切割完一段管线后，管线没有自然断落。肖某用脚踏管线时，管线突然断落，没有系挂安全带的肖某随同管线一起坠落到地面。造成外伤性高位截瘫。

原因分析：① 肖某高处作业未系挂安全带；

② 肖某违章作业，用脚蹬踏切割后的管线。

八、电气检修技术

检修使用的电气设施有两种：一是照明电源，二是检修施工机具电源（卷扬机、空压机、电焊机）。以上电气设施的接线工作需由电工操作，其他工种不得私自乱接。

电气设施检修应遵照《电气安全工作规程》做好相应的安全措施。

(1) 工作票制度　凡电气检修必须执行电气检修工作票制。工作票应填明工作内容、工作地点、工作时间、安全措施等内容。工作票签发人、工作负责人、工作许可人要各负其责。

(2) 工作监护制度　电气检修工作应有人监护。根据工作需要，可设专职监护人，专职监护人不得同时兼任其他工作。

(3) 检修停电安全技术措施　对于要停电检修的设备，必须要把各方面的电源全部断开；验电，验电需选用相应电压等级的验电器，应先在有电部位试验，以确认验电器完好。高压验电必须戴绝缘手套，装设接地线。验明设备确已无电后，应用临时接地线将检修设备接地并三相短路，以防突然来电造成危害；悬挂标示牌和装设遮栏。在一经合闸即可送电到工作地点的所有开关和闸刀处，均应悬挂"有人工作，禁止合闸"的标示牌。停电作业应履行停、复用电手续。

(4) 低压带电操作安全措施　低压带电作业应当使用绝缘性能好的工具，应穿绝缘鞋、站在干燥的地方，戴手套、戴安全帽，穿长袖工作服，必要时戴护目镜。低压带电检修应设专人监护。检修前应分清火线、零线。如无绝缘措施，检修人员不得穿越带电导线。检修时应细心谨慎，防止操作失误造成短路事故。应注意人体不得同时触及两根导线。

(5) 临时抢修时的操作安全措施　在生产装置运行过程中，临时抢修用电时，应办理用电审批手续。电源开关要采用防爆型，电线绝缘要良好，宜空中架设，远离传动设备、热源、酸碱等。抢修现场使用临时照明灯具宜为防爆型，严禁使用无防护罩的行灯，不得使用220V电源，手持电动工具应使用安全电压。

电气设备着火、触电，应首先切断电源。不能用水来灭电气火灾，宜用干粉灭火机扑救；如触电，用木棍将电线挑开；当触电人停止呼吸时，应进行人工呼吸，送医院急救。

［案例4］一名工人正在操作151mm盐水管线的阀门，他穿着橡胶鞋，一只脚站在通电的制氯气的电解槽组上，另一只脚站在绝缘的工作台上。他为了站好位置，一只手扶在盐水管阀门上，另一只手伸出去抓架设在电解槽组上的金属栏杆支架。这时他遭到电击，刹那间不省人事，从2.6m高的地方跌落到地面，右臂肘部骨折。

原因分析：① 操作台上的栏杆不合格；

② 操作工一手扶在接地的盐水管线上，一手伸去抓带电的电槽组上的栏杆。

九、建筑维修技术

建筑作业时用的脚手架和吊架必须能足够承受站在上面的人员及材料等的重量。使用时禁止在脚手架和脚手板上超重聚集人员或放置超过计算荷重的材料。一般脚手架的荷重量不得超过270kg/m²。

1. 脚手架材料

脚手架杆柱可采用竹、木或金属管，根据化工检修作业的要求和就地取材的原则选用。

2. 脚手架的连接与固定

脚手架要同建筑物连接牢固。禁止将脚手架直接搭靠在楼板的木肋上及未经计算过补加荷重的结构部分上，也不得将脚手架和脚手板固定在栏杆、管子等不十分牢固的结构上；立杆或支杆的底端要埋入地下，深度根据土壤性质而定。在埋入杆子时要先将土夯实，如果是竹竿必须在基坑内垫以砖石，以防下沉。遇松土或者无法挖坑时，必须绑设地杆子；金属管脚手架的立杆，应垂直地稳放在垫板上，垫板安置前把地面夯实、整平。立杆应套上由支柱底板及焊在底板上管子组成的柱座，连接各个构件间的铰链螺栓，一定要拧紧。

十、其他检修技术

1. 焊接检修场所及消防措施

焊接检修技术是化工检修中常见的作业之一。

焊接检修场所应有必要的通道，一旦发生事故便于撤离、消防和急救；焊接检修的设备、工具和材料等应排列整齐，管、线等不得互相缠绕，可燃气瓶和氧气瓶应分别存放，用完后气瓶应及时移出现场，不得随意放置；保证焊接作业面不小于4m²，地面应干燥，作业点周围10m范围内不能有易燃、可燃物品；工作场所应有良好的采光或照明；检修场所应保持良好的通风，避免可燃、易爆气体滞留；在半封闭场所作业，必须要进行空气检验分析，要注意通风；进入容器内进行作业时，作业过程中要保持通风。要先进行空气置换，并进行分析检验；对于检修附近的设备、孔洞和地沟等，应用不燃隔板（如石棉板）隔开。

2. 厂区吊装作业

"吊装作业"是利用各种机具将重物吊起，并使重物发生位置变化的作业过程。按吊装重物的重量分级为，吊装重物的重量大于80t时，为一级吊装作业；吊装重物的重量在40～80t之间时，为二级吊装作业；吊装重物的重量小于40t时，为三级吊装作业等。

吊装作业的安全要求，吊装作业人员必须持有特殊工种作业证。吊装重量大于10t的物体必须办理《吊装安全作业证》；吊装重量大于等于40t的物体和土建工程主体结构，应编制吊装施工方案。吊装物体质量虽不足40t，但形状复杂、刚性小、长径比大、精密贵重，或施工条件特殊的情况下，也应编制吊装施工方案。吊装施工方案经施工主管部门和安全技术部门审查，报主管厂长或总工程师批准后方可实施；各种吊装作业前，应预先在吊装现场设置安全警戒标志，并设专人监护，非施工人员禁止入内；吊装作业中，夜间应有足够的照明。室外作业遇到大雪、暴雨、大雾及六级以上大风时，应停止作业；吊装作业人员必须佩戴安全帽，应符合《安全帽》GB 2811—2007 的规定。高处作业时必须遵守《厂区高处作业安全规程》HG 23014—1999 的规定；吊装作业前，应对起重吊装设备、钢丝绳、缆风绳、链条、吊钩等各种机具进行检查，必须保证安全可靠，不准带病使用；吊装作业时，必须分工明确、坚守岗位，并按 GB 5082—85 规定的联络信号，统一指挥；必须按《吊装安全作业证》上填报的内容进行作业，严禁涂改、转借《吊装安全作业证》，变更作业内容，扩大作业范围或转移作业部位；对吊装作业审批手续不全，安全措施不落实，作业环境不符合安全要求的，作业人员有权拒绝作业。

《吊装安全作业证》由机动部门负责管理。《吊装安全作业证》批准后，项目负责人应将《吊装安全作业证》交作业人员。作业人员应检查《吊装安全作业证》，确认无误后方可作业。

第五节　化工装置试车安全技术

在化工装置检修结束时，必须进行全面的检查和验收。对设备检修的安全评价主要体现在安全质量上：整个检修能否抓住关键，把好关，做到安全检修；同时实现科学检修、文明施工；做到安全交接，达到一次开车成功。在检修质量上，必须树立"一切为了用户"的观念。检修时要认真负责，保证质量。在安全交接上，做好扫尾工作，要工完、料尽、场地清，并进行详细、彻底的检查，确认无误，才能交接进行装置试车。

一、现场清理及开工前检查

检修后的安全交接及其安全评价，也就是后期交接的安全管理主要包括以下几个内容。

1. 现场清理

检修完毕，检修人员要检查自己的工作有无遗漏，要清理现场，将火种、油渍垃圾、边角废料等全部清除，不得在现场遗留任何材料、器具和废物。

大修结束后，施工单位撤离现场前，要做到"三清"：一是清查设备内有无遗忘的工具和零件；二是清扫管路通道，查看有无应拆除的盲板等；三是清除设备、屋顶、地面上的杂物垃圾。在清理现场过程中，重点对设备装置进行"二试二调"（试压、试漏、调校安全阀、调校仪表和联锁装置）检查。撤离现场应有计划地进行，化工生产单位要配合协助。凡先完成的工种，应先将工具、机具搬走，然后拆除临时支架、临时电气装置等。拆除脚手架时，要自上而下，拆除工程禁止数层同时进行。下方要有人监护，禁止行人逗留；高处要注意电线、仪表等装置。拆下的材料物体要用绳子系好吊下，或采用吊运和顺槽流放的方法，及时清理运出，不能抛掷，要随拆随运，不可堆积。电工临时电线要拆除彻底，如属永久性电气装置，检修完毕，要先检查作业人员是否全部撤离，标志是否全部取下，然后拆除临时接地线、遮栏、护罩等，再检查绝缘，恢复原有的安全防护。在清理现场过程中，应遵守有关安全规定，防止物体打击等事故发生。

检修竣工后，要仔细检查安全装置和安全措施，如护栏、防护罩、设备孔盖板、安全阀、减压阀、各种计量计（表）、信号灯、报警装置、联锁装置、自控设备、刹车、行程开关、制动开关、阻火器、防爆膜、静电导线、接地、接零等，经过校验使其全部恢复好，并经各级验收合格后方可投入运行。检修移交验收前，不得拆除悬挂的警告牌和开启切断的管道阀门。

2. 装置开车前安全检查

检修作业结束后，要对检修项目进行彻底检查，确认没有问题，进行妥善的安全交接，开车前还要仔细检查安全装置和安全措施，如护栏、防护罩、设备孔盖板、安全阀、减压阀、各种计量表、信号灯、报警装置、联锁装置、自控设备、刹车、行程开关、阻火器、防爆膜、接地、接零线等，再经过校验使其全部验收合格恢复好后，才能进行试车或开车。总之，每一个项目检修完成后，都要进行自检，在自检合格的基础上再进行互检和专业检查，不合格要及时返修。生产装置经过停工检修后，在开车运行前要进行一次全面的安全检查验收。目的是检查检修项目是否全部完工，质量全部合格，劳动保护安全卫生设施是否全部恢复完善，设备、容器、管道内部是否全部吹扫干净、封闭，盲板是否按要求抽加完毕，确保无遗漏，检修现场是否工完、料尽、场地清，检修人员、工具是否撤出现场，达到了安全开工条件。

检修质量检查和验收工作，宜组织责任心强、有丰富实践经验的人员进行。这项工作既是评价检修施工效果，又是为安全生产奠定基础，一定要消除各种隐患，未经验收的设备不许开车投产。

3. 焊接检验

凡化工装置使用易燃、易爆、剧毒介质以及特殊工艺条件的设备、管线及经过动火检修的部位，都应按相应的规程要求进行 X 射线拍片检验和残余应力处理。如发现焊缝有问题，必须重焊，直到验收合格，否则将导致严重后果。

[案例 5]　某厂气分装置脱丙烯塔与再沸器之间焊接的一条直径 80mm 丙烷抽出管线，因焊接质量问题，开车后断裂跑축，发生重大爆炸事故。

事故的直接原因是焊接质量低劣，有严重的夹渣和未焊透现象，断裂处整个焊缝有三个气孔，其中一个气孔直径达 2mm，有的焊缝厚度仅为 1～2mm。

4. 安全检查要点

① 检查设备、管线上的压力表、温度计、液面计、流量计、热电偶、安全阀是否调校安装完毕，灵敏好用。

② 试压前所有的安全阀、压力表应关闭，有关仪表应隔离或拆除，防止起跳或超程损坏。

③ 对被试压的设备、管线要反复检查，流程是否正确，防止系统与系统之间相互串通，必须采取可靠的隔离措施。

④ 试压时，试压介质、压力、稳定时间都要符合设计要求，并严格按有关规程执行。

⑤ 对于大型、重要设备和中、高压及超高压设备、管道，在试压前应编制试压方案，制定可靠的安全措施。

⑥ 采用气压试验时，试压现场应加设围栏或警告牌，管线的输入端应装安全阀。

⑦ 带压设备、管线，在试验过程中严禁强烈机械冲撞或外来气体串入，升压和降压应缓慢进行。

⑧ 在检查受压设备和管线时，法兰、法兰盖的侧面和对面都不能站人。

⑨ 在试压过程中，受压设备、管线如有异常响声，如压力下降、表面油漆剥落、压力表指针不动或来回不停摆动，应立即停止试压，并卸压查明原因，视具体情况再决定是否继续试压。

⑩ 登高检查时应设平台围栏，系好安全带，试压过程中发现泄漏，不得带压紧固螺栓、补焊或修理。

5. 吹扫、清洗

在检修装置开工前，应对全部管线和设备彻底清洗，把施工过程中遗留在管线和设备内的焊渣、泥沙、锈皮等杂质清除掉，使所有管线都贯通。如吹扫、清洗不彻底，杂物易堵塞阀门、管线和设备，对泵体、叶轮产生磨损，严重时还会堵塞泵过滤网。如不及时检查，将使泵抽空，造成泵或电机损坏的设备事故。

一般处理液体管线用水冲洗，处理气体管线用空气或氮气吹扫，蒸汽等特殊管线除外。如仪表用气管线应用净化风吹扫，蒸汽管线按压力等级不同使用相应的蒸汽吹扫等。吹扫、清洗中应拆除易堵卡物件（如孔板、调节阀、阻火器、过滤网等），安全阀加盲板隔离，关闭压力表手阀及液位计连通阀，严格按方案执行；吹扫、清洗要严，按系统、介质的种类、压力等级分别进行，并应符合现行规范要求；在吹扫过程中，要有防止噪声和静电产生的措施；放空口要设置在安全的地方或有专人监视；操作人员应配齐个人防护用具，与吹扫无关的部位要关闭或加盲板隔绝；用蒸汽吹扫管线时，要先慢慢暖管，并将冷凝水引到安全位置排放干净，以防水击，并有防止检查人烫伤的安全措施；对低点排凝、高点放空，要顺吹扫方向逐个打开和关闭，待吹扫达到规定时间要求时，先关阀后停气；吹扫后要用氮气或空气吹干，防止蒸汽冷凝液造成真空而损坏管线；输送气体管线如用液体清洗时，核对支撑物强度能否满足要求；清洗过程要用最大安全体积和流量。

6. 烘炉

各种反应炉在检修后开车前，应按烘炉规程要求进行烘炉。

① 编制烘炉方案，并经有关部门审查批准。组织操作人员学习，掌握其操作程序和应注意的事项。

② 烘炉操作应在车间主管生产的负责人指导下进行。

③ 烘炉前，有关的报警信号、生产联锁应调校合格，并投入使用。

④ 点火前，要分析燃料气中的氧含量和炉膛可燃气体含量，符合要求后方能点火。点火时应遵守"先火后气"的原则。点火时要采取防止喷火烧伤的安全措施以及灭火的设施。炉子熄灭后重新点火前，必须再进行置换，合格后再点火。

7. **传动设备试车**

化工生产装置中机、泵起着输送液体、气体、固体介质的作用，由于操作环境复杂，一旦单机发生故障，就会影响全局。因此要通过试车，对机、泵检修后能否保证安全投料一次开车成功进行考核。

① 编制试车方案，并经有关部门审查批准。

② 专人负责进行全面仔细的检查，使其符合要求，安全设施和装置要齐全完好。

③ 试车工作应由车间主管、生产的负责人统一指挥。

④ 冷却水、润滑油、电机通风、温度计、压力表、安全阀、报警信号、联锁装置等，要灵敏可靠，运行正常。

⑤ 查明阀门的开关情况，使其处于规定的状态。

⑥ 试车现场要整洁干净，并有明显的警戒线。

二、装置性能试验

装置性能试验是对检修过的设备装置进行验证，必须经检查验收合格后才能进行，内容有试温、试压、试速、试漏、试安全装置及仪表灵敏度等。

（1）试温　试温指高温设备，按工艺要求升温至最高温度，验证其放热、耐火、保温的功能是否符合要求。

（2）试压　试压包括水压试验、气压试验、气密性试验和耐压试验。目的是检验压力容器是否符合生产和安全要求。试压非常重要，必须严格按规定进行。

（3）试速　试速是指对转动设备的验证，以规定的速度运转，观察其摩擦、振动情况，是否有松动。

（4）试漏　试漏指检验常压设备、管道的连接部位是否紧密，是否有跑、冒、滴、漏现象。

（5）安全装置和安全附件的校验　安全阀按规定进行检验、定压、铅封；爆破片进行更换；压力表按规定校验、铅封。

（6）仪表校验、调试　各种仪表进行校验、调试。达到灵敏可靠。

三、试运转操作安全与事故预防

生产装置安全运行是一项系统工程，涉及部门广，人员多，应充分做好前期的准备工作，并制定详细可行的方案，以确保试运行的安全。

1. 建立组织保证体系

成立安全运行的领导机构，厂部主要领导全面负责，安全、设备、生产、技术、环保及后勤保障等部门人员参与，并明确分工，各司其职，各负其责。

2. 制定详细的运行方案

安全运行方案至少包括以下内容。

① 工艺过程的说明，具体说明工艺条件，如温度、压力等，工艺的组成内容，如原辅料、中间体、产品的性质等。

② 运转操作程序及时间安排。

③ 运转操作的重点环节，如明确主要设备类运转及控制参数，发生误操作的应急措施等。

④ 试运转的准备，如运转前的最后检查，公用工程设备的启动，转动机械类的试运转，有关安全设备的试操作和性能检验，紧急切断回路的动作确认等。

⑤ 模拟运转，包括试压、检漏及单机空运转，联动试车方案。

⑥ 装置性能确认和投料，包括运行各阶段中的操作方法以及中间产品、不合格产品的处理方法，记述保持正常运转的操作方法，记述项目有各单元装置开始运转的顺序及运转变更条件，运转的问题及特殊注意事项等。

⑦ 停车安全。

⑧ 安全管理。

⑨ 其他需说明的事项。

3. 做好安全教育

结合试运转的方案，对参加试运转的有关人员进行一次装置试运转前的安全操作、安全管理的培训，以提高参与人员执行各种规章制度的自觉性和落实安全责任重要性的认识，使其从思想上、组织上、制度上进一步落实安全措施，从而为安全试运行方案的实施创造必要的条件。

4. 联动试车

装置检修后的联动试车，重点要注意做好以下几个方面的工作。

① 编制联动试车方案，并经有关领导审查批准。

② 指定专人对装置进行全面认真的检查，查出的缺陷要及时消除。检修资料要齐全，安全设施要完好。

③ 专人检查系统内盲板的抽、加情况，登记建档，签字认可，严防遗漏。

④ 装置的自保系统和安全联锁装置调校合格，正常运行灵敏可靠，专业负责人要签字认可。

⑤ 供水、供气、供电等辅助系统要运行正常，符合工艺要求。整个装置要具备开车

条件。

　　⑥ 在厂部或车间领导统一指挥下进行联动试车工作。

　　5. 试运转安全事故预防

　　对于生产装置，即便是安全设计认真详细，特别是新的工艺，要预防事故发生，需要有设计及运转的丰富经验。

　　① 一般来说，试运转事故的原因比例如下：机械故障引起的事故占75%，设备操作不当引起的事故占20%，由工艺本身引起的事故占5%，因此要重点预防机械故障。

　　② 正确分析运行中的各种现象，如比较设计条件与生产运转的数据，或比较发生故障之前的数据和正常时的数据，再稍微调整运转条件，消除可能引起事故的因素。

　　③ 蒸馏塔的液泛会阻碍正常的蒸馏操作，减少进料，减少供给重沸器的热源或暂时提高蒸馏塔的压力，可制止液泛。

　　④ 要特别注意冷却、加热介质及工艺流体的出入口温度和压力的变化，对加热器未按设计量供给热能，又没有污染时，是蒸汽加热的，检查疏水器效果及加热器内是否积存冷凝水；是蒸汽以外的热介质加热的，检查热介质本身的温度及加热管内的液体流动是否畅通。

　　⑤ 在装填催化剂的反应器中，运转条件正常，而得不到所要求的反应物时，应考虑是反应器内部的格子板及分解器等构件上的缺陷，有关仪表有错误，反应器内发生偏流，反应系统污染等，如果这些问题都排除，就查是否是催化剂本身有缺陷，活性有问题，或者活化不恰当。

四、生产开停车安全

　　装置开车要在开车指挥部的领导下，统一安排，并由装置所属的车间领导负责指挥开车。岗位操作工人要严格按工艺卡片的要求和操作规程操作。

　　1. 公用工程设备的开车安全

　　在装置试运转之前，应先启动公用工程设备，确认这些设备运行稳定，确认操作工能熟练掌握设备操作技能。

　　① 启动水、电、汽等公用工程设备，确认其运行正常。

　　② 启动制冷系统、送排风系统。确认其运行是否正常。

　　③ 启动排水设备及环保设施，确认装置区内"三废"处理设施的功能符合设计要求，环境保护设施有效。

　　④ 有关安全设备的检验、试运转、如确认消防设备及其他设备的功能等。

　　2. 单元操作试运转

　　化工生产线由不同单元组成，每个单元内又分容器设备、传动设备，在联动试车前，应对单体设备的运行状况进行检验，并且要预先做好试压、试漏等准备工作。

　　(1) 单机设备试运转的准备

　　① 试运转前的安全检查、检验，塔、槽、换热器等容器设备检查内部的清扫状况，确认无残留杂质并确认安装无异常；配管类检查确认配管及附件是否按图纸安装，材质的选择能否满足工艺条件；泵、压缩机等转动类机械，按各自的特点确定检查要点，如泵应用手转动联轴节，转子应无异常状态，驱动机采用电动机时，核对电动机的转动方向等；仪表通常在施工结束、装置启动前进行仪表检验，使其指示值可靠。

　　② 施工质量的检查，凡化工装置使用易燃、易爆、剧毒介质以及特殊工艺条件的设备、管线经过焊接等施工的部位，应按相应规程要求进探伤检查和残余应力处理，如发现焊缝有问题，必须重焊，直到验收合格，否则将导致严重后果。

　　③ 试压和气密性试验，任何设备、管线在安装施工后，应严格按规定进行试压和气密

性试验，以检验施工质量，防止生产时跑、冒、滴、漏，造成事故。

压力容器试压前应编制试压方案，容器和管线的试压一般用水作介质，不得采用有危险的液体，不宜用压缩空气和氮气作耐压试验，气压试验危险性比水压试验大得多，曾有用气压试验代替水压试验而发生事故的教训，特殊情况必须采取气压试验时，试压现场应加设围栏或警告牌，管线输入端应装安全阀。在试压过程中，受压设备、管线如有异常响声，如压力下降、表面油漆剥落、压力表指针不动或来回不停摆动，应立即停止试压，并卸压查明原因。在试压过程中发现泄漏，不得带压紧固螺栓、补焊或修理。

（2）单元试运转要领

① 转动机械类试运转每个班组员工最好至少进行启动、停车三次以上，使员工熟练掌握设备的操作要领。压缩机尽量用空气进行试验，并稳定运转一定时间，但是不要使出口压力和出口温度过大；进行泵的水运转时，相对密度及其他方面与工艺流体不一样，所以要采取措施，以防因出口压力过大和超负荷等引起故障。

② 塔、槽、换热器、反应罐类按工艺条件装一定量的水，实际用泵应尽量按工艺系统使水循环。对重沸器等如果可能则通入热源，进行塔内的蒸发。

③ 试运转时进水量应尽量接近实际运转，调节与流量及液位有关的仪表，在此期间试验自动控制回路和调节阀的动作状况。

④ 需要预处理的设备等应按要求操作，如烘炉等。

⑤ 单元操作试运转由生产主管统一负责指挥，试车现场要整洁、干净，并有明显的警戒线和警示标志。

3. 贯通流程

用蒸汽、氮气通入装置系统，一方面扫去装置检修时可能残留部分的焊渣、焊条头、铁屑、氧化皮、破布等，防止这些杂物堵塞管线，另一方面验证流程是否贯通。这时应按工艺流程逐个检查，确认无误，做到开车时不窜料、不憋压。按规定用蒸汽、氮气对装置系统置换，分析系统氧含量达到安全值以下的标准。

4. 装置进料

在联动试车贯通流程后，进行装置进料运行。进料前，在升温、预冷等工艺调整操作中，检修工与操作工要配合做好螺栓紧固部位的热把、冷把工作，防止物料泄漏。岗位应备有防毒面具。油系统要加强脱水操作，深冷系统要加强干燥操作，为投料奠定基础。

① 装置开车要按预先制定的方案统一安排，统一领导，车间领导负责现场指挥，岗位操作工按要求和操作规程操作，并且安全生产措施一定要到位，如有有毒有害物质的岗位，虽密闭化生产，岗位还应备有防毒面具等。

② 装置进料前，要关闭所有的放空、排污等阀门，然后按规定流程，经班长检查复核，确认安全后，操作工启动机泵进料，进料过程中，操作工沿管线进行检查，防止物料泄漏或物料走错流程；装置开车过程中，严禁乱排乱放各种物料；装置升温、升压、加量，按规定进行，操作调整阶段，应注意检查阀门开度是否合适，逐步提高处理量，使达到正常生产为止。

5. 装置停车安全

停车安全是化学投料过程中的重要步骤，无论是正常停车、紧急停车，停车都按方案确定的时间、步骤、工艺变化幅度以及确认的停车操作顺序图，有秩序地进行。

（1）正常停车　正常停车情况要有详细记录，如果停车后装置要维修的还要考虑维修和再启动情况。停车操作应注意的事项如下。

① 停车过程中的操作应准确无误，关键操作采用监护复核制度，操作时都要注意观察

是否符合操作意图，如开关动作的缓慢等。

② 降温降压的速度应严格按照工艺规定进行，防止温度变化过大，使易燃、易爆、有毒及腐蚀性介质产生泄漏。

③ 装置停车时，所有的转动机械、容器设备、管线中的物料要处理干净，对残留物料排放时，应采取相应的安全措施。

（2）紧急停车　因某些原因不能继续运转的情况下，为了装置的安全，实施局部或全部的紧急停车。员工紧急停车操作的训练，利用装置模型进行演习，使员工掌握实际操作的技能。紧急停车的判定，如遇冷却水等公用工程供给不足等外部原因或设备发生重大故障，泄漏严重，不能应急处置等内部原因应紧急停车。发生紧急情况时，运转指挥人员必须科学地判断原因，采用正确的方式紧急停车。

五、安全生产工艺参数的控制

化工生产过程中的工艺参数主要包括温度、压力、流量及物料配比等。按工艺要求严格控制工艺参数在安全限度以内，是实现化工安全生产的基本保证。实现这些参数的自动调节和控制是保证化工安全生产的重要措施。

1. 温度控制

温度是化工生产中的主要控制参数之一。不同的化学反应都有其自己最适宜的反应温度。化学反应速率与温度有着密切关系。如果超温，反应物有可能加剧反应，造成压力升高，导致爆炸，也可能因为温度过高产生副反应，生成新的危险物质。升温过快、过高或冷却降温设施发生故障，还可能引起剧烈反应发生冲料或爆炸。温度过低有时会造成反应速率减慢或停滞，而一旦反应温度恢复正常时，则往往会因为未反应的物料过多而发生剧烈反应引起爆炸。温度过低还会使某些物料冻结，造成管路堵塞或破裂，致使易燃物泄漏而发生火灾爆炸。液化气体和低沸点液体介质都可能由于温度升高气化，发生超压爆炸。因此必须防止工艺温度过高或过低。在操作中必须注意、控制反应温度、防止搅拌中断、正确选择传热介质等问题。

2. 投料控制

投料控制主要是指对投料速度、投料配比、投料顺序、原料纯度以及投料量的控制。

（1）投料速度　对于放热反应，加料速度不能超过设备的传热能力。加料速度过快会引起温度急剧升高。而造成事故。加料速度若突然减少，会导致温度降低，使一部分反应物料因温度过低而不反应。因此必须严格控制投料速度。

（2）投料配比　对于放热反应，投入物料的配比十分重要。

对于连续化程度较高，危险性较大的生产，更要特别注意反应物料的配比关系。

（3）投料顺序　化工生产中，必须按照一定的顺序投料。

（4）原料纯度　许多化学反应，由于反应物料中有过量杂质，以致引起燃烧爆炸。如用于生产乙炔的电石，其含磷量不得超过 0.08%，因为电石中的磷化钙遇水后生成易自燃的磷化氢，磷化氢与空气燃烧而导致乙炔-空气混合物的爆炸。此外，在反应原料气中，如果有害气体不清除干净，在物料循环过程中，就会越聚越多，最终导致爆炸。因此，对生产原料、中间产品及成品应有严格的质量检验制度，以保证原料的纯度。

（5）投料量　化工反应设备或储罐都有一定的安全容积，带有搅拌器的反应设备要考虑搅拌开动时的液面升高；储罐、气瓶要考虑温度升高后液面或压力的升高。若投料过多，超过安全容积系数，往往会引起溢料或超压。投料过少，也可能发生事故。投料量过少，可能使温度计接触不到液面，导致温度出现假象，由于判断错误而发生事故；投料量过少，也可能使加热设备的加热面与物料的气相接触，使易于分解的物料分解，从而引起爆炸。

3. 溢料和泄漏的控制

化工生产中，发生溢料情况并不鲜见，然而若溢出的是易燃物，则是相当危险的。造成溢料的原因很多，它与物料的构成、反应温度、投料速度以及消泡剂用量、质量有关。投料速度过快，产生的气泡大量溢出，同时夹带走大量物料；加热速度过快，也易产生这种现象；物料黏度大也容易产生气泡。

化工生产中的大量物料泄漏，通常是由于设备损坏、人为操作错误和反应失去控制等原因造成的，一旦发生可能会造成严重后果。因此必须在工艺指标控制、设备结构形式等方面采取相应的措施。比如重要的阀门采采用两级控制；对于危险性大的装置，应设置远距离遥控断路阀，以备一旦装置异常，立即和其他装置隔离；为了防止误操作，重要控制阀的管线应涂色，以示区别或挂标志、加锁等；此外，仪表配管也要以各种颜色加以区别，各管道上的阀门要保持一定距离。

在化工生产中还存在着反应物料的跑、冒、滴、漏现象原因较多，加强维护管理是非常重要的。因为易燃物的跑、冒、滴、漏可能会引起火灾爆炸事故。

4. 自动控制与安全保护装置

（1）自动控制 化工自动化生产中，大多是对连续变化的参数进行自动调节。对于在生产控制中要求一定的时间间隔做周期性动作，如合成氨生产中原料气的制造，要求一组阀门按一定的要求作周期性切换，就可采用自动程序控制系统来实现。它主要是由程序控制器按一定时间间隔发出信号，驱动执行机构动作。

（2）安全保护装置

① 信号报警装置。化工生产中，在出现危险状态时信号报警装置可以警告操作者，及时采取措施消除隐患。

② 保险装置。保险装置在发生危险状况时，则能自动消除不正常状况。如锅炉、压力容器上装设的安全阀和防爆片等安全装置。

③ 安全联锁装置。所谓联锁就是利用机械或电气控制依次接通各个仪器及设备，并使之彼此发生联系，达到安全生产的目的。例如，需要经常打开的带压反应器，开启前必须将器内压力排除，经常连续操作容易出现疏忽，因此可将打开孔盖与排除器内压力的阀门进行联锁。

例如，在硫酸与水的混合操作中，必须首先往设备中注入水再注入硫酸，否则将会发生喷溅和灼伤事故。将注水阀门和注酸阀门依次联锁起来，就可达到此目的。如果只凭工人记忆操作，很可能因为疏忽使顺序颠倒，发生事故。

六、安全生产隐患的检查和事故的控制

1. 安全生产检查

安全生产检查对象的确定应本着突出重点的原则，对于危险性大、易发事故、事故危害大的生产系统、部位、装置、设备等应加强检查。一般应重点检查：易造成重大损失的易燃易爆危险物品、剧毒品、锅炉、压力容器、起重、运输、冶炼设备、冲压机械、高处作业和本企业易发生伤亡、火灾、爆炸等事故的设备、工种、场所及其作业人员；造成职业中毒或职业病的尘毒点及其作业人员；直接管理重要危险点和有害点的部门及其负责人。

安全检查的内容包括软件系统和硬件系统，具体主要是查思想、查管理、查隐患、查整改、查事故处理。

2. 泄漏处理

（1）泄漏源控制 利用截止阀切断泄漏源，在线堵漏减少泄漏量或利用备用泄料装置使

其安全释放。

（2）泄漏物处理　现场泄漏物要及时地进行覆盖、收容、稀释、处理。在处理时，还应按照危险化学品特性，采用合适的方法处理。

3. 火灾控制

① 正确选择灭火剂并充分发挥其效能。在扑救火灾时，一定要根据燃烧物料的性质、设备设施的特点、火源点部位（高、低）及其火势等情况，要选择合适的灭火剂如水、蒸汽、二氧化碳、干粉和泡沫等。

② 注意保护重点部位。例如，当某个区域内有大量易燃易爆或毒性化学物质时，就应该把这个部位作为重点保护对象，在实行冷却保护的同时，要尽快地组织力量消灭其周围的火源点，以防灾情扩大。

③ 防止复燃复爆。将火灾消灭以后，要留有必要数量的灭火力量继续冷却燃烧区内的设备、设施、建（构）筑物等，消除着火源，同时将泄漏出的危险化学品及时处理。对可以用水灭火的场所要尽量使用蒸汽或喷雾水流稀释，排除空间内残存的可燃气体或蒸气，以防止复燃复爆。

④ 防止高温危害。火场上高温的存在不仅造成火势蔓延扩大，也会威胁灭火人员安全。可以使用喷水降温、利用掩体保护、隔热服装保护、定时组织换班等方法避免高温危害。

⑤ 防止毒害危害。发生火灾时，可能出现一氧化碳、二氧化碳、二氧化硫、光气等有毒物质。在扑救时，应当设置警戒区，进入警戒区的抢险人员应当佩戴个体防护装备，并采取适当的手段消除毒物。

⑥ 易燃固体、自燃物品火灾一般可用水和泡沫扑救，只要控制住燃烧范围，逐步扑灭即可。但有少数易燃固体、自燃物品的扑救方法比较特殊，如二硝基苯甲醚、二硝基萘、萘等是易升华的易燃固体，受热放出易燃蒸气，能与空气形成爆炸性混合物，尤其是在室内，易发生爆炸。在扑救过程中应不时向燃烧区域上空及周围喷射雾状水，并消除周围一切点火源。

第六节　安全生产与装置的验收

一、装置安全的验收标准

化工和石油化工工业及其他流水工业建设中的安全规范、规程和标准是一个庞大的系统，涉及建设和运行中的各个方面。在一个石油化工建设项目被批准后，确定设计基础条件时就应该确定该项目要执行的各种设计标准和规范。

对化工、石油化工企业而言，国家规定有一些强制性的标准。在设计生产过程中必须无条件执行。如《建设防火设计规范》、《石油化工企业设计防火规范》就是在装置设计时，在总图及装置布置设计中必须严格遵守的。为了保证设计质量，各个专业都应该选取一些必需的标准规范，这些规范要符合国家标准。

二、装置安全设计验收的内容

质量保证通过审查、评价这种质量管理计划是否稳妥并确认其完成情况，以保证所完成装置能顺利运转。因此，质量保证与质量管理的所有阶段都有关，对于确实能发挥质量保证作用的组织、程序、准备及部署状况、文件等也要全面监督。明确适当的组织、责任、权限以及符合所要求工序的人力调度。全部专业技术有关的人员都要参加。例如，决定设计图时，有关的全部专业技术部门必须派代表参加，提出意见，项目经理或项目工程师根据意见调整后征得全体人员同意。特别是设计基础、地下管道、地下电缆等地下埋设物时，有关的专业技术人员应相互充分协商，决定埋设物的位置，而且在施工计划之前还要在协商的基础上进行设计。设计中的各项目，例如在土木工程基础的设计中，有关的全部专业技术部门，即土木、配管、容器、机工、电气、仪表等技术人员应将各自的检验表分发给有关人员，请有关技术人员检验。即使是与建设、采购有关的事项也要详细无遗漏地通知给有关人员。为此，应规定文件的交流制度，定期地或在工程的每个重要环节召开会议。

三、安全验收的程序和工作步骤

化工装置验收包括装置堵漏验收、检修后验收、新装置验收等。

1. 装置堵漏现场施工操作验收

在化工装置堵漏后要进行验收，现以带压密封的施工为例，说明现场操作验收内容及要求。

① 带压密封施工结束后，连续48h无泄漏为合格，并应填写带压密封施工验收记录。

② 消除泄漏后的检测，可采用目测、肥皂液体、微量检漏仪进行检测或生产单位（甲方）、施工单位（乙方）双方商定的检测方法进行检测。其允许泄漏量，可根据介质泄漏的安全期限，由甲、乙双方共同商定。

③ 带压密封消除泄漏后，保持期应为半年。在保持期内，如出现再泄漏，施工单位应保修。

2. 化工装置检修后验收

在化工装置检修结束时，必须进行全面的检查和验收。检修后进行安全交接及其安全评价，主要包括以下几个内容：现场清理，检修完毕，检修人员要检查自己的工作有无遗漏，要清理现场，将火种、油渍垃圾、边角废料等全部清除；试车就是对检修过的设备装置进行验证，必须经检查验收合格后才能进行。试车的规模有单机试车、分段试车和联动试车。内容有试温、试压、试速、试漏、试安全装置及仪表灵敏度等；办理移交，试车合格后，按规定办理验收、正式移交生产；解除检修措施，在设备正式投产前，检修单位拆去临时电源、临时防火墙、安全界标、栅栏以及各种检修用的临时设施。移交后方可解除检修时采取的安全措施。

3. 化工新装置验收

新安装的化工装置应进行全面验收。验收的具体项目包括设计制造单位资质、保温层隔热层衬里、壁厚、表面缺陷、埋藏缺陷、材质、紧固件、强度、安全附件、气密性以及其他必要的项目。验收方法以资料审查、宏观检查、壁厚测定、表面无损检测为主，必要时可以采用以下检验检测方法：超声检测、射线检测、硬度测定、金相检验、化学分析或者光谱分析、涡流检测、强度校核或者应力测定、气密性试验、声发射检测等。

(1) 宏观检查　主要是外观检查，包括装置本体、对接焊缝、接管角焊缝等部位的裂纹、过热、变形、泄漏等，焊缝表面（包括近缝区），以肉眼或者5～10倍放大镜检查裂纹；内外表面的腐蚀和机械损伤；紧固螺栓；支承或者支座，大型容器基础的下沉、倾斜、开裂；排放（疏水、排污）装置；快开式压力容器的安全联锁装置；多层包扎、热套容器的泄放孔等结构检查［包括筒体与封头的连接、开孔及补强、角接、搭接、布置不合理的焊缝、封头（端盖）、支座或者支承、法兰等］及几何尺寸检查［包括纵、环焊缝对口错边量、棱角度，焊缝余高、角焊缝的焊缝厚度和焊脚尺寸，同一断面最大直径与最小直径，封头表面凹凸量、直边高度和直边部位的纵向皱褶，不等厚板（锻）件对接接头未进行削薄或者堆焊过渡的两侧厚度差］。

(2) 保温层、隔热层、衬里检查　包括保温层的破损、脱落、潮湿、跑冷；有金属衬里的压力容器，如果发现衬里有穿透性腐蚀、裂纹、凹陷、检查孔已流出介质，应当局部或者全部拆除衬里层，查明本体的腐蚀状况或者其他缺陷；带堆焊层的，堆焊层的龟裂、剥离和脱落等；对于非金属材料作衬里的，如果发现衬里破损、龟裂或者脱落，或者在运行中本体壁温出现异常，应当局部或者全部拆除衬里，查明本体的腐蚀状况或者其他缺陷等。

（3）壁厚测定　厚度测定点的位置，一般应当选择以下部位：液位经常波动的部位；易受腐蚀、冲蚀的部位；制造成型时壁厚减薄部位和使用中易产生变形及磨损的部位；表面缺陷检查时，发现的可疑部位等。壁厚测定时，如果遇母材存在夹层缺陷，应当增加测定点或者用超声检测，查明夹层分布情况以及与母材表面的倾斜度，同时作图记录。

（4）表面无损检测　在检测中发现裂纹，检验人员应当根据可能存在的潜在缺陷，确定扩大表面无损检测的比例；如果扩检中仍发现裂纹，则应当进行全部焊接接头的表面无损检测。内表面的焊接接头已有裂纹的部位，对其相应外表面的焊接接头应当进行抽查。如果内表面无法进行检测，可以在外表面采用其他方法进行检测。对应力集中部位、变形部位，异种钢焊接部位、奥氏体不锈钢堆焊层、T形焊接接头、其他有怀疑的焊接接头，补焊区，工卡具焊迹、电弧损伤处和易产生裂纹部位，应当重点检查。对焊接裂纹敏感的材料，注意检查可能发生的焊趾裂纹。有晶间腐蚀倾向的，可以采用金相检验检查。绕带式压力容器的钢带始、末端焊接接头，应当进行表面无损检测，不得有裂纹。铁磁性材料的表面无损检测优先选用磁粉检测。标准抗拉强度下限 $\sigma_b \geqslant 540\text{MPa}$ 的钢制压力容器，耐压试验后应当进行表面无损检测抽查。

（5）材质检查　主要装置及受压元件材质的种类和牌号一般应当查明。材质不明者，对于无特殊要求的容器，按 Q235 钢进行强度校核。对于第三类压力容器、移动式压力容器以及有特殊要求的压力容器，必须查明材质。对于已进行过此项检查，并且已做出明确处理的，不再重复检查。检查主要受压元件材质是否劣化，可以根据具体情况，采用硬度测定、化学分析、金相检验或者光谱分析等，予以确定。

（6）紧固件检查　对主螺栓应当逐个清洗，检查其损伤和裂纹情况，必要时进行无损检测。重点检查螺纹及过渡部位有无环向裂纹。

（7）强度校核　当压力容器存在腐蚀深度超过腐蚀裕量、设计参数与实际情况不符、名义厚度不明、结构不合理，并且已发现严重缺陷、检验人员对强度有怀疑等情况之一时应当进行强度校核。强度校核由检验机构或者有资格的压力容器设计单位进行，对不能以常规方法进行强度校核的，可以采用有限元方法、应力分析设计或者实验应力分析等方法校核。

（8）安全附件检查

① 压力表：压力表要求无压力时，压力表指针回到限止钉处或者是否回到零位数值；压力表的检定和维护必须符合国家计量部门的有关规定，压力表安装前应当进行检定，注明下次检定日期，压力表检定后应当加铅封。

② 安全阀：安全阀应当从压力容器上拆下，按"安全阀校验要求"进行解体检查、维修与调校。安全阀校验合格后，打上铅封，出具校验报告后方准使用；新安全阀根据使用情况调试并且铅封后，才准安装使用。

③ 防爆片：需按有关规定，按期更换。

④ 紧急切断装置：应当从压力容器上拆下，进行解体、检验、维修和调整，做耐压、密封、紧急切断等性能试验。检验合格并且重新铅封方准使用。

（9）气密性试验　介质毒性程度为极度、高度危害或者设计上不允许有微量泄漏的压力容器，必须进行气密性试验。对设计图样要求做气压试验的压力容器，是否需再做气密性试验，按设计图样规定。气密性试验的试验介质由设计图样规定。气密性试验的试验压力应当等于本次检验核定的最高工作压力，安全阀的开启压力不高于容器的设计压力。盛装易燃介质的压力容器，在气密性试验前，必须进行彻底的蒸汽清洗、置换，并且经过取样分析合格，否则严禁用空气作为试验介质。对盛装易燃介质的压力容器，如果以氮气或者其他惰性气体进行气密性试验，试验后，应当保留 0.05～0.1MPa 的余压，保持密封。有色金属制压力容器的气密性试验，应当符合相应标准规定或者设计图样的要求。

（10）耐压试验 是指压力容器全面检验合格后，所进行的超过最高工作压力的液压试验或者气压试验。每两次全面检验期间内，原则上应当进行一次耐压试验。全面检验合格后方允许进行耐压试验。耐压试验前，压力容器各连接部位的紧固螺栓，必须装配齐全，紧固妥当。耐压试验场地应当有可靠的安全防护设施，并且经过使用单位技术负责人和安全部门检查认可。耐压试验过程中，检验人员与使用单位压力容器管理人员到试验现场进行检验。检验时不得进行与试验无关的工作，无关人员不得在试验现场停留。

以上项目验收合格后，经试车，投料生产符合要求，再出具化工装置验收报告。

第七节　任务案例：入罐作业事故案例分析

2003 年 7 月 14 日，辽宁葫芦岛某化工厂发生一起因入罐作业违反操作规程导致 2 人窒息昏迷事故。上午 9 时 30 分，该厂碱工段在对 D103 碱罐清理过程中，维修工 Q 和 L 在入罐作业时窒息昏迷，后经多方抢救，2 人脱离危险。

经调查，D103 碱罐高 1.4m，直径 2m，该罐正常运行时需将氮气通入罐内，使测量该罐液位的仪表正常工作。检修作业时没能将氮气阀门关闭，事故发生后，分析 D103 罐内含氧仅为 1%，罐内基本是氮气，从而证明 Q 和 L 在入罐作业中窒息昏迷为罐内缺氧所致。

1. 事故原因

① 车间领导和作业人员均没执行入罐作业安全操作规程。《化工企业厂区设备内作业安全规程》明确规定：入罐作业必须办理作业安全票，作业前必须对系统进行隔离、清洗、置换、分析、通风，并要求氧含量达到 18%～21%。而该车间领导和作业人员均没有按照安全规程执行这些必要的程序。违章指挥、违章作业是造成这起事故的主要原因。

② 作业人员安全意识淡薄，执行操作规程的自觉性差，自我保护意识差，主观蛮干是造成事故的直接原因。

③ 车间领导在安排此项检修工作的同时没能认真地布置安全工作，是典型的"重生产、轻安全"思想的表现，车间领导负有不可推卸的责任。

④ 这种违规入罐作业操作已不止出现一次（不分析，不办证，不检查，无措施），只是因为种种原因而侥幸未酿成严重后果，因而没引起足够重视，也未制定相应的有力防护措施，此次事故发生实属必然。

2. 防范措施

① 在入罐作业中，必须严格执行作业安全规程，严格分析、办证、监护，严格落实安全措施。

② 根据事故处理"四不放过"原则，对车间主任及相关人员进行全厂通报批评并予以处罚，达到吸取教训、提高安全意识的目的，杜绝类似事故的再次发生。

③ 努力提高领导干部的安全管理能力，使之牢记"安全责任重于泰山"，坚决树立"安全生产，预防为主"的安全管理理念。

④ 加强全厂的安全知识和安全技能的培训，加强安全教育，提高广大干部职工的安全意识、安全技能及严格执行操作规程的自觉性。

课后任务：事故案例分析

试分析以下事故原因及应采取的防范措施。

1. 2004 年 5 月 10 日上午，某公司原胶车间主任王某找到该车间维修班长李某，提出对酒精蒸馏工序中冷却装置的冷却水管道进行改造，需切割冷却水管，焊接法兰，安装阀门。下午 5 时 30 分，有关人员办理了《动火证》。11 日上午 6 时 30 分左右，开始焊接前的准备工作。7 时 30 分左右，准备工作完毕，在整个车间未停产的情况下开始动火作业。8 时 15 分左右，切割作业完成。8 时 30 分左右，酒精储罐突然爆炸，致使 4 个酒精储罐内约有 100m³ 的酒精飞溅燃烧，当场烧死 10 人，2 人重伤，4 人轻伤，其中 1 名重伤人员在抢救治疗过程中死亡。本次事故共造成 11 人死亡，5 人受伤，直接经济损失 396.8 万元。

2. 1993 的 4 月 14 日上午，某炼油二催化车间准备对碱罐的排碱管线重新配置。车间安全员按照规定，申请在正常开工的二催化装置内进行一级用火。13 时 30 分，车间主任、工艺技术员、安全员、检修班长一起到现场，同厂安全处人员一起，对现场进行了动火安全措施的落实检查，签发了动火票，维修工开始动火。14 时 20 分，在开始动火 30min 后，当维修工作气焊修整对接焊口时，碱罐下方通入碱液泵房内的管沟发生瓦斯爆炸。泵房内外各有 8m 长的水泥盖板被崩起，崩起的盖板将动火现场的 4 名维修人员砸伤，其中重伤 2 人，轻伤 2 人，事故中设备未受损坏，生产未受影响。

3. 1993 年 11 月 7 日上午，某厂动力外线班班长与徒弟一起执行拆除动力线任务。班长骑跨在天窗端墙沿上解横担上第二根动力线上时，随着身体移动，其头部进入上方 10kV 高压线间发生电击，击倒并从 11.5m 高窗沿上坠落地面。因颅内出血抢救无效死亡。该动力线距 10kV 高压线仅 0.7m，远小于 1.2m 安全距离的规定。

4. 2006 年 3 月 11 日，某公司安装二队钳工作业班组 6 人，在某石化 45 万吨/年 PTA 精制单元 13m 平台铺设钢格板。潘某站立在没有固定的第四块钢格板上，用钢筋钩拖动第五块钢格板（2400mm×995mm）就位时，其站立的钢格板被撞击移位，脱离钢梁失衡坠落，潘某随之坠落地面，头部受伤，抢救无效死亡。

第七章 安全评价

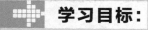**学习目标：**

　　了解安全评价的产生、发展和现状，熟悉危险、有害因素的辨识方法，重点掌握安全检查表、危险度、道化学、ICI蒙德法、故障树分析法、危险可操作性研究、预先性危险分析等评价方法。能辨识各种危险、有害因素，能应用安全检查表等主要评价方法，会阅读评价报告。

第一节　概　　述

　　安全评价是指以实现安全为目的，应用安全系统工程原理和方法，辨识与分析工程、系统、生产经营活动中的危险、有害因素，预测发生事故或造成职业危害的可能性及其严重程度，提出科学、合理、可行的安全对策措施建议，做出评价结论的活动。

一、安全评价的产生、发展和现状

　　20世纪30年代，随着美国保险业的发展，保险公司为客户承担各种风险，同时收取一定的费用，收取费用的多少要根据所承担风险的大小确定。因此，就产生了衡量风险程度的风险评价。安全评价技术在此基础上逐步发展起来。

　　安全评价技术首先应用于美国军事工业，1962年4月美国公布了第一个有关系统安全的说明书"空军弹道导弹系统安全工程"。1969年7月美国国防部批准颁布了最具有代表性的系统安全军事标准《系统安全大纲要点》（MIL-STD-882），1974年美国原子能委员会在没有核电站事故先例的情况下，提出了著名的《核电站风险报告》（WASH-1400），并被后来发生的核电站事故所证实。此后，系统安全工程分析方法在航空、航天、核工业、石油、化工等领域推广应用，在目前安全科学中占有非常重要的地位。

　　1964年美国道（DOW）化学公司根据化工生产的特点，首先开发出"火灾、爆炸危险指数评价法"，用于对化工装置进行安全评价。由于该评价方法日趋科学、合理、比较切合实际，在世界化学工业界得到了一定程度的应用，引起各国的广泛研究、探讨，并推动了安全评价方法的发展。

　　20世纪80年代初期，我国引入了安全系统工程，受到许多大中型生产经营单位和行业管理部门的高度重视。1987年原机械电子部首先提出了在机械行业内开展机械工厂安全评价，并于1988年1月1日颁布了第一个部颁安全评价标准《机械工厂安全性评价标准》，1997年又对其进行了修订。我国于1990年10月由国防科学技术工业委员会批准发布了《系统安全性通用大纲》（GJB 900—1990）。由原化工部劳动保护研究所在吸收道化学公司火灾、爆炸危险指数评价方法的基础上提出的化工厂危险程度分级方法。此外，我国有关部门还颁布了《石化生产经营单位安全性综合评价办法》、《航空航天工业工厂安全评价规程》、《医药工业生产经营单位安全性评价通则》等。

1988年，国内一些较早实施建设项目"三同时"的省、市，根据原劳动部［1988］48号文的有关规定，开始了建设项目安全预评价实践，经过几年的实践取得了一定经验。1996年10月原劳动部颁发了第3号令，规定六类建设项目必须进行劳动安全卫生预评价。部颁标准《建设项目·（工程）劳动安全卫生预评价导则》（LD/T 106—1998），配套了相应的规章、标准，对进行预评价的承担单位的资质、工作程序、大纲和报告的主要内容等方面作了详细的规定，促进了建设项目安全预评价工作的开展。

2002年6月29日，中华人民共和国主席令第70号颁布了《中华人民共和国安全生产法》，规定生产经营单位的建设项目必须实施"三同时"，同时规定矿山建设项目和用于生产、储存危险物品的建设项目应进行安全条件论证和安全评价。

2007年1月4日，国家安全生产监督管理总局发布《安全评价通则》（AQ 8001—2007）、《安全预评价导则》（AQ 8002—2007）、《安全验收评价导则》（AQ 8003—2007）三个安全生产行业标准，于2007年4月1日开始实施，使安全评价工作规范化、标准化、科学化。

2011年3月2日中华人民共和国国务院令591号发布了《危险化学品安全管理条例》（修订），在规定了对危险化学品各环节管理和监督的同时，提出了"生产、储存危险化学品的企业，应当委托具备国家规定的资质条件的机构，对本企业的安全生产条件每3年进行一次安全评价，提出安全评价报告"的要求，推动和完善了安全评价工作的进展。

二、安全评价的目的和意义

1. 安全评价的目的

安全评价的目的是查找、分析和预测工程、系统、生产经营活动中存在的危险、有害因素及可能导致的危险、危害后果和程度，提出科学可行的安全对策措施，指导危险源监控和事故预防，以达到最低事故率、最少损失和最优的安全投资效益。重点要提高系统本质安全，实现全过程安全控制，建立系统安全的最优方案，为决策者提供依据，为实现安全技术、安全管理的标准化和科学化创造有利条件。

2. 安全评价的意义

我国安全生产的基本方针是"安全第一、预防为主、综合治理"，安全评价通过对装置的分析、论证和评估，找出可能产生的损失和伤害及其影响范围与严重程度，提出相应的对策措施等，最大限度地预防事故发生、减少财产损失和人员伤亡。安全评价的意义可概括为安全生产管理的重要组成部分；有助于政府对安全生产实行宏观控制；提高安全投资的经济性；有助于提高生产经营单位的安全管理水平；有助于生产经营单位的安全生产水平，真正实现安全生产和经济效益的同步增长。

三、安全评价的基本概念

1. 安全和危险

安全与危险是相对的概念，在安全评价中，主要是指人和物的安全与危险。

安全是指免遭不可接受危险的伤害。安全的实质就是防止事故，消除导致死亡、伤害、职业危害及各种财产损失发生的条件。

危险是指系统中存在导致发生不期望后果的可能性超过了人们的承受程度。系统危险性由系统中的危险因素决定，危险因素与危险之间具有因果关系。

2. 事故

在生产过程中，事故是指造成人员死亡、伤害、职业病、财产损失或其他损失的意外事件。事件的发生可能造成事故，也可能没有造成任何损失。对于没有造成职业病、死亡、伤害、财产损失或其他损失的事件可称为"未遂事件"或"未遂过失"。因此，事件包括事故事件和未遂事件。

事故是由危险因素导致的，危险因素导致的人员死亡、伤害、职业危害及各种财产损失都属于事故。

3. 风险

风险是危险、危害事故发生的可能性与危险、危害事故所造成损失的严重程度的综合度量。风险大小可以用风险率 R 来衡量，风险率等于事故发生的概率 P（可能性 L，或事故频率）与事故损失严重程度 S 的乘积：

$$R = PS$$

$$风险率 = \frac{事故次数}{单位时间} \times \frac{事故损失}{事故次数} = \frac{事故损失}{单位时间}$$

单位时间可以是系统的运行周期，也可以是一年或几年；事故损失可以用死亡人数、事故次数、损失工作日数或经济损失等表示；风险率可以定量表示为百万工时事故死亡率、百万工时总事故率等，对于财产损失则可以表示为千人经济损失率等。

4. 系统和系统安全

系统是指由若干相互作用、相互信赖的若干组成部分结合而成的具有特定功能的有机整体。对生产系统来讲，系统构成包括人员、物资、设备、资金、任务指标和信息六个要素。

系统安全是指在系统寿命周期内，应用系统安全工程的原理和方法，识别系统中的危险源，定性或定量表征其危险性，并采取控制措施使其危险性最小化，从而使系统在规定的性能、时间和成本范围内达到最佳的可接受安全程度。

5. 安全系统工程

安全系统工程是指应用系统工程的基本原理和方法，辨识、分析、评价、排除和控制系统中的各种危险，对工艺过程、设备、生产周期和资金等因素进行分析评价和综合处理，使系统可能发生的事故得到控制，并使系统安全性达到最佳状态的一门综合性技术科学。

四、安全评价的分类

按照国家安全生产行业标准《安全评价通则》（AQ 8001—2007），安全评价按照实施阶段的不同分为安全预评价、安全验收评价和安全现状评价三类。

1. 安全预评价

安全预评价是在建设项目可行性研究阶段、工业园区规划阶段或生产经营活动组织实施之前，根据相关的基础资料，辨识与分析建设项目、工业园区、生产经营活动潜在的危险、有害因素，确定其与安全生产法律法规、规章、标准、规范的符合性，预测发生事故的可能性及其严重程度，提出科学、合理、可行的安全对策措施建议，做出安全评价结论的活动。

2. 安全验收评价

安全验收评价是在建设项目竣工后，正式生产运行前或工业园区建设完成后，通过检查建设项目安全设施与主体工程同时设计、同时施工、同时投入生产和使用的情况或工业园区内的安全设施、设备、装置投入生产和使用的情况，检查安全生产管理措施到位情况，检查安全生产规章制度健全情况，检查事故应急救援预案建立情况，审查确定建设项目、工业园区建设满足安全生产法律法规、规章、标准、规范要求的符合性，从整体上确定建设项目、工业园区的运行状况和安全管理情况，做出安全验收评价结论的活动。

3. 安全现状评价

安全现状评价是针对生产经营活动中、工业园区内的事故风险、安全管理等情况，辨识与分析其存在的危险、有害因素，审查确定其与安全生产法律法规、规章、标准、规范要求的符合性，预测发生事故或造成职业危害的可能性及其严重程度，提出科学、合理、可行的安全对策措施建议，做出安全现状评价结论的活动。

五、安全评价的程序

安全评价程序包括：前期准备，辨识与分析危险、有害因素，划分评价单元，定性、定量评价，提出安全对策措施建议，做出评价结论，编制安全评价报告，如图 7-1 所示。

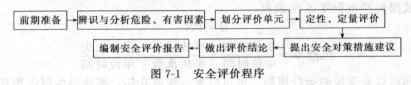

图 7-1　安全评价程序

第二节　危险有害因素辨识及评价单元的划分

危险因素是指能对人造成伤亡或对物造成突发性损坏的因素，主要强调突发性和瞬间作用；有害因素是指能影响人的身体健康，导致疾病，或对物造成慢性损坏的因素，主要强调在一定时间范围内的积累作用。客观存在的危险、有害物质或能量超过一定限值（一般称临界值）的设备、设施和场所，都有可能成为危险、有害因素。

一、危险、有害因素的产生

事故的发生是由于存在危险有害物质、能量和危险有害物质、能量失去控制两方面因素的综合作用，并导致危险有害物质的泄漏、散发和能量的意外释放。

危险有害物质和能量失控主要体现在人的不安全行为、物的不安全状态和管理缺陷等三个方面。

1. 人的不安全行为

按照国家标准《企业职工伤亡事故分类》（GB 6441—86）将人的不安全行为归纳为 13 大类。见表 7-1。

表 7-1　人的不安全行为

分类号	分　　　类
7.01	操作错误、忽视安全、忽视警告
7.02	造成安全装置失效
7.03	使用不安全设备
7.04	手代替工具操作
7.05	物体(指成品、半成品、材料、工具、切屑和生产用品等)存放不当
7.06	冒险进入危险场所
7.07	攀坐不安全位置(如平台护栏、汽车挡板、吊车吊钩)
7.08	在起吊物下作业、停留
7.09	机器运转时进行加油、修理、检查、调整、焊接、清扫等工作
7.10	有分散注意的行为
7.11	在必须使用个人防护用品用具的作业或场合中,忽视其使用
7.12	不安全装束
7.13	对易燃、易爆等危险物品处理错误

2. 物的不安全状态

按照国家标准《企业职工伤亡事故分类》（GB 6441—86）中，将物的不安全状态分为4大类。见表7-2。

表 7-2 物的不安全状态

分类号	分 类
6.01	防护、保险、信号等装置缺乏或有缺陷
6.02	设备、设施、工具、附件有缺陷
6.03	个人防护用品、用具——防护服、手套、护目镜及面罩、呼吸器官护具、听力护具、安全带、安全帽、安全鞋等缺少或有缺陷
6.04	生产（施工）现场环境不良

3. 管理缺陷

安全管理的缺陷可参考以下分类：

① 对物（含作业环境）性能控制的缺陷；

② 对人失误控制的缺陷；

③ 工艺过程、作业程序的缺陷；

④ 用人单位的缺陷；

⑤ 对来自相关方（供应商、承包商等）的风险管理的缺陷；

⑥ 违反安全人机工程原理。

此外，一些客观环境因素，如温度、湿度、风雨雪、照明、视野、噪声、振动、通风换气、色彩等环境因素也会引起设备故障和人员失误，是导致危险、有害物质和能量失控的间接因素。

二、危险、有害因素的分类

常用的主要分类方法有按照导致事故和职业危害的直接原因分类、参照事故类别分类和参照职业病类别分类等分类方法。

1. 参照导致事故和职业危害的直接原因分类

根据国家标准《生产过程危险和有害因素分类与代码》（GB/T 13861—92）的规定，将生产过程中的危险、有害因素分为六大类，见表7-3。

表 7-3 按直接原因划分的危险、有害因素

序 号	类 别 名 称	序 号	类 别 名 称
01	物理性危险、有害因素	04	心理、生理性危险、有害因素
02	化学性危险、有害因素	05	行为性危险、有害因素
03	生物性危险、有害因素	06	其他危险、有害因素

此分类方法所列出的危险、有害因素具体、详细、科学合理，在各行业在规划、设计和生产组织中，可对危险、有害因素进行预测和预防，对伤亡事故进行统计分析，也可用于安全评价中的危险、有害因素的辨识。

2. 参照事故类别进行分类

参照国家标准《企业职工伤亡事故分类》（GB 6441—86），将事故和危险、有害因素分为20类，综合考虑了起因物、引起事故的诱导性原因、致害物和伤害方式等，在安全评价中是较常用的危险、有害因素的辨识方法，见表7-4。

3. 参照职业病类别分类

参照卫生部、原劳动部、总工会等颁发的《职业病范围和职业病患病者处理办法的规定》，将危险、有害因素分为生产性粉尘、毒物、噪声与振动、高温、低温、辐射（包括电离辐射、非电离辐射）和其他有害因素等 7 类。

三、危险、有害因素的辨识

危险、有害因素辨识应遵循的原则：科学性；系统性；全面性；预测性。

表 7-4　按事故类别划分的危险、有害因素

序号	类别名称	序号	类别名称
01	物体打击	011	冒顶片帮
02	车辆伤害	012	透水
03	机械伤害	013	放炮
04	超重伤害	014	火药爆炸
05	触电	015	瓦斯爆炸
06	淹溺	016	锅炉爆炸
07	灼烫	017	容器爆炸
08	火灾	018	其他爆炸
09	高处坠落	019	中毒和窒息
010	坍塌	020	其他伤害

（一）危险、有害因素的辨识方法

1. 直观经验分析方法

（1）对照、经验法　对照有关标准、法规、检查表或依靠分析人员的观察分析能力，借助于经验和判断能力直观对评价对象的危险、有害因素进行分析的方法。

（2）类比方法　利用相同或相似工程系统或作业条件的经验和劳动安全卫生的统计资料来类推、分析评价对象的危险、有害因素。

2. 系统安全分析方法

应用某些系统安全工程评价方法进行危险、有害因素辨识。系统安全分析方法常用于复杂、没有事故经历的新开发系统。常用的系统安全分析方法有事件树、事故树等。

（二）危险、有害因素辨识的辨识内容

1. 厂址

工程地质、地形地貌、水文、气象条件等。

2. 总平面布置

功能分区、防火间距和安全间距、动力设施、道路、储运设施等。

3. 道路及运输

装卸、人流、物流、平面和竖向交叉运输等。

4. 建、构筑物

生产火灾危险性分类、库房储存物品的火灾危险性分类、耐火等级、结构、层数、防火间距等。

5. 工艺过程

① 新建、改建、扩建项目设计阶段：从根本消除的措施、预防性措施、减少危险性措施、隔离措施、联锁措施、安全色和安全标志几方面考查。

② 对安全现状综合评价可针对行业和专业的特点及行业和专业制定的安全标准、规程进行分析、识别。

③ 根据归纳总结在许多手册、规范、规程和规定中典型的单元过程的危险、有害因素进行识别。

6. 生产设备、装置

工艺设备从高温、高压、腐蚀、振动、控制、检修和故障等方面；机械设备从运动零部

件和工件、操作条件、检修、误操作等方面；电气设备从触电、火灾、静电、雷击等方面进行识别。

7. 作业环境

存在毒物、噪声、振动、辐射、粉尘等作业部位。

8. 安全管理措施

组织机构、管理制度、事故应急救援预案、特种作业人员培训等方面。

对于危险化学品重大危险源，参照《危险化学品重大危险源辨识》（GB 18218—2009）进行识别。

（三）危险化学品重大危险源辨识

1. 危险化学品重大危险源

危险化学品重大危险源是指长期地或临时地生产、加工、使用或储存危险化学品，且危险化学品的数量等于或超过临界量的单元。

单元是指一个（套）生产装置、设施或场所，或同属一个生产经营单位的且边缘距离小于 500m 的几个（套）生产装置、设施或场所。

临界量是指对于某种或某类危险化学品规定的数量，若单元中的危险化学品数量等于或超过该数量，则该单元定为重大危险源。

2. 重大危险源的辨识指标

单元内存在危险化学品的数量等于或超过规定的临界量（见表 7-5），即被定为重大危险源。单元内存在的危险化学品的数量根据处理危险化学品种类的多少区分为以下两种情况。

表 7-5　危险化学品类别及其临界量

类　别	危险性分类及说明	临界量/t
气体	易燃气体:危险性属于 2.1 项的气体	10
	氧化性气体:危险性属于 2.2 项非易燃无毒气体且次要危险性为 5 类的气体	200
	剧毒气体:危险性属于 2.3 项且急性毒性为类别 1 的毒性气体	5
	有毒气体:危险性属于 2.3 项的其他毒性气体	50
易燃液体	极易燃液体:沸点≤35℃且闪点<0℃的液体;或保存温度一直在其沸点以上的易燃液体	10
	高度易燃液体:闪点<23℃的液体(不包括极易燃液体);液态退敏爆炸品	1000
	易燃液体:23℃≤闪点<61℃的液体	5000
毒性物质	危险性属于 6.1 项且急性毒性为类别 1 的物质	50
	危险性属于 6.1 项且急性毒性为类别 2 的物质	500

注：以上危险化学品危险性类别及包装类别依据 GB 12268《危险货物品名表》确定，急性毒性类别依据 GB 20592《化学品分类、警示标签和警示性说明安全规范》确定。

① 单元内存在的危险化学品为单一品种，则该危险化学品的数量即为单元内危险化学品的总量，若等于或超过相应的临界量，则定为重大危险源。

② 单元内存在的危险化学品为多品种时，若满足式（7-1），则定为重大危险源：

$$\frac{q_1}{Q_1} + \frac{q_2}{Q_2} + \cdots + \frac{q_n}{Q_n} \geqslant 1 \tag{7-1}$$

式中　q_1，q_2，…，q_n——每种危险化学品实际存在量，t；

Q_1，Q_2，…，Q_n——与各危险化学品相对应的临界量，t。

急性毒性危害类别见表 7-6。

表 7-6　急性毒性危害类别（GB 20592）

接触途径	单位	类别 1	类别 2	类别 3	类别 4	类别 5
经口	mg/kg	5	50	300	2000	
经皮肤	mg/kg	50	200	1000	2000	
气体	mg/L	0.1	0.5	2.5	5	5000
蒸气	mg/L	0.5	2.0	10	20	
粉尘和烟雾	mg/L	0.05	0.5	1.0	5	

（四）危险、有害因素辨识应注意的问题

① 为了有序、方便地进行分析，防止遗漏，宜按厂址、平面布局、建筑物、物质、生产工艺及设备、辅助生产设施（包括公用工程）、作业环境等几个方面，分别分析其存在的危险、有害因素，列表登记，综合归纳。

② 对导致事故发生的直接原因、诱导原因进行重点分析，从而为确定评价目标、评价重点、划分评价单元、选择评价方法和采取控制措施计划提供依据。

③ 对重大危险、有害因素，不仅要分析正常生产、运输、操作时的危险、有害因素，更重要的是分析设备、装置破坏及操作失误可能产生严重后果的危险、危害因素。

四、评价单元划分原则和方法

评价单元一般以生产工艺、工艺装置、物料的特点和特征与危险、有害因素的类别、分布有机结合进行划分，还可以按评价的需要将一个评价单元再划分为若干子评价单元或更细致的单元。评价单元的划分应服务于评价目标和评价方法，因此只要能达到评价目的，评价单元划分并不要求绝对一致。

（一）以危险、有害因素的类别为主划分评价单元

① 在进行工艺方案、总体布置及自然条件、社会环境对系统影响等方面的分析和评价时，可将整个系统作为一个评价单元。

② 将具有共性危险、有害因素的场所和装置划分为一个评价单元。再按工艺、物料、作业特点划分成子单元分别评价。

（二）以装置和物质的特征划分评价单元

① 按照装置、工艺、功能划分评价单元。

② 按布置的相对独立性划分评价单元。

③ 按工艺条件划分评价单元。

④ 按所储存、处理危险物质的潜在化学能、毒性和数量划分评价单元。

a. 在一个储存区域内储存不同危险物质时，为了能够正确识别其相对危险性，可按照危险物质的类别划分成不同的评价单元。

b. 为避免夸大评价单元的危险性，评价单元内的可燃、易燃、易爆等危险物质应有最低限量。在美国道化学公司火灾、爆炸危险指数评价法（第七版）中要求评价单元内可燃、易燃、易爆等危险物质的最低限量为 2270kg 或 $2.27m^3$；小规模实验工厂上述物质的最低限量为 454kg 或 $0.545m^3$。若低于该要求不能列为评价单元。

⑤ 根据以往事故资料划分评价单元。

a. 可将事故发生时导致造成巨大损失和伤害的关键设备作为一个评价单元。

b. 可将危险、有害因素大且资金密度大的区域作为一个评价单元。

c. 可将危险、有害因素特别大的区域、装置作为一个评价单元。

d. 可将具有类似危险性潜能的单元合并为一个大的评价单元。

第三节　安全评价分析

安全评价方法是进行定性、定量安全评价的工具。在进行安全评价时，应根据安全评价对象和要达到的安全评价目标，选择适用的安全评价方法。

一、安全评价方法概述

1. 安全评价方法分类

安全评价方法的分类方法很多，常用的有按照评价结果的量化程度分类、按照安全评价的逻辑推理过程分类、按照安全评价要达到的目的分类等。

（1）按照评价结果的量化程度分类　按照安全评价结果的量化程度，安全评价方法可分为定性安全评价方法和定量安全评价方法。

① 定性安全评价方法。定性安全评价方法主要是根据经验和直观判断能力对生产系统的工艺、设备、设施、环境、人员和管理等方面的状况进行定性的分析，安全评价的结果是一些定性的指标。有安全检查表、专家现场询问观察法、作业条件危险性评价法（格雷厄姆-金尼法或 LEC 法）、故障类型和影响分析、危险可操作性研究等。

定性安全评价方法的优点是容易理解、便于掌握，评价过程简单。缺点是评价人员的经验和经历等差异大，带有一定的局限性，安全评价结果无量化的危险度，缺乏可比性。

② 定量安全评价方法。定量安全评价方法是使用大量的实验结果和广泛的事故资料统计分析获得的指标或规律（数学模型），对生产系统的工艺、设备、设施、环境、人员和管理等方面的状况进行定量的计算，评价的结果是一些量化指标。按照安全评价给出的定量结果的类别不同，定量安全评价方法还可以分为概率风险评价法、伤害（或破坏）范围评价法和危险指数评价法。

• 概率风险评价法。是根据事故的基本致因因素的事故发生概率，应用数理统计中的概率分析方法，求取事故基本致因因素的关联度（或重要度）或整个评价系统的事故发生概率的安全评价方法。故障类型及影响分析、故障树分析、统计图表分析法等都属于此类方法。随着计算机在安全评价中的应用，模糊数学理论、灰色系统理论和神经网络理论已经应用到安全评价中，扩大了该类评价方法的应用范围。

• 伤害（或破坏）范围评价法。是根据事故的数学模型，应用数学计算方法，求取事故对人员的伤害范围或对物体的破坏范围的安全评价方法，如液体泄漏模型、气体泄漏模型、气体绝热扩散模型、池火火焰与辐射强度评价模型、火球爆炸伤害模型、爆炸冲击波超压伤害模型、蒸气云爆炸超压破坏模型、毒物泄漏扩散模型和锅炉爆炸伤害 TNT 当量法都属于伤害（或破坏）范围评价法。该类评价方法计算量较大，需要使用计算机进行计算，特别是计算的初值和边值选取往往比较困难，评价结果就会出现较大的失真。因此，该类评价方法只适用于系统的事故模型及初值和边值比较确定的安全评价。

• 危险指数评价法。是应用系统的事故危险指数模型，根据系统及其物质、设备（设施）、工艺的基本性质和状态，采用推算的办法，逐步给出事故的可能损失、引起事故发生或使事故扩大的设备、事故的危险性以及采取安全措施的有效性的安全评价方法。常用的危险指数评价法有道化学公司火灾、爆炸危险指数评价法，蒙德火灾、爆炸毒性指数评价法，危险度评价法等。优点是评价指数值同时含有事故发生的可能性和事故后果两方面的因素，克服了事故概率和事故后果难以确定的缺点。缺点是采用的安全评价模型对系统安全保障设施（或设备、工艺）的功能重视不够，评价过程中的安全保障设施的修正系数，一般只与设施的设置条件和覆盖范围有关，而与设施的功能多少、优劣等无关，忽略了系统中的危险物质和安全保障设施间的相互作用关系，各因素的修正系数只是简单地相加或相乘，忽略了各因素之间重要程度的不同。因此该类评价方法的灵活性和敏感性较差。

（2）按照安全评价的逻辑推理过程分类　按照安全评价的逻辑推理过程，安全评价方法可分为归纳推理评价法和演绎推理评价法。

① 归纳推理评价法。是从事故原因推论结果的评价方法，即从最基本危险、有害因素开始，逐渐分析出导致事故发生的直接因素，最终分析到可能的事故。

② 演绎推理评价法。是从结果推论事故原因的评价方法，即从事故开始，推论导致事故发生的直接因素，再分析与直接因素相关的间接因素，最终分析和查找出导致事故发生的最基本危险、有害因素。

（3）按照安全评价要达到的目的分类　按照安全评价要达到的目的，安全评价方法可分为事故致因因素安全评价法、危险性分级安全评价法和事故后果安全评价法。

（4）按研究对象的内容分类　按研究对象的内容分为工厂设计的危险性评审、安全管理的有效性评价、生产设备的可靠性评价、作业行为危险性评价、作业环境和环境质量评价、化学物质的物理化学危险性评价共六类。

（5）按照评价对象的不同分类　按照评价对象的不同，安全评价方法可分为设备（设施或工艺）故障率评价法、人员失误率评价法、物质系数评价法、系统危险性评价法等。

2. 安全评价方法选择

任何一种安全评价方法都有其适用条件和范围，在安全评价中如果使用了不适用的安全评价方法，不仅浪费工作时间，影响评价工作正常开展，而且可能导致评价结果严重失真，使安全评价失败。

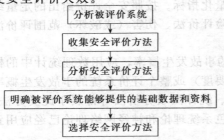

图 7-2　安全评价方法选择过程

（1）安全评价方法的选择原则　在进行安全评价时，应该在认真分析并熟悉被评价系统的前提下，选择安全评价方法。选择安全评价方法应遵循充分性、适应性、系统性、针对性和合理性的原则。

（2）安全评价方法的选择过程　不同的被评价系统，选择不同的安全评价方法，安全评价方法选择过程有所不同。在选择安全评价方法时，应首先详细分析被评价的系统，明确通过安全评价要达到目标，即通过安全评价需要给出哪些、什么样的安全评价结果，然后应收集尽量多的安全评价方法，将安全评价方法进行分类整理，明确被评价的系统能够提供的基础数据、工艺和其他资料，根据安全评价要达到的目标以及所需的基础数据、工艺和其他资料，选择适用的安全评价方法。如图 7-2 所示。

（3）选择安全评价方法应注意的问题　根据安全评价的特点、具体条件和需要，针对被评价系统的实际情况、特点和评价目标，认真地分析、比较，科学选择安全评价方法。如果难以确定，可根据评价目标的要求，选择几种安全评价方法同时进行评价，互相补充、分析综合和相互验证，以提高评价结果的可靠性。

① 充分考虑被评价系统的特点；

② 考虑评价的具体目标和要求的最终结果；

③ 考虑评价资料占有情况；

④ 考虑安全评价人员。

二、安全检查法

安全检查法（SR，Safety Review）主要用于对过程的设计、装置条件、实际生产过程以及维修等进行详细检查，以识别可能存在的危险性和有害性的一种人们普遍使用的方法。安全检查法经常用于识别可能导致人员伤亡、财产损失等安全生产事故的装置条件或操作程序，该方法适用于生产工艺过程的各个阶段。

1. 安全检查对象和目的

安全检查对象是可能导致人员伤亡、重要财产损失或环境损害等事故的设计图纸、装置条件及操作、维修作业。安全检查目的是：警惕工艺过程可能发生的危险性；审核评估控制系统和安全系统的设计依据；发现因新工艺或新设备带来的新危险；检验新兴安全技术对危险控制的可靠性。

2. 安全检查法操作步骤

（1）检查前的准备　包括成立检查组、制订检查计划、确定检查内容和项目以及检查重点、收集相关工程资料等。

（2）进行检查　按照检查计划，有步骤、有重点、系统地开展检查工作并及时记录，如有必要，可进行拍照和录像。

（3）编制安全检查报告　根据检查的情况，分析、整理和编写检查报告文件。

编制安全检查报告，包括偏离设计工艺条件的安全隐患、偏离规定操作规程的安全隐患、发现的其他安全隐患等。对隐患项目可下达《隐患整改通知书》，提供给被检查单位或部门，要求对隐患进行限期整改。对严重威胁安全生产及公共利益的重大隐患项目可下达《停业整改通知书》。

3. 安全检查法的适用性

安全检查法直观、现实，能及时发现并进行有效纠偏，防止事故的发生，是一种十分常用的评价方法。安全检查的类型有企业安全大检查、专业安全检查、专项安全检查、季节性安全检查等，可用于企业自身的安全管理，也可用于政府职能部门的安全监督。安全检查法的效果关键取决于检查组成员的综合素质以及检查的方法和手段。

三、安全检查表分析法

安全检查表分析法（SCA，Safety Checklist Analysis）是将一系列的分析项目列出检查表进行分析以确定系统的状态，这些项目包括设备、储运、操作、管理等各个方面。

1. 安全检查表的特点

传统的安全检查表分析方法是分析人员列出一些危险项目，识别一般工艺设备和操作有关的已知类型的危险设计缺陷以及事故隐患，其所列项目的差别很大，而且通常用于检查各种规范和标准的执行情况。

安全检查表分析的弹性很大，既可用于简单的快速分析，也可用于更深层次的分析，它是识别已知危险的有效方法。

安全检查表内容包括标准、规范和规定，随时关注并采用新颁布的有关标准、规范和规定。正确地使用安全检查表分析将保证每个设备符合标准，而且要识别出需进一步分析的区域。

安全检查表分析是基于经验的方法，编制安全检查表的评价人员应当熟悉装置的操作、标准和规程，并从有关渠道（如内部标准、规范、行业指南等）选择合适的安全检查表，如果无法获得相关的安全检查表，评价人员必须运用自己的经验和可靠的参考资料编制合适的安全检查表；所拟定的安全检查表应当是通过回答安全检查表所列的问题能够发现系统设计和操作的各个方面与有关标准不符的地方。

许多机构使用标准的安全检查表对项目发展的各个阶段（从初步设计到装置报废）进行分析。换句话说，针对典型的行业（如锅炉房、液化气站建设项目等）和工艺，其安全检查表内容是一定的；但是，完整的安全检查表，应当随着项目从一个阶段到下一个阶段不断完善，这样，安全检查表才能作为交流和控制手段。

2. 安全检查表的分析步骤

包括三个步骤：

① 选择或拟定合适的安全检查表；

② 完成分析；

③ 编制分析结果文件。

评价人员通过确定标准的设计或操作以建立传统的安全检查表，然后用它产生一系列基于缺陷或差异的问题。所完成的安全检查表包括对提出的问题回答"是"、"不适用"或"需要更多的信息"。定性的分析结果随不同的分析对象而变化，但都将作出与标准或规范是否一致的结论。此外，安全检查表分析通常提出一系列的提高安全性的可能途径给管理者考虑。

安全检查表在编制时应注意防止漏项。

3. 安全检查表优缺点及其适用范围

安全检查表是进行安全检查、发现潜在危险的一种有用而简单可行的方法。常常用于对安全生产管理，对熟知的工艺设计、物料、设备或操作规程进行分析；也可用于新开发工艺过程的早期阶段，识别和消除在类似系统的多年操作中所发现的危险。安全检查表可用于项目发展过程的各个阶段。

[案例1]　对某制药车间生产设备进行安全检查表分析评价，评价结果见表7-7。

表7-7　生产设备安全检查表

序号	检查项目 填写内容	依据	实际情况	检查结果	备注
1	设备主体及部件齐全完好		楼梯有一处锈蚀断裂，管道及反应釜保温层损坏	不符合	整改完成后合格
2	减速机、泵等传动部位是否设置了可靠的防护设施		传动装置防护基本完好	符合	
3	安全附件是否完好（如压力表是否定期校验等）		压力表、温度计盘上无限压限温警示红线；玻璃管式温度计无防护套；压力表头无固定措施	不符合	整改完成后合格
4	管道标色符合标志规定		物料管线无色标和流向标志	不符合	整改完成后合格
5	爆炸危险场所的电器符合防爆要求		车间内部分电器、电线不合规范；配电箱损坏	不符合	整改完成后合格
6	危险性较大、关键性生产设备必须由持专业许可证单位制造		反应釜等主要设备由专业单位制造	符合	
7	对产生危险和有害因素的过程应配置检测仪器、自动报警装置		配置检测仪器及可燃气体报警器	符合	
8	在使用酸、碱岗位，设置了洗眼器和喷淋装置		未设喷淋装置	不符合	整改完成后合格
9	金属管法兰跨接符合规范要求		符合要求	符合	
10	生产工艺设备应采用静电导体或静电亚导体，避免采用静电非导体		符合要求	符合	

根据上节内容分析知，对生产设备的安全检查表检查10项，符合要求的5项，不符合要求的5项。

四、危险度评价法

根据日本劳动省化工企业安全评价六阶段法的定量评价表，结合我国的《石油化工企业设计防火规范》（GB 50160—2008）等规范，将此定量评价表的取值内容做了部分修改，编制一个适合我国标准的"危险度评价取值表"。同样规定单元危险度由物质、容量、温度、压力和操作五个项目共同确定，其危险度分别按 A＝10 分、B＝5 分、C＝2 分、D＝0 分赋值计分，由分数之和确定各单元的危险等级。危险程度分级标准见表 7-8。

表 7-8　危险程度分级标准

单元赋值累计	等　　级	危险程度
16 分以上	I	高度危险
11～15 分	II	中度危险
10 分以下	III	低度危险

　　16 分以上是具有高度危险（I 级）的单元、11～15 分为具有中度危险（II 级）的单元，10 分以下为低危险度（III 级）单元。以其中单元最大危险度作为本装置的危险度。危险度评价取值方法见表 7-9。

表 7-9　危险度评价取值表

项目＼分值	A（10 分）	B（5 分）	C（2 分）	D（0 分）
物质（系指单元中危险、有害程度最大之物质）	(1)甲类可燃气体 (2)甲$_A$类物质及液态烃类 (3)甲类固体 (4)极度危害介质	(1)乙类可燃气体 (2)甲$_B$、乙$_A$类可燃液体 (3)乙类固体 (4)高度危害介质	(1)乙$_B$、丙$_A$、丙$_B$类可燃液体 (2)丙类固体 (3)中、轻度危害介质	不属左述之 A、B、C 项之物质
容量	(1)气体 1000m^3 以上 (2)液体 100m^3 以上	(1)气体 500～1000m^3 (2)液体 50～100m^3	(1)气体 100～500m^3 (2)液体 10～50m^3	(1)气体＜100m^3 (2)液体＜10m^3
温度	1000℃ 以上使用，其操作温度在燃点以上	(1)1000℃ 以上使用，但操作温度在燃点以下 (2)在 250～1000℃ 使用，其操作温度在燃点以上	(1)在 250～1000℃ 使用，但操作温度在燃点以下 (2)在低于 250℃ 使用，操作温度在燃点以上	在低于 250℃ 时使用，操作温度在燃点以下
压力	100MPa	20～100MPa	1～20MPa	1MPa 以下
操作	(1)临界放热和特别剧烈的放热反应操作 (2)在爆炸极限范围内或其附近的操作	(1)中等放热反应（如烷基化、酯化、加成、氧化、聚合、缩合等反应操作） (2)系统进入空气或不纯物质，可能发生的危险、操作 (3)使用粉状或雾状物质，有可能发生粉尘爆炸的操作 (4)单批式操作	(1)轻微放热反应（如加氢、水合、异构化、烷基化、磺化、中和等反应）操作 (2)在精制过程中伴有化学反应 (3)单批式操作，但开始使用机械等手段进行程序操作 (4)有一定危险的操作	无危险的操作

　　[案例 2]　某加油站有油罐和加油两个单元，油储量为汽油罐 3 台，柴油罐 2 台，每台设备容积均为 50m^3，加油机 6 台，生产最大用油量为汽油 4m^3，柴油 2m^3 进行危险度评价，分析结果见表 7-10。

　　由危险度基本评价结果可以看出：属于"I 级"（高度危险）等级的有汽油储罐单元，属于"II 级"（中度危险）等级的有柴油储罐、汽油机单元，属于"III 级"（低度危险）等级的有柴油机单元。该企业总体危险度较高。

表 7-10　单元危险度基本评价表

序号	装置单元	项目 物质	物质 评分	容量 评分	温度 评分	压力 容器	操作 评分	总 分	等 级
1	油罐区	汽油储罐　汽油	10	10	0	0	5	25	Ⅰ
2		柴油储罐　柴油	5	5	0	0	5	15	Ⅱ
3	加油区	汽油机　汽油	10	0	0	0	2	12	Ⅱ
4		柴油机　柴油	5	0	0	0	2	7	Ⅲ

五、道化学火灾、爆炸指数评价法

道化学火灾、爆炸指数评价法是美国道化学公司自 1964 年开发的一种安全评价方法。道化学火灾、爆炸指数是对工艺装置及所含物料的实际潜在火灾、爆炸和反应性危险进行按步推算的客观评价，它是以物质系数为基础，同时考虑工艺过程中的其他因素，如操作方式、工艺条件、设备状况、物料处理量、安全装置情况等的影响，再计算每个单元的危险度数值，然后按数值大小划分危险度级别。主要用来对化工生产过程中固有危险度的评价。

1. 道化学火灾、爆炸指数评价的目的

① 能真实地量化潜在的火灾、爆炸和反应性事故的预期损失。

② 确定可能引起事故发生或使事故扩大的装置。

③ 向有关管理部门（包括政府部门）通报潜在的火灾、爆炸危险性。

④ 使有关人员了解各工艺部分一旦发生事故可能造成的损失，以此确定减轻潜在事故隐患的严重性和事故总损失的有效而又经济的途径。

2. 道化学火灾、爆炸指数评价的程序

道化学火灾、爆炸指数评价，在资料准备齐全和充分熟悉评价系统的基础上，按图 7-3 所示程序进行。

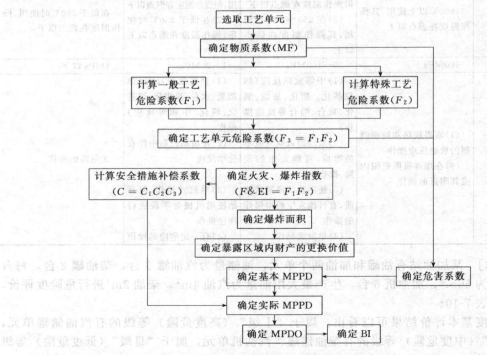

图 7-3　道化学公司评价程序

3. 道化学火灾、爆炸危险指数及补偿系数。

火灾、爆炸危险指数表及安全措施补偿系数表等见表 7-11～表 7-13。

表 7-11 F&EI 与危险等级

F&EI 值	危险等级	F&EI 值	危险等级
1～60	最轻	128～158	很大
61～96	较轻	>159	非常大
97～127	中等		

表 7-12 火灾、爆炸指数 (F&EI)

地区/国家：		部门：		场所：		日期：
位置：		生产单元：			工艺单元：	
评价人：		审定人(负责人)：			建筑物：	
检查人：(管理部门)		检查人：(技术中心)			检查人：(安全和损失预防)	

工艺设备中的物料：

操作状态：设计—开车—正常操作—停车		确定 MF 的物质：
操作温度：		物质系数：

	危险系数范围	采用危险系数[①]
1. 一般工艺危险		
基本系数	1.00	1.00
A. 放热化学反应	0.30～1.25	
B. 吸热化学反应	0.20～0.40	
C. 物料处理与输送	0.25～1.05	
D. 密闭式或室内工艺单元	0.25～0.90	
E. 通道	0.20～0.35	
F. 排放和泄漏控制	0.20～0.50	
一般工艺危险系数(F_1)		
2. 特殊工艺危险		
基本系数	1.00	1.00
A. 毒性物质	0.20～0.80	
B. 负压(<500mmHg=66661Pa)	0.50	
C. 接近易燃范围的操作:惰性化、未惰性化		
a. 罐装易燃液体	0.50	
b. 过程失常或吹扫故障	0.30	
c. 一直在燃烧范围内	0.80	
D. 粉尘爆炸	0.25～2.00	
E. 压力:操作压力(绝对)/kPa		
释放压力(绝对)/kPa		
F. 低温	0.2～0.30	
G. 易燃及不稳定物质量/kg		
物质燃烧热 H_c/(J/kg)		
a. 工艺中的液体及气体		
b. 储存中的液体及气体		
c. 储存中的可燃固体及工艺中的粉尘		
H. 腐蚀与磨损	0.10～0.75	
I. 泄漏——接头和填料处	0.10～1.50	
J. 使用明火设备		
K. 热油、热交换系统	0.15～1.15	
L. 传动设备	0.50	
特殊工艺危险系数(F_2)		
3. 工艺单元危险系数($F_3=F_1F_2$)		
4. 火灾、爆炸指数($F\&EI=F_3MF$)		

① 无危险时系数用 0.00。

表 7-13 安全措施补偿系数

项 目	补偿系数范围	采用补偿系数[1]	项 目	补偿系数范围	采用补偿系数[1]
1. 工艺控制			c. 排放系统	0.91～0.97	
a. 应急电源	0.98		d. 联锁装置	0.98	
b. 冷却装置	0.97～0.99		物质隔离安全补偿系数 C_2[2]		
c. 抑爆装置	0.84～0.98		3. 防火设施		
d. 紧急切断装置	0.96～0.99		a. 泄漏检验装置	0.94～0.98	
e. 计算机控制	0.93～0.99		b. 钢结构	0.95～0.98	
f. 惰性气体保护	0.94～0.96		c. 消防水供应系统	0.94～0.97	
g. 操作规程/程序	0.91～0.99		d. 特殊灭火系统	0.91	
h. 化学活泼性物质检查	0.91～0.98		e. 洒水灭火系统	0.74～0.97	
i. 其他工艺危险分析	0.91～0.98		f. 水幕	0.97～0.98	
工艺控制安全补偿系数 C_1[2]			g. 泡沫灭火装置	0.92～0.97	
2. 物质隔离			h. 手提式灭火器和喷水枪	0.93～0.98	
a. 遥控阀	0.96～0.98		i. 电缆防护	0.94～0.98	
b. 卸料/排空装置	0.96～0.98		防火设施安全补偿系数 C_3[2]		

[1] 无安全补偿措施时，填入 1.00；

[2] 是所采用的各项补偿系数之积。

注：安全措施补偿系数＝$C_1 C_2 C_3$。

4. 物质系数 MF 的确定

物质系数 MF 是表述物质在燃烧或发生其他化学反应而引起的火灾、爆炸时释放能量大小的内在特性，是最基础的数值。

物质系数 MF 是由物质的燃烧性 N_F 和物质的化学活性 N_R 决定的，可在"物质系数和特性"表中选取。一般 N_F 和 N_R 是在正常环境温度的取值。而当物质发生燃烧或随化学反应的进行，物质的危险性随温度的升高而急剧加大时，其危险程度也随之增加，所以温度超过 60℃时物质系数需要修正。

（1）混合物的物质系数的确定 混合物的物质系数的确定原则为：按在实际操作过程中所存在的最危险的物质来确定。

① 可发生剧烈反应的两种物质，若生成物为稳定性的不燃物质应按初始混合状态来确定。

② 混合溶剂或含有反应性物质溶剂的物质系数，需通过化学反应性试验数据求取；若无法得到时，可按混合组分中最大组分的物质系数，作为混合物的物质系数的近似值，但最大组分浓度必须≥5％。

③ 对由可燃性粉尘或易燃气体在空气中能够形成具有爆炸性质的混合物，其混合物的物质系数必须由化学反应性试验数据来确定。

（2）烟雾的物质系数的确定 易燃或可燃液体的微粒悬浮于空气中能形成易燃的混合物，它具有易燃气体与空气混合物的一些特性，同样具有爆炸性。因此，若形成烟雾，则需将该物质的物质系数提高 1 级。

5. 经济损失计算

（1）暴露区域半径 R(m) 的计算 暴露半径表明了生产单元危险区域的平面分布。它是一个以工艺设备的关键部位为中心的圆的半径。其数值是按计算出的火灾、爆炸指数值乘以 0.256 来计算。

$$暴露半径 R = 0.256F\&EI$$

（2）暴露区域面积（m²）的计算　暴露区域面积的大小是由暴露半径决定的，可按下式计算暴露区域的面积。

$$暴露区域面积 = \pi R^2$$

但暴露半径 R 在实际计算时应注意：如果被评价工艺单元是一个小的设备，就以该设备的中心为圆心，以暴露半径画圆计算暴露区域面积；如果设备较大，则应从设备表面向外量取暴露半径，然后画圆计算暴露区域面积，即暴露区域面积加上评价单元的面积才是实际的暴露区域面积。

（3）暴露区域内财产价值的计算　暴露区域内财产价值可由区域内含有的财产（包括在存物料）的更换价值来确定。

$$暴露区域内财产价值 = 更换价值 + 在存物料价值$$

式中

$$更换价值 = 原来成本 \times 0.82 \times 增长系数$$

$$在存物料价值 = 在存物料量 \times 在存物料的市场价格$$

（4）危害系数的确定　危害系数代表了单元中物料泄漏或反应能量释放所引起的火灾、爆炸事故的综合效应。由工艺单元危险系数 F_3 和物质系数 MF 按图 7-4 来确定。随着工艺单元危险系数 F_3 和物质系数 MF 的增加，单元危害系数从 0.01 增至 1.00。

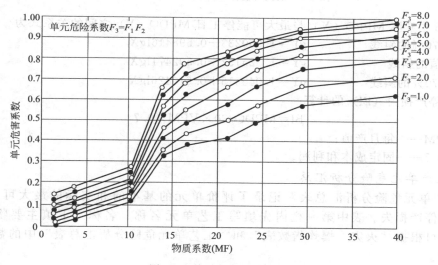

图 7-4　单元危害系数计算

（5）基本最大可能财产损失（基本 MPPD）的计算　基本最大可能财产损失是由工艺单元危险分析汇总表中暴露区域内财产价值乘以危害系数计算求得。

$$基本 MPPD = 暴露区域内财产价值 \times 危害系数$$

（6）安全措施补偿系数 C 的计算　将"安全措施补偿系数表"中的工艺控制安全补偿系数 C_1、物质隔离安全补偿系数 C_2 和防火设施安全补偿系数 C_3 相乘即得到安全措施补偿系数值。

$$安全措施补偿系数 C = C_1 C_2 C_3$$

（7）实际最大可能财产损失（实际 MPPD）的计算　基本最大可能财产损失乘以安全措施补偿系数就是实际最大可能财产损失。

$$实际 MPPD = 基本 MPPD \times 总补偿系数 C$$

（8）最大可能停工天数 MPDO 的计算　估算最大可能停工天数 MPDO 是评价停产损失（BI）所必需的一个步骤。停产损失通常等于或超过财产损失，这取决于物料储存和产品的需求状况。最大可能停工天数可按图 7-5 查取，或根据公式计算求得。由于图中列出的实际 MPPO 是按 1980 年的美元价格给出的，因涨价因素应将其转换为现今价格。

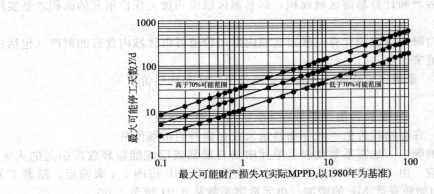

图 7-5　最大可能停工天数（MPDO）计算

图 7-5 中实际 MPPD（X）与最大可能停工日 MPDO（Y）之间的关系式为

上限 70％的斜线　　　$\lg Y = 1.550233 + 0.598416 \lg X$

正常值的斜线　　　　$\lg Y = 1.325132 + 0.592471 \lg X$

下限 70％的斜线　　　$\lg Y = 1.045515 + 0.610426 \lg X$

（9）停产损失（BI）的计算

$$BI = MPDO / 30 \times VPM \times 0.7$$

式中　　VPM——每月产值；

　　　0.7——固定成本和利润。

6. 生产单元危险分析汇总

"生产单元危险分析汇总表"记录了评价单元的基本的和实际的最大可能财产损失，以及停产损失。表中第一栏内先填写工艺单元名称、名称之下填主要物质名称，其余数据可根据"火灾、爆炸指数表"和"工艺单元危险分析汇总表"中的数据填写。见表 7-14。

表 7-14　工艺单元危险分析汇总

序号	内　容	工艺单元	序号	内　容	工艺单元
1	火灾、爆炸危险指数（F&EI）		7	基本最大可能财产损失（基本 MPPD）	
2	危险等级		8	安全措施补偿系数	
3	暴露区域半径	m	9	实际最大可能财产损失（实际 MPPD）	
4	暴露区域面积	m²	10	最大可能停工天数（MPDO）	d
5	暴露区域内财产价值		11	停产损失（BI）	
6	破坏系数				

所有有关的工艺单元都要单独列出"火灾、爆炸指数计算表"、"安全措施补偿系数表"和"工艺单元危险分析汇总表"。然后，再将各工艺单元中的关键信息填入"生产单元危险分析汇总表"中。见表 7-15。

表 7-15 生产单元危险分析汇总

地区/国家		部 门				场 所	
位置		生产单元				操作类型	
评价人		生产单元总替换价值				日期	
工艺单元 主要物质	物质 系数	火灾爆炸 指数 F&EI	影响区内 财产价值	基本 MPPD	实际 MPPD	停工天数 MPDO	停产损失 BI

六、ICI 蒙德法

英国帝国化学工业公司（ICI）蒙德（Mond）部在美国道化学公司安全评价方法的基础上，开发出了另一种火灾爆炸指数安全评价法，称为 ICI 蒙德法。在道化学火灾、爆炸指数评价法定量评价基础上作了重要改进和扩充，更加全面、更具系统性，注意到反馈的信息修正危险性指数，突出了动态特性。扩充内容主要有：增加了毒性的概念和计算；发展了某些补偿系数；增加了几个特殊工程类型的危险性；能对较广范围内的工程及储存设备进行研究。

1. 评价程序

ICI 蒙德法评价的基本程序如图 7-6 所示。

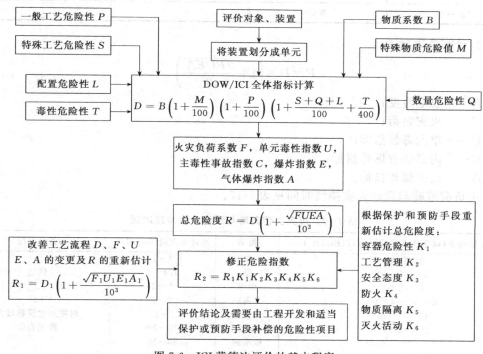

图 7-6 ICI 蒙德法评价的基本程序

2. ICI 蒙德法评价步骤

（1）确定需要评价的单元 根据评价对象、装置的实际情况，划分评价单元。对于特定的单元划分，其判断标准可以从评价设备与相邻设备之间设置的隔离屏障（墙、地板或空间）来确定。因此在不增加危险性潜能的情况下，常把具有类似危险性潜能的单元归并为一个比较大的单元。

（2）计算 DOW/ICI 全体指标 D

$$D=B\left(1+\frac{M}{100}\right)\left(1+\frac{P}{100}\right)\left(1+\frac{S+Q+L}{100}+\frac{T}{400}\right) \qquad (7\text{-}2)$$

式中　B——物质系数，一般由物质的燃烧热计算得来；

　　　M——特殊物质性；

　　　P——一般工艺过程危险性；

　　　S——特殊工艺危险性；

　　　Q——数量危险性；

　　　L——配置危险性；

　　　T——毒性危险性。

D 表示的危险程度见表 7-16。

表 7-16　DOW/ICI 总指标 D 值范围及危险程度

D 值范围	危险程度	D 值范围	危险程度
0～20	缓和的	90～115	极端的
20～40	轻度的	115～150	非常极端的
40～60	中等的	150～200	潜在灾难性的
60～75	稍重的	200 以上	高度灾难性的
75～90	重的		

（3）计算危险度 R

$$R=D\times\left(1+\frac{\sqrt{FUEA}}{10^3}\right) \qquad (7\text{-}3)$$

式中　R——总危险度；

　　　F——火灾负荷；

　　　U——单元毒性指标；

　　　E——内部装置爆炸指标；

　　　A——地区爆炸指标。

火灾负荷范畴与预计火灾持续时间见表 7-17。

表 7-17　火灾负荷范畴与预计火灾持续时间

火灾负荷 F（通常作业区实际值）/(Btu/ft²)	范畴	预计火灾持续时间/h	备 注
0～5×10⁴	轻	1/4～1/2	
5×10⁴～10⁵	低	1/4～1	住宅
10⁵～2×10⁵	中等	1～2	工厂
2×10⁵～4×10⁵	高	2～4	工厂
4×10⁵～10⁶	非常高	4～10	对使用建筑物最大
10⁶～2×10⁶	强	10～20	橡胶仓库
2×10⁶～5×10⁶	极端的	20～50	
5×10⁶～10⁷	非常极端的	50～100	

注：1. 1Btu/ft²=11.4kJ/m²，下同。

2. 火灾负荷是指在一个空间里所有物品包括建筑物装修材料在内的总潜热能。

内部单元装置爆炸指标 E 见表 7-18。

表 7-18　内部单元爆炸指标 E 值及其范畴

E	0～1	1～2.5	2.5～4	4～6	6 以上
范畴	轻微	低	中等	高	非常高

地区爆炸指标 A 是一般性关心所确认的地区爆炸危险性，并非表示单元唯一的爆炸可能性。各种 A 范围见表 7-19。

表 7-19　地区爆炸指标 A 值及其范畴

A	0～10	10～30	30～100	100～500	500 以上
范畴	轻	低	中等	高	非常高

毒性指标分为单元毒性指标 U 和主毒性事故指标 C。U 表示对毒性的影响和有关设备控制监督需要考虑的问题。C 由单元毒性指标乘以量系数 Q 得到。Q 是毒物的量，U 是单元中毒物得出的指数。毒性指数与危险性分类见表 7-20。

表 7-20　毒性指数与危险性分类

主毒性危险指标 C	单元毒性指数 U	危险性分类	主毒性危险指标 C	单元毒性指数 U	危险性分类
0～20	0～1	轻	200～500	6～10	高
20～50	1～3	低	500 以上	10 以上	非常高
50～200	3～6	中等			

总危险性系数 R 和危险性分类见表 7-21。在 R 值的计算中，如其中任一影响因素为零，计算时以 1 计。

表 7-21　总危险性系数 R 值和危险性分类

总危险性系数 R	危险性分类	总危险性系数 R	危险性分类
1～20	缓和	1100～2500	高(2)类
20～100	低	2500～12500	非常高
100～500	中等	12500～65000	极端危险
500～1100	高(1)类	65000 以上	非常极端危险

（4）补偿评价　在设计中采取的安全措施分为降低事故率和降低严重度两种。后者是指一旦发生事故，可以减轻造成的后果和损失，因此对应于各项安全措施分别给出了抵消系数，使总危险性系数下降。

计算抵消后的危险性等级 R_2 的公式为

$$R_2 = R_1 K_1 K_2 K_3 K_4 K_5 K_6 \tag{7-4}$$

$$R_1 = D_1 \left(\frac{1 + \sqrt{F_1 U_1 E_1 A_1}}{10^3} \right) \tag{7-5}$$

式中　R_2——抵消后的综合危险性指数；
　　　R_1——通过工艺改进，D、F、U、E、A 的值发生变化后重新计算的综合危险性指数；
　　　K_1——容器抵消系数（改进压力容器和管道设计标准等）；
　　　K_2——工艺控制抵消系数；
　　　K_3——安全态度抵消系数（安全法规、安全操作规程的教育等）；
　　　K_4——防火措施抵消系数；
　　　K_5——隔离危险性抵消系数；
　　　K_6——消防协作活动抵消系数。

以上每项在 *ICI* 蒙德工厂的火灾爆炸毒性指数技术手册中都列出具体的抵消系数。经反复评价，确定经补偿后的危险性降到了可接受的水平，则可以建设或运转装置，否则必须更改设计或增加安全措施，然后重新进行评价，直至达到安全为止。

3. 方法特点及适用范围

ICI 蒙德法突出了毒性对评价单元的影响，在考虑火灾、爆炸、毒性危险方面的影响范围及安全补偿措施方面都较道化学法更为全面，在安全补偿措施方面强调了工程管理和安全态度，突出了企业管理的重要性，因而可对较广的范围进行全面、有效、更接近实际的评价。

七、化工厂危险程度分级

1. 化工厂危险程度分级评价程序

化工厂危险程度分级评价方法是以化工生产、储存过程中的物质指数及物量指数为基础，用工艺、设备、厂房、安全装置、环境、安全管理系统等系数修正以后，得出化工厂的危险等级。其评价程序如图 7-7 所示。

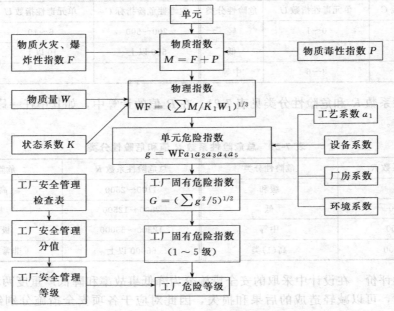

图 7-7　化工厂危险程度分级评价程序

2. 化工厂危险程度分级

(1) 物质指数 M 的确定　把化工厂按工艺过程或化工装置的分布分成若干单元。先找出单元内危险物质的火灾、爆炸性指数 F、毒性指数 P，然后求出物质指数 M，$M = F + P$。

(2) 化工厂固有危险等级确定　化工厂固有危险等级根据化工厂固有危险指数分为 5 级，按计算所得 G 值按表 7-22 确定。

表 7-22　工厂固有危险等级划分

工厂固有危险指数	工厂固有危险等级	工厂固有危险指数	工厂固有危险等级
>1500	一级	200～500	四级
1000～1500	二级	<200	五级
500～1000	三级		

(3) 化工厂安全管理等级确定　化工厂安全管理等级，按工厂安全管理检查表所确定的安全管理分值，划分为 3 个等级，按表 7-23 确定。

表 7-23 工厂安全管理等级划分

工厂管理分值	安全管理等级
＞800	优
600～800	一般
＜600	差

（4）化工厂实际危险等级确定 化工厂实际危险等级，是将化工厂固有危险等级用工厂安全等级进行修正后求取，按表 7-24 确定。

表 7-24 工厂实际危险等级求取

工厂安全管理等级	工厂固有危险等级				
	一	二	三	四	五
	工厂实际危险等级				
Ⅰ	高度	中度	低度	最低高	最低度
Ⅱ	最高度	高度	中度	低度	最低度
Ⅲ	最高度	最高度	高度	中度	低度

八、故障树分析

1961 年，贝尔电话实验室的维森首次提出了故障树分析的概念，其后波音公司的分析人员改进了故障树分析技术，使之便于应用计算机进行定量分析。1974 年美国原子能委员会发表了关于核电站灾害性危险性评价报告——拉斯姆逊报告，对故障树分析做了大量和有效的应用，引起全世界的关注，目前在许多工业部门广泛运用。

故障树是从结果到原因描述事故发生的有向逻辑树，对故障树进行演绎分析，寻求防止结果发生的对策，这种方法称为故障树分析。显然，故障树分析是从结果开始，寻求结果事件（通称顶上事件）发生的原因事件，是一种逆时序的分析方法。另外故障树分析是一种演绎的逻辑分析方法，将结果演绎成构成这一结果的多种原因，再按逻辑关系构建故障树，寻求防止结果发生的措施。

故障树分析特点是能对各种系统的危险性进行辨识和评价，不仅能分析出事故的直接原因，而且能深入地揭示出事故的潜在原因；描述事故的因果关系直观、明了、思路清晰、逻辑性强；既可定性分析，又能定量分析。

1. 故障树分析步骤

故障树分析的步骤常因被评价对象、分析目的的不同而不同。但一般可按图 7-8 所示程序进行。

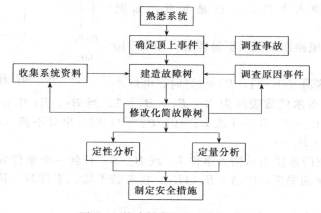

图 7-8 故障树分析的一般程序

　　如果故障树规模很大，可借助计算机进行。目前我国 FTA 一般都考虑到第 7 步定性分析为止，也能取得较好效果。

　　2. 故障树分析数学基础

　　故障树的突出特点是可以进行定量分析和计算，在进行定量分析和计算时需要了解一些基本概念。

　　(1) 集合的概念　具有某种共同属性的事故的全体称为集合。构成集合的事件称为元素。包含一切元素的集合称为全集，用符号 Ω 表示；不包含任何元素的集合称为空集，用符号 $\varnothing$ 表示。

　　(2) 布尔代数与主要运算法则　在故障树分析中常用逻辑运算符号 (·)、(＋) 将各个事件连接起来，这种连接式称为布尔代数表达式。在求最小割集时，要用布尔代数运算法则化简代数式。

　　3. 故障树的编制

　　(1) 故障树符号的意义

　　① 事件符号

　　● 矩形符号。用它表示顶上事件或中间事件，即需要进一步往下分析的事件。将事件扼要记入矩形框内。必须注意，顶上事件一定要清楚明了，不要太笼统。见图 7-9(a)。

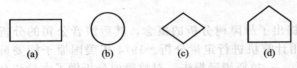

(a)　　　　(b)　　　　(c)　　　　(d)

图 7-9　事件符号

　　● 圆形符号。它表示基本 (原因) 事件，可以是人的差错，也可以是设备、机械故障、环境因素等。它表示最基本的事件，不能再继续往下分析了。将事故原因扼要记入圆形符号内。见图 7-9(b)。

　　● 菱形事件。它表示省略事件，即表示事前不能分析，或者没有再分析下去的必要的事件。将事件扼要记入菱形符号内。见图 7-9(c)。

　　● 屋形符号。它表示正常事件，是系统在正常状态下发生的事件。将事件扼要记入屋形符号内。见图 7-9(d)。

　　② 逻辑门符号。即连接各个事件，并表示逻辑关系的符号。其中主要有：与门、或门、条件与门、条件或门和限制门。

　　● 与门符号。与门表示输入事件 B_1、B_2 同时发生的情况下，输出事件 A 才会发生的连接关系。二者缺一不可，表现为逻辑乘的关系。即 $A = B_1 \cap B_2$。在有若干输入事件时，也是如此，如图 7-10(a) 所示。

　　"与门"用与门电路图来说明更易理解，如图 7-10(b) 所示。

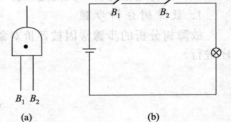

图 7-10　与门符号及与门电路图

　　当 B_1、B_2 都接通 ($B_1 = 1$, $B_2 = 1$) 时，电灯才亮 (出现信号)，用布尔代数表示为 $X = B_1 \cdot B_2 = 1$。当 B_1、B_2 中有一个断开或都断开 ($B_1 = 1$, $B_2 = 0$ 或 $B_1 = 0$, $B_2 = 1$ 或 $B_1 = 0$, $B_2 = 0$) 时，电灯不亮 (没有信号)，用布尔代数表示为 $X = B_1 \cdot B_2 = 0$。

　　● 或门符号。或门连接表示输入事件 B_1 或 B_2 中，任何一个事件发生都可以使事件 A 发生，表现为逻辑加的关系，即 $A = B_1 \cup B_2$。在有若干输入事件时，情况也是如此，如图 7-11(a) 所示。

　　或门用或门电路来说明更容易理解，如图 7-11(b) 所示。

当 B_1、B_2 断开（$B_1=0$，$B_2=0$）时，电灯才不会亮（没有信号），用布尔代数表示为 $X=B_1+B_2=0$。当 B_1、B_2 中有一个连通或两个都接通（即 $B_1=1$，$B_2=0$ 或 $B_1=0$，$B_2=1$ 或 $B_1=1$，$B_2=1$）时，电灯亮（出现信号），用布尔代数表示为 $X=B_1+B_2=1$。

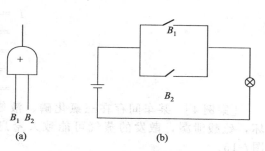

图 7-11　或门符号及或门电路

③ 转移符号。当故障树规模很大时，需要将某些部分画在别的纸上，这就要用转出和转入符号，以标出向何处转出和从何处转入。

● 转出符号。表示这部分树由该处转移至他处，由该处转出（在三角形内标出向何处转移）。如图 7-12(a) 所示。

● 转入符号。表示在别处的部分树，由该处转入（在三角形内标出从何处转入）。如图 7-12(b) 所示。

(a) 转出符号　(b) 转入符号

图 7-12　转移符号

（2）故障树的编制

① 故障树编制的启发性原则。

● 事件符号内必须填写具体事件，每个事件的含义必须明确、清楚，不能把管理上的状况和人的状态写入其中，不得写入笼统、含糊不清或抽象的事件；

● 尽可能地将一些事件划分为更具体的基本事件；

● 找出每一级中间事件（或顶上事件）的全部直接原因；

● 将触发事件同"无保护动作"配合起来；

● 找出相互促进的原因。

② 故障树编制程序：确定顶上事件；调查或分析造成顶上事件的各种原因；绘制故障树；认真审定故障树。

③ 故障树编制时的注意事项：故障树应能反映出系统故障的内在联系和逻辑关系，同时能使人一目了然，形象地掌握这种联系与关系，并据此进行正确的分析，为此，建造故障树时应注意以下几点。

熟悉分析系统；循序渐进；选好顶上事件；合理确定系统的边界条件；调查事故事件是系统故障事件还是部件故障事件；准确判明各事件间的因果关系和逻辑关系；避免门连门。

[案例 3]　化简图 7-13 所示的故障树，并做出等效故障树（见图 7-14）。

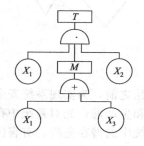

图 7-13　故障树

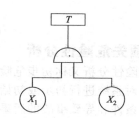

图 7-14　图 7-13 的等效故障树

解　根据图示，其结构式为

$$T = X_1 M X_2$$
$$= X_1(X_1 + X_3)X_2$$
$$= X_1 X_1 X_2 + X_1 X_3 X_2 \text{（分配律）}$$
$$= X_1 X_2 + X_1 X_2 X_3 \text{（等幂律、交换律）}$$
$$= X_1 X_2 \text{（吸收律）}$$

[案例4] 某车间存在三氯化磷、液氨等有毒有害性物质，当管道、阀门、储罐损坏，硫酸泄漏，散发的蒸气可能致人窒息、中毒。对此进行事故树分析，分析结果见图7-15。

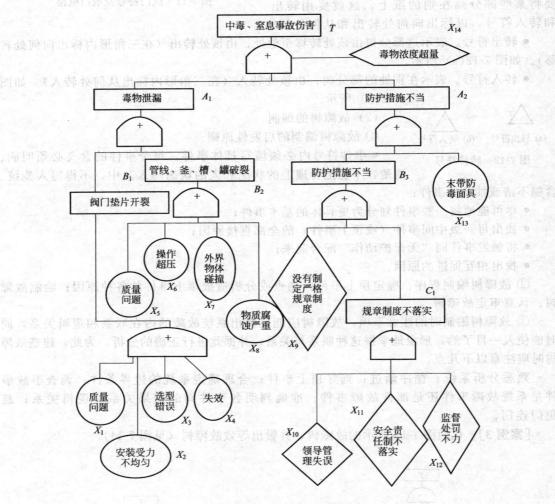

图 7-15 中毒、窒息事故树

九、预先危险性分析

预先危险性分析又称初步危险分析，是在某项工作开始之前，为实现系统安全，而在开发初期阶段对系统进行初步或初始分析，包括设计、施工和生产前，先对系统中存在的危险类别、出现条件和导致事故的后果进行分析，以便识别系统中的潜在危险、有害因素，确定危险等级，防止这些危险、有害因素失控而导致事故发生。

1. 预先危险性分析步骤

（1）预先危险性分析的目的 大体识别与系统有关的主要危险、有害因素及产生的原因，预测出现事故时对人体或系统产生的影响，划分危险性等级，制定消除或控制危险的措施。

（2）预先危险性分析的步骤

① 通过经验判断、技术诊断等方法，确定出危险源及危险源存在的地点。

② 依据过去的经验教训和同行业生产中曾经发生过的事故或灾害情况，对系统的影响和损坏程度，用类比推理的方法判断出所需分析系统中可能出现的情况，找出假设事故或灾害可能发生时，能够造成系统故障、物质损失和人员伤害的危险性，分析和确定事故或灾害的可能类型。

③ 对确定的危险源进行分类，编制预先危险性分析表。

④ 识别转化条件，研究危险、有害因素转变为危险状态的触发条件，危险状态转变为事故或灾害的必要条件，有针对性地寻求预防性的对策措施，并检查对策措施的有效性。

⑤ 进行危险性分级，列出重点和轻、重、缓、急次序，以便进一步处理。

⑥ 制定事故或灾害的预防性对策措施。

（3）预先危险性分析的等级划分　在进行预先危险性分析时，将各类危险性按照危险程度的不同划分为 4 个等级，以便衡量危险性的大小及其对系统的破坏程度。危险性等级划分见表 7-25。

表 7-25　危险性等级划分

级　别	危险程度	可能导致的后果
Ⅰ	安全的	不会造成人员伤亡及系统损坏
Ⅱ	临界的	处于事故的边缘状态，暂时还不至于造成人员伤亡、系统损坏或降低系统性能，但应予以排除或采取控制措施
Ⅲ	危险的	会造成人员伤亡和系统损坏，要立即采取防范对策措施
Ⅳ	灾难性的	造成人员重大伤亡及系统严重破坏的灾难性事故，必须予以果断排除并进行重点防范

2. 预先危险性分析的几种表格

预先危险性分析的表格一般根据实际应用情况确定，几种常用的基本表格格式如表 7-26、表 7-27、表 7-28 所示。

表 7-26　PHA 工作表格

单元：		编制人员：		日期：
危　险	原　因	后　果	危险等级	改进措施/预防方法

表 7-27　PHA 工作的典型格式

地区（单元）：＿＿＿＿＿＿＿		会议日期：＿＿＿＿＿＿＿		
图　　号：＿＿＿＿＿＿＿		小组成员：＿＿＿＿＿＿＿		
危险/意外事故	阶　　段	原　因	危险等级	对　策
事故名称	危害发生的阶段，如生产、试验、运输、维修、运行等	产生危害的原因	对人员及设备的危害等级	消除、减少或控制危害的措施

表 7-28 预先危险性分析表通用格式

系统:1 子系统:2 状态:3			预先危险性分析表(PHA)				制表者: 制表单位:		
编号: 日期:									
潜在事故	危险因素	触发事件(1)	发生条件	触发事件(2)	事故后果	危险等级	防范措施	备注	
4	5	6	7	8	9	10	11	12	

3. 危险分析

根据危险的组成,一般从物质、能量和环境三个方面进行分析。

(1) 物质 指生产系统中具有腐蚀、有毒、有害、易燃、易爆性质的原材料、燃料及废弃物等。

(2) 能量 指生产中电气漏电、静电放电、速度变化、化学反应、冲击与振动、压力变化、能源故障、结构损坏或故障。

(3) 环境 指生产场所中温度变化、湿度、辐射、振动波和噪声、气候环境等。

[案例 5] 某车间使用环氧氯丙烷、丙酮、氮气等危险化学品,对其中毒窒息事故进行预先危险性分析,分析结果见表 7-29。

表 7-29 中毒窒息事故预先危险性分析表

潜在事故	危险因素	触发事件(1)	发生条件	触发事件(2)	事故后果	危险等级	防范措施
中毒窒息	环氧氯丙烷、丙酮、氮气等	(1)罐、槽、泵或管道、阀门等破损泄漏 (2)检修、抢修时,设备、管道中有毒有害物料未彻底清洗干净 (3)操作时违章皮肤直接接触到溶液 (4)生产系统的排风系统发生故障 (5)撞击、自然灾害或人为损坏造成容器、管道泄漏,以及储罐、槽等超装溢出	有毒物质侵入皮肤、眼睛和呼吸系统	(1)有毒物质浓度超标 (2)通风不良 (3)缺乏毒性危害物质泄漏预防及应急处理的安全知识 (4)违章作业,违章指挥,违反劳动纪律 (5)未正确穿戴劳动防护用品或因故未穿戴防护用品 (6)毒物泄漏现场作业无人监护 (7)存在有毒物和危险化学品未按规定处理	人员中毒、死亡	Ⅱ~Ⅲ	(1)严格遵守危险化学品的储存和使用的有关规定 (2)制订危险化学品安全"周知卡",教育职工了解安全技术说明书,掌握必要的应急处理方法和自救措施 (3)加强设备的管理,消除跑、冒、滴、漏 (4)操作现场应配置安全信号报警信号、洗眼液和冲淋设施,并保持完好 (5)职工严格遵守各种规章制度、操作规程 (6)正确戴劳动防护用品 (7)设立危险、有害、窒息性的标志 (8)搬运时要轻装轻放,防止容器破损 (9)作业现场的通风排毒设施要符合国家有关规定 (10)加强盛装危险化学品的废旧容器的管理 (11)维护、保养通风排毒和报警设施装置,确保完好有效 (12)设立危险、有毒、窒息性的标志 (13)培训作业人员对中毒、窒息等急救处理能力 (14)教育、培训职工掌握预防中毒、窒息的方法及其急救法。遵章守纪,杜绝"三违"

十、危险和可操作性研究

危险和可操作性研究 (Hazard and Operability Study, HAZOP) 是英国帝国化学工业公司 (ICI) 于 1974 年针对化工装置开发的一种危险性评价方法。

危险和可操作性研究先是找出系统中工艺过程的状态参数 (如温度、压力、流量等) 的变化 (即偏差),然后再继续分析造成偏差的原因、后果及可以采取的对策。通过危险与可操作性研究的分析,能够探明装置及过程存在的危险有害因素,根据危险有害因素导致的后果，明确系统中的主要危险有害因素。在进行危险和可操作性研究过程中，分析人员对单元中的工艺过程及设备状况要深入了解，对于单元中的危险及应采取的措施要有透彻的认识，因此，可操作性研究还被认为是对工人培训的有效方法。

（1）适用范围和方法特点　危险和可操作性研究既适用于设计阶段，也适用于现有的生产装置。对现有生产装置分析时，如能吸收有操作经验和管理经验的人员共同参加，会收到很好的效果。

危险和可操作研究的主要特点如下。

① 它是从生产系统中的工艺状态参数出发来研究系统中的偏差，运用启发性引导词来研究因温度、压力、流量等状态参数的变动可能引起的各种故障的原因、存在的危险以及采取的对策。

② 研究结果既可用于设计阶段的评价，也可用于操作阶段的评价；既可用来编制、完善安全规程，又可作为操作的安全教育资料。

③ 该法不需要可靠性的专业知识，因而很容易掌握。

④ 该法是故障类型和影响分析的发展。

⑤ 该法研究的状态参数正是操作人员控制的指标，针对性强，有利于提高安全操作能力。

（2）分析步骤　危险和可操作性研究分析法全面考查分析对象，对每一个细节提出问题，如在工艺过程的生产运行中，要了解工艺参数（温度、压力、流量、浓度等）与设计要求不一致的地方（即发生偏差），继而进一步分析偏差出现的原因及其产生的后果，并提出相应的对策措施。分析流程如图 7-16 所示。

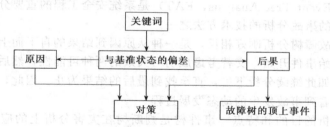

图 7-16　危险和可操作性研究分析程序

危险和可操作性研究分析步骤如下：

① 成立研究小组，确定任务、研究对象；

② 划分单元，明确功能；

③ 定义关键词；

④ 分析发生偏差的原因及后果；

⑤ 制定对策；

⑥ 填写汇总表。

为了保证分析详尽而不发生遗漏，分析时应按照关键词表逐一进行，关键词表可以根据研究的对象和环境确定，表 7-30 和表 7-31 为两个关键词定义表。

表 7-30　关键词定义表（一）

关键词	意　义	说　明
空白	设计与操作所要求的事件完全没有发生	没有物料输入，流量为零
过量	与标准值比较，数量增加	流量或压力过大
减量	与标准值比较，数量减少	流量或压力减小

续表

关键词	意　义	说　明
部分	只完成功能的一部分	物料输送过程中某种成分消失或输送一部分
伴随	在完成预定功能的同时,伴随多余事件发生	物料输送过程中发生组分及相的变化
相逆	出现与设计和操作相反的事件	发生反向的输送
异常	出现与设计和操作要求不相干的事件	异常事件发生

表 7-31　关键词定义表（二）

关键词	意　义	说　明
否	对标准值的完全否定	完全没有完成规定功能,什么都没有发生
多	数量增加	包括:数量的多与少,性质的好与坏,完成功能程序的高与低
少	数量减少	
以及	质的增加	完成规定功能,但有其他事件发生,如增加过程、组分变多
部分	质的减少	仅实现部分功能,有的功能没有实现
相反	逻辑上的规定功能相反	对于过程:反向流动、逆反应、程序颠倒 对于物料:用催化剂还是抑制剂
其他	其他运行状况	包括:其他物料和其他状态、其他过程、不适宜的运行过程、不希望的物理过程等

十一　其他安全评价方法

1. 事件树分析

事件树分析（Event Tree Analysis，EAT）是系统安全工程的重要分析方法之一，是我国国家标准局规定的事故分析的技术方法之一。

事件树分析与故障树分析刚好相反，是一种从原因到结果的自下而上的分析方法。事件树分析是从一个初始事件开始，交替考虑成功与失败的两种可能性，然后再以这两种可能性为新的初因事件，如此继续分析下去，直至找到最后的结果为止。因此，事件树分析是一种归纳逻辑树，能够看到事故发生的动态发展过程。

（1）事件树分析的目的和特点　事件树是判断树在灾害分析上的应用，是一种既能定性、又能定量分析的方法。

事件树分析的主要目的有：判断事故发生与否，以便采取直观的安全措施；指出消除事故的根本措施，改进系统的安全状况；从宏观角度分析系统可能发生的事故，掌握事故发生的规律；找出最严重的事故后果，为确定顶上事件提供依据。

事件树分析的主要特点有：既可用于对已发生事故的分析，也可用于对未发生事故的预测；事件树分析法在用于事故分析和预测时比较明确，寻求事故对策时比较直观；事件树分析可用于管理上对重大问题的决策；可以弄清初期事件到事故的过程，系统地图示出种种故障与系统成功、失败的关系；对复杂问题可以用事件树分析法进行简捷推理与归纳；提供定义故障树顶上事件的手段。

（2）事件树分析的步骤

① 确定顶上事件。初始事件是事件树中在一定条件下造成事故后果的最初原因事件。初始事件可以是系统故障、设备故障、人员误操作或工艺过程异常等。一般情况下选择最感兴趣的异常事件作为初始事件。

② 找出与初始事件有关的环节事件。环节事件是指出现在初始事件后的一系列可能造成事故后果的其他原因事件。

③ 编制事件树。把初始事件写在最左边，各个环节事件按顺序写在右面；从初始事件

画一条水平线到第一环节事件，在水平线末端画一垂直线段，垂直线段上端表示成功，下端表示失败；再从垂直线两端分别向右画水平线到下个环节事件，同样用垂直线段表示成功和失败两种状态；依次类推，直到最后一个环节事件为止。如果某一个环节事件不需要往下分析，则水平线延伸下去，不发生分支。如此下去便编制出相应的事件树。

④ 说明分析结果。在事件树的最后写明由初始事件引起的各种事故结果或后果。为清楚起见，对事件树的初始事件和各环节事件用不同字母加以标记。

2. 故障类型和影响分析

美国于1957年最早将故障类型和影响分析（Failure Mode Effects Analysis，FMEA）法用于飞机发动机故障分析。目前许多国家在核电站、化工、机械、电子、仪表工业中都有广泛应用，是安全系统工程中重要分析方法之一。

（1）基本概念　故障类型和影响分析（FMEA）能够对系统或设备部件可能发生的故障模式、危险因素，对系统的影响、危险程度、发生可能性大小或概率等进行全面的、系统的定性或定量分析，并可针对故障情况提出相应的检测方法和预防措施，因而具有较强的系统性、全面性和科学性。

实践证明，FMEA分析法用于工业系统中的潜在危险辨识和分析，具有良好的效果。它采取系统分割的概念，根据实际需要把系统分割成子系统，或进一步分割成元件。然后对系统的各个组成部分进行逐个分析，寻求各组成部分中可能发生的故障、故障因素，以及可能出现的事故，可能造成人员伤亡的事故后果，查明各种故障类型对整个系统的影响，并提出防止或消除事故的措施。

① 故障。元件、子系统、系统在运行时，不能达到设计要求，因而不能实现预定功能的状态称为故障。

② 故障类型。系统、子系统或元件发生的每一种故障形式称为故障类型。一般可从五个方面考虑，即：运行过程中的故障；过早地起动；规定时间内不能启动；规定时间内不能停车；运行能力降级、超量或受阻。如一个阀门可能有内漏、外漏、打不开和关不严四种故障类型。

③ 故障等级。根据故障类型对系统或子系统影响程度的不同而划分的等级称为故障等级。通常人们根据故障造成影响的大小而采取相应的处理措施，因此评定故障等级非常必要，故障等级的评定可以从以下五个方面考虑：故障影响的大小；对系统造成影响的范围；故障发生的频率；防止故障的难易；是否重新设计。

（2）故障类型及影响分析步骤

① 调查所分析系统的情况，收集整理资料。

② 确定分析的基本要求。通常应满足以下四个方面：分清系统主要功能和次要功能在不同阶段的任务；逐个分析易发生故障的零部件；关键部分要深入分析，次要部分分析可简略；有切实可行的检测方法和处理措施。

③ 绘制系统图和可靠性框图。

④ 分析故障类型和影响。如果经验不足，考虑不周到，将会给分析带来影响，因此这是一件技术性较强的工作，最好由安全技术人员、生产人员和工人三者结合进行。

⑤ 将分析结果进行故障类型分级。故障类型的等级见表7-32。

表 7-32　故障类型的等级

故障等级	影响程度	可能造成的损失
Ⅰ级	致命的	可能造成死亡或系统毁坏
Ⅱ级	严重的	可能造成重伤、严重职业病或主系统损坏

故障等级	影响程度	可能造成的损失
Ⅲ级	临界的	可能造成轻伤、轻度职业病或次要系统损坏
Ⅳ级	可忽略的	不会造成伤害和职业病,系统不会受到损坏

3. 作业条件危险性评价法

作业条件危险性评价法（LEC 法）是一种简便易行的衡量人们在某种具有潜在危险环境中作业的危险性的半定量评价方法。对于一个具有潜在危险性的作业条件,美国安全专家 K·J·格雷厄姆和 G·F·金尼认为,影响危险性的主要因素有 3 个:发生事故或危险事件的可能性、暴露于这种危险环境的情况、事故一旦发生可能产生的后果。用公式来表示,则为

$$D=LEC$$

式中　　D——作业条件的危险性;

　　　　L——事故或危险事件发生的可能性;

　　　　E——暴露于危险环境的频率;

　　　　C——发生事故或危险事件的可能结果。

（1）作业条件危险性评价法分析步骤

① 发生事故或危险事件的可能性。事故或危险事件发生的可能性与其实际发生的概率有关。若用概率表示时,绝对不可能发生事故的概率为 0,而必然发生事故的概率为 1,能预料将来某个时候会发生事故的分值规定为 10。实际情况在这之间再根据可能性的大小相应地确定几个中间值,事故或危险事件发生可能性分值见表 7-33。

表 7-33　事故或危险事件发生可能性分值

分　值	事情或危险情况发生可能性	分　值	事情或危险情况发生可能性
10①	完全会被预料到	0.5	可以设想,但高度不可能
6	相当可能	0.2	极不可能
3	不经常,但可能	0.1①	实际上不可能
1①	完全意外,极少可能		

① 为"打分"参考点。

② 暴露于危险环境的频率。作业人员暴露于危险作业条件的次数越多、时间越长,则受到伤害的可能性也就越大。为此,K.J. 格雷厄姆和 G.F. 金尼规定了连续出现在潜在危险环境的暴露频率分值为 10,一年仅出现几次非常稀少的暴露频率分值为 1,根本不暴露的分值应为 0。关于暴露于潜在危险环境的分值见表 7-34。

表 7-34　暴露于潜在危险环境的分值

分　值	出现于危险环境的情况	分　值	出现于危险环境的情况
10①	连续暴露于潜在危险环境	2	每月暴露一次
6	逐日在工作时间内暴露	1①	每年几次出现在潜在危险环境
3	每周一次或偶然地暴露	0.5	非常罕见地暴露

① 为"打分"参考点。

③ 发生事故或危险事件的可能结果。造成事故或危险事故的人身伤害或物质损失可在很大范围内变化,以工伤事故而言,可以从轻微伤害到许多人死亡,其范围非常宽广。因此,K.J. 格雷厄姆和 G.F. 金尼把需要救护的轻微伤害的可能结果分值规定

为1，以此为一个基准点；而将造成许多人死亡的可能结果分值规定为100，作为另一个参考点。在两个参考点1～100之间，插入相应的中间值，可能结果的分值见表7-35。

④危险性。确定了上述3个具有潜在危险性的作业条件的分值，并按公式进行计算，即可得到危险性分值。因此，确定其危险性程度时按表7-36标准进行评定。

表7-35　发生事故或危险事件可能结果的分值

分值	可能结果	分值	可能结果
100①	大灾难，许多人死亡	7	严重，严重伤害
40	灾难，数人死亡	3	重大，致残
15	非常严重，一人死亡	1①	引人注目，需要救护

① 为"打分"参考点。

表7-36　危险性分值

分值	危险程度	分值	危险程度
>320	极其危险，不能继续作业	20～70	可能危险，需要注意
160～320	高度危险，需要立即整改	<20	稍有危险，或许可以接受
70～160	显著危险，需要整改		

（2）方法特点及适用范围　作业条件危险性评价法用于评价人们在某种具有潜在危险的作业环境中进行作业的危险程度，该法简单易行，危险程度的级别划分比较清楚、醒目。但是，由于它主要是根据经验来确定3个因素的分数值及划定危险程度等级，因此具有一定的局限性。而且它是一种作业的局部评价，故不能普遍适用。此外，在具体应用时，还可根据自己的经验、具体情况对该评价方法作适当修正。

[**案例6**]　某建筑施工项目100m处有一座储量为100t的液化气储备站，有10名职工，每天进行分装，散发着刺激气味，并且常有机动车通过，属易燃易爆区域。该施工项目与液化气储备站的距离虽符合国家规定的安全距离，但站内作业人员和进出人员处于这样的环境中，一旦挥发的可燃气体浓度达到爆炸极限，加之机动车不带防火或电线短路、静电积聚、吸烟明火等措施都极可能引发重大火灾爆炸事故，造成人员伤亡。现用作业条件危险性评价法对该作业环境的危险性分析如下。

①确定3种因素的分值。

按表7-33，发生事故是相当可能的，故$L=6$；

按表7-33，每天都暴露在危险环境中，故$E=6$；

按表7-34，一旦发生火灾爆炸，将造成至少多人死亡的事故，故$C=40$。

②危险性分值的确定。

危险性分值$D=LEC=6×6×40=1440$。

由表7-35，其危险性分值远大于320，属极其危险，不能继续作业，立即停止施工。

4. 伤害（或破坏）范围评价法简介

（1）基本介绍　根据2007年12月12日安监总危化[2007]255号文件《危险化学品建设项目安全评价细则》（试行），建设项目设立安全评价要求通过计算，定量分析建设项目安全评价范围内和各个评价单元的固有危险程度。

①计算的内容。

• 具有爆炸性的化学品的质量及相当于梯恩梯（TNT）的物质的量；

• 具有可燃性的化学品的质量及燃烧后放出的热量；

• 具有毒性的化学品的浓度及质量；

- 具有腐蚀性的化学品的浓度及质量。

② 风险预测。风险程度分析中，要求根据已辨识的危险、有害因素，运用合适的安全评价方法，定性、定量分析和预测各个安全评价单元的内容如下：

- 建设项目出现具有爆炸性、可燃性、毒性、腐蚀性的化学品泄漏的可能性；
- 出现具有爆炸性、可燃性的化学品泄漏后具备造成爆炸、火灾事故的条件和需要的时间；
- 出现具有毒性的化学品泄漏后扩散速率及达到人的接触最高限值的时间；
- 出现爆炸、火灾、中毒事故造成人员伤害的范围。

（2）模型建立　结合文件要求，对泄漏、扩散、火灾、爆炸、中毒等模型简要介绍如下。

① 泄漏模型。由于设备损坏或操作失误导致泄漏，大量易燃、易爆、有毒有害物质的释放，将会导致火灾、爆炸、中毒等重大事故发生。因此，事故后果模拟与分析由泄漏分析开始。泄漏模型包括液体泄漏模型、气体泄漏模型和两相泄漏模型三种。

② 扩散模型。泄漏物质的特性多种多样，但大多数物质从容器中泄漏出来后，都可以发展成弥散的气团向周围空间扩散。若为可燃气体，遇到火源就会燃烧。扩散包括液体泄漏后扩散、喷射扩散和绝热扩散等几种形式。其中应用较广的是液体泄漏扩散。液体扩散后立即扩散到地面，一直流到低洼处或人工边界，如防火堤、岸墙，形成液池。

如果泄漏的液体挥发度较低，则液池中液体蒸发量较少，不易形成气团，对厂外人员没有危险；如果着火则形成池火灾；如果渗透进土壤，有可能对环境造成影响。如果泄漏的是挥发性的液体或低沸点的液体，泄漏后液体蒸发量大，大量蒸气在液池上面形成蒸气云，并会扩散到厂外，对厂外人员有影响。

③ 火灾模型。易燃、易爆的液体、气体泄漏后遇到引火源就会被点燃而着火燃烧。它们被点燃后的燃烧方式有：池火、喷射火、火球和突发火。

火灾通过热辐射的方式影响周围环境。当火灾产生的热辐射强度足够大时，可使周围的物体燃烧或变形。强烈的热辐射可能烧死、烧伤人员，造成财产损失。热辐射造成伤害或损坏的情况取决于人员或物体处辐射热的多少。

④ 爆炸。爆炸是物质的一种非常急剧的物理、化学变化，也是大量能量在短时间内迅速释放或急剧转化成机械功的现象。

⑤ 中毒。有毒物质泄漏后生成有毒蒸气云，它在空气中飘移、扩散，直接影响现场人员并可能波及居民区。大量剧毒物质泄漏可能带来严重的人员伤亡和环境污染。

毒物对人员的伤害程度取决于毒物的性质、毒物的浓度和人员与毒物接触时间等因素。

第四节　安全对策措施及安全评价结论

"海恩里希法则"说明：当一个企业有300个事故隐患或违章，必然要发生29起轻伤或故障，在这29起轻伤事故或故障中，必然包含一起重伤、伤亡或重大事故。因此，生产过程中的事故隐患是生产事故形成的根源。安全对策措施就是为了实现安全生产、防止事故的发生或减少事故发生后的损失，而采取的方法、手段和技术等。安全对策措施包括安全技术对策措施和安全管理对策措施。

一、安全对策措施的基本要求和遵循的原则

1. 安全对策措施的基本要求

① 提出的事故隐患、安全对策措施应系统、全面，涵盖被评价单位的厂址选择、厂区

平面布置、工艺流程、设备、消防设施、防雷设施、防静电设施、公用工程、安全预警装置和安全管理等诸方面。

② 提出的事故隐患、安全对策措施应按"轻、重、缓、急"划分为立即整改、限期整改、建议整改等几个等级。应与被评价单位协商安排整改进度，使安全对策措施落到实处。

③ 提出的事故隐患、安全对策措施应符合被评价单位的实际情况、针对性强、实用性强。

2. 制定安全对策措施应遵循的原则

① 安全技术对策措施等级顺序。直接安全技术措施；间接安全技术措施；指示性安全技术措施；如果间接、指示性安全技术措施仍然不能避免事故、危害发生，则应采用安全操作规程、安全教育、培训和个体防护用品等措施来预防、减弱系统的危险、危害程度。

② 根据安全技术措施等级顺序的要求应遵循的具体原则　消除、预防、减弱、隔离、联锁、警告。

③ 安全对策措施应具有针对性、可操作性和经济合理性。

④ 对策措施应符合国家有关法律法规、标准及设计规范的要求。

在安全评价中，应严格按有关法律法规、国家标准、行业安全设计规范规定的要求提出安全对策措施，要标明有关的法规法规、国家标准和行业安全设计规范的名称、标准号或文件号、相关的条文等。

二、安全技术对策措施

1. 厂址及平面布局的对策措施

(1) 项目选址　选址时，除考虑建设项目经济性和技术合理性，并满足工业布局和城市规划要求外，在安全卫生方面重点考虑地质、地形、水文、气象等自然条件对企业安全生产的影响和企业与周边区域的相互影响。

(2) 厂区平面布置　在满足生产工艺流程、操作要求、使用功能需要和消防、环保要求的同时，主要从风向、安全（防火）距离、交通运输安全和各类作业、物料的危险、危害性出发，在平面布置方面采取对策措施。

依据《工业企业总平面设计规范》（GB 50187—93）、《厂矿道路设计规范》（GBJ 22—1987）、行业规范（机械、化工、石化、冶金、核电厂等）和有关单体、单项（石油库、氧气站、压缩空气站、乙炔站、锅炉房、冷库、辐射源和管路布置等）规范的要求，应采取其他相应的平面布置对策措施。

2. 工艺安全对策措施

有爆炸危险的生产过程，应尽可能选择物质危险性较小、工艺条件较缓和和成熟的工艺路线；生产装置、设备应具有承受超压性能和完善的生产工艺控制手段，设置可靠的温度、压力、流量、液面等工艺参数的控制仪表和控制系统，对工艺参数控制要求严格的，应设置双系列控制仪表和控制系统；还应设置必要的超温超压的报警、监视、泄压、抑制爆炸装置和防止高低压窜气（液）、紧急安全排放装置。

3. 电气安全对策措施

① 防触电安全对策措施。

② 电气防火防爆安全对策措施。

③ 防静电安全对策措施。

④ 防雷安全对策措施。应当根据建筑物和构筑物、电力设备以及其他保护对象的类别

和特征，分别对直击雷、雷电感应、雷电侵入波等采取适当的防雷措施。

⑤ 其他。电气设备必须具有国家指定机构认可的安全认证标志。

因停电可能造成重大危险后果的场所，必须按规定配备自动切换的双路供电电源或备用发电机组、保安电源。

4. 自控安全对策措施

尽可能提高系统自动化程度，采用自动控制技术、遥控技术，自动（或遥控）控制工艺操作程序和物料配比、温度、压力等工艺参数；在设备发生故障、人员误操作形成危险状态时，通过自动报警、自动切换备用设备、启动联锁保护装置和安全装置、实现事故性安全排放直至安全顺序停机等一系列的自动操作，保证系统的安全。

针对引发事故的原因和紧急情况下的需要，应设置故障的安全控制系统（FSC）、特殊的联锁保护、安全装置和就地操作应急控制系统，以提高系统安全的可靠性。

5. 设备安全对策措施

设备、机器种类繁多，其中化工设备就可分为塔槽类、换热设备、反应器、分离器、加热炉和废热锅炉等；压力容器按工作压力不同，分为低压、中压、高压和超高压 4 个等级；化工机器是完成化工生产正常运行必不可少的。

以化工设备、机器为例，生产过程中接触的物料大多具有易燃易爆、有毒、有腐蚀性，且生产工艺复杂，工艺条件苛刻，设备与机器的质量、材料等要求高。材料的正确选择是设备与机器优化设计的关键，也是确保装置安全运行、防止火灾爆炸的重要手段。

6. 消防安全对策措施

在采取有效防火措施的同时，应根据工厂规模、火灾危险性和相邻单位消防协作的可能性，设置相应的灭火设施。

(1) 灭火器 厂内除设置全厂性的消防设施外，还应设置小型灭火机和其他简易的灭火器材。其种类及数量，应根据场所的火灾危险性、占地面积及有无其他消防设施等情况综合全面考虑。

灭火器类型的选择应符合下列规定。

① 扑救 A 类火灾应选用水型、泡沫、磷酸铵盐干粉、卤代烷型灭火器。

② 扑救 B 类火灾应选用干粉、泡沫、卤代烷、二氧化碳型灭火器，扑救极性溶剂 B 类火灾应选用抗溶泡沫灭火器。

③ 扑救 C 类火灾应用干粉、卤代烷、二氧化碳型灭火器。

④ 扑救带电火灾应选用卤代烷、二氧化碳、干粉型灭火器。

⑤ 扑救 A、B、C 类火灾和带电火灾应选用磷酸铵盐干粉、卤代烷型灭火器。

⑥ 扑救 D 类火灾的灭火器材，应由设计单位和当地公安消防监督部门协商解决。

灭火器的配置可按《建筑灭火器配置设计规范》（GB 50140—2005）进行配置。

(2) 消防站 油田、石油化工厂、炼油厂及其他大型企业，应建立本厂的消防站。其布置应满足消防队接到火警后 5min 内消防车能到达消防管辖区（或厂区）最远点的甲、乙、丙类生产装置、厂房或库房；按行车距离计，消防站的保护半径不应大于 2.5km，对于丁类、戊类火灾危险性场所，也不宜超过 4km。

消防车辆应按扑救工厂一处最大火灾的需要进行配备。

消防站应装设不少于 2 处同时报警的报警电话和有关单位的联系电话。

(3) 消防供电。消防供电应考虑建筑物的性质、火灾危险性、疏散和火灾扑救难度等因素，以保证消防设备不间断供电。

7. 特种设备安全对策措施

2003 年 2 月 19 日第 373 号国务院令颁布的《特种设备安全监察条例》中规定，特种设备是指涉及生命安全、危险性较大的锅炉、压力容器（含气瓶）、压力管道、电梯、起重机械、客运索道、大型游乐设施。

《安全生产法》和《特种设备安全监察条例》对特种设备的安全管理都有明确的规定。对特种设备的设计、制造、安装、使用、检验、修理改造和报废等环节实施严格的控制和管理。各类生产经营单位必须严格按照有关法律、法规的要求进行运作。

8. 其他安全对策措施

① 安全色、安全警示标志。企业中存在危险、有害因素的部位，都必须按照《安全色》（GB 2893—2001）、《安全标志》（GB 2894—1996）、《工作场所职业病危害警示标识》（GBZ 158—2003）和《消防安全标志》（GB 13495—92）的规定悬挂醒目的标牌。这些标牌应保证在夜间仍能起到警示作用。

根据《安全色》和《安全标志》，充分利用红（禁止、危险）、黄（警告、注意）、蓝（指令、遵守）、绿（通行、安全）四种传递安全信息的安全色，正确使用安全色，使人员能够迅速发现或分辨安全标志，及时得到提醒，以防止事故、危害的发生。

② 防高处坠落、物体打击。

③ 防机械伤害安全对策措施。

④ 危险化学品安全管理的对策措施。

三、职业危害安全对策措施

制定职业危害因素控制对策措施的原则是：优先采用无危害或危害性较小的工艺和物料，减少有害物质的泄漏和扩散；尽量采用密闭化、机械化、自动化的生产装置（生产线），尽量采用自动监测、报警装置，联锁保护、安全排放等装置，实现自动控制、遥控或隔离操作。尽可能避免、减少操作人员在生产过程中直接接触产生有害因素的设备和物料，是优先采取的对策措施。

① 预防中毒的对策措施。

② 预防缺氧、窒息的对策措施。

③ 防噪声安全对策措施。

④ 防振动安全对策措施。根据《作业场所局部振动卫生标准》（GB 10434—89），提出工艺和设备、减振、个体防护等方面的对策措施。

⑤ 焊割作业安全对策措施。造船、化工等行业在焊割作业时发生的事故较多，有的甚至引发了重大事故。因此，对焊割作业应予以高度重视，采取有力对策措施，防止事故发生和对焊工健康的损害。

⑥ 高温、低温及冷水作业安全对策措施。

四、安全管理对策措施

安全管理是以实现生产过程安全为目的的现代化、科学化的管理。其基本任务是按照国家有关安全生产的方针、政策、法律、法规的要求，从企业实际出发，采取相关的安全管理对策措施，以期科学及前瞻地发现、分析和控制生产过程中的危险、有害因素，制定相应的安全技术措施和安全管理规章制度，主动防范、控制事故和职业病的发生，避免、减少有关损失。

1. 建立各项安全管理制度

《安全生产法》第四条规定：生产经营单位必须遵守本法和其他有关安全生产的法律、法规，加强安全生产管理，建立、健全安全生产责任制度，完善安全生产条件，确保安全生产。

2. 安全管理机构和人员配置

生产经营单位应按《安全生产法》的规定，设置安全管理机构和配备安全管理人员。

《安全生产法》第十九条规定，矿山、建筑施工单位和危险物品的生产、经营、储存单位，应当设置安全生产管理机构或者配备专职安全生产管理人员。

前款规定以外的其他生产经营单位，从业人员超过300人的，应当设置安全生产管理机构或者配备专职安全生产管理人员；从业人员在300人以下的，应当配备专职或者兼职的安全生产管理人员，或者委托具有国家规定的相关专业技术资格的工程技术人员提供安全生产管理服务。

中、小型生产经营单位可根据有关规定，结合本单位的特点，确定安全管理机构的设置和人员配置模式。在落实安全生产管理机构和人员配置后，还需建立各级机构和人员安全生产责任制。

3. 安全培训、教育和考核

生产经营单位的安全教育、培训工作是提高员工安全意识、安全技术素质、防止产生人的不安全行为、减少操作失误的重要方法。通过教育和培训，可以提高单位管理者及员工安全生产的责任感和自觉性，普及和提高员工的安全技术知识，增强安全操作技能，保护自身和他人的安全与健康。

4. 安全投入与安全设施

建立健全生产经营单位安全生产投入的长效保障机制，从资金和设施装备等物质方面保障安全生产工作正常进行，是安全管理对策措施的一项内容。包括满足生产条件所必需的安全投入、安全技术管理对策措施的制定和安全设施的配备等内容。

5. 重大危险源管理

根据国家标准《重大危险源辨识》（GB 18218—2000）和《安全生产法》的规定，按安监管协调字［2004］56号《关于开展重大危险源监督管理工作的指导意见》，重大危险源包括：储罐区（储罐）、库区（库）、生产场所、压力管道、锅炉、压力容器、煤矿（井工开采）、金属非金属地下矿山、尾矿库九大类。

我国有关省市已对重大危险源进行评估，并对评估出的重大危险源实行分级管理。

6. 监督与日常检查

安全管理对策措施的动态表现就是监督与检查，通过对国家有关安全生产方面的法律、法规、标准、规范和本单位所制定的各类安全生产规章制度和责任制的落实情况的监督与检查，促进和保证安全教育和培训工作的正常进行，促进和保证生产投入的有效实施，促进和保证安全设施、安全技术装备能正常发挥作用，促进和保证对生产全过程进行科学、规范、有序、有效的安全控制和管理。

7. 事故应急救援预案

事故应急救援在安全管理对策措施中占有非常重要的地位，《安全生产法》专门设置了第五章"生产安全事故的应急救援与调查处理。"安全评价报告中对策措施的章节内必须要有应急救援预案的内容。事故应急救援预案在安全评价和安全管理中占有极其重要的地位，具体内容可参阅教材《危险化学品事故应急救援与处置》。

五、安全评价结论

1. 评价结果与评价结论

评价结果是指子系统或单元的各评价要素通过检查、检测、检验、分析、判断、计算、评价，汇总后得到的结果；评价结论是对整个被评价系统进行安全状况综合评判的结果，是评价结果的综合。

安全评价机构应根据客观、公正、真实的原则，严谨、明确地做出安全评价结论。安全评价结论的内容应包括高度概括评价结果，从风险管理角度给出评价对象在评价时与国家有关安全生产的法律法规、标准、规章、规范的符合性结论，给出事故发生的可能性和严重程度的预测性结论，以及采取安全对策措施后的安全状态等。

2. 评价结论的编制原则

评价结论的编制应着眼于整个被评价系统的安全状况。评价结论应遵循客观公正、观点明确、清晰准确的原则，做到概括性、条理性强且文字表达精练。

3. 评价结论

① 评价结论分析。评价结论应较全面地考虑评价项目各方面的安全状况，要从"人、机、料、法、环"理出评价结论的主线并进行分析。交待建设项目在安全卫生技术措施、安全设施上是否能满足系统安全的要求，安全验收评价还需考虑安全设施和技术措施的运行效果及可靠性。

② 评价结果归类及重要性判断。由于系统内各单元评价结果之间存在关联，且各评价结果在重要性上不平衡，对安全评价结论的贡献有大有小，因此在编写评价结论之前最好对评价结果进行整理、分类并按严重度和发生频率分别将结果排序列出。

③ 评价结论的主要内容。安全评价结论的内容，因评价种类的不同而各有差异。通常情况下，安全评价结论的主要包括下列内容：评价结论分析；评价结论；建议。

第五节　安全评价报告的编制及过程质量控制

一、安全评价资料采集、分析和处理

安全评价资料采集、分析和处理是进行安全评价十分重要和必要的基础工作，能保证满足评价的准确、全面、客观、具体即可，采集资料见表 7-37。

表 7-37　安全评价资料采集一览表

采集资料	评 价 类 别		
	安全预评价	安全验收评价	安全现状综合评价
相关法规、标准	√	√	√
企业概况	√	√	√
总平面图、工业园区规划图	√	√	√
气象条件、与周边环境关系位置图及周围人口分布数据	√	√	√
地质、水文条件	√	√	√
项目申请书、项目建议书、立项批准文件	√	√	√
生产规模、工艺流程与工艺概况、物料情况	√	√	√
设备清单	√	√	√
人员结构情况	√	√	√
安全设施、设备、装置描述与说明	√	√	√
安全卫生管理机构设置及人员配置	√	√	√
安全投入	√	√	√
相关类比资料	√		
设计施工时间、单位、资质		√	√
项目设计、竣工及消防验收文件		√	√
企业职工卫生审核登记证及员工健康检查档案		√	√
环境监测报告		√	√
职业危害因素监测结果评价报告		√	√

续表

采集资料	评价类别		
	安全预评价	安全验收评价	安全现状综合评价
作业人员上岗证书及管理人员资格证书		✓	✓
职业卫生、劳保管理制度及执行情况		✓	✓
危险物品及管理情况		✓	✓
环保验收情况		✓	✓
电气安全设施检验检测报告		✓	✓
防雷防静电设施检验检测报告		✓	✓
开车试验资料		✓	✓
有关企业的合法性文件		✓	✓
各级各类人员的安全生产责任制及各类安全管理制度		✓	✓
设备管理档案		✓	✓
消防器材管理档案		✓	✓
工艺规程及安全操作规程		✓	✓
管道说明书及管道检测数据报告		✓	✓
公共设施说明书、消防布置图、消防设施配备及设计应急处理能力情况、安全系统设计、系统可靠性设计、通风可靠性设计资料、通信系统说明		✓	✓
历年事故及处理档案，事故应急救援预案及演练计划与记录			✓
电气仪表自动控制系统		✓	✓
特种设备安全管理技术档案		✓	✓
所涉及危险化学品的安全标签和安全技术说明书			✓

注：1. 表中"✓"表示该类评价需要该项资料。

2. 安全预评价时可尽量收集项目的可行性研究报告；安全验收评价时可尽量收集安全预评价报告及项目的初步设计文件；安全现状综合评价时可尽量收集安全预评价报告、安全验收评价报告及项目的初步设计文件。

二、安全评价报告书的常用格式

对于行业、部门无特殊要求的，执行《安全评价通则》中规定的结构格式。

1. 一般安全评价报告书的结构

① 封面。封面内容依次为：委托单位名称（二号宋体加粗）；评价项目名称（二号宋体加粗）；报告名称（一号黑体加粗）；安全评价机构名称（二号宋体加粗）；安全评价机构资质证书编号（三号宋体加粗）；评价报告完成日期（三号宋体）。

② 安全评价机构资质证书影印件。

③ 著录项。一般分两页布置。第一页为安全评价机构法定代表人著录项，其内容依次为：委托单位名称（三号宋体加粗）；评价项目名称（三号宋体加粗）；报告名称（二号宋体加粗）；法定代表人（四号宋体）；技术负责人（四号宋体）；评价项目负责人（四号宋体）；评价报告完成日期（小四号宋体加粗）；安全评价机构章印。第二页为评价项目组成员著录项，其内容依次为：评价人员（纵表头为项目负责人、项目组成员、报告编制人、报告审核人、过程控制负责人、技术负责人；横表头为姓名、资格证书号、从业登记编号、签名；小四号宋体）；技术专家名单（姓名、签名；小四号宋体）。评价人员和技术专家均应亲笔签名。

④ 前言。简述项目的概况、由来和意义，以及评价的主要依据、范围和目的。

⑤ 目录。指安全评价报告的目录。

⑥ 正文。指安全评价报告全文。

⑦ 附件。包括安全评价过程中制作的图表文件；建设项目存在问题与改进建议汇总表及反馈结果；评价过程中专家意见及建设单位证明材料。

⑧ 附录。包括与建设项目有关的批复文件（影印件），建设单位提供的原始资料目录，与建设项目相关数据资料目录；法定的检测检验报告；以及符合性评价的数据、资料和预测性计算过程等。

2. 字体字号

安全评价报告的封面及著录项字体字号如前所述。主要内容的章、节标题可采用三号宋体加粗，项目标题采用四号宋体加粗；内容的文字表述部分采用四号宋体；表格表述部分可选用五号或六号宋体。

3. 纸张排版

采用 A4 白色胶版纸；纵向排版，左边距 28mm、右边距 20mm、上边距 25mm、下边距 20mm；章、节标题居中，项目标题空两格。

4. 印刷封装

除附图、复印件等以外，双面打印文本；左侧装订。

三、安全评价报告的编制

安全评价报告是安全评价工作的文本表现形式，是安全评价工作的阶段性总结。各类安全评价报告受国家各级安全生产监督管理局及中央各部、委安全（监）局的监管和审批，并实行备案管理制度。安全评价是国家进行安全生产管理的重要内容，安全评价报告是具有法律效力的技术性文件。

安全评价报告的编制主要依据行业、部门颁发的相关导则、细则，如安监总危化［2007］255 号《危险化学品建设项目安全评价细则（试行）》。行业、部门无相关要求的，执行《安全评价通则》（AQ 8001—2007）、《安全预评价导则》（AQ 8002—2007）、《安全验收评价导则》（AQ 8003—2007）、《安全现状评价导则》（安监管规划字［2004］36 号）。

根据 2003 年中华人民共和国主席令第七号《中华人民共和国行政许可法》第十二条的规定，安全评价中介机构及其从事的活动、产品（安全评价报告）属于行政许可范围，需要承担一定的法律责任。安全评价人员编制安全评价报告时必须坚持"客观公正、科学规范"的原则，对评价结果负责，并为被评价单位保守商业秘密。

四、安全评价过程控制

"安全发展"是贯彻落实科学发展观，执政为民，建设和谐社会，推进我国经济又好又快发展的基本国策。安全评价是搞好安全生产工作的重要技术手段，在为企业的安全管理提供科学依据的同时，也为政府部门的安全生产监督管理提供决策依据，安全评价的质量直接或间接地影响到安全发展。

为确保安全评价过程控制体系的有效运行，体系文件应包括：过程控制手册、程序文件和作业文件。这些文件应经安全评价机构主要负责人批准实施，并定期检查改进。

《安全评价过程控制文件编写指南》是评价机构建立安全评价过程控制的规范和指南。评价机构应明确安全评价过程控制要素是必须要做到的，如何做应体现自身的特色。在进行安全评价过程控制文件编写时，应密切结合评价机构的工作特点，充分尊重评价机构过程控制的现状及原有的安全评价质量管理经验，灵活策划、实施和建立安全评价过程控制文件。

1. 过程控制手册

重点描述安全评价过程控制体系所包含的过程、范围、过程之间的相互关系、作用等，提出安全评价质量的基本要求。过程控制手册是指导安全评价机构安全评价过程控制体系运行的基本准则。

过程控制手册的主要内容应包括：安全评价机构概况、资源管理及安全评价的软硬件资源情况，适用范围、依据、术语定义，过程控制体系要求，管理职责及过程控制体系职能分配图，安全评价过程的实现及过程控制流程图，过程质量的测量、分析和改进等。

2. 程序文件

根据安全评价过程控制体系要求，并考虑过程控制需要及之间的相互作用和关系而制定的过程控制程序。程序文件是规定评价机构安全评价过程及所有相关过程的执行性文件。

安全评价过程控制体系可以包括以下程序文件：安全评价策划控制程序，安全评价实施控制程序，安全评价报告审核控制程序，信息沟通控制程序，文件控制程序，记录控制程序，人力资源控制程序，技术支撑资源管理控制程序，后勤及安全保障控制程序，顾客满意度测量控制程序，安全评价过程检查改进控制程序，不合格控制程序，纠正和预防措施控制程序，内部审核控制程序等。程序文件的基本框架为：目的、适用范围、职责、工作程序、相关文件罗列等。

3. 作业文件

作业文件包括作业指导性文件和作业记录。作业指导性文件是评价机构根据评价具体过程的质量控制要求而规定的活动控制程序，包括了规章制度、安全评价服务规范和标准、操作规程、工作程序等。作业文件是指导安全评价及相关过程中某项具体活动的过程和方法的操作性文件。作业记录是表述安全评价过程及相关过程或某一活动所获得的结果，是在作业过程中形成的原始的、真实的、并能提供安全评价过程控制体系有效运行证据的特殊文件。

［案例7］ 某化工（集团）有限公司欲投资设立一家生产剧毒磷化物的工厂，委托某安全服务中心对其项目进行安全评价。该安全服务中心接受委托后，在对项目进行考察时发现了几个不能保障安全的因素：一是与供水水源距离不符合国家规定；二是生产工艺不完全符合国家标准；三是储存管理人员不适应生产、储存工作的要求。集团公司筹建项目负责人对安全服务中心的考察人员说："你们拿了钱，只管好好办事就行了，照我们的意思来，其他的都好说，要不我们就换人。"

随后，集团公司将原定的报酬标准提高了1/3。安全中心明知有问题，但不愿意失去这个机会，便按照集团公司的意思，出具了筹建项目符合要求的安全评价报告，集团公司持这份安全评价报告向所在地的省人民政府经济贸易管理部门提出申请，省经济贸易管理部门在组织专家审查时，发现安全评价报告和其他有关材料存在一些疑点，经过进一步审查，发现安全评价报告严重失实，是一份虚假的报告。

分析案例性质及应承担的责任。

这是一起安全生产中介服务机构与生产经营单位互相串通，出具虚假安全评价报告的案例。随着我国社会主义市场经济体制的进一步建立和完善，各类中介服务机构在经济生活中将发挥越来越重要的作用。安全生产中介服务机构，包括承担安全评价、认证、检测、检验的机构，是指接受生产经营单位的委托，为生产经营单位提供有关安全生产技术服务的机构。以前，这些服务职能主要是由有关行政管理部门直接承担的。

随着改革的深化和政企分开、政事分开，相关的安全生产技术服务职能将主要由有关安全生产中介机构承担。可以说，安全生产中介机构无论对生产经营单位的安全生产管理工作还是政府有关部门的安全生产监督管理工作。都有十分重要的意义。安全生产中介机构出具的证明，是生产经营单位和负有安全生产监督管理职责的部门进行有关安全生产决策的重要依据，一些法律、行政法规也规定进行相关的生产经营活动应当有相应的安全评价、检测、检验证明。

如《危险化学品安全管理条例》第12条规定，建设单位应当对建设项目进行安全条件论证，委托具备国家规定的资质条件的机构对建设项目进行安全评价，并将安全条件论证和安全评价的情况报告报建设项目所在地设区的市级以上人民政府安全生产监督管理部门；安全生产监督管理部门应当自收到报告之日起45日内作出审查决定，并书面通知建设单位。具体办法由国务院安全生产监督管理部门制定。第22条规定，生产、储存危险化学品的企业，应当委托具备国家规定的资质条件的机构，对本企业的安全生产条件每3年进行一次安全评价，提出安全评价报告。安全评价报告的内容应当包括对安全生产条件存在的问题进行整改的方案。生产、储存危险化学品的企业，应当将安全评价报告以及整改方案的落实情况报所在地县级人民政府安全生产监督管理部门备案。在港区内储存危险化学品的企业，应当将安全评价报告以及整改方案的落实情况报港口行政管理部门备案。

鉴于安全生产中介服务机构出具的证明在安全生产工作中的重要作用，其是否客观、真实，直接影响到有关安全生产决策的科学性与合理性，进而影响到能否切实保障安全生产，因此，《安全生产法》第62条明确规定，承担安全评价、认证、检测、检验的机构应当具备国家规定的条件，并对其作出的安全评价、认证、检测、检验的结果负责。这一规定旨在明确安全生产中介服务机构的责任，增强其责任心。

因此，安全生产中介服务机构必须保证其出具的证明客观、真实，否则，就应当依法承担相应的法律责任。因此造成重大事故，构成犯罪的，依法追究其刑事责任，并撤销其相应资格。

本案中，化工集团公司委托安全生产服务中心进行安全评价，是符合法律规定的。但是，在安全生产服务中心发现筹建项目的问题后，化工集团为了尽快取得审批，不是采取措施予以改进，而授意安全服务中心提供虚假的安全评价报告。

安全服务中心不坚持原则，为了一时的经济利益，按照委托单位的授意出具了虚假的评价报告，这是典型的互相串通，出具虚假证明，严重违反了《安全生产法》的上述规定。鉴于该虚假安全评价报告被管理部门及时发现，没有造成严重后果，因此，尚不够追究刑事责任。但必须予以相应的行政处罚，没收安全生产服务中心的违法所得，并处以相应数额的罚款，同时撤销其从事安全生产技术服务工作的资格。

第六节　任务案例：氧气充装工艺 HAZOP 分析

氧气充装生产需要的原料是液态氧，充装站一般不具备生产液态氧的能力，为了满足生产需要，需外购。

充装生产是连续的工作过程，在连续过程中管道内物料工艺参数的变化，反映了设备的状况。生产工艺为：购入的低温液态氧，由厂家的专用运输槽车将其送至低温液体储罐内（标定压力为 0.8MPa），充装时，缓缓开启低温液氧泵（吸入压力为 0.4MPa，排出压力为 16.5MPa），低温液态氧被压缩至高压汽化器（最高工作压力为 16.5MPa，其出口温度低于环境温度 5℃）内受热、升温、汽化成为高压、高纯度（99.5％以上）的气态氧，并经高压管道输送至高压气体充装台。通过气体充装台的卡具分别装入氧气瓶内。工艺流程如图7-17所示。

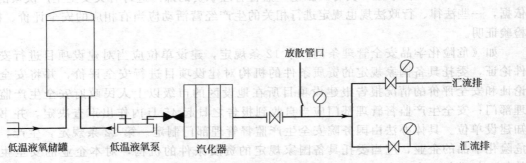

图 7-17　氧气充装工艺流程

1. 问题

① 简要介绍 HAZOP 法，并论述其特点和使用范围；

② 划分评价单元，并应用 HAZOP 法进行评价分析，并作出 HAZOP 分析表，得出评价结论。

2. 要点提示

(1) 简要介绍 HAZOP 法，并论述其特点和使用范围。

HAZOP 研究的基本过程就是以引导词为引导，对过程中工艺状态的变化（偏差）加以确定，找出装置及过程中存在的危害，其侧重点是工艺部分或操作步骤各种具体值。引导词的主要目的之一是能够使所有相关偏差的工艺参数得到评价。建设项目及在役装置均可以使用 HAZOP 方法。对于新建项目，当工艺设计要求很严格时，使用 HAZOP 方法最为有效。一般需要提供带控制点的工艺流程图 P&IDS，以便评价小组能够对 HAZOP 要求中提出的问题给以系统有效的回答。同样，它可以在主要费用变动不大的情况下，对设计进行变动，在工艺操作的初期阶段使用 HAZOP，只要有适当的工艺和操作规程方面的资料，评价人员可以依据它进行分析。但 HAZOP 分析并不能完全替代设计审查。

(2) 划分评价单元，并应用 HAZOP 法进行评价分析，作出 HAZOP 分析表，得出评价结论。

① 确定评价单元。

a. 低温液氧输送管道单元，即将低温液氧储罐至低温液氧泵入口端的低温液氧输送管道，作为一个评价对象。

b. 高压氧气输送管道单元，即将低温液氧泵出口端，经高压汽化器至汇流排的高压气体输送管道作为一个评价对象。

② 评价参数的确定。

a. 低温液氧输送管道单元。低温液态氧由专用运输槽车送入标定压力为 0.8MPa 的低温氧储罐内储存。工作时，液氧经低温液氧储罐输送阀门，输入吸入压力为 0.4MPa 的低温液氧泵内。在这段管道的传输过程中，为保证安全生产，要求对管道考虑温差变化的热补偿。就管道内是否有热补偿进行评价。

与其相关的参数是：流量。

b. 高压氧气输送管道单元。低温液体泵吸入压力 0.4MPa，排除压力 16.5MPa，从泵内排除的高压气体，经过阀门进入最高工作压力为 16.5MPa 的高压汽化器内进行加热，其出口温度低于环境温度 5℃。高压氧气经调节阀送至汇流排充入氧气瓶内。选择低温液体泵出口端至汇流排的高压氧气输送管道进行评价。

与其相关的参数是：压力、流量、时间。

低温液氧输送管道 HAZOP 与高压氧气输送管道 HAZOP 分析见表 7-38、表 7-39。

表 7-38 低温液氧输送管道 HAZOP 分析

安全评价组		系统:氧气充装工段任务,低温液氧输送管道流量分析		日期:
关键词	偏差	原因	后果	安全对策措施
流量	有	低温液氧储罐出口管道无热补偿	泵内低温液氧被压缩,为汇流排充装提供足够的高压氧气	安全阀、放散阀工作压力正常
			泵内不上压,不能为汇流排充装输送高压氧	采取热补偿措施
	无	低温液氧储罐出厂,管道无热补偿	安全装置不动作,储罐内超压,罐体爆裂,低温液氧泄漏后遇明火引起火灾;或与水发生物理爆炸;与其他化学物质混合发生化学爆炸	采取热补偿措施;确保安全阀、放散阀等安全装置安全可靠

表 7-39 高压氧气输送管道 HAZOP 分析

安全评价组		系统:氧气充装工段任务,高压氧气输送管道分析		日期:
关键词	偏差	原因	后果	安全对策措施
流量	增加	泵出率、管道与充装量不匹配	引起管道内高压气体超压;安全阀起跳	调节泵转数,根据泵出率与汇流排数,设定电机转速
	减少	泵出率、管道与充装量不匹配	氧气瓶充装量有误	
	变化	充装瓶数量不固定	流量波动大,不稳定,易超压	加强安全管理,保证每次的充装瓶数量
压力	增高	泵出率、管道与充装量不匹配,安全阀不动作	充装台软管破爆;操作人员伤亡	确保各级安全阀安全可靠,安装电节点压力表
	降压	泵出率、管道与充装量不匹配,安全阀不动作	充装速度过快,影响充装质量;易产生流体静电	保证充装系统接地良好,严格按操作规程作业
	变化	2 组汇流排切换不及时或个别散户充装	压力变化无法控制,增加事故发生概率;如果安全控制系统发生故障,将造成财产损失、人员伤亡	加强安全管理;确保各级安全阀安全可靠;严格按操作规程作业;
时间	滞后	汇流排切换时间超时	氧气瓶充装过量,出现超装、超压现象;管道压力增高,安全阀起跳;因阀门质量或密封质量发生泄漏引起燃烧;充装台发生爆管,操作人员伤亡等	严格按操作规程作业
	超前	汇流排切换时间提前	氧气瓶充装量减少,氧气瓶达不到额定充装量	严格按操作规程作业

③ 评价结果。通过危险与可操作性研究的分析，能够探明装置及生产过程存在的危险，根据危险带来的后果明确系统中的主要危害。该氧气充装系统中主要危险有害因素是：低温液氧输送管道内无流量、高压液氧输送管道内流量变化、高压液氧输送管道内压力增高或变化和充装时间超时。此类事故可能导致管道或储罐超压、爆裂，引起气体泄漏燃烧，造成人员伤亡和财产损失。因此，对此类事故应加强管理和监控，严格操作规程。

课后任务：水泥生产线安全评价分析

某水泥厂拟新建一条新型干法水泥生产线及其配套设施。生产设施主要包括：厂房建筑、压缩空气站、物料储运系统、供配电系统、新建道路、一座 12000km 余热发电机组等。水泥生产过程主要分为三个阶段：生料制备、熟料煅烧和水泥粉磨。生料制备是将生产水泥的各种原料按一定的比例配合，经粉磨制成料粉（干法）的过程；熟料煅烧是将生料粉在水泥窑内熔融得到以硅酸钙为主要成分的硅酸盐水泥熟料的过程；水泥粉磨是将熟料深加工适量混合材料（矿渣），共同磨细得到最终产品——水泥的过程。

其生产工艺流程主要包括如下几个方面。

① 石灰石储存、输送及预均化。卸车后的石灰石由胶带输送机送到碎石库储存，按一定比例出库送至预均化堆场的输送设备上。预均化堆场采用悬臂式胶带堆料机堆料，采用桥式刮板取料机取料。

② 原料调配站及原料粉磨。原料调配站将原料按一定比例配合后由胶带传送机送入原料粉磨。原料粉磨采用辊式磨，利用窑尾预热器排出的废气作为烘干热源。

③ 生料均化，储存与入窑。

④ 原料输送与煤粉制配。

⑤ 熟料烧成与冷却。熟料烧成采用回转窑，窑尾带五级旋风预热器和分解炉，熟料冷却采用箅式冷却机，熟料出冷却机的温度为环境温度的+65%。为破碎大块熟料，冷却机出口处设有一台锤破碎机。

⑥ 废气处理。从窑尾预热排出的废气，经高温风机一部分送至原料磨作为烘干热源，另一部分送入增湿塔增湿降温后，直接进入电收尘器净化后排入大气。

⑦ 熟料储存及运输。

⑧ 水泥调配。熟料、石膏、矿渣按比例配合经胶带输送机送至水泥磨。

⑨ 水泥粉磨。采用球磨机，磨好的水泥料送入高效洗粉机，送出的成品随气流进入布袋收尘器，收集来的成品送入水泥库。

⑩ 水泥储存及散装。

⑪ 辅助工程。有余热发电系统和压缩空气站。

请根据给定的条件，解答以下问题。

① 对该建设项目存在的主要危险、有害因素进行辨识，并分析其产生原因。

② 试针对该建设项目存在的主要危险、有害因素提出安全对策措施。

③ 试分析安全检查表法、道化学公司火灾、爆炸指数评价法和作业条件危险性评价法中不适用于该建设项目安全验收评价的方法，并说明理由。

④ 指出适用于该项目安全验收评价的方法说明理由。

第八章　安全管理

学习目标：

学习安全生产管理的理论、基本原则、基本制度，了解中国安全生产管理的发展历史及基本现状，熟悉安全生产法律、法规、规章对生产经营单位安全生产管理保障的基本要求，提高生产经营单位和从业人员的安全法律意识。培养学生具有一定的安全管理能力，预防和处理生产安全事故，正确地运用安全生产法律手段来判断、分析和解决生产过程中产生的各类问题。

第一节　概　　述

一、安全生产管理的发展历史

安全生产管理的初期管理，可以说是纯粹的事后管理，即完全被动地面对事故，无奈地承受事故造成的损失；管理者总结经验教训，制定出一系列的规章制度来约束人的行为，或采取一定的安全技术措施控制系统或设备的状态，避免事故的再发生，有了事故预防的概念，为安全生产管理的中期管理；现代化安全管理是建立职业安全卫生管理体系。

新中国成立以来，党和政府一直重视安全卫生工作，不断改善劳动条件，制定了一系列的安全法规、标准和安全管理体制，如安全生产责任制、安全一票否决制等，确立了"安全第一，预防为主，综合治理"的安全生产方针，建立、健全了各级安全管理组织机构，也使我国的安全管理水平及职业安全卫生研究工作有了较大提高。

20世纪70年代末以来，引进了国外一些先进的安全管理理论、方法并积极研究适合中国国情的安全管理模式，探索和推广了一系列的安全管理方法，如危险源辨识与管理、企业安全评价等，特别是专门化检查表法、化工厂危险程度法符合中国工业安全生产实际的安全评价方法，反映了我国在安全管理理论和实践的结合与发展。

近年来，我国的安全生产管理工作有了大发展，一系列的法规建立并完善，成立了专门的安全生产监督管理机构和中介服务机构，安全评价工作发挥作用。但安全事故规模和频率仍然较大，落后于发达国家，每年由于人为或技术导致的意外事故（工伤事故和交通事故）致使10多万人丧生，其中最严重的道路交通事故每年死亡8万多人，其次是矿山事故，每年近2万人。2008年山西省临汾市襄汾县某矿业有限公司（铁矿）"9.8"特别重大尾矿库垮坝事故，死亡人数近300人，事故的根本原因是企业安全生产的主体责任不落实，非法矿主违法生产、尾矿库超储，以及基层政府及有关部门对安全生产不重视，执法不严、监管不力、作风不实。

如何尽快缩短我国在安全管理工作方面与发达国家的差距，全面落实科学发展观，无疑是当前最重要的工作之一。

二、安全生产管理存在的主要问题

现在生产经营单位基本为国有企业、股份企业、私营企业、外商投资企业、个体工商户等并存，生产经营单位的生产安全条件千差万别，安全生产工作出现了许多复杂的新情况，存在的突出问题如下。

① 非公有制经济成分增多，对其安全生产条件和安全违法行为没有明确的法律规范和严厉的处罚依据。相当多的私营企业、集体企业、合伙企业和股份制企业不具备基本的安全生产条件，安全管理松弛，不少老板"要自己的钱，不要别人的命"，违法生产经营或者知法犯法，导致事故不断，死伤众多。

② 企业安全生产管理缺乏法律规范，企业安全生产责任制不健全或者不落实，企业负责人的安全责任不明确。不能做到预防为主，严格管理，事故隐患大量存在，一触即发。

③ 安全投入严重不足，企业安全技术装备老化、落后，带故障运转，安全性能下降，抗灾能力差，不能及时有效地预防和防御事故灾害。据初步统计，目前仅国有重点煤矿"一通三防"（矿井通风，瓦斯防治、矿尘防治、矿井火灾防治）欠账就高达 40 多亿元，民营企业的安全投入就更少甚至没有。

④ 一些地方政府监管不到位，地方保护主义严重。有的地方政府和部门对安全生产不重视，工作不到位，熟视无睹，疏于监管。有的官员甚至与企业相互勾结，搞权钱交易，徇私枉法，为不具备安全生产条件的企业和民营企业老板违法生产经营"开绿灯"。

⑤ 国家关于安全生产的基本方针、原则、监督管理制度和措施未能法制化、规范化，许多领域的安全生产监管无法可依。

三、安全生产管理

安全生产管理是管理的重要组成部分，是安全科学的一个分支，主要目的就是通过管理的手段，实现控制事故、消除隐患、减少损失的目的，使整个企业达到最佳的安全水平，为劳动者创造一个安全舒适的工作环境。因而可以给安全生产管理下这样一个定义，即：以安全为目的，进行有关决策、计划、组织和控制方面的活动。

控制事故是安全管理工作的核心，首先通过管理和技术手段的结合，消除事故隐患，控制不安全行为，保障劳动者的安全，体现安全工作方针"预防为主"的思想；其次是建立应急救援预案，即通过抢救、疏散、抑制等手段，在事故发生后控制事故的蔓延，把事故的损失减少到最小。

安全生产管理的目标是减少和控制危害，减少和控制事故，尽量避免在生产过程中由于事故所造成的人身伤害、财产损失、环境污染以及其他损失。安全生产管理包括安全生产法制管理、行政管理、监督检查、工艺技术管理、设备设施管理、作业环境和条件管理等。

安全生产管理的基本对象是企业的员工，涉及企业中的所有人员、设备设施、物料、环境、财务、信息等各个方面。

安全生产管理的基本内容包括安全生产管理机构和安全生产管理人员、安全生产责任制、安全生产管理规章制度、安全生产策划、安全培训教育、安全生产档案等。

第二节　安全管理理论

一、安全管理理论的发展

安全管理的理论经历了四个发展阶段。如表 8-1 所示。

表 8-1 安全管理理论的发展

发 展 阶 段	理 论 基 础	方 法 模 式	核 心 策 略	对 策 特 征
低级阶段	事故理论	经验型	凭经验	感性,生理本能
初级阶段	危险理论	制度型	用法制	责任制,规范化标准化
中级阶段	风险理论	系统型	靠科学	理性,系统化科学化
高级阶段	安全原理	本质型	兴文化	文化力,人本物本原则

低级阶段:在人类发展工业初期,发展了事故学理论,建立在事故致因分析理论基础上,是经验型的管理方式,这一阶段常常被称为传统安全管理阶段。

初级阶段:在电气化时代,发展了危险理论,建立在危险性分析理论的基础上,具有超前预防型的管理特征,这一阶段提出了规范化、标准化管理,常常被称为科学管理的初级阶段。

中级阶段:在信息时代,发展了风险理论,建立在风险控制理论基础上,具有系统化管理的特征,这一阶段提出了风险管理,是科学管理的中级阶段。

高级阶段:是人类现代和未来不断追求,需要发展安全管理,以本质为安全为管理目标,推进文化的人本安全和强科技的物本安全,实现安全管理的理想境界。

上述四个阶段管理理论,对应的具有四种管理模式。

事故型管理模式:以事故为管理对象;管理的程式是事故发生—现场调查—分析原因—找出主要原因—理出整改措施—实施整改—效果反馈和评价,这种管理模式的特点是经验型,缺点是事后整改,成本高,不符合预防的原则。

缺陷型管理模式:以缺陷或隐患为管理对象,管理的程式是查找隐患—分析成因—关键问题—提出整改方案—实施整改—效果评价,其特点是超前管理、预防型、标本兼治,缺点是系统全面有限、被动式、实时性差、从上而下、缺乏现场参与、无合理分级、复杂动态风险失控等。

风险型管理模式:以风险为管理对象,管理的程式是进行风险全面辨识—风险科学分级评价—制定风险防范方案—风险实时预报—风险适时预警—风险及时预控—风险消除或消减—风险控制在可接受水平,其特点是风险管理类型全面、过程系统、现场主动参与、防范动态实时、科学分级、有效预警预控,其缺点是专业化程度高、应用难度大、需要不断改进。

安全目标型管理模式:以安全系统为管理对象,全面的安全管理目标,管理程式是制定安全目标—分解目标—管理方案设计—管理方案实施—适时评审—管理目标实现—管理目标优化,管理的特点是全面性、预防性、系统性、科学性的综合策略,缺点是成本高、技术性强,还处于探索阶段。

可以说,在不同层次安全管理理论的指导下,企业安全生产管理经历了两次大的飞跃,第一次是从经营管理到科学管理的飞跃,第二次是从科学管理到文化管理的飞跃。目前我国的多数企业已经完成或正在进行着第一次的飞跃,少数较为现代的企业在探索第二次飞跃。

二、事故致因理论

事故发生有其自身的发展规律和特点,了解事故的发生、发展和形成过程对于辨识、评价和控制危险具有重要意义。只有掌握事故发生的规律,才能保证生产系统处于安全状态。下面简要介绍几种事故致因理论。

1. 海因里希事故法则

海因里希调查了 5000 多件伤害事故后发现,在同一个人发生的 330 起同种事故中,300 起事故没有造成伤害,29 起引起轻微伤害,一起造成了严重伤害。即严重伤害、轻微伤害和没有伤害的事故数量之比为 1∶29∶300,其比例关系如图 8-1 所示。该比例表明,某人在

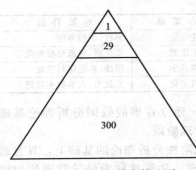

图 8-1　海因里希事故法则

受到伤害之前已经历了数百次没有带来伤害的事故，也就是说，在每次事故发生之前已经反复出现了无数次人的不安全行为和物的不安全状态。

比例 1∶29∶300 表明了事故发生频率与伤害严重程度之间的普遍规律，即严重伤害的情况是很少的，而轻微伤害及无伤害的情况是大量的，在这些轻微伤害及无伤害事故背后，隐藏着与造成严重伤害的事故相同的原因要素。因此，避免伤亡事故应该尽早采取措施，在发生了轻微伤害甚至无伤害事故时，就应该及时分析原因，采取针对性对策，而不是在发生了严重伤害事故之后才追究其原因。也就是说，应该在事故发生之前，在出现了不安全行为或不安全状态的时候，就采取改进措施。

2．事故因果连锁理论

海因里希第一次提出了事故因果连锁理论，认为伤亡事故的发生不是一个孤立的事件，尽管伤害可能在某瞬间发生，却是一系列具有一定因果关系的事件相继发生的结果。海因里希把工业伤害事故的发生发展过程描述为具有一定因果关系的事件的连锁：

① 人员伤亡的发生是事故的结果；

② 事故的发生原因是人的不安全行为或物的不安全状态；

③ 人的不安全行为或物的不安全状态是由于人的缺点造成的；

④ 人的缺点是由于不良环境诱发或者是由先天的遗传因素造成的。

海因里希将事故因果连锁过程概括为以下五个因素。

（1）遗传及社会环境　遗传因素及社会环境是造成人的性格上缺点的原因。遗传因素可能造成鲁莽、固执等不良性格；社会环境可能妨碍教育，助长性格的缺点发展。

（2）人的缺点　人的缺点是使人产生不安全行为或造成机械、物质不安全状态的原因，它包括鲁莽、固执、过激、神经质、轻率等性格上的先天缺点，以及缺乏安全生产知识和技术等后天的缺点。

（3）人的不安全行为或物的不安全状态　所谓人的不安全行为或物的不安全状态是指那些曾经引起过事故，可能再次引起事故的人的行为或机械、物质的状态，它们是造成事故的直接原因。

（4）事故　事故是由于物体、物质、人或放射线的作用或反作用，使人员受到伤害或可能受到伤害的，出乎意料的、失去控制的事件。

（5）伤害　由于事故直接产生的人身伤害。

海因里希用多米诺骨牌来形象地描述这种事故因果连锁关系，如图 8-2 所示。在多米诺骨牌系列中，一颗骨牌被碰倒了，则将发生连锁反应，其余的几颗骨牌相继被碰倒。如果移去连锁中的一颗骨牌，则连锁被破坏，事故过程被中止。海因里希认为，企业安全工作的中心就是防止人的不安全行为，消除机械的或物质的不安全状态，中断事故连锁的进程而避免事故的发生。

博德（Frank Bird）在海因里希事故因果连锁的基础上，提出了反映现代安全观点的事故因果连锁理论，如图 8-3 所示。该理论认为：事故因果连锁中一个最重要的因素是安全管理，安全管理中的控制是指损失控制，包括对人的不安全行为、物的不安全状态的控制，是安全管理工作的核心。

管理系统是随着生产的发展而不断发展完善的，十全十美的管理系统并不存在。管理上的缺欠导致事故基本原因的出现。对于绝大多数企业而言，由于各种原因，完全依靠工程技

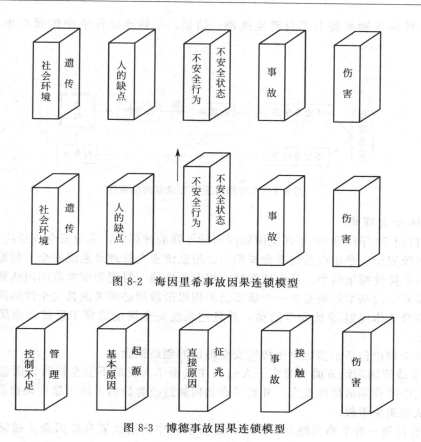

图 8-2　海因里希事故因果连锁模型

图 8-3　博德事故因果连锁模型

术上的改进来预防事故既不经济，也不现实。只有通过提高安全管理工作水平，经过较长时间的努力，才能防止事故的发生。管理者必须认识到只要生产没有实现高度安全化，就有发生事故及伤害的可能性，因而他们的安全活动中必须包含有针对事故因果连锁中所有重要原因的控制对策。

3. 轨迹交叉理论

该理论的主要观点是，在事故发展进程中，人的因素运动轨迹与物的因素运动轨迹的交点就是事故发生的时间和空间，即人的不安全行为和物的不安全状态发生于同一时间、同一空间，或者说人的不安全行为与物的不安全状态相通，则将在此时间、空间发生事故。

轨迹交叉理论作为一种事故致因理论，强调人的因素和物的因素在事故致因中占有同样重要的地位。按照该理论，可以通过避免人与物两种因素运动轨迹交叉，即避免人的不安全行为和物的不安全状态同时、同地出现，来预防事故的发生。若设法排除机械设备或处理危险物质过程中的隐患，或者消除人为失误和不安全行为，使两事件链连锁中断，则两系列运动轨迹不能相交，危险就不会出现，就可避免事故发生。

管理的重点应放在控制物的不安全状态上，即消除"起因物"，当然就不会出现"施害物"，砍断物的因素运动轨迹，使人与物的轨迹不相交叉，事故即可避免。这可通过图 8-4加以说明。

实践证明，消除生产作业中物的不安全状态，可以大幅度地减少伤亡事故的发生。例如，美国铁路列车安装自动连接器之前，每年都有数百名铁路工人死于车辆连接作业事故中，铁路部门的负责人把事故的责任归咎于工人的错误或不注意。后来，根据政府法令的要求，把所有铁路车辆都装上了自动连接器，结果，车辆连接作业中的死亡事故大大地减少了。

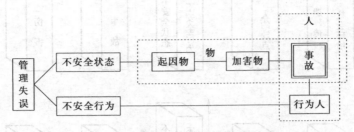

图 8-4　人与物两系列形成事故的系统

4. 系统安全理论

在 20 世纪 50 年代到 60 年代美国研制洲际导弹的过程中，系统安全理论应运而生。

所谓系统安全，是指在系统寿命周期内运用系统安全管理及系统安全工程原理，识别危险源并使其危险性减至最小，从而使系统在规定的性能、时间和成本范围内达到最佳的安全程度。系统安全的基本原则是在一个新系统的构思阶段就必须考虑其安全性的问题，制定并开始执行安全工作规划-系统安全活动，并且把系统安全活动贯穿于系统寿命周期，直到系统报废为止。

系统安全理论包括很多区别于传统安全理论的创新概念。

① 在事故致因理论方面，改变了人们只注重操作人员的不安全行为，而忽略硬件故障在事故致因中的作用的传统观念，开始考虑如何通过改善物的系统可靠性来提高复杂系统的安全性，从而避免事故。

② 没有任何一种事物是绝对安全的，任何事物中都潜伏着危险因素。通常所说的安全或危险只不过是一种主观的判断。

③ 不可能根除一切危险源，可以减少来自现有危险源的危险性，宁可减少总的危险性而不是只彻底去消除几种选定的风险。

④ 由于人的认识能力有限，有时不能完全认识危险源及其风险，即使认识了现有的危险源，随着生产技术的发展，新技术、新工艺、新材料和新能源的出现，又会产生新的危险源。

5. 能量意外释放理论

1961 年，吉布森提出了事故是一种不正常的或不希望的能量释放，各种形式的能量是构成伤害的直接原因。因此，应该通过控制能量或控制作为能量达及人体媒介的能量载体来预防伤害事故。

1966 年，在吉布森的研究基础上，哈登完善了能量意外释放理论，提出"人受伤害的原因只能是某种能量的转移"，并提出了能量逆流于人体造成伤害的分类方法，将伤害分为两类：第一类伤害是由于施加了局部或全身性损伤阈值的能量引起的；第二类伤害是由影响了局部或全身性能量交换引起的，主要指中毒窒息和冻伤。哈登认为，在一定条件下，某种形式的能量能否产生造成人员伤亡事故的伤害取决于能量大小、接触能量时间长短和频率以及力的集中程度。根据能量意外释放论，可以利用各种屏蔽来防止意外的能量转移，从而防止事故的发生。

三、安全生产管理原理

安全生产管理作为企业管理的主要组成部分，遵循管理的普遍规律，既服从管理的基本原理与原则，又有其特殊的原理与原则。

安全生产管理原理是指从生产管理的共性出发，对生产管理中安全工作的实质内容进行科学分析、综合、抽象与概括所得出的安全生产管理规律。

安全生产原则是指在生产管理原理的基础上，指导安全生产活动的通用规则。

1. 系统原理

（1）系统原理的含义　系统原理是现代管理学的一个最基本原理。它是指人们在从事管理工作时，运用系统理论、观点和方法，对管理活动进行充分的系统分析，以达到管理的优化目标，即用系统论的观点、理论和方法来认识和处理管理中出现的问题。

所谓系统是由相互作用和相互依赖的若干部分组成的具有特定功能的有机整体。任何管理对象都可以作为一个系统。系统可以分为若干个子系统，子系统可以分为若干个要素，即系统是由要素组成的。

系统具有整体性、相关性、目的性、有序性和环境适应性等特性。

① 整体性。系统的观点是一种从整体出发的观点。系统至少是由两个或两个以上的要素（元件或子系统）组成的整体。构成系统的各要素虽然具有不同的性能，但它们通过综合、统一（而不是简单地拼凑）形成的整体就具备了新的特定功能，系统作为一个整体才能发挥其应有功能。换句话说，即使每个要素并不都很完善，但它们可以综合、统一成为具有良好功能的系统；反之，即使每个要素是良好的，而构成整体后并不具备某种良好的功能，也不能称为完善的系统。

② 相关性。构成系统的各要素之间、要素与子系统之间、系统与环境之间都存在着相互联系、相互依赖、相互作用的特殊关系，通过这些关系，使系统有机地联系在一起，发挥其特定功能。如计算机系统，就是由各种运算、储存、控制、输入输出等各个硬件和操作系统、软件包等子系统之间通过特定的关系有机地结合在一起而形成的具有特定功能的计算机系统。

③ 目的性。任何系统都是为完成某种任务或实现某种目的而发挥其特定功能的，没有目标就不能称为系统。要达到系统的既定目标，就必须赋予系统规定的功能，这就需要在系统的整个生命周期，即系统的规划、设计、试验、制造和使用等阶段，对系统采取最优规划、最优设计、最优控制、最优管理等优化措施。

④ 有序性。系统有序性主要表现在系统空间结构的层次性和系统发展的时间顺序性。系统可以分成若干子系统和更小的子系统，这种系统的分割形式表现为系统空间结构的层次性。

此外，系统的生命过程也是有序的，它总是要经历孕育、诞生、发展、成熟、衰老、消亡的过程，这一过程表现为系统发展的有序性。

因此，系统的分析、评价、管理都应考虑系统的有序性。

⑤ 环境适应性。任何一个系统都处于一定的环境之中。一方面，系统从环境中获取必要的物质、能量和信息，经过系统的加工、处理和转化，产生新的物质、能量和信息，然后再提供给环境。另一方面，环境也会对系统产生干扰或限制，即约束条件。环境特性的变化往往能够引起系统特性的变化，系统要实现预定的目标或功能，必须能够适应外部环境的变化。研究系统时，必须重视环境对系统的影响。

安全生产管理系统是生产管理的一个子系统，包括各级安全管理人员、安全防护设备与设施、安全管理规章制度、安全生产操作规范和规程以及安全生产管理信息等。安全贯穿于生产活动的方方面面，安全生产管理是全方位、全天候且涉及全体人员的管理。

（2）运用系统原理的原则

① 动态相关性原则。动态相关性原则告诉人们，构成管理系统的各要素是运动和发展的，它们相互联系又相互制约。显然，如果管理系统的各要素都处于静止状态，就不会发生

事故。

② 整分合原则。高效的现代安全生产管理必须在整体规划下明确分工，在分工基础上有效综合，这就是整分合原则。运用该原则，要求企业管理者在制定整体目标和进行宏观决策时，必须将安全生产纳入其中，在考虑资金、人员和体系时，都必须将安全生产作为一项重要内容考虑。

③ 反馈原则。反馈是控制过程中对控制机构的反作用。成功、高效的管理，离不开灵活、准确、快速的反馈。企业生产的内部条件和外部环境在不断变化，所以必须及时捕获、反馈各种安全生产信息，以便及时采取行动。

④ 封闭原则。在任何一个管理系统内部，管理手段、管理过程等必须构成一个连续封闭的回路，才能形成有效的管理活动，这就是封闭原则。封闭原则告诉我们，在企业安全生产中，各管理机构之间、各种管理制度和方法之间，必须具有紧密的联系，形成相互制约的回路，才能确保安全生产管理有效。

2. 人本原理

(1) 人本原理的含义　在管理中必须把人的因素放在首位，体现以人为本的指导思想，这就是人本原理。以人为本有两层含义：一是一切管理活动都是以人为本展开的，人既是管理的主体，又是管理的客体，每个人都处在一定的管理层面上，离开人就无所谓管理；二是管理活动中，作为管理对象的要素和管理系统各环节，都是需要由人来掌管、运作、推动和实施。

(2) 运用人本原理的原则

① 动力原则。推动管理活动的基本力量是人，管理必须有能够激发人的工作能力的动力，这就是动力原则。对于管理系统，有三种动力，即物质动力、精神动力和信息动力。

② 能级原则。现代管理认为，单位和个人都具有一定的能量，并且可以按照能量的大小顺序排列，形成管理的能级，就像原子中电子的能级一样。在管理系统中，建立一套合理能级，根据单位和个人能量的大小安排其工作，发挥不同能级的能量，保证结构的稳定性和管理的有效性，这就是能级原则。

③ 激励原则。管理中的激励就是利用某种外部诱因的刺激，调动人的积极性和创造性。以科学的手段，激发人的内在潜力，使其充分发挥积极性、主动性和创造性，这就是激励原则。人的工作动力来源于内在动力、外部压力和工作吸引力。

3. 预防原理

(1) 预防原理的含义　安全生产管理工作应该做到预防为主，通过有效的管理和技术手段，减少和防止人的不安全行为和物的不安全状态，这就是预防原理。在可能发生人身伤害、设备或设施损坏和环境破坏的场合，事先采取措施，防止事故发生。

(2) 运用预防原理的原则

① 偶然损失原则。事故后果以及后果的严重程度，都是随机的、难以预测的。反复发生的同类事故，并不一定产生完全相同的后果，这就是事故损失的偶然性。偶然损失原则告诉我们，无论事故损失的大小，都必须做好预防工作。

② 因果关系原则。事故的发生是许多因素互为因果连续发生的最终结果，只要诱发事故的因素存在，发生事故是必然的，只是时间或迟或早而已，这就是因果关系原则。

③ 3E原则。造成人的不安全行为和物的不安全状态的原因可归结为4个方面，技术原因、教育原因、身体和态度原因以及管理原因。针对这4方面的原因，可以采取3种防止对策，即工程技术 (Engineering) 对策、教育 (Education) 对策和法制 (Enforcement) 对策，即所谓3E原则。

④ 本质安全化原则。本质安全化原则是指从一开始和从本质上实现安全化，从根本上消除事故发生的可能性，从而达到预防事故发生的目的。本质安全化原则不仅可以应用于设备、设施，还可以应用于建设项目。

4．强制原理

（1）强制原理的含义　采取强制管理的手段控制人的意愿和行为，使个人的活动、行为等受到安全生产管理要求的约束，从而实现有效的安全生产管理，这就是强制原理。所谓强制就是绝对服从，不必经被管理者同意便可采取控制行动。

（2）运用强制原理的原则

① 安全第一原则。安全第一就是要求在进行生产和其他工作时把安全工作放在一切工作的首要位置。当生产和其他工作与安全发生矛盾时，要以安全为主，生产和其他工作要服从于安全，这就是安全第一原则。

② 监督原则。监督原则是指在安全工作中，为了使安全生产法律法规得到落实，必须设立安全生产监督管理部门，对企业生产中的守法和执法情况进行监督。

四、我国安全生产管理的方针

安全生产管理的方针是"安全第一，预防为主，综合治理"，它是人们从无数伤亡事故的血泪教训中总结出来的。

1．安全生产管理方针的内容

（1）必须坚持以人为本　安全生产关系到人民群众生命安全，关系到人民群众的切身利益，关系到改革开放、经济发展和社会稳定的大局，关系到党和政府在人民群众中的形象。任何忽视安全生产的行为，都是对人民群众的生命安全不负责任的行为。各级人民政府、政府有关部门及其工作人员，都必须始终坚持以人为本的思想，把安全生产作为经济工作中的首要任务来抓，对人民群众的根本利益负责。

（2）安全是生产经营活动的基本条件　我国先后制定了一系列涉及安全生产的法律、法规和规章，对各类生产经营单位的安全生产提出了基本要求，如《中华人民共和国劳动法》、《中华人民共和国矿山安全法》、《中华人民共和国煤炭法》、《中华人民共和国消防法》、《中华人民共和国海上交通安全法》、《中华人民共和国建筑法》、《煤矿安全监察条例》、《危险化学品安全管理条例》、《民用爆炸物品管理条例》、《中华人民共和国内河交通安全管理条例》、《特种设备安全监察条例》等。这些法律、行政法规，规定了各种生产经营活动所应具备的基本安全条件和要求，不具备安全生产条件或达不到安全生产要求的，不得从事生产经营活动。

（3）把预防事故的发生放在安全生产工作的首位　隐患险于明火，防范胜于救灾，责任重于泰山。安全生产工作重在防范事故的发生。总结生产安全事故的经验教训，生产安全事故发生的原因包括：对安全生产和防范安全事故工作重视不够，有法不依、有章不循、执法不严、违法不纠，安全投入不足，依法追究生产安全事故责任人的责任

2．贯彻安全生产管理方针的要求

① "安全第一"是在生产经营活动中，在处理保证安全与生产经营活动关系上，要始终把安全放在首要位置，优先考虑从业人员和其他人员的人身安全，实行"安全优先"原则。

② "预防为主"是按照系统化、科学化的管理思想，按照事故发生的规律和特点，千方百计预防事故的发生，做到防患于未然，将事故消灭在萌芽状态。在"事故处理"与"事故预防"之间的关系上，要把主要心思和精力用在落实预防措施上，未雨绸缪比"亡羊补牢"更为重要。

③ 安全生产，重在预防主要体现为"六先"，即：安全意识在先，安全投入在先，安全

责任在先，建章立制在先，隐患预防在先，监督执法在先。

第三节　安全生产法规与标准

一、安全生产法规标准体系

安全生产法规标准体系是保障人民生命财产安全，预防和减少生产安全事故的法律、行政法规、规章、标准所组成的统一整体。

1. 《宪法》中有关安全生产的法律规范

宪法是国家的根本法，具有最高的法律地位和法律效力，是国家安全生产法律体系框架的最高层级。我国《宪法》第四十二条关于"加强劳动保护，改善劳动生产条件"的规定，是我国安全生产方面最高法律效力的规定。

2. 综合性安全生产基本法

《安全生产法》是我国第一部全面规范安全生产的专门法律，其效力仅次于《宪法》和国家基本法，在安全生产法律法规体系中占有核心的重要地位，是制定安全生产体系中某领域和某一方面安全生产单行法、安全生产法规、规章的基本依据。

《安全生产法》以"安全责任重于泰山"的重要思想为指导，明确从业人员安全生产基本权利和义务，立足于事故预防，制定了当前急需的安全生产法律规范，明确了安全生产法律责任。

综合性安全生产法是安全生产领域的一部综合性法律，适用于矿山、危险物品、建筑业和其他方面的安全生产，对各行各业的安全生产行为都具有指导和规范作用，所规定的安全生产基本方针原则和基本法律制度普遍适用于生产经营活动的各个领域，是各类生产经营单位及其从业人员实现安全生产所必须遵循的行为准则，是各级人民政府及其有关部门进行监督管理和行政执法的法律依据，是制裁各种安全生产违法犯罪行为的有力武器。

3. 安全生产单行法

例如《矿山安全法》、《海上交通安全法》、《消防法》、《道路交通安全法》等，单行法的内容只涉及某一领域或者某一方面的安全生产问题。《安全生产法》中规定："对于消防安全和道路交通安全、铁路交通安全、水上交通安全和民用航空安全领域存在的特殊问题，其他有关专门法律另有规定的，则应适用《消防法》、《道路交通安全法》等特殊法。"因此，在同一层级的安全生产立法对同一类问题的法律适用上，应当适用特殊法优于普通法的原则。

4. 其他部门法中的安全生产规范

如《劳动法》、《建筑法》、《煤炭法》、《铁路法》、《民用航空法》、《工会法》、《全民所有制企业法》、《乡镇企业法》、《矿产资源法》等。还有一些与安全生产监督执法工作有关的法律，如《刑法》、《刑事诉讼法》、《行政处罚法》、《行政复议法》、《国家赔偿法》和《标准化法》等。

5. 安全生产法规

安全生产法规分为行政法规和地方性法规。

我国已颁布了多部安全生产行政法规，例如《生产安全事故报告和调查处理条例》和《煤矿安全监察条例》等。安全生产行政法规是由国务院组织制定并批准公布的，是为实施安全生产法律或规范安全生产监督管理制度而制定并颁布的一系列具体规定。其法律地位和法律效力低于有关安全生产的法律，高于地方性安全生产法规、安全生产规章等。

地方性安全生产法规是指由有立法权的地方权力机关制定的安全生产规范性文件，是对国家安全生产法律、法规的补充和完善，以解决本地区某一特定的安全生产问题为目标，具有较强的针对性和可操作性。如目前我国有 27 个省（自治区、直辖市）人大制定了《劳动保护条例》或《劳动安全卫生条例》，有26个省（自治区、直辖市）人大制定了《矿山安全法》实施办法。其法律地位和法律效力低于有关安全生产的法律、行政法规，高于地方政府安全生产规章。经济特区安全生产法规和民族自治地方安全生产法规的法律地位和法律效力与地方性安全生产法规相同。

6．安全生产规章

安全生产规章分为部门规章和地方政府规章。

安全生产规章由国务院有关部门为加强安全生产工作而颁布的规范性文件组成，按部门可划分为：交通运输业、化学工业、石油工业、机械工业、电子工业、冶金工业、电力工业、建筑业、建材工业、航空航天业、船舶工业、轻纺工业、煤炭工业、地质勘探业、农村和乡镇工业、技术装备与统计工作、安全评价与竣工验收、劳动保护用品、培训教育、事故调查与处理、职业危害、特种设备、防火防爆和其他部门等。安全生产规章作为安全生产法律法规的重要补充，在我国安全生产监督管理工作中起着十分重要的作用，其法律地位和法律效力低于法律、行政法规，高于地方政府规章。

地方安全生产规章既从属于法律和行政法规，又从属于地方法规，并且不能与它们相抵触。

7．安全生产标准

安全生产标准体系是指根据安全生产标准的性质、内容和功能，以及它们之间的内在联系，将其进行分级、分类，构成一个有机联系的统一整体。我国的安全生产标准应分为国家安全生产标准、行业安全生产标准两级，以及安全生产基础标准、安全生产产品标准和安全生产方法标准。法定安全生产标准分为国家标准和行业标准。安全生产标准体系的构成具有协调性、层次性、配套性和发展性的特点。

8．我国参加和批准的国际法中的安全生产规范

包括我国参加、批准并对我国生效的一般性国际条约中的安全生产规范，和专门性国际安全生产条约中的安全生产规范。例如《国际劳工安全公约》为一般性国际条约，《职业安全和卫生公约》、《职业卫生设施公约》、《化学品公约》及《建筑安全和卫生公约》为专门性国际安全生产条约。当我国安全生产法律与国际公约有不同时，应优先采用国际公约的规定（除保留条件的条款外）。

国家法律体系中的层次依次为：宪法—法律—行政法规—地方性法规—行政规章。图8-5为我国安全生产法规体系与层次。

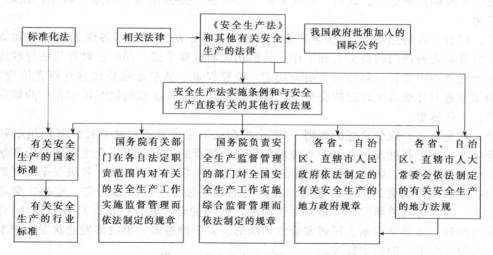

图8-5　安全生产法规体系与层次

二、安全生产法

《中华人民共和国安全生产法》(以下简称《安全生产法》)分为总则、生产经营单位的安全生产保障、从业人员的权利和义务、安全生产的监督管理、生产安全事故的应急救援与调查处理、法律责任、附则7章共计97条,自2002年11月1日起施行(新修订的安全法将于2014年施行)。现作如下简略介绍。

1. 三大目标

《安全生产法》的第一条,开宗明义地确立了通过加强安全生产监督管理措施,防止和减少生产安全事故,需要实现如下基本的三大目标:保障人民生命安全,保护国家财产安全,促进社会经济发展。由此确立了安全(生产)所具有的保护生命安全的意义、保障财产安全的价值和促进经济发展的生产力功能。

2. 五项基本原则

安全生产法的基本原则,是指安全生产法中规定或体现的,对安全生产实施法律调整的,适用于安全生产一切领域的基本指导方针或者基本准则。

(1) 人身安全第一的原则 2008年1月22日,国务院召开的安全生产新闻发布会上公布的2007年度安全死亡人数多达十万余人,严重损害了人民群众的生命安全,并带来了大量的社会问题。

以人为本是科学发展观的核心。随着社会经济发展和民主法制的进步,人的生命权得到了重视和保障。安全生产最根本最重要的就是保障从业人员的人身安全,保障他们的生命权不受侵犯。《安全生产法》第一条就将保障人民群众生命财产安全作为立法宗旨,法律赋予从业人员依法享有工伤社会保险和获得民事赔偿的权利,要求生产经营单位必须围绕着保障从业人员的人身安全这个核心抓好安全生产管理工作。

(2) 预防为主的原则 党和国家的安全工作方针主要是"安全第一,预防为主"。从安全管理和监督的过程来说,可以分为事前、事中和事后的管理和监督。事前管理是指生产经营单位的安全管理工作必须重点抓好生产经营单位申办、筹备和建设过程中的安全条件论证、安全设施"三同时"等工作,在正式投入生产经营之前就符合法定条件或者要求,把可能发生的事故隐患消灭在建设阶段。

目前各级政府和负有安全生产监管职责的部门牵扯精力最多、工作量最大的,往往是对生产安全事故的调查处理。政府、企业和职工要尽快实现安全工作的重大转变,预防为主,消除隐患。

(3) 权责一致的原则 《安全生产法》等相关法律、法规强化了各级人民政府和负有安全生产监管职责的部门的负责人和工作人员的相关职权和手段,同时也对其违法行政所应负的法律责任及约束监督机制作出了明确规定。按照权责一致的原则依法建立权责追究制度,明确和加重地方各级人民政府的安全生产责任,使其在拥有职权的同时承担相应的职责,权力越大,责任越重。

(4) 社会监督、综合治理的原则 《安全生产法》主要是通过建立社区基层组织和公民对安全生产的举报制度及加强议论监督来强化社会监督的力度,将安全生产的视角和触角延伸到社会的各个领域、各个方面和各个地方,协助政府部门加强监管。各级安全生产监督管理部门在依法履行职责的同时,还应当在政府的统一领导下,依靠公安、监察、交通、工商、建筑、质监等有关部门的力量,加强沟通,密切配合,联合执法。只有加强社会监督,实现综合治理,才能从根本上扭转安全意识淡薄、安全隐患多、事故多发的状况,把事故降下来,实现安全生产的稳定好转。

(5) 依法从重处罚的原则 据统计,全国每年各类生产安全事故的60%~80%发生在非公有制生产经营单位。一些私营企业的老板，过分追求经济效益忽视安全，出了事故逃之夭夭，大量的遗留问题推给了政府和社会。

《安全生产法》设定了安全生产违法应当承担的行政责任和刑事责任，有11条规定构成犯罪的要依法追究其刑事责任，设定了11种行政处罚，还设置了民事责任。2007年6月实施的《生产安全事故报告和调查处理条例》和2008年1月施行的《安全生产违法行为行政处罚办法》都体现了从重处罚的原则。这充分反映了国家对安全生产违法者和造成重大、特大生产安全事故的责任者依法课以重典的指导思想。对那些严重违反安全生产法律、法规的违法者，必须追究其法律责任，依法从重处罚。

3. 七项基本制度

《安全生产法》的基本制度是指为实现安全生产法的目的、任务，依据安全生产法的基本原则而制定的，调整某一类或者某一方面安全生产法律关系的法律规范的总称。

（1）安全生产监督管理制度　安全生产监督管理制度涵盖了安全生产监督管理体制、各级政府及其部门职责、安全监管人员的职责、新闻单位及社区组织的权利和义务等重要内容。包括：

① 负有安全生产监督管理职责的部门的行政许可职责；

② 安全生产监督检查人员依法履行职责的要求；

③ 新闻单位及社区组织的权利及义务。

（2）生产经营单位安全保障制度　《安全生产法》确立了生产经营单位安全保障制度，对生产经营活动安全实施全面的法律调整。该制度主要有生产经营单位的安全生产条件，安全生产管理机构和安全生产管理人员的配置，建设工程"三同时"等内容。

① 安全生产经营活动的基本单元《安全生产法》第二条规定："在中华人民共和国领域内从事生产经营活动的单位（以下统称生产经营单位）的安全生产，适用本法。"

② 法定安全生产基本条件《安全生产法》第十六条规定："生产经营单位应当具备本法和有关法律、行政法规和国家标准或者行业标准规定的安全生产条件；不具备安全生产条件的，不得从事生产经营活动。"

③ 生产经营单位安全生产管理机构和安全生产管理人员的配置。

a.《安全生产法》第十九条第一款规定："矿山、建筑施工单位和危险物品生产、经营、储存单位，应当设置安全生产管理机构或者配备专职安全管理人员。"

b.《安全生产法》对两种情况分别做出规定，一是强制性规定，必须配置机构或者专门人员，即除矿山、建筑施工和危险物品生产、经营、储存单位以外的其他生产经营单位，其从业人员超过300人以上的，应当设置安全生产管理机构或者配备专职安全生产管理人员。二是选择性规定，即从业人员在300人以下的，可以不设专门机构，但应当配备专职或者兼职的安全生产管理人员，或者委托具有国家规定的相关专业技术资格的工程技术人员提供安全生产管理服务。

④ 建设项目安全设施"三同时"。《安全生产法》第二十四条规定，生产经营单位的建设项目的安全设施必须做到"三同时"，即生产经营单位新建、改建、扩建工程项目的安全设施，必须与主体工程同时设计、同时施工、同时投入生产和使用。安全设施投资应当纳入建设项目概算。

（3）生产经营单位主要负责人安全责任制度

① 生产经营单位主要负责人。《安全生产法》使用了"生产经营单位主要负责人"的用语，生产经营单位的"主要负责人"包括企业法定代表人、实际控制人在内的对生产经营活动负全面领导责任、有主要决策指挥权的负责人；"直接负责的主管人员"包括负有直接领导、管理责任的有关负责人、安全管理机构的负责人和管理人员；"其他直接责任人员"包

括负有直接责任的从业人员和其他人员。

② 生产经营单位主要负责人的地位和职责。

a. 生产经营单位主要负责人是本单位安全生产工作的第一责任者。《安全生产法》第五条规定："生产经营单位的主要负责人对本单位的安全生产工作全面负责"。

b. 生产单位主要负责人的安全生产基本职责。《安全生产法》第十七条第一次以法律形式确定了生产经营单位主要负责人对本单位安全生产负有的六项职责。分别是：建立、健全本单位安全生产责任制；组织制定本单位安全生产规章制度和操作规程；保证本单位安全生产投入的有效实施；督促、检查本单位的安全生产工作，及时消除生产安全事故隐患；组织制定并实施本单位的生产安全事故应急救援预案；及时、如实报告生产安全事故。

③ 主要负责人和安全生产管理人员的资质。《安全生产法》从 3 个方面对此做出了规定：一是生产经营单位的主要负责人和安全生产管理人员必须具备与本单位所从事的生产经营活动相应的安全生产知识和管理能力；二是危险物品的生产、经营、储存单位以及矿山、建筑施工单位的主要负责人和安全生产管理人员，应当由有关主管部门对其安全生产知识和管理能力考核合格后方可任职；三是生产经营单位的特种作业人员必须按照国家有关规定经专门的安全作业培训，取得特种作业操作资格证书，方可上岗作业。

④ 生产经营单位主要负责人的法律责任。《安全生产法》对生产经营单位主要负责人违法行为的法律责任做出了明确的规定。

a. 生产经营单位的主要负责人不依照法律规定保证安全生产所必需的资金投入，致使生产经营单位不具备安全生产条件的，责令限期改正，提供必需的资金；逾期未改正的，责令生产经营单位停产停业整顿。有前款违法行为，导致发生生产安全事故，构成犯罪的，依照刑法有关规定追究刑事责任；尚不够刑事处罚的，对生产经营单位的主要负责人给予撤职处分，对个人经营的投资人处 2 万元以上 20 万元以下的罚款。

b. 生产经营单位的主要负责人未履行法律规定的安全生产管理职责的，责令限期改正；逾期未改正的，责令生产经营单位停产停业整顿。生产经营单位的主要负责人有前款违法行为，导致发生生产安全事故，构成犯罪的，依照刑法有关规定追究刑事责任；尚不够刑事处罚的，给予撤职处分或者处 2 万元以上 20 万元以下的罚款。生产经营单位的主要负责人依照前款规定受刑事处罚或者撤职处分的，自刑罚执行完毕或者受处分之日起，5 年内不得担任任何生产经营单位的主要负责人。

c. 生产经营单位与从业人员订立协议，免除或者减轻其对从业人员因生产安全事故伤亡依法应承担的责任的，该协议无效；对生产经营单位的主要负责人、个人经营的投资人处 2 万元以上 10 万元以下的罚款。

d. 生产经营单位主要负责人在本单位发生重大生产安全事故时，不立即组织抢救或者在事故调查处理期间擅离职守或者逃匿的，给予降职、撤职的处分，对逃匿的处 15 日以下拘留；构成犯罪的，依照刑法有关规定追究刑事责任。生产经营单位主要负责人对生产安全事故隐瞒不报、谎报或者拖延不报的，依照前款规定处罚。

⑤ 安全生产管理人员的基本职责。

a. 对安全生产状况进行经常性检查。

b. 对检查中发现的安全问题，应当立即处理。

c. 不能处理的，应当及时报告本单位有关负责人。

d. 检查及处理情况应当记录在案。

(4) 从业人员安全生产的权利和义务制度　《安全生产法》将从业人员的安全生产权利义务上升为一项基本法律制度。从业人员有以下权利和义务。

① 从业人员的人身保障权利。

a. 获得安全保障、工伤保险和民事赔偿的权利。

b. 得知危险因素、防范措施和事故应急措施的权利。

c. 对本单位安全生产的批评、检举和控告的权利。

d. 拒绝违章指挥和强令冒险作业的权利。

e. 紧急情况下的停止作业和紧急撤离的权利。

② 从业人员的安全生产义务。

a. 遵章守规、服从管理的义务。

b. 正确佩戴和使用劳保用品的义务。

c. 接受安全培训，掌握安全生产技能的义务。

d. 发现事故隐患或者其他不安全因素及时报告的义务。

（5）安全中介服务制度 《安全生产法》第十二条规定："依法设立的为安全生产提供技术服务的中介机构，依照法律、行政法规和执业准则，接受生产经营单位的委托为其安全生产工作提供技术服务。"

① 安全生产中介服务的性质及特征。安全生产中介服务是产生于市场经济体制下的第三产业中的服务业，是指依法设立的中介组织受生产经营单位或者政府部门的委托，有偿从事安全生产评价、认证、监测、检验和咨询服务等专门业务的技术服务活动。其特征有独立性、服务性、客观性、有偿性、专业性。

② 安全中介服务机构的业务范围。依照《安全生产法》的规定，生产经营活动中的安全生产中介服务的范围和主要业务包括：矿山和用于生产、储存危险物品的建设项目，应当按照国家有关规定进行安全条件论证、安全评价、设计审查和竣工验收；安全设施必须与主体工程"三同时"；安全设备、特种设备、劳动防护用品、安全工艺、危险物品、重大危险源和作业现场安全管理等。

③ 安全生产中介服务机构和安全专业人员的权利、义务和责任。《安全生产法》的有关规定，明确了从事安全生产中介服务的机构和人员的权利、义务和责任，使其权利和义务对等、义务和责任一致。包括：

a. 安全生产中介服务机构和安全专业人员的权利；

b. 安全生产中介服务机构和安全专业人员的义务；

c. 安全生产中介服务机构和安全专业人员的责任。

（6）事故应急和调查处理制度 《安全生产法》突破了重视事后调查处理忽视事前应急准备的旧模式，将应急救援纳入事故调查处理制度之中。事故应急和处理制度主要包括，事故应急体系的建立及事故应急预案的制定、事故报告、调查处理的原则和程序以及事故责任的追究、事故信息发布等内容。

① 事故应急预案的制定。事故应急预案在应急体系中起到关键作用，它是整个应急体系的反映，不仅包括事故发生过程中的应急响应和救援措施，还应包括事故发生前的各种应急准备和事故发生后的紧急恢复，以及预案的管理与更新等。因此，一个完善的应急预案按相应的过程可分为6个关键环节，包括：方针与原则、应急策划、应急准备、应急响应、现场恢复、预案管理与评审改进。各个环节相互之间既相对独立，又紧密相关，从应急的方针、策划、准备、响应、恢复到预案的管理与评审改进，形成了一个有机联系并持续改进的体系结构。

② 生产安全事故报告和处置。《安全生产法》第七十条和第七十一条对此作出了明确的法律规定。生产经营单位发生生产安全事故后，事故现场有关人员应当立即报告本单位负责人。单位负责人接到事故报告后，应当迅速采取有效措施，组织抢救，防止事故扩大，减少人员伤亡和财产损失，并按照国家有关规定立即如实报告当地负有安全生产监督管理职责的

部门，不得隐瞒不报、谎报或者拖延不报，不得故意破坏事故现场、毁灭有关证据。包括：

　　a. 现场有关人员应当立即报告本单位负责人；

　　b. 生产经营单位应当组织抢救并报告事故。

　　③ 生产安全事故调查处理。事故调查处理的原则、事故责任的追究、事故统计和公布。

　　《安全生产法》第七十六条规定："县级以上各级地方人民政府负责安全生产监督管理的部门应当定期统计分析本行政区域内发生生产安全事故的情况，并定期向社会公布。"

　　(7) 安全生产违法行为责任追究制度　生产安全事故责任追究制度主要包括安全生产责任制的建立、安全生产责任的落实和违法责任的追究三项内容。

　　① 事故责任主体事故责任主体是指对发生生产安全事故负有责任的人员。按照安全生产的生产主体和监管主体划分，事故责任主体包括发生生产安全事故的生产经营单位的责任人员和对发生生产安全事故负有监管职责的有关人民政府及其有关部门的责任人员。生产安全事故的生产经营单位的责任人员包括应负法律责任的生产经营单位主要负责人、主管人员、管理人员和从业人员。

　　负有监管职责的有关人民政府及其有关部门的责任人员包括对生产安全事故负有失职、渎职和应负领导责任的各级人民政府领导人，负有安全生产监督管理职责的部门的负责人、安全生产监督管理和行政执法人员等。

　　② 追究安全责任的机关《安全生产法》规定的行政执法主体有 4 种：县级以上人民政府负责安全生产监督管理职责的部门、县级以上人民政府、公安机关、法定的其他行政机关。

　　③ 法律责任追究法律责任是指法律关系主体对违反法律规范、不履行法定义务所产生的法律后果所应当承担的社会责任。法律责任是国家管理社会事务所采用的强制当事人依法办事的法律措施。依照《安全生产法》的规定，各类安全生产法律关系的主体必须履行各自的安全生产法律义务，保障安全生产。《安全生产法》的执法机关将依照有关法律规定，追究安全生产违法犯罪分子的法律责任，对有关生产经营单位给予法律制裁。

　　依照《安全生产法》和有关法律、行政法规的规定，对生产安全事故的责任者，要由法定的国家机关追究其法律责任。生产安全事故责任者所承担的法律责任的主要形式包括行政责任、民事责任和刑事责任。

三、安全生产相关的法律法规

（一）职业病防治法

2001 年 10 月 27 日第九届全国人民代表大会常务委员会第二十四次会议审议通过《中华人民共和国职业病防治法》（以下简称职业病防治法），自 2002 年 5 月 1 日起施行。其立法目的是预防、控制和消除职业病危害，防治职业病，保护劳动者的健康及其相关权益，促进经济发展。

　　1. 职业病的范围

　　《职业病防治法》规定，本法所称职业病是指企业、事业单位和个体经济组织的劳动者在职业劳动中，因接触粉尘、放射性物质和其他有毒、有害物质等因素引起的疾病。职业病的分类和目录由国务院卫生行政主管部门会同国务院劳动保障行政部门制定、调整并公布。

　　2. 职业病的预防

　　①《职业病防治法》第六条规定，用人单位必须依法参加工伤社会保险。

　　②《职业病防治法》第三十条规定，产生职业病危害的用人单位的设立，除应当符合法律、行政法规规定的设立条件外，其工作场所还应当符合 6 项职业病卫生要求：

　　a. 职业病危害因素的强度或者浓度符合国家职业卫生标准；

b. 有与职业病危害防护相适应的设施；

c. 生产布局合理，符合有害与无害作业分开的原则；

d. 有配套的更衣间、洗浴间、孕妇休息间等卫生设施；

e. 设备、工具、用具等设施符合保护劳动者生理、心理健康的要求；

f. 法律、行政法规中国务院卫生行政部门关于保护劳动者健康的其他要求。

③《职业病防治法》第四十条规定，在卫生行政部门中建立职业病危害申报制度。建设单位应当向卫生行政部门提交职业病危害预评价报告。卫生行政部门应当自收到职业病危害与评价报告之日起 30 日内，作出审核决定并书面通知建设单位。职业病危害防护设施与主体工程同时设计、同时施工、同时投入生产和使用。建设项目竣工验收前，其职业病防护设施经卫生行政部门验收合格后，方可投入正式生产和使用。《职业病防治法》第十七条规定，职业病危害预评价、职业病危害控制效果评价由依法设立的取得省级以上人民政府卫生行政部门资质认证的职业卫生技术服务机构进行。职业卫生技术服务机构所作的评价应当客观、真实。

3. 职业病的管理

① 用人单位职业病防治措施。

《职业病防治法》第十九条规定，用人单位应当采取以下职业病防治措施：

a. 配备专职或者兼职的职业卫生专业人员，负责本单位的职业病防治工作；

b. 制定职业病防治计划和实施方案；

c. 建立健全职业卫生管理制度和操作规程；

d. 建立健全职业卫生档案和劳动者健康监护档案；

e. 建立健全工作场所职业危害因素监测及评价制度；

f. 建立健全职业病危害事故应急救援预案。

② 职业危害标识和防护设施维护。对产生严重职业病危害的作业岗位，应当在其醒目位置，设置警示标识和中文警示说明。对职业病防护设备、应急救援设施和个人使用的职业病防护用品，用人单位应当进行经常性的维护、检修，定期监测其性能和效果，确保其处于正常状态，不得擅自拆除或者停止使用。

③ 劳动合同的职业病危害内容。用人单位与劳动者订立劳动合同时，明确的职业病危害及其后果、职业病防护措施和待遇等，不得隐瞒或者欺骗。因工作变动需协商变更原劳动合同相关条款。

④ 急性职业病危害事故发生或者可能发生急性职业病危害事故时，建设单位应当立即采取应急救援和控制措施，并及时报告所在地卫生行政部门和有关部门。卫生行政部门接到报告后，应当及时会同有关部门组织调查处理；必要时，可以采取临时控制措施。对遭受或者可能遭受急性职业病危害的劳动者，用人单位应当及时组织救治、进行健康检查和医学观察，所需要用由用人单位承担。

⑤ 职业病诊断与职业病病人保障。职业病诊断应当由省级以上人民政府卫生行政部门批准的医疗机构承担，职业病病人依法享有国家规定的职业病待遇。

（二）　危险化学品安全管理条例

2002 年 1 月 9 日，国务院发布《危险化学品安全管理条例》，自 2002 年 3 月 15 日起施行。其立法目的是为了加强对危险化学品的管理，保证人民生命、财产安全，保护环境。

1. 关于危险化学品安全管理的基本要求

① 危险化学品的范围。危险化学品是指具有易燃、易爆、有毒、有害及有腐蚀性，会对人员、设施、环境造成伤害或者损害的化学品。受原国家经贸委委托，2003 年 3 月 3 日

国家安全生产监督管理局依法确定并公布了《危险化学品目录》。

②《危险化学品安全管理条例》的适用范围。凡是在我国境内的企业、事业单位和公民个人从事危险品的生产、经营、储存、运输、使用以及进口危险化学品的经营、储存、运输、使用和处置等活动，必须遵守《危险化学品安全管理条例》。

③ 危险化学品单位的安全责任。生产、经营、储存、运输、使用危险化学品和处置废弃危险化学品的单位（下列统称危险化学品单位），其主要负责人负有本单位的安全责任，其从业人员必须接受有关法律、法规、规章和安全知识技术，接受专业技术职业卫生防护和应急救援知识的培训，并经考核合格，方可上岗作业。

④ 危险化学品监督管理部门的职责。依照《危险化学品安全管理条例》第五条的规定，对危险化学品的生产、经营、储存、运输、使用和对废弃危险化学品处置实施监督管理。第七十三条规定，依照本条例的规定进行审批、许可并实施监督管理并公布审批、许可的期限和程序。

⑤ 危险化学品监督管理部门的日常监督检查。依照《危险化学品安全管理条例》第六条的规定，对危险化学品实施监督管理的有关部门，依法进行日常监督检查。危险化学品单位应当接受有关部门依法实施的监督检查，不得拒绝、阻挠，有关部门派出的工作人员依法进行监督检查时，应当出示证件。

2. 危险化学品的过程安全管理

① 设立剧毒化学品的生产、储存企业和其他危险化学品生产、储存企业，应当分别向省、自治区、直辖市人民政府经济贸易部门和设区的市级人民政府负责危险化学品安全监督管理综合工作的部门提出申请，并提交相关文件。申请人凭批准书向工商行政管理部门办理登记注册手续。

② 符合厂址安全距离。

③ 生产、储存和使用剧毒化学品的单位，应对本单位的生产、储存装置每年进行一次安全评价；生产、储存、使用其他危险化学品的单位，应对本单位的生产、储存装置每两年进行一次安全评价。

④ 危险化学品包装的材料、型式、规格、方法和单件质量（重量），应当与所包装的危险化学品的性质和用途相适应。由专业生产企业定点生产，并经专业检测、检验合格后方可使用。重复使用的应当进行检查，并作记录；检查记录至少应当保存两年。质检部门进行定期的或者不定期的检查。

⑤ 国家对危险化学品经营销售实行许可证制度，国家对危险化学品的运输实行资质认定制度。

⑥ 剧毒化学品经营企业销售剧毒化学品，应当记录购买单位的名称、地址和购买人员的姓名、身份证号码及所购剧毒化学品的品名、数量、用途。记录至少应当保存一年。生产、科研、医疗等单位经常使用剧毒化学品的，应当向设区的市级人民政府公安部门申请领取购买凭证，凭证购买。个人不得购买农药、灭鼠药、灭虫药以外的剧毒化学品。

⑦ 危险化学品运输企业，应对其驾驶员、船员、装卸管理人员、押运人员进行有关安全知识培训，并经过所在地设区的市级人民政府交通部门考核合格，取得上岗资格证，方可上岗作业。运输危险化学品，必须配备必要的应急处理器材和防护用品。

⑧ 运输危险化学品的船舶及其配载的容器必须按照国家关于船舶检验的规范进行生产，并经海事管理机构认可的船舶检验机构检验合格，方可投入使用。

⑨ 危险化学品单位应当制定本单位事故应急救援预案，配备应急救援人员和必要的应急救援器材、设备，并定期组织演练。报设区的市级人民政府安全监督管理部门备案。

⑩ 发生危险化学品事故，单位按照应急救援预案，立即组织救援，并立即报告当地负

责危险化学品安全监督管理综合工作的部门和公安、环境保护、质检部门。安全管理部门应当按照当地应急救援预案组织实施救援，不得拖延、推诿。危险化学品生产企业必须为危险化学品事故应急救援提供技术指导和必要的协助。

3. 危险化学品安全生产违法行为应负的法律责任

① 危险化学品安全监督管理部门及其工作人员渎职、失职的法律责任。

② 危险化学品安全监督管理部门及其工作人员违反事故救援规定的法律责任。

③《危险化学品安全监督管理条例》中对危险化学品单位的违法行为，分别规定了有关行政处罚。

第四节 安全生产管理规章制度

一、生产经营单位安全规章制度建设

生产经营单位安全规章制度是指生产经营单位依据国家有关法律法规、国家和行业标准，结合生产、经营的安全生产实际，以生产经营单位名义起草颁发的有关安全生产的规范性文件。一般包括：规程、标准、规定、措施、办法、制度、指导意见等。

（一）安全规章制度建设的目的和意义

安全规章制度是生产经营单位贯彻国家有关安全生产法律法规、国家和行业标准，贯彻国家安全生产方针政策的行动指南，是生产经营单位有效防范生产、经营过程安全生产风险，保障从业人员安全和健康，加强安全生产管理的重要措施。

建立健全安全规章制度是生产经营单位的法定责任。生产经营单位是安全生产的责任主体，国家有关法律法规对生产经营单位加强安全规章制度建设有明确的要求。《安全生产法》第四条规定"生产经营单位必须遵守本法和其他有关安全生产的法律、法规，加强安全生产管理，建立、健全安全生产责任制度，完善安全生产条件，确保安全生产"；《劳动法》第五十二条规定"用人单位必须建立、健全劳动安全卫生制度，严格执行国家劳动安全卫生规程和标准，对劳动者进行劳动安全卫生教育，防止劳动过程中的事故，减少职业危害"；《突发事件应对法》第二十二条"所有单位应当建立健全安全管理制度，定期检查本单位各项安全防范措施的落实情况，及时消除事故隐患……"所以，建立、健全安全规章制度是国家有关安全生产法律法规明确的生产经营单位的法定责任。

建立、健全安全规章制度是生产经营单位安全生产的重要保障。生产经营的目的就是追求利润，但是，在追求利润的过程中，如果不能有效防范安全风险，生产经营单位的生产、经营秩序就不能保障，甚至还会引发社会的灾难。客观上需要生产经营单位对生产工艺过程、机械设备、人员操作进行系统分析、评价，制定出一系列的操作规程和安全控制措施，以保障生产、经营工作合法、有序、安全地运行，将安全风险降到最低。在长期的生产经营活动中，生产经营单位积累了大量的安全风险防范对策措施，这些措施只有形成安全规章制度，才能有效地得到继承和发扬。

建立、健全安全规章制度是生产经营单位保护从业人员安全与健康的重要手段。安全生产的法律法规明确规定，生产经营单位必须采取切实可行的措施，保障从业人员的安全与健康。因此，只有通过安全规章制度的约束，才能防止生产经营单位安全管理的随意性，才能使从业人员进一步明确自己的权利和义务，有效地保障从业人员的合法权益。同时，也为从业人员在生产、经营过程中遵章守纪提供明确的标准和依据。

（二）生产经营单位安全规章制度的建设

安全规章制度是对安全生产客观规律的反映。国家对安全生产客观规律的认识，对安全生产工作的宏观控制，是通过法律法规、国家和行业标准的形式体现出来，作为强制执行的防范安全生产风险的对策措施。具体到安全生产责任主体的生产经营单位，就是要通过自身的安全规章制度建设来贯彻国家要求，准确把握和驾驭生产、经营过程中的安全生产客观规律，规范生产、经营秩序，保障生产安全。安全规章制度的起草和管理是安全工程师的一项基本技能。

1. 安全规章制度建设的依据

以安全生产法律法规、国家和行业标准、地方政府的法规、标准为依据。生产经营单位安全规章制度首先必须符合国家法律法规，国家和行业标准，以及生产经营单位所在地方政府的相关法规、标准的要求。生产经营单位安全规章制度是一系列法律法规在生产经营单位生产、经营过程具体贯彻落实的体现。

以生产、经营过程的危险有害因素辨识和事故教训为依据。安全规章制度的建设，其核心就是危险有害因素的辨识和控制。通过危险有害因素的辨识，有效提高规章制度建设的目的性和针对性，保障生产安全。同时，生产经营单位要积极借鉴相关事故教训，及时修订和完善规章制度，防范同类事故的重复发生。

以国际、国内先进的安全管理方法为依据。随着安全科学技术的迅猛发展，安全生产风险防范和控制的理论、方法不断完善。尤其是安全系统工程理论研究的不断深化，为生产经营单位的安全管理提供了丰富的工具，如职业安全健康管理体系、风险评估、安全性评价体系的建立等，都为生产经营单位安全规章制度的建设提供了宝贵的参考资料。

2. 安全规章制度建设的原则

① 主要负责人负责的原则。安全规章制度建设，涉及生产经营单位的各个环节和所有人员，只有生产经营单位主要负责人亲自组织，才能有效调动生产经营单位的所有资源，才能协调各个方面的关系。同时，我国安全生产的法律法规明确规定，如《安全生产法》规定"建立、健全本单位安全生产责任制；组织制定本单位安全生产规章制度和操作规程，是生产经营单位的主要负责人的职责"。

② 安全第一的原则。"安全第一，预防为主，综合治理"是我国的安全生产方针，也是安全生产客观规律的具体要求。生产经营单位要实现安全生产，就必须采取综合治理的措施，在事先防范上下功夫。在生产经营过程中，必须把安全工作放在各项工作的首位，正确处理安全生产和工程进度、经济效益等的关系。只有通过安全规章制度建设，才能把这一安全生产客观要求，融入到生产经营单位的体制建设、机制建设、生产经营活动组织的各个环节，落实到生产、经营各项工作中去，才能保障安全生产。

③ 系统性原则。风险来自于生产、经营过程之中，只要生产、经营活动在进行，风险就客观存在。因而，要按照安全系统工程的原理，建立涵盖全员、全过程、全方位的安全规章制度。即涵盖生产经营单位每个环节、每个岗位、每个人；涵盖生产经营单位的规划设计、建设安装、生产调试、生产运行、技术改造的全过程；涵盖生产经营全过程的事故预防、应急处置、调查处理等全方位的安全规章制度。

④ 规范化和标准化原则。生产经营单位安全规章制度的建设应实现规范化和标准化管理，以确保安全规章制度建设的严密、完整、有序。建立安全规章制度起草、审核、发布、教育培训、修订的严密的组织管理程序，安全规章制度编制要做到目的明确，流程清晰，标准明确，具有可操作性，按照系统性原则的要求，建立完整的安全规章制度体系。

（三）安全规章制度的编制和管理

生产经营单位应每年编制安全规章制度制定、修订的工作计划。计划的主要内容包括：规章制度的名称、编制目的、主要内容、责任部门、进度安排等，确保生产经营单位安全规章制度建设和管理的有序进行。

安全规章制度的制定一般包括起草、会签、审核、签发、发布五个流程。安全规章制度发布后，生产经营单位应组织有关部门和人员进行学习和培训，对安全操作规程类安全规章制度，还应对相关人员进行考试，考试合格后才能上岗作业。安全规章制度日常管理的重点是在执行过程中的动态检查，确保得到贯彻落实。

1. 起草

根据生产经营单位安全生产责任制，由负有安全生产管理职能的部门负责起草。安全规章制度在起草前，应首先收集国家有关安全生产法律法规、国家行业标准、生产经营单位所在地地方政府的有关法规、标准等，作为制度起草的依据，同时结合生产经营单位安全生产的实际情况，进行起草。涉及安全技术标准、安全操作规程等的起草工作，还应查阅设备制造厂的说明书等。

安全规章制度起草要做到目的明确，文字表达条理清楚、结构严谨、用词准确、文字简明、标点符号正确。

技术规程规范、安全操作规程的编制应按照企业标准的格式进行起草。其他规章制度格式可根据内容多少分章（节）、条、款、项、目结构表达，内容单一的也可直接以条的方式表达。规章制度中的序号可用中文数字和阿拉伯数字依次表述。

规章制度的草案应对起草目的、适用范围、主管部门、具体规范、解释部门和施行日期等做出明确的规定。

新的规章制度代替原有规章制度应在草案中写明白本规章制度生效后原规定废止的内容。

2. 会签

责任部门起草的规章制度草案，应在送交相关领导签发前征求有关部门的意见，意见不一致时，一般由生产经营单位主要负责人或分管安全的负责人主持会议，取得一致意见。

3. 审核

安全规章制度在签发前，应进行审核。一是由生产经营单位负责法律事务的部门，对规章制度与相关法律法规的符合性及与生产经营单位现行规章制度一致性进行审查；二是提交生产经营单位的职工代表大会或安全生产委员会会议进行讨论，对各方面工作的协调性、各方利益的统筹性进行审查。

4. 签发

技术规程规范、安全操作规程等一般技术性安全规章制度由生产经营单位分管安全生产的负责人签发，涉及全局性的综合管理类安全规章制度应由生产经营单位主要负责人签发。

签发后要进行编号，注明生效时间，以"自发布之日起执行"或"现予发布，自某年某月某日起施行"。

5. 发布

生产经营单位的安全规章制度，应采用固定的发布方式，如通过红头文件形式、在生产经营单位内部办公网络发布等。发布的范围应覆盖与制度相关的部门及人员。

6. 培训和考试

新颁布的安全规章制度应组织相关人员进行培训，对安全操作规程类制度，还应组织进行考试。

7. 修订

生产经营单位应每年对安全规章制度进行一次修订，并公布现行有效的安全规章制度清单。对安全操作规程类安全规章制度，除每年进行一次修订外，3～5年应组织进行一次全面修订，并重新印刷。

二、安全规章制度

目前我国还没有明确的安全规章制度体系建设标准。在长期的安全生产实践过程中，生产经营单位按照自身的习惯和传统，形成了各具特色的安全规章制度体系。按照安全系统工程原理建立的安全规章制度体系，一般由综合安全管理、人员安全管理、设备设施安全管理、环境安全管理四类组成；按照标准化体系建立的安全规章制度体系，一般把安全规章制度分为安全技术标准、安全管理标准和安全工作标准；按职业安全健康管理体系建立的安全规章制度体系，一般分为手册、程序文件、作业指导书三大类。

为便于生产经营单位建立安全规章制度体系，下面以安全系统工程原理，按照《安全生产法》的基本要求，对一般性生产经营单位安全规章制度体系的建立进行说明，安全生产高危行业的生产经营单位还应根据相关法律法规等进行补充和完善。

（一）综合安全管理制度

1. 安全生产管理目标、指标和总体原则

应包括：生产经营单位安全生产的具体目标、指标，明确安全生产的管理原则、责任，明确安全生产管理的体制、机制、组织机构，安全生产风险防范、控制的主要措施，日常安全生产监督管理的重点工作等内容。

2. 安全生产责任制度

应包括：生产经营单位各级领导、各职能部门、管理人员及各生产岗位的安全生产责任权利和义务等内容。

3. 安全管理定期例行工作制度

应包括：生产经营单位定期安全分析会议，定期安全学习制度，定期安全活动，定期安全检查等内容。

4. 承包与发包工程安全管理制度

应包括：生产经营单位承包与发包工程的条件、相关资质审查、各方的安全责任、安全生产管理协议、施工安全的组织措施和技术措施、现场的安全检查与协调等内容。

5. 安全措施和费用管理制度

应包括：生产经营单位安全措施的日常维护、管理；明确安全生产费用保障；根据国家、行业新的安全生产管理要求或季节特点以及生产、经营情况等发生变化后，生产经营单位临时采取的安全措施及费用来源等。

6. 重大危险源管理制度

应包括：重大危险源登记建档、进行定期检测、评估、监控，相应的应急预案管理；上报有关地方人民政府负责安全生产监督管理的部门和有关部门备案内容及管理。

7. 危险物品使用管理制度

应包括：生产经营单位存在的危险物品名称、种类、危险性；使用和管理的程序、手续；安全操作注意事项；存放的条件及日常监督检查；针对各类危险物品的性质，在相应的区域设置人员紧急救护、处置的设施等。

8. 隐患排查和治理制度

应包括：应排查的设备、设施、场所的名称，排查周期、人员、排查标准；发现问题的处置程序、跟踪管理等内容。

9. 事故调查报告处理制度

应包括：生产经营单位内部事故标准，报告程序、现场应急处置、现场保护、资料收集、相关当事人调查、技术分析、调查报告编制等；还应包括向上级主管部门报告事故的流程、内容等。

10. 消防安全管理制度

应包括：生产经营单位消防安全管理的原则、组织机构、日常管理、现场应急处置原则、程序；消防设施、器材的配置、维护保养、定期试验；定期防火检查、防火演练等内容。

11. 应急管理制度

应包括：生产经营单位的应急管理部门，预案的制定、发布、演练、修订和培训等；明确总体预案、专项预案、现场预案等内容。

12. 安全奖惩制度

应包括：生产经营单位安全奖惩的原则；奖励或处分的种类、额度等内容。

（二）人员安全管理制度

1. 安全教育培训制度

应包括：生产经营单位各级领导人员安全管理知识培训、新员工三级教育培训、转岗培训；新材料新工艺新设备使用培训；特种作业人员培训；岗位安全操作规程培训；应急培训等内容。还应明确各项培训的对象、内容、时间及考核标准等。

2. 劳动防护用品发放使用和管理制度

应包括：生产经营单位劳动防护用品的种类、适用范围、领取程序、使用前检查标准、用品寿命周期等内容。

3. 安全工器具的使用管理制度

应包括：生产经营单位安全工器具的种类、使用前检查标准、定期检验、用品寿命周期等内容。

4. 特种作业及特殊作业管理制度

应包括：生产经营单位特种作业的岗位、人员，作业的一般安全措施要求等。特殊作业是指危险性较大的作业，应包括作业的组织程序，保障安全的组织措施、技术措施的制定及执行等内容。

5. 岗位安全规范

应包括：生产经营单位除特种作业岗位外，其他作业岗位保障人身安全、健康，预防火灾、爆炸等事故的一般安全要求。

6. 职业健康检查制度

应包括：生产经营单位职业禁忌的岗位名称、职业禁忌证，定期健康检查的内容、标准等，女工保护，以及按照《职业病防治法》要求的相关内容等。

7. 现场作业安全管理制度

应包括：现场作业的组织管理制度，如工作联系单、工作票、操作票制度，以及作业的风险分析与控制制度、反违章管理制度等内容。

（三）设备设施安全管理制度

1. 三同时制度

应包括：生产经营单位新建、改建、扩建工程"三同时"的组织、执行程序；上报、备案的执行程序等。

2. 定期巡视检查制度

应包括：生产经营单位所有设备、设施的种类、名称、数量，以及日常检查的责任人员，检查的周期、标准、线路，发现问题的处置等内容。

3. 定期维护检修制度

应包括：生产经营单位所有设备、设施的维护周期、维护范围、维护标准等内容。

4. 定期检测、检验制度

应包括：生产经营单位须进行定期检测的设备种类、名称、数量；有权进行检测的部门或人员；检测的标准及检测结果管理；安全使用证或者安全标志的取得和管理等内容。

5. 安全操作规程

应包括：生产经营单位涉及的电气、起重设备、锅炉压力容器、内部机动车辆、建筑施工维护、机加工等对人身安全健康、生产工艺流程及周围环境有较大影响的设备、装置的安全操作规程。

（四）环境安全管理制度

1. 安全标志管理制度

应包括：生产经营单位现场安全标志的种类、名称、数量；安全标志的定期检查、维护等内容。

2. 作业环境管理制度

应包括：生产经营单位生产经营场所的通道、照明、通风等管理标准，以及人员紧急疏散方向、标志的管理等内容。

3. 工业卫生管理制度

应包括：生产经营单位尘、毒、噪声、辐射等涉及职业健康因素的种类、场所；定期检查、检验及控制等管理内容。

当然，生产经营单位的所有制形式、组织形式、生产过程存在的危险有害因素各不相同，这里所指的安全规章制度是原则性和指导性的，其中每个制度又可以分解成若干个制度制定。但是，只要每个制度能够做到目的明确、流程清晰、责任明确、标准明确，就能够用于规范管理或作业行为，就是一个好的安全规章制度。每个生产经营单位，都应认真策划，建立起严密、完整、有效的安全规章制度体系，并按照体系的运行管理生产、经营过程的安全工作，生产经营单位的安全生产工作就有了基本保障。

第五节 任 务 案 例

一、国际壳牌石油公司的安全管理

国际壳牌石油公司的安全管理是以如下11个方面为主要特色的，其安全管理的做法在世界石油行业，甚至在整个工业社会都具有广泛的影响。

1. 管理层对安全事项做出明确承诺

这是壳牌各项安全管理特点中最为重要的。管理层如不主动和一直给予支持，安全计划则无法推行。安全管理应被视为经理级人员一项日常的主要职责，同生产、控制成本、牟取利润及激发士气等主要职责一起，同时发挥作用。

公司管理层通过下列内容显示其对安全的承诺：

① 在策划与评估各项工程、业务及其他经营活动时，均以安全成效作为优先考虑的事项。

② 对意外事故表示关注。总裁级人员应与一位适当的集团执行董事委员会成员，商讨致命意外的全部细节及为避免意外发生所采取的有关措施。总裁级以下的管理层，亦该同样

关注各宗意外事故，就意外进行的调查及跟进工作，以及相关的赔偿福利事项。

③ 选择经验丰富及精明能干的人才承担安全部门职责。

④ 准备必要的资金，作为创造及重建安全工作环境之用。

⑤ 树立良好榜样。任何漠视公司安全标准及准则的行为，均会引起其他人员的效仿。

⑥ 参与所辖各部门进行的安全检查及安全会议。

⑦ 在公众和公司集会上及在刊物内推广安全讯息。

⑧ 每日发出指令时要考虑安全事项。

⑨ 将安全事项列为管理层会议议程要项，同时在业务方案及业绩报告内突出强调安全事项。

管理层的责任是确保全体员工获得正确的安全知识及训练，并推动他们使得壳牌集团及承包商的员工具备安全工作的意愿。改变员工态度是成功的关键。

良好的安全行为该列为其中一项雇用条件，并应与其他评定工作表现的准则获得同等重视。就公司各部门的安全成效而言，劣者需予以纠正，优者则需予以表扬。

2. 明确、细致、完善的安全政策

有效的安全政策理应精简易明，让人人知悉其内容。这些政策往往散列于公司若干文件中，并间或采用法律用语撰写，使员工有机会阅读。为此，各公司均需制定本身的安全政策，以符合各自的需求。制定政策时应以以下基本原理作为依据。

① 确认各项伤亡事故均可及理应避免的原则。

② 各级管理层均有责任防止意外发生。

③ 安全事项该与其他主要的营业目标同等重视。

④ 必须提供正确操作的设施，以及订立安全程序。

⑤ 各项可能引致伤亡事故的业务和活动，均应做好预防措施。

⑥ 必须训练员工的安全能力，并让其了解安全对他们本身及公司的裨益，而且属于他们的责任。

⑦ 避免意外是业务成功的表现。实现安全生产往往是工作有效率的证明。

以下是国际壳牌石油公司下属某公司的安全政策方案：

① 预防各项伤亡事故发生；

② 安全是各级管理层的责任；

③ 安全与其他经营目标同样重要；

④ 营造安全的工作环境；

⑤ 订立安全工序；

⑥ 确保安全训练见效；

⑦ 培养对安全的兴趣；

⑧ 建立个人对安全的责任。

3. 明确各级管理层的安全责任

某些公司仍存有一种观念，以为维护安全主要是安全部门或安全主任的责任。这种想法实为谬误。安全部门的一项重大任务就是充当专业顾问，但对安全政策或表现并无责任或义务。这项责任该由上至总经理下至各层管理人员的各级管理层共同肩负。

高层管理人员务必订阅一套安全政策，并发展及联络实行此套政策所需设立的安全组织。

安全事项为各层职员的责任，其责任需列入现有管理组织的职责范围内。各级管理层对安全的责任及义务，必须清楚介定于职责范围手册内。

　　推行安全操作、设备标准及程序，以及安全规则等安全政策时，需具备一套机制。安全组织必须确保讯息及意见上呈下达，使得全体员工有参与其中之感。

　　经理及管理人员均有责任参与安全组织的事务，并需显示个人对安全计划的承诺，譬如树立良好榜样，并及时有建设性地回应下列项目：安全成效差劣；安全成效优异；欠缺安全工序的标准；标准过低；衡量安全成效的方法正确及差劣；欠缺安全计划、方案及目标，或有所不足；安全报告及其做出的建议；不安全的工作环境及工序；各人采取的安全方法不一致；训练及指令不足；意外与事故报告及防止重演所需的行动；改善安全的构想及建议；纪律不足。

　　在评定员工表现时应该加入一项程序，就是对各经理及管理人员的安全态度及成效做出建设性及深入的考虑。全体员工均应致力参与安全活动，并了解各自在安全组织内所担当的职务和他们本身应有的责任。

　　4. 设置精明能干的安全顾问

　　经理级人员往往将安全事项交予安全部门负责，但安全部门并无权利负责，亦无义务处理他人管理下所发生的事故。其职责只是提供意见，予以协调及进行监管。要有效履行这些职责，安全部门人员需具备充分的专业知识，并与各级管理层时刻保持联络。该部门更需密切留意公司的商业及技术目标，以便向管理层提供有关安全政策、公司内部检查及意外报告与调查的指引；向设计工程师及其他人士提供专业安全资料及经验（包括数据、方法、设备等）；指导及参与有关制定指令、训练及练习的准备工作；就安全发展事项与有关公司、工业部门及政府部门保持联络；协调有关安全成效的监督及评估事项；给予管理层有关评估承包商安全成效的指引。

　　安全部门员工的信息举足轻重，且为改善安全管理计划的一大关键。建立这种信誉的途径，包括交替选派各部门员工加入安全部门，并将安全部门的要务委于素质较高的员工，作为他们职务晋升发展的能力体现。这些员工既可改善部门的素质，亦可培养本身的安全意识及安全管理文化，为日后出任其他职位打基础。

　　5. 制定严谨而广为认同的安全标准

　　壳牌将安全工作分为两个部分，设计、设备及程序上的安全工作，以及人们对安全的态度和所付诸实践的行为。设计及应用安全技术工序是达到良好安全的基本要求。

　　安全标准可以是工作程序、安全守则等。其标准适用性的关键有以下几方面。①应以书面制定，使之易于明白。②标准必须告知公司及承包商的全体员工。③当一项守则或标准所定的程序被认为不切实际及不合理时，该项守则或标准多不会为人所接受，亦不会有人甘愿遵从，而且必将难以执行。④相反，安全标准则较易接受。⑤安全标准应随环境改变，以及考虑到公司本身与其他公司所得的安全经验而进行修订。

　　安全标准的成败取决于人们遵守的程度。当标准未被遵行时，经理或管理人员务必采取有关的相应行动。假如标准遭到反对而未予纠正，则标准的可信性及经理的信誉与承诺就会被质疑。

　　6. 严格衡量安全绩效

　　采取残疾损伤或伤亡事故频率作为一项衡量安全成效的方法，且为壳牌集团进行各项伤亡事故统计的依据。这种方法与同行业或其他行业的工业安全分析作法相近，以便能对安全成效做出直接比较。

　　利用工时损失频率也是一种有效的分析指标，但在伤亡事故的总数过少，或业务规模较小，而且伤亡事故数字又接近或等于零的情况下就缺乏准确性。当出现上述情况时，不能依赖该项指标作为安全成效的指标，需采用更为精确灵敏的衡量方法。

7. 实际可行的安全目标及目的

公司通过改善安全管理的方法，使伤亡事故频率下降。只要制定的安全政策得以继续施行及人们维持对安全的承诺，每年的伤亡事故频率也应该逐步下降。一般而言，可以将伤亡事故频率每年达到一定降幅作为目标，但长远目标应为达到全无事故发生的安全成效。

管理层应制定一套计划以达到长远的安全目标，而公司推行改善安全管理计划时，更应定下推行计划的进度程序。各部门应按书面列明的进度制定各自的安全计划及目标。

安全目标尽量以数量显示，其内容可包括下列各项。

① 按照完成进度而制定的指令、守则、程序或文件。

② 召开安全委员会会议及其他安全会议的定期次数及数目。

③ 进行各项安全检查或审查的定期次数或数目。

④ 编排与安全有关设施建设的进度，及实行新程序的日期。

员工报告内应该列明与安全有关的目标或可用以衡量安全成效的任务。这些目标或任务该与部门及公司的目标符合一致。管理层若不给予员工有关改善安全成效的工具，如训练及正确装备，则不可能使安全成效有所改善。

8. 对安全水平及行为进行审查

大多数的壳牌公司均已订立安全检查及审查计划，并经常集中检查设备及程序上的安全情况，且由管理人员、经理、安全部门代表，按照多为数月一次，或数年一次的固定进度表进行。有关人员应致力于该项目提高安全检查的效用，项目包括各次检查的内容、范围及参与人选，并采取措施监督各项检查建议是否在适当时候实行。

同时，危险行为及危险工作情况亦该予以检查。此项任务可在经理或管理人员每次进入一个工作区域时进行，其中包括注意员工举动、生产操作时的方法及所穿的服饰，并留意各项工具、装备及整体的工作环境。及时纠正危险行为及情况，避免意外发生，将他们的行为及情况记录在案，成为安全评价的参考。

员工最终均可察觉何为危险行为。当某员工能够自行检查本身的工作区域和其本身与同事的行为及工作情况，而这些程序又为每个人所愿意接受时，取得良好安全成效的最佳环境便出现。唯一令员工对安全管理的态度做出上述基本转变的情形，就是公司的整体安全文化促使这类行为出现。

9. 有效的安全训练

推行改善安全管理计划务必全力确保员工在安全条件下了解计划的详情，以及计划背后的基本原理。令管理层和所辖员工及承包商接受这些基本原理，是管理层最大的挑战。此外，举办多项介绍会、研讨会及座谈会也是达到这个目标的主要措施。

这些措施可令安全计划迅速普及全公司，但管理人员与下属进行的非正式讨论及汇报亦同样重要。所用方法务必贯彻统一，使每个人均获相同的信息。高层管理部门应当参与这些介绍会，以示对安全的承诺。介绍会、研讨会及座谈会的重点内容包括改变人们对安全的态度、证明个人行为如何成为预防意外发生的关键因素。

技术训练是有效的活动，但应将特定的安全项目列入训练计划中。训练计划应有系统地加以策划，使行为上的训练与工作需要的技术训练取得平衡。管理层应策划及监督专为每个人设立的训练计划的整项进度，借以确保相关人员获得全面训练，以帮助其履行职务。

10. 强化伤亡事故调查跟进工作

各壳牌下属公司都订立有完善的事故调查程序，但进行调查的宗旨是防止事故重复发生。

进行事故调查的责任该由各级管理层负责而非安全部门。管理层应该解答的主要问题是：我们的管理制度有何不当以致这宗事故发生？

员工应知道"何为事故起因"与"责任谁负"，两个问题不应混淆。尽管一宗事故可能由一人直接引致，但有关方面往往动辄将责任归咎到有关人士身上。举例而言，与事故有关的人员可能被委以自身不能胜任的任务；或所获的指示、监督或训练有所不足；又或不熟悉有关程序或程序不适用于其当前正进行的工作等。

经验显示，如果事故调查的重点只为追究责任，则酿成意外的事实真相将更难确定。而这些真相又必须被利用来达到调查的目的——避免事故重复发生。

在调查事故起因期间，若发现公司或承包商的员工公然漠视安全，有关方面自当考虑采取相应的措施。

事故调查应按多项基本原理进行：

① 及时调查；

② 委派对工作情况有真正了解的人员参与调查；

③ 搜集及记录事实，包括组织上的关系、类似的事故及其他相关的背景资料；

④ 以"防止类似事故重复发生"作为调查目的；

⑤ 确定基本的肇事原因；

⑥ 建议各项纠正行动。

各项建议务必贯彻执行，任何所获的经验教训应该告知公司及集团全体员工，并于适当情况下告知其他有关人士。

11. 有效的管理运行及沟通

改善安全管理计划的成败，取决于员工如何获得推动力及如何互相联络沟通。

成功要诀之一是与各级员工取得沟通，渠道包括书面通知、报告、定期通讯、宣传活动、奖励（奖赏）计划、个别接触，以及最为有效的方法——在各级别职工内召开系统的安全会议。这些会议既可让每个人参与安全事项，又无需讲授内容或公开发言，同时还可在会上畅所欲言。

安全会议应由管理层轮流分工举办，并当遇有特定的安全问题需要讨论时召开。各级管理层应尽量利用各种可行的推动方法，鼓励与会者积极讨论及提出意见。令安全会议形成既见成效又具推动力的方法，是让接受管理层指导的工人主持会议，并先行得知讨论项目及讨论目的的纲要。当承包商属于工人职级时，他们亦应获得这个机会。为使会议更为见效，与会人数不应超过 20 人，而会上得出的结论及提出的关注事项亦该记录在案，并切实加以处理。

召开安全会议的主要目的是：

① 寻求方法根治危险状态和行为；

② 向全体员工传达安全讯息；

③ 获得员工建议；

④ 促使员工参与安全计划及对此做出承诺；

⑤ 鼓励员工互相沟通及讨论；

⑥ 解决任何已出现的关注事项或问题。

会上未能解决的事项及具有一般重要性的行动事项，亦应提呈适当的经理人员或其中一个属于管理层的安全委员加以重视。有关方面应尽早做出回复，以免尚待解决的行动事项不断积聚。

除召开系统的安全会议外，管理人员与下属研讨将要进行的工作时，亦需讨论相关的安全事项，如工作计划、施工过程、工作例会等。

管理层召开安全委员会及安全会议的主要目的，是探讨各级员工对安全计划的观感，以及安全资料及讯息是否正确无误地传达。为了实现继续给予员工推动力的目标，管理层务必鼓励员工做出回应，各抒己见。

二、美国杜邦公司的安全管理

适应变化的能力和对科学永无止境的探索，使得杜邦在两个世纪的历程中成为世界上最具创新能力的公司之一。然而，面对不断的变化、创新和发现，杜邦的核心价值却始终保持不变，这就是致力于安全、健康和环境、正直和具有高尚的道德标准以及公正和尊敬地对待他人。

1. 杜邦对安全的认识

杜邦在企业内部的安全、卫生和环境管理方面取得了相当成功的经验，同时它也愿意与其他企业一道分享这一经验。

（1）对安全的认识及安全效果

① 创造安全的人与安全场所。管理并不能为工人提供一个安全的场所，但它能提供一个使工人安全工作的环境。提供一个安全工作场所，即一个没有可识别到的危害的工作场所是不可能的，在很多情形下，对一个工作场所来说，它既不是安全的，也不是不安全的，它的安全程度也并非变化在安全和不安全这两个极端之间的。而正是相对于人自身，是安全的或不安全的，或更安全的，或不太安全的。是人的行为，而不是工作场所的特点决定了工伤的频率、伤害的程度以及健康、环境、财产的损坏程度等。迄今为止，还没有遇到哪一起事故不是因为人的行为所导致的。

安全是企业核心论点，重视安全，促使行为能够被不断地指导变成更安全的行为，远离不安全的行为。这里所说的行为，并非专指受了伤害的个体的行为，它也包括工人、工程师、现场专家、现场经理、首席执行官及其他人员的行为，没有任何人能够避免不安全行为。并致力于将这一理念在工作中加以强调和体现。

② 杜邦的职业安全指标水平是先进的。20 世纪 90 年代初，损失工作日事件发生率为 2.4%，这相当于在 11 万工人中一共发生了 27 起损失工作日事件，特别是 1989 年没有死亡事件。这样的结果，如果不是杜邦从早期到现在始终不渝地重视安全，是不可能取得的。

（2）对安全意义的认识　安全的效果与安全的投入之间的联系并不是一个简单的关系。今天所付出的努力可能在以后的若干年之后才产出结果，而且很可能这个结果并不能被人们意识到是由于数年前所付出的努力产出的。通过避免事故所造成的人身伤害、工厂关闭、设备损坏而降低成本的计算实际上是一个推测值。而且有一部分人一直用怀疑的眼光来看待这一切。

我们确实不能明确地给出在某个时期内企业投入 X，企业效益 Y 会有多大的提高。实际上不但 X 和 Y 之间的关系不能明确地建立，而且就 X 和 Y 自身来说也很难形成一个确定的界限。这是一个宏观上的事情。尽管在宏观的基础上来看这件事很容易，但也仍存在测算方面的问题。

"安全是有价值和有意义的"，注重安全不但能体现注重生命安全与健康的效果，而且同时也改进了企业的其他各个方面。这种观点，随着杜邦安全管理局的客户们通过工作中移植杜邦的安全文化并从中受益后，不断地被更多的人所认识。某研究机构在与杜邦进行为期不足一年的合作之后，该研究机构负责人讲："我过去确实不信安全值得花费更多的时间和精力，但是今天，安全对我已是一种乐趣了。我很欣赏我在安全方面投入的努力和我们组织作用的巨大提高。事实上我已经在质量方面搞了三年，但我仍然没有真正弄清楚我所干的事情。安全与工人福利之间的关系的建立好像比工人福利与质量之间的关系的建立更容易一些。站在总质量这个角度，从事质量安全工作就是从事质量工作的一部分。因为安全也是总的工作的一部分。在我们机构的咨询工作中，安全范围比起整个质量的概念更易具体化，安全的特征也许能说明这个明显的差别。"

比较工伤所致的费用与净收入后可以向许多管理层提供让人惊喜的信息。杜邦有很多这方面的例子，如某个管理层只采取了一个非常简单的行动便降低了工伤成本，从而提高了企业效率。如某地公司在把工伤作为管理成果好坏的一条标准之后的 6 个月内，意外伤害赔偿竟降低了 90%。杜邦安全管理局的客户，按照杜邦的咨询意见通常在头两年可降低 50% 的工作日损失。

对安全的回报还可以从一个公司的财务角度来认识，如可以从考察用于补足工伤费用的销售水平的角度来认识工伤的影响。美国工业公司 1989 年的销售利润为 5%，当年工伤统计结果是平均每起致残费用为 2.85 万美元，也就是说，每销售 57 万美元产品的利润，才能支付一起致残工伤。从创造利润这一点来讲，减少一起伤害，总比增加 50 万～60 万美元的销售要容易得多。可见，安全就是效益。

因此，即使不为工人，不为股东，也不是为了公众的，起码为了企业的生存，也要确保生产安全。

伤害并非偶然，它们是由人们的行为引发的，正是由于安全具备的这种核心本质，才出现了成功的管理者奉献其时间、金钱和能量来解决安全问题。关心工人、关心顾客、关心公众、关心环境、关心股东的福利，是安全方面取得成功的基础。

综上所述，我们应该认识到，工人、公众和环境的安全是强制性的。作业过程中保障工人、公众和环境，防止不利因素的影响和危害的产生，已经被证明是值得的。事实上，在安全上的努力，不是企业经营的负担。安全上的努力及费用是用来降低整体的成本，是明智的花费，这样的投入，事实上是降低了操作成本。安全已经被证明是有价值的事业。

2. 杜邦的安全哲学

杜邦公司的高层管理者对其公司的安全承诺是：致力于使工人在工作和非工作期间获得最大程度的安全与健康；致力于使客户安全地销售和使用我们的产品。

安全管理是公司事业的组成部分，是建立在基石上的信仰。这种信仰认为，所有的伤害和职业病都是可以预防的；任何人都有责任对自己和周围工友的安全负责，管理人员对其所辖机构的安全负责。

3. 杜邦公司的安全目标

杜邦公司针对自身的安全理念和要求，明确了安全目标，即零伤害、零职业病、零环境损坏。

4. 杜邦的安全信仰

杜邦公司的安全信仰归纳如下。

① 所有伤害和职业病都是可以预防的。

② 关心工人的安全与健康至关重要，必须优先于对其他各项目标的关心。

③ 工人是公司最重要的财富，每个工人对公司做出的贡献都具有独特性和增值性。

④ 为了取得最佳的安全效果，管理层针对其所做出的安全承诺，必须发挥出领导作用并做出榜样。

⑤ 安全生产将提高企业的竞争地位，在社会公众和顾客中产生积极的影响。

⑥ 为了有效地消除和控制危害，应积极地采用先进技术和设计。

⑦ 工人并不想使自己受伤，因此能够进行自我管理，预防伤害。

⑧ 参与安全活动，有助于增加安全知识，提高安全意识，增强对危害的识别能力，对预防伤害和职业病有很大的帮助作用。

5. 杜邦公司的安全管理原则

杜邦的安全管理原则可归纳如下。

① 把安全视为所从事的工作的一个组成部分。

② 确立安全和健康作为就业的一个必要条件，每个职工都必须对此条件负责。

③ 要求所有的工人都要对其自身的安全负责，同时也必须对其他职员的安全负责。

④ 管理者对预防伤害和职业病负责，对工人遭遇工伤和职业病的后果负责。

⑤ 提供一个安全的工作环境。

⑥ 遵守一切职业安全卫生法规，并努力做到高于法规的要求。

⑦ 把工人在非工作期间的安全与健康作为我们关心的范畴。

⑧ 充分利用安全知识来帮助客户和社会公众。

⑨ 使所有工人参与到职业安全卫生活动中去，并使之成为产生和提高安全动机、安全知识和安全技能的手段。

⑩ 要求每一个职员都有责任审查和改进其所在的系统、工艺过程。

6. 明确安全具有压倒一切的优先理念

公司面临着一个复杂而又迫切的任务，那就是在事关竞争地位的各个方面（客户服务、质量、生产）要进行不断的提高。但是，所有这一切如果不能安全地去做，就绝不可能做好。安全具有压倒一切的优先权。

在任何情况下，繁忙绝不能成为忽视安全的理由。

7. 安全人人（层层）有责

每个工人都要对其自身的安全和周围工友的安全负责。每个厂长、车间主任及工段长对其手下职员的安全都负有直接的责任。这种层层有责的责任制在整个机构中必须非常明确。

领导一定要多花费一点时间到工作现场，到工人中间去询问、发现和解决安全问题。

提倡互相监督、自我管理的同时，也必须做出这样的组织安排，即确保领导和工人在安全方面进行经常性的接触。

8. 杜邦不能容忍任何偏离安全制度和规范的行为

杜邦的任何一员都必须坚持杜邦公司的安全规范，遵守安全制度，这一点是不容置疑的，这是在杜邦就业的一个基本条件。如果不这样去做，将受到纪律处罚，甚至解雇，有时即使受伤也不例外。这是对管理者和工人的共同要求。

三、国内典型的安全管理模式介绍

安全管理模式是企业在一定时期内指导安全生产管理工作、涉及安全生产管理的目标、原则、方法、措施等内容的综合安全管理体系。本节所介绍的几种安全管理模式均是企业在长期的安全生产管理经验的基础上，将现代安全管理的理论与企业安全生产管理工作的实践相结合的产物。

（一）"0123" 安全管理模式

1989 年，鞍山钢铁公司提出了 "0123" 安全管理模式。概括起来说，"0123" 安全管理模式是以 "事故为零" 为目标，以 "一把手" 负责制为核心的安全生产责任制为保证，以标准化作业、安全标准化班组建设为基础，以全员教育、全面管理、全线预防为对策的安全管理模式。

1. 事故为零

"事故为零" 指所有职工都以伤害事故为零作为奋斗目标开展目标管理，保障自己和他人在生产经营活动中的安全健康，确保生产经营活动中的安全健康，确保生产经营活动的稳定进行。

在开展安全目标管理中，要坚持严明职责、严密制度、严肃纪律和严格考核的从严治厂原则，运用强制手段保证安全目标的顺利实现。

2. 一把手负责制为核心的安全生产责任制

一把手负责制为核心的安全生产责任制，是指各级党政工团的第一负责人共同对安全生产负主要责任；企业各个管理和技术部门实行专业管理，分兵把口，齐抓共管；各个岗位人员，人人负安全生产责任。

一把手负责制指企业各级组织机构的党政工团第一负责人（即"一把手"）都对职权范围内的安全生产全面负责。这是因为，安全生产在生产经营活动中居第一的位置，就必须一把手管。只有一把手管，才能迅速果断决策安全生产重大问题，才能调动全员认真管安全生产，才能统筹全局，改变企业的安全生产状况。

3. 标准化作业和安全标准化班组

鞍山钢铁公司以标准化活动的形式推广标准化作业。标准化作业活动的全部内容包括制定作业标准、落实作业标准和对作业标准实施进行监督考核。其具体做法如下。

① 加强领导，建立标准化组织体系。企业成立标准化领导机构，由企业的主要领导负责，分管领导和有关部门人员参加；同时成立标准化管理机构，统筹规划，组织、协调、指导标准化工作。

② 大力开展标准化作业的宣传教育，有针对性地解决干部群众的认识问题。

③ 开展安全意识评价活动，组织各单位、各部门人人评价、层层评价，通过安全意识评价和大讨论，引导广大职工认清标准化作业是自我防护的最好措施，自觉与习惯作业决裂，促进由"要我安全"向"我要安全"、"我会安全"的转变。

④ 组织经常性的学习训练，克服习惯作业，不断提高标准化作业意识和标准化作业技能。

⑤ 对标准化作业的实施加强检查、严格考核。要建立标准化作业检查制度和考核制度，实行经常性检查和定期检查制度，考核上要采取逐级考核、定量考核、定期考核，考核结果要与经济责任制挂钩，发挥经济杠杆的作用。

⑥ 注意发现和培养先进典型经验，以点带面，推进标准化作业活动步步深入。

班组是企业最基层的生产单位，是企业有机整体的细胞，是精神文明建设和物质文明建设的前沿阵地，也是企业一切工作的落脚点。搞好班组建设，对提高企业整体素质、保持企业的旺盛活力、完成生产经营目标具有十分重要的意义。

安全标准化班组建设是企业班组建设的一个重要方面。安全标准化班组建设，就是以"事故为零"为目标，以加强班组安全全面管理、提高群体安全素质为主要内容，采取各种有效形式开展达标活动，实现个人无违章、岗位无隐患、班组无事故的目的。

标准化作业是以作业标准去规范生产活动中的行为，主要是控制个体行为问题，而安全标准化班组建设是控制群体行为、实现班组生产作业条件安全的问题。通过全面加强班组安全管理，提高班组成员的群体素质，提高班组生产作业条件的安全水平，既能保证标准化作业的落实、消除人的不安全行为，又能改善生产作业条件，消除物、环境的不安全因素。这样，同时抓好标准化作业和安全标准化班组，就能有效地控制事故的发生。

鞍山钢铁公司标准化班组的基本条件如下。

① 班组长要经过安全培训考试合格，具备识别危险、控制事故的能力，班组成员要有"安全第一"的意识、"我管安全"的责任和"我保安全"的任务。

② 熟练掌握本岗位安全技术规程和作业标准，做到考试合格上岗，并百分之百地贯彻执行规程和标准。

③ 开好班前会、过好安全活动日，开展标准化作业练兵和安全教育等。

④ 做到工具、设备无缺陷和隐患，安全防护装置齐全、完好、可靠，作业环境整洁良好，安全通道畅通，安全标志醒目，正确使用、佩戴个体防护用品。

⑤ 危险源要有标志，对危险控制有措施，责任落实到人。

⑥ 班组有考核制度，严格考核，奖罚分明。

⑦ 实现个人无违章、岗位无隐患、班组无事故，安全生产好。

4. 全员教育、全面管理、全线预防

全员教育、全面管理、全线预防是实现安全生产的具体对策，它体现了安全工作必须全员参加、全方位管理、全过程控制的现代安全管理原则。

全员教育系指对企业的全体职工（从厂长到工人）及其家属的安全教育。安全生产是全体职工的事，必须发动群众、依靠群众。对企业领导到每名职工乃至家属都要进行教育，提高整体的安全意识和安全技能，培养良好的安全习惯。

全面管理是对生产过程中的人、工艺、设备、环境等因素进行安全管理。要通过推行标准化作业消除不安全行为；要制定先进合理的工艺流程，搞好工序衔接，优化工艺技术；要搞好设备维修，消除设备缺陷，开展查隐患、查缺陷、搞整改活动，完善安全防护装置，实现物的安全；要开展群众性的整理、整顿活动，使环境整洁，以改善生产作业环境。

全线预防是针对企业生产经营各条战线各个层次中存在的危险源进行识别、评价和控制，通过多重控制形成多道安全生产防线。

（二）"三化五结合"安全生产模式

1989 年，抚顺西露天矿提出了"三化五结合"安全生产模式。"三化"指行为规范化、工程程序化、质量标准化；"五结合"指传统管理与现代管理相结合，狠反三违（违章指挥、违章作业、违反劳动纪律）与自主保安相结合，奖罚与思想教育相结合，主观作用与技术装备相结合，监督检查与超前防范相结合。

1. 行为规范化、工作程序化、质量标准化

① 行为规范化。制定由领导到工人的行为规范、安全作业规程和作为职工必须遵守的行为准则，规范人的行为。

② 工作程序化。工作程序是作业标准的一种，它把职工每天的工作划分为上班、班前、出工、施工、收工、下班、班后 7 个步骤。对每个步骤都规定了具体工作内容和注意事项，要求职工严格执行。

③ 质量标准化。质量标准化是指机械设备、生产环境和技术装备及工程质量等满足规定要求的性能。为了实现质量标准化，首先建立技术标准、工作标准、管理标准体系，使质量标准化工作走向规范化；其次是进行质量标准化教育，并组织工程质量、隐患整改、文明生产大会战，狠抓治理工作。

2. "五结合"

五结合是为实现行为规范化、工作程序化、质量标准化所遵循的管理工作原则和工作方法。它符合唯物辩证法，具体内容如下。

① 传统管理与现代管理相结合。传统管理是指依靠法规、规程等强制手段为主的管理。现代管理是指安全目标管理、系统安全管理等以职工参与管理为特征的管理。

② 狠反"三违"与自主保安相结合。在采取强制措施狠反违章指挥、违章作业、违反劳动纪律的同时，开展自尊、自爱、自教的安全教育，使职工由"领导要我安全"变为"我要安全，我会安全、我做安全"。

③ 奖罚与思想教育相结合。在实行奖罚的同时，结合职工实际，进行思想教育工作。

在经常性的安全思想教育中，注意职工的思想状态和情绪变化，做深入细微的思想工作，做好受处罚人员的帮教工作，消除逆反心理。

④ 主观作用与技术装备相结合。在发挥人的主观能动作用的同时，改善技术装备和作业条件。

⑤ 监督检查与超前防范相结合。在作业前和作业过程中进行监督检查，及时发现不安全问题。对于存在的不安全问题及时采取措施解决，实现超前防范。

（三）"01467"管理模式

这是燕山石化总结的一种安全管理模式。其内涵是：0代表重大人身、火灾爆炸、生产、设备、交通事故为零的目标；1代表行政一把手是企业安全第一责任者；4代表全员、全过程、全方位、全天候的安全管理和监督；6代表安全法规标准系列化、安全管理科学化、安全培训实效化、生产工艺设备安全化、安全卫生设施现代化、监督保证体系化；7代表规章制度保证体系、事故抢救保证体系、设备维护和隐患整改保证体系、安全科研与防范保证体系、安全检查监督保证体系、安全生产责任制保证体系、安全教育保证体系。

（四）"0457"管理模式

由扬子石化公司创立，其内容是：0代表围绕"事故为零"这一安全目标；4代表全员、全过程、全方位、全天候（简称"四全"）为对策；5代表以安全法规系列化、安全管理科学化、教育培训正规化、工艺设备安全化、安全卫生设施现代化这五项安全标准化建设为基础；7代表安全生产责任制落实体系、规章制度体系、教育培训体系、设备维护和整改体系、事故抢救体系、科研防治体系这七大安全管理体系为保护。

课 后 任 务

一、现场参观

1. 分析某实训室实际实训过程中存在的危险，提出预防和控制风险的措施，制定和完善安全操作规程等安全管理规章制度。

二、综合复习

1. 何谓事故致因理论？

2. 系统原理对现代安全管理实践有何指导意义？

3. 人本原理对现代安全管理实践有何指导意义？

4. 《安全生产法》对于从业人员的权利和义务是如何规定的？

5. 试说明安全生产法规与标准在企业安全管理中可以各自发挥哪些独特的作用？

第 二 篇

环 境 保 护

第九章 环境保护概述

 学习目标：

学习环境保护的基础知识，认识传统化工生产带来的环境污染问题，熟悉环境污染的类型和特点，理解进行环境保护的重要性和必然性。 学习环境科学的内容、任务和分支，了解环境保护的发展方向，重点培养学生环境保护的基本思想。

第一节 环境问题概述

人类是环境的产物，人类要依赖自然环境才能生存和发展；人类又是环境的改造者，通过社会性生产活动来利用和改造环境，使其更适合人类的生存和发展。《中华人民共和国环境保护法》中把环境定义为：影响人类生存和发展的各种天然和经过人工改造的自然因素的总体，包括大气、水、海洋、土地、矿藏、森林、草原、野生生物、自然遗迹、人文遗迹、自然保护区、风景名胜、城市和乡村等。

由于人类活动或自然原因使环境条件发生不利于人类的变化，以致影响人类的生产和生活，给人类带来灾害，这就是环境问题。

环境问题多种多样，归纳起来有两大类：一类是自然演变和自然灾害引起的原生环境问题，也叫第一环境问题，如地震、洪涝、干旱、台风、崩塌、滑坡、泥石流等；另一类是人类活动引起的次生环境问题，也叫第二环境问题和"公害"。次生环境问题一般又分为环境污染和环境破坏两大类，如乱砍滥伐引起的森林植被的破坏、过度放牧引起的草原退化、大面积开垦草原引起的沙漠化和土地沙化、工业生产造成大气、水环境恶化等。

一、环境问题及其发展

环境问题贯穿于人类发展的整个阶段。但在不同历史阶段，由于生产方式和生产力水平的差异，环境问题的类型、影响范围和程度也不尽一致。依据环境问题产生的先后和轻重程度，环境问题的发生与发展，可大致分为三个阶段。

1. 早期环境问题阶段

自人类出现直至工业革命为止，是早期环境问题阶段。早期人类社会因乱采、乱捕破坏人类聚居的局部地区的生物资源而引起生活资料缺乏甚至饥荒，或者因为用火不慎而烧毁大片森林和草地，迫使人们迁移以谋生存；以农业为主的奴隶社会和封建社会的环境问题则是在人口集中的城市，各种手工业作坊和居民抛弃生活垃圾，曾出现环境污染。

[案例1]　美索不达米亚平原位于幼发拉底河和底格里斯河之间（现伊拉克境内），是著名的巴比伦文明的发源地。公元前，这里曾经是林木葱郁、沃野千里，富饶的自然环境孕育了辉煌的巴比伦文化——"楔形文字"、《汉穆拉比法典》、60 进制计时法……巴比伦城是当时世界上最大的城市、西亚著名的商业中心，巴比伦国王为贵妃修建的"空中花园"被誉为世界七大奇迹之一。然而，巴比伦人在创造灿烂的文化、发展农业的同时，却由于无休止地垦耕、过度放牧、肆意砍伐森林等，破坏了生态环境的良性循环，使这片沃土最终沦为风沙肆虐的贫瘠之地，2000 年前漫漫黄沙使巴比伦王国在地球上销声匿迹。如今，这块土地所供养的人口还不及汉穆拉比时代的 1/4，而那座辉煌的巴比伦城，直到近代，才由考古学家发掘出来，重新展现在世人面前。

[案例2]　黄河流域是我国古老文明的发祥地，4000 多年前，这里森林茂盛、水草丰富、气候温和、土地肥沃。据记载，周代时，黄土高原森林覆盖率达到 53%，良好的生态环境，为农业发展提供了优越条件。但是，自秦汉开始，黄河流域的森林不断遭到大面积砍伐，使水土流失日益加剧，黄河泥沙含量不断增加。宋代时黄河泥沙含量就已达到 50%，明代增加到 60%，清代进一步达到 70%，这就使黄河的河床日趋增高，有些河段竟高出地面很多，形成"悬河"，遇到暴雨时节，河水便冲决堤坝，泛滥成灾，黄河因此而成为名副其实的"害河"。与此同时，这一带的沙漠面积日复一日地扩大，生态环境急剧恶化。

2. 近现代环境问题阶段

从工业革命到 1984 年发现南极臭氧空洞为止，是近现代环境问题阶段。这一时期环境问题主要表现为：出现了大规模环境污染，局部地区的严重环境污染导致"公害"病和重大公害事件的出现；自然环境的破坏，造成资源稀缺甚至枯竭，开始出现区域性生态平衡失调现象。

[案例3]　马斯河谷事件。1930 年 12 月 1～5 日，比利时马斯河谷的气温发生逆转，工厂排出的有害气体和煤烟粉尘，在近地大气层中积聚。3 天后，开始有人发病，一周内 60 多人死亡，还有许多家畜死亡。这次事件主要是由于几种有害气体和煤烟粉尘污染的综合作用所致，当时的大气中二氧化硫浓度高达 25～100mg/m³。

[案例4]　水俣病事件。日本一家生产氮肥的工厂从 1908 年起在日本九州南部水俣市建厂，该厂生产流程中产生的甲基汞化合物直接排入水俣湾。从 1950 年开始，先是发现"自杀猫"，后是有人生怪病，因医生无法确诊而称之为"水俣病"。经过多年调查才发现，此病是由于食用水俣湾的鱼而引起。水俣湾因排入大量甲基汞化合物，在鱼的体内形成高浓度的积累，猫和人食用了这种被污染的鱼类就会中毒生病。

3. 当代环境问题阶段

从 1984 年发现南极臭氧空洞，引起第二次世界环境问题高潮至今，为当代环境问题阶段。当前世界的环境问题表现为：环境污染出现了范围扩大、难以防范、危害严重的特点，自然环境和自然资源难以承受高速工业化、人口剧增和城市化的巨大压力，世界自然灾害显著增加。

二、当前世界的主要环境问题

到目前为止已经威胁人类生存并已被人类认识到的环境问题主要有：全球变暖、臭氧层破坏、酸雨、淡水资源危机、能源短缺、森林资源锐减、土地荒漠化、物种加速灭绝、垃圾成灾、有毒化学品污染等众多方面。

1. 全球变暖

导致全球变暖的主要原因是人类在近一个世纪以来大量使用矿物燃料（如煤、石油等），排放出大量的 CO_2 等多种温室气体。全球变暖的后果，会使全球降水量重新分配，冰川和冻土消融，海平面上升等，既危害自然生态系统的平衡，也威胁人类的食物供应和居住环境。

2. 臭氧层破坏

在地球大气平流层里存在着一个臭氧层，其含量虽然极微，却具有强烈的吸收紫外线的功能，它能挡住太阳紫外辐射对地球生物的伤害，保护地球上的一切生命。然而人类生产和生活所排放出的一些污染物，如氟氯烃类化合物以及其他用途的氟溴烃类等化合物，在紫外线的照射下，可以将臭氧（O_3）催化分解为氧分子（O_2），使臭氧迅速耗减，臭氧层遭到破坏。南极的臭氧层空洞，就是臭氧层破坏的一个显著标志。

3. 酸雨

酸雨是由于空气中 SO_2 和氮氧化物（NO_x）等酸性污染物引起的 pH 值小于 5.6 的酸性降水。受酸雨危害的地区，出现了土壤和湖泊酸化，植被和生态系统遭受破坏，建筑材料、金属结构和文物被腐蚀等一系列严重的环境问题。全球受酸雨危害严重的有欧洲、北美及东亚地区。我国 20 世纪 80 年代，酸雨主要发生在西南地区，到 90 年代中期，已发展到长江以南、青藏高原以东及四川盆地的广大地区。

4. 淡水资源危机

地球表面只有不到 3% 是淡水，其中又有 2% 封存于极地冰川之中。在仅有的 1% 淡水中，25% 为工业用水，70% 为农业用水，只有很少的一部分可供饮用和其他生活用途。然而尽管如此，水却被大量滥用、浪费和污染，加之区域分布不均匀，随着地球上人口的激增，生产迅速发展，致使世界上缺水现象十分普遍，全球淡水危机日趋严重。一些河流和湖泊的枯竭，地下水的耗尽和湿地的消失，不仅给人类生存带来严重威胁，而且许多生物也正随着人类生产和生活造成的河流改道、湿地干化和生态环境恶化而灭绝。

5. 资源、能源短缺

当前，世界上资源和能源短缺问题已经在大多数国家甚至全球范围内出现。这种现象的出现，主要是人类无计划、不合理地大规模开采所至。从目前石油、煤、水利和核能发展的情况来看，要满足这种需求量是十分困难的。因此，在新能源（如太阳能、快中子反应堆电站、核聚变电站等）开发利用尚未取得较大突破之前，世界能源供应将日趋紧张。此外，其他不可再生性矿产资源的储量也在日益减少，这些资源终究会被消耗殆尽。

6. 森林锐减

森林是人类赖以生存的生态系统中的一个重要的组成部分。由于世界人口的增长，对耕地、牧场、木材的需求量日益增加，导致对森林的过度采伐和开垦，使森林受到前所未有的破坏。据统计，全世界每年约有 1200 万公顷的森林消失，其中占绝大多数是对全球生态平衡至关重要的热带雨林。

7. 土地荒漠化

当前世界荒漠化现象仍在加剧，荒漠化已经不再是一个单纯的生态环境问题，而且演变为经济问题和社会问题，它给人类带来贫困和社会不稳定。在人类当今诸多的环境问题中，荒漠化是最为严重的灾难之一。对于受荒漠化威胁的人们来说，荒漠化意味着将失去最基本的生存基础—有生产能力的土地的消失。

8. 物种加速灭绝

一般来说物种灭绝速度与物种生成的速度应是平衡的。但是，由于人类活动破坏了这种平衡，使物种灭绝速度加快，据《世界自然资源保护大纲》估计，每年有数千种动植物灭绝，而且灭绝速度越来越快。物种灭绝将对整个地球的食物供给带来威胁，对人类社会发展带来的损失和影响是难以预料和挽回的。

9. 垃圾成灾

全球每年产生垃圾近 100 亿吨，而且处理垃圾的能力远远赶不上垃圾增加的速度，特别是一些发达国家，已处于垃圾危机之中。垃圾除了占用大量土地外，还污染环境。危险垃圾，特别是有毒、有害垃圾的处理问题（包括运送、存放），因其造成的危害更为严重、产生的危害更为深远，而成了当今世界各国面临的一个十分棘手的环境问题。

10. 有毒化学品污染

由于化学品的广泛使用，全球的大气、水体、土壤乃至生物都受到了不同程度的污染、毒害，连南极的企鹅也未能幸免。自 20 世纪 50 年代以来，涉及有毒有害化学品的污染事件日益增多，如果不采取有效防治措施，将对人类和动植物造成严重的危害。

第二节　化工环境污染概况

化工废弃物多种多样，而且数量巨大，这些废弃物在一定浓度以上大多是有害物质，有的还是剧毒物质，进入环境中就会造成污染；有些化工产品在使用过程中也会引起污染，甚至比生产自身带来的污染更为严重。

一、化工污染发展历程

化工污染从化学工业的发展过程来看，大致分为三个阶段。

1. 早期化工污染阶段

19 世纪末以生产酸、碱等无机化工原料为主的时期是早期的化工污染阶段。当时化学工业主要的污染物是酸、碱、盐等无机污染物，这一时期化工生产规模小，产生的污染物单一，不足以构成大面积的流域性污染，环境污染问题不明显。

2. 煤化学工业时期

从 20 世纪初到 20 世纪 40 年代，是化学工业污染的发展时期。这一时期由于冶金、炼焦工业的迅速发展，化学工业迅速发展，进入以煤为原料生产化工产品的煤化学工业时期。一系列以煤、焦炭和煤焦油为原料的有机化学工业产品开始大量生产，在这个时期无机化学工业的规模和数量也不断扩大，导致有机污染对环境的影响加大，有时与无机污染物有协同作用，化学工业污染现象变得更加严重。

3. 石油化学时代

从 20 世纪 50 年代开始，石油工业的崛起，化学工业转入以石油和天然气为主要原料的"石油化学时代"，随着石油化学工业的高速发展，环境污染泛滥成灾，达到了前所未有的地步，化工污染成为化学工业发展过程中亟待解决的一个重大问题。

二、化工污染分类

按环境要素划分，化工生产对环境的污染主要可以分为大气污染、水体污染和固体废物污染，即"工业三废"：废水、废气、废渣。此外还有噪声污染以及其他污染，如光污染、辐射污染、热污染等。

1. 水体污染

化工废水都是在化工过程中产生的。不同行业、不同生产方式、不同管理水平对废水的产生数量和污染物的种类及浓度有很大的影响。化工废水的来源多种多样，主要包括以下几个方面。

（1）物料冲刷形成的废水　化工生产的原料和产品在生产、包装、运输、堆放的过程中因一部分物料流失，经雨水冲刷而形成的废水。

（2）化学反应不完全而产生的废料　一般的化学反应只能达到 $70\% \sim 80\%$ 的转化率，未反应的物料虽然可以经分离或提纯后重复利用，但在循环使用过程中，杂质增多。这种残余浓度低且成分不纯的物料常常以废水的形式排放到环境中。

（3）化学副反应中产生的废水　在某些情况下，化学反应产生的副产物，数量不大，成分比较复杂，分离比较困难，分离效率也不高，回收经济不合算等，常作为废水排放。

（4）冷却水　化工生产常常需要在高温下反应，成品或半成品用水冷却时，冷却水与反应物料直接接触，排出的废水不可避免地含有化学成品或半成品物料。

（5）一些特定工艺排放的废水　如蒸汽喷射泵排出的废水，蒸馏和汽提的排水与高沸残液，酸洗或碱洗过程排放的废水，溶剂处理过程中排出的废溶剂等。

（6）地面和设备清洗废水

[案例5]　2009年，文昌市某选矿厂，洗钛矿的污水没有经过处理就直接排入水库与泄洪渠。排入泄洪道的污水使泄洪道的水变成了黄色，泄洪道流经的地方出现许多树林死亡。而洗钛留下的乌黑矿渣，却随便排放在水库边上与树林间，任由风吹雨打，污染着这里的生活生产环境。村民用该水库的水浇地，庄稼一浇就死。该选矿厂造成了严重的水体污染。

2. 大气污染

石油化学工业中的炼油厂和石油化工厂的加热炉和锅炉燃烧排放燃烧废气；生产装置产生不凝气、弛放气和反应中产生的副产品等过剩气体；轻质油品、挥发性化学药品和溶剂在储运过程中的挥发、泄漏；废水和废弃物的处理和运输过程中散发的恶臭和有毒气体；以及石油化工工厂再生产原料和产品运输过程中的挥发和泄漏散发出的废气是石油化工工业废气的主要来源。

石油化工废气按生产行业可分为石油炼制废气、石油化工废气、合成纤维废气和石油化肥废气。四大生产行业排放的废气按照排放方式可分为：燃烧烟气、生产工艺废气、火炬废气和无组织排放废气。

（1）燃烧烟气污染　石油化工装置燃烧烟气排放量约占废气排放总量的 60%。石油化工的加热炉多以减压渣油为燃料，渣油含硫 $0.2\% \sim 3\%$，燃烧产生废气中含二氧化硫、氮氧化物和固体颗粒，经除尘后排放，其中的二氧化硫、氮氧化物多未经过处理，一般采用高空排放。

（2）工艺废气污染　石油化工企业生产装置规模较大，因此工艺废气排放量较大。污染物扩散范围较大，虽经高空排放，环境污染仍较严重。

（3）火炬废气污染　火炬是石油化工生产必备的安全环保设施。石油化工生产装置在开、停工及非正常操作（如放气减压）情况下将可燃性气体泄到火炬燃烧后排放。火炬排污量相对加热炉要大，对环境影响也较大。

（4）尾气污染　石油化工生产的工艺废气经过工业装置回收及处理后成为尾气排入环境。

（5）无组织排放的废气污染　石油化工企业的无组织排放主要包括两部分：一是生产过程中管线、机泵、设备等的泄漏及地沟内液体的挥发排入环境的有害气体；二是轻质石油化工产品在储运过程中的石油产品蒸气挥发进入环境污染空气。

为了减少石油化工工业废气污染，除了采取必要的环境治理措施，有效管理污染物的排放和治理外，根本的措施是采用无污染或少污染的先进生产工艺；改进设备，提高机泵设备和管道设备的密闭性；积极开展废气的回收和综合利用。

[案例6]　位于常州的某化工园区，总规划面积 $13km^2$，坐落着 90 余家不同类型的化工企业。

在化工园区外围，一座座化工企业沿路而建。阴天能见度较低，园区内一丛丛气雾飘向天空凝结在一起，形成巨大的"云雾"，远处高耸的烟囱仅现出下半截，另外半截在"云雾"的遮掩之下全然不见踪影。伴随着浓浓的气雾，空气中弥漫着怪异的气味，每隔一段路，气味就有所不同，"有的时候闻起来是臭的，有的时候有点酸，有的时候甚至还会出现香味，但味道终究很是刺鼻，感觉让人恶心"，一位当地居民反映。

步入该园区，各种化工设备整齐地安置在众多企业的厂区内，一些蒸馏设备正向外排放着浓浓的蒸气，绝大部分企业是敞开式厂区，远远望去，不少厂区内设置了成方成块的污水池，黑色的工业污水存放其中，味道极其难闻。在靠近长江岸堤的不远处，还保留着几块小池塘，但池塘里的水也已变为黑色，湿地的淤泥散发着腐臭味。

化工园造成的大气污染，严重影响了附近的居民生活，使得居民怨声载道，向当地环保部门强烈举报，并有一些居民离开了这里。

3. 固体废物污染

用于化学工业生产的各种原料最终约有 2/3 变成了废弃物，而这些废弃物中固体废物约占一半以上，可见化工废渣的产生量十分巨大。化工废渣一般具有毒性、易燃性、腐蚀性、放射性等特点，对环境的污染危害严重。化工废渣除由生产过程中产生之外，还有非生产性的固体废物，如原料及产品的包装垃圾、工厂的生活垃圾等，这些垃圾中也含有很多有害物质。

根据废渣对人体和环境的危害性不同，通常将化工废渣分为一般工业废渣和危险废渣。一般工业废渣指对人体健康或环境危害小的废物，如硫酸矿渣和合成氨制造炉渣等。危险废渣则指的是具有有毒、腐蚀性、反应性、易燃易爆等特性的废渣。化学工业不同行业的固体废物如表 9-1 所示。

表 9-1　化学工业固体废物主要污染物

生产类型	主要污染物
无机盐行业	铬渣、氰渣、电炉炉渣、富磷泥
氯碱工业	含汞盐泥、废石棉隔膜、电石泥渣、废汞催化剂、电石渣
磷肥工业	电炉炉渣、泥磷、磷石膏
氮肥工业	炉渣、废催化剂、铜泥、氧化炉灰
纯碱工业	蒸馏废液、岩泥、苛化泥
硫酸工业	硫铁矿烧渣、水洗净化污泥、废催化剂
有机原料及合成材料	皂化废渣、电石渣、废硫酸亚铁
燃料工业	废硫酸、氧化滤液
化学矿山	尾矿

[案例7]　河南省某化工集团主要生产红矾钠及系列产品。由于处置废渣比较困难，加之企业片面追求经济效益，20 多万吨含有剧毒的 Cr^{6+} 废渣在厂区内露天堆积。据该企业工作多年的专业人员反映，Cr^{6+} 极易溶于水中，若处理不当，污染到植物会使之烧焦枯萎，

污染到人畜会致病致命。

按国家环保部门的高要求，需对这种废渣进行高温焙烧无害化处理，最低的要求也要做到"三防"处理，即防飞扬、防渗漏、防流失等。过去，该企业曾在附近山里建了一个占地40亩的渣池，已储存20多万吨废渣。由于没有做好封存处理，曾一度使大量废渣水流出来，导致成片的树、草等植物枯死。针对废渣治理，该企业曾计划利用一墙之隔的火电厂对废渣进行焙烧处理，又因影响火电厂工艺、成本和二次污染等原因，仅试烧一个月就终止了。

2008年，在该厂现场可以看到，堆积如山的剧毒废渣，从厂区的空坝里一直堆放到了厂旁的涧河岸边，废渣堆的前缘正在向河里延伸，若遇特大暴雨或其他特殊情况，将对当地及周边地市乃至黄河造成严重污染。

4. 噪声污染和其他污染

在化工生产中除了大气污染、水污染及化工废渣污染之外，噪声污染防治、热污染防治及电磁污染防治也是很重要的。如果防治不好，同样会对化工生产和人体健康带来直接或间接的危害。

随着工业的高度发展和城市人口的迅猛膨胀，噪声已成为现代城市居民每天感受到的公害之一。一般认为凡是不需要的、使人厌烦并对生活和生产有妨碍的声音都是噪声。对于化工企业的噪声的来源主要有：压缩机、风机等设备的噪声，加热炉噪声、凉水塔噪声、空气冷却器噪声、调节阀噪声、管道噪声、火炬噪声、放空噪声以及电动机噪声等。

此外，化工厂存在的热污染和电磁污染对环境的影响也不可忽略。例如，化工厂将加热水直接排放到河流中，导致河水温度发生改变，水生生物因环境改变不适而死亡，一些致病病菌则大量滋生，从而导致水质变差。

第三节　环境科学

一、环境科学研究的对象和任务

环境科学是在20世纪50年代环境问题严重化的背景下诞生的，1954年美国学者最早提出了"环境科学"一词。国际性环境科学机构出现于20世纪60年代，1968年国际科学联合理事会设立了环境问题科学委员会，20世纪70年代出现了以环境科学为内容的专门著作，其中为1972年"联合国人类环境会议"而出版的《只有一个地球》是环境科学中一部最著名的绪论性著作。

1. 环境科学研究的对象

环境科学是研究人类生存的环境质量及其保护与改善的科学。环境科学研究的环境，是以人类为主体的外部世界，即人类赖以生存和发展的物质条件的综合体，包括自然环境和社会环境。环境科学所研究的社会环境是人类在自然环境的基础上，通过长期有意识的社会劳动所创造的人工环境。它是人类物质文明和精神文明发展的标志，并随着人类社会的发展不断丰富和演变。

2. 环境科学研究的任务

环境科学主要探索全球范围内环境演化的规律；揭示人类活动同自然生态之间的关系；探索环境变化对人类生存的影响；研究区域环境污染综合防治的技术措施和管理措施等。

在人类改造自然的过程中，为使环境向有利于人类的方向发展，避免向不利于人类的方向发展，就必须了解环境变化的过程，包括环境的基本特性、环境结构的形式和演化机理等。

人类生产和消费系统中物质和能量的迁移、转化过程是异常复杂的。但必须使物质和能量的输入同输出之间保持相对平衡。这个平衡包括两项内容，一是排入环境的废弃物不能超过环境自净能力，以免造成环境污染，损害环境质量；二是从环境中获取可更新资源不能超过它的再生增殖能力，以保障永续利用。因此，社会经济发展规划中必须列入环境保护的内容，有关社会经济发展的决策必须考虑生态学的要求，以求得人类和环境的协调发展。

环境变化是由物理的、化学的、生物的和社会的因素，以及它们的相互作用所引起的。因此必须研究污染物在环境中的物理、化学的变化过程，在生态系统中迁移转化的机理，以及进入人体后发生的各种作用，包括致畸作用、致突变作用和致癌作用。同时，必须研究环境退化同物质循环之间的关系。这些研究可为保护人类生存环境、制定各项环境标准、控制污染物的排放量提供依据。

实践证明环境保护需要综合运用多种工程技术措施和管理手段，从区域环境的整体出发，调节技术措施和管理手段，从区域环境的整体出发，调节并控制人类和环境之间的相互关系，利用系统分析和系统工程的方法寻找解决环境问题的最优方案。

环境科学的目的如下。

① 为制定标准提供依据。为维护环境质量、制定各种环境质量标准，污染物排放标准提供科学依据。

② 为科学立法提供依据。为国家制定环境规划、环境政策以及环境与资源保护立法提供依据。

二、环境科学的分类

环境科学主要是运用自然科学和社会科学的有关学科的理论、技术和方法来研究环境问题。在与有关学科相互渗透、交叉的中形成了许多分支学科。属于自然科学方面的有环境地学、环境生物学、环境化学、环境物理学、环境医学、环境工程学；属于社会科学方面的有环境管理学、环境经济学、环境法学等。现在比较普遍的分类方法是将环境科学划分为基础环境学、应用环境学和环境学三大部分，见图9-1所示。

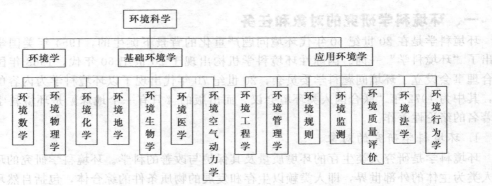

图9-1　环境科学的分类

1. 环境地学

以人-地系统为对象，研究它的发生和发展，组成和结构，调节和控制，改造和利用。主要研究内容有：地理环境和地质环境等的组成、结构、性质和演化，环境质量调查、评价和预测，以及环境质量变化对人类的影响等。

环境地学的学科体系尚未完全定型，目前较成熟的分支学科有环境地质学、环境地球化学、环境海洋学、环境土壤学、污染气象学等。

2. 环境生物学

研究生物与受人类干预的环境之间的相互作用的机理和规律。它有两个研究领域：一个是针对环境污染问题的污染生态学；一个是针对环境破坏问题的自然保护。

环境生物学以研究生态系统为核心，向两个方向发展：从宏观上研究环境中污染物在生态系统中的迁移、转化、富集和归宿，以及对生态系统结构和功能的影响；从微观上研究污染物对生物的毒理作用和遗传变异影响的机理和规律。

3. 环境化学

主要是鉴定和测量化学污染物在环境中的含量，研究它们的存在形态和迁移、转化规律，探讨污染物的回收利用和分解成为无害的简单化合物的机理。它有两个分支：环境污染化学和环境分析化学。

4. 环境物理学

研究物理环境和人类之间的相互作用。主要研究声、光、热、电磁场和射线对人类的影响，以及消除其不良影响的技术途径和措施。声、光、热、电、射线，为人类生存和发展所必需。但是，它们在环境中的量过高或过低，就会造成污染和危害。

5. 环境医学

研究环境与人群健康的关系，特别是研究环境污染对人群健康的有害影响及其预防措施，包括探索污染物在人体内的动态和作用机理，查明环境致病因素和致病条件，阐明污染物对健康损害的早期反应和潜在的远期效应，以便为制定环境卫生标准和预防措施提供科学依据。环境医学的研究领域有环境流行病学、环境毒理学、环境医学监测等。

6. 环境工程学

是运用工程技术的原理和方法，防治环境污染，合理利用自然资源，保护和改善环境质量。主要研究内容有大气污染防治工程、水污染防治工程、固体废物的处理和利用、噪声控制等，并研究环境污染综合防治，以及运用系统分析和系统工程的方法，从区域环境的整体上寻求解决环境问题的最佳方案。此外，环境工程学还研究控制污染的技术经济问题，开展技术发展的环境影响评价工作。

7. 环境管理学

研究采用行政的、法律的、经济的、教育的和科学技术的各种手段调整社会经济发展同环境保护之间的关系，处理国民经济各部门、各社会集团和个人有关环境问题的相互关系，通过全面规划和合理利用自然资源，达到保护环境和促进经济发展的目的。

8. 环境经济学

研究经济发展和环境保护之间的相互关系，探索合理调节人类经济活动和环境之间的物质交换的基本规律，其目的是使经济活动能取得最佳的经济效益和环境效益。

环境是一个有机的整体，环境污染又是极其复杂的、涉及面相当广泛的问题。因此，在环境科学发展过程中，环境科学的各个分支学科虽然各有特点，但又互相渗透，互相依存，它们是环境科学这个整体的不可分割的组成互相依存，它们是环境科学这个整体的不可分割的组成部分。

第四节 环保产业

一、环保产业的定义

环保产业一般有狭义和广义的两种理解，环保产业的狭义理解是终端控制，即在环境污染控制与减排、污染清理以及废弃物处理等方面提供产品和服务，美国称为"环境产业"。环保产业的广义理解包括生产中的清洁技术、节能技术，以及产品的回收、安全处置与再利用等，是对产品从"生"到"死"的绿色全程呵护，日本称为"生态产业"或"生态商务"。

环境保护部《关于环保系统进一步推动环保产业发展的指导意见》（环发［2011］36号）中指出：环保产业是为社会生产和生活提供环境产品和服务活动，为防治污染、改善生态环境、保护资源提供物质基础和技术保障的产业。

二、环保产业产品目录

根据国家发展改革委和环境保护部 2010 年 4 月 16 日共同发布《当前国家鼓励发展的环保产业设备（产品）目录（2010 年版）》鼓励发展八大领域环保设备 147 项产品，分别如下。

水污染治理设备：鼓励产品集中在生化废水、含重金属离子废水治理，污泥处理与利用以及直接关系到人体健康和环境安全的消毒设备等领域。污水处理设备领域中龙头企业主要有洪城股份、创业环保。

空气污染治理设备：包括工业炉窑除尘设备、电站烟气脱硫设备、有害气体净化设备、煤炭清洁燃烧设备、烟气脱硫专用设备等。电除尘器是治理大气粉尘污染的主要设备，在电除尘器领域，菲达环保与龙净环保股份占有超过 40％的市场份额。

固体废物处理设备：重点支持固体废物无害化处理处置设备；对有排放指标要求的焚烧类处置设备从严控制；龙头企业主要有合加资源与华光股份。

噪声控制装置：选择城市区域噪声治理设备作为鼓励发展的方向。

环境监测仪器：将在线污染物连续监测设备列入鼓励发展范围。

节能和可再生能源利用设备：可再生能源是指可以再生的能源总称，包括生物质能源、太阳能、光能、沼气等。生物质能源主要是指秸秆、甜高粱等。

资源综合利用和清洁生产设备：包括废旧物资综合利用设备、三废综合利用设备、余压余热利用设备、农业废弃物处理利用设备四个鼓励内容。

环保材料与药剂：将环保专用药剂和专用材料纳入鼓励发展范围。

三、我国环保产业发展

我国环保产业发展过程可分为三个阶段。一是技术服务阶段，特点是针对某个环保治理项目，提供技术方案，组织规模小；二是项目承接阶段，特点是为环保项目提供设计、施工、调试及运营等一揽子服务，组织成规模化发展；三是以产品为核心的品牌阶段，是以产品营销为核心，以企业品牌为依托，以项目融资、项目承接、产品营销、技术服务等为内容。因此要将我国环保产业潜在市场转化为现实市场，需要不断增加环保投入，严格执法监督，实施强强联合战略。

经过多年的发展，我国的设备制造业与国外的差距仍然存在，这种差距体现在环境污染治理设备、在线监测仪器的制造方面；环保企业在转化、引进、吸收国外成熟环保技术和设备以及在技术工艺的开发方面远远低于其他行业，无法提供满足我国日益严重的环境污染需要的技术工艺和缺乏解决日益扩大的环境问题的综合实力；没有统一的管理规范和约束机制，市场准入的条件没有限制，环保的市场资源比较分散，无法形成竞争优势。

四、环境服务业

环境服务业是以有效的环境执法监管为前提，运用市场化、产业化、社会化的方式，促进各类环境问题解决，最终实现环境质量改善。环境服务业的发展水平是衡量现代社会经济发达程度和社会成熟程度的重要标志之一。

我国环境服务业包括以下内容：治理水、气、噪声振动、固体废物等污染，其中水、气污染物治理设施运营已经设置临时性行政许可，噪声、振动治理服务未设置许可，危险废弃物实行经营许可证制度。改善环境质量与修复被污染环境介质，包括水体、大气环境质量改善，土壤（场地）污染修复等。环境咨询、培训与评估，包括工程咨询、环境影响评价、环境技术评价、清洁生产审核、环境执业能力培训、环境损害评估等。环境认证与符合性评定，包括环境标志产品认证、环境管理体系认证、有机产品认证、生态建设示范评定、环保科技成果评奖、环境技术专利评定等。环境监测和污染检测，包括社会化环境监测、机动车排放控制性能定期检测、污染物自动监测设施运营（已设置临时性行政许可）等。环境投融资和保险，包括企业环境融资、环保投资、环境保险等。

"十一五"时期，社会各方面对环境服务的需求得以初步释放，驱动环境服务业实现快速增长，环境服务业收入年增长率约为30%，城市污水处理设施社会化运营比例为50%，工业水、气污染治理设施社会化运营比例为5%。"十一五"末期，我国环境服务业年收入总额为1500亿元，在环保产业中的比重为15%，从业单位1.2万家，从业人员270万人。

我国环境服务业发展中目前还存在一些问题，比如行业规模小，在环保产业中占比偏低；企业规模小，大型、综合性服务企业数量少；服务类型较少，社会化和专业化程度低等。环境服务业是为满足应对和解决各类环境问题的需要而产生的。由于环境问题的多元性、广泛性和复杂性，准确地界定环境服务业的范围比较困难。

课 后 任 务

一、课后实践

1. 观察你身边是否存在化工生产带来的水污染现象，其污染是怎样形成的？
2. 观察你身边是否存在化工生产带来的大气污染现象，其污染是怎样形成的？
3. 观察你所处城市是否存在化工废渣污染现象，其污染是怎样形成的？
4. 你所处的环境是否存在其他化工污染，其来源是什么？
5. 查阅资料，分析我国环境问题现状和治理现状。
6. 搜集资料，分析我国环境保护法律政策现状。
7. 搜集资料，比较国内环境问题和治理现状，以及环境保护发展方向。

二、综合复习

1. 什么是环境科学？它的研究对象是什么？
2. 简述环境问题产生发展的历程。
3. 根据环境问题的发展历程，你认为导致环境问题的实质是什么？据此，应当如何控制环境问题？
4. 人类与环境之间的关系是什么？
5. 当前人类面临哪些环境问题，我国的环境状况如何？
6. 简述温室效应形成的原因及危害。
7. 简述臭氧层空洞形成的原因及危害。
8. 简述酸性降水形成的原因及危害。
9. 环境污染对生物有何影响？
10. 环境科学可分为哪几部分？

第十章 废水的综合治理技术

学习目标：

了解工业废水的来源以及化工废水的来源和危害，熟悉污染事故处理及工作特点；学习化工废水的防治原理，熟悉化工水污染防治的基本措施和治理技术。重点学习化工废水的物理、化学、生物等不同的处理方法，培养学生保护水资源的意识，培养学生在化工项目的建设和生产过程中防治水污染的技术工作能力。

第一节 工业废水的来源、分类及处理

日趋加剧的水污染，已对人类的生存安全构成重大威胁，成为人类健康、经济和社会可持续发展的重大障碍。据世界权威机构调查，在发展中国家，各类疾病有 80% 是因为饮用了不卫生的水而传播的，每年因饮用不卫生水至少造成全球 2000 万人死亡，因此，工业水污染被称作"世界头号杀手"。

工业废水是指工业生产过程中产生的废水、污水和废液，其中含有随水流失的工业生产用料、中间产物和产品以及生产过程中产生的污染物。

一、工业废水来源

1. 采矿及选矿废水

各种金属矿、非金属矿、煤矿开采过程中产生的矿坑废水，主要含有各种矿物质悬浮物和有关金属溶解离子。硫化矿床的矿水中含有硫酸及酸性矿水，有较大的污染性。选矿或洗煤的废水，除含有大量的悬浮矿物粉末或金属离子外，还含有各类浮选剂。

2. 金属冶炼废水

炼铁、炼钢、轧钢等过程的冷却水及冲浇铸件、轧件的水污染性不大；洗涤水是污染物质最多的废水，如除尘、净化烟气的废水常含大量的悬浮物，需经沉淀后方可循环利用，但酸性废水及含重金属离子的水有污染。

3. 炼焦煤气废水

焦化厂、城市煤气厂等在炼焦与煤气发生过程中产生严重污染的废水，含有大量酚、氨、硫化物、氰化物、焦油等杂质，可产生多方面的污染效应。

4. 机械加工废水

主要含有润滑油、树脂等杂质，机械加工各种金属制品所排出的废液和冲洗废水，还含有各种金属离子如铬、锌以及氰化物等，它们都是剧毒性的。电镀废水的涉及面很广，且污

染性大，是重点控制的工业废水之一。

5. 石油工业废水

主要包括石油开采废水、炼油废水和石油化工废水三个方面。油田开采出的原油在脱水处理过程中排出含油废水，这种废水中还含有大量溶解盐类，其具体成分与含油地层地质条件有关。

炼油厂排出的废水主要是含油废水、含硫废水和含碱废水。含油废水是炼油厂最大量的一种废水，主要含石油，并含有一定量的酚、丙酮、芳烃等；含硫废水具有强烈的恶臭，对设备具有腐蚀性；含碱废水主要含氢氧化钠，并常夹带大量油和相当量的酚和硫，pH 可达 11～14。

石油化工废水成分复杂。裂解过程的废水基本上与炼油废水相同，除含油外还可能有某些中间产物混入，有时还含有氰化物。由于产品种类多且工艺过程各不相同，废水成分极为复杂。总的特点是悬浮物少，溶解性或乳浊性有机物多，常含有油分和有毒物质，有时还含有硫化物和酚等杂质。

6. 化工废水

化学工业包括有机化工和无机化工两大类，化工产品多种多样，成分复杂，排出的废水也多种多样。多数有剧毒，不易净化，在生物体内有一定的积累作用，在水体中具有明显的耗氧性质，易使水质恶化。

无机化工废水包括从无机矿物制取酸、碱、盐类基本化工原料的工业，这类生产中主要是冷却用水，排出的废水中含酸、碱、大量的盐类和悬浮物，有时还含硫化物和有毒物质。有机化工废水则成分多样，包括合成橡胶、合成塑料、人造纤维、合成染料、涂料、制药等过程中排放的废水，具有强烈耗氧的性质，毒性较强，且由于多数是人工合成的有机化合物，因此污染性很强，不易分解。

7. 造纸废水

造纸工业使用木材、稻草、芦苇、破布等为原料，经高温高压蒸煮而分离出纤维素，制成纸浆。在生产过程中，最后排出原料中的非纤维素部分成为造纸黑液。黑液中含有木质素、纤维素、挥发性有机酸等，有臭味，污染性很强。

8. 纺织印染废水

纺织废水主要是原料蒸煮、漂洗、漂白、上浆等过程中产生的含天然杂质、脂肪以及淀粉等有机物的废水。印染废水是洗染、印花、上浆等多道工序中产生的，含有大量染料、淀粉、纤维素、木质素、洗涤剂等有机物，以及碱、硫化物、各类盐类等无机物，污染性很强。

9. 皮毛加工及制革废水

主要包括皮毛和皮革的清整等加工过程，经浸泡、脱毛、清理等预备工序排出的废水，富含单宁酸和铬盐，有很高的耗氧性，是污染性很强的工业废水之一。

10. 食品工业废水

食品工业的内容极其复杂，包括制糖、酿造、肉类、乳品加工等生产过程，所排出的废水都含有机物，具有强的耗氧性，且有大量悬浮物随废水排出。动物性食品加工排出的废水中还含有动物排泄物、血液、皮毛、油脂等，并可能含有病菌，因此耗氧量很高，比植物性食品加工排放的废水的污染性高得多。

二、工业废水分类

分类方法通常有以下三种。

第一种是按工业废水中所含主要污染物的化学性质分类，含无机污染物为主的为无机废水，含有机污染物为主的为有机废水。例如电镀废水和矿物加工过程的废水，是无机废水；

食品或石油加工过程的废水，是有机废水。

第二种是按工业企业的产品和加工对象分类，如冶金废水、造纸废水、炼焦煤气废水、金属酸洗废水、化学肥料废水、纺织印染废水、染料废水、制革废水、农药废水、电站废水等。

第三种是按废水中所含污染物的主要成分分类，如酸性废水、碱性废水、含氰废水、含铬废水、含镉废水、含汞废水、含酚废水、含醛废水、含油废水、含硫废水、含有机磷废水和放射性废水等。

前两种分类法不涉及废水中所含污染物的主要成分，也不能表明废水的危害性。第三种分类法，明确地指出废水中主要污染物的成分，能表明废水一定的危害性。

此外也有从废水处理的难易度和废水的危害性出发，将废水中主要污染物归纳为三类：第一类为废热，主要来自冷却水，冷却水可以回用；第二类为常规污染物，既无明显毒性而又易于生物降解的物质，包括生物可降解的有机物，可作为生物营养素的化合物，以及悬浮固体等；第三类为有毒污染物，既含有毒性而又不易生物降解的物质，包括重金属、有毒化合物和不易被生物降解的有机化合物等。

实际上，一种工业可以排出几种不同性质的废水，而一种废水又会有不同的污染物和不同的污染效应。例如染料工厂既排出酸性废水，又排出碱性废水。纺织印染废水，由于织物和染料的不同，其中的污染物和污染效应就会有很大差别。即便是一套生产装置排出的废水，也可能同时含有几种污染物。如炼油厂的蒸馏、裂化、焦化、叠合等装置的塔顶油品蒸气凝结水中，含有酚、油、硫化物。在不同的工业企业，虽然产品、原料和加工过程截然不同，也可能排出性质类似的废水。如炼油厂、化工厂和炼焦煤气厂等，可能均有含油、含酚废水排出。

三、处理方法

工业废水处理方法按其作用原理可分为四大类，即物理处理法、化学处理法、物理化学处理法和生物处理法。

1. 物理处理法

通过物理作用，以分离、回收废水中不溶解的呈悬浮状态污染物质（包括油膜和油珠），常用的有重力分离法、离心分离法、过滤法等。

2. 化学处理法

向污水中投加某种化学物质，利用化学反应来分离、回收污水中的污染物质，常用的有化学沉淀法、混凝法、中和法、氧化还原（包括电解）法等。

化学法可使用聚合氯化铝絮凝剂，作为一种无机高分子絮凝剂，通过压缩双层、吸附中和、吸附架桥、沉淀网补等机理作用，使水中细微悬浮粒子和胶体脱稳、聚集、絮凝、混凝、沉淀，达到净化处理效果，由于其 pH 值宽，适应性好，在工业废水处理上的应用也就非常得广泛。

3. 物理化学处理法

利用物理化学作用去除废水中的污染物质，主要有吸附法、离子交换法、膜分离法、萃取法等。

4. 生物处理法

通过微生物的代谢作用，使废水中呈溶液、胶体以及微细悬浮状态的有机性污染物质转化为稳定、无害的物质，可分为好氧生物处理法和厌氧生物处理法。

四、处理原则

废水的有效治理应遵循如下原则。

①　最根本的是改革生产工艺，尽可能在生产过程中杜绝有毒有害废水的产生。如以无毒用料或产品取代有毒用料或产品。

②　在使用有毒原料以及产生有毒的中间产物和产品的生产过程中，采用合理的工艺流程和设备，并实行严格的操作和监督，消除漏逸，尽量减少流失量。

③　含有剧毒物质废水，如含有一些重金属、放射性物质、高浓度酚、氰等废水应与其他废水分流，以便于处理和回收有用物质。

④　一些流量大而污染轻的废水如冷却废水，不宜排入下水道，以免增加城市下水道和污水处理厂的负荷。这类废水应在厂内经适当处理后循环使用。

⑤　成分和性质类似于城市污水的有机废水，如造纸废水、制糖废水、食品加工废水等，可以排入城市污水系统。应建造大型污水处理厂，包括因地制宜修建的生物氧化塘、污水库、土地处理系统等简易可行的处理设施。与小型污水处理厂相比，大型污水处理厂既能显著降低基本建设和运行费用，又因水量和水质稳定，易于保持良好的运行状况和处理效果。

⑥　一些可以生物降解的有毒废水如含酚、氰废水，经厂内处理后，可按容许排放标准排入城市下水道，由污水处理厂进一步进行生物氧化降解处理。

⑦　含有难以生物降解的有毒污染物废水，不应排入城市下水道和输往污水处理厂，而应进行单独处理。

第二节　化工废水的来源及特点

化学工业包括有机化工和无机化工两大类，化工产品多种多样，成分复杂，排出的废水也多种多样。多数有剧毒，不易净化，在生物体内有一定的积累作用，在水体中具有明显的耗氧性质，易使水质恶化。

无机化工废水包括从无机矿物制取酸、碱、盐类基本化工原料的工业，这类生产中主要是冷却用水，排出的废水中含酸、碱、大量的盐类和悬浮物，有时还含硫化物和有毒物质。有机化工废水则成分多样，包括合成橡胶、合成塑料、人造纤维、合成染料、油漆涂料、制药等过程中排放的废水，具有强烈耗氧的性质，毒性较强，且由于多数是人工合成的有机化合物，因此污染性很强，不易分解。

一、废水的分类及其危害

化工废水是指化工厂生产产品过程中所生产的废水，如生产乙烯、聚乙烯、橡胶、聚酯、甲醇、乙二醇、油品罐区、空分空压站等装置的含油废水。化工废水都是在化工生产过程中产生的，不同行业、不同企业、不同原料对废水的产生数量和污染物的种类和浓度有不同的影响。

1. 含油废水

含油废水的主要来源是油气和油品的冷凝水、油气和油品的洗涤水、反应生成水、机泵填料函冷却水、化验室排水、油罐切水、油槽车洗涤水、炼油设备洗涤排水、地面冲洗水等，含油废水在水面形成油膜，阻碍氧气进入水体且易黏附和填塞鱼的鳃部，使鱼类窒息死亡，在含油废水水域中孵化鱼苗多为畸形，影响岸边的环境卫生和植物生长，同时降低了江滨的使用价值。

2. 含硫废水

含硫废水主要来源于炼油厂的二次加工装置分离的排出水、富气洗涤水等，由于这部分废水含油较高的硫化物、氨，同时还含油酚、氰化物和油类等污染物，具有强烈的恶臭和较大的腐蚀性，呈墨绿色，它不但具有含油废水的危害，还能大量地消耗水中的氧气，使水体缺氧，从而造成水中耗氧生物的大量死亡。

3.含环烷酸废水

含环烷酸废水来源于炼油厂环烷酸回收装置的排水、柴油罐区脱水以及环烷酸废水的碱渣中和水。废水中主要含环烷酸、环烷酸钠和油类等污染物。由于环烷酸和环烷酸钠是环状的非烃类化合物及其盐类，又是乳化剂，因此使废水乳化非常严重，且难以生物降解，因此需进行预处理。

4.含氰废水

含氰废水主要来源于丙烯腈装置和化纤厂腈纶三纤维生产过程中的聚合车间，纺织车间以及回收车间二效蒸发装置的排水，炼油厂催化裂化也排出含氰废水。

[**案例 1**]　2009 年 4 月 25 日 13 时 37 分，张家口市崇礼县某矿业公司某尾矿库旧的排水斜槽进水（该排水斜槽为 1986 年建设，原已进行封堵弃用），导致 4000 多立方米含氰化物尾矿废水泄漏，废水流入清水河至下三道河，长约 22km。

处置方法：对尾矿库泄漏点进行封堵加固，阻止废水进一步泄漏；沿清水河断面分别设 3 个点（上两间房、水晶屯、西甸子）向受污染水体投撒漂白粉进行降解消毒；张家口市政府于 4 月 27 日指示张家口市环保局赶赴现场。张家口市环境监测站从清水河东窑子断面开始逆流而上，选择不同功能的断面进行地表水监测，经监测，氰化物全部达标。

5.含酚废水

含酚废水的来源很广，除了炼油厂、页岩干馏厂和石油化工厂外，还有焦化厂等。含酚废水是一种危害大、污染范围广的工业废水，若不经处理而任意排放，对水系、鱼类以及农作物将带来严重危害，水中的酚易被皮肤吸收；酚蒸气体会通过呼吸道进入人体而引起中毒、损害神经系统、肝肾和心脏。

[**案例 2**]　2006 年 6 月 12 日山西省忻州市繁峙县神堂堡乡大寨口村附近交通事故，车辆翻进河道内，约有 40 余吨煤焦油流入河道，煤焦油随水体流向下游，威胁阜平县饮用水源和北京市备用水源地王块水库；阜平县政府采取了分段截水筑坝（25km 内共筑了 6 个坝）的措施，因坝有渗漏现象，拟继续增加筑坝数量。投放活性炭吸附清除污染物，并选开阔地采用大量散投或用活性炭筑坝。

污染带前锋距饮用水源地 30km 左右（水速 0.5m/s 左右），截水措施已经发挥了作用，污染团处于筑坝内。根据监测数据，主要污染物为挥发酚（超标 600 倍以上）。

6.含苯废水

含苯废水主要来自于制苯车间、苯酚丙酮装置、苯乙烯装置、聚苯乙烯装置、乙基苯装置、烷基苯装置以及乙烯装置的裂解急冷水洗废水。

[**案例 3**]　2005 年 11 月 13 日，中石油吉林石化分公司双苯厂发生爆炸事故。约 100t 苯、硝基苯和苯胺，随着消防用水进入松花江。污染带于 12 月 16 日进入中俄界河。期间，沿江部分居民的生活生产用水受到影响，尤其是大型城市哈尔滨停水 4 天，在国内外造成巨大影响。

7.含氟废水

含氟废水主要来源于烷基化装置 HF 酸再生塔排出的含有重质烃类的废水，含氟气体湿法净化排出的废水及地面冲洗水。

[**案例 4**]　2004 年 6 月 28 日，四川资阳市安岳县卫生防疫站对八庙乡水厂进水水质进行例行监测时，发现其含氟量超标。经全力排查，当地环保部门初步认为含氟量超标的水源来自乐至县境内。资阳市环保局接到情况上报后，迅速启动事故应急预案，并经现场检查和监测，查明污染源为某磷化工公司。该公司生产设备严重老化，其氟硅酸钠生产车间氟水储

存池底部渗漏排放超标含氟废水，直接导致下游水质氟化物浓度超标，影响了群众饮用水安全。资阳市环保局迅速切断了污染源，及时部署事故处置工作。

经现场查证，事故调查组对这起事故提出了四点处理意见：一是责令该磷化工公司普钙车间停产进行整治，彻底切断污染源；二是尽快通告下游沿江群众不能饮用八庙乡水厂自来水；三是加大监测频率；四是对沿江排污企业进行排查和监控，尤其是加大对重点污染源的监管力度。经过水库开闸放水交换和稀释等一系列措施，7月4日，沿江所有断面氟化物含量都低于 2mg/L，四川出境断面（大安）的氟化物含量低于 1mg/L，达到国家 III 类水域水质标准。至此，受污染河流基本恢复正常。

8. 含氨氮废水

氨氮是一种来源广泛的重要环境污染物质，排入水体后易加剧水体富营养化而引起赤潮的发生，对水生生态系统有重要影响。所以，尽量减少工业废水氨氮的排放是一项重要的环保措施。

9. 含砷废水

采用石脑油或煤油等为原料（石脑油砷含量约为 1000×10^{-9}）生产高辛烷值汽油和化纤单体时，为防止催化剂中毒和延长催化剂的寿命，要求原料油中含砷量低于 200×10^{-9}，故需脱砷，严格控制原料油中的砷含量。

[案例 5]　2006 年 9 月 8 日发生新墙河重大水污染事件，某化工公司和某矿化工公司，其中某化工公司长期违法超标排污。某化工公司自 2004 年投产以来的废水已对该公司排污沟及排污渠道、附近农田、鱼塘等造成严重污染。其排水沟中仍有少量砷 480～1400mg/L，超标 959～2799 倍的废水未处置；厂区周围部分鱼塘、水塘存积砷浓度超标达 55～325 倍废水（200～500t）；厂区附近的农田除受严重污染的已经采取措施在整治外，还有部分农田未采取有效措施处置，部分超标 40～259 倍的废水（100～150t）。污染了岳阳县 10 多万人水源饮用水取水口水质。

处理方法：切断污染源；上游水库加大放水量稀释水体降低污染物的浓度；采用多阶梯式石灰坝和投放石灰、聚合硫酸铁的综合处置措施。

10. 含酸碱废水

含酸碱废水主要来源于炼油厂、石油化工厂的洗涤水、成品油罐的切水、锅炉水、化学药剂设施及酸碱泵房的排水。对于高浓度（含酸 4% 以上或含碱 2% 以上）的酸碱废水首先考虑回收利用，对于低浓度的酸碱废水，一般采用中和法处理。

二、化工废水的特点

化学工业在经济建设中处于十分重要的地位，然而，它又是造成环境污染的主要工业污染之一。化工废水污染具有以下特点。

1. 废水排放量大

化工生产中需进行化学反应，化学反应要在一定温度、压力以及催化剂作用等条件下进行。在化工生产过程中工艺用水及冷却用水用量很大，故废水排放量大。废水排放量占全国工业废水总量的 30% 左右，居各工业系统之首。

2. 污染物种类多

水体中的烷烃、烯烃、卤代烃、醇、酚及硝基化合物等有机物和无机物，大多是化工生产过程中或化工产品应用过程中所排放的。如合成氨生产排放出的废水有含氰废水、含硫废水、含炭黑废水以及含氨废水等，农药、燃料产品的化学结构复杂，生产流程长、工序多，排出的种类更多。

3．污染物毒性大，不易降解

所排放的许多有机物和无机物中不少是直接危害人体和生物的毒物。许多有机化合物和金属无机物可通过食物链进入人体，对生物和人体健康极为有害，甚至在某些生物体内能不断富集。

4．有害物质较多

废水中含有有害物质较多，如1986年统计的数据表明，化工废水中主要有害污染物年排放量达215万吨左右，其中主要有害污染物如废水中氰化物的排放量占总氰化物排放量的一半，而汞的排放量则占全国排放总量的2/3。

5．化工废水的水量和水质差异大

化工废水的水量和水质视其原料路线、生产工艺方法和生产规模不同而有很大差异。一种化工产品的生产，随着所用的原料不同，采用的生产工艺不同，或生产规模的不同，所排放的废水水量和水质也不相同。针对不同污染类型的水体，要分别防治控制。

6．污染范围广

化学工业企业多，遍及各城市及郊区，甚至农村。由于化工具有行业多、厂点多、品种多、生产方法多及原料和能源消耗多等特点造成污染面广。

第三节　水污染的控制技术

经过多年的努力，水污染控制技术已经成为污染控制技术中发展最快、工艺种类最多、手段最完备的技术。

一、废水水质的控制指标

废水水质的控制指标，其特性主要是指废水中的污染物种类及其物理化学性质、浓度等。由于化工废水中所含的污染物不同，其特性也不同。化工废水中污染物的种类及主要控制的水质指标，详见表10-1。

表 10-1　化工废水中污染物的种类及主要控制的水质指标

污染物种类		主要控制的水质指标
固体污染物		固体悬浮物(SS)、浊度、总固体(TS)
需氧污染物		生化需氧量(BOD)、化学需氧量(COD)、总需氧量(TOD)、总有机碳(TOC)
营养性污染物		氮、磷
酸碱污染物		pH 值
有毒污染物	无机化学毒物	金属毒物：汞、铬、镉、铅、锌、镍、铜、钴、锰、钛等 非金属毒物：砷、硒、氰、氟、硫、亚硝酸根等
	有机化学毒物	农药(DDT、有机氯、有机磷等)、酚类化合物、聚氯联苯、稠环芳烃(如：苯并芘)、芳香族氨基化合物
	放射性物质	X射线、α射线、β射线、γ射线
油类污染物		石油类、动植油类
感官性污染物		色度、臭味、浊度、漂浮物
热污染		温度

化工废水主要控制的水质指标有：有毒类物质、有机物质、悬浮物、pH值、色度、温度等。

二、废水控制治理技术分类

化工废水污染的控制治理技术，按对污染物实施的作用不同，大致可分为两类：一类是通过各种外力作用，把有害物从废水中分离出来，称为分离法。另一类是通过化学或生化的作用，使其转化为无害的物质或可分离的物质（此部分物质再经过分离予以除去），称为转化法，分离和转化的技术是多种多样的，其详细种类见表 10-2、表 10-3。

表 10-2　废水处理的分离法技术

污染物存在形式	分离法技术
离子态	离子交换法、电解法、电渗析法、离子吸附法、离子浮选法
分子态	萃取法、结晶法、精馏法、浮选法、反渗透法、蒸发法
胶体	混凝法、气浮法、吸附法、过滤法
悬浮物	重力分离法、离心分离法、磁力分离法、筛滤法、气浮法

表 10-3　废水治理的转化法技术

技术机理	转化法技术
化学转化	中和法、氧化还原法、化学沉淀法、电化学法
生物转化	活性污泥法、生物膜法、厌氧生物处理法、生物塘法和氧化沟法

习惯上，又按处理机理的不同，将化工废水污染控制治理技术分为四类：物理法、化学法、物理化学法和生物化学法。

现代废水处理技术，按处理的程度，划分为一级处理、二级处理和三级处理。

一级处理主要是去除废水中的悬浮固体和漂浮物质，同时起到中和、均衡、调节水质的作用。主要采用筛滤、沉淀等物理处理技术。处理水达不到排放标准，必须进行再处理。

二级处理主要是去除废水中呈胶体和溶解状态的有机污染物质。主要应用各种生物处理技术，处理水可以达标排放。

三级处理是在一级、二级处理的基础上，对难降解的有机物、磷、氮等营养性物质进一步处理。采用的处理技术有混凝、过滤、离子交换、反渗透、超滤、消毒等，处理水可直接排放地表水系或回用。

废水中污染物的组成相当复杂，往往需要采用几种技术方法的组合，才能达到处理要求。对于某种废水，具体采用哪几种技术组合，要根据废水的水质、水量、污染物特性、有用物质回收的可能性等，进行技术和经济的可行性论证后才能决定。

三、化工废水处理技术

化工废水的污染控制，是水污染治理的主要工作。由于化工废水水量大、水质复杂，对废水处理问题要从多方面进行综合考虑，以求合理解决。

化工废水主要污染控制指标有：COD、BOD_5、SS、pH、石油类、有机污染物、氰化物、重金属污染物、色度、温度等。

1. 化工废水处理技术原理

化工废水处理技术，按其作用原理可分为物理法、化学法、物理化学法和生物处理法四大类。

（1）物理法　通过物理作用，分离、回收污水中不溶解的呈悬浮状的污染物质（包括油膜和油珠），在处理过程中不改变其化学性质。物理法操作简单、经济。常采用的有重力分离法、离心分离法、过滤法及蒸发、结晶法等。

① 重力分离（即沉淀）法。利用污水中呈悬浮状的污染物和水密度不同的原理，借重力沉降（或上浮）作用，使其水中悬浮物分离出来。沉淀（或上浮）处理设备有沉砂池、沉淀池（见图 10-1）和隔油池。

在污水处理与利用方法中，沉淀与上浮法常常作为其他处理方法前的预处理。

② 过滤法。利用过滤介质截流污水中的悬浮物。过滤介质有钢条、筛网、纱布、塑料、微孔管等，常用的过滤设备有隔栅、栅网（见图10-2）、微滤机、砂滤机、真空滤机、压缩机等。

图 10-1　沉淀池　　　　　　　　　　　图 10-2　栅网

③ 气浮（浮选）。将空气通入污水中，并以微小气泡形式从水中析出成为载体，污水中相对密度接近于水的微小颗粒状的污染物（如乳化油）黏附在气泡上，并随气泡上升至水面，形成泡沫-气、水、悬浮颗粒（油）三相混合体，从而使污水中的污染物质得以从污水中分离出来。根据空气打入方式不同，气浮处理设备有加压溶气气浮法、叶轮气浮法和射流气浮法等。

④ 离心分离法。含有悬浮污染物质的污水在高速旋转时，由于悬浮颗粒（如乳化油）和污水的质量不同，因此旋转时受到的离心力大小不同，质量大的被甩到外围，质量小的则留在内圈，通过不同的出口分别引导出来，从而回收污水中的有用物质（如乳化油）并净化污水。常用的离心设备按离心力产生的方式可分为两种：由水流本身旋转产生离心力的旋流分离器；由设备旋转同时也带动液体旋转产生离心力的离心分离机。

⑤ 反渗透。利用一种特殊的半渗透膜，在一定的压力下，将水分子压过去，而溶解于水中的污染物质则被膜所截留，污水被浓缩，而被压透过膜的水就是处理过的水。制作半透膜的材料有醋酸纤维素、磺化聚苯醚等有机高分子物质。反渗透处理工艺流程应该由三部分组成：预处理、膜分离及后处理。

（2）化学法　废水化学处理法是通过化学反应和传质作用来分离、去除废水中呈溶解、胶体状态的污染物或将其转化为无害物质的废水处理法。以投加药剂产生化学反应为基础的处理单元有混凝、中和、氧化还原等；以传质作用为基础的处理单元有萃取、汽提、吹脱、吸附、离子交换以及电渗析和反渗透等。有废水臭氧化处理法、废水电解处理法、废水化学沉淀处理法、废水混凝处理法、废水氧化处理法、废水中和处理法等。与生物处理法相比，能较迅速、有效地去除更多的污染物，可作为生物处理后的三级处理措施。此法还具有设备容易操作、容易实现自动检测和控制、便于回收利用等优点。化学处理法能有效地去除废水中多种剧毒和高毒污染物。

① 化学沉淀法。向污水中投加某种化学物质，以降低污水中的溶解性物质发生互换反应，生成难溶于水的沉淀物，以降低污水中溶解物质的方法。这种处理法常用于含重金属、氰化物等工业生产污水的处理。日常废水处理中，常用化学沉淀法去除废水中的有害离子，阳离子如 Hg^{2+}、Cd^{2+}、Pb^{2+}、Cu^{2+}、Zn^{2+}、Cr^{6+}，阴离子如硫酸根、磷酸根。

进行化学沉淀的必要条件是能生成难溶盐。加入污水中促使产生沉淀的化学物质称为沉淀剂。按使用沉淀剂的不同，化学沉淀法可分为石灰法（又称氢氧化物沉淀法）、硫化物法和钡盐法。如含氟废水，投加化学药剂和凝聚剂可使生成难溶的氟化物絮凝沉淀；含砷废水化学沉淀法，是通过加入沉淀剂使废水中溶解状态的砷转化为不溶解的砷化合物沉淀。

② 化学混凝法。水中呈胶体状态的污染物质通常都带有负电荷，胶体颗粒之间互相排斥形成稳定的混合液。若向水中投加带有相反电荷的电解质（即混凝剂），可使污水中的胶体颗粒改变为呈电中性，失去稳定性，并在分子引力的作用下，凝聚成大颗粒而下沉。通过混凝法可去除污水中细分散固体颗粒、乳状油及胶体物质等。所以该法可用于降低污水的浊度和角度，该法在工业污水处理中使用得非常广泛，既可作为独立处理工艺，又可与其他处理法配合使用，作为预处理、中间处理或最终处理；化学混凝法作用对象主要是水中微小悬浮物和胶体物质，通过投加化学药剂产生的凝聚和絮凝作用，使胶体脱稳形成沉淀而去除。混凝法不但可以去除废水中的粒径为 $10^{-3}\sim10^{-6}\,mm$ 的细小悬浮颗粒，而且还能去除色度、微生物以及有机物等。该方法受水温、pH 值、水质、水量等变化影响大，对某些可溶性好的有机、无机物质去除率低。

用于水处理中的混凝剂应符合如下要求：混凝效果良好，对人体健康无害，价廉易得，使用方便。混凝剂的种类较多，主要有以下两大类。第一类是无机盐类混凝剂，目前应用最广的是铝盐和铁盐。铝盐中主要有硫酸铝、明矾等。铁盐中主要有三氯化铁、硫酸亚铁和硫酸铁等。第二类是高分子混凝剂，高分子混凝剂有无机和有机的两种。聚合氯化铝和聚合氧化铁是目前国内外研制和使用比较广泛的无机高分子混凝剂。

③ 中和法。用于处理酸性废水和碱性废水。向酸性废水中投加碱性物质如石灰、氢氧化钠、石灰石等，使废水变为中性。对碱性废水可吹入含有 CO_2 的烟道气进行中和，也可用其他的酸性物质进行中和。例如，低浓度含酸废水常用处理方法主要有酸碱废水互相中和法、加药中和法和普通过滤中和综合利用。含碱废水一般采用中和法处理，可用废酸中和、加酸中和或烟道气中和。

酸性和碱性废水的处理，除予以利用外，常用的就是中和法。所用的参数就是 pH 值，用碱或碱性物质中和酸性废水时，把废水的 pH 值调升到 7；用酸或酸性物质中和碱性废水时，把废水的 pH 值调低到 7。如果同一工厂或相邻工厂同时有酸性和碱性废水，可以先让两种废水相互中和，然后再用中和剂中和剩余的酸或碱。

常用的碱性中和剂有石灰、电石渣和石灰石、白云石。常用的酸性中和剂有废酸、粗制酸。

④ 氧化还原法。废水中呈溶解状态的有机或无机污染物，在投加氧化剂或还原剂后，由于电子的迁移而发生氧化或还原作用，使其转化为无害的物质。根据有毒物质在氧化还原反应中能被氧化或还原的不同情况，污水的氧化还原法又可分为氧化法和还原法两大类。

化学氧化法通常是以氧化剂对化工废水中的有机污染物进行氧化去除的方法。废水经过化学氧化还原，可使废水中所含的有机和无机的有毒物质转变成无毒或毒性较小的物质，从而达到废水净化的目的。常用的有空气氧化、氯氧化和臭氧化法。空气氧化因其氧化能力弱，主要用于含还原性较强物质的废水处理，Cl_2 是普通使用的氧化剂，主要用在含酚、含氰等有机废水的处理上，用臭氧处理废水，氧化能力强，无二次污染。臭氧氧化法、氯氧化法，其水处理效果好，但是能耗大，成本高，不适合处理水量大和浓度相对低的化工废水；电化学氧化法是在电解槽中，废水中的有机污染物在电极上由于发生氧化还原反应而去除，废水中污染物在电解槽的阳极失去电子被氧化外，水中的 Cl^-、OH^- 等也可在阳极放电而生成 Cl_2、氧而间接地氧化破坏污染物。实际上，为了强化阳极的氧化作用，减少电解槽的内阻，往往在废水电解槽中加一些氯化钠，进行所谓的电氯化，NaCl 投加后在阳极可生成氯和次氯酸根，对水中的无机物和有机物也有较强的氧化作用。

　　氧化还原方法在污水处理中的应用实例有：空气氧化法处理含硫污水；碱性氯化法处理含氰污水；臭氧氧化法在污水的除臭、脱色、杀菌及除酚、氰、铁、锰，降低污水中的 BOD 与 COD 等方面均有显著效果。还原法目前主要用于含铬污水处理。

　　近年来在电氧化和电还原方面发现了一些新型电极材料，取得了一定成效，但仍存在能耗大、成本高及存在副反应等问题。

　　（3）物理化学法　废水中经常含有某些细小的悬浮物及溶解静态有机物，为了进一步去除残存在水中的污染物，可以采用物理化学方法进行处理。在工业污水的回收利用中，经常遇到物质由一相转移到另一相的过程，例如用汽提法回收含酚污水时，酚由液相（水）转移到气相中。其他如萃取、吸附、离子交换、吹脱等物理化学法都是传质过程。利用这些操作过程处理或回收利用工业废水的方法可称为物理化学法。工业废水在应用物理化学法进行处理或回收利用之前，一般均需先经过预处理，尽量去除废水中的悬浮物、油类、有害气体等杂质，或调整废水的 pH 以便提高回收效率及减少损耗。常用的物理化学法有以下几种。

　　① 萃取法（液-液）。将不溶于水的溶剂投入污水之中，使污水中的溶质溶于溶剂中，然后利用溶剂与水的密度差，将溶剂分离出来。再利用溶剂与溶质的沸点差，将溶质蒸馏回收，再生后的溶剂可循环使用。用萃取法处理废水时，有三个步骤：

　　a. 把萃取剂加入废水，并使它们充分接触，有害物质作为萃取物从废水中转移到萃取剂中；

　　b. 把萃取剂和废水分离开来，废水就得到了处理。也可以再进一步接受其他的处理；

　　c. 把萃取物从萃取剂中分离出来，使有害物质成为有用的副产品，而萃取剂则可回用于萃取过程，在技术上已经成立；其次是经济上的考虑。技术上可靠，经济上合理，生产才能采用。

　　例如含酚浓度较高的废水，由于酚在有机溶剂中的溶解度远远高于在水中的溶解度，可以利用酚的这种性质以及有机溶剂（如油）与水不相溶的性质，选用适当的有机溶剂从废水中把有害物质酚提取出来。

　　② 吸附法。利用多孔性的固体物质，使污水中的一种或多种物质吸附在固体表面而去除的方法。吸附剂的种类很多，常用是活性炭和腐植酸类吸附剂。吸附剂的物理化学性质和吸附质的物理化学性质对吸附有很大影响。一般，极性分子（或离子）型的吸附剂容易吸附极性分子（或离子）型的吸附质；非极性分子型的吸附剂容易吸附非极性的吸附质。同时，吸附质的溶解度越低，越容易被吸附。吸附质的浓度增加，吸附量也随之增加

　　由于吸附法对进水的预处理要求高，吸附剂的价格昂贵，因此在废水处理中，吸附法主要用来去除废水中的微量污染物，达到深度净化的目的。如废水中少量重金属离子的去除、少量有害的生物难降解有机物的去除、脱色除臭等。

　　③ 离子交换法。用固体物质去除污水中的某些物质，即利用离子交换剂的离子交换作用来置换污水中的离子物质。离子交换的实质是不溶性离子化合物（离子交换剂）上的可交换离子与溶液中的其他同性离子的交换反应，是一种特殊的吸附过程，通常是可逆性化学吸附。在废水处理中，主要用于去除废水中的金属离子。

　　在污水处理中使用的离子交换剂有无机和有机两大类。如氨氮废水处理方法之一是离子交换法。离子交换处理工艺常采用的交换剂是天然沸石和合成沸石。还有沸石滤床法，沸石生物滤床用于去除石油化工厂废水氨氮的深度处理，具有去除效率高、成本低、再生容易等特点，在技术上是可行的。

　　④ 膜析法。是利用薄膜以分离水溶液中某些物质的方法的统称。目前有扩散渗析法（渗析法）、电渗析法、反渗透法和超过滤法等。

a. 渗析法。人们早就发现，一些动物膜，如膀胱膜、羊皮纸（一种把羊皮刮薄做成的纸），有分隔水溶液中某些溶解物质（溶质）的作用。例如，食盐能透过羊皮纸，而糖、淀粉、树胶等则不能。如果用羊皮纸或其他半透膜包裹一个穿孔杯，杯中满盛盐水，放在一个盛放清水的烧杯中，隔上一段时间，我们会发现烧杯内的清水带有咸味，表明盐的分子已经透过羊皮纸或半透膜进入清水。如果把穿孔杯中的盐水换成糖水，则会发现烧杯中的清水不会带甜味。显然，如果把盐和糖的混合液放在穿孔杯内，并不断地更换烧杯里的清水，就能把穿孔杯中混合液内的食盐基本上都分离出来，使混合液中的糖和盐得到分离。这种方法叫渗析法。起渗析作用的薄膜，因对溶质的渗透性有选择作用，故叫半透膜。近年来半透膜有很大的发展，出现很多由高分子化合物制造的人造薄膜，不同的薄膜有不同的选择渗析性。半透膜的渗析作用有三种类型：

第一种是依靠薄膜中"孔道"的大小分离大小不同的分子或粒子；

第二种是依靠薄膜的离子结构分离性质不同的离子，例如用阳离子交换树脂做成的薄膜可以透过阳离子，叫阳离子交换膜，用阴离子树脂做成的薄膜可以透过阴离子，叫阴离子交换膜；

第三种是依靠薄膜的有选择的溶解性分离某些物质，例如醋酸纤维膜有溶解某些液体和气体的性能，而使这些物质透过薄膜。

一种薄膜只要具备上述三种作用之一，就能有选择地让某些物质透过而成为半透膜。在废水处理中最常用的半透膜是离子交换膜。

b. 电渗析法。是在离子交换技术基础上发展起来的一项新技术。它与普通离子交换法不同，省去了用再生剂再生树脂的过程，因此具有设备简单、操作方便等优点。其基本原理是在外加直流电场作用下，利用阴、阳离子交换膜对水中离子的选择透过性使一部分溶液中的离子迁移到另一部分溶液中去，以达到浓缩、净化、合成、分离的目的。

c. 反渗透法。是一种借助压力促使水分子反向渗透，以浓缩溶液或废水的方法。如果将纯水和盐水用半透膜隔开，此半透膜只有水分子能够透过而其他溶质不能透过，则水分子将透过半透膜进入溶液（盐水），溶液逐渐从浓变稀，液面则不断上升，直到某一定值为止。这个现象叫渗透，高出于水面的水柱高度（决定于盐水的浓度）是由于溶液的渗透压所致。可以理解，如果我们向溶液的一侧施加压力，并且超过它的渗透压，则溶液中的水就会透过半透膜，流向纯水一侧，而溶质被截留在溶液一侧，这种方法就是反渗透法（或称逆渗透法）。

近年来，由于反渗透膜材料和制造技术的发展以及新型装置的不断开发和运行经验的积累，反渗透技术的发展非常迅速，已广泛用于水的淡化、除盐和制取纯水等，还能用以去除水中的细菌和病毒。但反渗透法所需的压力较高，工作压力要比渗透压力大几十倍。即使是改进的复合膜，正常工作压力也需 1.5MPa 左右。同时，为了保证反渗透装置的正常运行和延长膜的寿命，在反渗透装置前必须有充分的预处理装置。

反渗透装置一般都由专门的厂家制成成套设备后出售。在生产中，根据需要予以选用。

d. 超过滤法。超过滤法与反渗透法相似。但超滤膜的微孔孔径比反渗透膜大，在 $0.005 \sim 1\mu m$ 之间。超滤的过程是动态过滤，即在超滤膜的表面既受到垂直于膜面的压力，使水分子得以透过膜面并与被截留物质分离，同时又产生一个与膜表面平行的切向力，以将截留在膜表面的物质冲开。所以，超滤运行的周期可以较长。在运行方面，还可短时间地停止透水而增加切面流速，即可达到冲洗膜面的效果，使透水率得到恢复。这样的运行方式，使超滤（膜）-活性污泥法这种新型的处理工艺得以实施和发展。

在废水处理中，超过滤法目前主要用于分离有机的溶解物，如淀粉、蛋白质、树胶、油漆等。超过滤法所需的压力比反渗透法要低，一般为 $0.1 \sim 0.7MPa$。

（4）生物处理法　污水的生物处理法就是利用微生物的新陈代谢功能，使污水中呈溶解和胶体状态的有机污染物被降解并转化为无害的物质，使污水得以净化。随着化学工业的发展，污染物成分日渐复杂，废水中含有大量的有机污染物，如仅采用物理或化学的方法很难达到治理的要求。利用微生物的新陈代谢作用，可对废水中的有机污染物质进行转化与稳定，使其无害化。生化处理方法主要分为好氧处理和厌氧处理两大类型，好氧处理方法主要分为活性污泥法和生物膜法。

① 好氧生物处理。是在有游离氧（分子氧）存在的条件下，好氧微生物降解有机物，使其稳定、无害化的处理方法。微生物利用废水中存在的有机污染物（以溶解状与胶体状的为主），作为营养源进行好氧代谢。这些高能位的有机物质经过一系列的生化反应，逐级释放能量，最终以低能位的无机物质稳定下来，达到无害化的要求，以便返回自然环境或进一步处置。废水好氧生物处理的最终过程（图 10-3）表明，有机物被微生物摄取后，通过代谢活动，约有 1/3 被分解、稳定，并提供其生理活动所需的能量；约有 2/3 被转化，合成为新的原生质（细胞质），即进行微生物自身生长繁殖。后者就是废水生物处理中的活性污泥或生物膜的增长部分，通常称其剩余活性污泥或生物膜，又称生物污泥。在废水生物处理过程中，生物污泥经固-液分离后，需进行进一步处理和处置。

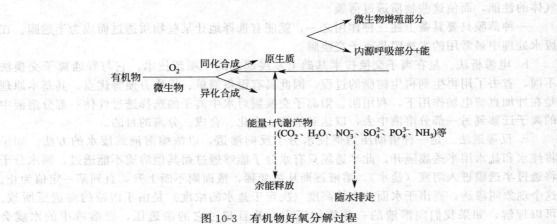

图 10-3　有机物好氧分解过程

好氧生物处理的反应速率较快，所需的反应时间较短，故处理构筑物容积较小。且处理过程中散发的臭气较少。所以，目前对中、低浓度的有机废水，或者说 BOD 浓度小于 500mg/L 的有机废水，基本上采用好氧生物处理法。

在废水处理工程中，好氧生物处理法有活性污泥法和生物膜法两大类。

图 10-4　活性污泥

a. 活性污泥法。活性污泥是利用悬浮生长的微生物絮体处理废水的方法，这种生物絮体称为活性污泥（见图 10-4），它由好氧微生物及其代谢的和吸附的有机物、无机物组成，具有降解废水中有机污染物的能力，是当前使用最广泛的一种生物处理法。该法是将空气连续鼓入曝气池的污水中，经过一段时间，水中即形成繁殖有巨量好氧性微生物的絮凝体—活性污泥，它能够吸附水中的有机生长繁殖。从曝气池流出并含有大量活性污泥的污水

（混合液）进入沉淀池经沉淀分离后，澄清的水被净化排放，沉淀分离出的污泥作为种泥，部分回流进入曝气池，剩余的（增殖）部分从沉淀池排放。例如生物脱氮法是一种利用微生物（反硝化菌）去除废水中氮污染物的生物转化法，它也是一种消除氮污染比较有效和彻底的方法，废水中的氮化合物通过硝化、反硝化作用被转化为对人体无害的分子氮（N_2）逸出大气。

活性污泥法是由曝气池、沉淀池、污泥回流和剩余污泥排除系统所组成，见图10-5。

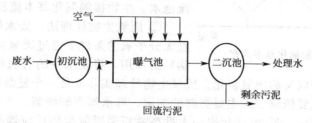

图 10-5　普通活性污泥法处理系统

污水和回流的活性污泥一起进入曝气池形成混合液。曝气池是一个生物反应器，通过曝气设备充入空气，空气中的氧溶入污水使活性污泥混合液产生好氧代谢反应。曝气设备不仅传递氧气进入混合液，且使混合液得到足够的搅拌而呈悬浮状态。这样，污水中的有机物、氧气同微生物能充分接触和反应。随后混合液流入沉淀池，混合液中的悬浮固体在沉淀池中沉下来和水分离。流出沉淀池的就是净化水。沉淀池中的污泥大部分回流，称为回流污泥。回流污泥的目的是使曝气池内保持一定的悬浮固体浓度，也就是保持一定的微生物浓度。曝气池中的生化反应引起了微生物的增殖，增殖的微生物通常从沉淀池中排除，以维持活性污泥系统的稳定运行。这部分污泥叫剩余污泥。剩余污泥中含有大量的微生物，排放环境前应进行处理，防止污染环境。

从上述流程可以看出，要使活性污泥法形成一个实用的处理方法，污泥除了有氧化和分解有机物的能力外，还要有良好的凝聚和沉淀性能，以使活性污泥能从混合液中分离出来，得到澄清的出水。活性污泥中的细菌是一个混合群体，常以菌胶团的形式存在，游离状态的较少。菌胶团是由细菌分泌的多糖类物质将细菌包覆成的黏性团块，使细菌具有抵御外界不利因素的性能。菌胶团是活性污泥絮凝体的主要组成部分。游离状态的细菌不易沉淀，而混合液中的原生动物可以捕食这些游离细菌，这样沉淀池的出水就会更清澈，因而原生动物有利于出水水质的提高。

b. 生物膜法。生物膜法是使污水连续流经固体填料（碎石、煤渣或塑料填料），在填料上大量繁殖生长微生物形成污泥状的生物膜。生物膜上的微生物能够起到与活性污泥同样的净化作用，吸附和降低水中的有机污染物，从填料上脱落下来的衰老生物膜随处理后的污水流入沉淀池，经沉淀，泥水分离，污水得以净化而排放。生物膜的净化特征见图10-6。

生物膜法是属于好氧生物处理的方法，它是将废水通过好氧微生物和原生动物、后生动物等在载体填料上生长繁殖形成的生物膜，吸附和降解有机物，使废水得到净化的方法。根据装置的不同，生物膜法可分为生物滤池、生物转盘、接触氧化法和生物流化床等四类。在化学工业的废水处理中，其中应用最多的是接触氧化法。

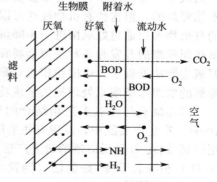

图 10-6　生物膜的净化特征

　　生物接触氧化池内设置填料，填料淹没在废水中，填料上长满生物膜，废水与生物膜接触过程中，水中的有机物被微生物吸附、氧化分解和转化为新的生物膜。从填料上脱落的生物膜，随水流到二沉池后被去除，废水得到净化。在接触氧化池中，微生物所需要的氧气来自水中，而废水则自鼓入的空气不断补充失去的溶解氧。空气是通过设在池底的穿孔布气管进入水流，当气泡上升时向废水供应氧气，有时并借以回流池水。生物接触氧化基本流程见图10-7。

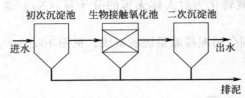

图10-7　生物接触氧化基本流程

　　② 厌氧生物处理法。废水的厌氧生物处理是指在无分子氧的条件下通过厌氧微生物（或兼氧微生物）的作用，将废水中的有机物分解转化为甲烷和二氧化碳的过程，所以又称厌氧消化。厌氧生物处理实际上是一个复杂的生物化学过程。研究表明，厌氧过程主要依靠三大主要类群的细菌，即水解产酸细菌、产氢产乙酸细菌和产甲烷细菌的联合作用完成。近30多年来一大批高效新型厌氧生物反应器相继出现，包括厌氧生物池、升流式厌氧污泥床、厌氧流化床等。它们的共同特点是反应器中生物固体浓度很高，污泥龄很长，因此处理能力大大提高，从而使厌氧生物处理法具有能耗小、可回收能源、剩余污泥量少，生成的污泥稳定、易处理，对高浓度有机污水处理效率高等优点。目前还可用于低浓度有机污水的处理。有机物厌氧分解过程见图10-8。

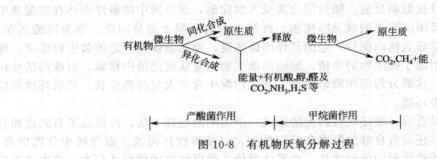

图10-8　有机物厌氧分解过程

　　与好氧法相比，厌氧法的降解较不彻底，放出热量少，反应速度低（与好氧法相比，在相同时，要相差一个数量级）。要克服这些缺点，最主要的方法应是增加参加反应的微生物数量（浓度）和提高反应时的温度。但要提高反应温度，就要消耗能量（而水的比热容又很大）。因此，厌氧生物处理法目前还主要用于污泥的消化、高浓度有机废水和温度较高的有机工业废水的处理。

　　③ 厌氧和好氧技术的联合运用。近年，联合好氧和厌氧技术以处理废水，取得了很突出的效果。有些废水，含有很多复杂的有机物，对于好氧生物处理而言是属于难生物降解或不能降解的，但这些有机物往往可以通过厌氧菌分解为较小分子的有机物，而那些较小分子的有机物可以通过好氧菌进一步降解。相当成功的例子是印染废水的处理。近年来，由于新型纺织纤维的开发和各种新型染料和助剂的应用，纺织印染厂的工业废水变得很难用传统的好氧生物法处理了。中国纺织设计研究院等研究、开发的厌氧-好氧联用工艺，为难于生物降解的纺织印染废水处理提供了成功的经验。

　　采用缺氧与好氧工艺相结合的流程，可以达到生物脱氮的目的（A/O法，流程见图10-9）。在生产实践中，发现有些采用A/O法的污水厂同时有脱磷效果，于是，各种联合运用厌氧-缺氧-好氧反应器的研究广泛开展，出现了厌氧-缺氧-好氧法（A/A/O法，流程见图10-10）和缺氧-厌氧-好氧法（倒置 A/A/O法），可以在去除 BOD、COD 的同时，达到脱氮、除磷的效果。

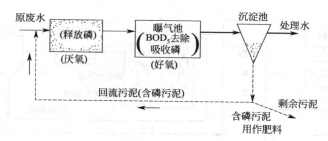

图 10-9　厌氧-好氧法（A/O 法）除磷工艺流程

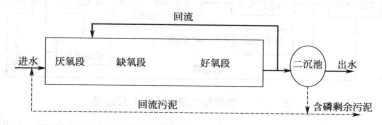

图 10-10　厌氧-缺氧-好氧法（A/A/O 法）除磷工艺流程

2. 常用的分离和转化技术及装置与设施

常用的分离法技术有沉淀、混凝、气浮、吸附、过滤、离子交换、电渗析等。主要装置与设施有：预沉隔油池、混凝器和混凝絮凝池、沉淀池、气浮机、活性炭吸附装置、过滤器、离子交换器、电渗析水净化机等。

常用的转化法技术有厌氧、好氧、活性污泥、生物膜、絮凝等。主要装置与设施有：曝气机与曝气池（图 10-11）、厌氧发酵池、活性污泥池、生物转盘、生物滤膜、氧化塘、氧化沟（图 10-12）、絮凝池等。

图 10-11　曝气池

图 10-12　氧化沟

第三节　化工废水处理典型工艺

化工废水的处理工艺，一般都是多个处理技术的组合。

由于各化工行业、各不同规模企业的生产工艺不同，废水治理技术的选择和组合也就有很大差别。每一种化工废水都有相应的处理工艺。如氮肥化工废水处理工艺流程如图 10-13 所示。

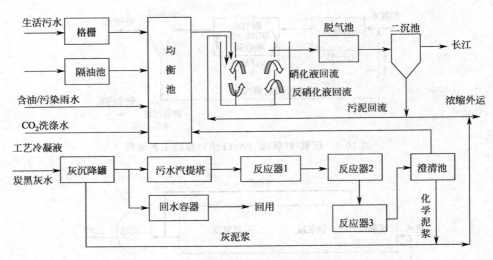

图 10-13　氮肥化工废水处理工艺流程

污水处理一般来说包含以下三级处理：一级处理是它通过机械处理，如格栅、沉淀或气浮，去除污水中所含的石块、砂石和脂肪、油脂等。二级处理是生物处理，污水中的污染物在微生物的作用下被降解和转化为污泥。三级处理是污水的深度处理，它包括营养物的去除和通过加氯、紫外辐射或臭氧技术对污水进行消毒。可能根据处理的目标和水质的不同，有的污水处理过程并不是包含上述所有过程。

一、机械处理工段

机械（一级）处理工段包括格栅、沉砂池、初沉池等构筑物，以去除粗大颗粒和悬浮物为目的，处理的原理在于通过物理法实现固液分离，将污染物从污水中分离，这是普遍采用的污水处理方式。机械（一级）处理是所有污水处理工艺流程必备工程（尽管有时有些工艺流程省去初沉池），城市污水一级处理 BOD_5 和 SS 的典型去除率分别为 25% 和 50%。在生物除磷脱氮型污水处理厂，一般不推荐曝气沉砂池，以避免快速降解有机物的去除；在原污水水质特性不利于除磷脱氮的情况下，初沉的设置与否以及设置方式需要根据水质特性的后续工艺加以仔细分析和考虑，以保证和改善除磷脱氮等后续工艺的进水水质。

二、污水生化处理

污水生化处理属于二级处理，以去除不可沉悬浮物和溶解性可生物降解有机物为主要目的，其工艺构成多种多样，可分成活性污泥法、AB 法、A/O 法、A_2/O 法、SBR 法、氧化沟法、稳定塘法、土地处理法等多种处理方法。目前大多数城市污水处理厂都采用活性污泥法。生物处理的原理是通过生物作用，尤其是微生物的作用，完成有机物的分解和生物体的合成，将有机污染物转变成无害的气体产物（CO_2）、液体产物（水）以及富含有机物的固体产物（微生物群体或称生物污泥）；多余的生物污泥在沉淀池中经沉淀池固液分离，从净化后的污水中除去。

在污水生化处理过程中，影响微生物活性的因素可分为基质类和环境类两大类。

基质类包括营养物质，如以碳元素为主的有机化合物即碳源物质、氮源、磷源等营养物质以及铁、锌、锰等微量元素；另外，还包括一些有毒有害化学物质如酚类、苯类等化合物，也包括一些重金属离子如铜、镉、铅离子等。

环境类影响因素主要有以下几个。

① 温度。温度对微生物的影响是很广泛的，尽管在高温环境（50~70℃）和低温环境

（-5～0℃）中也活跃着某些类的细菌，但污水处理中绝大部分微生物最适宜生长的温度范围是 20～30℃。在适宜的温度范围内，微生物的生理活动旺盛，其活性随温度的增高而增强，处理效果也越好。超出此范围，微生物的活性变差，生物反应过程就会受影响。一般的，控制反应进程的最高和最低限值分别为 35℃ 和 10℃。

② pH 值。活性污泥系统微生物最适宜的 pH 值范围是 6.5～8.5，酸性或碱性过强的环境均不利于微生物的生存和生长，严重时会使污泥絮体遭到破坏，菌胶团解体，处理效果急剧恶化。

③ 溶解氧。对好氧生物反应来说，保持混合液中一定浓度的溶解氧至关重要。当环境中的溶解氧高于 0.3mg/L 时，兼性菌和好氧菌都进行好氧呼吸；当溶解氧低于 0.2～0.3mg/L 接近于零时，兼性菌则转入厌氧呼吸，绝大部分好氧菌基本停止呼吸，而有部分好氧菌（多数为丝状菌）还可能生长良好，在系统中占据优势后常导致污泥膨胀。一般的，曝气池出口处的溶解氧以保持 2mg/L 左右为宜，过高则增加能耗，经济上不合算。

在所有影响因素中，基质类因素和 pH 值决定于进水水质，对这些因素的控制，主要靠日常的监测和有关条例、法规的严格执行。对一般城市污水而言，这些因素大都不会构成太大的影响，各参数基本能维持在适当范围内。温度的变化与气候有关，对于万吨级的城市污水处理厂，特别是采用活性污泥工艺时，对温度的控制难以实施，在经济上和工程上都不是十分可行的。因此，一般是通过设计参数的适当选取来满足不同温度变化的处理要求，以达到处理目标。因此，工艺控制的主要目标就落在活性污泥本身以及可通过调控手段来改变的环境因素上，控制的主要任务就是采取合适的措施，克服外界因素对活性污泥系统的影响，使其能持续稳定地发挥作用。

实现对生物反应系统的过程控制关键在于控制对象或控制参数的选取，而这又与处理工艺或处理目标密切相关。

前已述及溶解氧是生物反应类型和过程中一个非常重要的指示参数，它能直观且比较迅速地反映出整个系统的运行状况，运行管理方便，仪器、仪表的安装及维护也较简单，这也是近十年我国新建的污水处理厂基本都实现了溶解氧现场和在线监测的原因。

三、深度处理

三级处理是对水的深度处理，现在的我国的污水处理厂投入实际应用的并不多。它将经过二级处理的水进行脱氮、脱磷处理，用活性炭吸附法或反渗透法等去除水中的剩余污染物，并用臭氧或氯消毒杀灭细菌和病毒，然后将处理水送入中水道，作为冲洗厕所、喷洒街道、浇灌绿化带、工业用水、防火等水源。

由此可见，污水处理工艺的作用仅仅是通过生物降解转化作用和固液分离，在使污水得到净化的同时将污染物富集到污泥中，包括一级处理工段产生的初沉污泥、二级处理工段产生的剩余活性污泥以及三级处理产生的化学污泥。由于这些污泥含有大量的有机物和病原体，而且极易腐败发臭，很容易造成二次污染，消除污染的任务尚未完成。污泥必须经过一定的减容、减量和稳定化无害化处理并妥善处置。污泥处理处置的成功与否对污水厂有重要的影响，必须重视。如果污泥不进行处理，污泥将不得不随处理后的出水排放，污水厂的净化效果也就会被抵消掉。所以在实际的应用过程中，污水处理过程中的污泥处理也是相当关键的。如某生化有限公司氯氰菊酯车间废水预处理工艺见图 10-14 及综合污水处理站废水处理工艺流程示意见图 10-15。

该生化公司综合污水处理站设计处理能力为 1 万吨/日，厂区综合污水处理站设计主要进水指标为：COD≤500mg/L；BOD_5≥100mg/L；SS≤200mg/L，出水主要指标为：COD≤80mg/L；BOD_5≤20mg/L；SS≤70mg/L。

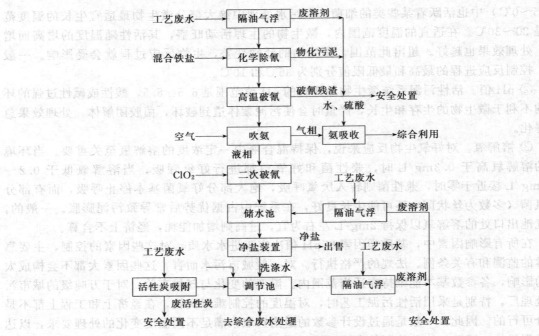

图 10-14　氯氰菊酯车间废水预处理工艺流程

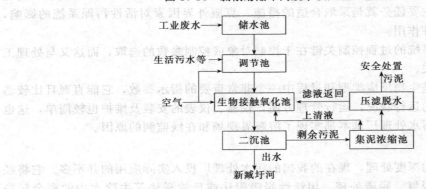

图 10-15　综合污水处理站废水处理工艺流程

第四节　任务案例

一、某化工有限公司年产 120 万吨焦化项目废水治理措施

(一) 废水污染物产生情况

该项目废水由循环冷却水排污水、工艺废水、生活污水三类组成。

1. 循环冷却水排污水

循环冷却系统排污水属清下水，水量为 $140m^3/h$，一部分用于煤场洒水降尘、地面冲洗、补充湿熄焦用水及绿化等。

2. 生产工艺废水

工艺废水主要由蒸氨废水、水封水、甲醇合成废水、化学水处理站废水、脱盐废水、地面冲洗废水等。工艺废水量为 $44.1m^3/h$，即 $1058.4m^3/d$。其组成复杂，含有大量的酚类、联苯、吡啶、吲哚和喹啉等有机污染物，还含有氰、无机氟离子和氨氮等有毒有害物质。生产工艺废水进厂内的酚氰废水处理站进行处理。污水处理工艺采用 A^2/O^2 生化处理工艺。

3. 生活污水及其他

该项目生活区及其他部门用水主要包括生活污水、化验废水等，污水量为 $5.6m^3/h$，即 $134.4m^3/d$。主要污染物为 COD、SS、NH_3-N 等。

4. 初期雨水

对于该项目而言，煤场、煤气净化装置区（含焦油、粗苯储罐区）等的初期污染雨水带有污染物（暴雨时前 15min 的降水量），按类比调查预计初期雨水产生量为 $200m^3$/次。初期雨水收集后引入污水处理站的调节池，处理后用作洗煤水补充水。

（二）废水污染防治措施

厂区实行雨污分流制，雨水经排水明沟，就近排入厂区东侧沟渠。在厂区内设一个清下水排放口。循环冷却系统排污水为清下水，一部分用于煤场洒水降尘和湿熄焦补充水，多余部分外排至厂区东侧沟渠。生产工艺废水和生活污水进入厂内酚氰废水处理站处理后回用。

该项目综合废水处理采用 A^2/O^2 处理工艺，酚氰污水净化处理系统由预处理（包括除油、调节均质）、生化处理（厌氧、缺氧及好氧处理）、澄清处理（包括混合反应、絮凝沉淀）和污泥脱水（包括污泥浓缩、污泥脱水、污泥综合处理）等处理单元组成。酚氰废水处理装置处理规模为 $150m^3/h$。

1. 酚氰污水预处理工艺

蒸氨废水及鼓冷、粗苯工段冷凝液用废水泵送到本系统的除油池，进行油水分离，底部重油及上部轻油经油水分离后，重、轻油分别打入重、轻油储油罐。脱水后的重、轻油可定期外排。当除油池水位达到一定水位时，自流至气浮除油池，废水由水泵送入压力溶气罐。溶进空气的水靠余压进入气浮池，由于压力降低，水中空气便在水中释放呈微气泡同乳化油一同浮于池表，并被撇油器刮入轻油槽，达到除油的目的。

为满足生化处理水质要求，需在调节池中加入一部分处理后的废水（称为回流稀释水）以调配水质，控制进水中的各项污染物浓度，保证后续生化处理单元的稳定运行，

2. 酚氰污水生化处理工艺

废水经预处理后，泵送至厌氧反应器，厌氧反应器处理后的废水自流入 2 号集水井，废水和经好氧池回流来的上清液（其中好氧池上清液需在整个好氧系统运行正常后才回流，前期只有经预处理后的废水）被泵送入缺氧池的底部，再经多孔管均匀分配到缺氧池中进行反硝化反应（脱氮反应）。

污水经反硝化后通过上部集水槽汇流入好氧反应池进行好氧硝化反应（将有机氮氧化成硝基氮，经好氧处理后的废水进入二次沉淀池进行泥水分离，污泥分离后由刮泥机缓慢刮动收集后进入池底泥斗，并靠静压进入污泥池，污泥由污泥回流泵送至好氧池，多余的污泥送至污泥浓缩池处理。沉淀池上部的废水大部分回流入 2 号集水池，一部分自流入接触氧化池进行后续的生化处理。

自二沉池来的废水自流入接触氧化池进行好氧氧化以进一步去除废水中的 COD、酚、氰等污染物，然后自流入混合反应池。

由接触氧化池自流来的废水进入混合池，于加药泵送来的絮凝剂充分混合后进入混合反应池，在反应池内废水中的部分有机物被絮状体包裹，自流进入混凝沉淀池分离。

由混合反应池来的混合液自流进入混凝沉淀池进行澄清分离，上清液被泵送入砂滤罐进一步作净化处理，过滤处理后的废水一部分回用作稀释水，一部分送至好氧池和接触氧化池作消泡水，底部沉淀的污泥由泵送至污泥浓缩罐处理。

3. 污水处理回用

由于熄焦工序对水质要求不高，处理后的废水可以用于湿熄焦，做到综合废水的零排放。

该项目焦化系统、甲醇生产系统及生活污水进厂污水处理站处理后的废水量为 46.9m³/h，焦炭产量为 138t/h，按吨焦炭需水约 0.5m³ 计，需熄焦水 69m³/h，该项目生化处理后废水量为 46.9m³/h，可以做到全部用于湿熄焦，不外排。该项目污水收集管网应架空敷设。

该项目全厂综合污水经处理后完全可以做到全部用于熄焦，不外排。

二、江苏某生化有限公司废水治理措施

(一) 项目基本情况

江苏某生化有限公司主要产品为液氨、碳酸氢铵、甲醇，副产品为硫黄，产品情况见表 10-4。

表 10-4　某生化公司产品一览表

序号	产品名称	产品规格	设计能力	包装形式	储存物位置
1	液氨	$NH_3 \geqslant 99.5\% \sim 99.8\%$　　$H_2O \leqslant 0.2\% \sim 0.5\%$	7 万吨/年	汽车槽罐	液氨储罐区
2	甲醇	相对密度(d_4^{20})0.791～0.793	1.8 万吨/年	汽车槽罐	甲醇储罐区
3	碳酸氢铵	N(含量)16.5%～16.8%　　H_2O(含量)≤5%～6.5%	5 万吨/年	编织袋装	碳酸氢铵堆场
4	副产硫黄	膏状	468.5t/a	编织袋装	硫黄库

(二) 废水污染防治措施

本项目采取雨污分流制，雨水进入雨水沟排放，生产废水和生活污水经厂内污水处理设施处理后回用，不外排。

1. 造气废水处理

(1) 微涡流塔板澄清器　该设备是一种集混合、絮凝、分离于一体的新型高速澄清器，基本过程是：经初级沉淀后的造气废水与絮凝剂，在热水泵进出管道内强烈混合，进入第一、第二反应室，因室内置有多层反应塔板，将产生微小絮体。这些小絮体具有极强的吸附能力，在借助塔板产生的"微涡流"动力下，药剂在多层塔板组成的反应室内逐步长大成大絮体，并将无数小颗粒杂质吸附成大颗粒杂质。室内还置有固液高速斜管分离装置，利用斜管隔离作用，人为地缩短杂质的沉淀距离和时间，达到固液分离、净化水质、除去杂质的目的。设备还采用了沉淀活性泥重复利用技术，既能有效吸附，又能除杂，还能使药剂费用下降 30% 以上。

(2) 造气废水处理工艺

① 工艺流程简述。由造气、脱硫工段来的废水，首先进入沉淀池，使大部分煤渣与细灰在此沉淀、分离，然后进入热水池；废水由热水泵抽出与计量泵送来的絮凝剂进入出口反应管内充分混合后，再进入微涡流塔板澄清器，将带有悬浮物的废水，絮凝长大、澄清、分离，使水得到高度的净化，净化后的水进入凉水塔的填料上，经引风冷却，水自上而下流入清水池，由清水泵送回造气、脱硫工段循环使用。粗细渣沉淀池内的灰渣由行车吸泥机抽至灰渣滤池缩水；澄清器排放的煤泥排放至浓缩池缩水，煤泥由泥浆泵送至压滤机压滤；煤渣和煤泥外运作燃料。煤渣滤池、浓缩池、压滤机出来的废水返回沉淀池，循环处理。

② 主要建、构筑物及设备见表 10-5。

表 10-5　主要建、构筑物及设备 (一)

名称	规格或型号	数量	结构
平流沉淀池	48m×12m×4.8m	1 个	钢混
热水池	20m×30m×3m	2 个	钢混
热水泵	12sh-13、IS200-150-315	2 台	组合件
浓缩池	38m×4m×3.5m	2 个	砖混
澄清池	φ18m×6.5m	4 个	钢混
凉水塔	$Q=600m^3/h$，$\Delta t \geqslant 15℃$	2 个	组合件

名称	规格或型号	数量	结构
清水塔	18m×9m×2m	2个	钢混
加药池	1.5 m³	2个	砖混
计量泵		4台	组合件
灰渣过滤池	48m×0.8m×1.2m	2个	砖混
行车吸泥机	65yw25-15	2个	组合件
厢式压滤机	$F=80m^2$,$V=1.215m^3$	2个	组合件

造气、脱硫系统冷却、洗涤水实现完全闭路循环，含硫、含尘废水零排放。

2. 脱硫、脱碳循环水处理系统

公司生产系统变压吸附法脱碳，由于脱硫、脱碳两系统冷却水直接与工艺介质接触，因而造成大量硫化氢（H_2S）及二氧化碳（CO_2）溶解在水中，目前这部分水进入循环水系统，由于循环水无曝气装置，气体一旦溶于水中，很难从中解析，大量积累使水质无法保证，又由于两者均为酸性气体，使循环水偏酸性，极易造成设备腐蚀，所以最佳的方案就是为此专门设置循环装置。

由于大量硫化氢（H_2S）及二氧化碳（CO_2）溶解在水中，成分复杂，故不宜进入循环水中，单独治理，达标后重新回用。

① 采用真空脱气装置使循环水中溶解的硫化氢（H_2S）及二氧化碳（CO_2）解析出来，由于降压有利于水中溶解气体的析出，本装置利用真空泵的抽吸作用，使水在真空罐中呈负压，从而使气体完全解析。

② 使用高效冷却塔保证冷却效果。采用新型无填料、无风机冷却塔，既保证冷却效果，又达到节能目的。

③ 工艺流程简述：脱硫、脱碳下来污水首先进入热水池，经热水泵加压后送入真空脱气罐，在真空脱气罐内，水中的溶解气体彻底解析，脱气后的水再通过中间泵加压送入冷却塔，经降温后进入凉水池，最后通过凉水泵输送返回脱硫、脱碳系统。

④ 主要建、构筑物及设备见表10-6。

表 10-6　主要建、构筑物及设备（二）

名称	规格型号	数量	结构	备注
真空脱气罐	$\phi3000$、$L=8000$	2个	组合件	一开一备
冷却塔	BN200	2个	组合件	一开一备
热水池	5.0m×12.0m×3.0m	1个	钢混	
凉水池	5.0m×12.0m×3.0m	1个	钢混	
热水泵	IS150-100-250	2台	组合件	一开一备
中间泵	IS150-100-250	2台	组合件	一开一备
凉水泵	IS150-100-250	2台	组合件	一开一备
真空泵	SG-1	1台	组合件	
旁滤器	$\phi1400$,$H=3000$	2个	钢混	一开一备
加药装置		1个	组合件	

3. 废水清浊分流、分级使用

造气脱硫废水、锅炉除尘废水以及氨合成冷却水分别建立循环系统重复使用。循环冷却水系统的排污水除部分作造气脱硫废水系统的补充水外，剩余的全部流入终端处理废水调节池，经澄清过滤除去悬浮物后回用或排放。事故排放水、设备地面冲洗水、锅炉和热水饱和塔排污水以及设备管道跑、冒、滴、漏产生的零星废水全部收集于事故池，再用泵逐步加入到造气、脱硫废水系统和锅炉除尘废水系统作补充水。经回收后的含油废水作为锅炉除尘废水系统的补充水。软水工段树脂及反洗、再生、置换和清洗产生的废水，作造气脱硫废水系统的补充水，多余部分进入终端处理系统。新鲜水只补入循环冷却水系统和脱盐水工段。

4. 终端处理

终端废水主要是：软水工段树脂反洗、再生、置换和清洗产生的废水、压缩工段排出的含油废水经油回收后的废水、设备地面冲洗水、锅炉及热水饱和塔排污水。

由于实行了废水的清浊分流、分级使用，进入终端处理的废水只有循环冷却水系统的排污水，这些废水主要是固体悬浮物、硬度和含盐量相对偏高，废水水质预测情况见表 10-7。

表 10-7   终端废水水质

主要污染物	pH	溶解性固体/(mg/L)	SS/(mg/L)	NH₃-N/(mg/L)	CN⁻/(mg/L)	S²⁻/(mg/L)	挥发酚/(mg/L)
浓度	8.5	1450	126	0	0	0	0

进入终端处理的循环冷却水系统的排污水和脱盐水工段排出的废水先经格栅拦截较粗的悬浮物，再进入废水调节池，然后用泵送入竖流式沉淀池并在泵前加入混凝剂，进行絮凝沉淀，分离悬浮物后的清水再经重力式无阀滤池过滤后流入清水池回用，竖流式沉淀池底部分离出的污泥经干化处理后运走。

本方案设事故池，事故排放的废水一般情况下全部收集于事故池，经事故池储存起来，然后用泵适量地打入造气脱硫废水处理系统作补充水，全部回用。

工程主要构筑物和设备见表 10-8。

表 10-8   废水终端处理主要设施一览表

名称	规格	数量	备注
废水调节池	6m×6m×4.5m	1个	钢筋混凝土
事故池	48m×12m×4.8m	1个	钢筋混凝土
潜水排污泵	50QW27-15-2.2	3台	两开一备
废水泵	80WG	2台	一开一备
配药池	6m×3m×4.5m	1个	钢筋混凝土
药品储存池	6m×3m×4.5m	1个	钢筋混凝土
计量泵	J-80/0.1-1.6	2台	一开一备
竖流式沉淀池	φ3.5m×7m	1个	钢筋混凝土
无阀滤池	OWLA-50	1个	钢制
无阀干化池	12m×4m×1.5m	2个	钢筋混凝土
清水池	3.6m×3m×4.5m	1个	钢筋混凝土
清水泵	IS80-65-160A	2台	一开一备

5. 生活污水

本公司生活污水量约 5000m³/a，经隔油池、化粪池处理后在厂内回用，不外排。

本项目雨水经厂区的雨水沟排出厂外，事故废水经管网收集后进入事故水池，待事故结束后，分批进行处理，处理后回用于厂区，不外排。

课 后 任 务

一、情景分析

(一) 新沂市某化工有限公司废水治理措施

1. 项目基本情况

新沂市某化工有限公司在新沂市化工集聚区投资建设 20 万吨/年特种 PVC 项目。项目占地面积约 232.47 亩，嘉泰公司项目产品方案见表 10-9。

表 10-9 嘉泰公司项目产品方案表

序号	工程名称	产品名称及规格	设计能力/(t/a)	年运行时间/h
1	20 万吨/年特种 PVC 树脂	特种 PVC 树脂	200000	7200

2. 废水污染防治措施

排水采用"雨污分流、清污分流"方式。

循环冷却水清下水主要来自反应装置、空压机、制氮机、冷冻机组等设备的间接冷却水，循环冷却水清下水中污染物浓度只是较新鲜水有所增高（主要是盐分有所增高），因此循环冷却水定期外排，一部分用于地面冲洗、厂区绿化，多余部分由清下水排放口排放。

脱盐水装置排放的废水、聚氯乙烯离心母液水、汽提废水、地面设备冲洗废水、化验废水及职工生活污水等进厂污水处理站，对全厂的生产废水、生活污水等进行处理。全厂综合废水量为 730866t/a，即 2436m³/d，考虑到污水变化系数，设计处理规模为 2500m³/d。

本项目全厂废水处理工艺流程见图 10-16。

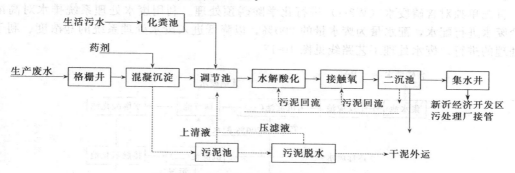

图 10-16 本项目全厂废水处理工艺流程

生产废水经格栅、混凝沉淀，生活污水经化粪池后流入调节池调节水质、水量，用泵提升至生化系统进行处理，生化出水经二沉自流进厂区内集水池排放，污泥经浓缩脱水后外运处置，污泥池上清液及脱水滤液经地沟流入调节池。

调节池：使污水在水量、水质上得到调节，并加酸或加碱调节 pH 值，有利于后续的污水处理效果，污水在池中停留时间 12h。为防止悬浮物在调节池中沉降，设两台潜水搅拌机。

混凝沉淀：采用斜板沉淀，有效停留时间 3h。

酸化水解：利用水解产酸菌迅速水解水中有机物的特性，形成以水解产酸菌为主的厌氧向上流污泥床，停留时间 24h。

接触氧化：水解酸化池出水自流进入接触氧化室，池内设置高效生物填料，效率高，软性填料易挂膜、不结球、不堵塞。并由二沉池回流污泥，保证池内的微生物浓度，使其具有较高的抗冲击负荷能力。

二沉池：生化处理后的水进入二沉池，水力负荷 0.65m³/(m²·h)，有效沉淀时间 4h。

污泥池：起储存、浓缩污泥的作用。停留时间不宜太长。用螺杆泵泵至污泥脱水间，对污泥进行脱水，干污泥外运处置。污泥池上清液、脱水机滤液经地沟自流进入调节池与废水混合处理。

集水井：收集处理后的废水。

（二）徐州某生物化学有限公司废水治理措施

1. 项目基本情况

徐州某生物化学有限公司位于睢宁县桃岚化工园区，公司原产品为双甘膦，后因市场影响，停止双甘膦生产，转产具有上下游产业链的产品亚磷酸、氯甲烷、对甲砜基甲苯和生产抗生素中间体比阿培南主环母核。该公司项目产品方案见表10-10。

表 10-10　某公司项目产品方案

序号	主体工程	产品	单位	设计能力	年工作时间
1	亚磷酸生产二装置	亚磷酸	t/a	15000	
2	氯甲烷生产装置	氯甲烷	t/a	30000	300 天
3	对甲砜基甲苯生产装置	对甲砜基甲苯	t/a	2000	
4	比阿培南主环母核生产装置	比阿培南主环母核	t/a	20	

2. 废水污染防治措施

该公司在生产过程中产生的废水主要是正常生产时工艺废水、设备洗涤废水、地面冲洗废水、生活污水等，废水以含磷、含盐量较高为其特征。具体是先对废水进行预处理，措施如下。

首先单独对含磷废水（W3-1）进行化学除磷预处理。利用废水处理系统排水对高浓度含盐废水进行配水，配水量为废水量的200%，以降低进入废水处理系统的盐浓度、利于生化处理的进行。废水处理工艺路线见图10-17。

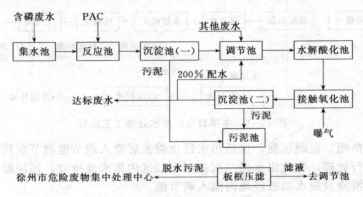

图 10-17　废水处理工艺路线

废水处理工艺过程叙述如下。

① 首先进行含磷废水的预处理。含磷废水流入专门的集水池，用泵打入反应池，同时向反应池内投加适量的聚合氯化铝（PAC），生成铝的磷酸盐沉淀，除磷反应池出水流入沉淀池（一），含磷污水去脱水处理，出水流入调节池。采用聚合氯化铝（PAC）除磷，磷去除率可达95%。

② 其他废水包括生活废水、生产排水、车间地面及设备冲洗排水等，经厂内污水管网流入调节池，与来自废水处理系统排水和除磷后的排水在调节池内充分混合均质，保证进入废水处理系统水质符合设计指标。

③ 调节池废水泵打入水解酸化池，停留时间应不低于24h。废水在缺氧的条件下，利用兼氧菌酸化水解过程，将污水中的大分子、难降解的有机物，酸化分解成小分子的有机物，从而提高废水的可生化性。

④ 经水解酸化处理后的污水自流进入生化处理池（生物接触氧化池）中进行好氧处理。在接触氧化池内废水和生物充分接触，有机污染物被生物吸附，在得到足够溶解氧的条件下，其中的好氧微生物将污染物分解为二氧化碳和水，使废水得到净化。

⑤ 接触氧化池出水进入沉淀池（二）进行固液分离。出水200%回流至调节池内作为配水使用，达标排水流向桃岚污水处理厂。

⑥ 废水处理产生的污泥经板框压滤机脱水后委托徐州市危险废物集中处理中心处理，滤下水回流入调节池。

（三）某污水处理厂污水处理措施

1. 项目基本情况

某污水处理厂位于某市东郊三八河下游乔家湖村，主要承担三八河集水区域内的工业和生活污水的处理任务，其一期工程处理能力为 $3 \times 10^4 m^3/d$，采用 A^2/O ＋接触过滤处理工艺，设计出水指标为《城镇污水处理厂污染物排放标准》（GB 18918—2002）一级 B 标准，2005 年通过环保竣工验收，并稳定运行。厂区内不设储泥棚，污泥脱水后直接由汽车外运至徐州某环保热电有限公司进行焚烧处置。

2. 污水处理工艺流程

该污水处理厂污水处理工艺流程如图 10-18 所示。

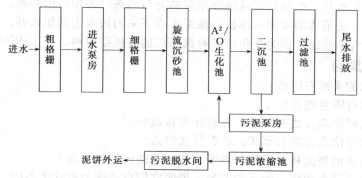

图 10-18 某污水处理厂污水处理工艺流程

该污水处理厂工艺流程简述：来自城市管网的污水进入污水处理厂，首先经粗格栅去除大块杂物。然后由提升泵将污水泵入细格栅间。本工艺采用栅距为 1.0mm 的细格栅过滤机取代了传统的初沉池，提高了无机物的固液分离效率，提高了后续的生化流程的污泥质量；同时保留了对后续生化处理有用的有机物，有利于除磷脱氮。

经过细格栅过滤后的污水进入旋流沉砂池进一步去除污水中的砂（粒径大于 0.2mm）。沉于沉砂池锥体的砂用砂泵抽出送去砂干化床，经干化后外运。

经沉砂后的污水进入 A^2/O 生化池的厌氧区配水渠道。用管道（$DN125$）把污水分布至厌氧区底部，上升水流使水解菌在厌氧区形成污泥层。污水通过污泥层被层内的水解菌吸附和分解，使污水得到初步净化（COD 去除率约达 35%）。厌氧区污泥面当大流量时，控制在水面下 30～50cm。多余的污泥用抽污泥泵抽出，送至污泥浓缩池浓缩。本设计厌氧区水力停留时间 HRT 为 3h。

经厌氧区净化后的污水进入缺氧区（水力停留时间 HRT 为 1.5h），在缺氧区污水与回流混合液及回流污泥混合，混合液自好氧区采用液下泵（7.5kW/台，$Q = 200m^3/h$，$H = 9m$，共 6 台）回流，并通过射流器曝气充氧，污泥系从沉淀池回流缺氧区，溶解氧（DO）控制在 0.3～0.5mg/L，此时回流混合液中的硝酸氮转化为氮和氨，氧被微生物利用，氮气排入大气，使污水初步脱氮。

从缺氧区污水进入好氧区，在好氧区，采用鼓风机（SSR200，75kW，$0.45kgf/cm^2$；SSR200，55kW，$0.45kgf/cm^2$，总共 4 台）进行空气加压后通过曝气器向水中提供溶解氧，其浓度控制在 1～2mg/L，好氧微生物进一步分解水中的有机物，其中碳水化合物分解为水和二氧化碳，含氮有机物转化为硝酸盐。一般情况下，好氧区污泥浓度控制在 2.5～3.0g/L，如超过此范围，可从污泥回流泵排出剩余污泥。在好氧区尾部，设有液下泵用于回流好氧区混合液，混合液去缺氧区头部。混合液回流比一般采用 100％，好氧区水力停留时间 HRT9h。

经好氧区处理后的混合液（污泥＋水）进入沉淀池进行固液分离，澄清水从池上部排往接触过滤池作进一步净化。污泥沉于池底，经回流泵抽吸加压，污泥返回缺氧区头部（或厌氧区配水槽）。当好氧区水中污泥（MLSS）超过 2.5～3.0g/L 时，用回流泵把剩余污泥加压送至污泥浓缩池。

经沉淀池澄清的水去接触过滤池，水经接触过滤池过滤进一步去除水中的悬浮物和氮。过滤层是由卵石和粗砂组成，其表面生长生物膜，生物膜中的微生物进一步截留和分解水中的有机物、氮、磷。经一天运行后，滤料中积累有一定数量的生物污泥，此时可用专设的鼓风机进行过滤层气反冲洗，反冲洗的水返回集水井。经接触过滤的水已透明清洁，达到设计指标要求外排。

从生化池厌氧区抽取的剩余污泥和回流泵排出的剩余好氧污泥均在污泥浓缩池浓缩，浓缩池澄清液返回集水井，浓缩污泥从池底用泵抽升与药剂（采用聚丙烯胺，其用量由生产现场确定）混合后，送至浓缩压榨一体机。浓缩压榨下来的污水返回集水井，污泥经皮带运输机收集，然后用汽车外运，作为徐州市某有机肥厂的有机肥原料，厂区内不设置污泥堆场。

二、综合复习

1. 工业废水的来源有哪些？

2. 化工废水有哪些特点？

3. 废水的物理治理方法有哪些，各有什么特点？

4. 废水的化学治理方法有哪些，各有什么特点？

5. 典型的废水治理流程包括哪些环节，各环节的内容是什么？

6. 试比较生活污水和化工废水的差异，说明它们在治理上有什么不同。

7. 参观城市污水处理厂，说说城市污水处理使用的是什么治理方法。

8. 你知道国内外曾经发生过哪些环境污染事件，哪些与化工废水污染有关？

9. 了解国内外化工生产水污染事件。从技术上和法制上，说说如何预防水污染？

10. 搜集资料，分析化工企业的废水治理的特点。

11. 了解目前国内外化工水污染治理的新技术和新突破，分析化工水污染防治的发展方向。

第十一章 废气的综合治理技术

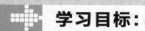

学习目标:

了解化工废气的来源和带来的大气污染问题，认识化工废气污染带来的危害性，熟悉化工废气污染防治的基本技术措施，根据废气污染实际情况，能够采取有效的化工废气防治措施。培养学生在化工生产过程中，具有预防和治理化工废气污染的技术工作能力。

第一节 化工废气的来源、分类及特点

化学工业是对多种资源进行化学处理和转化加工的生产部门，在国民经济中占重要地位。新中国成立以来，化学工业得到迅速发展，该工业已建成包括多个行业的基本完整的化工生产体系，其中氮肥、磷肥、无机盐、氯碱、有机原料及合成材料、农药、染料、涂料、炼焦等行业的废气排放量大，组成复杂，对大气环境造成较严重的污染。化工废气是指在化工生产中由化工厂排出的有毒有害的气体。化工废气往往含有污染物种类很多，物理和化学性质复杂，毒性也不尽相同，严重污染环境和影响人体健康。不同化工生产行业产生的化工废气成分差别很大。如氯碱行业产生的废气中主要含有氯气、氯化氢、氯乙烯、汞、乙炔等，氮肥行业产生的废气中主要含有氮氧化物、尿素粉尘、一氧化碳、氨气、二氧化硫、甲烷等。

一、化工废气的来源

各种化工产品在每个生产环节都会产生并排出废气，造成对环境的污染。其来源有以下几个方面。

1. 工艺反应过程

化学反应中产生的副反应和反应进行不完全所产生的废气。在化工生产过程中，随着反应条件和原料纯度的不同，有一个转化率的问题。原料不可能全部转化为成品或半成品，这样就形成了废料。一般情况下，在进行主反应的同时，经常还伴随着一些不希望产生的副反应，副反应的产物有的可以回收利用，有的则因数量不大、成分复杂，无回收价值，因而作为废料排出。

2. 生产、搬运、使用过程

产品加工和使用过程中产生的废气以及搬运、破碎、筛分及包装过程中产生的粉尘等。

3. 技术、管理过程

生产技术路线及设备陈旧落后，造成反应不完全，生产过程不稳定，从而产生不合格的

产品或造成物料的"跑、冒、滴、漏"。

4. 操作失误

开、停车或因操作失误，指挥不当，管理不善造成废气的排放。

5. 二次污染

化工生产中排放的某些气体，在光或雨的作用下发生化学反应，也能产生有害气体。

二、化工废气的分类

按照污染物存在的形态，化工废气可分为颗粒污染物和气态污染物，颗粒污染物包括尘粒、粉尘、烟尘、雾尘、煤尘等；气态污染物包括含硫化合物、含氯化合物、碳氧化合物、碳氢化合物、卤氧化合物等。

按照与污染源的关系可分为一次污染物和二次污染物。从化工厂污染源直接排出的原始物质，进入大气后性质没有发生变化，称为一次污染物；若一次污染物与大气中原有成分发生化学反应，形成与原污染物性质不同的新污染物，称为二次污染物。

按污染物性质化工废气可分为三大类：第一类为含无机污染物的废气，主要来自氮肥、磷肥（含硫酸）、无机盐等行业；第二类为含有机污染物的废气，主要来自有机原料及合成材料、农药、燃料、涂料等行业；第三类为既含无机污染物又含有机污染物的废气，主要来自氯碱、炼焦等行业。

三、化工废气的特点

化工生产排放的气体，通常含有易燃、易爆、有毒、有刺激性和有臭味的物质。污染大气的主要有害物质有：碳氢化合物、硫的氧化物、氮的氧化物、碳的氧化物、氯和氯化合物、氟化物、恶臭物质和浮游粒子等。

1. 种类繁多

由于化学工业行业比较多，加上每个行业所用的化工原料千差万别，即使同一产品所用的工艺路线、同一工艺的不同时间都有差异，生产过程化学反应繁杂。因此，造成化工废气种类繁多。

2. 组成复杂

化工废气中常含有多种复杂的有毒成分。例如，农药、染料、氯碱等行业废气中，既含有多种无机化合物，又含有多种有机化合物。此外，从原料到产品，由于经过许多复杂的化学反应，产生多种副产物，致使某些废气的组成变得更加复杂。

3. 易燃易爆气体多

这类气体为低沸点的酮、醛、易聚合的不饱和烃等，大量易燃、易爆气体如不采取适当措施，容易引起火灾、爆炸事故，危害极大。

4. 排放物大都有刺激性和腐蚀性

如二氧化硫、氮氧化物、氯气、氟化氢等气体都有刺激性或腐蚀性，尤其以二氧化硫排放量最大，二氧化硫气体直接损害人体健康，腐蚀金属、建筑物和雕塑的表面，还易氧化成硫酸盐降落到地面，污染土壤、森林、河流、湖泊。

5. 浮游粒子种类多、危害大

化工企业在生产过程中，排放的浮游粒子包括：粉尘、烟气和酸雾等，种类繁多。各种燃烧设备排放的大量烟气和化工生产中排放的各种酸雾对环境危害较大。烟气中的微小碳粒子吸附能力很强，能吸附烟气中的焦油状碳氢化合物。其中包括苯并芘是一种致癌物质，同时浮游粒子与其他有害物质具有协同作用，对人体的危害更大。

6. 污染物浓度高

不少化工企业由于缺乏改造的资金和技术，同时加上管理不善、操作工人素质不高、工艺设备陈旧等因素，导致产品陈旧，原材料流失严重，废气中污染物浓度高。

7. 污染面广，危害性大

遍布全国各地的中小企业大多工艺落后，设备陈旧，技术力量薄弱，防治污染所需要的技术、设备和资金难以解决。

特别是近几年，由于化工产品供不应求，各地盲目地建设了一大批乡镇企业，进一步扩大了污染面。乡镇企业生产吨产品的原料、能源消耗都很高，排放的污染物大大超过大中型化工企业的排放量，而得到治理的很少。

四、主要大气污染物

化工废气常含有致癌、致畸、致突变、恶臭强腐蚀性及易燃、易爆性的组分，对生产装置、人身安全与健康及周围环境造成严重危害。其中影响范围广、具有普遍性的污染物有颗粒物、二氧化硫、氮氧化物、碳氧化物、碳氢化合物等。各化工行业废气来源及主要污染物如表 11-1 所示。

表 11-1　化工行业废气来源及主要污染物排放

行业	主要来源	废气中主要污染物
氮肥	合成氨、尿素、碳酸氢铵、硝酸铵、硝酸	NO_x、尿酸粉尘、CO、Ar、NH_3、SO_2、CH_4、粉尘
磷肥	磷矿石加工、普通过磷酸钙、钙镁磷肥、重过磷酸钙、磷酸铵类氮磷复合肥、磷肥、硫酸	氟化物、粉尘、SO_2、NH_3
无机盐	铬盐、二硫化碳、钡盐、过氧化氢、黄磷	SO_2、P_2O_5、Cl_2、HCl、H_2S、CO、CS_2、As、F、S、氯化铬酰、重芳烃
氯碱	烧碱、氯气、氯产品	Cl_2、HCl、氯乙烯、汞、乙炔
有机原料及合成材料	烯类、苯类、含氧化合物、含氮化合物、卤化物、含硫化合物、芳香烃衍生物、合成树脂	SO_2、Cl_2、HCl、H_2S、NH_3、NO_x、CO、有机气体、烟尘、烃类化合物
农药	有机磷农药、氨基甲酸酯类、菊酯类、有机氯类等	Cl_2、HCl、氯乙烷、氯甲烷、有机气体、H_2S、光气、硫醇、三甲醇、二氯酯、氨、硫代磷酸酯农药
染料	染料中间体、原染料、商品染料	H_2S、SO_2、NO_x、Cl_2、HCl、有机气体、苯类、醇类、醛类、烷烃、硫酸雾、SO_3
涂料	涂料:树脂漆、油脂漆;无机颜料:钛白粉、立德粉、铬黄、氧化锌、氧化铁、红丹、黄丹、金属粉、华蓝	芳烃
炼焦	炼焦、煤气净化及化学品加工	CO、SO_2、NO_x、H_2S、芳烃、粉尘、苯并[a]芘、CO_2

1. 颗粒物

颗粒物是指除气体之外的包含于大气中的物质，包括各种各样的固体、液体和气溶胶。其中有固体的灰尘、烟尘、烟雾，以及液体的云雾和雾滴。固体颗粒是指大气中的来自燃料燃烧的烟尘、工厂排出的粉尘及风自地面吹起的尘埃等物质。按照粒径差异，颗粒物主要可以分为以下几种形态。

(1) 总悬浮颗粒物　指能悬浮在空气中，空气动力学当量直径≤$100\mu m$ 的颗粒物，即指粒径在 $100\mu m$ 以下的颗粒物，记作 TSP。总悬浮颗粒物的浓度以每立方米空气中总悬浮颗粒物的质量（mg）表示。其对人体的危害程度主要决定于自身的粒度大小及化学组成。TSP 中粒径大于 $10\mu m$ 的物质，几乎都可被鼻腔和咽喉所捕集，不进入肺泡。

(2) 降尘　指粒径大于 $10\mu m$ 在重力作用下可以降落的颗粒状物质。其多产生于固体破碎、燃烧残余物的结块及研磨粉碎的细碎物质。如水泥粉尘、金属粉尘、飞尘等一般颗粒大，密度也大，在重力作用下，易沉降，危害范围较小。自然界刮风及沙暴也可以产生降尘。

(3) 飘尘　指悬浮在空气中的空气动力学当量直径≤$10\mu m$ 的颗粒物，记作 PM10。飘尘粒径小，密度也小，可长期飘浮在大气中，具有胶体性质，又称气溶胶。易随呼吸进入人体，危害健康，因此也称可吸入颗粒物。通常所说的烟、雾、灰尘均是用来描述飘尘存在形式的。它能随呼吸进入人体上、下呼吸道，对健康危害很大。是物质燃烧时产生的颗粒状飘浮物，它们因其粒小体轻，故而能在大气中长期飘浮，飘浮范围可达几十公里，可在大气中造成不断蓄积，它与空气中的二氧化硫和氧气接触时，二氧化硫会部分转化为三氧化硫，使空气酸度增加，使污染程度逐渐加重。飘尘能长驱直入人体，侵蚀人体肺泡，以碰撞、扩散、沉积等方式滞留在呼吸道不同的部位，粒径小于 $5\mu m$ 的多滞留在上呼吸道。滞留在鼻咽部和气管的颗粒物，与进入人体的二氧化硫等有害气体产生刺激和腐蚀黏膜的联合作用，损伤黏膜、纤毛，引起炎症和增加气道阻力。持续不断的作用会导致慢性鼻咽炎、慢性气管炎。滞留在细支气管与肺泡的颗粒物也会与二氧化氮等产生联合作用，损伤肺泡和黏膜，引起支气管和肺部产生炎症。飘尘的作用可达数年之久，大量飘尘在肺泡上沉积下来，可引起肺组织的慢性纤维化，使肺泡的切换机能下降，导致肺心病、心血管病等一系列病变。

（4）细颗粒物　又称细粒、细颗粒。大气中粒径小于 $2\mu m$（有时用小于 $2.5\mu m$，即 PM2.5）的颗粒物（气溶胶）。虽然细颗粒物只是地球大气成分中含量很少的组分，但它对空气质量和能见度等有重要的影响。细颗粒物粒径小，富含大量的有毒、有害物质且在大气中的停留时间长、输送距离远，因而对人体健康和大气环境质量的影响更大。2012 年 2 月，国务院同意发布新修订的《环境空气质量标准》增加了细颗粒物监测指标。2013 年 2 月 28 日，全国科学技术名词审定委员会称 PM2.5 拟正式命名为"细颗粒物"。

2. 含硫化合物

硫常以二氧化硫和硫化氢的形态进入大气，也有一部分以亚硫酸及硫酸（盐）微粒形式进入大气。大气中的硫约 2/3 来自天然源，其中以细菌活动产生的硫化氢最为重要。污染大气的含硫化合物有 H_2S、SO_2、SO_3、硫酸酸雾及硫酸盐气溶胶等，人为源产生的硫排放的主要形式是 SO_2，主要来自含硫煤和石油的燃烧、石油炼制以及有色金属冶炼和硫酸制造等。

SO_2 是一种无色、具有有强烈刺激性气味的不可燃气体，是一种广泛分布、危害大的主要大气污染物。它的危害主要有：

① 产生酸雨；

② 腐蚀生物的机体；

③ 产生光化学烟雾。

SO_2 在大气中极不稳定，最多只能存在 1～2 天。在相对湿度比较大，以及有催化剂存在时，可发生催化氧化反应，生成 SO_3，进而生成 H_2SO_4 或硫酸盐。所以 SO_3 是形成酸雨的主要因素。硫酸盐在大气中可存留 1 周以上，能漂移至 1000km 以外的地方，造成远离污染源以外的区域性污染。

SO_2 和飘尘具有协同效应，两者结合起来对人体危害更大。SO_2 具有酸性，可与空气中的其他物质反应，生成微小的亚硫酸盐和硫酸盐颗粒。当这些颗粒被吸入时，它们将聚集于肺部，是呼吸系统症状和疾病、呼吸困难，以及过早死亡的一个原因。如果与水混合，再与皮肤接触，便有可能发生冻伤。与眼睛接触时，会造成红肿和疼痛。

SO_2 也可以在太阳紫外线的照射下，发生光化学反应，生成 SO_3 和硫酸雾，从而降低大气的能见度。

3. 氮氧化物

氮氧化物（NO_x）种类很多，主要是一氧化氮（NO）和二氧化氮（NO_2），其他还有一氧化二氮（N_2O）、四氧化二氮（N_2O_4）、三氧化二氮（N_2O_3）和五氧化二氮（N_2O_5）等多种化合物。

天然排放的 NO_x，主要来自土壤和海洋中有机物的分解，属于自然界的氮循环过程。NO_x 人为来源主要指燃料燃烧、工业生产和交通运输等过程排放的 NO_x。

燃料燃烧是指化石燃料燃烧时，排放的废气中含有 NO，其浓度可达千分之几。NO 排入大气后迅速转化为 NO_2。当矿物燃料高温燃烧时，空气中的 N_2 与 O_2 结合而生成 NO，温度越高，生成 NO 的速度和量越大，由这种方式生成的 NO_x 称为热 NO_x；另一类是因燃料中含有吡啶、氨基化合物等含氮化合物，在燃烧的过程中生成了 NO_x，这种方式生成的 NO_x 称为燃料 NO_x。

工业生产是指有关企业如硝酸、氮肥和有机合成工业及电镀等工业在生产过程中排出大量 NO_x。

交通运输是指机动车辆和飞机等排出废气中含有大量 NO_x。汽车排气已成为城市大气中 NO_x 的主要来源。

NO 是无色，有刺激性气味不活泼的气体，它能与血红蛋白结合生成亚硝基血红蛋白而引起中毒，并可产生缺氧症状和中枢神经受损。

NO 氧化后生成红棕色、有刺激性的 NO_2，它的毒性较强，能迅速破坏肺细胞，可能是引起肺气肿和肺癌的病因。

NO_2 又是一吸光物质，易发生光化学反应，是形成光化学反应的元凶，由此产生的二次污染物的危害更大。

据 20 世纪 80 年代初估计，全世界每年由于人类活动向大气排放的 NO_x 约 5300 万吨。NO_x 对环境的损害作用极大，它既是形成酸雨的主要物质之一，也是形成大气中光化学烟雾的重要物质和消耗臭氧的一个重要因子。

4. 碳氧化物

碳氧化物主要有两种物质，即 CO 和 CO_2。主要是由含碳物质不完全燃烧产生的，而天然源较少。

CO_2 是无色、无毒的气体，是大气的正常成分，但其浓度增加会给环境带来多种影响，主要由燃烧煤炭、石油和天然气产生。目前由于人类活动排放到大气中的 CO_2 的量不断增加，而吸收 CO_2 的森林反遭到严重破坏，使得大气中 CO_2 的浓度不断增加。据测定，一个世纪前，大气中 CO_2 的含量约为 $284cm^3/m^3$，目前已达到 $379cm^3/m^3$。CO_2 浓度的增加，可能对全球的气候产生影响，因而是目前环境科学上颇为注意的问题之一。

CO 则是排放量很大的污染物，是一种无色、无味、无嗅的窒息性气体，即通常所说的能引起人体中毒的"煤气"。它产生于含碳化合物不完全的燃烧过程，主要来源于燃料燃烧、汽车排出的废气以及其他加工业。值得注意的是一氧化碳的另一人工源是吸烟排出的烟气。吸烟者吸入的 CO 远高于不吸烟者，尤其是吸过滤嘴香烟的人。CO 的主要危害是妨碍体内氧气的传输。它与血红蛋白的亲和力比氧大 200 多倍，而生成的羰基血红蛋白的解离速度比氧合血红蛋白小 3600 多倍，因此一旦生成羰基血红蛋白就很难解离，导致输氧能力降低，造成机体缺氧，危害人体健康。体内缺氧时对所有的器官都有影响，而最敏感的是中枢神经系统和心肌。空气中一氧化碳含量达 $10cm^3/m^3$ 时就会使人中毒，浓度达 1% 时人在两分钟内即死亡。一氧化碳排入大气后，由于扩散和氧化等原因，虽然有可能会给人体造成不适的感觉，但一般不会达到窒息的浓度。

5. 碳氢化合物

碳氢化合物包括烷烃、烯烃和芳烃等复杂多样的物质组成。大气中大部分的碳氢化合物来源于植物的分解，人类排放的量虽然小，却非常重要。

碳氢化合物的人为来源主要是石油燃料的不充分燃烧和石油类的蒸发过程。在石油炼制、石油化工生产中也产生多种碳氢化合物。燃油的机动车亦是主要的碳氢化合物污染源，交通线上的碳氢化合物浓度与交通密度密切相关。

碳氢化合物是形成光化学烟雾的主要成分。在活泼的氧化物如原子氧、臭氧、氢氧基等自由基的作用下，碳氢化合物将发生一系列链式反应，生成一系列的化合物，如醛、酮、烷、烯以及重要的中间产物——自由基。自由基进一步促进 NO 向 NO_2 转化，造成光化学烟雾的重要二次污染物——臭氧、醛、过氧乙酰硝酸酯（PAN）。

碳氢化合物中的多环芳烃化合物，如 3,4-苯并芘，具有明显的致癌作用，已引起人们的密切关注。

6. 光化学氧化剂

（1）光化学反应和光化学烟雾　在太阳紫外线作用下，大气中的某些污染物发生反应，生成新的污染物，这种反应叫光化学反应。由此产生的烟雾称为光化学烟雾。

（2）光化学烟雾形成的条件

① 充足的阳光，无风；

② 出现逆温；

③ 大气含有一定浓度的 NO_2 和碳氢化合物。

（3）光化学反应机理

① 污染空气中 NO_2 的光解是光化学烟雾形成的起始反应。

$$NO_2 + h\nu(\lambda < 430nm) \longrightarrow NO_2^*$$
$$NO_2^* \longrightarrow NO + O$$
$$O + O_2 + M \longrightarrow O_3 + M$$
$$O_3 + NO \longrightarrow O_2 + NO_2$$

② 碳氢化合物与 O、O_3、·OH、NO 等自由基作用生成醛、酮、酸以及 RO_2·、HO_2·、RCO· 等自由基。

③ 过氧自由基引起 NO 向 NO_2 转化，并导致 O_3 和过氧乙酰硝酸酯（PAN）等生成。

（4）光化学烟雾的危害

① 对人体健康的影响。光化学烟雾最明显的危害是对人眼的刺激作用，出现眼流泪、发红（俗称红眼病）。除眼外，对鼻、咽、气管和肺均有明显的刺激作用。对老人、儿童和病弱者尤为严重。污染严重时，会引起哮喘发作，导致上呼吸道疾病恶化，使视觉敏感度和视力降低。受害严重者，呼吸困难、胸痛、头晕、发烧、呕吐、以致血压下降、昏迷不醒。长期慢性伤害，可引起肺机能衰退、支气管炎、甚至发展成肺癌等。据资料统计，美国加利福尼亚州由于光化学烟雾的作用，曾使该州 3/4 的人发生了红眼病。日本东京 1970 年发生的光化学污染时期有 20000 人患了红眼病。1952 年洛杉矶事件发生时，两天内就使 65 岁以上的老人死亡 400 余人。

② 对植物的伤害。光化学烟雾能使植物叶片受害变黄以致枯死。据资料统计，仅加利福尼亚州 1959 年由于光化学污染引起的农作物减产损失已达 800 万美元。使大片树木枯死，葡萄减产 60% 以上，柑橘也严重减产。对光化学烟雾敏感的植物还有棉花、烟草、甜菜、番茄、菠菜、某些花卉和多种树木。

7. 其他污染物

除了上述大气污染物外，较为常见的无机气体污染物有硫化氢、氯化氢、氨、氯气等。随着有机合成工业和石油化学工业的发展，进入大气的有机化合物气体越来越多，目前较常见的有苯、酚、酮、醛、芘、苯并芘、过氧硝基酰、芳香胺、氯化烃等。这些污染物一般具有恶臭气味，对人体感官有刺激作用，有的被认为有致病、致畸和致突变作用。

五、废气中主要污染物的影响

大气中的污染物对环境和人体都会产生很大的影响，历史上曾发生过著名的大气污染事件，八大公害中事件中有五大公害属于大气污染事件，如日本的四日市哮喘病事件，英国的伦敦烟雾事件，美国洛杉矶光化学烟雾事件等。大气污染不仅影响到其周围环境，而且对全球环境也带来影响，如温室气体效应、酸雨、南极臭氧空洞等，其结果对全球的气候、生态、农业、森林产生一系列的影响。大气污染物可以通过各种途径降到水体、土壤和作物中影响环境，并通过呼吸、皮肤接触、食物、饮用水等进入人体，引起对人体健康和生态环境造成直接的近期或远期的危害。

1. 大气污染对人体健康的影响

大气污染物的种类繁多，排放量大，污染范围广，对人体健康的危害是多方面的，如呼吸道疾病、中枢神经系统受损、癌症等。大气污染对人体健康的影响与污染物的种类、性质、暴露时间及个体敏感性有关。大气污染对人的危害大致可分为急性中毒、慢性中毒、致癌三种。

大气中的有害物质主要通过下述三个途径侵入人体造成危害：

① 通过人的直接呼吸而进入人体；

② 附着在食物上或溶于水中，使之随饮食而侵入人体；

③ 通过接触或刺激皮肤而进入到人体。其中通过呼吸而侵入人体是主要的途径，危害也最大。

2. 大气污染对气候的影响

（1）大气污染对城市气候的影响　大气污染使得城市气温高于农村，城市的能见度较农村低，云、雾、降雨比农村多。

（2）对全球气候的影响　目前对地表气温上升的真正原因还未证实，提得较多的是"温室效应"。的确，人类的活动已使得大气中二氧化碳的含量有所升高，因此不得不引起人们的高度重视。

（3）大气污染对臭氧层的破坏

① 平流层中臭氧的形成：

$$O_2 + h\nu \longrightarrow 2O(3P)$$
$$O_2 + O + M \longrightarrow O_3 + M$$

同时臭氧也会因光解而破坏：

$$O_3 + h\nu \longrightarrow O_2 + O$$

此外臭氧也能与 O 作用：

$$O_3 + O \longrightarrow 2O_2$$

通常情况下，臭氧的形成和分解达到平衡，臭氧保持一定浓度，约为 $10cm^3/m^3$，结果在平流层中上部形成臭氧层。

② 平流层中臭氧层对地球生命的重要性。以紫外线对人体效应为依据，按照波长的顺序将紫外线分为：紫外线 A（320～400nm）、紫外线 B（290～320nm）、紫外线 C（190～290nm）。尽管紫外线 C 的危害最大，但它几乎全部被臭氧层吸收，即使是平流层中臭氧浓度大大降低，紫外线 C 也几乎不能到达地球。紫外线 B 能强烈影响人类的基因物质脱氧核糖核酸而导致皮肤衰老，产生晒斑，形成皮肤癌。而且这种波长的紫外线的能量足以破坏 C—H 键，对地球上的生命及有机物均有破坏作用。正是由于臭氧层能吸收 $\lambda \leqslant 330nm$ 的紫外线，因而对地球上的生物起了保护作用。但紫外线 B 的吸收与臭氧的浓度密切相关，随着臭氧层中臭氧浓度大大降低，到达地面的紫外线的量大大增加，给人类的生存带来极大威

胁，同时，危害农作物和水生生物，所以臭氧层的破坏已引起全世界的广泛重视和关注。

③ 大气污染物对臭氧层的破坏。NO_x 对臭氧层的破坏作用：平流层中破坏臭氧层的主要 NO_x 是 NO。

$$NO+O_3 \longrightarrow NO_2+O_2$$
$$NO_2+O \longrightarrow NO+O_2$$

总反应为：
$$O+O_3 \longrightarrow 2O_2$$

平流层中 NO 的来源有 N_2O 及超音速飞机排放的 NO_x。

HO 自由基对臭氧的破坏作用：

$$HO+O_3 \longrightarrow HO_2+O_2$$
$$HO_2+O_3 \longrightarrow HO+2O_2$$

或
$$HO_2+O \longrightarrow HO+O_2$$

总反应：$2O_3 \longrightarrow 3O_2$ 或 $O_3+O \longrightarrow 2O_2$

平流层中 HO 主要来源于 H_2O (g)、CH_4、H_2 与 O 的作用：

$$H_2O+O \longrightarrow 2HO$$
$$CH_4+O \longrightarrow CH_3+HO$$
$$H_2+O \longrightarrow HO+H$$

氟氯烃类对臭氧的破坏：

$$O_3+Cl \longrightarrow ClO+O_2$$
$$ClO+O \longrightarrow Cl+O_2$$

总反应：
$$O_3+O \longrightarrow 2O_2$$

一个氯原子可使 10 万个 O_3 分子被破坏，因此其危害相当大。Cl 来源于氟氯烃，在对流层中氟氯烃具有无毒、不燃烧且有较高的稳定性等特点而被广泛用作制冷剂（25 万吨/年）、喷雾剂（30 万吨/年）、溶剂（18 万吨/年）及制作泡沫塑料（26 万吨/年）等。全世界估计年产量在 100 多万吨，目前世界上许多国家对禁止使用氟氯烃持积极支持的态度。但就算目前全世界都禁止使用氟氯烃，已经散发到环境中的氟氯烃对臭氧层的破坏作用仍将持续下去。

（4）大气污染造成的酸沉降　酸雨正式的名称是为酸性沉降，它可分为"湿沉降"与"干沉降"两大类，前者指的是所有气状污染物或粒状污染物，随着雨、雪、雾或雹等降水型态而落到地面，后者则是指在不下雨的日子，从空中降下来的落尘所带的酸性物质而言。酸雨是指 pH 值小于 5.6 的雨雪或其他形式的降水。雨水被大气中存在的酸性气体污染。酸雨主要是人为地向大气中排放大量酸性物质造成的。我国的酸雨主要是因大量燃烧含硫量高的煤而形成的，多为硫酸雨，少为硝酸雨，此外，各种机动车排放的尾气也是形成酸雨的重要原因。

① 酸雨的化学组成。酸雨中含有多种无机酸和有机酸及其盐。其中绝大部分是硫酸和硝酸，多数情况下以硫酸为主。从污染源排放出来的 SO_2 和 NO_x 是形成酸雨的主要起始物。除此以外，不少地方的降水中发现有机酸（甲酸、乙酸）。

② 酸雨的危害。

a. 使湖泊酸化。

b. 酸雨使流域土壤和水体底泥中的金属（例如铝）可被溶解进入水中毒害鱼类。

c. 抑制土壤中有机物的分解和氮的固定、淋洗与土壤粒子结合的钙、镁、钾等营养元素，使土壤贫瘠化。

d. 酸雨伤害植物的新生芽叶，干扰光合作用，影响其发育生长。

e. 腐蚀建筑材料、金属结构、油漆及名胜古迹等。

六、大气污染物的治理技术

各种生产过程中产生的空气污染物，按其存在状态可分为两大类：其一是气溶胶态污染物，如粉尘、烟尘、雾滴和尘雾等颗粒状污染物，其二是气态污染物，如 SO_2、NO_x、CO、NH_3、H_2S、有机废气等主要以分子状态存在于废气中。

前者可利用其质量较大的特点，通过外力的作用，将其分离出来，通常称为除尘；后者则要利用污染物的物理性质和化学性质，通过采用冷凝、吸收、吸附、燃烧、催化等方法进行处理。

第二节　除　尘　技　术

一、粉尘的定义

粉尘是一个通俗、笼统的称呼，严格地说应称为粒状物质，在标准状态下，它可包括固体和液体粒子，具体可分为以下三类。

1. 粉尘

固体物质在破碎、研磨，爆破等机械过程中产生的粉粒，其形状不规范，粒度范围广，多在 $1\mu m$ 以上，大的可达 $100\sim200\mu m$。

2. 烟尘

由燃烧，蒸馏过程或化学反应等化工过程中产生的固体微粒，一般在 $1\mu m$ 以下。

3. 烟雾、水雾

由液体机械分裂，蒸气凝结或化学反应产生的液体粒子。$1\sim10\mu m$，呈球形。

二、粉尘的性质

粉尘的性质，对于确定采用的除尘方法有重要影响，重要的性质有粉尘的颗粒尺寸和密度。此外，还有比电阻率、附着性粒子形状、亲水性、腐蚀性、毒性和爆炸性等。

1. 粉尘粒子大小（粒径、粒径分布）

粉尘由大小不同的粒子所组成，为了表示各种粒径粒子的多少，通常以各种粒径的粒子在全部粒子中的分级分率来说明，即用分级分布曲线（频率分布曲线）表示，叫 f 曲线。

$$\int_0^\infty f(x)\mathrm{d}x=100$$

另外，粒子的组成也可用积分分布曲线的形式表示（R 曲线）。它反映大于或等于某一粒径的尘粒的质量之和占全部尘粒质量分率与尘粒直径之间的关系。

$$R=\int f(x)\mathrm{d}x$$

2. 尘粒的密度

尘粒密度对于重力除尘及离心除尘等装置的性能有很大影响。

由于粉尘往往是许多粒子的集合体，粒子之间有空隙，因而密度分为真密度（ρ_p）：用于研究尘粒在气体中的运动，单位 kg/m^3。堆积密度（ρ_b）：用于计算料仓、灰斗的容积，单位 kg/m^3。空隙率用 ε 表示。

粒子的堆积密度比真密度小得多。

$$\rho_b=(1-\varepsilon)\rho_p$$
$$\varepsilon=1-\rho_b/\rho_p$$

一般来说，ε 越大，粉尘越细，越易飞扬。

3. 粉尘的电阻率

粉尘由于碰撞、摩擦、接触带电体等因素，几乎总带有一定量的电荷，尘粒电阻率的大小对电除尘和过滤除尘装置的效率有很大影响。

一般粉尘电阻率的范围为10^{-3}（炭黑）$\sim 10^{14}\,\Omega\cdot cm$（干石灰石粉）之间，其中电阻率在$10^{4}\sim 2\times 10^{10}\,\Omega\cdot cm$的范围内，最适宜采用电除尘装置。

电阻率太高或太低均不适宜采用电除尘方法，但可预先对尘粒进行适当预处理，改变其电阻率，使其保持在上述特定的范围内。

改变尘粒的电阻率可以采用以下几种方法。

① 改变温度：大多数的电阻是随温度升高而增大，直到一最大值。

② 加入水分：尘粒吸附水分后可使表面电导率增加，引起电阻率降低。

③ 添加化学药品：向含尘气体中添加化学药品可以调节尘粒电阻。例如，对于燃烧重油产生的粉尘由于其电阻率比较低，向其中加入适量的氨，便可以提高电阻值。

4. 粉尘的湿润性

润湿性：粉尘颗粒与液体接触后能够互相附着或附着的难易程度的性质。润湿性与粉尘的种类、粒径、形状、生成条件、组分、温度、含水率、表面粗糙度及荷电性有关，还与液体的表面张力及尘粒与液体之间的黏附力和接触方式有关。

粉尘的润湿性随压力增大而增大，随温度升高而下降。润湿性是选择湿式除尘器的主要依据。

5. 粉尘的黏附性

黏附力：分子力（范德华力）、毛细力、静电力（库仑力），粉尘颗粒附在固体表面或颗粒彼此相互附着的现象称为黏附。黏附力对除尘器既有有利的一面，又有不利的一面。

有利的一面：许多除尘依赖于分离下来的颗粒在捕集器表面的黏附（如布袋）。

不利的一面：输送含尘气流的管道和设备中不希望发生，否则堵塞管道。因此，在管道设计时必须计算好管径。

三、除尘装置的技术性能

从废气中将颗粒物分离出来并加以捕集、回收的过程称为除尘。实现上述过程的设备装置称为除尘器。除尘装置的技术性能包括技术指标和经济指标。技术指标常以气体处理量、净化效率、压力损失等参数表示。经济指标则包括设备费、运行费、占地面积等内容。

1. 除尘效率 η

除尘装置的总效率是指在同一时间内，由除尘装置除下的粉尘量与进入除尘装置的粉尘量的百分数，常用符号η表示。总效率所反映的实际上是装置净化程度的平均值，它是评定装置性能的重要技术指标。

除尘效率η根据计算气体进出除尘器时的含尘流量和含尘量两种方法来确定。

① 含尘流量计算除尘效率方法

$$\eta = [(S_1 - S_2)/S_1]\times 100\% = (1 - S_2/S_1)\times 100\%$$

式中，S_1为除尘装置进口气体含尘流量，g/s；S_2为除尘装置出口气体含尘流量，g/s。

② 含尘量计算除尘效率方法。

$$\eta = [1 - C_2 Q_2/(C_1 Q_1)]\times 100\%$$

式中，Q_1为进口气量，m^3/s；Q_2为出口气量，m^3/s；C_1为进口气含尘浓度，g/m^3；C_2为出口气含尘浓度，g/m^3。

当$Q_1 = Q_2$时，即进气量与出气量不变：

$$\eta = (1 - C_2/C_1)\times 100\%$$

③ 多级除尘效率。对于需除尘的气体，如果采用一种方法达不到除尘要求的话，可采取多级除尘方式。（一般低效率的装在前面，高效率的装在后面），几种除尘方式组合串联使

用，将提高除尘效率。

a. 两级除尘效率。

$$\eta_{总} = \eta_1 + \eta_2(1-\eta_1) = \eta_1 + \eta_2 - \eta_1\eta_2$$

第一级装置排出的粉尘在第二级的除尘效率。

b. 如果有多级串联，则

$$\eta_{总} = 1-(1-\eta_i)n$$

式中，η_i 为每个除尘装置的除尘效率；n 为除尘装置个数。

④除尘效率的影响因素。

a. 粒径的影响。除尘效率与颗粒的粒径有关，一般粒径大，易除去，效率高；粒径小，难除去，效率低。

b. 气体流量的影响。每一种形式的除尘装置，都有一个标准的处理气体量 Q_H，若高于或低于此值，对除尘效率也会带来影响。有的除尘装置的除尘效率 η 随着实际处理气体量 Q 的增加而提高，如旋风分离器和文丘里洗涤器等。还有的除尘装置，除尘效率 η 则随着实际处理气量的增加而趋于减少，如电除尘器、袋式过滤器等。

c. 尘粉浓度的影响。气体中尘粒浓度也影响除尘效率。电除尘器的除尘效率，在一定范围内随含尘浓度的增加而下降，但达到一定的含尘浓度后电除尘的效率反而上升；旋风式除尘器则恰恰相反，旋风式除尘器的除尘效率则是在一定的范围内，随含尘浓度的增加而上升，但当达到一定浓度后，旋风式除尘器的效率则要下降。

2. 压力损失

除尘器压力损失是指除尘器气体进出口压力差，其单位通常用 Pa（帕）表示。一般为几百至几千帕。这个值越小，则动力消耗就越小，使操作费用降低。

压力损失是由于气体本身有黏滞性及器壁和器壁的粗糙度产生的阻力损失，以及由于气体在除尘器内流动时，流动速度大小和方向发生变化，产生涡流等，由于这些因素作用需消耗能量，从而表示出压力损失。

目前，对各种形式除尘器的压力损失计算多是经验和半经验式来确定，由测定出的压力损失及处理气体的流量，可以对输送机械需要的耗电量进行概算，一般可以应用下式来计算：

$$W = 2.73 \times 10^{-5}Q\Delta p$$

式中，W 为耗电量，kW·h；Q 为气体流量，m³/h；Δp 为压力损失，Pa。

四、除尘装置

（一）除尘装置的分类

① 是否使用水或其他液体分为：湿式除尘器、干式除尘器。

② 按效率的高低分为：高效除尘器、中效除尘器和低效除尘器。

③ 根据除尘机制分为四类：机械式除尘器、过滤式除尘器、湿式除尘器、静电除尘器。各种除尘装置的工作原理及设备见表 11-2。

表 11-2　各种除尘装置的工作原理及设备

除尘装置类别	工作原理	主要除尘设备
机械式	惯性力	重力沉降室、旋风除尘器、惯性除尘器
湿式	水流冲洗	水膜除尘器
过滤式	过滤介质捕集	布袋除尘器
静电除尘	静电力	静电除尘器

（二）各类除尘装置除尘原理

1. 机械式除尘器

机械式除尘器是通过质量力的作用达到除尘目的的除尘装置。质量力包括重力、惯性力和离心力，主要除尘器形式为重力沉降室，惯性除尘器和旋风除尘器等。

　　① 重力沉降室除尘原理。重力沉降室（图 11-1）是利用粉尘与气体的密度不同，使含尘气体中的尘粒依靠自身的重力从气流中自然沉降下来，达到净化目的的一种装置。当气流进入重力沉降室后，流动截面积扩大，流速降低，较重颗粒在重力作用下缓慢向灰斗沉降，分为层流式和湍流式两种。单层重力沉降室及多层重力沉降室工作原理图及沉降室实景图见图 11-2～图 11-4。

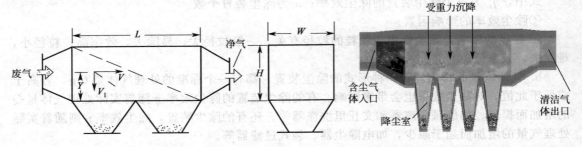

图 11-1　重力沉降室示意　　　　　　　　　　图 11-2　单层重力沉降室工作原理

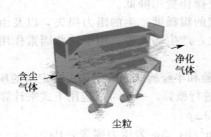

图 11-3　多层重力沉降室工作原理　　　　　　　　　　图 11-4　沉降室实景

　　② 惯性除尘器的除尘原理。利用粉尘与气体在运动中的惯性力不同，使粉尘从气流中分离出来的方法为惯性力除尘，常用方法是使含尘气流冲击在挡板上、气流方向发生急剧改变，气流中的尘粒惯性较大，不能随气流急剧转弯，便从气流中分离出来。其原理示意见图 11-5。

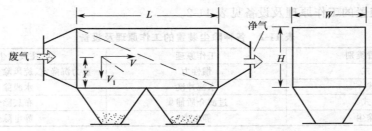

图 11-5　惯性除尘器除尘原理示意

惯性除尘器的结构形式如下。

冲击式——气流冲击挡板捕集较粗粒子（图 11-6）。

反转式——改变气流方向捕集较细粒子（图 11-7）。

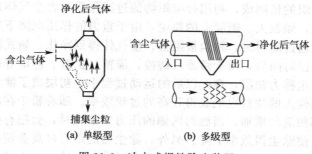

(a) 单级型　　(b) 多级型

图 11-6　冲击式惯性除尘装置

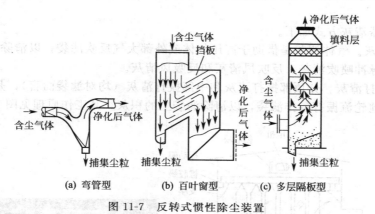

(a) 弯管型　　(b) 百叶窗型　　(c) 多层隔板型

图 11-7　反转式惯性除尘装置

③ 离心式除尘器的工作原理。使含尘气流沿某一定方向作连续的旋转运动，粒子在随气流旋转中获得离心力，使粒子从气流中分离出来的装置为离心式除尘器，也称为旋风除尘器。普通旋风除尘器是由进气管、筒体、锥体和排气管等组成，见图 11-8。其实景图见图 11-9。

图 11-8　旋风除尘器除尘原理示意　　　　图 11-9　旋风除尘器实景

2. 过滤式除尘器的工作原理

过滤式除尘是使含尘气体通过多孔滤料，把气体中的尘粒截留下来，使气体得到净化的方法。

过滤式除尘装置主要为袋式除尘器。它适用于捕集细小、干燥、非纤维性粉尘。滤袋采用纺织的滤布或非纺织的毡制成,利用纤维织物的过滤作用对含尘气体进行过滤,当含尘气体进入袋式除尘器地,颗粒大、密度大的粉尘,由于重力的作用沉降下来,落入灰斗,含有较细小粉尘的气体在通过滤料时,粉尘被阻留,使气体得到净化。袋式除尘器是一种干式滤尘装置。滤料使用一段时间后,由于筛滤、碰撞、滞留、扩散、静电等效应,滤袋表面积聚了一层粉尘,这层粉尘称为初层,在此以后的运动过程中,初层成了滤料的主要过滤层,依靠初层的作用,网孔较大的滤料也能获得较高的过滤效率。随着粉尘在滤料表面的积聚,除尘器的效率和阻力都相应的增加,当滤料两侧的压力差很大时,会把有些已附着在滤料上的细小尘粒挤压过去,使除尘器效率下降。另外,除尘器的阻力过高会使除尘系统的风量显著下降。因此,除尘器的阻力达到一定数值后,要及时清灰。清灰时不能破坏初层,以免效率下降。

袋式除尘器清灰方式如下。

① 气体清灰。气体清灰是借助于高压气体或外部大气反吹滤袋,以清除滤袋上的积灰。气体清灰包括脉冲喷吹清灰、反吹风清灰和反吸风清灰。

② 机械振打清灰。分顶部振打清灰和中部振打清灰(均对滤袋而言),是借助于机械振打装置周期性地轮流振打各排滤袋,以清除滤袋上的积灰。其工作原理见图 11-10。

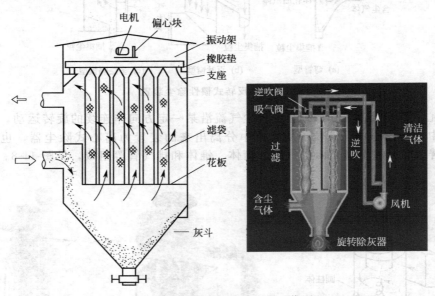

图 11-10　机械清灰袋式除尘器工作原理

③ 人工敲打。是用人工拍打每个滤袋,以清除滤袋上的积灰。

袋式除尘器的结构形式如下。

① 按滤袋的形状分为。扁形袋(梯形及平板形)和圆形袋(圆筒形)。

② 按进出风方式分为。下进风上出风及上进风下出风和直流式(只限于板状扁袋)。

③ 按袋的过滤方式分为。外滤式及内滤式。

滤料用纤维,有棉纤维、毛纤维、合成纤维以及玻璃纤维等,不同纤维织成的滤料具有不同性能。常用的滤料有 208 或 901 涤纶绒布,使用温度一般不超过 120℃,经过聚硅氧烷树脂处理的玻璃纤维滤袋,使用温度一般不超过 250℃,棉毛织物一般适用于没有腐蚀性;温度在 80～90℃以下含尘气体。

布袋除尘器工实景图见图 11-11。

图 11-11　布袋除尘器工实景

3. 湿式除尘原理

湿式除尘也称为洗涤除尘。该方法是用液体（一般为水）洗涤含尘气体，使尘粒与液膜、液滴或气泡碰撞而被吸附，凝集变大，尘粒随液体排出，气体得到净化。生产的湿式除尘器是把水浴和喷淋两种形式合二为一。先是利用高压离心风机的吸力，把含尘气体压到装有一定高度水的水槽中，水浴会把一部分灰尘吸附在水中。经均布分流后，气体从下往上流动，而高压喷头则由上向下喷洒水雾，捕集剩余部分的尘粒。其过滤效率可达 85％以上。

（1）湿式除尘器的结构　不同类型的湿式除尘器其结构虽有较大差别，但总体上一般由尘气导入装置、引水装置、水汽接触本体、液滴分离器和污水（泥）排放装置组成。

（2）湿式除尘器的分类　湿式除尘器的类型，从不同角度有不同的分类。

① 按结构型式划分

a. 储水式。内装一定量的水，高速含尘气体冲击形成水滴、水膜和气泡，对含尘气体进行洗涤，如冲激式除尘器、水浴式除尘器、卧式旋风水膜除尘器。

b. 加压水喷淋式。向除尘器内供给加压水，利用喷淋或喷雾产生水滴而对含尘气体进行洗涤；如文氏管除尘器、泡沫除尘器、填料塔、湍流塔等。

c. 强制旋转喷淋式。借助机械力强制旋转喷淋，或转动叶片，使供水形成水滴、水膜、气泡，对含尘气体进行洗涤。如旋转喷雾式除尘器。

② 按能耗大小划分。

a. 低能耗型。阻力在 4000Pa 以下，压力损失为 0.2～1.5kPa，对 $10\mu m$ 以上粉尘的净化效率可达 90％～95％。这类除尘器包括喷淋式、水浴式、冲激式、泡沫式、旋风水膜式除尘器。

b. 高能耗型。阻力在 4000Pa 以上，压力损失为 2.5～9.0kPa，净化效率可达 99.5％以上，该类主要指文氏管除尘器。

③ 按气液接触方式划分。

a. 整体接触式。含尘气流冲入液体内部而被洗涤，如自激式、旋风水膜式、泡沫式等除尘器。

b. 分散接触式。向含尘气流中喷雾，尘粒与水滴、液膜碰撞而被捕集，如文氏管、喷淋塔等。

（3）自激式除尘器　自激式除尘器内先要储存一定量的水，它利用气流与液面的高速接触，激起大量水滴，使尘粒从气流中分离，水浴除尘器、冲激式除尘器等都是属于这一类。

① 水浴除尘器。图 11-12 是水浴除尘器的示意

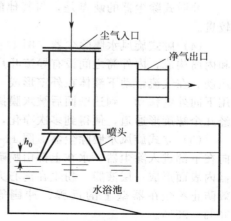

图 11-12　水浴除尘器原理

图，含尘空气以 8～12m/s 的速度从喷头高速喷出，冲入液体中，激起大量泡沫和水滴。粗大的尘粒直接在水池内沉降，细小的尘粒在上部空间和水滴碰撞后，由于凝聚、增重而捕集。水浴除尘器的效率一般为 80%～95%。

喷头的埋水深度 20～30mm。除尘器阻力为 400～700Pa。

水浴除尘器可在现场用砖或钢筋混凝土构筑，适合中小型工厂采用。它的缺点是泥浆清理比较困难。

② 冲激式除尘器。图 11-13 是冲激式除尘器的示意图，含尘气体进入除尘器后转弯向下，冲激在液面上，部分粗大的尘粒直接沉降在泥浆斗内。随后含尘气体高速通过 S 形通道，激起大量水滴，使粉尘与水滴充分接触。在正常情况下，除尘器阻力为 1500Pa 左右，对 5μm 的粉尘，效率为 93%。冲激式除尘器下部装有刮板运输机自动刮泥，也可以人工定期排放。

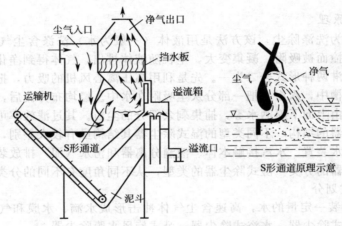

图 11-13　冲激式除尘器工作原理

除尘器处理风量在 20% 范围内变化时，对除尘效率几乎没有影响。冲激式除尘机组把除尘器和风机组合在一起，具有结构紧凑、占地面积小、维护管理简单等优点。

湿式除尘器的洗涤废水中，除固体微粒外，还有各种可溶性物质，洗涤废水直接排入江河或下水道，会造成水系污染，这是值得重视的一个问题。目前国外的湿式除尘器大都采用循环水，自激式除尘器用的水是在除尘器内部自动循环的，称为水内循环的湿式除尘器。和水外循环的湿式除尘器相比，节省了循环水泵的投资和运行费用，减少了废水处理量。

冲激式除尘器的缺点是，与其他的湿式除尘器相比，金属消耗量大，阻力较高，价格较贵。

（4）卧式旋风水膜除尘器　图 11-14 是卧式旋风水膜除尘器的示意图，它由横卧的外筒和内筒构成，内外筒之间设有导流叶片。含尘气体由一端沿切线方向进入，沿导流片作旋转运动。在气流带动下液体在外壁形成一层水膜，同时还产生大量水滴。尘粒在惯性离心力作用下向外壁移动，到达壁面后被水膜捕集。部分尘粒与液滴发生碰撞而被捕集。气体连续流经几个螺旋形通道，便得到多次净化，使绝大部分尘粒分离下来。

（5）立式旋风水膜除尘器　图 11-15 是立式旋风水膜除尘器示意图。进口气流沿切线方向在下部进入除尘器，水在上部由喷嘴沿切线方向喷出。由于进口气流的旋转作用，在除尘器内表面形成一层液膜。粉尘在离心力作用下被甩到筒壁，与液膜接触而被捕集。它可以有效防止粉尘在器壁上的反弹、冲刷等引起的二次扬尘，从而提高除尘效率，通常可达90%～95%。

除尘器筒体内壁形成稳定、均匀的水膜是保证除尘器正常工作的必要条件。

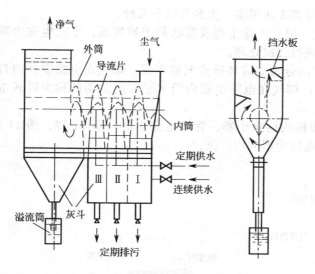

图 11-14　卧式旋风水膜除尘器工作原理

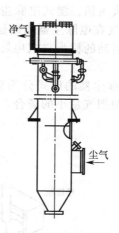

图 11-15　立式旋风水膜
除尘器工作原理

（6）文氏管除尘器　典型的文氏管除尘器如图 11-16 所示。主要由三部分组成：引水装置（喷雾器）、文氏管体及脱水器，分别在其中实现雾化、凝并和除尘三个过程。

含尘气流由风管进入渐缩管，气流速度逐渐增加，静压降低。在喉管中，气流速度达到最高。由于高速气流的冲击，使喷嘴喷出的水滴进一步雾化。在喉管中气液两相充分混合，尘粒与水滴不断碰撞凝并，成为更大的颗粒。在渐扩管气流速度逐渐降低，静压增高。最后含尘气流经风管进入脱水器。由于细颗粒凝并增大，在一般的脱水器中就可以将粒尘和水滴一起除下。

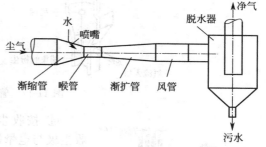

图 11-16　文氏管除尘器工作原理

4．静电除尘原理

利用电离捕集烟气中悬浮尘粒，这是电除尘的基本原理，尽管电除尘器的类型和结构很多，但都是按照同样的基本原理设计出来的。用电除尘的方法分离气体中的悬浮尘粒，主要包括了以下四个复杂而又相互有关的物理过程。

① 气体的电离。

② 悬浮尘粒的荷电。

③ 荷电尘粒向集尘极运动。

④ 荷电尘粒沉积在集尘极上。

静电除尘器的工作原理是利用高压电场使烟气发生电离，气流中的粉尘荷电在电场作用下与气流分离。负极由不同断面形状的金属导线制成，叫放电电极。正极由不同几何形状的金属板制成，叫集尘电极。静电除尘器是把放电电极和集尘电极接于高压直流电，维持一个足以使气体电离的静电场，当含尘气体通过两极间非均匀电场时，在放电极周围强电场强作用下发生电离，形成气体离子和电子并使粉尘粒子荷电，荷电后的粒子在电场作用下向收尘极运动并在收尘极上沉积，从而达到粉尘气体分离的目的，当收尘极上粉尘达到一定厚度时，借助于振打机构使粉尘落入下部灰斗。

（1）电除器的分类 电除尘器的分类方法很多，主要有以下几种。

① 按清灰方式分为干式、半湿式、湿式电除尘器及雾状粒子捕集器。干式电除尘器易产生粉尘二次飞扬，湿式电除尘器需进行二次处理。

② 按烟气在电除尘器内的运动方向分为立式和卧式电除尘器。烟气在电除尘器内自下而上作垂直运动的称为立式电除尘器，烟气在电除尘器内沿水平方向运动的称为卧式电除尘器。

③ 按电除尘器的形式分为管式和板式电除尘器。管式电除尘器（图 11-17、图 11-18）主要用于处理烟气量小的场合。板式电除尘器应用广泛。

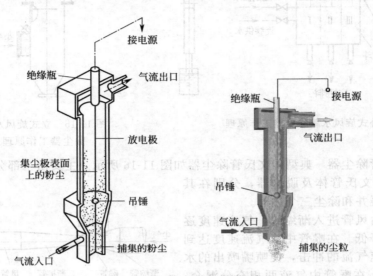

图 11-17 管式电除尘器示意

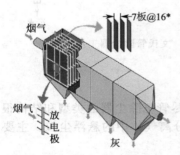

图 11-18 单管电除尘器

④ 按收尘板和电晕极的配置分为单区和双区电除尘器。收尘极与电晕极布置在同一区域内的为单区电除尘器，其应用最为广泛。收尘极与电晕极布置在两个不同区域内的为双区电除尘器。

⑤ 按振打方式分为侧部振打和顶部振打电除尘器。振打清灰装置布置在阴极或阳极的侧部称为侧部振打电除尘器，现应用较多的为挠臂锤振打振打清灰装置布置在阴极或阳极的顶部称为顶部振打电除尘器。顶部振打多为美式结构。

（2）电除尘器性能影响因素 影响电除尘器性能的因素很多，可以大致归纳为如下四大类。

① 粉尘特性。主要包括粉尘的粒径分布、真密度、堆积密度、黏附性及比电阻等。粉尘的比电阻是评价导电性的指标，它对除尘效率有直接的影响。比电阻过低，尘粒难以保持在集尘电极上，致使其重返气流。比电阻过高，到达集尘电极的尘粒电荷不易放出，在尘层之间形成电压梯度会产生局部击穿和放电现象。这些情况都会造成除尘效率下降。

② 烟气性能。主要包括烟气温度，压力、成分、湿度、流速和含尘浓度等。

③ 结构因素。主要包括放电极线的几何形状，直径、数量和线间距。集尘极的形式、极板断面形状、极间距、极板面积以及电场数、电场长度、供电方式、振打方式（方向、强度、周期）、气流分布装置、壳体严密程度、灰斗形式和出灰口锁气装置等。

④ 操作因素。主要包括伏安特性、漏风率、气流短路、二次飞扬和放电极线肥大等。

电除尘器设备与锅炉配套，受锅炉运行等方面影响，即使电除尘器有良好的收尘性能，但是由于外界条件的变化，也会使它达不到预期的效果。

（三）除尘装置的选择和组合

1. 各种除尘器优缺点及适用范围

各种除尘器优缺点及适用范围见表 11-3。

表 11-3　各种除尘器优缺点及适用范围表

类型	优点	缺点	适用范围
重力沉降室	简单、投资少、易维护	占地大，除尘效率低	除尘要求不高的场合或用作高效除尘装置的前置预除尘器
旋风除尘器	简单、投资少、易操作	磨损严重，旋风子易堵	多级除尘的预除尘
湿式除尘器	可同时除尘和除有害气体、结构简单，造价低、能处理湿度大、温度高的气体	能耗大，耗水量大有废液、泥浆处理问题在寒冷地区使用需防冻	中、小型机组采用，大型机组一般不采用
布袋除尘器	除尘效率高，处理量大结构简单，造价及运行费用低、可提高干法脱硫的脱硫率	体积和占地面积都很大处理高温、高湿度、腐蚀性气体应慎选滤袋、滤袋易破损、阻力损失大	对布袋不易造成腐蚀的气体的除尘
静电除尘器	除尘效率高、能耗低，压损小、处理烟气量大，耐高温	钢耗大，占地面积大制造、安装、运行的要求高、对粉尘特性敏感	300MW 以上机组均采用

2. 除尘装置的性能比较

见表 11-4。

表 11-4　各种除尘装置性能比较

类型	结构形式	处理的粒度/μm	压力降/mm H_2O	除尘效率/%	设备费用	运行费用
重力除尘	沉降式	50～1000	10～15	40～60	小	小
惯性力除尘	烟囱式	10～100	30～70	50～70	小	小
离心除尘	旋风式	3～100	50～150	85～95	中	中
湿式除尘	文丘里式	0.1～100	300～1000	80～95	中	大
过滤除尘	袋式	0.1～20	100～200	90～99	中以上	中以上
电除尘		0.05～20	10～20	85～99.9	大	小～大

注：1mmH_2O=9.80665Pa，下同。

3. 除尘装置的选择

（1）除尘装置的选择原则　除尘器的整体性能主要是用三个技术指标（处理气体量、压力损失、除尘效率）和三个经济指标（一次投资、运转管理费用、占地面积及使用寿命）来衡量。

除尘器选择时主要考虑以下几个方面的因素：

① 除尘器的除尘效率；

② 除尘器的处理气体量；

③ 除尘器的压力损失；

④ 设备基建投资与运转管理费用；

⑤ 使用寿命；

⑥ 占地面积或占用空间体积。

（2）除尘装置的选择和组合　根据含尘气体的特性，可以从以下几方面考虑除尘装置的选择和组合。

① 若尘粒粒径较小，几微米以下粒径占多数时，应选用湿式、过滤式或电除尘式等方式；若粒径较大，以 $10\mu m$ 以上粒径占多数时，可用机械除尘器。

② 若气体含尘浓度较高时，可用机械除尘；若含尘浓度低时，可采用文丘里洗涤器（因为其喉管的摩擦损耗不能太大，所以只适用进口含尘浓度小于 $10g/m^3$ 的气体除尘，过滤式除尘器也是适用低浓度含尘气体的处理）；若气体的进口含尘浓度较高，而又要求气体出口的含尘浓度低时，则可采用多级除尘器串联的组合方式除尘，先用机械式除去较大的尘粒，再用电除尘或过滤式除尘器等，去除较小粒径的尘粒。

③ 对于黏附性强的尘粒，最好采用湿式除尘器，不宜采用过滤式除尘器（因为易造成滤布堵塞），同时也不宜采用静电除尘器（因为尘粒黏附在电极表面上将使电除尘器的效率降低）。

④ 如采用电除尘器，尘粒的电阻率应在$10^4\sim10^{11}\Omega\cdot cm$ 范围内，一般可以预先通过温度、湿度调节或添用化学药品的方法，满足此一要求。如果不能达到这一范围要求时，则不宜采用电除尘器进行气体的除尘处理。另外，电除尘器只适用在 $500℃$ 以下的情况。

⑤ 气体的温度增高，黏性将增大，流动时的压力损失增加，除尘效率也会下降。但温度太低，低于露点温度时，即使是采用过滤除尘器，也会有水分凝出，使尘粒易黏附于滤布上造成堵塞，故一般应在比露点温度高 $20℃$ 的条件下，进行除尘。

⑥ 气体的成分中，如含有易爆、易燃的气体时，如 CO 等，应将 CO 氧化为 CO_2 再进行除尘。

除尘技术的方法和设备种类很多，各具有不同的性能和特点，在治理颗粒污染物时要选择一种合适的除尘方法和设备，除需要考虑当地大气环境质量、尘的环境容许标准、排放标准、设备的除尘效率及有关经济技术指标外，还必须了解尘的特性，如它的粒径、粒度分布、形状、密度、比电阻、亲水性、黏性、可燃性、凝集特性以及含尘气体的化学成分、温度、压力、湿度、黏度等。总之，只有充分了解所处理含尘气体的特性，又充分掌握各种除尘装置的性能，才能合理地选择出既经济又有效的除尘装置。

第三节 气态污染物处理技术

气态污染物控制是减少气态污染物向大气排放的技术措施和管理政策。工业生产中的有害气体种类很多，主要有硫氧化物、氮氧化物、卤化物、碳氧化物、碳氢化物等。根据来源和性质，可采取适宜的措施控制。主要包括减少或防止污染物的产生，对已产生的气态污染物加以回收利用或进行无公害化处理，充分利用环境的自净能力，利用经济措施和政策实行总量控制等。气态污染物在废气中以分子状态或蒸气状态存在，属均相混合物，可根据物理的、化学的和物理化学的原理进行分离。目前国内外采用的主要技术为吸收、吸附、冷凝、燃烧和催化转化等五种。净化方法的选择部分取决于气体的流量和污染物浓度。尽可能地减少气体流量和提高污染物的浓度，可使处理费用降至最低。对于浓度较高的气体，可考虑增加预处理系统。废气中颗粒物给气体净化装置的操作带来困难，几种废气共存也能使净化装置的设计和选择复杂化。

一、吸收法

1. 吸收法定义及分类

采用适当的液体作为吸收剂，使含有有害物质的废气与吸收剂接触，废气中的有害物质被吸收于吸收剂中，使气体得到净化。

吸收法用于治理气态污染物，技术上比较成熟，操作经验比较丰富，适用性比较强，各种气态污染物如：SO_2、H_2S、HF、NO_x 等一般都可选择适宜的吸收剂和吸收设备进行处理，并可回收有用产品。因此，该法在气态污染物治理方面得到广泛应用。

该方法设备简单、捕集效率高、应用范围广、一次性投资低等。但由于吸收是将气体中的有害物质转移到了液体中，因此对吸收液必须进行处理，否则容易引起二次污染。由于吸收温度越低效果越好，因此在处理高温烟气时，必须对排气进行降温预处理。

气体吸收可以分为物理吸收和化学吸收。

（1）物理吸收　溶解的气体与溶剂或溶剂中某种成分不发生任何化学反应。此时，溶解了的气体所产生的平衡蒸气压与溶质及溶剂的性质、体系的温度、压力和浓度有关。吸收过程的推动力等于气相中气体的分压与溶液溶质气体的平衡蒸气压之差。用重油吸收烃类蒸气或用水吸收醇类和酮类物质，属于物理吸附。

（2）化学吸收　溶解的气体与溶剂或与溶剂中某一成分发生化学反应。一种快速发生的化学反应发生物质的转变，导致气体平衡蒸气压的降低，有利于吸收操作。双碱法脱硫属于化学吸收。

2. 吸收液

在吸收操作中，选择合适的吸收液是很重要的。有化学反应的吸收和单纯的物理吸收相比，前者吸收速率较大，因为这时的吸收推动力增大，传质系数一般都有所提高，如用水吸收二氧化硫时，为气膜、液膜共同控制，改用碱性吸收液后，便成了气膜控制。

（1）吸收液的选择　吸收液的选择，应从下列因素考虑：

① 为了提高吸收速度，增大对有害组分的吸收率，减少吸收液用量和设备尺寸，要求对有害组分的溶解度尽量大，对其余组分则尽量小；

② 为了减少吸收液的损失，其蒸气压应尽量低；

③ 为了减少设备费用，尽量不采用腐蚀性介质；

④ 黏度要低，比热容不大，不起泡；

⑤ 尽可能无毒、难燃，且化学稳定性好，冰点要低；

⑥ 来源充足，价格低廉，最好能就地取材，易再生重复使用；

⑦ 使用中有利于有害组分的回收利用。

（2）吸收液的种类　吸收液主要分为以下四种。

① 水。用于吸收易溶的有害气体，水吸收效率与吸收温度有关，一般随着温度的增高，吸收效率下降。当废气中有害物质含量很低时，水吸收效率很低，这时需采用其他高效的吸收液。水作为吸收液的优点是便宜易得，比较经济。

② 碱性吸收液。用于吸收那些能和碱起反应的有害气体，如二氧化硫、氮氧化物、硫化氢、氯化氢、氯气等，常用的碱性吸收液有氢氧化钠、氢氧化钙、氨水、碳酸钠等。

③ 酸性吸收液。可以增加有害气体在稀酸中的溶解度或发生化学反应。如一氧化碳和二氧化氮在一定浓度的稀硝酸中的溶解度比在水中大得多，浓硫酸也可以吸收一氧化氮。

④ 有机吸收液。有机废气一般可以用有机吸收液，如洗油吸收苯和沥青烟，聚乙烯醚、冷甲醇、二乙醇胺等均可作为有机吸收液，能去除一部分有害酸性气体，如硫化氢、二氧化碳等。

3. 吸收设备

吸收法中所用的吸收设备主要作用是使气液两相充分接触，以便很好地进行传递。提供大的接触面，接触界面易于更新，最大限度地减少阻力和增大推动力。一般常用的吸收设备分为以下几种，其工作原理图见图 11-19。

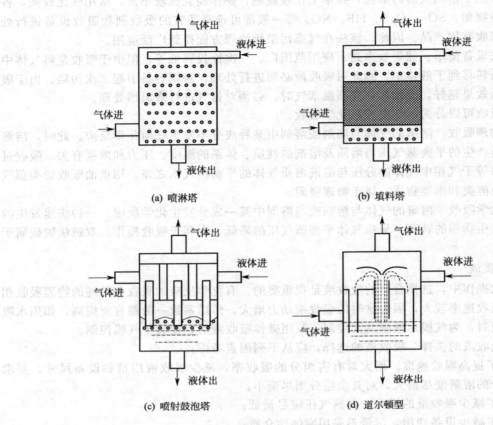

图 11-19 各种吸收塔工作原理

① 填料塔。内装各种形式填料、球形、环形等。

② 板式塔。水平塔板、上有小孔，形如筛。

③ 喷淋塔。吸附液从中上部经喷嘴成雾状或雨滴状喷出，气体由下部上升，接触，吸收。

（1）填料塔 填料塔属于微分接触逆流操作，塔内以填料作为气液接触的基本构件。填料塔内填充适当高度的填料（有环形、球形、旋桨形、栅板形等），以增加两种流体间的接触表面。用做吸附剂的液体由塔的上部通过分布器进入塔内，沿填料表面下降。需要净化的气体则由塔的下部通过填料孔隙逆流而上与液体接触，气体中的污染物被吸附而达到气体净化的目的。

（2）板式塔 板式塔属于逐级接触逆流操作，塔内以塔板作为气液接触的基本构件。筛板塔内装若干层水平塔板，板上有许多小孔，形状如筛；并装有溢流管（亦有无溢流管的）。操作时，液体由塔顶流入，经溢流管，逐板下降，并在板上积有一层一定厚度的液膜。需要净化的气体由塔底进入，经筛孔上升穿过液层，鼓泡而出，因而两相可充分接触，气体中的污染物被吸收液所吸收而达到净化的目的。

（3）喷淋塔 喷淋塔内既无填料也无塔板，所以又称为空心吸收塔。操作时液体由塔顶进入，经过安装在塔内各处的喷嘴，被喷成雾状或雨滴状。而气体和前两种吸收塔一样由塔底部进入塔体，在上升过程中与雾状或雨滴状的吸收液充分接触，使液体吸收气体中的污染物，而吸收后的吸收液由塔底流出，净化后的气体由塔顶排出。

二、吸附法

1. 吸附净化的概念

气体混合物与适当的多孔性固体接触，利用固体表面存在的未平衡的分子引力或化学键力，把混合物中某一组分或某些组分吸留在固体表面上，这种分离气体混合物的过程称为气体吸附。

2. 吸附净化法的特点

（1）适用范围

① 常用于浓度低、毒性大的有害气体的净化，但处理的气体量不宜过大；

② 对有机溶剂蒸气具有较高的净化效率；

③ 当处理的气体量较小时，用吸附法灵活方便。

（2）优点　净化效率高，可回收有用组分，设备简单，易实现自动化控制。

（3）缺点　吸附容量小，设备体积大；吸附剂容量往往有限，需频繁再生，间歇吸附过程的再生操作麻烦且设备利用率低。

（4）应用　作为工业上的一种分离过程，吸附已广泛应用于化工、冶金、石油、食品、轻工及高纯气体制备等工业部门。废气治理中，脱除水分、有机蒸气、恶臭、HF、SO_2、NO_x 等。

例如，用变压吸附法来处理合成氨放气，可回收纯度很高（＞98%）的氢气，实现废物资源化。

3. 吸附法分类

根据吸附力不同，吸附可以分为物理吸附和化学吸附，其特点见表 11-5。

表 11-5　物理吸附和化学吸附的特点

吸附作用力	（物）一种物理作用,分子间力(范德华力)
	（化）一种表面化学反应(化学键力)
吸附速率	（物）极快,常常瞬间即达平衡
	（化）较慢,达平衡需较长时间
吸附热 （区别二者的重要标志）	（物）与气体的液化热相近,较小(几百焦耳/摩尔)
	（化）与化学反应热相近,很大(＞42kJ/mol)
选择性	（物）没有多大的选择性(可逆)
	（化）具有较高的选择性(不可逆)
温度的影响	（物）吸附与脱附速率一般不受温度的影响,但吸附量随温度上升而上升
	（化）可看成一个表面化学过程,需一定的活化能,吸附与脱附速率随温度升高而明显加快
吸附层厚度	（物）单分子层或双分子层,解吸容易,低压多为单分子层随吸附压力增加变为多分子层
	（化）总是单分子层或单原子层,且不易解吸

这两类吸附往往同时存在，仅因条件不同而有主次之分，低温下以物理吸附为主，随着温度提高物理吸附减少，而化学吸附相应增多。同一污染物的吸附量随温度的变化曲线见图 11-20。

4. 吸附过程

吸附过程是放热过程，物理吸附时吸附热约等于吸附质的升华热，化学吸附时吸附热与化学反应热相近。

吸附过程包括以下三个步骤：

① 使气体和固体吸附剂进行接触，以便气体中的可吸附部分被吸附在吸附剂上；

② 将未被吸附的气体与吸附剂分开；

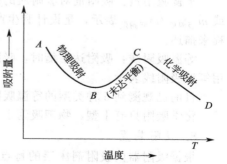

图 11-20　同一污染物的吸附量随
温度的变化曲线

③ 进行吸附剂的再生，或更换新吸附剂。

5. 吸附剂

常用的气体吸附剂有骨炭、硅胶、矾土（氧化铝）、铁矾土、漂白土、分子筛、丝光沸石和活性炭等。

由于硅胶、矾土、铁矾土、漂白土和分子筛等都对水蒸气有很强的吸附能力，因此它们主要用于气体干燥或处理干燥气体。在大气污染控制方面应用最广的吸附剂是活性炭。

（1）活性炭　疏水性，常用于空气中有机溶剂，催化脱除尾气中 SO_2、NO_x 等恶臭物质的净化；优点：性能稳定、抗腐蚀。缺点：可燃性，因此使用温度不能超过 200℃，在惰性气流掩护下，操作温度可达 500℃。

（2）活性氧化铝　用于气体干燥，石油气脱硫，含氟废气净化（对水有强吸附能力）。

（3）硅胶　亲水性，从水中吸附水分量可达硅胶自身质量的 50%，而难以吸附非极性物质。常用于处理含湿量较高的气体干燥、烃类物质回收等。

（4）沸石分子筛　沸石分子筛是一种人工合成沸石，为微孔型、具有立方晶体的硅酸盐。通式为：$[Mex/n((Al_2O_3)_x)] \cdot mH_2O$。特点：孔径整齐均一，因而具有筛分性能，一种离子型吸附剂，对极性分子、不饱和有机物具有选择吸附能力。

（5）吸附树脂　最初为酚、醛类缩合高聚物，以后出现一系列的交联共聚物，如聚苯乙烯等。大孔吸附树脂除了价格较贵外，比起活性炭，物理化学性能稳定，品种较多，能用于废水处理、维生素的分离及 H_2O_2 的精制等。

6. 影响气体吸附的因素

（1）操作条件

① 低温（有利）——→物理吸附；

高温（有利）——→化学吸附。

② 吸附质分压上升，吸附量增加。

③ 气流速度：对固定床为 0.2～0.6m/s，吸附效果最佳。

（2）吸附剂的性质　如孔隙率、孔径、粒度、比表面积、吸附效果。

（3）吸附质的性质与浓度　如临界直径、分子量、沸点、饱和性。

例：同种活性炭做吸附剂，对于结构相似的有机物分子量和不饱和性越高，沸点越高，吸附越容易。

7. 吸附平衡

吸附质与吸附剂长期接触后，气相中吸附质的浓度与吸附剂（相）中吸附质的浓度终将达到动态平衡。

平衡吸附量：吸附剂对吸附质的极限吸附量，亦称静吸附量分数或静活性分数，用 XT 或 $m_{吸附质}/m_{吸附量}$ 表示，是设计和生产中一个十分重要的参数，用吸附等温线或吸附等温方程来描述。

等温吸附线：吸附达平衡时，吸附质在气、固两相中的浓度间有一定的函数关系，一般用等温吸附线表示。

目前已观测到 5 种类型的等温吸附线（见图 11-21）。

化学吸附只有Ⅰ型，物理吸附Ⅰ～Ⅴ型都有。

8. 吸附装置

根据吸附器内吸附剂床层的特点，可将气体吸附器分为固定床、移动床和流化床三种类型。

（1）固定床吸附装置　吸附层静止不动的装置称为固定床吸附装置。固定床吸附器多为

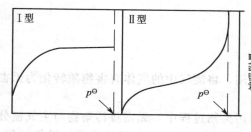
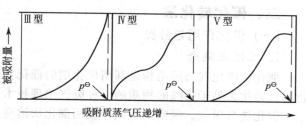

图 11-21 5 种类型等温吸附线

立式或卧式的空心容器，其中装有吸附剂。吸附过程中气体流动，而吸附剂固定不动。这种装置的结构简单，工艺成熟，性能可靠，目前应用较多。图 11-22 为半连续式固定床吸附器示意图。

（2）移动床吸附装置 在流动床吸附器中，需要净化的气体和吸附剂则各以一定的速度作逆流运动进行接触。吸附剂由塔顶进入吸附器，依次经吸附段、精馏段、解吸段进入塔底的卸料装置，并以一定的流速排出，然后由升扬鼓风机输送至塔顶，再进入吸附器，重新开始上述的吸附循环。需净化的气体从吸附段底部进入吸附器，与吸附剂逆流接触后，从吸附段的顶部排出。移动床示意图见图 11-23。

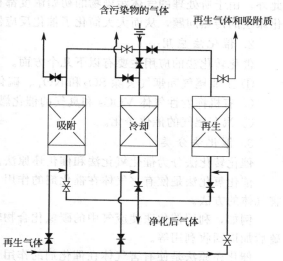

图 11-22 半连续式吸附流程

（3）流化床吸附塔 图 11-24 为流化床吸附塔示意图，塔内吸附剂与净化气体逆流运动，吸附剂在筛板上处于流化状态。全塔分为两段，上段为吸附段，下段用热气流进行加热再生。再生后的吸附剂用空气提升至吸附塔顶进行循环使用。

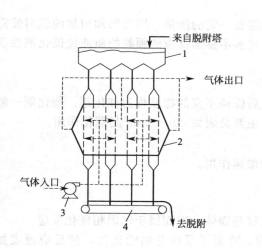

图 11-23 半连续式吸附流程

1—料斗；2—吸附器；3—风机；4—传输带

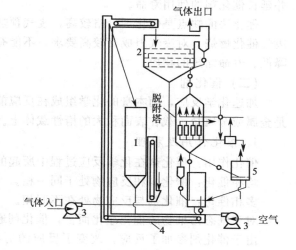

图 11-24 连续式流化床吸附工艺流程

1—料斗；2—多层流化床吸附器；3—风机；
4—皮带传输机；5—再生塔

三、催化转化法

(一)催化作用与分类

1. 催化法概念

催化法净化气态污染物是利用催化剂的催化作用,将废气中的气体有害物质转化为无害物质或转化为易于去除的物质的一种废气治理技术。

催化法与吸收、吸附法不同,应用催化法治理污染物过程中,无需将污染物与主气流分离,可直接将有害物质转变为无害物,这不仅可避免产生二次污染,而且可简化操作过程。此外,由于所处理的气体污染物的初始浓度都很低,反应的热效应不大,一般可以不考虑催化床层的传热问题,从而大大简化了催化反应器的结构。

2. 催化法应用

催化转化法的应用主要有以下几个方面。

① 工业尾气和烟气去除 SO_2 和 NO_x、硫化氢等。

② 有机挥发性气体 VOCs 和臭气的催化燃烧净化。

③ 汽车尾气的催化净化。

3. 催化法分类

催化转化法分为催化氧化法和催化还原法。

催化氧化法是使有害气体在催化剂的作用下,与空气中的氧气发生化学反应,转化为无害气体的方法。

例如,利用催化法使废气中的碳氢化合物转化为二氧化碳和水,二氧化硫转化为三氧化硫后加以回收利用等。

催化还原法是使有害气体在催化剂的作用下,和还原性气体发生化学反应,变为无害气体的方法。

例如,氮氧化物能在催化剂作用下,被氨还原为氮气和水。

4. 催化法特点

催化转化法具有效率高、操作简单等优点。采用这种方法的关键是选择合适的催化剂,并延长催化剂的使用寿命。

催化法的缺点是催化剂价格较高,废气预热需要一定的能量,即需添加附加的燃料使得废气催化燃烧。对废气组成有较高要求,不能有过多不参加反应的颗粒物质或使催化剂性能降低、寿命缩短的物质。

(二)催化剂

加速化学反应,而本身的化学组成在反应前后保持不变的物质称为催化剂。催化剂一般是金属或金属盐,载在表面积大的惰性载体上。主要是表面 $20\sim30nm$ 起催化作用。

1. 催化作用及机理

催化作用:催化剂在化学反应过程中所起的加速作用。

均相催化:催化剂和反应物处于同一相。

多相催化:催化剂与反应物处在不同相。

对于气态污染物的催化净化而言,催化剂通常是固体,因而属于气固相催化反应。

由于催化剂参加了反应,改变了反应的历程,降低了反应总的活化能,使反应速度加大,提高反应速率,但催化剂的数量和结构在反应前后并没有发生变化。

催化作用具有以下两个基本特性。

① 对任意可逆反应,催化作用既能加快正反应速度,也能加快逆反应速度,而不改变

该反应的化学平衡。

② 特定的催化剂只能催化特定的反应，即催化剂的催化性能具有选择性。

催化反应与非催化反应的比较见图 11-25。

2．催化剂组成

催化剂的组成分为活性成分、载体、助催化剂。为了节约催化剂，提高催化剂的活性、稳定性和机械强度，通常把催化剂负载在有一定比表面积的惰性物质上，这种惰性物质称为载体，而所负载的催化剂称为活性组分，是催化剂对某一反应是否具有加速作用的关键组分。助催化剂是改善催化剂活性及热稳定等性能的添加物。

活性成分可以单独对反应产生催化作用，一般发生在主活性物质的表面 20～30nm 内。

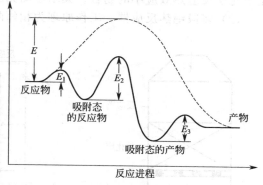

图 11-25 催化反应和非催化反应的比较

载体通常是惰性物质，它具有两种作用：一是提供大的比表面积，节约主活性物质，提高催化剂的活性；二是增强催化剂的机械强度、热稳定性及导热性，延长催化剂的寿命。

助催剂本身无催化性能，但它的少量加入可以改善催化剂的某些性能。

3．催化剂分类

绝大多数气体净化过程中所用的催化剂一般为金属盐类或金属，主要有铂、钯、钌、铑等贵金属以及锰、铁、钴、镍、铜、钒等的氧化物。

根据活性组分的不同，催化剂可分为贵金属催化剂和非贵金属催化剂两大类。

典型的载体为氧化铝、铁矾土、石棉、陶土、活性炭和金属丝等。载体可为球状、圆柱状、丝状、网状、蜂窝状等。

（三）催化转化装置

典型的气体催化净化过程采用的转化装置是由一个接触器或反应器（通常称为转化器）所组成，其中的催化剂以单层或多层固定床形式排列而装在管中或特殊结构的容器中。转化器的大小主要取决于给定反应所需的空间速度。

空间速度就是每小时每单位体积催化剂所通过的干燥气体的体积数，其单位通常可简写为"h^{-1}"。

由于废气中的有害杂质浓度往往很低，故转化器内由于放热反应而引起的升温相当小，一般无需设计内部冷却管。吸热反应所需的热量通常是对进入转化器前的气体进行预热来供给。

1．气固催化反应器类型

工业应用的气固催化反应器按颗粒床层的特性可分为固定床催化反应器和流化床催化反应器两大类。其中环境工程领域采用最多的是固定床催化反应器。

按温度条件和传热方式可分为绝热式与连续换热式。

按反应器内气体流动方向又可分为轴向式和径向式。

2．固定床反应器

固定床反应器为最主要的气固相催化反应器，它的特点如下。

① 优点。流体接近于平推流，返混小，反应速度较快；固定床中催化剂不易磨损，可长期使用；停留时间可严格控制，温度分布可适当调节，高选择性和转化率。

② 缺点。传热差（热效应大的反应，传热和温控是难点）；催化剂更换需停产进行。

固定床反应器形式有单层绝热反应器、多段绝热反应器、列管式反应器、其他反应器

（如：径向反应器、薄层床反应器、自热式反应器等）。

（1）单层绝热反应器　特点：结构简单，造价低廉，气流阻力小，内部温度分布不均。用于化学反应热效应小的场合。其示意图见图 11-26。

（2）多段绝热反应器　工作原理为相邻两段之间引入热交换，见图 11-27。

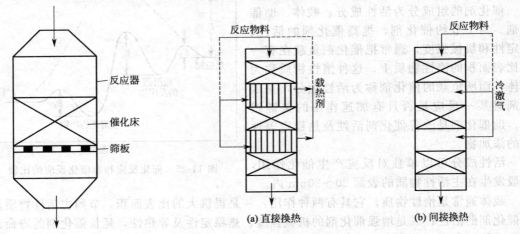

图 11-26　单层绝热反应器结构示意　　　　　图 11-27　多段绝热反应器结构示意

（3）列管式反应器　用于对反应温度要求高，或反应热效应很大的场合，见图 11-28。

（4）径向反应器结构示意图　见图 11-29。

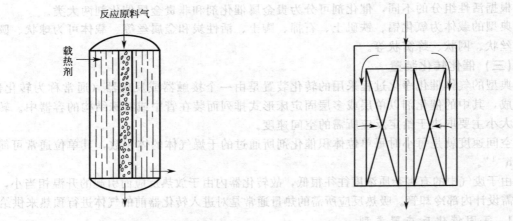

图 11-28　列管式反应器结构示意　　　　　图 11-29　径向反应器结构示意

3. 反应器的选择

① 根据反应热的大小和对温度的要求，选择反应器的结构类型；

② 尽量降低反应器阻力；

③ 反应器应易于操作，安全可靠；

④ 结构简单，造价低廉，运行与维护费用经济。

四、燃烧法

（一）燃烧法概念与特点

燃烧法是通过热氧化燃烧或高温分解的原理，将废气中的可燃有害成分转化为无害物质的方法，又称焚化法。通过燃烧法处理废气中的污染物有：碳氢化合物、甲烷、苯、二甲苯、一氧化碳、硫化氢、恶臭物质、黑烟（含炭粒和油烟）。

（1）优点　对废气中污染物的处理最为彻底，工艺简单，操作方便，可回收一部分热量。

（2）缺点　不能回收废气中的有用物质，消耗一定的能源，易造成二次污染。

（3）适用　燃烧法已被广泛应用于石油化工、有机化工、食品化工、涂料和油漆的生产、金属漆包线的生产、纸浆和造纸、动物饲养场、城市废物的干燥和焚烧处理等主要含有有机污染物的废气治理。此外燃烧法还可以消烟、除臭。

（二）燃烧法类型

（1）直接燃烧法　将高浓度的有害有机废气直接当燃料烧掉。直接燃烧的温度达1100℃以上。

（2）热力燃烧法　把低浓度的有害气体提高到反应温度，使之达到氧化分解，销毁可燃成分。热力燃烧的温度为760～820℃。

（3）催化燃烧法　利用催化剂使废气中的有害组分能在较低的温度下迅速氧化分解。催化燃烧的温度200～400℃即可。

（4）注意　无论采用何种燃烧方法净化废气，最后都应能对燃烧过程中产生的热量进行回收和利用，否则就是不经济的。

几种燃烧法的特点见表11-6。

表 11-6　各类燃烧法的特点

燃烧种类	直接燃烧	热力燃烧	催化燃烧
燃烧原理	自热至1100℃进行氧化反应	预热至600～800℃进行氧化反应	预热至200～400℃进行催化氧化反应
燃烧状态	在高温下滞留短时间生产明亮火焰	在高温下停留一定时间,不生成火焰	与氧化剂接触,不生成火焰
燃烧装置	火炬、工业炉与民用炉	工业炉与热力燃烧炉	催化燃烧炉(器)
特点	不需预热, 只用于高于爆炸极限的气体	预热耗能较多,燃烧不完全时, 产生恶臭,可用于各种气体燃烧	预热耗能较少,催化剂较贵, 不能用于催化剂中毒的气体

1. 直接燃烧

废气中的可燃污染物浓度高、热值大、仅靠燃烧废气即可在一般的炉、窑中直接燃烧，并回收能量。

为了安全起见，处理易燃的可燃混合物时，最好是将该混合物稀释到可燃范围的下限。

直接燃烧的应用范围很广，如炼铁高炉的煤气的热值低但能维持直接燃烧；炼油厂、油毡厂等氧化沥青生产过程中的废气经水冷却后，送入生产用加热炉直接燃烧净化，同时回收利用其热量。图11-30为火炬燃烧器的工作原理图及现场实物图。

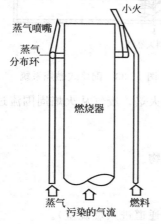

图 11-30　火炬燃烧器

2. 热力燃烧

当废气中可燃的有害物质的浓度较低，发热值仅 $2\sim43kJ/m^3$，不能靠此维持燃烧时，必须采用辅助燃料提供热量，将废气温度提高，从而在燃烧室中使废气中可燃有害组分氧化销毁。

(1) **热力燃烧的原理**　热力燃烧过程中，一般认为，只有燃烧室的温度维持在 $760\sim820℃$，驻留时间为 0.5s 时，有机物的燃烧才能比较完全。

达到上述温度范围的途径是依靠火焰传播过程来实现的。

(2) **热力燃烧机理**　热力燃烧分为三个步骤：

① 辅助燃料的燃烧——提高热量。

② 废气与高温燃气的燃烧——达到反应温度。

③ 废气中可燃组分氧化反应——保证废气于反应温度时所需要的驻留时间。

热力燃烧流程见图 11-31。

图 11-31　热力燃烧流程

(3) **热力燃烧装置（热力燃烧炉）**

① 结构组成。如图 11-32 所示。

a. 燃烧器。燃烧辅助燃料以产生高温燃气。

b. 燃烧室。保证废气和高温燃气充分混合并反应的空间。

c. 热量回收与排烟装置。

② 典型热力燃烧系统。

a. 配焰式燃烧系统。如图 11-33 所示。

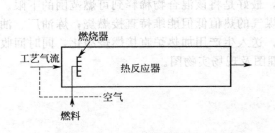

图 11-32　热力燃烧装置

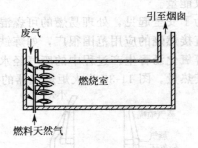

图 11-33　配焰式燃烧系统

工艺特点：燃烧器将火焰配布成为许多布点成线的小火焰，废气从火焰周围流过，迅速达到湍流混合。

优点：火焰分散，混合程度高、净化效率高。

缺点：当废气贫氧，废气中含有易沉积的油焦或颗粒物。

不适用于辅助燃料为油料的情况。

b. 离焰式燃烧系统。如图 11-34 所示。

特点：高温燃气和废气的混合是分开的（分别由各自通道进入燃烧室）。

优点：火焰较长，不易熄火，辅助燃料可以使用燃料油也可以使用燃料气，且二者的流速可调幅度大，工作压力范围宽。

缺点：混合效果不好。

解决办法：由火焰喷射产生抽力将废气引入，然后在连管处混合，提高混合速度；让火焰和废气径向进入燃烧室，增强横向混合速度；燃烧室内设置挡板，见图11-35。

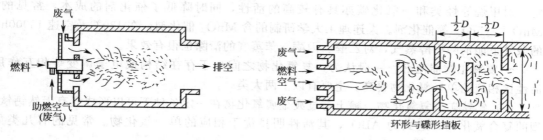

图 11-34　离焰式燃烧系统　　　　　图 11-35　燃烧室内挡板的设置

3. 催化燃烧

新兴的催化燃烧技术已由实验阶段走向工程实践，并逐渐应用于石油化工、农药、印刷、涂料、电线加工等行业。

（1）催化燃烧的基本原理　催化燃烧是典型的气-固相催化反应，其实质是活性氧参与的深度氧化作用。在催化燃烧过程中，催化剂降低活化能，同时催化剂表面具有吸附作用，使反应物分子富集于表面提高了反应速率，加快了反应的进行。

借助催化剂可使有机废气在较低的起燃温度条件下，发生无焰燃烧，并氧化分解为 CO_2 和 H_2O，同时放出大量热能，其反应过程为：

$$C_nH_m + (n+m/4)O_2 \xrightarrow{\text{催化剂}} nCO_2\uparrow + \frac{m}{2}H_2O\uparrow + \text{热量}$$

（2）催化燃烧的特点

① 起燃温度低，节省能源。有机废气催化燃烧与直接燃烧相比，具有起燃温度低、能耗也小的显著特点。在某些情况下，达到起燃温度后便无需外界供热。如表11-7所示。

表 11-7　催化燃烧与热力燃烧的比较

项目	起燃温度/℃	燃烧温度/℃	燃烧方式	（NO$_x$）产量
催化燃烧	200～400	300～500	催化剂表面无焰燃烧	几乎没有
热力燃烧	600～900	600～800	高温火焰中停留	产生一定量

② 适用范围广。催化燃烧几乎可以处理所有的烃类有机废气及恶臭气体，即它适用于浓度范围广、成分复杂的各种有机废气处理。对于有机化工、涂料、绝缘材料等行业排放的低浓度、多成分，又没有回收价值的废气，采用吸附-催化燃烧法的处理效果更好。

③ 处理效率高，无二次污染。用催化燃烧法处理有机废气的净化率一般都在95%以上，最终产物为无害的 CO_2 和 H_2O（杂原子有机化合物还有其他燃烧产物），因此无二次污染问题。此外，由于温度低，能大量减少 NO$_x$ 的生成。

（3）催化燃烧的经济性　影响催化燃烧法经济效益的主要因素有：催化剂性能和成本、废气中的有机物浓度、热量回收效率、经营管理和操作水平。催化燃烧虽然不能回收有用的产品，但可以回收利用催化燃烧的反应热，节省能源，降低处理成本，在经济上是合理可行的。

（4）催化剂。目前催化剂的种类已相当多，按活性成分大体可分3类。

a. 贵金属催化剂。铂、钯、钌等贵金属对烃类及其衍生物的氧化都具有很高的催化活性，且使用寿命长，适用范围广，易于回收，因而是最常用的废气燃烧催化剂。如我国最早采用的 Pt-Al$_2$O$_3$催化剂就属于此类催化剂。但由于其资源稀少，价格昂贵，耐中毒性差，人们一直努力寻找替代品。

b. 过渡金属氢化物催化剂。作为取代贵金属催化剂，采用氧化性较强的过渡金属氧化物，对甲烷等烃类和一氧化碳亦具有较高的活性，同时降低了催化剂的成本，常见的有 MnO$_x$、CuO$_x$ 等催化剂。大连理工大学研制的含 MnO$_2$ 催化剂，在 130℃及空速 13000h^{-1} 的条件下能消除甲醇蒸气，对乙醛、丙酮、苯蒸气的清除也很有效。

c. 复氧化物催化剂。一般认为，复氧化物之间由于存在结构或电子调变等相互作用，活性比相应的单一氧化物要高。主要有以下两大类。

（a）钙钛矿型复氧化物。稀土与过渡金属氧化物在一定条件下可以形成具有天然钙钛矿型的复合氧化物，通式为 ABO$_3$，其活性明显优于相应的单一氧化物。常见的有几类如：BaCuO$_2$、LaMnO$_3$ 等。

（b）尖晶石型复氧化物。作为复氧化物重要的一种结构类型，尖晶石亦具有优良的深度氧化催化活性，如对 CO 的催化燃烧起燃点落在低温区（约 80℃），对烃类亦在低温区可实现完全氧化。其中研究最为活跃的 CuMn$_2$O$_4$ 尖晶石，对芳烃的活性尤为出色，如使甲苯完全燃烧只需 260℃，实现低温催化燃烧，具有特别实际意义。

（5）催化燃烧装置及其工艺流程　根据废气预热方式及富集方式，催化燃烧工艺流程可分为 3 种。

① 预热式。预热式是催化燃烧的最基本流程形式。有机废气温度在 100℃以下，浓度也较低，热量不能自给，因此在进入反应器前需要在预热室加热升温，燃烧净化后气体在热交换器内与未处理废气进行热交换，以回收部分热量。该工艺通常采用煤气或电加热升温至催化反应所需的起燃温度。

② 自身热平衡式。当有机废气排出时温度较高（在 300℃左右），高于起燃温度，且有机物含量较高，热交换器回收部分净化气体所产生的热量，在正常操作下能够维持热平衡，无需补充热量，通常只需要在催化燃烧反应器中设置电加热器供起燃时使用（见图 11-36）。

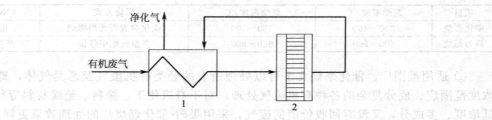

图 11-36　自身热平衡催化燃烧流程
1—热交换器；2—催化燃烧室

③ 吸附-催化燃烧。当有机废气的流量大、浓度低、温度低，采用催化燃烧需耗大量燃料时，可先采用吸附手段将有机废气吸附于吸附剂上进行浓缩，然后通过热空气吹扫，使有机废气脱附出来成为浓缩了的高浓度有机废气（可浓缩 10 倍以上），再进行催化燃烧。此时，不需要补充热源，就可维持正常运行（见图 11-37）。

（6）催化燃烧过程的热平衡　催化燃烧是放热反应，放热量的大小取决于有机物的种类及其含量。依靠废气燃烧的反应热，维持催化燃烧过程持续进行是最经济的操作方法，而能

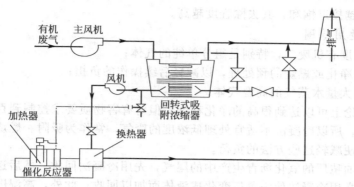

图 11-37 吸附-催化燃烧流程

否以自热维持体系的正常反应，则取决于燃烧过程的放热量、催化剂的起燃温度、热量回收率、废气的初始温度。

（7）催化燃烧的应用

① 溶剂类污染物的净化处理。这类污染物量大面广，主要是三苯（苯、甲苯和二甲苯）、酮类、醇类及其他一些含氧衍生物等。

采用吸附-催化燃烧法治理彩印厂三苯废气，治理前废气浓度为 $1320mg/m^3$，治理后浓度小于 $50mg/m^3$，可达到标准 DB 35/156—93 要求。

② 含氮有机污染物的净化。含氮有机污染物（如 RNH_2、$RCONH_2$ 等），大都具有毒性和臭味，必须进行处理。

火箭推进剂偏二甲肼 $[(CH_3)_2NNH_2]$ 是一种易溶于水和有机溶剂、具有强极性和弱碱性的有机化合物，也是一种剧毒物质。采用催化燃烧法处理火箭推进剂偏二甲肼废气（含偏二甲肼 1%，压力为 0.25MPa，气量为 $500m^3/h$），当催化燃烧温度高于 300℃，偏二甲肼废气去除率达 99% 以上，获得很好的处理效果。

③ 对含硫有机污染物的净化。制药厂、农药厂和化纤厂等在生产中会排出来 CH_3SH、CH_3CH_2SH、CS_2 等有机硫污染物，对这类污染物的催化氧化，其中的 S 原子一般氧化成 SO_2 或 SO_3，在催化剂表面上易产生强吸附，造成催化剂中毒失活。

新开发的 RS-1 型催化剂能使反应过程生成的 SO_2 和 SO_3 几乎 100% 地释放出来，使连续运行时的活性保持稳定。

催化燃烧技术涉及化工、环境工程、催化反应和自动检测控制等领域，在我国仍处于发展阶段。今后的发展方向如下。

a. 提高催化剂性能。研制具有抗毒能力、大空速、比表面积大及低起燃点的非贵金属催化剂，以降低造价和使用费用。

b. 催化燃烧装置向大型化、整体型和节能型方向发展。

五、冷凝法

1. 冷凝法原理

冷凝法是利用物质在不同温度下具有不同饱和蒸气压这一性质，采用降低系统温度或提高系统压力，使处于蒸气状态的污染物冷凝并从废气中分离出来的过程。当温度降到有害成分的露点温度以下，有害物质开始从混合气体中冷凝分离。在一定压力下，某气体物质开始冷凝出现第一个液滴时的温度叫做露点温度。该法特别适用于处理污染物浓度在 $10000mg/m^3$ 以上的有机废气。

冷凝法对有害气体的去除程度，与冷却温度和有害成分的饱和蒸气压有关。冷却温度越低，有害成分越接近饱和，其去除程度越高。

2．冷凝法适用范围

① 处理高浓度有机废气，特别是组分单纯的气体；

② 作为吸附净化或燃烧的预处理，以减轻后续操作的负担；

③ 处理含有大量水蒸气的高温气体。

冷凝法在理论上可以达到很高的净化程度，但对有害物质要求控制到百万分之几，则所需要的费用很高。所以冷凝法不适宜处理低浓度的废气，常作为吸附、燃烧等净化高浓度废气的前处理，以便减轻这些方法的负荷。

如炼油厂、油毡厂的氧化沥青生产中的尾气，先用冷凝法回收，然后送去燃烧净化；氯碱及炼金厂中，常用冷凝法使汞蒸气变化成液体而加以回收；此外，高湿度废气也用于冷凝法使水蒸气冷凝下来，大大减少气体量，便于下步操作。

3．冷凝法工艺及冷凝器

冷凝法工艺分为接触冷凝法和表面冷凝法。设备简单、操作方便，并容易回收较纯产品。冷凝器分为表面冷凝器和接触冷凝器两大类。

（1）接触冷凝（直接冷凝）　被冷却的气体与冷却液直接接触。利于传热，但冷凝液需要处理。

接触冷凝器分为喷淋式接触冷凝器、喷射式接触冷凝器、填料式接触冷凝器、塔板式接触冷凝器四大类。几种接触冷凝器构造图见图 11-38。

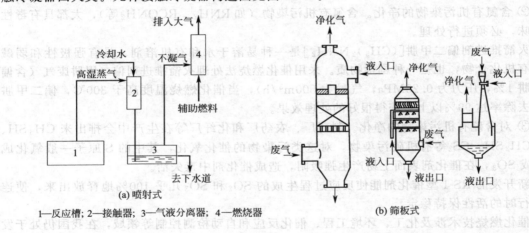

(a) 喷射式

1—反应槽；2—接触器；3—气液分离器；4—燃烧器

(b) 筛板式

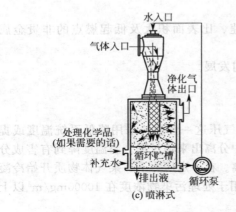

(c) 喷淋式

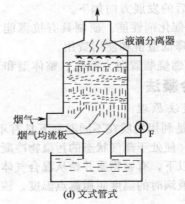

(d) 文式管式

图 11-38　几种接触冷凝器构造

（2）表面冷凝（间接冷凝）　　冷却壁把废气与冷却液分开；被冷凝的液体很纯，可直接回收利用。工艺流程图见图 11-39。

表面冷凝器又可分为列管冷凝器（图 11-40）、翅管空冷冷凝器、淋洒式冷凝器、螺旋板冷凝器（图 11-41）。

六、生物法

生物处理是利用微生物的生命活动把废气中的气态污染物转化成少害、无害的物质。生物法净化有机废气是近年来发展起来的有机废气净化技术，该技术已在欧洲得到了规模化的应用。生物法净化有机废气主要是利用微生物对有机废气的降解净化有机废气的，对有机废气的去除率可达 90% 以上。与常规处理方法相比，生物法具有设备简单、运行费用低、较少造成二次污染等特点，同时生物法大都是在常温下运行，因此安全可靠。尤其是在处理低浓度、生物降解性好的有机废气时，更显出它的优越性。但生物法仅适用于低浓度有机废气的治理。

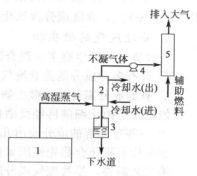

图 11-39　间接冷凝工艺
1—反应槽；2—间接换热器；
3—储液槽；4—风机；5—燃烧器

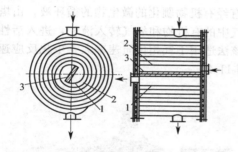

图 11-40　列管式冷凝器
1—壳体；2—挡板；3—隔板

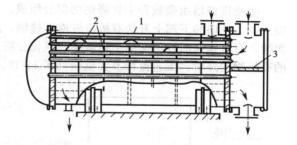

图 11-41　螺旋板冷凝器
1—壳体；2—挡板；3—隔板

（一）生物法特点

1. 适宜处理的废气的特点

① 水溶性强：兼具有蒸气压低、亨利定律常数低的特点，向介质表面微生物膜扩散速率高；主要有无机物如 H_2S 和 NH_3 等，有机物如醇类、醛类、酮类以及简单芳烃等。

② 易降解：分子被吸附在生物膜上必须被降解，否则将导致污染物浓度增高，毒害生物膜或影响传质，降低生物滤器效率，或使处理完全失败。

2. 生物法应用范围

废气治理工程，特别是有机废气的净化，如屠宰厂、肉类加工厂的臭气处理。

3. 生物法优缺点

① 优点。生物处理不需要再生过程和其他高级处理，处理设备简单，费用也低，能达到无害化目的。

② 局限性。不能回收，适用于污染物浓度低的情况。

③ 影响微生物生长的主要因素。营养物、溶解氧量、温度、pH、有毒物浓度。

4. 生物法处理废气的过程

生物法处理废气一般经历以下三个阶段。

① 溶解过程。废气与水或固相表面的水膜接触，污染物溶于水中成为液相中的分子或离子，这一过程是物理过程，符合亨利定律。

② 吸着过程。溶于水中的污染物被微生物吸附、吸收，污染物从水中转入微生物体内。

③ 降解过程。烃类和其他有机物成分被氧化分解为 CO_2 和 H_2O，含硫还原性成分被氧化为 S、SO_4^{2-}，含氮成分被氧化分解成 NH_3、NO_2^- 和 NO_3^- 等。

5. 处理废气的微生物

处理废气的微生物多为混合微生物，有如下原因：

① 含有多种成分的混合废气，需要多种微生物分别降解。

② 有的成分需要几种微生物的相继作用才能分解转化为无害物质；

如氨先经硝化细菌再经反硝化作用细菌才能成为分子态氮。

③ 一些难降解的成分要由几种微生物联合作用才能被完全降解；

如卤代有机化合物先经厌氧微生物还原脱卤，再被好氧微生物彻底分解。

④工艺需要，尽管废气成分能够被单一微生物分解，但还需利用其他微生物。

如在硫化氢氧化中，为了使自养型脱氮硫杆菌凝絮持留于反应器内，需与活性污泥中的异养型微生物一起共培养。

（二）生物法装置

1. 生物洗涤塔

生物洗涤塔由吸收和生物降解两部分组成。含有经有机物驯化的微生物的循环液，由塔顶喷入，与从塔的下部上升的有机废气逆流接触，废气中的有机物和氧气转入液相，进入活性污泥池，有机物在活性污泥池中被微生物氧化分解。该法适用于气相传质速率大于生化反应速率的有机物的降解。工艺流程及实景图见图 11-42、图 11-43。

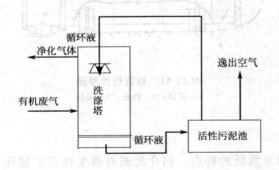

图 11-42　生物洗涤塔系统工艺流程

图 11-43　生物洗涤塔

2. 生物滴滤塔

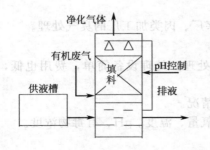

图 11-44　生物滴滤塔系统工艺流程

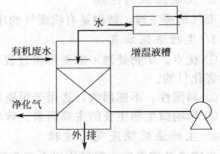

图 11-45　生物过滤塔系统工艺流程

运行时有机气体从塔底进入，在流动过程中与已接种的挂膜的生物滤料接触而被净化，净化后的气体由塔顶排出。滴滤塔集废气的吸收与液相再生于一体，塔内增设了可附着微生物的填料，为微生物的生长、有机物的降解提供了条件。启动初期，在循环液中接种了经被处理有机物驯化的微生物菌种，从塔顶喷淋而下，与进入滤塔的有机废气逆向流动，微生物利用溶解于液相中的有机物质，进行代谢繁殖，并附着于填料表面，形成生物膜，完成生物挂膜过程。气相主体的有机物和氧气经过传输进入微生物膜，被微生物利用，代谢产物 CO_2 等再经过扩散作用进入气相主体后外排。其工艺流程见图11-44。

3. 生物过滤塔

如图 11-45 所示，有机废气由塔顶进入过滤塔，在流动过程中与已接种挂膜的生物滤料接触而被净化，净化后的气体由塔底排出。定期在塔顶喷淋营养液，为滤料提供养分、水分并调整 pH 值。生物过滤塔示意见图11-46。

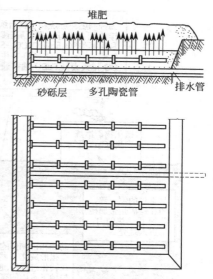

图 11-46　生物过滤塔示意

第四节　二氧化硫污染及其治理

大气中含硫化合物主要有氧硫化碳（COS）、二硫化碳（CS_2）、二甲基硫[$(CH_3)_2S$]、二氧化硫（SO_2）、三氧化硫（SO_3）、硫酸（H_2SO_4）、亚硫酸盐（SO_3^{2-}）和硫酸盐（SO_4^{2-}）等。目前大气中主要的含硫化合物为二氧化硫。

一、二氧化硫的排放及硫循环

人类使用的化石燃料都含有一定量的硫，燃料燃烧时，其中的硫大部分转化为 SO_2，人类活动是造成 SO_2 大量排放的主要原因。由于使用大量的煤炭，我国 SO_2 的排放量相当庞大，而且呈逐年增加的趋势。

污染大气的二氧化硫主要来自于煤和燃油燃烧，约占 80% 以上，其次为冶金工业约占 10%，其余为炼油、化工等行业。硫在燃料中可以有机硫或无机硫（如 FeS）形式存在。通常煤的含硫量为 0.5%～6%，石油为 0.5%～3%。根据 1984 年的估计，全世界每年由人为源排入大气的 SO_2 约有 72×10^6 t（以硫计）；其中由煤及石油燃烧产生的约占总排放的 88%，其余则来源于冶金、硫酸制造等工业过程。其循环示意如图 11-47 所示。

二、脱硫技术概述

为了控制人为排入大气中 SO_2，早在 19 世纪人们就开始进行有关的研究，但大规模开展脱硫技术的研究和应用是从 20 世纪 60 年代开始的。经过多年研究目前已开发出 200 多种 SO_2 控制技术。

这些技术按脱硫工艺与燃烧的结合点可分为：①燃烧前脱硫（如洗煤，微生物脱硫）；②燃烧中脱硫（工业型煤固硫、炉内喷钙）；③燃烧后脱硫，即烟气脱硫（FGD）。下面主要介绍烟气脱硫，并简要介绍燃料脱硫。

1. 燃料脱硫

燃料脱硫包括气体燃料脱硫、重油脱硫和煤脱硫。气体脱硫主要是去除气体中的硫化氢气体，而且含量比较低。

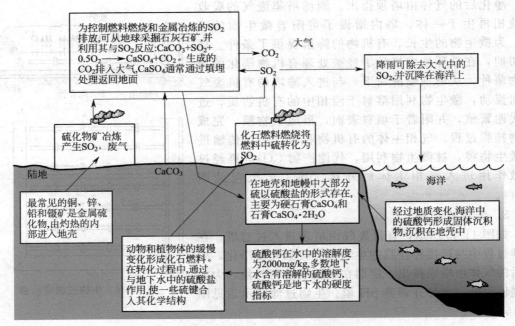

图 11-47　受人类影响的硫在环境中的循环

重油脱硫：原油经蒸馏分离后可得到蒸馏油和残留油。蒸馏油为轻质油，含硫量比较少，在炼油过程中均已脱除相当的硫分。因此轻油燃烧后的排放物对空气的潜在性污染比较小。烟气中二氧化硫的浓度比较低。而残留油，即重油，黏度大，含硫量比原油高，重油脱硫可以在催化剂的作用下，用高压加氢反应，切断碳与硫的键与氢置换，生产硫化氢除去。催化剂为钴、钼、钨、铁、铬、镍、铂，也可以是这些金属的混合物。重油脱硫分为直接脱硫和间接脱硫两大类。

煤脱硫：煤内所含的硫呈两种化合方式：有机硫和无机硫。煤脱硫分为物理法、化学法、气化法、液化法、洗涤法等五大类。

① 物理法。煤中的硫约有 2/3 以硫化铁形式存在，硫化铁的相对密度大于煤，是顺磁性物质，而煤是反磁性物质，将煤破碎后，用高梯度磁分离法或重力分离法将硫化铁除去，脱硫率为 60％左右。

② 化学法。煤破碎后与硫酸铁水溶液混合，在反应器中加热至 100～130℃，硫化铁与硫酸铁反应，生成硫酸亚铁和元素硫。同时通入氧气，硫酸亚铁氧化成硫酸铁，循环使用，煤通过过滤器和溶液分离，硫成为副产品。

③ 气化法。煤经气化使煤中的硫大部分生产硫化氢，然后加以脱除。

④ 液化法。煤在高温、高压和催化剂作用下和加入的氢起反应，得到液体燃料，硫和氢反应生成硫化氢去除。

⑤ 洗涤法。煤经压碎、洗涤可除去含硫的 20％～40％。

2. 烟气脱硫

烟气脱硫（FGD）是目前世界上唯一大规模商业化应用的脱硫方式，是控制酸雨和 SO_2 污染最主要的技术手段。烟气脱硫技术主要利用各种碱性的吸收剂或吸附剂捕集烟气中的 SO_2，将之转化为较为稳定且易机械分离的硫化合物或单质硫，从而达到脱硫的目的。

FGD 方法按脱硫剂和脱硫产物含水量的多少可分为两类。

（1）湿法　即采用液体吸收剂如水或碱性溶液（或浆液）等洗涤以除去 SO_2。

（2）干法　用粉状或粒状吸收剂、吸附剂或催化剂以除去 SO_2。按脱硫产物是否回用可分为回收法和抛弃法。按照吸收 SO_2 后吸收剂的处理方式可分为再生法和非再生法（抛弃法）。

① 石灰/石灰石法。此法是用石灰石、生石灰或消石灰的乳浊液为吸收剂吸收烟气中 SO_2 的方法，对吸收液进行氧化可副产石膏，通过控制吸收液的 pH，可以副产半水亚硫酸钙。

该法所用吸收剂价廉易得，吸收率高，回收的产物石膏可用作建筑材料，而半水亚硫酸钙是一种钙塑材料，用途广泛，因此成为目前吸收脱硫应用最多的方法。该法存在的最主要问题是吸收系统容易结垢、堵塞；另外，由于石灰乳循环量大，使设备体积增大，操作费用增高。

分干法和湿法两种类型，即石灰/石灰石直接喷射法和石灰/石灰石洗涤法。

干法脱硫过程中（图11-48），石灰石被直接喷射到锅炉的高温区，和烟气中的 SO_2 起反应后，再加以捕集除去。进入干吸收剂，排出干物质。干法是指无液相介入完全在干燥状态下进行脱硫的方法。如向炉内喷干燥的生石灰或石灰石粉末，即脱硫产物为粉状。干法的操作温度在 $800 \sim 1300℃$。

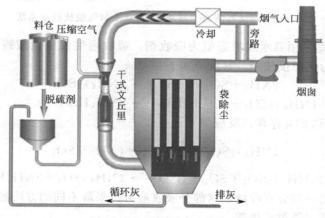

图 11-48　干法脱硫工艺流程

在很短时间内完成煅烧、吸附和氧化三种不同的反应，主要反应式如下：

$$CaCO_3 \longrightarrow CaO + CO_2$$

$$CaO + SO_2 + \frac{1}{2}O_2 \longrightarrow CaSO_4$$

石灰/石灰石洗涤法可分为：抛弃法、石灰/石膏法和石灰/亚硫酸钙法，反应原理基本相同，只是最终产物及其利用情况不同而有所区别。

其中石灰/石膏法采用石灰或石灰石的浆液吸收烟气中的 SO_2，生成半水亚硫酸钙或石膏。其技术成熟程度高，脱硫效率稳定，可达90%以上。

其脱硫工艺过程（图11-49）为：石灰石经过破碎、研磨、制成浆液后输送到吸收塔。吸收塔内浆液经循环泵送到喷淋装置喷淋。烟气从烟道引出后经增压风机增压，进入 GGH 烟气加热器冷却后进入吸收塔。烟气在吸收塔中与喷淋的石灰石浆液接触，除掉烟气中的 SO_2，洁净烟气从吸收塔排出后经 GGH 烟气加热器加热后排入烟道。吸收塔内吸收 SO_2 后生成的亚硫酸钙，经氧化处理生成硫酸钙，从吸收塔内排出的硫酸钙经旋流分离（浓缩）、真空脱水后回收利用。

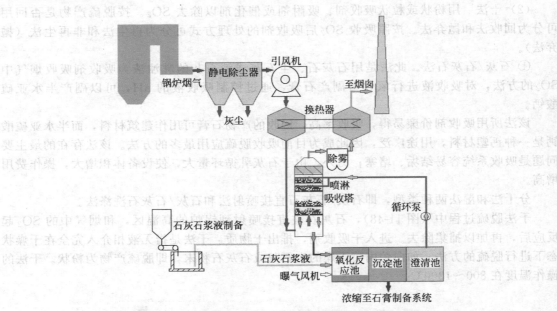

图 11-49　湿法石灰石（石灰）/石膏法烟气脱硫技术系统

② 氨法。此法是采用氨水或液态氨为吸收剂，吸收后生成亚硫酸铵和亚硫酸氢铵，氨可留在产品内，成为化肥供使用。其反应如下：

$$2NH_3 + SO_2 + H_2O \longrightarrow (NH_4)_2SO_3$$
$$(NH_4)_2SO_3 + SO_2 + H_2O \longrightarrow 2NH_4HSO_3$$

当烟气中有 O_2 和 SO_2 存在，反应如下：

$$(NH_4)_2SO_3 + \frac{1}{2}O_2 \longrightarrow (NH_4)_2SO_4$$

$$2(NH_4)_2SO_3 + SO_2 + H_2O \longrightarrow (NH_4)SO_4 + 2NH_4HSO_3$$

此外，还需引出一部分吸收液，这部分吸收液可以采取不同的方法加以处理，分别可以回收硫酸铵、硫酸钙、硫黄或硫酸。

③ 钠法-氢氧化钠或亚硫酸钠吸收法。此法使以碳酸钠或碳酸氢钠溶液作为吸收剂吸收烟气中的 SO_2。优点是可使用固体吸收剂，而且阳离子是非挥发性的。不存在吸收剂在洗涤过程中的挥发产生氨雾问题，钠盐溶解度比较大，因此吸收系统不存在结垢、堵塞等问题，吸收能力比较强，但碱相对成本比较高。在日本目前有 60% 的脱硫过程是采用这种方法。

主要反应为：

$$2NaOH + SO_2 = Na_2SO_3 + H_2O$$
$$Na_2CO_3 + SO_2 = Na_2SO_3 + CO_2$$
$$Na_2SO_3 + SO_2 + H_2O = 2NaHSO_3$$

吸收剂处理后可获得副产品，主要回收方法有以下几种。

a. 中和法。

$$NaHSO_3 + NaOH = Na_2SO_3 + H_2O$$
$$2Na_2SO_3 + O_2 = 2Na_2SO_4$$

b. 直接利用。

将含有的吸收液直接供造纸厂代替烧碱蒸煮纸浆。

c. 回收 Na_2SO_3。

吸收液经浓缩、结晶、脱水后回收 Na_2SO_3 晶体。

d. 回收石膏法。

在含 $NaHSO_3$ 的吸收液中加入石灰，使其生成 $CaSO_3$，再经氧化后生成石膏。

④ 稀硫酸/石膏法（千代田法）

这是由日本首创的一种脱硫方法，1972 年正式工业规模投产使用。此方法的原理是以稀硫酸吸收废气中的 SO_2，然后，在氧化塔中在催化剂（含 Fe^{3+}）存在的条件下，经空气氧化制成硫酸，一部分硫酸回吸收塔内循环适用，另一部分送去与石灰石反应生成石膏。此法吸收氧化总的反应为：

$$2SO_2 + O_2 + 2H_2O \xrightarrow{\text{催化剂}} 2H_2SO_4$$

生成石膏的反应：

$$H_2SO_4 + CaCO_3 + H_2O \longrightarrow CaSO_4 \cdot 2H_2O + CO_2 \uparrow$$

或者

$$H_2SO_4 + Ca(OH)_2 \longrightarrow CaSO_4 \cdot 2H_2O$$

此法的流程图见图 11-50。

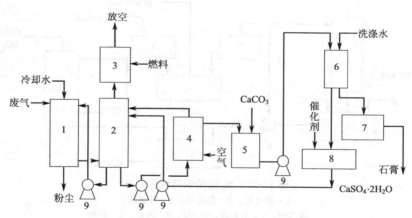

图 11-50　稀硫酸/石膏法脱硫流程示意
1—冷却塔；2—吸收塔；3—加热塔；4—氧
化塔；5—结晶塔；6—离心机；7—输送机；8—吸收液储槽；9—泵

废气先经冷却塔冷却至 $45 \sim 85℃$，同时除尘。

冷却后的气体进入吸收塔底，与从氧化塔溢流过来的吸收液逆流接触，SO_2 被吸收。

废气经加热器加热至 $130 \sim 140℃$ 后排放。

吸收液从吸收塔流出，一部分送入氧化塔，由空气氧化，依靠氧化催化剂（如硫酸亚铁等铁离子物质）存在，亚硫酸被氧化成硫酸。

从氧化塔流出的稀硫酸浓度为 2.5%～3%，送入结晶槽，在结晶槽内加入粒度 200 目以下的石灰石，生成石膏，经过一定时间，石膏结晶长大，用离心机将石膏结晶与吸收液分开后，可以得到石膏，而分离出的吸收液，流入吸收液储槽中，催化剂得到补充，再返回吸收塔吸收 SO_2。

此法简单，操作容易，不需特殊设备和控制仪表，能适应操作条件的变化，脱硫率可达98%，投资和运转费用较低。此法的缺点是稀硫酸腐蚀性较强，必须采用合适的防腐材料。同时，所得稀硫酸浓度过低，不便于使用和运输。

⑤ 吸附法

吸附法脱硫属于干法脱硫的一种。

最常用的吸附剂是活性炭，当烟气中有水蒸气和有氧条件下，用活性炭吸附 SO_2 不仅是物理吸附，而且存在着化学吸附。由于活性炭表面具有催化作用，使烟气中的 SO_2 被 O_2 氧化成 SO_3，SO_3 再和水蒸气反应生成硫酸。活性炭吸附的硫酸可通过水洗出，或者加热放出 SO_2，从而使活性炭得到再生。此法的缺点是活性炭的用量很大。

一个处理 15 万米^3/小时废气的吸附装置中，一次需装入 100t 以上活性炭。由于活性炭价格高、寿命短，因此使该方法的推广受到限制。

3. 氨法烟气脱硫

目前采用比较多的氨法烟气脱硫有以下两种方法。

(1) 氨-硫酸铵法 此法是从吸收液中回收硫酸铵的方法的方法。具体又可以分为两种方法，即酸分解法和空气氧化法。

① 酸分解法（又称氨-酸法）。吸收液是通过过量硫酸进行分解，再用氨进行中和以获得硫酸铵进行中和以获得硫酸铵，同时制得浓的 SO_2 气体。工艺流程见图 11-51。

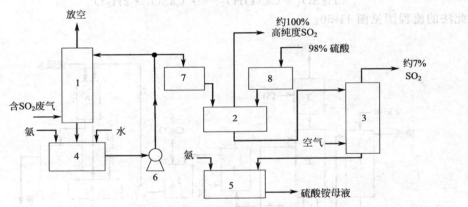

图 11-51 氨-酸法脱硫流程示意
1—吸收塔；2—混合器；3—分解塔；
4—循环槽；5—中和器；6—泵；7—母液；8—硫酸

该方法的工艺原理为在吸收塔内吸收液是循环使用，随着吸收的 SO_2 含量增加，要在循环槽内补充适量的氨水，使吸收液部分再生，同时要引出一部分吸收液至混合器内，用硫酸使亚硫铵转变为硫酸铵。硫酸的用量要比理论用量增加 30%～50%。得到高浓度的 SO_2 可以去制造液体 SO_2。混合器中的液体，即硫酸铵溶液送入分解塔，用空气使其分解得到浓度为约 7% 的 SO_2，可以送去制硫酸；分解后的酸性硫酸铵溶液送入中和器，用氨进行中和。硫酸铵母液再经过结晶和离心分离即可得到固体硫酸铵产品。

② 空气氧化法。与氨-酸法的区别是将引出一部分吸收液至混合器内，不是与浓硫酸混合，而是加入氨，使亚硫酸氢铵全部转变为亚硫酸铵，然后再送入氧化塔，向塔内鼓入 $10kgf/cm^2$ 压力的空气，将亚硫酸铵氧化为硫酸铵。

(2) 氨-亚硫酸铵法 氨酸法需耗用大量硫酸，因此可采用氨-亚硫酸铵法（图 11-52），此法亦是将吸收液用氨中和，将亚硫酸氢铵转变为亚硫酸铵；与氨-酸法的区别在于此法不再将亚硫酸铵用空气氧化成硫酸铵，而是直接去制取亚硫酸铵的结晶，分离出亚硫酸铵产品，而不是硫酸铵。此法可用固体碳酸氢铵作氨源来代替氨水，以便储运，反应方程式为：

$$2NH_4HCO_3 + SO_2 \longrightarrow (NH_4)_2SO_3 + H_2O + 2CO_2$$

$$(NH_4)_2SO_3 + SO_2 + H_2O \longrightarrow 2NH_4HSO_3$$
$$NH_4HSO_3 + NH_4HCO_3 \longrightarrow (NH_4)_2SO_3 \cdot H_2O + CO_2$$

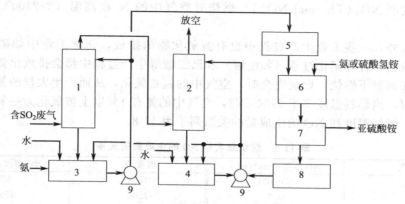

图 11-52　氨-亚硫酸铵法脱硫流程示意

1—第一吸收塔；2—第二吸收塔；3，4—循环槽；5—高位槽；
6—中和器；7—离心机；8—吸收液储槽；9—吸收液泵

第五节　氮氧化物污染及其治理

氮氧化物（NO_x）的种类很多，包括氧化亚氮（N_2O）一氧化氮（NO）、二氧化氮（NO_2）、三氧化二氮（N_2O_3）、四氧化二氮（N_2O_4）、五氧化二氮（N_2O_5）等多种化合物，总称为氮氧化物。常见的大气污染物主要是一氧化氮（NO）、二氧化氮（NO_2）。

一、氮氧化物的来源及危害

1. 氮氧化物来源

天然排放的氮氧化物，主要来自土壤和海洋中有机物的分解，属于自然界的氮循环过程。

全世界由于自然界细菌作用等自然生成的氮氧化物每年约为 50×10^7 t；由于人类的活动，人为产生的氮氧化物，每年约为 5×10^7 t，占自然生成数量的十分之一。

人为活动排放的氮氧化物大部分来自石化燃料的燃烧过程，如汽车、飞机、内燃机及工业窑炉的燃烧过程；也有来自生产、使用硝酸的过程，如氮肥厂、有机中间体厂、有色及黑色金属冶炼厂等。虽然人为活动排放量不及天然排放，但是由于其分布较为集中，与人类活动的关系较为密切，所以危害较大。

氮氧化物是以燃料燃烧过程中所产生的数量最多，约占总数 80% 以上，其中热电厂的排放量可达 30% 以上。

燃烧源可分为流动燃烧源和固定燃烧源。

城市大气中的 NO_x（NO、NO_2）一般 2/3 来自汽车等流动源的排放，1/3 来自固定源的排放。

无论是流动源还是固定源，燃烧产生的 NO_x 主要是 NO，只有很少一部分（视温度等情况不同，含量从 0.5% 到 10%）被氧化为 NO_2。

一般都假定燃烧产生的 NO_x 中的 NO 占 90% 以上。据报道飞机尾气中 NO_2 的只有 13%～38%；柴油机排放中 $NO_2>10\%$。

燃料燃烧生成 NO_x 的可以分为以下两种。

（1）燃料型 NO_x（Fuel NO_x）　燃料中含有的氮的化合物在燃烧过程中氧化生产 NO_x。

（2）温度型 NO_x（Thermal NO_x）　燃烧时空气中的 N_2 在高温（＞2100℃）下氧化生成 NO_x。

除燃烧以外，一些工业生产过程中也有氮氧化物的排放，化学工业中如硝酸、塔式硫酸、氮肥、染料、各种硝化过程（如电镀）和己二酸等生产过程中都会排放出氮氧化物。

当燃料在高温下燃烧，燃烧完全时，空气中的氮被氧化，从而产生大量的氮氧化物。据有关资料介绍，当燃料温度高于 2100℃ 时，空气中的氮有 1％ 以上被氧化为一氧化氮。以汽车尾气为例，燃烧温度和 NO 的生成量的关系列于表 11-8。

表 11-8　燃烧温度和 NO 的生成量的关系

温度/℃	NO 浓度/(cm^3/m^3)	温度/℃	NO 浓度/(cm^3/m^3)
20	＜0.001	1538	3700.0
425	0.3	2200	25000.0
527	2.0		

燃烧各种不同燃料时，产生的氮氧化物数量也有所区别，一般燃料在燃烧过程中排放的氮氧化物（NO_x）的数量列于表 11-9 中。

表 11-9　燃料燃烧过程中的氮氧化物数量

燃料名称	燃烧 1t 燃料所产生的 NO_x/kg
石油	9.1～12.3
天然气	6.35～6.85
煤	8～9

2. 氮氧化物的危害

氮氧化物的污染，对人类及环境的危害是非常严重的。污染大气的氮氧化物实际上是一氧化氮和二氧化氮。

一氧化氮与血液中血红蛋白的亲和力较强，可结成亚硝基血红蛋白或亚硝基高铁血红蛋白，从而使血液输氧能力下降，出现缺氧发绀症状。对正常人一般允许的最高浓度为 $25cm^3/m^3$，一旦发生高浓度急性中毒，将迅速导致肺部充血和水肿，甚至窒息死亡。

一氧化氮是无色、无刺激、不活泼的气体，在大气中可以氧化为二氧化氮。

二氧化氮是具有刺激性臭味的气体，呈棕红色。二氧化氮吸入肺部，逐渐与水作用生成硝酸及亚硝酸。酸对肺部组织产生剧烈的刺激和腐蚀作用。慢性中毒时主要表现慢性上呼吸道或支气管炎症。也可以引起皮肤刺激及牙齿酸腐症。如吸入大量的二氧化氮时，会出现呼吸困难，意志丧失及中枢神经麻痹。在阳光照射下，二氧化氮在环境中与碳氢化合物反应生成光化学烟雾，对人体可能有助癌性及致癌性作用。

氮氧化物对植物危害，主要是抑制其光合作用，造成发育受阻，破坏新陈代谢。氮氧化物进入大气后，若被水雾粒子所吸收，会形成有较大的危害性的气溶胶状的硝酸、硝酸盐或亚硝酸盐等酸性雨雾。

二、氮氧化物的治理方法概述

化学工业生产过程中排放出的氮氧化物主要是一氧化氮和二氧化氮。化工生产中需燃烧燃料，也有氮氧化物的排出。燃料燃烧时，氮氧化物排出量的多少，随燃料组成、燃烧温度、燃烧器结构等因素而不同。

脱除氮氧化物方法种类较多，比较普遍采用的有改进燃烧法、吸收法、催化还原法和固体吸附法等。

（一）　改进燃烧法

燃料燃烧时，既要保证燃料能充分利用，放出大量能量，同时，又要避免大量空气过剩，以防止产生大量的氮氧化物，造成环境污染，故燃烧时还应尽量减少过剩的空气量。

据资料报道，采用分阶段燃烧的方法，即第一阶段采用高温燃烧；第二阶段采用低温燃烧。这种燃烧过程中需吹入二次空气。采用分段燃烧的方法，可以使燃烧废气中氮氧化物的生成量较原来降低 30％左右。

（二）　吸收法

采用吸收方法脱出氮氧化物，是化学工业生产过程中比较普遍采用的方法。

一般，将吸收法又可以大致归纳为以下几种类型。①水吸收法。②酸吸收法：硫酸法、稀硝酸法等。③碱性溶液吸收法：烧碱法、纯碱法、氨水法等。④还原吸收法：氯-氨法、亚硫酸盐法等。⑤氧化吸收法：次氯酸钠法、高锰酸钾法、臭氧氧化法等。⑥生成配合物吸收法：硫酸亚铁法等。⑦分解吸收法：酸性尿素水溶液等。

下面对常用的几种方法进行简单介绍。

1. 水吸收法

NO_2 或 N_2O_4 与水接触，发生以下反应：

$$2NO_2（或 N_2O_4）+H_2O \longrightarrow HNO_3+HNO_2$$
$$2HNO_2 \longrightarrow H_2O+NO+NO_2（或 N_2O_2）$$
$$2NO+O_2 \longrightarrow 2NO_2（或 N_2O_4）$$

这表明二氧化氮与水反应，生成硝酸合亚硝酸，生成的亚硝酸很不稳定，立即分解，亚硝酸分解放出一氧化氮和二氧化氮。

分解生成的 NO_2 又可以与水反应，生成硝酸和亚硝酸，而一氧化氮几乎不溶于水，溶解度在 0℃下，100g 水中可溶解 7.34mL 的一氧化氮；在 100℃下，则完全不溶。一氧化氮可以与氧反应生成二氧化氮。

水对氮氧化物的吸收效率很低，主要是由一氧化氮被氧化成的二氧化氮的速率决定，因此当一氧化氮浓度很低时，一氧化氮氧化为二氧化氮的速率很慢，水吸收速率也就很低；反之，当一氧化氮浓度高时，吸收率有所增高。

一般水吸收法的效率为 30％～50％。此法制得浓度为 5％～10％的稀硝酸，可用于中和碱性污水，作为废水处理的中和剂，也可以去生产化肥等。由于水吸收法多是在加压下操作，压力控制在 6～7kgf/cm² 以上，这为降低操作费及设备费带来一定的困难。

2. 稀硝酸吸收法

此法是美国 Chenweth 研究所开发，在美国广泛用在硝酸厂的尾气治理，可以回收硝酸，经济、简便。我国北京化工研究总院及中科院环化所等单位也进行了这方面的研究、试验。

稀硝酸法是利用 30％左右的稀硝酸、吸收氮氧化物，先在 20℃和 1.5×10^5 Pa 下，NO_x 主要是被硝酸进行物理吸收，生成硝酸很少；然后将吸收液在 30℃下，用空气吹脱，吹出 NO_x 后，硝酸被漂白；漂白酸经冷却后再用于吸收 NO_x。

因为氮氧化物在漂白稀硝酸中的溶解度，要比在水中溶解度高，一般采用此法 NO_x 的去除率可达 80％～90％。

用稀硝酸吸收 NO_x 的流程如图 11-53 所示。

3. 碱性溶液吸收法

此法的原理是利用碱性物质来中和所生成的硝酸和亚硝酸，使之变为硝酸盐和亚硝酸盐，使用的主要吸收剂有氢氧化钠、碳酸钠和石灰乳等。

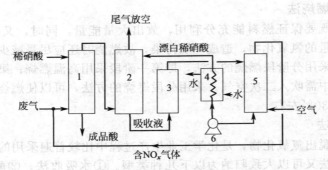

图 11-53 稀硝酸吸收法流程示意

1—第一吸收塔；2—第二吸收塔；3—加热器；4—冷却塔；5—漂白塔；6—泵

（1）烧碱法 反应方程式为：

$$2NaOH+NO+NO_2 \Longrightarrow 2NaNO_2+H_2O$$

$$2NaOH+2NO_2 \Longrightarrow NaNO_3+NaNO_2+H_2O$$

只要废气中所含的氮氧化物，其中 NO_2 与 NO 的摩尔比大于或等于 1 时，NO_2 及 NO 均可被有效吸收。生成的硝酸盐可以作为肥料。我国的北京、上海等一些厂家采用此种方法，结果表明氮氧化物的脱除率可以达 $80\%\sim90\%$。所使用的碱液浓度为 10% 左右。

（2）纯碱法 反应方程式为：

$$Na_2CO_3+NO+NO_2 \Longrightarrow 2NaNO_2+CO_2$$

$$Na_2CO_3+2NO_2 \Longrightarrow NaNO_3+NaNO_2+CO_2$$

因为纯碱的价格比烧碱要便宜，故有逐步取代烧碱法的趋势。但是纯碱法的吸收效果比烧碱差。据有的厂家实践，采用 28% 浓度的纯碱溶液，两塔串联流程，处理硝酸生产尾气，氮氧化物的脱除效率为 $70\%\sim80\%$，在碱液中添加氧化剂，可以提高效率，但处理费用也有所增加。

4．硫酸吸收法

关于采用硫酸盐水溶液吸收 NO_x 的方法，其原理亦是将氮氧化物吸收并还原为氮气。

第一步在氧化室进行，将废气与过量的 NO_2 通入氧化室，NO_2 将 SO_2 氧化成 H_2SO_4。

$$SO_2+NO_2+H_2O \longrightarrow H_2SO_4+NO$$

第二步在清除室进行，将第一步清除 SO_2 后的气体导入清除室与过量的 NO_2 作用，再用硫酸溶液吸收，将已清除氮氧化物和 SO_2 的气体排空。

$$NO+NO_2 \longrightarrow N_2O_3$$

$$N_2O_3+2H_2SO_4 \longrightarrow 2NOHSO_4+H_2O$$

第三步在分解室进行，在分解室中通入空气，使亚硝酰硫酸分解。

$$2NOHSO_4+1/2O_2+H_2O \longrightarrow 2H_2SO_4+2NO_2$$

生成的硫酸再返回清除室使用，过量的 NO_2 转入硝酸生成室。

第四步在硝酸生成室进行。

$$3NO_2+H_2O \longrightarrow 2HNO_3+NO$$

过量的 NO_2 及 NO 进行再循环。

总之，虽然有许多物质可以作为吸收 NO_x 的吸收剂，种类也很繁多。使之对含 NO_x 废气的治理，可以采用多种不同的吸收方法，但是，从工艺，投资及操作费用等方面综合考虑，目前较多的还是碱性溶液吸收法及氧化吸收法。

（三） 催化还原法

在催化剂存在下，用甲烷、氢气、氨等还原性气体将 NO 还原成 N_2 的方法，它又分为选择性催化还原和非选择性催化还原法。

1. 非选择性催化还原法

非选择性催化还原法，是将废气中的氧化氮和氧两者不加选择地一并还原，由于氧被还原时会放出大量的热，所以，采用非选择性还原法可以回收能量。如果回收合理，几乎在处理废气过程中不必再消耗能量。

选择催化还原法所用的催化剂，基本上是钯，含催化剂量为 0.5%（一般为 0.1%～1%）左右，载体多用氧化铝。钯的催化活性较高，起燃温度较低，价格便宜。但是，使用之前对废气需先经过脱硫处理，以免钯被硫毒害。在气体中含量浓度大于 $1cm^3/m^3$ 时，催化剂钯就会中毒。还原气体可用甲烷、氢气、一氧化碳等，反应温度在 400～500℃。这种方法适合于废气中 O_2 含量较少的废气。非选择性催化还原法工艺流程分为一段反应和二段反应两种流程，具体工艺流程图如图 11-54 所示。

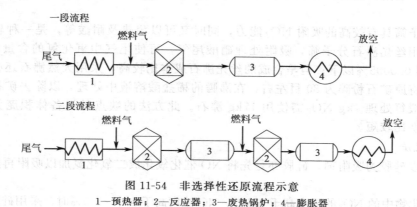

图 11-54　非选择性还原流程示意

1—预热器；2—反应器；3—废热锅炉；4—膨胀器

2. 选择性催化还原法

在催化剂存在下，还原性气体仅与氮氧化物作用的方法称为选择性催化还原法。

(1) 氨选择性催化还原法　此法以氨作还原剂，铂作催化剂，在 150～2500℃ 发生反应。

$$4NH_3+6NO \longrightarrow 5N_2+6H_2O$$
$$8NH_3+6NO_2 \longrightarrow 7N_2+12H_2O$$

当有微量 O_2 时，NO 的去除率更高些。

$$4NO+4NH_3+O_2 \longrightarrow 4N_2+6H_2O$$

但必须严格控制温度，温度过高时发生下列反应，生成 NO。温度越高，氨越是优先与氧作用。

$$4NH_3+5O_2 \longrightarrow 4NO+6H_2O$$

(2) 硫化氢选择性催化还原法

$$NO+H_2S \longrightarrow S+1/2N_2+H_2O$$

该法同时可除去 SO_2：

$$2H_2S+SO_2 \longrightarrow 3S+2H_2O$$

(3) 氯-氨选择性催化还原法　该法以木炭作为催化剂，温度在 500℃时反应：

$$2NO+Cl_2 \longrightarrow 2NOCl$$
$$2NOCl+4NH_3 \longrightarrow 2NH_4Cl+2N_2+2H_2O$$

此种方法 NO_x 的去除率比较高，可达 80%～90%；产生的 N_2 对环境也不存在污染问题，但是，由于同时还有氯化铵及硝酸铵产生，呈白色烟雾，需要进行电除尘分离，处理白色烟雾的二次污染。所以使本方法的推广使用受到限制。

（4）一氧化碳催化还原法　　该法以铜铝矾土作催化剂，在 538℃ 反应，可同时除去 SO_2。

$$2NO+2CO \longequal N_2+2CO_2$$
$$SO_2+2CO \longequal S+2CO_2$$
$$NO_2+CO \longequal NO+CO_2$$

（四）　固体吸附法

固体吸附法包括分子筛法、硅胶法、活性炭法和泥煤法等。

1. 分子筛法

常用的分子筛有泡沸石、丝光沸石等。它们对二氧化氮有较高的吸附能力，但是对于一氧化氮基本不吸附。然而在有氧的条件下，分子筛能够将一氧化氮催化氧化转变为二氧化氮加以吸附。

沸石分子筛具有较高的吸附 NO_2 能力，同时又可以耐热及耐酸等，是一种较有前途的吸附剂。采用丝光沸石分子筛，吸附处理硝酸尾气，可使尾气中氧化氮的含量由 0.3％～0.5％下降到 0.0005％以下；但是合成的丝光沸石成本比较高，采用天然沸石还必须经过加工处理，即将原矿石粉碎为 80 目左右，在沸腾的稀盐酸溶液中处理，以除去矿石中的可溶性物质。一般每处理 1kg NO_2 需使用 17kg 沸石。此方法的缺点是设备体积庞大，成本较高，再生周期比较短。

2. 硅胶法

此法是以硅胶为吸附剂，硅胶亦是先将 NO 催化氧化成二氧化氮加以吸附再经过加热便可解吸。

当氮氧化物中的 NO_2 的浓度高于 0.1％、NO 浓度高于 1％～1.5％时，采用硅胶吸附法效果良好。但气体中含固体杂质时不宜采用此法，因为固体杂质会堵塞吸附剂空隙而使其失效。

3. 活性炭法

活性炭对氮氧化物有很好的吸附能力，它能吸附 NO_2，还能促进 NO 氧化成 NO_2，然后用碱液再生处理：

$$3NO_2+4NaOH \longrightarrow 2NaNO_3+Na_2NO_2+2H_2O$$

特定品种的活性炭对 NO_x 的吸附过程，是伴有化学反应的过程。氮氧化物被吸附到活性炭表面后，活性炭对氮氧化物有还原作用，其反应为：

$$2NO+C \longrightarrow N_2+CO_2$$
$$2NO_2+2C \longrightarrow N_2+2CO_2$$

另外，活性炭的解吸再生较为麻烦，处理不当又会发生二次污染，故实际应用有困难。活性炭对氮氧化物的吸附容量较小，仅为吸附二氧化硫的五分之一左右，因而需要活性炭的数量较大。

此外，近年来许多国家正在开展应用活性炭经过特殊处理后作为催化剂，使 NO 氧化成 NO_2 的研究。

第六节　其他气态污染物治理方法简介

一、含氟废气

1. 含氟废气的产生

含氟废气主要是指含氟化氢（HF）和四氟化硅（SiF_4）的废气，它主要来源于工业生产过程，如电解铝、炼钢、磷肥、氟塑料生产、化铁炉，另外还有玻璃、陶瓷、砖瓦、搪瓷等行业。其中以电解铝和磷肥工业排放量最大。据测算，每生产 1t 铝，要排放 16～24kg 的氟；生产 1t 黄磷排放 30kg 氟，生产 1t 磷肥排放 5～25kg 氟。煤中也含有氟，每 kg40～300mg，高的达 1400mg，煤燃烧时，78％～100％的氟排放出来。

2. 含氟废气的吸收净化

① 水吸收法。用水吸收含氟废气主要是基于氟化氢和四氟化硅极易溶于水的特性。氟化氢溶于水生成氢氟酸，四氟化硅溶于水生成氟硅酸和硅胶。

② 碱吸收法。碱吸收法的机理与上述水吸收法基本相同，只是把水改为碱水，一般是用 Na_2CO_3 水溶液吸收含氟化氢废气制取冰晶石；用碱水吸收氟化氢或四氟化硅，最后都得到氟化物（NaF 或 NH_4F），再定量地加入偏铝酸钠（NaF 溶液中）或硫酸铝和 Na_2SO_4（NH_4F 溶液中），生成冰晶石。

③ 用氧化铝粉作吸附剂吸附铝厂烟气中的氟化氢是 20 世纪 60 年代电解铝厂含氟烟气治理技术上的一个重要突破。它不仅可以用来净化预焙窑的烟气，而且还可以处理净化电解槽出来的含氟废气，目前来自预熔窑的烟气主要是采用吸附法，而来自电解槽的烟气还可采用吸收法。

吸附法净化含氟化氢废气有很高的净化效率，一般可达到 98％以上。吸附完氟化氢的氧化铝不需再生，可直接送到电解槽作为电解铝的原料。工艺流程简单，不存在水污染和系统腐蚀问题，因此，与湿法相比，其投资和运行费用都比较低，可用于各种气候条件。

二、有机废气

1. 有机废气的来源

数百种有机化合物的蒸气可对空气造成污染，称作挥发性有机废气（VOCs）。由于大多数有机废气都对人体有害，有很多的有机废气还有致癌、致畸、致突变的作用，因此对其在空气中的含量要求非常严格。这些有机废气来源于化工、石油化工、轻工等许多行业和部门，有些行业比如石油开采与加工、炼焦与煤焦油加工、有机合成、溶剂加工、感光材料、油漆涂料加工及使用等，尤其带来严重污染。

2. 有机废气的净化

基本方法：冷凝法、吸收法、吸附法、燃烧（催化燃烧、热力燃烧或直接燃烧）、膜法、生物法等，或上述方法的组合。

以上方法在前面各章节中讲到，此处不再赘述。

选择方法：既考虑技术上的可行性，又考虑经济上的可行性。具体应从污染物的性质、浓度、净化要求并结合生产中的具体情况以及投资、运转费用、回收效益等诸方面予以考虑，同时还要综合考虑环境效益和社会效益。

三、恶臭气体

1. 恶臭气体来源

恶臭物质种类繁多，分布广，影响范围大，它们多数来自于以石油为原料的化工厂、垃圾处理厂、污水处理厂、饲料厂和肥料加工厂、畜牧产品农场、皮革厂、纸浆厂等工业企业，特别是石油中含有微量且多种结构形式的硫、氧、氮等的烃类化合物，在储存、运输和加热、分解、合成等工艺过程中产生出臭气逸散到大气中，造成环境的恶臭污染。迄今凭人的嗅觉即能感觉到的恶臭物质已达 4000 多种，其中对健康危害较大的有硫醇类、硫醚类、氨（胺）类、酚类、醛类等几十种。

2. 恶臭物质的控制方法

① 密封法。用固体、无臭气体或液体隔断恶臭物质扩散来源，使恶臭物质不能进入或

只允许不可避免的极少量进入空气。

② 稀释法。用大量无臭气体将含恶臭物质的废气稀释，从而降低恶臭物质浓度。

③ 掩蔽法。在一定范围内施放其他芳香物质以遮盖恶臭物质的臭味。

④ 净化法。建立脱臭装置，在恶臭物质排放前，通过物理的、化学的或生物的方法将恶臭物质除去。

⑤ 其他恶臭的治理方法。

a. 吸收法。利用恶臭气体的物理或化学性质，使用水或化学吸收液对恶臭气体进行物理或化学吸收而脱除恶臭的方法。吸收装置如喷淋塔、填料塔、各类洗涤器、鼓泡塔等。选择吸收方式时，应尽可能选择化学吸收，一方面可以提高脱臭效果，同时也可节省大量用水。恶臭气体浓度较高时，一级吸收往往难以满足脱臭要求，此时可采用二级、三级或多级吸收。对复合性恶臭也可使用几种不同的吸收液分别吸收。

b. 吸附法。吸附法是处理低浓度恶臭气体的很重要的方法之一。虽然可供使用的吸附剂很多，如活性炭（包括活性炭纤维）、两性离子交换树脂、硅胶、磺化煤、氢氧化铁等等，但大多数吸附剂对空气中的水分吸附能力大于对恶臭物质的吸附能力；而活性炭对恶臭气体有较大的平衡吸附量，对多种恶臭气体有较强的吸附能力。

c. 燃烧法。直接燃烧法脱臭：优点是脱臭效率高；缺点是设备和运转费用高，温度控制复杂。

催化燃烧法脱臭：与直接燃烧法相比，催化燃烧法在燃烧过程中需要使用催化剂，以利于能在较低的温度下完全燃烧，达到脱除恶臭的目的。该方法可节省大量燃料，适用于低温恶臭气体的处理。

d. 生物法脱臭。目前在脱臭方面发展起来的生物处理法是一种很有前途的方法。可以认为生物处理废气也是一种催化反应，只不过它使用的是生物催化剂，利用生物酶的催化作用，使有机废气中的有害成分分解。有资料介绍，酶的催化活性要比一般催化剂的催化活性大数千万倍。而且，生物处理净化有机物特别是臭味，设备简单，能耗低，不消耗有用原料，安全可靠，无二次污染。目前在用生物处理醇类、酚类、硫醇类、脂肪酸类、醛类、胺类等方面已有了比较成熟的方法。一些微生物制剂也大量出现。因此，生物处理有机污染物是很有发展前途的。

四、沥青烟气

1. 沥青烟的来源

沥青烟是以沥青为主，也包括煤炭、石油等燃料在高温下逸散到环境中的一种混合烟气。凡是在加工、制造和一切使用沥青、煤炭、石油的企业，在生产过程中均有不同浓度的沥青烟产生。含有沥青的物质，在加热与燃烧的过程中也会不同程度地生产沥青烟。

2. 沥青烟的组成与性质

一般沥青中含有 2.61%～40.7% 的游离碳，其余为烃类及其衍生物等，其成分复杂，不同的沥青成分之间的变化也很大，因而沥青烟的成分也相当复杂。总体上讲沥青烟的组分与沥青相近，主要是多环芳烃（PAH）及少量的氧、氮、硫的杂环化合物。已知其中有萘、菲、酚、咔唑、吡啶、吡咯、吲哚、茚等 100 多种。在这些成分中，有几十种物质是致癌物质，特别是苯并芘对动物、植物、人体都会造成严重的危害，是一种强致癌物。正因为如此，沥青烟必须及时治理。

3. 沥青烟的治理方法

目前，国内外净化处理沥青烟气的方法主要有焚烧法、吸收法、电捕集法、吸附法。

① 焚烧法。焚烧法就是把烟气中的烃类、可燃炭粉和焦油雾滴燃烧，分解成 CO_2、

H_2O。但此法燃烧温度高，而且要求燃烧物达到一定浓度方可燃烧，燃烧时间控制严格，容易造成不完全燃烧和二次污染，投资和运行成本很高。

② 吸收法（湿法）。沥青烟气和有机类液体（洗涤油）直接接触，使得焦油粒子、烟尘凝沉下来，从而达到净化沥青烟气的目的。但该工艺会产生污水，造成二次污染，净化效率不高，烟气净化系统运行问题较多。

③ 电捕集法。利用高压静电捕集焦油。在电晕极（负极）和沉淀极之间施加直流高压，使得电晕极放电，烟气电离生成大量的正、负离子。正、负离子在向电晕极、沉淀极移动的过程中与焦油雾滴相遇，并使之带电，雾滴被电极吸引，从而被除去。电捕法对烟气浓度和烟尘比电阻有一定要求。此法在沥青烟气治理方面应用较为广泛。

④ 吸附法。利用各种具有很高孔隙率和比面积较大的粉末材料（焦炭粉、氧化铝、活性炭、白云石粉等）作为吸附剂来净化沥青烟气。其方法是以吸附剂与烟气进行混合，通过吸附剂的分子吸收，净化气相中的有害成分。此法投资少，运行费用低，操作维修方便，但吸附效率不高。

第七节　任务案例：某化工有限公司甲醇工程废气治理措施

（一）　废气产生情况

本工程废气主要来源于：备煤系统洗精煤运输、堆存、破碎过程中产生的粉尘；炼焦工段炼焦过程中焦炉装煤、推焦、熄焦及焦炉烟囱产生的废气。炼焦过程主要污染物为烟尘、SO_2、CO 等；熄焦系统的熄焦炉装料口、排焦口、预存室放散气排放口、循环风机放散口及焦转运站、走廊各卸料点等，主要污染物为焦尘；化产回收工段脱硫再生塔尾气、蒸氨废气及工艺装置无组织排放。主要污染物为 H_2S、HCN、NH_3 等；硫铵工段硫铵干燥尾气，主要污染物为硫铵粉尘。

（二）　废气污染物治理措施

1. 燃料燃烧废气

本项目炼焦炉的燃料来自煤气净化车间的净煤气，经煤气总管、煤气预热器、主管、煤气支管进入各燃烧室，在燃烧室内与经过蓄热室预热的空气混合燃烧，燃烧后的废气经跨越孔、立火道、斜道，在蓄热室与格子砖换热后经分烟道、总烟道，最后从 145m 高的烟囱排出。

洗苯塔管式加热炉也使用净煤气作燃料，燃烧废气通过 25m 高的排气筒高空排放。

净煤气是清洁能源，硫含量很低，可不采取处理措施直接排放。

2. 粉碎、筛焦工序粉尘

精煤破碎、筛焦过程产生的粉尘分别采用脉冲袋式除尘器进行收尘处理。

含尘气体由进风口进入灰斗，由于气体体积的急速膨胀，一部分较粗的尘粒受惯性或自然沉降等原因落入灰斗，其余大部分尘粒随气流上升进入袋室，经滤袋过滤后，尘粒被滞留在滤袋的外侧，净化后的气体由滤袋内部进入上箱体，再由阀板孔、排风口排入大气，从而达到除尘的目的。

3. 装煤粉（烟）尘

焦炉装煤产生的大量烟尘（主要有害物是煤尘、荒煤气、焦油烟、等）采用除尘导烟车均匀地将装煤烟气导入除尘地面站除尘的工艺。

用风机将装煤除尘车吸入的烟尘抽吸至车上的燃烧室燃烧，废气经冷却后并经烟气转换设备将烟气送至地面站进行净化。烟气采用预喷涂吸附方式进行处理，该方法是在烟气进入除尘器前首先对除尘器进行预喷涂，使有可能不完全燃烧的黏性物质不能与滤袋直接接触。可确保滤袋长期使用而不被堵塞。为使除尘效率更好，采用离线脉冲袋式除尘器。

装煤除尘系统由移动和固定装置两部分组成。移动装置为除尘导烟车；固定装置内容包括：焦侧炉顶带吸风翻板的固定接口阀、地面管道、蓄热式冷却器、预喷涂吸附装置、脉冲袋式除尘器、消声器、通风机组、烟囱以及粉尘储存装置等。

装煤除尘过程：除尘导烟车走行到待装煤的炭化室定位后，打开装煤孔盖，落下装煤密封套筒，与此同时装煤除尘车上的排烟管道与固定接口阀接通，同时向地面除尘系统发出电信号，排风机开始高速运行。装煤时烟气自套筒吸气罩吸入并掺混大量空气，在除尘导烟车的燃烧室二次混入大量的空气燃烧后，废气经水喷洒降温后，经固定接口阀进入集尘管道，再经蓄热式冷却器冷却后，最后进入脉冲袋式除尘器净化，净化后的废气由排风机经烟囱排至大气。除尘器收集的粉尘由链式输送机运至储灰仓，为防止粉尘二次飞扬，污染环境，对输灰系统进行封闭，并在各产尘点设集气罩，接入地面站除尘系统，储灰仓中的粉尘先经加湿处理后汽车外运。

4. 推焦粉（烟）尘

红焦从炭化室推出时，在空气中燃烧产生的烟气和焦尘采用出焦除尘地面站净化方式，即出焦时产生的阵发性烟尘在焦炭热浮力及风机作用下收入设置在拦焦车上的大型吸气罩，然后经过接口翻板阀使烟尘进入集尘干管，送入蓄热式冷却器冷却并分离火花后经脉冲袋式除尘器净化，排入大气。

出焦除尘系统由三部分组成：设置在拦焦机上的大型吸气罩（属拦焦车设计范围），设置在焦台上方的集尘固定接口阀，设置在地面的管道、蓄热式冷却器、脉冲袋式除尘器、消声器、通风机组、烟囱等，此部分装置用于烟气熄火和最终净化。

除尘器收集的粉尘由链式输送机运至储灰仓，为防止粉尘二次飞扬，污染环境，对输灰系统进行封闭，并在各产尘点设集气罩，接入地面站除尘系统，储灰仓中的粉尘先经加湿处理后汽车外运。

5. 湿熄焦粉尘

熄焦塔在熄焦过程中产生的废气主要含有水蒸气、粉尘等，采用一般除尘器除尘效果不好，本项目采用折流板除尘技术，可有效捕获粉尘，除尘率为60%～70%，除尘后水汽经50m排气筒高空排放。

湿法熄焦系统由对位熄焦车、熄焦塔和晾焦台组成，对位熄焦车在接红焦后，送入熄焦塔，同时开启熄焦水泵阀，大量的水经管道对红焦进行喷淋，熄焦产生的蒸气在熄焦塔顶部形成"爆玉米花"的现象，与此同时较大粒度的焦炭也易被蒸气带走。为回收熄焦蒸气带走的焦炭和焦粉，在熄焦塔上装有钢制的导向斗（导流板），在湿法熄焦期间，一部分水经熄焦车上方的喷头喷洒，在熄焦塔内还安装有喷洒熄焦蒸气和冲洗导流板的水喷嘴。通过控制集水熄焦和喷水熄焦的水量来改变熄焦时间，以调节焦炭的水分，焦炭水分一般控制在3%～5%。

由于采用了导流板，减少了外排蒸气夹带焦粉的排放，外排蒸气量大幅减少（减少30%～50%），且基本不夹带焦粉。这会使焦化厂周围的粉尘和臭味得到控制，大气质量明显改善。

6. 脱硫再生塔废气

再生塔内的脱硫液含有少量的氨气和硫化氢，经洗涤后通过40m高的排气筒高空排放。

7. 硫铵废气

硫铵干燥过程中会产生硫铵粉尘，采用旋风除尘器和雾膜水浴除尘器两级除尘后，通过

25m 高的排气筒排放。

8. 弛放气与精馏塔尾气

甲醇生产过程中产生的弛放气与精馏塔尾气作为甲醇转化预热炉、锅炉的燃料气，经燃烧处理后排放。弛放气与精馏塔尾气主要成分为氢气、甲烷、一氧化碳等，燃烧后通过高空排放，对外环境影响较小。

课　后　任　务

一、情景分析

1. 某化工厂排放的尾气中含有大量的腐蚀性固体颗粒，如何选择除尘装置？

2. 某小型化工厂配套一台 10t 小型锅炉，试分析该锅炉产生的污染物，给出合理的污染物治理措施。

3. 离子膜烧碱项目产生的主要废气为盐酸工艺尾气和液氯制取工序废气，污染物分别为 HCl 和氯气，试分析采用什么方法对该污染物进行处理。

4. 某化工厂五氯化磷项目产生的废气主要是反应产生的含少量三氯化磷的尾气。反应过程中三氯化磷稍过量，氯气全部参加反应。未参加反应的三氯化磷蒸气经反应釜上部安装的冷凝器冷凝回收。未冷凝的三氯化磷蒸气通入尾气吸收装置，三氯化磷遇水即分解，生成亚磷酸和氯化氢，氯化氢气体经降膜吸收塔吸收、水洗吸收，剩余未吸收的少量氯化氢气体再经过碱洗后达标排放。试分析该废气处理过程中用到了哪些废气处理技术？

5. 近年来随着经济的发展，化工企业的大量新起，再加上环保投资力度的不够，导致了大量工业有机废气的排放，使得大气环境质量下降，给人体健康来严重危害，给国民经济造成巨大损失。因此，需要加大对有机废气的处理。举出几种有机废气的治理方法。

6. 随着空气质量的恶化，阴霾天气现象出现增多，危害加重。我国不少地区把阴霾天气现象并入雾一起作为灾害性天气预警预报。统称为"雾霾天气"。去冬今春以来，大半个中国遭遇十面"霾"伏，中国工程院院士钟南山喊出"大气污染比非典可怕得多"，让国人提心吊胆。试分析雾霾天气的成因及危害。

二、课后实践

1. 观察你所处的环境，是否存在大气污染，其污染物是什么？

2. 分析你所处城市化工生产的主要大气污染物是什么，如何治理？

3. 除了粉尘、二氧化硫、挥发性有机化合物污染，你知道还有哪些大气污染物，化工生产中，如何治理这些污染物？

4. 搜集资料，分析我国化工生产的大气污染治理现状。

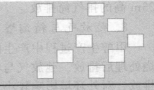

第十二章 废渣的综合治理技术

学习目标：

了解化工废渣的来源，认识化工废渣带来的环境污染，学习废渣环境污染的分类和危害性及防治原则，重点掌握化工废渣的综合利用和治理技术。培养学生正确认识化工废渣，提出科学合理的技术方法，具有对化工废渣综合利用的工作能力。

第一节 化工废渣概述

固体废物来源于人类的生产与生活两个过程，受生产和生活方式的约束和科学技术的限制，人类在开采和利用能源和资源、生产、运输和消费产品的过程中必然产生废弃物，且任何产品经过使用和消耗后，最终将变成废弃物。在人类的生产和生活过程中产生的一般不再具有原使用价值而被丢弃的固态或半固态物质称为固体废物。化工废渣是化学工业生产过程中产生的固体废物，包含化工企业"三废"排放及综合利用情况表中所列的各种废渣，也包括化工生产过程中排出的不合格的产品、副产物、废催化剂、废溶剂、蒸馏残液以及废水处理产生的污泥等。

一、固体废物的定义

固体废物是指在生产、生活和其他活动中产生的丧失原有利用价值或者虽未丧失利用价值但被抛弃或者放弃的固态、半固态和置于容器中的气态的物品、物质以及法律、行政法规规定纳入固体废物管理的物品、物质。固体废物污染海洋环境的防治和放射性固体废物污染环境的防治不适用本法（2005 年 4 月 1 日起施行的《中华人民共和国固体废物污染环境防治法》）。其他国家或机构对固体废物的定义见表 12-1。

表 12-1 其他国家或机构对固体废物的定义

国别	法规名称	内容
美国	《资源保护与再生法》(RCRA)	任何垃圾、废料、废弃物处理厂(给水处理厂、空气污染控制设施)产生的污泥以及其他废弃材料,包括产生于工业、商业、采矿业和农业生产以及社会活动的固体、液体、半固体或装在容器内的气体材料,但是不包括市政污水或灌溉水和满足排放要求的点源工业排放废水中的固态或溶解态材料以及根据原子能法定义的核材料和副产品
日本	《废弃物处理与清扫法》	垃圾、粗大垃圾、燃烧灰、污泥、粪便、废油、废酸、废碱、动物尸体以及其他污物和废料,包括固态和液态物质(不包括放射性物质和被放射性污染的物质)
欧盟	《废物框架指令》(2008/98/EC)	拥有者抛弃之或有意或被要求抛弃之任何物质/物品

学习、理解和研究固体废物的来源、组成和性质特征，有利于遵循和利用自然生态系统本身的运行规律，利用物质循环和能量流动知识，发展废弃物资源化技术，减少对自然生态系统的影响。

二、固体废物的相对特性

(1) 时间相对性 固体废物与当下的科学技术和经济条件密切相关，随着时代的进步和科学技术的发展，现在的废弃物可能就成为明天珍贵的资源，昨天的废弃物势必将成为明天的资源。例如，现在的稀土矿渣若未处理处置妥当，就会成为占用土地、污染地下水的污染源，但在几十年后很可能就成为一种重要的资源，因此，非常有必要对一些矿渣的处置进行科学长远的规划，以便于后期的再次开放利用，但同时必须规避当下的污染风险。

固体废物在此处没有利用价值，在他处可能就能够被利用；废弃物的某一方面没有利用价值，其他方面可能被利用；某一过程的废弃物，往往是另一过程的原料，因此固体废物可以称为是"放错地方的资源"或"没有被发现和利用的资源"，对于固体废物的认识，不能够停留在"废"的层面与角度，而是要将其看成是一种固体资源，任何时候都应该具备资源化的眼光并努力将其资源化。

（2）持久危害性　　固体废物进入环境后，并没有被周围的环境体接纳，只能通过释放渗出液和气体进行"自我消化"，此过程是长期、复杂而难控的，因此对环境的污染危害比废气、废水更持久。如堆放场中的城市生活垃圾一般需 10～30 年的时间才趋于稳定，其中的废旧塑料、薄膜经历时间更长也不能完全消化掉。

（3）无主性　　如被丢弃后的城市生活垃圾，不再属于谁。如为危险性废弃物，倘若管理不善，即找不到具体负责者，易造成更大的环境危害。

（4）物化属性　　包括物理、化学、生物特性及毒性等。物理特性主要包括下面一些性质：物理组成、粒度、含水率、堆积密度、可压缩性、压实渗透性；化学特性包括：挥发分、灰分、固定碳、灰熔点、灼烧损失量、元素分析组成、发热量、闪点、燃点、植物养分组成；生物特性包含其物质组成和细菌含量两个主要方面，前者决定了废弃物可被生物所利用的比例，是相关利用与处理技术的关键，后者是对废弃物卫生安全性的描述，可用于判断垃圾进入各种环境后可能造成的危害程度；毒性包括可燃易爆性、反应性、腐蚀性、生物毒性和传染性等。

［案例 1］　2000 年 5 月，12 岁的郝某和两名同学在垃圾坑里捡了个内装液体的针剂瓶，出于好奇，他们把瓶内的液体灌进空矿泉水瓶里，郝某与小伙伴们玩耍时将矿泉水瓶中装的液体倒在地上用火柴点燃，突然升高的火焰把小伙伴杨某的脸部和右上肢点燃，直到现在还在医院整形治疗。原来郝某点燃的"液体"是北京某制药厂违法倾倒的废弃硝酸甘油，现行《固体废物污染环境防治法》规定了固体废物的内涵，其形态并不局限于固态，也包括半固态物质；液态废物和置于容器中的气态废物也适用《固体废物污染环境防治法》，如生产建设中产生的废油、废酸、废溶剂、废沥青等，生活中产生的厨房垃圾、废农药等。案例中引起事故的废物是硝酸甘油，它有毒并且有强烈的爆炸性，显然属于《固体废物污染环境防治法》规制的废物。几年来，该厂将生产中的废物及生活垃圾，交给未持有危险废物运输许可证、也未接受专业培训的当地农民吴某运输，制药厂并未给吴某指定废物倾倒地点，吴某即将废物倾倒在事发地垃圾坑内，因此制药厂的行为严重违反了我国《固体废物污染环境防治法》的相关规定，法院终审判决制药厂赔偿杨某医疗费、整形手术费、精神损失费共计 69 万余元。

（5）物质转变的逻辑相对性　　废弃物的产生是物质循环过程的必然产物，是人类社会与自然环境之间的物质流动的重要一环，物质不灭定理认为，物质只会从一种形式转化为另外一种形式，物质永远不会消失，因此废弃物又具有以下的逻辑相对性：成分的多样性与复杂性；环境与资源的双重价值；有用与无用的大集合；生产型废弃物的减少，消费型废弃物的增加；彼此依赖，相互循环。

此外，化工废渣还具有一些特性，如产生量大、种类繁多、性质复杂、来源分布广泛，并且一旦发生了化工废渣所导致的环境污染，其危害具有潜在性、长期性和不易恢复性。

三、化工废渣的来源

由于化工生产过程中所用的原料种类、反应条件和二次回用方式等的不同，使得产生废渣的化学成分和矿物组成等均有较大差异，比如，硫酸生产过程中产生的硫铁矿烧渣，各种铬盐生产产生的铬渣，纯碱生产排出的白灰，氯碱生产产生的电石渣，干法制磷肥排出的黄磷水淬渣，合成氨中煤造气排出的灰渣和油造气排出的炭黑渣，各种工业窑炉排出的灰渣，烧碱生产产生的盐泥，各种有机和无机产品废渣，还有废水处理过程产生的污泥，但总的来说，化工废渣中的主要成分为硅、铝、镁、铁、钙等化合物，同时还含有一些钾、钠、磷、硫等化合物，对于一些特定的化工废渣，如铬渣、汞渣、砷渣等则含有铬、汞、砷等有毒物质。因此，化工废渣种类繁多、组分复杂、数量巨大、部分有毒。

四、化工废渣的分类

从化工废渣污染防治的需要出发，通常把化工废渣分为危险废渣和一般工业废渣两大类。一般工业废渣指量大、面广、危害较小的粉煤灰、冶炼废渣、尾矿等。危险废渣也称危险废渣和特殊废渣，是指具有毒性、腐蚀性、反应性、易燃性、爆炸性、传染性等特性之一的固态、半固态和液态废弃物。一般说来，化学工业产生的废渣，凡含有氟、汞、砷、铬、铅、氰等及其化合物和酚、放射性物质均为危险废渣。

按照化学性质进行分类，一般将化工废渣分为无机废渣和有机废渣。无机废渣有些是有毒的废渣，如铬渣、汞渣、砷渣等则含有铬、汞、砷等有毒物质，其特点是废渣排放量大、毒性强，对环境污染严重；有机废渣大多指的是高浓度有机废渣，其特点是组成复杂，有些具有毒性、易燃性和爆炸性，但其排放量一般不大。

化工废渣按其组分可分为常规的化工废渣以及含大量贵金属的废催化剂。对于常规的化工废渣，其组分以硅、铝、镁、铁、钙等化合物为主，同时兼有部分特定的有毒物质；而对于化工废催化剂，则一般是以 Al_2O_3 为载体，同时含有较高浓度的贵金属。

为了便于管理统计，化工废渣一般按废物产生的行业和生产工艺过程来进行分类。例如，硫酸生产过程产生的硫铁矿烧渣；铬盐生产过程中产生的铬渣；烧碱生产过程中产生的盐泥等。

[案例2] 我国近年来工业固体废物产生和利用情况如表12-2所示，我国工业固体废物占固体废物总量的 $80\%\sim90\%$，随着国民经济的发展，工业固体废物呈逐年增加的趋势，1988年为 5.61 亿吨，1989年为 5.72 亿吨，1992年为 6.19 亿吨，2001年为 8.17 亿吨，2010年已突破 10 亿吨，如果加上矿业生产中产生的尾矿，固体废物的量还会增加很多。在产生固体废物的工业行业中，矿业、电力蒸汽热水生产供应业、黑色金属冶炼及压延加工业、化学工业、有色金属冶炼及压延加工业、食品饮料及烟草制造业、建筑材料及其他非金属矿物制造业、机械电气电子设备制造业等的产生量最大，占总量的 95% 左右。

表 12-2　1998～2010 年全国工业固体废物处理情况　　　　　　　　单位：万吨

年份	产生量		排放量		综合利用量		储存量		处置量	
	合计	危险废物	合计	危险废物	合计	危险废物	合计	危险废物	合计	危险废物
2010	240943.5	1586.8	498.2	—	161772.0	976.8	23918.3	166.3	57263.8	512.7
2009	204094.2	1429.8	710.5	—	138348.6	830.7	20888.6	218.9	47513.7	428.2
2008	190127.0	1357.0	781.8	—	123482.0	819.0	21883.0	196.0	48291.0	389.0
2007	175767.0	1079.0	1197.0	0.1	110407.0	650.0	24153.0	154.0	41355.0	346.0
2006	151541.0	1084.0	1302.1	—	92601.0	566.0	22399.0	266.8	42883.0	289.3
2005	134449.0	1162.0	1654.7	5967	76993.0	496.0	27876.0	337.3	31259.0	339.0
2004	120030.0	995.0	1762.0	11470	67796.0	403.0	26012.0	343.3	26635.0	275.2
2003	100428.0	1171.0	1941.0	0.3	56040.0	425.0	27667.0	423.0	17751.0	375.0
2002	94509.0	1000.0	2635.0	1.7	50061.0	392.0	30040.0	383.0	16618.0	242.0
2001	88746.0	952.0	2894.0	2.1	47290.0	442.0	30183.0	307.0	14491.0	229.0
2000	81608.0	830.0	3186.0	2.6	34751.0	408.0	28921.0	276.0	9152.0	179.0
1999	78442.0	1015.0	3880.0	36.0	35756.0	465.0	26295.0	397.0	10764.0	132.0
1998	80068.0	974.0	7048.0	45.8	33387.0	428.0	27546.0	387.0	10527.0	131.0

五、化工废渣的危害

化工废渣的环境污染存在于储存、收集、运输、回收利用及最终处置的全过程，从化工废渣的组成可看出，化工废渣不仅含有大量的金属化合物，还含有少量的硫、磷等易引起地球化学循环的元素。因此，化工废渣的无控制排放将直接导致污染事件。其污染危害途径也有多种，主要通过散发有毒、有害和臭气等气态污染物污染大气，通过分解产生大的浸出液、渗滤液等液态污染物污染地下水、地表水和土壤，通过灰、渣、尾矿等固态污染物侵占土地和污染土壤等。这些污染物对环境形成的危害不是独立的，而是相互交叉的。图 12-1 为化工废渣的污染途径示意。

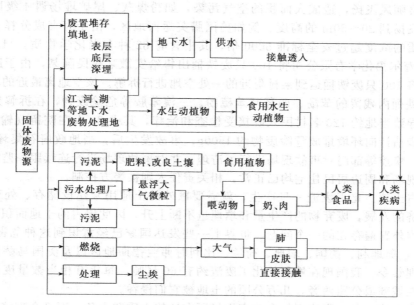

图 12-1　固体废物污染途径示意

（1）污染水体　通过水的淋滤、侵蚀或直接污染，化工废渣中的污染成分可迁移转化而进入水体，使水质变为酸性、碱性、富营养化、矿化、毒化，提高浊度，增加硬度和 COD。如土壤溶解汞、镉、铅等微量有害元素，成为重金属污染源，从而污染地下水，同时也可能随雨水渗入水网，流入水井、河流以至附近海域，被植物摄入，再通过食物链进入人体，影响人体健康。化工废渣对水体的污染有直接污染和间接污染两种途径，一是把水体作为固体废物的接纳体，向水中直接倾倒废物，从而导致水体的直接污染；二是固体废物在堆积过程中，经雨水浸淋和自身分解产生的渗出液流入江河、湖泊和渗入地下而导致地表和地下水的污染。哈尔滨市某垃圾填埋场的地下水色度和锰、铁、酚、汞含量及细菌总数、大肠杆菌数等指标都严重超标，锰含量超标 3 倍多，汞超标 20 多倍，细菌总数超标 4.3 倍，大肠杆菌超标 11 倍以上。再例如对于铬渣，如果管理不当，Cr^{6+} 就会溶入水体，污染地表水和地下水，我国已发生多起铬渣污染事件，被污染的地下水中 Cr^{6+} 含量超过饮用水标准几十倍甚至数百倍，造成极坏的社会影响。

目前，一些国家把大量固体废物投入海洋，海洋也正面临着固体废物潜在的污染威胁。许多国家把大量的化工废渣等固体废物直接向江河湖海倾倒，不仅减少了水域面积，淤塞航道，而且污染水体，使水质下降。目前世界上原子反应堆的废渣、核爆炸产生的散落物以及向深海投弃的放射性废物，已经使能量为 0.74EBq（$E=10^{18}$，下同）的同位素污染了海洋，海洋生物资源遭到极大破坏。1990 年 12 月在伦敦召开的消除核工业废料国际会议上公布的数字表明，40 年来美、英两国在大西洋和太平洋北部的 50 多个"海洋墓地"中大约投弃过 0.046×10^{15} EBq 的放射性废料，其中美国 1968 年向太平洋、大西洋和墨西哥湾投弃了 4800 万吨以上各种固体废物，1975 年向 153 处洋面投弃了 500 万吨以上的市政及工业固体废物。

（2）污染大气　化工废渣在堆积、处理处置过程中会产生有害气体，对大气产生不同程度的污染。露天堆放的化工废渣会因有机成分的分解产生的有味气体，形成恶臭；如果焚烧，会产生酸性气体、粉尘和二噁英等污染物；有些废渣在填埋处置后会产生甲烷、硫化氢等有害气体，特别是在夏季，由于温度升高、腐烂霉变加剧，释放出大量恶臭、含硫等有害气体，200～300m 的高空中氨和硫化氢的浓度均高于国家标准；除此之外，废弃物中的细粒、粉尘会随风飞扬，造成大面积的空气污染，如粉煤灰、尾矿堆场遇 4 级以上的风力时，灰尘可飞扬到 20～50m 的高度。例如美国腊芙运河地区，由于有害成分释入大气，空气中有毒物质的浓度超过安全标准 5000 倍，其中含有 82 种有毒化学物质，11 种致癌物。2008 年浙江寿尔福化学有限公司将 100 只废铁桶出售给安徽某村民陈某，由于废铁桶体积庞大，陈某将 100 只废铁桶运到某村附近的一处空地进行拆解。该空地离最近的村民住宅仅约 10m，废铁桶内残留的苯酚、四羟基苯硫酚、三溴苯胺等危险废物，在拆解处理过程中发生挥发，导致当地约 120 名村民入院接受检查和治疗，其中 24 人在院留观输液，2 人住院治疗。初步估计向环境排放危险废物约 1500g；事故发生后，当地政府召集环保、卫生、公安、安监、疾控等部门对事故现场进行了清理，并对事故现场进行连续跟踪监测，监测结果显示拆解现场和周边居民住宅均已正常，相关责任人则被警方控制。

（3）侵占土地　化工废渣一旦产生，就需要额外的土地用来建设储存、处理与填埋场所，随着经济的发展，废弃物的产生量和填埋量不断上升，因此侵占的土地面积也在不断扩大，这是国内外普遍存在的一个问题，世界上一些发达国家已经意识到这种危害的严重性，早在 2009 年，奥地利、德国、瑞典、荷兰、比利时弗兰德斯地区以及美国马萨诸塞州均实施了垃圾填埋禁令。我国现在堆积的化工废渣约有 60 亿吨，每年有相当数量废渣由于无法处理而堆积在城郊或公路两旁，几万公顷的土地被它们侵吞。

（4）污染土壤　化工废渣不仅会改变堆场所在地的土质和土色，而且会直接危害到周边环境生态系统，包括动植物种群、种间的变化、生物多样性的衰减等，化工废渣及其渗出液所含的有害物质非常容易向土壤进行迁移、转化和富集有害物质，有害物质还会改变土壤的物理结构和化学性质，影响土壤中微生物的活动，破坏土壤内部的生态平衡，致使土壤发生酸化、碱化或硬化，甚至发生重金属污染，最终影响植物营养吸收和生长，进而通过食物链影响整个生态链。20 世纪 70 年代，美国在密苏里州，为了控制道路粉尘，曾把混有四氯二苯二噁英（2，3，7，8-TCDD）的淤泥废渣当作沥青铺撒路面，造成多处污染。土壤中 TCDD 浓度高达 300μg/L，污染深度达 60cm，致使牲畜大批死亡，人们备受多种疾病折磨。在居民的强烈要求下，美国环保局同意全市居民搬迁，并花 3300 万美元买下该城镇的全部地产，还赔偿了市民的一切损失。1930～1953 年，美国某化学工业公司在纽约州尼亚加拉瀑布附近的 Lovecanal 废河谷填埋了 2800 多吨的桶装有害废弃物，1953 年填平覆土并在上面兴建了学校和住宅，1978 年大雨和融化的雪水造成有害废弃物外溢，而后就陆续发现该地区井水变臭，婴儿畸形，居民身患怪异疾病，经过检测，大气中有害物质浓度超标 500 多倍，其中有毒物质 82 种，致癌物质 11 种，包括剧毒的 TCDD，这就是典型的固体废物污染土壤及地下水的 Lovecanal 事件。

我国的一些企业虽然对其产生的废渣采取了渣库堆放的处理措施，但是设施大都不规范，存在严重的环境问题，还有一些企业根本就没有对其工业固体废物采取措施，这样就导致周边环境生态的严重破坏，渣坝的主体工程及坝体防渗都有一定的问题，这样就会潜在有安全隐患，若有强降雨或是山洪的话，可能导致坝体崩塌，对渣坝周围的居民及生态构成很大的威胁，渣坝防渗不合格导致大量的渣库渗滤液进入周围水体，而且随着企业生产的继续，废渣的产生量会越来越多，这样的话就会需要修建大批量的新渣库，急需新型的、符合可持续发展要求的治理技术。

[案例3] 2011年6月，云南省某化工实业公司的5000余吨的剧毒铬渣被非法倾倒在曲靖市麒麟区农村，造成附近农村77头牲畜死亡，农田遭到污染。进一步调查发现，有超过14万吨的铬渣在珠江正源的南盘江边长期堆放，这些铬渣堆受雨水冲刷，严重了污染水体和土壤，致使鱼虾死亡，水稻绝收。铬渣是金属铬和铬盐（如红矾钠）生产过程中的固体废物，铬渣的化学组成包括 Cr_2O_3、六价铬、SiO_2、CaO、MgO、Al_2O_3、Fe_2O_3等，其矿物组成主要是氧化镁、四水铬酸钠、正铬酸钠、铬酸钙、铝尖晶石、硅酸二钙固溶体、铁铝酸钙固溶体、硅酸二钙等。铬的毒性与其存在形态有关，金属铬及钢铁材料中含有的铬，由于其接触食物及饮水时是惰性的，所以对人体无害。六价铬毒性最剧烈，具有强氧化性和透过体膜的能力，对人体的消化道、呼吸道、皮肤和黏膜都有危害，六价铬的组分中四水铬酸钠及游离铬酸钙为水溶相，易被地表水、雨水溶解，这也是铬渣近期污染的由来。六价铬在酸性介质中易被有机物还原成三价铬，三价铬在浓度较低的情况下毒性较小，部分三价铬如氧化铬（Cr_2O_3）及其水合物甚至可以被认为是无毒的。铬铝酸钙、碱式铬酸铁、硅酸钙-铬酸钙固溶体、铁铝酸钙-铬酸钙固溶体等四种含六价铬的组分虽难溶于水，但由于长期露天堆放，空气中的 CO_2 和水能使它们水化，造成铬渣对周围环境的中、长期污染。含铬废渣在被排放或综合利用之前，需要进行解毒处理，其原理是在铬渣中加入还原剂，在一定的温度和气候条件下，将有毒的强氧化性的六价铬还原为低毒的三价铬，从而达到消除六价铬污染的目的。解毒处理方法有湿法和干法两种，前者是用纯碱溶液处理，再用硫化钠还原；后者是将煤与铬渣混合进行还原焙烧，六价铬可以被一氧化碳还原成不溶于水的三价铬。铬渣综合利用和解毒处理也可以同时进行，目前能够实现铬渣综合利用的途径有：做色泽翠绿玻璃制品的着色剂；利用铬渣中残留的铬生产铸石；代替蛇纹石生产钙镁磷肥；代替白云石、石灰石炼铁；与黏土混合烧制青砖；配制水泥和生产矿渣棉等。

[案例4] 位于湖南省某市的锡矿山，产生的固体废物主要有冶炼渣、炉渣、选矿生产中产生的尾矿等排放后残存堆积于矿区附近，侵占和破坏了大量土地资源，还造成水土流失，成为山体崩塌、滑坡、泥石流等地质灾害发生的隐患。由于长期过度开发，导致现在区域环境极度恶化，环境安全隐患随处可见，锡矿山地区的环境治理多为"末端治理"，重开发利用，轻资源节约和环境保护，重经济效益和发展速度，轻环境效益和发展质量，治理远远赶不上破坏的速度。在锡矿山地区企业周边，能看见含有植物养分的腐植土层及红色黏土层已被雨水冲刷殆尽，土地已失去了原有的生态平衡，有些地方几乎草都不能生长，当地80%的农田无法耕种，群众生活用水和农田灌溉用水严重不足。为全面改变这个地方的面貌，当地市委、市政府2009年已着手完善各项治理的专项规划，积极加强对这个地区的环保、水源、地质灾害监测，坚持"在保护中开发、在开发中保护"的原则，强化矿区生态保护意识，摒弃"先破坏，后治理"靠牺牲环境、浪费资源的短期经济发展方式，通过整顿矿业秩序，坚决制止乱采滥挖、破坏资源和生态环境的行为，取缔无证开采，关闭开采权规模小、资源利用率低、效益差的企业，逐步使矿产资源开发活动纳入法制化轨道。

（5）影响市容与环境卫生 化工废渣的堆存除了导致大量的土地及山体植被的破坏和减少，堆存地周围的环境生态也会遭受破坏，土壤流失严重，化工废渣的处理设施达不到相关的环境保护标准，不符合可持续发展要求，容易对周围居民的生产生活都有不同程度的影响，未经处理的化工废渣露天堆放在厂区、城市的周围角落，将导致直接的环境污染，还严重影响了厂区、城市容貌和景观，形成了"视觉污染"。

第二节　化工废渣处理原则

固体废物往往是许多污染成分的终极状态。一些有害气体或飘尘，通过治理，最终富集成为废渣，一些有害溶质和悬浮物，通过治理，最终被分离出来成为污泥或残渣，一些含重金属的可燃固体废物，通过焚烧处理，有害金属浓集于灰烬中。这些"终态"物质中的有害成分，在长期的自然因素作用下，又会转入大气、水体和土壤，故又成为大气、水体和土壤环境的污染"源头"。固体废物这一污染"源头"和"终态"特性告诉我们，控制"源头"、处理好"终态物"是固体废物污染控制的关键。

《中华人民共和国固体废物污染环境防治法》中注明"国家对固体废物污染环境的防治，实行减少固体废物的产生量和危害性、充分合理利用固体废物和无害化处置固体的原则，促进清洁生产和循环经济发展"。"3R"（Reduce，Reuse，Recycle）原则是固体废物处理的最重要的技术政策，发展趋势是从"无害化"走向"资源化"，"资源化"是以"无害化"为前提的，"无害化"和"减量化"应以"资源化"为条件。

1. 减量化

通过适宜的手段减少固体废物的数量、体积，并尽可能减少固体废物的种类、降低危险废物的有害成分浓度、减轻或清除其危险特性等，从源头上直接减少或避免固体废物的产生，是最有效的减量化措施，也是防治固体废物污染环境的优先措施。

2. 无害化

对已产生又无法或暂时不能资源化利用的固体废物，经过物理、化学或生物方法，进行对环境无害或低危害的安全处理、处置，达到废物的消毒、解毒或稳定化，以防止并减少固体废物的污染危害。对不同的固体废物，可根据不同的条件，采用各种不同的无害化处理方法，包括使用无害化最终处置技术，如卫生土地填埋、安全土地填筑以及土地深埋技术等现代化土地处置技术。

3. 资源化

采用适当的技术从固体废物中回收物质和能源，加速物质和能源的循环，再创经济价值的方法。自然界中，并不存在绝对的废弃物，废弃物是失去原有使用价值而被弃置的物质，并不是永远没有使用价值。现在不能利用的，很可能将来可以利用；这一生产过程的废弃物，可能是另一生产过程原料，因此固体废物有"放错地方的原料"之称。资源化具体包括以下三个方面的内容：从废弃物中回收可再生资源，如从垃圾中回收纸张、玻璃、金属等；利用废弃物制取新形态的物质，如通过堆肥化处理把城市生活垃圾转化为有机肥料等；从废弃物处理过程中回收能量，生产热能和电能。

第三节　化工废渣控制技术

对于化工废渣，我国改革开放以来的一段时间内，各种废弃物的产生基本不受政策限制和约束，所以废弃物的增加和环境质量下降是必然结果。直至目前，废弃物处理技术仍然围绕废弃物的末端处理、处置技术展开，反映出以末端处理技术为核心的废弃物治理制度的缺陷和极限。废渣的污染是各种自然因素和社会因素共同作用的结果，控制环境污染必须根据当地的自然条件，弄清污染物产生、迁移和转化的规律，对环境问题进行系统分析，采取经济手段、管理手段和工程技术手段相结合的综合防治措施，如改革生产工艺和设备，开发和利用无污染能源，利用自然净化能力等，以便取得环境污染防治的最佳效果，环境污染综合防治是在对废水、废气、固体废物单项治理的基础上发展起来的，表 12-3 列出了主要的化工废渣控制技术。但总的来说，化工废渣多为有毒、有害废物，对环境的压力大，所以化工废渣的无害化处理技术是今后研究的重点方向。同时，化工废渣中有相当一部分是未反应的原料和副产品，回收利用的潜力很大，在一些化工废渣中还含有金、银、铂等贵重金属，通过分离和提取这些金属，也可创造更高的经济效益。因此，这也是技术开发的一个重要方向。

表 12-3 化工废渣控制技术

类别	主要处理处置技术
过程控制技术（减量化）	(1)原料能源的优化技术 (2)生产工艺的技术改造
处理处置技术（无害化）	(1)分类法 (2)填埋法 (3)固化法 (4)生物消化法 (5)投弃海洋法 (6)焚烧法
回收利用技术（资源化）	(1)分类回收利用法 (2)其他资源化技术

一、固体废物处理技术

通过物理处理、化学处理、生物处理、焚烧处理、热解处理、固化处理等不同方法，使固体废物转化为适于运输、储存、资源化利用以及最终处置的过程，我国现有的利用途径主要是从废渣中提取纯碱、烧碱、硫酸、磷酸、硫黄、复合硫酸铁、铬铁等，并利用废渣生产水泥、砖等建材产品及肥料等；再如 20 世纪 70 年代，世界性能源危机，环境污染以及矿物资源的枯竭等强烈地激发了粉煤灰利用的研究和开发，粉煤灰治理的指导思想已从过去的单纯环境角度转变为综合治理、资源化利用；粉煤灰综合利用的途径已从过去的路基、填方、混凝土掺和料、土壤改造等方面的应用外，发展到目前的在水泥原料、水泥混合材、大型水利枢纽工程、泵送混凝土、大体积混凝土制品、高级填料等高级化利用途径。

1. 压实技术

一种通过对化工废渣减容化、降低运输成本、延长填埋寿命的预处理技术，压实是一种普遍采用的化工废渣的预处理方法，如以填埋或回收利用为目的压缩金属等废弃物，通常首先采用压实处理，压实处理适于压实减少体积处理的化工废渣。不宜采用压实处理的某些可能引起操作问题的废弃物，如焦油、污泥或液体物料，一般不宜作压实处理。

压实又称压缩，原理是利用机械的方法减少垃圾的空隙率，将空气挤压出来增加固体废物的聚集程度。经过压实处理后，固体废物体积减小的程度称压缩比（也称压实比，为废弃物压缩前的原始体积与废弃物压缩后的体积之比）一般为 3～5，压缩比取决于废弃物的种类和施加的压力，一般生活垃圾压实后，体积可减少 60%～70%；若同时采用破碎和压实两种技术，可使压缩比增加到 5～10。

固体废物的压实设备称为压实器，分为固定式和移动式两大类，主要由容器单元和压实单元两部分组成。压实单元具有液压或气压操作的压头，利用高压使废弃物致密化，容器单元负责接受废弃物原料。

① 固定式压实器。只能定点使用，分为小型家用压实器和大型工业压缩机两类。家用小型垃圾压实器的压实机械装在垃圾压缩箱内，常用电动机驱动；大型工业压缩机一般安装在废弃物转运站、高层住宅垃圾滑道的底部以及其他需要压实废弃物的场合，可以将汽车压

缩，每日可以压缩数千吨垃圾。常用的固定式压实器主要包括 5 个基本参数：装料截面尺寸、循环时间、压面上的压力、压面的行程长度及体积排率。一般常用的有水平压实器、三向联合压实器、回转式压实器等。

② 移动式压实器。带有行驶轮或可在轨道上行驶的压实器称为移动式压实器，主要用于填埋场压实所填埋的废弃物，在轨道上行驶的压实器可安装在中转站和垃圾车上压实垃圾车所接受的废弃物。压缩式垃圾车采用全密封垃圾箱体，并配合液压系统装填垃圾，能兼容任何垃圾收集设备，超出同级别其他垃圾车的运输吨位，厢底的污水收集箱，彻底解决了垃圾在运输中的二次污染，但过高的制造成本和维护成本限制了这种车辆的应用。在垃圾填埋场，最简单的办法是将废弃物布料平整后，用装载废弃物的运输车辆来回行驶将废弃物压实，压实固体废物达到的堆密度由废弃物性质、运拖车辆来回次数、车辆型号和载重量而定，平均可达到 $500 \sim 600 \mathrm{kg/m^3}$。如果用压实机压实填埋废弃物，可提高 $10\% \sim 30\%$。随着我国城市现代化建设和乡镇城市化进程明显加快，城市生活垃圾日益增多，促进了垃圾收集处理技术和垃圾车市场的快速发展，国内一些大中城市逐渐淘汰了落后的自卸式垃圾车，更倾向于采购能够在垃圾周转过程中克服二次污染且运输效率明显提升的压缩式垃圾车和车厢可卸式垃圾车。

③其他设备。为了防止废渣中的纸张、塑料袋等轻质垃圾在填埋过程中的随风飞扬，一般在填埋场周边设置防飞散网；部分装载和运输设备，有装载机、运送机、转运和起吊设备等。

2. 破碎技术

固体废物的破碎就是把废弃物转变成适合于进一步加工或能再分选、处理、处置的形状和大小，有时也将破碎后的废弃物直接填埋或进行利用，固体废物的破碎和磨碎处理目的如下：减小固体废物的容积，以便运输和储存；为固体废物的分选提供所要求的粒度，以便能够有效地回收其中的有用成分；防止粗大、锋利的固体废物损坏分选、焚烧和热解等设备或炉膛；增加固体废物的比表面积，提高焚烧、热分解、熔融等作业的效率；为下一步加工做准备，以便进行后续工艺。如利用煤矸石制砖、制水泥时，需要把煤矸石破碎到一定的合适粒度。

固体废物的破碎是指通过外力的作用，使大块固体废物分裂成小块的过程；使小块固体废物颗粒分裂成细粉的过程称为磨碎。

（1）破碎比　在破碎过程当中，原废弃物粒度与破碎产物粒度的比值称为破碎比，破碎比表示废弃物被破碎的程度。破碎机的能量消耗和处理能力都与破碎比有关，实际应用过程中，破碎比常采用废弃物破碎的最大粒度与破碎后的最大粒度之比来计算，也称极限破碎比，破碎机给料口宽度常根据最大物料直径来选择；科研和理论研究中，破碎比常采用废弃物破碎前的平均粒度与破碎后的平均粒度之比来计算，这一破碎比称为真实破碎比，一般破碎机的平均破碎比在 $3 \sim 30$ 之间，磨碎机破碎比可达 $40 \sim 400$ 以上。

（2）破碎段　固体废物按经过一次破碎机或磨碎机称为一个破碎段。若要求的破碎比不大，一段破碎即可；有些固体废物的分选工艺要求入料的粒度很细，破碎比很大，可根据实际需要将几台破碎机或磨碎机依次串联起来组成破碎流程；对固体废物进行多次（段）破碎，总破碎比等于各段破碎比的乘积；破碎段数主要决定于破碎废弃物的原始粒度和最终粒度，破碎段数越多，破碎流程就越复杂，工程投资相应增加，若条件允许，破碎段数应尽量减少。

（3）破碎工艺　破碎工艺一般可分为：单纯破碎工艺、带预先筛分的破碎工艺、先破碎后筛分工艺、带预先筛分和检查筛分的破碎工艺。根据固体废物破碎消耗能量的形式破碎方法可分为机械能破碎和非机械能破碎，前者包括压碎、劈裂、折断、磨剥、冲击和剪切破碎等；非机械能破碎是利用电能、热能等对固体废物进行破碎的新方法，如低温破碎、热力破碎、减压破碎及超声波破碎等；也可根据破碎中废弃物的含水量的不同，将破碎方法分为干式、湿式和半湿式破碎三种，干式破碎为通常所指的破碎，湿式破碎和半湿式破碎通常在破碎的同时兼有分级分选的功能。

实际操作时需要根据固体废物的机械强度，特别是废弃物的硬度加以确定。一般说来，对于脆硬性废弃物如废矿石等，宜采用挤压、劈裂、弯曲、冲击和磨碎等方法；对于柔硬性废弃物，如废钢铁、废塑料等，多用剪切和冲击破碎；对于含有大量废纸的生活垃圾，湿式和半湿式破碎具有较好的效果；对于粗大的固体废物，一般先剪切或者压缩成型后，再利用破碎机进行破碎。

（4）破碎设备　设备的处理规模必须根据设计处理量和现有处理能力综合考虑，破碎机的机型和种类，以及正常处理能力与物料的类型、进料尺寸大小、密度、及出料尺寸等要求相关。

使用破碎机械的同时应该设置环境保护措施。对于常温干式破碎机，应该使用除尘装置来防止粉尘污染大气；采取充分的措施消除振动；采取适当的隔音装置来减少噪声。当被破碎物料中含有易燃易爆物时，应该采取适当的安全措施，如装设喷水龙头等加以防护。

颚式破碎机是一种比较古老的破碎设备，但由于构造简单、工作可靠、制造容易、维修方便，至今仍获得广泛的应用。颚式破碎机通常按照可动颚板（动颚）的运动特性来进行分类的，工业中应用最广的有两种类型，即简单摆动颚式破碎机和复杂摆动颚式破碎机。

冲击式破碎机大多是旋转式，利用冲击作用进行破碎。其工作原理如下：进入破碎机空间的物料块被绕中心轴高速旋转的转子猛烈冲击后，受到第一次破碎，然后从转子获得能量高速飞向坚硬的机壁，受到第二次破碎；在冲击过程中弹回的物料再次被转子击碎，难于破碎的物料被转子和固定板挟持而剪断；破碎产品由下部排出。

辊式破碎机分为光辊破碎机和齿辊破碎机。光辊破碎机可用于硬度较大的固体废物的中碎与细碎。齿辊破碎机可用于脆性或黏性较大的废弃物，也可用于堆肥物料的破碎，按齿辊数目的多少，可将齿辊破碎机分为单齿辊和双齿辊两种。

锤式破碎机是利用冲击摩擦和剪切作用将固体废物破碎的设备。主要部件有电动机驱动的大转子、铰接在转子上的重锤和内侧破碎板，重锤以铰链为轴转动同时随大转子一起转动。废弃物一经进入破碎机即受到高速旋转的转子的猛烈撞击被第一次破碎，同时从转子上获得能量后飞向坚硬的破碎板进行再次破碎，再加上颗粒间的摩擦作用和锤头引起的剪切作用最后将废弃物破碎。锤式破碎机主要用于破碎中等硬度且腐蚀性弱的固体废物，如矿业废弃物、硬质塑料、干燥木质废弃物以及废弃的金属家用器物等。锤式破碎机适用于大体积、硬质废弃物的破碎，破碎颗粒较均匀，缺点是噪声大，安装需采取防震、隔音措施。

剪切破碎机是通过固定刀刃与活动刀刃（往复刀和回转刀）之间的啮合作用将固体废物剪切成适宜的形状和尺寸。根据刀刃的运动方式，可分为往复式与回转式。

球磨机主要由圆柱筒体、端盖、中空轴颈、轴承和传动大齿圈等部件组成。筒体内装有直径为 $25\sim150mm$ 钢球，其装入量是整个筒体有效容积的 $25\%\sim50\%$。筒体内壁设有衬板，除防止筒体磨损外，兼有提升钢球的作用。当废弃物在球磨机内产生离心运转时，将失去细磨作用，生产中通常以最外层细磨介质开始"离心运转"时的筒体转速，称为球磨机的"临界转速"。目前国内生产的球磨机工作转速一般是临界转速的 $80\%\sim85\%$。

（5）湿式破碎　湿式破碎是基于回收城市垃圾中的大量纸类为目的而发展起来的一种破碎方法，通过剪切破碎和水力机械搅拌作用，在水中将纸类废弃物破碎为浆液，工作原理为以纸类为主的垃圾用传送带送入湿式破碎机，破碎辊的旋转使投入的纸类垃圾和水一起发生激烈回旋和搅拌作用，废纸被破碎成浆，废纸浆通过筛孔流入筛下由底部排出，难以破碎的物质（如金属等）成为筛上物，并从破碎机侧口排出，再用斗式提升机输送至装有磁选器的皮带运输机，分离出铁和非铁金属等物质。湿式破碎目前主要用于废纸的再生与利用前处理，在城市生活垃圾处理中的应用还有一定困难，主要是污水的处理难度较大。湿式破碎具有以下优点：垃圾变成均质浆状物，可按流体处理法处理；不会孳生蚊蝇和恶臭，容易符合卫生条件；不会产生噪声、发热和爆炸的危险；有机残渣经过脱水后，质量、粒度、水分等变化较小；可以回收纸纤维、玻璃、铁和有色金属，剩余泥土等可作堆肥。在化学物质、纸和纸浆、矿物等处理中均可使用。

（6）半湿式破碎　半湿式破碎是利用不同物质强度和脆性（耐冲击性、耐压缩性、耐剪切力）的差异，在一定的湿度下破碎成不同粒度的碎块，然后通过大小不同的筛网加以分离回收，该过程同时兼有选择性破碎和筛分两种功能，具有以下特点：在同一设备不同工序中实现破碎与分选同时作业；对进料适应性好，易破碎物及时排出，不会出现过粉碎现象；能充分有效地回收垃圾中的有用物质。如第一段物料中可分别去除玻璃等，第二段物料中可回收含量为 $85\%\sim95\%$ 的纸类，第三段物料中可回收 95% 纯度的难以破碎的金属、橡胶、木材等废弃物；当投入的垃圾在组成上有所变化时，可通过改变滚筒长度、破碎板段数、筛网孔径等来适应处理系统的不同要求和变化；动力消耗低，磨损小，易维修。

（7）低温破碎　低温破碎技术是利用固体废物中所具有的各种材质在低温下的脆性温差，控制适宜温度，使不同材质变脆，然后进行破碎；也可利用不同废弃物脆化温度的差异在低温下进行选择性破碎，最后进行分选。例如：聚氯乙烯（PVC）脆化点为 $-5\sim-20℃$，聚乙烯（PE）的脆化点为 $-95\sim-135℃$，聚丙烯（PP）的脆化点为 $0\sim-20℃$，对于这三种材料的混合物进行分选和回收，只需控制适宜温度，可以将其破碎并进行分选。

常温破碎装置噪声大、振动强、产生粉尘多，过量消耗能量；低温破碎所需动力为常温破碎的 $1/4$，噪声约降低 7dB，振动减轻 $1/4\sim1/5$。但是为了获取低温，低温破碎所消耗的液氮量较大，以破碎塑料加橡胶复合制品为例，每吨原料需 300kg 液氮；由于需要耗用大量能源从空气中分离液氮，因此从经济上考虑，低温破碎处理只有在针对常温下难于破碎的合成材料（橡胶、塑料）时才选用，比如对于极难破碎并且塑性极高的氟塑料废弃物，采用液氮低温破碎，能够获得高分散度的粉末。低温破碎的优点如下：破碎后的同一种物料均匀，尺寸大体一致，形状好，便于分离利用；复合材料经过低温破碎后，分离性能好，资源的回收率和回收的材质的纯度较高，并且容易分离出混在其中的非塑料物质；使用的冷媒一般采用无毒、无味、无爆炸性的液氮，这种原料容易得到。

3. 分选技术

实现化工废渣资源化、减量化的重要手段，通过分选将有用的充分选出来加以利用，将有害的充分分离出来；另一种是将不同粒度级别的化工废渣加以分离，分选的基本原理是利用物料的某些性方面的差异，将其分离开。例如，利用废弃物中的磁性和非磁性差别进行分离；利用粒径尺寸差别进行分离；利用相对密度差别进行分离等。根据不同性质，可设计制造各种机械对化工废渣进行分选，分选包括手工捡选、筛选、重力分选、磁力分选、涡电流分选、光学分选等。

固体废物的分选就是将固体废物中的各种可回收利用的废弃物或不利于后续处理工艺要求的废弃物组分，采用适当技术分离出来的过程。由于城市生活垃圾成分性质不一及其回收操作方法的多样性，在垃圾的资源化、综合利用等方面，分选是重要的操作之一。分选的效果则由资源化物质价值和是否可以进入市场及其市场销路等重要因素决定。城市生活垃圾的组分复杂而不稳定，根据其粒度、密度、磁性、电性、光电性、摩擦性、弹性的物理、化学性质的不同，可分别选用筛选、重力分选、磁力分选、电力分选、光电分选、摩擦及弹性分选的分选技术进行分选。大体上说，适用于城市垃圾的分选技术是以粒度、密度差等颗粒物理性质差别为基础的分选为主，而以磁力、电力等性质差异为基础的分选为辅。分选出垃圾中的金属、大块无机物和灰土，提高垃圾热值，可以提高下一处理环节的效率和混合垃圾的资源利用率，因此需要应用均匀给料设备、物料输送设备、为人工拣选大件物料创造作业条件的分层式人工分拣室、筛分设备、磁选设备。给料设备可以采用步进给料机或铲车、或抓斗、或板式输送机给料，大型垃圾处理厂因每日分选出的各种轻物料较多，需在前处理线上配备轻物料压缩打包设备以减小其占地空间。分选工艺配置的核心是通过二级筛分、二级磁选处理将金属（包括电池）和塑料、玻璃及其他大块杂质去除，通过滚筒筛分设备将垃圾中的灰土成分筛除，各个落料点极易产生灰尘，需设置集尘口，通过集尘管道收集后统一进行除尘处理，各种轻塑料的具体分类可依据投资方的经济条件采用人工分拣或光电分选。

（1）筛分分选　筛分是根据固体废物尺寸大小进行分选的一种方法，利用筛子将物料中小于筛孔的细粒物料透过筛面，而大于筛孔的粗粒物料留在筛面上，完成粗、细粒物料分离的过程，该分离过程可看作是物料分层和细粒透筛两个阶段组成的，物料分层是完成分离的条件，细粒透筛是分离的目的。为了使粗细物料通过筛面而分离，必须使物料和筛面之间具有适当的相对运动，使筛面上的物料层处于松散状态，即按颗粒大小分层，形成粗粒位于上层、细粒处于下层的规则排列，细粒到达筛面并透过筛孔。同时，物料和筛面的相对运动还可使堵在筛孔上的颗粒脱离筛孔，以利于细粒透过筛孔。细粒透筛时，尽管粒度都小于筛孔，但它们透筛的难易程度却不同。粒度小于筛孔尺寸 3/4 的颗粒，很容易通过粗粒形成的间隙到达筛面而透筛，称为"易筛粒"；粒度大于筛孔尺寸 3/4 的颗粒，很难通过粗粒形成的间隙，而且粒度越接近筛孔尺寸就越难透筛，这种颗粒称为"难筛粒"。

实际筛分过程中受各种因素的影响，总会有一些小于筛孔的细颗粒留在筛上随粗颗粒一起排出，成为筛上产品而影响分离效果，通常用筛分效率描述筛分过程的分离程度，筛分效率是指筛下物的质量与入筛原料中所含的小于筛孔尺寸颗粒物的质量之比，用百分数 E 表示，即：

$$E = \frac{Q_1}{Q_2}$$

式中，Q_1 为筛下物的质量；Q_2 为入筛原料中所含的小于筛孔尺寸颗粒物的质量。

影响筛分效率的因素有以下几种。

① 物料的特性。当废弃物中含有少量水分时，细颗粒容易附着在粗粒上而不易透筛；当筛孔较大、废弃物含水率较高时，由于水分有促进细粒透筛作用，反而造成颗粒活动性的提高；当废弃物中含泥量高时，稍有水分也能引起细粒结团；废弃物颗粒形状对筛分效率也有影响，一般球形、立方形、多边形颗粒筛分效率较高，而颗粒呈扁平状或长方块，用方形或圆形筛孔的筛子筛分，其筛分效率较低，线状物料如废电线、管状物质等，必须以一端朝下的"穿针引线"方式缓慢透筛，而且，物料越长，透筛越难，在圆盘筛中，这种线状物的筛分效率会高些，而平面状的物料加塑料膜、纸、纸板类等，会大片地覆在筛面上，形成"盲区"而堵塞大片的筛分面积。

② 筛分设备性能。常见的筛面有棒条筛面、钢板冲孔筛面及钢丝编织筛网三种，棒条筛面有效面积小，筛分效率低；编织筛网则相反，有效面积大，筛分效率高；冲孔筛面介于两者之间。筛面宽度主要影响筛子的处理能力，其长度则影响筛分效率，负荷相等时，过窄的筛面使废弃物层增厚而不利于细粒接近筛面；过宽的筛面则又使废弃物筛分时间太短，一般宽长比为 1∶（2.5～3），筛面倾角是为了便于筛上产品的排出，倾角过小起不到此作用；倾角过大时，废弃物排出速度过快，筛分时间短，筛分效率低。一般筛分倾角以 15°～25°较适宜。

③ 筛分操作条件。在筛分操作中应注意连续均匀给料，使废弃物沿整个筛面宽度铺成

一薄层，既充分利用筛面，又便于细粒透筛，可以提高筛子的处理能力和筛分效率；及时清理和维修筛面也是保证筛分效率的重要条件；振动筛的振动频率与振幅，筛分设备振动不足时，物料不易松散分层，使透筛困难，振动过于剧烈时，物料来不及透筛，便又一次被卷入振动中，使废弃物很快移动至筛面末端被排出，筛分效率不高。

固定筛：筛面由许多平行的筛条组成，可以水平安装或倾斜安装。由于构造简单、不耗用动力、设备费用低和维修方便，在固体废物处理中被广泛应用。固定筛又可分为格筛和棒条筛两种。

滚筒筛：也称转筒筛，是物料处理中重要的运行单元，滚筒筛为缓慢旋转（转速控制在 $10\sim15r/mim$）的圆柱形筛分面，以筛筒轴线倾角为 $3°\sim5°$ 安装。筛面可用各种构造材料，制成编织筛网，筛分时，固体废物由稍高一端供入，随即跟着转筒在筛内不断翻滚，细颗粒最终穿过筛孔而透筛。滚筒筛倾斜角度决定了物料轴向运行速度，而垂直于筒轴的废弃物料行为则由转速决定。物料在筛子中的运动有三种状态。a. 沉落状态，此时筛子的转速很低，物料颗粒由于筛子的圆周运动而被带起，然后滚落到向上运动的颗粒层上面，物料混合很不充分，不易使中间的细料翻滚物移向边缘而触及筛孔。b. 抛落状态，当转速足够高但又低于临界速度时，颗粒克服重力作用沿筒壁上升，直至到达转筒最高点之前。这时重力越过了离心力，颗粒沿抛物线轨迹落回筛底，这种情况下，颗粒以可能的最大距离下落（如转筒直径），翻滚程度最为剧烈，很少有堆积现象发生，筛子的筛分效率最高，物料以螺旋状前进方式移出滚筒筛。c. 离心状态，若滚筒筛的转速进一步提高，达到其临界速度，物料由于离心作用附着在筒壁上而无下落、翻滚现象，这时的筛分效率很低。在操作运行中，应尽可能使物料处于最佳的抛落状态，根据经验，筛子的最佳速度约为临界速度的 45%。不同的负荷条件下的试验数据表明，筛分效率随倾角的增大而迅速降低，随着筛分器负荷增加，物料在筒内所占容积比例增加，这时要达到抛落状态的转速以及功率要求也随之增加。

振动筛：应用非常广泛的一种设备，振动筛由于筛面强烈振动，消除了堵塞筛孔的现象、有利于湿物料的筛分，可用于粗、中、细粒的筛分，还可以用于脱水振动和脱泥筛分，振动筛主要有惯性振动筛和共振筛两种。

选择筛分设备时应考虑如下方面：颗粒大小、形状，颗粒尺寸分布，整体密度，含水率、黏结或缠绕的可能；筛分器的构造材料，筛孔尺寸、形状，筛孔所占筛面比例，转筒筛的转速、平均直径、振动筛的振动频率、长与宽；筛分效率与总体效果要求；运行特征如能耗、日常维护、运行难易，可靠性，噪声，非正常振动与堵塞的可能等。

(2) 重力分选　重力分选是根据固体废物中不同物质颗粒间的密度差异，在运动介质中利用重力、介质动力和机械力的作用，使颗粒群产生松散分层和迁移分离，从而得到不同密度产品的分选过程。重力分选的介质有空气、水、重液（密度比水大的液体）、重悬浮液等，按介质不同重力分选分为风力分选、跳汰分选、重介质分选、摇床分选和惯性分选等。各种重力分选过程具有共同工艺条件：固体废物中颗粒间必须存在密度差异；分选过程都是在运动介质中进行；在重力、介质动力及机械力综合作用下，使颗粒群松散并按密度分层；分好层的物料在运动介质流推动下互相迁移，彼此分离。影响重力分选的因素主要是物料颗粒的尺寸、颗粒与介质的密度差以及介质的密度，不同密度矿物分选的难易度可大致地按其等降比判断。悬浮于流体介质中的颗粒，其运动受自身重力、介质摩擦阻力和介质浮力三种力的作用；颗粒的运动符合 Stokes 方程（牛顿公式），当存在密度差时，不同粒径的颗粒其运动速度不同，最终彼此分离，获得不同密度的最终产品。

重介质分选：主要适用于几种固体的密度差别较小及难以用跳汰法等其他分离技术分选的场合，通常将密度大于水的介质称为重介质，包括重液和重悬浮液两种流体，重介质密度介于大密度和小密度颗粒之间，当颗粒密度大于重介质密度，发生下沉；反之颗粒将悬浮，从而实现了物料的分选。重介质分选精度很高，入选物料颗粒粒度范围也可以很宽，适合于多种固体废物的分选。工业上应用的分选机一般分为鼓形重介质分选机和深槽式、浅槽式、振动式、离心式分选机。目前，常用鼓形重介质分选机。实际分离前应筛去细粒部分，大密度物料颗粒粒度下限为 2～3mm，小密度物料颗粒粒度下限为 3～6mm。采用重悬浮液时，粒度下限可降至 0.5mm。重介质分选不适于包含可溶性物质和成分复杂的城市垃圾的分选，主要应用于矿业废弃物分选过程。

跳汰分选：一种重力分选技术，是在垂直变速介质中按密度分选固体物料的一种方法。跳汰分选常用水力跳汰，跳汰室下部装有筛网，固体废物由给料口加入，当活塞向下运动时跳汰室形成一向上水流，物料被向上托起，轻细颗粒受水力作用浮力大，率先浮至上层，粗重颗粒上浮力小，相对在下层。随着上升水流的减弱，粗重颗粒开始下沉，而轻细颗粒还可能上升。当活塞开始向上运动时，水流开始下降，超重颗粒沉降快，轻细颗粒沉降慢，下降水流结束后，就完成了一次跳汰。每次跳汰，颗粒都受到一定的分选作用。经过多次循环后，随重物料沉于筛底，由侧口随水流出，轻细颗粒浮于表面，经溢流口排出。小而重的颗粒透过筛孔由设备的底部排出。

摇床分选：使固体废物颗粒群在倾斜床面的不对称往复运动和薄层斜面水流的综合作用下，按密度差异在床面上呈扇形分布而进行分选的一种方法。摇床分选过程中，颗粒群在重力、水流冲力、床层摇动产生的惯性力和摩擦力等的综合作用下，按密度差异产生松散分层，并且不同密度与粒度的颗粒以不同的速度沿床面做纵向和横向运动。它们的合速度偏离方向各异，使不同密度颗粒在床面上呈扇形分布，达到分离的目的。

风力分选：风选设备按气流在设备内吹入气流的方向，可分为两种类型：水平气流风选机（卧式风力分选机）和上升气流分选机（立式风力分选机）。以卧式风力分选机工作为例，空气流从侧面进入，当废弃物在机内下落时，被鼓风机鼓入的水平气流吹散，固体废物中各组分沿着不同运动轨迹分别落入重质组分、中重质组分和轻质组分收集槽中而得以分离。

（3）磁力分选 有两种类型，一类是传统的磁选，主要应用于供料中磁性杂质的提纯、净化以及磁性物料的精选；另一类是磁流体分选法，可应用于城市垃圾焚烧厂焚烧灰以及堆肥厂产品中铝、铁、铜、锌等金属的提取与回收。

磁选是利用固体废物中各种物质的磁性差异在非均匀磁场中进行分选的一种处理方法。所有经过分选装置的颗粒，都受到磁场力、重力、流动阻力、摩擦力、静电力和惯性力等机械力的作用。磁性颗粒受到的磁场力占优势，而非磁性颗粒所受到的机械力占优势，这样各组分就可按照磁性差异实现分选。磁力滚筒又称磁滑轮。这类磁选机主要由磁力滚筒和输送皮带组成。磁力滚筒有永磁滚筒和电磁滚筒两种。应用较多的是永磁滚筒。

磁流体分选是利用磁流体作为分选介质，在磁场或磁场和电场的联合作用下产生"加重"作用，按固体废物各组分的磁性和密度的差异或磁性、导电性和密度的差异，使不同组分分离的过程。磁流体是指某种能够在磁场或磁场和电场联合作用下磁化，呈现似加重现象，对颗粒产生磁浮力作用的稳定分散液。常用的磁流体有强电解质溶液、顺磁性溶液和铁磁性胶体悬溶液。根据分离原理与介质的不同，可分为磁流体动力分选和磁流体静力分选。

磁流体动力分选是在磁场与电场的联合作用下，以强电解质溶液为分选介质，按固体废物中各组分间密度、比磁化率和电导率的差异使不同组分分离的过程。其优点是分选介质为导电的电解质溶液，来源广，价格便宜，黏度较低，分选设备简单，处理能力较大，处理粒度为 0.5～6mm 的固体废物时，可达 50t/h，最大可达 100～600t/h。缺点是分离精度较低。

磁流体静力分选是在非均匀磁场中，以顺磁性液体和铁磁性胶体悬浮液为分选介质，按固体废物中各组分间密度和比磁化率的差异进行分离的过程。其优点是介质黏度较小，分离精度较高。缺点是分选设备较复杂，介质价格较高、回收困难，处理能力较小。磁流体分选是一种重力分选和磁力分选联合作用的分选过程，可以分离各种工业废弃物和从城市垃圾中回收铝、铜、锌、铅等金属。要求精度较高时，采用静力分选；固体废物中各组分间电导率差异较大时，采用动力分选。

（4）电力分选　利用固体废物中各种组分在高压电场中导电性的差异而实现分选的一种方法。根据导电性，物质分为导体、半导体和非导体三种。电选实际是分离半导体和非导体固体废物的过程。按电场特征电选机分为静电分选机和复合电场分选机。

静电分选：静电分选机中废弃物的带电方式为直接传导带电。废弃物直接与传导电极接触、导电性好的废弃物将获得和电极极性相同的电荷而被排斥，导电性差的废弃物或非导体与带电滚筒接触被极化，在靠近滚筒一端产生相反的束缚电荷被滚筒吸引，从而实现不同电性的废弃物分离。静电分选可用于各种塑料、橡胶、纤维纸、合成皮革和胶卷等物质的分选，使塑料类回收率达到99％以上，纸类基本可达100％。随含水率升高回收率增大。

复合电场分选：分选机电场为电晕-静电复合电场，这种复合电场在目前被大多数电选机所应用。电晕电场是不均匀电场，在电场中有两个电极：电晕电极（带负电）和滚筒电极（带正电）。当两电极间的电位差达到某一数值时，负极发出大量电子，并在电场中以很高的速度运动。当它们与空气中的分子碰撞时，便使空气中的分子电离。空气中的负离子飞向正极，形成体电荷。导电性不同的物质进入电场后，都获得负电荷，它们在电场中的表现行为不同。导电性好的物质将负电荷迅速传给正极而不受正极作用。导电性差的物质传递电荷速度很慢，而受到正极的吸引作用，完成电选分离过程。

（5）光电分选　光电分选主要利用光敏元件，与待分选的物料之间产生相应的感应信号，再辅以其他的设备能够完成目标产物与混合物料之间的分离。一般光电分选由给料系统、光检系统和分离系统组成。给料系统是在固体废物入选前，进行预先筛分分级，使之成为窄粒级物料，并使物料颗粒呈单行排列，逐一通过光检区。光检系统包括光源、透镜、光敏元件及电子系统等，这是光电分选的关键所在。分离系统是指固体废物通过光检系统后，检测所得到的光电信号经过电子电路放大，驱动执行机构，将其中一种物质从物料流中分离出来，从而使物料中不同物质得以分离。光电分选可以从城市生活垃圾中回收橡胶、塑料盒金属等物质。

（6）手工分选　依靠人力的作用完成废弃物的分类和分离称为手工分选，最早采用的分选方法，适用于废弃物产生源地、收集站、处理中心、转运站或处置场。手工分选虽然比机械分选法效率低，但有些分选效果是机械法难以替代的。如在进行含塑料废弃物分选回收时，人工分选容易将热塑性废旧制品和热固性塑料制品（如热固性的玻璃钢制品）分开，且较易将非塑料制品（如纸张、金属件、木制品、绳索、石块等杂物）挑出，较易识别和归类不同树脂品种的制品，如PS泡沫塑料制品与PU泡沫塑料制品，PVC膜与PE膜，PVC硬质与PP制品等。大规模工业废弃物分选中，人工分选由于其分选效率低、耗时耗力等缺点，机械分离已越来越重要。

4. 分离技术

（1）化学浸出分离　浸出是溶剂选择性地溶解固体废物中某种目的组分，使该组分进入溶液中而达到与废弃物中其他组分相分离的工艺过程，浸出过程是个提取和分离目的组分的过程，浸出过程所用的药剂称为浸出剂，浸出后含目的组分的溶液称为浸出液，残渣称为浸出渣。浸出过程大多取决于溶剂向反应区的迁移和相界上的化学反应两个阶段，浸出反应的进行在很大程度上取决于化学反应动力学过程。

化学浸出法是选择合适的化学溶剂（如酸、碱、盐水溶液等浸出剂）与固体废物发生作用，使其中有用组分发生选择性溶解，然后进一步回收。该法可用于成分复杂、嵌布粒度微细且有价成分含量低的矿业固体废物、化工和冶金过程排出的废渣等，若要提取其中的有价成分或是除去其中的有害成分，采用传统分选技术成效甚微时，常常采用化学浸出技术。

浸出率是被浸出目的组分进入溶液的质量分数，浸出操作要保证有较高的浸出率，影响浸出过程的主要因素有：物料粒度及其特性、浸出温度、浸出压力、搅拌速度和溶剂浓度、在渗滤浸出中还有物料层的孔隙率等。为充分暴露废弃物中的目的组分，增大浸出效果，在浸出之前，一般需对被浸废弃物进行破碎处理，破碎后废弃物可直接浸出，也可焙烧后浸出。

常用的浸出设备有渗滤浸出槽（池）、机械搅拌浸出槽、空气搅拌浸出槽、流态化逆流浸出槽和高压釜等五类。浸出时一般均由数个浸出槽（塔）组成系列，无论采用何种浸出流程和设备，均需考虑被浸料浆在浸出槽内的停留时间和料浆短路问题，在计算浸出槽（塔）的容积和数目时有一定的保险系数，以保证预期的浸出效果。

(2) 物理分离方法　压滤是在外加一定压力的条件下使含水固体废物过滤脱水的操作。由于在废弃物脱水过程外加压力，因此可以加快液态物质与固体成分的分离速度和程度。压滤常在压滤机中完成固液分离，根据其运行方式可分为间歇型与连续型两种。间歇型的典型压滤机为板框压滤机，连续型的为带式压滤机。

北京市某综合处理厂使用我国运载火箭技术研究院研制的垃圾挤压分离装置首次对餐厨垃圾进行了挤压分离操作，并取得圆满成功，作为垃圾挤压分离装置核心的高压挤压分离工艺，使垃圾在一个特制的表面布满孔的管道中被超过 100MPa 的液压力挤压，完成固态和液态的分离，具有自动化程度高、生产效率高的优点。

离心分离是利用固体颗粒和水的密度差异，在高速旋转的离心机中，固体颗粒和水分分别受到大小不同的离心力而使其固液分离的过程。利用离心力取代重力或压力作为推动力对污泥进行沉降分离、过滤及脱水的设备称为离心脱水机，按分离时的离心力大小分为高速离心机（＞3000r/mim）、中速离心机（1000～3000r/mim）和低速离心机（＜1000r/mim）；按转鼓的几何形状的不同，又可分为转鼓式、管式、盘式和板式离心机，常用的离心脱水机为转鼓式，按其安装角度可分为立式和卧式两类，离心浓缩机占地面积小、造价低、但运行与机械维修费用较高。

(3) 浮选分离　浮选是在固体废物与水调制的料浆中加入浮选药剂，并通入空气形成无数细小气泡，使待选物质颗粒黏附在气泡上，随气泡上浮到料浆表面成为泡沫层，然后刮出回收；不浮的颗粒仍留在料浆内，通过适当处理后废弃。浮选过程中，固体废物各组分对气泡黏附的选择性，是由固体颗粒、水、气泡组成的三相界面间的物理化学特性所决定的，其中比较重要的是物质表面的润湿性，固体废物中有些物质表面的疏水性较强，容易黏附在气泡上，而另一些物质表面亲水，不易黏附在气泡上，物质表面的亲水、疏水性能，可以通过浮选药剂的作用而加强。

浮选工艺中正确选择、使用浮选药剂是调整物质可浮性的主要外因条件，浮选法的关键是使浮选的物料颗粒吸附于气泡，浮选过程中，颗粒附着于气泡上，发生分离，根据药剂在浮选过程中的作用不同，可分为捕收剂、起泡剂和调整剂三大类。

捕收剂能够选择性地吸附在待选的物质颗粒表面上，使其疏水性增强，提高可浮性，并牢固地黏附在气泡上而上浮，良好的捕收剂具备捕收作用强、足够的活性、较高的选择性、最好只对某一种物质颗粒具有捕收作用、易溶于水、无毒、无臭、成分稳定不易变质、价廉易得。常用的捕收剂有异极性捕收剂和非极性油类捕收剂两类。

起泡剂是一种表面活性物质，主要作用在水-气界面上使其界面张力降低，促使空气在料浆中弥散，防止气泡兼并且形成小气泡，增大分选界面，提高气泡与颗粒的黏附和上浮过程中的稳定性，以保证气泡上浮形成泡沫层。起泡剂应具备用量少、能形成量多分布均匀、大小适宜、韧性适当和黏度不大的气泡、有良好的流动性、适当的水溶性、无毒、无腐蚀性、无捕收作用、对料浆的 pH 变化和料浆中的各种物质颗粒有较好的适应性。常用的起泡剂有松油、松醇油、脂肪醇等。

调整剂的作用主要是调整其他药剂（主要是捕收剂）与物质颗粒表面之间的作用，还可调整料浆的性质，提高浮选过程的选择性。调整剂的种类较多，按其作用可分为活化剂、抑制剂、介质的调整剂、分散与混凝剂。

浮选工艺包括调浆、调药、调泡三个程序。一般浮选法大多是将有用物质浮入泡沫产品，而无用或回收经济价值不大的物质仍留在料浆内，这种浮选法称为正浮选。但也有将无用物质浮入泡沫产物中，将有用物质留在料浆中的，这种浮选法称为反浮选。当固体废物中含有两种或两种以上的有用物质需要浮选时，通常可采用优先浮选或混合浮选方法，优先浮选是将固体废物中有用物质依次浮出，成为单一物质产品；混合浮选是将固体废物中有用物质共同浮出为混合物，然后再把混合物中有用物质依次分离。

浮选设备类型很多，可分为浮选机和浮选柱。我国使用最多的是机械搅拌式浮选机，主要有叶轮式机械搅拌浮选机和棒型机械搅拌浮选机。

（4）生物浸出分离　生物浸出属于固体废物生物处理技术，是利用微生物的新陈代谢作用使固体废物分解、矿化或氧化的过程，生物处理可将固体废物通过各种工艺转换成有用的物质和能源，如提取各种有价金属、产生沼气、肥料、葡萄糖、微生物蛋白质等，这在当前各国都面临废弃物排放量大且普遍存在资源和能源短缺的情况下，尤其具有深远的意义。工业上用于固体废物生物处理的主要有氧化亚铁硫杆菌、氧化硫杆菌、氧化亚铁钩端螺旋菌和嗜酸热硫杆菌等，其中重要的浸出细菌，除利用的能源有差异外，其他特性十分相似，均属化能自养菌，广泛分布于金属硫化矿及煤矿的矿坑酸性水中，嗜酸好气，习惯生活于酸性（pH 值为 $1.6\sim3.0$）及含多种金属离子的溶液中，这类自养微生物不需外加有机物作为能源，能氧化各种硫化矿、以铁、硫氧化时释放出来的化学能作为能源，以大气中的 CO_2 作为碳源，吸收 N、P 等无机营养物质合成自身的细胞，这些细菌在酸性介质中可迅速地将 Fe^{2+} 氧化为 Fe^{3+}，起着生物催化剂的作用，其氧化速度比自然氧化速度高 $112\sim120$ 倍，可将低价元素硫及低价硫化物氧化为 SO_4^{2-}，产生硫酸和酸性硫酸铁 $Fe_2(SO_4)_3$ 这两种具有很好浸矿作用的化合物。

目前发现有将硫酸盐还原为硫化物，将 H_2S 还原为元素硫的还原菌，也发现将氮氧化为硝酸根的氧化菌，因此许多沉积矿床可以认为是经过微生物作用而形成。

浸出方法大体分为槽浸、堆浸和原位浸出。槽浸一般适用于高品位、贵金属的浸出，是将细菌酸性硫酸铁浸出剂与废弃物在反应槽中混合，机械搅拌通气或气体搅拌，然后从浸出液中回收金属；堆浸法是在倾斜的地面上用水泥、沥青砌成不渗漏的基础盘床，把含量低的矿业固体废物堆积在其上，从上部不断喷洒细菌酸性硫酸铁浸出剂，然后从流出的浸出液中回收金属；原位浸出法是利用自然或人工形成的矿区地面裂缝，将细菌酸性硫酸铁浸出剂注入矿床中，然后从矿床中抽出浸出液回收金属。三种方法都要注重温度、酸度、通气和营养物质对菌种的影响。

细菌浸出的工艺流程主要包括浸出、金属回收和菌液再生三个过程。

① 浸出。废渣堆积可选择不渗透的山谷，利用自然坡度收集浸出液，也可选在微倾斜的平地，开出沟槽并铺上防渗漏材料，利用沟槽来收集浸出液。根据当地气候条件、堆高和表面积、操作周期、浸出物料组成和浸出要求等仔细考虑研究后选定布液方法，可以用喷洒法、灌溉法或垂直管法进行布液，在浸出过程中还应当注意浸出液应当分布均匀，且要严格控制反应的 pH 值。

② 金属回收。以铜为例，在含铜废渣细菌经过一定时间的循环浸出之后，废料中的铜含量降低，浸出液中铜含量增高，一般可达 1g/L，即可采用常规的铁屑置换法或萃取电积法回收铜；同时当镍、铅等在浸出液中有一定浓度时，也要加以综合回收利用。

③ 菌液再生。一般有两种方法使菌液再生，一种是将贫液和回收金属之后的废液调节

好 pH 值后直接送至矿堆，让它在渗滤过程中自行氧化再生；另一种方法是将这些溶液放在专门的菌液再生池中培养，调节 pH 值并且加入营养液，鼓入空气并控制 Fe^{3+} 的含量，培养好后再送去做浸出液。

5. 固化处理技术

通向化工废渣中添加固化基材，使有害固体废物固定或包容在惰性固化基材中的一种无害化处理过程，经过处理的固化产物应具有良好的抗渗透性、良好的机械性以及抗浸出性、抗干湿、抗冻融特性，固化处理根据固化基材的不同可分为沉淀固化、沥青固化、玻璃固化及胶质固化等。

利用物理或化学方法将有害固体废物固定或包容在惰性固体基质内，使之呈现化学稳定性或密封性。固化所用的惰性材料称为固化剂。有害废弃物经过固化处理所形成的固化产物称为固化体。

水泥固化技术：以水泥为固化剂将有害废弃物进行固化的一种处理方法，从而达到减小表面积、降低渗透性，使之能在较为安全的条件下运输与处置的目的。水泥是一种无机胶结剂，经水化反应后可形成坚硬的水泥块，能将砂、石等骨料牢固地凝结在一起。水泥固化有害废弃物就是利用水泥的这一特性。常用作固化剂的有硅酸盐水泥和火山灰质硅酸盐水泥。

石灰固化处理：以石灰和具有火山灰活性的物质（如粉煤灰、垃圾焚烧灰渣、水泥窑灰等）为固化基材，活性硅酸盐类为添加剂对危险废弃物进行稳定化与固化处理的方法。适用于稳定石油冶炼污泥、重金属污泥、氧化物、废酸等无机污染物，并已用于烟道气脱硫的废弃物的固化。该法简单，物料来源方便，操作不需特殊设备及技术，比水泥固化法便宜，但石灰固化处理得到固化体的强度较低，所需养护时间较长，并且体积膨胀较大，增加清运和处置的困难，因而较少单独使用。

热塑性材料固化处理：热塑性材料如沥青、石蜡、聚乙烯、聚丙烯等，用熔融的热塑性物质在高温下与干燥脱水危险废弃物混合，以达到对废弃物稳定化的目的的过程。以沥青类材料作为固化剂，与危险废弃物在一定的温度、配料比、碱度和搅拌作用下发生皂化反应，使有害物质包容在沥青中并形成稳定固化体的过程。沥青——憎水性物质、良好的黏结性、化学稳定性、较高的耐腐蚀性。石油蒸馏的残渣，其化学成分包括沥青质、油分、游离碳、胶质、沥青酸和石蜡等。

热固性塑料固化：热固性材料如脲醛树脂、聚酯、聚丁二烯、酚醛树脂、环氧树脂等，用热固性有机单体和经过粉碎处理的废弃物充分混合，在助凝剂和催化剂的作用下产生聚合以形成海绵状的聚合物质，从而在每个废弃物颗粒的周围形成一层不透水的保护膜。部分液体废弃物遗留，需干化。特别适用于对有害废弃物和放射性固体废物的固化处理。

玻璃固化处理：玻璃原料为固化剂，将其与危险废弃物以一定的配料比混合后，在 $1000\sim1500$℃的高温下熔融，经退火后形成稳定的玻璃固化体。主要适用于处理含高比放射性废弃物，不适宜于大型工业有害固体废物的固化处理。

自胶结固化：利用废弃物自身的胶结特性来达到固化目的的方法。该技术主要用来处理含有大量硫酸钙和亚硫酸钙的废弃物，如磷石膏、烟道气脱硫废渣等。$CaSO_4 \cdot 2H_2O$ 或 $CaSO_3 \cdot 2H_2O$ 经煅烧成具自胶结作用半水，遇水后迅速凝固和硬化。该方法不需要加入大量添加剂，废弃物也不需要完全脱水，工艺简单；固化体化学性质稳定，具有抗渗透性高、抗微生物降解和污染物浸出速率低的特点，并且结构强度高；但只限于含有大量硫酸钙的废弃物，应用面较为狭窄。此外还要求熟练的操作和比较复杂的设备，煅烧泥渣也需要消耗一定的热量。

有害废弃物经过固化处理后所形成的固化体应具有良好的抗渗透性、抗浸出性、抗干湿性、抗冻融性及足够的机械强度等，最好能作为资源加以利用。固化过程中材料和能量消耗要低，增容比要低。固化工艺过程简单，便于操作。

浸出率：有毒有害物质通过溶解进入地表或地下水环境中，是废弃物污染扩散的主要途径。因此，固化体的浸出率是鉴别固化体产品性能的最重要的一项指标。通过实验室或不同的研究单位之间固化体浸出率的比较，可以对固化方法及工艺条件进行比较、改进或选择，有助于预计各种类型固化体暴露在不同环境时的性能，并且可以估计有毒危险废弃物的固化体在储存或运输条件下与水接触所引起的危险大小。

体积变化因数：体积变化因数为固化处理前后固体废物的体积比，即 $C_R = V_1/V_2$ 式中，C_R 为体积变化因数；V_1 为固化前固体废物体积；V_2 为固化后产品的体积。体积变化因数，是鉴别固化方法好坏和衡量最终处置成本的一项重要指标。它的大小实际上取决于能掺入固化体中的盐量和可接受的有毒有害物质的水平。因此，也常用掺入盐量的百分数来鉴别固化效果；对于放射性废物，C_R 还受辐照稳定性和热稳定性的限制。

抗压强度：为了能够安全储存，固化体必须具有一定的抗压强度，否则会出现破碎和散裂，从而增加暴露的表面积和污染环境的可能性。对于一般的危险废物，经固化处理后得到的固化体，如进行处置或装桶储存，对其抗压强度的要求较低，控制在 0.1～0.5MPa 便可；如用作建筑材料，则对其抗压强度要求较高，应大于 10MPa。

6. 填埋技术

一种非资源化利用的技术。由于它有处理成本低、工艺较简单不需要大量的维护和运行人员等优点，目前被广泛采用。这项技术的关键点有：固体废物填埋场的选址是十分重要的，要远离生活区和水源地，避开上风口和水源地上游，自然地理条件不适宜飘浮扩散和渗漏；对填埋场需要进行严格的防渗漏处理，以免固体废物中的有害物在雨水或地表径流的冲刷下随水渗漏，污染地下水和相邻土壤；固体废物场表面覆土和排气管网设置。对于化工废渣的填埋，要注意防止对土壤和地下水体可能造成的污染。

7. 焚烧技术

利用焚烧炉及其附属设备，使固体废物在焚烧炉内经过高温分解和深度氧化的综合处理过程，达到大量消减固体量的目的，并将固体废物焚烧产生的热量进行回收利用的固体废物处理技术。焚烧法是固体废物高温分解和深度氧化的综合处理过程，好处是大量有害的废料分解而变成无害的物质。焚烧处理是目前固体废物处理技术中，消减固体量最大的一种技术方法，其消减量可达 95% 以上。焚烧技术的优点是：可迅速地、大幅度地减少可热解性（包括可燃性）物质的容积；破坏毒性有机物；能够回收热能。但是焚烧法也有缺点，如投资较大，焚烧过程排烟造成二次污染，设备锈蚀现象严重等。

二、固体废物处置

将固体废物用一些改变其物理、化学、生物特性的方法，以达到减少数量、缩小体积、减少或清除危害，将固体废物最终置于符合环境保护规定场所，不再回取的目的。按照处置场所的不同，固体废物处置主要分为海洋处置和陆地处置两大类。海洋处置是以海洋为受体的固体废物处置方法，主要分海洋倾倒与远洋焚烧两种。近年来，随着人们对保护环境生态重要性认识加深和总体环境意识提高，海洋处置已受到越来越多的限制，目前海洋处置已被国际公约禁止。陆地处置主要包括土地耕作、工程库或储留地储存、土地填埋以及深井灌注等几种。其中土地填埋法是一种最常用的方法。

三、资源化技术

为使得工业生产中化工废渣产生量减少，需积极的推行清洁生产审核制度，鼓励和倡导不断采取改进设计、使用清洁的能源和原料、采用先进的技术与设备、改善管理、综合利用等措施，从源头削减化工废渣，提高资源利用效率，较少或避免生产、服务和产品使用过程中产生化工废渣，以消除或减轻化工废渣对人类健康或环境的危害。

　　固体废物的"资源化"具有可观的环境效益、经济效益和社会效益。一般涵盖以下三个方面内容：改革生产工艺，采用无废或少废技术；采用精料；提高产品质量和延长使用寿命，不过快变成废弃物；利用多学科交叉，发展先进的处理处置技术；进行综合利用，发展物质循环利用工艺，对于某一生产或消费过程来说是废弃物，但对于另一过程来说往往是有使用价值的原料。

　　资源化方式可分为原级资源化次级资源化两种，前者是将废弃物资源化后形成与原来相同的新产品，后者是将废弃物变成不同类型的新产品。我国城市垃圾中的灰渣比率逐年下降，纸、塑料、玻璃、金属等废品和可以堆肥的有机物的数量不断增加，垃圾资源化利用有很好的前景，但由于垃圾本身就是由大量不具有扩散性和流动性的物质构成，由于垃圾资源的提取是需要支付成本，所以并不是所有的垃圾都可以作为资源加以利用，只有在垃圾资源的提取成本低于垃圾资源的利用价值时，垃圾才能认为是资源并得以回收和再利用。北京市2012年垃圾焚烧、生化处理和填埋比例为2∶3∶5，计划在2015年控制比例为4∶3∶3，基本满足不同成分垃圾处理的需要，实现全市原生垃圾零填埋。广州市计划在2015年再生资源主要品种回收利用率达40%，其余生活垃圾焚烧发电、生物处理和填埋比例为4∶1∶5，基本实现直接填埋之前必须先进行垃圾分类；2018年比例优化为5∶1∶4，基本满足不同种类垃圾处理的需要，2020年实现原生垃圾零填埋。

　　目前我国钢、有色金属、纸浆等产品三分之一以上的原料来自再生资源。回收利用1t废纸可再造0.8t纸，挽救17棵大树，降低污染排放75%，节省能耗40%~50%；4t废塑料可提炼出0.7t无铅汽油和柴油；废易拉铝罐熔解后可无数次循环再造成新罐；1t废玻璃生产酒瓶可节约石英砂720kg、纯碱250kg、长石粉60kg，比用新原料生产节约成本20%；虽然如此，再生材料产业远远没有发挥出其应有的产业价值，和发达国家相比也有很大的差距，在不同废弃物资方面的再生材料产业化水平也参差不齐。企业是发展再生材料产业的主体，政府应努力推动企业研制经济可行的再生材料技术，推动废旧物资回用的规模化效益化的生产，建设集中的废旧物资类集散交易市场，使其具有储存、集散和初级加工功能，改变现有废旧物品回收利用的传统模式，逐步实现从单一回收经营向回收、加工利用和综合处理多层次综合开发方向的转变；从单纯的流通体制向流通、生产、科研以及服务方向转变，创建再生资源物流体系。

　　[案例5]　磷石膏制取硫酸钾。

　　磷石膏是湿法磷酸生产过程中排放的工业废渣，主要成分是二水合硫酸钙，即含有约20%的水分，其次是少量未分解的磷矿以及未洗涤干净的磷酸、氟化钙、铁等多种杂质。全世界磷石膏的有效利用率仅为5%左右，日本、韩国和德国等发达国家磷石膏的利用率相对高一些。以日本为例，由于国内缺乏天然石膏资源，磷石膏有效利用率达到90%以上。其中的75%左右用于生产熟石膏粉和石膏板；早在1956年开始试验用磷石膏做水泥缓凝剂，现已大量推广应用，主要用作水泥缓凝剂、β-熟石膏粉、α-熟石膏粉、石膏墙板等。其他国家磷石膏的利用率相对很低，一般以堆存和直接排放（排海）为主，法国、德国、英国、澳大利亚等磷石膏的综合利用主要用于β-熟石膏粉、α-熟石膏粉、石膏面板等；美国以堆存为主，堆场技术规范相当完善，有堆场国家标准；少部分用于石膏墙板、建筑灰泥、自流平地板灰泥等。

　　磷石膏在我国产生的历史较长，其综合利用技术开发的时间已有近40年。通过广大科研人员的不懈努力，磷石膏资源化利用技术的开发已有了巨大的进展，特别是近几年发展较快，但由于排放量大，目前有效利用率仅为年产量的20%左右，即1500万吨左右。随着对磷石膏危害的认识广泛，对磷石膏综合利用的重视程度提高，但普及程度低，全国90多家湿法磷酸生产企业中，目前开展综合利用生产的企业约有十几家，许多企业由于种种原因还没有大面积展开利用。主要原因是天然石膏和其他工业副产石膏较磷石膏杂质含量低、磷石膏的下游市场很难打开、磷石膏综合利用经济效益低等。普通型利用产品多，高档次产品少：目前磷石膏的综合利用产品主要为普通建筑材料、土壤改良剂、矿坑填充材料、筑路材料等，主要为低端产品，附加值低，高档次的产品少，如石膏基导电材料、石膏基磁性材料、新型隔热材料、新型磷石膏基聚氯乙烯型材、石膏晶须、α-高强石膏粉等产品正在或尚未进行开发。以磷石膏为原料生产化工产品的种类和数量也较少。我国磷复肥行业经过近二十年的发展，已经成为世界磷肥生产和消费大国，生产量和消费量均居世界首位，磷肥产量增长了三倍，年均增长 14%，年排放磷石膏量增长了三倍多，2011 年磷肥产量 1650 万吨，磷石膏副产量 6750 万吨，目前累计磷石膏堆存量约为 3 亿吨，预测 2015 年磷石膏产量将达到 8300 万～8500 万吨。

　　磷石膏经漂洗去除部分杂质，使 $CaSO_4 \cdot 2H_2O$ 质量分数从 87% 提高至 92%～94%，在低温条件下将磷石膏与碳酸氢铵混合，生成硫酸铵、碳酸钙并排出 CO_2，低温条件下氨挥发较少，CO_2 气较纯，可用于制液体 CO_2。反应后的料浆分离碳酸钙后，得到硫酸铵溶液，再与氯化钾反应生成硫酸钾和氯化铵。经分离、洗涤、干燥得硫酸钾产品；滤液经蒸发、分离副产品氯化铵。采用此法时，磷石膏利用率达 65%～70%，产品可作为优质硫酸钾肥料使用，副产品氯化铵、碳酸钙也可做肥料或水泥原料。利用磷石膏制备硫酸铵工艺流程见图 12-2。母液中加氯化钾可制氮磷钾复合肥料，英国、奥地利、日本和印度均有成功应用案例，不足之处是硫酸铵中的氮含量低，其单位养分的费用高于尿素和硝酸铵。

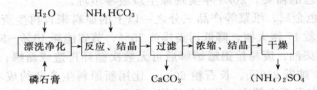

图 12-2 磷石膏制备硫酸铵工艺流程

　　用磷石膏生产无氯钾肥-硫酸钾的方法分为一步法和两步法，一步法较为常用，是以氨为催化剂，用磷石膏与氯化钾反应制得硫酸钾和氯化钙，该法工艺简单，流程短，所用设备简单，且氯化钾转化率可达到 94% 以上。

　　磷石膏主要成分为：$CaSO_4 \cdot 2H_2O$，此外还含有多种其他杂质。不溶性杂质包括石英、未分解的磷灰石、不溶性 P_2O_5、共晶 P_2O_5、氟化物及氟、铝、镁的磷酸盐和硫酸盐。可溶性杂质包括水溶性 P_2O_5，溶解度较低的氟化物和硫酸盐。山东某磷铵厂磷石膏废渣化学成分、放射性水平见表 12-4、表 12-5。

表 12-4　山东某磷铵厂磷石膏废渣的化学成分（质量分数）　　　　单位：%

SO_3	CaO	P_2O_5	水溶 P_2O_5	F^-	水溶 F^-	Fe_2O_3
40～42	30～32	0.30～3.22	0.1～1.65	0.22～0.87	0.33～0.70	0.12～0.21
Al_2O_3	SiO_2	MgO	有机质	结晶水	酸不溶物	pH
0.028～0.26	0.166～5.6	0.1～1.60	0.12～0.16	18.9～20.05	0.0013～0.81	1.5～2.0

表 12-5　山东某磷铵厂磷石膏废渣放射性水平

放射性物质	镭 226	钍 232	钾 40	备注
放射性比活度/(Bq/kg)	166.7	0.0	81.7	经检测，其放射性水平低于国标(GB 6763—86)的规定

第四节　固体废物污染的管理制度

一、国外固体废物的管理制度

　　德国的固体废物管理水平位于世界前列，其目标就是实现一种面向未来的、可持续的循环经济，政策重心首先是资源保护，其次是尽可能有效地处理废弃物。废弃物管理方面坚持预防为主、产品责任制和合作原则，着眼于避免不必要的废弃物的产生。法律法规是德国成功推动固体废物管理的重要手段，在严格执法的基础上，鼓励自愿承诺，形成了一套完善的富有特色的废弃物管理体系。1972 年颁布的《废弃物管理法》，要求关闭垃圾堆放厂，建立垃圾中心处理站，进行焚烧和填埋；1986 年颁布了新的废弃物管理法，试图解决垃圾的减量和再利用问题；1991 年德国通过了《包装条例》，要求生产厂家和分销商对其产品包装进行全面负责，回收其产品包装，并再利用或再循环其中的有效部分；1992 年通过《限制废车条例》，规定汽车制造商有义务回收废旧车；1996 年《循环经济与废弃物管理法》，把废弃物提高到发展循环经济的思想高度。德国垃圾分类系统从法律、法规到居民参与、具体实施，其完善程度都是世界上首屈一指的，有纲领性的垃圾框架方针，也有具体实施是以联邦循环经济和垃圾法为基础，其垃圾处置原则为：减量化、无害化和资源化，各州都有其针对的法律、法规和条例，明确了垃圾产生者必须承担垃圾清除、处理、处置的义务。在欧盟根据《垃圾分类编号规定》，对各种不同来源的垃圾进行了严格的界定和分类，并进行了编号，以利于管理。全部垃圾共分为 20 个大类，110 个小类，839 种垃圾。生活垃圾为第 20 种垃圾。各州、市、县对生活垃圾的分类收集、分类运输方式按照各自实际情况进行组织，具体方式各自不同，其中生活垃圾大体分为有机垃圾、废纸类、废玻璃、包装垃圾、剩余垃圾、有毒有害垃圾、大件垃圾等。

20 世纪 60 年代，美国经济学家 K. 波尔丁提出了"循环经济"的概念。美国 1965 年制定的《固体废物处置法》是第一个固体废物的专业性法规，该法 1976 年修改为《资源保护及回收法》（RCRA），并分别于 1980 年和 1984 年经国会加以修订，日臻完善，已成为世界上最全面、最详尽的关于固体废物管理的法规之一，根据 RCRA 的要求，美国 EPA 又颁布了《有害固体废物修正案》（HSWA），其内容共包括九大部分及大量附录，每一部分都与 RCRA 的有关章节相对应，实际上是 RCRA 的实施细则。为了清除已废弃的固体废物处置场对环境造成的污染，美国又于 1980 年颁布了《综合环境对策保护法》（CERCLA），俗称"超级基金法"。

日本政府和学界通过认真分析后逐渐认识到，问题的根本原因在于以"大量生产、大量消费、大量废弃"为特点的大量废弃型社会的发展模式，因此应逐步建立并推广以再生利用为目的的废弃物管理政策，进而推进生产、消费等社会发展模式的转变。法律的颁布和修订为日本社会从大量废弃型社会迈向循环型社会奠定了基础。随着社会经济的发展和城市化步骤的加快，城市生活垃圾、固体废物的大幅增加，1970 年日本"公害国会"通过的"废弃物处理法"，该法除了对"废弃物"进行定义之外，还将废弃物区分为"一般废弃物"与"产业废弃物"，并分别规定地方政府和企业的废弃物处理责任；1970 年后，为了达成废弃物减量化目标和环境卫生保护目标，日本大规模地推广和普及焚烧处理技术和填埋场处理技术，焚烧和填埋技术是日本大量废弃型社会最有代表性的废弃物处理技术。以 1997 年为例，全国产业废弃物焚烧设施有 4066 家；一般废弃物焚烧设施有 1641 家，居发达国家首位。因此，日本废弃物处理也被称为"焚烧主义"。2000 年是日本循环型社会的"元年"，日本国会通过《循环型社会形成推进基本法》并修订《废弃物处理法》，废弃物的定义、处理责任和处理技术都有了很大的变化。日本《废弃物处理法》将废弃物分为一般废弃物、产业废弃物，并明确规定了国民、企业和政府的废弃物处理责任（排放者责任原则），国民责任是国民必须协助国家和地方公共团体开展废弃物减量、正确处理的相关对策措施。生活垃圾的分类处理是将垃圾进行可燃烧，不可燃烧，粗大垃圾（电视、冰箱等），玻璃、塑料瓶等分类；遵守政府制定的一般废弃物处理计划，把分类的垃圾正确地送到指定垃圾收集点；不同地区的废弃物分类各有不同，有些地区废弃物分类多达 20 种。全日本约有 60% 的市镇村废弃物分类在 10 种以下，40% 的市镇村废弃物分类在 11 种以上。研究表明，废弃物分类数每增加 1 种，废弃物人均日排放量就会减少 1%～2%。一般废弃物的处理责任：各级部门必须制定该区域内一般废弃物的处理计划，并根据该计划在各自区域内不使生活环境受到影响的情况下，对一般废弃物进行收集、搬运以及处理、处置，其中收集、搬运过程一般委托给第三方回收公司。除此之外，为了减少废弃物的排放量，现行的方法有：计量回收制、定额回收制和超量有偿回收制等。征收费用的方式可分"指定垃圾袋方式"和"粘贴方式"。

产业废弃物的处理责任：作为一般原则，企业必须自己处理其产业废弃物。具体处理方法有：自家处理方式，该方式必须有主务大臣的认定；委托第三方废弃物处理公司处理方式（现行方式中最常用的方式），排放者承担处理成本委托第三方废弃物处理公司处理。除此之外，在产业废弃物处理过程中，为了防止非法丢弃，企业不仅履行排放者责任原则，同时还要遵守和执行产业废弃物管理票的义务。

二、我国的固体废物管理制度

我国对固体废物的立法管理主要分为国家制定的法律、各行政管理部门制定的行政法规和我国与国际组织签订的国际公约条约三个层面。随着我国加入世界贸易组织，我国越来越多地参与国际范围内的环境保护工作，已签署多个国际公约，如 1990 年签署的《控制危险废物越境转移及其处置巴尔塞公约》。我国全面开展环境立法的工作始于 20 世纪 70 年代末，1978 年的宪法中，首次提出了"国家保护环境和自然资源，防止污染和其他公害"的规定，1979 年颁布的《中华人民共和国环境保护法》是我国环境保护的基本法，对我国环境保护工作起着重要的指导作用。1995 年颁布的《中华人民共和国固体废物污染环境防治法》共分为六章，内容涉及固体废物污染环境防治的监督管理、固体废物污染环境的防治、危险废弃物污染环境防治的特别规定、法律责任等，2005 年 4 月 1 日起正式成为我国固体废物污染环境防治及管理的法律依据。国家环境保护部和有关部门还单独颁布或联合颁布了一系列行政法规，如《城市市容和环境卫生管理条例》、《城市生活垃圾管理办理法》，这些行政法规都是以《固废法》中确定的原则为指导，结合具体情况，针对某些特定污染物制定的，是《固废法》在实际工作中的具体应用。《固废法》确立我国固体废物污染防治的技术政策为：全过程管理、危险废物有限管理和"三化"管理。

1. 分类管理

固体废物具有量多面广、成分复杂的特点，需对城市生活垃圾、工业固体废物和危险废物分别管理。《中华人民共和国固体废物污染环境防治法》第 50 条规定："禁止混合收集、储存、运输、处置性质不相容的未经安全性处理的危险废物，禁止将危险废物混入一般废物中储存。"

2. 工业固体废物申报登记制度

为了使环境保护部门掌握工业固体废物和危险废物的种类、产生量、流向以及对环境的影响等情况，进而进行有效的固体废物全过程管理，《中华人民共和国固体废物污染环境防治法》要求实施工业固体废物和危险废物申报登记制度。

3. 固体废物污染环境影响评价制度及其防治设施的"三同时"制度

环境影响评价制度和"三同时"制度是我国环境保护的基本制度，《中华人民共和国固体废物污染环境防治法》重申了这一制度。

4. 排污收费制度

固体废物污染与废水、废气污染有着本质的不同，废水、废气进入环境后可以在环境当中经物理、化学、生物等途径稀释、降解，并且有着明确的环境容量。而固体废物进入环境后，不易被其环境体所接受，其稀释降解往往是个难以控制的复杂而长期的过程。严格地说，固体废物是严禁不经任何处置排入环境当中的。根据《中华人民共和国固体废物污染环境防治法》的规定，任何单位都被禁止向环境排放固体废物。而固体废物排污费的交纳，则是对那些按规定或标准建成储存设施、场所前产生的工业固体废物而言的。

5. 限期治理制度

为了解决重点污染源污染环境问题，对没有建设工业固体废物储存或处理处置设施、场所或已建设施、场所不符合环境保护规定的企业和责任者，实施限期治理、限期建成或改造。限期内不达标的，可采取经济手段以至停产的手段。

6. 进口废物审批制度

《中华人民共和国固体废物污染环境防治法》明确规定："禁止中国境外的固体废物进境倾倒、堆放、处置"、"禁止经中华人民共和国过境转移危险废物"、"国家禁止进口不能用作原料的废物、限制进口可以用作原料的废物"。为贯彻这些规定，国家外经贸、国家工商、海关总署和国家商检局1996年联合颁布《废物进口环境保护管理暂行规定》以及《国家限制进口的可用作原料的废物名录》，规定了废物进口的三级审批制度、风险评价制度和加工利用单位定点制度等。在这些规定的补充规定中，又规定了废物进口的装运前检验制度。

7. 危险废物行政代执行制度

危险废物的有害性决定了其必须进行妥善处置。《中华人民共和国固体废物污染环境防治法》规定："产生危险废物的单位，必须按照国家有关规定处置；不处置的由所在地县以上地方人民政府环境保护行政主管部门责令限期改正；逾期不处置或处置不符合国家有关规定的，由所在地县以上地方人民政府环境保护行政主管部门指定单位按照国家有关规定代为处置，处置费由产生危险废物的单位承担。"

8. 危险废物经营许可证制度

危险废物的危险特性决定了并非任何单位和个人都可以从事危险废物的收集、储存、处理、处置等经营活动。必须由具备达到一定设施、设备、人才和专业技术能力并通过资质审查获得经营许可证的单位进行危险废物的收集、储存、处理、处置等经营活动。

9. 危险废物转移报告单制度

也称作危险废物转移联单制度，这一制度是为了保证运输安全、防止非法转移和处置，保证废物的安全监控，防止污染事故的发生。

10. 全过程管理

全过程固体废物管理基于对人类物质利用过程与废弃物产生关系的考虑，以及物质利用过程生态化要求与可持续发展战略关系的考虑，管理目标可概括为实现人类物质利用过程的生态化，减少物质利用过程的原材料需求；减少物质利用过程向自然环境输出的废弃物流量，同时应使其组成特性达到尽可能高地与自然生态过程相容；对进入自然环境的废弃物设置物流交换隔离屏障，避免废弃物对环境生态的直接冲击与破坏。将固体废物管理视作对整个人类物质利用体系控制的一部分，就要求将管理渗入人类物质利用的全过程。固体废物管理边界一般包含了固体废物从产生源储存与投弃至最终处置的全部环节，同时亦延伸至产品的原材料选择、设计和商品包装及含毒物质商品销售的环节，以便更有力地实施源头控制和废弃物全过程管理。消费偏好由于对固体废物产生的直接影响亦列入管理体系的范畴。

（1）源头控制　生产中使用环保材料、天然材料、可降解材料、无毒材料、简易包装，使垃圾减量、无害化。2003年欧盟公布了《报废电子电气设备指令》（WEEE指令）和《关于在电子电气设备中禁止使用某些有害物质指令》（RoHS指令），针对在欧盟地区上市销售的电气电子产品的生产过程中及原材料，2006年7月1日之后，明确规定了铅、镉、汞、六价铬等四种重金属和多溴苯酚及多溴二苯醚等溴化阻燃剂的含量。

（2）经济手段调节生产、消费方的行为　对使用非环保材料的生产者征收相应的税、费，使其对环境影响买单；对居民征收"垃圾处理费"，减少生活垃圾的产出量。谁消费，谁买单。许多国家在计收方式上采取了计量收费制或超量收费制的办法。按容积、按重量、按垃圾袋（垃圾桶）等计量收费的手段。而超量收费制则是指在一定数量内免费，超过一定数量后收取费用。美国西雅图市实施城市生活垃圾收费制度后，生活垃圾减量 25％。韩国实行城市生活垃圾处理收费两年后，生活垃圾减量 37％。但城市生活垃圾收费并不具有长期的减排效果。

（3）发展技术手段，科学分类回收　发展垃圾分类和回收的先进科学技术，建立垃圾分类、回收、处理等相关的法规；在垃圾处理、回收行业适当引入竞争机制；增加垃圾处理的资金投入、科研投入、设备更新。德国垃圾处理中的机械生物处理技术，机械或电子机械分类技术的改进，光学（近红外线）分类技术的应用，以及近年来计算机运算能力的大幅提高，使得更精确的材料识别技术得已成功开发，可以从混合生活垃圾中分选出多种类别物品，而且分选效率通常可超过 90％。目前全我国有 230 万拾荒者，分布在 660 个城市里，仅北京市就有 17 万人依靠拣垃圾为生。如果能想办法发挥这些人的能力，兴利除弊，应该可以更加有效地解决城市垃圾问题，促进可再生产业的发展，节约宝贵的自然资源。

（4）推行清洁生产　对于化工废渣问题的解决，单靠末端治理并不能从根本上解决问题，最重要的一条是倡导化工企业进行清洁生产，只有这样，才能真正意义上实现化工废渣的减量。同时，加强化工废渣的危害性教育，从而在生产过程有意识地减少其排量。

三、我国的固体废物管理标准

我国固体废物国家标准基本由中华人民共和国环境保护部与住房和城乡建设部各自的管理范围内制定。环境保护部负责制定有关废弃物分类、污染控制、环境监测和废弃物利用方面的标准；住房和城乡建设部主要负责制定有关垃圾的清运、处理处置的标准。经过多年的努力，我国已建立了固体废物标准体系。

1. 分类标准

主要包括《国家危险废物名录》、《危险废物鉴别标准》、建设部颁布的《城市垃圾产生源分类及垃圾排放》以及《进口废物环境保护控制标准（试行）》等。

2. 固体废物监测标准

主要用于对固体废物环境污染进行监测，包括固体废物的样品采制、样品处理，以及样品分析标准等，如：《固体废物浸出毒性测定方法》、《固体废物浸出毒性浸出方法》、《危险废物鉴别标准急毒性毒性初筛》、《工业固体废物采样制样技术规范》、《固体废物检测技术规范》、《生活垃圾分拣技术规范》、《城市生活垃圾采样和物理分析方法》、《生活垃圾填埋场环境检测技术标准》等。

3. 固体废物污染控制标准

是进行环境影响评价、环境治理、排污收费等管理的基础，因而是固体废物标准中最重要的标准。固体废物污染控制标准分为两大类；一类是废物处理处置控制标准，即对某特种特定废物的处理处置提出的控制标准和要求，如《农用粉煤灰污染物控制标准》、《城镇垃圾农用控制标准》等；另一类是废弃物处理设施的控制标准，如《城市生活垃圾填埋污染控制标准》、《城市生活垃圾焚烧污染控制标准》、《危险废物安全填埋污染控制标准》等。

4. 固体废物综合利用标准

固体废物资源化在固体废物管理中具有重要的作用。为大力推行固体废物的综合利用技术，并避免在综合利用过程中产生二次污染，我国环境保护部已经和正在制定一系列有关固体废物综合利用的规范、标准。例如，有关电镀污染、含铬废渣、磷石膏等废弃物综合利用的规范和技术标准等。

5. 固体废物与非固体废物的鉴别方法

《中华人民共和国固体废物污染环境防治法》中进行了定义；《固体废物鉴别导则》征求

意见稿中罗列出了固体废物范围。若对物质、物品或材料是否属于固体废物或非固体废物的判断结果存在争议的，由有关主管部门召开专家会议进行鉴别和裁定。

四、我国现有的法律法规

我国现有的法律法规见表 12-6。

表 12-6　我国现有的法律法规

制定部门	法律、法规名称	时间
全国人大常委会	《中华人民共和国固体废物污染环境防治法》	2004 修订
环保部、卫生部	《医疗废物管理条例》	2003 版
环保部、卫生部	《医疗废物分类目录》	
环保部	《医疗废物集中处置技术规范》、《医疗废物专用包装物、容器标准和警示标识规定》、《医疗废物转运车技术要求》、《医疗废物焚烧炉技术要求》	
国家发改委、环保部	《全国危险废物和医疗废物处置设施建设规划》	2003
国家发改委、环保部	《生活垃圾填埋污染控制标准》	GB 16889—1997
国家发改委、环保部	《生活垃圾焚烧污染控制标准》	GB 18485—2001
国家发改委、环保部	《危险废物污染防治技术政策》	2001
国家发改委、环保部	《危险废物填埋污染控制标准》	GB 18598—2001
环保部	《国务院办公厅关于深入开展毒鼠强专项整治工作的通知》	国办发[2003]63 号
环保部、海关总署	《关于将硫化汞列入〈中国禁止或严格限制的有毒化学品名录〉的公告》	2003
财政部	《关于部分资源综合利用及其他产品增值税政策问题的通知》和《关于部分资源综合利用产品增值税政策的补充通知》	财税[2001]198 号财税[2004]25 号
税务总局	《关于部分资源综合利用产品增值税政策有关问题的批复》	国税函[2005]1028 号
住建部	《城市建筑垃圾管理规定》	
国家发改委、环保部、卫生部、财政部、建设部	《关于实行危险废物处置收费制度，促进危险废物处置产业化通知》	2003

第五节　任　务　案　例

一、磷石膏的其他资源化

代替天然石膏作缓凝剂：水泥生产中要使用大量的石膏作为推迟凝固时间的缓凝剂，同已作为缓凝剂长期使用的天然石膏相比较，磷石膏一般呈酸性，还含有水溶性五氧化二磷和氟，一般不能直接做水泥缓凝剂使用，需要经过预处理去除杂质，或经过改性处理。试验表明，一般要求可溶性 P_2O_5 质量分数小于 0.3%，可溶性氟质量分数小于 0.05%，与使用天然石膏比较，掺用磷石膏时水泥强度可提高 10%，综合成本降低 10%～20%，磷石膏中的含磷量虽然会影响水泥凝结的时间，但并不低于掺天然石膏的水泥的强度。

① 制硫酸联产水泥。20 世纪 90 年代开发的磷石膏制硫酸联产水泥技术，目前国内已有数十套联产装置。作为水泥含体积分数 8%～9% 的 SO_2 窑炉气经净化、干燥后，在钒催化剂催化氧化下制得 SO_3，再用质量分数 98% 的浓硫酸二次吸收 SO_3 制得 H_2SO_4。用磷石膏制造硫酸，对于缺乏资源的国家来说意义重大。将磷酸装置排出的二水石膏转化为无水石膏，再将无水石膏经过高温煅烧，使之分解为二氧化硫和氧化钙。二氧化硫被氧化为三氧化硫而制成硫酸，氧化钙配以其他熟料制成水泥。

② 制备石膏建材。将磷石膏净化处理，除去其中的磷酸盐、氟化物、有机物和可溶性盐，使其符合建筑材料的要求。净化后的磷石膏经干燥、煅烧去除游离水和结晶水，再经陈

化即可制成半水石膏。以它为原料可生产纤维石膏板、纸面石膏板、石膏砌块或空心条板、粉刷石膏等，其中以纸面石膏板的市场需求为最大。磷石膏成分以 $CaSO_4 \cdot 2H_2O$ 为主，其含量为 70% 左右，磷石膏中的二水硫酸钙必须转变成半水硫酸钙方可用于做石膏建材。半水石膏分 α 和 β 两种晶型，前者为高强石膏，后者为熟石膏，α 型是结晶较完整与分散度较低的粗晶体，β 型是结晶度较差与分散度较大的片状微粒晶体，β 型水化速度快、水化热高、需水量大，硬化体的强度低，α 型则与之相反。由磷石膏制取半水石膏的工艺流程大体上分为两类：一类是高压釜法将二水石膏转换成半水石膏（α 型），另一类是利用烘烤法使二水石膏脱水成半水石膏（β 型），经测算生产单位产量 α 型半水石膏的能耗仅为 β 型半水石膏的 1/4，而 α 型半水石膏的强度时 β 型半水石膏的四倍。我国生产磷酸以二水法工艺为主，所产磷石膏杂质含量高，生产 α 型半水石膏较为合适，将磷石膏加水制成料浆并加入媒晶剂，可以使生成的 α 型半水石膏发育完全，强度较高，其工艺流程如图 12-3。

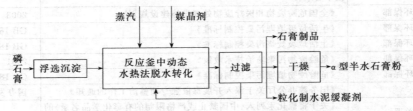

图 12-3　磷石膏制备 α 型半水石膏的工艺流程

　　某磷肥生产企业副产的磷石膏，其主要技术指标：颜色，灰白；pH 值 1~2；二水硫酸钙含量，77%~83%；游离水量，12%~14%；杂质含量，3%~5%。生石灰：工业品。添加剂：由聚乙烯醇（10%~30%）、木钙（10%~20%）和明矾石（40%~80%）等组成。磷石膏生产纸面石膏工艺流程如图 12-4。

图 12-4　磷石膏生产纸面石膏工艺流程

　　水洗：配制浓度为 0.2%~0.3% 的石灰水，将磷石膏加入石灰水中（水固比为 1），搅拌，根据不同磷石膏的 pH 值，需另外添加浓石灰水调制，直到测得悬浮液 pH 值为 7.0，静置 12h。

　　沉淀：清液上层漂浮物较多时，用滤网滤出，将清液抽入水处理池中，在沉淀中加入清水（水固比为 1）水洗，水洗 2 次，清液抽入水处理池处理。

　　过滤：将沉淀物进入真空过滤脱水机中脱水，然后进入干燥等后续工序。抽入水处理池中的清水，经处理后的水可循环使用。

　　烘干：烘干温度为 40~60℃。

　　煅烧：煅烧温度根据 DSC 分析确定。

　　粉磨：要求粉磨后熟石膏的 0.2mm 筛的筛余量，应少于 6%。

　　陈化：将煅烧好的磷石膏放在地上摊平存放一周左右，其间每隔一天搅拌一次。刚煅烧后的石膏性能不稳定，须经历一段时间的陈化。

　　混合：在混合过程中加入复合添加剂，旨在增加护面纸与石膏板芯的黏结力和石膏板芯强度。

③ 磷石膏作土壤改良剂。磷石膏 pH 值为 1～4.5 呈酸性，可以有效降低土壤碱度并改善土壤的渗透性，用于改良碱土、花碱土和盐土，改良土壤理化性状及微生物活动条件，提高土壤肥力。磷石膏中含有作物生长所需的磷、硫、钙、硅、锌、镁、铁等养分，除了在作物代谢生理中发挥各自的功能外，又由于交互作用而促进了彼此的效应，磷石膏中硫和钙离子可供作物吸收，且石膏中的硫是速效的，对缺硫土壤有明显的作用。

④ 用磷石膏制硫酸铵和碳酸钙。磷石膏利用碳酸钙在氨溶液中的溶解度比硫酸钙小很多的原理，制备硫酸铵和碳酸钙。硫酸钙很容易转化为碳酸钙沉淀，溶液转化为硫酸铵溶液，碳酸钙是制造水泥的原料，硫酸铵是肥效较好的化肥，经过转化，既可以将价值较低的碳酸铵转化为价值较高的、用途更广的产品，又可以将磷石膏这种废弃物消耗掉。用磷石膏生产硫酸铵有两种基本工艺，其原理相同，仅反应器及原料略有不同：一种是将磷石膏洗涤过滤去掉杂质后与氨及二氧化碳的混合气反应，另一种是碳酸铵的复分解反应法：

$$CaSO_4 + (NH_4)_2CO_3 \longrightarrow CaCO_3 \downarrow + (NH_4)_2SO_4$$

二、环保标识的识别

（1）环保标识的识别。见图 12-5。

图 12-5　各国环保标识

图 12-5 环保标识注解如下。

第一行（三个）：各种式样的回收标识。

第二行（左边三个）：各种式样的与纸制品有关的回收标识。

图片右上角的一个：铝制品可回收标识。

第三行左起第一个：欧盟生态标识（European Union Eco-label）——"花"。欧共体于1992年颁布了880/92号法令，宣布了生态标识计划的诞生。

第三行左起第二个："北欧白天鹅"标识（Nordic Environmental Label）。北欧部长级委员会于1989年决定实施此标识，同年芬兰、冰岛、挪威和瑞典开始使用。

第三行左起第三个：德国"绿点（Der Grüne Punkt，英语：The Green Dot）"标识，是世界上第一个有关"绿色包装"的环保标识，于1975年问世。绿点的双色箭头表示产品或包装是绿色的，可以回收使用，符合生态平衡、环境保护的要求。

第三行左起第四个：捷克共和国的"绿点（Zeleny Bod）"标识；目前，该制度的最高机构是欧洲包装回收组织（PROEUROPE），负责欧洲的"绿点"管理。世界上约有4600亿件流通的包装物上盖有"绿点"标记。欧洲使用"绿点"制度的国家（括号内的是该国设立或加入PROEUROPE的年份）有：奥地利（1993）；比利时（1995）；法国（1992）；德国（1990）；希腊（1993）；爱尔兰（1997）；意大利（1997）；卢森堡（1995）；葡萄牙（1996）；西班牙（1996）；捷克共和国（2002）；匈牙利（1996）；拉脱维亚（2000）；立陶宛（2002）；波兰（2001）；芬兰（1996）；挪威（1996）；瑞典（1994）。上列的欧洲诸国均有自己的"绿点"标识，但也有一些国家的"绿点"标识在风格基本类似的前提下又体现出不同的特色样式。

第四行到第五行的七个均是塑料制品回收标识，由美国塑料行业相关机构制定。这套标识将塑料材质辨识码打在容器或包装上，从1号到7号，让民众无需费心去学习各类塑料材质的异同，就可以简单地加入回收工作的行列。第1号：PET（聚乙烯对苯二甲酸酯），这种材料制作的容器，就是常见的装汽水的塑料瓶，俗称"宝特瓶"；第2号：HDPE（高密度聚乙烯），清洁剂、洗发精、沐浴乳、食用油、农药等的容器多以HDPE制造。容器多半不透明，手感似蜡；第3号：PVC（聚氯乙烯），用于制造水管、雨衣、书包、建材、塑料膜、塑料盒等器物；第4号：LDPE（低密度聚乙烯），随处可见的塑料袋多以LDPE制造；第5号：PP（聚丙烯），用于制造水桶、垃圾桶、箩筐、篮子和微波炉用食物容器等；第6号：PS（聚苯乙烯），由于吸水性低，多用以制造建材、玩具、文具、滚轮，还有速食店盛饮料的杯盒或一次性餐具；第7号：其他。

第六行左边的：美国航天总署格伦研究中心的标有"3R"的环保标识。

第六行右边的：台湾地区的资源回收环保标识。

循环标识是最常见的环保标识之一，其含义一般可表达为"3个'R'"，即："Reduce"——可降解还原；"Reuse"——可再生利用；"Recycle"——可进行循环再生处理。

最后一行，日本的环保标识。

左边起第一个：纸制包装的可循环回收标识。

左边起第二个：钢铁制品的可循环回收标识。

左边起第三个：纸制品的可循环回收标识。

左边起第四个：铝制品的可循环回收标识。

左边起第五个：表示原料可循环利用。

左边起第六个：塑料容器包装的可循环回收标识。

（2）国外固体废物的管理制度

① "生产者延伸责任制"政策。为了避免"排污收费"政策在执行过程中效率较低的问题，

一些国家制定了"生产者延伸责任制"政策。它规定产品的生产者（或销售者）对其产品被消费后所产生的废弃物的处理处置负有责任。例如，对包装类废弃物，规定生产者必须对其商品所用包装的数量或质量进行限制，尽量减少包装材料的用量；家电生产企业，必须负责报废家电的回收；美国加利福尼亚州对汽车蓄电池也采取了这种政策，要求顾客在购买新的汽车电池时，必须把旧的汽车电池同时返还到汽配商店，汽配商店才可以向顾客出售新的汽车电池。

②"押金返还"制度。消费者在购买产品时，除需要支付产品本身的价格外，还需要支付一定数量的押金。产品被消费后，其产生的废弃物返回到指定地点时，可赎回已支付的押金。例如，美国加州对易拉罐饮料就采取了这种制度，它要求顾客在购买易拉罐可口可乐饮料时，需额外支付每罐 5 美分的押金。顾客消费后把易拉罐送回回收中心时，可把这 5 美分的押金收回。

③"税收、信贷优惠"政策。通过税收的减免和信贷的优惠，支持从事固体废物管理的企业，促进环保产业长期稳定的发展。由于对固体废物管理带来更多的是社会效益和环境效益，经济效益相对较低，甚至完全没有，因此，就需要政府在税收和信贷等方面给予政策优惠，以支持相关企业和鼓励更多企业从事这方面的工作。例如，对回收废弃物和资源化产品的企业减免增值税，对垃圾的清运、处理、处置、已封闭垃圾处置场地的地产开发商实行政策补贴，对固体废物处置过程项目给予低息或无息贷款等。

④"垃圾填埋费"政策。对进入卫生填埋场进行最终处置的垃圾再次收费，其目的是鼓励废弃物的回收利用，提高废弃物的综合利用率，以减少废弃物的最终处置量，同时也是为了解决填埋土地短缺的问题。这种政策在欧洲国家使用较为普遍，但需要严格监管垃圾收运部门的运输路线，以防出现乱拉乱倒的情况。例如，荷兰在 1995 年颁布了一项法令，规定 29 种垃圾不允许直接进行填埋处理；奥地利禁止填埋含有 5% 以上有机物质的垃圾；欧共体垃圾填埋起草委员会要求限制可被微生物分解的有机物垃圾的填埋，在 2010 年以前，这些垃圾的填埋量应当逐渐地降低，垃圾的填埋量不应超过 1993 年垃圾量的 20%。

课 后 任 务

一、课后实践

1. 查阅资料，分析石油化工行业中的废渣来源有哪些。
2. 分析你所在城市是否存在化工废渣污染，其来源是什么，如何治理？
3. 阅读相关资料，分析比较国内外化工废渣防治的最新发展水平。
4. 结合我国国情，请你试着提出我国化工废渣污染的治理方针。

二、综合复习

1. 从本质特点说明固体废物污染与废水、废气污染有什么不同？
2. 根据不同分类，各类化工废渣有哪些特点？
3. 举例说明化工废渣有哪些危害？
4. 为什么说"固体废物是放在错误地点的原料"？
5. 《巴塞尔公约》的目的是控制危险废物（　　　）。

A. 处置　　　　　　　　B. 产生　　　　　　　　C. 越境转移　　　　　　D. 消费

6. 固体废物处理"3R"原则具体指的是哪些？
7. 化工废渣处理最重要的原则是什么？
8. 化工废渣治理的关键是什么？
9. 我国绝大部分固体废物是采用（　　　）方法进行处理的。

A. 堆肥法　　　　　　B. 资源化综合处理法　C. 焚烧法　　　　　　D. 填埋法

10. 下列选项中不属于我国固体废物处理原则的是：（　　）。

A. 资源化　　　　　　B. 末端治理　　　　　C. 无害化　　　　　　D. 减量化

11. 水平防渗层的铺设，是为了防止垃圾_____向周围及_____渗透而污染地下水。

12. 固体废物管理制度有哪些？

第十三章　物理污染综合治理技术

学习目标：

认识噪声污染的危害，学习噪声污染的特点和防治方法；了解光污染的特点和危害和防治方法；认识放射性污染和重金属污染以及热污染的危害，熟悉放射性污染、重金属污染以及热污染的防治方法，能够辨别环境中存在的放射性污染和重金属污染以及热污染的来源。培养学生分析和解决噪声污染、光污染、放射性污染等物理污染的能力。

第一节　噪　声　污　染

一、噪声污染现状

据《中国环境状况公报》显示，我国多数城市噪声处于中等污染水平，其中，生活噪声影响范围大并呈扩大趋势。交通噪声对环境冲击最强。城市区域环境噪声等效声级分布在 53.5～65.8dB 之间，全国平均值为 56.5dB（面积加权）。在统计的 43 个城市中，声级超过 55dB 的有 33 个，其中，大同、开封、兰州三市的等效声级超过 60dB，污染较重。

表 13-1　城市环境噪声标准等级值　　　　　　　　　　　　　　　　　　单位：dB

类别	0	1	2	3	4
昼间	50	55	60	65	70
夜间	40	45	50	55	60
场所	疗养区、别墅区	居住区、文教区	居住、商业、工业、混合区	工业区	交通干线两侧

各类功能区噪声普遍超标。超标城市的百分率分别为：特殊住宅区 57.1%；居民、文教区 71.7%；居住、商业、工业混杂区 80.4%；工业集中区 21.7%；交通干线道路两侧 50.0%。

二、噪声污染来源

在影响城市环境噪声的主要来源中，工业噪声影响范围为 8.3%；施工噪声影响范围在 5% 左右，因施工机械运行噪声较高，近年来扰民现象严重；交通噪声影响范围大约占城市的 1/3，因其声级较高，影响范围较大，对声环境干扰最大；社会生活噪声影响范围逐年增加，是影响城市环境最广泛的噪声来源，其影响范围已达城市范围的 47% 左右。据环境监测表明，全国有近 2/3 的城市居民在噪声超标的环境中生活和工作。

[案例 1]　玉溪机床厂西生活区居民反映：2008 年 4 月，位于聂耳路 84 号的某装饰公司在机床厂西生活区隔壁建房，当时承诺该房子不会用于加工车间，但房子建好后却用作加工车间，在该车间里面使用切割机、角模机等设备，甚至有时还在车间里焚烧各种材料和垃圾。巨大的噪声及难闻的气味让周围的住户难以忍受，特别是老人及孩子，投诉并希望有关部门尽快调查处理，或协调该公司实施搬迁，彻底消除污染源，共建生态和谐玉溪。

此问题经环保部门现场调查，发现该公司确实存在居民反映的问题，环保部门随后要求该公司停止居民楼一侧的车间，对另外一个车间采取隔音措施，电焊机使用时做好防护措施，以防止噪声污染。

工业噪声污染是指由工业噪声对生产职工及周围环境中的人群造成的健康损害、工作影响与生活干扰的现象。自产业革命以来，随着工业的发展，不断产生与创新了各类机械设备，在工矿企业的生产活动中，这些机械设备的运行创造了巨大的财富，为人类带来繁荣和进步，也形成了工业噪声污染源，使周围声学环境受到污染。工业噪声是环境噪声的主要污染源之一。它直接危害职工的身心健康，干扰周围人群的正常生活。工业噪声具有声源固定、影响范围固定和作用时间持久连续的特点，很易引起噪声源所在企业与受影响人群的矛盾，当噪声超标时受影响人群与噪声源所在企业往往会发生争议以至诉讼，因而必须采取措施对工业噪声予以控制。污染源工矿企业中包括各类辐射噪声的机械设备与装置，如运转中的通风机、鼓风机、空气压缩机、内燃机、电动机、织布机、加压制砖机、冲天炉、轧钢机、电锯、冲床、风铲、球磨机、振动筛与锅炉等压力容器的排气放风管等等。

三、噪声污染危害

工业噪声的危害是多方面的，强噪声可以影响人体健康，诱发多种疾病，影响动植物正常发育生长，甚至破坏建筑物；一般强度的噪声可以干扰人们的正常工作与生活。

概括来说噪声污染的影响主要有以下几方面。

1. 影响听力

人们在较强的噪声环境中待上一段时间再离开后，听力会有下降，休息一段时间，听觉就会恢复原状，这种现象称暂时性听阈偏移（听觉疲劳），属于暂时功能性变化。如果长年累月在强噪声环境中工作，听觉器官反复经受强噪声刺激，内耳便会发生器质性病变，形成噪声性耳聋。噪声性耳聋属神经性耳聋。因这种耳聋往往与职业有关，又称职业性耳聋（职业性听力损失）。

噪声性耳聋的特点是早期不易发现，因为强噪声对人耳早期的损伤主要表现在高频范围（3～6kHz），而人的语言频率主要集中在以 0.5kHz、1kHz、2kHz 为中心的三个倍频程中，所以在噪声性耳聋的早期并不影响人们的语言交流，主观上没有听力障碍的感觉，易被人们忽略，以致逐渐加重而不能复原。对这种病尚无有效的治疗方法，故对噪声环境下工作的人员需采取有效的预防措施。如果人们突然暴露在高强度噪声（140～160dB）下就会使听觉器官发生急性外伤，引起鼓膜破裂流血，双耳完全失听。在战场的爆炸声浪中就会遇到这种爆震性耳聋。

2. 影响正常作息生活

噪声使人烦恼、精神不易集中，影响工作效率，妨碍休息和睡眠等。噪声影响睡眠的程度大致与声级成正比，在 40dB 时大约 10% 的人受到影响，在 70dB 时受影响的人就有50%。突然一声响把人惊醒的情况也基本与声级成正比，40dB 的突然噪声惊醒约 10% 的睡眠者，60dB 的突然噪声惊醒约 70% 的睡眠者。在强噪声下，还容易掩盖交谈和危险警报信号，分散人们注意力，发生工伤事故。

3. 噪声引起疾病

在强噪声的影响下可能诱发一些疾病。已经发现，长期强噪声下工作的工人，除了耳聋外，还有头晕、头痛、神经衰弱、消化不良等症状，从而引发高血压和心血管病。更强的噪声刺激内耳腔前庭，使人头晕目眩、恶心、呕吐、还引起眼球振动，视觉模糊，呼吸、脉搏、血压等发生波动。

[案例 2]　华盛顿时间 1991 年 4 月 12 日上午 11 点半，在迈阿密商业机场，本森先生、

江森先生、罗宾先生，将勇敢地在吉尼斯纪录以外所做的一场惊心动魄的表演。三位勇敢的先生不管成败如何，生死怎样，只要飞机从他们头顶飞过，他们就可以得到 100 万美元。随着飞机发出巨大声响，3 个年轻人像几个小纸团一样被刮出去 10 多米远，救护车立刻上前营救：本森双眼暴突，极度恐怖地张着嘴，已经当场死亡。江森没有任何知觉，在送往医院的路上死去。罗宾永远成为傻子，而且听觉完全丧失。他们的耳膜都被震破，耳朵内骨破裂。人类历史上一场亘古未见的噪声实验就以这样的结局告终。它告诉我们，人类对环境的适应不是无止境的，任何污染超过一定限度，人类健康就会受到损害。

4. 特强噪声对仪器设备和建筑结构的危害

实验研究表明，特强噪声会损伤仪器设备，甚至使仪器设备失效。噪声对仪器设备的影响与噪声强度、频率以及仪器设备本身的结构与安装方式等因素有关。当噪声级超过 150dB 时，会严重损坏电阻、电容、晶体管等元件。当特强噪声作用于火箭、宇航器等机械结构时，由于受声频交变负载的反复作用，会使材料产生疲劳现象而断裂，这种现象叫做声疲劳。

一般的噪声对建筑物几乎没有什么影响，但是噪声级超过 140dB 时，对轻型建筑开始有破坏作用。例如，当超声速飞机在低空掠过时，在飞机头部和尾部会产生压力和密度突变，经地面反射后形成 N 形冲击波，传到地面时听起来像爆炸声，这种特殊的噪声叫做轰声。在轰声的作用下，建筑物会受到不同程度的破坏，如出现门窗损伤、玻璃破碎、墙壁开裂、抹灰震落、烟囱倒塌等现象。由于轰声衰减较慢，因此传播较远，影响范围较广。此外，在建筑物附近使用空气锤、打桩或爆破，也会导致建筑物的损伤。

四、噪声污染控制技术

根据噪声污染的特点，可以采取各种措施预防和控制噪声对人群的危害，这些工作统称为噪声污染控制。

噪声污染有两个特点，一是声源停止发声后，污染立刻消失；二是随距离的增加噪声强度迅速衰减。相应地，噪声污染控制措施分为两类。一类是将声源与人们的生产生活隔离开来，如合理规划城市布局，完善区域功能区划，使人们的办公、学习、居住远离工业区，远离铁路、机场等。二类是降低声源的强度，如改进设备的结构和加工精度，或者对声源采取吸声、隔声措施，减少声源向外的发射功率；常见的方法有低噪声风机、消声器、隔声墙等。此外，在声源和传播途径上无法采取措施，或采取的声学措施仍不能达到预期效果时，就需要对听声者或听觉器官采取防护措施，如长期职业性噪声暴露的工人可以戴耳塞、耳罩或头盔等护耳器。

在建筑物中，为了减小噪声而采取的措施主要是隔声和吸声。隔声就是将声源隔离，防止声源产生的噪声向室内传播。在马路两旁种树，对两侧住宅就可以起到隔声作用。在建筑物中将多层密实材料用多孔材料分隔而做成的夹层结构，也会起到很好的隔声效果。为消除噪声，常用的吸声材料主要是多孔吸声材料，如玻璃棉、矿棉、膨胀珍珠岩、穿孔吸声板等。材料的吸声性能决定于它的粗糙性、柔性、多孔性等因素。另外，建筑物周围的草坪、树木等也都是很好的吸声材料，所以我们种植花草树木，不仅美化了我们生活和学习的环境，同时也防治了噪声对环境的污染。

环境管理部还将城市划分为不同的声功能区，规定不同的功能区噪声标准，以促进上述两种噪声污染控制措施的实施。环境保护法规规定，居住区的噪声标准严于工业区的标准；夜间标准严于白天的标准。使用固定的设备造成环境噪声污染的工业企业，必须按照国务院环境保护行政主管部门的规定，向所在地的县级以上地方人民政府环境保护行政主管部门申报拥有的造成环境噪声污染的设备的种类、数量以及在正常作业条件下所发出的噪声值和防治环境噪声污染的设施情况，并提供防治噪声污染的技术资料。造成环境噪声污染的设备的种类、数量、噪声值和防治设施有重大改变的，必须及时申报，并采取应有的防治措施。如果拒报或者谎报的，由县级以上地方人民政府环境保护行政主管部门根据情节给予警告或者处以罚款。

第二节 光 污 染

一、光污染的定义

随着社会的发展，经济的进步，一种污染也随之严重起来。许多人都曾受到它的危害，而且危害正日趋严重，却往往被忽视。它就是危害人类的第五大污染：光污染（图 13-1）。

什么是光污染呢？它主要是指各种光源（日光、灯光以及各种反射光）对周围环境和人的损害作用。它是继废气、废水、废渣和噪声等污染之后的一种新型的环境污染源。

图 13-1 "光污染"成为一种新的环境污染源

首先提出光污染的是国际天文界，他们认为光污染是城市室外照明使天空发亮造成对天文观测的负面影响；后来英、美等国称之为干扰光；日本称为光害。最近，意大利和美国的科研小组通过研究全球居民区和工业区光污染卫星资料后发现，全球有 2/3 地区的居民看不到星光灿烂的夜空，尤其在西欧和美国，高达 99％的居民看不到星空。

二、光污染的种类及危害

光污染是一类特殊形式的污染，它包括可见光、激光、红外线和紫外线等造成的污染，光污染主要包括白亮污染、人工白昼污染和彩光污染，此外还有激光污染、红外线污染和紫外线污染等。

1. 白亮污染

现代不少建筑物采用大块镜面或铝合金装饰门面，有的甚至整个建筑物会用这种镜面装潢。也有一些建筑物采用钢化玻璃、釉面砖墙、铝合金板、磨光花岗岩、大理石和高级涂料装饰，明亮亮、白花花刺眼逼人。据测定，白色的粉刷面光反射系数为 69％～80％，而镜面玻璃的反射系数达 82％～90％；比绿色草地、森林、深色或毛面砖石装修的建筑物的反射系数大 10 倍左右，大大超过了人体所能承受的范围。

长时间在白色光亮污染环境下工作和生活，眼角膜和虹膜都会受到不同程度的损害，引起视力的急剧下降，白内障的发病率高达 40％～48％。同时还使人头昏心烦，甚至发生失眠、食欲下降、情绪低落、乏力等类似神经衰弱的症状。

2. 人工白昼污染

夜幕降临后，大酒店、广告牌、霓虹灯使人眼花缭乱，有的强光束直冲云霄，使夜晚如同白昼。而在这样的情况下，附近居民的卧室如同白昼，使人夜晚难以入睡，打乱生物节律，导致精神不振。国外的一项调查显示，有 2/3 的人认为白昼影响健康，有 84% 的人反映影响睡眠。为避免强光刺眼，人们不得不使用窗帘或关闭窗户。人工白昼能影响夜间活动的昆虫的正常繁殖，鸟类和昆虫可被强光周围的高温烧死。

3. 彩光污染

星光灯、旋转活动灯、荧光灯以及闪烁的彩色光源则构成了光污染，危害人体健康。据测定，黑光灯可产生波长为 $250 \sim 320nm$ 的紫外线，其强度大大高于阳光中的紫外线，人体如长期受到这种黑光照射，有可能诱发鼻出血、脱牙、白内障，甚至导致白血病和癌症。这种紫外线对人体的有害影响可持续 $15 \sim 25$ 年。旋转活动灯，令人眼花缭乱，不仅对眼睛不利，而且可干扰大脑中枢神经，使人感到头昏目眩，站立不稳，出现头痛、失眠、注意力不集中，食欲下降等症状。霓虹灯的闪烁除有损人的视觉功能外，还可扰乱人体的内部平衡，使心跳、脉搏、体温、血压等变得不协调，引起脑晕目眩、烦躁不安、食欲不振和乏力失眠等光害综合病。荧光灯照射过长会降低人体的钙吸收能力，导致机体缺钙。科学家最新研究表明，彩光污染不仅有损人的生理功能，而且对人的心理也有影响。"光谱光色度效应"测定显示，如以白色光的心理影响为 100，则蓝色光为 152，紫色光为 155，红色光为 158，黑色光最高，为 187。如果人们长期处在彩光灯的照射下，其心理积累效应，也会不同程度地引起倦怠无力、头晕神经衰弱等身心方面的病症。

4. 激光污染

激光是由激光器发出的一种特殊光，它的颜色单一，光线笔直、强度极大。目前，激光已有几千种单色，具有许多优点，并得到广泛应用。但是由于激光的能量集中，亮度很高，所以比别的光产生的伤害更大。激光造成的环境污染有两方面：一方面是激光束穿过空气时使许多物质（如尘土）气化，造成大气污染；另一方面是激光不仅会伤害眼睛的结膜、虹膜和晶状体，还可能直接危害人体深层组织和神经系统。

5. 红外线污染

红外线在工业方面有着广泛的应用，它是一种不可见光线，其主要作用是热作用。较强的红外线照射人体，可造成皮肤伤害，出现与烫伤相似的皮肤烧伤；红外线同样对人眼有伤害，它能伤害眼底视网膜，也可能造成角膜灼伤和虹膜伤害。

6. 紫外线污染

紫外线也是一种不可见光线，它在生产上有广泛的应用。例如消毒，杀菌，治疗某些皮肤病和软骨病等，还用于人造卫星对地面的探测。但是紫外线对人体的伤害，主要是伤害人的眼睛和皮肤，长期过量照射紫外线，会使眼睛角膜表现出角膜伤害，会使皮肤出现"光照性皮炎"，严重时，会使皮肤脱皮坏死，甚至引起皮肤癌变。

[案例 3] 2004 年，上海某汽车销售服务有限公司为防止偷车设置了一个太阳灯。从晚上 7 时一直亮到次日早上 5 时，灯光总是透过一位陆某居民卧室的窗户，直射到卧室内，影响其正常休息。

于是，陆某先后与永达公司进行了 3 次交涉，永达公司虽答应将 250W 的灯泡更换成 125W，但陆某仍没有感到明显变化。2004 年 9 月 1 日，陆某得知《上海市城市环境（装饰）照明规范》正式实施。这部以居民权益为先的《规范》首次为"光污染"释义，并明确对居住区周边装饰照明光源做出重点限制。于是他当天就将该公司告上法庭，要求对方拆下太阳灯，并做出公开道歉，另赔偿 1000 元，法院当日受理了此案。后来陆某又把索赔金额改为象征性的 1 元钱。

2004 年 11 月 1 日，上海浦东新区法院宣判：被告应停止使用涉案照明路灯，排除对原告造成的光污染侵害；原告的其余诉讼请求，法院不予支持。这是上海首例公开审理的光污染纠纷案件，也是全国罕见的原告胜诉的光污染案件。

三、光污染的防治

防治光污染主要有下列几个方面。

1. 规划管理

加强城市规划和管理，改善工厂照明条件等，以减少光污染的来源。

2. 安全防护

对有红外线和紫外线污染的场所采取必要的安全防护措施。

3. 采用个人防护措施

主要是戴防护眼镜和防护面罩。

光污染的防护镜有反射型防护镜、吸收型防护镜、反射-吸收型防护镜、爆炸型防护镜、光化学反应型防护镜、光电型防护镜、变色微晶玻璃型防护镜等类型。

光对环境的污染是实际存在的，但由于缺少相应的污染标准与立法，因而不能形成较完整的环境质量要求与防范措施。防治光污染，是一项社会系统工程，需要有关部门制订必要的法律和规定，采取相应的防护措施。

首先，在企业、卫生、环保等部门，一定要对光的污染有清醒的认识，要注意控制光污染的源头，要加强预防性卫生监督，做到防患于未然；科研人员在科学技术上也要探索有利于减少光污染的方法。在设计方案上，合理选择光源。要教育人们科学地合理使用灯光，注意调整亮度，不可滥用光源，不要再扩大光的污染。

其次对于个人来说要增加环保意识，注意个人保健。个人如果不能避免长期处于光污染的工作环境中，应该考虑到防止光污染的问题，采用个人防护措施，如戴防护镜、防护面罩、防护服等。把光污染的危害消除在萌芽状态。已出现症状的应定期去医院眼科作检查，及时发现病情，以防为主，防治结合。

第三节　放射性污染

一、放射性污染的来源

放射性污染是指一些放射性物质，如铀、钍、镭、锶、铯等，散发出来的射线所造成对环境的污染现象。一般分为天然性放射性污染和人工放射性污染。人工放射性污染的污染源主要是医用射线源、核武器试验产生的放射性沉降和原子能工业排放的各种放射性废物。此外还包括：工业、医疗、军队、核舰艇，或研究用的放射源，因运输事故、遗失、偷窃、误用，以及废物处理等由于失去控制而对居民造成大剂量照射或污染环境；以及一般居民消费用品中含有天然或人工放射性核素的产品，如放射性发光表盘、夜光表以及彩色电视机等产生的照射，虽对环境造成的污染很低，但也有研究的必要。

二、放射性污染的危害及预防

放射性污染对人体会产生直接的近期危害和慢性的长期危害。如长期接受低剂量的射线照射，会引起白血病、各种癌症以及生殖系统病变，甚至留下后遗症或把这些生理病变遗传给后代。

在大剂量的照射下，放射性对人体和动物存在着某种损害作用。如在 400rad（1rad＝10mGy，下同）的照射下，受照射的人有 5％死亡；若照射 650rad，则人 100％死亡。照射剂量在 150rad 以下，死亡率为零，但并非无损害作用，通常需要经过 20 年以后，一些症状才会表现出来。放射性也能损伤遗传物质，主要在于引起基因突变和染色体畸变，使一代甚至几代人受害。

[案例4]　1986年4月26日，前苏联切尔诺贝利核电站发生了核电发展史上最严重的核泄漏事故——4号反应堆机房爆炸，引起了全世界的震惊。由于放射性烟尘的扩散，整个欧洲也都被笼罩在核污染的阴霾中。邻近国家检测到超常的放射性尘埃，致使粮食、蔬菜、奶制品的生产都遭受了巨大的损失。31人死亡，203人受伤，13万人疏散，直接损失30亿美元。核污染给人们带来的精神上、心理上的不安和恐惧更是无法统计。

放射性污染对人群健康的危害是很大的，因此必须加强对各种放射性"三废"排放与治理的管理，制订放射性防护标准，加强对放射性物质的监测，以减少环境的放射性污染。此外应加强个人防护，尽量远离放射源，必要时穿防护服。

第四节　热　污　染

一、热污染概述

大量的废热（含热废水、废气及热辐射）不断进入环境，使环境温度升高，影响人类及生物的生活及生存，称为热污染。热污染的主要来源是工业企业的冷却水和燃烧所产生的含热废气及热辐射。热污染的另一重要来源是城市居民的炉灶、空调、机动车辆及密集的人群。城市中由混凝土、砖瓦石料堆砌而成的建筑群以及由水泥、柏油铺设的路面能大量储存太阳能。

热污染是一种能量污染，是指人类活动危害热环境的现象。若把人为排放的各种温室气体、臭氧层损耗物质、气溶胶颗粒物等所导致直接的或间接的影响全球气候变化的这一特殊的危害热环境的现象除外，常见的热污染有以下两种。

1. 热岛效应

因城市地区人口集中，建筑群、街道等代替了地面的天然覆盖层，工业生产排放热量，大量机动车行驶，大量空调排放热量而形成城市气温高于郊区农村的热岛效应。

2. 水体热污染

因热电厂、核电站、炼钢厂等冷却水所造成的水体温度升高，使溶解氧减少，某些毒物毒性提高，鱼类不能繁殖或死亡，某些细菌繁殖，破坏水生生态环境进行而引起水质恶化的水体热污染。

二、热污染的危害

热污染是指现代工业生产和生活中排放的废热所造成的环境污染。热污染可以污染大气和水体。火力发电厂、核电站和钢铁厂的冷却系统排出的热水，以及石油、化工、造纸等工厂排出的生产性废水中均含有大量废热。这些废热排入地面水体之后，能使水温升高。在工业发达的美国，每天所排放的冷却用水达4.5亿立方米，接近全国用水量的1/3；废热水含热量约2500亿千卡（1cal＝4.18J，下同），足够2.5亿立方米的水温升高10℃。

热污染首当其冲的受害者是水生物，由于水温升高使水中溶解氧减少，水体处于缺氧状态，同时又使水生生物代谢率增高而需要更多的氧，造成一些水生生物在热效力作用下发育受阻或死亡，从而影响环境和生态平衡。此外，河水水温上升给一些致病微生物造成一个人工温床，使它们得以滋生、泛滥，引起疾病流行，危害人类健康。

[案例5]　1965年澳大利亚曾流行过一种脑膜炎，后经科学家证实，其祸根是一种变形原虫，由于发电厂排出的热水使河水温度增高，这种变形原虫在温水中大量滋生，造成水源污染而引起了这次脑膜炎的流行。

热污染的产生随着人口和耗能量的增长，城市排入大气的热量日益增多，使得地面反射太阳热能的反射率增高，吸收太阳辐射热减少，上升气流减弱，阻碍云雨形成，造成局部地区干旱，影响农作物生长。近一个世纪以来，地球大气中的二氧化碳不断增加，气候变暖，冰川积雪融化，使海水水位上升，一些原本十分炎热的城市，变得更热。专家们预测，如按现在的能源消耗的速度计算，一个世纪后两极温度将上升 3～7℃，对全球气候会有重大影响。

[案例 6]　城市热岛效应是城市气候中典型的特征之一，它是城市气温比郊区气温高的现象。城市热岛是以市中心为热岛中心，有一股较强的暖气流在此上升，而郊外上空为相对冷的空气下沉，这样便形成了城郊环流，空气中的各种污染物在这种局地环流的作用下，聚集在城市上空，如果没有很强的冷空气，城市空气污染将加重，人类生存的环境被破坏，导致人类发生各种疾病，甚至造成死亡。

城市热岛的形成，一方面是在现代化大城市中人们的日常生活所发出的热量；另一方面，城市中建筑群密集，沥青和水泥路面比郊区的土壤、植被可吸收更多的热量，而反射率小，使得城市白天吸收储存太阳能比郊区多，夜晚城市降温缓慢仍比郊区气温高。

热污染还对人体健康产生了许多危害。它全面降低了人体机理的正常免疫功能，包括致病病毒或细菌对抗生素越来越强的耐热性以及生态系统的变化降低了肌体对疾病的抵抗力，从而加剧各种新、老传染病并发流行。

造成热污染最根本的原因是能源未能被最有效、最合理地利用。随着现代工业的发展和人口的不断增长，环境热污染将日趋严重。然而，人们尚未有用一个量值来规定其污染程度，这表明人们并未对热污染有足够重视。为此，科学家呼吁应尽快制订环境热污染的控制标准，采取行之有效的措施防治热污染。

三、热污染的防治

1. 废热的综合利用

充分利用工业的余热，是减少热污染的最主要措施。生产过程中产生的余热种类繁多，有高温烟气余热、高温产品余热、冷却介质余热和废气废水余热等。这些余热都是可以利用的二次能源。我国每年可利用的工业余热相当于 5000 万吨标煤的发热量。在冶金、发电、化工、建材等行业，通过热交换器利用余热来预热空气、原燃料、干燥产品、生产蒸汽、供应热水等。此外还可以调节水田水温，调节港口水温以防止冻结。

对于冷却介质余热的利用方面主要是电厂和水泥厂等冷却水的循环使用，改进冷却方式，减少冷却水排放。

对于压力高、温度高的废气，要通过气轮机等动力机械直接将热能转为机械能。

2. 加强隔热保温，防止热损失

在工业生产中，有些窑体要加强保温、隔热措施，以降低热损失，如水泥窑筒体用硅酸铝毡、珍珠岩等高效保温材料，既减少热散失，又降低水泥熟料热耗。

3. 寻找新能源

利用水能、风能、地能、潮汐能和太阳能等新能源，既解决了污染物，又是防止和减少热污染的重要途径。特别是太阳能的利用上，各国都投入大量人力和财力进行研究，取得了一定的效果。

第五节　任务案例：噪声"伤人"赔偿损失案例

1. 事件经过

任先生与苏女士是上下楼层的邻居。任先生为给自家老人看病，购买了一台气血循环机。每当任先生在楼上使用气血循环机时，气血循环机震动发出的噪声，常使楼下的苏女士感到恶心、心慌、想吐。苏女士去医院检查后，医生诊断她患了风湿性心脏病。苏女士认为，任先生家使用气血循环机，严重影响了自己的身体健康和正常生活。于是，起诉至法院，要求任先生停止使用，并赔偿自己医疗费、房屋修理费、精神损失费等共2万元。对此，任先生反驳说，自己使用机器的行为可能对苏女士有影响，但不能说明是机器的噪声造成苏女士患上心脏病。所以，不同意苏女士的诉讼请求。庭审中，法院委托有关机关对任先生使用的气血循环机的振动及噪声作出监测报告，证实任先生使用的气血循环机确会使居于楼下的苏女士产生烦躁。

合议庭在本案的审理过程中，针对是否给予苏女士精神损害赔偿问题，产生了两种意见。

第一种意见认为，最高人民法院《关于确定民事侵权精神损害赔偿责任若干问题的解释》第8条规定，因侵权致人精神损害，但未造成严重后果，受害人请求赔偿精神损害的，一般不予支持，人民法院可以根据情形判令侵权人停止侵害、恢复名誉、消除影响、赔礼道歉。本案中，任先生的行为没有对苏女士造成严重后果，因此，苏女士的诉讼请求不能成立。

第二种意见认为，邻里之间应正确妥善处理各自间的利益冲突，相互之间应多从他人角度出发考虑问题，避免矛盾。任先生在使用气血循环机时，没有考虑这一行为使居于楼下的苏女士产生烦躁。苏女士又患有心脏病，对外界刺激的忍受力低于常人，因此，任先生对使用气血循环机给苏女士造成的精神损害，应给予适当的补偿。

问题：你认为哪种意见更为合理？应当如何判决？

2. 案例点评

《中华人民共和国环境噪声污染防治法》第46条规定，使用家用电器、乐器或者进行其他家庭室内娱乐活动时，应当控制音量或者采取其他有效措施，避免对周围居民造成环境噪声污染。第61条规定，受到环境噪声污染危害的单位和个人，有权要求加害人排除危害；造成损失的，依法赔偿损失。从以上规定来看，法律赋予了居民居住环境的安宁权。最高人民法院《关于确定民事侵权精神损害赔偿责任若干问题的解释》第1条第2款规定，违反社会公共利益、社会公德侵害他人隐私或者其他人格利益，受害人以侵权为由向人民法院起诉请求赔偿精神损害的，人民法院应当依法予以受理。这里的"其他人格利益"应包括居民生活的精神安宁权，因此，苏女士有权要求任先生停止侵害。但苏女士能否得到精神损害赔偿，关键在于任先生的行为是否造成了严重后果。

本案从表面上看，任先生没有给苏女士造成直接的损害后果，但精神损害赔偿其实质是对人格利益和身份利益遭受侵害的赔偿。精神损害一般表现为无形损害，包括精神的痛苦与精神利益的丧失。精神痛苦主要指自然人因人格权受到侵害而遭到生理和心理上的痛苦。精神损害虽然是无形的，但却是实际存在的。有损害就应有救济，而金钱损害赔偿是民法的基本救济方式之一，可在一定程度上抚慰被侵害人。司法实践中，"后果严重"如何认定是个非常困难的问题。法院只能依据各种具体情况进行裁量，但可以参考下面的判断标准，即不同人对侵害的不同忍受程度。苏女士患有心脏病，她相对于健康的正常人，对外界噪声的反应要更加敏感，在受到外界噪声的干扰下可能加重病情。因此，任先生使用气血循环机的行为，即使不是造成苏女士患心脏病的直接原因，也可认定为造成了严重后果。

课 后 任 务

一、情景分析

市民徐某购买一商品住房，入住后发现卧室窗户对面大约5m是一老年活动中心，每晚都有一些麻将爱好者打至深夜，时间一长，麻将声和争执声导致徐某睡眠不足。不久后又发现当地电力公司在其住宅附近架设了 220kV 高压输电线路及塔台并投入使用。最近由于市政府搞亮化工程，有盏高压钠灯直射房间，让徐某无法入睡。

请问以上案例，这位市民遭受到了哪些物理污染？请分别剖析。

二、课后实践

1. 你所在学校周围环境是什么样的？请分析有哪些物理性污染，并给出具体治理措施和建议。

2. 你家附近周围环境是什么样的？请分析有哪些物理性污染，并给出具体治理措施和建议。

3. 繁华的城市夜空往往看不到星星，而宁静的乡下却清晰可见，请你分析其原因。

4. 你所在的城市是否存在热污染的现象，并具有什么危害？

5. 搜集资料，了解我国噪声污染等环境污染案例，从技术和立法角度上，分析其可行的解决办法。

第十四章　环境保护与可持续发展

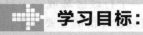

学习目标：

　　了解清洁生产与可持续发展的概念，理解可持续发展的本质，学习环境保护的相关法律法规政策和环境质量评价的内容与类型。学会分析环境污染问题，能提出解决问题的技术措施，加强环境保护意识。培养学生清洁工艺、生态环境与人类社会协调的可持续发展观。

第一节　环境质量评价

　　环境质量是环境素质好坏的表征。一般意义的理解，是指在一个具体的环境内，环境的总体或环境的某些要素，对人群的生存和繁衍以及社会经济发展的适宜程度，是反映人类的具体要求而形成的对环境进行评定的概念，其实质是对具有不同环境状态的品质进行定量的描述与比较。

一、环境质量评价的概念

　　所谓环境质量评价，是指按照一定的评价标准和评价方法对一定区域范围内的环境质量进行说明、评定和预测。其内容包括一切可能引起环境发生变化的人类社会行为，包括政策、法令在内的一切活动，从保护环境的角度进行定性和定量的评定。广义上的环境质量评价是对环境的结构、状态、质量、功能的现状进行分析，对可能发生的变化进行预测，对环境与社会、经济发展活动的协调性进行定性和定量的评估。

　　环境质量评价的核心问题，即研究环境质量的好坏是以环境是否适于人类生存和发展（通常是以对人类健康的适宜程度）作为判别的标准。环境质量评价的基本目的是为制定城市环境规划、进行环境综合治理、制定区域环境污染物排放标准、环境法规、环境标准和搞好环境管理提供依据；同时也是为比较各地区所受污染的程度和变化趋势提供科学依据。

二、环境质量评价的类型

　　从不同角度，环境质量评价可以划分为不同类型。

　　按环境要素可分为大气质量评价、水质评价、土壤质量评价等。就某一环境要素的质量进行评价，称为单要素评价；就诸要素综合进行评价，称为综合质量评价。按时间要素可分为环境回顾评价、环境现状评价和环境影响评价。从空间上可以分为单项工程环境质量评价，城市环境质量评价，区域（流域）环境质量评价，全球环境质量评价。从评价内容上可以分为健康影响评价，经济影响评价、生态影响评价、风险评价、美学景观评价等。

三、几种环境质量评价的内容

　　下面分别简要介绍环境质量综合评价、环境质量现状评价和环境影响评价的基本内容。

1. 环境质量综合评价

环境质量综合评价工作是从 20 世纪 60 年代末开始的。美国、加拿大、日本、捷克斯洛伐克和中国等国都在进行这方面的研究工作。

环境质量综合评价的目的是多样的，如有的是为了研究环境质量在时间上的变化趋势，有的是为了综合反映出某些环境单元的污染程度，有的是为了了解所评价区域总的环境质量水平。由于评价目的不同，以及所评价区域环境条件的差异，因而环境质量综合评价在方法上也是多种多样。

环境质量综合评价的范围可大可小。大的可以是一个国家，一个行政区域或一个自然区域；小的可以是一个城市，一个功能区。其中城市应该是环境质量综合评价的主要对象。就城市的外部而言，它有相对的独立特征，构成具有各种特点的城市环境系统，如工业城市、港口城市、文化城市等；就内部而言，各区域间环境功能差异显著，物质交换、能量流动的速度和形式也不相同。工业区因废水、废气、固体废物排放量大，而形成大气、水体污染区，影响居民的身体健康。交通干线和人烟稠密的商业区噪声干扰严重，影响居民的工作和休息，可造成人们心理和生理上的不适。就是清静的居住区内，环境的舒适程度也同人为环境条件有关。人口的密度、绿地的面积、公共设施（如上、下水道等）的普及率、交通和家庭生活的方便程度和文化教育设施状况等，都会影响环境质量。所以要充分掌握城市环境的质量，从战略观点上改善和提高城市环境质量，必须进行环境质量综合评价，并对评价结果进行应用研究。

任何环境单元都是由自然环境要素和人为环境条件构成的。任何环境单元都可有若干种环境问题，如大气污染问题、水体污染问题、噪声问题、人口拥挤问题等。进行环境质量综合评价有两种方法。一种是两步法，即先进行单要素评价，然后归纳这些评价结果，得出环境质量综合评价。中国目前大都采用这种方法。另一种是一步法，即根据评价目的，直接选用最能反映环境质量的某些环境要素和某些有代表性的参数，直接求出环境质量综合评价值。日本大阪府的环境污染评价采取这种方法。

环境质量综合评价是以环境单元中某些环境要素评价为基础的，环境要素评价又是以某些污染物的单项评价为基础的。在一个环境单元中，各种环境要素对环境质量的影响或者说是所引起的环境效应是不同的。例如在城市环境中，一个不作为饮水源的受污染河段，对居民的影响主要是感观和臭味，从人体健康来说，它的质量远没有大气质量重要。在进行环境质量综合评价时，这两个要素不能同等看待，常用权系数表示它们的重要性。在进行各种环境要素评价时，也用权系数分别表示各种污染物所产生的环境效应。因此，在环境质量综合评价中，各级权系数的确定是一项重要的内容。对权系数的研究，目前尚在探讨它的计算方法，很少从环境效应方面研究各种环境要素对环境质量的影响。

2. 环境质量现状评价

某一地区，由于人类近期和当前的生产开发活动和生活活动，会引起该地区环境质量发生或大或小的变化，并引起人们与环境的价值关系发生变化，对这种变化进行评价称为环境质量现状评价。

环境质量现状所能够反映的价值不外乎以下几种，即自然资源价值、生态价值、社会经济价值和生活质量价值等。所以环境质量现状评价应该是多方面的，但目前较多注意的是污染方面的评价，但在概念上不要认为环境质量现状评价的只是污染现状评价。

环境质量现状评价根据环境背景调查、污染源调查和区域环境污染监测等资料，应用环境质量评价方法对环境进行综合分析。程序首先确定评价对象、评价区域范围，以确定评价目的，并根据评价目的确定评价精度。然后进行环境背景调查、污染源调查、环境污染现状监测，这是掌握环境基本特征的素材，要求准确并具有代表性。根据调查资料和监测数据进行统计分析和整理，选定评价参数和评价标准，建立符合地区环境特征的计算模式并进行评价。最后，作出评价结论并提出综合防治环境污染的建议。

3. 环境质量影响评价

环境影响是指人类的行为对环境产生的作用以及环境对人类的反作用。人类活动对环境产生的作用是多变的、复杂的，要识别这些影响，并制订出减轻对环境不利影响的措施，是一项技术性极强的工作，这种工作就是环境影响评价。

按照范围的不同，环境影响评价可以分为三种类型：单项建设工程的环境影响评价，区域开发的环境影响评价和公共政策的环境影响评价。

环境影响评价制度，是指在某地区进行可能影响环境的工程建设，在规划或其他活动之前，对建设项目的选址、设计和建成投产使用后可能对周围环境产生的不良影响进行调查、预测和评定，提出防治措施，并按照法定程序进行报批的法律制度。

环境影响评价制度，是实现经济建设、城乡建设和环境建设同步发展的主要法律手段。建设项目不但要进行经济评价，而且要进行环境影响评价，科学地分析开发建设活动可能产生的环境问题，并提出防治措施。通过环境影响评价，可以为建设项目合理选址提供依据，防止由于布局不合理给环境带来难以消除的损害；通过环境影响评价，可以调查清楚周围环境的现状，预测建设项目对环境影响的范围、程度和趋势，提出有针对性的环境保护措施；环境影响评价还可以为建设项目的环境管理提供科学依据。

我国环境影响评价制度具有法律强制性，并且纳入基本建设程序，环境影响评价的对象侧重于单项建设工程。

第二节 化工清洁生产技术

工业化和城市化的飞速发展给人类环境带来了越来越大的动力。环境保护的重点也是针对各工业行业和城市。我国工业企业多数都是粗放型经营，能耗、物耗高，经济效益低，城市化速度快，但城市环境基础设施建设严重滞后。随着我国经济的进一步高速发展和城市现代化水平的提高，工业企业实行清洁生产，在获得更大经济利益的同时获得更大的环境效益和社会效益，不断加强城市环境保护，改善人类居住条件将成为必然趋势。

一、清洁生产的概念

清洁生产通常是在产品生产过程或预期消费中，既合理利用自然资源，把对人类和环境的危害减至最小，又能充分满足人类需要，使社会经济效益最大的一种模式。它最早是1989年由联合国环境署提出的。

1. 清洁生产的含义

清洁生产的含义包括三个方面的内容：一是清洁的能源，包括常规能源的清洁利用；可再生能源的利用；新能源的开发；各种节能技术等。二是清洁的生产过程，包括尽量少用或不用有毒有害的原料；产出无毒、无害的中间的产品；减小生产过程的各种危险性因素；少废、无废的工艺和高效的设备；物料的再循环；简便、可靠的操作和控制；完善的管理等。三是清洁的产品，包括节约原料和能源，少用昂贵和稀缺的原料；利用二次资源作原料；产品在使用过程中和使用后不含危害人体健康和生态环境的因素；易于回收、复用和再生；易处置易降解等。

[**案例 1**]　丹麦的卡伦堡生态园是世界生态工业园建设的肇始，它自 20 世纪 70 年代开始建立，已经稳定运行了 30 多年。卡伦堡生态园已成为世界生态工业园建设的典范。

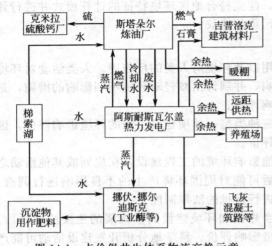

图 14-1　卡伦堡共生体系物流交换示意

在卡伦堡工业共生体系中各企业和农场，由于进行了合理的链接，能源和副产品在这些企业中得以多级重复利用。这些企业以能源、水和废物的形式进行物质交易，一家企业的废弃物成为另一家企业的原料：发电厂建造了一个 25 万立方米的回用水塘，回用自己的废水，同时收集地表径流，减少了 60％的用水量。自 1987 年起，炼油厂的废水经过生物净化处理，通过管道向发电厂输送，作为发电厂冷却发电机组的冷却水。发电厂产生的蒸气供给炼油厂和制药厂（发酵池），同时，发电厂也把蒸气出售给石膏厂和市政府，它甚至还给一家养殖场提供热水。发电厂一年产生的 7 万吨飞灰，被水泥厂用来生产水泥。卡伦堡共生体系物流交换示意见图 14-1。

据了解，卡伦堡 16 个废料交换工程投资计 6000 万美元，而由此产生的效益每年超过 1000 万美元，取得了巨大的环境效益和经济效益。

2. 我国化工生产实行清洁生产的必然性

我国早在 20 世纪 80 年代就取得了一些通过技术改造把"三废"消除在生产过程中的做法和经验，但还没有明确形成完整的"清洁生产"概念，更没有把清洁生产作为优先的环境保护战略。从我国目前工业生产的特点看，实施清洁生产战略尤为迫切。从环境保护的角度看，我国工业生产有这样一些问题。

① 产业结构不合理，导致整体工业水平长期停留在粗放型经营阶段，"结构型"污染将会长期存在。

② 技术水平低，高投入、低产出、高消耗、低效率的状况未能得到根本改变。

③ 工业布局不合理的状况仍未改变，80％的工业企业集中在城市，特别是有不少企业建在居民区、文教区、水源地等环境敏感地区，加重了工业污染的危害。

④ 工业企业生产运营管理水平低下，物料流失现象大量存在，既浪费了资源，又增加了污染。

⑤ 中小型企业众多，乡镇企业发展迅猛，大部分乡镇企业工艺、技术落后，设备简陋、操作管理水平低下。

要保持我国工业持续、高速的发展态势，摒弃过去那种高消耗、高投入的发展模式，走技术进步、集约化经营的道路是必然的选择。

二、清洁生产的实施

自 1994 年开始，中国在联合国环境署的帮助支持下，在全国造纸行业大力推行清洁生产，先后在全国包括淮河流域选择了 15 家企业进行试点示范。目前这项工作已在淮河、海河流域进行大力推广，对促进中国治理一些污染严重的重点领域产生了积极的影响。

发达国家的支持主要来自美国、加拿大和一些欧洲国家，这些有益的支持和帮助对我国不同行业和地区推进清洁生产产生了积极的影响。

通过几年来的试点、示范，越来越多的中国企业和地方政府开始认识到清洁生产的重要性。但从目前的情况看，这一概念的推广还存在一些困难和障碍。这些困难和障碍主要表现在以下几个方面：一是认识方面的障碍，很多地方和企业在污染治理的过程中只有一个目标，那就是使企业达标排放。为达到这一目标，只看到一种方法，那就是末端治理。总认为清洁生产不能从根本上解决企业的污染问题，因而总是敬而远之。二是政策方面的障碍，特别是缺少经济鼓励或激励政策和将清洁生产与现有环境管理制度有机结合在一起的环境政策。三是技术方面的障碍。虽然通过几年的努力，我国成立了清洁生产中心，培养了一批清洁生产专家，但专家的数量还是极为有限，特别是各地方缺少实施清洁生产战略所必需的专业人才。要在全国范围内推行清洁生产，加强对地方专业人员的培训应提上重要日程。

目前，中国有关部门正针对目前在推行清洁生产战略中存在的问题，积极制定实施清洁生产的规划和计划，并且在政策制定、资金准备、技术培训等方面积极支持清洁生产战略的实施。

三、绿色技术

绿色技术是指根据环境价值，利用现代科学技术全部潜力的无污染技术，要求企业在选择生产技术、开发新产品时，必须考虑减少从生产原料开始到生产全过程的各环节对环境的破坏，即必须作出有利于环境保护、有利于生态平衡的选择。

1. 绿色技术的内涵

清洁生产技术属于绿色技术，但绿色技术不能等同于清洁生产技术；绿色技术包括清洁生产技术、治理污染技术和改善生态技术。人类在工业化进程中，一开始使用的技术具有高排放、高消耗和污染性质，造成了环境问题。正因为出现了环境问题，作为一种反思，才提出清洁生产技术概念。在已出现污染和地理系统呈开放的条件下，即使今后都采用清洁生产技术，也只能部分解决环境问题。理由是，清洁生产技术只能防止未来的污染，而不能消除已存在的污染。从这个意义上讲，清洁生产技术只是绿色技术的一部分，而不是绿色技术的全部。

在功能上，治理污染技术与清洁生产技术互补。治理污染技术是通过分解、回收等方式清除环境污染物，即解决存在的污染问题，而清洁生产技术是保证未来不发生污染问题。

在没有人为干扰的情况下，局部自然生态也可能出现恶化，如沙漠化、泥石流、湖泊沼泽化等。自然生态恶化同样会影响人类的生存，因此，需要相应的技术来改善自然生态，如沙漠植草、土石工程、湖泊疏浚等。尽管这些技术属于常规技术，但在功能上应划入绿色技术。

2. 绿色技术的价值

具体说，绿色技术的经济价值包括三部分。

一是内部价值，指绿色技术开发者或绿色产品生产者获得的价值。如绿色技术转让费，清洁生产设备、环保设备和绿色消费品在市场获得的高占有率等。

二是直接外部价值，指绿色技术使用者和绿色产品消费者获得的效益。如用高炉余热回收装置降低能源消耗，用油污水分离装置清除水污染，使用绿色食品降低了人们的发病率等。

三是间接外部价值，指未使用绿色技术（产品）者获得的效益。这是所有社会成员均能获得的效益（如干净的水，清新的空气），也是绿色技术负载的最高经济价值。

第三节　可持续发展

一、可持续发展思想内容

可持续发展的思想是从 20 世纪 70 年代以后关于经济增长的辩论中逐渐萌发和形成的。

可持续发展是指"既满足当代人需求又不危及后代人满足其需求能力的发展",1992 年联合国环发大会的《里约宣言》,把可持续发展战略列为全球发展战略,制定了具有划时代意义的行动计划——《21 世纪议程》,使这一战略思想被世界各国所接受。

[案例 2]   《里约宣言》是《里约环境与发展宣言》的简称。该宣言于 1992 年 6 月 14日联合国环境与发展大会的最后一天通过。《宣言》旨在为各国在环境与发展领域采取行动和开展国际合作提供指导原则,规定一般义务。《里约宣言》是继《人类环境宣言》和《内罗毕宣言》以后又一个有关环境保护的世界性宣言,它不仅重申了前两个宣言所规定的国际性环境保护的一系列原则、制度和措施,而且又有了新的发展。该宣言体现了冷战后新的国际关系下各国对于环境与发展问题的新认识,反映了世界各国携手保护人类环境的共同愿望,是国际环境保护史上的一个新的里程碑。

可持续发展强调的是环境与经济的协调,其核心思想就是经济的健康发展应该建立在生态持续能力、社会公正和人民积极参与自身发展决策的基础之上。可持续发展具体体现在以下几个方面。

1. 强调首先要发展

认为停止发展是消极的,它不能解决人类面临的各种危机。对发展中国家来说,生态环境恶化的一个重要根源是贫困,只有发展,才能为解决生态危机提供必要的物质基础。

2. 强调经济发展和环境保护是相互联系和不可分割的

发展离不开环境与资源,要使环境与资源基础长期保持稳定,使经济发展具备可持续性,只有把环境与发展结合起来。特别是在经济高速增长的情况下,必须强化环境与资源的保护,做到对不可再生资源合理开发,节约使用;对可再生资源不断增殖,永续利用。

3. 可持续发展注重代际公平

可持续发展注重代际公平,即当代人要享有物质和环境方面的权利,后代人同样也应该享有这方面的权利。因此当代人在利用环境和资源时,要考虑到给下一代人留下生存和发展的必要资本,包括环境资本。

4. 强调建立和推行一种新型的生产和消费方式

无论在生产上,还是消费上,都应当尽可能有效利用自然资源,少排放废物,特别是少排放有害环境的废气、废水、废渣,实行废弃物的循环利用。

5. 强调人类与自然界和谐相处

人类应当学会珍重自然,与自然界和谐相处。彻底改变那种认为自然界是可以任意掠取和利用的错误态度。

二、实现可持续发展的基本途径

1992 年联合国环发大会通过的《21 世纪议程》,全面描述了从当前到 21 世纪向可持续发展转变的行动蓝图。从文件内容及各国有关实施《21 世纪议程》行动方案的综合情况来看,可持续发展是一个包括了经济、社会、技术各项变革的长期动态过程,它要求世界各国根据自身的自然、经济、社会和文化的条件和特点,探求可持续发展的道路。从国际社会和各国所提出的可持续发展目标和战略来看,可持续发展的主要途径有以下几种。

1. 将环境保护纳入综合决策,转变传统增长模式

传统的增长方式的核心是单纯追求经济产出的增长,把国民生产总值(GNP)的增长当作经济发展和社会进步的标志。从环境与自然资源角度而言,这种增长方式忽视了经济、社会系统对环境的影响,往往以环境与自然资源的迅速消耗来加快经济产出,造成资源大量浪费和环境严重污染。

转变传统增长模式的途径主要有:修正传统的国民经济核算方法,把自然资源消耗和环

境污染纳入经济核算，把经济发展战略建立在更为合理的目标和指标下；逐步取消各种使用资源的补贴，使资源价格充分反映其稀缺性、促进资源使用效率的提高；增加对污染的收费，使污染者完全补偿其污染环境的成本。

2. 变革社会观念，发展适度消费的新大众消费模式

以大批量物质消费和"用过即扔"的现代大众消费模式是在西方国家，特别是美国发展起来的，是传统经济增长模式的社会动力。在这种模式下，大众消费和大规模生产相互促进，大量的物质产出带动了大量的物质消费，一波又一波的大众消费浪潮开辟了一个又一个市场，小汽车是现代大众消费的一个"典范"（见表 14-1）。在惊人的消费增长中，发达国家正在消耗着世界上与其人口不成比例的自然资源和物质产品，以其占 1/4 的人口消耗了世界商业能源的 80%。其中北美洲的人均消费是印度或中国的 20 倍，以全球资源和环境承载力，不可能使世界人口都维持西方现有的消费水平。

表 14-1　每千人拥有的小汽车（1993 年）

非洲	14.2
东亚和太平洋	28.9
南亚	3.1
中东欧	71.5
中东	44.6
拉丁美洲和加勒比	67.9
中国	1.48
美国	561
经合组织国家	366

转变消费模式，首先需要发达国家改变超出必要物质消费限度的并以越来越多的物质消费为目标的消费模式，致力于减少产品和服务对环境的不利影响，减少相应的资源、能源消耗和污染；同时，发展中国家也应选择与环境相协调的，低资源、能源消耗，高消费质量的适度消费的体系。从消费品特征来说，强调持久耐用，强调可回收，强调易于处理。

3. 开发同环境友善的技术，实现清洁生产，发展同自然相容的产业体系

从科学技术发展的历程来看，其对环境是一把"双刃剑"。从技术根源讲，人类在 20 世纪所造成的全球范围的环境危害就源自工业革命后人类发明和创造的各种生产技术。发展清洁生产技术，是人类有意识引导科学技术以适应环境保护的一种尝试。

清洁生产技术的基本目标是减少乃至消除生产过程和产品与服务的有害环境影响。从生产过程而言，要求节约原材料和能源，尽可能不用有毒原材料并在排放物和废物离开生产过程以前就减少它们的数量和毒性；从产品和服务而言，则要求从获取和投入原材料到最终处置报废产品的整个过程中，都尽可能将对环境的影响减至最低，减少产品和服务的物质材料、能源密度，扩大可再生资源的利用，提高产品的耐用性和寿命，提高服务的质量。20世纪 80 年代以来，发达国家均把发展这类技术作为争取国家战略优势的重要途径以及提高在世界市场竞争力的重要手段。

4. 发展和完善环境保护法律和政策

从经济、社会体系角度而言，环境问题是市场不完整及运转失效的一种表现，表现为一种"公害"，需要政府的干预行动。政府不论是采取直接行政控制和提供服务，还是采用间接经济手段，都要逐步建立相应的有关自然资源和环境保护的法律体系。

5. 提高全社会环境意识，建立可持续发展的新文明

公众既是消费者，又是生产者，他们的日常行为在很多方面对环境有很多的影响，一旦他们产生了保护环境的要求，并采取行动积极保护自己的环境权益，就会为环境保护提供持久的动力。西方发达国家的环境保护大多是在公众环境保护运动的冲击下发展起来的。

三、中国可持续发展政策

可持续发展政策是实施可持续发展战略的保证措施，是环境政策向经济和社会发展政策扩展并与之相互融合的产物。欧美日等一些国家的政府环境部门同经济部门合作，并广泛邀请社会各界参加，制定了综合性的长期环境政策规划，力求实现环境和经济政策的一体化。中国在这方面也有一定进展，有了一些政策方案，但如何制订与实施有效地渗透到经济和社会发展政策中的可持续发展政策，仍然是一个严峻的社会课题。

1. 中国的环境政策

20 世纪 70 年代初，在联合国人类环境会议的推动下，中国的环境保护开始起步。在 20 多年的发展中，根据工业增长速度高、工业总体技术水平低、工业布局不够合理和企业经营管理与环境管理不善等问题，逐步建立起了"预防为主、防治结合"，"谁污染、谁治理"和"强化环境管理"三大环境保护政策体系。

（1）预防为主、防治结合的政策 从环境污染与破坏的长期经济和环境影响及其治理的费用而言，预先采取防范措施，不产生或尽量减少对环境的污染和破坏，是解决环境问题的最有效率的办法。中国制定这条政策的主要目的是在大规模经济建设的过程中同时防治环境污染的产生和蔓延，其主要措施有：把环境保护纳入国家和地方的中长期及年度国民经济和社会发展计划；对开发建设项目实行环境影响评价制度和"三同时"制度（防治环境污染和破坏的设施与生产主体工程同时设计、同时施工、同时投产使用）。

（2）谁污染、谁治理的政策 这是国际上通行的污染者负担原则在中国的应用，主要目的是促使污染者承担治理其污染的责任和费用。其主要措施有：对超过排放标准向大气、水体等排放污染物的企事业单位征收超标排污费，专门用于污染防治；对严重污染的企事业单位实行限期治理；结合企业技术改造防治工业污染。

（3）强化环境管理的政策 主要目的是通过强化政府和企业的环境管理，控制和减少管理不善带来的环境污染和破坏。其主要措施有：逐步建立和完善环境保护法规与标准体系；建立健全各级政府的环境保护机构及完整的国家和地方环境监测网络；实行地方各级政府环境目标责任制；对重要城市实行环境综合整治定量考核。

近年来，中国政府围绕淮河等重点污染治理地区，制定和实施了水污染的流域规划与管理政策和污染物排放总量控制政策，对二氧化硫和酸雨，也通过划定"控制区"，实施了总量控制的政策。同时，加强了各项环境保护政策的实施力度，政策实施效果有了一定提高。

总体来看，经过 20 多年特别是 20 世纪 80 年代中期以来的发展，中国已经建立了比较完整的污染防治和资源保护的法律体系和政策体系，环境投资逐步增长，用于控制污染的费用已达 GNP 的 0.8%，近年来，在淮河等污染防治重点地区，更采取了相当有力的行动。1998 年下半年，中央政府从新增 2000 亿元基建投资中划拨 170 亿元用于环境基础设施建设，加快了环境建设的步伐。但是，与发达国家相比，中国的环境保护政策体系还不完整，从政策内容来看，不少政策措施还建立在各级政府的传统计划和行政命令的基础上，建立在主要领导人干预的基础上；从政策制定、实施、评估、修正这一循环周期来看，实施、评估、修正各个环节都相当薄弱；在相当多的地区，政府环境保护部门执法力度不够，无法保证各项政策得到实施，直接制约了环境质量的改善。

2. 环境政策的深化和发展

从当前中国环境状况来看，中国只是在经济快速增长的压力下，避免了环境质量急剧恶化的局面。总体而言，大气、河流湖泊、海洋等方面污染还相当严重，生态破坏还在不断加剧。世界银行有关中国环境污染政策的专题报告计算了中国大气和水污染对人体健康的危害，估计每年损失至少达 540 亿美元，几乎是 1995 年中国国内生产总值的 8%。如果考虑其他方面的污染损失和生态破坏的损失，更是一个惊人的数字。从中国今后人口、经济增长的趋势看，环境保护将会长期面临三大压力，即工业化进程加快带来的压力，人口增长和城市化发展带来的压力，全球环境问题发展带来的压力。当前，需要解决好以下矛盾或问题：工业化进程加快与污染治理滞后的矛盾；城市数量和规模的扩张与城市基础设施落后的矛盾；以煤为主的能源结构与高效、清洁使用能源的矛盾；水资源紧缺与水污染不断加剧的问题；人口不断增长与耕地逐年减少的矛盾；矿产资源相对不足与资源利用效率不高的矛盾；生态基础脆弱与生态破坏继续扩展的矛盾；对外贸易迅速发展与国际"绿色壁垒"的矛盾。如果不能有效解决这些矛盾和问题，中国的环境保护就难以取得重大的进展，可持续发展将面临重重困难。

为了有效解决这些矛盾和问题，在制定和发展环境保护政策的过程中，应当全面贯彻以下一些被世界各国的环境保护实践所证明的一些原则，如可持续发展原则，预防污染原则，污染者负担原则，经济和资源利用效率原则，污染综合控制原则，公众参与原则，环境与经济发展综合决策原则等。采用这些原则使环境保护政策得以进一步深化和发展，并向可持续发展政策转变的重要条件。

同时，应借鉴发达国家的经验，推动环境政策体系的转变。从西方一些国家环境保护政策的历史发展情况来看，它们大致经历了 2～3 个阶段的变化。近几年来，在可持续发展战略思想的推动下，发达国家正努力建立环境与经济综合决策，鼓励社会自愿行动的政策体系。从其经验和我国的实际情况，可以认为近期中国环境保护政策深化和发展的目标应当有以下几个。

（1）建立新型决策机制　建立环境保护和经济发展的一体化决策机制，使经济发展政策、规划能有效考虑环境保护的要求，主要手段是建立政策、规划与计划的环境影响评价制度。

（2）健全环境法律法规　建立环境保护法律、法规的有效实施机制，建立完备有效的监督手段。

（3）实行清洁生产　建立污染综合控制和全过程控制体系，采用清洁生产的各种手段。

（4）创新环境经济手段　应用各种创新的环境经济手段，如环境税、排污权交易等。

（5）鼓励企业和社会各界采取各种自愿行动　如实施 ISO 14000，政府环境管理机构同企业的自愿协议，绿色产品标志等。

（6）鼓励公众参与环境保护　环境保护与每一个公众有着直接联系，只有公众积极参与，环境保护才能得到切实落实。

通过这些手段，提高中国环境保护政策在改善环境方面的有效性、实施效率，提高政府解决复杂环境问题的能力。

第四节　任务案例:某化学原料药项目选址的环境影响分析

1. 情景描述

某化学原料药项目选址在某市化工工业区建设，该化工区地处平原地区，主要规划为化工和医药工业区，属于环境功能二类区。区内污水进入一城镇集中二级污水处理厂，处理达标后出水排往 R 河道，该河道执行地表水 Ⅵ 类水体功能，属于淮河流域。

项目符合国家产业政策，以环己酮、草酸二乙酯为原料，经过酯化、溴化、还原、缩合、精制等工序合成生产降血糖和防治心血管并发症的药物 44t/a，年工作 300 天 7200h。项目主要建设内容有：生产车间一座，占地 900m²，冷冻站，循环水站，处理能力 100m³/d

污水处理站以及废水污染物治理设施等。项目供热由工业区集中供应。项目使用的主要原料有环己酮、草酸二乙酯、甲苯、氯仿、盐酸、液氨、冰醋酸、锌粉等。项目排放的主要废气污染物有：氨、甲苯以及 HCl 等。废水排放量 90t/d，主要污染物为 COD 和氨氮、甲苯等。项目排放的固体废物主要是工艺中的釜残和废中间产物等。

2. 问题提出

(1) 项目产生的主要环境影响因素和可能导致的环境问题有哪些？评价重点是什么？

(2) 从清洁生产与环境可持续发展的角度，给出治理措施与建议。

课 后 任 务

一、情景分析

1. 雾霾天气的整理措施与建议

近几年，雾霾天气是我国中东部较发达地区秋冬季节的常见天气现象，雾霾也称灰霾（烟霞），空气中的灰尘、硫酸、硝酸、有机碳氢化合物等粒子也能使大气混浊，视野模糊并导致能见度恶化。如果目标物的水平能见度降低到 1000m 以内，就将悬浮在近地面空气中的水汽凝结（或凝华）物的天气现象称为雾（Fog），而将目标物的水平能见度在 1000～10000m 的这种现象称为轻雾或霭（Mist）；如果水平能见度小于 10000m 时，将这种非水成物组成的气溶胶系统造成的视程障碍称为霾（Haze）或灰霾（Dust- haze），香港天文台称烟霞（Haze）。

随着空气质量的恶化，阴霾天气现象出现增多，危害加重。近期我国不少地区把阴霾天气现象并入雾一起作为灾害性天气预警预报。统称为"雾霾天气"。

请从环境可持续发展的角度，给出雾霾天气的整理措施与建议。

2. 宝洁公司的清洁生产

宝洁公司（Procter Gamble），简称 PG，是一家美国消费日用品生产商，也是目前全球最大的日用品公司之一，其在中国有很多的分厂。

① 广州黄埔厂。为实现 5 年内将（单位）耗水量降低 50％的目标，宝洁黄埔厂（宝洁在亚洲最大的工厂）于 2008 年 6 月启动了"金鱼计划"。黄埔厂改造了工厂设备和管道系统，利用压缩空气清洗每个生产批次的残留物。这不仅使管道清洗变得更容易，还能减少管道清洗的耗水量。此外，通过该工艺每个生产批次的残留物得到有效的回收，并输送至其他公司生产地板清洁剂和洗手用品。在过去的财年中，黄埔厂的（单位）耗水量降低 37％。（单位）废弃物减少 43％（0910 财年减少 40％）。"金鱼计划"得到了广州市政府的高度认可和奖励。

② 北京通州工厂。宝洁北京通州的工厂生产衣物护理产品，主要是洗衣粉。由于工厂坐落于住宅区，其宗旨之一便是使该工厂可持续的运营，与当地居民共建和谐社区。为了达到这个目标，在这个地区主要关注的是可吸入颗粒物排放。目前，颗粒物排放浓度已经小于 10mg/m³，远远低于北京市政府所规定的 30mg/m³。这对该地区的居民来说是一个显著的改进。

③ 西青厂。西青厂每年要产生大约 3440t 废水处理污泥。之前，这些污泥被送去填埋，但从 2008 年 9 月开始，西青厂开始与通过美国环保署认证的一家公司合作，用这些污泥制砖。这些污泥先与黏土、粉煤灰和水混合，成模、风干，然后在 800～1200℃下被烧制成砖。经过这些流程之后，96％的原料可被制成砖，剩余 4％可被重复利用或回收利用。截至 2011 年 2 月，利用西青厂污泥制成的砖总共已达到 7000 万块。将这些砖首尾相连，长度是

京港高铁全长的 3 倍!

④ 江苏太仓厂。太仓厂作为宝洁公司在中国的第十个工厂,将建成为宝洁第一个具有"能源和环境设计先锋"(LEED)认证的工厂。LEED 是世界上可持续发展建筑方面最具权威的认证之一。太仓工厂将不仅在厂房方面应用 LEED 的标准,还会将其扩大到运营等方面。太仓厂还将从用水效率优化及水资源有效重复利用方面进行设计和运营从而减少其水耗。另外,太仓厂还将最大化地实现水循环和"废弃物零填埋"。同时,太仓厂还将成为一个支持当地社区可持续发展项目的典范,例如"世界自然基金会水资源保护"项目,宝洁公司与世界自然基金会的上海办公室、研究所、政府机构和社区研究来共同研究在太仓地区涵养水源及保护水源的方法。

请分析宝洁公司在清洁生产方面做了哪些工作?

二、综合复习

1. 环境质量现状评价程序分为哪几个阶段,各个阶段的主要工作是什么?

2. 环境影响评价的作用是什么?

3. 环境质量现状评价的目的是什么?

4. 谈谈你对可持续发展与人类社会的关系的认识。

5. 搜集资料,根据可持续发展思想,分析我国化工生产发展方向。

6. 搜集资料,比较国内外环境保护法律的异同,试根据我国国情,对如何完善我国环境保护法律,提出你的建议。

第三篇

危险化学品职业危害与卫生防护

第十五章　危险化学品突发环境事件应急救援

学习目标:

　　了解突发环境事件的概念，理解环境风险因子及环境风险源，学习突发环境事件应急预案。学会应急处置，能提出危险化学品突发事件应急处置措施。培养学生危险化学品突发环境事件预防意识。

第一节　突发环境事件的概念

　　突发事件的频繁发生、全球信息的快速传递，使得我们对各类突发事件的关注度越来越高。突发环境事件作为突发事件的一个典型类别，其影响力和被关注度不亚于其他任何类型的突发事件。如何有效预防与应对突发事件，尤其是突发环境事件，对处于转型期的中国而言，直接关系到政府在公民心目中的权威地位和良好形象，直接影响着我国政治稳定和经济发展。

一、突发环境事件的定义

　　突发事件可被广义理解为突然发生的事情：第一层的含义是事件发生、发展的速度很快，出乎意料；第二层的含义是事件难以应对，必须采取非常规的方法来处理。在《中华人民共和国突发事件应对法》（2007 年 11 月 1 日起施行）将突发事件界定为：突然发生，造成或者可能造成严重社会危害，需要采取应急处置措施予以应对自然灾害、公共卫生事件和社会安全事件。

　　突发环境事件是突发事件的一种，但它又不同于其他突发事件，突发环境事件是环境事件的一种，它具有环境性。在《国家突发环境事件应急预案》（2006 年 1 月 8 日起施行）附则中将突发环境事件界定为：指突然发生，造成或者可能造成重大人员伤亡、重大财产损失和对全国或者某一地区的经济社会稳定、政治安定构成重大威胁和损害，有重大社会影响的涉及公共安全的环境事件。

在《石油化工企业环境预案编制指南》（环保部，2010 年 1 月）中将危险化学品突发环境事件界定为：指突然发生，造成或可能造成人员伤亡、财产损失，对全国或者某一地区的经济社会稳定、政治安定和环境安全构成威胁和损害，有重大社会影响的涉及公共安全的环境事件。

二、突发环境事件的类型

根据不同的划分依据，突发环境事件有不同的类型。

1. 根据受污染环境所属类型划分

可分为：水污染事件、大气污染事件、噪声与振动危害事件、固体废物污染事件及国家重要保护的野生动植物与自然保护区破坏事件等。

2. 根据污染物性质划分

可分为：有毒有害化学物质污染（如 2006 年 11 月湖北枝江市化学原料污染事件），油类污染（如 2006 年 11 月长江四川泸州段污染事件）、重金属污染（如 2006 年 1 月湘江镉污染事件）、藻类污染（如 2007 年 6 月无锡太湖蓝藻污染事件）等。

3. 根据污染源所处的社会领域划分

可分为：工业污染事件、农业污染事件、交通污染事件等。

4. 根据诱发因素划分

可分为：人为型（如生产事故、交通事故、偷排有毒物质等引发的污染事件），自然型（因地震、洪涝、雷击等引发的污染事件）和综合型污染事件。

5. 根据造成的事故原因划分

可分为：直接性污染事件（如广东省北江镉污染事件是因环境保护行政主管部门监管对象企业违法排污直接导致的污染事件）和间接性污染事件（如地震次生环境污染事件、安全生产事故次生环境污染事件），松花江水污染事故是由生产安全事故引发的，属于间接污染事件。

6. 根据事件的时间因素划分

可分为：突发型污染事件和累积型污染事件。这两种事件都是突然发生的，突如其来、不可预测，但突发型污染事件多是由偶然性事件衍生而来，如地震、洪涝等自然灾害次生爆炸、火灾等安全生产事故次生突发型污染事件、翻车导致化学品泄漏污染事故等。累积型污染事件虽然也是爆发的，但本质是污染的长期积累所致，这类事件的发生有其必然性（如太湖蓝藻暴发事件）。

7. 根据发生的方式划分

可分为：交通事故污染（如 2006 年 8 月陕西韩城烧碱污染事件）、生产事故造成的污染（如 2005 年松花江水污染事件），自然环境变化引起的污染（如 2005 年山西汾河水库污染事件）、非正常大量废水造成的污染（如 2007 年 12 月贵州都柳江污染），人为破坏造成的污染（如 2006 年 7 月武汉黄陂投污事件）、暴雨等自然灾害造成的污染（2006 年 4 月广西钦州供水水渠污染）等。

三、突发环境事件的特征

1. 突发性

突发性是突发事件最显著的特征，突发环境事件也不例外。具体而言，突发环境事件没有固定的排放方式和排放途径，因其发生突然、难以预测，在瞬时或短时间内大量地排放污染物质，如果处置不当将会对环境造成严重污染和破坏，给人民利国家财产造成重大损失，还可能造成社会恐慌。正因为突发环境事件的突发性，才使得突发环境事件应急机制的存在成为必要。应急机制就是为了应对突如其来的环境危机，以便在最短时间内，能最有效地集中人力、物力、财力，采取各种相应措施，将环境危机造成的损失降到最小。

2. 环境性

突发性是突发事件的共性，那么环境性则是突发环境事件独有的特性。在不同的学术领域对环境的定义有所不同，《中华人民共利国环境保护法》从法学的角度对环境概念加以阐述："本法所称环境是指影响人类生存和发展的各种天然的利经过人工改造的自然因素的总体，包括大气、水、海洋、土地、矿藏、森林、草原、野生生物、自然遗迹，人文遗迹、风景名胜区、自然保护区、城市和乡村等。"因此突发环境事件作为环境事件的一种，它影响的后果是"使环境受到污染"。

3. 复杂性

复杂性主要表现往事件发生原因上。引发突发环境事件的原因多种多样，除了人为因素如水上交通、公路交通、企业违规或事故排污、野蛮施工导致化学品管道破裂等事故次生的环境污染事件和自然因素引发如地震、泥石流等灾害性天气导致的环境污染事件外，还有些事件成因更加复杂，有的是人为和自然多种因素综合引发的，比如在连续暴雨将携带面源污染的农田退水冲入养殖区导致处于产卵敏感期的鱼虾蟹大面积死亡事件，有的事件是在特定地区、一些历史遗留问题长期积累形成的社会矛盾，在特定的气候条件下以环境事件作为突破口爆发出来，比如东台晚秋蚕受损事件。这些事件发生具有极大的偶然性，有时污染物质的性质、浓度和危害等情况无法第一时间查明，就给环境污染应急处置和社会矛盾的化解带来很大难度。这些事件不仅使环境遭受污染，还对公众自身利益造成影响，甚至还会对当地的经济、政治、文化等诸多因素造成影响，因此不是单纯地进行污染事故本身的处理和处置就可以解决的。

4. 不确定性

不确定性主要表现在事件危害方面。由于不明物质、不明浓度及其扩散、迁移的规律不同，故在突发的短时间内，往往不能确定是何物，浓度多高，以及影响的范围、持续的时间、对人体和动植物及其环境危害的程度。同时，由于事件发生时间、地点和环境的不同，受害对象的不确定，同等规模和程度的污染事件造成的污染危害是千差万别的（例如污染事故发生地点距离城市水源地很近，城市供水就会中断，其后果将是灾难性的，而如发生在远海区可能就不会影响任何人）。

四、突发环境事件的级别

《突发环境事件信息报告办法》（环境保护部第 17 号令）附录规定，按照突发事件严重性和紧急程度，突发环境事件分级标准分别为特别重大（Ⅰ级）、重大（Ⅱ级）、较大（Ⅲ级）和一般（Ⅳ级）四级。

1. 特别重大环境事件（Ⅰ级）

凡符合下列情形之一的，为特别重大环境事件：

① 发生 30 人以上死亡，或中毒（重伤）100 人以上；

② 因环境事件需疏散、转移群众 5 万人以上，或直接经济损失 1000 万元以上；

③ 区域生态功能严重丧失或濒危物种生存环境遭到严重污染；

④ 因环境污染使当地正常的经济、社会活动受到严重影响；

⑤ 利用放射性物质进行人为破坏事件，或 1、2 类放射源失控造成大范围严重辐射污染后果；

⑥ 因环境污染造成重要城市主要水源地取水中断的污染事故；

⑦ 因危险化学品（含剧毒品）生产和储运中发生泄漏，严重影响人民群众生产、生活

的污染事故。

2. 重大环境事件（Ⅱ级）

凡符合下列情形之一的，为重大环境事件：

① 发生 10 人以上、30 人以下死亡，或中毒（重伤）50 人以上、100 人以下；

② 区域生态功能部分丧失或濒危物种生存环境受到污染；

③ 因环境污染使当地经济、社会活动受到较大影响，疏散转移群众 1 万人以上、5 万人以下的；

④ 1、2 类放射源丢失、被盗或失控；

⑤ 因环境污染造成重要河流、湖泊、水库及沿海水域大面积污染，或县级以上城镇水源地取水中断的污染事件。

3. 较大环境事件（Ⅲ级）

凡符合下列情形之一的，为较大环境事件：

① 发生 3 人以上、10 人以下死亡，或中毒（重伤）50 人以下；

② 因环境污染造成跨地级行政区域纠纷，使当地经济、社会活动受到影响；

③ 3 类放射源丢失、被盗或失控。

4. 一般环境事件（Ⅳ级）

凡符合下列情形之一的，为一般环境事件：

① 发生 3 人以下死亡；

② 因环境污染造成跨县级行政区域纠纷，引起一般群体性影响的；

③ 4、5 类放射源丢失、被盗或失控。

第二节　环境风险因子及环境风险源

一、环境风险事故类型

危险化学品大多数为易燃、易爆和有毒物质，生产、储存和运输过程多处于高温、高压或低温、负压等苛刻条件下，潜在危险性很大。一旦发生危险化学品突发泄漏事故，往往与爆炸、火灾相互引发，且发展迅猛，致使有毒危险化学品大量外泄或多点诱发，从点源发展到面源，逸散到大气中。危险化学品突发环境事件具有突发性强、危害性大、有毒化学品类型多、行为复杂等特点。危险化学品生产企业事故状态下环境污染类型见图 15-1。危险化学品生产企业事故状态下伴生和次生环境危害见图 15-2。

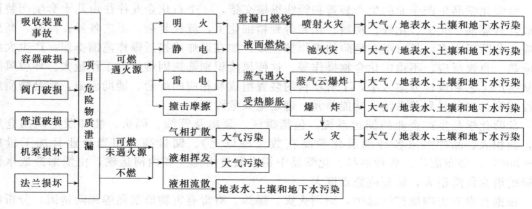

图 15-1　事故状态下环境污染类型

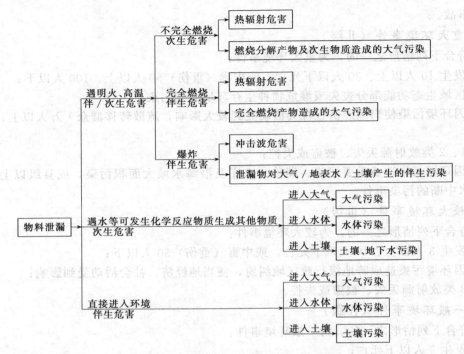

图 15-2　事故状态下伴生和次生环境危害

二、环境风险因子

危险化学品生产企业所涉及的原料、中间产物、产品、辅料等危险化学品具有易燃、易爆和有毒、有害两大主要特征。这些物品通过生产、储存、运输、使用乃至废弃等各种途径进入环境，在转移过程或积累过程对生态环境和人体健康具有潜在危险性。

因此可从项目所涉及的原料、辅料、产品和"三废"物质入手，了解物质的用量和潜在危险性，包括其物理化学性质、毒理指标和危险性，按照物质危险性，结合受影响的环境因素，筛选环境风险评价因子。也可概括为风险性质的识别。

三、环境风险源

在《石油化工企业环境预案编制指南》（环保部，2010 年 1 月）中将环境风险源定义为：在石油化工企业生产过程中可能导致发生环境污染事件的污染源，包括生产、储存、经营、使用、运输的危险物质以及产生、收集、利用、处置危险废物的场所、设备和装置等。

危险化学品生产企业的生产装置和管线纵横交错，一个石化企业往往由几十套生产装置组成，从炼油、化工、化纤、塑料、化肥等到精细化工，流程复杂，工艺各异，高温、高压反应，危险因素多，具有潜在危险的操作部位多。如在爆炸或接近爆炸范围操作，产生大量反应热、自聚反应、不稳定化合物操作等，这使风险识别筛选困难并且工作量大。环境风险源从生产工艺和设计方案入手，了解项目的装置组成和相应的配套、辅助设施，结合物质危险性识别，对项目划分系统、功能单元，确定重大危险源。

危险化学品生产企业的储运系统，包括罐区、泵房及管线、码头、装卸及危险品仓库等，面积大、品种多（各种油品化学品在数千种以上）、储量高（相当企业日加工量的20～30倍）、分布面广。各种油品、化学品中相当数量由海上和内河运输，由泄漏造成水体污染的潜在危险很大，防范应急难度大。

根据有毒有害物质扩散起因，识别火灾、爆炸、有毒有害物质泄漏等风险诱因，分析潜在风险单元、危险物质向环境转移的可能途径和影响方式，列出潜在的一系列事故设定。其中，需要特别注意的是，对于次生性或者说伴生性的环境风险的识别同样不能忽视。这在一定程度上可看作是风险诱因与风险转移的识别。

第三节　应　急　准　备

环境应急准备为针对各类可能发生的突发环境事件，做好各项充分准备，包括思想准备、预案准备、资源准备、能力准备等，在发生突发环境事件时能够及时、有序应对，从而达到控制事态发展、最大程度降低事件损失和影响的目的过程。环境应急准备体系包含了环境应急预案、应急资源、跨区域与跨部门联动、应急演练、应急宣传与培训及应急值守等方面内容。

一、突发环境事件应急预案

1. 环境应急预案定义

在《石油化工企业环境预案编制指南》（环保部，2010年1月）中将危险化学品突发环境事件应急预案定义为：指根据对可能发生的环境事件的类别、危害程度的预测，而制定的突发环境事件应急救援方案。要充分考虑现有物质、人员及环境风险源的具体条件，能及时、有效地统筹指导突发环境事件应急救援行动。

2. 突发环境事件应急预案作用

科学的计划是环境应急管理成功的一半。环境应急预案体系是环境应急管理体系的基础，是环境应急准备体系的核心，是及时、有序、有效开展环境应急工作的重要保障。环境应急预案的核心作用主要体现在如下两个方面。

① 通过环境应急预案的编制、完善与落实，管理者及相关人员对可能发生的各种突发环境事件及状态予以充分考虑、认真分析，有的放矢研究对策，明确相应的人力、财力、物力需求，合理配置相关资源，与此同时促进环境应急管理体制、机制的建立完善，推动演练宣传培训工作的开展，增强人们的忧患意识、环境安全防范意识，达到提升环境应急保障能力和环境应急处置水平的目的。

② 通过非常态下环境应急预案的启动，在发生突发环境事件时，科学规范突发环境事件应对行为，增强环境应急指挥的规范性，减少环境应急处置的盲目性；提高应急决策的科学性和时效性，尽快做出相对优化决策，最大程度控制事态发展、降低事件损失和对环境的影响；通过信息的正确及时发布，能够有效缓解突发事件时公众的心理恐慌，使得公众更好保护自身安全，并更加自觉地配合政府做好应对工作。实践证明，制定实施环境应急预案在有效处置突发环境事件过程中发挥了重要作用。

3. 突发环境事件应急预案的分类

根据不同的分类标准，应急预案划分为不同类别。

（1）依据事件种类划分　可分为自然灾害类、事故灾难类、公共卫生类及社会安全类应急预案。

（2）依据预案执行主体与级别划分　可分为政府（部门）应急预案及基层单位应急预案两类，政府（部门）预案可划分为国家与地方应急预案，地方应急预案包含省、市、县、基层政权组织四级应急预案，基层单位应急预案则包含社区、乡村、企业、学校、医院等应急预案。

（3）依据预案的功能和目标划分　从政府（部门）层面上可分为总体应急预案、专项应急预案、部门应急预案、单项应急预案；从基层单位层面上可分为综合预案、专项预案及现场预案等。

（4）依据预案内容属性划分　可分为管理主导性应急预案与操作主导性应急预案，管理主导性预案内容侧重于突发环境事件应急的指挥协调，以政府（部门）应急预案为代表，操作主导性预案内容则侧重于具体突发环境事件的应对措施，以基层单位应急预案为代表。

4．预案编制目的

通过制定突发环境事件应急预案。建立健全突发性环境污染事件的应急机制，提高企业应对突发性环境事件的能力，在切实加强环境风险源的监控和防范措施，有效降低事件发生概率的前提下，并规定相应措施，对突发环境事件及时组织有效救援，控制事件危害的蔓延，减小伴随的环境影响，最大限度地减少突发环境事件带来的危害。

5．预案编制要求

突发环境事件应急预案编制程序见图 15-3。

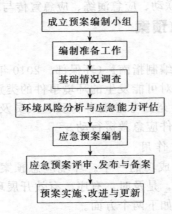

图 15-3　突发环境事件应急预案编制程序

（1）成立应急预案编制小组　各编制单位根据本单位（各级政府、环保部门及相关部门、园区、企事业单位）突发环境事件应急职责，成立专项应急预案编制工作小组，明确预案编制任务、职责分工和工作计划。由于环境应急预案编制工作涉及面广、专业性强，是复杂的系统工程，必须对预案编制人员进行专业性要求，尤其园区与企事业单位的预案编制人员，针对突发环境事件的次生性特点，应包含环境、安全、消防等各方面的专家和人员。

正因为预案编制人员的专业性特点，编制主体原则上为"谁使用谁编制"，预案使用单位是第一责任编制主体，但在实际操作过程中，可结合自身实际采用自编或委托相关专业技术服务机构的形式编制。即使委托第三方编制，各单位自身仍应成立专门的预案编制小组或指定专门的负责人员，加强与第三方机构的协调沟通，促进预案内容更符合单位实际，更具针对性与操作性。

（2）编制准备工作

① 编制准备工作主要是编制前的资料收集与分析，包含相关的法律法规、应急预案、技术标准等规范性文件收集，本单位的基本情况调查、辖区或单位环境风险分析及应急能力评估等，国内外相关突发环境事件的案例分析也可作为应急预案编制的参考材料。其中，本单位的基本情况调查、辖区或单位环境风险分析及自身应急能力评估是编制准备工作的重心。

② 本单位的基本情况主要是指单位的基本情况概述，作为公众了解的内容，园区及企事业单位预案则有必要对园区与企事业单位的基本情况进行概述，这是进行环境风险分析与采取应对措施的基本前提。单位的环境风险分析是编制准备工作的关键要素之一，政府专项及部门预案有必要对辖区内各类环境风险源、重大环境安全隐患及区域性、流域性敏感保护目标进行总体把握，园区及企事业单位预案则通过环境风险分析得出园区或企业内部的重点风险源，结合周边环境敏感保护目标，预测可能发生的突发环境事件的种类与后果，并对突

发环境事件进行分类、分级，以针对性进行应急人力、财力、物力及技术方面的准备。

③ 应急能力评估则是编制准备工作的另一关键要素，在总体调查、详细分析的基础上，编制主体对各单位现有的突发环境事件预防措施、应急管理及救援队伍、应急物资储备、应急装备配备、应急监测能力、环境应急指挥系统等应急能力进行评估，对进一步需求尽量进行补足。同时还应明确外部资源及能力，包括地方政府、上级部门预案的要求，专家咨询系统，区域联动机制，企业互助机制等。

（3）应急预案编制要求　在应急能力评估的基础上，结合本单位负责调查处理的突发环境事件的类型和级别，编制应急预案，对应急机构的组成、职责、应急响应程序、措施以及应急保障等方面做出具体安排。应急预案应与地方政府、上级部门、相关部门及其他单位预案有效衔接。

① 预案内容的基本要求。环境应急预案的内容应达到"四性"，一是针对性，围绕本单位应急职能，加强与细化本单位及相关部门、机构应急职责；二是实用性，预案内容切合工作实际，与本单位应急处置能力相适应；三是操作性，应急响应程序、措施和保障措施等内容应切实可行；四是衔接性，与地方政府、相关部门或单位的应急预案内容彼此呼应、衔接。

② 预案格式要求。环境应急预案一般由封面、目录、内容及附件四部分构成。封面主要包括应急预案编号、版本号、预案名称、发布实施单位名称、编制单位名称及颁布日期等内容。目录结构完整，含编号、标题及附件等，层次要求清晰、合理，目录页码与内容页码相对应。预案的版面一般使用A4纸型，仿宋字体，要求电子文档及打印文本俱备。

6. 预案基本要素

预案包括"八要素"，包含总则、组织指挥体系与职责、预防与预警、应急响应、善后处置、应急保障、宣传、培训、演练、附则与附件等基本内容。具体见表15-1。

表15-1　环境应急预案内容的基本要素

要　素	基　本　内　涵
总则	目的、工作原则、法律法规依据及适用范围等原则性内容
组织指挥体系与职责	包含突发事件应急组织体系的框架、指挥机构的组成及相应职责
预防与预警	预测与预警系统、预警级别、预警行动及预警支持系统等
应急响应	信息处理、分级响应、指挥协调、现场处置、人员撤离、医疗救治、事故调查等内容
善后处置	事后评估与恢复重建等
应急保障	人力资源、资金、装备、物资、通信、交通运输、技术等保障
宣传、培训与演练	针对预案内容的宣传、培训和演练做出明确规定
附则与附件	预案中涉及的名词术语定义、预案发布实施及更新等管理内容

环境应急预案中一般应涵盖上述基本要素，要素安排、框架结构可以根据单位特点进行调整，具体内容上应结合单位实际，突出重点，简明清晰，详略得当。

7. 预案评估

应急预案编制完成后，应进行评估。评估分为内部评估和外部评估，内部评估由各单位主要负责人组织单位内部相关机构和人员进行，外部评估则由各单位邀请地方政府、上级部门以及有关专家组成评估小组对预案进行评估，评估小组组成人员应包括预案涉及的政府部门人员、相关行业协会以及应急管理和专业技术方面的专家，应急管理和专业技术方面的专家主要包括科研机构、高等院校及同行业企业的专家。预案的评估以相关规范性编制文件（导则、国家相关标准）为参考标准，同时应当结合单位实际，注重预案的实用性、基本要素的完整性、内容格式的规范性、应急保障措施的可行性以及与其他相关预案的衔接性等内容。

8. 预案发布实施

预案为提高环境应急处置能力提供了制度保障，但除制度保障外，更需要预案具体执行、实施过程中的高效、到位。花一分力气抓预案的制定，就要花十分力气抓落实。预案发布后，各级地方政府、职能部门及各相关单位应尽快组织落实预案中的各项工作，进一步明确责任主体、细化各项职责和任务分工，落实环境风险防范设施建设，组建环境应急救援队伍、落实物资、装备配备等。

9. 预案备案管理

预案经评估完善后，一般经各单位主要负责人签署发布，并报相关机构备案。环保部门制定的部门预案，应报同级人民政府与上级环保部门备案。各企事业单位制定的应急预案，应由单位主要负责人签署，报当地环保部门备案。预案报送备案时应提交《突发环境事件应急预案备案申请表》、应急预案专家评估意见以及应急预案的纸质与电子版材料。受理备案登记的环保部门应在收到报备材料起 60 日内，对应急预案进行形式审查。符合形式审查标准的，予以备案并出具《突发环境事件应急预案备案登记表》；不符合标准的，不予备案并函复说明理由。

10. 预案培训、宣传与演练

美国国家应急预案编制指南的前言中提出"没有经过培训和演练的任何预案文件只是束之高阁的一纸空文"。应急预案本身并不能自动发挥作用，其作用的大小要受制于其制定水平和执行能力高低的影响。因此，要在平时做好应急预案文本的培训和演练，不断提高各级领导干部、管理人员、应急救援人员的指挥水平和专业技能，提高预案的执行力。进行有效的应急预案演练有两个核心优势：一是增加对潜在环境风险的警惕性，二是增加处理突发环境事件的经验。通过有效的演练，可以克服临场混乱、措施不当、抢险物质准备不充分、抢救人员不到位、延误抢救最佳时间等等问题。应急预案中列入的所有功能和活动都必须经过培训演练，培训、演练中发现的问题应成为预案修改更新的参考。

11. 预案动态更新

应急预案建设是一个不断完善的过程。环境应急预案根据以往经验和可能出现的突发环境事件的特点等事前编制，带有一定的主观性，与事实可能存有一定差距，且突发环境事件在不同历史时期具有不同特征。因此，需要定期对环境应急预案进行评估和修订，使之更加完善且符合实际。随着应急相关法律法规的制定、修改、完善和废止，各单位职责、人员或应急资源发生变化，通过演练或应急实践过程中发现存在的问题和出现新的情况，各单位应及时更新应急预案。

二、环境应急资源准备

1. 应急资源

应急资源主要指应急物资、资金、人员、场所、设施、设备等应急处置中需要使用到的各项资源。应急资源是突发事件有效应对的重要保障，通过对应急资源事先的合理配置、有效整合避免资源缺乏、不足或存放不合理、管理混乱等问题。一方面能够确保资源在需要时尽快投入使用，保证突发事件的快速与高效处置；另一方面，从经济角度出发，也能够实现资源使用的最优化。

针对应急资源的准备《突发事件应对法》对应急救援队伍、资金、物资、装备、通信及技术保障均做出明确要求。各项应急资源应该合理储备、便利调用，实现应急利益与经济利益的双赢。对此，应充分利用现有资源，按照条块结合、资源整合和降低行政成本原则，构建社会共建共享体系。提倡政府主导、社会参与的方式，在政府的统一领导下，动员全社会的力量：调动各种社会资源共同应对，形成社会整体性应对网络，努力让有限的社会和政府资源发挥最大作用，最终达到分解政府压力、集中社会资源、节约处置成本、提高应急效率的效果。

环境应急资源是指为突发环境事件应急处置工作提前准备的应急物资、资金、人员装备等资源。与此相对应，环境应急资源的储备管理包含资金保障、专家队伍建设、应急救援队伍建设、应急物资、装备储备等方面内容。

2. 资金保障

古人云"兵马未动，粮草先行"，应对突发环境事件首先必须有充足的资金保障。应对突发事件的资金一般由财政拨款、社会捐助及政策、商业保险三部分组成，囿于中国目前的公众慈善意识、市场经济发展水平等因素，政府的财政拨款是主要来源。因此，应将环境应急资金纳入制度保障，按照事权与财权划分、分级响应、分级负担的原则，与环境应急管理实践需求相呼应，合理、充足安排应急经费。

3. 专家队伍建设

环境应急专家队伍建设是环境应急队伍建设的重要组成部分，是环境应急准备与保障的重要内容，是加强环境应急管理的重要基础性工作。通过专家队伍的建设完善，加强环境应急管理与突发环境事件处置的理论支撑与技术支持，对于有效防范突发环境事件发生、科学应对和处置突发环境事件具有积极意义。专家队伍构建原则主要有以下2点。

（1）遵循分步建立、分级管理原则　吸收一批政治觉悟高、应急理论丰富、专业知识扎实、实践经验丰富、组织性强的专家，组建一支高素质环境应急专家队伍，形成环境应急专家库；不断完善和调整环境应急专家库，扩大专家的组成，从高等院校、科研机构、企事业单位和相关政府的环境应急管理和技术人员中选聘专家，专业类别应涵盖石油、化工、生物、环保、核辐射及应急管理等多方面，形成覆盖面广、专业类别多的环境应急专家队伍系统。

（2）遵循依托本地、讲求适用原则　根据本地区区域、产业和环境风险源分布特点，调整环境应急专家库。强调专家的本地化，不仅方便日常业务咨询工作，也确保事件发生后赶赴现场的时效性；强调专家的针对性，根据地区产业结构特征以及前几年突发环境事件频率较高，有选择地添加风险性高的石油、化工等行业企业代表；强调专家的经验性，邀请加入专家不仅要求理论知识深厚，还要求有丰富的环境应急处置工作经验，因此专家库一般应由教授、高工和长期在一线的企业技术骨干组成。

4. 救援队伍建设

环境应急救援队伍一般是指突发环境事件现场处置队伍，与环境应急队伍、环境应急管理队伍相区分。环境应急队伍包含环境应急管理队伍、环境应急专家队伍及环境应急救援队伍三部分，环境应急救援队伍是环境应急队伍的重要组成部分。环境应急管理队伍则是环境保护行政主管部门组建的负责环境应急日常管理与突发环境事件应对的管理机构及人员，以管理性质为主，与环境应急救援队伍的一线处置属性相区分。环境急救援队伍作为突发环境事件现场处置的重要一线力量，对于环境应急处置工作的顺利开展具有十分重要而明显的意义。

环境应急救援队伍目前主要包含政府层面的综合应急救援队伍、企事业单位层面的专、兼职应急救援队伍两大类，目前缺乏专业的环境应急救援队伍。

5. 物资储备与管理

（1）环境应急物资　发生突发事件时，应急物资的及时到位、准确足量，对于最大限度控制事态发展、保护人民群众生命财产安全意义重大，因此应急物资不同于一般物资，存在需求数量大而不确定性等特点。根据优先等级划分，一般分为生命救助类、工程保障类、工程建设类与灾后重建类；根据其用途划分，包含防护用品类、生命救助类、生命支持类、污染清理类、动力燃料类、工程材料类等。

环境应急物资大部分属于污染清理类应急物资，即是指突发环境事件应急工作中需要用到的物资、设备，目前以现场应急防护与处置装备以及用于污染处置的各种常用中和剂及吸附物资最为常用。

（2）环境应急物资储备与管理　《突发事件应对法》第 32 条明确规定，国家要建立健全应急物资储备保障制度，完善重要应急物资的监管、生产、储备、调拨和紧急配送体系。目前，环境应急管理实践中存在着各级政府及环保部门环境应急物资储备和各相关企业环境应急物资储备两种情形。各级政府及环保部门环境应急物资储备侧重于常用现场应急防护与处置装备储备，相关企业则侧重于各种常用中和剂、吸附物资以及处置设备等储备，两类储备都各自独立开展，未能进行有效整合。环境应急物资储存的种类和数量明显不足，储存方式过于单一，均采用实物储存方式。当然，由于应急物资管理目前正处于研究阶段，尚未构建起完整的管理体系，缺乏完善的应急物资储备制度和管理体制等，应急物资的调用难还是一个普遍现象。

为达到"物资储备齐全，调拨工作高效"的目的，环境应急物资储备应采取政府及环保部门储备与企业储备相结合的社会化储备模式，建立完善各级政府及环保部门环境应急物资储备库，利用相关企业产品、原料及设施等构建社会化物资储备网络。同时，结合突发环境事件特点与两类储备的特点，以利用企业储备模式为主。根据风险源密度和运输半径等因素，坚持统筹规划、节约投资和资源整合的原则，社会化和专业化相结合，按照"合理布局，适量储备，便利调运"的要求，依托大型企事业单位和园区力量，建立"全覆盖，代储备"的应急物资储备体系。

6. 装备应用

环境应急装备是指环境应急防范与处置中使用的交通、防护、通信、监测等设备。环境应急装备是突发环境事件应急处置的硬件保障，其配置的全面性、合理性对于保护应急人员人身安全，迅速判断环境污染情况，及时高效进行应急处置有着极其重要的作用。对此《国家突发环境事件应急预案》明确要求：各级环境应急相关专业部门及单位要充分发挥职能作用等，增加应急处置、快速机动和自身防护装备、物资的储备，不断提高应急监测，动态监控的能力，保证在发生环境事件时能有效防范对环境的污染和扩散。

（1）应急装备的分类　根据装备动能划分，环境应急装备主要分为应急交通工具及车载设备、应急防护装备、应急监测设备和应急辅助设备四类。具体内容如表 15-2 所示。

表 15-2　环境应急装备汇总表

类　别		内　容	
应急交通工具及车载设备	应急指挥车及车载配置	应急指挥车,卫星通信设备,远程视频会议系统,单兵系统等	
	后勤保障车及车载配置	后勤保障车,笔记本电脑,传真、打印、复印一体化机,扫描仪,发电机及配套,UPS 及蓄电设备等,安全油桶及清水桶,行军床,野战帐篷,生活用品及食品,医疗救护包及其他辅助设备	
	应急监测车及辅助设备	应急监测车(监测预案中的监测设备)	
应急防护设备	呼吸道防护装备	过滤式防护器材	过滤式防毒面具,防酸碱面罩,综合、有机、无机等各类滤毒罐
		隔绝式防护器材	正压式空气呼吸器,充气泵,备用高压空气瓶
	皮肤防护装备	内装式重型防化服,轻型隔绝或过滤式防护服,防酸碱高靴,防护手套	
	辅助通信设备	喉震,腰压指,指环压指,对讲机	
	其他辅助设备	个人剂量报警仪,人员洗消器,洗消液,人员防护应急救生包等	
应急监测设备	气相色谱仪,吹扫捕集仪,离子色谱仪,气体应急检测仪,气体应急检测管,PID 检测仪,便携式余氯测定仪,激光测距仪,油分测定仪,水质自动采样器,水质快速测定仪。不明物质探测仪,毒气监测仪,手持式易燃高毒气体分析仪,挥发酚有机化合物检测仪,便携式多功能水质检测仪,便携式有毒化学物质快速检测仪(固、水),便携式重金属检测仪,复合气体检测仪,光离子化检测仪,便携式水质分析实验室,土壤(固体)采样器,便携式多参数水质检测仪,携式大气采样器		

类　别	内　　容
应急调查设备	现场通信专用 PDA，野外、红外照相机，单反相机及长焦镜头，高精度 GPS 定位仪，应急照明灯、应急警戒线、警戒标，应急处置办公包（笔记本、便携传真、便携打印、无线上网卡、照相摄像录音等取证器材，常用办公文具等）

根据突发环境事件类型划分，环境应急装备可分为突发水环境污染事件应急装备与突发大气环境污染事件应急装备，见表 15-3。

表 15-3　常用应急装备

突发环境事件类型	应急装备类型	内　　容
突发水环境污染事件	个人防护装备	隔绝式防毒衣、简易防毒面具、防毒靴套、防酸碱长筒靴、耐酸碱防毒手套、耐酸碱防水高腰连体衣
	生命救助装备	救生衣、急救箱、救护车
	污染控制处置设备	排水泵、消毒设备、各种堵漏器、堵漏袋、堵漏枪、洗消器、封漏套管、阻流袋等
	其他辅助设备	投掷式标志牌、插入式标志牌
突发大气环境污染事件	个人防护装备	防毒面具（接滤毒罐）、简易防毒面具、正压式空气呼吸器、隔热（冷）手套、防毒手套、高压呼吸空气压缩机、气密防护眼镜、隔绝式防毒衣、隔热防护服、防酸碱工作服、滤毒罐、防酸碱长筒靴、防毒口罩、气体报警器
	污染监测消减设备	风速风向仪、测距仪、小型洗消器、消毒设备、洗消剂、各种堵漏器、堵漏袋、堵漏枪、封漏套管、阻流袋、堵漏胶、封漏剂等
	其他辅助设备	灭火器、防爆强光照明设备

（2）常用应急防护装备使用方法　在突发环境事件应急处置过程中，现场应急指挥、救援、处置人员通常直接面对、接触各类有毒有害物质、毒剂、生物细菌等，人身安全往往受到严重威胁。而环境应急人员的人身安全保障应是环境应急工作顺利开展的重要前提，只有保护好自身才能更好开展应急处置工作。对此，完善环境应急防护装备配备、掌握正确的佩戴使用方法、充分发挥装备安全保障效能，对于环境应急人员安全、迅速采取应急处置措施至关重要。

如环境应急装备汇总表所示，应急防护装备一般包含呼吸道防护装备、皮肤防护装备、辅助通信设备及其他辅助设备等。环境应急防护装备的选择、佩戴、进入现场以及解除防护均有严格要求。

第四节　应　急　响　应

一、信息接报与信息报告

1. 信息收集

通过各种方式、各种渠道来获取所需要的信息是应急响应的第一步，也是关键一步。我们将其定义为信息收集，并认为该项工作的好坏直接关系到整个应急响应工作的质量。

（1）信息收集的渠道　应急响应流程中的信息收集渠道可以分为制度性渠道和非制度性渠道。

① 制度性渠道。制度性渠道又可分为报告渠道和举报渠道。

a. 报告渠道。为及时收集突发环境事件信息，国家、环境保护部和各级人民政府均应建立及时畅通的报告制度，并按照《环境保护行政主管部门突发环境事件信息报送办法》相关规定。在发生重大、特别重大突发环境事件时，由事发地市、县（区）环境保护行政主管部门在发现或得知突发环境事件后 1h 内，报告同级人民政府和省级环境保护行政主管部门。

由省级环境保护行政主管部门在接到报告后进行核实，并在1h内报告环境保护部。

　　b. 举报渠道。国家鼓励单位和个人向人民政府及其有关部门报告突发环境事件信息，《环境保护行政主管部门突发环境事件信息报送办法》中规定，环境保护行政主管部门应向社会公布值班电话，受理有关突发环境事件的信息和举报。

　　② 非制度性渠道。非制度性渠道主要是指通过报纸、电视等公众媒体途径收集获取。当前，随着网络应用的不断深化，网络信息已经成为收集信息的另一条渠道。

　　(2) 信息收集的意义　在环境应急管理实践工作中，我们经常遇到信息闭塞或者滞后引起次生突发环境事件，或者导致事件影响扩大甚至事态难以控制。因此，及时准确地收集信息是第一时间掌握和控制事态发展的前提条件，有利于政府及有关部门采取积极有效的措施，最大限度地减少突发环境事件的发生以及造成的损失，为积极有效应对突发事件争取时间、创造条件。《突发事件应对法》明确规定："县级以上人民政府及其有关部门、专业机构应当通过多种途径收集突发事件信息。"《环境保护行政主管部门突发环境事件信息报送办法》中规定，各级环境保护行政主管部门应当通过多种渠道收集突发环境事件信息。

　　2. 信息辨识

　　信息辨识是对获取的原始信息进行筛选、分析、研判，剔除不可信和错误的信息，尽可能准确、完整地展现事件的原貌，判断事件的敏感程度和事态发展的可控程度，提出相应的应急响应级别和处理处置方案。

　　3. 信息报告

　　及时准确的信息报告，有利于政府部门掌握突发事件的发展趋势，采取有效措施，预防和减少突发环境事件的发生及其造成的损失。在应对突发事件过程中，建立顺畅的信息报告机制尤为重要，直接关系到政府应对突发事件的各项工作。

　　突发环境事件信息报告的主体应包括环境保护行政主管部门、专业机构、单位、个人等。事故责任方应立即报告当地环境保护行政主管部门，可以通过拨打"12369"向当地环保部门报告，或向其他有关部门报告。对此，《突发事件应对法》和《中华人民共和国环境保护法》中都有明确规定。

　　事发地环境保护行政主管部门在获知突发环境事件信息后，应当及时报告同级人民政府和上级环境保护行政主管部门。

　　在环境保护行政主管部门信息报告制度中将突发环境事件报告分为初报、续报和终报并规定信息报告可采用书面报告或电话、传真、网络等多种形式。

　　(1) 初报　初报应在发现和得知突发环境事件后上报，主要内容一般应当包括：突发环境事件的发生时间、地点、信息来源；事件的起因和性质、基本过程；主要污染物和数量；人员受害情况；饮用水水源地等环境敏感点受影响情况；事件发展趋势；处置情况；拟采取的措施以及下一步工作建议等初步情况。初报除提交文字报告外，还应当提供可能受到突发环境事件影响的环境敏感点的分布示意图。

　　(2) 续报　续报应在查清有关基本情况、事件发展情况后随时上报，视突发环境事件处置进展可一次或多次报告。续报主要内容一般应当包括：突发环境事件有关的监测数据；事件发生原因、过程；进展情况；趋势分析；危害程度；采取的措施、效果等情况。

　　(3) 终报　终报应在突发环境事件处理完毕后上报。在初报和续报的基础上，终报主要内容一般应当包括：处理突发环境事件的措施、过程和结果；突发环境事件潜在或间接的危害及损失；社会影响；处理后的遗留问题；责任追究等详细情况。

　　4. 信息通报

　　信息通报是指上级机关把有关情况以书面的形式通告下级机关或其他相关部门，这类通报通常具有沟通和知照的双重作用。有效的信息通报可以使各部门、各地区了解全局，协调一致，从而有助于事态的控制和处理。

发生突发环境事件责任方，应及时向受影响和可能波及范围内的环境敏感区域通报，并向毗邻和可能波及的省（区）相关部门通报突发环境事件的情况。

发生跨界突发环境事件时，当地人民政府及相关部门在应急响应的同时，应当及时向毗邻和可能波及的地区人民政府及相关部门通报突发环境污染事件的情况。发生跨国界突发环境污染事件，国务院有关部门向毗邻和可能波及的国家通报。

接到通报的人民政府及相关部门，应当视情况及时通知本行政区域内有关部门采取必要措施，当地政府向上级人民政府及相关部门报告，有关部门向本级人民政府和上级部门报告。

5. 信息发布

相对于一般的环境污染而言，突发环境事件没有固定的排放方式和途径，都是突然发生，在短时间内对环境造成严重污染和破坏，给人民的生命和国家财产造成重大损失，有时受影响的不仅是污染源所在地区，还可能波及相邻地区。

突发环境事件发生后，不了解事件真相、不具备专业知识的群众就成为突发环境事件中的弱势群体，如不及时发布信息极易引起社会主观猜测，甚至引起恐慌。因此，面对紧急严重的突发事件，及时、准确、全面、畅通的政府环境信息公开是应对突发事件的有效手段。

突发环境事件信息发布的主体是县级以上人民政府，信息发布的对象是公众和媒体。

信息发布形式主要包括授权发布、散发新闻稿、组织报道、接受记者采访、举行新闻发布会等，也可以通过省和事发地主要新闻媒体、重点新闻网站或者有关政府网站发布信息。

原国家环保总局《环境污染与破坏事故新闻发布管理办法》规定，有关重大环境污染和生态破坏事故信息，应由政府负责及时、准确、全面地向社会发布，其他相关部门、单位及个人未经批准，不得擅自泄露事件信息，环保部门的职责是向政府报告重大环境污染事故情况。因此，在突发环境事件应急响应中，应由应急指挥部（政府）负责突发环境污染事件信息的统一发布工作。信息发布要及时、准确，正确引导社会舆论。对于较为复杂的事故，可分阶段发布。

二、应急启动

在突发事件处置中，对于应急启动的描述往往用"立即启动应急预案"来描述，事实上，在事件处置的实际过程中，应急启动包含了很多的关键性动作，包括启动预案、发布预警、制订工作方案一系列工作。

1. 启动预案

（1）确定预警级别　按照突发环境事件严重性、紧急程度和可能波及的范围，突发环境事件的预警分为四级：特别重大（Ⅰ级）、重大（Ⅱ级）、较大（Ⅲ级）和一般（Ⅳ级），预警级别由高到低，颜色依次为红色、橙色、黄色、蓝色。根据事态的发展情况和采取措施的效果，预警级别可以升级、降级或解除。

收集到的有关信息证明突发环境事件即将发生或者发生的可能性增大时，应按照相关应急预案执行，并根据事件发展情况确定预警级别。进入预警状态后，当地县级以上人民政府和政府有关部门应当立即启动相关应急预案。

蓝色预警由县级人民政府发布。

黄色预警由市（地）级人民政府发布。

橙色预警由省级人民政府发布。

红色预警由始发地省级人民政府根据国务院授权发布。

（2）成立应急指挥部　突发环境事件应急指挥部是突发环境事件处置的领导机构，主要负责突发环境事件的组织、协调、指挥和调度。应急指挥部工作内容一般包括以下内容。

组织、指挥各成员单位开展突发环境事件的应急处置工作；出现场应急行动原则要求；设置应急处置现场指挥部；派出有关专家和人员参与现场应急指挥部的应急指挥工作；协调各级、各专业应急力量实施应急支援行动；协调受威胁的周边地区加强对危险源的监控工作；协调建立现场警戒区和交通管制区域，确定重点防护区域；根据现场监测结果，确定被转移、疏散群众返回时间。

应急指挥部由县级以上人民政府主要领导担任总指挥，成员由各相关人民政府、政府有关部门、企业负责人及专家组成。应急指挥部应根据污染事件的类型，下设应急协调组、应急监察组、应急监测组、应急宣传组、应急专家组等。

（3）落实应急人员与应急装备　启动预案后，应首先落实应急人员与应急装备。应急人员通常包括现场调查人员、应急监测人员、处置专家、后勤保障人员等。应急装备主要包括应包括两大类，基本装备和专用装备。

① 基本装备。

a. 通信装备。目前，我国应急工作所用的通信装备一般分为有线和无线两类，在应急工作中，常采用无线和有线两套装置配合使用。移动电话（手机）和固定电话是通信中常用的工具，由于使用方便，拨打迅速，在社会救援中已成为常用的工具。在近距离的通信联系中，也可使用对讲机。另外，传真机的应用缩短了空间的距离，使救援工作所需要的有关资料及时传送到事故现场。

b. 交通工具。良好的交通工具是实施快速响应的可靠保证，在应急处理中常用汽车和飞机作为主要的运输工具。国外，直升机和专用飞机已成为应急中心的常规运输工具，在应急工作中配合使用，提高了行动的快速机动能力。目前，我国的应急队伍主要以汽车为交通工具，在远距离的应急行动中，借助民航和铁路运输，在海面、江河水网，汽艇也是常用的交通工具。

c. 照明装置。重大事故现场情况较为复杂，在实施救援时需要良好的照明。因此，需对应急队伍配备必要的照明工具，以有利于救援工作的顺利进行。照明装置的种类较多，在配备照明工具时除了应考虑照明的亮度外，还应根据事故现场情况，注意其安全性能和可靠性。

d. 防护装备。有效地保护自己才能取得应急工作的成效，在事故应急响应行动中，对各类应急人员均需配备个人防护装备。个人防护装备可分为防毒面罩、防护服、耳塞和保险带等。在有毒事故场所，应急指挥人员、医务人员和其他不进入污染区域的救援人员多配备过滤式防毒面具。对于处置、监测等进入污染区域的应急人员，应配备密闭型防毒面罩。

② 专用装备。专用装备主要指各应急队伍所用的专用工具（物品）。在现场紧急情况下，需要使用大量的应急设备与资源。如果没有足够的设备与物质保障，即使是受过很好的训练的应急队员面对灾害也无能为力。根据突发环境事件的特点和环境应急队伍职能，专用装备包括应急监测装备和污染控制装备两大类。

常用应急装备见表 15-4。

表 15-4　常用应急装备

序号	类　　别		装备名称
1	基本装备	通信装备	对讲机、移动电话、电话、传真机、电报等
2		交通装备	汽车、汽艇等
3		照明装备	备用发电机、应急灯具等
4		个人防护装备	防护服、手套、靴子、呼吸保护装置等

序号	类　别		装备名称
5	特殊装备	污染控制装备	泄漏控制工具、探测设备、封堵设备、解除封堵设备、污染应急处理设备等
6		应急监测装备	采样设备、样品保存运输设备、便携式监测设备、现场应急监测设备
7	其他装备	资料	计算机及有关数据库和软件包、参考书、工艺文件、行动计划、材料清单等

2. 制订工作方案

（1）工作方案的意义　应急预案的基本功能在于未雨绸缪、防患于未然，通过在突发事件发生前进行事先预警防范、准备等工作，对可能发生的突发事件做到超前思考、超前谋划、超前化解，可以说编制应急预案是事前预防的一部分。应急预案都具有一定的普适性，但是，每个突发环境事件都是个案，有其自身的特性。在发生突发环境事件时，应急预案虽然可以指导处置工作，但存在着过于笼统、过于原则的问题。现场工作方案的制订就是将应急预案个性化、具体化、化的过程，针对个体事件，制订切实可行的现场行动方案，指导实际的应急处置工作，使各项应对工作有章可循、忙而不乱。

（2）工作方案的内容　现场工作方案一般应包括以下内容：现场应急组织体系的建立；事故调查和应急监测的安排和要求；应急处置方案的论证和制订；减小事件影响的控制方案；确定信息发布时机及内容；明确应急响应终止要求以及应急终止后的其他工作安排等。

［案例1］　江苏省环保厅对南京市城北丙烯输送管道爆燃事件的处置方案。

2010年7月28日上午10时许，位于南京市迈皋桥地区的某石化某塑料厂丙烯输送管道发生泄漏，泄漏爆炸并燃起大火。江苏省环保厅接报后，根据掌握的情况立即启动响应程序，并制订工作方案如下。

① 根据环保厅突发环境事件应急预案要求，成立突发环境事件应急指挥中心，由厅长×××任总指挥，副厅长×××任副总指挥，各相关部门作为指挥中心成员单位参与应急处置工作。

② 厅总值班室值班人员负责起草事件初报信息，第一时间向省政府应急办、环保部应急办报告，并通报环保部华东督查中心。

③ 组成包括应急处置和监测专家在内的应急小组赶赴事故现场，开展调查处置工作。

④ 指导南京市环保局开展环境应急及环境监测等工作，对事故现场及周边空气、水质进行监视监测，及时掌握环境变化情况。

⑤ 应急小组赶赴现场后立即制定现场污染物防控和处置方案，防止污染物对水体及土壤造成二次污染。

⑥ 突发事件得到控制、紧急情况解除后，根据应急调查、应急监测结果，确认事件已具备应急终止条件后，及时报指挥中心确认并报请省政府批准环境应急终止。

⑦ 应急终止后，相关应急工作组应根据指挥中心约有关指示和现场实际情况，继续进行监测、监控和评价工作，直至本次事件的影响完全消除为止。

⑧ 跟踪、督促该地区做好环境综合整治工作，并要求全省各级环保部门加强对高风险化工行业的监管，坚决查处并整改发现的环境安全隐患。

第五节　应　急　处　置

一、应急处置的作用及意义

1. 第一时间控制环境影响

突发环境事件的直接受害者是环境，做好非常态响应的直接目的即为防止事件中造成的环境污染迅速扩大化。因此，第一时间控制环境影响，维护环境安全，一直是非常态响应工作的重要意义之一。当前，环境安全形势严峻，先污染后治理的路子已经导致了环境对人类的不断报复，其中突发环境事件是一个爆发点、被关注点。不管是从环境保护的整体工作，还是从突发环境事件自身的破坏性来讲，非常态响应都显得格外重要。

2. 最大可能化解社会影响

作为突发环境事件最直接的受害者，环境同样是一个广泛的载体，人、财、物、社会等可能因为这一载体的影响而间接受到影响。这就导致了有时候环境问题不仅仅停留在环境保护的层面上，而有可能上升为社会问题，涉及民生，涉及社会群体利益。那么，妥善处置各类突发环境事件就成为保障民生的一个重要前提。因此，在环境应急的非常态响应过程中，我们不仅仅要关注其环境影响，更应该最大可能化解社会影响，这事实上已经成为当前非常态响应中的一个重要任务。

二、应急监测

环境应急监测是事故处理处置中的重要环节，是指在环境应急响应情况下，对污染物种类、数量、浓度和污染范围，以及生态破坏程度、范围等进行的监测。其目的是发现和查明环境污染情况，掌握污染的范围和程度。

应急监测主要内容一般应包括：制订应急监测方案、确定监测项目、确定监测范围布设监测点位、现场采样与监测、监测结果分析并编制应急监测报告。

1. 制订应急监测方案

据现场应急工作方案要求，应急监测工作组应快速制订应急监测方案，方案包括监测对象、布点方法及范围、监测项目、采样频次等内容。

2. 确定监测项目

确定监测项目是应急监测中的技术关键，对突发环境事件污染控制和处理处置有举足轻重的作用。监测项目的筛选主要从污染源性质和污染受体性质两个方面考虑，必要时需咨询专家意见。

(1) 污染源性质

① 对于固定污染源引发的突发性环境污染事故，调查固定源单位有关技术人员，记录事故位置、生产设备、原辅材料、生产产品、生产记录等，确定主要污染物和监测项目。

② 对流动源引发的突发性环境污染事故，通过对有关人员的询问以及运送危险化学品或危险化学品名称、数量、来源、生产或使用单位，确定主要污染物和监测项目。

③ 对未知污染物的突发性环境污染事故，通过对事故现场污染物的特征，如气味、挥发性、遇水反应、颜色及对周围环境、作物的影响，结合周边的社会、人文、地理及可能产生污染的企事业单位情况，进行综合分析来确定监测项目。

④ 如发生人员、动物、植物中毒事件，根据中毒反应的特殊症状，确定主要污染物和监测项目。例如 HF 污染叶片后其伤斑呈环带状，分布于叶片尖端和边缘，并逐渐向内发展。

⑤ 利用空气自动站，水质自动站和污染源在线监测系统的记录，确定主要污染物和监测项目。

(2) 影响受体性质

① 地表水：pH 值、悬浮物、化学需氧量、氨氮、总氮、总磷、挥发酚、油类、粪大肠菌群、细菌总数。参照地区污染物的特征适当增减监测项目。

② 饮用水源地水（含井水）：pH 值、悬浮物、高锰酸盐指数、氨氮、硝酸盐、亚硝酸盐、总磷、挥发酚、硫化物、总硬度、总汞、总砷、铅、镉、油类、氯化物、氟化物、总有

机碳、粪大肠菌群、细菌总数。

③ 有污水排放的工矿企业及事业单位参照工业废水监测项目执行。

洪水淹没区的工矿企业和危险品存放地，根据工矿企业的产品、原材料、中间产品及存放危险品的种类，以国家控制的污染物为主，并参照国外有关限制排放污染物确定监测项目。

④ 居民集中区大气：参照大气监测项目执行。

在实际的突发环境事件监测中应做到主次分明、手段灵活。在事件发生初期，应急监测的目的是快速确定敏感点附近的基本状况及危害程度，迅速采取措施，保障人民生命健康安全。在这一阶段，注重综合判断，尤其是当一些特征污染因子没有设定相应监测标准、没有现场监测设备或检测周期较长时，可根据实际情况选择综合性指标表征事件的污染影响情况，例如通过生物毒性测试水环境受有机物污染的情况；也可采用 GC-MS 等大型仪器对受体样品定性分析，确定污染物种类；同时还可以采取受体与可疑污染源比对分析，确定"污染责任主体"，为指挥部决策和制定处置方案提供及时、科学的依据。

（3）确定监测范围与布点　影响应急监测结果的一个重要因素就是采样点布设的完整性与代表性。采样点布设不完整，监测结果就不能充分反映事故的影响范围及发展态势。

应急监测范围确定的原则是根据事发时污染物的特征、泄漏量、泄漏方式、迁移和转化规律、传播载体、气象地形等条件，确定突发环境事件的污染范围。在监测能力有限的情况下，按照人群密度大、影响人口多优先，环境敏感点或生态脆弱点优先，社会关注点优先，损失额度大优先的原则，确定监测范围。如果突发环境污染事件有衍生影响，则距突发环境事件发生时的时间越长，监测范围越大。

应急监测阶段采样点的设置一般以突发环境事件发生地点为中心或源头，根据突发环境事件污染物的扩散速度和事发地风向、风速或水深、流速等气象和地域特点，确定污染物扩散范围，在此范围内布设相应数量的监测点位。事件发生初期，根据事件发生地的监测能力和突发事件的严重程度，按照采样点最具有代表性的原则进行应急监测，之后根据污染物的扩散情况和监测结果适当调整监测频次和监测点位。化学品气体泄漏事件，由于影响范围存在不可知性，通过气象等因素判定风向、风速，在距离事故点较近的位置安排便携式气体应急监测仪器，精确布点，通过检测分析和计算，判断污染物浓度及扩散方向和范围。

常见事故监测范围和采样布点方法见表 15-5。

表 15-5　常见事故监测范围和采样布点方法

事件类型	采样节点方法
环境空气污染事故	在事故发生地采样，采用模型预测污染范围和变化趋势 以事故地点为中心，按定间隔圆形布点采样 根据污染物特征，在不同的高度采样 在上风向适当位置布点，对在距离事发点最近的民居或其他敏感区域布点采样；注意风向的变化，随时调整采样位置 利用检气管快速检测污染物的种类和浓度范围，确定采样流量和采样时间，同时记录气温气压风向风速采样总体积换算成标准状态下的体积
水环境污染事故	地表水环境污染事故以事故发生地为主，根据水流方向、扩散速度布点，应测定流量 江、河污染事故，在发生地下游布点，上游设对照断面，根据污染物的特征在不同层面采样。影响区域内饮用水和农业灌溉取水口布点必要时，布设沉积物采样断面 湖（库）事故发生地，在事故中心的水流方向的出水口处，按一定间隔扇形或圆布点，在出水口处设置采样断面 地下水污染事故，以发生地为中心，根据地下水流向，采用网格法或辐射法在周围设监测井采样，在垂直于地下水流的上游方向，设置对照监测井采样，饮用水源来水设采样点。采样瓶均匀沉入水中，使各层水样进入来样瓶

事件类型	采样节点方法
土壤污染事故	以事故地为中心,在事故地及周围一定距离的区域内按照一定间隔圆形布点采样,取垂直10cm表土层,样品除去石块、树叶、草根等杂物。在不同深度采样,并采集没有污染的土壤样品对照

（4）现场采样与监测　现场监测工作组根据监测工作方案进行现场监测或采样。如果能用快速方法现场监测污染物就现场监测；不能用快速方法监测的污染物,要现场采样送回实验室分析,监测人员在进入污染现场前,要做好个人的安全防护工作。现场采样与监测一般应遵循以下原则。

① 现场监测的采样一般以事故发生地点及附近为主,根据现场的具体情况和污染水体的特性布点采样和确定采样频次。

② 对于江河的监测应在事故地点及其下游布点采样,同时要在事故发生地点上游采对照样。对湖（库）的采样点布设以事故发生地点为中心,按水流方向在一定间隔扇形或者圆形布点采样,同时采集对照品。

③ 事故发生地点要设立明显标志,如有必要则进行现场录像和拍照。

④ 现场要采平行样,一份供现场快速测定,一份供实验测定,如有需要,要同时采集污染地点的低质样品。

⑤ 样品送交分析人员后,现场监测人员应说明有关情况,分析人员对照采样原始记录进行核对,以最快的速度分析样品,并将监测结果交质量保证组。

⑥ 样品分析结束后,剩余的样品应在污染事件处置妥当之前按技术规范要求予以保存。

（5）跟踪监测　突发事故过后,环境污染的影响往往要持续一定时间才能消除或降低到允许范围之内,这期间需要对污染源及环境质量进行跟踪监测,以确保事发环境及周边所影响环境的安全。跟踪监测应包括对环境质量的监测和评价,对污染现场残留污染物处理或处置的监督监测等内容。化工企业事故后破损的容器、装置内部可能残留化学品,甚至还带有较高的压力,在现场条件凌乱的情况下,有再次发生火灾、泄漏等事故的可能。监督监测措施能及时发现问题,防止污染事故的再次发生。监控点的设置对于稳定周围居民的情绪也非常重要。松花江污染事件后,后期跟踪监测时间长达数月,范围长达上千公里,是迄今为止最大规模的一次突发污染事故跟踪监测。

（6）应急监测报告　污染事故发生后,地方政府、各部门、公众都迫切需要事故现场的环境信息,监测结果则是公众关心的焦点。采用正规渠道,及时、准确地发布监测结果,对稳定事故局势、安定附近居民的人心都有重要的作用。应急监测报告分为事故现场监测报告和影响预测报告两种形式。

事故现场监测报告应在最短时间内向现场指挥部发出第一期污染事故快报,报告事故现场及周边环境受污染情况,为指挥部决策提供依据,随后根据事故的变化情况以及现场领导小组规定的时间要求,陆续发出第二、三等期快报,直至事态平息或稳定。

影响预测报告应由专家组通过专家咨询和讨论的方式,结合现场监测结果报告分析得出,并作为突发环境事件应急决策的依据。影响预测报告的主要内容一般应包括：根据突发环境事件污染物的扩散速度和事件发生地的气象和地域特点,确定污染物扩散范围。根据监测结果,综合分析突发环境事件污染变化趋势,预测并报告突发环境事件的发展情况和污染物的变化情况。

三、事故原因调查

在开展应急监测的同时,应急监察组开展现场调查取证工作。调查主要内容一般应包括：事故发生的时间、地点；污染源和污染物；污染范围、污染程度；周围的环境概况；必要时要对事件发生地的社会经济、人口分布、农业和养殖业特点、气象特征、水文情况、牲畜和农田植被的破坏情况、历史纠纷情况进行调查；根据调查结果和监测数据确定污染物的排放量和事故成因。

1. 事件基本情况调查

通常情况下，事件基本情况调查在信息收集阶段基本完成，在事件较为复杂、紧急或原因不明时，需要先行启动预案，而后再对事件基本情况进一步开展调查。事件基本情况调查主要内容一般应包括：事件发生地点、时间；污染物种类和数量；事件发生的直接原因（如由危化品泄漏或爆炸、企业违法排污或地震、洪涝等自然灾害等因素引发）；周边的环境状况等（是否有饮用水水源地、学校或居民集中区等）。

2. 事件成因调查

事件成因调查是指在调查了解事件发生的直接原因的基础上，挖掘和分析事件发生的深层次原因，准确把握事件本质，为决策者调整处置方案，为更快速有效地从根本上减少和降低事件的影响提供依据。随着社会公众的环境意识逐步提高，环境问题也往往成为各类社会矛盾、群体性事件的突破口，一些综合性因素引发的突发事件以环境污染事件的形式爆发出来，因此在事件调查初期，除了对事件基本情况的掌握以外，还要对事件成因进行细致的成因调查，准确把握事件性质。长期累积的污染因素往往因偶然的气象、水利等因素的综合作用，引发影响较大突发事件，而环境污染更易成为关注的焦点问题，媒体的导向直指环境污染而忽略其他因素，这不仅给处置工作增加难度，也容易激化公众情绪，衍生发展成群体性事件。因此在处置这类事件时，在掌握事件基本情况的基础上，结合事发地气象条件、水利调节以及环境本底值等情况进行调查分析，综合判断、准确把握事件的性质，并及时将事件原因向公众和媒体公开，这对控制事态、化解社会矛盾、维护社会稳定尤为重要。

3. 事件影响调查

由于污染的长期性，事件的影响往往是潜在的，又是容易被忽视的，比如对土壤、地下水、农作物、水产品、畜牧业的影响等。可以通过专家咨询和科学鉴定等方式，对事件影响进行调查和评估，这也为污染事件的纠纷赔偿提供科学依据。事件影响调查主要对象是累积型突发环境事件，如太湖蓝藻事件、阳宗海砷污染事件、陕西凤翔血铅超标事件，这些事件是长期的污染累积，在特定的条件下爆发出来的。

四、控制并消除污染

根据现场应急工作方案，应急监察组负责对污染源进行排查，特别是对产生污染物的企业进行重点排查。第一时间发现污染源，第一时间控制污染源，并与专家组研究制订消除污染的方案。

1. 排查污染源

（1）对固定源（如生产、使用、储存危险化学品、危险废物的单位和工业污染源）所引发的突发环境事件，可通过对相关单位有关人员调查询问方式，对企业生产工艺、原辅材料、产品的信息进行分析，对事故现场的遗留痕迹跟踪调查分析，以及采样对比分析方式，确定污染源等。

（2）对流动源（危险化学品、危险废物水陆运输）所引发的突发环境事件，可通过对运输交通工具驾驶员、押运员的询问以及危险化学品的外包装、危险废物转移"三联单"、准运证、上岗证、驾驶证、车号等信息，确定运输危险化学品的名称、数量、来源、生产或使用单位；也可通过污染事故现场的一些特征，如气味、挥发性、遇水的反应特性等，初步判断污染物质；通过采样分析，确定污染物质等。

（3）对原因不明的突发环境事件，可以从两个方面入手开展排查：一是从监测结果分析，二是从污染受体逆向排查。一方面，应急监测工作组可借助仪器对污染受体进行定性分析确定污染物的可能种类；另一方面，污控工作组结合监测结果，从污染受体逆向排查可能产生污染物质各类污染源，包括点源（主要是指工业企业）和面源，在排查时特别要注意综合考虑气象因素（包括风向、汛期等），事件发生前水利调节情况、社会历史因素、鱼虾产卵、蚕结茧敏感期等因素，有的放矢地排查，才能迅速准确地确定污染源和污染物，并为切断和控制污染源提供依据。

（4）工业企业污染源排查的一般程序和内容

① 根据接报的有关情况，组织环境监察、监测人员携带执法文书、取证设备，以及有关快速监测设备，立即赶赴现场。

② 根据现场污染的表观现象（包括颜色、气味以及生物指示），初步判定污染物的种类，利用快速监测设备确定特征污染因子以及浓度。

③ 根据特征污染因子，初步确定流域、区域内可能导致污染的行业。在此环节中要考虑事件发生前的水利调节情况，若有水利调节活动，可能会影响排查方向和范围。

④ 根据污染因子的浓度、梯度关系，初步确定污染范围。

⑤ 根据造成污染的后果，确定污染物量的大小，在确定的范围内，立即排查行业内的有关企业。

⑥ 通过采用调阅运行记录等手段，检查企业排放口、污染处理设施及有关设备的运行状况，最终确定污染源。

2. 切断与控制污染源

（1）事故发生后，切断和控制污染源是控制并消除污染最基本和最有效的手段。通常可以采取限产、限排、停产、禁排、封堵等措施切断和控制污染源。切断与控制污染源包括厂内控制和厂外控制两种手段，一般情况下，事故发生后首先要厂内进行控制，最大限度降低污染物对厂外的扩散。厂内控制通常采取以下手段：封堵污染源泄漏处或关闭污染源排放口；停止生产、禁止污染物排放；关闭厂区的总排污口和雨水口；将消防水排入应急池；加大厂内污染物处理设施的处理力度。

（2）在实施厂内控制后，还需要进行厂外控制。厂外控制的主要目的是切断污染源与外界环境的联系，防止污染物的扩散，最大限度控制污染物的影响范围和影响程度。通常采取以下手段：筑坝拦截封堵；切断厂外管道与自然水体的联系；切断小河与大河的联系；封锁现场交通，限制人员流动。

（3）在事件影响范围不断扩大或在必要的情况下，对污染源周边（如化工园区内）相同或相的生产或排放企业（行业）采取限产、限排、停产、禁排等措施。

（4）水环境污染事件现场处置　根据污染物的性质及事件类型、可控性、严重程度、影响范围及水环境状况等，需确定以下内容；可能受影响水体情况说明，包括水体规模、水文情况、水体功能、水质现状等；制定监测方案，开展应急监测；事件发生后，切断污染源的有效方法及泄漏至外环境的污染物控制、消减技术方法说明；制定水中毒事件预防措施，中毒人员救治措施；需要其他措施的说明（如其他企业污染物限排、停排、调水，污染水体疏导，自来水厂的应急措施等）；跨界污染事件应急处置措施说明。

（5）有毒气体扩散事件现场处置　根据污染物的性质及事件类型，事件可控性、严重程度和影响范围以及风向、风速和地形条件等，需确定以下内容：切断污染源的有效措施；制定气体泄漏事件所采取的现场洗消措施或其他处置措施；明确可能受影响区域及区域环境状况；制定监测方案，开展应急监测；可能受影响区域企业、单位、社区人员疏散的方式和路线、基本保护措施和个人防护方法；临时安置场所；周边道路隔离或交通疏导方案。

（6）溢油事件现场处置　根据溢油数量、油品的种类等，需确定以下内容：制定切断溢油源和控制影响范围的有效措施；制定监测方案，开展应急监测；制定事件现场隔离警戒，防止发生火灾爆炸事件措施；制定油品回收和减轻环境污染的措施；制定减轻溢油事件造成的社会影响的措施。

（7）危险化学品及危险废物污染事件现场处置　根据危险化学品和危险废物的性质、污染严重程度和影响范围，需确定以下内容：切断污染源的有效措施；制定防止发生次生环境污染事件的处置措施；明确可能受影响区域及区域环境状况；制定监测方案，开展应急监测；可能受影响区域人员疏散的方式和路线、基本保护措施和个人防护方法；临时安置场所；周边道路隔离或交通疏导方案。

（8）辐射事件现场处置　对于放射源丢失、被盗或被抢的事件，需确定以下内容：制定放射源搜寻措施和步骤；制定在指定区域内宣传放射性危害特性的方法。对于放射性物质泄漏事件，需确定以下内容：制定措施，切断辐射范围扩大的途径；制定实时监测方案；制定现场专业技术人员个人防护措施；制定周边群众保护措施和预防、治疗方案。

（9）受伤人员现场救护、救治与医院救治　依据事件分类、分级，附近疾病控制与医疗救治机构的设置和处理能力，制订具有可操作性的处置方案，应包括以下内容：可用的急救资源列表，如急救中心、医院、疾控中心、救护车和急救人员；应急抢救中心、毒物控制中心的列表；国家中毒急救网络；伤员的现场急救常识。

3．减轻与消除污染影响

减轻与消除污染影响是指对已经产生的污染物采取一定的处理措施，消除或者减轻污物的影响。一般采用拦截、覆盖、冷却降温、吸附、吸收等措施防止污染物扩散；通过采取中和、固化、沉淀、降解、清理等措施减轻或消除污染。

水污染事件应通过水利调节如关闸截污，调水冲污等方式，建设部门临时关闭取水或加药剂量，保证自来水出水的水质。

空气污染事件应做好人员疏散和预警发布工作。也可建议政府采取人工降雨等手段快消除污染影响。

固体废弃物污染事件应防止污染介质转移，妥善处置固体废物和受影响的土壤。

五、应急专家指导

应急指挥部根据现场应急工作需要组成专家组，参与突发环境事件应急工作，指导突发环境事件应急处置，为应急处置提供决策依据。

发生突发环境事件，专家组迅速对事件信息进行分析、评估，提出应急处置方集和建议，根据事件进展情况和形势动态，提出相应的对策和意见；对突发环境事件的危害范围、发展势做出科学预测；参与污染程度、危害范围、事件等级的判定，对污染区域的隔离与解禁、员工撤离与返回等重大防护措施的决策提供技术依据；指导各应急分队进行应急处理与处置；指导环境应急工作的评价，进行事件中长期环境影响评估。

各级环保部门根据突发环境事件应急工作的需要建立不同行业、不同部门组成的专家。专家库一般应包括监测、危险化学品、生态保护、环境评估、卫生、化工、水利、水文、船舶染控制、气象、农业、水利等方面的专家。

上级环境保护主管部门根据现场应急需要，通过电话、文件或派出人员等方式对现场应急工作进行指导。

六、安全与防护

在应对突发环境事件过程中，参与应急处置、应急监测和事故调查等方面的环境应急工作人员要做好个人的安全防护工作，配备相应的个人防护器材，针对突发环境事件应对工作特殊性，也可为环境应急工作人员办理意外伤害保险。

第六节　危险化学品突发环境事件应急处置要点

一、危险化学品安全生产事故次生类事件应急处置要点

安全生产事故并不必然引发突发环境污染事件，只有当事故导致污染物质扩散到外环境，造成周边环境受到污染破坏和居民人身受到伤害时，才是安全生产事故次生类事件，一旦安全生产事故引发突发环境事件，那么环境问题立即取代本身的安全生产事故，成为政府和公众关注的焦点，事件的社会影响也随之不断升级扩大。主要处置措施如下。

（1）建立健全各部门联合应急的长效机制　主动与安监部门、消防部门联合，形成共防机制。

（2）控制污染物不出厂　第一时间封堵厂区通往外环境的各类排放口，尽可能地将污染物质控制在厂区内。迅速启动厂区内的围堰、应急池等应急设施，防止污染范围扩大。

（3）优先选择对环境影响小的处置措施　在进行事故的应急处置时，专家应充分考虑到处置方案实施后可能对环境造成的影响。选择最优的处置方法，最大限度地减少对周边环境的破坏。如发生泄漏或燃烧爆炸的化学污染物质，如果让其充分燃烧比用消防冲洗造成的环境污染小得多，那么就可优先选择充分燃烧的应急处置方式来减少事件的环境影响。

（4）防止污染范围扩大　在发现有污染物进入外环境后，根据专家建议，及时采取抛撒活性炭、特种化学物质，设置围堰、围油栏等设施，必要时筑坝拦截污染物，防止污染范围和程度的扩大。

（5）重点关注敏感保护目标　采取各类防控措施，确保饮用水源地、居民集中区等重点敏感保护目标有受影响。如采取预设围油栏、暂时停止取水等方式保护饮用水源地，采取临时紧急疏散附近居民、划定紧急隔离带或进行交通管制等措施保障人民群众的生命安全。

二、危险化学品交通事故次生类事件应急处置要点

（1）分类　交通事故次生为突发环境事件归纳为2种情况。

① 在公路上，车辆发生交通事故尤其是危化品运输车辆因碰撞、阀门失灵等事故引发危险化学物质泄漏、扩散，对周边水体、大气及土壤环境造成污染和破坏。

② 在水路上，船舶碰撞、搁浅等事故造成溢油、危化品泄漏等，主要对河流、湖泊等水体及底泥造成污染。交通事故污染事件具有突发性、破坏性、紧迫性、不确定性和公众性等特点。一旦发生，将会在短时间内对区域环境造成巨大的污染损失，可能威胁到公众的饮水、甚至生命安全。

（2）主要处置措施

① 划定紧急隔离带、进行交通管制。在发生危险化学品泄漏时，认真分析不同化学物质的理化性质和毒性，结合气象条件，迅速确定疏散方向、距离和范围，及时做好周围人员及居民的紧急疏散工作。

② 判明危险化学品种类和毒性。在交通事故次生的突发环境事件中，如遇肇事司机死亡或逃逸，无法获取危化品信息，可根据槽罐车或运输船只的标识初步判断污染源种类，专业检测进一步确定和核实。充分调动社会资源，邀请有危化品处置经验的化工专家和企业专业人员参与处置。

③ 迅速查明敏感目标。接报后，迅速查明周边是否有饮用水源地、居民集中区以及学校医院等，及时做好预防和应对准备。

④ 控制并消除污染。第一时间控制污染源，及时设置围堰、围油栏等，防止污染范围扩大。对已产生的污染物进行无害化处理，在涉及成分复杂或剧毒性污染物时，应特别注意

安全防护，并借助专家、依靠科学，选取最优的处置方案，尽最大可能减少二次污染。根据公路交通事故和水路交通事故的不同特点，可分别采取以下措施。

a. 公路交通事故引发。

气态污染物：修筑围堰后，由消防部门在消防水中加入适当比例的洗消药剂，在下风向喷水雾洗消，消防水收集后进行无害经处理。

液体污染物：修筑围堰后，防止进入水体和下水管道，利用消防泡沫覆盖或就近取用黄土覆盖，收集污染物进行无害化处理。在有条件的情况下，利用防爆泵进行倒罐处理。

固态污染物：易爆品，水浸湿后，用不产生火花的木制工具小心扫起，进行无害化处理。剧毒物，穿着全密闭防化服并佩戴正压式空气呼吸机，避免扬尘，小心扫起集后无害化处理。

b. 水路交通事故引发。

油类污染物：在饮用水源地上游设置围油栏，利用吸油毡、打捞船等收集污染物，依据实际情况，对可能受到污染物饮用水源地停止取水，确保供水安全。

其他污染物：快速判明污染物种类和毒性，采用合适的药剂进行清污工作（如酸类物质可和生石灰进行中和，投加活性炭吸附污染物等），毒性较大的化学品发生泄漏时，应第一时间关闭可能影响的下游取水口。

⑤ 重点关注敏感保护目标。采取各类防控措施，确保饮用水源地、居民集中区等重点敏感保护目标有受影响。如采取预设围油栏、暂时停止取水等方式保护饮用水源地，采取临时紧急疏散附近居民、划定紧急隔离带或进行交通管制等措施保障人民群众的生命安全。

⑥ 监测资源迅速准确到位，根据现场处置的实际情况，迅速制订和实施环境监测方案，加强对饮用水源地上游水体的监测频次，确保污染团不影响饮用水源地。将所测数据规范整理及时上报，为事故的应急处置提供科学依据。

三、人为故意引发的危险化学品突发环境事件应急处置要点

人为故意引发的突发环境事件可能发生在污染物质的产生、运输、使用及处置等各个环节。是一种主观故意行为，操作事件往往隐蔽。具体处置措施如下。

① 事故原因调查。主观故意违法排污导致的突发环境事件往往隐蔽性强，且涉及多个地区，因此事件的原因调查至关重要。在事件调查中注重部门、区域间的联动，应由公安部门介入事件调查，以便在最短的时间内查明肇事者、责任主体，并对责任人刑拘，全面掌握事件情况，有的放矢开展处置。

② 通过特征污染物质锁定肇事企业或个人，此类事件一定要充分运用监测的力量，在第一时间查明肇事因子，即特征污染物质。由果致因的推理过程非常重要。

③ 结合气象、水利条件处理。一般情况下，企业违法排污既有长期行为，也有短期行为。其中，长期行为极有可能是在摸清水流方向、气象条件等情况进行的。所以当水流方向发生逆流时，此类违法排污行为就会在第一时间内造成事件影响。因此，我们在排查原因时在肇事因子与特定的气象、水利条件之间寻找结合点，改变常规的污染源排查方式。

四、土壤污染为代表的累积性突发环境事件应急处置要点

1. 事故原因调查

土地污染事件发生后，首先需要查明污染物种类、来源、影响范围等，并需要调查土地用途、地下水水位、周围敏感目标分布等现状资料，以便选用合理的应对与处置措施。土壤污染具有一定的隐蔽性，事故发生后往往难以寻找其直接原因，在调查中需要结合历史资料和走访当地居民等方法进行。

2. 土壤治理与修复

多数污染土壤以重金属为主，局部地方以金属-有机废弃物的形式出现。污染土壤中重

金属的来源很多，如工厂固体废物、污泥、大气沉降物、农用化肥等。目前土壤污染治理和修复成本高、耗时长、范围较小的污染土壤可采用淋洗、反渗透、植物修复等化学、生物及物理化学法进行治理，而对大面积的土壤修复仍主要依赖焚烧和深度填埋的方法处理。

3. 事故责任追究

土壤污染的控制与消除往往需要大量时间与金钱，明确事故责任主体，有利于土壤污染治理工程的长期有效推进。

五、综合因素引发的群体性事件应急处置要点

1. 快速反应，控制事态

环境群体事件一旦发生，情况骤升紧急，各级环保责任部门主要负责人要立即赶赴到现场，组织部署、采取果断措施防止事态扩大，并尽快按突发环境污染事件信息报告办法向上级环保部门报送相关情况。处置此类事件必须立足于"早"，化解于"小"，着力于"解"。同时对引发环境群体性事件的调处，要做到：定领导、定人员、定责任、定措施、定时限、按照"三不放过"原则，即责任不落实不放过、工作不到位不放过、问题不解决不放过的要求，把问题化解，处理到位，并做好后续工作防止反弹。

2. 舆论引导，稳定情绪

在环境群体性事件发生后，由于秩序和信息传播混乱，造成人们心理状态的失衡以及情绪波动，人们容易偏听偏信。因此一方面必须控制信息传播并揭露谣言，另一方面及时披露真相，正确引导公众的注意力，理顺群众情绪，防止事态进一步扩大。

3. 分而治之，避免混乱

环境群体事故的发生总伴随着群众利益为目的，在一些群众短时间内难以觉悟的情况下，开展协调和化解矛盾工作时，应分而治之、避免因矛盾交织出现混乱。

4. 灵活政策，分类处置

在处理环境群体性事件时，务必要弄清事因、群众心态和现场情况，慎重决策，区分对待。如确定因企业污染造成的，要责成污染企业严格按照环保的要求采取切实可靠的措施，尽快进行整改，既要维护企业正常运转，又要维护群众利益，并做好宣传工作，帮助群众明晰事理。同时，一旦环境群体性事件引发肢体冲突时，工作人员应迅速撤离，避免造成不必要的伤害。

5. 分清是非，秉公处理

处理环境群体性事件必须公正，分清是非是秉公执法的依据，不管是何种矛盾引发的环境群体性事件，处理时务必公正，任何偏袒和压制，都会导致矛盾的激化和事态的恶化。

六、危险化学品饮用水危机事件处置要点

1. 做好信息的报告和通报

《环境保护行政主管部门突发环境事件信息报告办法》中规定，发生影响或可能影响饮用水源地的突发环境事件时，应立即向本级人民政府和上级环境保护行政主管部门报告，立即通知下游可能受到突发水污染事件影响的对象，特别是可能受到影响的取水口和水厂，以便采取及时防备措施，第一时间通报水利、建设、卫生等相关部门，并通报下游或可能受到影响区域环境保护行政主管部门。

2. 第一时间确认事件基本情况

通过初步判断与监测分析，确认污染物及其危害性和毒性，按照污染源排查程序，确定与切断污染源，并对同类污染源进行限排、禁排；确认下游供水设施服务区及服务人口设计规模及日供水量，管理部门联系方式；取水口名称、地点及距离、地理位置（经纬度等），

确认地下水服务范围内灌溉面积、基本农田保护区情况等。

3. 污染物扩散趋势分析

由于水体污染的特殊流动性和扩散性，研究判断污染物的扩散趋势是预防水危机事件的一个重要手段。根据各断面污染物监测浓度值、水流速度、各段水体库容量、流域河道地形，上游输入、支流汇入水量，污染物降解速率等，计算水体中污染物的总量以及各断面通量，建立水质动态预报模型，预测预报出污染带前峰到达的时间、污染物峰值及出现时间、可能超标天数等污染态势，以便采取各种应急措施。采用调水引流、设置围堰、封堵井口等措施，改善受污染水域的水质；启动供水应急预案等。

4. 及时发布信息

饮用水危机事件涉及民生问题，政府在处置饮用水危机事件时，应汲取"松花江事件"的教训，及时、真实、全面发布事件信息，必要时在事件处置进展中，适时公开发布信息、增强事件物透明度，同时还应加强舆论引导，消除群众疑虑，避免群体性事件。

七、自然灾害引发危险化学品污染突发环境事件特点及应急处置要点

自然灾害的发生通常是突然的、剧烈的，破坏力极大，会引起受伤和死亡、巨大的财产损失以及相当程度的混乱。一旦发生自然灾害，很容易出现连锁反应，形成次生突发环境污染事件。应以"以人为本"、"最优"为原则，最大限度地保障灾民的人身安全，权衡考虑采用最优的处置方案。自然因素引发的突发环境污染事件包括地震、泥石流、暴雪、洪水等自然灾害次生突发环境事件，也包括雷电、大风等自然天气导致危化品泄漏等突发环境污染事件。

第七节　任务案例

一、北京市怀柔区雁栖镇氰化氢泄漏事件案例分析

1. 事件经过

2004年4月20日晚上19时许，怀柔区北京某有限公司某冶炼厂（雁栖镇八道河村西）在处理金矿废液过程中发生有毒氰化氢气体泄漏事故，造成多人中毒，其中3人死亡，1人为重度患者，14人出现不适反应。

怀柔区区委、区政府接到事故报告后，立即组织事发地点2km范围内210名居民全部撤离疏散，并将事故初步情况上报市委、市政府。市领导高度重视，要求市、区有关部门立即采取果断措施，救治中毒人员，疏散群众，确保人民群众生命财产安全。20日晚约时许，公安部有关部门负责人和北京市领导率有关专家赶赴现场，与区委区政府领导组成现场指挥部统一负责处置工作。现场指挥部研究制定了紧急处理方案，采取三项措施。

一是坚持以人为本，确保人民群众生命财产安全，不出现新的伤亡人员。怀柔区卫生局确保所有患者得到有效救治，并将工厂撤出人员和附近村庄210名群众集中，由市卫生局安排医护人员进行观察。

二是坚持讲科学，充分听取专家意见，制订科学有效的事故处理方案，经现场专家分析，决定用消防车高压枪将次氯酸钠喷洒到污染地段进行消毒。

三是严格控制危险源。先由冶炼厂某解放军某防化部队及市公安消防局各抽调2人组成现场勘察组，先到厂区摸清泄漏情况；再由北京化工二厂将本厂内12吨次氯酸钠（漂白粉）运送至事故现场，并与市公安消防局做好次氯酸钠的交接工作，由公安消防局做好由消防车高压枪将次氯酸钠喷洒到事故污染地段的准备工作；最后市卫生局、环保局安排工作人员从该厂外围向中心区推进，检测污染源浓度。

由于氰化氢沸点很低，小小的一个火花都会使其发生爆炸。现场勘察组队员身着特种防化服、携带特制手电进入现场，将出现泄漏的一个储液罐阀门关闭。经现场勘查，事故发生的原因是由于在酸化处理过程中，操作人员在中间槽内加减量不足，导致含有大量氰化氢的酸性溶液流入敞开的泵槽，而循环泵未及时开启，致使含有氰化氢的酸性溶液由泵槽向外大量溢出，产生的氰化氢蒸气浓度很高，且事发地通风不畅，造成工作人员中毒。事故中心区染毒面积大约 250m²，染毒浓度每立方米 45～150mg。

4月21日凌晨2时许，经现场勘察组和环保卫生部门测定，事故现场周边空气中有毒气体含量已经大大低于正常值。现场指挥部根据这一情况，制定了6项处置措施，一是拆掉事发地点门面房，进行通风串气；二是在距事故源 1km 之外筑堤，防止液体外移；三是用消防车将 4t 次氯酸钠，喷洒在车间门外 150m² 被污染的区域；四是在车间内，用氢氧化钠对溢液进行中和处理；五是对车间内中和过溢液进行无害化处理；六是对泄漏储罐进行无害化处理。21日上午6时许，市环保局对事故现场周围的大气进行了检测，结果表明，每立方米大气中氰化氢含量为 0.003mg，低于 1mg 的警戒标准，事故现场周边空气中有毒气体含量已大大低于正常值。上午8时许，监测显示，氰化氢在空气中的浓度已经降到 5.6% 以下，不会发生爆炸，经充分准备，消防员随即将 4t 次氯酸钠和大量烧碱洒向被污染的区域，中和氰化氢毒性。10时许，10多名防化战士在炼金厂门前对周围地带进行最后一次次氯酸钠稀释。21日下午，环境监测人员在八道河村及下游河沟中提取水样，均未检出污染物。截至22日下午4时所有污染全部处理完毕。下午6时左右，怀柔区副区长宣布，北京某有限公司某冶炼厂的所有污染源都已全部处理完毕，控制区域的空气质量符合标准，撤离的210名村民开始陆续回家。

2. 案例点评

本案例充分体现了各部门密切配合的重要作用。发挥各部门专业特长、协同配合、群策群力是事故处置成功的保障。此次事故救援一线处置力量主要是解放军某防化部队和消防特勤部队，但地方政府和公安、环保、疾控、安监等各方面力量与消防部队密切配合、协同作战成为处置事故不可缺少的保障，尤其是各方专家组成的专家组对事故的评估、措施的研讨、决策的论证发挥了至关重要的作用，科学有效地控制了现场局面，最大限度地减少事件影响，强有力地保证了事故处置工作的顺利完成。

安全防护也是本案的重点。据报道，有毒物质发生泄漏后，工人甲、工人乙、工人丙3名工人当即倒在车间里；工人丙分两次把工人甲和工人乙背了出来。不久，工人丙感到浑身难受，被送进医院进行治疗。现场勘察组队员了解到氰化氢毒性强，为挥发气体又易燃易爆，稍有疏忽就有伤亡的可能，在深入现场调查时，均身着特种防化服、携带特制手电筒进行事故原因调查，并使用侦毒仪器等检测设备对事故中心区的染毒情况进行初步确定，为指挥部提供了较好的决策依据。安全防护工作有效保障了救援人员自身的生命安全，防止了事件的进一步扩大。

3. 相关链接

氰化氢，剧毒，为无色液体，有苦杏仁味。沸点为 26.5℃，很容易燃烧、爆炸。高浓度的氰化氢能穿透防毒面具，通过呼吸道后，主要破坏人体各部分组织细胞的呼吸功能，使全身急性缺氧，并迅速死亡。氰化氢一旦扩散，对人及环境的危害不可低估。当氰化氢浓度达到每立方米 300mg 时，人只要吸一口，就会立即死亡。

二、偃师危化品爆炸事故案例分析

1. 事件经过

2009年7月15日凌晨1点30分，河南洛阳市距偃师市顾县路口西200米的河南某股份有限公司硝化一车间氯苯罐爆炸，大量的氯苯、硝基氯苯、2，4-二硝基氯苯等化学污染物大量流出，威胁伊河水质安全。

7月15日凌晨1点35分，偃师市环保局凌晨接到群众举报后，迅速上报洛阳市环保局，并组织有关人员于2点10分赶到现场处置污染事故。接到偃师市环保局的报告后，洛阳市环保局主要领导带领环境监测、监察人员携带环境应急监测设备赶到现场，并及时将事故情况上报河南省环保厅。河南省环保厅接到事故报告后，迅速向环境保护部应急办、河南省政府进行了电话报告。河南省环保厅厅领导带领应急、监察、监测、宣教等相关人员于凌晨6点赶到现场。省、市、县三级环保部门组成了现场环境应急事故调查处置小组，协调指导污染防治及环境应急处置工作。

伊河是黄河支流，为防止污染物流进伊河，事故处置小组7月15日凌晨4点在该股份有限公司排污渠入河口前筑起三道土坝；同时，紧急调集3t活性炭和20t生石灰，对截留污水进行预处理；立即开展环境应急监测，往事发点下风向300m、500m、1000m、2000m处分别设置大气监测点位，在企业排污口汇入伊河处至伊洛河汇入黄河处分别设置7个水质监测点位，进行加密监测，及时提供监测数据，为当地政府决策和发布信息，稳定社情、舆情提供技术支撑。

现场环境应急事故调查处置小组会同水利部黄河流域水资源保护局对黄河干流水质开展同步监测，并根据处置进展情况，组织对土壤、农作物、排水渠底泥等进行监测；同步组织制定出《关于河南某股份有限公司爆炸事故现场遗留污染物的处置方案》、《7.15河南某股份有限公司爆炸事故应对暴雨天气处置方案》、《7.15河南某股份有限公司爆炸事故截流沟废水处置方案》，确保污染处置工作科学、有序。组织有关专家对截留在企业排污渠内的污水处置方案进行论证，并调集2台水泵、4台罐车，将排水渠内的110t污水抽运至偃师节东园精细化工有限公司污水处理站进行处置。

截至7月16日晚22点30分，排水渠内的污水全部抽运完毕。7月17日，堰师市东园精细化工有限公司污水处理系统开始对污水进行处置。

2. 案例点评

本例中，污染事故应急响应较为迅速。事发后，该地省、市、县（市）三级环保部门迅速启动环境应急机制，仅四十分钟即抵达事故现场，领导一线指挥、正确决策，应急人员上下联动、昼夜奋战，通过卡点堵源、控制厂区内外、实施水气监测等措施，有效控制了企业污水、废水对伊河水体和周围大气的环境污染。

本例另一个显著特点是分工明确、责任到人。洛染事故整体处置工作由洛阳市、偃师市级事故处理领导小组负责；后续环境监测工作主要由洛阳市环保局、偃师市环保局承担，河南省环境监测中心站做好现场监测指导工作，并指导郑州市环保局、巩义市环保局做好洛巩义段的监测工作；现场处置协调工作由洛阳市环保局具体负责，并将各阶段处置进展情及时报省环保厅。各部门分工明确，互相配合，各项任务责任主体清晰，各项工作得以有条不紊地进行，从而保证了应急处置的圆满完成。

三、某市"1.20"溴素泄漏事件案例分析

1. 事件经过

2010年1月20日上午11：15左右，一辆车牌为鲁GX229挂的挂车行驶至某市某高速立交处时发生意外，车上装载有从山东潍坊某化工有限公司及私营业主处购买的约19.8t溴素（陶罐罐装，每罐30kg，共约660罐），因陶罐内溴素含杂质发生反应，导致少量陶罐破裂造成溴气泄漏。溴素有强氧化性和腐蚀性，为危险化学品。为防止溴素产生的刺激性气体影响周围居民，消防部门赶到现场后对泄漏区域进行消防喷淋，但溴素遇水发生放热反应，

又引起周围溴素罐发生爆裂。事故地下风向约150m为某市某镇两个自然村，泄漏气体很有可能影响到下风向两村的居民，情况十分紧急。

某市政府立即启动应急预案，分管市长担任现场总指挥，环保、消防、安监等部门第一时间赶到现场，根据职责开展应急救援和处置工作，采取五项救援措施：一是由某镇组织疏散下风向自然村的群众，防止发生群体性事件；二是由环保部门指导将消防废水引入路边两端已封堵的小沟内，在沟内加入碳酸氢铵和液碱进行中和处理，并对路面雨水管道进行封堵防止废水扩散；三是由环保部门对下风向200m处环境敏感点的空气环境质量进行监测，为政府提供决策依据；四是由公安部门将不含杂质的220罐约7t的溴素送至金坛市某物资有限公司；五是由环保、安监等部门邀请省市化工专家前来参与应急处置。

在转移陶罐的过程中陶罐再次发生爆裂，现场指挥部召集有关部门及化工专家商讨处置方案，共提出了三种处置方案：一是采取一定措施装车运输至安全处置地进行处置；二是在事故现场附近挖深坑进行填埋处置的方案；三是专家建议联系当地的溴化钠生产企业赶赴现场就地将溴素生产利用。现场总指挥在听取多方意见后，决定采用专家建议，立即联系常熟市某化工有限公司赶赴现场进行处置。公司技术人员赶赴现场后研究认为，溴素含杂质过多，若按正常工艺使用真空泵直接抽取溴素随时会引发爆炸，此计划无法实施。21日上午省厅应急人员与省安监局专家赶至现场参与应急处置，在现场取样小试的基础上，21日15时确定采用就地处置后综合利用方案，对溴素罐逐个加碱中和，吸收后的反应物由常熟该化工有限公司粗制利用，不排入外环境。

22日7时，所有溴素全部处理完毕，反应物溴化钠及过滤用的液碱都装车运往常熟市某化工有限公司。环保部门对封堵在小沟内的消防废水进行了化验，并由当地政府联系污水处理厂将废水通过槽车分批运至污水厂处理，同时对沟内土壤进行了无害化处理。应急指挥部宣布应急中止，被疏散居民随后返回住所。

2. 案件点评

此次事件的处置过程中有两大经验值得借鉴：一是在应急预案启动后，各相关职能部门密切配合，互相联动，根据职责有序开展应急救援工作，公安部门开展外围警戒，消防部门处理泄漏，环保部门进行排污和监测，卫生部门做好抢救伤员的准备，各部门全力以赴为整个事故的成功处置提供了有力保障。二是应对突发环境事件需要动员全社会的力量，本案中应急指挥部能充分调动社会资源，邀请有危化品经验处置的化工专家和企业专业人员参与处置，多方共同努力，避免了一起重大的危险化学品泄漏事故。

课后任务：情景分析

1. 某化工企业固体废物非法倾倒事件案例分析

2008年6月2日上午，A市中县环保局接群众举报发现不明固体废物，立即会同公安部门赶赴现场调查处置，沿线排查中在B市乙县发现同样废料。A市环保局立即将事件情况上报省环保厅，省环保厅迅速向省政府报告，并通知B市环保局赶赴现场，要求A、B两地环保局立即会同公安等部门，对化工废料采取措施，设立警戒线，派员24h监管，待成分确定后妥善处置。经公安部门侦查，查明化工废料来自C市某化工有限公司，该公司在生产过程中产生有毒化学废弃物，经监测分析，该固体废物主要成分为二硫化碳等毒性物质。该公司先与徐某所在的废弃物处理有限公司签订委托处理废弃物的合同，后因该批废弃物不易燃烧，处理成本较高，该废弃物处理有限公司停止该笔业务。废弃物处理有限公司员工徐某等为赚取非法利润，从这家厂拉出近90t有毒化工废弃物，获得16万元报酬，并雇佣当地农民，将该批化工废弃物抛撒在不易被人发现的地方。

问题：环保部门应如何处置该事件，请给出建议。

2. 陕西凤翔血铅超标事件案例分析

2009年3月马道口村9组6岁女童查出体内铅含量异常，被诊断为"铅中毒性胃炎"，但此事未引起村民重视。直到7月6日孙家南头村有两名男童被检查出血铅含量分别达到239μg/L和242μg/L，大大超出正常值，村民怀疑孩子的血铅含量异常与附近的某集团铅锌冶炼公司有关。检查结果在附近村子传开后，陆续有村民带着孩子到宝鸡市各大医院进行体检，结果发现几乎所有儿童血铅含量均超过标准。8月3日至4日，情绪异常激动的村民围堵了该集团冶炼公司的大门，致使该公司不能正常生产，双方发生冲突。

事发后，凤翔县委、县政府相关领导赶赴现场，组织人员统计"血铅超标"的儿童人数，环保部门也介入调查。宝鸡市成立专项工作组，由市政府副秘书长为组长，市环保局局长为副组长，宣传部、卫生局、教育局、民政局等相关部门负责人为组员，负责全程协调、处理、监督整个事件。

8月6日，宝鸡市环保局向该冶炼厂下发停产通知，要求企业在血铅超标问题未调查清楚前不能恢复生产。8月7日下午，由陕西省卫生厅指派的西安市中心医院医护人员，对凤翔县长青镇14岁以下的864名儿童进行血样采集，重点检测其中的铅含量。凤翔县政府表示经确认有血铅超标情况的儿童，将全部免费予以及时有效的治疗。

8月13日8时，凤翔县政府召开紧急新闻发布会，公布首批731名儿童血铅检测的初检结果：全部731名14岁以下儿童中，只有116人未超标，血铅超标率达到84.13%。在血铅超标的615名儿童中，属重度铅中毒约有3人，中度铅中毒的163人，轻度铅中毒的144人，高铅血症的305人。根据治疗方案，中度、重度铅中毒儿童需要住院进行排铅治疗，其他孩子需在家进行非药物排铅。凤翔县政府表示：此次住院做驱铅治疗所产生的费用由凤翔县政府全额负担，治疗影响驱铅治疗效果的其他基础性疾病的费用，按国家新合疗政策予以报销；在家进行饮食干预的患者，由政府统一采购、配送牛奶、干菜、干果等驱铅食品，蔬菜由农户自行购买。

8月15日晚，环保部门公布事件污染源调查检测结果：经环保部西北督查中心、省环保厅联合督办调查组初步判定，造成凤翔多名儿童血铅超标的主要污染源是陕西某冶炼公司的涉铅企业，也不排除其他因素。联合督办调查组现场检查了长青工业园区内的两家涉铅企业情况。监测人员对水体、大气、土壤等28个点位、66个样本分析，并在此基础上组织召开了事件污染源调查分析会。专家分析认为，造成这次血铅超标的可能因素有企业排污、汽车尾气、生活习惯等因素，但是事件发生地的陕西某冶炼公司是主要涉铅企业，应急监测数据显示，从项目建厂前后周边土壤环境比对分析，周围土壤存在铅含量上升的趋势，初步判定造成凤翔县多名儿童血铅超标的主要污染源为陕西某冶炼公司。

经调查，陕西某冶炼公司2004年3月的《环境影响报告书》显示，该项目卫生防护距离为1000m，此范围内的425户居民本应于2006年开始的3年内实施搬迁。根据某冶炼公司入驻长青工业园区的协议，共有581户居住在公司周围的村民需要搬迁。但在冶炼公司已经进驻的两年内，长青工业园区实际只搬迁了156户，还有425户没有搬迁。事件发生后，政府公布目前尚未搬迁的425户村民的搬迁方案：将用2年时间，全面完成搬迁任务，力争11月启动工程基础开挖和建设。2010年10月底前完成所有房屋建设工迁户统一迁至工业园区核心服务区安置。2011年5月底前完成搬迁工作。

问题：血铅事件产生的主要原因是什么？

3. 松花江污染事件案例分析

2005年11月13日下午1时45分左右，中石油某公司双苯厂发生着火爆炸事故，当场造成 5 人死亡、1 人失踪、60 多人受伤，公安、消防部门迅速出动，于 14 日凌晨把明火扑灭。这无疑是一起企业重大安全生产事故，但其危害远不止于此。发生爆炸的双苯厂紧邻松花江，这次扑救所用的 5000t 消防用水，携带着爆炸中泄漏的近 100t 的苯类物质，绕过污水处理系统而流入市政管线，在与热电厂排水合流后直接流入松花江，当时就造成了江水严重污染。

原国家环保总局 11 月 23 日向媒体通报，受中石油某公司双苯厂爆炸事故影响，监测发现苯类污染物流入松花江导致重大水污染事件。爆炸事故产生的主要污染物为苯、苯胺和硝基苯等有机物。这些苯类污染物是混往事故区域排出的污水通过吉化公司东 10 号线雨水管线进入松花江的。11 月 24 日凌晨，当长达 80km 的污染带到达哈尔滨市自来水厂的取水口，并在 40h 内缓缓流过时，松花江上水面青黑，发酸发臭。

11 月 23 日零时，在原国家环保总局正式向媒体通报松花江污染事件十几个小时之前，哈尔滨市政府发布正式公告，决定关闭取水口，全市停水 4 天。实际上，21 日哈尔滨决定停水，政府公布的原因却是维修自来水管，哈尔滨市民在这些带有一定真实性的"小道消息"与地震等谣言的蛊惑下，部分市民陷入恐慌，各种矿泉水、纯净水被抢购一空。

谣言止步于及时的信息公开，群众的安心取决于对政府的信任。当哈尔滨市政府 11 月 21 日发布令公众信服的停水公告，并采取紧急措施供水、发布污染监测信息后，形势马上平和下来，群众的恐慌就变成应对危机的理性。11 月 21 日一天内，发布了 2 份原因不同的停水公告。第一份停水公告说是"管网设施检修停水 4 天"，而第二份是说"上游来水污染停水 4 天"，前者导致了群众更多的恐慌，后者将事实公布于众则成为一份"安民告示"。

在确认了水污染和停水的严重性后，哈尔滨市政府开始了全力应对工作。这些工作包括立即启用松花江水体监测系统、实时发布监测信息、紧急调运饮用水供应市场，在城区里打出 945 眼深水井开采未污染的地下水、全力保障医院等重点部门的正常需水等、保障超过 10 万人的特困群体的用水，关闭取水口、全速检修自来水厂等。

在事件发生后不久，国务院就指示地方和有关部门随时加强监测，提供准确信息，采取有效措施保障群众饮用水的安全和供应，并最快速地派出了工作组和专家组奔赴哈尔滨进行现场指导。温家宝总理也赴现场调研指挥。

松花江污染事件也受到国际舆论的广泛关注。美国、日本、英国、法国、德国等世界主要国家的主流媒体都对这次事件进行了报道，认为"水污染令中国城市不安，中国正面临严峻的环境挑战，松花江污染事件敲响中国环保警钟"。而俄罗斯作为松花江下游国家对这次污染表示出特殊的关注。联合国助理秘书长、环境规划署副执行主任卡卡海勒则表示，感谢中国政府及时向环境规划署通报关于松花江水污染事件的有关情况，赞赏中国各级政府已经采取的及时有效的应对措施，并愿意在中国需要的时候提供必要的帮助。

问题：请分析该污染事件的主要原因。

4."5.12 汶川地震"引发的系列危险化学品泄漏事件案例分析

"5.12 汶川地震"发生后，四川什邡市某实业有限公司和什邡市某化工股份有限公司受损严重，两厂厂房倒塌，当时有约百余人被埋。什邡市某实业有限公司一个 1000m³ 液氨球形罐和一个 400m³ 盐酸罐出现倾斜泄漏，液氨罐中有 400 多吨液氨。由于当时道路不通，难以及时开展救援，导致液氨泄漏五六个小时，对大气和水环境造成污染。某化工股份有限公司的硫酸罐也发生了硫酸泄漏。环境保护部西南环保督查中心与四川省环保局及时派员赴现场督查，通过采取初步防治措施，基本控制住了泄漏，没有造成大的污染危害，但当时液氨罐、硫酸罐仍然存在隐患。

什邡市政府立即组织有关部门全力开展应急救援工作。受地震影响，什邡市环境监测站仪器损害严重，仅能对部分水质项目进行监测。经什邡市监测站监测，12 日 21 时至 23 时，石亭江高景关断面（距离事发地点下游约 5km）3 次监测结果分别为：pH 值 4.47～6.21（标准为 6～9）；氨氮 2.489～1.937mg/L（超标 1.5～0.9 倍）。金堂县环保局 13 日 2 时 20 分监测结果显示，下游石亭江汇入沱江段面氨氮浓度为 0.47mg/L，符合地表水Ⅲ类标准。监测表明，什邡市两起突发环境事件未对下游饮用水源造成影响。四川省环保局要求石亭江下游相关市（县、区）加强水质监测。5 月 12 日晚 22 时，环境保护部从互联网获知"四川什邡市受地震影响致 2 个化工厂数百人被埋"的信息后，立即与环境保护部西南环保督查中心、四川省环保局取得联系，调度、了解有关情况。西南环保督查中心于 13 日凌晨 1 时 8 分抵达事故现场，迅速开展应急响应工作。5 月 18 日下午，周某部长、李某副部长带领工作组到达事故现场，查看受损液氨罐、详细了解情况，要求企业抓紧转移危化品，并需政府尽快支援企业急需的发电机以及抽水机等设备，确保处置工作顺利进行。由中国环境科学院、北京师范大学等单位大气、水体、危化品处置方面的专家组成的专家组在对现场进行认真勘查后，向德阳市政府抗震救灾领导小组提出建议：一是尽快运出液氨和硫黄（硫黄一旦自燃，将在整个山谷产生大量二氧化硫）；二是严防水体污染，加强看护，防止液氨、硫酸和盐酸罐破裂，并尽快转移其中剩余的危化品；三是制定应对措施，防止盐酸罐破裂，在采用有灰石中和及喷淋水降温等工艺处理渗漏出盐酸的同时，尽快将其转移。在当地各部门的密切配合下，什邡某实业有限公司按专家组建议及时将储存的液氨和 200t 硫黄、1500t 盐酸安全转移，对完好的硫酸罐安排人员 24h 值守，对厂区内的 6 个被压液罐（容量 260t）进行处置。环境隐患被消除，确保了环境安全。

　　问题：本案例的处置过程，有哪些经验值得借鉴？

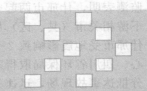

第十六章 职业健康与防护

学习目标：

学习职业健康的涵义，熟悉职业病种类及其特点，能辨识职业危害因素；掌握职业病的预防原则及职业健康监护措施，熟悉职业病预防技术措施；熟悉粉尘及工业毒物的危害，能有效提高防毒意识与能力，掌握防尘技术措施和防毒技术措施；熟悉噪声及辐射的危害，掌握防噪声安全措施，掌握防辐射技术措施；熟悉劳动防护用品的分类，了解个体防护用品相关安全技术，掌握个体防护用品管理的内容。能正确使用、检查与维护个体防护用品。

第一节 职业健康与职业病

职业健康是研究并预防人们因工作导致的疾病，包括防止原有疾病的恶化。职业危害对人体健康的影响与安全事故不同，它主要表现为在工作中因作业环境及接触有毒有害因素而引起人体生理机能的变化，可以是急性发作的，但大多数为累积暴露而导致的后果。

一、职业病及其防治

1. 职业病定义

《中华人民共和国职业病防治法》规定，职业病是指企业、事业单位和个体经济组织的劳动者在职业活动中，因接触粉尘、放射性物质和其他有毒、有害物质等因素而引起的疾病。

要构成《中华人民共和国职业病防治法》中所规定的职业病防治法，必须具备四个条件：

① 患病主体是企业、事业单位或个体经济组织的劳动者；

② 必须是在从事职业活动的过程中产生的；

③ 必须是因接触粉尘、放射性物质和其他有毒、有害物质等职业病危害因素引起的；

④ 必须是国家公布的职业病分类和目录所列的职业病。

四个条件缺一不可。

2. 职业病特点

与其他职业伤害相比，职业病有以下特点。

① 职业病的起因是由于劳动者在职业性活动过程中或长期受到来自化学的、物理的、生物的职业性危害因素的侵蚀，或长期受不良的作业方法、恶劣的作业条件的影响。这些因

素及影响可能直接或间接地、个别或共同地发生着作用。

②职业病不同于突发的事故或疾病，其病症要经过一个较长的逐渐形成期或潜伏期后才能显现，属于缓发性伤残。

③由于职业病多表现为体内生理器官或生理功能的损伤，因而是只见"疾病"，不见"外伤"。

④职业病属于不可逆性损伤，很少有痊愈的可能。换言之，除了促使患者远离致病源自然痊愈之外没有更为积极的治疗方法，因而对职业病预防问题的研究尤为重要。可以通过作业者的注意、作业环境条件的改善和作业方法的改进等管理手段减少患病率。

因此，职业病虽然被列入因工伤残的范围，但它同工伤伤残又是有区别的。

3. 国家规定的职业病范围

广义的职业病是泛指职业性有害因素所引起的特定疾病。在立法意义上，职业病则有一定的范围。卫生部、劳动保障部文件，卫法监发［2002］108号《职业病目录》中规定10大类115种。其中：尘肺（肺尘埃沉着病，下同）13种；职业性放射性疾病11种；职业中毒56种；物理因素所致职业病5种；生物因素所致职业病3种；职业性皮肤病8种；职业性眼病3种；职业性耳鼻喉口腔疾病3种；职业性肿瘤8种；其他职业病5种。

二、职业病危害因素

职业病危害，是指对从事职业活动的劳动者可能导致职业病的各种危害。职业病危害因素包括：职业活动中存在的各种有害的化学、物理、生物因素以及在作业过程中产生的其他有害职业因素。职业病危害分布很广，其中以煤炭、冶金、建材、机械、化工等行业职业病危害最为突出。

职业病危害因素按其来源可概括为三类。

1. 生产工艺过程中的有害因素

（1）化学性有害因素　化学性有害因素是引起职业病的最常见的职业性有害因素。它主要包括生产性毒物和生产性粉尘。

生产性毒物是指生产过程中形成或应用的各种对人体有害的物质。生产性毒物包括窒息性毒物，如一氧化碳、氰化物、甲烷、硫化氢、二氧化碳等；刺激性毒物，如氯气、氨气、二氧化硫、光气、氯化氢、苯及其化合物、甲醇、乙醇、硫酸蒸气、硝酸蒸气、高分子化合物等；血液性毒物，如苯、苯的硝基化合物、氮氧化物、砷化氢等；神经性毒物，如铅、汞、锰、四乙基铅、二硫化碳、有机磷农药、有机氯农药、汽油、四氯化碳等。

生产性粉尘是指能够较长时间悬浮于空气中的固体微粒。它包括三类：无机性粉尘、有机性粉尘和混合性粉尘。

无机性粉尘包括矿物性粉尘，如砂、煤、石棉等；金属性粉尘，如铁、铅、铜、锰、锡等金属及其化合物粉尘等；人工无机性粉尘，如玻璃纤维、水泥、金刚砂等。

有机性粉尘包括植物性粉尘，如烟草、木材尘、棉、麻等；动物性粉尘，如毛发、骨质尘等；人工有机粉尘，如有机染料、人造纤维尘、塑料等。

混合性粉尘是指无机性粉尘与有机性粉尘两种或两种以上混合存在的粉尘，如合金加工尘、煤矿开采时的粉尘、金属研磨尘等。

（2）物理性有害因素

①不良的气候条件，如高温、高寒、高湿、热辐射等；

②异常的气压，如高气压、低气压等；

③生产性振动、噪声；

④非电离辐射，如红外线、微波、紫外线、激光、高频电磁场、无线电波等；

⑤ 电离辐射，如 X 射线、α 射线、β 射线、γ 射线、宇宙线等。

（3）生物性有害因素 主要指病原微生物和致病寄生虫，如布氏杆菌、炭疽杆菌、森林脑炎病毒等。

2. 劳动过程中的有害因素

① 劳动组织和制度的不合理，如劳动时间过长、工休制度不健全或不合理等。

② 劳动中的精神过度紧张，如在生产流水线上的装配作业工人等。

③ 劳动强度过大或生产定额不当，如安排的作业与劳动者的生理状况不相适应，或生产定额过高，或超负荷的加班加点等。

④ 个别器官或系统过度紧张，如由于光线不足而引起的视力紧张等。

⑤ 长时间处于某种不良的体位或使用不合理的工具、设备等，如检修过程中的仰焊等。

3. 作业环境中的有害因素

① 生产场所设计不符合卫生标准，如厂房矮小、狭窄，车间布置不合理，特别是把有毒和无毒工段安排在同一个车间里等。

② 缺少必要的卫生工程技术设施，如缺少防尘、防毒、防暑降温、防噪声的措施、设备，或有而不完善、效果不好，造成各种不良的生产劳动环境。

③ 由于光照不足或设备安装不合理，造成视力紧张，使精密作业工人视力减退，成为职业性近视。

④ 对于危险及毒害严重的作业，未采用机械化、半机械化设备或整改不够好，缺少必要的安全防护措施，以致易造成工伤事故。

⑤ 在空气中含氧较少的地方工作或由于供氧不足而造成的缺氧症等。

第二节　职业病预防

对于职业病的预防应当考虑：职业危害的辨识：对危害或者潜在的危害进行识别；对危害的性质及结果进行定性——通过人群体检、作业环境测定等指标的情况与正常值或标准对照；对危害程度进行量化——通常是测量其物理、化学参数和暴露时间，然后将其与已知的或需要制定的标准相对照。职业危害评价：评价其在实际的使用、储存、运输及报废处理条件下的风险。职业危害控制：通过设计、工程、工作系统，使用个体防护用品及生物监测等手段来控制危害的暴露水平。职业危害监测：采用健康检查或其他测量技术，包括周期性地重新对工作条件和工作系统进行评估的方法来监测危害的变化。具体应在遵循以下原则的基础上，采取相应的措施。

一、职业病预防原则

职业病预防应按四级预防原则，来保护接触人群的健康。

1. 原始级预防

原始级预防的目标是用立法手段、经济政策、改变生活习惯，避免已知增加发病危险的社会、经济、文化生活因素，以预防某一种疾病。如已知吸烟导致多种慢性病和加剧职业病（尘肺），则用改变国家经济政策，禁止青少年吸烟，创建无烟学校、工厂等预防策略。对职业性病的预防，应以贯彻落实职业病防治法为主进行预防。

2. 一级预防

又称病因预防，是从根本上杜绝危害因素对人的作用，即改进生产工艺和生产设备，合理应用防护设施及个人防护用品，以减少工人接触的机会和程度。对化学和物理因素，国家制订的工业企业设计卫生标准（GB Z1—2002），应作为共同遵守的接触限值或"防线"和预防措施的准则，这在职业病预防方面，常起到有效的作用。对人群中处于高危的个体，可依据职业禁忌证进行检查，凡有该职业禁忌证者，不得参加该工作。

3. 二级预防

又称发病预防，是早期检测人体受到职业危害因素所致的疾病。第一级预防措施虽然是理想的方法，但实现时所需费用较大，有时效果不理想，仍然可致病，所以第二级预防成为必需的措施。其主要手段是定期进行环境中职业危害因素的监测和对接触者的定期体格检查，以早期发现病损而及时预防。此外，还有长期病假或外伤后复工前的检查及退休前的检查。

4. 三级预防

三级预防是在得病以后，合理康复处理。其原则有：

① 对已受损害的接触者应调离原有工作岗位，并予以合理的治疗；

② 根据接触者受到损害的原因，推动生产环境和劳动条件的改革；

③ 促进患者康复，预防并发症。

除极少数的职业中毒有特殊的解毒治疗外，大多数职业病主要依据受损的靶器官或系统，用内科治疗原则，给予对症综合处理。特别对接触粉尘所致肺纤维化的病损，目前尚无可靠方法予以逆转。所以处理对策，还在于全面执行四级预防措施，做到早期检测、及时预防、早期处理、合理补救。对接触粉尘者劝阻吸烟。

原始级和一级预防都针对整个的或选择的人群，后者对健康个人更具重要意义。虽然这两级对人群的健康和幸福能起绝大部分的作用，但二级和三级预防是对病人的，及时补救，仍然重要，所以四个水平需要相互补充。

二、职业病预防措施

职业病是可以预防的。首先，在新建、扩建厂房，改变工艺、更换产品等时，就要从安全卫生的角度上考虑，尽量防止生产性有害因素的影响。在日常生产中，要从管理措施、技术措施和保健措施三方面采取综合性预防办法。

1. 管理措施

预防职业病，应根据单位和部门的具体情况有重点地开展。

从业人员要主动关心，积极配合，执行规章制度，遵守安全操作，做好设备维护，加强各项防护。同时，还要坚持岗位责任制度、交接班制度、安全教育制度等，并且保持厂房、设备的清洁，做到安全生产、文明生产。

2. 技术措施

预防职业病，除了要思想重视、制度落实外，也要从设备和技术方面来考虑。例如，改革工艺、隔离密闭、通风排气等等，有一点必须强调指出，防尘、防毒和有关防护设备安装后，要注意维护和检修，以保证它起到应有的防护效果。

3. 保健措施

（1）个人防护　个人防护用品包括用防护器口罩、防毒面具、防护眼镜、手套、围裙及胶鞋等。正确使用防护用品极为重要。特别在抢修设备等操作时。正确使用防护用品极为重要。对于容易经皮肤吸收的毒物，或者接触强酸、强碱类化学品，要注意皮肤的防护。一切防护用具，必须注重它的实际效果，使用后要加强清洗和保管。

（2）职业健康监护　职业健康监护的目的在于检索和发现职业病危害易感人群，及时发现健康损害，评价健康变化与职业病因素的关系，及时发现、诊断职业病，以利及时治疗或安置职业病人，为用人单位和劳动者提供法律依据。

① 岗前健康检查。上岗前健康检查包括：工人就业上岗前、工人从无职业病危害岗位

转到有职业病危害岗位前、或者从一职业病危害岗位转到另一职业病危害岗位前。上岗前进行健康检查是掌握劳动者的健康状况，发现职业禁忌，分清责任，用人单位不得安排有职业禁忌的劳动者从事其所禁忌的作业，用人单位根据检查结果，评价劳动者是否适合从事该工作作业，为劳动者提供依据。

② 在岗定期健康检查。系指对已从事有害作业的职工、职业病患者和观察对象，按一定间隔埋单或体检周期所进行的健康检查。目的是了解工人在从事某种有害作业的过程中，健康状况有无改变及改变的程度，以便早期发现有害因素对机体的影响，早期诊断职业病，及时脱离接触，合理安排休息和治疗，防止病情发展，使患病的工人早日恢复健康。

③ 离岗健康检查。离岗健康检查包括劳动者离开职业病岗位前和退休前，离岗时的职业性健康检查是了解劳动者离开职业病岗位时的健康状况，分清健康损害责任，根据职业健康检查结果，评价劳动者的健康状况、健康变化是否与职业病危害因素有关。

（3）尘毒监测　测定生产环境中的尘毒等有害因素，对于观察分析尘毒等危害程度和分布、评价防护设备效果等方面具有重要意义。凡是工人在生产过程中经常操作或定时观察易接触有害因素的作业点，都要确定为测定点，悬挂标志牌，实行定期监测管理。

第三节　防尘防毒技术

一、粉尘及防尘措施

（一）粉尘及粉尘的分类

1. 粉尘

粉尘是指悬浮于空气中的固体微粒。国际上将粒径小于 $75\mu m$ 的固体悬浮物定义为粉尘。在工业生产过程中产生的粉尘称为生产性粉尘，它包括以下几种。

（1）粉尘　指由机械过程（如破碎、筛分、运输等）而产生的固体微粒，一般粒径为 $0.1\sim10\mu m$。

（2）烟尘　指因物理化学过程而产生的微细固体粒子。例如，冶炼、焙烧、金属焊接等过程中，由于升华及冷凝而形成。烟尘粒径较细，一般为 $0.1\sim1\mu m$。

（3）烟雾　指燃料（草料、木柴、油、煤等）燃烧过程产生的飞灰、黑烟以及雾的混合物。粒径很细，甚至在 $0.5\mu m$ 以下。

粉尘是一种分散体系。当分散在气体中的微粒为固体时，通称为"粉尘"；当分散在气体中的微粒为液体时，通称为"雾"。对于浮游在气体介质中的固体或液体微粒所组成的分散体系，统称为气溶胶。通风除尘技术上处理的含尘气体就是气溶胶。

2. 粉尘的分类

（1）按粉尘性质划分

① 无机粉尘。矿物性粉尘，如石英、石棉、滑石、煤等；金属性粉尘，如铁、锡、铝、锰、铅、锌等；人工无机粉尘，如金刚砂、水泥、玻璃纤维等。

② 有机粉尘。动物性粉尘，如毛、丝、骨质等；植物性粉尘，如棉、麻、草、甘蔗、谷物、木、茶等；人工有机粉尘，如有机农药、有机染料、合成树脂、合成橡胶、合成纤维等。

③ 混合性粉尘是上述各类粉尘，以两种以上物质混合形成的粉尘，在生产中这种粉尘最多见。

（2）按粉尘颗粒的大小及光学特性划分

按粉尘粒子的大小及光学特性，可将其分为可见粉尘、显微镜粉尘和超显微镜粉尘。

① 可见粉尘，它是指粒径大于 $10\mu m$，肉眼可见的粉尘。

② 显微镜粉尘，它是指粒径为 $0.25\sim10\mu m$，用光学显微镜可见的粉尘。

③ 超显微镜粉尘，它是指粒径小于 $0.25\mu m$，在电镜下可见的粉尘。

（3）按工业卫生学划分

① 总粉尘，系指悬浮于空气中粉尘的总量。空气中粉尘的问题是与测定方法相联系的。

② 呼吸性粉尘，系指由于呼吸作用能进入人体内部并沉积在肺泡内的粉尘。各国对呼吸性粉尘有不同的定义，我国没有统一的规定，一般是指粒径小于 $5\sim7\mu m$ 的粉尘。

（二）粉尘的来源及在空气中的传播

1. 粉尘的来源

① 固体物料的机械粉碎和研磨，如选矿、耐火材料车间的矿石粉碎过程和各种研磨加工过程。

② 粉状物料的混合、筛分、包装及运输，如水泥、面粉等的生产和运输过程。

③ 物质的燃烧，如煤燃烧时产生的烟尘量占燃煤量的 10% 以上。

④ 物质被加工时产生的蒸气在空气中的氧化和凝结，如矿石烧结、金属冶炼等过程中产生的锌蒸气，在空气中冷却时，会凝结、氧化成氧化锌固体微粒。

2. 粉尘在空气中的传播

粉尘的产生是由于受到各种力作用的结果，这些力包括重力、机械力、分子扩散力等。大块物料受到冲击、挤压和磨削等作用而产生粉尘并飞扬在空气中；静止的粉尘受到振动、倾泻和诱导风流的作用也能飞扬到空气中去。这种过程称为"一次尘化"或"一次扬尘"。一次尘化时粉尘受到作用力或具有的能量较小，飞溅时受到空气的阻力作用，使粉尘只能局限在一个较小的空间范围内。造成粉尘进一步扩散，污染车间空气环境的主要原因是二次气流，即由于通风或冷热气流对流所形成的室内气流。二次气流可使局部范围内的粉尘传播到整个车间空间范围；二次气流还可使已沉积于地面、设备和平台上的粉尘，再次飞扬。这种过程称为"二次尘化"或"二次扬尘"。

（三）粉尘的危害

粉尘对人体健康的危害同粉尘的性质、粒径大小和进入人体的粉尘量有关。

1. 引起中毒危害

粉尘的化学性质是危害人体的主要因素。因为化学性质决定它在体内参与和干扰生化过程的程度和速度，从而决定危害的性质和大小。有些毒性强的金属粉尘（铬、锰、镉、铅、镍等）进入人体后，会引起中毒以至死亡。例如铅使人贫血，损害大脑，锰、镉损坏人的神经、肾脏，镍可以致癌，铬会引起鼻中隔溃疡和穿孔，以及肺癌发病率增加。此外，它们都能直接对肺部产生危害。如吸入锰尘会引起中毒性肺炎，吸入镉尘会引起心肺机能不全等。粉尘中的一些重金属元素对人体的危害很大。

2. 引起各种尘肺病

一般粉尘进入人体肺部后，可能引起各种尘肺病。有些非金属粉尘如硅、石棉、炭黑等，由于吸入人体后不能排除，将变成矽肺（硅沉着病，下同）、石棉肺或尘肺。例如含有游离二氧化硅成分的粉尘，在肺泡内沉积会引起纤维性病变，使肺组织硬化而丧失呼吸功能，发生"矽（硅）肺"病。

3. 粉尘粒径对危害程度的影响

粉尘粒径的大小是危害人体的另一个重要因素。它主要表现在以下两个方面：

① 粉尘粒径小，粒子在空气中不易沉降，也难于被捕集，造成长期空气污染，同时易于随空气吸入人的呼吸道深部。

② 粉尘粒径小，其化学活性增大，表面活性也增大（由于单位质量的表面积增大），加剧了人体生理效应的发生与发展。例如锌和一些金属本身并无毒，但将其加热后形成烟状氧化物时，可与体内蛋白质作用而引起发烧，发生所谓铸造热病。再有，粉尘的表面可以吸附空气中的有害气体、液体以及细菌病毒等微生物，它是污染物质的媒介物，还会和空气中的二氧化硫联合作用，加剧对人体的危害。相同质量的粉尘，粉尘粒径越小，总表面积越大，危害也越大。

4. 粉尘作业分级标准

GB 5817—86《生产性粉尘作业危害程度分级》根据生产性粉尘中游离二氧化硅含量、工人接尘时间肺总通气量以及生产性粉尘浓度超标倍数三项指标，将接触生产性粉尘作业危害程度分为五级：0级；Ⅰ级危害；Ⅱ级危害；Ⅲ级危害；Ⅳ级危害。制定分级标准的目的，是为了加强劳动保护科学管理，以便将不同危害程度的粉尘作业，分出轻重缓急，区别对待，采取相应的防尘措施和其他政策性措施，使其逐步减轻职业危害，最终达到卫生标准规定的最高容许浓度。粉尘作业分级标准不适用于放射性粉尘和引起化学中毒的粉尘，也不适用于矿山井下作业。

（四）防尘措施

[**案例1**]　某乡镇企业从事化工管道及锅炉除锈工作的喷砂工，长期在除锈狭小、简陋的作业空间内采用含石英的黄沙除锈，工人常蹲在锅炉内喷砂，经对工龄较长、工作较固定的5名工人进行了体检，胸部X射线检查，结果发现3例矽肺，分别为Ⅰ、Ⅱ、Ⅲ期各1例（Ⅲ期矽肺患者于1993年4月死亡）。其发病工龄最短1.5年，最长3年，平均2.5年。平均年龄41岁。

六安"矽肺村"——西河口村，自20世纪80年代起，村里的青壮年先后到沿海地区为私人矿主开采金矿，自1997年起，这些外出务工人员陆续被发现患有矽肺病。截至2006年年底，西河口发现有"矽肺病"症状的患者有150人以上，已经有10多人死于矽肺病，这些数据还在慢慢上升。

安庆市的鲍某一家当初也是本着发家致富的愿望，从事家庭石棉作坊生产，全家7口加工石棉或间接接触者，有5人被确诊患为石棉肺，2人为可疑石棉肺，家主鲍某已死亡。

造成这种职业危害的主要原因是什么？

造成以上状况的原因是多方面的：工人在粉尘浓度极高的作业空间进行作业，并且没有采取有效的通风防尘设施，是导致事故发生的直接原因。

一些新、改、扩建项目和技术改造、技术引进建设项目，不经相关部门审查、审核和验收，擅自上马，走先污染后治理的老路，给职业病留下严重隐患；一些国家明令禁止或淘汰的落后工艺、技术和材料，在一些企业仍然继续使用，职业病危害因素没有得到有效治理和控制；用人单位无视相关规定，没有对劳动者实行健康监护；从业者缺乏对相关职业危害的认识，自我保护意识差。因此，要做好防尘工作需采取综合措施。

为了防止事故发生，应采取哪些防护措施？

我国防尘综合措施的八字方针是："革、水、密、风、护、管、教、查"等综合措施。"革"是指进行生产工艺和设备的技术革新和技术改造。"水"是指进行湿式作业，喷雾洒水，防止粉尘飞扬。"密"是指把生产性粉尘密闭起来，再用抽风的办法把粉尘抽走。"风"是指通风除尘。"护"是指个人防护。作业工人应使用防护用品，戴防尘口罩或头盔，防止粉尘进入人体呼吸道。"管"是指加强防尘管理，建立制度，更新和维修设备。"教"是指进行宣传教育，增强自我保护意识，调动各方面的积极性。"查"定期对接触粉尘的作业人员进行健康检查，监测生产环境中粉尘的浓度，加强执法监督的力度，督促用人单位采取防尘措施，改善劳动条件。

防尘需要从组织措施、技术措施及卫生保健措施进行优化组合，采取综合对策。

1. 组织措施

加强组织领导是做好防尘工作的关键。粉尘作业较多的厂矿领导要有专人分管防尘事宜；建立和健全防尘机构，制定防尘工作计划和必要的规章制度，切实贯彻综合防尘措施；建立粉尘监测制度，大型厂矿应有专职测尘人员，医务人员应对测尘工作提出要求，定期检查并指导，做到定时定点测尘，评价劳动条件改善情况和技术措施的效果。做好防尘的宣传工作，从领导到广大职工，让大家都能了解粉尘的危害，根据自己的职责和义务做好防尘工作。

2. 技术措施

技术措施是防止粉尘危害的中心措施，主要在于治理不符合防尘要求的产尘作业和操作，目的是消灭或减少生产性粉尘的产生、逸散，以及尽可能降低作业环境粉尘浓度。

① 改革工艺过程，革新生产设备，是消除粉尘危害的根本途径。应从生产工艺设计、设备选择，以及产尘机械在出厂前就应有达到防尘要求的设备等各个环节作起。如采用封闭式风力管道运输，负压吸砂等消除粉尘飞扬，用无硅物质代替石英，以铁丸喷砂代替石英喷砂等。

② 湿式作业是一种经济易行的防止粉尘飞扬的有效措施，凡是可以湿式生产的作业均可使用。例如，矿山的湿式凿岩、冲刷巷道、净化进风等，石英、矿石等的湿式粉碎或喷雾洒水，玻璃陶瓷业的湿式拌料，铸造业的湿砂造型、湿式开箱清砂、化学清砂等。

③ 密闭、吸风、除尘，对不能采取湿式作业的产尘岗位，应采用密闭吸风除尘方法。凡是能产生粉尘的设备均应尽可能密闭，并用局部机械吸风，使密闭设备内保持一定的负压，防止粉尘外逸。抽出的含尘空气必须经过除尘净化处理，才能排出，避免污染大气。

除尘是采取一定的技术措施除掉粉尘的过程，所有装置为除尘器。除尘器是从含尘气流中将粉尘分离出来的一种设备。它的作用是净化从吸尘罩或产尘设备抽出来的含尘气体，避免污染厂区和居住区的大气。从另一个角度来看，除尘器也是从含尘气流中回收有用物料（有色金属、化工原料、建筑材料等）的主要设备，因而有时又称作收尘器。

根据在除尘过程中是否采用液体进行除尘或清灰，可分为干式除尘器和湿式除尘器两大类。除上述分类方法外，通常将除尘器分为四大类：

a. 机械除尘器，包括重力沉降室、惯性除尘器和旋风除尘器；

b. 过滤式除尘器，包括袋式除尘器和颗粒层除尘器；

c. 电除尘器，有干式（干法清灰）和湿式（湿法清灰）两种；

d. 湿式除尘器，包括低能（低阻）湿式除尘器（如水浴除尘器等）和高能文氏管除尘器。在实际的除尘器中往往综合了几种除尘机理的共同作用，例如卧式旋风膜除尘器中，既有离心力的作用，又同时兼有冲击的洗涤的作用。特别是近年来为了提高除尘器的效率，研制了多种综合多种机理的除尘器，如静电袋式除尘器、静电颗粒层除尘器等。

3. 卫生保健措施

预防粉尘对人体健康的危害，第一步措施是消灭或减少发生源，这是最根本的措施。其次是降低空气中粉尘的浓度。最后是减少粉尘进入人体的机会，以及减轻粉尘的危害。卫生保健措施属于预防中的最后一个环节，虽然属于辅助措施，但仍占有重要地位。

（1）个人防护和个人卫生　对受到条件限制，一时粉尘浓度达不到允许浓度标准的作业，佩戴合适的防尘口罩就成为重要措施。防尘口罩要滤尘率、透气率高，重量轻，不影响工人视野及操作。开展体育锻炼，注意营养，对增强体质，提高抵抗力具有一定意义。此外应注意个人卫生习惯，不吸烟。遵守防尘操作规程，严格执行未佩戴防尘口罩不上岗操作的制度。

（2）健康检查　就业前健康检查，对新从事粉尘作业工人，必须进行健康检查，目的主要是发现粉尘作业就业禁忌证及作为健康资料。定期体检的目的在于早期发现粉尘对健康的损害，发现有不宜从事粉尘作业的疾病时，及时调离。

（3）保护尘肺患者　保护尘肺患者能得到合适的安排，享受国家政策允许的应有待遇，对其应进行劳动能力鉴定，并妥善安置。

二、工业毒物及防毒措施

(一) 工业毒物

1. 工业毒物与职业中毒

当某物质进入机体并积累达一定量后，就会与机体组织和体液发生生物化学或生物物理作用，扰乱或破坏机体的正常生理功能，引起暂时性或永久性病变，甚至危及生命，该物质称为毒性物质。而工业毒物是指在工业生产过程中所使用或生产的毒物。如化工生产中所使用的原材料，生产过程中的产品、中间产品、副产品以及含于其中的杂质，生产中的"三废"排放物中的毒物等均属于工业毒物。由毒物侵入机体而导致的病理状态称为中毒。职业中毒是指劳动者在生产过程中由于接触毒物所发生的中毒。

2. 工业毒物的分类

（1）按其存在的物理状态划分

① 粉尘。为有机或无机物质在加工、粉碎、研磨、撞击、爆破和爆裂时所产生的固体颗粒，直径大于 $0.1\mu m$。如制造铅丹颜料的铅尘、制造氢氧化钙的电石尘等。

② 烟尘。为悬浮在空气中的烟状固体颗粒，直径小于 $0.1\mu m$。多为某些金属熔化时产生的蒸气在空气中凝聚而成，常伴有氧化反应的发生。如熔锌时放出的锌蒸气所产生的氧化锌烟尘、熔铬时产生的铬烟尘等。

③ 雾。为悬浮于空气中的微小液滴。多为蒸气冷凝或通过雾化、溅落、鼓泡等使液体分散而产生。如铬电镀时铬酸雾、喷漆中的含苯漆雾等。

④ 蒸气。为液体蒸发或固体物料升华而成。如苯蒸气、熔磷时的磷蒸气等。

⑤ 气体。生产场所的温度、压力条件下散发于空气中的气态物质。如常温常压下的氯、二氧化硫、一氧化碳等。

（2）按化学性质和其用途相结合的分类法划分　金属、类金属及其化合物。这是毒物数量最多的一类。

卤素及其无机化合物。如氟、氯、溴、碘等及其化合物。

强酸和碱性物质。如硫酸、硝酸、盐酸、氢氧化钾、氢氧化钠等。

氧、氮、碳的无机化合物。如臭氧、氮氧化物、一氧化碳、光气等。

窒息性惰性气体。如氦、氖、氩等。

有机毒物。按化学结构又分为脂肪烃类、芳香烃类、脂环烃类、卤代烃类、氨基及硝基烃类、醇类、醛类、醚类、酮类、酯类、酚类、酸类、腈类、杂环类、羰基化合物等。

农药类毒物。如有机磷、有机氯、有机硫、有机汞等。

染料及中间体、合成树脂、橡胶、纤维等。

（3）按毒物的作用性质划分　刺激性、腐蚀性、窒息性、麻醉性、溶血性、致敏性、致癌性、致突变性、致畸胎型等。

（4）按损害的器官或系统划分　神经毒性、血液毒性、肝脏毒性、肾脏毒性、全身毒性等毒物。有的毒物具有两种作用，有的具有多种作用或全身作用。

（二）化工行业中的毒性物质及毒性影响因素

1. 化工行业中的毒性物质

化学工业是毒性物质品种最多、数量最大、分布最广的行业。在生产过程中，从原料、中间体到产物，许多本身就是毒性物质，再加上副产物和过程辅助物料，毒性物质可以说无时不有、无处不在。下面就毒性物质在化学工业中的分布按不同行业予以介绍。

（1）无机化工　在化学矿，如硫铁矿、磷矿、砷矿等的冶炼加工中，毒性物质主要有氮的氧化物、一氧化碳、二氧化硫、砷、三氧化二砷以及一些放射性物质。

无机酸类产品有硝酸、硫酸、盐酸、氢氟酸等；无机碱类产品有氨、氢氧化钾、氢氧化钠等；无机盐类产品有碳酸钠、碳酸氢钠、硫化物和硫酸盐、硝酸盐、亚硝酸盐、铬盐、硼化物、氯化物和氯酸盐、磷化物和磷酸盐、氰化物和硫氰酸盐、锰化物以及其他金属盐类。

单质有金属钠、金属镁、黄磷、赤磷、硫黄、铅、汞等。

纯组元工业气体有氢、氮、氦、氖、氩、氪、氯、一氧化碳、氮氧化物、二氧化硫、三氧化硫、氨、硫化氢等。

（2）有机化工　基本有机原料如乙炔、电石、乙烯、丙烯、丁烯、甲烷、乙烷、丙烷、苯、甲苯、二甲苯、萘、蒽、甲醇、乙醇、菲等。

一般有机原料如乙烯基乙炔、丁二烯、异戊二烯、庚烷、己烷、吡啶、呋喃、乙醛、丙醇、丁醇、辛醇、乙二醇、甲酸、乙酸、硫酸二甲酯、丙酮、乙醚、甲基丁基醚、醋酸酐、苯二甲酸酐、氯乙烯、氯苯、三氯乙烯、硝基苯、硝基甲苯、硝基氯苯、苯胺、甲基苯胺、一甲胺、二甲胺、三甲胺、苯酚、甲基苯酚、一萘酚、苯甲酸、醋酸铅及其他有机铅化物等。

（3）化肥和农药　氮肥工业中的一氧化碳、硫化氢、氨、氢氧化物、硝酸铵等。磷肥工业中的一氧化碳、硫酸、氟化氢、四氟化硅、磷酸等。

有机氯农药制备中的苯、氯气、三氯乙醛、氯化氢、氯苯、六六六、滴滴涕、硝滴涕、硝基丙醛、四氯化碳、环戊二烯、六氯环戊二烯、氯丹、三氯苯磺酰氯、氯磺酸、三氯苯、三氯杀螨砜、五氯酚、五氯酚钠等。

有机磷农药制备中的磷、三氯化磷、甲醇、三氯乙醛、氯甲烷、敌百虫、敌敌畏、苯酚、二乙胺、亚磷酸二甲酯、磷胺、三氯硫磷、对硫磷、内吸磷、甲胺磷、倍硫磷、五硫化二磷、硫化氢、乙硫醇、三硫磷、乐果、马拉硫磷等。

有机氮农药制备中的甲萘酚、光气、甲基异氰酸酯、西维因、甲胺、间甲酚、速灭威等。

其他农药制备中的三氧化二砷、硫酸铜、氯化苦、溴甲烷、代森锌、退菌特、稻瘟净、除草醚、磷化锌、氟乙酰胺等。

（4）材料工业　塑料和树脂合成中的三氟氯乙烯、四氯乙烯、六氟丙烯、氯乙烯、氯化汞、偶氮二异丁腈、苯酚、甲醛、氨、乌洛托品、苯二甲酸酐、丙酮、二酚基丙烷、环氧氯丙烷、氯甲基甲醚、二甲胺甲醇、苯乙烯等。

合成橡胶中的丁二烯、苯乙烯、丙烯腈、氯丁二烯、异戊二烯、四氟乙烯、六氟丁二烯、三氟丙烯等。橡胶加工中的防老剂甲、防老剂丁、炭黑、硫黄、陶土、松香、苯、二氯乙烷、间苯二酚、列克钠、汽油、氧化铅等。

合成纤维中的乙二醇、苯酚、环己醇、己二胺、己内酰胺、苯、丙烯腈等。

（5）涂料、染料和其他专用产品　油漆制备中的苯、二甲苯、丙酮、苯酚、甲醛、沥青、硝酸、丙烯酸甲酯、环氧丙烷、癸二酸等。颜料制备中的氧化铅、镉红、铬酸盐、硝酸、色原、酞菁等。

染料制备中的对硝基氯苯、苯胺、二硝基氯苯、硝基甲苯、二氨基甲苯、二乙基苯胺、萘、苯二甲酸酐、蒽醌、苯甲酰氯、硫化钠、氯化苦、苦味酸、氯、苯绕蒽酮、各种有机染料及其粉尘。

胶片加工中的硝化纤维素、醋酸、二氯甲烷、硝酸银、溴苯等。磁带加工中的氧化铬、氧化磁铁等。照相用的药剂硫代硫酸钠、硫酸等。

(6) 化学试剂、催化剂和助剂　化学试剂有各种酸、各种碱、各种金属盐、卤素以及醛类、醇类、醚类、酮类、羧酸、肟等各种有机试剂。

催化剂制备用的铬盐、硫酸、铂、铜、五氧化二矾、氧化铝等。生产助剂用的固色剂、五氧化二磷、环氧乙烷、双氰胺、防老剂、苯胺、苯酚、硝基氯苯、抗氧剂、十二碳硫醇、氯、甲醛等。

2. 影响化学物质毒性的因素

化学物质的毒性大小和作用特点，与物质的化学结构、物性、剂量或浓度、环境条件以及个体敏感程度等一系列因素有关。

(1) 化学结构对毒性的影响　物质的生物活性，不仅取决于物质的化学结构，而且与其理化性质有很大关系。而物质的理化性质也是由化学结构决定的。所以化学结构是物质毒性的决定因素。化学物质的结构和毒性之间的严格关系，目前还没有完整的规律可言。但是对于部分化合物，却存在一些类似于规律性的关系。

在有机化合物中，碳链的长度对毒性有很大影响。饱和脂肪烃类对有机体的麻醉作用随分子中碳原子数的增加而增强，如戊烷＜己烷＜庚烷等。对于醇类的毒性，高级醇、戊醇、丁醇大于丙醇、乙醇，但甲醇是例外。在碳链中若以支链取代直链，则毒性减弱。如异庚烷的麻醉作用比正庚烷小一些，2-丙醇的毒性比正丙醇小一些。如果碳链首尾相连成环，则毒性增加，如环己烷的毒性大于正己烷。

物质分子结构的饱和程度对其生物活性影响很大。不饱和程度越高，毒性就越大。例如，二碳烃类的麻醉毒性，随不饱和程度的增加而增大，乙炔＞乙烯＞乙烷。丙烯醛和2-丁烯醛对结膜的刺激性分别大于丙醛和丁醛。环己二烯的毒性大于环己烯，环己烯的毒性又大于环己烷。

分子结构的对称性和几何异构对毒性都有一定的影响。一般认为，对称程度越高，毒性越大。如1,2-二氯甲醚的毒性大于1,1-二氯甲醚，1,2-二氯乙烷的毒性大于1,1-二氯乙烷。芳香族苯环上的三种异构体的毒性次序，一般是对位＞间位＞邻位。例如，硝基酚、氯酚、甲苯胺、硝基甲苯、硝基苯胺等的异构体均有此特点。但也有例外，如邻硝基苯甲醛、邻羟基苯甲醛的毒性都大于其对位异构体。对于几何异构体的毒性，一般认为顺式异构体的毒性大于反式异构体。如顺丁烯二酸的毒性大于反丁烯二酸。

有机化合物的氢取代基团对毒性有显著影响。脂肪烃中以卤素原子取代氢原子，芳香烃中以氨基或硝基取代氢原子，苯胺中以氧、硫、羟基取代氢原子，毒性都明显增加。如氟代烯烃、氯代烯烃的毒性都大于相应的烯烃，而四氯化碳的毒性远远高于甲烷等。

在芳香烃中，苯环上的氢原子若被甲基或乙基取代，全身毒性减弱，而对黏膜的刺激性增加；若被氨基或硝基取代，则有明显形成高铁血红蛋白的作用。苯乙烯的氯代衍生物的毒性试验指出，其毒性随氯原子所取代的氢原子数的增加而增加。具有强酸根、氢氰酸根的化合物毒性较大。芳香烃衍生物的毒性大于相同碳数的脂肪烃衍生物。而醇、酯、醛类化合物的局部刺激作用，则依序增加。

(2) 物理性质对毒性的影响　除化学结构外，物质的物理性质对毒性也有相当大的影响。物质的溶解性、挥发性以及分散度对毒性作用都有较大的影响。

① 溶解性。毒性物质的溶解性越大，侵入人体并被人体组织或体液吸收的可能性就越

大。如硫化砷由于溶解度较低，所以毒性较轻。氯、二氧化硫较易溶于水，能够迅速引起眼结膜和上呼吸道黏膜的损害。而光气、氮的氧化物水溶性较差，常需要经过一定的潜伏期才引起呼吸道深部的病变。氧化铅比其他铅化合物易溶于血清，更容易中毒。汞盐类比金属汞在胃肠道易被吸收。

对于不溶于水的毒性物质，有可能溶解于脂肪和类脂质中，它们虽不溶于血液，但可与中枢神经系统中的类脂质结合，从而表现出明显的麻醉作用，如苯、甲苯等。四乙基铅等脂溶性物质易渗透至含类脂质丰富的神经组织，从而引起神经组织的病变。

② 挥发性。毒性物质在空气中的浓度与其挥发性有直接关系。物质的挥发性越大，在空气中的浓度就越大。物质的挥发性与物质本身的熔点、沸点和蒸气压有关。如溴甲烷的沸点较低，为 4.6℃，在常温下极易挥发，故易引起生产性中毒。相反，乙二醇挥发性很小，则很少发生生产性中毒。所以，有些物质本来毒性很大，但挥发性很小，实际上并不怎么危险。反之，有些物质本来毒性不大，但挥发性很大，也就具有较大危险。

③ 分散度。粉尘和烟尘颗粒的分散度越大，就越容易被吸入。在金属熔融时产生高度分散性的粉尘，发生铸造性吸入中毒就是明显的例子，如氧化锌、铜、镍等粉尘中毒。

（3）环境条件对毒性的影响　任何毒性物质只有在一定的条件下才能表现出其毒性。一般说来，物质的毒性与物质的浓度、接触的时间以及环境的温度、湿度等条件有关。

① 浓度和接触时间。环境中毒性物质的浓度越高，接触的时间越长，就越容易引起中毒。

② 环境温度、湿度和劳动强度。环境温度越高，毒性物质越容易挥发，环境中毒性物质的浓度越高，越容易造成人体的中毒。环境中的湿度较大，也会增加某些毒物的作用强度。例如氯化氢、氟化氢等在高湿环境中，对人体的刺激性明显增强。

劳动强度对毒物吸收、分布、排泄都有显著影响。劳动强度大能促进皮肤充血、汗量增加，毒物的吸收速度加快。耗氧增加，对毒物所致的缺氧更敏感。同时劳动强度大能使人疲劳，抵抗力降低，毒物更容易起作用。

③ 多种毒物的联合作用。环境中的毒物往往不是单一品种，而是多种毒物。多种毒物联合作用的综合毒性较单一毒物的毒性，可以增强，也可以减弱。增强者称为协同作用，减弱者则称为拮抗作用。此外，生产性毒物与生活性毒物的联合作用也比较常见。如酒精可以增强铅、汞、砷、四氯化碳、甲苯、二甲苯、氨基或硝基苯、硝化甘油、氮氧化物以及硝基氯苯等的吸收能力。所以接触这类毒物的作业人员不宜饮酒。

（4）个体因素对毒性的影响　在毒物种类、浓度和接触时间相同条件下，有的人没有中毒反应，而有的人却有明显的中毒反应。这完全是个体因素不同所致。毒物对人体的作用，不仅随毒物剂量和环境条件而异，而且随人的年龄、性别、中枢神经系统状态、健康状况以及对毒物的耐受性和敏感性而有所区别。

动物试验表明，猫对苯酚的敏感性大于狗，大鼠对四乙基铅的敏感性大于兔，小鼠对丙烯腈的敏感性大约比大鼠大 10 倍。即使是对于同一种动物，也会随性别、年龄、饲养条件或试验方法，特别是染毒途径的不同，而出现不同的试验结果。

一般说，少年对毒物的抵抗力弱，而成年人则较强。女性对毒物的抵抗力比男性弱。需要注意的是，对于某些致敏性物质，各人的反应是不一样的。例如，接触甲苯二异氰酸酯、对苯二胺等可诱发支气管哮喘，接触二硝基氯苯、镍等可引起过敏性皮炎，常会因个体不同而有所差异，与接触量并无密切关系。耐受性对毒物作用也有很大影响。长期接触某种毒物，会提高对该毒物的耐受能力。此外，患有代谢机能障碍、肝脏或肾脏疾病的人，解毒机能大大削弱，较易中毒。如贫血患者接触铅，肝病患者接触四氯化碳、氯乙烯，肾病患者接触砷，有呼吸系统疾病的患者接触刺激性气体等，都较易中毒，而且后果要严重些。

(三) 职业中毒

1. 工业毒物的毒性

(1) 毒性及其评价指标 毒物的剂量与反应之间的关系，用"毒性"一词来表示。毒性的计算单位一般以化学物质引起实验动物某种毒性反应所需的剂量表示。对于吸入中毒，则用空气中该物质的浓度表示。某种毒物的剂量（浓度）越小，表示该物质毒性越大。通常用实验动物的死亡数来反映物质的毒性。常用的评价指标有以下几种。

① 绝对致死剂量或浓度（LD_{100} 或 LC_{100}）是指使全组染毒动物全部死亡的最小剂量或浓度。

② 半数致死剂量或浓度（LD_{50} 或 LC_{50}）是指使全组染毒动物半数死亡的剂量或浓度。是将动物实验所得的数据经统计处理而获得的。

③ 最小致死剂量或浓度（MLD 或 MLC）是指使全组染毒动物中有个别动物死亡的剂量或浓度。

④ 最大耐受剂量或浓度（LD_0 或 LC_0）是指使全组染毒动物全部存活的最大剂量或浓度。

上述各种"剂量"通常是用毒物的质量与动物的每千克体重之比（即 mg/kg）来表示。"浓度"常用每立方米（或升）空气中所含毒物的质量（即 mg/m^3、g/m^3、mg/L）来表示。

(2) 毒物的急性毒性分级 毒物的急性毒性可根据动物染毒实验资料 LD_{50} 进行分级，据此将毒物分为剧毒、高毒、中等毒、低毒、微毒五级，详见表 16-1。

表 16-1 化学物质的急性毒性分级

毒物分级	大鼠一次经口 LD_{50}/(mg/kg)	6 只大鼠吸入 4h 死亡 2～4 只的浓度 /(cm^3/m^3)	兔涂皮肤 LD_{50}/(mg/kg)	对人可能致死剂量	
				/(g/kg)	总量(以 60kg 体重计)/g
剧 毒	<1	<10	<5	<0.05	0.1
高 毒	1～50	10～100	5～44	0.05～0.5	3
中等毒	50～500	100～1000	44～350	0.5～5.0	30
低 毒	500～5000	1000～10000	350～2180	5.0～15.0	250
微 毒	5000～15000	10000～100000	2180～22590	>15.0	>1000

2. 毒性物质侵入人体途径

毒性物质一般是经过呼吸道、消化道及皮肤接触进入人体的。职业中毒中，毒性物质主要是通过呼吸道和皮肤侵入人体的；而在生活中，毒性物质则是以呼吸道侵入为主。职业中毒时经消化道进入人体是很少的，往往是用被毒物沾染过的手取食物或吸烟，或发生意外事故毒物冲入口腔造成的。

(1) 经呼吸道侵入 人体肺泡表面积为 90～160m^2，每天吸入空气 12m^3，约 15kg。空气在肺泡内流速慢，接触时间长，同时肺泡壁薄、血液丰富，这些都有利于吸收。所以呼吸道是生产性毒物侵入人体的最重要的途径。在生产环境中，即使空气中毒物含量较低，每天也会有一定量的毒物经呼吸道侵入人体。

从鼻腔至肺泡的整个呼吸道的各部分结构不同，对毒物的吸收情况也不相同。越是进入深部，表面积越大，停留时间越长，吸收量越大。固体毒物吸收量的大小，与颗粒和溶解度的大小有关。而气体毒物吸收量的大小，与肺泡组织壁两侧分压大小、呼吸深度、速度以及循环速度有关。另外，劳动强度、环境温度、环境湿度以及接触毒物的条件，对吸收量都有一定的影响。肺泡内的二氧化碳可能会增加某些毒物的溶解度，促进毒物的吸收。

(2) 经皮肤侵入 有些毒物可透过无损皮肤或经毛囊的皮脂腺被吸收。经表皮进入体内的毒物需要越过三道屏障。第一道屏障是皮肤的角质层，一般相对分子质量大于 300 的物质不易透过无损皮肤。第二道屏障是位于表皮角质层下面的连接角质层，其表皮细胞富于固醇磷脂，它能阻止水溶性物质的通过，而不能阻止脂溶性物质的通过。毒物通过该屏障后即扩散，经乳头毛细血管进入血液。第三道屏障是表皮与真皮连接处的基膜。脂溶性毒物经表皮吸收后，还要有水溶性，才能进一步扩散和吸收。所以水、脂均溶的毒物（如苯胺）易被皮肤吸收。只是脂溶而水溶极微的苯，经皮肤吸收的量较少。与脂溶性毒物共存的溶剂对毒物的吸收影响不大。

毒物经皮肤进入毛囊后，可以绕过表皮的屏障直接透过皮脂腺细胞和毛囊壁进入真皮，再从下面向表皮扩散。但这个途径不如经表皮吸收严重。电解质和某些重金属，特别是汞在紧密接触后可经过此途径被吸收。操作中如果皮肤沾染上溶剂，可促使毒物贴附于表皮并经毛囊被吸收。

某些气体毒物如果浓度较高，即使在室温条件下，也可同时通过以上两种途径被吸收。毒物通过汗腺吸收并不显著。手掌和脚掌的表皮虽有很多汗腺，但没有毛囊，毒物只能通过表皮屏障而被吸收。而这些部分表皮的角质层较厚，吸收比较困难。

如果表皮屏障的完整性遭破坏，如外伤、灼伤等，可促进毒物的吸收。潮湿也有利于皮肤吸收，特别是对于气体物质更是如此。皮肤经常沾染有机溶剂，使皮肤表面的类脂质溶解，也可促进毒物的吸收。黏膜吸收毒物的能力远比皮肤强，部分粉尘也可通过黏膜吸收进入体内。

（3）经消化道侵入　许多毒物可通过口腔进入消化道而被吸收。胃肠道的酸碱度是影响毒物吸收的重要因素。胃液是酸性，对于弱碱性物质可增加其电离，从而减少其吸收；对于弱酸性物质则有阻止其电离的作用，因而增加其吸收。脂溶性的非电解物质，能渗透过胃的上皮细胞。胃内的食物、蛋白质和黏液蛋白等，可以减少毒物的吸收。

肠道吸收最重要的影响因素是肠内的碱性环境和较大的吸收面积。弱碱性物质在胃内不易被吸收，到达小肠后即转化为非电离物质可被吸收。小肠内分布着酶系统，可使已与毒物结合的蛋白质或脂肪分解，从而释放出游离毒物促进其吸收。在小肠内物质可经过细胞壁直接渗入细胞，这种吸收方式对毒物的吸收，特别是对大分子的吸收起重要作用。制约结肠吸收的条件与小肠相同，但结肠面积小，所以其吸收比较次要。

3. 职业中毒的表现形式

（1）职业中毒的类型　职业中毒按照发生时间和过程分为急性中毒、慢性中毒和亚急性中毒三种类型。

① 急性中毒。急性中毒是由于大量的毒物于短时间内侵入人体后突然发生的病变现象。造成急性中毒，大多数是由于生产设备的损坏、违反操作规程、无防护地进入有毒环境中进行紧急修理等引起的。

通常，未超过一次换班时间内发生的中毒，称为急性中毒；不过，有一些急性中毒并不立刻发作，往往经过一定的短暂时间后才表现其明显症状，如砷化氢、氮的氧化物等。

② 慢性中毒。慢性中毒是由于比较小量的毒物持续或经常地侵入人体内逐渐发生病变的现象。职业中毒以慢性中毒最多见。慢性中毒发生是由于毒物在人体内积蓄的结果。因此凡有积蓄性的毒物都可能引起慢性中毒，如铅、汞、锰等。中毒症状往往要在从事有关生产后几个月、几年，甚至好多年后才出现，而且早期症状往往都很轻微，故常被忽视而不能及时发觉。因此，在工业生产中，预防慢性职业中毒的问题，实际上较急性中毒更为重要。

③ 亚急性中毒。介于急性与慢性中毒之间，病变时间较急性中毒长，发病症状较急性缓和的中毒，称为亚急性中毒，如二硫化碳、汞中毒等。

（2）职业中毒的表现　由于毒物的毒作用特点不同，有些毒物在生产条件下只引起慢性中毒，如铅、锰中毒；而有些毒物常可引起急性中毒，如甲烷、一氧化碳、氯气等。在表现上差异较大，概括起来职业中毒常见表现有以下几种。

① 神经系统。慢性中毒早期常见神经衰弱综合征和精神症状，一般为功能性改变，脱离接触后可逐渐恢复。铅、锰中毒可损伤运动神经、感觉神经，引起周围神经炎。震颤常见于锰中毒或急性一氧化碳中毒后遗症。重症中毒时可发生脑水肿。

② 呼吸系统。一次吸入某些气体可引起窒息，长期吸入刺激性气体能引起慢性呼吸道炎症，可出现鼻炎、鼻中隔穿孔、咽炎、支气管炎等上呼吸道炎症。吸入大量刺激性气体可引起严重的呼吸道病变，如化学性肺水肿和肺炎。

③ 血液系统。许多毒物对血液系统能够造成损害，根据不同的毒性作用，常表现为贫血、出血、溶血、高铁血红蛋白以及白血病等。铅可引起低血色素贫血，苯及三硝基甲苯等毒物可抑制骨髓的造血功能，表现为白细胞和血小板减少，严重者发展为再生障碍性贫血。一氧化碳与血液中的血红蛋白结合形成碳氧血红蛋白，使组织缺氧。

④ 消化系统。毒物对消化系统的作用多种多样。汞盐、砷等毒物大量经口进入时，可出现腹痛、恶心、呕吐与出血性肠胃炎。铅及铊中毒时，可出现剧烈的持续性的腹绞痛，并有口腔溃疡、牙龈肿胀、牙齿松动等症状。长期吸入酸雾，牙釉质破坏、脱落，称为酸蚀症。吸入大量氟气，牙齿上出现棕色斑点，牙质脆弱，称为氟斑牙。许多损害肝脏的毒物，如四氯化碳、溴苯、三硝基甲苯等，引起急性或慢性肝病。

⑤ 泌尿系统。汞、铀、砷化氢、乙二醇等可引起中毒性肾病。如急性肾功能衰竭、肾病综合征和肾小管综合征等。

⑥ 其他。生产性毒物还可引起皮肤、眼睛、骨骼病变。许多化学物质可引起接触性皮炎、毛囊炎。接触铬、铍的工人皮肤易发生溃疡，如长期接触焦油、沥青、砷等可引起皮肤黑变病，甚至诱发皮肤癌。酸、碱等腐蚀性化学物质可引起刺激性眼炎，严重者可引起化学性灼伤，溴甲烷、有机汞、甲醇等中毒，可发生视神经萎缩，以至失明。有些工业毒物还可诱发白内障。

4. 职业性接触毒物危害程度分级

GB 5044—85《职业性接触毒物危害程度分级》以急性毒性、急性中毒发病状况、慢性中毒患病状况、慢性中毒后果、致癌性和最高容许浓度等六项指标为基础的定级标准。依据六项分级指标综合分析，全面权衡，以多数指标的归属定出危害程度的级别，但对某些特殊毒物，可按其急性、慢性或致癌性等突出危害程度定出级别，如表 16-2 所示。

表 16-2　职业性接触毒物危害程度分级依据

指　　标		Ⅰ（极度危害）	Ⅱ（高度危害）	Ⅲ（中度危害）	Ⅳ（轻度危害）
急性毒性	吸入 LC_{50}/(mg/m³)	<200	200～2000	2000～20000	>20000
	经皮 LD_{50}/(mg/kg)	<100	100～500	500～2500	>2500
	经口 LD_{50}/(mg/kg)	<25	25～500	500～5000	>5000
急性中毒发病状况		生产中易发生中毒，后果严重	生产中可发生中毒，愈后良好	偶尔发生中毒	迄今未见急性中毒，但有急性影响
慢性中毒后果		脱离接触后，继续进展或不能治愈	脱离接触后，可基本治愈	脱离接触后，可恢复，不致严重后果	脱离接触后，自行恢复，无不良后果
慢性中毒患病状况		患病率高（≥5%）	患病率较高（<5%）或症状发生率高（≥20%）	偶有中毒病例发生或症状发生率较高（≥10%）	无慢中毒而慢性影响
致癌性		人体致癌物	可疑人体致癌物	实验动物致癌物	无致癌物
最高容许浓度/(mg/m³)		<0.1	0.1～1.0	1.0～10	>10

（四）防毒措施

[**案例 2**] 2002 年 8 月 30 日下午 4 时，江阴某船舶工程公司工人吴某在一家拆船厂拆解一艘 1.2 万吨散装废货轮时，在毫无防护措施的情况下沿着直径约 70cm 的竖井到 16m 深的船舱内清理废油，当即昏倒在舱底。甲板上的李某、许某、王某 3 人见吴某久而不返，即在舱口探察，见其倒在舱底，便只身下舱实施救援，不足 3min 3 人先后倒下。在场的袁某见状后便立即呼救，1 个多小时后 4 人被消防人员陆续救出，送至江阴市人民医院抢救。其中吴某和李某在刚送到医院时就停止了心跳、呼吸而死亡，许某、王某二人病情危重，经医生全力抢救无效也先后死亡。根据现场调查和检测结果确认："8.30"重大事故的中毒原因为急性硫化氢中毒。

[**案例 3**] 2002 年 11 月 9 日早晨 5 时 30 分左右，无锡一家钢铁有限公司 3 号镀锡锌生产线经过几天的检修后，夜班工人开始升温退火炉，为下一班恢复正常生产做准备工作。升温过程中，退火炉中的一根辐射管出现故障。当班的班长张某在维修工未到场的情况下，擅自决定进炉更换辐射管，当时张某仅戴了简易的活性炭口罩便钻入退火炉检修口（约 70cm×40cm），检修口距离更换点约 4m。在场职工见张某进入炉口几分钟后未见反应，上前查看发现张某已倒在距检修口约 2m 处。于是，其他 5 名工人先后进炉想拖出张某，结果都先后昏倒在炉口附近。昏倒的 6 人被救出后，于 6 时 30 分左右被送入无锡市第三人民医院抢救。张某在送往医院的途中已经死亡，其他 5 人经高压氧舱等治疗后才幸免于难。经无锡市疾控中心的职业卫生专家调查，这是一起职工违反操作规程，盲目进炉操作，造成氮气窒息的急性职业中毒事故。

[**案例 4**] 2003 年 8 月 23 日上午，无锡某建筑工程公司的 3 名工人在广丰一村一主干道上的污水窨井进行工程施工。该窨井直径 600mm，深 2.5m，下面支管直径 300mm，总管直径 800mm。下午 2 时半，当工人王某在污水窨井内敲破旧污水管封头时，突然从管内冲出许多污水并伴有臭鸡蛋味，致使王某当即昏倒在井下，在场的另两名工人郭某和翟某下去救人也相继昏倒。检测结果显示，该次事故为硫化氢中毒引起。

这些职业中毒事故反映出：有些用人单位不遵守《职业病防治法》，无视劳动者健康权益，作业场所环境恶劣，卫生防护设施差甚至无任何卫生防护设施，职业卫生管理制度不落实；劳动者缺乏健康权益意识和自我保护意识，违规、违章操作造成急性职业中毒事故。

因此，要预防职业中毒的发生，必须采取综合防毒措施从各个环节切实加强对职业病危害因素的防范。

综合防毒措施概括起来为 4 件事 16 个字。即"降低浓度、避免接触、个人防护、制度约束"。

1. 降低浓度

降低空气中毒物含量使之达到乃至低于最高容许浓度，是预防职业中毒的中心环节。为此，首先，要使毒物不能逸散到空气中，或消除工人接触毒物的机会。其次，对逸出的毒物要设法控制其飞扬、扩散，对散落地面的毒物应及时消除。第三，缩小毒物接触的范围，以便于控制，并减少受毒物危害人数。降低毒物浓度的方法包括以下几种。

（1）替代或排除有毒或高毒物料　在化工生产中，原料和辅助材料应该尽量采用无毒或低毒物质。用无毒物料代替有毒物料，用低毒物料代替高毒或剧毒物料，是消除毒性物料危害的有效措施。近些年来，化工行业在这方面取得了很大进展。但是，完全用无毒物料代替有毒物料，从根本上解决毒性物料对人体的危害，还有相当大的技术难度。

（2）采用危害性小的工艺　选择安全的危害性小的工艺代替危害性较大的工艺，也是防止毒物危害的带有根本性的措施。减少毒害的工艺可以是原料结构的改变，如硝基苯还原制苯胺的生产过程，过去国内多采用铁粉作还原剂，过程间歇操作，能耗大，而且在铁泥废渣和废水中含有对人体危害极大的硝基苯和苯胺。现在大多采用硝基苯流态化催化氢化制苯胺新工艺，新工艺实现了过程连续化，而且大大减少了毒物对人和环境的危害。又如在环氧乙烷生产中，以乙烯直接氧化制环氧乙烷代替了用乙烯、氯气和水生成氯乙醇进而与石灰乳反应生成环氧乙烷的方法。从而消除了有毒有害原料氯和中间产物氯化氢的危害。有些原料结构的改变消除了剧毒催化剂的应用，从而使过程减少了中毒危险。如在聚氯乙烯生产中，以乙烯的氧氯化法生产氯乙烯单体，代替了乙炔和氯化氢以氯化汞为催化剂生产氯乙烯的方法；在乙醛生产中，以乙烯直接氧化制乙醛，代替了以硫酸汞为催化剂乙炔水合制乙醛的方法，两者都消除了含汞催化剂的应用，避免了汞的危害。

采用减少毒害的工艺也可以是工艺条件的变迁。如黄丹（PbO）的老式生产工艺中氧化部分为带压操作，物料捕集系统阻力大，泄漏点多；而且手工清灰，尾气直接排空，污染严重。后来生产工艺改为减压操作，控制了泄漏。尾气经洗涤后排空，洗涤水循环使用，环境的铅尘浓度大幅度降低。又如在电镀行业中，锌、铜、镉、锡、银、金等镀种，都要用氰化物作络合剂，而氰化物是剧毒物质，且用量较大。通过电镀工艺改进，采用无氰电镀，从而消除了氰化物对人体的危害。

2. 避免接触

（1）密闭化、机械化、连续化措施　在化工生产中，敞开式加料、搅拌、反应、测温、取样、出料、存放等等，均会造成有毒物质的散发、外逸，毒化环境。为了控制有毒物质，使其不在生产过程中散发出来造成危害，关键在于生产设备本身的密闭化，以及生产过程各个环节的密闭化。

生产设备的密闭化，往往与减压操作和通风排毒措施互相结合使用，以提高设备密闭的效果，消除或减轻有毒物质的危害。设备的密闭化尚需辅以管道化、机械化的投料和出料，才能使设备完全密闭。对于气体、液体，多采用高位槽、管道、泵、风机等作为投料、输送设施。固体物料的投料、出料要做到密闭，存在许多困难。对于一些可熔化的固体物料，可采用液体加料法；对固体粉末，可采用软管真空投料法；也可把机械投料、出料装置密闭起来。当设备内装有机械搅拌或液下泵等转动装置时，为防止毒物散逸，必须保证转动装置的轴密封。

用机械化代替笨重的手工劳动，不仅可以减轻工人的劳动强度，而且可以减少工人与毒物的接触，从而减少了毒物对人体的危害。如以泵、压缩机、皮带、链斗等机械输送代替人工搬运；以破碎机、球磨机等机械设备代替人工破碎、球磨；以各种机械搅拌代替人工搅拌；以机械化包装代替手工包装等等。

对于间歇操作，生产间断进行，需要经常配料、加料，频繁地进行调节、分离、出料、干燥、粉碎和包装，几乎所有单元操作都要靠人工进行。反应设备时而敞开时而密闭，很难做到系统密闭。尤其是对于危险性较大和使用大量有毒物料的工艺过程，操作人员会频繁接触毒性物料，对人体的危害相当严重。采用连续化操作可以消除上述弊端。如，采用板框式压滤机进行物料过滤就是间歇操作。每压滤一次物料就得拆一次滤板、滤框，并清理安放滤布等，操作人员直接接触大量物料，并消耗大量的体力。若采用连续操作的真空吸滤机，操作人员只需观察吸滤机运转情况，调整真空度即可。所以，过程的连续化简化了操作程序，为防止有害物料泄漏、减少厂房空气中有害物料的浓度创造了条件。

（2）隔离操作和自动控制　由于条件限制不能使毒物浓度降低至国家卫生标准时，可以采用隔离操作措施。隔离操作是把操作人员与生产设备隔离开来，使操作人员免受散逸出来的毒物的危害。目前，常用的隔离方法有两种，一种是将全部或个别毒害严重的生产设备放置在隔离室内，采用排风的方法，使室内呈负压状态；另一种是将操作人员的操作处放置在隔离室内，采用输送新鲜空气的方法，使室内呈正压状态。

机械化是自动化的前提。过程的自动控制可以使工人从繁重的劳动中得到解放，并且减少了工人与毒物的直接接触。如农药厂将全乳剂乐果、敌敌畏、马拉硫磷、稻瘟净等采用集中管理、自动控制。对整瓶、贴标、灌装、旋塞、拧盖等手工操作，用整瓶机、贴标机、灌装机、旋塞机、拧盖机、纸套机、装箱机、打包机代替，并实现了上述的八机一线。用升降机、铲车、集装设备等将农药成品和包装器材输送、承运，达到了机械化、自动化。包装自动流水线作业可以解决繁复、低效的包装和运输问题。降低室温可以减少农药的挥发，改善了环境条件。对于包装过程中药瓶破裂洒漏出来的液体农药，可以集中过滤处理，减少了室内空气中毒物的浓度，而且也减少了水的污染。

3. 个人防护

① 进岗前要接受系统防毒知识培训和健康检查。

② 上班作业前，要认真检查并戴好个人防护用品及检查防尘防毒设备运行是否正常，吃饭时要洗手，污染严重者要更衣后进入食堂，下班时要更衣以免毒物带给家人。

③ 从事流动作业时要尽量在尘毒发生源的上风向操作。

④ 妇女在孕期和哺乳期要特别注意尘毒防护，不得从事毒性大的铅、砷、锰等有害作业。

⑤ 有毒作业场所要严禁吸烟、进食和放置个人生活用品。

⑥ 接触酸类的工人可用1％苏打水漱口，当酸类液体外逸而直接接触酸液时可用自来水连续不断地冲水。

4. 严格执行劳动卫生管理制度

① 控制严重超标的有害作业点，达标考核点与经济责任制挂钩。

② 严格操作规程，防止跑、冒、滴、漏，不得违章操作、把毒物危害转嫁给别人。

③ 做好作业环境卫生，加强管理，免受二次污染危害。

第四节　防噪声防辐射技术

一、噪声危害及控制

噪声是指人们在生产和生活中一切令人不快或不需要的声音。噪声除去令人烦躁外，还会降低工作效率，特别是需要注意力高度集中的工作，噪声的破坏作用会更大。在工业生产中，噪声会妨碍通信，干扰警报讯号的接收，进而会诱发各类工伤事故。人长期暴露在声频范围广泛的噪声中，会损伤听觉神经，甚至造成职业性失聪。为便于理解噪声的危害，首先介绍声音的物理量度。

（一）声音的物理量度

声音是振源发生的振动，在周围介质中传播，引起听觉器官或其他接受器反应而产生的。振源、介质、接受器是构成声音的三个基本要素。对声音的物理量度主要是音调的高低和声响的强弱。频率是音调高低的客观量度，而声压、声强、声功率和响度则反映出声响的强弱。

1. 频率

频率是指物体或介质每秒（单位时间）发生振动的次数，单位是 Hz（赫兹）。频率越高，声音的音调也越高。正常人耳可听到的声音的频率范围在 20～20000Hz 之间。高于20000Hz 的称为超声，低于 20Hz 的称为次声，超声和次声人耳都听不到。人类的交流常用语言频率多在 500Hz～4000Hz 之间。

2. 声压和声压级

声压是介质因声波在其中传播而引起的压力扰动，声压的单位是帕斯卡（简称帕），用符号 Pa 表示。正常人耳刚能听到的声音的声压为 2×10^{-5} Pa，震耳欲聋的声音的声压为 20 Pa，后者与前者之比为 10^6，两者相差百万倍。在这么大的声压范围内，用声压值来表示声音的强弱极不方便，于是引出了声压级的量来衡量。以听阈声压为基准声压，实测声压与基准声压之比平方的对数，称为声压级，单位是 B（贝尔），通常以其值的 1/10 即 dB（分贝）作为度量单位。声压级 L_p 的计算公式为：

$$L_p = 10 \lg(p^2/p_0^2) = 20 \lg(p/p_0) \text{(dB)}$$

式中，p 为实测声压；p_0 为基准声压，$p_0 = 2 \times 10^{-5}$ Pa。

3. 声强和声强级

声强是指单位时间内，在垂直于声传播方向的单位面积上通过的声能量，其单位是 W/m²。以听阈声强值 10^{-12} W/m² 为基准声强，声强级 L_I 定义为：

$$L_I = 10 \lg(I/I_0) \text{(dB)}$$

式中，I 为实测声强；I_0 为基准声强，$I_0 = 10^{-12}$ W/m²。

4. 声功率和声功率级

声功率是指声源在单位时间内向外辐射的声能量，单位是 W。以 10^{-12} W 为基准声功率，声功率级 L_W 可定义为：

$$L_W = 10 \lg(W/W_0) \text{(dB)}$$

式中，W 为实测声功率；W_0 为基准声功率，$W_0 = 10^{-12}$ W。

声压级、声强级及声功率级，其单位皆为 dB。dB 是一个相对单位，它没有量纲。

（二）噪声来源及分类

1. 噪声的来源

噪声的来源有、交通噪声、城市建筑噪声和生活噪声等。

工业噪声又称为生产性噪声，是涉及面最广泛、对工作人员影响最严重的噪声。工业噪声来自生产过程和市政施工中机械振动、摩擦、撞击以及气流扰动等产生的声音。工业噪声是造成职业性耳聋、甚至青年人脱发秃顶的主要原因，它不仅给生产工人带来危害，而且厂区附近居民也深受其害。

2. 工业噪声的分类

（1）机械性噪声 由于机械的撞击、摩擦、固体的振动和转动而产生的噪声，如纺织机、球磨机、电锯、机床、碎石机启动时所发出的声音。

（2）空气动力性噪声 这是由于空气振动而产生的噪声，如通风机、空气压缩机、喷射器、汽笛、锅炉排气放空等产生的声音。

（3）电磁性噪声 由于电机中交变力相互作用而产生的噪声。如发电机、变压器等发出的声音。

工业噪声相当广泛，声级（A）大多数都在 90dB 以上，如果不采取隔声、消声技术措施将岗位噪声强度降到卫生标准 90dB 以下，应佩戴听力保护器保护听力，预防职业性耳聋的发生。

（三）噪声的危害

产生噪声的作业，几乎遍及各个工业部门。噪声已成为污染环境的严重公害之一。化学工业的某些生产过程，如固体的输送、粉碎和研磨，气体的压缩与传送，气体的喷射及动机械的运转等都能产生相当强烈的噪声。当噪声超过一定值时，对人会造成明显的听觉损伤，并对神经、心脏、消化系统等产生不良影响，而且妨害听力、干扰语言，成为引发意外事故的隐患。

1. 对听觉的影响

噪声会造成听力减弱或丧失。依据暴露的噪声的强度和时间，会使听力界限值发生暂时性的或永久性的改变。听力界限值暂时性改变，即听觉疲劳，可能在暴露强噪声后数分钟内发生。在脱离噪声后，经过一段时间休息即可恢复听力。长时间暴露在强噪声中，听力只能部分恢复，听力损伤部分无法恢复，会造成永久性听力障碍，即噪声性耳聋。噪声性耳聋根据听力界限值的位移范围，可有轻度（早期）噪声性耳聋，其听力损失值在 10～30dB；中度噪声性耳聋的听力损失值在 40～60dB；重度噪声性耳聋的听力损失值在 60～80dB。

爆炸、爆破时所产生的脉冲噪声，其声压级峰值高达 170～190 dB，并伴有强烈的冲击波。在无防护条件下，强大的声压和冲击波作用于耳鼓膜，使鼓膜内外形成很大压差，造成鼓膜破裂出血，双耳完全失去听力，此即爆震性耳聋。

2. 对神经、消化、心血管系统的影响

① 噪声可引起头痛，头晕，记忆力减退，睡眠障碍等神经衰弱综合征。

② 可引起心率加快或减慢，血压升高或降低等改变。

③ 噪声可引起食欲不振、腹胀等胃肠功能紊乱。

④ 噪声可对视力、血糖产生影响。

在强噪声下，会分散人的注意力，对于复杂作业或要求精神高度集中的工作会受到干扰。噪声会影响大脑思维、语言传达以及对必要声音的听力。

（四）噪声的预防与治理

解决工业噪声的危害，必须坚持"预防为主"和"防治结合"的方针。一方面要依靠科学技术来"治"，另一方面必须依靠立法和法规来"防"。应该把工业噪声污染问题与厂房车间的设计、建筑、布局以及辐射强烈噪声的机械设备的设计制造同时考虑，坚持工业企业建设的"三同时"（噪声控制设施与主体工程同时设计、同时施工、同时投产）原则，才能使新的工业企业不致产生噪声污染。也应把城市建设布局和长远规划从工业噪声控制的角度加以审查，并采取适当的政策加以保证。

噪声是由噪声源产生的，并通过一定的传播途径，被接受者接受，才能形成危害或干扰。因此，控制噪声的基本措施是消除或降低声源噪声、隔离噪声及接受者的个人防护。

1. 消除或降低声源噪声

工业噪声一般是由机械振动或空气扰动产生的。应该采用新工艺、新设备、新技术、新材料及密闭化措施，从声源上根治噪声，使噪声降低到对人无害的水平。

① 选用低噪声设备和改进生产工艺。如用压力机代替锻造机，用焊接代替铆接，用电弧气刨代替风铲等。

② 提高机械设备的加工精度和装配技术，校准中心，维持好动态平衡，注意维护保养，并采取阻尼减振措施等。

③ 对于高压、高速管道辐射的噪声，应降低压差和流速，改进气流喷嘴形式，降低噪声。

④ 控制声源的指向性。对环境污染面大的强噪声源，要合理地选择和布置传播方向。对车间内小口径高速排气管道，应引至室外，让高速气流向上空排放。

2. 噪声隔离

噪声隔离是在噪声源和接受者之间进行屏蔽、吸收或疏导，阻止噪声的传播。在新建、改建或扩建企业时，应充分考虑有效地防止噪声，采取合理布局，及采用屏障、吸声等措施。

（1）合理布局　应该把强噪声车间和作业场所与职工生活区分开；把工厂内部的强噪声设备与一般生产设备分开。也可把相同类型的噪声源，如空压机、真空泵等集中在一个机房内，既可以缩小噪声污染面积，同时也便于集中密闭化处理。

（2）利用地形、地物设置天然屏障　利用地形如山冈、土坡等，地物如树木、草丛及已有的建筑物等，可以阻断或屏蔽一部分噪声的传播。种植有一定密度和宽度的树丛和草坪，也可导致噪声的衰减。

（3）噪声吸收　利用吸声材料将入射到物质表面上的声能转变为热能，从而产生降低噪声的效果。一般可用玻璃纤维、聚氨酯泡沫塑料、微孔吸声砖、软质纤维板、矿渣棉等作为吸声材料。可以采用内填吸声材料的穿孔板吸声结构，也可以采用由穿孔板和板后密闭空腔组成的共振吸声结构。

（4）隔声　在噪声传播的途径中采用隔声的方法是控制噪声的有效措施。把声源封闭在有限的空间内，使其与周围环境隔绝，如采用隔声间、隔声罩等。隔声结构一般采用密实、重质的材料如砖墙、钢板、混凝土、木板等。对隔声壁要防止共振，尤其是机罩、金属壁、玻璃窗等轻质结构，具有较高的固有振动频率，在声波作用下往往发生共振，必要时可在轻质结构上涂一层损耗系数大的阻尼材料。

3. 个人防护

护耳器的使用，对于降低噪声危害有一定作用，但只能作为一种临时措施。更有效地控制噪声，还要依靠其他更适宜的减少噪声暴露的方法。耳套和耳塞是护耳器的常见形式。护耳器的选择，应该把其对防噪声区主要频率相当的声音的衰减能力作为依据，以确保能够为佩戴者提供充分的防护。护耳器使用者应该在个人防护要求、防护器的挑选和使用方面接受指导。护耳器在使用和存放期间应该防止污染，并定期对其进行仔细检查。

4. 健康监护

定期进行健康监护体检，筛选出对噪声敏感者或早期听力损伤者，并采取相应措施。

二、辐射危害及预防

随着科学技术的进步，在工业中越来越多地接触和应用各种电磁辐射能和原子能。由电磁波和放射性物质所产生的辐射，根据其对原子或分子是否形成电离效应而分成两大类型，即电离辐射和非电离辐射。辐射对人体的危害和防护是现代工业中一个新课题。随着各类辐射源日益增多，危害相应增大。因此，必须正确了解各类辐射源的特性，加强防护，以免作业人员受到辐射的伤害。

（一）电离辐射的危害与防护

电离辐射是指能引起原子或分子电离的辐射。如 α 粒子、β 粒子、X 射线、γ 射线、中子射线的辐射，都是电离辐射。

1. 电离辐射的危害

电离辐射对人体的危害是由超过允许剂量的放射线作用于机体的结果。放射性危害分为体外危害和体内危害。体外危害是放射线由体外穿入人体而造成的危害，X 射线、γ 射线、β 粒子和中子都能造成体外危害。体内危害是由于吞食、吸入、接触放射性物质，或通过受伤的皮肤直接侵入体内造成的。

在放射性物质中，能量较低的 β 粒子和穿透力较弱的 α 粒子由于能被皮肤阻止，不致造成严重的体外伤害。但电离能力很强的 α 粒子，当其侵入人体后，将导致严重伤害。电离辐射对人体细胞组织的伤害作用，主要是阻碍和伤害细胞的活动机能及导致细胞死亡。

人体长期或反复受到允许放射剂量的照射能使人体细胞改变机能，出现白细胞过多，眼球晶体浑浊，皮肤干燥、毛发脱落和内分泌失调。较高剂量能造成贫血、出血、白细胞减少、胃肠道溃疡、皮肤溃疡或坏死。在极高剂量放射线作用下，造成的放射性伤害有以下三种类型。

（1）中枢神经和大脑伤害 主要表现为虚弱、倦怠、嗜睡、昏迷、震颤、痉挛，可在两周内死亡。

（2）胃肠伤害 主要表现为恶心、呕吐、腹泻、虚弱或虚脱，症状消失后可出现急性昏迷，通常可在两周内死亡。

（3）造血系统伤害 主要表现为恶心、呕吐、腹泻，但很快好转，2～3周无病症之后，出现脱发、经常性流鼻血，再度腹泻，造成极度憔悴，2～6周后死亡。

2. 电离辐射的防护

防止放射危害的根本方法是控制辐射源的用量，任何放射工作都应首先考虑在保证应用效果的前提下，尽量减少辐射源的用量。选择危害小的辐射源，如医学脏器显像应选用纯 γ 发射体，而治疗选用纯 β 发射体，有利于防护。X 射线诊断和工业探伤，采用灵敏的影像增强装置，可减少照射剂量。防护工作一般分为内外防护两部分。

（1）外防护 除控制放射源外，主要从时间、距离和屏蔽三个方面进行。

时间防护是在不影响工作质量的原则下，设法减少人员受照时间。如熟练操作技术，减少不必要的停留时间，几个人轮流操作等。

距离防护是在保证效果的前提下，应尽量远离辐射源，在操作中切忌直接用手触摸放射源，使用自动或半自动的作业方式为好。

屏蔽是外防护应用最多、最基本的方法。有固定的，也有移动的；有直接用于辐射源运输储存的，也有用于房间设备以及个人佩戴的。屏蔽材料则需根据射线的种类和能量来决定，如 X、γ 射线可用铅、铁、混凝土等物质；β 射线宜用铝和有机玻璃等。

（2）内防护 主要有围封隔离、除污保洁和个人防护三个环节。

围封隔离是采用与外界隔离的原则，把开放源控制在有限的空间内。根据使用放射性核素的放射性毒性大小、用过多少以及操作形式繁简，按照《放射性防护规定》，把放射性工作单位分为三类。一、二类单位不得设于市区，三类和属于二类医疗单位可设于市区。在污染源周围按单位类别要划出一定范围的防护监测区，作为定期监测环境污染的范围。放射性工作场所、放射源以及盛放射性废物的容器等要加上明显的放射性标记，提醒人们注意。对人员和物品出入放射性工作场所要进行有效的管理和监测。

应用放射源不可能完全不污染，应除污保洁，随时监测污染。采取通风过滤的方法，使污染保持在国家规定的限制以下。对放射性"三废"要按国家规定统一存放和处理。

个人防护的总原则是，应禁止一切能使放射性核素侵入人体的行为，如饮水、进食、吸烟、用口吸取放射性药物等。要根据不同的工作性质，配用不同的个人防护用具，如口罩、手套、工作服等。

（二）非电离辐射的危害与防护

不能引起原子或分子电离的辐射称为非电离辐射。如紫外线、红外线、射频电磁波、微波等，都是非电离辐射。

1. 紫外线的危害与防护

紫外线在电磁波谱中是介于 X 射线和可见光之间的频带。自然界中的紫外线主要来自太阳辐射、火焰和炽热的物体。凡物体温度达到 1200℃ 以上时，辐射光谱中即可出现紫外线，物体温度越高，紫外线波长越短，强度越大。紫外线辐射按其生物作用可分为三个波段。

（1）长波紫外线辐射 波长 3.20×10^{-7}～4.00×10^{-7}m，又称晒黑线，生物学作用

很弱。

（2）中波紫外线辐射 波长 $2.75 \times 10^{-7} \sim 3.20 \times 10^{-7} m$，又称红斑线，可引起皮肤强烈刺激。

（3）短波紫外线辐射 波长 $1.80 \times 10^{-7} \sim 2.75 \times 10^{-7} m$，又称杀菌线，作用于组织蛋白及类脂质。

紫外线可直接造成眼睛和皮肤的伤害。眼睛暴露于短波紫外线时，能引起结膜炎和角膜溃疡，即电光性眼炎。强紫外线短时间照射眼睛即可致病，潜伏期一般在 $0.5 \sim 24h$，多数在受照后 $4 \sim 24h$ 发病。首先出现两眼怕光、流泪、刺痛、异物感，并带有头痛、视觉模糊、眼睑充血、水肿。长期暴露于小剂量的紫外线，可发生慢性结膜炎。

不同波长的紫外线，可被皮肤的不同组织层吸收。波长 $2.20 \times 10^{-7} m$ 以下的短波紫外线几乎可全部被角化层吸收。波长 $2.20 \times 10^{-7} \sim 3.30 \times 10^{-7} m$ 的中短波紫外线可被真皮和深层组织吸收。红斑潜伏期为数小时至数天。

空气受大剂量紫外线照射后，能产生臭氧，对人体的呼吸道和中枢神经都有一定的刺激，对人体造成间接伤害。

在紫外线发生装置或有强紫外线照射的场所，必须佩戴能吸收或反射紫外线的防护面罩及眼镜。此外，在紫外线发生源附近可设立屏障，或在室内和屏障上涂以黑色，可以吸收部分紫外线，减少反射作用。

2. 射频辐射的危害与防护

任何交流电路都能向周围空间放射电磁能，形成有一定强度的电磁场。交变电磁场以一定速度在空间传播的过程，称为电磁辐射。当交变电磁场的变化频率达到 $100kHz$ 以上时，称为射频电磁场。

射频电磁场的能量被机体吸收后，一部分转化为热能，即射频的致热效应；另一部分则转化为化学能，即射频的非致热效应。射频致热效应主要是机体组织内的电解质分子，在射频电场作用下，使无极性分子极化为有极性分子，有极性分子由于取向作用，则从原来无规则排列变成沿电场方向排列。由于射频电场的迅速变化，偶极分子随之变动方向，产生振荡而发热。在射频电磁场作用下，体温明显升高。对于射频的非致热效应，即使射频电磁场强度较低，接触人员也会出现神经衰弱、植物神经紊乱症状。表现为头痛、头晕、神经兴奋性增强、失眠、嗜睡、心悸、记忆力衰退等。

在射频辐射中，微波波长很短，能量很大，对人体的危害尤为明显。微波除有明显致热作用外，对机体还有较大的穿透性。尤其是微波中波长较长的波，能在不使皮肤热化或只有微弱热化的情况下，导致组织深部发热。深部热化对肌肉组织危害较轻，因为血液作为冷媒可以把产生的一部分热量带走。但是内脏器官在过热时，由于没有足够的血液冷却，有更大的危险性。

微波引起中枢神经机能障碍的主要表现是头痛、乏力、失眠、嗜睡、记忆力衰退、视觉及嗅觉机能低下。微波对心血管系统的影响，主要表现为血管痉挛、张力障碍症候群。初期血压下降，随着病情的发展血压升高。长时间受到高强度的微波辐射，会造成眼睛晶体及视网膜的伤害。低强度微波也能产生视网膜病变。

防护射频辐射对人体危害的基本措施是，减少辐射源本身的直接辐射，屏蔽辐射源，屏蔽工作场所，远距离操作以及采取个人防护等。在实际防护中，应根据辐射源及其功率、辐射波段以及工作特性，采用上述单一或综合的防护措施。

根据一些工厂的实际防护效果，最重要的是对电磁场辐射源进行屏蔽，其次是加大操作距离，缩短工作时间及加强个人防护。

（1）场源屏蔽 利用可能的方法，将电磁能量限制在规定的空间内，阻止其传播扩散。首先要寻找屏蔽辐射源，如高频感应加热介质时，电磁场的辐射源为振荡电容器组、高频变压器、感应线圈、馈线和工作电极等。又如，高频淬火的主要辐射源是高频变压器，熔炼的辐射源是感应炉，黏合塑料源是工作电极。通常振荡电路系统均在机壳内，只要接地良好，不打开机壳，发射出的场强一般很小。

屏蔽材料要选用铜、铝等金属材料，利用金属的吸收和反射作用，使操作地点的电磁场强度减低。屏蔽罩应有良好的接地，以免成为二次辐射源。

微波辐射多为机器内的磁控管、调速管、导波管等因屏蔽不好或连接不严密而泄漏。因此微波设备应有良好的屏蔽装置。

（2）远距离操作　在屏蔽辐射源有困难时，可采用自动或半自动的远距离操作，在场源周围设有明显标志，禁止人员靠近。根据微波发射有方向性的特点，工作地点应置于辐射强度最小的部位，避免在辐射流的正前方工作。

（3）个人防护　在难以采取其他措施时，短时间作业可穿戴专用的防护衣帽和眼镜。

第五节　个体防护用品

一、个体防护用品及分类

1. 个体防护用品的定义

个体防护用品是指为使劳动者在生产过程中免遭或减轻事故伤害和职业危害而提供的个人随身穿（佩）戴的用品，也称劳动保护用品，简称劳保用品。个体防护用品是指由生产经营单位为从业人员配备的，使其在劳动过程中免遭或者减轻事故伤害及职业危害的防护用品。劳动防护用品分为特种劳动防护用品和一般劳动防护用品。

2. 劳动防护用品的作用

劳动防护用品在生产劳动过程中，是必不可少的生产性装备。在生产工作场所，应该根据工作环境和作业特点，穿戴能保护自己生命安全和健康的防护用品。如果我们贪图一时的喜好和方便，忽视劳动防护用品的作用，从某种意义上来讲，也就是忽视了自己的生命。由于没有使用防护用品和防护用品使用不当导致的事故，已有很多惨痛的教训。

[案例5]　2002年9月，正在施工的某建筑公司在拆除塔吊时，起重臂、平衡臂已拆完，回转体上的操作室已拆下，塔吊拆装工从塔身的东侧向北侧移动时，由于未挂牢安全带，不慎坠落，穿过不合格安全网后挂在了脚手架上，经送医院抢救无效死亡。

[案例6]　2006年7月12日，在大连开发区金石滩主题公园进行送配电工程施工的大连某机电安装有限公司，1名没戴安全帽的电工没有断开配电柜电源，违规在配电柜下方连接娱乐游戏机电源接线，头部不慎碰到配电柜上部380V电源母排线，被电击致死。

劳动者在生产劳动和工作过程中，或由于作业环境条件异常，或由于安全装置缺乏和有缺陷，或由于其他突然发生的情况，往往会发生工伤事故或职业危害。为防止工伤事故和职业危害的产生，必须使用劳动防护用品。一旦在操作中有发生事故和职业危害，劳动防护用品就可以起到保护人体的作用。

具体来说，劳动防护用品的作用是使用一定的屏蔽体或系带、浮体，采用隔离、封闭、吸收、分散、悬浮等手段，保护机体或全身免受外界危害的侵害。劳动防护用品的主要作用是有以下两种。

（1）隔离和屏蔽作用　隔离和屏蔽作用是指使用一定的隔离或屏蔽体使机体免受到有害因素的侵害。如劳动防护用品能很好地隔绝外界的某些刺激，避免皮肤发生皮炎等病态反应。

（2）过滤和吸附（收）作用　过滤和吸附作用是指借助防护用品中某些聚合物本身的活

性基团，对毒物的吸附作用，洗涤空气，被活性炭等多孔物质吸附进行排毒。

在存在大量有毒气体和酸性、碱性溶液的环境中作业时，短时间高浓度吸入可引起头痛、头晕、恶心、呕吐等；较长时间皮肤接触会有刺激性，并危害作业者的身体健康。一般的防毒面具，可以过滤几乎所有的毒气。对于糜烂性毒剂，隔绝式的防护服有很好的防护作用。

但是，劳动防护用品只是劳动保护的辅助性措施，它区别于劳动保护的根本措施。劳动保护的主要措施是改善劳动条件，采取有效的安全、卫生技术措施。当劳动安全卫生技术措施尚不能消除也暂时无法改善生产劳动过程中的危险和有害因素，或在劳动条件差、危害程度高或集体防护措施起不到防护作用的情况下（如在抢修或检修设备、野外露天作业、修理事故或隐患，以及生产工艺、设备不能满足安全生产的要求时），劳动防护用品会成为劳动保护的主要措施。使用和配备有效的劳动防护用品，不能代替劳动条件的改善和安全、卫生技术措施的实施；但在作业条件较差时，劳动防护用品可以在一定程度上起到保护人体的作用。对于大多数劳动作业，一般情况，大部分对人体的伤害可包含在劳动防护用品的安全限度以内，各种防护用品具有消除或减轻事故的作用。但防护用品对人的保护是有限度的，当伤害超过允许的防护范围时，防护用品就会失去作用。

3. 个体防护用品的特点

个体防护用品是保护劳动者安全与健康所采取的必不可少的辅助措施，是劳动者防止职业毒害和伤害的最后一项有效措施。同时，它又与劳动者的福利待遇以及防护产品质量、产品卫生和生活卫生需要的非防护性的工作用品有着原则性的区别。具体来说，个体防护用品具有以下几个特点。

（1）特殊性 个体防护用品，不同于一般的商品，是保障劳动者的安全与健康的特殊用品，企业必须按照国家和省、市劳动防护用品有关标准进行选择和发放。尤其是特种防护用品因其具有特殊的防护功能，国家在生产、使用、购买等环节中都有严格的要求。如国家安全生产监督管理总局第1号令《劳动防护用品监督管理规定》中要求特种劳动防护用品必须由取得特种劳动防护用品安全标志的专业厂家生产，生产经营单位不得采购和使用无安全标志的特种劳动防护用品；购买的特种劳动防护用品须经本单位的安全生产技术部门或者管理人员检查验收等。

据有关资料报道，全国每年有2亿多从业人员应享有劳动防护用品配备，销售资金达几百亿元。以防护服装为例，每年的供应量在8000万套以上，价值人民币60多亿元。其中，阻燃和隔热防护服在高温、强热辐射及明火环境中作业的人员，每年就需要200万套以上。抗静电防护服仅煤炭系统每年就需要500万套，石油天然气系统需要100万套，核工业及其他行业也需要100万套以上。抗油拒水防护服仅石油行业每年就需要100万套以上。防水服主要用于淋水作业、喷溅作业、排水养殖、矿井、隧道浸泡水中作业的人员每年需要量为（500～600）万套。防化学防护服，仅用于石油、化工、冶金、矿业等行业，每年需要量为（200～300）万套。化工行业是这款防护服用量最大的群体，其次是石油。防辐射防护服每年用量也很多。安全帽每年生产与销售量在（3500～4000）万顶，年用量也很大。

安全网、安全带、防护鞋等也都是上述行业需要的防护产品，每年的销售量也非常大。

（2）适用性 个体防护用品的适用性既包括防护用品选择使用的适用性，也包括使用的适用性。选择使用的适用性是指必须根据不同的工种和作业环境以及使用者的自身特点等选用合适的防护用品。如耳塞和防噪声帽（有大小型号之分），如果选择的型号太小，也不会很好地起到防护噪声的作用。使用的适用性是指防护用品需在进入工作岗位时使用，这不仅要求产品的防护性能可靠、确保使用者的安全，而且还要求产品适用性能好、方便、灵活，使用者乐于使用。因此，结构较复杂的防护用品，需经过一定时间试用，对其适用性及推广应用价值做出科学评价后才能投产销售。生产厂家要注意这一点。

防护用品均有一定的使用寿命。如橡胶类、塑料等制品，长时间受紫外线及冷热温度影响会逐渐老化而易折断。有些护目镜和面罩，受光线照射和擦拭，或者受空气中的酸、碱蒸气的腐蚀，镜片的透光率逐渐下降而失去使用价值；绝缘鞋（靴）、防静电鞋和导电鞋等的电气性能，随着鞋底的磨损，将会改变电性能；一些防护用品的零件长期使用会磨损，影响力学性能。有些防护用品的保存条件也会影响其使用寿命，如温度及湿度等。

4. 劳动防护用品的分类

由于各部门和使用单位对劳动防护用品要求不同，其分类方法也不一样。生产劳动防护用品的企业和商业采购部门，通常按原材料分类，以利安排生产和组织进货。劳动防护用品商店和使用单位为便于经营和选购，通常按防护功能分类。而管理部门和科研单位，根据劳动卫生学的需要，通常按防护部位分类。一般是按照防护功能和部位进行分类。

我国对劳动防护用品采用以人体防护部位为法定分类标准（《劳动防护用品分类与代码》），共分为九大类。既保持了劳动防护用品分类的科学性，同国际分类统一，又照顾了劳动防护用品防护功能和材料分类的原则。按防护部位可分为：头部防护用品、呼吸器官防护用品、眼（面）部防护用品、听觉器官防护用品、防护服、防护手套、防护鞋（靴）、劳动护肤品、防坠落劳动防护用品等。

（1）头部防护用品　头部防护用品是指为了防御头部不受外来物体打击和其他因素危害而配备的个人防护装备。

根据防护功能要求，主要有一般防护帽、防尘帽、防水帽、防寒帽、安全帽、防静电帽、防高温帽、防电磁辐射帽、防昆虫帽等九类产品。

（2）呼吸器官防护用品　呼吸器官防护用品是为防御有害气体、蒸气、粉尘、烟、雾经呼吸道吸入，或直接向使用者供氧或清净空气，保证尘、毒污染或缺氧环境中劳动者能正常呼吸的防护用具。

呼吸器官防护用品主要分为防尘口罩和防毒口罩（面具）两类，按功能又可分为过滤式和隔离式两类。

（3）眼面部防护用品　眼面部防护用品是预防烟雾、尘粒、金属火花和飞屑、热、电磁辐射、激光、化学飞溅物等因素伤害眼睛或面部的个人防护用品。

眼面部防护用品种类很多，根据防护功能，大致可分为防尘、防水、防冲击、防高温、防电磁辐射、防射线、防化学飞溅、防风沙、防强光等九类。

目前我国普遍生产和使用的主要有焊接护目镜和面罩、炉窑护目镜和面罩，以及防冲击眼护具等三类。

（4）听觉器官防护用品　听觉器官防护用品是能防止过量的声能侵入外耳道，使人耳避免噪声的过度刺激，减少听力损失，预防由噪声对人身引起的不良影响的个体防护用品。

听觉器官防护用品主要有耳塞、耳罩和防噪声耳帽等三类。

（5）手部防护用品　手部防护用品是具有保护手和手臂功能的个体防护用品，通常称为劳动防护手套。

手部防护用品按照防护功能分为十二类，即一般防护手套、防水手套、防寒手套、防毒手套、防静电手套、防高温手套、防 X 射线手套、防酸碱手套、防油手套、防振手套、防切割手套、绝缘手套，每类手套按照材料又能分为许多种。

（6）足部防护用品　足部防护用品是防止生产过程中有害物质和能量损伤劳动者足部的护具，通常称为劳动防护鞋。

足部防护用品按照防护功能分为防尘鞋、防水鞋、防寒鞋、防足趾鞋、防静电鞋、防高温鞋、防酸碱鞋、防油鞋、防烫脚鞋、防滑鞋、防刺穿鞋、电绝缘鞋、防振鞋等十三类，每类鞋根据材质不同又能分为许多种。

(7) 躯体防护用品 躯体防护用品就是通常讲的防护服。根据防护功能，防护分为一般防护服、防水服、防寒服、防砸背心、防毒服、阻燃服、防静电服、防高温服、防电磁辐射服、耐酸碱服、防油服、水上救生衣、防昆虫服、防风沙服等十四类，每一类又可根据具体防护要求或材料分为不同品种。

(8) 护肤用品 护肤用品用于防止皮肤（主要是面、手等外露部分）免受化学、物理等因素危害的个体防护用品。

按照防护功能，护肤用品分为防毒、防腐、防射线、防油漆及其他类。

(9) 防坠落用品 防坠落用品是防止人体从高处坠落的整体及个体防护用品。个体防护用品是通过绳带，将高处作业者的身体系于固定物体上，整体防护用品是在作业场所的边沿下方张网，以防不慎坠落，主要有安全网和安全带两种。

安全网是应用于高处作业场所边侧立装或下方平张的防坠落用品，用于防止和挡住人和物体坠落，使操作人员避免或减轻伤害的集体防护用品。根据安装形式和目的，分为立网和平网。

安全带按使用方式，分为围杆安全带和悬挂、攀登安全带两类。

劳动防护用品又分为特殊劳动防护用品和一般劳动防护用品。特殊劳动防护用品由国家安全生产监督管理总局确定并公布，共六大类 22 种产品。这类劳动防护用品必须经过质量认证，实行工业生产许可证和安全标志的管理。凡列入工业生产许可证或安全标志管理目录的产品，称为特种劳动防护用品。具体见表 16-3，未列入的劳动防护用品为一般劳动防护用品。

表 16-3 特种劳动防护用品目录

类 别	产 品
头部护具类	安全帽
呼吸护具类	防尘口罩、过滤式防毒面具、自给式空气呼吸器、长导管面具
眼面护具类	焊接眼面防护具、防冲击眼护具
防护服类	阻燃防护服、防酸工作服、防静电工作服
防护鞋类	保护足趾安全鞋、防静电鞋、导电鞋、防刺穿鞋、胶面防砸安全靴、电绝缘鞋、耐酸碱皮鞋、耐酸碱胶靴、耐酸碱塑料模压靴
防坠落护具类	安全带、安全网、密目式安全立网

二、个体防护用品的管理

1. 个体防护用品的选用

劳动防护用品选择的正确与否，关系到防护性能的发挥和生产作业的效率两个方面。一方面，选择的劳动防护用品必须具备充分的防护功能；另一方面，其防护性能必须适当，因为劳动防护用品操作的灵活性、使用的舒适度与其防护功能之间，具有相互影响的关系。如气密性防化服具有较好的防护功能，但在穿着和脱下时都很不方便，还会产生热应力，给人体健康带来一定的负面影响，更会影响工作效率。所以，正确选用劳动防护用品是保证劳动者的安全与健康的前提。因选用的防护用品不合格而导致的事故时有发生，有血的教训。

[案例 7] 1996 年，河南某化工厂安排清洗 600m³ 硝基苯大罐，工段长从车间借了三个防毒面罩、两套长导管防毒面具作清洗大罐用，经泵工试用后有一个防毒面罩不符合要求（出气阀粘死），随手放在值班室里。大罐清洗完毕，收拾工具（长导管面具、胶衣等）后，人员下班。大约 17 时，一名工人发现原料车间苯库原料泵房 QB-9 蒸气往复泵 6 号泵上盖石棉垫冲开约 4cm 一道缝，苯从缝隙处往外喷出，工人在慌乱中戴着不符合要求的防毒面罩进入泵房，关闭蒸气阀门时，因出气阀老化粘死，呼吸不畅，窒息死亡。

[**案例8**]　2005年9月2日，在北京市朝阳区某施工现场发生了一起作业人员佩戴过滤式防毒面具进行井下作业时发生意外，导致作业人员死亡的事故，而实际上在井下这类相对封闭的空间作业应选择隔绝式防毒面具。作业时，一般选择长导管面具，它是通过一根长导管使作业者呼吸井外清洁空气保证作业安全；抢险时，一般选择空气呼吸器。

这些事故都反映出作业者与管理者对呼吸防护用品的选择与使用还不是很了解。事故时刻在提醒我们，一定要正确选用合格的劳动防护用品。那么如何正确选用呢？一般来说，劳动防护用品的选用可参考几个方面。

① 根据国家标准、行业标准或地方标准选用。

② 根据生产作业环境、劳动强度以及生产岗位接触有害因素的存在形式、性质、浓度（或强度）和防护用品的防护性能进行选用。

③ 穿戴要舒适方便，不影响工作。

2. 个体防护用品的发放

2000年，国家经贸委颁布了《劳动防护用品配备标准（试行）》（国经贸安全［2000］189号），规定了国家工种分类目录中的116个典型工种的劳动防护用品配备标准。用人单位应当按照有关标准，按照不同工种、不同劳动条件发给职工个人劳动防护用品。

用人单位的具体责任如下。

① 用人单位应根据工作场所中的职业危害因素及其危害程度，按照法律、法规、标准的规定，为从业人员免费提供符合国家规定的护品。不得以货币或其他物品替代应当配备的护品。

② 用人单位应到定点经营单位或生产企业购买特种劳动防护用品。护品必须具有"三证"，即生产许可证、产品合格证和安全鉴定证。购买的护品须经本单位安全管理部门验收。并应按照护品的使用要求，在使用前对其防护功能进行必要的检查。

③ 用人单位应教育从业人员，按照护品的使用规则和防护要求，正确使用护品。使职工做到"三会"：会检查护品的可靠性；会正确使用护品；会正确维护保养护品，并进行监督检查。

④ 用人单位应按照产品说明书的要求，及时更换、报废过期和失效的护品。

⑤ 用人单位应建立健全护品的购买、验收、保管、发放、使用、更换、报废等管理制度和使用档案，并切实贯彻执行和进行必要的监督检查。

[**案例9**]　2003年10月份，某机械加工厂电焊车间承担一批急需焊接的零部件。当时车间有专业焊工程3名，因交货时间较紧，3台手工焊机要同时开工。由于有的零部件较大，有的需要定位焊接，电焊工人不能独立完成作业，必须他人协助才行。车间主任在没有配发任何防护用品的情况下，临时安排3名其他工人（钣金工）辅助电焊工操作。电焊车间约40m²，高10m，3台焊机同时操作，3名辅助工在焊接时需要上前扶着焊件，电光直接照射眼睛和皮肤，他们距离光源大约1m，每人每次上前约30min、60min不等。工作了半天，下班回家不到4h，除电焊工佩戴有防护用品没有任何部位灼伤外，3名辅助工的眼睛、皮肤都先后出现以下症状：眼睛剧痛、怕光、流泪、皮肤有灼热感，痛苦难忍，疼痛剧烈。经医院检查发现：3人两眼球结膜均充血、水肿、面部、颈部等暴露部位的皮肤表现为界限清楚的水肿性红斑，其中1名辅助工穿着背心短裤上前操作，结果肩部、两臂及两腿内侧均出现大面积水疱，并且有部分已脱皮。

造成本事故的根本原因是该公司车间主任在没有配发任何防护用品的情况下，强令安排3名其他工人（钣金工）辅助电焊工操作。

职工的自我保护意识较差，法律观念淡薄，明知电光危害，既没有防护用品，也没有拒绝上岗，而违章操作，结果造成本次多人灼伤事故。

3. 个体防护用品的使用

① 劳动防护用品使用前，必须认真检查其防护性能及外观质量。

② 使用的劳动防护用品与防御的有害因素相匹配。

③ 正确佩戴使用个人劳动防护用品。

④ 严禁使用过期或失效的劳动防护用品。

4. 个体防护用品的报废

符合下述条件之一者，即予报废。

① 不符合国家标准或专业标准。

② 未达到上级劳动保护监察机构根据有关标准和规程所规定的功能指标。

③ 在使用或保管储存期内遭到损坏或超过有效使用期，经检验未达到原规定的有效防护功能最低指标。

第六节　任务案例：橡胶生产职业危害分析及防护措施

我国橡胶生产以合成橡胶为主，在合成橡胶的生产过程中，存在着许多职业病危害因素，可造成作业环境污染，同时给橡胶生产接触者的身体健康带来危害。以天津市静海区某合成橡胶有限公司为研究对象，对合成橡胶生产过程中可能产生的职业病危害因素进行识别和分析，对可能产生的职业病危害因素的危害程度及防护措施进行科学的阐述。

（一）项目分析

天津市静海区某合成橡胶有限公司主要产品为橡胶水管，年产量为（600～700）万件/年。该企业生产工序包括捏炼、炼胶、擦布、挤出、成型、冷却等生产工序，具体生产工艺见图 16-1。

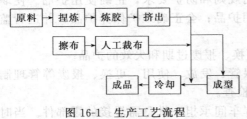

图 16-1　生产工艺流程

该企业主要生产设备包括捏炼机、炼胶机、擦布机、挤出机、成型机以及相关配套设备。

该企业主要原辅料包括天然橡胶（聚异戊二烯）、丁苯橡胶、混合粉（含硫粉和轻钙粉）、炭黑粉、氯丁漆（挥发物中含有苯、甲苯、二甲苯）。

该企业现有工作人员 43 人，其中生产人员 36 人，管理人员 7 人，生产班制为一班制，每班工作 8h。

（二）主要有害因素分析

1. 职业病危害因素识别

经现场调查，该企业生产工艺过程中产生职业病危害因素的工序主要集中在捏炼、炼胶、擦布、挤出、成型，上述工序产生的主要职业病危害因素分布及人员接触情况，见表 16-4。

表 16-4　生产工艺过程中产生的主要职业病危害因素分布及人员接触情况

生产区域	工作场所或工序	可能存在的主要职业病危害因素	每班接触人数	接触机会	每班接触时间/h
橡胶水管	捏炼	噪声、高温（夏季）、混合粉尘、炭黑粉尘、苯、甲苯、二甲苯、苯乙烯、丁二烯	5	间断操作	6
生产线	炼胶	噪声、高温（夏季），苯乙烯、丁二烯	5	间断操作	6
	挤出	噪声、高温（夏季），苯乙烯、丁二烯	6	间断操作	6
	擦布	噪声、高温（夏季），苯乙烯、丁二烯	10	间断操作	6
	成型	噪声	10	间断操作	6

2. 职业病危害因素评价

（1）有毒物质评价

① 苯乙烯和丁二烯。该企业采用的主要原料为天然橡胶和丁苯橡胶，丁苯橡胶是该企业职业病危害因素产生的主要环节。在合成橡胶生产的过程中，大部分生产设备均可产生高温，故丁苯橡胶在生产过程中由于高温的缘故，其合成单体丁二烯和苯乙烯可挥发到空气中对岗位工人的身体健康造成危害。长期接触低浓度苯乙烯和丁二烯可出现头晕、头痛、乏力、情绪不稳、忧郁等，还可出现恶心、食欲不振、腹胀、慢性肝脏损害，上呼吸道黏膜萎缩或增殖、皮肤干燥、皲裂、红斑丘疹性皮炎。接触高浓度的苯乙烯可出现黏膜刺激症状，如眼刺痛、流泪、结膜充血、流涕、喷嚏、咳嗽，且有头痛、眩晕、乏力、多汗、嗜睡、食欲不振等；接触高浓度苯乙烯几小时后，还可出现恶心、呕吐、步态蹒跚等麻醉症状，甚至出现痉挛，最后可因呼吸中枢麻痹而死亡。

② 苯、甲苯、二甲苯。该企业捏炼工序会使用助剂氯丁漆进行浸泡，氯丁漆中的有机溶剂中含有苯及其化合物，在生产过程中上述物质可以挥发出来对人体健康造成危害，长期接触对人体中枢神经系统和造血系统都会造成很大程度的影响。

（2）生产性粉尘评价　　炭黑粉尘、混合粉尘炭黑粉尘、混合粉尘作为一种助剂使用在捏炼工序中，正常情况下，因为上述粉尘投入量有限，不会对人体健康产生较大影响，但长期接触生产性粉尘可刺激呼吸道黏膜，引起其机能亢进，毛细血管扩张，分泌大量黏液，久之形成肥大性改变，最后由于黏膜细胞营养供应不足而致萎缩，形成萎缩性改变。

（3）物理因素评价

① 噪声。合成橡胶生产企业所使用的生产设备如捏炼机、炼胶机、擦布机、挤出机、成型机等噪声强度较大，可达 80dB（A）以上，岗位工人不采取适当的防护措施，有发生职业性噪声耳聋的可能。

② 高温（夏季）。该企业所使用的捏炼机、炼胶机、擦布机、挤出机、成型机设备内部温度较高，最高可达 180℃，上述设备缺少隔热装置，岗位工人在夏季长时间作业可发生中暑的危险。

（三）防护措施

1. 职业病危害因素情况严重

该企业坐落于天津市静海县大邱庄镇白公坨村，企业生产环境较差，合成橡胶企业在生产及加工过程中所使用的原料、中间体以及单体均会产生有毒物质，加上该企业设备老化，自动化和密闭化程度不高，有毒物质（苯乙烯、丁二烯、苯、甲苯、二甲苯）以及生产性粉尘（炭黑粉尘、混合粉尘）可对岗位工人的健康造成较大影响。该企业生产过程中还存在物理因素噪声和高温，上述物理因素在岗位工人长时间工作以及恶劣条件下（如夏季高温）工作时可对岗位工人的身体状况造成危害。

2. 职业病防护措施急需完善

该企业管理人员缺乏职业病危害因素防护意识，未设置任何职业病防护设施，也未对岗位工人配备任何个人职业病防护用品。针对该企业的特点，建议该企业的管理人员在条件允许的情况下对目前的生产设备进行更新，选用低噪声设备，加强生产设备的密闭性，为生产设备配备隔热层。该企业生产过程中产生的主要职业病危害因素为有毒物质（苯乙烯、丁二烯、苯、甲苯、二甲苯）以及生产性粉尘（炭黑粉尘、混合粉尘），故产生上述化学有害因素的生产工序必须配备通风排毒除尘装置，岗位工人在生产过程中必须穿戴相应的防护用品。企业应定期检测空气中有害因素的浓度，确保其低于职业接触限值，并且派专人负责废气和废物的回收利用，因地制宜地开展职业病危害因素防治工作。

课后任务：橡胶生产职业危害分析及防护措施

1. 某聚碳酸酯厂以聚碳酸酯原料、丙烯腈-丁二烯-苯乙烯共聚物、三氯化铁、溶剂 93、二氧化钛、炭黑和玻璃纤维为原料进行生产，以聚碳酸酯为产品。生产工艺主要包括配料、搅拌、干燥、挤出、水浴、切粒和筛选包装工艺组成。聚碳酸酯掺混料和共混料（即高分子合金）生产工艺流程见图 16-2、图 16-3。公用工程包括空压站、配电房、消防系统、技术实验室等。

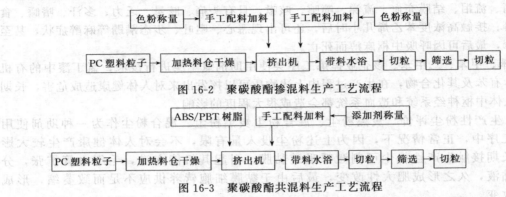

图 16-2 聚碳酸酯掺混料生产工艺流程

图 16-3 聚碳酸酯共混料生产工艺流程

请对该项目的职业性危害因素进行识别，并针对危害因素提出相关的防护措施。

2. 某单位 1991 年开始试生产，1993 年 5 月正式投产，生产过程接触粉尘工人 259 人，1998 年 8 月，该单位 21 名工人因患肺结核相继自行到当地卫生防疫站结核科就诊，查出 11 人疑似职业病。

请分析粉尘对人体的主要危害及矽肺病的主要特征。

第十七章 危险化学品事故应急救援

学习目标：

在熟悉危险化学品分类及危害的基础上，熟悉危险化学品事故类型及特点，认识危险化学品事故的严重性，进而做好危险化学品事故应急救援工作。在掌握危险化学品事故应急救援的基本任务、基本形式，熟悉危险化学品事故应急救援基本原则、基本程序及预防措施的基础上，正确处置危险化学品火灾、爆炸、泄漏、中毒窒息、化学灼伤等事故，以避免或降低事故所造成的损失。在掌握心肺复苏术、止血术、包扎术、固定术、搬运术等急救技术的基础上，对危险化学品事故中的伤员进行正确、及时的事故现场急救。

第一节 危险化学品及分类

一、危险化学品的定义

危险化学品，是指具有毒害、腐蚀、爆炸、燃烧、助燃等性质，对人体、设施、环境具有危害的剧毒化学品和其他化学品。

二、危险化学品的分类

危险化学品目前有数千种，其性质各不相同，每一种危险化学品往往具有多种危险性，但是在多种危险性中，必有一种主要的对人类危害最大的危险性。因此，危险化学品的分类，主要是根据其主要危险特性进行分类的。目前涉及危险化学品分类的标准主要有 GB 6944—2005《危险货物分类和品名编号》、GB 13690—2009《化学品分类和危险性公示通则》等国家标准。其中 GB 13690—2009 对危险化学品的分类如下。

1. 爆炸物

（1）相关概念 爆炸物质（或混合物）是一种固态或液态物质（或物质的混合物），其本身能够通过化学反应产生气体，而产生气体的温度、压力和速度能对周围环境造成破坏。其中也包括发火物质，即使它们不放出气体。

发火物质（或发火混合物）是一种物质或物质的混合物，它旨在通过非爆炸自持放热化学反应产生的热、光、声、气体、烟或所有这些的组合来产生效应。

爆炸性物品是含有一种或多种爆炸性物质或混合物的物品。

烟火物品是包含一种或多种发火物质或混合物的物品。

（2）爆炸物种类 爆炸物种类包括以下几种。

① 爆炸性物质和混合物。

② 爆炸性物品，但不包括下述装置：其中所含爆炸性物质或混合物由于其数量或特性，在意外或偶然点燃或引爆后，不会由于迸射、发火、冒烟、发热或巨响而在装置之外产生任何效应。

③ 上述未提及的为产生实际爆炸或烟火效应而制造的物质、混合物和物品。

2. 易燃气体

易燃气体是在 20℃和 101.3kPa 标准压力下，与空气有易燃范围的气体。

3. 易燃气溶胶

气溶胶是指气溶胶喷雾罐，系任何不可重新罐装的容器，该容器由金属、玻璃或塑料制成，内装强制压缩、液化或溶解的气体，包含或不包含液体、膏剂或粉末，配有释放装置，可使所装物质喷射出来，形成在气体中悬浮的固态或液态微粒或形成泡沫、膏剂或粉末或处于液态或气态。

4. 氧化性气体

氧化性气体是一般通过提供氧气，比空气更能导致或促使其他物质燃烧的任何气体。

5. 压力下气体

压力下气体是指高压气体在压力等于或大于 200kPa（表压）下装入储器的气体，或是液化气体或冷冻液化气体。

压力下气体包括压缩气体、液化气体、溶解液体、冷冻液化气体。

6. 易燃液体

易燃液体是指闪点不高于 93℃的液体。

7. 易燃固体

易燃固体是容易燃烧或通过摩擦可能引燃或助燃的固体。

易于燃烧的固体为粉状、颗粒状或糊状物质，它们在与燃烧着的火柴等火源短暂接触即可点燃和火焰迅速蔓延的情况下，都非常危险。

8. 自反应物质或混合物

（1）自反应物质或混合物　指即使没有氧（空气）也容易发生激烈放热分解的热不稳定液态或固态物质或者混合物。本定义不包括根据统一分类制度分类为爆炸物、有机过氧化物或氧化物质的物质和混合物。

（2）自反应物质或混合物　如果在实验室试验中其组分容易起爆、迅速爆燃或在封闭条件下加热时显示剧烈效应，应视为具有爆炸性质。

9. 自燃液体

自燃液体是即使数量小也能在与空气接触后 5min 之内引燃的液体。

10. 自燃固体

自燃固体是即使数量小也能在与空气接触后 5min 之内引燃的固体。

11. 自热物质和混合物

自热物质是发火液体或固体以外，与空气反应不需要能源供应就能够自己发热的固体或液体物质或混合物；这类物质或混合物与发火液体或固体不同，因为这类物质只有数量很大（千克级）并经过长时间（几小时或几天）才会燃烧。

注：物质或混合物的自热导致自发燃烧是由于物质或混合物与氧气（空气中的氧气）发生反应并且所产生的热没有足够迅速地传导到外界而引起的。当热产生的速度超过热损耗的速度而达到自燃温度时，自燃便会发生。

12. 遇水放出易燃气体的物质或混合物

遇水放出易燃气体的物质或混合物是通过与水作用，容易具有自燃性或放出危险数量的易燃气体的固态或液态物质或混合物。

13. 氧化性液体

氧化性液体是本身未必燃烧，但通常因放出氧气可能引起或促使其他物质燃烧的液体。

14. 氧化性固体

氧化性固体是本身未必燃烧，但通常因放出氧气可能引起或促使其他物质燃烧的固体。

15. 有机过氧化物

（1）有机过氧化物　含有二价—O—O—结构的液态或固态有机物质，可以看作是一个或两个氢原子被有机基替代的过氧化氢衍生物。该术语也包括有机过氧化物配方（混合物）。有机过氧化物是热不稳定物质或混合物，容易放热自加速分解。另外，它们可能具有下列一种或几种性质：

① 易于爆炸分解；

② 迅速燃烧；

③ 对撞击或摩擦敏感；

④ 与其他物质发生危险反应。

（2）判定方法　如果有机过氧化物在实验室试验中，在封闭条件下加热时组分容易爆炸、迅速爆燃或表现出剧烈效应，则可认为它具有爆炸性质。

16. 金属腐蚀剂

腐蚀金属的物质或混合物是通过化学作用显著损坏或毁坏金属的物质或混合物。

第二节　危险化学品的危害

一、危险化学品的危害性

危险化学品的危害性主要包括危险化学品的活性与危险性、燃烧性、爆炸性、毒性、腐蚀性和放射性。

由于危险化学品具有上述特性，因此危险化学品大量排放或泄漏后，可能引起火灾、爆炸，造成人员伤亡，可污染空气、水、地面和土壤或食物，同时可以经呼吸道、消化道、皮肤或黏膜进入人体，引起群体中毒甚至死亡事故发生。总之，危险化学品事故系指一种或数种物质释放的意外事件或危险事件。

1. 危险化学品活性与危险性

许多具有爆炸特性的物质其活性都很强，活性越强的物质其危险性就越大。

2. 危险化学品的燃烧性

压缩气体和液化气体、易燃液体、易燃固体、自燃物品和遇湿易燃物品、氧化剂和有机过氧化物等均可能发生燃烧而导致火灾事故。

3. 危险化学品的爆炸危险

除了爆炸品之外，可燃性气体、压缩气体和液化气体、易燃液体、易燃固体、自燃物品、遇湿易燃物品、氧化剂和有机过氧化物等都有可能引发爆炸。

4. 危险化学品的毒性

许多危险化学品可通过一种或多种途径进入人的肌体，当其在人体达到一定量时，便会引起肌体损伤，破坏正常的生理功能，引起中毒。

5. 危险化学品的腐蚀性

强酸、强碱等物质接触人的皮肤、眼睛或肺部、食道等时，会引起表皮组织发生破坏作用而造成灼伤。内部器官被灼伤后可引起炎症，甚至会造成死亡。

6. 危险化学品的放射性

放射性危险化学品可阻碍和伤害人体细胞活动机能并导致细胞死亡。

二、危险化学品危害的防治措施

对危险化学品危害的防治单靠某一种措施是难以奏效，必须采取一系列的综合措施，多管齐下，方能消除其危害。

1. 组织管理措施

（1）认真贯彻落实安全生产的法律法规　危险化学品从业单位对我国的《安全生产法》、《职业病防治法》、《危险化学品安全管理条例》、《使用有毒物品作业场所劳动保护条例》等一系列法律法规必须严格贯彻执行。

（2）设置安全卫生管理机构　危险化学品从业单位应设置安全卫生管理机构或明确对危险化学品安全管理的部门，不能对危险化学品的安全管理形成空白。

（3）配备安全卫生管理人员　危险化学品从业单位在管理层应配备安全卫生管理人员，对危险化学品从业人员的安全健康进行管理。

（4）制定安全卫生管理的规章制度　危险化学品从业单位必须制定安全卫生管理的规章制度，规范从业人员的安全行为和卫生习惯。

2. 工程技术措施

（1）坚持"三同时"　危险化学品从业单位进行新建、改建、扩建和技术引进的工程项目时，其安全卫生设施必须与工程主体同时设计、同时施工、同时投入生产使用。对工程设计要进行安全、职业卫生预评价；对工程竣工后要进行安全、职业卫生的竣工验收。

（2）采取新技术、新工艺，消除职业危害　危险化学品的生产工艺应尽量采用新技术、新工艺，采用微机控制，隔离操作，消除作业人员直接接触危险化学品。

（3）加强通风，改善作业环境　生产装置尽量采用框架式，现场的泄漏物易于消散；生产厂房应加强全面通风和局部送风，使作业人员所在环境的空气一直处于新鲜状态。

（4）安全检修，避免事故发生　危险化学品的生产装置都要定期检修。检修时都要拆开设备，发生泄漏，容易发生事故。因此，检修前一定要制订检修方案，办理各种安全作业证，做好防护，专人监护，防止事故发生。

3. 卫生保健措施

（1）职业健康监护　危险化学品从业单位对作业人员都要进行上岗前、在岗期间、离岗时和应急的健康检查，并建立职业健康监护档案。不得安排有职业禁忌的劳动者从事其所禁忌的作业。

（2）作业环境定期监测　危险化学品的作业环境空气中的危险化学品浓度要定期进行监测，监测结果要公布，并建立职业卫生档案，监测结果要存档。

（3）发放保健食品　给有毒有害的作业工人要发放保健食品，如牛奶等，增强作业人员的体质和抗病能力。

4. 做好个体防护

（1）发给个体防护用品　企业按国家的规定要发给作业者合格、有效的个体防护用品。如工作服、呼吸防护器、防护手套等，并教会工人能正确使用。

（2）不佩戴防护用品，不得上岗　作业人员不佩戴好个体防护用品，不得上岗作业。管理人员应严格检查，严格执行。

（3）对防护用品做好检查、维修　企业对防护用品应加强管理，放置固定地点，定期进行检查，及时进行维修，使其一直处于良好的状态。

第三节 危险化学品事故应急救援

危险化学品事故指由一种或数种危险化学品或其能量意外释放造成的人身伤亡、财产损失或环境污染事故。危险化学品事故后果通常表现为人员伤亡、财产损失或环境污染以及它们的组合。

一、危险化学品事故的特点

1. 突发性

危险化学品事故往往是在没有先兆的情况下突然发生的，而不需要一段时间的酝酿。

2. 复杂性

事故的发生机理常常非常复杂，许多着火、爆炸事故并不是简单地由泄漏的气体、液体引发那么简单，而往往是由腐蚀等化学反应等引起的，事故的原因往往很复杂，并使之具有相当的隐蔽性。

3. 严重性

事故造成的后果往往非常严重，一个罐体的爆炸，会造成整个罐区的连环爆炸，一个罐区的爆炸，可能殃及生产装置，进而造成全厂性爆炸，如北京某化工厂就发生过类似的大爆炸。更有一些化工厂，由于生产工艺的连续性，装置布置紧密，会在短时间内发生厂毁人亡的恶性爆炸，如江苏射阳一化工厂就发生过这样的爆炸。危险化学品事故不仅会因设备、装置的损坏，生产的中断，而造成重大的经济损失，同时，也会对人员造成重大的伤亡。

4. 持久性

事故造成的事故后果，往往在长时间内都得不到恢复，具有事故危害的持久性。譬如，人员严重中毒，常常会造成终生难以消除的后果；对环境造成的破坏，往往需要几十年的时间进行治理。

5. 社会性

危险化学品事故往往造成惨重的人员伤亡和巨大的经济损失，影响社会稳定。灾难性事故，常常会给受害者、亲历者造成不亚于战争留下的创伤，在很长时间内都难以消除痛苦与恐怖。

[案例1] 重庆开县的井喷事故，造成了243人死亡，许多家庭都因此残缺破碎，生存者可能永远无法抚平心中的创伤。同时，一些危险化学品泄漏事故，还可能对子孙后代造成严重的生理影响。

[案例2] 1976年7月意大利塞维索一家化工厂爆炸，剧毒化学品二噁英扩散，使许多人中毒。这次事故使许多人中毒，附近居民被迫迁走，半径1.5km范围内植物被铲除深埋，数公顷的土地均被铲掉几厘米厚的表土层。但是，由于二噁英具有致畸和致癌作用，事隔多年后，当地居民的畸形儿出生率大为增加。

危险化学品主要危害包括活性与危险性、燃烧性、爆炸性、毒性、腐蚀性和放射性。

由于危险化学品具有上述特性，致使危险化学品在发生重大或灾害性事故时常可导致严重事故后果。

二、危险化学品事故的后果

引发危险化学品事故的原因很多，危险化学品种类繁多，所以发生危险化学品事故的后果也大不相同，可引起爆炸、燃烧或中毒，因而常常危及人们生命和财产的安全，带来不可估量的严重后果。

1. 危险化学品事故的发生机理

危险化学品事故发生机理可分为两大类。

（1）危险化学品泄漏

① 易燃易爆化学品→泄漏→遇到火源→火灾或爆炸→人员伤亡、财产损失、环境破坏等。

② 有毒化学品泄漏→急性中毒或慢性中毒→人员伤亡、财产损失、环境破坏等。

③ 腐蚀品泄漏→腐蚀→人员伤亡、财产损失、环境破坏等。

④ 压缩气体或液化气体→物理爆炸→易燃易爆、有毒化学品泄漏。

⑤ 危险化学品→泄漏→没有发生变化→财产损失、环境破坏等。

（2）危险化学品没有发生泄漏

① 生产装置中的化学品→反应失控→爆炸→人员伤亡、财产损失、环境破坏等。

② 爆炸品→受到撞击、摩擦或遇到火源等→爆炸→人员伤亡、财产损失等。

③ 易燃易爆化学品→遇到火源→火灾、爆炸或放出有毒气体或烟雾→人员伤亡、财产损失、环境破坏。

④ 有毒有害化学品→与人体接触→腐蚀或中毒→人员伤亡、财产损失等。

⑤ 压缩气体或液化气体→物理爆炸→人员伤亡、财产损失、环境破坏等。

2. 危险化学品在事故中起重要作用

（1）危险化学品在事故起因中起重要的作用

① 危险化学品的性质直接影响到事故发生的难易程度。这些性质包括毒性、腐蚀性、爆炸品的爆炸性（包括敏感度、稳定性等）、压缩气体或液化气体的蒸气压力、易燃性和助燃性、易燃液体的闪点、易燃固体的燃点和可能散发的有毒气体和烟雾、氧化剂和过氧化剂的氧化性等等。

② 具有毒性或腐蚀性危险化学品泄漏后，可能直接导致危险化学品事故，如中毒（包括急性中毒和慢性中毒）、灼伤（或腐蚀）、环境污染（包括水体污染、土壤污染、大气污染等）。

③ 不燃性气体可造成窒息事故。

④ 可燃性危险化学品泄漏后遇火源或高温热源即可发生燃烧、爆炸事故。

⑤ 爆炸性物品受热或撞击，极易发生爆炸事故。

⑥ 压缩气体或液化气体容器超压或容器不合格极易发生物理爆炸事故。

⑦ 生产工艺、设备或系统不完善，极易导致危险化学品爆炸或泄漏。

（2）危险化学品在事故后果中起重要的作用　事故是由能量的意外释放而导致的。危险化学品事故中的危害能量主要包括如下几个方面。

① 机械能。主要有压缩气体或液化气体产生物理爆炸的势能，或化学反应爆炸产生的机械能。

② 热能。危险化学品爆炸、燃烧、酸碱腐蚀或其他化学反应产生的热能，或氧化剂和过氧化物与其他物质反应发生燃烧或爆炸。

③ 毒性化学能。有毒化学品或化学品反应后产生的有毒物质，与体液或组织发生生物化学作用或生物物理学变化，扰乱或破坏肌体的正常生理功能。

④ 阻隔能力。不燃性气体可阻隔空气，造成窒息事故。

⑤ 腐蚀能力。腐蚀品使人体或金属等物品的被接触的表面发生化学反应，在短时间内造成明显破损的现象。

⑥ 环境污染。有毒有害危险化学品泄漏后，往往对水体、土壤、大气等环境造成污染

或破坏。

以下案例能充分体现危险化学品事故后果的严重性。

[**案例3**] "11.13"某石化双苯厂爆炸事故：2005年11月13日，中国石油天然气股份有限公司某石化分公司双苯厂硝基苯精制岗位外操人员违反操作规程导致硝基苯精馏塔发生爆炸，造成8人死亡，60人受伤，直接经济损失6908万元，并造成松花江水污染事件，引发不良的国际影响。

[**案例4**] 淮安液氯泄漏事故：2005年3月29日，京沪高速公路淮安段上行线发生一起交通事故，导致液氯大面积泄漏。中毒死亡者达28人，送医院治疗285人，疏散村民群众近1万人，造成京沪高速公路宿迁至宝应段关闭20个小时。

[**案例5**] 印度某农药厂MIC泄漏惨案：1984年12月3日，美国某公司建在印度中央邦首府博帕尔的农药厂发生异氰酸甲酯（MIC）泄漏事故，导致4000名居民死亡，20万人深受其害，事故经济损失高达近百亿美元，震惊整个世界，成为世界工业史上绝无仅有的大惨案。

由于危险化学品的上述事故特点及后果，致使危险化学品事故应急救援工作的组织与实施显得尤其重要。

三、危险化学品事故应急救援

1. 危险化学品事故应急救援工作的特点

（1）**危险性** 危险化学品事故应急救援工作处在一个高度的危险环境中，特别是事故原因不明、危险源尚未有效控制的情况下，随时可能造成新的人员伤害。这就要求救援人员树立临危不惧勇于作战和对人民高度负责的精神。

（2）**复杂性** 危险化学品事故的复杂性表现在事故原因的复杂性，救援环境的复杂性，以及救援工作具有高度的危险性，这就为实施救援工作带来一定的困难。因此，救援工作必须采取科学的态度和方法，避免蛮干和防止人海战术。在救援过程中发扬灵活机动的战略战术，根据事故原因、环境、气象因素和自身技术、装备条件，科学地实施救援。

（3）**突发性** 危险化学品事故的突发性使应急救援工作面临任务重、工作突击性强的困难。在条件差、人手少、任务重的情况下，就要求救援人员发扬不怕苦和连续作战的精神，以最小的代价取得最大的效果。

2. 危险化学品事故应急救援的基本原则

危险化学品事故应急救援工作应在预防为主的前提下，贯彻统一指挥，分级负责，区域为主，单位自救与社会救援相结合等原则。

（1）**统一指挥的原则** 危险化学品事故的抢险救灾工作必须在危险化学品生产安全应急救援指挥中心的统一领导、指挥下开展。应急预案应当贯彻统一指挥的原则。各类事故具有意外性、突发性、扩展迅速、危害严重的特点，因此，救援工作必须坚持集中领导、统一指挥的原则。因为在紧急情况下，多头领导会导致一线救援人员无所适从，贻误时机。

（2）**充分准备、快速反应、高效救援的原则** 针对可能发生的危险化学品事故，做好充分的准备；一旦发生危险化学品事故，快速做出反应，尽可能减少应急救援组织的层次，以利于事故和救援信息的快速传递，减少信息的失真，提高救援的效率。

（3）**生命至上的原则** 应急救援的首要任务是不惜一切代价，维护人员生命安全。事故发生后，应当首先保护学校学生、医院病人、体育场馆游客和所有无关人员安全撤离现场，转移到安全地点，并全力抢救受伤人员，寻找失踪人员，同时保护应急救援人员的安全同样重要。

（4）**单位自救和社会救援相结合的原则** 在确保单位人员安全的前提下，应急救援应当体现单位自救和社会救援相结合的原则。单位熟悉自身各方面情况，又身处事故现场，有利于初起事故的救援，将事故消灭在初始状态。单位救援人员即使不能完全控制事故的蔓延，也可以为外部的救援赢得时间。事故发生初期，事故单位应按照灾害预防和处理规范（预案）积极组织抢险，并迅速组织遇险人员沿避灾路线撤离，防止事故扩大。

（5）分级负责、协同作战的原则 各级地方政府、有关部门和危险化学品单位及相关的单位按照各自的职责分工实行分级负责、各尽其能、各司其职，做到协调有序、资源共享、快速反应，积极做好应急救援工作。

（6）科学分析、规范运行、措施果断的原则 科学分析是做好应急救援的前提，规范运行是保证应急预案能够有效实施的，针对事故现场果断决策采取不同的应对措施是保证救援成效的关键。

（7）安全抢险的原则 在事故抢险过程中，应采取切实有效措施，确保抢险救护人员的安全，严防抢险过程中发生二次事故。

3. 危险化学品事故应急救援的基本任务

（1）控制危险源 及时控制造成事故的危险源是应急救援工作的首要任务，只有及时控制住危险源，防止事故的继续扩展，才能及时、有效地进行救援。特别对发生在城市或人口稠密地区的化学事故，应尽快组织工程抢险队与事故单位技术人员一起及时堵源，控制事故继续扩展。

（2）抢救受害人员 抢救受害人员是应急救援的重要任务。在应急救援行动中，及时、有序、有效地实施现场急救与安全转送伤员是降低伤亡率，减少事故损失的关键。

（3）指导群众防护，组织群众撤离 由于化学事故发生突然、扩散迅速、涉及范围广、危害大，应及时指导和组织群众采取各种措施进行自身防护，并向上风方向迅速撤离出危险区或可能受到危害的区域。在撤离过程中应积极组织群众开展自救和互救工作。

（4）做好现场清消，消除危害后果 对事故外逸的有毒有害物质和可能对人和环境继续造成危害的物质，应及时组织人员予以清除，消除危害后果，防止对人的继续危害和对环境的污染。

（5）查清事故原因，估算危害程度，向有关部门和社会媒介提供翔实情报 事故发生后应及时调查事故的发生原因和事故性质，估算出事故的危害波及范围和危险程度，查明人员伤亡情况，做好事故调查。

4. 危险化学品事故应急救援的基本形式

危险化学品事故应急救援工作按事故波及范围及其危害程度，可采取三种不同的救援形式。

（1）事故单位自救 事故单位自救是化学事故应急救援最基本、最重要的救援形式，这是因为事故单位最了解事故的现场情况，即使事故危害已经扩大到事故单位以外区域，事故单位仍须全力组织自救，特别是尽快控制危险源。

（2）对事故单位的社会救援 对事故单位的社会救援主要是指重大或灾害性化学事故，事故危害虽然局限于事故单位内，但危害程度较大或危害范围已经影响周围邻近地区，依靠本单位以及消防部门的力量不能控制事故或不能及时消除事故后果而组织的社会救援。

（3）对事故单位以外危害区域的社会救援 主要是对灾害性化学事故而言，指事故危害超出本事故单位区域，其危害程度较大或事故危害跨区、县或需要各救援力量协同作战而组织的社会救援。

[案例6] 印度博帕尔市农药厂事故发生后，政府调动了4000余名警察帮助受害者撤离，并在市郊架设大片帐篷，解决12.5万人的临时居住。还从新德里和孟买调来数百名医

务人员参加抢救伤病员。为了避免再次发生泄漏，印度中央联邦政府又于该年 12 月 16 日开始，组织大批技术人员将剩余的 25t 异氰酸甲酯全部作销毁处理，在处理过程中，政府采取了特别保安措施，该农药厂周围岗哨林立，沙袋墙高筑，并用大型褐色帆布包围，印度空军还派遣 3 架能装 5000L 水的直升机，在现场上空向下不停喷洒水雾，仅此一项即持续了 7 天时间。

四、危险化学品事故现场急救

1. 现场急救的基本原则

危险化学品事故现场的救护原则是根据危险化学品事故的特点而制定的。事故现场一般都比较复杂和混乱，救灾医疗条件艰苦，事故后瞬间可能出现大批伤员，而且伤情复杂，大量伤员同时需要救护。所以危险化学品事故现场救治应遵循以下原则。

（1）立即就地、争分夺秒不懈　该原则强调的是救人和抢险的速度，只有快速地行动，才能赢得最终的胜利。

泄漏的有毒气体、挥发性液体导致现场人员中毒的反应速度相当快，往往一口毒气就会造成窒息，因此，现场救护人员要迅速佩戴上呼吸器将中毒者移至安全地点，并立即进行人工呼吸。

（2）先群体，后个人　在救护现场如遇受有毒气体威胁人数较多的情况时，要遵循"先救受毒气威胁人数较多的群体，后救受毒气威胁的个人"的原则。

在救护现场如遇受毒气威胁较多群体的情况时，要遵循"先救受毒气威胁人数较多的群体，后救受毒气威胁人数较少的群体"的原则。

（3）先危重，后较轻　当遇到多个需要救治的中毒者时，要先救治危重的中毒者，后救治较轻的中毒者。如果参与救治的人员较多，可采取分头救治的办法。如果救治中毒者时发现有伤口严重流血时，要按"先治较重的部位，后治较轻的部位"的原则，进行快速止血包扎，防止中毒者因流血过多而造成死亡；如果救护者多于被救者，应同时进行人工呼吸与伤口包扎。

（4）防救兼顾　深入有毒区域进行救人的救护者一定要加强自身防护，如果自己没有穿戴救护用具，就会造成不但没有达到救人的目的，反而使自己中毒甚至生命受到威胁的恶果。另外，在救护人员充足的情况下，救治人员与排除毒气的工作要分头同时进行，因为救人是首要的任务，排毒的目的是救人。

（5）坚持自救与互救　危险化学品事故具有突发性，因此要求现场作业人员具有自救、互救的能力。

自救指发生危险化学品事故时，事故单位实施的救援行动以及在事故现场受到事故危害的人员自身采取的保护防御行为。自救是危险化学品事故现场急救工作最基本、最广泛的救援形式。自救行为的主体是企业及职工本身。由于他们对现场情况最熟悉、反应速度最快，发挥救援的作用最大，危险化学品事故现场急救工作往往通过自救行为应能控制或解决问题。

互救（他救）是指发生危险化学品事故时，事故现场的受害人员相互之间的救护以及他人或企业救护队伍或社会救援力量组织实施的一切救援措施与行动。互救（他救）是救死扶伤的人道主义和互帮互助的社会主义精神文明的体现。在发生大的危险化学品事故特别是灾害性危险化学品事故时，在本身救援力量有限的情况下，争取他人救助和社会力量的救援相当重要。危险化学品事故应急救援中心在危险化学品事故医疗救援中，会充分发挥急救、技术咨询、指导、培训的作用，为救援工作做出应有贡献。

自救与互救（他救），是危险化学品事故应急救援工作中两种不能截然分开的重要的基本的形式。救援人员——企业职工，特别是医务人员必须掌握自救与互救方面的一些基础知识和基本技能，如胸外心脏按压、人工呼吸、防护用品的使用，事故状态下的紧急逃生、撤离、烧伤或触电的现场紧急处置，外伤急救四大技术等，使现场急救工作成效显著。

（6）现场急救的一般救治原则

① 立即解除致伤原因，脱离事故现场。

② 置神志不清的伤员于侧卧位，防止气道梗阻，缺氧者给予氧气吸入，呼吸停止者立即施行人工呼吸，心跳停止者立即施行胸外心脏按压。

③ 皮肤烧伤应尽快清洁创面，并用清洁或已消毒的纱布保护好创面，酸、碱及其他化学物质烧伤者用大量流动清水和足够时间（一般 20min）进行冲洗后再进一步处置，禁止在创面上涂敷消炎粉、油膏类，眼睛灼伤后要优先彻底冲洗。

④ 如是严重中毒要立即在现场实施病因治疗及相应对症、支持治疗；一般中毒伤员要平坐或平卧休息，密切观察监护，随时注意病情的变化。

⑤ 骨折，特别是脊柱骨折时，在没有正确固定的情况下，除止血外应尽量少动伤员，以免加重损伤。

⑥ 勿随意给伤员饮食，以免呕吐物误入气管内。

⑦ 放置患者于空气新鲜、安全清静的环境中。

⑧ 防止休克，特别是要注意保护心、肝、脑、肺、肾等重要器官功能。

2. 现场急救的基本方法

① 安全进入事故毒物污染区，切断毒物来源。进行化学事故的救援人员必须安全迅速地进入事故现场，救援人员必须佩戴空气呼吸器、防毒防化服等个人防护用品，在保证自身安全的前提下进行救援工作。救护人员在进入事故现场后，应迅速采取果断措施切断毒物的来源，防止毒物继续外逸。对已经逸散出来的有毒气体或蒸气，应立即采取措施降低其在空气中的浓度，为进一步开展抢救工作创造有利条件。

② 迅速将伤员脱离污染区，转移到通风良好的场所。在搬运过程中要沉着、冷静，不要强抢硬拉，防止造成骨折。如已有骨折或外伤，则要注意包扎和固定。

③ 彻底清除毒物污染，防止继续吸收。先脱去受污染的衣物，然后用大量微温的清水冲洗被污染的皮肤；对于能被皮肤吸收的毒物及化学灼伤，应在现场用清水或其他解毒剂、中和剂冲洗。

④ 对患者进行现场急救治疗，迅速抢救生命。把患者从现场中抢救出来后，要采取正确的方法，对患者进行紧急救护。首先应松解患者的衣扣和腰带，维护呼吸道畅通，并注意保暖；然后去除患者身上的毒物，防止毒物继续侵入人体；再对患者的病情进行初步检查，重点检查患者是否有意识障碍、呼吸和心跳是否停止，有无出血或骨折等。对于心脏停止者，立即拳击心脏部位的胸壁或做心脏胸外按摩，直接对心脏内注射肾上腺素或异丙肾上腺素，抬高下肢使头部低位后仰；对于呼吸停止者，立即进行人工呼吸，最好用口对口吹气法；人工呼吸和胸外按摩可同时交替进行，直至恢复自主心搏和呼吸；最后根据患者的症状、中毒的途径以及毒物的类型采取相应的急救方法。

3. 现场急救注意事项

（1）染毒区人员撤离现场的注意事项

① 做好防护再撤离。染毒区人员撤离前应自行或相互帮助戴好防毒面罩或者用湿毛巾捂住口鼻，同时穿好防毒衣或雨衣（风衣）把暴露的皮肤保护起来免受损害。

② 迅速判明上风方向。撤离现场的人员应迅速判明风向，可利用旗帜、树枝、手帕来辨明风向。

③ 防止继发伤害。染毒区人员应尽可能利用交通工具向上风向作快速转移。撤离时，应选择安全的撤离路线，避免横穿毒源中心区域或危险地带，防止发生继发伤害。

④ 应在安全区域实行急救。遇呼吸心跳骤停的病伤员应立即将其运离开染毒区后，就地立即实施人工心肺复苏，并通知其他医务人员前来抢救，或者边做人工心肺复苏边就近转送医院。

⑤ 发扬互帮互助精神。染毒区人员应在自救的基础上，帮助同伴一起撤离染毒区域，对于已受伤或中毒的人员更是需要他人的救助。

（2）救援人员进入染毒区域的注意事项

① 救援人员进入染毒区域，必须事先了解染毒区域的地形，建筑物分布，有无爆炸及燃烧的危险，毒物种类及大致浓度，正确选择合适的防毒面具和防护服。

② 应至少2～3人为一组集体行动，以便互相监护照应。所用的救援装备需具备防爆功能。

③ 进入染毒区的人员必须明确一位负责人，指挥协调在染毒区域的救援行动，最好配备一部对讲机随时与现场指挥部及其他救援队伍联系。

（3）开展现场急救工作时的注意事项

① 做好自身防护。要备好防毒面罩和防护服，在现场急救过程中要注意风向的变化，一旦发现急救医疗点处于下风向遭受到污染时，立即做好自身及伤病员的防护，并迅速向安全区域转移，重新设置现场急救医疗点。

② 实行分工合作。在事故现场特别是有大批伤病员的情况下，现场救援人员应实行分工合作，做到任务到人，职责明确，团结协作。

a. 检伤分类组。负责伤病员的初检分类。

b. 危重病人急救组。负责危重病人的现场急救如心肺复苏及其他危急症的处理。

c. 一般病员救治组。负责一般病员的处理如冲洗、中和、止血、包扎、复位、固定及其他一般性救护工作。

d. 病员转运组。视病员情况给予就地救治后安排车辆转送，特殊病员在有医学监护的情况下转送。

e. 现场调查监测组。对事故现场进行调查分析，空气监测等。

f. 现场救援医疗分队必须明确队长1名，副队长1～2名，负责现场急救工作的组织、指挥、协调。

③ 急救处理程序化。为了避免现场救治工作杂乱无章，可事先设计好不同类型的危险化学品事故所应该采取的现场急救程序。如群体化学中毒事故，可采取如下步骤：除去伤病员污染的衣物—冲洗—共性处理—个性处理—转送医院。

④ 注意保护好伤病员眼睛。在为伤病员作医疗处置的过程中，应尽可能地保护好伤病员的眼睛，切记不要遗漏对眼睛的检查和处理。

⑤ 处理污染物要注意对伤员污染衣物的处理，防止发生继发性损害。

特别是对某些毒物中毒（如氰化物、硫化氢）的病人做人工呼吸时，要谨防救援人员再次引起中毒，因此不宜进行口对口人工呼吸。

⑥ 初步诊断，处理措施记录在卡上，并别在病人胸前或挂在手腕上，便于识别也便于下一步的诊治。移交病员时手续要完备。

⑦ 做好登记统计工作。应做好现场急救工作的统计工作，做到资料完整、数据准确，为日后总结经验教训积累第一手资料。一般应包括如下内容。

事故单位、时间、地点、毒物名称、中毒及受伤人员、死亡人数、事故原因、处理经过、危害程度、经济损失、成功的经验与失败的教训。

（4）转送伤病员的注意事项

① 合理安排车辆。在救护车辆不够的情况下，对危重病员应在医疗监护的情况下安排急救型救护车转送，中度伤病员安排普通型救护车转送，对轻度伤病员可安排客车或货车集体转送。

② 合理选送医院。转送伤病员时，应根据伤病员的情况以及附近医疗机构的技术力量和特点有针对性地转送，避免再度转院。如一氧化碳中毒病人宜就近转到有高压氧舱的医院，有颅脑外伤的病人尽可能转送有颅脑外科的医院，烧伤严重的伤员尽可能转送有烧伤力量的医院。但是必须注意避免发生一味追求医院条件而延误抢救时机。

第四节 典型危险化学品事故应急处置方案

一、火灾事故

[案例 7] 1992 年 6 月 30 日，北京某化工厂中试车间 T-1804 工段投料开车，在启动压缩机向高压乙烯球罐充压乙烯时，球罐安全阀启跳，乙烯气泄漏爆燃着火。事故发生后，当班操作工人立即通知厂总调度室及有关部门，关闭了乙烯气总阀。有关人员立即向市消防局 119 火警台报警，同时通知厂卫生科派救护车将烧伤同志送积水潭医院抢救，值班厂长组织现场人员，积极配合公安消防队，全力扑救，将火扑灭。此次事故烧伤 3 人，其中 1 人死亡，2 人重伤。

1. 扑救危险化学品火灾事故总的处置措施

① 迅速扑救初期火灾，关闭火灾部位的上下游阀门，切断进入火灾事故地点的一切物料；在火灾尚未扩大到不可控制之前，应使用移动式灭火器、或现场其他各种消防设备、器材扑灭初期火灾和控制火源。

② 应迅速查明燃烧范围、燃烧物品及其周围物品的品名和主要危险特性、火势蔓延的主要途径，燃烧的危险化学品及燃烧产物是否有毒。

③ 先控制，后消灭。针对危险化学品火灾的火势发展蔓延快和燃烧面积大的特点，为防止火灾危及相邻设施，可采取以下保护措施：

a. 对周围设施及时采取冷却保护措施；

b. 迅速疏散受火势威胁的物资；

c. 有的火灾可能造成易燃液体外流，这时可用沙袋或其他材料筑堤拦截漂散流淌的液体或挖沟导流将物料导向安全地点；

d. 用毛毡、海草帘堵住下水井、阴井口等处，防止火焰蔓延。

④ 扑救人员应占领上风或侧风阵地进行灭火，并有针对性地采取自我防护措施，如佩戴防护面具、穿戴专用防护服等。

⑤ 对有可能发生爆炸、爆裂、喷溅等特别危险需紧急撤退的情况，应按照统一的撤退信号和撤退方法及时撤退。（撤退信号应格外醒目，能使现场所有人员都看到或听到，并应经常演练。）

⑥ 火灾扑灭后，仍然要派人监护现场，消灭余火。起火单位应当保护现场，接受事故调查，协助公安消防部门和安全管理部门调查火灾原因，核定火灾损失，查明火灾责任，未经公安消防部门和安全监督管理部门的同意，不得擅自清理火灾现场。

扑救化学品火灾时，特别注意的是：扑救危险化学品火灾决不可盲目行动，应针对每一类化学品，选择正确的灭火剂和灭火方法来安全地控制火灾。化学品火灾的扑救应由专业消防队来进行。其他人员不可盲目行动，待消防队到达后，介绍物料性质，配合扑救。

2. 不同种类危险化学品的灭火扑救方法

(1) 扑救易燃液体的基本方法

① 首先应切断火势蔓延的途径，冷却和疏散受火势威胁的压力及密闭容器和可燃物，控制燃烧范围，并积极抢救受伤和被困人员。

② 及时了解和掌握着火液体的品名、相对密度、水溶性，以及有无毒害、腐蚀、沸溢、喷溅等危险性，以便采取相应的灭火和防护措施。

③ 对较大的储罐或流淌火灾，应准确判断着火面积。小面积（一般 $50m^2$ 以内）液体火灾，一般可用雾状水扑灭。用泡沫、干粉、二氧化碳、卤代烷（1211，1301）灭火一般更有效。大面积液体火灾则必须根据其相对密度、水溶性和燃烧面积大小，选择正确的灭火剂扑救。

④ 比水轻又不溶于水的液体（如汽油、苯等），用普通蛋白泡沫或轻水泡沫灭火。比水重又不溶于水的液体（如二硫化碳）起火时可用水扑救，水能覆盖在液面上灭火。

⑤ 具有水溶性的液体（如醇类、酮类等），最好用抗溶性泡沫扑救，用干粉或卤代烷扑救时，灭火效果要视燃烧面积大小和燃烧条件而定，也需用水冷却罐壁。

⑥ 扑救毒害性、腐蚀性或燃烧产物毒害性较强的易燃液体火灾，扑救人员必须佩戴防护面具，采取防护措施。

(2) 扑救毒害品和腐蚀品的方法　灭火人员必须穿防护服，佩戴防护面具。一般情况下采取全身防护即可，对有特殊要求的物品火灾，应使用专用防护服。扑救时应尽量使用低压水流或雾状水，避免腐蚀品、毒害品溅出。遇酸类或碱类腐蚀品最好调制相应的中和剂稀释中和。浓硫酸遇水能放出大量的热，会导致沸腾飞溅，需特别注意防护。扑救浓硫酸与其他可燃物品接触发生的火灾，浓硫酸数量不多时，可用大量低压水快速扑救。如果浓硫酸量很大，应先用二氧化碳、干粉、卤代烷等灭火，然后再把着火物品与浓硫酸分开。

(3) 扑救易燃固体、易燃物品火灾的基本方法　易燃固体、易燃物品一般都可用水或泡沫扑救，相对其他种类的化学危险物品而言是比较容易扑救的，只要控制住燃烧范围，逐步扑灭即可。但也有少数易燃固体、自燃物品的扑救方法比较特殊，如 2,4-二硝基苯甲醚、二硝基萘、萘、黄磷等。

2,4-二硝基苯甲醚、二硝基萘、萘等是能升华的易燃固体，受热产生易燃蒸气，在扑救过程中应不时向燃烧区域上空及周围喷射雾状水，并用水浇灭燃烧区域及其周围的一切火源。遇黄磷火灾时，用低压水或雾状水扑救，用泥土、砂袋等筑堤拦截黄磷熔融液体并用雾状水冷却，对磷块和冷却后已固化的黄磷，应用钳子夹入储水容器中。

(4) 扑救遇湿易燃物品火灾的基本方法　遇湿易燃物品能与潮湿和水发生化学反应，产生可燃气体和热量，有时即使没有明火也能自动着火或爆炸，如金属钾、钠以及三乙基铝（液态）等。因此，这类物品有一定数量时，绝对禁止用水、泡沫、酸碱灭火器等湿性灭火剂扑救，应用干粉、二氧化碳、卤代烷扑救，只有金属钾、钠、铝、镁等个别物品用二氧化碳、卤代烷无效。固体遇湿易燃物品应用水泥、干砂、干粉、硅藻土和蛭石等覆盖。

二、爆炸事故

1. 爆炸事故扑救要点

由于爆炸事故都是瞬间发生，而其往往同时引发火灾，危险性、破坏性极大，给扑救带来很大困难。因此，在保证扑救人员安全的前提下，把握以下要点。

① 采取一切可能的措施，全力制止再次爆炸。

② 应迅速组织力量及时疏散火场周围的易爆、易燃品，使火区周边出现一个隔离带。

③ 切忌用砂、土遮盖、压埋爆炸物品，以免增加爆炸时爆炸威力。

④ 灭火人员要利用现场的有利地形或采取卧姿行动，尽可能采取自我保护措施。

⑤ 如果发生再次爆炸征兆或危险时，指挥员应迅速做出正确判断，下达命令，组织人员撤退。

2. 扑救爆炸物品的基本方法

遇爆炸物品火灾时，一般应采取以下基本对策。

① 迅速判断和查明再次发生爆炸的可能性和危险性，紧紧抓住爆炸后和再次发生爆炸之前的有利时机。采取一切可能的措施，全力制止再次爆炸的发生。

② 切忌用沙土盖压，以免增强爆炸物品爆炸时的威力。

③ 如果有疏散可能，人身安全上确有可靠保障，应迅即组织力量及时疏散着火区域周围的爆炸物品，使着火区周围形成一个隔离带。

④ 扑救爆炸物品堆垛时，水流应采用吊射，避免强力水流直接冲击堆垛，以免堆垛倒塌引起再次爆炸。

⑤ 灭火人员应尽量利用现场现成的掩蔽体或尽量采用卧姿等低姿射水，尽可能地采取自我保护措施。消防车辆不要停靠离爆炸物品太近的水源。

⑥ 灭火人员发现有发生再次爆炸的危险时，应立即向现场指挥报告，现场指挥应迅即作出准确判断，确有发生再次爆炸征兆或危险时，应立即下达撤退命令。灭火人员看到或听到撤退信号后，应迅速撤至安全地带，来不及撤退时，应就地卧倒。

3. 扑救压缩或液化气体火灾的基本方法

压缩或液化气体总是被储存在不同的容器内，或通过管道输送。其中储存在较小钢瓶内的气体压力较高，受热或受火焰熏烤容易发生爆裂。气体泄漏后遇火源已形成稳定燃烧时，其发生爆炸或再次爆炸的危险性与可燃气体泄漏未燃时相比要小得多。遇压缩或液化气体火灾一般应采取以下基本对策。

首先应扑灭外围被火源引燃的可燃物火灾，控制燃烧范围，切忌盲目扑灭主体火势，在没有采取堵漏措施的情况下，必须保持稳定燃烧。否则，大量可燃气体泄漏出来与空气混合，遇着火源就会发生爆炸，后果将不堪设想。

如果火势中有压力容器或有受到火焰辐射热威胁的压力容器，能疏散的应尽量在水枪的掩护下疏散到安全地带，不能疏散的应部署足够的水枪进行冷却保护。为防止容器爆裂伤人，进行冷却的人员应尽量采用低姿射水或利用现场坚实的掩蔽体防护。对卧式储罐，冷却人员应选择储罐四侧角作为射水阵地。

如果是输气管道泄漏着火，应设法找到气源阀门。阀门完好时，只要关闭气体的进出阀门，火势就会自动熄灭。关阀无效时，应根据火势判断气体压力和泄漏口的大小及其形状，准备好相应的堵漏材料（如软木塞、橡皮塞、气囊塞、黏合剂、弯管工具等）。

堵漏工作准备就绪后，即可用水扑救火势，也用干粉、二氧化碳、卤代烷灭火，但仍需用水冷却烧烫的罐或管壁。火扑灭后，应立即用堵漏材料堵漏，同时用雾状水稀释和驱散泄漏出来的气体。如果确认泄漏口非常大，根本无法堵漏，只需冷却着火容器及其周围容器和可燃物品，控制着火范围，直到燃气燃尽，火势自动熄灭。

现场指挥应密切注意各种危险征兆，遇有火势熄灭后较长时间未能恢复稳定燃烧或受热辐射的容器安全阀火焰变亮耀眼、尖叫、晃动等爆裂征兆时，指挥员必须适时作出准确判断，及时下达撤退命令。现场人员看到或听到事先规定的撤退信号后，应迅速撤退至安全地带。

三、泄漏事故

在化学品的生产、储存和使用过程中，盛装化学品的容器常常发生一些意外的破裂、洒漏等事故，造成化学危险品的外漏，因此需要采取简单、有效的安全技术措施来消除或减少泄漏危险。下面介绍一下化学品泄漏必须采取的应急处理措施。

1．疏散与隔离

在化学品生产、储存和使用过程中一旦发生泄漏，首先要疏散无关人员，隔离泄漏污染区。如果是易燃易爆化学品大量泄漏，这时一定要打"119"报警，请求消防专业人员救援，同时要保护、控制好现场。

2．泄漏源控制

（1）泄漏控制

① 如果在生产使用过程中发生泄漏，要在统一指挥下，通过关闭有关阀门，切断与之相连的设备、管线，停止作业，或改变工艺流程等方法来控制化学品的泄漏。

② 对容器壁、管道壁堵漏，可使用专用的软橡胶封堵物（圆锥状、楔子状等多种形状和规格的塞子）、木塞子、胶泥、棉纱和肥皂封堵，对于较大的孔洞，还可用湿棉絮封堵、捆扎。需要注意的是，在化工工艺流程中的容器泄漏处直接堵漏时，一般不要先轻易关闭阀门或开关，而应先根据具体情况，在事故单位工程技术人员的指导下，正确地采取降温降压措施（我们消防部队可在技术人员的指导下，实施均匀的开花水流冷却），然后再关闭阀门、开关止漏，以防因容器内压力和温度突然升高而发生爆炸。

③ 对不能立即止漏而继续外泄的有毒有害物质，可根据其性质，与水或相应的溶液混合，使其迅速解毒或稀释。

④ 泄漏物正在燃烧时，只要是稳定型燃烧，一般不要急于灭火，而应首先用水枪对泄漏燃烧的容器、管道及其周围的容器、管道、阀门等设备以及受到火焰、高温威胁的建筑物进行冷却保护，在充分准备并确有把握处置事故的情况下，方才灭火。

（2）切断火源　切断火源对化学品的泄漏处理特别重要，如果泄漏物品是易燃品，必须立即消除泄漏污染区域的各种火源。

（3）个人防护　进入泄漏现场进行处理时，应注意安全防护，进入现场救援人员必须配备必要的个人防护器具。

参加泄漏处理人员应对泄漏品的化学性质和反应特征有充分的了解，要于高处和上风处进行处理，严禁单独行动，要有监护人。必要时要用水枪（雾状水）掩护。要根据泄漏品的性质和毒物接触形式，选择适当的防护用品，防止事故处理过程中发生伤亡、中毒事故。

如果泄漏物是有毒的，应使用专用防护服、隔绝式空气面具，立即在事故中心区边界设置警戒线，根据事故情况和事故发展，确定事故波及区人员的撤离。为了在现场上能正确使用和适应，平时应进行严格的适应性训练。

3．泄漏物的处理

（1）围堤堵截　如果化学品为液体，泄漏到地面上时会四处蔓延扩散，难以收集处理。为此需要筑堤堵截或者引流到安全地点。为此需要筑堤堵截或者引流到安全地点。对于储罐区发生液体泄漏时，要及时关闭雨水阀，防止物料沿明沟外流。

（2）稀释与覆盖　向有害物蒸气云喷射雾状水，加速气体向高空扩散。对于可燃物，也可以在现场施放大量水蒸气或氮气，破坏燃烧条件。对于液体泄漏，为降低物料向大气中的蒸发速度，可用泡沫或其他覆盖物品覆盖外泄的物料，在其表面形成覆盖层，抑制其蒸发。

（3）收容（集）　对于大型泄漏，可选择用隔膜泵将泄漏出的物料抽入容器内或槽车内；当泄漏量小时，可用沙子、吸附材料、中和材料等吸收中和。

（4）废弃　将收集的泄漏物运至废物处理场所处置。用消防水冲洗剩下的少量物料，冲洗水排入污水系统处理。

　　需特别注意的是，对参与化学事故抢险救援的消防车辆及其他车辆、装备、器材也必须进行消毒处理。否则会成为扩散源。对参与抢险救援的人员除必须对其穿戴的防化服、战斗服、作训服和使用的防毒设施、检测仪器、设备进行消毒外，还必须彻底地淋浴冲洗躯体、皮肤，并注意观察身体状况，进行健康检查。

　　[案例8]　2007年3月29日晚，一辆在京沪高速公路行驶的罐式半挂车在江苏淮安段发生交通事故，引发车上罐装的液氯大量泄漏，造成29人死亡，436名村民和抢救人员中毒住院治疗，门诊留治人员1560人，10500多名村民被迫疏散转移，已造成直接经济损失1700余万元。京沪高速公路宿迁至宝应段（约110km）关闭20h。

四、中毒窒息事故

　　在化工生产和检修现场，有时由于设备突发性损坏或泄漏致使大量毒物外溢造成作业人员急性中毒。中毒窒息往往病情严重，且发展变化快。因此必须全力以赴，争分夺秒的及时抢救。

　　中毒窒息现场应急处置应遵循下列原则。

　　1. 安全进入毒物污染区

　　对于高浓度的硫化氢、一氧化碳等毒物污染区以及严重缺氧环境，必须先予通风。参加救护人员需佩戴供氧式防毒面具。其他毒物也应采取有效防护措施方可入内救护。同时应佩戴相应的防护用品、氧气分析报警仪和可燃气体报警仪。

　　2. 切断毒物来源

　　救护人员进入现场后，除对中毒者进行抢救外，同时应侦查毒物来源，并采取果断措施切断其来源，如关闭泄漏管道的阀门、堵加盲板、停止加送物料、堵塞泄漏设备等，以防止毒物继续外溢（逸）。对于已经扩散出来的有毒气体或蒸气应立即启动通风排毒设施或开启门窗，以降低有毒物质在空气中的含量，为抢救工作创造有利条件。

　　3. 彻底清除毒物污染，防止继续吸收

　　救护人员进入现场后，应迅速将中毒者转移至有新鲜空气处，并解开中毒者的颈、脑部纽扣及腰带，以保持呼吸通畅。同时对中毒者要注意保暖和保持安静，严密注意中毒者神志、呼吸状态和循环系统的功能。

　　救护人员脱离污染区后，立即脱去受污染的衣物。对于皮肤、毛发甚至指甲缝中的污染，都要注意清除。对能由皮肤吸收的毒物及化学灼伤，应在现场用大量清水或其他备用的解毒、中和液冲洗。毒物经口侵入体内，应及时彻底洗胃或催吐，除去胃内毒物，并及时以中和、解毒药物减少毒物的吸收。

　　4. 迅速抢救生命

　　中毒者脱离染毒区后，应在现场立即着手急救。心脏停止跳动的，立即拳击心脏部位的胸壁或作胸外心脏按压；直接对心脏内注射肾上腺素或异丙肾上腺素，抬高下肢使头部低位后仰。呼吸停止者赶快做人工呼吸，做好用口对口吹气法。剧毒品不适宜用口对口法时，可使用史氏人工呼吸法。人工呼吸与胸外心脏按压可同时交替进行，直至恢复自主心搏和呼吸。急救操作不可动作粗暴，造成新的损伤。眼部溅入毒物，应立即用清水冲洗，或将脸部浸入满盆清水中，张眼并不断摆动头部，稀释洗去毒物。

　　5. 及时解毒和促进毒物排出

　　发生急性中毒后应及时采取各种解毒及排毒措施，降低或消除毒物对机体的作用。如采用各种金属配位剂与毒物的金属离子配合成稳定的有机配合物，随尿液排出体外。

　　毒物经口引起的急性中毒，若毒物无腐蚀性，应立即用催吐或洗胃等方法清除毒物。对于某些毒物亦可使其变为不溶的物质以防止其吸收，如氯化钡、碳酸钡中毒，可口服硫酸钠，使胃肠道尚未吸收的钡盐成为硫酸钡沉淀而防止吸收。氨、铬酸盐、铜盐、汞盐、羧酸类、醛类、酯类中毒时，可给中毒者喝牛奶、生鸡蛋等缓解剂。烷烃、苯、石油醚中毒时，可给中毒者喝一汤匙液体石蜡和一杯含硫酸镁或硫酸钠的水。一氧化碳中毒应立即吸入氧气，以缓解机体缺氧并促进毒物排出。

6. 送医院治疗

经过初步急救，速送医院继续治疗。

五、化学烧伤事故

1. 化学烧伤的特点及致伤机理

化学烧伤不同于一般的热力烧伤，具有化学烧伤危害的物质与皮肤的接触时间一般比热烧伤的长，因此某些化学烧伤可以是局部很深的进行性损害，甚至通过创面等途径吸收，导致全身各脏器的损害。

（1）局部损害　局部损害的情况与化学物质的种类、浓度及与皮肤接触的时间等均有关系。化学物质的性能不同，局部损害的方式也不同。如酸凝固组织蛋白，碱则皂化脂肪组织；有的毁坏组织的胶体状态，使细胞脱水或与组织蛋白结合；有的则因本身的燃烧而引起烧伤，如磷烧伤；有的本身对健康皮肤并不致伤，但由于大爆炸燃烧致皮肤烧伤，进而引起毒物从创面吸收，加深局部的损害或引起中毒等。局部损害中，除皮肤损害外，黏膜受伤的机会也较多，尤其是某些化学蒸气或发生爆炸燃烧时更为多见。因此，化学烧伤中眼睛和呼吸道的烧伤比一般火焰烧伤更为常见。

（2）全身损害　化学烧伤的严重性不仅在于局部损害，更严重的是有些化学药物可以从创面、正常皮肤、呼吸道、消化道黏膜等吸收，引起中毒和内脏继发性损伤，甚至死亡。有的烧伤并不太严重，但由于有合并中毒，增加了救治的困难，使治愈效果比同面积与深度的一般烧伤差。由于化学工业迅速发展，能致伤的化学物品种类繁多，有时对某些致伤物品的性能一时不了解，更增加了抢救困难。

2. 危险化学品导致化学烧伤的处理原则

化学烧伤的处理原则同一般烧伤相似，应迅速脱离事故现场，终止化学物质对机体的继续损害；采取有效解毒措施，防止中毒；进行全面体检和化学监测。

（1）脱离现场与危险化学品隔离　为了终止危险化学品对机体继续损害，应立即脱离现场，脱去被化学物质浸渍的衣服，并迅速用大量清水冲洗。其目的一是稀释，二是机械冲洗，将化学物质从创面和黏膜上冲洗干净，冲洗时可能产生一定热量，所以冲洗要充分，可使热量逐渐消散。

头、面部烧伤时，要注意眼睛、鼻、耳、口腔内的清洗。特别是眼睛，应首先冲洗，动作要轻柔，一般清水亦可，如有条件可用生理盐水冲洗。如发现眼睑痉挛、流泪，结膜充血，角膜上皮肤及前房混浊等，应立即用生理盐水或蒸馏水冲洗。用消炎眼药水、眼膏等以预防继发性感染。局部不必用眼罩或纱布包扎，但应用单层油纱布覆盖以保护裸露的角膜，防止干燥所致损害。

石灰烧伤时，在清洗前应将石灰去除，以免遇水后石灰产生热，加深创面损害。

有些化学物质则要按其理化特性分别处理。大量流动水的持续冲洗，比单纯用中和剂拮抗的效果更好。用中和剂的时间不宜过长，一般 20min 即可，中和处理后仍须再用清水冲洗，以避免因为中和反应产生热而给机体带来进一步的损伤。

（2）防止中毒　有些化学物质可引起全身中毒，应严密观察病情变化，一旦诊断有化学中毒可能时，应根据致伤因素的性质和病理损害的特点，选用相应的解毒剂或对抗剂治疗，有些毒物迄今尚无特效解毒药物。在发生中毒时，应使毒物尽快排出体外，以减少其危害。

一般可静脉补液和使用利尿剂，以加速排尿。

3. 群体性化学灼伤的应急与救护

(1) 群体化学灼伤　系指一次性发生3人以上的化学灼伤。

对以往化工系统伤亡事故分析，死亡人数最多的前三位原因依次为：①爆炸事故，占总死亡人数的25％；②中毒、窒息事故，占总死亡人数的15％；③高处坠落事故，占总死亡人数的14％。而属前两位的死亡病例，相当一部分均存在不同程度的化学灼伤。因此，对这样一种突发性、群体性、多学科性疾病，如何组织抢救，如何开展应急救援，已成为救援工作中的重要问题。

(2) 群体性化学灼伤的分类　一般按烧伤人数分为轻度（伤员大数10~50名）、中度（烧伤人数51~250名）、重度（伤员人数251名以上）三种。若综合考虑伤员的严重程度、救护力量的动员范围，以及对社区影响等复杂因素，可将群体性化学灼伤事故分为一般性、重大及灾害性事故三大类，见表17-1。群体性化学灼伤的应急救护，主要指后两者。

表17-1　群体性化学灼伤事故的分类

分　类	灼伤人数	死亡人数	救护力量调动
一般性群体化学灼伤事故	4~10人	1~3人	主要限于事故单位内
重大化学灼伤事故	11~100人	4~30人	需区域性或行业性救援
灾害性化学灼伤事故	超过100人	超过30人	需跨区域或社会救援

注：灼伤人数不到4人，一般称为个别性化学灼伤，不属群体性化学灼伤的范畴。

(3) 群体性化学灼伤现场救护处理原则　群体性化学灼伤发生时所有救护人员及现场抢险组成员在现场救援时，必须佩戴性能可靠的个人防护用品。具体的处理原则如下。

① 任何化学物灼伤，首先要脱去污染的衣服，用自来水冲洗2~30min（眼睛灼伤冲洗不少于10min），并用石蕊pH试纸测试接近中性为止。灼伤面积大、有休克症状者冲洗要从速、从简。人数较多时可用临近水源（河、塘、湖、海等）进行冲洗。常见的化学灼伤急救处理方法见表17-2。

表17-2　常见化学灼伤急救处理方法

灼伤物质名称	急救处理方法
碱类：氢氧化钠、氢氧化钾、氨、碳酸钠、碳酸钾、氧化钙	立即用大量水冲洗，然后用2％醋酸溶液洗涤中和，也可用2％以上的硼酸水湿敷。氧化钙灼伤时，可用植物油洗涤
酸类：硫酸、盐酸、硝酸、高氯酸、磷酸、醋酸、蚁酸、草酸、苦味酸	立即用大量水冲洗，再用5％碳酸氢钠水溶液洗涤中和，然后用净水冲洗
碱金属、氰化物、氰氢酸	用大量的水冲洗后，0.1％高锰酸钾溶液冲洗后再用5％硫化铵溶液冲洗
溴	用水冲洗后，再以10％硫代硫酸钠溶液洗涤，然后涂碳酸氢钠糊剂或用1体积（25％）+1体积松节油+10体积乙醇（95％）的混合液处理
铬酸	先用大量的水冲洗，然后用5％硫代硫酸钠溶液或1％硫酸钠溶液洗涤
氢氟酸	立即用大量水冲洗，直至伤口表面发红，再用5％碳酸氢钠溶液洗涤，再涂以甘油与氧化镁（2∶1）悬浮剂，或调上如意金黄散，然后用消毒纱布包扎
磷	如有磷颗粒附着在皮肤上，应将局部浸入水中，用刷子清除，不可将创面暴露在空气自觉火红用油脂涂抹，再用1％~2％硫酸铜溶液冲洗数分钟，然后以5％碳酸氢钠溶液洗去残留的硫酸铜，最后用生理盐水湿敷，用绷带扎好
苯酚	用大量水冲洗，或用4体积乙醇（7％）与1体积氯化铁（1/3mol/L）混合液洗涤，再用5％碳酸氢钠溶液湿敷
氯化锌、硝酸银	用水冲洗，再用5％碳酸氢钠溶液洗涤，涂油膏即磺胺粉
三氯化砷	用大量水冲洗，再用2.5％氯化铵溶液湿敷，然后涂上2％二巯基丙醇软膏
焦油、沥青（热烫伤）	以棉花蘸乙醚或二甲苯，消除粘在皮肤上的焦油或沥青，然后涂上羊毛脂

② 选择上风向、距离最近的医务室或卫生所为现场急救场所，安排烧伤外科医师负责接诊、收治登记，初步进行灼伤面积的估计，进行初步分类，并标注颜色标记，以便分别进行不同方法急救处理。

③ 灼伤创面经清创后用一次性敷料包扎，以免二次损伤或污染。对某些化学物质灼伤，如氢氟酸灼伤，可考虑使用中和剂，但注意创面上不要抹有颜色的外用药，以免影响创面的观察。

④ 对合并有内脏破裂、气胸、骨折等严重外伤者，应优先进行处理，并尽快安排转送去有手术条件的医院。

⑤ 对中度以上严重灼伤伤员，应迅速建立静脉通道，以利液体复苏，降低休克发生率或使伤员平稳度过休克关，为以后治疗创造条件。

⑥ 所有伤员须先行清创、包扎处理，因转运途中若创面暴露，既增加护理难度，又增加感染机会。转送途中应有医护人员护送，应转送至设有烧伤中心或专科病房的医院为佳。

[案例9] 1990年5月31日，广西某县磷肥厂5名工人到运输站装酸泵卸硫酸。当进行试泵时，人员没有全部撤离，仍有电工在闸刀开关处和在槽车上，而且没有穿戴耐酸工作服、工作帽、防护靴、耐酸手套、防护眼镜。所以合上电源开关后，不到半分钟，惨剧发生，3人被烧伤。由于缺乏急救常识，没有用清水对伤员身上的硫酸进行现场冲洗就直接送医院抢救，使得伤势加重，1人双目失明。

第五节 应急救护及逃生自救技术

应急救援工作中一项重要任务是对发生事故的处理和人员的及时救护，在现场救护中人们常常将抢救危重急症、意外伤害伤员寄托于医院和专业的医疗人员，缺乏对在现场救护伤员的重要性和可实施性的认识。这种传统的观念，往往使处在生死之际的伤员丧失了几分钟、十几分钟最宝贵的"救命的黄金时刻"。实际在救援中最有效的救援人员往往是第一目击者。

现场救护是指在事发现场，对伤员实施及时、有效的初步救护；是立足于现场的抢救。事故发生后的几分钟、十几分钟，是抢救危重伤员最重要的时刻，医学上称为"救命的黄金时刻"。在此时间内，抢救及时、正确，生命有可能被挽救；反之，生命丧失或病情加重。现场及时、正确的救护，为医院救治创造条件，能最大限度地挽救伤员的生命和减轻伤残。在事故现场，"第一目击者"对伤员实施有效的初步紧急救护措施，以挽救生命，减轻伤残和痛苦。然后，在医疗救护下或运用现代救援服务系统，将伤员迅速送到就近的医疗机构，继续进行救治。

对于企业员工而言，学习和了解一些基本的自救和救援常识，对于减轻事故后果，实施有效的救援非常必要。因为在发生事故情况下，各种复杂问题都会出现，即使是专业的医护人员，救护的原则与在医院里也大有不同，应学习和了解应急救援中的基本原则和步骤，掌握现场应急救护技术，以便实施有效的救护工作。

关于事故现场的自救与互救，现实生产过程中有不少成功的经验和失败的教训。

[案例10] 2005年11月27日晚9时40分，黑龙江省某煤矿发生爆炸事故，造成171人死亡。但在这起特大事故中，瓦检员张某凭借丰富的经验和良好的心理素质，在生死关头带领26名工友摆脱了死神的纠缠，成功逃生。

[案例11] 2005年11月26日，江西省九江市瑞昌县等地发生地震，造成13人死亡（其中九江死亡5人，瑞昌死亡7人）。有关专家在灾后调查时发现，大部分人员伤亡不是被地震造成的建筑坍塌压死，而是由于防震知识的空白，"慌不择路"盲目逃生所致。受地震

波及的湖北东部阳新县、蕲春县、武穴市的一些学校，出现学生拥挤踩踏事故，造成78名学生受伤，这些血的教训不应被人淡忘。

上述例子从正反两方面反映了发生事故后，应急救援与救护对于减少人员伤亡、避免事故产生严重后果的重要性。

① 挽救生命。通过及时有效的急救措施，如对心跳呼吸停止的伤员进行心肺复苏，以挽救生命。

② 稳定病情。在现场对伤员进行对症、医疗支持及相应的特殊治疗与处置，以使病情稳定，为下一步的抢救打下基础。

③ 减少伤残。发生事故特别是重大或灾害事故时，不仅可能出现群体性中毒，往往还可能发生各类外伤，诱发潜在的疾病或使原来的某些疾病恶化，现场急救时正确地对病伤员进行冲洗、包扎、复位、固定、搬运及其他相应处理可以大大降低伤残率。

④ 减轻痛苦。通过一般及特殊的救护安定伤员情绪，减轻伤员的痛苦。

在进行现场救护时，抢救人员要发扬救死扶伤的人道主义精神，要在迅速通知医疗急救单位前来抢救的同时，沉着、灵活、迅速地开展现场救护工作，遇到大批伤员时，要组织群众进行自救互救。在急救中要坚持先抢后救、先重后轻、先急后缓的原则，对大出血、神志不清、呼吸异常或呼吸停止、脉搏弱或心跳停止的危重伤病员，要先救命后治伤。对多处受伤的病员一般要先维持呼吸道通畅、止住大出血、处理休克和内脏损伤，然后处理骨折，最后处理伤口。

分清先后缓急，及时开展抢救。常用的生命指征有如下几种。

① 神志。伤病员对问话、拍打、推动等外界刺激无反应，表示伤病员已意识不清或丧失，病情危重。

② 呼吸。正常人每分钟呼吸16～18次，垂危时呼吸变快、变浅、不规则。临死前呼吸变慢、不规则，甚至呼吸停止。

③ 血液循环。正常人每分钟心跳男性为60～80次，女性为70～90次，严重创伤（如大出血），心跳快而弱，脉搏细而速，死亡则心跳停止。

④ 瞳孔。正常时两眼瞳孔等大等圆，遇光则迅速缩小，危重伤病员两眼瞳孔不等大等圆，或缩小或扩大或偏斜，对光刺激无反应。呼吸停止、心跳停止、双侧瞳孔固定散大是死亡的三大特征。出现尸斑则为不可逆的死亡。

判断创伤的程度，一般来说，轻伤是指人体仅有局部组织的擦伤或皮下血肿等轻微的损伤。重伤是指人体有骨折、内脏损伤、大面积或特殊部位烧（烫）伤、严重的挤压伤等单一或多项同时存在的损伤。危重伤是指伤病员有大出血（包括内出血）或重度脑外伤等引起昏迷、休克、呼吸心跳骤停等。现场抢救要准确判断外伤的轻重，坚持先重后轻，先急后缓。

为有效实施现场救护，企业职工应掌握心肺复苏、止血、包扎、搬运等通用现场急救技术。

危险化学品事故现场以中毒、烧伤、严重创伤、复合伤和同时多人受伤为特点。严重的烧伤和中毒可导致人员的心、脑等重要脏器功能障碍，出血过多会导致休克甚至死亡。正确、有效的现场救护能挽救伤员的生命，防止损伤加重和减轻伤员的痛苦，而心肺复苏、止血和包扎等院前急救术是事故现场急救的通用技术，现场救援人员掌握这些技术可在最短时间内挽救事故现场伤员的生命，为进一步治疗争取时间。

一、心肺复苏技术

1. 概述

（1）心肺复苏的定义　心肺复苏（Cardio Pulmonary Resuscitation，CPR）技术是对心脏骤停、呼吸停止或有微弱的呼吸与心跳的重度中毒或窒息者采取的一种有效的"救命技术"。即用心脏按压形成暂时的人工循环恢复对心脏的自主搏动，用人工呼吸代替自主呼吸。

心肺复苏核心技术包括基础生命支持（Basic Life Support，BLS）、高级生命支持（Advanced Life Support，ALS）、及延续生命支持三个阶段。其中基础生命支持（BLS）是危险化学品事故现场常用的院前急救术。

（2）心肺复苏的临床表现　心搏骤停的主要临床表现为意识突然丧失，心音及大动脉搏动消失。一般心脏停搏 $3\sim5s$，病人有头晕和黑蒙；停搏 $5\sim10s$ 由于脑部缺氧而引起晕厥，即意识丧失；停搏 $10\sim15s$ 可发生阿-斯综合征，伴有全身性抽搐及大小便失禁等；停搏 $20\sim30s$ 呼吸断续或停止，同时伴有面色苍白或紫绀；停搏 $60s$ 出现瞳孔散大；如停搏超过 $4\sim5min$，往往因中枢神经系统缺氧过久而造成严重的不可逆损害。

心搏骤停的识别一般并不困难，最可靠且出现较早的临床征象是意识突然丧失和大动脉搏动消失，一般轻拍病人肩膀并大声呼喊以判断意识是否存在，以食指和中指触摸颈动脉以感觉有无搏动，如果二者均不存在，就可做出心搏骤停的诊断，并应该立即实施初步急救和复苏。如在心搏骤停 $5min$ 内争分夺秒给予有效的心肺复苏，病人有可能获得复苏成功且不留下脑和其他重要器官组织损害的后遗症；但若延迟至 $5min$ 以上，则复苏成功率极低，即使心肺复苏成功，亦难免造成病人中枢神经系统不可逆性的损害。因此在现场识别和急救时，应分秒必争并充分认识到时间的宝贵性，注意不应要求所有临床表现都具备齐全才肯定诊断，不要等待听心音、测血压和心电图检查而延误识别和抢救时机。

（3）心肺复苏的意义　在畅通气道的前提下进行有效的人工呼吸、胸外心脏按压，不仅使心肺的功能得以恢复，更重要的是可使带有新鲜氧气的血液到达大脑和其他重要器官，给心、脑等重要脏器官组织提供基本的供血和供氧，为进一步的治疗赢得时间。

2. 心肺复苏实施步骤

基础生命支持（BLS）又称初步急救或现场急救，目的是在心脏骤停后，立即以徒手方法争分夺秒地进行复苏抢救，以使心搏骤停病人心、脑及全身重要器官获得最低限度的紧急供氧（通常按正规训练的手法可提供正常血供的 $25\%\sim30\%$）。BLS 的基础包括突发心脏骤停（Sudden Cardiac Arrest，SCA）的识别、紧急反应系统的启动、早期心肺复苏（CPR）、迅速使用自动体外除颤仪（Automatic External Defibrillator，AED）除颤。《2010 美国心脏协会心肺复苏及心血管急救指南》中包含一个比较表，其中列出成人、儿童和婴儿基础生命支持的关键操作元素（不包括新生儿的心肺复苏）。这些关键操作元素包含在表 17-3 中。

表 17-3　成人、儿童和婴儿的关键基础生命支持步骤

内容	建议		
	成人	儿童	婴儿
识别	无反应（所有年龄）		
	没有呼吸或不能正常呼吸（即仅仅是喘息）	不呼吸或仅仅是喘息	
	对于所有年龄，在 10s 内未扪及脉搏（仅限医务人员）		
心肺复苏程序	C-A-B		
按压速率	每分钟至少 100 次		
按压幅度	至少 5cm	至少 1/3 前后径大约 5cm	至少 1/3 前后径大约 4cm
胸廓回弹	保证每次按压后胸廓回弹		
	医务人员每 2min 交换一次按压职责		
按压中断	尽可能减少胸外按压的中断		
	尽可能将中断控制在 10s 以内		
气道	仰头提颏法（医务人员怀疑有外伤：推举下颌法）		
按压-通气比率（置入高级气道之前）	30：2 1 或 2 名施救者	30：2 单人施救者 15：2 2 名医务人员施救者	

续表

内容	成人	儿童	婴儿
通气：在施救者未经培训或经过培训但不熟练的情况下	单纯胸外按压		
使用高级气道通气（医务人员）	每 6～8s 1 次呼吸（每分钟 8 至 10 次呼吸） 与胸外按压不同步 大约每次呼吸 1s 时间 明显的胸廓隆起		
除颤	尽快连接并使用 AED。尽可能缩短电击前后的胸外按压中断；每次电击后立即从按压开始心肺复苏		

（1）评估和现场安全　急救者在确认现场安全的情况下轻拍患者的肩膀，并大声呼喊"你还好吗？"检查患者是否有呼吸。如果没有呼吸或者没有正常呼吸（即只有喘息），立刻启动应急反应系统。BLS 程序已被简化，已把"看、听和感觉"从程序中删除，实施这些步骤既不合理又很耗时间，基于这个原因，《2010 心肺复苏指南》强调对无反应且无呼吸或无正常呼吸的成人，立即启动急救反应系统并开始胸外心脏按压。

（2）启动紧急医疗服务（Emergency Medical Service，EMS）并获取 AED

① 如发现患者无反应无呼吸，急救者应启动 EMS 体系（拨打 120），取来 AED（如果有条件），对患者实施 CPR，如需要时立即进行除颤。

② 如有多名急救者在现场，其中一名急救者按步骤进行 CPR，另一名启动 EMS 体系（拨打 120），取来 AED（如果有条件）。

③ 在救助淹溺或窒息性心脏骤停患者时，急救者应先进行 5 个周期（或 2min）的 CPR，然后拨打 120 启动 EMS 系统。

（3）脉搏检查　对于非专业急救人员，不再强调训练其检查脉搏，只要发现无反应的患者没有自主呼吸就应按心搏骤停处理。对于医务人员，一般以一手食指和中指触摸患者颈动脉以感觉有无搏动（搏动触点在甲状软骨旁胸锁乳突肌沟内）。检查脉搏的时间一般不能超过 10s，如 10s 内仍不能确定有无脉搏，应立即实施胸外按压。

（4）胸外按压（Circulation，C）　胸外心脏按压是通过人工对心脏的挤压按摩，从而强迫心脏做功，促进血液循环使心脏复苏，逐渐恢复正常心肌功能。危险化学品导致人员中毒的事故现场一般采取胸外按压的方法。胸外按压的具体操作如下。

① 确保患者仰卧于平地上或用胸外按压板垫于其肩背下，急救者可采用跪式或踏脚凳等不同体位，将一只手的掌根放在患者胸部的中央，胸骨下半部上，将另一只手的掌根置于第一只手上。手指不接触胸壁。

② 按压部位：成人的挤压部位在胸骨的中 1/3 段与下 1/3 段的交界处；若患者为儿童，抢救者以单手掌根挤压，手臂伸直，垂直向下用力，挤压部位在胸骨中 1/3 段；若患者为婴儿，抢救者将食指放在在两乳头连线的中点与胸骨正中线交叉点的下方一横指处，以单手的中指和无名指合并平贴放在胸骨定位的食指旁进行挤压，挤压时将食指抬起或另一手放在婴儿背下。

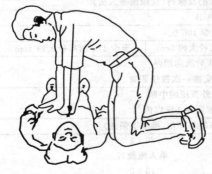

图 17-1　胸外心脏按压姿势

③ 按压姿势（图 17-1）：抢救者的上半身前倾，两肩位于双手的正上方，两臂伸直，垂直向下用力，借助于上半身的体重和肩、臂部肌肉的力量进行按压；按压时双肘须伸直，垂直向下用力按压，成人按压频率为至少 100 次/min，下压深度至少为 5cm，每次按压之后应让胸廓完全回复。

④ 按压时间与放松时间各占50％左右，放松时掌根部不能离开胸壁，以免按压点移位。

⑤ 按压应平稳、有规律地进行，不能冲击式按压或中断按压，每次按压后，双手放松使胸骨恢复到按压前的位置，放松时双手不要离开胸壁，一方面使双手位置保持固定，另一方面，减少胸骨本身复位的冲击力，以免发生骨折，每次按压后，让胸廓回复到原来的位置再进行下一次按压。

为了尽量减少因通气而中断胸外按压，对于未建立人工气道的成人，《2010年国际心肺复苏指南》推荐的按压-通气比率为30：2。对于婴儿和儿童，双人CPR时可采用15：2的比率。如双人或多人施救，应每2min或5个周期CPR（每个周期包括30次按压和2次人工呼吸）更换按压者，并在5s内完成转换，因为研究表明，在按压开始1～2min后，操作者按压的质量就开始下降（表现为频率和幅度以及胸壁复位情况均不理想）。因此国际心肺复苏指南强调持续有效胸外按压，快速有力，尽量不间断，因为过多中断按压，会使冠脉和脑血流中断，复苏成功率明显降低。

(5) 开放气道（Airway，A） 在《2010美国心脏协会心肺复苏及心血管急救指南》中有一个重要改变是在通气前就要开始胸外按压。胸外按压能产生血流，在整个复苏过程中，都应该尽量减少延迟和中断胸外按压。而调整头部位置，实现密封以进行口对口呼吸，拿取球囊面罩进行人工呼吸等都要花费时间。采用30：2的按压通气比开始CPR能使首次按压延迟的时间缩短。

舌肌松弛、舌根后坠、咽后壁下垂是造成呼吸不通畅的常见原因，有时食物、痰、呕吐物、血块、泥沙等也能堵住气道的入口。因此，开放气道，保持呼吸道通畅是心肺复苏的第一步抢救技术。常用的开放气道的方法有压额仰头抬颏法和托颌法，注意在开放气道同时应该用手指挖出病人口中异物或呕吐物，有假牙者应取出假牙。

① 压额仰头抬颏法。如无颈部创伤，可采用压额仰头抬颏法（图17-2）开放气道，用于解除舌根后坠阻塞的效果最佳。具体操作如下：首先解开患者的上衣，暴露胸部，松开裤带，急救者位于伤员一侧；为完成仰头动作，应把一只手放在患者前额，用手掌按向下压前额并向后推使头部后仰，颈项过伸；另一只手的食指与中指放在下颌骨仅下颊或下颌角处，向上举颏并使牙关紧闭，下颏向上抬动。注意手指勿用力压迫患者颈前、颏下部软组织，否则有可能压迫气道而造成气道梗阻。

② 托颌法。对疑有颈部外伤者，为避免损伤其脊椎，只采用托颌动作，而不配合使头后仰或转动的其他手法。具体操作方法如下：把手放置在患者头部两侧，肘部支撑在患者躺的平面上，握紧下颌角，用力向上托下颌，如患者紧闭双唇，可用拇指把口唇分开（图17-3）。如果需要进行口对口呼吸，则将下颌持续上托，用面颊贴紧患者的鼻孔。

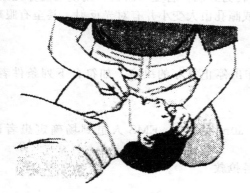

图17-2 压额仰头抬颏法

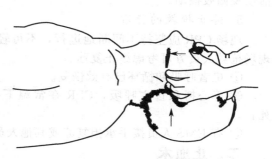

图17-3 托颌法

（6）人工呼吸（Breathing，B）　给予人工呼吸前，正常吸气即可，无需深吸气；所有人工呼吸（无论是口对口、口对面罩、球囊-面罩或球囊对高级气道）均应该持续吹气1s以上，保证有足够量的气体进入并使胸廓起伏；如第一次人工呼吸未能使胸廓起伏，可再次用仰头抬颏法开放气道，给予第二次通气；过度通气（多次吹气或吹入气量过大）可能有害，应避免。

实施口对口人工呼吸是借助急救者吹气的力量，使气体被动吹入肺泡，通过肺的间歇性膨胀，以达到维持肺泡通气和氧合作用，从而减轻组织缺氧和二氧化碳滞留。方法为：将受害者仰卧置于稳定的硬板上，托住颈部并使头后仰，用手指清洁其口腔，以解除气道异物，急救者以右手拇指和食指捏紧病人的鼻孔，用自己的双唇把病人的口完全包绕，然后吹气1s以上，使胸廓扩张；吹气毕，施救者松开捏鼻孔的手，让病人的胸廓及肺依靠其弹性自主回缩呼气，同时均匀吸气，以上步骤再重复一次。对婴儿及年幼儿童复苏，可将婴儿的头部稍后仰，把口唇封住患儿的嘴和鼻子，轻微吹气入患儿肺部。如患者面部受伤则可妨碍进行口对口人工呼吸，可进行口对鼻通气。深呼吸一次并将嘴封住患者的鼻子，抬高患者的下巴并封住口唇，对患者的鼻子深吹一口气，移开救护者的嘴并用手将受伤的嘴敞开，这样气体可以出来。在建立了高级气道后，每6～8s进行一次通气，而不必在两次按压间才同步进行（即呼吸频率8～10次/min）。在通气时不需要停止胸外按压。

（7）AED除颤　室颤是成人心脏骤停的最初发生的较为常见而且是较容易治疗的心律。对于心室纤维性颤动（Ventricular Fibrillati0n，VF，室颤）患者，如果能在意识丧失的3～5min内立即实施CPR及除颤，存活率是最高的。对于院外心脏骤停患者或在监护心律的住院患者，迅速除颤是治疗短时间VF的好方法。

3．注意事项

① 任何急救开始的同时，均应及时拨打急救电话。

② 抢救前，施救者首先要确保现场安全，确认患者无意识时即施行救助。

③ 实施心肺复苏术时，应将病人仰卧在平地或硬板上。

④ 人工呼吸一定要在气道开放的情况下进行，向伤员肺内吹气不能不足、过多或过快，这些都可使空气进入胃部引起胃扩张，导致呕吐等副作用，仅需胸廓略有隆起即可。

⑤ 每次按压后必须完全解除压力，胸部回到正常位置，按压和放松所需的时间相等。挤压放松时，掌根不能离开挤压位置，否则，将产生冲击伤害患者。

4．心肺复苏有效指标

（1）颈动脉搏动　按压有效时，每按压一次可触摸到颈动脉一次搏动，若中止按压搏动亦消失，则应继续进行胸外按压，如果停止按压后脉搏仍然存在，说明病人心搏已恢复。

（2）面色（口唇）　复苏有效时，面色由紫绀转为红润，若变为灰白，则说明复苏无效。

（3）其他　复苏有效时，可出现自主呼吸，或瞳孔由大变小并有对光反射，甚至有眼球活动及四肢抽动。

5．终止抢救的标准

现场CPR应坚持不间断地进行，不可轻易作出停止复苏的决定，如符合下列条件者，现场抢救人员方可考虑终止复苏。

① 患者呼吸和循环已有效恢复。

② 无心搏和自主呼吸，CPR在常温下持续30min以上，EMS人员到场确定患者已死亡。

③ 有EMS人员接手承担复苏或其他人员接替抢救。

二、止血术

在各种突发事故中，常有外伤大出血的紧张场面。出血是创伤的突出表现，因此，止血是创伤现场救护的基本任务。

1. 创伤出血概述

血液是维持生命的重要物质。成人的血液约占自身体重的 8%，大约每千克体重拥有 60～80mL 血液。骨髓、淋巴是人体造血的"工厂"。

依出血的部位通常将出血分成三类：皮下出血、内出血、外出血。

依血管损伤的种类通常将出血分成三类，可以根据出血的情况和血液的颜色来判断（表17-4）。

表 17-4　各类出血判断标准

出　血　类　别	判　　　断
动脉出血	动脉血管压力较高，出血时血液自伤口向外喷射或一股一股地冒出。血液为鲜红色，速度快，量多，人在短时间内大量失血，危及生命
静脉出血	血液暗红色，出血时血液呈涌出状或徐徐外流，速度稍缓慢，量中等
毛细血管出血	微小的血管出血，血液像水珠样流出或渗出，血液由鲜红变为暗红色，量少，多能自行凝固止血

2. 止血材料

常用的材料有无菌敷料、粘贴创可贴和止血带等。另外，就地取材所用的布料止血带可用三角巾、毛巾、布料、衣物等可折成三指宽的宽带。

3. 止血方法

止血的方法有包扎止血、加压包扎止血、指压止血、加垫屈肢止血、填塞止血、止血带止血。一般的出血可以使用包扎、加压包扎法止血；四肢的动、静脉出血，如使用其他的止血法能止血的，就不用止血带止血。

操作要点如下。

① 尽可能戴上医用手套，如果没有可用敷料、干净布片、塑料袋、餐巾纸为隔离层。

② 脱去或剪开衣服，暴露伤口，检查出血部位。

③ 根据伤口出血的部位，采用不同的止血法止血。

④ 不要对嵌有异物或骨折断端外露的伤口直接压迫止血。

⑤ 不要去除血液浸透的敷料，而应在其上另加敷料并保持压力。

⑥ 肢体出血应将受伤区域抬高到超过心脏的高度。

⑦ 如必须用裸露的手进行伤口处理，在处理完成后，用肥皂清洗手。

⑧ 止血带在万不得已的情况下方可使用。

（1）手压止血法　用手指、手掌或拳头压迫出血区域近侧动脉干，暂时性控制出血。压迫点应放在易于找到的动脉径路上，压向骨骼方能有效。例如，头、颈部出血，常可指压颞动脉、颌动脉、椎动脉；上肢出血，常可指压锁骨下动脉、肱动脉、肘动脉、桡、尺动脉；下肢出血，常可指压股动脉、动脉、胫动脉。在操作时要注意：压迫力度要适中，以伤口不出血为准；压迫 10～15min，仅是短时急救止血；保持伤处肢体抬高。

① 颞浅动脉压迫点。用于头顶部出血，一侧头顶部出血时，在同侧耳前，对准耳屏上前方 1.5cm 处，用拇指压迫颞浅动脉止血（图 17-4）。

② 肱动脉压迫点。肱动脉位于上臂中段内侧，位置较深，前臂及手出血时，在上臂中段的内侧摸到肱动脉搏动后，用拇指按压可止血（图 17-5）。

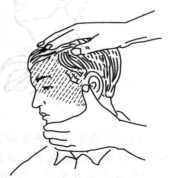

图 17-4　指压颞浅动脉

③ 桡、尺动脉压迫点。桡、尺动脉在腕部掌面两侧。腕及手出血时，要同时按压桡、尺两条动脉方可止血（详见图17-6）。

④ 股动脉压迫点。在腹股沟韧带中点偏内侧的下方能摸到股动脉强大搏动。用拇指或掌根向外上压迫，用于下肢大出血（详见图17-7）。

股动脉在腹股沟处位置表浅，该处损伤时出血量大，要用双手拇指同时压迫出血的远近两端。压迫时间也要延长，如果转运时间长时可试行加压包扎。

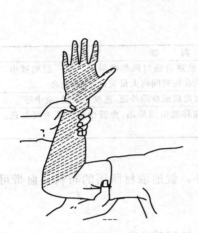 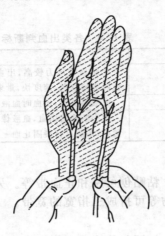 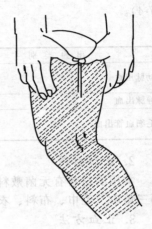

　　图17-5　指压肱动脉　　　　　图17-6　指压桡、尺动脉　　　　图17-7　指压股动脉

（2）加压包扎止血法　适用于各种伤口，是一种比较可靠的非手术止血法。先用厚敷料无菌纱布覆盖压迫伤口，再用三角巾或绷带用力包扎，包扎范围应该比伤口稍大。这是一种目前最常用的止血方法，四肢的小动脉或静脉出血、头皮下出血多数患者均可获得止血目的。

（3）强屈关节止血法　前臂和小腿动脉出血不能制止时，而且无合并骨折或脱位时，立即强屈肘关节或膝关节，并用绷带固定，即可控制出血，以利迅速转送医院。

（4）填塞止血法　广泛而深层软组织创伤，腹股沟或腋窝等部位活动性出血以及内脏实质性脏器破裂，如肝粉碎性破裂出血。可用灭菌纱布或子宫垫填塞伤口，外加包扎固定。在作好彻底止血的准备之前，不得将填入的纱布抽出，以免发生大出血时措手不及（图17-8）。

图17-8　填塞止血法

（5）止血带法　止血带的使用，一般适用于四肢大动脉的出血，并常常在采用加压包扎不能有效止血的情况下，才选用止血带。常用的止血带有以下各种类型。

① 橡皮管止血带。常用弹性较大的橡皮管，便于急救时使用（图17-9）。

② 弹性橡皮带（驱血带）。用宽约5cm的弹性橡皮带，抬高患肢，在肢体上重叠加压，

包绕几圈，以达到止血目的（详见图 17-10）。

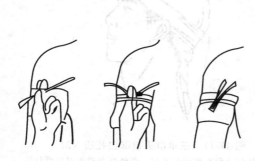

图 17-9 橡皮带止血法

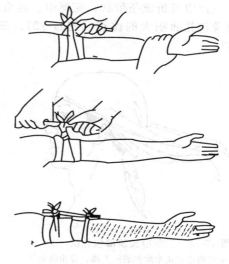

图 17-10 布质止血带止血法

③ 充气止血带。压迫面宽而软，压力均匀，还有压力表测定压力，比较安全，常用于四肢活动性大出血或四肢手术时采用（详见图 17-11）。

（6）止血带使用方法和注意事项

① 止血带绕扎部位。扎止血带的标准位置在上肢为上臂上 1/3，下肢为股中、下 1/3 交界处。

② 止血带的松紧要合适。

③ 持续时间。原则上应尽量缩短使用止血带的时间，通常只允许 1h 左右，最长不宜超过 3h。

图 17-11 充气止血带止血法

④ 止血带的解除。要在输液、输血和准备好有效的止血手段后，在密切观察下放松止血带。若止血带缠扎过久，组织已发生明显广泛坏死时，在截肢前不宜放松止血带。

⑤ 止血带不可直接缠在皮肤上，在止血带的相应部位要有衬垫，如三角巾、毛巾、衣服等均可。

⑥ 要求有明显标志，说明上止血带的时间和部位。

三、包扎术

为防止开放性创伤受污染，要及时包扎伤口。伤口应全部覆盖，尽可能做到无菌操作。包扎技术包括以下几种。

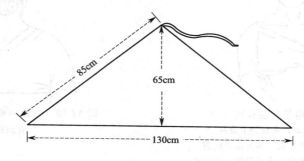

图 17-12 三角巾

1. 三角巾包扎法

三角巾可折成条带状、燕尾巾、连双燕尾巾等形状。该法有制作简单、使用方便、容易掌握及包扎面积大的优点（图17-12）。三角巾在人体不同部位的包扎方法见图17-13～图17-33。

图 17-13　三角巾头顶部包扎法（1）

三角巾底边的正中放在眉间上部，顶角经头顶垂向枕后，两底角经两耳上缘向后拉

图 17-14　三角巾头顶部包扎法（2）

两底角压住顶角在枕后交叉后，再经耳上到额部拉紧打结，最后将顶角向上反折嵌入底边或用安全针固定

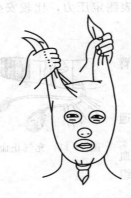

图 17-15　三角巾面部包扎法（1）

三角巾顶角打结，套住下颌，底边拉向头后，两底角向后上拉紧

图 17-16　三角巾面部包扎法（2）

底角左右交叉压住底边，再经两耳上方绕到前额打结，包扎完后在眼、鼻、口处提起布巾剪洞口

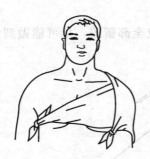

图 17-17　三角巾单肩包扎法（1）

正面观三角巾折成燕尾，夹角朝上放在肩部，向后一角稍大于向前一角并压住向前一角，燕尾底边包绕上臂上半部打结，两燕尾分别经胸前后拉到对侧腋下打结

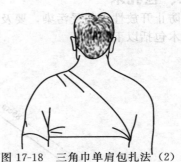

图 17-18　三角巾单肩包扎法（2）

背面观

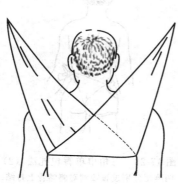

图 17-19　三角巾双肩包扎法（1）

三角巾折成燕尾、燕尾角等大，夹角朝上，
对准颈后正中，披在双肩上

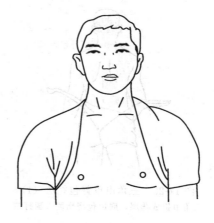

图 17-20　三角巾双肩包扎法（2）

燕尾过肩由前往后包肩至腋下，
与燕尾底边相遇打结

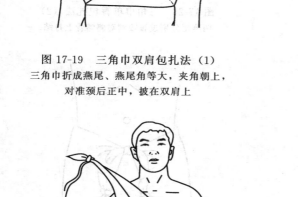

图 17-21　三角巾胸部包扎法（1）

三角巾盖在伤侧，顶角绕过伤肩到背后

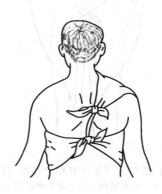

图 17-22　三角巾胸部包扎法（2）

底边包胸到背后，两角相遇打结，再与顶角相连

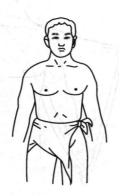

图 17-23　三角巾腹部包扎法（1）

三角巾折成燕尾，前角大于后角并压
住后角，夹角朝下，底边系带围腰打结

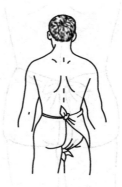

图 17-24　三角巾腹部包扎法（2）

前角经两腿之间向后拉，两角
包绕大腿根部打结

图 17-25　三角巾单臀包扎法（1）
三角巾折成燕尾，底边包绕伤侧大腿打结

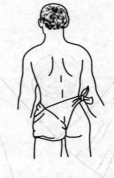

图 17-26　三角巾单臀包扎法（2）
两燕尾分别过腹腰到对侧髂骨上打结

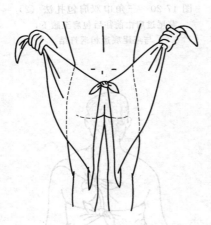

图 17-27　三角巾双臀包扎法（1）
两条三角巾顶角打结，放在腰骶部正中

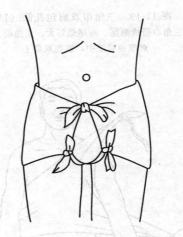

图 17-28　三角巾双臀包扎法（2）
上面两底角从后绕到腹部打结，下面两底角从大
腿内侧向前拉，在腹股沟处与三角巾底边打纽扣结

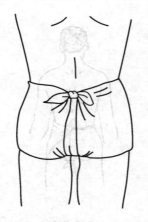

图 17-29　三角巾双臀包扎法（3）

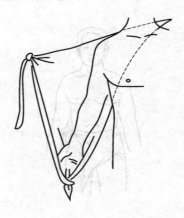

图 17-30　三角巾上肢包扎法（1）
三角巾一底角打结后套在伤手上，另
一底角经后背拉到对侧肩上

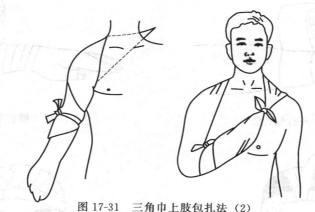

图 17-31　三角巾上肢包扎法（2）

顶角包绕上肢，前臂屈至胸前，两底角相遇打结

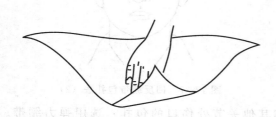

图 17-32　三角巾手足包扎法（1）

手（足）心放在三角巾上，指（趾）指

向顶角，顶角翻折盖住手（足）背

图 17-33　三角巾手足包扎法（2）

两底角拉向手（足）背，左右交叉后

压顶角，绕手腕（足踝）部打结

绷带一般用纱布切成长条制成，呈卷轴带。绷带长度和宽度有多种，适合于不同部位使用。常用的有宽 5cm、长 10cm 和宽 8cm、长 10cm 两种。

绷带包扎一般用于四肢、头部和肢体粗细相同部位。操作时先在创口上覆盖消毒纱布，救护人员位于伤员的一侧，左手拿绷带头，右手拿绷带卷，从伤口低处向上包扎伤臂或伤腿，要尽量设法暴露手指尖和脚趾尖，以观察血液循环状况。如指尖和脚趾尖呈现青紫色，应立即放松绷带。包扎太松，容易滑落，使伤口暴露造成污染。因此，包扎时应以伤员感到舒适，松紧适当为宜。

（1）环行包扎法　环行包扎法是绷带包扎中最常用的，适用肢体粗细较均匀处伤口的包扎。首先用无菌敷料覆盖伤口，用左手将绷带固定在敷料上，右手持绷带卷绕肢体紧密缠绕；然后将绷带打开一端稍作斜状环绕第一圈，将第一圈斜出一角压入环行圈内，环绕第二圈；加压绕肢体环形缠绕 4～5 层，每圈盖住前一圈，绷带缠绕范围要超出敷料边缘；最后用胶布粘贴固定，或将绷带尾从中央纵形剪开形成两个布条，两布条先打一结，然后两者绕肢体打结固定（图 17-34）。

（2）螺旋形包扎法　适用上肢、躯干的包扎。操作时首先用无菌敷料覆盖伤口，作环行包扎数圈，然后将绷带渐渐地斜旋上升缠绕，每圈盖过前圈 1/3 或 2/3 成螺旋状（图 17-35）。

（3）回反绷带包扎法　用于头部或断肢伤口包扎。首先用无菌敷料覆盖伤口；然后作环行固定两圈；左手持绷带一端于后头中部，右手持绷带卷，从头后方向前到前额；再固定前额处绷带向后反折；反复呈放射性反折，直至将敷料完全覆盖；最后环形缠绕两圈，将上述反折绷带端固定（图 17-36、图 17-37）。

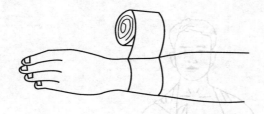

图 17-34　环行包扎法

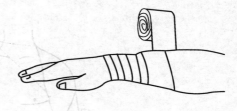

图 17-35　螺旋形包扎法

图 17-36　回反绷带包扎法（1）

图 17-37　回反绷带包扎法（2）

（4）"8"字形包扎法　用于手掌、踝部和其他关节处伤口的包扎，选用弹力绷带。首先用无菌敷料覆盖伤口；包扎手时从腕部开始，先环行缠绕两圈；然后经手和腕"8"字形缠绕；最后绷带尾端在腕部固定；包扎关节时绕关节上下"8"字形缠绕（图17-38）。

（5）螺旋反折绷带包扎法　开始先用环形法固定一端，再按螺旋法包扎，但每周反折一次，反折时以左手拇指按住绷带上面正中处，右手将绷带向下反折，并向后绕，同时拉紧。主要用于粗细不等部位，如小腿、前臂等处（图17-39）。

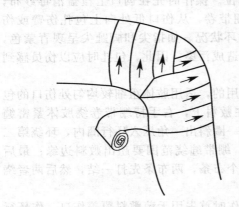

图 17-38　"8"字形包扎法

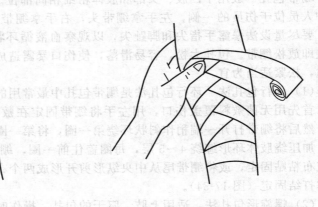

图 17-39　螺旋反折绷带包扎法

2. 多头带包扎法

用于人体不易包扎和面积过大的部位，常用包扎法有：四头带包扎法、腹带包扎法、胸带包扎法。现分述如下。

（1）四头带包扎法　用长方形布料一块，大小视需要而定。将长的两端剪开到适当部位，经消毒处理后制成。常用部位有以下几种。

① 下颌包扎。先将四头带中央部分托住下颌，上位两端在颈后打结，下位两端在头顶部打结（图17-40）。

② 头部包扎：先将四头带中央部分盖住头顶，前位两端在枕后打结，后位两端在颌下打结（图17-41）。

图17-40 四头带下颌包扎法

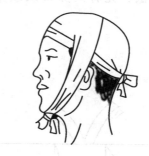

图17-41 四头带头部包扎法

③ 鼻部包扎：先将四头带中央部分盖住鼻部，上位两端在颈后打结，下位两端亦在颈后打结（图17-42）。

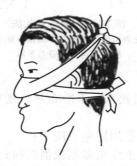

图17-42 四头带鼻部包扎法

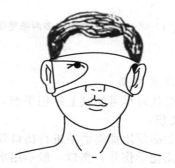

图17-43 四头带眼部包扎法

④ 眼部包扎：先将四头带中央部位盖住眼部，两端分别在颈后打结（图17-43）。

（2）腹带包扎法 用布料缝制腹带，大小视需要而定。中间为包腹带，两侧各有5条相互重叠之带脚（图17-44）。

操作方法如下。

① 病人平卧，术者将一侧带脚卷起，从病人腰下递至对侧，第二术者由对侧接过，将带脚拉直（图17-45）。

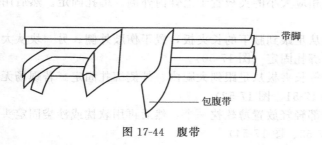

带脚

包腹带

图17-44 腹带

图17-45 腹带包扎法

② 将包腹布紧贴腹部包好，再将左右带脚依次交叉重叠包扎，创口在上腹部时，应由上而下包扎，创口在下腹部时应由下向上包扎，最后在中腹部打结或以别针固定。

（3）胸带包扎法　材料同腹带但比腹带多两条竖带（图17-46）。

操作方法：先将两竖带从颈旁两侧拉下置于胸前，然后再包扎胸带与带脚（图17-47）。

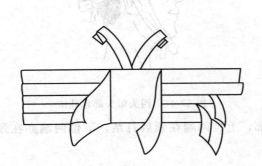

图 17-46　胸带：较腹带多两条竖带

图 17-47　胸带包扎法
先将两竖带从颈旁两侧拉下置于
胸前，再包胸带与带脚

3．注意事项

① 包扎时尽可能戴上医用手套，如无医用手套，要用敷料、干净布片、塑料袋、餐巾纸为隔离层；

② 如必须用裸露的手进行伤口处理，在处理完成后，要用肥皂清洗手；

③ 除化学伤外，伤口一般不用水冲洗，也不要在伤口上涂消毒剂或消炎粉；

④ 不要对嵌有异物或骨折断端外露的伤口直接包扎。

四、固定术

多数骨折伤员需行骨折临时固定，以避免骨折断端再移位或损伤周围重要脏器、神经、血管等组织。固定可减少受伤部位的疼痛和便于搬运。

1．器械及材料

夹板、绷带、三角巾等。四肢骨折脱位需特制的木夹板，如临时没有特制的木夹板可就地取材，使用硬纸板、木板条，甚至书本、树枝等。

2．操作方法

（1）前臂骨折临时固定术　先用两块相应大小的夹板置于前臂掌、背侧，绑扎固定。然后用三角巾将前臂悬吊于胸前（图17-48）。

（2）上臂骨折临时固定术　用两块相应大小的夹板置于上臂内外侧，绑扎固定。然后用三角巾将前臂悬吊于胸前（图17-49）。

（3）大腿骨折临时固定术　用一块从足跟到腋下的长夹板，置于伤肢外侧。另一块从大腿根部到膝下的夹板，置于伤肢内侧，绑扎固定（图17-50）。

（4）小腿骨折临时固定术　用两块等长夹板从足跟到大腿内、外侧绑扎固定。若现场无夹板亦可将伤肢同健侧绑扎在一起（图17-51、图17-52）。

（5）颈椎骨折临时固定术　先于枕部轻轻放置薄软枕一个，然后再用软枕或沙袋固定头两侧。头部再用布带与担架固定（图17-53、图17-54）。

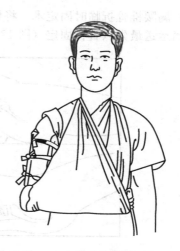

图 17-48　前臂骨折临时固定术
先用小夹板固定前臂骨折处，继用
三角巾将前臂悬吊于胸前

图 17-49　上臂骨折临时固定术
先用小夹板固定上臂骨折处，继
用三角巾将前臂悬吊于胸前

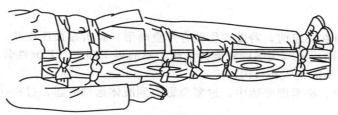

图 17-50　大腿骨折临时固定术
用一块从足跟到腋下的长夹板，置于伤肢外侧，
另一块从大腿根部到膝的下夹板，置于伤肢内侧绑扎固定

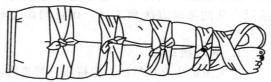

图 17-51　小腿骨折临时固定术（1）
两块等长夹板从足跟到大腿内、外侧作固定

图 17-52　小腿骨折临时固定术（2）
两下肢绑扎在一块固定

图 17-53　颈椎骨折临时固定术（1）
颈后枕部垫软枕

图 17-54　颈椎骨折临时固定术（2）
头的两侧用软枕固定，头部再用布带与担架固定

（6）胸腰椎骨折临时固定术　将伤肢平卧于软枕的板床上。腰部骨折在腰部垫软枕。若需长距离运送最先以石膏固定（图 17-55）。

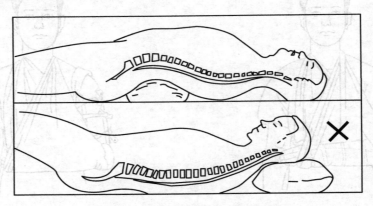

图 17-55　胸腰椎骨折临时固定术
上：平卧于垫有软垫的板床上，腰部骨折在腰下垫以软枕
下：忌头颈部垫高枕

3. 注意事项

① 闭合性骨折在固定前，若发现伤肢有严重畸形，骨折端顶压皮肤，远端有血运障碍，应先牵引肢体以解除压迫或尖端刺激破的危险，然后再予固定。开放性骨折，若骨折端突出于伤口外，清创前不能纳入伤口内。

② 绑扎固定时，松紧度要适中，过紧会影响到肢体远端血运，过松达不到固定作用。

五、搬运

搬运是指用人工或简单的工具将伤病员从发病现场移动到能够治疗的场所，或经过现场救治的伤员移动到运输工具上。搬运时，如方法和工具选择不当，轻则加重病人痛苦，重者造成二次损害，甚至是终身瘫痪。搬运要根据不同的伤员和病情，因地制宜地选择合适的搬运方法和工具，而且动作要轻、快。下面将几种常见、常用的搬运方法做一介绍。

1. 单人搬运法

单人搬运法有扶行法、抱持法、背负法、肩法等（图 17-56）。

（1）扶行法　扶行法适宜清醒伤病者。没有骨折，伤势不重，能自己行走的伤病者。

救护者站在身旁，将其一侧上肢绕过救护者颈部，用手抓住伤病者的手，另一只手绕到伤病者背后，搀扶行走。

（2）背负法　背负法适用老幼、体轻、清醒的伤病者。如有上、下肢，脊柱骨折不能用此法。

救护者朝向伤病者蹲下，让伤员将双臂从救护员肩上伸到胸前，两手紧握。救护员抓住伤病者的大腿，慢慢站起来。

（3）抱持法　抱持法适于年幼伤病者，体轻者没有骨折，伤势不重，是短距离搬运的最佳方法。如有脊柱或大腿骨折禁用此法。

救护者蹲在伤病者的一侧，面向伤员，一只手放在伤病者的大腿下，另一只手绕到伤病者的背后，然后将；其轻轻抱起伤病者。

2. 双人搬运法

双人搬运法有轿杠式搬运法、双人拉车式搬运法（图 17-57）。

（1）轿杠式搬运法　轿杠式搬运法适用清醒伤病者。两名救护者面对面各自用右手握住

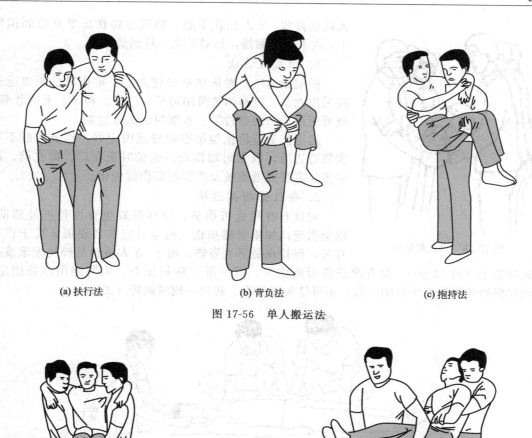

(a) 扶行法　　　　(b) 背负法　　　　(c) 抱持法

图 17-56　单人搬运法

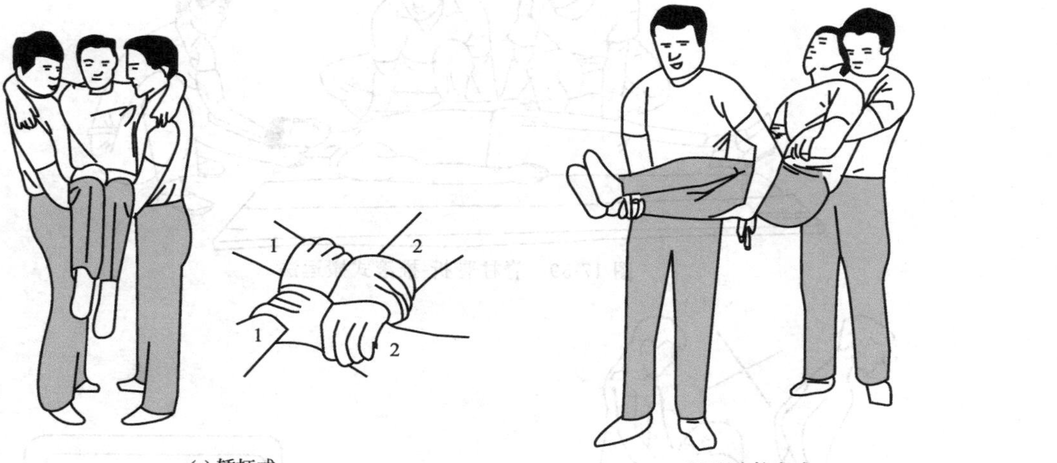

(a) 轿杠式　　　　　　　　　　　　(b) 双人拉车式

图 17-57　双人搬运法

自己的左手腕。再用左手握住对方右手腕，然后，蹲下让伤病者将两上肢分别放到两名救护者的颈后，再坐到相互握紧的手上。两名救护者同时站起，行走时同时迈出外侧的腿，保持步调一致。

（2）双人拉车式搬运法　双人拉车式适于意识不清的伤病者。

将伤病者移上椅子、担架或在狭窄地方搬运伤者。

两名救护者，一人站在伤病者的背后将两手从伤病者腋下插入，把伤病者两前臂交叉于胸前，再抓住伤病者的手腕，把伤病者抱在怀里，另一人反身站在伤病者两腿中间将伤病者两腿抬起，两名救护者一前一后地行走。

3. 多人搬运法

多人搬运法适用于脊柱受伤的伤员（图 17-58）。

2 人专管头部的牵引固定，使头部始终保持与躯干成直线的位置，维持颈部不动；另 2

人托住臂背，2 人托住下肢，协调地将伤员平直放到担架上。六人可分两排，面对站立，将伤员抱起。

4. 担架搬运法

担架搬运法是搬运伤员最佳方法，重伤员长距离运送应采用此法。没有担架可用椅子、门板、梯子、大衣代替；也可用绳子和两条竹竿、木棍制成临时担架。

运送伤员应将担架吊带扣好或固定好。伤员四肢不要太靠近边缘，以免附加损伤。运送时头在后、脚在前。途中要注意呼吸道通畅及严密观察伤情变化。

5. 脊柱骨折搬运法

对疑有脊柱骨折伤员，应尽量避免脊柱骨折处移动，以免引起或加重脊髓损伤。搬运时应准备硬板床置于伤员身旁，保持伤员平直姿势，由 2～3 人将伤员轻轻推滚或平托到硬板上（图 17-59）。疑有颈椎骨折的伤员，需平卧于硬板床上，头两侧用沙袋固定，搬动时保持颈项与躯干长轴一致。不可让头部低垂、转向一侧或侧卧（图 17-60）。

图 17-58 多人搬运法

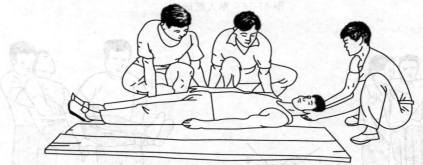

图 17-59 脊柱骨折-推滚式搬运法

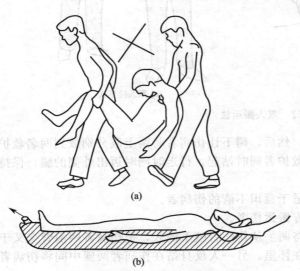

（a）

（b）

图 17-60 颈椎、脊柱骨折的搬运法
（a）错误的搬运法；（b）正确的搬运法

图 17-61 离体组织器官运送

附：离体组织器官运送

离体组织器官应用无菌或清洁敷料包裹好，放入塑料袋或直接放入加盖的容器中。当气温高于 10℃时，外周以冰块包围保存（图 17-61）。

6. 搬运伤员的注意事项

① 搬运伤员之前要检查伤员的生命体征和受伤部位，重点检查伤员的头部、脊柱、胸部有无外伤，特别是颈椎是否受到损伤。

② 必须妥善处理好伤员。首先要保持伤员的呼吸道的通畅，然后对伤员的受伤部位要按照技术操作规范进行止血、包扎、固定。处理得当后，才能搬动。

③ 在人员、担架等未准备妥当时，切忌搬运。搬运体重过重和神志不清的伤员时，要考虑全面。防止搬运途中发生坠落、摔伤等意外。

④ 在搬运过程中要随时观察伤员的病情变化。重点观察呼吸、神志等，注意保暖，但不要将头面部包盖太严，以免影响呼吸。一旦在途中发生紧急情况，如窒息、呼吸停止、抽搐时，应停止搬运，立即进行急救处理。

⑤ 在特殊的现场，应按特殊的方法进行搬运。火灾现场，在浓烟中搬运伤员，应弯腰或匍匐前进；在有毒气泄漏的现场，搬运者应先用湿毛巾掩住口鼻或使用防毒面具，以免被毒气熏倒。

⑥ 搬运脊柱、脊髓损伤的伤员：放在硬板担架上以后，必须将其身体与担架一起用三角巾或其他布类条带固定牢固，尤其颈椎损伤者，头颈部两侧必须放置沙袋、枕头、衣物等进行固定，限制颈椎各方向的活动，然后用三角巾等将前额连同担架一起固定，再将全身用三角巾等与担架围定在一起。

第六节　任务案例：2008年上半年因施救 不当造成伤亡扩大的事故案例

国家安全监管总局关于2008年上半年因施救不当造成伤亡扩大事故的通报如下。

1. 安监总应急［2008］133号

据不完全统计，2008年上半年以来，全国有7起生产安全事故由于施救不当或盲目施救造成伤亡扩大，由最初涉险7人，最终导致29人死亡、14人受伤，教训极其深刻。现将有关情况通报如下。

1月5日，辽宁省抚顺市清原县王家大沟金矿4名矿工在井下作业时，1名矿工在废弃巷道中作业，因缺氧窒息倒地，另外3人发现后盲目施救，也先后窒息晕倒，导致4人死亡。

1月9日，重庆市巴南区重庆某化学原料有限公司铁氧体颗粒生产车间反应中产生的大量二氧化碳，从反应罐进料口和搅拌器连接口逸出，下沉聚集到反应罐下部循环水池周围。当反应罐水系统发生故障时，1名工人前去检查故障窒息晕倒，车间其他工人在未采取任何防护措施情况下盲目施救，导致5人死亡、13人受伤。

2月23日，河南省濮阳市河南某集团有限责任公司年产30万吨甲醇项目，在生产准备过程中进行设备清扫时发生一起氮气窒息事故，开始1人窒息晕倒，因盲目施救使事故扩大，导致3人死亡、1人受伤。

4月24日，浙江省温州市乐清市某酒厂有限公司1名工人在对地窖式酒池进行清洗时晕倒在池内，该企业总经理和技术员发现后相继下池进行救援，均晕倒在池内。死亡3人。

5月21日，江苏省常熟市某环保设备工程有限责任公司常昆工业集中区污水处理厂在进行接管作业时，1名工人下到污水泵井作业时中毒，地面3人先后下井施救，均导致中毒，4人先后死亡。

6月4日，湖北省武汉市东西湖区某糖业有限公司糖浆生产车间组织清理堵塞的4个调浆罐。1名职工下罐清理时，晕倒在调浆罐底部。生产厂长和另1名职工在施救过程中相继晕倒在罐内，共造成3人死亡。

6月29日，安徽省淮北市相山区南黎路污水管网清淤过程中，1名工人因中毒窒息，长时间未返回地面，其他6人在未佩戴任何防护器具的情况下，陆续盲目下到窨井中施救，导致7人中毒窒息死亡。

上述因施救不当或盲目施救造成事故伤亡扩大的主要原因：一是企业培训工作不到位，一些生产经营单位未对从业人员进行应急知识培训，职工缺乏安全意识以及基本的自救互救知识和能力，对所从事工种中存在的危险性因素不了解；二是一些矿山企业安全管理混乱，违反规程，无风或微风作业，没有对长期停产或废弃的巷道、作业现场进行气体监测和分析，发生事故后不采取安全措施，违章盲目施救；三是一些从事清污作业的企业，对长期封闭空间或废弃物、液堆积空间可能造成缺氧或产生有毒有害气体的认识不足，从业人员缺乏相关常识，作业程序不规范，作业前和作业过程中未对现场有毒有害气体进行检测；四是部分工程项目通过层层转包等方式由农民工实施作业，且未对农民工进行培训；五是一些生产经营单位对应急工作不重视，未制定应急预案，或制定的应急预案可操作性、针对性差，没有进行应急演练，不能指导科学施救，同时，没有为作业人员配备自救器、防毒面具等防护装备，也没有配备相关检测监控仪器。

为深刻吸取事故教训，切实提高企业及从业人员的事故应急处置能力，防止因施救不当或盲目施救造成类似伤亡扩大事故，请认真分析任务资料并结合本章所学内容，找出《通报》中各事故中的致害物，并分析其危害性。

2. 任务提示

硫化氢（H_2S）是无色气体，有特殊的臭味（臭蛋味），易溶于水；相对密度比空气大，易积聚在长期不用的设施或通风不良的场所，如城市污水管道、窨井、污水泵站、污水池、炼油池、纸浆池、发酵池、垃圾堆放场、粪池、船舱、地下隐蔽工程、密闭容器等。在清淤和维修作业会发生硫化氢中毒事故。硫化氢属窒息性气体，是一种强烈的神经毒物。硫化氢浓度在 0.4mg/cm^3 时，人能明显嗅到硫化氢的臭味；70～150mg/cm^3 时，吸入数分钟即发生嗅觉疲劳而闻不到臭味，浓度越高嗅觉疲劳越快，越容易使人丧失警惕；超过 760mg/cm^3 时，短时间内即可发生肺水肿、支气管炎、肺炎，可能引起生命危险；超过 1000mg/cm^3，可致人发生电击样死亡。

课 后 任 务

一、情景分析

1. 结合本章所学内容及其他相关事故预防知识及能力，对通报中的事故进行分析，提出防止事故发生的预防措施及避免事故扩大化的应急救援措施。

2. 利用本章所学的事故现场急救相关知识，对《通报》中的事故伤员及时进行正确救治，减少事故所造成的人员伤亡。

二、综合复习

（一）填空题

1. 泄漏物的处理方式有：（　　）、（　　）、（　　）、（　　）。

2. 心肺复苏技术是对心脏骤停、（　　　　）或有微弱的呼吸与心跳的重度中毒或窒息者采取的一种有效的"救命技术"。即用（　　　　）形成暂时的人工循环恢复对心脏的自主搏动，用（　　　　）代替自主呼吸。

3. 开放气道，保持呼吸道通畅是心肺复苏的第一步抢救技术。常用的开放气道的方法有（　　　）和（　　　）。

4.《2010 美国心脏协会心肺复苏及心血管急救指南》推荐胸外按压频率为（　　　）次/min。在气管插管之前，无论是单人还是双人心肺复苏，按压/通气比均为（　　　）。

5. 胸外按压是指在胸骨下半部提供一系列压力，这种压力通过增加胸内压或直接挤压（　　　）产生血液流动，并辅以适当的（　　　），就可为脑和其他重要器官提供有氧血供。

6. 当危险化学品事故现场造成人员有较严重的威胁生命的出血性外伤时，现场救治人员必须一边进行心肺复苏，一边及时根据伤口出血的部位采用不同的止血方法。常用的主要有（　　　）、纱布压迫止血法和（　　　）。

（二）简答题

1. 危险化学品事故现场急救的目的有哪些？

2. 危险化学品事故现场急救应遵循哪些原则？

3. 如何对化学危险品事故现场的中毒人员实施心肺复苏和胸外心脏按压技术？

4. 简述危险化学品火灾扑救的注意事项。

5. 心肺复苏术的基本方法。

6. 试结合危险化学品事故应急救援的内容简述如遇到危险化学品事故应采取哪些自救和互救的措施。

7. 常用的现场包扎方法有哪些？如何实施这些包扎方法？

参 考 文 献

[1] 宋建池 . 化工厂系统安全工程 . 北京：化学工业出版社，2004.
[2] 杨泗林 . 防火与防爆 . 北京：首都经济贸易大学出版社，2000.
[3] 张学魁 . 建筑灭火设施 . 北京：中国人民公安大学出版社，2004.
[4] 王学谦 . 建筑防火安全技术 . 北京：化学工业出版社，2006.
[5] GB 50016—2006 建筑设计防火规范 .
[6] GB 50084—2001（2005 年版）自动喷水灭火系统设计规范 .
[7] GB 50116—98 火灾自动报警系统设计规范 .
[8] 胡源 . 火灾化学导论 . 北京：化学工业出版社，2007.
[9] 刘荣海 . 安全原理与危险化学品测评技术 . 北京：化学工业出版社，2004.
[10] 《安全工程师实务手册》编写组 . 安全工程师实务手册 . 北京：机械工业出版社，2006.
[11] 李昂 . 管道工程施工及验收标准规范实务全书 . 北京：金版电子出版公司，2003.
[12] 中国石油化工集团公司，中国石油化工股份有限公司 . SHS 03059—2003 石油化工设备维护检修规程 . 北京：中
国石化出版社，2003.
[13] 耿旭明，赵泽民 . 电气运行与检修 1000 问 . 北京：中国电力出版社，2004.
[14] 李庄，化工机械设备安装调试故障诊断维护及检修技术规范实用手册 . 吉林：吉林电子出版社，2003.
[15] 李欣欣，谭连初 . 化工设备检修中的危险因素及防范对策 . 化工劳动保护，2001，22（10）.
[16] 中国石油化工集团公司，中国石油化工股份有限公司 . 石油化工设备维护检修规程第一册通用设备 . 北京：中国
石化出版社，2004.
[17] HG 23018—1999 厂区设备检修作业安全规程 .
[18] 中国安全生产协会注册安全工程师工作委员会 . 安全生产法及相关法律知识 . 北京：中国大百科全书出版
社，2008.
[19] 中国安全生产协会注册安全工程师工作委员会 . 安全生产管理知识 . 北京：中国大百科全书出版社，2008.
[20] 中国安全生产协会注册安全工程师工作委员会 . 安全生产事故案例分析 . 北京：中国大百科全书出版社，2008.
[21] 卢莎 . 安全生产法规实务 . 北京：化学工业出版社，2008.
[22] 康青春 . 防火防爆技术 . 北京：化学工业出版社，2008.
[23] 吴穹 . 安全管理学 . 北京：煤炭工业出版社，2002.
[24] 陈凤棉 . 压力容器安全技术 . 北京：化学工业出版社，2004.
[25] 刘相臣，张秉淑 . 化工装备事故分析与预防 . 北京：化学工业出版社，2003.
[26] 路振山 . 生物与化学与制药设备 . 北京：化学工业出版社，2005.
[27] 崔克清，张礼敬，陶刚 . 化工安全设计 . 北京：化学工业出版社，2004.
[28] 刘景良 . 化工安全技术 . 第 3 版 . 北京：化学工业出版社，2014.
[29] 马秉骞 . 化工设备使用与维护 . 北京：高等教育出版社，2007.
[30] 艾云龙 . 工程材料及成形技术 . 北京：科学出版社，2007.
[31] 张德姜 . 全国压力管道设计审批人员培训教材 . 北京：中国石化出版社，2005.
[32] 王静康 . 化工过程设计 . 第 2 版 . 北京：化学工业出版社，2006.
[33] GB 50160—92（99 年版）石油化工企业设计防火规范 .
[34] SH 3063—1999 石油化工企业可燃气体和有毒气体检测报警设计规范 .
[35] 黄璐 . 化工设计 . 北京：化学工业出版社，2006.
[36] 王红林，陈砺 . 化工设计 . 广州：华南理工大学出版社，2001.
[37] 冯肇瑞 . 化工安全技术手册 . 北京：化学工业出版社，2003.
[38] 顾祥柏 . 石油化工安全分析方法及应用 . 北京：化学工业出版社，2001.
[39] 隋鹏程，陈宝智，隋旭 . 安全原理 . 北京：化学工业出版社，2005.
[40] 乐嘉谦 . 化工仪表维修工 . 北京：化学工业出版社，2004.
[41] 陆德民 . 石油化工自动控制设计手册 . 第 3 版 . 北京：化学工业出版社，2005.
[42] 张华莎 . 安全仪表系统逻辑设计浅谈 . 石油化工自动化，2003.
[43] 叶明生，胡晓珺 . 化工设备安全技术 . 北京：化学工业出版社，2008.
[44] 杨永杰，康彦芳 . 化工工艺安全技术 . 北京：化学工业出版社，2008.
[45] 王德堂，周福富 . 化工安全设计概论 . 北京：化学工业出版社，2008.
[46] 王德堂 . 化工安全生产技术 . 天津：天津大学出版社 . 2009.
[47] 汪大翠 . 化工环境工程概论 . 北京：化学工业出版社，2002.

[48] 黄柏，付春杰．安全管理与环境保护．第3版．北京：化学工业出版社，2007.

[49] 冷宝林．环境保护基础．第2版．北京：化学工业出版社，2008.

[50] ［美］德内拉·梅多斯，丹尼斯·梅多斯，乔根·兰德斯．增长的极限．第3版．李涛，王智勇译．北京：机械工业出版社，2013.

[51] 李素芹，苍大强，李宏．工业生态学．北京：冶金工业出版社，2007.

[52] 李亚峰，佟玉衡，陈立杰．实用废水处理技术．第2版．北京：化学工业出版社，2007.

[53] 李云生，吴悦颖，叶维丽，顾培．我国水污染物排放权有偿使用和交易政策框架．环境经济，2009，4.

[54] 李俊华，陈建军，郝吉明．控制大气污染化工技术的研究进展．化工进展，2005，24（7）.

[55] 赵晓明，董育新，王一函．大气污染物的综合防治．承德民族师专学报，2005，（02）.

[56] 席胜伟．大气污染危害性分析及治理途径．科技情报开发与经济，2006，12.

[57] 陈艳秋．谈大气污染的危害及防治措施．黑龙江科技信息，2007，17.

[58] 刘红玉．浅谈水体污染．黑龙江环境通报，2004，（03）.

[59] 水体污染及其防治．环境科学文摘，2005，（03）.

[60] 王伟兵，章炜．浅谈水体的污染与防治．科技资讯，2008，3.

[61] 楼紫阳，宋立言，赵由才，张文海．中国化工废渣污染现状及资源化途径．化工进展，2006，25（9）.

[62] 王旭，韩福荣．我国实施清洁生产的现状及对策研究．中国质量，2002，03.

[63] 王瑾．绿色化学工艺的开发与应用．贵州化工，2007，04.

[64] 王小军，宋卫锋．绿色化学在有机化学化工中的应用进展．甘肃化工，2006，01.

[65] 琚新年．火灾、爆炸事故现场勘查分析及责任认定实务全书．北京：北京电子出版物出版中心，2003.

[66] AQ 3021—2008 化学品生产单位吊装作业安全规范．

[67] AQ 3022—2008 化学品生产单位动火作业安全规范．

[68] AQ 3023—2008 化学品生产单位动土作业安全规范．

[69] AQ 3025—2008 化学品生产单位高处作业安全规范．

[70] AQ 3026—2008 化学品生产单位设备检修作业安全规范．

[71] AQ 3027—2008 化学品生产单位盲板抽堵作业安全规范．

[72] AQ 3028—2008 化学品生产单位受限空间作业安全规范．

[73] GB 8918—2006 重要用途钢丝绳．

[74] GBT 20118—2006 一般用途钢丝绳．

[75] 国家安全监管总局关于公布首批重点监管的危险化工工艺目录的通知（安监总管三〔2009〕116号）.

[76] 国家安全监管总局关于公布第二批重点监管危险化工工艺目录和调整首批重点监管危险化工工艺中部分典型工艺的通知．

[77] 徐克勋．精细有机化工原料及中间体手册．北京：化学工业出版社，2005.